Biologia dos

Invertebrados

Equipe de tradução

Aline Barcellos Prates dos Santos (Caps. 2, 12, 13 e 14)
Bióloga do Museu de Ciências Naturais da Fundação Zoobotânica do Rio Grande do Sul.
Mestre e Doutora em Ciências Biológicas: Entomologia pela Universidade Federal do Paraná (UFPR).

Laura Romanowski Wainer (Caps. 20 a 24)
Acadêmica do Instituto de Psicologia da Universidade Federal do Rio Grande do Sul (UFRGS).
Certificada em Língua Inglesa por Cambridge ESOL Certificate International.

Melissa Oliveira Teixeira (Caps. 9, 10, 11, 15 a 19)
Bióloga. Doutoranda em Biologia Animal do Instituto de Biociências da UFRGS.
Mestre em Biologia Animal pelo Instituto de Biociências da UFRGS.

Paulo Luiz de Oliveira (Iniciais, Caps. 1, 3 a 8, Glossário e Índice)
Biólogo. Professor titular aposentado do Departamento de Ecologia do Instituto de Biociências da UFRGS.
Mestre em Botânica pela UFRGS. Doutor em Ciências Agrárias pela Universität Hohenheim, Stuttgart, República Federal da Alemanha.

Revisão técnica desta edição

Aline Barcellos Prates dos Santos (Caps. 12, 13 e 14)
Bióloga do Museu de Ciências Naturais da Fundação Zoobotânica do Rio Grande do Sul.
Mestre e Doutora em Ciências Biológicas: Entomologia pela Universidade Federal do Paraná (UFPR).

Ana Maria Leal Zanchet (Caps. 8, 9, 10, 11, 16, 17 e 22)
Bióloga. Professora titular do Programa de Pós-Graduação em Biologia da Universidade do Vale do Rio dos Sinos (UNISINOS). Mestre em Zoologia pela Pontifícia Universidade Católica do Rio Grande do Sul (PUCRS).
Doutora em Ciências Naturais pela Universität Tübingen, Tübingen, Alemanha.

Helena Piccoli Romanowski (Caps. 15, 18, 19, 20, 21, 23, 24 e Glossário)
Bióloga. Professora titular do Departamento de Zoologia e Programa de Pós-Graduação em Biologia Animal do Instituto de Biociências da UFRGS.
Ph.D. em Biologia Pura e Aplicada (Ecologia) pela Leeds University, Leeds, Reino Unido.

Suzane Both Hilgert-Moreira (Caps. 1, 2, 3, 4, 5, 6 e 7)
Bióloga. Professora adjunta do Curso de Ciências Biológicas da UNISINOS.
Mestre em Geociências pela UFRGS. Doutora em Zoologia pela PUCRS.

P365b Pechenik, Jan A.
Biologia dos invertebrados / Jan A. Pechenik ; tradução e revisão técnica: [Aline Barcellos Prates dos Santos ... et al.] . – 7. ed. – Porto Alegre : AMGH, 2016.
xxii, 606 p. : il. color ; 28 cm.

ISBN 978-85-8055-580-6

1. Biologia. 2. Animais invertebrados. I. Título.

CDU 592

Catalogação na publicação: Poliana Sanchez de Araujo – CRB 10/2094

7ª EDIÇÃO

Biologia dos Invertebrados

Jan A. Pechenik

Tufts University

AMGH Editora Ltda.

2016

Obra originalmente publicada sob o título *Biology of the invertebrates*
ISBN 9780073524184

Gerente editorial: *Letícia Bispo de Lima*

Colaboraram nesta edição:

Editora: *Simone de Fraga*

Capa: *Márcio Monticelli*

Preparação de originais: *Carine Garcia Prates*

Leitura final: *Marquieli de Oliveira*

Editoração: *Estúdio Castellani*

Imagem da capa: *Sergey Dubrov/Shutterstock.com*

Elysia crispata, a chamada "lesma-do-mar alface", evoluiu como uma notável combinação de animal e planta. A lesma alimenta-se de algas e possui células digestivas especiais, que assimilam cloroplastos intactos; estes continuam a realizar fotossíntese por semanas, provendo a lesma com carbono fixado fotossinteticamente como fonte de energia. Estas lesmas são relativamente grandes, atingindo até 5 cm, e são encontradas frequentemente ao sol, em águias rasas do Caribe, colhendo os benefícios desta inovação evolutiva que as tornou as derradeiras vegetarianas.

Nota

As ciências biológicas estão em constante evolução. À medida que novas pesquisas e a própria experiência ampliam o nosso conhecimento, novas descobertas são realizadas. A organizadora desta obra consultou as fontes consideradas confiáveis, num esforço para oferecer informações completas e, geralmente, de acordo com os padrões aceitos à época da sua publicação.

Reservados todos os direitos de publicação, em língua portuguesa, à
ARTMED® EDITORA S.A.
Av. Jerônimo de Ornelas, 670 – Santana
90040-340 Porto Alegre RS
Fone (51) 3027-7000 Fax (51) 3027-7070

SÃO PAULO
Rua Doutor Cesário Mota Jr., 63 – Vila Buarque
01221-020 São Paulo SP
Fone (11) 3221-9033

SAC 0800 703-3444 – www.grupoa.com.br

IMPRESSO NO BRASIL
PRINTED IN BRAZIL

A todos que
consideram os
invertebrados
fascinantes e
dignos de estudo;
à minha família,
pela paciência
e incentivo.

Prefácio

Sobre este livro

A zoologia dos invertebrados* é um campo fascinante, porém enorme. Mais de 98% de todas as espécies de animais conhecidas pertencem aos invertebrados, e esta proporção está crescendo à medida que mais espécies são descritas. Os invertebrados estão distribuídos em, pelo menos, 30 filos e um incrível número de classes, subclasses, ordens e famílias. O grau de diversidade morfológica e funcional encontrado em alguns grupos, mesmo dentro de ordens individuais, pode impressionar o estudante que está iniciando nesta área. A amplitude deste campo e a variedade de abordagens potenciais sobre o tema tornam a biologia dos invertebrados desafiadora para o ensino e a aprendizagem, motivo pelo qual, nesta nova edição, busquei maneiras de torná-las mais fáceis e até agradáveis, apresentando, sempre que pertinente, as ideias mais recentes sobre o assunto.

Muitos consideram a zoologia dos invertebrados como um exercício de memorização de termos e, talvez, de histórias interessantes, mas triviais, sobre animais interessantes, mas irrelevantes. Além disso, há os que consideram a zoologia dos invertebrados como um campo ultrapassado, em que tudo já é conhecido. Meu objetivo com esta obra é alterar tais conceitos, apresentando a zoologia dos invertebrados como uma área dinâmica de investigação biológica moderna instigante.

Como nas edições anteriores, a 7ª edição é planejada como uma introdução à biologia de cada grupo, enfatizando as características que os distinguem entre si. Este livro está organizado para servir como fundamento para a aprendizagem subsequente – em aula, laboratório, campo e biblioteca –, uma base que seja acessível aos estudantes. A partir dessa base, os professores ficam, portanto, à vontade para aprimorar e expandir o conhecimento, visando a adequação ao foco desejado: taxonomia e filogenia, comportamento, conservação, biologia ambiental, diversidade de forma e função, fisiologia, ecologia ou pesquisa atual em qualquer uma dessas áreas. O livro desperta o interesse do estudante e fornece a base necessária, permitindo aos professores investir tempo para discutir os aspectos mais interessantes e importantes da área. Este é um princípio norteador em minhas decisões sobre o nível de detalhe a disponibilizar: generalizo sempre que possível, para estabelecer uma base sólida sem intimidar ou confundir. Dada uma oportunidade, os animais, por si só, logo cativam a maioria dos estudantes.

A parte mais difícil ao escrever este livro foi decidir o que deixar de fora: Minhas decisões têm sido, em grande parte, tomadas pela leitura de muitos artigos de pesquisa sobre a biologia de cada grupo, bem como pela determinação da terminologia específica e nível de informação básica de que os estudantes necessitam para ler esses trabalhos. Embora todos os filos estejam contemplados, objetivei a concisão e não a exaustão, e enfatizei os princípios unificadores, em vez da diversidade encontrada em cada grupo. Uma vez instrumentalizados com conceitos e terminologia fundamentais, os estudantes estão mais bem preparados para encontrar a diversidade de forma e função na sala de aula, laboratório e campo. No final da maioria dos capítulos, apresento uma ideia da diversidade ecológica encontrada em cada grupo, em uma seção de "Detalhe taxonômico", que também valoriza o livro como referência.

O texto permanece um tanto direcionado à morfologia funcional, trazendo os animais para os estudantes e preparando-os para fazerem observações cuidadosas de organismos vivos no laboratório e no campo. A maioria dos capítulos contém uma seção intitulada "Tópicos para posterior discussão e investigação", destacando as principais questões de pesquisa que têm sido, e estão sendo, dedicadas aos animais abordados em cada capítulo. Para cada tópico, selecionei referências da bibliografia fundamental, iniciando o estudante que tenha lido o capítulo do livro-texto. Muitos artigos excelentes foram excluídos, uma vez que eram demasiadamente avançados, publicados em periódicos de distribuição restrita ou trabalhos de revisão, em vez de artigos de periódicos importantes. Os tópicos que escolhi, acompanhados de referências, poderiam ser usados como base para palestras, discussão em aula, trabalhos de conclusão, propostas de pesquisa ou outras tarefas escritas, ou simplesmente como um modo conveniente de facilitar aos estudantes a consulta à bibliografia original, propondo-lhes tópicos que instiguem sua curiosidade. Por meio de leitura ou memorização de resenhas da bibliografia básica, o aproveitamento dos estudantes é pequeno. Da mesma forma, decidi novamente ser contra a adição de "resumo no final de cada capítulo", argumentando que os estudantes terão melhor aprendizagem escrevendo e discutindo seus próprios resumos do que memorizando os meus.

*N. de R.T. As expressões "zoologia dos invertebrados" e "biologia dos invertebrados" foram mantidas, nesta obra, conforme o original em inglês, respeitando o enfoque utilizado pelo autor.

O incentivo à biologia dos invertebrados está assentada na bibliografia de pesquisa fundamental, e o objetivo principal deste livro é motivar e preparar estudantes para terem acesso a essa bibliografia – tanto a recente quanto a de décadas passadas, antes que as palavras "sinapomorfia" e "lofotrocozoário" fossem de uso comum, e quando a maioria dos autores ainda considerava equiúros como um filo e os mixozoários como membros dos protozoários. Os quadros *Foco de pesquisa*, encontrados ao longo deste livro, são baseados em artigos extraídos da bibliografia fundamental, visando ilustrar a gama de perguntas que os biólogos têm levantado sobre invertebrados e a diversidade de abordagens utilizadas para o encaminhamento dessas questões. Meu objetivo aqui é preparar os estudantes para ler a bibliografia fundamental, com foco para o modo como as perguntas são formuladas, como os dados são coletados e interpretados, e como cada estudo geralmente conduz a novas perguntas. Os estudantes interessados no tópico de um quadro *Foco de pesquisa* específico podem pretender consultar o artigo original em que ele foi baseado e, após, usá-lo como modelo para resumir outros artigos sobre temas relacionados. Para quadros baseados em artigos científicos mais antigos, os estudantes interessados têm acesso ao tópico, mediante uso de um serviço de indexação, como o *Web of Science*. Muitos professores atualmente estimulam seus alunos a escreverem quadros tipo *Foco de pesquisa*, tendo por base alguns modelos propostos neste livro; essas tarefas podem agregar valor à formação dos estudantes, principalmente se elas incluírem revisão orientada – não são atribuições onerosas para o aluno ou o professor, uma vez que cada quadro tem poucas páginas. Essa tarefa permite aos estudantes o emprego imediato do vocabulário da área, e não é considerada contraproducente, pois eles sentem que estão adquirindo experiências úteis no processo.

Como nas edições anteriores, os capítulos são independentes e podem ser empregados na ordem que melhor se adequar à organização de cada disciplina, desde que os capítulos introdutórios tenham sido incluídos. Em minha própria disciplina, incluo algum conteúdo introdutório (particularmente os Capítulos 1 e 5) e, após, começo com anelídeos e outros protostômios. Em cada capítulo, o conteúdo é organizado em unidades manuseáveis e interessantes para a leitura, de acordo com a conveniência tanto do estudante quanto do professor. Por exemplo, uma seção intitulada "Introdução e características gerais" deve ser consultada antes da leitura sobre um grupo específico de organismos, ao passo que uma seção denominada "Alimentação e digestão" será melhor utilizada antes de uma atividade laboratorial complementar; é sempre mais fácil lançar mão de seções adicionais de um texto do que dizer aos estudantes o que *não* ler dentro de uma seção maior. Observo que testes periódicos agendados, planejados para recompensar os estudantes por fazerem a leitura atribuída, proporcionam uma excelente motivação. O capítulo final (Capítulo 24) reúne todos os filos principais, considerando os princípios gerais da reprodução e do desenvolvimento dos invertebrados, propiciando aos estudantes a oportunidade de relembrar todos os animais que encontraram durante o período letivo e começar a ir além da compartimentalização de filo-por-filo, em direção à síntese.

Esta edição tem uma orientação filogenética um tanto maior do que suas antecessoras, embora ainda evite que a discussão desse tema seja prolongada. Não existe, ainda, um consenso a respeito de muitas inter-relações de invertebrados. Estudos de desenvolvimento, técnicas moleculares e análises cladísticas continuam a revolucionar nossa concepção sobre relações evolutivas ou, pelo menos, a desafiar muitas hipóteses bem estabelecidas. Anelídeos e artrópodes podem ou não ser intimamente relacionados, a segmentação pode ser um caráter derivado e não ancestral em moluscos, os moluscos ancestrais podem ter se assemelhado mais a um bivalve do que a um gastrópode, é provável que os nematódeos sejam mais estreitamente relacionados aos artrópodes do que aos rotíferos, os insetos podem ter evoluído de crustáceos ancestrais, sanguessugas e minhocas podem ser derivadas de poliquetas, e foronídeos podem ser braquiópodes modificados. Do mesmo modo, os nemertinos, por muito tempo considerados acelomados, na verdade, podem ser celomados excepcionais com afinidades não diretamente associadas aos vermes achatados. Os acelos podem ser primitivos, mas não pertencem ao filo dos platelmintos.

Para alguns autores, mesmo a definição do significado de um protostômio mudou substancialmente em poucos anos e, atualmente, baseia-se menos em critérios anatômicos e de desenvolvimento. Na verdade, a utilidade da morfologia e da ultraestrutura na inferência de relações filogenéticas tem sido seriamente desafiada nos últimos anos. Os "lofoforados", por exemplo, com base em critérios morfológicos e de desenvolvimento, parecem ser deuterostômios, porém, na maioria das análises moleculares, agrupam-se inequivocamente nos protostômios. Do mesmo modo, dados atuais alinham quetognatas com protostômios, apesar de apresentarem muitas características de deuterostômios quanto ao desenvolvimento. As relações entre cefalocordados, cordados e equinodermos são também incertas: alguns dados moleculares recentes sugerem que os cefalocordados estão mais estreitamente relacionados aos equinodermos do que a outros cordados, pressupondo que algumas características-chave dos cordados estavam presentes no deuterostômio ancestral e foram perdidas na evolução dos equinodermos e hemicordados. Além disso, análises moleculares, combinadas com estudos ultraestruturais meticulosos, têm geralmente refutado a ideia de que pseudópodes e flagelos nos informam a respeito das relações dos protozoários.

Claramente, a sistemática dos invertebrados é um trabalho em andamento. Embora a atmosfera filogenética seja cercada de entusiasmo, os alunos principiantes geralmente consideram a discussão dessas controvérsias, em um livro-texto, como simplesmente outro conjunto de fatos a serem memorizados. Por essa razão, esses temas são mais bem tratados na sala de aula, onde podem ser utilizados para animar a discussão em grupo. Na verdade, as controvérsias em torno da especulação filogenética tornam a filogenia interessante e podem ser utilizadas para tornar atraentes os próprios animais. O Capítulo 2 apresenta aos estudantes a gama de abordagens empregadas na reconstrução de filogenias, além de incluir uma discussão substancial sobre análise cladística e a promessa e potenciais ciladas associadas à incorporação de dados moleculares. O livro proporciona a base sobre a qual professores e estudantes podem construir esse conhecimento.

Sempre que possível, apresento "Características diagnósticas" à medida que cada novo grupo animal é introduzido, para auxiliar os estudantes a conferirem os atributos que separam cada grupo de animais de outros grupos no mesmo nível taxonômico. Em essência, essas características diagnósticas são sinapomorfias. Para alguns grupos, não existem características diagnósticas claras, ou as características propostas mostram-se demasiadamente controversas para serem incluídas no presente momento.

A maioria dos capítulos termina com uma seção intitulada "Procure na web", orientando os estudantes para excelentes sites da web, associados ao grupo em discussão. Listei apenas fontes que falam com autoridade comprovável e provavelmente estarão acessíveis e atualizados por alguns anos.

Mudanças para a 7ª edição

Quando terminei a 2ª edição deste livro, em 1984, pensei que ele deveria ser revisado talvez uma ou duas vezes durante a minha vida. Estudos cuidadosos sobre desenvolvimento, combinados com a aceitação e o uso crescentes da metodologia cladística e dados moleculares em análises filogenéticas, tornaram os últimos 30 anos muito mais estimulantes do que se imaginava. As mudanças desta edição são substanciais, a despeito de terem transcorrido apenas quatro anos desde a conclusão da edição anterior.

A maioria dos capítulos foi revisada, a fim de refletir novas descobertas e expandir áreas de pesquisas, incluindo as de importância comercial e as de relevância ambiental.

É importante mencionar que todas as mudanças organizacionais bastante significativas que realizei para as edições anteriores foram mantidas e, na verdade, tinham sido sustentadas por evidências adicionais. Os pogonóforos, equiúros e sipunculídeos, por exemplo, por muitos anos tratados como três filos separados, são atualmente bem aceitos como anelídeos modificados, com base em dados morfológicos, de desenvolvimento e moleculares. Igualmente, tem crescido o apoio para separar os protostômios em pelo menos dois grandes grupos – o Ecdysozoa e o Lophotrochozoa –, embora não exista ainda uma aceitação plena sobre exatamente quais animais cada grupo contém ou como os animais se relacionam dentro de cada grupo.

Esta edição contém algumas mudanças impressionantes. Por exemplo, discuto agora a crescente possibilidade de que os insetos tenham evoluído diretamente de ancestrais crustáceos e de que os acelos e os vermes achatados nemertodermatídeos pertençam a um filo separado, o Acoelomorpha, e que possam ter pouca relação com outros vermes achatados. Atualizei, também, as relações filogenéticas de alguns outros animais, incluindo os tardígrados; indicações de que uma associação com nematódeos parece ter resultado de um problema de atração de ramificações longas (*long-branch attraction*), que, uma vez resolvido, recolocou os tardígrados perto de artrópodes e onicóforos. Além disso, as esponjas agora abrangem quatro classes, em vez de três – as Homoscleromorpha foram retiradas das Demospongiae para formar sua própria classe – *Velella* e *Porpita* não estão mais em ordens de hidrozoários separadas, e a classe Polychaeta pode não ser mais uma categoria taxonômica válida. Os gnatostomulídeos foram colocados como parentes próximos de rotíferos e acantocéfalos dentro do novo clado, Gnathifera; os xenoturbelídeos parecem ser deuterostômios, elevando para quatro o número total de deuterostômios existentes.

Vários capítulos foram reescritos – em especial, reorganizei as informações sobre cavidades corporais no Capítulo 2, para dar mais ênfase à distinção entre protostômios e deuterostômios. Atualizei, também, a seção "Inferindo relações evolutivas" nesse capítulo, para inserção das modernas abordagens moleculares. Além disso, adaptei a informação biológica relativa aos muitos grupos animais discutidos neste livro. Por exemplo, no Capítulo 3, discuto agora a informação recente sobre o papel da reprodução sexuada no ciclo de vida de amebas sociais. Ademais, parece claro que o hospedeiro definitivo no ciclo de vida dos mixozoários é, em geral, um invertebrado, os vertebrados servindo frequentemente como hospedeiros intermediários – o oposto disso ocorre no ciclo de vida dos trematódeos. No Capítulo 6, dou maior destaque para os Staurozoa, indicando sua possível posição basal dentro dos Medusozoa. Por todo o livro, atualizei as seções de Referências gerais e as referências listadas nas seções sobre "Tópicos para posterior discussão e investigação", além de acrescentar novos tópicos a vários capítulos. Atualizei, também, o conteúdo nas seções sobre "Detalhe taxonômico" de muitos capítulos. Por exemplo, os estudantes podem agora aprender a respeito de um extraordinário crustáceo parasito que destrói a língua do seu peixe hospedeiro e, após, ocupa o local da língua com seu próprio corpo.

A presente edição dá um certo destaque a relevância biomédica, invasões biológicas, degradação de hábitats e outros temas contemporâneos. Escrevi vários quadros *Foco de pesquisa* novos, adicionei a alguns capítulos novos "Tópicos para posterior discussão e investigação" e acrescentei muitas referências novas à bibliografia fundamental. Adicionei, também, alguns novos sites maravilhosos às seções de Procure na web, no final de cada capítulo, e escrevi um novo enigma (*riddle*) de invertebrados.

A mudança de paradigma que ocorreu nos últimos 25 anos tem sido verdadeiramente excepcional, e não há um final próximo. Se os insetos realmente evoluíram de ancestrais crustáceos, por exemplo, como os recentes estudos moleculares e morfológicos indicam, isso exigirá uma redefinição substancial do que significa ser um crustáceo. Da mesma forma, existem atualmente evidências moleculares substanciais indicando que os oligoquetos e as sanguessugas evoluíram de poliquetas ancestrais, o que essencialmente tornaria Polychaeta o equivalente de Annelida; um estudo de 2007 empregando marcadores de expressão gênica tem sustentado a inclusão de Ectoprocta e Entoprocta em um único filo – Bryozoa –, retornando a uma classificação estabelecida há mais de 100 anos. Por fim, embora estudos moleculares recentes utilizando moléculas individuais continuem a ajudar a respaldar a dicotomia Ecdysozoa-Lophotrochozoa, conforme observado anteriormente, um estudo de genomas completos de nove espécies eucarióticas, recentemente divulgado, não sustenta essa classificação. Em vez disso, esse estudo apoia a hipótese Articulata mais antiga, segundo a qual os artrópodes estão mais intimamente relacionados aos anelídeos do que aos nematódeos.

À medida que mais dados moleculares de mais espécies e mais genes de cada espécie sejam coletados, poderíamos perceber uma estabilidade crescente nas classificações aceitas. Existe uma boa razão para termos esperança.

Como sempre, acolho a crítica construtiva de todos os leitores, tanto professores quanto estudantes.

Agradecimentos

É um grande prazer agradecer os revisores que ajudaram a aprimorar este livro.

Douglas Lipka
William Carey University

John Lugthart
Dalton State University

Joshua Mackie
San Jose State University

Brian Steinmiller
Waynesburg University

Janice Voltzow
University of Scranton

William Woods
Tufts University

Agradeço também a Gordon Hendler, pelos conselhos detalhados sobre equinodermos; Tom Cavalier-Smith e Laura Katz, pelas sugestões a respeito de como melhor posicionar os protozoários no Capítulo 3; Sally Leys, pelos comentários detalhados sobre minhas revisões do Capítulo 4; Beth Okamura, pela paciência em responder todas as minhas perguntas a respeito de mixozoários; Gary Rosenberg, pelas atualizações sobre o número de espécies de gastrópodes; Christer Erséus e Thorten Struck, pelas atualizações sobre a sistemática e o número de espécies de anelídeos; William (Randy) Miller, pelas atualizações quanto ao número de espécies de tardígrados; e Jens Høeg e Gonzalo Giribet, pelos seus comentários úteis sobre as informações sobre artrópodes.

Eu gostaria de agradecer também a muitas pessoas que contribuíram com seu *expertise* para as edições anteriores do texto:

Frank E. Anderson, *Southern Illinois University*; **Christopher J. Bayne**, *Oregon State University*, **John F. Belshe**, *Central Missouri State University*; **Yehuda Benayahu**, *Tel Aviv University*; **Bill Biggers**, *Wilkes University*; **Robert Bieri**, *Antioch University*; **Chip Biernbaum**, *College of Charleston*; **Brian L. Bingham**, *Western Washington University*; **Susan Bornstein-Forst**, *Marian College*; **Kenneth J. Boss**, *Harvard University*; **Barbara C. Boyer**, *Union College*; **Robert H. Brewer**, *Trinity College*; **Maria Byrne**, *University of Sydney*

C. Bradford Calloway, *Harvard University*; **Ron Campbell**, *University of Massachusetts at Dartmouth*; **John C. Clamp**, *North Carolina Central University*; **Clayton B. Cook**, *Bermuda Biological Station for Research*; **John O. Corliss**, *University of Maryland*; *Bruce Coull*, *University of South Carolina*

Ferenc A. deSzalay, *Kent State University*; **Don Diebei**, *Memorial University of Newfoundland*; **Ronald V. Dimock, Jr.**, *Wake Forest University*; **William G. Dyer**, *Southern Illinois University, Carbondale*

David A. Evans, *Kalamazoo College*

Daphne G. Fautin, *University of Kansas*; **Paul Fell**, *Connecticut College*; **Ben Foote**, *Kent State University*; **Bernard Fried**, *Lafayette College*; **Peter Funch**, *University of* Århus

Audrey Gabel, *Black Hills State University*; **James R. Garey**, *University of South Florida*; **Ann Grens**, *Indiana University, South Bend*

Kenneth M. Halanych, *Woods Hole Oceanographic Institution;* **G. Richard Harbison**, *Woods Hole Oceanographic Institution*; **Norman Hecht**, *Tufts University*; **Gordon Hendler**, *Natural History Museum of Los Angeles County*; **Anson H. Hines**, *Smithsonian Environmental Research Center*; **Edward S. Hodgson**, *Tufts University*; **Alan R. Holyoak**, *Manchester College*; **Duane Hope**, *Smithsonian Institution*; **William D. Hummon**, *Ohio University, Athens*

William W. Kirby-Smith, *Duke University*; **Robert E. Knowlton**, *George Washington University*

John Lawrence, *University of South Florida*; **William Layton**, *Dartmouth Medical School*; **Herbert W. Levi**, *Harvard University*; **Gail M. Lima**, *Illinois Wesleyan University*; **B. Staffan Lindgren**, *University of Northern British Columbia*

Robert Knowlton, *Western Illinois University*; **James McClintock**, *University of Alabama at Birmingham*; **Rachel Ann Merz**, *Swarthmore College*; **Nancy Milburn**, *Tufts University*

Diane R. Nelson, *East Tennessee State University*; **Claus Nielsen**, *University of Copenhagen*; **Michele Nishiguchi**, *New Mexico University - Las Cruzes*; **Jon Norenburg**, *Smithsonian Institution*

Steve Palumbi, *University of Hawaii*; **Lloyd Peck**, *British Antarctic Survey*; **John F. Pilger**, *Agnes State College*; **William J. Pohley**, *Franklin College of Indiana*; **Gary Polis**, *Vanderbilt University*; **Rudolph Prins**, *Western Kentucky University*

Mary Rice, *Smithsonian Institution*; **Robert Robertson**, *The Academy of Natural Sciences*; **Pamela Roe**, *California State University, Stanislaus*; **Frank Romano**, *Jacksonville State University*

Amelia H. Scheltema, *Woods Hole Oceanographic Institution*; **J. Malcolm Shick**, *University of Maine*; **Owen D. V. Sholes**, *Assumption College*; **Terry Snell**, *University of Tampa;* **Eve C. Southward**, *Plymouth Marine Laboratory (U.K.)*

John Tibbs, *University of Montana, Missoula*

Steve Vogel, *Duke University*

J. Evan Ward, *Salisbury State University*; **Daniel Wickham**, *University of California-Bodega Marine laboratory;* **Edward O. Wilson**, *Harvard University*; **John D. Witman**, *Marine Institute-Northeastern University*; **William Woods**, *Tufts University*; **Robert Woollacott**, *Harvard University*

Russel I. Zimmer, *University of Southern California*

Também devo gratidão a muitos outros colegas de várias partes do mundo, que disponibilizaram espontaneamente suas maravilhosas fotografias para esta edição e para as anteriores, responderam (pessoalmente, por telefone ou e-mail) a dúvidas específicas ou comentaram sobre esboços de novos quadros *Foco de pesquisa* que realizei baseada em seus artigos científicos originais.

Sou grato a todas essas pessoas: sua devoção, entusiasmo e conhecimento sobre biologia dos invertebrados inspira e demonstra humildade.

Por fim, sinto-me feliz em agradecer a Steve Wainwright por propiciar-me um bom começo. Os Capítulos 1 e 24 deste livro são baseados em artigos que escrevi como aluno de graduação na Duke University, para a sua disciplina de Diversidade Animal. Estudantes: jamais joguem fora seus trabalhos escolares; nunca se sabe!

Jan A. Pechenik

Guia de 2013 para os principais Grupos Animais
(os grupos de asquelmintos estão destacados em verde)
(P = Platyzoa)

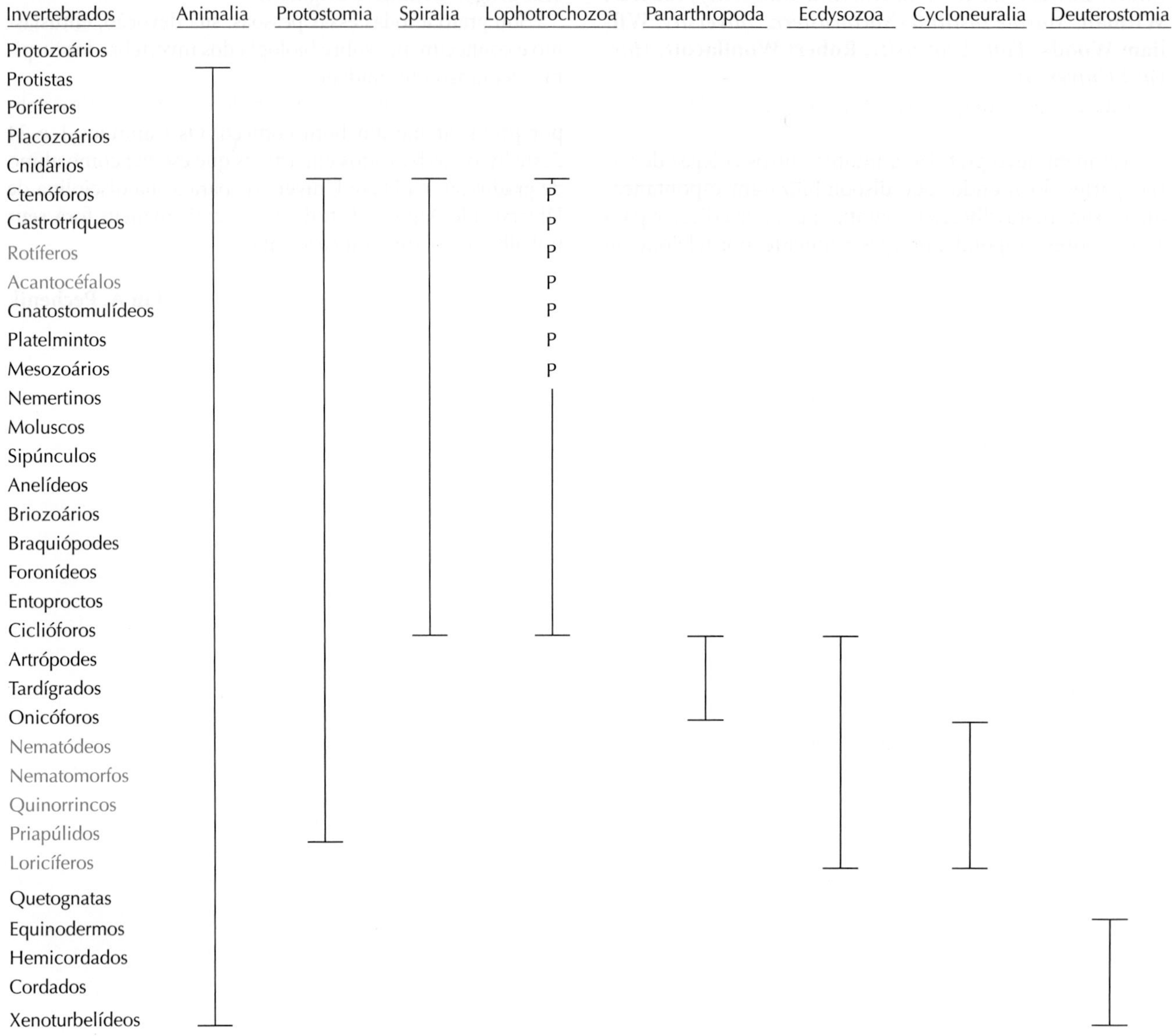

Escala de tempo geológico (milhões de anos)
(as principais extinções globais estão destacadas em verde)

Éons	Eras	Períodos	Épocas	MA	Porcentagem estimada de gêneros extintos*
		Quaternário	Holoceno Pleistoceno MA	1,6	
Fanerozoico	Cenozoico	Terciário	Plioceno	5	
			Mioceno	24	
			Oligoceno	37	
			Eoceno	58	
			Paleoceno	66	47% ± 4%
	Mesozoico	Cretáceo		190	
		Jurássico		205	53% ± 4%
		Triássico		250	82% ± 4%
	Paleozoico	Permiano		290	
		Pensilvaniano (Carbonífero tardio)		325	
		Mississipiano (Carbonífero inicial)		355	57% ± 3%
		Devoniano		410	
		Siluriano		438	60% ± 4%
		Ordoviciano		510	
		Cambriano		544	
		Pré-cambriano			

*Baseada em Sepkoski, J. J. Jr. 1996. Em: O.H. Walliser, ed. *Global Events and Event Stratigraphy.* Springer: Berlin, pp. 35-51.

MA = milhões de anos atrás.

Lista dos quadros Foco de pesquisa

Sumário

Sumário detalhado

13

Anelídeos 295

14

Artrópodes 341

15

Dois filos provavelmente relacionados com artrópodes: Tardigrada e Onychophora 421

16

Nematódeos 431

17

Quatro filos de organismos provavelmente próximos aos nematódeos: Nematomorpha, Priapulida, Kinorhyncha e Loricifera 451

18

Três filos de relações incertas: Gastrotricha, Chaetognatha e Cycliophora 459

1

Introdução e considerações ambientais

Introdução: a importância da pesquisa sobre invertebrados

> "Nós precisamos dos invertebrados, mas eles não precisam de nós." E. O. Wilson. 1987. As pequenas coisas que movem o mundo (importância e conservação dos invertebrados).
>
> *Conservation Biology* 1:344-346

Surpreende-me que pessoas não queiram aprender mais sobre invertebrados. Em primeiro lugar, a diversidade de formas e funções dos invertebrados é verdadeiramente espantosa. Além disso, pesquisas fascinantes e importantes sobre invertebrados foram concluídas, e muitas continuam sendo realizadas.

Muitas doenças humanas, bem como de animais e vegetais dos quais dependemos, são causadas por invertebrados, direta ou indiretamente, e eles exercem papéis cruciais na maioria das teias alimentares em todos os hábitats. Os estudos sobre diferentes espécies de invertebrados nos ensinaram muito do que atualmente sabemos a respeito do controle da expressão gênica, mitose, meiose e regeneração; do *design* das redes de regulação gênica durante o desenvolvimento embrionário; do envelhecimento, da morte celular programada, da cicatrização e regeneração de ferimentos; de mecanismos de formação de padrões durante o desenvolvimento embrionário; do controle e consequências da plasticidade fenotípica, em que um único genótipo pode produzir fenótipos diferentes sob condições ambientais distintas; da história evolutiva da hemoglobina e função dos ecdisteroides; da fertilização e quimiorrecepção; da transmissão de impulsos nervosos; da base bioquímica da aprendizagem e da memória; da biologia da visão; da base bioquímica e genética para predisposição a algumas doenças graves (p. ex., diabetes tipo II). Muito do que sabemos sobre os mecanismos pelos quais a diversidade genética se origina, é mantida e transmitida às gerações sucessivas também provém do estudo de invertebrados, assim como muitos princípios básicos de comportamento animal, desenvolvimento, fisiologia, ecologia e evolução. Da mesma forma, estudos moleculares sobre diferentes espécies de invertebrados estão aumentando rapidamente nossa compreensão da base genética de mudanças evolutivas na morfologia e na história de vida, incluindo o possível papel da transferência gênica horizontal – em que conjuntos de genes podem ser transferidos intactos de uma espécie para outra – e o papel que essa transferência pode desempenhar na evolução. Certas espécies de invertebrados tornaram-se recentemente modelos fundamentais para a compreensão da evolução do cérebro de vertebrados.

Além disso, pesquisas modernas sobre invertebrados estão ajudando a elucidar como os sistemas de reconhecimento imune evoluíram e como eles atuam. O interesse em certos invertebrados como agentes biológicos para o controle de várias pragas agrícolas e como fontes de substâncias químicas exclusivas com potencial biomédico e importância comercial também está aumentando. Algumas das substâncias isoladas de esponjas marinhas, por exemplo, são promissores agentes antitumorais, e outras, isoladas de certas aranhas e caracóis venenosos, estão proporcionando aos neurocientistas testes químicos altamente específicos para o estudo de aspectos-chave do funcionamento nervoso e muscular (p. ex., como os canais iônicos são abertos e fechados). Outras substâncias ainda, derivadas de invertebrados, mostram-se extremamente promissoras como adesivos instantâneos (p. ex., colas produzidas por onicóforos, cracas e algumas espécies de aranhas e bivalves) e agentes anticorrosivos (p. ex., cimentos de cracas). Estudos detalhados sobre navegação (orientação) e locomoção de crustáceos e insetos, e sobre como essa locomoção é controlada e coordenada, podem levar ao planejamento de novos robôs, voadores e rastejantes, macro e microscópicos; estudos sobre as propriedades ópticas de certas fibras de esponjas podem levar à manufatura de cabos de fibra óptica mais eficientes; estudos detalhados sobre como os equinodermos formam seus extraordinários cristais de calcita podem ter aplicações igualmente sofisticadas na engenharia.

Os invertebrados têm sido também amplamente empregados para avaliar e monitorar o estresse poluente em ambientes aquáticos; a rápida perda de espécies de invertebrados de hábitats terrestres e aquáticos está merecendo atenção crescente em estudos de biodiversidade.

O distúrbio do colapso das colônias (do inglês, *colony collapse disorder*), recentemente documentado, em que centenas de milhares de abelhas simplesmente abandonam suas colmeias e desaparecem, é inquietante: macieiras, amendoeiras e aproximadamente 90 outras culturas vegetais nos Estados Unidos dependem das abelhas para a polinização, perfazendo cerca de 15 bilhões de dólares em vendas anuais. O número de mamangavas, que polinizam cerca de 15% das culturas vegetais comerciais nos Estados Unidos, também está em preocupante declínio. Igualmente ameaçador é o aumento da acidez da água nos oceanos por todo o mundo, recentemente registrado, e que será discutido na próxima seção.

Por fim, existe uma preocupação cada vez maior a respeito do aumento da propagação de várias espécies de invertebrados para hábitats não nativos, e uma crescente atenção sendo dedicada aos mecanismos de transporte e ao impacto ecológico dessas invasões biológicas. Evidentemente, ninguém sabe ainda as consequências de poluição continuada, invasões biológicas e mudanças climáticas globais sobre o funcionamento das teias alimentares, em ambientes aquáticos ou terrestres; provavelmente haja apenas uma maneira para realizar o experimento, e nós todos estamos participando.

Este livro, juntamente com aulas teóricas e atividades laboratoriais, abre a porta para a grande e crescente bibliografia de biologia dos invertebrados.

Considerações ambientais

Os organismos considerados neste livro estão classificados em mais de 30 filos. Os membros de quase metade desses filos são inteiramente marinhos, e os membros dos demais filos são encontrados principalmente em hábitats marinhos e, em menor extensão, de água doce (água continental). Excluindo os artrópodes, os invertebrados geralmente têm sido muito menos exitosos na invasão de ambientes terrestres. Mesmo aquelas espécies de invertebrados que são terrestres quando adultas muitas vezes têm estágios de desenvolvimento aquáticos. Portanto, é válido considerar algumas das propriedades físicas da água – tanto doce quanto salgada – para descobrir por que tantas espécies são aquáticas por toda a sua vida ou em parte dela. As propriedades físicas da água salgada, da água doce e do ar exercem papéis importantes na determinação das características estruturais, fisiológicas e bioquímicas exibidas por animais que vivem em hábitats variados.

O ar é seco, a água é úmida

O ar é seco, ao passo que a água é úmida. Tão trivial quanto essa afirmação pode parecer, as repercussões quanto à morfologia, à fisiologia respiratória, ao metabolismo do nitrogênio e à biologia reprodutiva são amplas, como mostra a Tabela 1.1.

Uma vez que os organismos aquáticos não estão em perigo de secar completamente, as trocas gasosas podem ser realizadas através da superfície corporal geral. Por isso, as paredes do corpo de invertebrados aquáticos são geralmente delgadas e permeáveis à água, e quaisquer estruturas respiratórias especializadas existentes podem situar-se externamente e estar em contato direto com o meio circundante. As brânquias, que podem ser bastante complexas estruturalmente, são extensões da parede corporal externa com vascularização simples. Essas extensões ampliam a área de superfície disponível para as trocas gasosas e, se elas possuírem paredes especialmente finas, podem também aumentar a eficiência da respiração (mensurada como o volume de gás trocado por unidade de tempo por unidade de área).

Diferentemente da complexidade mínima necessária para os sistemas respiratórios aquáticos, os organismos terrestres precisam suportar a dessecação potencial (desidratação). As espécies terrestres dependentes da difusão simples de gases através de superfícies corporais não especializadas precisam ter alguns mecanismos de manutenção da superfície corporal externa úmida, como a secreção de muco nas minhocas. Os invertebrados verdadeiramente terrestres, em geral, têm uma cobertura corporal externa impermeável à água, o que impede a desidratação rápida. Nessas espécies, as trocas gasosas devem ser realizadas através de estruturas respiratórias internas especializadas.

A união de espermatozoide e óvulo e o desenvolvimento subsequente de um zigoto podem ser alcançados de modo muito mais simples pelas espécies de invertebrados

Tabela 1.1 Resumo dos diferentes estilos de vida possíveis nos dois ambientes principais (aquático e terrestre) e como eles refletem diferenças nas propriedades físicas da água e do ar

Propriedade	Água	Ar
Umidade	Alta: superfícies respiratórias expostas; fertilização externa*; desenvolvimento externo; excreção de amônia	Baixa: superfícies respiratórias internalizadas; fertilização interna; desenvolvimento protegido; excreção de ureia e ácido úrico
Densidade	Alta: suportes esqueléticos rígidos desnecessários; alimentação por filtragem; fertilização externa; estágios de desenvolvimento dispersantes*	Baixa: suportes esqueléticos rígidos necessários; é preciso mover-se para encontrar alimento; fertilização interna; estágios de desenvolvimento sedentários
Compressibilidade	Baixa: transmite uniformemente e de maneira eficiente as mudanças de pressão	Alta: menos eficiente na transmissão de mudanças de pressão
Calor específico	Alto: estabilidade da temperatura	Baixo: flutuações amplas na temperatura ambiente
Solubilidade do oxigênio	Baixa: 5-6 mL de O_2/litro de água	Alta: 210 mL O_2/litro de ar
Viscosidade	Alta: os organismos afundam lentamente; resistência friccional maior ao movimento	Baixa: taxas mais rápidas de declínio; menos resistência friccional ao movimento
Taxa de difusão do oxigênio	Baixa: o animal precisa mover-se (ou deve mover a água) para as trocas gasosas	Alta: (cerca de 10 mil vezes mais alta do que na água)
Conteúdo de nutrientes	Alto: sais e nutrientes disponíveis mediante absorção diretamente da água, para todos os estágios de vida*; os adultos podem fazer o mínimo investimento de nutrientes por óvulo*	Baixo: não há nutrientes disponíveis via absorção direta do ar; os adultos abastecem os óvulos com todos os nutrientes e sais necessários para o desenvolvimento
Coeficiente de extinção da luz	Alto: os animais podem ser removidos para bem distante dos locais de produção primária na superfície da água	Baixo: os animais nunca estão distantes dos locais de produção primária

*Atributos que são especialmente característicos de invertebrados marinhos e incomuns entre os invertebrados de água doce.

aquáticos do que pelas espécies terrestres. Os organismos marinhos, em especial, podem liberar espermatozoides e óvulos livremente no ambiente. Como os gametas, os embriões e as larvas de espécies marinhas não estão sujeitas à desidratação ou ao estresse osmótico, a fertilização e o desenvolvimento podem ser completados inteiramente na água. Por outro lado, a fertilização no ambiente terrestre deve ser interna para evitar a desidratação dos gametas; os invertebrados terrestres, portanto, necessitam de sistemas reprodutivos mais complexos do que seus correspondentes marinhos. A fertilização bem-sucedida de óvulos terrestres com frequência envolve também comportamentos reprodutivos complexos.

A amônia é o produto final básico do metabolismo de aminoácidos em todos os organismos, independentemente do hábitat. A amônia é geralmente muito tóxica, em grande parte graças aos seus efeitos sobre a respiração celular. Mesmo uma acumulação pequena de amônia nos tecidos e no sangue é prejudicial aos indivíduos da maioria das espécies. No entanto, alguns organismos têm a habilidade de eliminar constantemente amônia à medida que ela é produzida, uma vez que a quantidade de água necessária para tanto é pequena. Como adaptação à vida na terra, organismos terrestres geralmente incorporam amônia a compostos menos tóxicos (ureia e ácido úrico), que podem, então, ser excretados em uma quantidade menor de água. Essa desintoxicação da amônia requer rotas bioquímicas adicionais e um aumento no gasto de energia. Os invertebrados aquáticos, por outro lado, podem simplesmente utilizar a água do entorno para diluir a amônia metabólica à medida que ela é produzida. Além disso, como a água é úmida, a amônia pode ser excretada por difusão simples através da superfície corporal geral de muitos invertebrados aquáticos. Todos os animais terrestres, ao contrário, necessitam de sistemas excretores complexos.

A água é o "solvente universal"

A água é um solvente extraordinariamente versátil. Os benefícios para os invertebrados aquáticos são tanto diretos quanto indiretos. Em primeiro lugar, os animais aquáticos potencialmente podem absorver nutrientes dissolvidos (incluindo aminoácidos, carboidratos e sais) diretamente da água circundante, por difusão ou por absorção ativa. Em especial, sais dissolvidos e nutrientes orgânicos hidrossolúveis podem ser absorvidos diretamente da água por embriões e larvas em desenvolvimento. Os embriões de organismos terrestres devem ser supridos (por seus genitores) de todo o alimento e sais necessários para o desenvolvimento, além de precisarem ser protegidos da dessecação. Em segundo lugar, como um benefício indireto aos invertebrados aquáticos, a suspensão em um meio contendo nutrientes permite aos produtores primários assumir a forma de pequenos (geralmente menos do que 25 μm) organismos unicelulares suspensos (**fitoplâncton**); raízes não são obrigatórias. As células fitoplanctônicas conseguem atingir concentrações altas em água e podem facilmente ser captadas e ingeridas por muitos herbívoros aquáticos que filtram material em suspensão, incluindo os estágios de desenvolvimento de muitas espécies de invertebrados.

A água absorve luz

À medida que se movimenta pela água, a luz é absorvida e dispersada por diferentes pigmentos, moléculas e partículas. A luz vermelha é absorvida mais intensamente, ao passo que a luz azul é menos absorvida. A uma profundidade de cerca de 200 m, o oceano é completamente escuro. Por isso, não há possibilidade de fotossíntese abaixo dessa profundidade, e as teias alimentares dependem, em grande parte, de aportes vindos de cima. Contudo, em certos ambientes, alguns invertebrados marinhos pertencentes a filos diferentes desenvolveram associações simbióticas com bactérias que podem utilizar energia de ligações químicas para acionar a fixação do carbono, incorporando-o em carboidratos a partir do CO_2, exatamente como as plantas o fazem; isto é, algumas teias alimentares aquáticas especializadas estão baseadas na **quimiossíntese**, e não na fotossíntese. O resultado líquido é o mesmo, mas a fonte de energia para acionar a fixação do carbono é completamente distinta.

A água é mais densa do que o ar

A água é muito mais densa do que o ar, um fato que tem consequências profundas para os invertebrados. Por exemplo, um sistema de suporte esquelético rígido não é necessário na água, pois o próprio meio proporciona a sustentação; a água sustenta também estruturas anatômicas delicadas, como os filamentos das brânquias, que colapsariam e cessariam de funcionar adequadamente no ar. Pela mesma razão, os animais com frequência podem deslocar-se com maior eficiência na água do que no ar, gastando menos energia para percorrer uma determinada distância. Na verdade, muitas espécies de invertebrados aquáticos praticamente não gastam absolutamente qualquer energia para movimentar-se – elas simplesmente não se movem. Como esses animais se alimentam sem a capacidade de locomoção? Uma vez que a água é úmida e densa, as "plantas" e os animais microscópicos que flutuam livremente (fitoplâncton e **zooplâncton**, respectivamente) vivem em suspensão; isso permite que muitos outros animais aquáticos se alimentem, capturando partículas diretamente do meio à medida que estas passam pelo animal estacionário. Muitas vezes, alguma energia precisa ser gasta para mover a água que passa pelas estruturas de alimentação do animal, mas este não necessita usar energia para procurar alimento. A existência dessa **alimentação por suspensão**, comumente encontrada em ambientes aquáticos, parece ter sido explorada apenas por aranhas que produzem teias no hábitat terrestre. As partículas potencialmente alimentares simplesmente não ocorrem em concentrações altas no ar seco, pois ele não proporciona sustentação.

A fertilização e o desenvolvimento externos de embriões e larvas, tão comumente encontrados entre os invertebrados marinhos, são possibilitados tanto pela densidade alta da água quanto pela sua umidade; a água sustenta os espermatozoides, os óvulos e o próprio embrião, à medida que este se desenvolve. Em muitos grupos de invertebrados marinhos, a fertilização externa e/ou o desenvolvimento larval externo é a regra, e não a exceção. Uma vez que pouca energia pode ser necessária para permanecer flutuando no meio aquático, os estágios de desenvolvimento (p. ex., embriões e larvas) de invertebrados aquáticos com frequência servem como estágios de dispersão para adultos sedentários – exatamente o oposto da situação encontrada na maioria dos animais terrestres.

A água tem estabilidade térmica

Uma vantagem adicional da água como um ambiente biológico é a sua estabilidade térmica relativamente alta em relação ao ar. A água tem um calor específico alto; ou seja, o número de calorias exigido para que 1 g de água se aqueça 1°C é consideravelmente maior do que o requerido para elevar a temperatura de 1 g da maioria de outras substâncias para o mesmo 1°C. Devido ao seu calor específico alto, a água esfria e esquenta lentamente; a temperatura da água é relativamente insensível às flutuações de curto prazo na temperatura do ar. Durante um período de 24 horas, as temperaturas do ar nas latitudes médias podem variar 20°C ou mais. Por outro lado, para volumes de água relativamente grandes, as temperaturas superficiais locais provavelmente não variarão mais do que 1 a 2°C durante o mesmo intervalo de tempo.

As diferenças nas flutuações térmicas sazonais são ainda mais impressionantes. Por exemplo, nas proximidades de Cape Cod, Massachusetts, a temperatura local da água do mar pode variar entre aproximadamente 5°C durante o inverno e 20°C durante o verão: uma amplitude sazonal de aproximadamente 15°C. As temperaturas do ar, por outro lado, flutuam entre aproximadamente – 25 e 40°C: uma amplitude sazonal de 65°C. Mesmo em lagos pequenos e reservatórios, a amplitude anual das temperaturas da água é muito menor do que a das temperaturas do ar na mesma área geográfica. Uma vez que as velocidades de todas as reações químicas, incluindo aquelas associadas com o metabolismo do organismo, são alteradas pela temperatura, as flutuações térmicas amplas (sobretudo as que ocorrem durante intervalos de tempo curtos) são altamente estressantes para a maioria dos invertebrados. Os invertebrados que vivem em ambientes termicamente variáveis requerem adaptações bioquímicas, fisiológicas e/ou comportamentais não exigidas por organismos de hábitats aquáticos mais estáveis.

Os desafios de uma vida aquática

A vida na água impõe alguns problemas. A luz é extinta em uma distância muito mais curta na água do que no ar, de modo que a **produção primária** aquática (fixação do carbono a partir do dióxido de carbono, com formação de carboidratos, geralmente por plantas fotossintetizantes, algas e fitoplâncton) é limitada às camadas superiores (primeiros 20 m até cerca de 50 m). Além disso, a capacidade de transporte de oxigênio na água, volume por volume, é de apenas cerca de 2,5% da registrada no ar. Um problema adicional para os organismos aquáticos é que o tempo necessário para uma determinada molécula se difundir por uma certa distância na água é muito maior do que o necessário para a difusão por meio da mesma distância no ar: na verdade, o oxigênio se move mais do que 300 mil vezes mais rápido no ar do que na água! Um organismo completamente parado na água imóvel teria um grave problema de trocas gasosas, assim que o fluido imediatamente em contato com a superfície respiratória não mais disponibilizasse oxigênio (e/ou se tornasse saturado com dióxido de carbono). Por outro lado, mesmo o mais leve movimento da água ao redor da superfície respiratória de um animal aumenta expressivamente as trocas gasosas. Portanto, os organismos **sésseis** (sem movimento) vivendo em locais de água corrente com velocidade significativa se beneficiam em termos de trocas gasosas e de reabastecimento de nutrientes. Os animais sésseis que vivem em água parada invariavelmente possuem alguns mecanismos de criação de fluxo hídrico sobre suas superfícies respiratórias.

Dificuldades potenciais também podem ser criadas pelas maiores densidade e viscosidade da água. A água é cerca de 800 vezes mais densa e aproximadamente 50 vezes mais viscosa do que o ar. A **viscosidade** essencialmente mede o grau com que as moléculas de um fluido aderem umas às outras. Por sua vez, a densidade, que foi mencionada primeiro na discussão dos benefícios da vida na água, é uma medida de massa por unidade de volume. Uma vez que a densidade e a viscosidade da água são maiores, os animais nadando nela ou enfrentando uma corrente sentem muito mais resistência friccional (o chamado **arrasto**) do que experimentariam no ar. Para animais grandes que se movem rapidamente (ou que enfrentam uma corrente de movimento rápido), o arrasto maior se deve principalmente à densidade maior da água. Já os animais pequenos que se movem lentamente (ou que enfrentam uma corrente de movimento lento), são afetados principalmente pela viscosidade maior da água. Como a viscosidade aumenta muito mais drasticamente na água do que no ar, para qualquer declínio térmico, os organismos aquáticos pequenos e de movimento lento sentem muito mais resistência friccional ao nado à medida que a temperatura cai.

Na verdade, os organismos pequenos – que realmente precisam nadar lentamente devido às suas pequenas dimensões – vivem em um mundo dominado por forças viscosas, no qual o **número de Reynolds** (Re; essencialmente, a razão entre as forças inercial e viscosa) é muito baixo. Vivemos em um mundo de Re alto, em que a inércia exerce um papel de destaque. Em um mundo de Re baixo, ao contrário, não há um mecanismo "planador" para uma parada; em vez disso, tão logo a propulsão cessa, o animal para. Para nós, fica difícil imaginar como é a vida em um mundo assim. Além disso, em um mundo de Re baixo, a água tende a mover-se principalmente ao redor dos apêndices cerdosos, e não entre eles; em um mundo desse tipo, os objetos em forma de ancinho comportam-se como remos sólidos, de modo que eles não conseguem filtrar facilmente as partículas alimentares da água. Evidentemente, os animais vivendo em Re baixo estão sujeitos a algumas pressões físicas seletivas completamente diferentes das que atuam sobre organismos maiores e com movimento mais rápido; mesmo as funções biológicas básicas – como a locomoção e a captação de alimento em suspensão – requerem adaptações fisiológicas e comportamentais especializadas, as quais, muitas vezes, nos parecem um tanto peculiares e contraditórias.[1]

O fato de a água ser chamada de solvente universal cria outro problema que poderia ser especialmente grave para invertebrados aquáticos. Muitos dos nossos resíduos industriais e agrícolas são hidrossolúveis, e anualmente inserimos quantidades enormes desses poluentes em ecossistemas aquáticos. Por necessidade, os animais aquáticos vivem em íntimo contato com esses poluentes. Considere, por exemplo, que as superfícies de trocas gasosas de invertebrados aquáticos estejam sempre em contato direto com o fluido circundante. Considere também que muitos invertebrados aquáticos sejam pequenos, de modo que a área de superfície através da qual os poluentes podem difundir-se seja grande em relação ao volume corporal do animal. Os estágios larvais e embrionários de vida livre, tão comuns nos ciclos de vida dos invertebrados, ficariam especialmente vulneráveis ao impacto dos poluentes, particularmente devido às suas altas razões entre área de superfície e volume, além de estarem passando por esses complexos e críticos processos de desenvolvimento. Na verdade, para qualquer substância tóxica, os estágios de desenvolvimento geralmente sofrem efeitos adversos sob apenas um décimo a um centésimo da concentração necessária para afetar adultos da mesma espécie no mesmo grau.

O dióxido de carbono, como outros gases, também é hidrossolúvel. Os cientistas estimam que os oceanos absorveram aproximadamente um terço do nosso excesso de emissões de CO_2 nos últimos 50 anos ou mais. Incrivelmente, essa absorção de CO_2 sobrepujou o sistema de tamponamento de bicarbonato da água do mar e diminuiu o pH dos oceanos em cerca de 0,1. Para o restante do século, é esperado que o pH da água do mar continue a diminuir (em até 0,4 da sua unidade). Em muitos organismos marinhos, o aumento da acidez poderia posteriormente interferir na capacidade de calcificação. Outras consequências da acidificação continuada serão provavelmente surpreendentes, assim como devastadoras: organismos, como foraminíferos, corais, ouriços-do-mar, caracóis, mariscos em seus diversos estágios de desenvolvimento – todos secretam estruturas protetoras ou de suporte dotadas de cálcio – poderiam estar significativamente vulneráveis. Além disso, estudos recentes estão mostrando que a capacidade de outros animais em detectar alimento e predadores também pode ser afetada, de modo que o impacto da redução do pH não será limitado a organismos calcíferos.

Os organismos que vivem em água doce enfrentam inúmeras dificuldades exclusivas desse tipo de ambiente. Em primeiro lugar, os corpos d'água doce, na maioria, são fundamentalmente efêmeros; os reservatórios e lagos menores estão sujeitos à seca, anualmente ou mesmo em intervalos mais frequentes. A maioria dos invertebrados marinhos não enfrenta esse alto grau de inconfiabilidade do hábitat.

[1] Ver *Tópicos para posterior discussão e investigação*, no final deste capítulo.

Segundo, os fluidos corporais internos dos organismos de água doce estão sempre em concentração osmótica mais alta do que a do meio circundante; ou seja, os organismos de água doce são **hiperosmóticos** em relação ao seu entorno, e a água tende a difundir-se para o interior do indivíduo ao longo do gradiente de concentração osmótica. Alguns animais de água doce apresentam permeabilidade superficial reduzida à água, diminuindo a magnitude desse influxo. No entanto, a impermeabilidade completa à água não é possível, uma vez que as superfícies respiratórias precisam permanecer permeáveis para que ocorram as trocas gasosas. Assim, todos os animais de água doce devem ser capazes de expelir constantemente grandes volumes de água que entra. Por outro lado, os invertebrados marinhos estão aproximadamente em **equilíbrio osmótico** com o meio em que vivem; ou seja, a concentração de solutos nos seus fluidos corporais se equipara à da água do mar circundante.

Ademais, na água doce, a maioria dos sais necessários ao desenvolvimento embrionário deve ser fornecida ao ovo pela mãe, uma vez que eles são relativamente raros nesse tipo de ambiente (por definição de água doce). Em comparação, os sais requeridos para a diferenciação e o crescimento dos embriões marinhos estão facilmente disponíveis no meio circundante.

A relativa escassez de sais na água doce tem implicações adicionais para os animais que vivem nesse tipo de ambiente. Os organismos de água doce, que precisam constantemente expelir a água que entra, muitas vezes possuem mecanismos fisiológicos sofisticados para recuperar sais preciosos da urina, antes que esta saia do corpo; eles também precisam possuir mecanismos para repor toda a perda salina que ocorra.

A maioria dos ambientes de água doce não tem a capacidade de tamponamento da água do mar, de modo que o pH da água doce é muito mais sensível à flutuação local e de curto prazo do conteúdo de ácidos e bases.

Origem e diversidade da vida

A partir de considerações sobre as propriedades do ar, água salgada e água doce, fica fácil compreender por que a vida deve ter se originado no oceano. As adaptações fisiológicas e/ou morfológicas especializadas, essenciais para a existência na terra ou na água doce, não são exigidas para a existência relativamente simples e, em geral, menos estressante possível no ambiente marinho. Uma vez surgida a vida, subsequentemente evoluíram várias **pré-adaptações**, as quais tornaram possível uma transição dos ambientes de água salgada para outros hábitats. Ao que parece, as pré-adaptações para a vida terrestre e de água doce surgiram raramente em muitos grupos de animais e absolutamente não em outros. Não surpreende que a maioria dos filos ainda seja mais bem representada nos oceanos, tanto em número de espécies quanto em termos de diversidade de planos corporais e estilos de vida.

Tópicos para posterior discussão e investigação

De que maneiras os invertebrados pequenos estão adaptados à vida sob Re baixo?

Vogel, S. 1994. *Life in Moving Fluids*, 2d ed. Princeton, N.J.: Princeton University Press.

Vogel, S. 2003. *Comparative Biomechanics: Life's Physical World.* Princeton, N.J.: Princeton University Press.

Procure na web

http://www.youtube.com/watch?v=gZk2bMaqs1E

Esta é uma excelente introdução de 15 minutos ao Re, como ele é calculado e suas implicações no estilo de vida.

2

Relações e classificação dos invertebrados

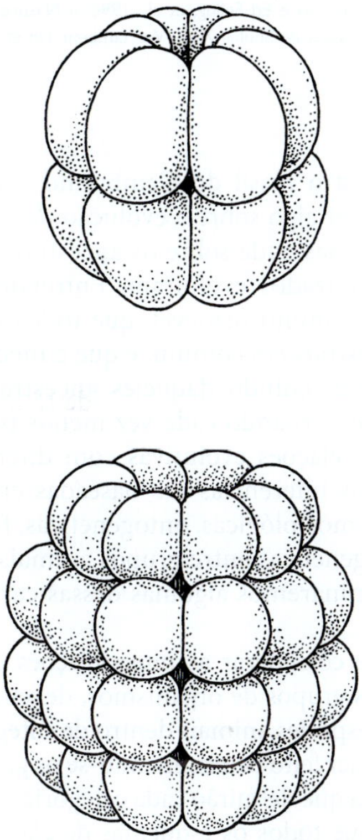

"De acordo com minha opinião (a qual eu permito a cada um contestar...), a classificação consiste em agrupar seres de acordo com seu real *relacionamento*, isto é, sua consanguinidade, ou descendência de ancestrais comuns."

Charles Darwin (1843)

Introdução

Houve um tempo em que, supostamente, não existia animal algum na Terra. A maravilhosa variedade de formas de vida animal e o registro fóssil devem ter evoluído gradualmente, iniciando há mais de 3 bilhões de anos; a própria Terra tem mais de 4,5 bilhões de anos de idade. Aproximadamente 1,7 milhão de espécies animais já foram descritas e nomeadas, mas pelo menos outras 10 milhões de espécies aguardam descoberta e descrição; é provável que muitas dessas espécies se tornarão extintas antes de serem descobertas. Provavelmente, várias centenas de milhões de outras espécies estavam aqui antes, mas agora estão extintas.

A vida multicelular parece ter levado um longo tempo para evoluir de formas ancestrais unicelulares: fósseis dos eucariotos mais antigos conhecidos (ver Capítulo 3) têm aproximadamente 2 bilhões de anos, mas os fósseis mais antigos de animais multicelulares (chamados de **metazoários**) ou de suas tocas não têm mais do que 542 a 635 milhões de anos de idade, representantes da chamada fauna Ediacariana, no sul da Austrália. Além disso, nenhum desses animais ediacarianos tinha conchas, ossos ou outras partes duras, e sua relação com animais atuais, se existe, não é clara[1]. Os primeiros metazoários de tamanho perceptível claramente relacionados aos animais modernos apareceram subitamente no período Cambriano, há cerca de 542 milhões de anos. Os fósseis invertebrados mais bem estudados são dos estratos de Burgess, na Columbia Britânica, que foram descobertos somente em 1909, mas

[1]Ver *Tópicos para posterior investigação e discussão*, nº 3, no final deste capítulo.

sua formação data de cerca de 525 milhões de anos atrás, no período Cambriano. Muitos desses animais eram de corpo mole, e outros tinham partes duras, porém, sua característica mais conspícua é sua grande diversidade. Uma fauna similar foi descoberta mais recentemente na China, a partir de rochas sedimentares antigas, formadas no Cambriano inferior, há cerca de 540 milhões, de anos. Este aparecimento incrivelmente repentino e a aparentemente rápida diversificação de animais complexos há vários milhões de anos é chamada de **explosão do Cambriano**.

Atualmente, há algumas evidências de que a explosão do Cambriano reflete um registro fóssil incompleto.[2] Por exemplo, os fósseis que podem ser parecidos com embriões metazoários cnidários, equinodermos e artrópodes foram descritos em 1998, no sul da China, em rochas formadas há cerca de 580 milhões de anos (Fig. 2.1), sugerindo que formas relacionadas aos animais modernos existiram há, pelo menos, 40 milhões de anos antes da explosão do Cambriano.[3] Mais dramaticamente, alguns estudos moleculares recentes sugerem que os planos corporais animais mais básicos existiram há pelo menos 100 milhões de anos, antes que qualquer um desses animais fosse preservado como fóssil. Essa sugestão é baseada em diferenças na sequência de aminoácidos de certas proteínas ou diferenças nas sequências de nucleotídeos de certos genes amplamente presentes nos vários grupos animais, em conjunto com estimativas de quanto tempo as proteínas ou sequências gênicas teriam levado para divergir entre si. Se as interpretações desses dados estão corretas, os grupos animais básicos podem ter começado a divergir há 1 bilhão de anos, mas sem deixar qualquer registro histórico pelos primeiros 400 a 500 milhões de anos de sua evolução. Possivelmente, esses primeiros animais eram simplesmente muito pequenos e sem partes duras para serem fossilizados. Talvez tenha sido o aumento gradual no oxigênio atmosférico acima de alguma concentração crítica, devida à fotossíntese, que tenha permitido a evolução de maiores tamanhos corporais e coberturas rígidas e impermeáveis, permitindo a fossilização. Ou, talvez, as condições ambientais necessárias para a fossilização simplesmente não existiam antes de aproximadamente 600 milhões de anos. Se os dados moleculares estão corretos, a explosão dos planos corporais animais, registrada no Cambriano, reflete um aumento no número e nos tipos de animais fossilizáveis, e não a súbita "criação" de novos animais. Ou, ainda, que as análises moleculares sejam enganadoras e houve realmente uma explosão dos planos corporais animais por volta de 540 milhões de anos atrás, atribuível a um drástico incremento das pressões de predação e competição.

Em qualquer evento, quase todos os principais filos animais de hoje estão representados entre os fósseis do Cambriano formados há 525 a 540 milhões de anos; sem estágios ancestrais intermediários entre os vários grupos animais, o registro fóssil não fornece pista alguma sobre como esses filos se relacionam entre si. O estudo do extenso registro fóssil do Cambriano e pós-Cambriano pode nos dizer algo sobre a evolução *desde* a explosão do Cambriano, mas nada sobre os ancestrais dos quais esses animais fossilizados evoluíram. Entretanto, se assumirmos, o que é muito razoável, que todos os animais têm formas ancestrais em comum, e que à medida que os animais foram evoluindo daqueles ancestrais em comum, eles foram se tornando cada vez menos parecidos, podemos inferir relações evolutivas com diferentes graus de certeza. Essas inferências são baseadas em similaridades e diferenças morfológicas, ontogenéticas, fisiológicas, bioquímicas e genéticas entre grupos animais. Nas próximas seções, examinaremos algumas dessas características importantes.

Antes de considerar as inter-relações evolutivas entre os diferentes grupos de organismos, devemos organizar as milhões de espécies animais dentro de categorias, o que somente pode ser feito determinando-se os graus de diferença e semelhança que definirão cada categoria. É importante ter em mente que todos os esquemas de classificação são, ao menos em parte, tentativas artificiais de impor uma ordem. Como será visto ao longo deste livro, muitos organismos não se enquadram claramente em grupo algum; é relativamente simples decidir sobre as categorias a serem usadas, mas, em geral, muito mais difícil determinar a categoria à qual um determinado organismo pertence. Uma vez que os organismos são associados a categorias taxonômicas, torna-se possível considerar as relações evolutivas entre e dentro de cada categoria. Neste capítulo, consideraremos alguns dos esquemas que têm sido propostos para enquadrar animais dentro de grupos e, então, analisaremos as relações evolutivas entre e dentro desses grupos.

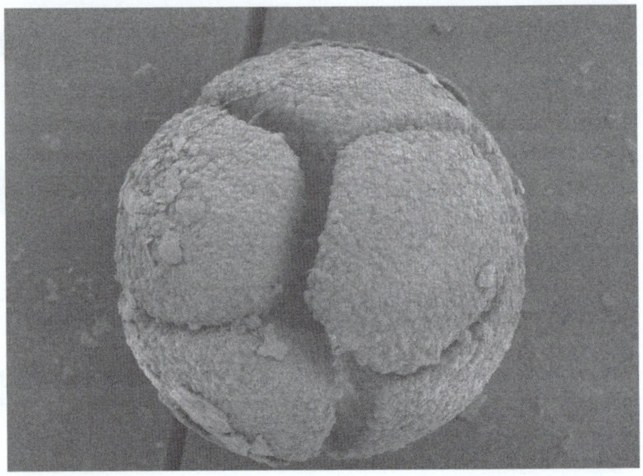

Figura 2.1

O que parece ser um embrião multicelular fossilizado (~ 500 μm de diâmetro) de depósitos no sul da China, formados há cerca de 580 milhões de anos. Se esse é verdadeiramente o embrião de um animal multicelular bilateralmente simétrico, então uma diversidade de vida animal multicelular, sem dúvida, existiu bem antes do registro dos estratos de Burgess da explosão do Cambriano.

Baseada em Shuhai Xiao e Ed Seling, et al., 1998 in Nature 391:553-58. © Reimpresso, com permissão, de Shuhai Xiao. Ver também Yin et al., 2007. Nature 446: 661-663.

---

[2]Ver *Tópicos para posterior investigação e discussão*, nº 6, no final deste capítulo.

[3]Ver *Tópicos para posterior investigação e discussão*, nº 8, no final deste capítulo.

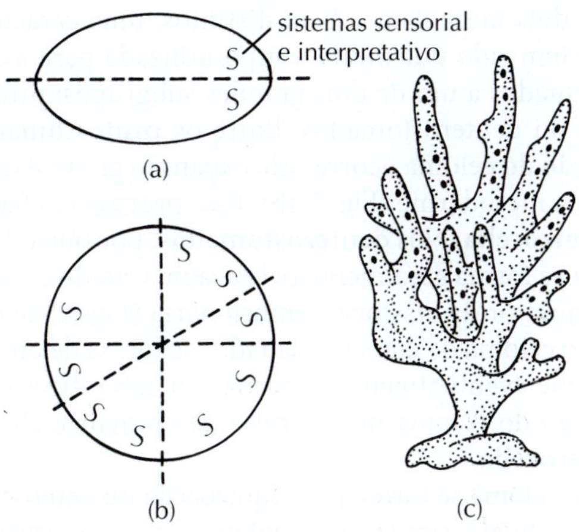

Figura 2.2

Diferentes tipos de simetria corporal. (a) Simetria bilateral. (b) Simetria radial. (c) Plano corporal assimétrico de uma esponja marinha.

Classificação por número de células, embriologia e simetria corporal

Invertebrados têm sido categorizados de muitas maneiras; uma das divisões mais básicas é baseada em se os indivíduos têm uma única célula ou se são compostos por muitas células. Animais verdadeiros são multicelulares, organismos geralmente diploides que se desenvolvem individualmente de uma blástula; esses organismos são referidos coletivamente como os Metazoa, ou **metazoários**. Outros invertebrados são considerados ou **unicelulares** (com uma única célula) ou **acelulares** (sem células) – uma distinção discutida a seguir no Capítulo 3 – e não se desenvolvem de nada que lembre um embrião metazoário. Como veremos nos vários capítulos seguintes, o ponto a partir do qual uma associação de células pode ser vista compondo um organismo multicelular nem sempre é claro de se precisar. É amplamente reconhecido que a vida multicelular evoluiu de algum organismo unicelular. Então, há considerável interesse em se tentar determinar quantas vezes surgiu a multicelularidade, e de quais ancestrais.

Animais podem ser também classificados de acordo com a forma geral do corpo. A maioria dos metazoários mostra um de dois tipos de simetria corporal (Fig. 2.2a, b), pelo menos superficialmente. Animais como nós são **bilateralmente simétricos**, possuindo lados direito e esquerdo que são imagens aproximadamente em espelho de cada um. A simetria bilateral está altamente correlacionada à **cefalização**, que é a concentração de órgãos e tecidos nervosos e sensoriais em uma extremidade do animal, resultando em extremidades anterior e posterior distintas. Para um animal que exibe cefalização, duas imagens em espelho podem ser produzidas somente quando uma fatia é feita paralelamente ao eixo do comprimento do animal (anterior-posterior), com o corte passando sobre a linha média. Qualquer corte perpendicular a essa linha média, mesmo passando pelo centro do animal, gera dois pedaços diferentes. Isso não ocorre com um organismo **radialmente simétrico**. Um animal assim pode ser dividido em duas metades aproximadamente iguais por qualquer secção que passe através do seu centro. Portanto, a maioria dos animais pertence ou aos Radiata ou aos Bilateria. Invertebrados assimétricos – aqueles que não apresentam qualquer padrão ordenado na sua morfologia geral – são incomuns (Fig. 2.2c).

Novamente, o que parece ser claro na superfície nunca é tão simples quando se lida com animais reais. Muitas espécies cujas aparências externas mostram uma típica simetria radial têm anatomias internas assimétricas. Algumas anêmonas-do-mar, por exemplo, são bilateralmente simétricas, e até mesmo mostram padrões de expressão gênica durante o desenvolvimento que lembram as de outros animais bilaterais.[4] Talvez teria sido melhor agrupar animais com base no grau de cefalização, em vez de basear-se na simetria corporal. O precedente histórico, entretanto, será respeitado neste livro.

Classificação por padrão de desenvolvimento

O padrão de desenvolvimento (ontogenético) tem tido, por muito tempo, um papel central na criação de esquemas de classificação e na dedução de relações evolutivas, como será discutido em várias das próximas seções. Por muitos anos, invertebrados multicelulares têm sido divididos em dois grupos, com base no número de camadas germinativas distinguíveis durante a embriogênese. **Camadas germinativas** são grupos, de células que se comportam como uma unidade durante os primeiros estágios do desenvolvimento embrionário e dão origem a tecidos e/ou sistemas de órgãos distintos nos adultos. Em animais **diploblásticos**, somente duas camadas germinativas se formam durante ou após o movimento de células no interior do embrião. A camada mais externa de células é chamada de **ectoderme** e a camada celular mais interna, de **endoderme**. Membros de somente uns poucos filos (principalmente os Cnidaria, um grupo que inclui as águas-vivas e os corais) são geralmente considerados diploblásticos (Fig. 2.10). A maioria dos metazoários é **triploblástica**. Durante a ontogenia dos animais triploblásticos, células da ectoderme ou, mais frequentemente, da endoderme dão origem a uma terceira camada germinativa, a **mesoderme**. Essa camada mesodérmica de tecido sempre está situada entre o tecido ectodérmico externo e o endodérmico interno. Derivados mesodérmicos importantes incluem os sistemas muscular e circulatório.

A ausência de uma terceira camada embrionária distinta não significa que o adulto de uma espécie diploblástica não terá os tecidos que são derivados dessa camada em adultos de espécies triploblásticas. Adultos diploblásticos, por exemplo, possuem musculatura, apesar da ausência de um grupo morfológica ou comportamentalmente distinto de células que pode ser chamado de *mesoderme* no embrião.

[4]Finnerty et al., 2004. *Science* 304:1335-37; Matus, D. Q. et al., 2006. *Proc. Natl. Acad. Sci.* 103:11195-200.

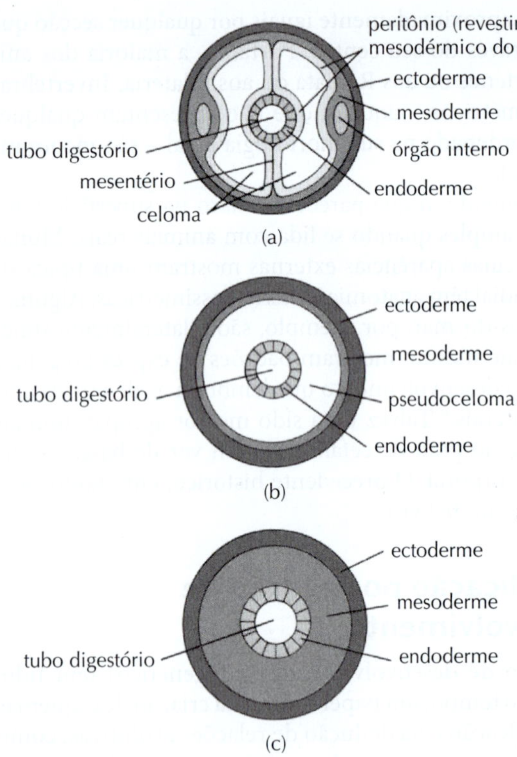

Figura 2.3

Relação entre os principais componentes do corpo e as camadas germinativas que os originam no desenvolvimento embrionário. (a) Secção transversal através do corpo de um celomado. O espaço celômico é inteiramente revestido por tecido derivado da mesoderme embrionária. (b) Secção transversal através do corpo de um pseudocelomado. O tubo digestório é derivado inteiramente da endoderme e, portanto, não é revestido por mesoderme. (c) Secção transversal esquemática pelo corpo de um acelomado. O espaço entre o tubo digestório e a parede externa do corpo é completamente preenchido com tecido derivado da mesoderme embrionária.

Animais triploblásticos foram posteriormente classificados em três planos básicos de construção do corpo, com base na presença ou não de uma cavidade do corpo independente do trato digestório e no modo como essa cavidade se forma durante a embriogênese. Embora sua importância como pistas filogenéticas tenha diminuído consideravelmente em anos recentes (ou no mínimo se tornado controversa), essas características ontogenéticas têm tido por muito tempo papéis centrais em argumentos de como metazoários triploblásticos se relacionam entre si.

Os celomados

Um grande grupo de invertebrados são – como nós, e, de fato, como todos os outros vertebrados – animais triploblásticos com uma cavidade interna preenchida por fluido, situada entre o tubo digestório e a musculatura da parede externa do corpo, e revestida com tecido derivado da mesoderme embrionária (Figs. 2.3a e 2.4a). Esse tipo de cavidade é chamada de **celoma**, e os animais que possuem essa cavidade corporal são **celomados** (ou **eucelomados**). A formação do celoma pode ocorrer por um de dois mecanismos bem distintos, uma característica que tem sido muito tempo utilizada para associar os celomados a um de dois grandes subgrupos: protostomados ou deuterostomados. Entre os **protostomados**, a formação do celoma ocorre pela expansão gradual de uma fenda na mesoderme (Fig. 2.4b). Esse processo é chamado de **esquizocelia**. Nos **deuterostomados**, por outro lado, o celoma se forma geralmente pela evaginação do arquêntero no interior da blastocele embrionária (Figs. 2.4c e 2.5). Como o celoma de deuterostomados se forma de uma parte do que eventualmente se torna um tubo digestório, a formação do celoma nesse grupo de animais é chamada de **enterocelia**.

Se o celoma se forma por esquizocelia ou enterocelia, o resultado final é similar. Em ambos os casos, o organismo é deixado com uma cavidade interna corporal preenchida com fluido, entre o tubo digestório e a musculatura da parede externa do corpo, e a cavidade é revestida por um epitélio derivado da mesoderme.

As forças seletivas favorecendo a evolução dessas cavidades corporais internas são fáceis de se imaginar. Por exemplo, com uma cavidade corporal interna, o tubo digestório é de algum modo independente das atividades locomotoras musculares da parede do corpo. Além disso, o animal ganha espaço interno para seus órgãos digestórios, gônadas e para o desenvolvimento de embriões, e o fluido interno serve para distribuir oxigênio, nutrientes e hormônios ou substâncias neurossecretoras pelo corpo, facilitando a evolução de tamanhos corporais maiores. Talvez mais significativamente, cavidades corporais preenchidas por fluido podem levar a sistemas locomotores mais efetivos, como será discutido no Capítulo 5.

Todavia, o modo de formação do celoma é somente uma das várias características que distinguem protostomados de deuterostomados. De fato, os termos *protostomado* e *deuterostomado* foram, na realidade, cunhados para refletir diferenças na origem embrionária da boca. Entre os protostomados, a boca (e, algumas vezes, o ânus) forma-se do blastóporo (a abertura externa do embrião em desenvolvimento, dentro do arquêntero) – assim, o termo *protostomado* significa "primeira boca", já que a boca se forma da primeira abertura que surge durante o desenvolvimento embrionário. Nos deuterostomados, a boca nunca se forma do blastóporo: embora o blastóporo possa dar origem ao ânus, como em alguns protostomados, a boca deuterostomada sempre é formada de uma segunda e nova abertura, em outro local do embrião – daí o termo *deuterostomado*, significando "segunda boca".

Quais outras características distinguem protostomados de deuterostomados? Além do modo de formação do celoma e da origem embrionária da boca, eles, em geral, diferem no número de cavidades celômicas que se formam quando eles se desenvolvem. Nos protostomados, o número de cavidades celômicas é altamente variável: por exemplo, um anelídeo pode ter tantas cavidades celômicas quanto seus segmentos – centenas, em algumas espécies. Entre os deuterostomados, entretanto, a cavidade celômica original geralmente se subdivide para formar três pares de sacos celômicos; ou seja, o celoma deuterostomado é geralmente *tripartido*. Protostomados e deuterostomados

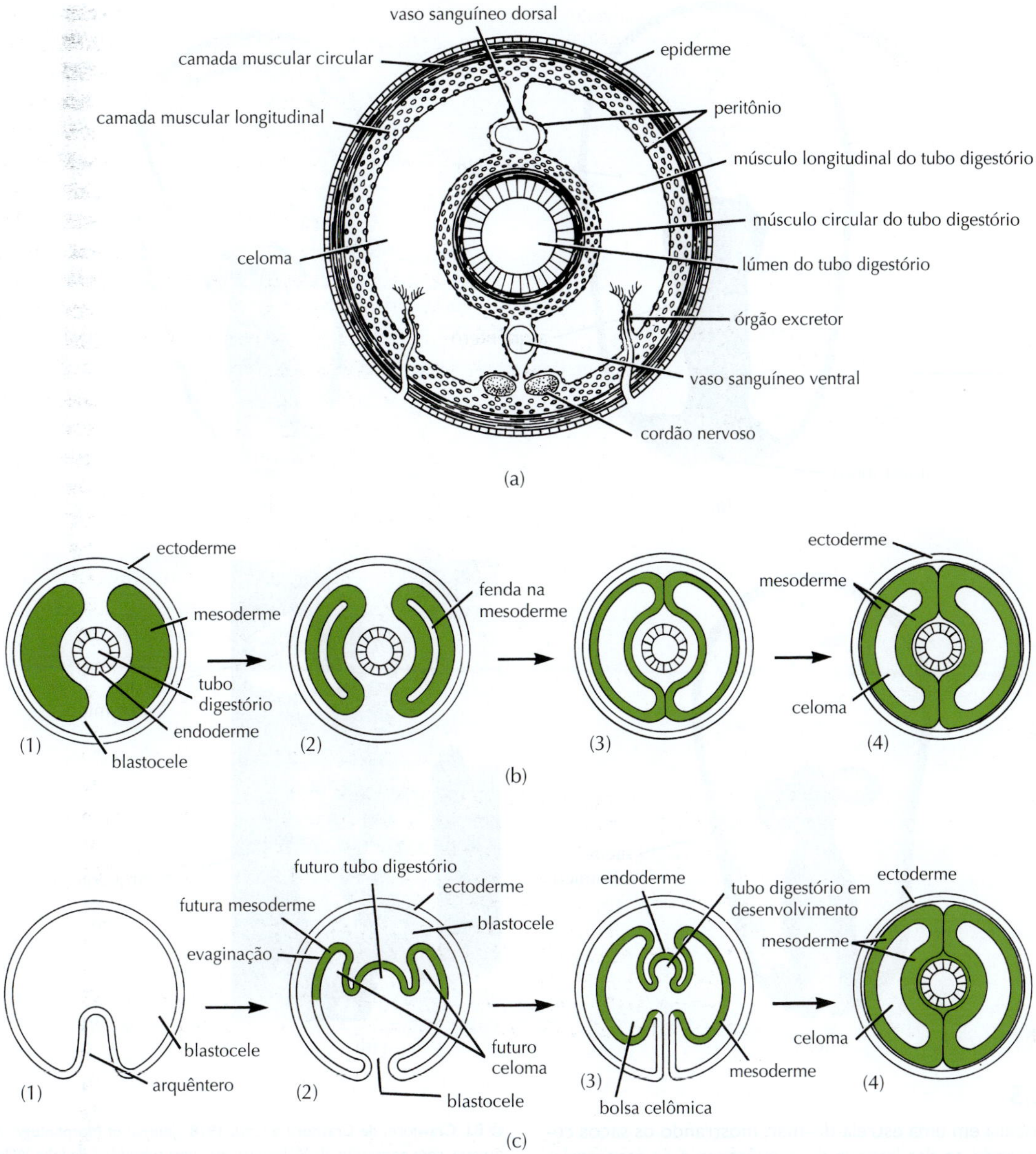

Figura 2.4

(a) Secção transversal detalhada através do corpo de um celomado. Os tecidos envolvendo o espaço celômico incluem a musculatura do tubo digestório; os mesentérios, que sustentam os vários órgãos dentro do celoma; e o peritônio, que reveste a cavidade celômica. (b) Formação do celoma por esquizocelia – isto é, por uma verdadeira fenda ou divisão no tecido mesodérmico. (c) Formação do celoma por enterocelia, na qual o arquêntero evagina-se dentro da blastocele embrionária.

também podem diferir com respeito à orientação dos fusos acromáticos das células durante a clivagem (o ponto do desenvolvimento no qual o destino das células torna-se irreversivelmente fixado), como a mesoderme origina-se e a posição do cordão nervoso principal.

A clivagem é normalmente referida como *radial* ou *espiral*, dependendo da orientação dos fusos acromáticos mitóticos em relação ao eixo do ovo. Em geral, o vitelo é distribuído assimetricamente dentro dos ovos, e o núcleo ocorre dentro, ou move-se para, a região de menor densidade de vitelo. Essa região é o **polo animal**, e é nele que os corpos polares são liberados durante a meiose. A extremidade oposta do ovo é chamada de **polo vegetal**.

No **padrão radial** de clivagem mostrado por deuterostomados, os fusos acromáticos de uma determinada célula, e, portanto, os planos de clivagem, são orientados ou paralela ou perpendicularmente ao eixo animal-vegetal. Assim, células-filhas derivadas de uma divisão na qual o plano de clivagem é paralelo ao eixo animal-vegetal ficam sobre o mesmo plano, como na célula-mãe original (Fig. 2.6a, b). As duas células-filhas resultantes de uma divisão perpendicular ao eixo animal-vegetal posicionam-se diretamente uma sobre a outra, com o centro da célula superior posicionado diretamente sobre o centro da célula subjacente (Figs. 2.6c-f).

Em contrapartida, os fusos acromáticos de células que sofrem **clivagem espiral** no desenvolvimento protostomado

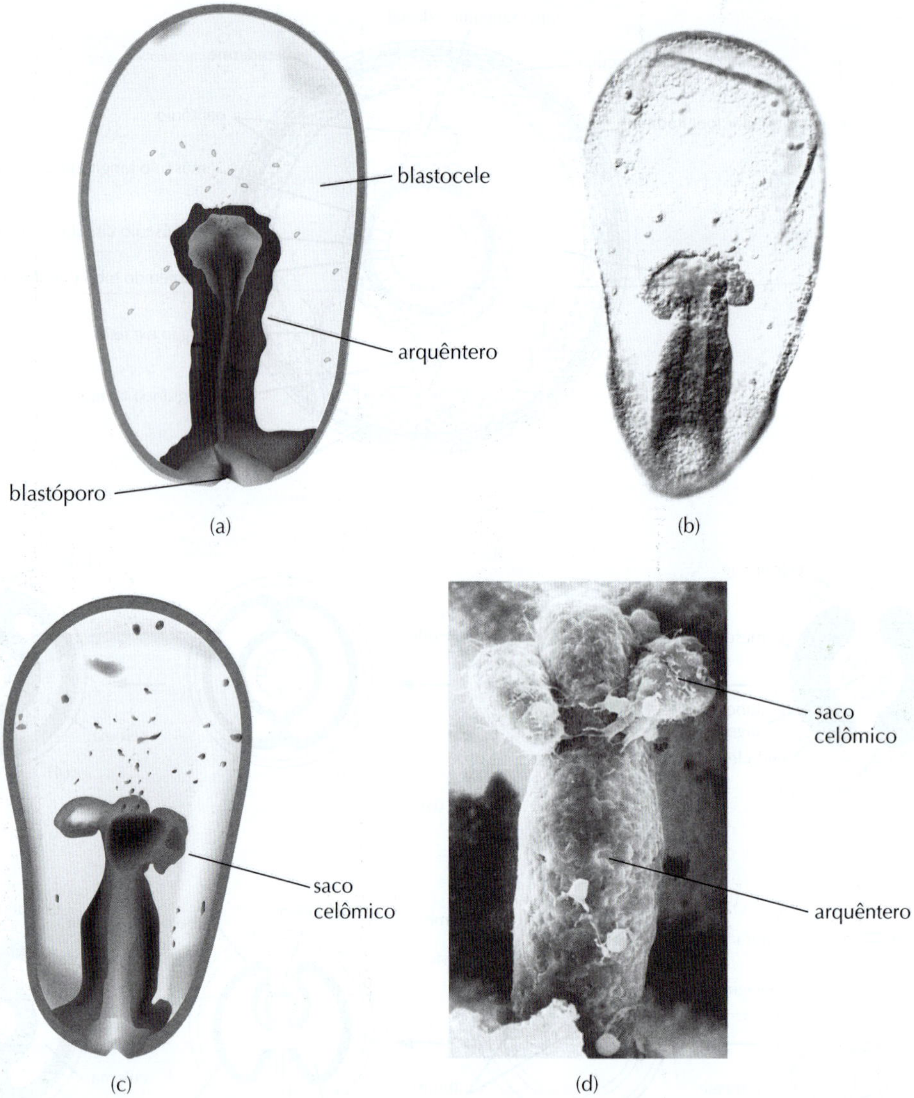

Figura 2.5

(a–c) Enterocelia em uma estrela-do-mar, mostrando os sacos celômicos formando-se das laterais do arquêntero e se separando. (d) Os sacos celômicos são mostrados claramente nesta micrografia eletrônica de varredura. Os sacos se ampliam gradualmente para formar o celoma.

são orientados (depois das duas primeiras clivagens) em ângulos de 45° relativos ao eixo animal-vegetal (Fig. 2.6j-k). Além disso, a linha de divisão não necessariamente passa pelo centro da célula em divisão. Como resultado, até o estágio de oito células, geralmente vemos um grupo de células menores (**micrômeros**) situadas nos espaços entre as células maiores subjacentes (**macrômeros**) (Fig. 2.6k-m). A divisão celular continua desta maneira, com os planos de clivagem sempre oblíquos ao eixo polar do embrião.

Embriões em clivagem de protostomados e deuterostomados também geralmente diferem em relação a quando eles se tornam completamente fixados a um destino em particular. Entre os deuterostomados, pode-se separar as células de um embrião com duas ou com quatro células, e cada uma delas, em geral, se desenvolverá em um animal plenamente funcional. Assim, deuterostomados exibem clivagem **indeterminada** (ou **reguladora**); cada célula retém – algumas vezes até o estágio de oito células – a capacidade de diferenciar-se como um organismo inteiro se aquela célula perde o contato com suas células associadas. Entre a maioria dos protostomados, em contrapartida, o potencial de desenvolvimento de cada célula é irreversivelmente determinado na primeira clivagem; separar os blastômeros de um embrião protostomado com duas células e, na maioria das espécies, cada célula dará origem somente a um "monstro" malformado, com vida curta. A clivagem dos protostomados, portanto, é chamada de **determinada** ou **em mosaico**. Espécies com desenvolvimento determinado nunca produzem gêmeos idênticos, os quais em deuterostômios surgem da separação natural de blastômeros durante as primeiras clivagens. Interessantemente, ambos os protostomados (p. ex., muitos anelídeos) e os deuterostomados (p. ex.,

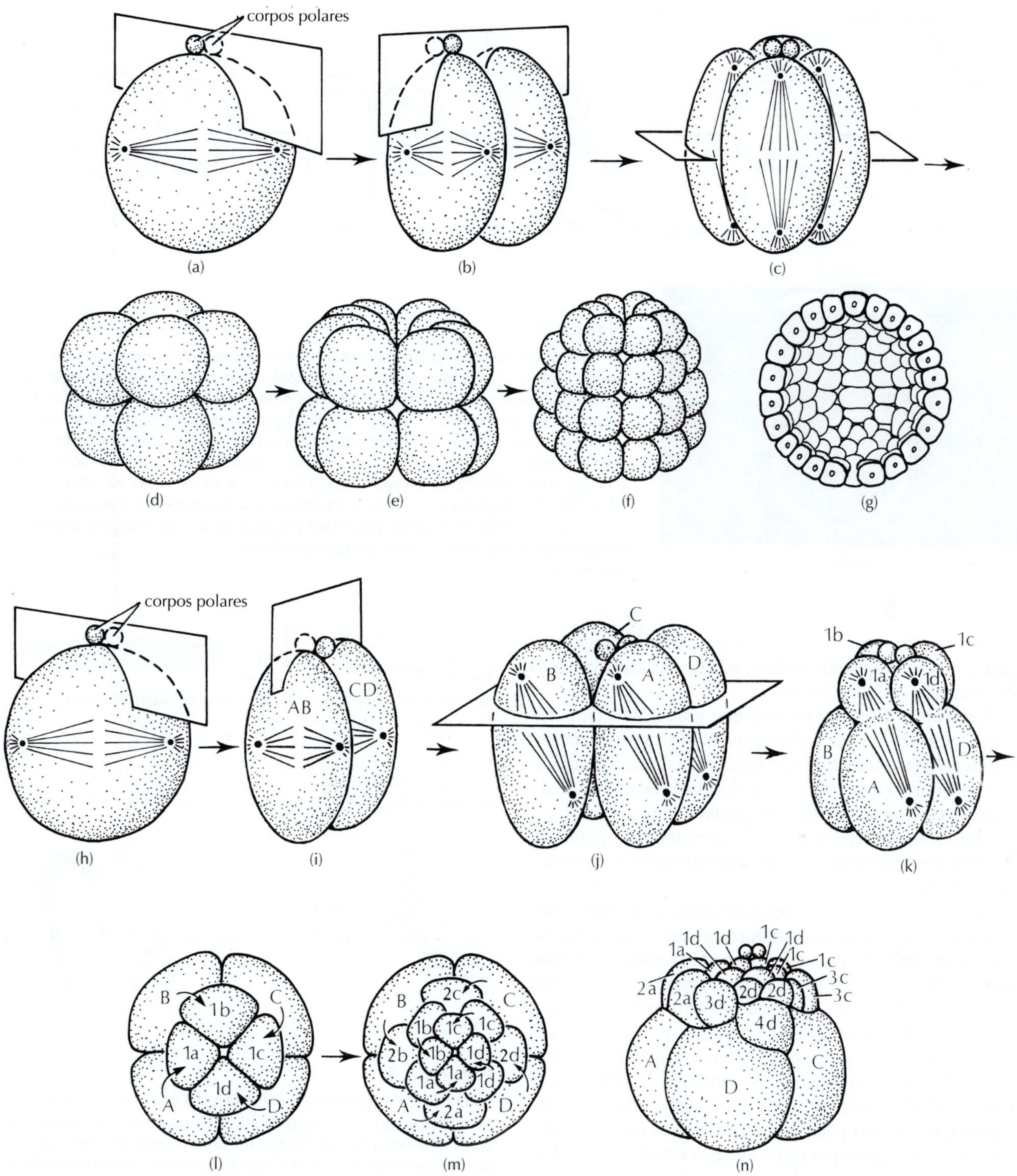

Figura 2.6

(a–g) Clivagem radial, como vista no pepino-do-mar *Synapta digitata*. Em (g), parte do embrião foi removida para mostrar a blastocele. (h-n) Clivagem espiral. As duas primeiras clivagens (h) são idênticas àquelas vistas em embriões sofrendo clivagem radial, formando quatro grandes blastômeros (j). O plano de clivagem durante a próxima clivagem, entretanto, é oblíquo ao eixo animal-vegetal do embrião e não passa pelo centro de uma determinada célula (k). Isso produz um anel de células menores (micrômeros) entre as células maiores subjacentes (macrômeros), como mostrado em (l). O sistema de letras ilustrado foi criado pelo embriologista E. B. Wilson, no final dos anos 1800, para tornar possível uma discussão das origens e destinos de células em particular. O número precedendo uma letra indica a clivagem na qual um dado micrômero foi formado. Letras maiúsculas referem-se a macrômeros, e as minúsculas, a micrômeros. Com cada clivagem subsequente, os macrômeros dividem-se para formar um macrômero-filho e um micrômero-filho, ao passo que os micrômeros dividem-se para formar dois micrômeros-filhos. O embrião de 32 células do gastrópode marinho *Crepidula fornicata* é mostrado em (n). Observe a célula 4d, da qual a maior parte do tecido mesodérmico dos protostômios será finalmente derivada.

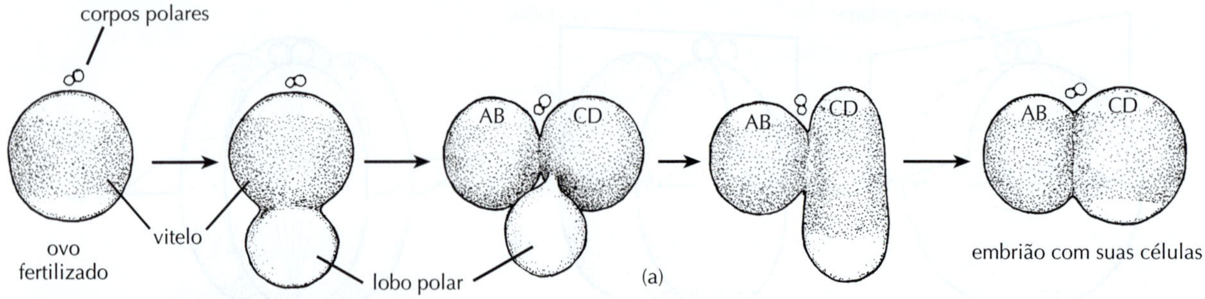

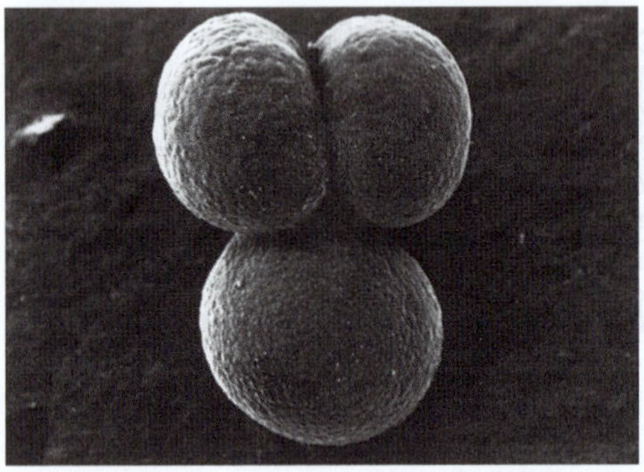
(b)

Figura 2.7

(a) Formação do lobo polar durante o desenvolvimento de um protostomado. Após a reabsorção do lobo polar, os dois blastômeros são claramente desiguais em tamanho, uma vez que o citoplasma contido dentro do lobo polar não participa diretamente no processo de clivagem. (b) Micrografia eletrônica de varredura do embrião com duas células do gastrópode marinho *Nassarius reticulatus*. O lobo polar (na parte inferior) é quase do mesmo tamanho do blastômero dentro do qual ele é reabsorvido. A linha de clivagem recém-formada é visível entre os blastômeros AB e CD. O lobo polar é claramente relacionado a somente uma das células-filhas (o blastômero CD). Um corpo polar (um produto da divisão meiótica anterior à clivagem) pode ser visto no polo animal do embrião.

(b) © M.R. Dohmen

muitos equinodermos) podem frequentemente regenerar partes do corpo quando adultos, seja seu desenvolvimento determinado ou indeterminado.

Uma outra diferença entre os dois grupos de celomados refere-se à origem da mesoderme. Entre protostomados, muito do tecido mesodérmico é derivado de uma única célula do embrião de 64 células, localizada na extremidade do blastóporo. Isso não ocorre nos deuterostomados, os quais produzem mesoderme a partir das paredes do arquêntero. Por fim, protostomados são únicos e distintos por possuírem um cordão nervoso ventral pareado.

Durante sua primeira ou segunda clivagem, os embriões de alguns protostomados formam lobos polares (não confunda com corpos polares, que surgem durante a meiose). Um **lobo polar** é uma conspícua projeção de citoplasma que se forma antes da divisão celular e que não contém material nuclear; depois que a divisão celular se completa, a projeção é reabsorvida dentro de uma única célula-filha, a qual ainda está presa (Fig. 2.7). Embora o significado funcional desse fenômeno para o embrião não esteja ainda plenamente compreendido,[5] a formação do lobo polar tem fornecido aos embriologistas um sistema intrigante por meio do qual é estudado o papel de fatores citoplasmáticos na determinação do destino da célula. No experimento básico, o lobo polar completamente formado é retirado de um embrião, e o desenvolvimento do embrião sem o lobo é subsequentemente monitorado. A formação do lobo polar é característica de somente algumas espécies protostomadas (alguns anelídeos e alguns moluscos), mas nunca é encontrada em deuterostomados.

Por fim, as bandas ciliares envolvidas na alimentação e locomoção de larvas deuterostomadas (e adultos) são, em geral, monociliadas (Fig. 2.8a), ao passo que aquelas encontradas entre as larvas protostomadas são geralmente compostas por células multiciliadas (Fig. 2.8b). Detalhes da captura de partículas também diferem entre larvas protostomadas e deuterostomadas (Fig. 2.8c).

[5]Henry, J. Q., K. J. Perry e M. Q. Martindale. 2006. *Devel. Biol.* 297:295-307.

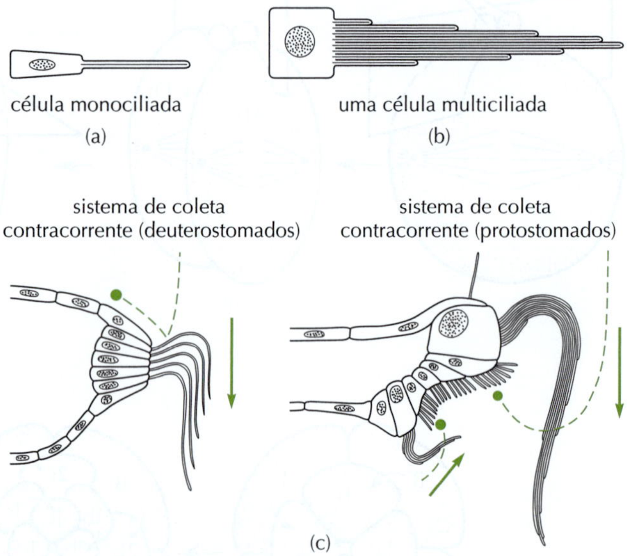

Figura 2.8

(a) Uma célula monociliada, característica de larvas ciliadas deuterostomadas. (b) Uma célula multiciliada com um cílio composto, típica de larvas protostomadas. (c) Os sistemas de coleta de partículas contracorrente e a favor da corrente caracterizando as larvas ciliadas de todos os deuterostomados e de pelo menos a maioria dos protostomados, respectivamente. No sistema de coleta contracorrente, cílios individuais revertem temporariamente a direção do seu batimento – provavelmente em resposta ao contato mecânico com partículas de alimento – e, então, as partículas são dirigidas para a superfície acima da banda ciliar.

De C. Nielsen, 1987. *Acta Zoologica* (Stockholm), 68:205-62. Reimpressa com permissão.

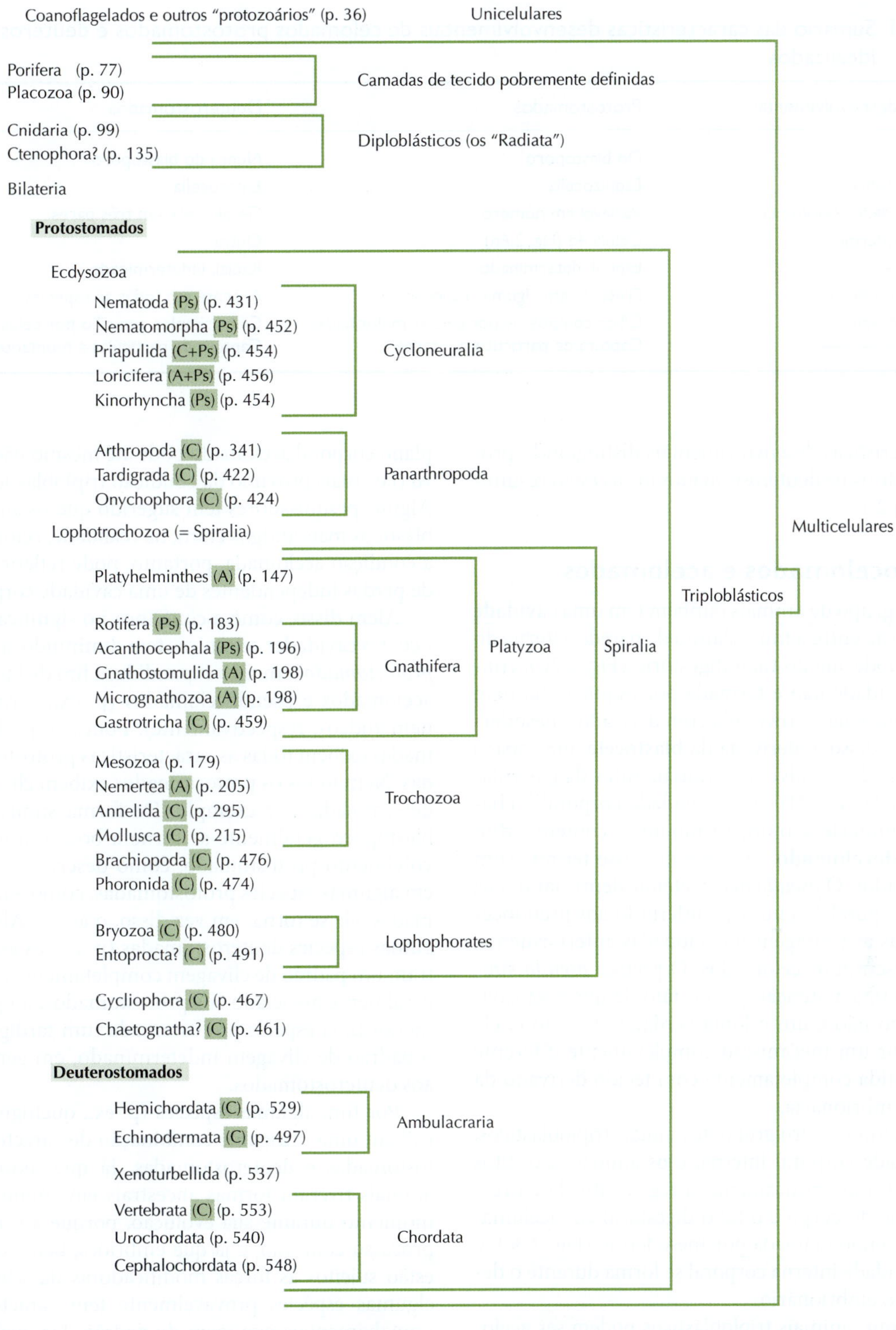

Figura 2.9

Um esquema moderno de classificação de grupos de animais triploblásticos de acordo com os fatores discutidos neste capítulo. Os dois principais grupos, protostomados e deuterostomados, são realçados em azul, assim como as indicações dos tipos de cavidade corporal: A = acelomado, Ps = pseudocelomado, C = celomado. Um "+" indica que diferentes membros de um grupo pertencem a categorias diferentes (p. ex., "C+Ps" significa que o grupo inclui ambos os celomados e pseudocelomados). Nenhum tipo de cavidade corporal atribuída indica incerteza para aquele grupo. Alguns agrupamentos (p. ex., Ecdyzoa) são ainda controversos, e não há ainda um consenso sobre a composição nos principais grupos protostomados, Cycloneuralia e Lophotrochozoa. Em alguns esquemas, os filos lofoforados são incluídos nos Trochozoa.

Baseada em diferentes fontes recentes, especialmente Edgecombe et al., 2011. *Org. Divers. Evol.* 11:151-172.

Tabela 2.1 Sumário das características desenvolvimentais de celomados protostomados e deuterostomados idealizados

Característica desenvolvimental	Protostomados	Deuterostomados
Origem da boca	Do blastóporo	Nunca do blastóporo
Formação do celoma	Esquizocelia	Enterocelia
Arranjo das cavidades celômicas	Variável em número	Geralmente em três pares
Origem da mesoderme	Célula 4d (Fig. 2.6n)	Outra
Padrão de clivagem	Espiral, determinado	Radial, indeterminado
Formação do lobo polar	Presente em algumas espécies	Ausente em todas as espécies
Bandas ciliares larvais	Cílios compostos por células multiciliadas Captura de partículas a jusante	Cílios simples, um cílio por célula Captura de partículas a montante

As características desenvolvimentais distinguindo protostomados ideais de deuterostomados ideais estão resumidas na Tabela 2.1.

Os pseudocelomados e acelomados

Um segundo grupo de animais também tem uma cavidade corporal interna entre a musculatura da parede externa do corpo e a endoderme do tubo digestório (Fig. 2.3b), contudo, essa cavidade não é formada por esquizocelia nem por enterocelia, e não é revestida com derivados mesodérmicos; em vez disso, é derivada da **blastocele**, um espaço interno que se desenvolve no embrião antes da gastrulação [(Fig. 2.4c(1) e c(2))]. Essa cavidade corporal é chamada de **pseudocele**, e o organismo que a contém é dito ser um **pseudocelomado**. Observe que esse termo é um pouco enganador. O *pseudo* não pretende depreciar o *cele*; a cavidade corporal é genuína, conferindo aos pseudocelomados todas as vantagens mencionadas anteriormente, quando se discutiu os celomados. O prefixo *pseudo* simplesmente chama a atenção para o fato de que essa cavidade do corpo não é um celoma verdadeiro - isto é, ela é formada por um mecanismo completamente diferente e não é revestida completamente com tecido derivado da mesoderme embrionária.

Ainda em um terceiro grupo de animais triploblásticos, não há cavidade corporal interna, e os animais são ditos **acelomados**. Caracteristicamente, a região situada entre a parede externa do corpo e o tubo digestório em acelomados é sólida, sendo ocupada por mesoderme (Fig. 2.3c), e nenhuma cavidade interna corporal se forma durante o desenvolvimento embrionário.

Para resumir, animais triploblásticos podem ser acelomados, pseudocelomados ou celomados, dependendo de se eles possuem uma cavidade corporal interna preenchida por fluido e se essa cavidade corporal é revestida por tecido derivado mesodermicamente. Esses são os três tipos distintivos de organização. Infelizmente, biólogos geralmente acham bem mais simples construir sistemas lógicos de classificação do que distribuir os animais precisamente dentro deles. Em particular, tem-se tornado cada vez mais óbvio que cavidades celômicas podem ser perdidas, bem como adquiridas na evolução, que é improvável que acelomados tenham evoluído de um único ancestral comum e que o plano corporal acelomado pode até mesmo não ser *primitivo* (i.e., mais próximo da condição triploblástica ancestral). Alguns pesquisadores têm sugerido que os animais triploblásticos mais antigos eram, na realidade, celomados, e que a condição acelomada, portanto, pode refletir um número de perdas independentes de uma cavidade corporal.

Além disso, como a confiança no significado filogenético das cavidades celômicas tem diminuído, a definição de *protostomado* tem sido expandida, a fim de incluir animais acelomados e pseudocelomados (p. ex., vermes chatos e nematódeos, respectivamente). Poucas espécies protostomadas exibem todas as características protostomadas listadas. Nem todos os protostomados exibem clivagem espiral determinada, por exemplo. De forma similar, embora o blastóporo geralmente se torne a boca durante o desenvolvimento protostomado, como descrito anteriormente, em algumas espécies protostomadas, como em deuterostomadas, ele se torna, em vez disso, o ânus.[6] Além disso, algumas espécies deuterostomadas (p. ex., as ascídias) mostram um padrão de clivagem completamente determinado, geralmente associado aos protostomados, ao passo que ao menos uma espécie protostomada (um tardígrado)[7] exibe o padrão de clivagem indeterminado, em geral associado aos deuterostomados.

Por fim, algumas espécies (p. ex., quetognatas, p. 465) exibem uma intrigante combinação de características protostomadas e deuterostomadas. Já que todos os grupos animais tiveram formas ancestrais em comum em algum momento durante sua evolução, porque a evolução é um processo contínuo, e já que embriões, bem como adultos, estão sujeitos às forças modificadoras da seleção natural, algumas espécies provavelmente têm características desenvolvimentais que saem do padrão. De qualquer modo, é provável que as espécies que exibem características inteira ou principalmente protostomadas sejam mais proximamente relacionadas entre si do que àquelas espécies que exibem características puramente deuterostomadas. Evidências moleculares até o momento dão forte suporte a essa afirmação. O desenvolvimento deuterostomado, com o blastóporo tornando-se o ânus, pode ser a condição ancestral para todos os animais bilateralmente simétricos, com

[6]Martin-Durán, J. M. et al., 2012. *Current Biol.* 22:1-6.

[7]Hejnol, A. e R. Schnabel. 2005. *Development* 132:1349-61.

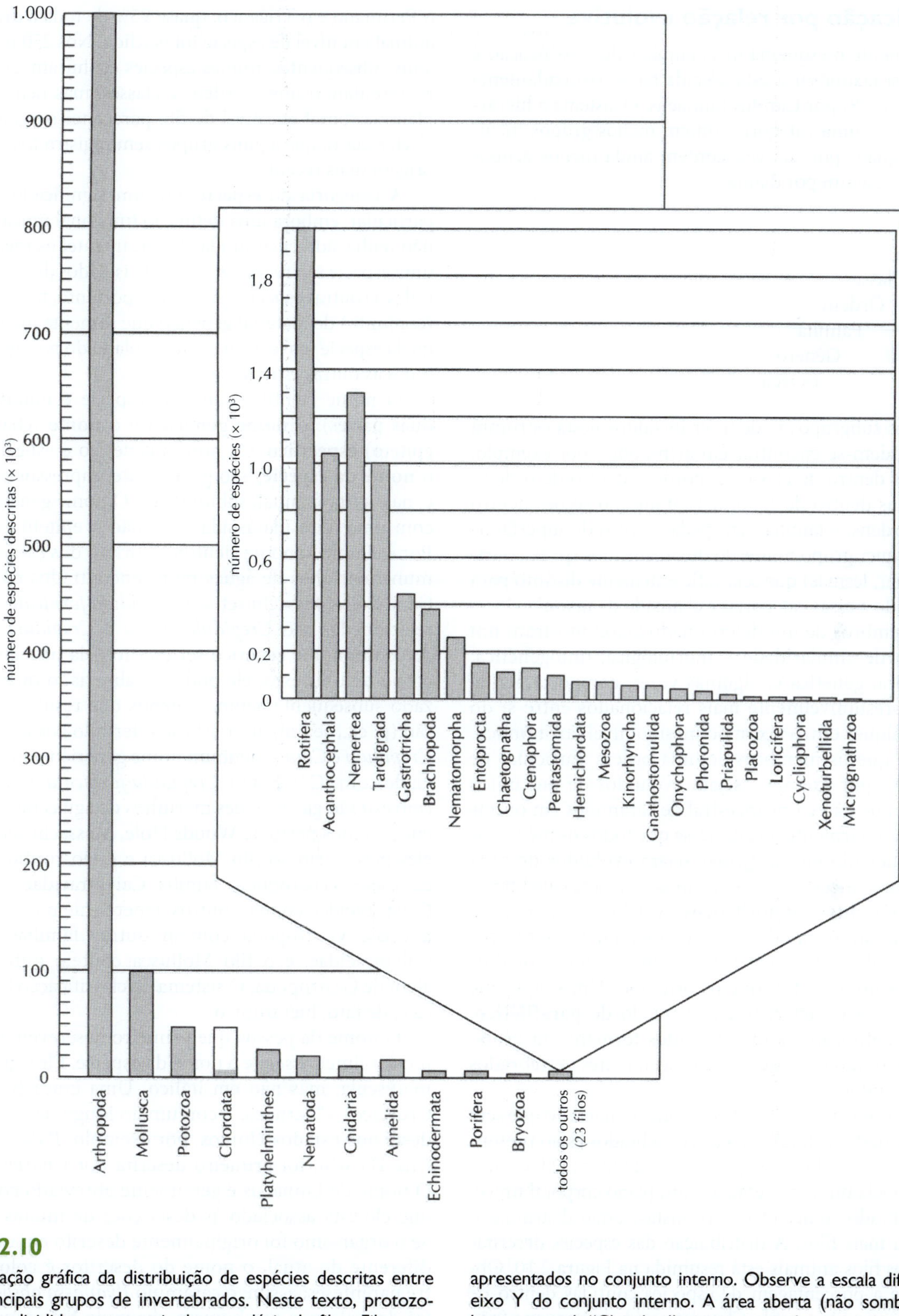

Figura 2.10

Representação gráfica da distribuição de espécies descritas entre os 33 principais grupos de invertebrados. Neste texto, protozoários estão divididos entre mais de uma dúzia de filos. Filos metazoários contendo menos do que 2 mil espécies descritas estão apresentados no conjunto interno. Observe a escala diferente no eixo Y do conjunto interno. A área aberta (não sombreada) da barra nomeada "Chordata" representa espécies vertebradas. Todas as outras espécies em todos os outros filos são invertebradas.

uma dupla de genes especificando o blastóporo e a boca originando-se secundária e independentemente em um número de linhagens protostomadas.[8]

A Figura 2.9 mostra uma ideia amplamente suportada sobre onde cada filo animal se encaixa dentro do quadro discutido nesta seção. O número seguindo cada lista fornece a página na qual cada grupo é primeiramente discutido.

[8]Martin-Durán, J. M. et al., 2012. *Current Biol.* 22:1-6.

Classificação por relação evolutiva

Provavelmente o esquema mais familiar de classificação é a estrutura taxonômica estabelecida há aproximadamente 250 anos (1758) por Carolus Linnaeus. O sistema é hierárquico, isto é, uma categoria contém menos grupos inclusivos, os quais, por sua vez, contêm ainda menos grupos inclusivos, e assim por diante:

Reino
 Filo
  Classe
   Ordem
    Família
     Gênero
      espécie

Muitos subgrupos podem ser incluídos nesta estrutura básica. Podem-se encontrar em artrópodes, por exemplo, subclasses dentro de classes, subordens dentro de ordens, infraordens dentro de subordens, e mesmo seções dentro de infraordens, e famílias agrupadas dentro de superfamílias. Qualquer grupo nomeado de organismos (p. ex., ouriços-do-mar, lesmas) que seja suficientemente distinto para se associado a essas categorias é chamado de **táxon**.

Os membros de um determinado táxon mostram um alto grau de similaridade - morfológica, ontogenética, bioquímica, genética e, algumas vezes, comportamental - e são presumivelmente mais relacionados entre si do que a qualquer outro táxon no mesmo nível taxonômico. Supõe-se que os membros de uma ordem particular de caramujos, por exemplo, sejam evoluídos de um único ancestral que não é um ancestral de caramujos em outras ordens. Similarmente, presume-se que todos os membros de qualquer filo em particular sejam evoluídos de uma única forma ancestral. Esses grupos, em cada nível taxonômico, são ditos **monofiléticos**. Atualmente, a maioria dos pesquisadores modernos concorda que todos os grupos monofiléticos devem também incluir todos os descendentes do ancestral que os originou. Um grupo que não tem essa característica é chamado de **parafilético**. Por essa definição, os invertebrados formam um grupo parafilético, uma vez que seus descendentes vertebrados estão excluídos.

O filo é, em geral, o nível taxonômico mais alto que será discutido neste texto. Animais invertebrados estão presentemente distribuídos entre pelo menos 23 filos (32 filos neste livro), cada um representando um plano corporal único, e invertebrados unicelulares (protistas) estão distribuídos em ainda mais filos. A distribuição das espécies descritas nos vários filos animais está resumida na Figura 2.10. Observe que a porcentagem de espécies contidas dentro de nosso próprio filo - o filo Chordata - é bem pequena (não mais do que 5% de todas as espécies descritas), e que esse filo contém ambos invertebrados e vertebrados.

Notavelmente, baseado na evidência fóssil, nenhum novo plano corporal em nível de filo surgiu nos últimos 600 milhões de anos, apesar da grande radiação que seguiu cada uma das cinco maiores e cerca das 10 menores extinções que tiveram lugar durante esse tempo. No mais devastador evento de extinção até hoje, há 251 milhões de anos, entre o Permiano e o Triássico, quase 95% de toda a diversidade animal em nível de espécie foi perdida. Nos 250 milhões de anos subsequentes, muitas espécies evoluíram, geralmente representando novas ordens e classes, mas nenhum novo plano corporal em nível de filo parece ter surgido. É possível, é claro, que alguns grupos sem registro fóssil tenham origem mais recente.

A categoria de **espécie** tem um significado biológico particular, embora uma definição funcional única e precisa não tenha sido encontrada. Teoricamente, os membros de uma espécie são reprodutivamente isolados de membros de todas as outras espécies. A espécie, portanto, forma um *pool* (conjunto) de material genético que somente membros daquela espécie têm acesso e que é isolado do *pool* genético de todas as outras espécies.

O nome científico de uma espécie é binomial (tem duas partes): o **nome genérico** e o **nome** (chamado de epíteto) **específico**. Os nomes genérico e específico (i.e., o **nome da espécie**) são geralmente impressos em itálico e, na escrita manual, sublinhados. O nome genérico inicia com uma letra maiúscula, mas não o epíteto específico. Por exemplo, o nome científico correto dos caramujos comuns marinhos de águas rasas, encontrados na costa de Cape Cod, Massachusetts, é *Crepidula fornicata.* Espécies relacionadas são *Crepidula plana* e *Crepidula convexa.* Após um nome genérico ser escrito pela primeira vez no corpo de um texto, ele pode ser abreviado quando utilizado subsequentemente, a menos que resulte em confusão (p. ex., se um autor está se referindo aos dois gêneros *Crepidula* e *Conus*, nenhum nome genérico pode ser abreviado com "C"). Então, *Crepidula fornicata, C. plana* e *C. convexa* são gastrópodes marinhos de águas rasas comuns encontrados perto de Woods Hole, Massachusetts. Todos eles pertencem ao filo Mollusca e estão contidos dentro da classe Gastropoda, família Calyptraeidae. A família Calyptraeidae contém outros gêneros além de *Crepidula;* a classe Gastropoda contém outras famílias além de Calyptraeidae; e o filo Mollusca contém outras classes além de Gastropoda. O sistema de classificação taxonômica é, de fato, hierárquico.

O nome da pessoa que primeiro descreveu o organismo geralmente segue o nome da espécie. Ele é grafado em maiúscula, mas não em itálico. Uma craca (Cirripedia, Crustacea –"barnacle") comum ao longo da costa do sudeste dos Estados Unidos, por exemplo, *Balanus amphitrite* Darwin, foi primeiro descrita por Charles Darwin. O nome de Linnaeus é geralmente abreviado como L., já que ele está associado às descrições de muitas espécies. Se o organismo foi originalmente descrito em um gênero diferente do atual, o nome do descritor é colocado entre parênteses; assim, o caramujo *Ilyanassa obsoleta* (Say) foi descrito por um homem chamado Say, o qual originalmente associou essa espécie a um outro gênero (o gênero *Nassa*). Esse caramujo foi mais tarde considerado suficientemente diferente dos outros membros do gênero *Nassa* para ser incluído em um gênero diferente. Ocasionalmente, o nome de uma pessoa é seguido por uma data, identificando o ano no qual a espécie foi primeiramente descrita. Por exemplo, o animal em forma de camarão, conhecido como "*Euphausia superba,* Dana 1858", foi primeiro descrito por Dana, em 1858, e tem-se mantido no gênero *Euphausia* desde que ele foi originalmente nomeado.

O sistema recém-descrito tem estado conosco por tanto tempo que parece óbvio... e permanente. Em 1998, entretanto, um grupo de biólogos influentes se reuniu com a intenção de substituí-lo. A substituição proposta é chamada de **PhyloCode**. Diferentemente do sistema lineano, o PhyloCode – embora permaneça hierárquico – tem menos categorias: não há classes, ordens ou famílias. Se amplamente adotado, ele promete revolucionar a sistemática.

As duas citações seguintes dão uma pista de onde as coisas estão atualmente.

> "Nós defendemos que os nomes taxonômicos sob o sistema lineano não são claros no seu significado e promovem associações instáveis sob o nome do grupo... Além disso, as atribuições às categorias não apresentam justificativa e induzem a comparações não confiáveis entre táxons."
>
> F. Pleijel e G. W. Rouse. 2003. *J. Zool. Syst. Evol. Res.* 41:162.

> "Em poucas palavras, meu ponto de vista é que a nomenclatura filogenética e o abandono de categorias são desnecessários, e que o Phylocode é um esquema regulador discutível procurando um problema que não existe."
>
> M. H. Benton, 2007. *Acta Palaeontol. Pol.* 52:651.

Inferindo relações evolutivas

> ... milhares de hipóteses filogenéticas têm sido publicadas somente na última década, e mesmo o mais dedicado pesquisador sistemático pode, de tempos em tempos, falhar em enxergar o consenso nesta densa floresta de árvores filogenéticas. G. D. Edgecombe et al. 2011. *Org. Divers. Evol.* 11:151-172.

Um esquema de classificação taxonômica ideal reflete graus de parentesco filogenético. Idealmente, cada agrupamento é **monofilético**; isto é, todos os membros de um determinado grupo taxonômico deveriam ter descendido de uma única espécie ancestral e, portanto, ser mais proximamente relacionados entre si do que com membros de qualquer outro grupo.

Se todos os metazoários atuais evoluíram de uma única forma ancestral há muitos milhões de anos, então todos os animais são relacionados entre si: não importa quão distantes, deve haver alguma conexão genealógica entre protozoários, vermes chatos, caracóis, lulas, anelídeos, insetos, lagostas, ouriços-do-mar, vacas e baleias. Trace sua própria linha ancestral suficientemente longe para trás, e você irá certamente encontrar um invertebrado em sua árvore genealógica.

Tentar desvendar as conexões evolutivas entre os principais grupos animais é um dos maiores quebra-cabeças da vida e um grande desafio intelectual. Em particular, há muitas dificuldades em se decidir qual a melhor forma de se arranjar e separar as peças, e mesmo quais peças usar na análise – e em avaliar a acurácia do quadro que resulta quando esse trabalho é feito. Essas e outras dificuldades são discutidas nas páginas seguintes. Discussões muito mais detalhadas são encontradas nas referências listadas ao final de cada capítulo.

Descobrir relações evolutivas entre os principais grupos animais não é tarefa fácil.[9] Até bem recentemente, relações evolutivas eram deduzidas inteiramente por meio de estudos anatômicos, ultraestruturais e bioquímicos detalhados, de adultos e estágios do desenvolvimento, e por meio de exame cuidadoso de animais preservados no registro fóssil, com fenótipos, em todos os casos, servindo como reflexos dos genótipos por trás deles. A dificuldade em interpretar esses dados está na importância relativa das similaridades fenotípicas entre os táxons, e em que medida se está disposto a admitir (e lidar com o fato) que o fenótipo pode ser um fator muito enganoso de similaridades e diferenças genéticas. Por meio do processo de **convergência**, animais distantemente relacionados podem vir a se parecer muito nitidamente entre si. Caracteres que se parecem por convergência são referidos como **análogos**, ao contrário de homólogos. Por exemplo, o olho de um polvo (um molusco cefalópode) é notavelmente parecido com o de seres humanos, mas esses órgãos visuais são considerados análogos, em vez de homólogos, e não indicam qualquer relação evolutiva entre vertebrados e moluscos. Quais caracteres indicam proximidade evolutiva e quais não? Como podemos saber se nossa decisão é correta?

Além disso, no processo evolutivo, estruturas algumas vezes se tornam menos, em vez de mais, complexas, e podem realmente ser completamente perdidas. Supondo, por exemplo, que você descubra uma nova espécie de inseto sem asas. Como você pode dizer se essa espécie evoluiu antes do surgimento das asas dos insetos ou que ela, em vez disso, descende de um ancestral alado e que perdeu as asas ao longo da sua evolução? Caracteres podem ser perdidos ou ganhos. É frequentemente difícil determinar qual de dois estados de caráter é a condição original (*primitiva*, ou *plesiomórfica*) e qual é a condição avançada (*derivada*, ou *apomórfica*).

Durante mais ou menos os últimos 20 anos, estudos moleculares têm nos permitido examinar diretamente a diversidade genotípica. Análises moleculares comparativas da estrutura de proteínas, sequências de DNA de genes em particular (incluindo genes *Hox*), sequências de RNA ribossomal (rRNA), *tags* de sequência expressa (ESTs) (fragmentos de DNA complementares ao mRNA expresso), microRNAs (pequenos RNAs não codificadores); e mesmo genomas inteiros de espécies amostradas de vários grupos têm alterado nossa visão das relações animais, e os processos evolutivos, substancialmente.[10] Essa pesquisa somente tornou-se possível com o desenvolvimento da reação em cadeia da polimerase (PCR), na metade da década de 80, permitindo aos biólogos gerar muitas cópias de sequências específicas de DNA de maneira muito rápida e barata; 1

[9]Ver *Tópicos para posterior discussão e investigação*, nº 1 e 2, no final deste capítulo.

[10]Ver *Tópicos para posterior discussão e investigação*, nº 5, no final deste capítulo.

bilhão de cópias de uma única molécula de DNA podem ser obtidas em poucas horas, produzindo material suficiente para análise.

Estudos moleculares têm produzido alguns resultados notáveis e surpreendentes, que diferem consideravelmente daqueles antigos estudos de organismos. Esses resultados são frequentemente controversos; em alguns casos, há considerável divergência entre pesquisadores sobre os procedimentos usados para preparar e analisar os dados, e sobre como os resultados dos estudos moleculares deveriam ser interpretados, como será discutido mais adiante neste capítulo. Contudo, mesmo antes de os biólogos moleculares entrarem na briga, relações filogenéticas propostas eram controversas; uma variedade de árvores filogenéticas tem sido proposta ao longo dos anos. Alguns desses "dendrogramas" estão ilustrados na Figura 2.11. Nenhum dos esquemas propostos representa uma especulação vazia; todos refletem um trabalho árduo e detalhado, e uma argumentação cuidadosa.

As relações hipotéticas entre nematódeos, vermes chatos (Platyhelminthes), anelídeos, artrópodes e moluscos diferem consideravelmente entre os diferentes pontos de vista (Fig. 2.11). Quanto mais de perto se examina os diferentes esquemas, mais fascinantes se tornam as comparações; vale a pena retornar à Figura 2.11 de tempos em tempos à medida que você lê o restante do livro. A Figura 2.11c representa uma visão atual particularmente bem difundida, com todos os animais triploblásticos acelomados e pseudocelomados abrigados (*folded*) dentro de Protostomia, e os protostomados divididos em dois clados principais: os Ecdysozoa (animais que sofrem muda) e os Lophotrochozoa (também chamados de Spiralia; ver também Fig. 2.19). Estudos do altamente conservado gene *Hox*, gene miosina e sequências do gene da subunidade maior do rRNA (chamadas de sequências-assinatura) têm adicionado forte suporte para esses clados, embora o tema seja ainda debatido na literatura.[11]

Pelo menos algumas das diferenças entre os vários esquemas podem ser atribuídas a dados insuficientes. À medida que informação adicional sobre os vários grupos vai sendo obtida, a evidência em favor de uma hipótese sobre outra pode se tornar mais forte, ou outras modificações podem ser propostas.

É importante ter em mente que a atribuição de um determinado animal ou grupo de animais a uma posição particular dentro da hierarquia taxonômica não é um evento irrevogável; trata-se de um trabalho em andamento. Estudos do desenvolvimento inicial de um animal, por exemplo, podem revelar nova informação sobre a natureza da cavidade corporal interna do organismo, informação esta que pode colocar esse organismo em um grupo inteiramente diferente daquele ao que era anteriormente incluído. Controvérsias também podem diminuir – ou aumentar – quando dados do registro fóssil são adicionados aos dados das espécies atuais. Ou um estudo detalhado pode demonstrar a inutilidade de certos caracteres para a questão. Se, por exemplo, algum padrão de clivagem embrionário surgiu somente uma vez na história evolutiva, então aqueles animais que se desenvolvem daquela maneira devem ser proximamente relacionados. Todavia, se é encontrada evidência de que esse padrão evoluiu independentemente em vários grupos animais, então o caráter traz pouca, se alguma, informação filogenética.

Classificações também podem mudar quando biólogos descobrem organismos com características não compartilhadas com qualquer grupo existente. Por exemplo, duas classes de artrópodes (Remipedia e Tantulocarida, p. 418) e três pequenos, mas marcadamente distintos, filos de animais marinhos recentemente descobertos, chamados de loricíferos (Loricifera, p. 456), micrognatozoários (Micrognathozoa, p. 198) e ciclióforos (Cycliophora, p. 467) foram estabelecidas nos últimos 25 anos, aproximadamente. Ciclióforos foram descritos em 1995, e micrognatozoários, em 2000 (p. 198).

Algumas vezes, as classificações mudam quando biólogos reexaminam material previamente estudado, ou adquirem material novo. Um pequeno, porém fascinante, grupo de vermes sem tubo digestório, por exemplo, os siboglinídeos (p. 305), foram originalmente caracterizados como deuterostomados inquestionáveis, com base na morfologia do adulto. Anos mais tarde, espécimes com uma pequena parte do corpo a mais foram obtidos – a parte posterior do espécime anterior havia se desprendido do animal sem que fosse percebido –, e os animais foram rapidamente reclassificados como um filo de protostomados. De fato, em grande parte com base nos caracteres da pequena porção terminal, pogonóforos foram recentemente incorporados ao filo Annelida, um grupo que contém minhocas e sanguessugas. Essa incorporação tem sido agora suportada por dados moleculares.

Além disso, é claro, temos o impacto crescente de estudos moleculares – que agora incluem análises de genomas inteiros – que estão alterando significativamente nossa compreensão de muitas relações nos invertebrados. Enquanto dados moleculares frequentemente apoiam conclusões prévias baseadas em morfologia e padrão ontogenético, como a monofilia dos animais atuais, eles frequentemente sugerem relações bem diferentes daquelas baseadas em outros critérios e têm, de fato, alterado a definição do que significa ser um "protostomado". Onde dados moleculares produzem filogenias muito diferentes daquelas baseadas em morfologia, decisões terão de ser tomadas a respeito de qual evidência é provavelmente a mais correta. Por um lado, os resultados de análises moleculares são, algumas vezes, consideravelmente alterados ao se escolher um grupo externo diferente, ou mesmo somente por se incluir mais espécies (ou remover algumas) de um determinado grupo. Além disso, deve-se ressaltar que estudos moleculares, por mais poderosas que sejam essas ferramentas, nunca resolverão todas as questões filogenéticas, não importa quão sofisticados se tornem. Em contrapartida, quando espécies se diversificam muito rapidamente, estudos moleculares nunca serão capazes de nos dizer a sequência precisa que ocorreu quando uma forma deu origem a outra, ou quais pressões de seleção resultaram dessas mudanças morfológicas; estudos moleculares nunca irão nos dizer com o que animais ancestrais fossilizados se pareciam. Talvez evidências paleontológicas, ecológicas e morfológicas possam ser

[11] Roy, S.W. e M. Irimia. 2008. *Molec. Biol. Evol.* 25: 620-623.

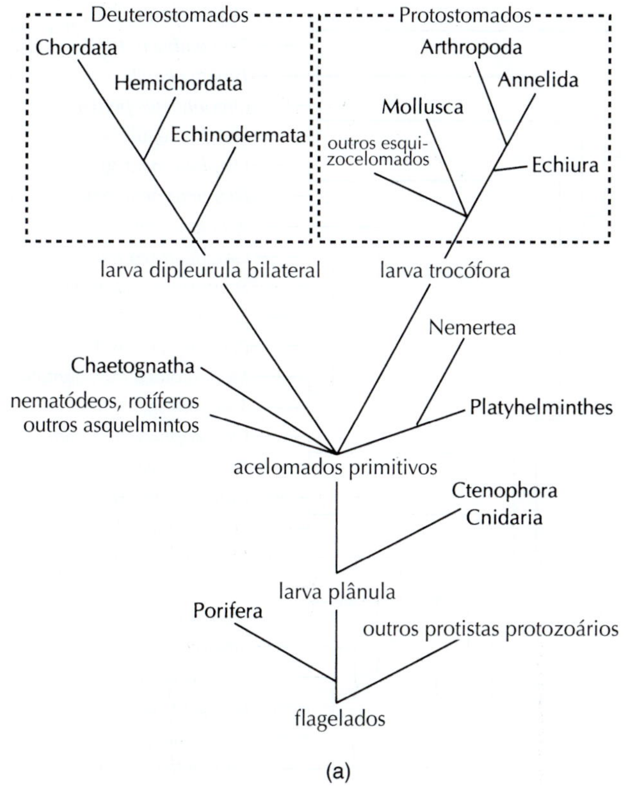

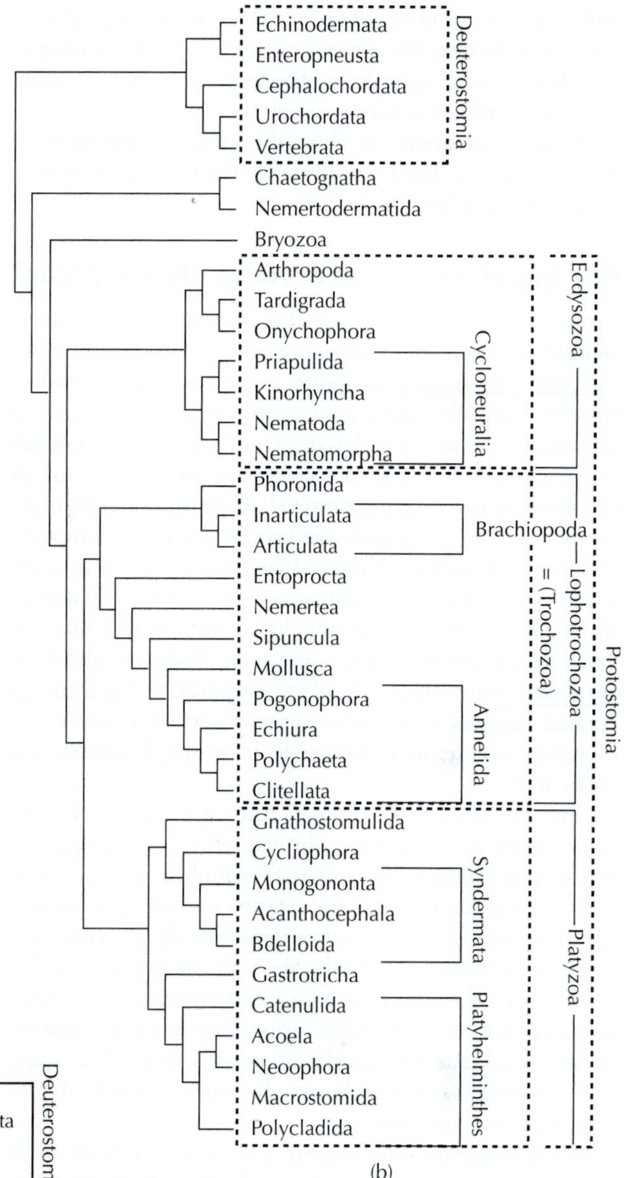

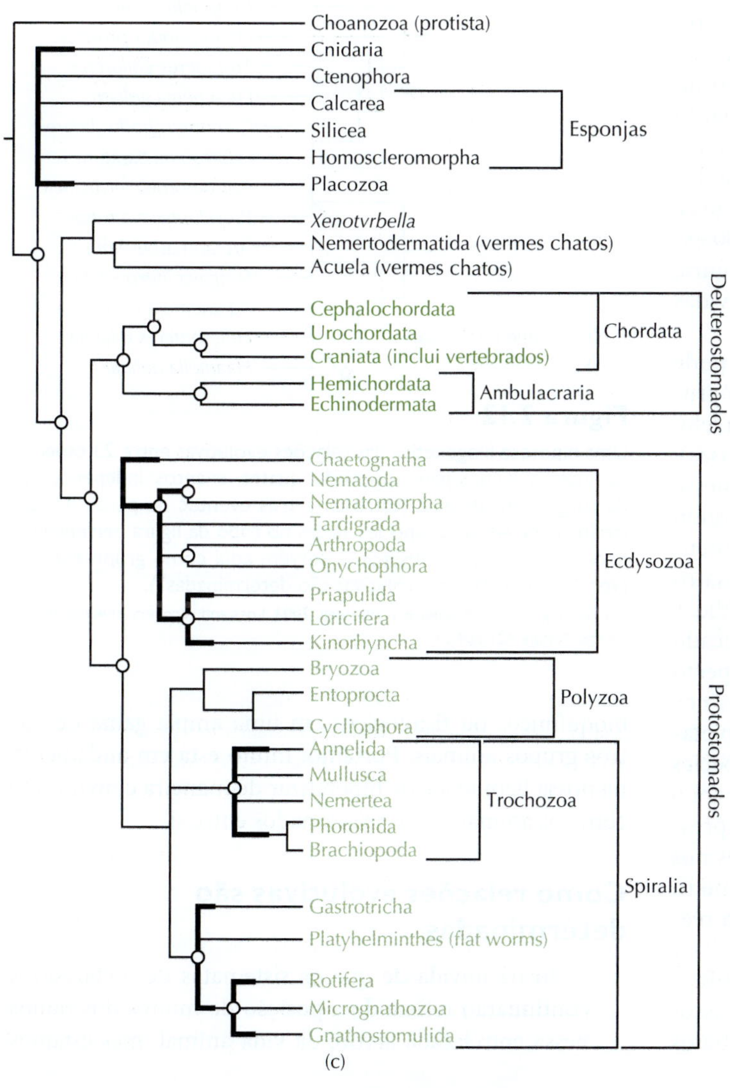

Figura 2.11

(a) Três hipóteses que têm sido propostas para ilustrar as prováveis relações filogenéticas entre animais. (a) De acordo com Hyman, 1940. (b) Baseada em uma combinação de sequência de dados de rDNA 18S e 276 caracteres morfológicos. Nessa proposta, protostomados estão divididos em dois grupos principais: todos os membros de um grupo (Ecdysozoa) trocam uma cutícula externa, ao passo que membros de um segundo grupo (os Lophotrochozoa) não o fazem. Em alguns esquemas, Platyzoa é um subgrupo de Lophotrochozoa. (c) Resumo do pensamento atual sobre as relações filogenéticas animais. As relações entre os organismos dentro de colchetes são especialmente incertas atualmente. Grupos deuterostomados são mostrados em azul-escuro; grupos protostomados, em azul-claro.

Baseada em Edgecombe, G. C., G. Giribet, C. W. Dunn, A. Hejnol, R. M. Kristensen, R. C. Neves, G. W. Rouse, K. Worsaae e M. V. Sörensen. 2011. *Org. Divers. Evol.* 11:151-172.

(b) Baseada em Giribet, G., D. L. Distel, M. Polz, W. Sterrer e W. C. Wheeler. 2000. *Syst. Biol.* 49:539-62.

(c) Baseada em ESTs, consistindo em DNA que é complementar ao mRNA, e longas sequências genômicas de 82 espécies de muitos grupos diferentes. Manchas pretas grandes indicam ramos que têm forte suporte estatístico.

(e) Baseada em Pick, K.S. et al., 2010. *Molec. Biol. Evol.* 27:1983-1987.

utilizadas em conjunto para deduzir relações filogenéticas, mas ainda precisaremos decidir quanto peso dar a cada linha de evidência quando as diferentes abordagens implicam em diferentes cenários evolutivos.

Relações filogenéticas têm sido discutidas por mais de 150 anos. Essas discussões irão provavelmente continuar ainda por longo tempo.

Por que determinar árvores filogenéticas?

Um objetivo das hipóteses de classificação é simplesmente facilitar as discussões sobre diferentes grupos de animais e arranjá-los idealmente dentro de um contexto evolutivo correto. Contudo, saber com certeza o padrão preciso da mudança evolutiva que deu origem à presente diversidade de forma animal nos daria muito mais que um sistema de classificação conveniente e estável. Encontrando uma espécie de coral, por exemplo, que produz um certo composto defensivo de grande potencial biomédico, provavelmente podemos saber quais outras espécies seriam capazes de sintetizar compostos relacionados. Também seríamos capazes de compreender a sequência de mudanças genéticas envolvidas na evolução do plano corporal, assim como de afirmar quantas vezes certas características teriam evoluído independentemente dentro de um grupo de animais em particular.

Por exemplo, a Figura 2.12 mostra uma hipótese recente sobre as relações evolutivas entre 37 espécies de bichos-pau (insetos da ordem Phasmida), um grupo no qual indivíduos mimetizam – tanto morfológica quanto comportamentalmente – uma variedade de gravetos e folhas. Aproximadamente 40% de todas as espécies de bichos-pau conhecidas (cerca de 1.200 espécies) são aladas, ao passo que os outros 60% (aproximadamente 1.800 espécies) têm ou asas reduzidas ou nenhuma asa. Na figura, espécies com asas reduzidas ou plenamente desenvolvidas estão indicadas em azul.

Uma filogenia convincente para esses animais pode nos dizer muito sobre a evolução das asas dentro do grupo. Se o cenário mostrado na Figura 2.12 está correto, então os primeiros bichos-pau eram ápteros (sem asas), e se diversificaram em muitas espécies diferentes nessa condição. Observa-se também que asas devem ter surgido mais tarde, pelo menos quatro vezes independentemente (indicado pelas quatro estrelas), de pelo menos quatro diferentes ancestrais ápteros. Asas foram, então, perdidas no mínimo duas vezes na evolução subsequente (indicado pelos dois triângulos perto do centro da figura). O aspecto mais marcante do cenário apresentado é que as asas dos bichos-pau, nos diferentes grupos, parecem completamente homólogas entre si e com as asas de outras espécies de insetos, significando que as instruções genéticas para o desenvolvimento das asas foram mantidas sem se expressar, mas inalteradas por muitos milhares de gerações nos bichos-pau, antes de serem reativadas. Esse é o primeiro suporte publicado para a ideia de que as asas podem reevoluir em linhagens de insetos que as perderam.

Argumentos similares estão sendo levantados para a evolução das histórias de vida, comportamentos, associações parasíticas, caracteres morfológicos e atributos bioquímicos ou fisiológicos em uma ampla gama de outros grupos animais. Portanto, muito está em andamento na nossa habilidade de hipotetizar de maneira convincente como os animais estão relacionados entre si.

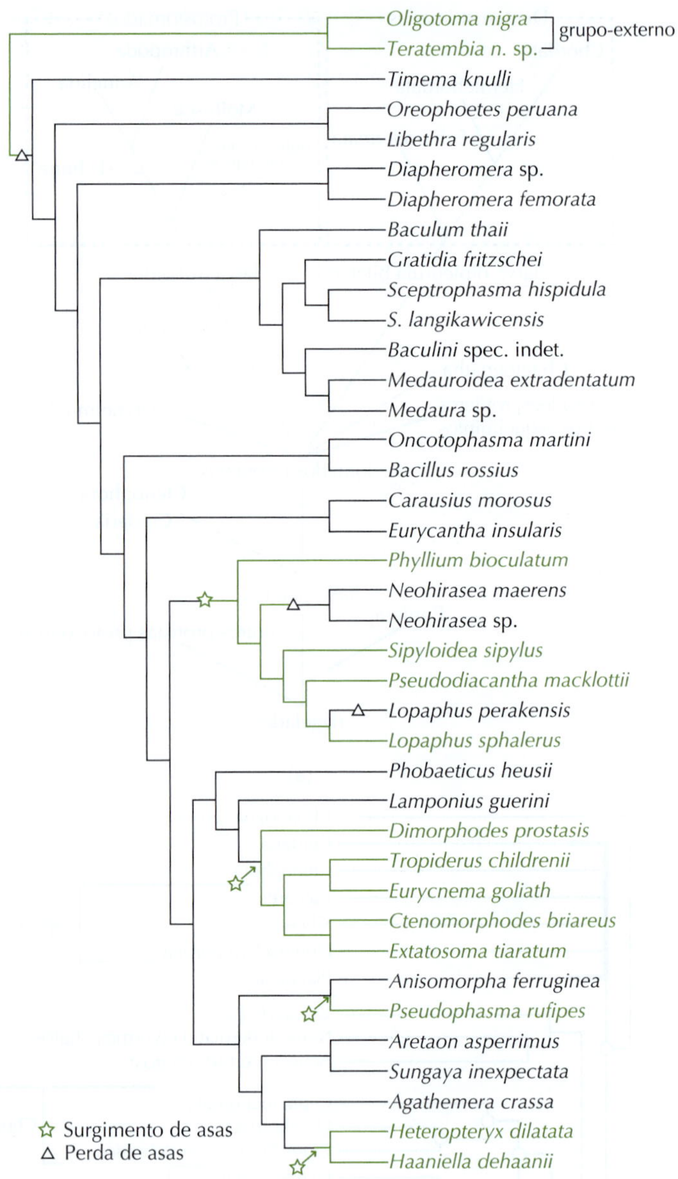

Figura 2.12

Uma hipótese filogenética das relações evolutivas entre 23 espécies de insetos bichos-pau, sugerindo quatro eventos independentes de surgimento de asas (estrelas) e três eventos de perda de asas (triângulos). As duas espécies aladas no topo da figura pertencem a ordens diferentes de insetos, e servem aqui como grupo-externo (ver "Como relações evolutivas são determinadas").

De Whiting, M. F., S. Bradler e T. Maxwell. 2003. Loss and recovery of wings in stick insects, *Nature* 421:264-67

Como relações evolutivas são determinadas

"Não há dúvida de que os sistematas de metazoários continuarão refinando a posição de muitos dos ramos nessa entrelaçada árvore da vida animal, mas estamos chegando a um ponto em que os principais ramos estão se tornando bem compreendidos, o que é pré-requisito para explorar outras questões evolutivas na biologia animal." G. D. Edgecombe et al. 2011. *Org. Divers. Evol.* 11:151-172.

"... é muito difícil distinguir o progresso real em nossa compreensão da macroevolução dos metazoários da mera mudança de opiniões com a passagem do tempo." R. Jenner, 2003. Unleashing the force of cladistics? Metazoan phylogenetics and hypothesis testing. *Integr. Comp. Biol.* 43:207-18.

Charles Darwin originalmente se referia ao que agora chamamos de *evolução* como "descendência com modificação". Os membros de qualquer espécie tendem a se parecer entre si de uma geração para a próxima, pois há cruzamento ao acaso dentro do seu *pool* genético. Entretanto, se alguns indivíduos se tornam reprodutivamente isolados de outros daquela espécie, eles podem evoluir em direções bem diferentes, particularmente ao sofrer diferentes pressões seletivas - diferentes regimes de temperaturas ou de salinidade, por exemplo, ou diferentes tipos de predadores ou fontes de recursos. Se as espécies adquirem gradualmente diferenças - físicas, fisiológicas, bioquímicas, comportamentais e genéticas - a taxas constantes, e se elas continuamente evoluem para cada vez menos lembrarem seus ancestrais ao longo do tempo, então seria fácil deduzir relações evolutivas. Todavia, animais não evoluem tão simplesmente dessa maneira, o que abre a porta para sofisticada criatividade e controvérsia.

A peça central de qualquer trabalho de detetive filogenético é a **homologia**. Caracteres morfológicos que compartilham uma origem evolutiva comum são ditos **homólogos**; nosso crânio, por exemplo, é homólogo ao de gatos, cães, sapos e baleias - o crânio desses animais têm uma única e comum origem evolutiva. Quaisquer diferenças em caracteres homólogos entre diferentes grupos animais refletem descendência dos ancestrais com modificação. Em muitos casos, caracteres homólogos desenvolvem-se por meio de rotas similares controladas pelas mesmas instruções genéticas. Se você pode reconhecer homologia quando a vê, quebra-cabeças evolutivos podem ser facilmente resolvidos. Se você pode assumir de maneira segura, por exemplo, que a clivagem espiral evoluiu apenas uma vez, então a clivagem espiral é um caráter homólogo em todos os grupos que a exibem: todos os animais com essa clivagem descenderam de um ancestral comum e devem ser mais proximamente relacionados entre si do que a outros animais que mostram qualquer outro padrão de clivagem. Entretanto, e se a clivagem espiral *não* for homóloga em todos os grupos? Suponha que quando os ovos sofrem clivagem, há somente poucas maneiras para as células-filhas ficarem em uma relação estável entre si, e que o padrão espiral formado por células adjacentes simplesmente represente um arranjo geométrico particularmente estável. Nesse caso, diferentes grupos animais têm convergido independentemente para a clivagem espiral como um modo especialmente bem-sucedido para iniciar seu desenvolvimento: o padrão de clivagem, então, nos leva a erros em nosso pensamento sobre as relações evolutivas, e os moluscos, anelídeos, vermes chatos e outros animais com clivagem espiral não necessariamente são proximamente relacionados. De modo similar, se as cavidades celômicas evoluíram apenas uma vez, então celomados formam um grupo monofilético, e a partir daí nos defrontamos com a questão sobre se os protostomados evoluíram de deuterostomados, ou vice-versa. Todavia, se as cavidades celômicas se originaram independentemente duas ou mais vezes em diferentes espécies ancestrais, então a condição celomada leva no máximo a uma mensagem filogenética muito distorcida.

Mesmo morfologias muito complexas podem evoluir independentemente a partir de diferentes ancestrais, resultando em uma grande semelhança por *convergência*, como discutido anteriormente. É frequentemente difícil decidir se caracteres que parecem similares em diferentes grupos animais são ou não homólogos.

O segundo tema particularmente complexo diz respeito à direção, ou **polaridade**, da mudança evolutiva. Mesmo se dois caracteres são considerados homólogos, existe a questão de qual representa o estado original, ou *ancestral*, e qual representa o estado mais avançado, ou *derivado*. Questões sobre homologia e polaridade estão na raiz dos debates mais atuais entre sistematas. Há duas abordagens para deduzir parentesco evolutivo, como descrito nas páginas seguintes.

Sistemática evolutiva (taxonomia clássica)

A sistemática evolutiva tem sido praticada por mais de um século. Ela tem combatido o uso de homologia como um resultado de uma análise e também decidido quais caracteres provavelmente contêm a maior parte de informação filogenética; a outros caracteres, a sistemática evolutiva têm dado menos peso na análise ou a ignorado totalmente. Uma vez que se acredita que caracteres homólogos são utilizados para deduzir relacionamentos, tanto a extensão em que as várias espécies sob estudo diferem entre si quanto a extensão em que se parecem são levadas em conta na construção da classificação final. Para usar um exemplo familiar não invertebrado, sistematas evolutivos colocam pássaros em uma classe separada, Aves. Pássaros claramente evoluíram de ancestrais reptilianos, mas de maneira tão dramaticamente afastada daqueles ancestrais que eles mereceram o *status* de uma classe separada. Os outros descendentes, mais parecidos com os mesmos ancestrais reptilianos, são agrupados em uma classe separada, Reptilia. Isso torna intuitivo o modo de formar grupos com espécies parecidas e excluir espécies que aparentam ser muito diferentes; nem todos os sistematas, entretanto, compartilham dessa ideia, em grande parte porque a abordagem clássica leva geralmente à formação de grupos parafiléticos. A classe Reptilia, por exemplo, é parafilética porque ela exclui alguns descendentes do ancestral reptiliano original: as aves e os mamíferos. O sistemata evolutivo não se preocupa com grupos parafiléticos.

Construir classificações e árvores filogenéticas por esse método é dolorosamente lento, e requer décadas de experiência trabalhando com animais categorizados. A intuição

Tabela 2.2 Análise cladística: definição de alguns termos comuns

agrupamento parafilético: um grupo de espécies que compartilha um ancestral imediato, mas que não inclui todos os descendentes daquele ancestral.

agrupamento polifilético: um agrupamento incorreto contendo espécies que descendem de dois ou mais diferentes ancestrais. Membros de grupos polifiléticos não compartilham todos o mesmo ancestral imediato, podendo ser parecidos entre si em virtude da evolução independente de características similares, a partir de ancestrais diferentes.

anagênese: mudança que ocorre dentro de uma linhagem.

apomorfia: qualquer caráter derivado ou especializado.

autapomorfia: um caráter derivado possuído por somente um descendente de um ancestral e, portanto, inútil para discernir relações entre outros descendentes.

bootstrapping: uma técnica para avaliar a confiabilidade de um ramo de uma árvore filogenética por meio da reamostragem aleatória de alguns caracteres do conjunto de dados original (com substituição). Cada reamostragem cria, então, um novo conjunto de dados com alguns valores duplicados e outros omitidos. O valor de *bootstrap* atribuído para cada ramo mostra a porcentagem de reamostragens (geralmente 500-1.000) que recuperam cada ramo. Por exemplo, na Figura 2.12, os valores de *bootstrap* eram de pelo menos 95% na maioria das raízes dos ramos, significando que aquelas topologias foram recuperadas em pelo menos 95 de cada 100 simulações.

caracteres homólogos, homologia: caracteres que têm a mesma origem evolutiva de um ancestral comum, geralmente codificados pelos mesmos genes. Homologia é a base para todas as decisões sobre relações evolutivas entre espécies.

clado: um grupo de organismos que inclui o ancestral comum mais recente de todos os seus membros e todos os descendentes daquele ancestral; cada clado válido forma um grupo "monofilético" (ver táxon monofilético).

cladogênese: a divisão de uma única linhagem em duas ou mais linhagens distintas.

cladograma: a representação pictórica de sequências de ramos que são caracterizadas por mudanças particulares em características-chave morfológicas ou moleculares (estados de caráter).

estado ancestral (primitivo): o estado do caráter exibido pelo ancestral a partir do qual evoluíram os membros atuais de um clado. Também chamado de estado **plesiomórfico**.

estado derivado: um estado alterado, modificado da condição original ou ancestral. Também chamado de estado **apomórfico**.

grupo-externo (*outgroup*): um grupo de táxons fora do grupo sendo estudado, usado para "enraizar" a árvore e inferir a direção das mudanças evolutivas.

grupos-irmãos: dois grupos de animais que descendem do mesmo ancestral imediato.

homoplasia: a aquisição independente de características similares (estados de caráter) de diferentes ancestrais por meio de convergência ou paralelismo. Os eventos homoplásticos criam a ilusão de homologia.

inferência bayesiana: uma técnica estatística utilizada para inferir a probabilidade de uma determinada hipótese filogenética estar correta.

jackknifing: uma técnica para avaliar a confiabilidade de um ramo de uma árvore filogenética ao se deletar alguma porcentagem de informação (p. ex., informação da posição de um par de bases) de maneira aleatória e, então, rodando novamente a análise. O valor de *jacknife* atribuído para cada ramo mostra a porcentagem das reamostragens (geralmente 500-1.000) que recuperam aquele ramo.

nó: um ponto de ramificação no cladograma.

parcimônia: um princípio estabelecendo que, na ausência de outras evidências, deve-se sempre aceitar o cenário menos complexo.

plesiomorfia: qualquer caráter ancestral ou primitivo.

polaridade: a direção da mudança evolutiva.

saturação: uma situação na qual as sequências gênicas que são comparadas têm sofrido tantas mudanças de pares de base que o sinal filogenético é em grande parte perdido.

sinapomorfia: um estado derivado de caráter que é compartilhado pelo ancestral comum mais recente e por dois ou mais descendentes daquele ancestral. No método cladístico, sinapomorfias definem clados, isto é, elas determinam quais espécies (ou outros grupos) são mais proximamente relacionadas entre si. Essencialmente, sinapomorfias são caracteres homólogos que definem clados.

táxon monofilético: um grupo de espécies que evoluíram de um único ancestral e que inclui todos os descendentes daquele ancestral. Por definição, cada clado válido deve formar um táxon monofilético.

táxon: qualquer grupo nomeado de organismos, como as águas-vivas, ouriços-do-mar ou caracóis-fechadura (*Crepidula fornicata*).

e a lógica exercem papéis importantes em todas as tomadas de decisão. As principais objeções a esse processo são que a ele faltam objetividade e um método rigorosamente padronizado, e que aqueles que não participaram têm dificuldade em discutir os resultados.

Cladística (sistemática filogenética)

Este método para deduzir relações evolutivas tem um grande número de seguidores entusiasmados desde que foi introduzido por Willi Hennig, em 1950. Embora não sejam universalmente aceitos, os procedimentos cladísticos têm-se tornado tão amplamente utilizados e discutidos (e debatidos) que aqui serão aprofundados e reforçados os princípios filosóficos e metodológicos mais detalhadamente do que foi feito em relação à abordagem clássica, a fim de facilitar as discussões em aula e em incursões individuais na crescente literatura primária. Infelizmente, o campo da cladística é terminologicamente extenso. Neste tratamento, utilizaremos o mínimo de termos possível; para aqueles que desejam ler e discutir a literatura relevante, definimos os termos mais importantes na Tabela 2.2.

Entre cladistas, filogenias são construídas e acessadas usando-se um de vários procedimentos bem definidos e um número de programas computacionais altamente sofisticados e amplamente disponíveis. Os únicos caracteres de importância para estabelecer relações evolutivas são as chamadas **sinapomorfias**, caracteres derivados compartilhados, derivados de um ancestral comum no qual esses caracteres se originaram. O leitor atento perceberá que isso lembra a definição de homólogos. Entretanto, os cladistas estão interessados somente em caracteres homólogos que *não* estão presentes em quaisquer ancestrais; somente novidades evolutivas – novas características que surgem em algum organismo e que, então, são passadas para seus descendentes – são utilizadas para construir classificações cladísticas e para inferir relações evolutivas. Em alguns casos, uma única característica morfológica pode ser suficiente para definir um grande evento evolutivo. A presença de um sistema vascular aquífero derivado da cavidade celômica central (mesocele) durante a embriogênese, por exemplo, define unicamente os equinodermos. Uma diferença particularmente significativa da abordagem da sistemática clássica é a insistência do cladista em afirmar que táxons válidos incluem todos os descendentes de um ancestral. Como mencionado anteriormente, por exemplo, cladistas não podem reconhecer Reptilia como um táxon válido porque ele não inclui aves e mamíferos, os quais evoluíram de ancestrais reptilianos.

Consideremos um exemplo simples de cladística, com quatro grupos de animais imaginários. Características distintivas são mostradas na Figura 2.13. Assumiremos aqui que essas características são geneticamente determinadas. A direção da mudança evolutiva (**polaridade**) é primeiramente determinada pela comparação com um táxon proximamente relacionado (o **grupo-externo**) situado fora dos táxons em estudo; essas características do grupo-externo representam a condição ancestral. (Na Figura 2.12, as duas espécies na parte superior da figura serviram como grupo-externo para aquela análise: elas pertencem a uma ordem de insetos diferente, Embioptera.) Suponha que por meio da comparação com um grupo-externo imaginário, assumimos que o ancestral de todos os quatro grupos mostrados na Figura 2.14 tinham uma cabeça arredondada, olhos negros, boca fina e nenhuma orelha. Então, começamos por assumir que olhos azuis evoluíram de olhos negros no ancestral imediato daqueles animais do Grupo 2. Se essa suposição estiver errada, então nossas conclusões estarão também erradas.

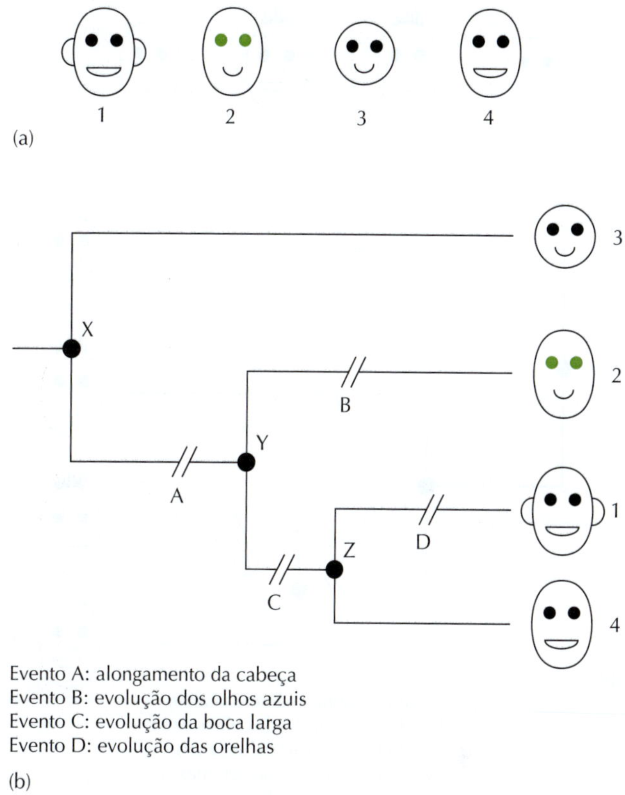

Figura 2.13

Cladística na prática. (a) Animais imaginários são colocados em quatro grupos de acordo com diferenças nas características da cabeça, como mostrado. Indivíduos diferem na forma da cabeça, cor dos olhos, forma da boca e presença ou ausência de orelhas. (b) Relações evolutivas entre os quatro grupos de acordo com os princípios cladísticos. Letras representam a evolução de características diagnósticas (sinapomorfias) compartilhadas por todos os descendentes do indivíduo no qual os caracteres evoluíram primeiro. Cada círculo sólido representa uma espécie ancestral que deu origem aos grupos partindo daquele nó.

A Figura 2.13b apresenta um dendrograma (agora chamado de **cladograma**) mostrando o caminho menos complexo, mais **parcimonioso** de explicar a história evolutiva desses grupos. Os Grupos 1 e 4 são ditos **grupos-irmãos**, ambos derivados do mesmo ancestral (representado pelo nó Z), um animal que não era ancestral dos membros dos outros dois grupos. Pela mesma razão, o Grupo 2 é o grupo-irmão da combinação dos Grupos 1 e 4: membros de ambos os grupos são descendentes de um ancestral comum representado pelo nó Y. Tente traçar outros cenários evolutivos. Você verá que, de todas as possíveis alternativas, aquela ilustrada, de fato, é a que requer menos mudanças

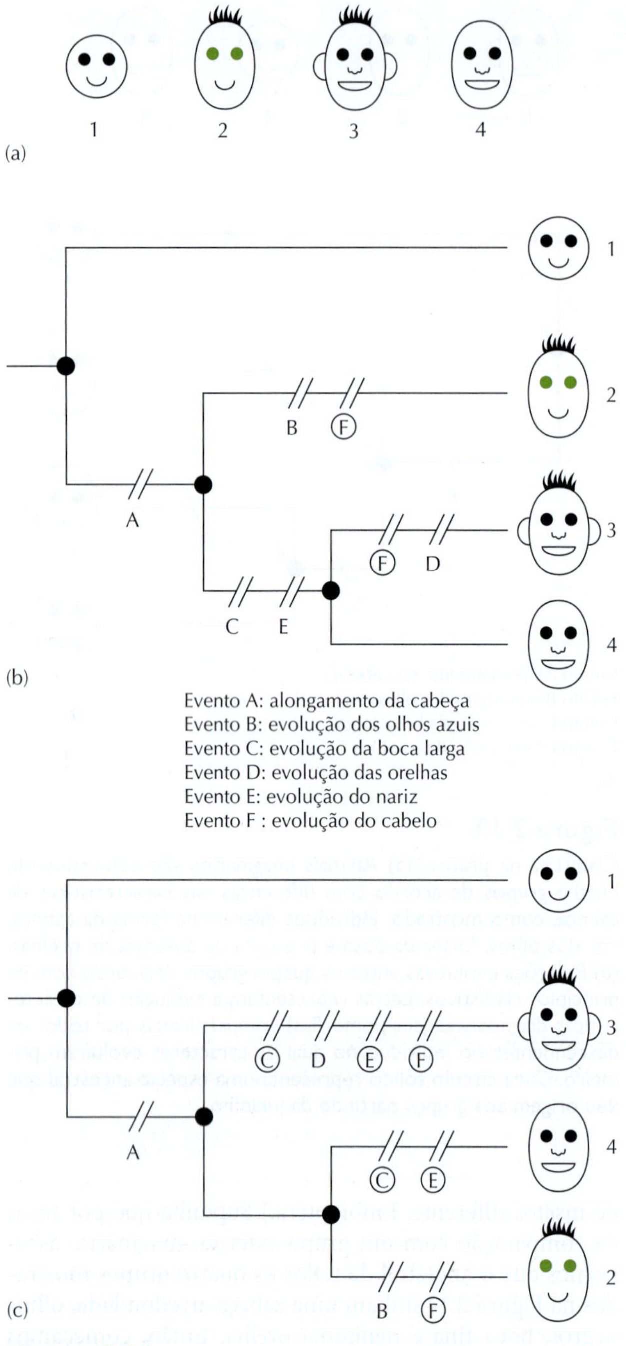

Figura 2.14

Dificuldades criadas por eventos convergentes não detectados. (a) Como na Figura 2.13, quatro grupos de animais diferem nas características da cabeça, como ilustrado. Neste exemplo, entretanto, diferentes conjuntos de caracteres sugerem diferentes relações evolutivas entre os grupos animais. Duas dessas relações estão ilustradas em (b) e (c). Letras maiúsculas indicam eventos evolutivos principais. Letras circuladas indicam eventos que devem ter ocorrido independentemente em, pelo menos, dois ancestrais diferentes.

evolutivas; derivar o Grupo 4 do Grupo 2, por exemplo, iria requerer uma reversão da cor dos olhos de volta para a condição "negra" e a evolução independente de uma boca larga. O cenário mostrado na Figura 2.12 foi também estabelecido com base no princípio da máxima parcimônia, embora ele seja apoiado também por outras técnicas. Análises publicadas consideram dúzias de caracteres diferentes. Muitos desses caracteres fornecem sinais conflitantes, alguns levando a uma direção e outros a outras direções, uma vez que nem todas as similaridades entre diferentes grupos animais são devidas à homologia. Algumas similaridades surgem por meio de convergência ou paralelismo, mas tudo o que nós vemos são as similaridades, não o modo como elas surgiram.

Considere o exemplo na Figura 2.14. Dois outros caracteres foram adicionados: membros de dois grupos têm agora nariz, e membros de dois grupos têm cabelo. Assumindo que as características do Grupo 1 representam a condição primitiva, ou ancestral, três cladogramas muito diferentes, mas perfeitamente razoáveis, podem ser construídos. Dois destes estão apresentados na Figura 2.14b e c. No cladograma b, os animais 3 e 4 formam grupos-irmãos, ao passo que no cladograma c, animais 2 e 4 formam grupos-irmãos. No terceiro cenário, o qual você mesmo pode visualizar, os animais 2 e 3 são grupos-irmãos. Em outras palavras, não podemos realmente dizer como esses diferentes grupos de animais estão relacionados. Pelo princípio da parcimônia, escolhemos o primeiro cenário (Fig. 2.14b), porque ele requer somente sete passos evolutivos (conte-os); o segundo cenário requer nove passos. Quantos passos são precisos para o terceiro cenário?

Observe que os cladogramas na Figura 2.14b e c postulam, ambos, eventos evolutivos convergentes (indicados por letras circuladas). No cladograma b, o cabelo evoluiu uma vez no Grupo 2 e uma segunda vez, independentemente, no Grupo 3. A convergência tem um papel ainda mais importante no cladograma c: narizes, bocas largas e cabelo evoluíram, cada caráter, duas vezes (separadamente nos Grupos 3 e 4 para narizes e bocas, e separadamente nos Grupos 2 e 3 para cabelo). Outros cenários são possíveis, também. Na Figura 2.14c, poderíamos imaginar o cabelo evoluindo uma vez, junto com o alongamento da cabeça, e, então, sendo perdido no ancestral que deu origem aos animais do Grupo 4. Isso poderia, de fato, ser a sequência real dos eventos evolutivos, é claro, mas nós a eliminamos por ser uma explicação relativamente não parcimoniosa. Quando diferentes caracteres fornecem sinais conflitantes como esse, os cenários sustentados pela maioria dos caracteres e envolvendo o menor número de transformações evolutivas são selecionados para consideração posterior.

Pode-se testar a robustez de árvores filogenéticas de diferentes maneiras – usando diferentes algoritmos computacionais, por exemplo, e verificando quanto das árvores resultantes se assemelham entre si, ou por subamostrar repetidamente diferentes elementos do conjunto de dados, examinando se as árvores mudam muito ou somente um pouco à medida que diferentes aspectos dos dados são aleatoriamente incluídos ou excluídos do conjunto de dados (ver "*bootstrapping*" e "*jackknifing*" na Tabela 2.2). Se as topologias (padrões de ramificação) permanecem estáveis quando diferentes componentes do conjunto de dados são aleatoriamente adicionados ou alterados, aquela topologia é obviamente mais convincente do que se os padrões mudarem com cada subamostragem dos dados.

Nesse sentido, as hipóteses filogenéticas representadas em cada árvore são testáveis. Contudo, mesmo com dados adicionais, não há realmente maneira de determinar quais de várias árvores resultantes é a correta. Se convergência é relativamente incomum, então análises cladísticas de caracteres morfológicos podem produzir uma árvore acurada. Entretanto, muitos acreditam que a evolução convergente tem sido muito comum, o que parece especialmente provável, já que muitos caracteres de planos corporais diferentes são aparentemente controlados por conjuntos similares de genes em grupos animais muito diferentes. Se a convergência é de fato dominante, então as melhores árvores podem muito bem ser incorretas, porque as topologias serão baseadas em falsas homologias.

Os dados contidos em moléculas de DNA podem ser uma grande esperança de eventualmente resolver esses dilemas, como discutido a seguir.

(a)

Posição	1	2	3	4	5	6	7	8
Grupo A:	A	A	T	C	A	G	A	T
Grupo B:	A	A	T	A	G	A	G	T
Grupo C:	A	A	T	C	G	G	A	C
Grupo D:	A	A	T	C	C	G	G	A

(b)

Grupo A:	A	A	T	C	A	G	A	T	
Grupo B:	A	A	T	—	A	G	A	G	T

(c)

Grupo C:	A	A	T	C	G	G	A	C
Grupo D:	A	A	T	C	G	G	A	

Figura 2.15

Quatro curtos segmentos hipotéticos de uma determinada sequência gênica (p. ex., 18S rRNA) extraídos de quatro espécies diferentes. Cada letra representa uma diferente base nucleotídica (A, adenina; G, guanina; C, citosina; T, timina). Sequências de diferentes espécies devem ser alinhadas corretamente antes que elas possam ser comparadas.

Tratamento cladístico de dados moleculares

Um grande apelo do método cladístico é que ele aceita dados moleculares. Assumindo que as sequências gênicas para certas proteínas em diferentes organismos são homólogas, cada base na sequência carrega informação potencial sobre relações evolutivas. Considere o curto segmento de DNA mostrado para quatro grupos de animais na Figura 2.15. Na realidade, biólogos trabalham com sequências que têm centenas ou dezenas de milhares de pares de bases de comprimento. A Figura 2.12, por exemplo, é baseada principalmente em dados do rRNA 18S (aproximadamente 1.800 pares de bases) e 28S (cerca de 3.500-4.000 pares de bases). Se você está convencido de que estamos começando exatamente no mesmo ponto da mesma sequência gênica para cada grupo, então podemos ler da esquerda para a direita em nosso exemplo significado, examinando se as bases são as mesmas ou diferentes em cada posição da sequência. Cada diferença representa um evento evolutivo separado. Na Figura 2.15, por exemplo, todos os quatro grupos têm bases idênticas nas posições 1, 2 e 3; essas primeiras três posições não fornecem informação útil. Todavia, animais no Grupo B têm uma base diferente na posição 4, uma adenina, em vez de uma citosina. Isso representa um evento evolutivo – uma mutação na sequência gênica que ocorreu somente no ancestral imediato dos animais do Grupo B se esses animais representam a condição derivada, ou uma mutação que ocorreu no ancestral imediato dos outros três grupos. Algumas dessas mutações alterarão a forma ou a função do animal, criando a base sobre a qual a seleção natural atua. Outras mudanças não terão efeitos fenotípicos porque o código genético é degenerado (vários códons codificam para o mesmo aminoácido) ou porque a mutação ocorre em uma região não codificadora do DNA ou é compensada (em organismos diploides) pela falta de mutação no cromossomo homólogo. Em nosso exemplo, a posição 4 parece ser filogeneticamente informativa.

Mas espere: como sabemos que as sequências para os quatro grupos estão corretamente alinhadas? Examinando mais cuidadosamente, vemos que depois da posição 3, somente uma das bases restantes do Grupo B concorda com aquelas no Grupo A. Talvez a base original na posição 4 tenha sido deletada no ancestral do Grupo B; deleções são eventos mutacionais *bona fide*. Então, redesenharemos os dados da sequência assumindo um evento de deleção na posição 4 (Fig. 2.15b). Agora, conseguimos um ajuste muito melhor entre pares de bases nas sequências A e B. De modo similar, se assumirmos para o Grupo D (Fig. 2.15a) que a citosina na posição 5 não estava presente no ancestral, mas, de fato, foi adicionada por mutação (uma inserção), nós realinharíamos as sequências para o Grupo D, como mostrado na Figura 12.15c. Agora não há mais combinações erradas entre as bases nessa curta sequência de DNA.

Todas as sequências devem ser alinhadas corretamente antes de que as bases possam ser comparadas. Do contrário, você não estará comparando bases homólogas; se há uma inserção ou deleção que não tenha sido corretamente ajustada, você estará comparando maçãs com laranjas (ou maçãs com iPods). Com as sequências alinhadas, para satisfação do biólogo que está conduzindo o estudo, estados ancestrais são determinados por meio de comparação com um grupo-externo, e o restante da análise prossegue de maneira semelhante às análises usando critérios morfológicos, exceto que agora estamos trabalhando com centenas ou milhares de caracteres para cada grupo animal: cada base é um caráter distinto.

Esses são exemplos simples que dão a você uma ideia do tipo de problema que se deve considerar ao se conduzir análises cladísticas. Alguns dos achados surpreendentes baseados em análises cladísticas de dados moleculares estão resumidos na Figura 2.11. Compare, por exemplo, as relações nas Figuras 2.11a e 2.11c para artrópodes, moluscos e anelídeos. Nos últimos 10 a 15 anos, dados moleculares têm levado biólogos a questionar muitas ideias de longa data sobre a evolução de invertebrados. Um exemplo mais detalhado do uso de dados moleculares na avaliação de relações entre os principais grupos animais é fornecido no Quadro Foco de pesquisa 11.1 (p. 208), no Capítulo 11.

Incerteza sobre relações evolutivas

Existe sempre a tentação de se aceitar novas tecnologias e procedimentos complexos como respostas definitivas. De fato, o método resumido aqui, usando análise cladística e dados moleculares, é tão sedutor que nos sentimos imediatamente tentados a tirar firmes conclusões dos cladogramas que são gerados; os procedimentos são tão sofisticados e tão lógicos e, especialmente com a inclusão de dados moleculares, tão complexos, que é fácil esquecer que os produtos são hipóteses de trabalho. De fato, muitos biólogos têm sérias reservas sobre o método cladístico, e há muitas outras controvérsias adicionais dentro da comunidade cladista. Mesmo com dados morfológicos, as relações deduzidas por programas computacionais variam, dependendo do grupo-externo utilizado, dos caracteres incluídos ou omitidos na análise, do algoritmo empregado para processar os dados e, às vezes, até da ordem em que os dados entram nos cálculos. O próprio princípio central da parcimônia periodicamente é duramente criticado: por que assumimos que os animais evoluem de uma forma para outra no menor número de passos? De fato, o que sabemos sobre o processo evolutivo sugere que isso frequentemente não deve ser o caso. Há outras maneiras (métodos de distância, máxima verossimilhança e métodos bayesianos) para construir árvores filogenéticas que não maximizam parcimônia, porém, esses métodos estão sujeitos a diferentes críticas. Além disso, é válido assumir que as características do grupo-externo utilizado para comparação sempre representam os estados de caráter ancestrais? Mesmo os mais simples dos animais e seus genomas vêm evoluindo por centenas de milhões de anos.

Dados moleculares carregam seu próprio conjunto de complicações adicionais. Algumas partes de uma determinada molécula são mais provavelmente sujeitas a mudanças que outras partes da mesma molécula, e a mudarem em taxas muito distintas dentro do mesmo grupo animal; alguns tipos de mutações ocorrem com maior frequência que outros; moléculas diferentes (p. ex., DNA mitocondrial e 18S rRNA) evoluem a taxas diferentes em diferentes grupos animais. De particular interesse, sequências gênicas que evoluem de modo especialmente rápido produzem ramos que tendem a se agrupar mais proximamente – não porque os animais sejam parentes próximos, mas somente em razão da evolução rápida das sequências em questão: "ramos longos atraem". Distinguir entre afinidade evolutiva e esses problemas de "atração de ramos longos" (conhecidos hoje simplesmente como problemas LBA) não tem sido fácil. Já foram mencionados os problemas adicionais associados com o alinhamento de sequências. Além disso, cada posição em uma molécula pode mudar mais de uma vez: a guanina pode ser substituída por adenina e, após, novamente por guanina, apagando qualquer sinal da evolução molecular que ocorreu. Quando se acredita que isso aconteceu, geralmente a sequência é dita ser "saturada" e inútil para deduzir relacionamentos. Como acontece com caracteres morfológicos, moléculas podem também vir a se assemelhar entre si por convergência. De fato, com somente quatro bases possíveis para cada posição em uma molécula de DNA, alguma similaridade por meio de convergência é bem provável. Os pesquisadores têm desenvolvido maneiras muito sofisticadas, com métodos cada vez mais complexos, de resolver todos esses problemas, mas cada manipulação introduz mais incerteza nas análises.

Um grande apelo da cladística e seus métodos numéricos associados é que os dados e a metodologia são completamente abertos ao teste e a críticas. Ela é também muito democrática, não requerendo anos de experiência trabalhando com os animais sob estudo. Se isso é um passo para a frente ou para trás é um assunto para discussão em aula. Contudo, a aceitação do método cladístico certamente continuará crescendo. Realmente, a cladística pode oferecer a melhor esperança para formar algum consenso sobre as relações entre filos, particularmente à medida que mais dados moleculares de mais espécies forem incorporados e à medida que nossa compreensão sobre a interpretação desses dados se ampliar. Mas se a cladística é capaz de revelar a *verdade* sobre relações evolutivas, talvez nunca seja possível avaliar. Mesmo se todos os biólogos eventualmente concordarem em algum conjunto de relações, não há realmente uma maneira de testar a acurácia dessas conclusões, exceto a invenção de uma máquina do tempo.

Máquinas do tempo: a ajuda do registro fóssil

Provavelmente o mais próximo que nós poderemos chegar de viajar no tempo é o registro fóssil. Por muitos anos, houve grande controvérsia sobre a relação evolutiva entre insetos e crustáceos (caranguejos, lagostas, camarões, cracas, etc.). Os apêndices dos crustáceos são geralmente birremes (com dois ramos), ao passo que os dos insetos são exclusivamente unirremes (com um único ramo). Fortes argumentos foram lançados de que o ancestral dos crustáceos portava apenas apêndices birremes, e que um ramo de cada apêndice tinha sido perdido na evolução dos insetos. Outros biólogos ofereceram argumentos igualmente fortes apoiando a evolução independente de crustáceos e insetos de diferentes ancestrais, com o ancestral dos insetos nunca tendo portado apêndices birremes. Um relato de insetos fossilizados com apêndices birremes, em 1992, manteve essa longa controvérsia. Subsequentemente, aprendemos que a ramificação dos apêndices à medida que eles se desenvolvem está sob um mecanismo de controle genético muito simples; assim, parece óbvio que os insetos unirremes poderiam facilmente ter evoluído de ancestrais com apêndices birremes.

Dados moleculares não podem nos dizer como qualquer ancestral hipotético se parecia; a controvérsia sobre as relações entre insetos e crustáceos foi resolvida por evidência física do registro fóssil, não por tecnologia sofisticada ou algoritmos computacionais complexos. De modo similar, quando se encontra um embrião metazoário de 580 milhões de anos, podemos saber, com certeza, que animais multicelulares complexos de algum tipo existiam naquele tempo. Dados moleculares estão nos levando a questionar muitos cenários evolutivos e muitas das afirmações nas quais esses cenários se basearam, e eles irão, sem dúvida, nos contar muitas coisas interessantes sobre as mudanças genéticas envolvidas nas mudanças evolutivas de forma e função. Material fóssil adicional provavelmente resolverá pelo menos algumas questões filogenéticas principais, mas questões solucionáveis por novas descobertas de fósseis são, em sua maior parte, limitadas àquelas dentro de filos, não entre filos: fósseis informativos de antes da explosão do Cambriano provavelmente permanecerão muito limitados. As mudanças que ocorreram em sequências de DNA à medida que os animais evoluíam provavelmente oferecem nossa melhor chance de resolver completamente as questões ligadas às inter-relações evolutivas entre os vários filos animais.

Classificação por hábitat e modo de vida

Animais também podem ser categorizados para refletir graus de similaridade ecológica, em vez de proximidade filogenética. Por exemplo, um grupo de animais pode ser **terrestre**, vivendo na terra, ao passo que um outro pode ser **marinho**, vivendo no oceano. Animais marinhos, por sua vez, podem ser **intertidais** (vivendo entre os limites físicos das marés alta e baixa e, portanto, expostos periodicamente ao ar atmosférico); **subtidais** (vivendo abaixo da linha da maré baixa e, portanto, expostos ao ar somente em condições extremas); ou criaturas de **mar aberto**. Além disso, animais podem ser **móveis** (capazes de locomoção), **sésseis** (imóveis) ou **sedentários** (exibindo somente capacidades locomotoras limitadas). Alguns organismos aquáticos podem ser capazes de se mover, mas têm movimentos locomotores insignificantes em relação ao meio no qual vivem; esses indivíduos são denominados **planctônicos**.

Animais são, em geral, categorizados de acordo com o tipo de alimento e o modo de alimentação. Por exemplo, algumas espécies são **herbívoras** (alimentam-se de plantas), ao passo que outras são **carnívoras** (alimentam-se de animais). Algumas espécies removem pequenas partículas de alimento do meio circundante (**alimentadores de suspensão**), ao passo que outras ingerem sedimento, digerindo o componente orgânico à medida que o sedimento passa pelo trato digestório (**alimentadores de depósito**).

Representantes de algumas espécies vivem frequentemente em estreita associação com aqueles de outras espécies. Estas **associações simbióticas**, ou **simbioses**, frequentemente relacionam a biologia da alimentação de um ou ambos os participantes (**simbiontes**) da associação (Fig. 2.16). **Ectossimbiontes** vivem perto ou sobre o corpo do outro participante, ao passo que **endossimbiontes** vivem no interior do corpo do outro participante. Quando ambos os simbiontes se beneficiam, a relação é chamada de **mutualística**, ou um exemplo de **mutualismo**. Quando o benefício é fornecido a somente um dos participantes e o outro nem é beneficiado nem prejudicado, a relação é chamada de **comensalismo**, e o membro beneficiado é denominado **comensal**. Por fim, alguns animais são **parasitos**; isto é, eles dependem do **hospedeiro** para continuação da espécie, geralmente subsistindo ou do sangue ou dos tecidos do hospedeiro. Um parasito pode ou não prejudicar substancialmente as atividades do hospedeiro. A essência do parasitismo é que o parasito é metabolicamente dependente do hospedeiro e que a associação é obrigatória para ele.

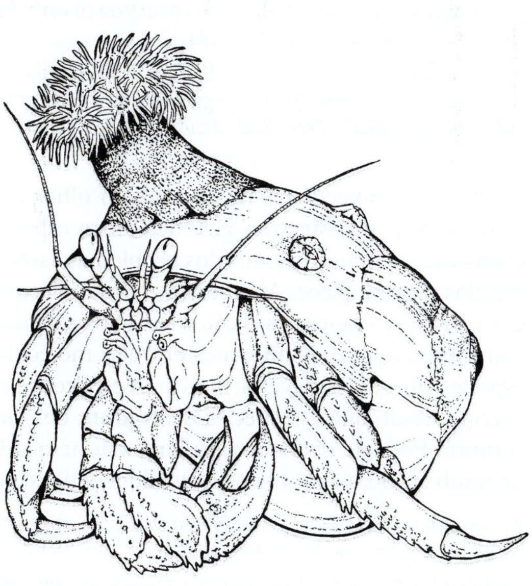

(a)

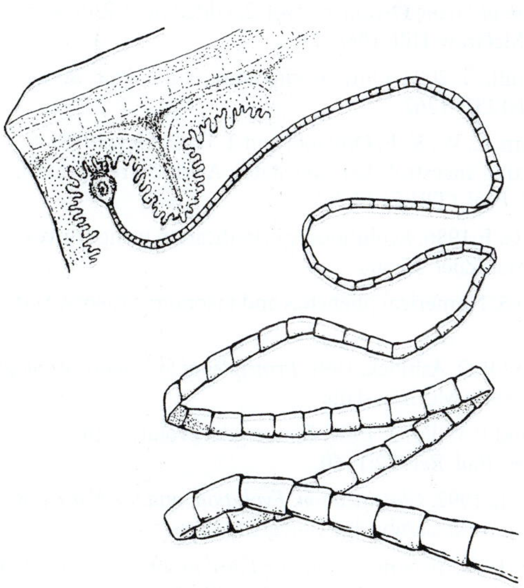

(b)

Figura 2.16

(a) Uma relação simbiótica entre uma anêmona-do-mar, *Calliactis parasitica*, e um caranguejo-ermitão, *Eupagurus bernhardus*. O caranguejo coloca deliberadamente as anêmonas sobre a concha que habita. (b) Um verme chato, *Taenia solium*, preso à parede intestinal de seu hospedeiro vertebrado.

(a) Segundo Hardy. (b) Segundo Villee.

Os limites entre parasitismo, mutualismo, comensalismo e predação não são sempre claramente distintos. Por exemplo, um parasito que, eventualmente, mata seu hospedeiro torna-se essencialmente um predador, um parasito que produz um produto metabólico final do qual o hospedeiro se beneficia se confunde com a definição de mutualístico. De fato, formas de transição na evolução de um tipo para o outro de relação não são incomuns. Essas formas de transição tornam difícil a categorização de animais em esquemas feitos por seres humanos; definições de algumas categorias têm sido modificadas por vários pesquisadores em uma tentativa de melhorar o enquadramento, mas cada regra parece ter uma exceção.

Tópicos para posterior discussão e investigação

1. Historicamente, tem havido dois métodos principais para classificação dos animais: **cladística** ou **classificação filogenética** (baseada inteiramente na descendência comum imediata inferida pelo compartilhamento de caracteres morfológicos derivados particulares, especializados, chamados de **sinapomorfias**) e **classificação evolutiva** (a qual tenta considerar tanto a ancestralidade quanto o grau no qual os organismos têm subsequentemente divergido da forma ancestral). Discuta as vantagens e desvantagens inerentes a essas duas abordagens para se inferir relações evolutivas.

Ax, P. 1987. *The Phylogenetic System: The Systematization of Organisms on the Basis of Their Phylogenesis.* New York: John Wiley & Sons.

Bock, W. 1965. Review of Hennig, *Phylogenetic Systematics. Evolution* 22:646.

Bock, W. J. 1982. Biological classification. In *Synopsis and Classification of Living Organisms,* vol. 2, edited by S. P. Parker. New York: McGraw-Hill, 1068–71.

Cavalier-Smith, T. 2004. Only six kingdoms of life. *Proc. R. Soc. Lond.* B 271:1251–1262.

Cunningham, C. W., K. E. Omland, and T. H. Oakley. 1998. Reconstructing ancestral character states: A critical reappraisal. *Trends Ecol. Evol.* (TREE) 13:361.

Estabrook, G. F. 1986. Evolutionary classification using convex phenetics. *Syst. Zool.* 35:560.

Mayr, E. 1965. Numerical phenetics and taxonomic theory. *Syst. Zool.* 14:73.

Mayr, E., and P. D. Ashlock. 1991. *Principles of Systematic Zoology,* 2d ed. New York: McGraw-Hill.

Moore, J., and P. Willmer. 1997. Convergent evolution in invertebrates. *Biol. Rev.* 72:1–60.

Panchen, A. L. 1992. *Classification, Evolution, and the Nature of Biology.* New York: Cambridge University Press.

Smith, A. B. 1993. *Systematics and the Fossil Record: Documenting Evolutionary Patterns.* Cambridge, Mass.: Blackwell Scientific Publications.

2. Quais são as características do sistema de classificação "ideal", e por que é tão difícil de consegui-lo?

Benton, M. J. 2000. Stems, nodes, crown clades, and rank-free lists: Is Linnaeus dead? *Biol. Rev.* 75:633–48.

Erwin, D. H. 1991. Metazoan phylogeny and the Cambrian radiation. *Trends Ecol. Evol.* 6:131.

Farris, J. 1982. Simplicity and informativeness in systematics and phylogeny. *Syst. Zool.* 31:413.

Hall, B. K. 1994. *Homology: The Hierarchical Basis of Comparative Biology.* New York: Academic Press.

Jenner, R. A. 2004. When molecules and morphology clash: Reconciling conflicting phylogenies of the Metazoa by considering secondary character loss. *Evol. Dev.* 6:372–78.

Mayr, E. 1974. Cladistic analysis or cladistic classification? *Zool. Syst. Evol.-forsch.* 12:94. (Reprinted in E. Mayr. 1976. *Evolution and the Diversity of Life—Selected Essays.* Cambridge, Mass.:Harvard University Press, 433–76.)

Page, M. D., and P. H. Harvey. 1988. Recent developments in the analysis of comparative data. *Q. Rev. Biol.* 63:413.

3. O registro fóssil mostra uma notável radiação de planos corporais animais iniciando por volta de 543 milhões de anos atrás, no período de tempo geológico chamado de Cambriano. Os primeiros metazoários conhecidos – da chamada fauna Ediacariana, coletados originalmente nas montanhas Ediacara, no sul da Austrália, nos anos de 1940, e mais recentemente de Terra Nova – são mais antigos (cerca de 550-575 milhões de anos atrás). Em que medida diferem as faunas ediacarianas e cambrianas, e o que pode ter contribuído para essas diferenças?

Dzik, J. 2003. Anatomical information content in the Ediacaran fossils and their possible zoological affinities. *Integr. Comp. Biol.* 43:114.

McMenamin, M. A. S. 1987. The emergence of animals. *Sci. Amer.* 256(4):94.

Moore, J. A. 1990. A conceptual framework for Biology, Part II. *Amer. Zool.* 30:752.

Morris, S. C. 1989. Burgess shale faunas and the Cambrian explosion. *Science* 246:339.

Narbonne, G. M. 2004. Modular construction of early Ediacaran complex life forms. *Science* 305:1141.

Sperling, E.A., C.A. Frieder, A.V. Raman, P.R. Girguis, L.A. Levin, and A.H. Knoll. 2013. Oxygen, ecology, and the Cambrian radiation of animals. *Proc. Natl. Acad. Sci.* USA 110: 13446–13451.

4. Análises moleculares nos permitem olhar diretamente as diferenças na estrutura genética entre espécies, potencialmente superando alguns dos problemas associados com estudos morfológicos. Além disso, se as moléculas escolhidas não estão sujeitas à seleção e se as taxas de mutação são constantes, o grau de diferença entre as moléculas de duas espécies diferentes deveria indicar o espaço de tempo decorrido desde que as espécies divergiram de seu ancestral comum. Por que dados moleculares não têm sido capazes de resolver todas as controvérsias filogenéticas anteriores?

Abeysundera, M., C. Field, and H. Gu. 2012. Phylogenetic analysis based on spectral methods. *Mol. Biol. Evol.* 29:579–97.

Archibald, J. K., M. E. Mort, and D. J. Crawford. 2003. Bayesian inference of phylogeny: A non-technical primer. *Taxon.* 52:187–91.

Belinky, F., O. Cohen, and D. Huchon. 2009. Large-scale parsimony analysis of metazoan indels in protein-coding genes. *Mol. Biol. Evol.* 27:441–51.

Bromham, L. 2003. What can DNA tell us about the Cambrian explosion? *Integr. Comp. Biol.* 43:148.

Ciccarelli, F. D., T. Doerks, C. von Mering, C. J. Creevey, B. Snel, and P. Bork. 2006. Toward automatic reconstruction of a highly resolved tree of life. *Science* 311:1283–87.

Cunningham, C. W., K. E. Omland, and T. H. Oakley. 1998. Reconstructing ancestral character states: A critical reappraisal. *Trends Ecol. Evol.* 13:361.

Dopazo, H., and J. Dopazo. 2005. Genome-scale evidence of the nematode-arthropod clade. *Genome Biol.* 6:R41.

Holton, T. A. and D. Pisani. 2010. Deep genomic-scale analyses of the Metazoa reject Coelomata: evidence from single- and multigene families analyzed under a supertree and supermatrix paradigm. *Genome Biol. Evol.* 2:310–24.

Moore, J., and P. Willmer. 1997. Convergent evolution in invertebrates. *Biol. Rev.* 72:1–60.

Pick, K. S., H. Philippe, F. Schreiber, D. Erpenbeck, D. J. Jackson, P. Wrede, M. Wiens, A. Alié, B. Morgenstern, M. Manuel, and G. Wörheide. Improved phylogenomic taxon sampling noticeably affects nonbilaterian relationships. *Mol. Biol. Evol.* 27:1983–87.

Raff, R. 1996. The shape of life: Genes, development, and the evolution of animal form. Chapter 4: *Molecular Phylogeny: Dissecting the Metazoan Radiation.* Univ. Chicago Press.

Rogozin, I. B., Y. I. Wolf, L. Carmel, and E. V. Koonin. 2007. Ecdysozoan clade rejected by genome-wide analysis of rare aminoacid replacements. *Mol. Biol. Evol.* 24:1080–90.

Rokas, A., and P. W. H. Holland. 2000. Rare genomic changes as a tool for phylogenetics. *Trends Ecol. Evol.* 15:454.

Smythe, A. B., M. J. Sanderson, and S. A. Nadler. 2006. Nematode small subunit phylogeny correlates with alignment parameters. *Syst. Biol.* 55:972–92.

Telford, M. J., and R. R. Copley. 2011. Improving animal phylogenies with genomic data. *Trends Genet.* 27:186–95.

Valentine, J. W., D. H. Erwin, and D. Jablonski. 1996. Developmental evolution of metazoan bodyplans: The fossil evidence. *Devel. Biol.* 173:373–81.

Zheng, J. I., B. Rogozin, E. V. Koonin, and T. M. Przytycka. 2007. Support for the Coelomata clade of animals from a rigorous analysis of the pattern of intron conservation. *Mol. Biol. Evol.* 24:2583–92.

5. Compare e contraste as relações entre filos ilustradas em três partes da Figura 2.11. Por exemplo, observe que moluscos (p. ex., caracóis, mexilhões e lulas) são mostrados como tendo um ancestral imediato em comum com anelídeos (p. ex., minhocas e sanguessugas) em (b), mas como tendo evoluído independentemente dos anelídeos em (a).

6. A explosão do Cambriano existiu?

Ayala, F. J., A. Rzhetsky, and F. J. Ayala. 1998. Origin of the metazoan phyla: Molecular clocks confirm paleontological estimates. *Proc. Natl. Acad. Sci.* 95:606–11.

Brasier, M. 1998. From deep time to late arrivals. *Nature* 395:547–48.

Bromham, L. D., and M. D. Hendy. 2000. Can fast early rates reconcile molecular dates with the Cambridge explosion? *Proc. Royal Soc. London B* 267:1041.

Budd, G. E. 2003. The Cambrian fossil record and the origin of the phyla. *Integr. Comp. Biol.* 43:157.

Conway Morris, S. 2000. The Cambrian "explosion": Slow-fuse or megatonnage? *Proc. Nat. Acad. Sci.* 97:4426.

Erwin, D. H., M. Laflamme, S. M. Tweedt, E. A. Sperling, D. Pisani, and K. J. Peterson. 2011. The Cambrian conundrum: Early divergence and later ecological success in the early history of animals. Science 334:1091–97.

Grotzinger, J. P., S. A. Bowring, B. Z. Saylor, and A. J. Kaufman. 1995. Biostratigraphic and geochronologic constraints on early animal evolution. *Science* 270:598.

Jensen, S., J. G. Gehling, and M. L. Droser. 1998. Ediacara-type fossils in Cambrian sediments. *Nature* 393:567–69.

Morris, S. C. 1993. The fossil record and the early evolution of the Metazoa. *Nature* 361:219–25.

Narbonne, G. M. 2004. Modular construction of early Ediacaran complex life forms. *Science* 305:1141–44.

Peterson, K. J., M. A. McPeek, and D. A. D. Evans. 2005. Tempo and mode of early animal evolution: inferences from rocks, Hox, and molecular clocks. *Paleobiol.* 31:36–55.

Shu, D. 2008. Cambrian explosion: birth of tree animals. *Gondwana Res.* 14:219–40.

7. Por muitas décadas, estudos embriológicos meticulosos têm sido conduzidos em uma tentativa de desvendar conexões evolutivas entre grupos animais. Por que é tão difícil interpretar esses dados?

Guralnick, R. P., and D. R. Lindberg. 2002. Cell lineage data and Spiralian evolution: A reply to Nielsen and Meier. *Evolution* 56:2558–60.

Nielsen, C., and R. Meier. 2002. What cell lineages tell us about the evolution of Spiralia remains to be seen. *Evolution* 56:2554–57.

8. Embriões fossilizados são raros no registro fóssil. O que parecem ser embriões fossilizados de animais foram recentemente descobertos em rochas que precedem a explosão do Cambriano em cerca de 40 milhões de anos. O que nos faz pensar que esses espécimes sejam realmente embriões animais fossilizados? Quais argumentos sugerem que eles não são?

Bailey, J. V., S. B. Joye, K. M. Kalanetra, B. E. Flood, and F. A. Corsetti. 2007. Evidence of giant sulphur bacteria in Neoproterozoic phosphorites. *Nature* 445:198–201.

Bengtson, S., and G. Budd. 2004. Comment on "Small bilaterian fossils from 40–55 million years before the Cambrian." *Science* 306:1291a.

Chen, J.-Y., P. Oliveri, E. Davidson, and D. J. Bottjer. 2004. Responseto comment on "Small bilaterian fossils from 40–55 million years before the Cambrian." *Science* 306:1291b.

Cohen, P. A., A. H. Knoll, and R. B. Kodner. 2009. Large spinose microfossils in Ediacaran rocks as resting stages of early animals. Proc Natl. Acad. Sci. U.S.A. 106:6519–24.

Donoghue, P. C. J. 2007. Embryonic identity crisis. *Nature* 445:155–56.

Raff. E. C., J. T. Villinski, F. R. Turner, P. C. J. Donoghue, and R. A. Raff. 2006. Experimental taphonomy shows the feasibility of fossil embryos. *Proc. Natl. Acad. Sci.* 103:5846–51.

Yin, L., M. Zhu, A. H. Knoll, X. Yuan, J. Zhang, and J. Hu. 2007. Doushantuo embryos preserved inside diapause egg cysts. *Nature* 446:661–63.

9. Quais são os principais argumentos a favor e contra o Phylocode? (Ver também as listas da seção "Procure na web".)

Benton, M. J. 2007. The Phylocode: Beating a dead horse? *Acta Palaeontol. Pol.* 52:651–55.

Bertrand, Y., and M. Härlin. 2006. Stability and universality in the application of taxon names in phylogenetic nomenclature. *Syst. Biol.* 55:848–58.

Bryant, H. N., and P. D. Cantino. 2002. A review of criticisms of phylogenetic nomenclature: Is taxonomic freedom the fundamental issue? *Biol. Rev.* 77:39–55.

Laurin, M., K. deQueiroz, P. Cantino, N. Cellinese, and R. Olmstead. 2005. The PhyloCode, types, ranks and monophyly:A response to Pickett. *Cladistics* 21:605–07.

Nixon, K. C., J. M. Carpenter, and D. W. Stevenson. 2003. The PhyloCode is fatally flawed, and the "Linnaean" System can easily be fixed. *Botanical Rev.* 69:111–20.

Platnick, N. I. 2011. The poverty of the Phylocode: A reply to de Queiroz and Donoghue. *Syst. Biol.* 61:360–61.

de Queiroz, K. 2006. The PhyloCode and the distinction between taxonomy and nomenclature. *Syst. Biol.* 55:160–62.

Referências gerais sobre origens e evolução dos metazoários

Adoutte, A., G. Balavoine, N. Lartillot, O. Lespinet, B. Prud'homme, and R. de Rosa. 2000. The new animal phylogeny: Reliability and implications. *Proc. Nat. Acad. Sci.* 97:4453–56.

Aguinaldo, A. M. A., J. M. Turbeville, L. S. Linford, M. C. Rivera, J. R. Garey, R. A. Raff, and J. A. Lake. 1997. Evidence for a clade of nematodes, arthropods, and other moulting animals. *Nature* 387:489.

Benton, M. J. 2000. Stems, nodes, crown clades, and rank-free lists: Is Linnaeus dead? *Biol. Rev.* 75:633–48.

Budd, G. E., and S. Jensen. 2000. A critical reappraisal of the fossil record of the bilaterian phyla. *Biol. Rev.* 75:253–95.

Cameron, C. B., J. R. Garey, and B. J. Swalla. 2000. Evolution of the chordate body plan: New insights from phylogenetic analyses of deuterostome phyla. *Proc. Natl. Acad. Sci.* 97:4469–74.

Cavalier-Smith, T. 2004. Only six kingdoms of life. *Proc. R. Soc. Lond.* B 271:1251–62.

Donoghue, P. C. J., and M. J. Benton. 2007. Rocks and clocks:Calibrating the Tree of Life using fossils and molecules. *Trends Ecol. Evol.* 22:424–31.

Edgecombe, G. D., G. Giribet, C. W. Dunn, A. Hejnol, R. M. Kristensen, R. C. Neves, G. W. Rouse, K. Worsaae, and M. B. Sorensen. 2011. Higher-level metazoan relationships: recent progress and remaining questions. *Org. Divers. Evol.* 11:151–72.

Halanych, K. 2004. The new view of animal phylogeny. *Ann. Rev. Ecol. Syst.* 35:229–56.

Holland, P. W. H. 2012. *The Animal Kingdom: A Very Short Introduction.* Oxford Univ. Press, 144 pp.

Jenner, R. A. 2006. Challenging perceived wisdoms: Some contributions of the new microscopy to the new animal phylogeny. *Integr. Comp. Biol.* 46:93–103.

Marlétaz, F. and Y. Le Parco. 2010. Phylogeny of animals: genomes have a lot to say. In: J. M. Cock et al. (eds.), *Introduction to Marine Genomics*, Springer.

Moore, P. 1990. *Invertebrate Relationships: Patterns in Animal Evolution.* Cambridge Univ. Press, 400 pp.

Morris, S. C. 1998. *The Crucible of Creation: The Burgess Shale and the Rise of Animals.* Oxford Univ. Press, 242 pp.

Nielsen, C. 2012. *Animal Evolution: Interrelationships of the Living Phyla.*, 3rd ed. Oxford Univ. Press, 464 pp.

Nielsen, C. 2012. How to make a protostome. *Invert. Systemat.* 26:25–40.

Pennisi, E., and W. Roush. 1997. Developing a new view of evolution. *Science* 277:34–37.

Peterson, K. J., J. A. Cotton, J. G. Gehling, and D. Pisani. 2008. The Ediacaran emergence of bilaterians: congruence between the genetic and the geological fossil records. *Phil. Trans. R. Soc.* B: 363:1435.

Raff, R. A. 1996. *The Shape of Life: Genes, Development, and the Evolution of Animal Form.* Univ. Chicago Press, 520 pp.

Schmidt-Rhaesa, A. 2007. *The Evolution of Organ Systems.* Oxford Univ. Press, 368 pp.

Valentine, J. W. 2004. *On the origin of phyla.* Univ. Chicago Press, 608 pp.

Referências gerais sobre análise filogenética

Abeysundera, M., C. Field, and H. Gu. 2012. Phylogenetic analysis based on spectral methods. *Mol. Biol. Evol.* 29:579.

Baldauf, S. L. 2003. Phylogeny for the faint of heart: A tutorial. *Trends in Genetics* 29:345–51.

Benton, M. J. 2000. Stems, nodes, crown clades, and rank-free lists: Is Linnaeus dead? *Biol. Rev.* 75:633–48.

Cunningham, C. W., K. E. Omland, and T. H. Oakley. 1998. Reconstructing ancestral character states: A critical reappraisal. *TREE* 13:361–66.

Freeman, S., and J. C. Herron. 2007. *Evolutionary Analysis*, 4th ed. Benjamin Cummings, 800 pp. Prentice Hall, Upper Saddle River, New Jersey.

Gaffney, E. S., L. Dingus, and M. K. Smith. 1995. Why cladistics? *Natural History.* June:33–35.

Huelsenbeck, J. P., F. Ronquist, R. Nielsen, and J. P. Bollback. 2001. Bayesian inference of phylogeny and its impact on evolutionary biology. *Science* 294:2310–14.

Jenner, R. A., and F. R. Schram. 1999. The grand game of metazoan phylogeny: Rules and strategies. *Biol. Rev.* 4:121–42.

Kitching, I. J., P. L. Forey, C. J. Humphries, and D. M. Williams. 1998. *Cladistics: The Theory and Practice of Parsimony Analysis*, 2nd ed. Oxford Univ. Press, New York, 228 pp.

Kolaczkowski, B., and J. W. Thornton. 2004. Performance of maximum parsimony and likelihood phylogenetics when evolu tion is heterogeneous. *Nature* 431:980–84.

Minelli, A. 1993. *Biological Systematics: The State of the Art.* Chapman & Hall, New York, 408 pp.

Pick, K. S., H. Philippe, F. Schreiber, D. Erpenbeck, D. J. Jackson, P. Wrede, M. Wiens, A. Alie, B. Morgenstern, M. Manuel, and G. Philippe, H., F. Delsuc, H. Brinkmann, and N. Lartillot. 2005. Phylogenomics. *Annu. Rev. Ecol. Evol. Syst.* 36:541–62.

Sanderson, M. J., and H. B. Shaffer. 2002. Troubleshooting molecular phylogenetic analyses. *Ann. Rev. Ecol. Syst.* 33:49–72.

Procure na web

1. http://evolution.berkeley.edu/evolibrary/article/phylogenetics_01

   Este site, cortesia da University of California, em Berkeley, fornece uma excelente introdução para a construção e uso de árvores filogenéticas.

2. http://tolweb.org/tree/phylogeny.html

   O projeto da web "Tree of Life" (Árvore da Vida) apresenta informações sobre filogenia e biodiversidade.

3. http://www.ucmp.berkeley.edu/cambrian/camb.html

   Este site, produzido pelo Museu de Paleontologia da University of California, é sobre a explosão do Cambriano. Ele inclui excelentes fotografias de fósseis dos estratos de Burgess.

4. http://www.ohio.edu/phylocode

   Este é o site do PhyloCode, que fornece uma descrição detalhada dos objetivos do novo sistema e as regras sob as quais ele irá operar. Para acessar visões contrastantes desse projeto, faça uma pesquisa no Google com o tema "phylocode debate".

5. http://www.ucmp.berkeley.edu/clad/clad1.html

   Uma introdução curta, mas informativa, à cladística.

6. http://stri.discoverlife.org

   Clique em "All living things" no topo da página e, então, no grupo de interesse. O site é mantido pela Polistes Foundation e operado pelo Smithsonian Tropical Research Institute, University of Georgia, American Museum of Natural History e Jardim Botânico do Missouri. Inclui também guias detalhados de identificação de espécies.

7. http://bioinf.ncl.ac.uk/molsys/lectures.html

   Este site apresenta um excelente tutorial (incluindo Microsoft Powerpoint e PDFs) sobre os métodos de sistemática molecular. Baseado em um curso organizado pelo Professor T. Martin Embleyis.

8. http://animaldiversity.ummz.umich.edu/site/index.html

   Este é o "Animal Diversity Website", do Museu de Zoologia da University of Michigan, fornecendo uma classificação amplamente atualizada, com ilustrações, de muitos grupos animais.

9. www.tolweb.org/Eukaryotes/3

   Este é o site "Tree of Life", que mostra as classificações para todos os eucariotos, incluindo protozoários, acompanhadas de fotografias e ilustrações.

10. http://iczn.org/category/faqs/frequently-asked-questions

    Questões frequentes sobre a nomenclatura de espécies animais, incluindo o pensamento atual sobre o uso do PhyloCode. Site postado pela Comissão Internacional de Nomenclatura Zoológica.

3

Protistas

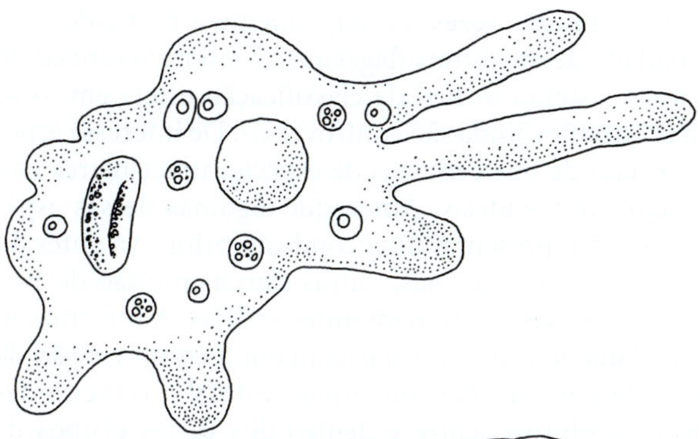

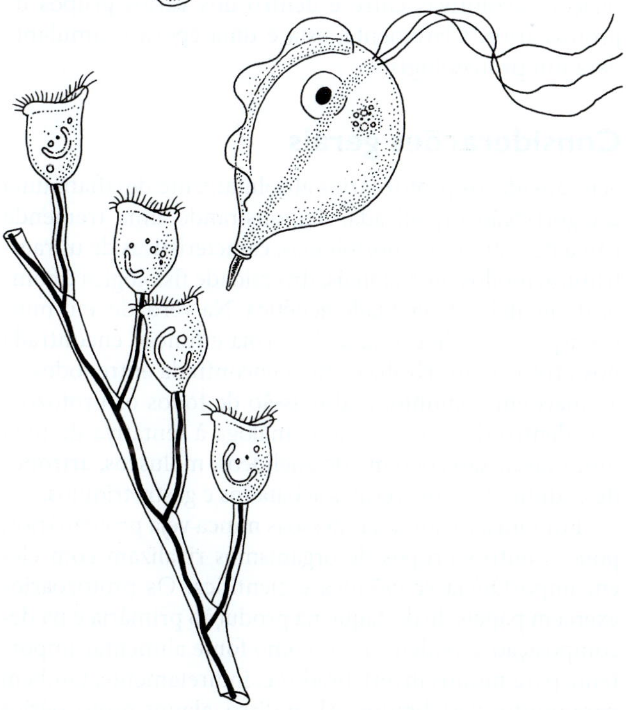

Introdução

Os protistas são eucariotos unicelulares que mascaram a distinção entre animais e plantas. Na verdade, todas as algas, plantas e animais – isto é, toda vida multicelular – devem ter evoluído de ancestrais protistas e, provavelmente, mais de uma vez. Como com as mitocôndrias e as outras organelas envolvidas por membranas que caracterizam os eucariotos, os cloroplastos foram adquiridos por muitos organismos unicelulares por relações simbióticas antigas. Assim, enquanto alguns protistas ingerem partículas alimentares sólidas, outros realizam fotossíntese. Outros ainda vivem na matéria orgânica vegetal e animal em decomposição (ou vivem como parasitos), alimentando-se por absorção de matéria orgânica e outros nutrientes dissolvidos através de suas superfícies. Algumas espécies são capazes de adotar dois ou mesmo todos os três modos de nutrição, simultaneamente ou em momentos diferentes. Por essa razão, há cerca de 140 anos, o grande cientista alemão Ernst Haeckel sugeriu a colocação de todos os organismos problemáticos, que não eram claramente plantas ou animais, dentro de um novo reino, o Protista. Em última análise, os protistas passaram a incluir tudo, exceto plantas, animais, fungos e bactérias. Contudo, a diversidade da ultraestrutura dos protistas, dos ciclos de vida, dos estilos de vida e das trajetórias evolutivas revelou-se demasiadamente ampla para um único reino. Na verdade, atualmente os protistas estão distribuídos entre todos os reinos. Em consequência, no esquema de classificação adotado nesta edição,[1] não há uma categoria taxonômica chamada de Protista, embora o termo *protista* ainda sirva como uma referência geral para esse extraordinário conjunto de eucariotos unicelulares. Este capítulo aborda prioritariamente os protistas similares a animais (heterotróficos), comumente denominados *protozoários*.

[1]Baseado, em grande parte, em Cavalier-Smith, T. 2009. *Biol. Lett.* 6:342-345; Parfrey, L. W., et al. 2010. *Syst. Biol.* 59:518-533.

Protozoários

Características diagnósticas:[2] 1) todos são eucariotos unicelulares, sem colágeno e paredes celulares quitinosas; 2) todos são não fotossintetizantes na condição primitiva.

"A taxonomia tradicional de protozoários, baseada nas amebas, flagelados, ciliados e esporozoários, ficou quase completamente ultrapassada, e uma nova taxonomia filogenética está nascendo com muito esforço."

James D. Berger

"Darwin ficaria espantado com as reconstruções recentes da árvore da vida."

Thomas Cavalier-Smith

Os organismos descritos neste capítulo – todos antigamente agrupados em um único filo, o Protozoa – são atualmente distribuídos em uma diversidade de grupos (ver Resumo taxonômico, p. 71), cujas inter-relações, em grande parte, ainda estão imprecisas. Muitas dúzias de espécies de protozoários ainda não foram colocadas em qualquer dessas categorias. Até agora, quase 40 mil espécies de protozoários existentes foram descritas, com centenas de espécies novas sendo descobertas a cada ano. Muitas dezenas de milhares de descrições de espécies novas estão previstas. No mínimo, outras 44 mil espécies foram descritas a partir de restos fossilizados.

Como outros eucariotos, os protozoários abrigam núcleos diferenciados e outras organelas envolvidas por membranas. Todavia, ao contrário dos animais, os protozoários – como outros protistas – nunca se desenvolvem a partir de um estágio embrionário de blástula. Embora os protozoários não sejam animais, todos os animais parecem ter evoluído de protozoários ancestrais flagelados. Essa sugestão, inicialmente proposta em parte porque a maioria dos animais produz espermatozoide flagelado, está bem respaldada por dados moleculares atuais. Os protozoários, portanto, preenchem a lacuna não apenas entre animais e plantas, mas também entre organismos unicelulares e multicelulares.[3]

A classificação dos protozoários permaneceu incerta e controversa por muitos anos, e a sequência de nucleotídeos e outros dados moleculares estão alterando muito rapidamente os cenários das inter-relações desses organismos. As relações evolutivas exatas são difíceis de se determinar para a maioria dos grupos de organismos, mas o problema é especialmente grande para os protozoários. O registro fóssil de protozoários é geralmente limitado a alguns grupos, e o que existe não é proveitoso para deduzir relações; membros de alguns grupos de protozoários bem sofisticados que possuem partes duras são encontrados como fósseis de 600 milhões de anos e têm formas praticamente idênticas às encontradas em alguns gêneros atuais. O pequeno tamanho da maioria dos indivíduos dificulta os estudos estruturais, os quais, apesar disso, estão prosseguindo lentamente (e, às vezes, alterando substancialmente nossa compreensão das relações evolutivas). Entretanto, como com todos os organismos, as semelhanças estruturais não necessariamente implicam em íntimas relações evolutivas; estruturas semelhantes com frequência surgem independentemente em diferentes grupos de organismos não relacionados, em resposta a pressões seletivas similares, um fenômeno conhecido como **evolução convergente** (ver Capítulo 2).

Há muitas controvérsias nos níveis mais fundamentais de organização dos protozoários. Por muitos anos, os protozoários foram colocados em uma das quatro categorias gerais: formas ameboides, formas flageladas, formas ciliadas e formas parasíticas formadoras de esporos – um arranjo bem organizado. Infelizmente, dados moleculares e de ultraestrutura agora indicam que essas categorias eram artificiais, não refletindo acuradamente relações evolutivas. Parece, por exemplo, que as formas ameboides evoluíram muitas vezes, principalmente a partir de uma diversidade de ancestrais flagelados. Embora o esboço de um novo sistema formal de classificação esteja em foco, muitas questões ainda são controversas. De interesse especial é o fato de que centenas de espécies unicelulares não possuem mitocôndrias. Ainda que algumas dessas espécies possam representar uma condição primitiva antes do advento das mitocôndrias, outras claramente são derivadas de ancestrais que tinham mitocôndrias. A informação apresentada aqui deveria ser lida com a compreensão de que ainda não há uma concordância total a respeito das relações evolutivas entre e dentro dos vários grupos de protozoários. Claramente, esta é uma época estimulante para um protistologista.

Considerações gerais

Sem dúvida, os protozoários absolutamente desafiam uma categorização organizada, demonstrando uma tremenda gama de tamanhos, morfologias, características de ultraestrutura, modos nutricionais, diversidade fisiológica e comportamental e diversidade genética. Na verdade, em muitos aspectos, a diversidade de forma e função encontrada nos protozoários rivaliza com a encontrada entre todos os animais em conjunto. A discussão de todos os protozoários dentro de um capítulo é análoga à tentativa de uma única discussão coerente de anelídeos, moluscos, artrópodes, equinodermos, vermes achatados e gastrotríquios.

Embora a maioria das pessoas nunca veja protozoários, poucos outros grupos de organismos rivalizam com eles em importância econômica e científica. Os protozoários exercem papéis de destaque na produção primária e na decomposição, e podem servir como fonte alimentar importante para muitos invertebrados e, indiretamente, também para muitos vertebrados. Além disso, alguns protozoários causam "marés vermelhas" marinhas amplas, e outros causam várias doenças humanas, incluindo a malária, a doença africana do sono e a disenteria, assim como uma diversidade de doenças devastadoras transmissíveis por aves domésticas, ovinos, bovinos, repolho e outros alimentos

[2]Características que distinguem os membros desse reino de membros de outros reinos.

[3]Ver *Tópicos para posterior discussão e investigação*, nº 6, no final deste capítulo.

humanos. Os protozoários também têm proporcionado aos biólogos excelente material para estudos genéticos, fisiológicos, de desenvolvimento e ecológicos. É importante destacar que esses organismos ubíquos e importantes só ficaram conhecidos há aproximadamente 340 anos; sua descoberta teve de esperar a invenção do microscópio e a paciência do holandês Antony van Leeuwenhoek, comerciante de tecidos e cientista amador, que descobriu os protozoários em 1674.

Os protozoários ocorrem sempre que houver umidade. As espécies de vida livre são encontradas em hábitats marinhos e de água doce, além de solo úmido. Muitos protozoários vivem em íntima associação com outros protozoários, com animais ou com plantas, como comensais ou como parasitos. Na verdade, todo o grupo grande de protozoários contém pelo menos algumas espécies parasíticas, e os membros de diversos grupos importantes são exclusivamente parasíticos. Os protozoários mais conhecidos são microscópicos, geralmente com 5 a 250 μm (micrômetros) de comprimento; recentemente, os pesquisadores começaram a descobrir muitas outras espécies com dimensões de bactérias (cerca de 0,5-2 μm). Os maiores protozoários raramente ultrapassam 6 a 7 mm.

Os protozoários estão nitidamente entre as formas de vida mais simples. Contudo, em muitos aspectos, os protozoários são tão complexos quanto qualquer animal multicelular (**metazoário**), e grande parte da biologia desses organismos permanece pouco conhecida a despeito de muita pesquisa sofisticada. Os protozoários não são compostos por células individuais; em essência, cada protozoário é uma célula individual. Essa é uma característica fundamental que separa os protozoários dos animais; ela é uma das poucas características aplicáveis a quase todos os protozoários. Digno de registro, essa única célula atua como um organismo completo, cumprindo todas as funções básicas – forrageamento, digestão, locomoção, comportamento e reprodução – que os animais multicelulares realizam. A complexidade surge da especialização de organelas e não da especialização de células e tecidos individuais. Além disso, a maioria dos protozoários não possui estruturas circulatórias, respiratórias e excretoras (para remoção de resíduos) especializadas. A área de superfície dos seus corpos é grande em relação ao volume corporal, de modo que gases podem ser trocados e resíduos solúveis removidos por simples difusão através de toda a superfície do corpo exposta. O citoplasma de algumas espécies contém hemoglobina, embora seu papel nas trocas gasosas ainda não tenha sido demonstrado. A área de superfície relativamente grande dos protozoários também pode facilitar a captação ativa de nutrientes dissolvidos oriundos dos fluidos circundantes.

O corpo inteiro do protozoário é limitado por um **plasmalema** (membrana celular) que é estrutural e quimicamente idêntico ao de organismos multicelulares. O citoplasma envolvido pelo plasmalema lembra o de células animais, exceto que ele é diferenciado em uma região externa clara e gelatinosa, o **ectoplasma**, em uma região interna mais fluida, o **endoplasma**. No interior do citoplasma encontram-se organelas e em outros componentes típicos de células de metazoários, incluindo núcleos, nucléolos, cromossomos, aparelho de Golgi, retículos endoplasmáticos (com e sem ribossomos), lisossomos, centríolos, mitocôndrias e, em alguns indivíduos, cloroplastos. De certo modo, portanto, o protozoário típico é um organismo unicelular, embora essa célula seja funcionalmente mais versátil do que qualquer célula individual encontrada dentro de qualquer animal multicelular.

Além das organelas normalmente encontradas em animais multicelulares, muitos protozoários contêm organelas que, muitas vezes, são encontradas nos metazoários. Essas organelas são, mais especialmente, vacúolos contráteis, tricocistos e toxicistos. Muitos protozoários são também caracterizados por arranjos altamente complexos de microtúbulos e microfilamentos. Outras organelas altamente especializadas são restritas a diferentes grupos pequenos de protozoários.

Os **vacúolos contráteis** são organelas que expelem o excesso de água proveniente do citoplasma. Aparentemente, o líquido é coletado do citoplasma por um sistema de vesículas e túbulos membranosos, denominado **espongioma**. O líquido coletado é transferido para um vacúolo contrátil e, subsequentemente, descarregado para o exterior através de um poro no plasmalema (Fig. 3.1). Os vacúolos contráteis são mais comumente vistos nas espécies de protozoários de água doce, uma vez que as concentrações de solutos dissolvidos no citoplasma desses organismos são muito mais altas do que as concentrações no meio circundante. Assim, a água se difunde continuamente para o citoplasma através do plasmalema, em proporção à magnitude de concentrações de solutos (i.e., o **gradiente osmótico**). Sem alguma forma de mecanismo de compensação, a água continuaria se difundindo para o protozoário, até que o gradiente osmótico através do plasmalema fosse reduzido a zero ou o protozoário rebentasse. Além disso, as células conseguem funcionar apenas em uma faixa estreita de concentrações internas de solutos, e os protozoários não são exceção; mesmo uma diluição pequena da concentração de solutos citoplasmáticos poderia ser incapacitante.

Claramente, o vacúolo contrátil deve funcionar não apenas para impedir a intumescência (liberando o corpo de líquido tão rápido quanto a água atravessa o plasmalema), mas também para manter dentro da célula uma concentração de solutos fisiologicamente aceitável (Fig. 3.2). Em outras palavras, o vacúolo contrátil deve funcionar tanto na **regulação do volume** (mantendo um volume corporal constante) quanto na **regulação osmótica** (mantendo uma concentração de solutos constante no interior da célula).[4] O vacúolo contrátil alcança o último resultado bombeando para fora da célula um líquido que é diluído em relação ao citoplasma circundante na célula; isto é, o soluto é essencialmente separado da água e retido dentro da célula, antes que o líquido restante seja expelido. O mecanismo pelo qual a água é separada do citoplasma não é conhecido, nem é o mecanismo pelo qual o líquido do vacúolo é descarregado para o exterior, embora os pesquisadores tenham realizado algum

[4]Ver *Tópicos para posterior discussão e investigação*, nº 3, no final deste capítulo.

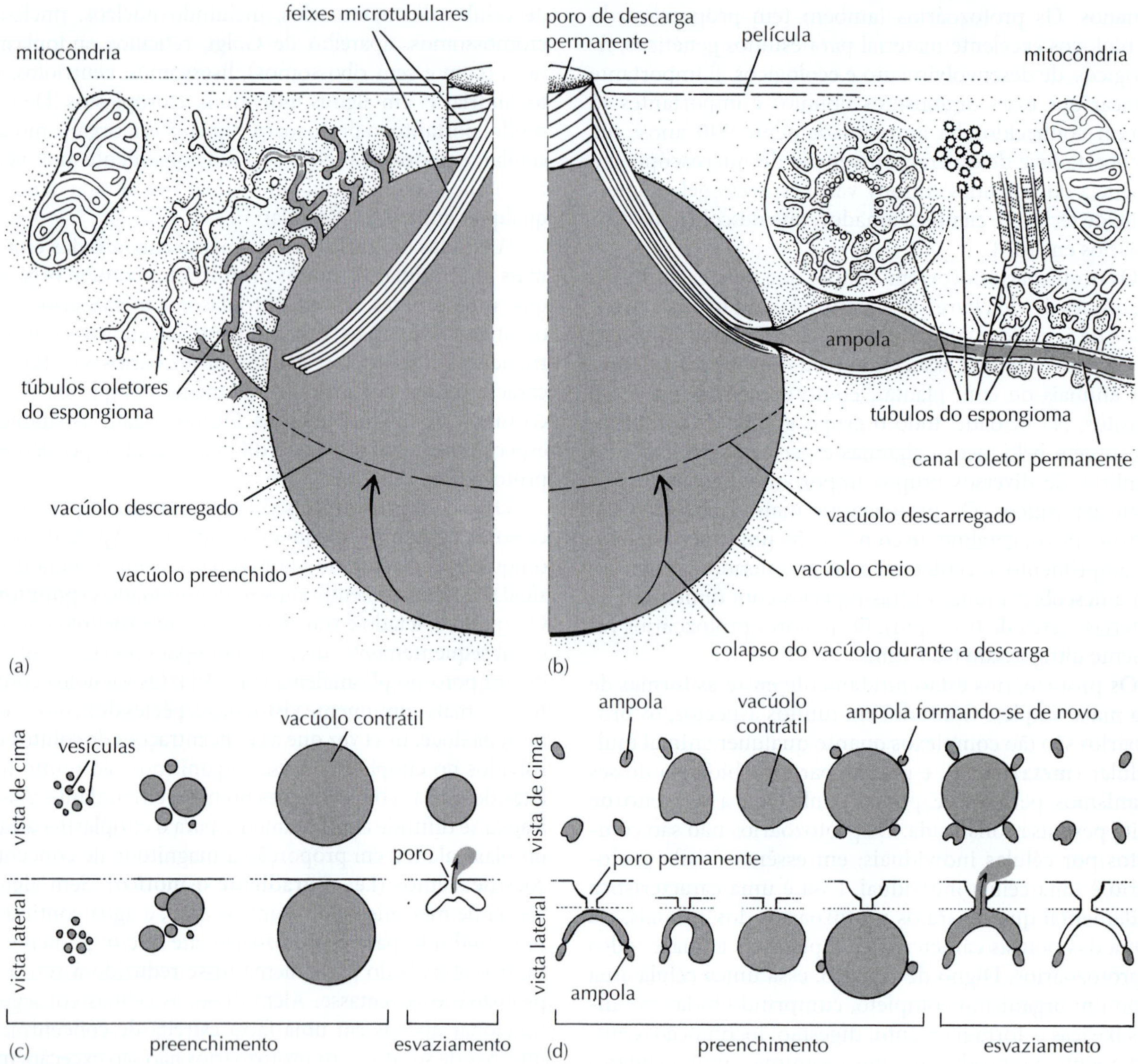

Figura 3.1

(a, b) Representação diagramática de dois tipos do sistema de vacúolos contráteis encontrados nos protozoários. Os dois diferem em grande parte na complexidade do espongioma e em outros aspectos do sistema de coleta de líquido. Outros complexos de vacúolos contráteis (não ilustrados) podem não ter ampolas, poros permanentes e feixes de microtúbulos associados. (c, d) Comportamento de dois complexos de vacúolos contráteis durante o preenchimento e o esvaziamento: as setas representam o fluxo fora do vacúolo em preenchimento. O vacúolo é visto de cima nas séries superiores (a descarga aparece perpendicularmente ao plano da página) e de lado nas séries inferiores. Em (c), não há um poro permanente e o vacúolo se forma pela fusão de muitas vesículas pequenas cheias de líquido; o vacúolo desaparece completamente após a descarga. Em (d), o vacúolo contrátil é preenchido por ampolas conspícuas e descarrega através de um poro permanente. As ampolas podem começar a ficar novamente cheias antes que o vacúolo descarregue seu líquido para o exterior.

De Patterson, em *Biological Review of the Philosophical Society*, 55:1, 1980. Copyright © 1980 Cambridge University Press, New York. Reimpressa com permissão.

progresso nesses estudos. Os vacúolos contráteis geralmente se enchem e descarregam muitas vezes por minuto, e um único indivíduo pode possuir vários vacúolos contráteis.

Outras organelas interessantes, denominadas **tricocistos**, se desenvolvem dentro de vesículas limitadas por membranas no citoplasma e, por fim, passam a situar-se ao longo da periferia do protozoário. Os próprios tricocistos são cápsulas alongadas que podem ser instigadas, por uma diversidade de mecanismos e/ou estímulos químicos, a descarregar um filamento longo e delgado (Fig. 3.3). Essa descarga ocorre em vários milésimos de segundo e acredita-se ser iniciada por um mecanismo osmótico envolvendo um rápido influxo de água. A importância adaptativa dos tricocistos é desconhecida; as prováveis possibilidades são que eles protegem contra a predação ou ancoram o animal durante a alimentação. Estruturas relacionadas, denominadas **toxicistos**, estão claramente envolvidas na predação; filamentos descarregados de toxicistos paralisam a presa e iniciam a digestão. Até agora, pelo menos 10 outros tipos de **extrussomos** (organelas capazes de ejeção) foram descritos em protozoários.

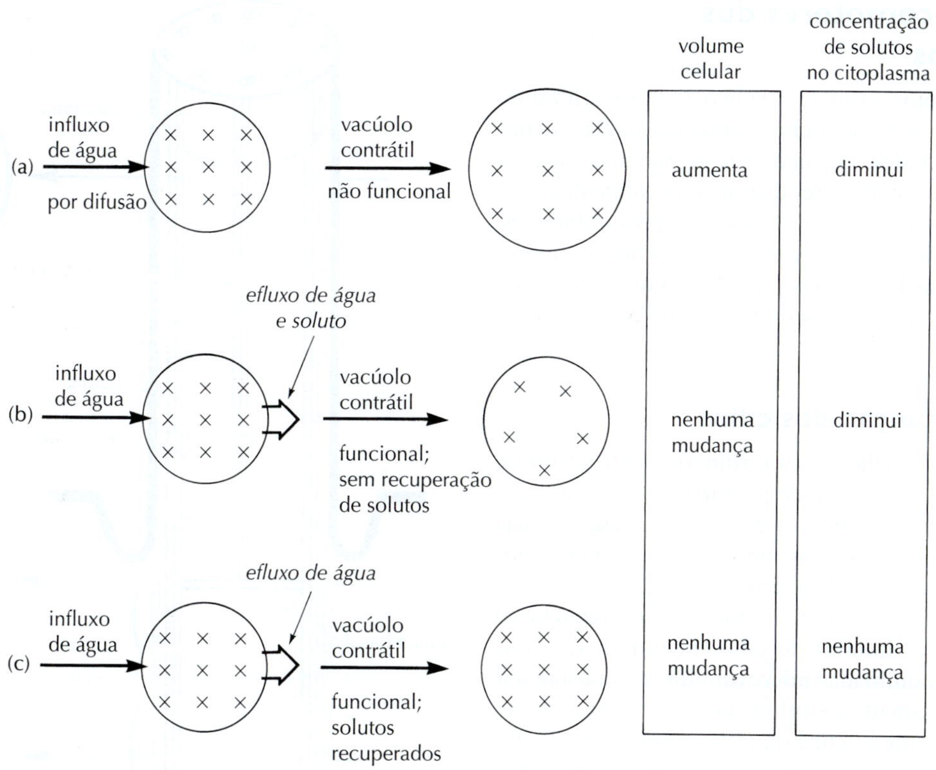

Figura 3.2

Representação diagramática da importância funcional de vacúolos contráteis em protozoários de água doce. O sistema de vacúolos funciona para manter o volume corporal e para manter as concentrações adequadas de solutos dentro da célula (X representa um soluto). (a) Vacúolo contrátil não funcional: a água se difunde para dentro, inchando a célula e diluindo o soluto interno. (b) O vacúolo contrátil bombeia para fora o líquido citoplasmático, incluindo o soluto dissolvido; o volume celular é mantido, mas o soluto é perdido continuamente. (c) O vacúolo contrátil bombeia para fora o líquido contendo pouco soluto, mantendo o volume celular e a concentração osmótica.

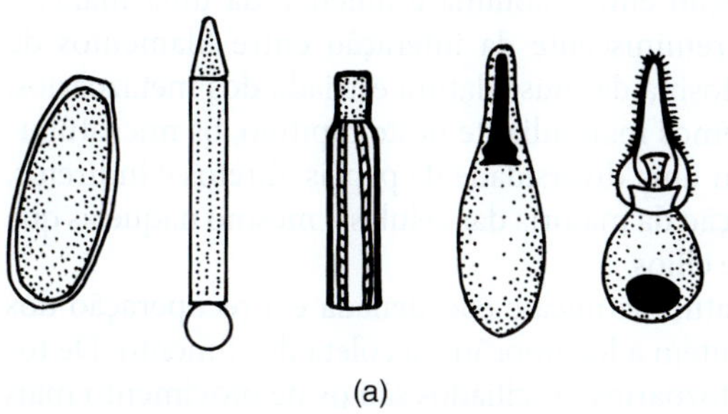

(a)

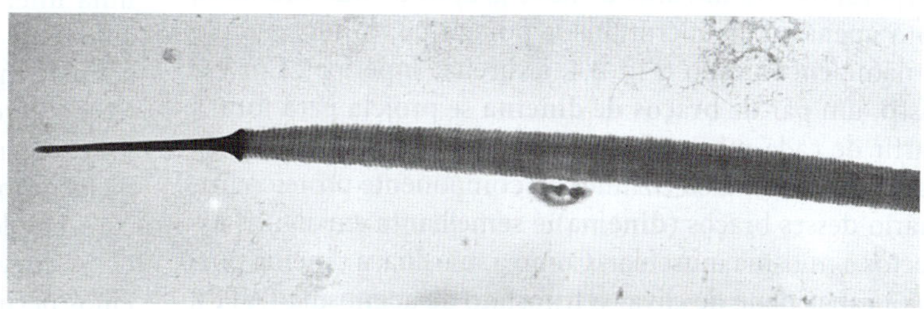

(b)

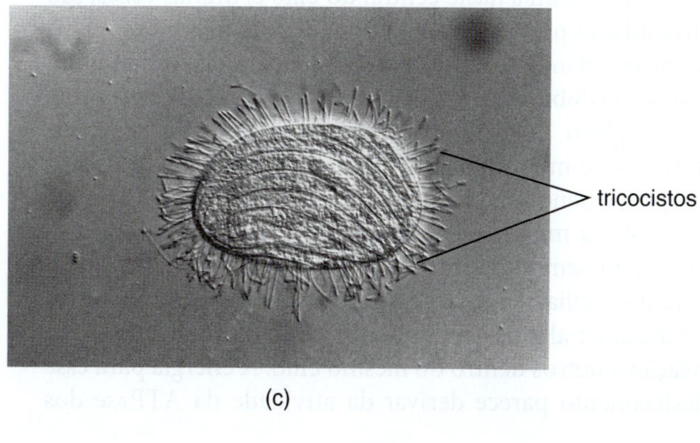

(c)

Figura 3.3

(a) Extrussomos de tipos distintos, não descarregados. No mínimo, 12 tipos de extrussomos morfologicamente diferentes foram descritos. Alguns expelem muco (à esquerda); outros ejetam filamentos de comprimentos diferentes. Toxinas paralíticas são injetadas por uma classe de extrussomo (toxicistos, não mostrados). Outros (à direita) são usados principalmente para aderência à presa durante a captura de alimento. (b) Imagem, ao microscópio eletrônico de transmissão, de um tricocisto que foi descarregado de *Paramecium* sp. (c) Um ciliado, *Pseudomicrothorax dubis*, com seus tricocistos estendidos.

(a) De Corliss, em *American Zoologist* 19:573, 1979. Copyright © 1979 American Society of Zoologists, Thousand Oaks, California. (b) Cortesia de M. A. Jakus, National Institutes of Health. (c) De S. Eperon e R. K. Peck. *Journal of Protozoology* 35:280-86, fig. I, p. 282, Allen Press, Inc. © 1988 Dr. Edna Kaneshiro, editor.

Sistemas locomotores dos protozoários

A maioria dos protozoários de vida livre se move utilizando cílios, flagelos ou extensões citoplasmáticas fluidas, denominadas **pseudópodes**. Os membros de algumas espécies possuem sistemas locomotores distintos em diferentes estágios do ciclo de vida ou sob diferentes condições ambientais. Conforme mencionado anteriormente, tornou-se muito claro que sistemas locomotores similares entre grupos de protozoários diferentes nem sempre indicam conexões evolutivas próximas.

Estrutura e função dos cílios

A ultraestrutura dos cílios é extraordinariamente uniforme em todos os organismos, desde protozoários até vertebrados, provavelmente refletindo a evolução por ascendência comum. Embora esporadicamente sejam encontradas modificações em relação ao plano básico, os cílios são sempre cilíndricos, com cada um originando-se de um **corpo basal** (**cinetossomo**). No interior do cílio encontram-se várias fibras longas, denominadas **microtúbulos**, compostas por uma proteína, chamada de **tubulina**. A tubulina é extremamente semelhante à actina da musculatura estriada dos metazoários. Uma secção transversal de um cinetossomo na região sob a superfície corporal externa exibe um anel de nove grupos de microtúbulos, com três microtúbulos por grupo (Fig. 3.4, à direita, inferior). O microtúbulo A, ou mais interno de cada grupo, está fisicamente conectado ao C, ou microtúbulo mais externo de um grupo adjacente, mediante um filamento delgado. Filamentos adicionais conectam o microtúbulo A a um túbulo central, como os raios de uma roda. A configuração de microtúbulos se altera um pouco perto da extremidade distal do cílio.

Uma secção transversal de um cílio externo à superfície corporal mostra um anel de nove grupos de microtúbulos, com apenas dois microtúbulos por grupo; o microtúbulo C não é encontrado (Fig. 3.4, à direita, superior). Em vez disso, um par de **braços de dineína** se projeta para fora, a partir de cada microtúbulo A, em direção ao túbulo B do par de microtúbulos vizinhos. O componente proteico primário desses braços (**dineína**) é semelhante em alguns aspectos à miosina muscular. Como a miosina, a dineína possui a capacidade de clivar o trifosfato de adenosina (ATP), liberando energia química. Um par de microtúbulos é localizado centralmente no interior do cílio. Esses dois microtúbulos formam a haste central do cílio e, muitas vezes, são circundados por uma **bainha central** de constituição membranosa. Filamentos distintos se estendem do microtúbulo A de cada dubleto externo em direção a essa bainha central. O complexo microtubular inteiro, consistindo em nove dubletos de microtúbulos e o par interno de microtúbulos simples, é denominado **axonema**.

Embora muitos detalhes do funcionamento ciliar permaneçam sem elucidação, a evidência atual indica que a curvatura ciliar é alcançada por meio de deslizamento diferencial de alguns grupos de microtúbulos adjacentes em relação a outros dentro do mesmo cílio. A energia para esse deslizamento parece derivar da atividade da ATPase dos

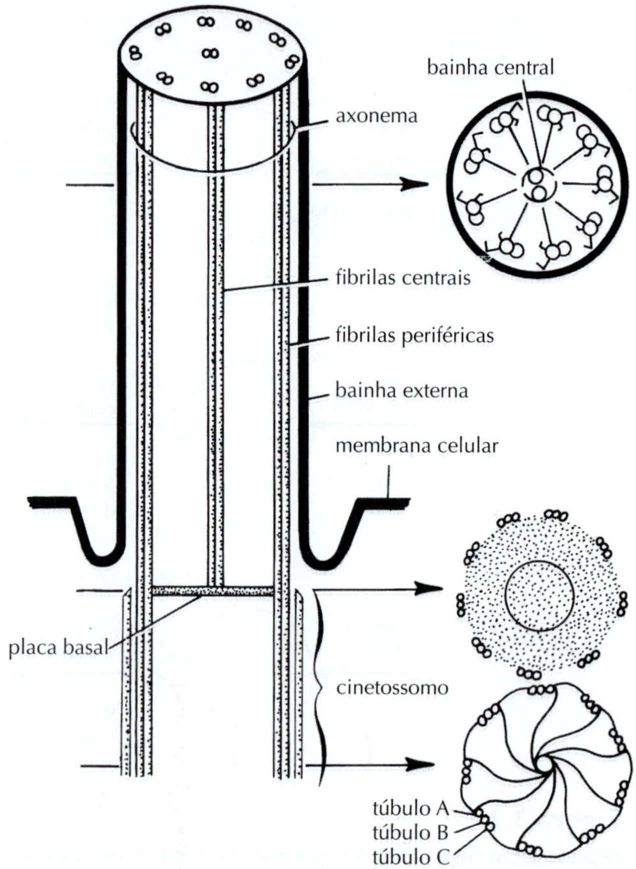

Figura 3.4

Ultraestrutura ciliar. Conforme indicado na ilustração, a aparência do cílio em secção transversal se altera ao longo do seu comprimento.
Segundo Sherman e Sherman; segundo Wells.

braços de dineína, e o deslizamento em si parece envolver uma interação entre tubulina e dineína, da uma maneira altamente reminiscente da interação entre filamentos de actina e miosina da musculatura estriada dos metazoários. Como veremos mais adiante neste capítulo, os microtúbulos exercem uma diversidade de papéis, diretos e indiretos, na locomoção da maioria das células – mesmo naquelas que carecem de cílios.

A curvatura rítmica e coordenada e a recuperação dos cílios permitem a locomoção e a coleta de alimento. De todos os protozoários, os ciliados são os de movimento mais rápido, alcançando velocidades superiores a 2 mm por segundo. Além disso, a atividade ciliar provavelmente é importante para liberar o entorno de resíduos e para colocar continuamente água oxigenada em contato com a superfície corporal geral.

Para serem eficientes – isto é, criar movimento unidirecional de um organismo na água ou fluxo unidirecional de água que passa por um organismo –, o **batimento eficaz** e o **batimento de recuperação** de um cílio devem diferir em forma. Por analogia, se você está nadando de peito e move seu braço na direção da sua testa pela mesma trajetória e com a mesma força que usou para levar o braço de volta para o seu lado, você se moverá para trás por mais ou menos a mesma distância que se moveu para a frente durante seu batimento eficaz. O cílio enfrenta um dilema similar. Durante a locomoção ciliar, o batimento eficaz, como o nome implica, trabalha contra o ambiente. O cílio é estendido para a resistência máxima à medida que se curva para baixo em direção ao corpo (Fig. 3.5a). Durante o batimento de recuperação, o cílio se curva de maneira a reduzir consideravelmente a resistência, realizando menos trabalho contra o ambiente (Fig. 3.5b). Assim, o batimento de recuperação não anula o trabalho do batimento eficaz. Além disso, o cílio se move mais rápido no batimento eficaz, aumentando a força do batimento eficaz em relação à do batimento de recuperação. Por analogia, para mover seu braço rapidamente (do que lentamente) na água, há necessidade de mais força.

Estrutura e função dos flagelos

Os flagelos são estruturalmente muito semelhantes a cílios. Em secção transversal, os flagelos exibem a mesma disposição característica de nove pares de microtúbulos rodeando um par de microtúbulos centrais na maior parte do seu comprimento (ver Fig. 3.4). Como os cílios, os flagelos são produzidos a partir de corpos basais; acredita-se que o movimento dos flagelos envolva o deslizamento de microtúbulos em relação uns aos outros. A aparência do corpo basal de um flagelo em secção transversal assemelha-se àquela anteriormente descrita para cílios. Na verdade, as semelhanças estruturais e funcionais entre cílios e flagelos são tão notáveis – e diferem tanto das características de flagelos bacterianos – que os cílios e flagelos de eucariotos são, às vezes, agrupados sob o título de **undulipódios**.

Diferentemente dos cílios, no entanto, os flagelos com frequência exibem numerosas projeções externas semelhantes a pelos (**mastigonemas**) ao longo do seu comprimento. Presume-se que esses mastigonemas ampliem a área de superfície efetiva do flagelo, aumentando, assim, a força que ele pode gerar quando se move pela água. Os flagelos são, em geral, mais longos do que os cílios; o flagelado típico exibe muito menos flagelos do que o ciliado típico exibe de cílios. Ao contrário dos cílios, diversas ondas de movimento podem estar em curso simultaneamente ao longo de um único flagelo; a onda pode ser iniciada na ponta do flagelo, não na base, puxando o organismo para a frente. A locomoção dos flagelados pode ser bastante rápida, aproximadamente 200 μm por segundo. Isso representa apenas cerca de um décimo da velocidade atingida por muitos ciliados, mas é aproximadamente 40 vezes a alcançada pelas amebas mais rápidas, que geralmente movem-se utilizando pseudópodes, conforme descrição a seguir.

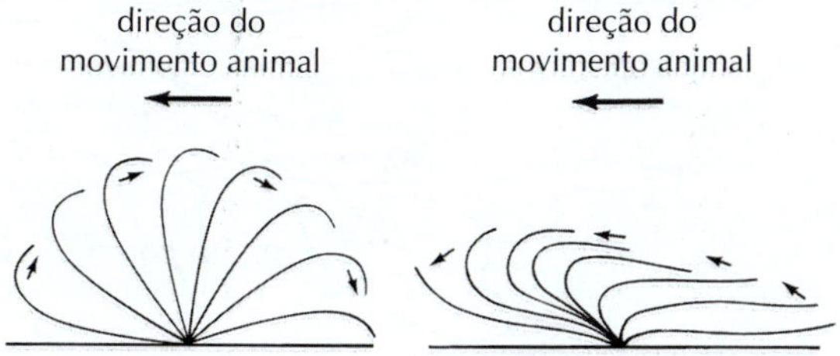

Figura 3.5

(a) Batimentos eficaz e (b) de recuperação em cílios isolados. As setas indicam a direção do movimento de um cílio. Observe que a maior parte da área de superfície ciliar está envolvida em empurrar contra a água em (a) e (b). Assim, o batimento de recuperação realiza menos trabalho e não anula todo o trabalho do batimento eficaz.

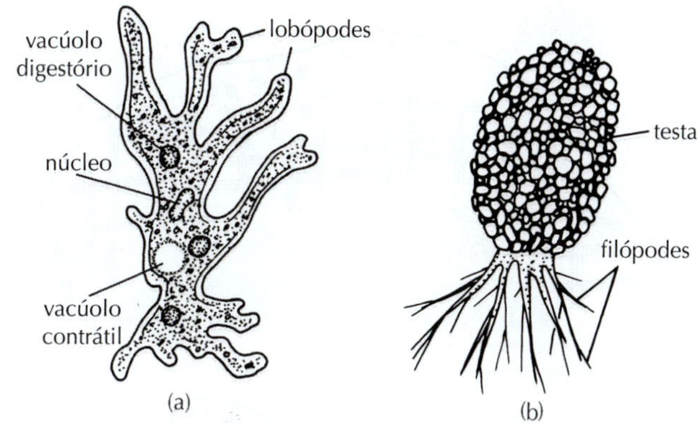

Figura 3.6

(a) Um sarcodíneo nu, *Amoeba proteus*, com lobópodes.
(b) *Pseudodifflugia* sp., com filópodes.

(a) De Hyman, *The Invertebrates*, Vol. III. Copyright © 1951 McGraw-Hill Book Company, New York. Reimpressa com permissão. (b) Segundo Pennak.

Estrutura e função dos pseudópodes

Os pseudópodes são característicos de amebas. Eles são utilizados para alimentação e locomoção,[5] e ocorrem em várias formas, conforme ilustrado nas Figuras 3.6 e 3.8. Os **lobópodes** são típicos da familiar ameba (Fig. 3.6a); eles são largos e têm pontas arredondadas, como dedos, e exibem uma área ectoplasmática nitidamente clara, denominada **capa hialina**, perto de cada ponta. Por outro lado, os **filópodes** não possuem uma capa hialina, são muito delgados e, muitas vezes, se ramificam (Fig. 3.6b). Com os dois tipos, o organismo flui para o avanço do pseudópode, um processo denominado **corrente citoplasmática**.

O corpo ameboide é, portanto, amorfo, sem superfícies anterior, posterior ou lateral permanentes (Figs. 3.6a, 3.26, p. 61); em geral, os pseudópodes podem se formar em praticamente qualquer ponto da superfície corporal. Isso também se aplica às espécies ameboides parasíticas, incluindo o agente ubíquo da disenteria amebiana, *Entamoeba histolytica*. O mecanismo pelo qual os pseudópodes se formam e alteram a forma não é com certeza conhecido, apesar de parecer claro que o movimento envolve uma transição controlada de citoplasma entre a forma gelatinosa, ectoplasmática (**gel**), e a forma mais fluida, endoplasmática (**sol**). Não compreendemos totalmente os fatores que coordenam essa transformação em diferentes partes da célula, embora as hipóteses tenham se tornado relativamente complexas durante as últimas décadas.

[5]Ver *Tópicos para posterior discussão e investigação*, nº 1, no final deste capítulo.

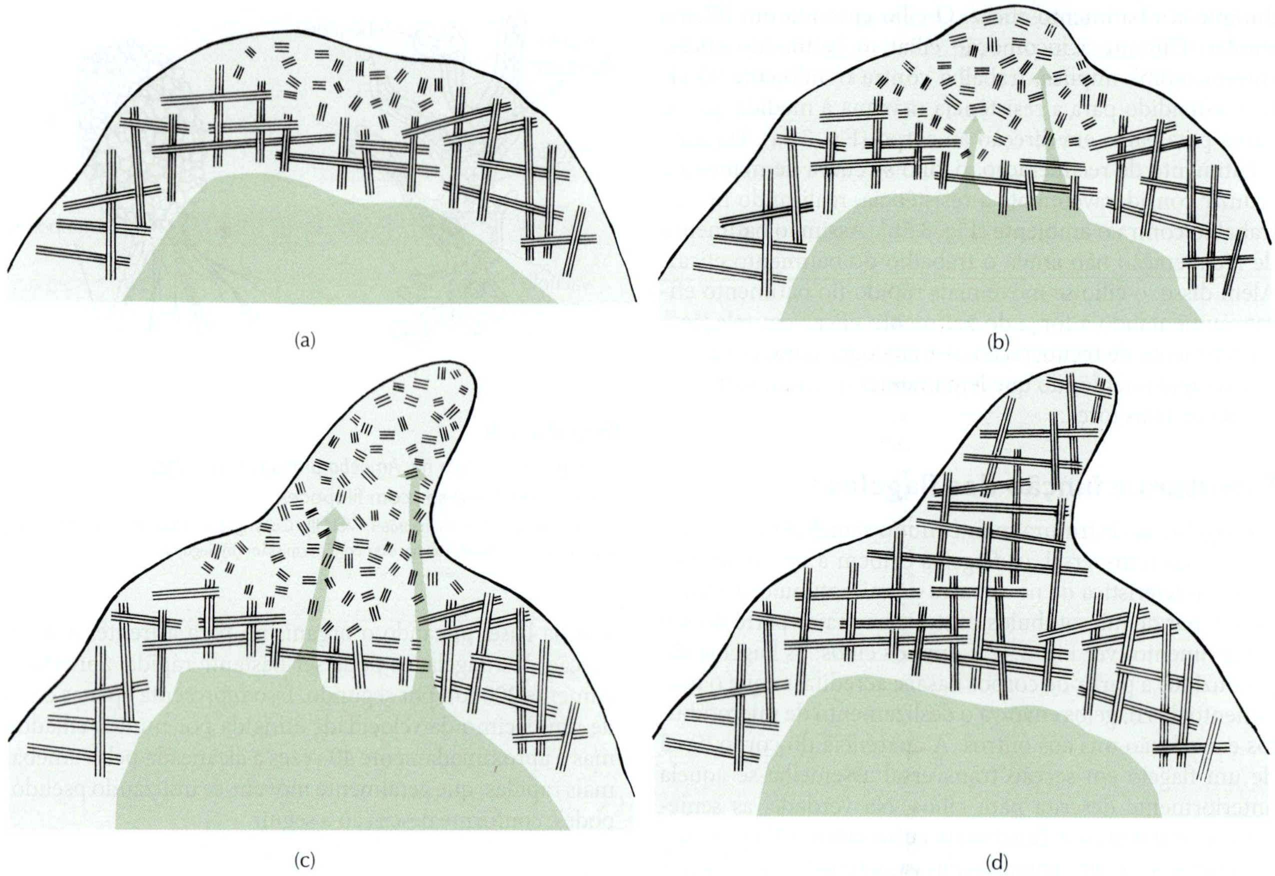

Figura 3.7

Mecanismo hipotético de formação de pseudópodes durante a locomoção ameboide. (a) A decomposição localizada da rede de actina aumenta a concentração osmótica naquela parte do citoplasma. (b) O líquido do interior da célula se move em direção à periferia ao longo do gradiente osmótico, formando um pseudópode (c). (d) A actina é repolimerizada, reformando uma rede de filamentos estabilizadora.

De T. P. Stossel, "How Cells Crawl," em *American Scientist* 78:408-23, 1990. © American Scientist. Reimpressa com permissão.

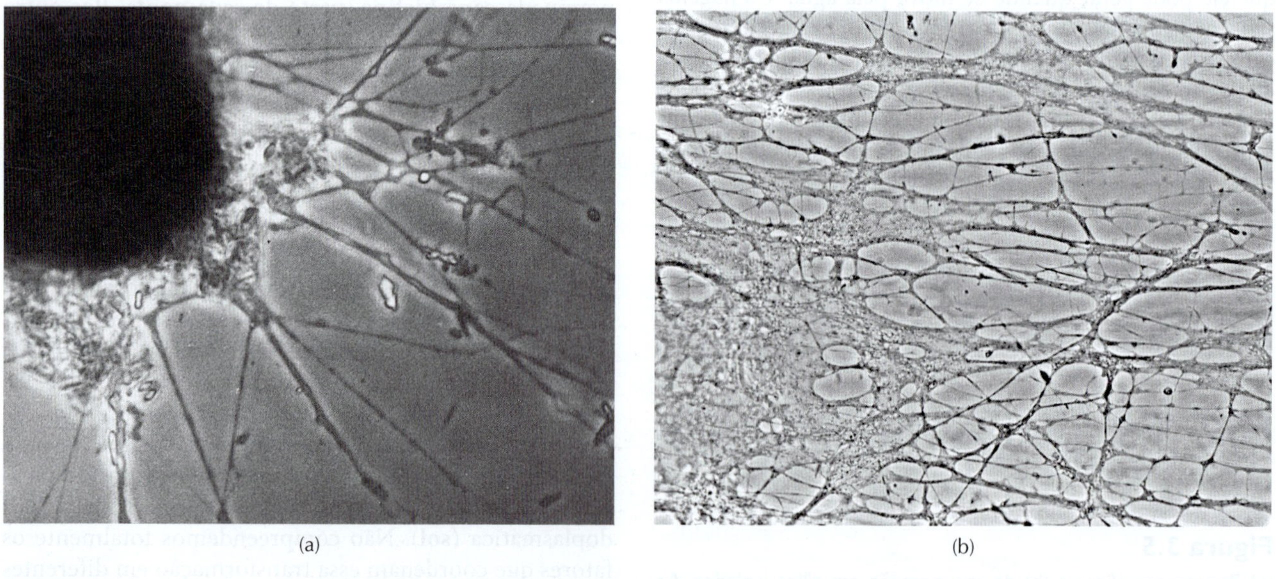

Figura 3.8

(a) Reticulópodes projetando-se de um foraminífero (*Allogromia laticollaris*) com uma testa muito translúcida, não calcária. (b) Detalhe de reticolópodes de *Astrammina rara* mostrando padrões complexos de ramificação e coalescência.

(a) Cortesia de John J. Lee. (b) Cortesia de Sam Bowser, de Lee, J. J. G. F. Leedale e P. Bradbury. 2000. *An Illustrated Guide to the Protozoa*, 2nd ed., Society of Protozologists.

A transformação pode envolver a interação de moléculas de actina e miosina, ambas abundantes no citoplasma de amebas. Um modelo de filamentos de actina deslizantes foi proposto, em que a actina e a miosina interagem de uma maneira que lembra a sua interação no tecido muscular de animais multicelulares. Outras hipóteses minimizam o papel da miosina na transição gel-sol-gel e, em vez disso, enfatizam o papel potencial da polimerização e despolimerização seletivas da actina. Segundo o modelo (Fig. 3.7a), a decomposição localizada da actina cria uma área de aumento da pressão osmótica, que, por sua vez, puxa a água da região mais central do corpo para a periferia, formando um pseudópode. Em seguida, a actina é repolimerizada para formar uma rede de suporte, fixando a forma do pseudópode até o próximo período de despolimerização. Qualquer que seja o mecanismo, a locomoção por pseudópodes é extremamente lenta, geralmente menos de 300 μm por minuto (1,8 cm por h).

Os pseudópodes podem também apresentar formas anastomosadas muito elaboradas, denominadas **reticulópodes**, em que filamentos extremamente finos se ramificam e coalescem repetidamente em padrões altamente complexos, exibindo uma corrente bidirecional característica e não habitual; os reticulópodes são principalmente característicos de foraminíferos (Fig. 3.8), um grupo discutido mais adiante neste capítulo (p. 63). Por fim, alguns pseudópodes irradiam para fora em espinhos finos ou em hastes igualmente finas, compostas por microtúbulos (Fig. 3.30, p. 64). Esses **axópodes** são utilizados mais para a coleta de alimento do que para a locomoção.

Reprodução dos protozoários

Como organismos unicelulares, os protozoários necessariamente não possuem gônadas. Embora a reprodução sexuada ocorra na maioria dos grupos, a reprodução assexuada é comum em todos os grupos de protozoários, sendo a única forma de reprodução registrada para muitas espécies. Por definição, a reprodução assexuada não gera novos genótipos. Os protozoários se reproduzem assexuadamente mediante **fissão** (divisão), uma replicação mitótica controlada por cromossomos, e divisão da célula-mãe em duas ou mais partes. Na verdade, a reprodução assexuada nos protozoários há muito tempo tem sido explorada pelos cientistas como um modelo para estudos de mitose. A **fissão binária** ocorre quando o protozoário se divide em dois indivíduos (Fig. 3.9). Na **fissão múltipla**, muitas divisões nucleares precedem a diferenciação rápida do citoplasma em muitos indivíduos distintos. No **brotamento**, uma porção da célula-mãe se separa e se diferencia, formando um novo indivíduo completo. Em algumas espécies multinucleadas, a célula-mãe simplesmente se divide em duas na ausência de qualquer divisão mitótica; os núcleos originais são distribuídos entre as duas células-filhas. Esse processo é chamado de **plasmotomia**.

Em concordância com a ampla ocorrência de possibilidades reprodutivas assexuadas, muitos protozoários possuem uma grande capacidade de regeneração. Um exemplo dessa capacidade é o fenômeno de encistamento e excistamento, exibido por muitas espécies de água doce e parasíticas. Durante o **encistamento**, o organismo se desdiferencia substancialmente. O indivíduo perde suas características superficiais distintivas, incluindo os cílios e os flagelos, e torna-se redondo. Após, o(s) vacúolo(s) contrátil(eis) bombeia(m) para fora todo o excesso de água e é secretada uma cobertura (com frequência, gelatinosa). Essa cobertura logo endurece, formando um **cisto** protetor. Nessa forma encistada, o indivíduo quiescente pode resistir longos períodos (vários anos, em algumas espécies) de exposição ao que, do contrário, representaria condições ambientais intoleráveis de acidez, aridez, estresse térmico e privação de alimento ou oxigênio. Vento, animais e outros vetores podem dispersar amplamente esses indivíduos encistados. Assim que as condições melhoram, rapidamente é promovido o **excistamento** e as estruturas anteriores internas e externas são regeneradas.

Os padrões de reprodução sexuada serão discutidos de modo apropriado grupo-a-grupo, à medida que novas generalizações sejam possíveis.

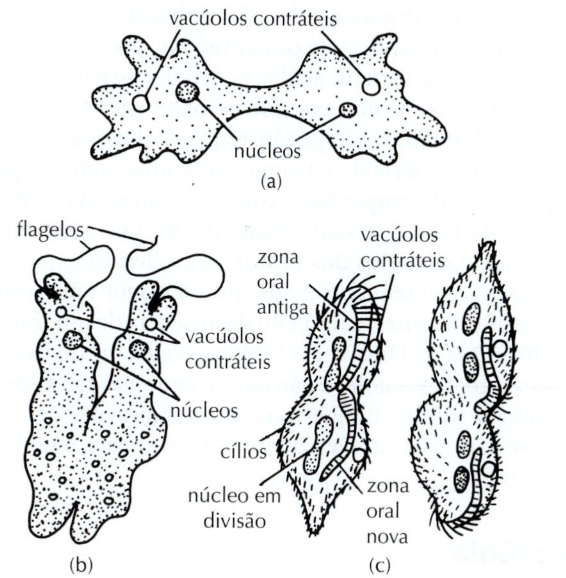

Figura 3.9

Fissão binária em protozoários. (a) Em uma ameba. (b) Em um flagelado. (c) Em um ciliado.

(a) Segundo Pennak. (b, c) Segundo Hyman; segundo Gregory.

Alimentação dos protozoários

As partículas alimentares são digeridas internamente nos protozoários:[6] uma vez que eles são organismos unicelulares, a digestão, por necessidade, é inteiramente intracelular. As partículas alimentares ingeridas geralmente tornam-se envolvidas por membrana (similar ao plasmalema), formando um **vacúolo digestório**, ou **fagossomo**, distinto. Esses vacúolos se movem pelo líquido citoplasmático da célula à medida que os conteúdos vacuolares são digeridos enzimaticamente. Ao alimentar protozoários com alimento

[6]Ver *Tópicos para posterior discussão e investigação*, nº 5, no final deste capítulo.

corado com substâncias de pH conhecido, os pesquisadores determinaram que os conteúdos dos vacúolos primeiramente se tornam ácidos e, depois, tornam-se fortemente básicos. Como em outros organismos, incluindo os seres humanos, a digestão requer a exposição do alimento a uma série de enzimas, cada uma com um papel específico a desempenhar e com uma estreita faixa de pH ótimo. As alterações controladas de pH, que ocorrem nos vacúolos digestórios dos protozoários, levam em conta a decomposição sequencial dos alimentos por uma série de enzimas diferentes, a despeito da ausência de um trato digestório *per se*. Uma vez solubilizados, os nutrientes cruzam a parede vacuolar e vão para o endoplasma da célula. Resíduos sólidos indigeríveis são comumente descarregados para fora através de uma abertura na membrana plasmática.

Colônia

Claramente, os protozoários são extremamente complexos, porém diferentes dos animais em muitas características da sua biologia. Os protozoários são também intrigantes em outro aspecto importante: mesmo a distinção entre unicelular e multicelular nem sempre é feita facilmente. Embora a maioria dos protozoários ocorra como indivíduos unicelulares solitários, muitas espécies são **coloniais**; isto é, um indivíduo solitário se divide assexuadamente e forma uma colônia de indivíduos unidos, geneticamente idênticos. Muitas vezes, os indivíduos de uma colônia de protozoários são morfologica e funcionalmente idênticos. No entanto, os indivíduos que constituem colônias de várias espécies mostram um grau de diferenciação estrutural e funcional que lembra muito o encontrado em alguns grupos de metazoários. Os protozoários, portanto, estabelecem o elo não apenas entre plantas e animais, mas também entre formas de vida unicelulares e multicelulares. A seguir, discutem-se os principais grupos de protozoários.

Alveolados

Este grupo de organismos é grande e diversificado, possuindo sacos limitados por membrana bem distintos, denominados **alvéolos**, situados imediatamente abaixo da membrana celular externa (ver Fig. 3.15, p. 48). Estudos moleculares corroboram esse agrupamento. Os três filos incluídos são os Ciliophora (ciliados), os Dinozoa (dinoflagelados) e os Apicomplexa, um notável grupo de espécies parasíticas.

Filo Ciliophora

Características diagnósticas: 1) corpo externamente ciliado em, no mínimo, alguns estágios do ciclo de vida; 2) cílios individuais são conectados abaixo da superfície do corpo, por meio de um cordão complexo de fibras (infraciliatura); 3) todos os indivíduos possuem, no mínimo, um micronúcleo e, no mínimo, um macronúcleo.

Os ciliados exibem o mais alto grau de especialização subcelular encontrada entre os protozoários e, portanto, são considerados avançados em relação à condição primitiva desse grupo. Contudo, iniciaremos com os ciliados porque eles são predominantemente de vida livre e, comparados com outros grupos de protozoários, são relativamente uniformes no plano corporal básico. Além disso, os ciliados claramente formam um grupo monofilético, com todos os membros derivados de um ancestral comum. O filo contém cerca de 3.500 espécies descritas. Apenas algumas espécies são conhecidas como fósseis.

A primeira das características únicas deste filo é a presença de ciliatura externa, pelo menos em algum estágio do ciclo de vida de quase todas as espécies.

Em geral, uma grande parte da superfície corporal é coberta por fileiras distintas de cílios, com movimento alcançado pelo seu batimento **metacronal** coordenado em cada fileira (Fig. 3.10). No movimento metacronal, os batimentos

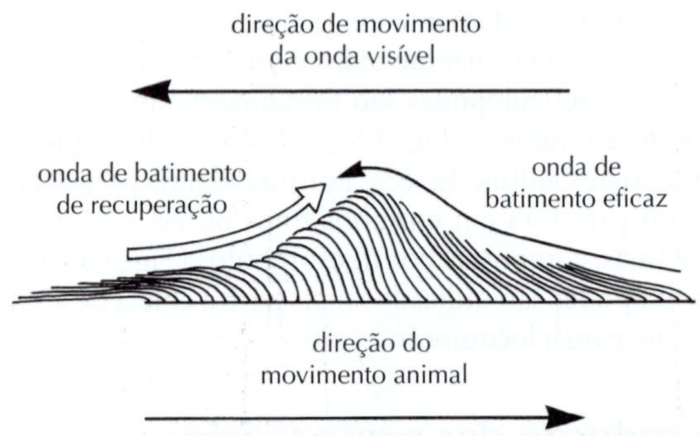

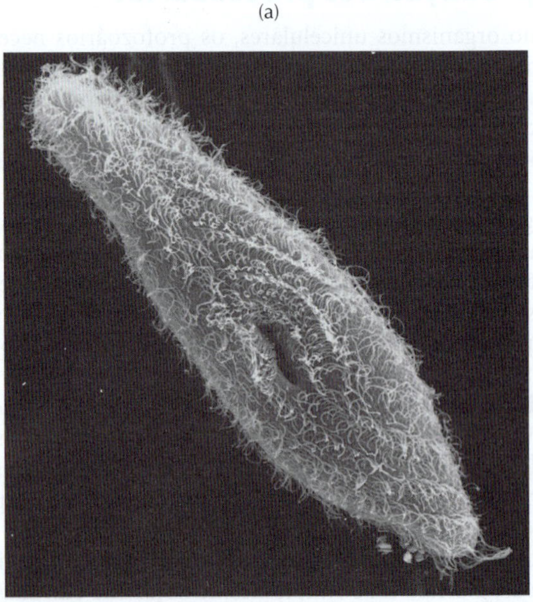

Figura 3.10

(a) Uma onda metacronal passando ao longo de uma fileira de cílios. (b) Um ciliado (*Paramecium sonneborni*) mostrando ondas metacronais de atividade ciliar. Observe a abertura oral perto do meio do corpo. O paramécio tem 40 μm de comprimento.

(a) Segundo Wells; segundo Sleigh. (b) De K. J. Aufderheide et al., "*Journal of Protozoology*" 30:128, Allen Press, Inc. © 1983, Dr. Edna Kaneshiro, editor.

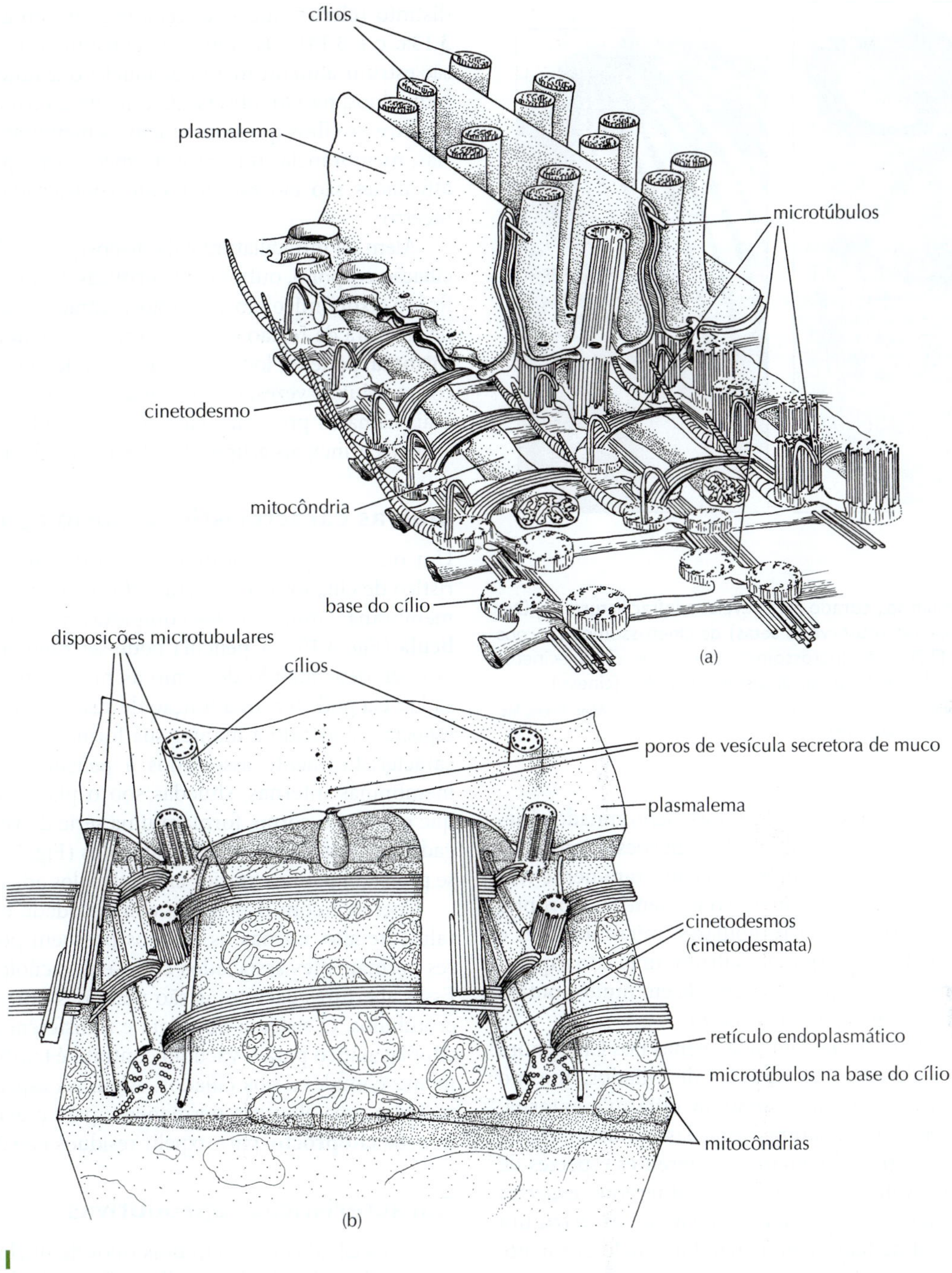

Figura 3.11

A infraciliatura complexa dos ciliados. (a) *Conchophthirus* sp. (b) *Tetrahymena pyriformis*. Esses detalhes ultraestruturais eram desconhecidos antes do advento do microscópio eletrônico.

(a) De Corliss, em *American Zoologist* 19:573, 1979. Copyright © 1979 American Society of Zoologists. Reimpressa com permissão. (b) De R. D. Allen, "Fine Structure, Reconstruction and Possible Functions of Components of the Cortex of *Tetrahymena pyriformis*" em *Journal of Protozoology* 14:553, 1967. Copyright © 1967 Society of Protozoologists, Lawrence, Kansas. Reimpressa com permissão.

eficaz e de recuperação de um cílio são iniciados imediatamente após a iniciação dos batimentos comparáveis de um cílio adjacente. A direção do batimento metacronal pode ser rapidamente revertida em resposta a estímulos químicos, mecânicos ou outros, permitindo aos organismos móveis reverter rapidamente a direção e escapar de situações indesejáveis. Como mencionado anteriormente, os ciliados são os que apresentam movimento mais rápido de todos os protozoários.

Padrões de ciliatura

A estrutura e a função ciliar básica já foram descritas (p. 40-41). Nos ciliados, os cílios individuais, vistos externamente ao corpo celular, estão associados entre si por meio de uma **infraciliatura** complexa abaixo da superfície corporal (Figs. 3.11 e 3.12). Uma fibrila estriada, denominada **cinetodesmo**, estende-se de cada cinotossomo (**corpo basal**) na direção de um cílio adjacente da mesma fileira. Desse modo, passando pelo lado direito de cada fileira de corpos

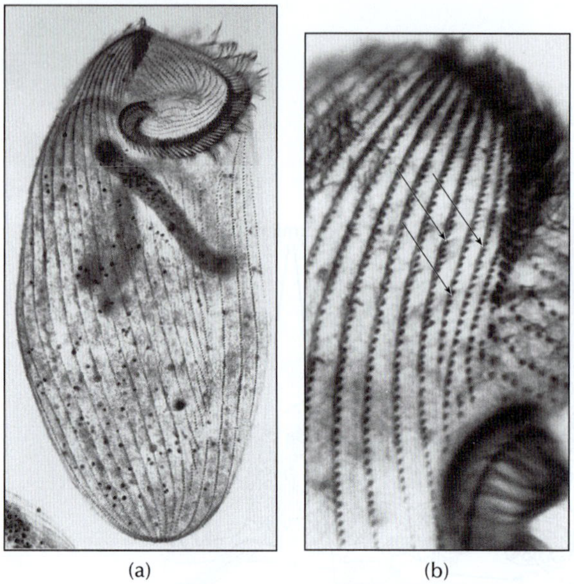

Figura 3.12

(a) *Climacostomum* sp., corado para revelar a infraciliatura. (b) Detalhe de três fileiras (observe as setas) de cinetossomos (corpos basais). Uma fileira de cinetossomos, com seus cílios ecinetodesmos associados, é denominada sistema cinético (cinese).

(a, b) De C. F. Dubochet et al., "Journal of Protozoology" 26:218, Allen Press, Inc. © 1979, Dr. Edna Kaneshiro, editor.

basais encontra-se um cordão de fibras, denominado **cinetodesmata** (plural de cinetodesmo). Conexões microtubulares diretas entre cinetossomos adjacentes raramente têm sido demonstradas. Cada cinetossomo tem sua própria disposição de organelas microtubulares, microfibrilares e outras, conferindo aos corpos dos ciliados uma citoarquitetura mais complexa do que a encontrada em muitos outros protozoários e em qualquer metazoário.

Essa infraciliatura é encontrada apenas nos Ciliophora e nos adultos de todas as espécies de ciliados, mesmo quando esses adultos não possuam ciliatura externa. A estrutura dessa infraciliatura é uma das ferramentas primárias utilizadas para distinguir as diferentes espécies de ciliados e para avaliar o grau em que as diferentes espécies são aparentadas. A importância funcional da estrutura complexa da infraciliatura ainda não foi conclusivamente demonstrada.[7]

Os cílios cobrem praticamente todo o corpo de algumas espécies, mas são reduzidos ou então modificados em graus variados em outras. Em algumas espécies, grupos de cílios estão funcionalmente associados de maneira a formar organelas distintas. Uma dessas organelas é a assim denominada **membrana ondulante**, uma lâmina achatada de cílios que se move como uma unidade isolada (Fig. 3.13a). Uma segunda organela ciliar comumente encontrada é chamada de **membranela**; nesta, os cílios, menos numerosos e em várias fileiras adjacentes, aparentam voltar-se uns para os outros, formando, na prática, um dente triangular bidimensional (Fig. 3.13a, b). Além disso, os cílios podem formar um feixe distinto (**cirro**), que se estreita em direção à ponta (Figs. 3.13a, c e 3.14). Os cílios que constituem essas organelas são estruturalmente idênticos àqueles que funcionam como indivíduos; não foi observada uma união física permanente entre os cílios que constituem as membranas ondulatórias, membranelas ou cirros. O mecanismo pelo qual suas atividades são tão estreitamente coordenadas permanece incerto.

Além da infraciliatura e da disposição geral e padrão da ciliação corporal, outras características de importante significado taxonômico são a posição, a ultraestrutura e o padrão de ciliatura da região oral. A abertura oral, denominada **citóstoma**, pode ter localização anterior, lateral ou ventral no corpo. Muitas vezes, o citóstoma é precedido por uma ou mais câmaras pré-orais, cuja complexidade varia bastante entre os principais grupos de espécies de ciliados.

Outras características morfológicas

Um outro atributo morfológico particularmente característico de ciliados é a cobertura do corpo por uma série de membranas, muitas vezes complexas, formando uma **película** (Fig. 3.15). A película pode ser rígida ou altamente flexível, dependendo de como as membranas são organizadas; ela pode ter uma função de sustentação em algumas espécies, ajudando a manter sua forma. Os tricocistos são caracteristicamente associados à película do ciliado. As membranas internas, situadas sob o plasmalema simples que envolve o corpo, formam uma série de vesículas alongadas e planas, denominadas **alvéolos** (Fig. 3.15). Os cílios se projetam para o exterior entre alvéolos adjacentes.

Coerente com o nível de complexidade estrutural geralmente alto, apenas os ciliados possuem poros excretores permanentes associados com seus vacúolos contráteis. Essas aberturas excretoras são mantidas por séries de microtúbulos. O sistema de coleta e transferência de líquido citoplasmático para o vacúolo contrátil é também especialmente complexo nos ciliados. Algumas espécies também mantêm uma abertura permanente para o exterior, denominada **citoprocto**, para expelir resíduos não digeridos.

Características reprodutivas

Todos os ciliados possuem dois tipos de núcleos; isto é, os núcleos de cada ciliado são **dimórficos** (de dois tipos). Os ciliados são, portanto, **heterocarióticos**, ao passo que todas as outras células, incluindo outros protozoários, são **monomórficas** (um tipo) ou **homocarióticas**. Cada ciliado contém um ou mais núcleos grandes, denominados **macronúcleos**, e um ou mais núcleos menores, denominados **micronúcleos**. Os micronúcleos são, com frequência, mais abundantes do que os macronúcleos em um determinado indivíduo; em algumas espécies, os indivíduos possuem mais de 80 micronúcleos.

O macronúcleo é poliploide (contém DNA e RNA) e está envolvido nas operações diárias do protozoário, bem como na diferenciação e regeneração. A forma do macronúcleo varia muito entre as espécies. Os ciliados não conseguem viver sem seus macronúcleos, porém, podem viver sem micronúcleos. Os micronúcleos, no entanto,

[7]Ver *Tópicos para posterior discussão e investigação*, nº 2, no final deste capítulo.

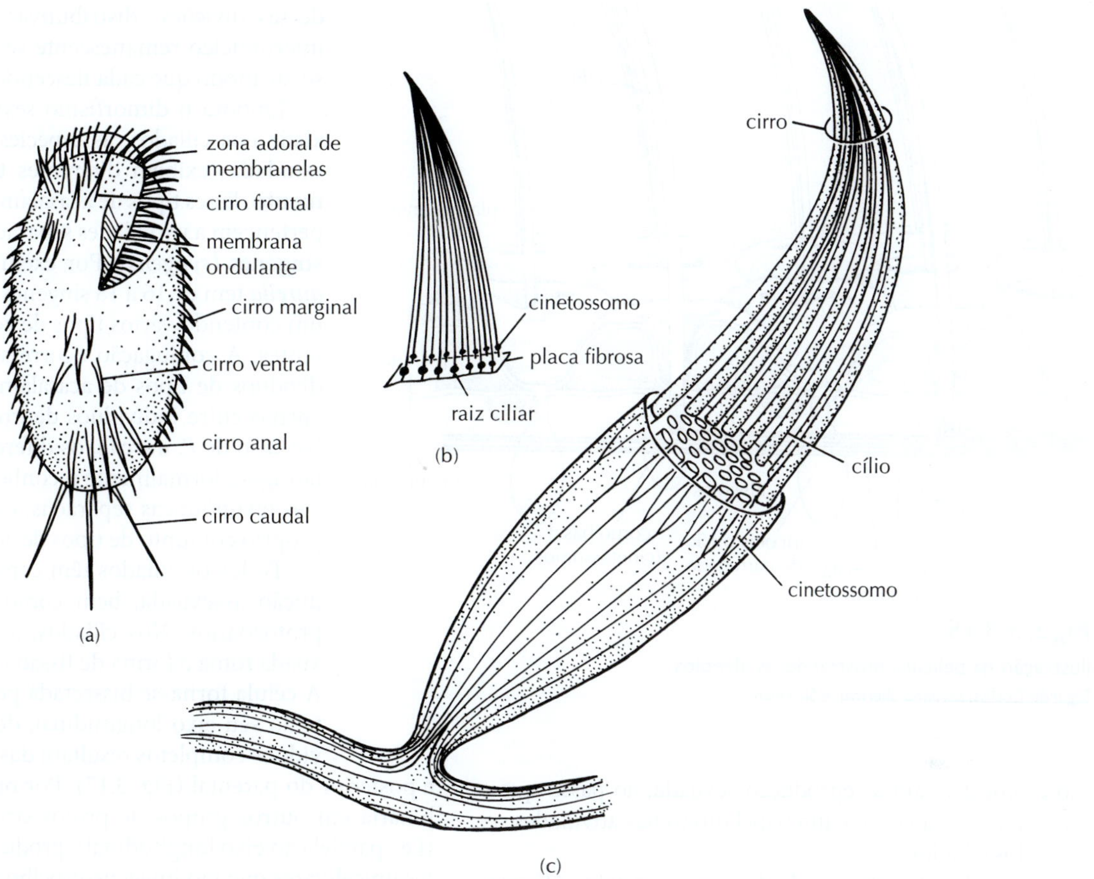

Figura 3.13

(a) *Stylonichia* sp., mostrando várias organelas ciliares: membrana ondulantes, membranelas e cirros. (b) Representação diagramática de uma estrutura de membranela. (c) Representação diagramática da estrutura de um único cirro. Os cirros geralmente contêm entre 24 e 36 cílios individuais.

(a, b) Segundo Kudo. (c) Sherman/Sherman, *The Invertebrates: Function and Form*, 2/e, © 1976, p. 15. Reimpressa, com permissão, de Prentice Hall, Upper Saddle River, New York.

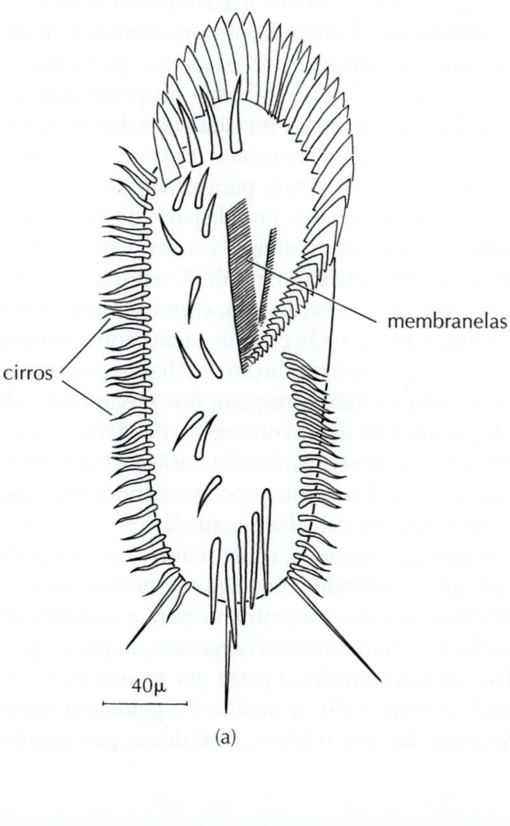

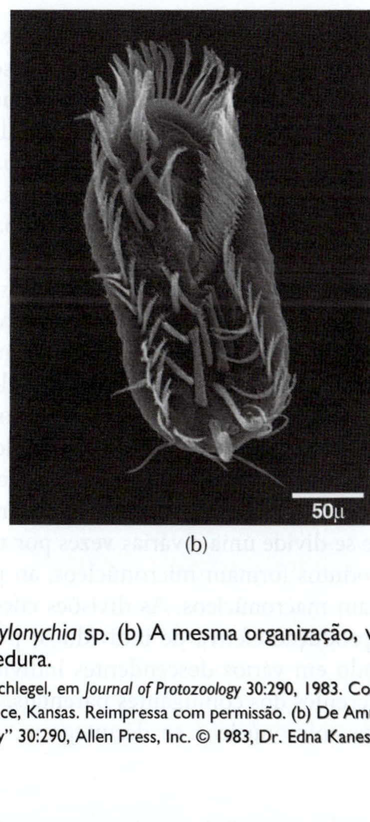

Figura 3.14

(a) Ilustração de *Stylonychia* sp. (b) A mesma organização, vista ao microscópio eletrônico de varredura.

(a) De Ammermann e Schlegel, em *Journal of Protozoology* 30:290, 1983. Copyright © 1983 Society of Protozoologists, Lawrence, Kansas. Reimpressa com permissão. (b) De Ammermann e Schlegel, 1983 "Journal of Protozoology" 30:290, Allen Press, Inc. © 1983, Dr. Edna Kaneshiro, editor.

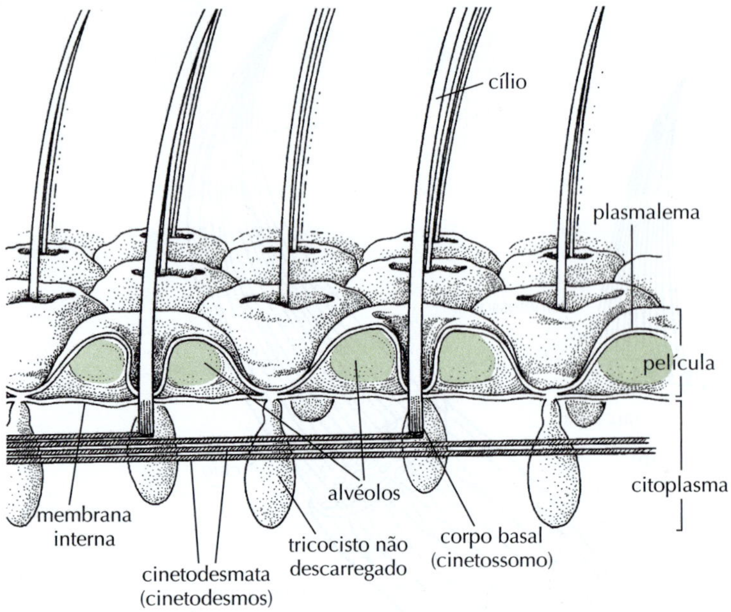

Figura 3.15

Ilustração da película, mostrando os alvéolos.

Segundo Corliss; segundo Sherman e Sherman.

são essenciais para a reprodução sexuada, ao passo que o macronúcleo não exerce um papel direto nas atividades sexuais dos ciliados.

A sexualidade entre os ciliados jamais envolve a formação de gametas. Em vez disso, sua atividade sexual primordial invariavelmente envolve um processo denominado **conjugação** (Fig. 3.16), geralmente uma associação física temporária entre dois indivíduos "que consentem", durante a qual material genético é trocado. Essa troca ocorre através de um tubo que conecta o citoplasma dos dois indivíduos.

Durante a conjugação, os macronúcleos se desintegram e os micronúcleos, que são diploides, dividem-se por meiose, de modo que se formam quatro **pró-núcleos** haploides de cada micronúcleo. Em geral, apenas um desses pró-núcleos não degenera e o remanescente passa por mitose, formando dois pró-núcleos haploides idênticos. Um desses dois pró-núcleos, por alguma razão, migra para o outro indivíduo através do tubo citoplasmático. A troca de pró-núcleos é recíproca, de modo que cada indivíduo fica com um pró-núcleo migratório. Subsequentemente, cada pró-núcleo migratório se funde com o pró-núcleo estacionário, recompondo a condição diploide mediante a formação de um **sincário** (i.e., um núcleo formado pela fusão do pró-núcleo de um indivíduo com o pró-núcleo do seu parceiro). Assim que os dois conjugantes se separam, após a transferência e fusão de micronúcleos, o sincário de cada exconjugante se divide uma a várias vezes por mitose. Alguns dos produtos formam micronúcleos, ao passo que outros originam macronúcleos. As divisões citoplasmáticas (i.e., a reprodução efetiva de indivíduos) podem seguir-se, resultando em vários descendentes individuais geneticamente diferentes dos conjugantes parentais. Com exceção de um, os micronúcleos se desintegram, antes dessas divisões "distributivas". Em seguida, o micronúcleo remanescente se divide por mitose, de modo que cada descendente recebe um.

Embora o dimorfismo sexual aparente inexistir nos ciliados, as espécies que foram bem estudadas exibem diferentes **tipos de acasalamento**. Esses tipos de acasalamento, por sua vez, pertencem a variedades separadas, denominadas **singenes** (***syngens***). Por exemplo, *Paramecium aurelia* tem de 16 a 18 singenes conhecidos, cada um contendo vários tipos de acasalamento diferentes. A conjugação ocorre somente entre indivíduos de tipos de acasalamento diferentes e apenas entre indivíduos dentro de um singene. No caso de *P. aurelia*, os diferentes singenes estão agora formalmente reconhecidos como espécies taxonômicas separadas, cada uma com seu próprio conjunto de tipos de acasalamento.

Todos os ciliados têm capacidade de reprodução assexuada, bem como todos os outros protozoários. Nos ciliados, a reprodução assexuada toma a forma de fissão binária transversa. A célula torna-se bissectada perpendicularmente ao seu eixo longitudinal, de modo que indivíduos completos resultam das metades anterior e posterior do parental (Fig. 3.17). Por outro lado, a fissão binária em outros grupos de protozoários é longitudinal (i.e., paralela ao eixo longitudinal), produzindo descendentes unicelulares que são imagens-espelho um do outro. Por convenção, os descendentes produzidos por fissão binária são denominados **filhas**; o que não deveria ser tomado como uma referência para sexualidade.

Durante a divisão binária em ciliados, os micronúcleos se dividem por mitose e se redistribuem por todo o citoplasma. Os macronúcleos se alongam, mas não passam por mitose. Em alguns casos, todos os macronúcleos se fundem antes do alongamento, formando um macronúcleo muito grande. Um sulco de clivagem se estabelece gradualmente, dividindo o macronúcleo e o corpo propriamente em metades anterior e posterior. A metade posterior do corpo é separada e precisa, então, regenerar todas as estruturas externas e internas que passaram para a metade anterior e vice-versa. Em muitas espécies, grande parte dessa diferenciação é completada antes da divisão celular. Comumente, todas as organelas parentais são, no final, repostas em ambas as filhas. Essa diferenciação está, como sempre, sob o controle do macronúcleo. Os estudos atuais sobre formação de padrões durante a reprodução de ciliados podem aumentar nossa compreensão a respeito dos mecanismos de formação de padrões no desenvolvimento de metazoários.

Uma outra forma de reorganização nuclear é comumente encontrada nos ciliados. Neste processo, denominado **autogamia**, uma forma de atividade sexuada (em que novos genótipos podem ser formados) ocorre com o envolvimento de apenas um único indivíduo. Em alguns aspectos, os eventos são reminiscentes das preliminares para a conjugação. O macronúcleo (ou macronúcleos) degenera, ao passo que o micronúcleo (ou micronúcleos) passa por meiose para formar pró-núcleos (Fig. 3.18). A meiose é seguida por várias divisões mitóticas dos pró-núcleos. Dois desses pró-núcleos

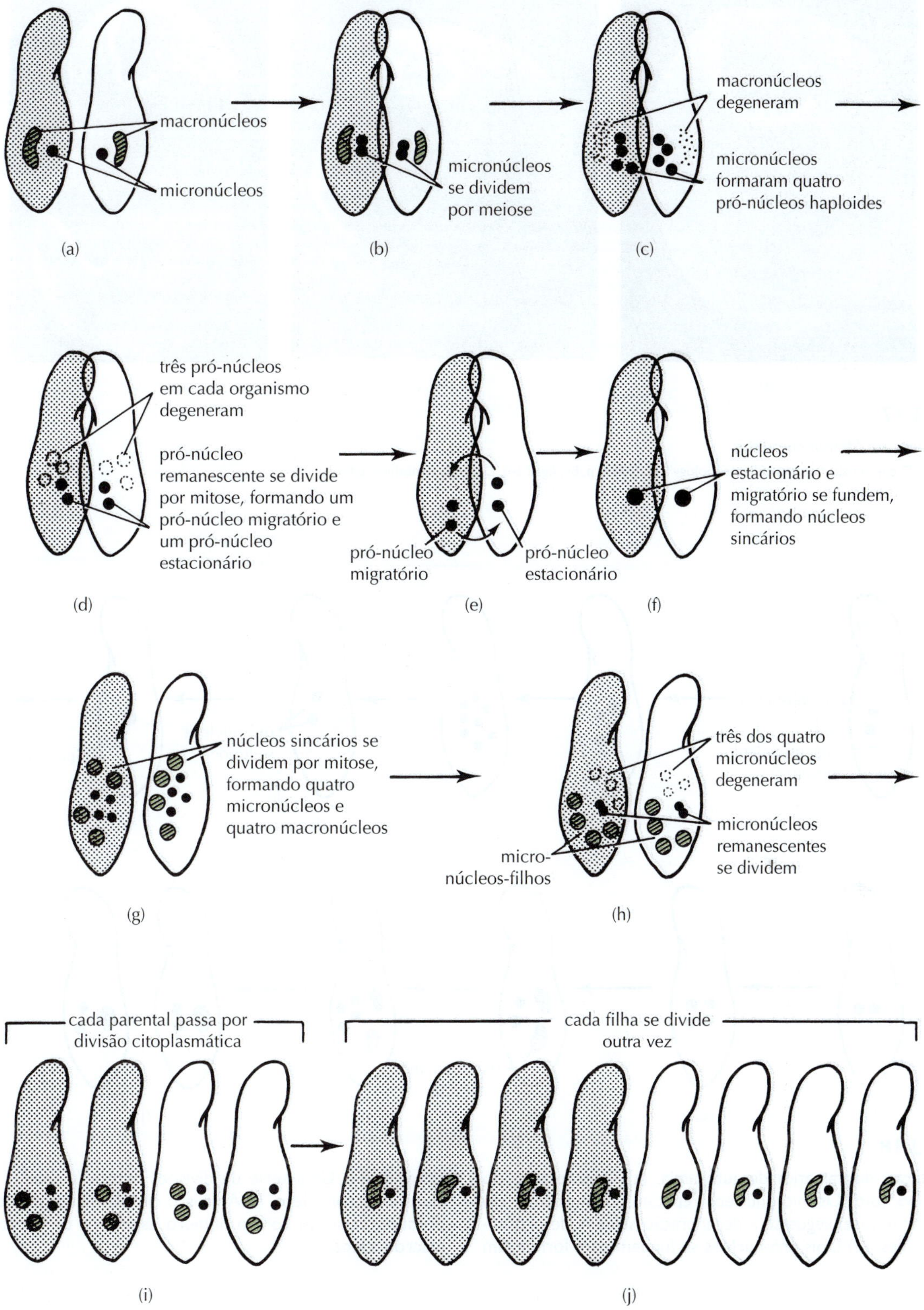

Figura 3.16

Conjugação em *Paramecium caudatum*. (a) Dois indivíduos de tipos de acasalamento diferentes reúnem-se. (b) Uma ponte citoplasmática tubular se forma entre os dois conjugantes e os micronúcleos se dividem por meiose. (c) Os macronúcleos degeneram e os micronúcleos se dividem por mitose, formando quatro pró-núcleos em cada indivíduo. (d) Em cada organismo, três pró-núcleos degeneram e o pró-núcleo remanescente passa por outra divisão mitótica, formando um pró-núcleo migratório e um pró-núcleo estacionário. (e) Os pró-núcleos migratórios são trocados através de uma ponte citoplasmática e e se fundem com os pró-núcleos estacionários (f). (g, h) Os exconjugantes se separam, enquanto uma série de divisões e degenerações nucleares produzem quatro macronúcleos e um par de micronúcleos. (i, j) Divisões citoplasmáticas produzem quatro filhas de cada parental.

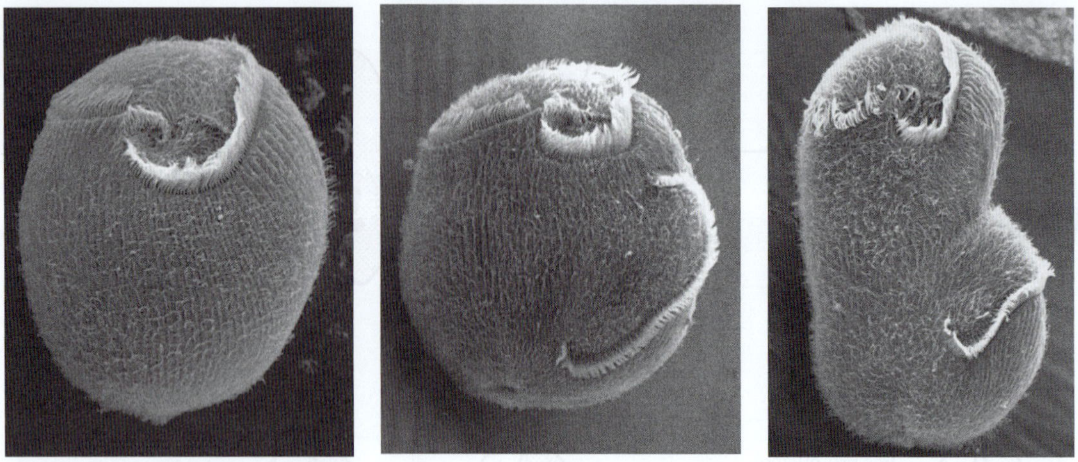

Figura 3.17

Fissão binária em *Stentor coeruleus*.

(a-c) De D. R. Diener et al., "Journal of Protozoology" 30: (1983) p. 84, fig. 2 a-d, Dr. Edna Kaneshiro, editor.

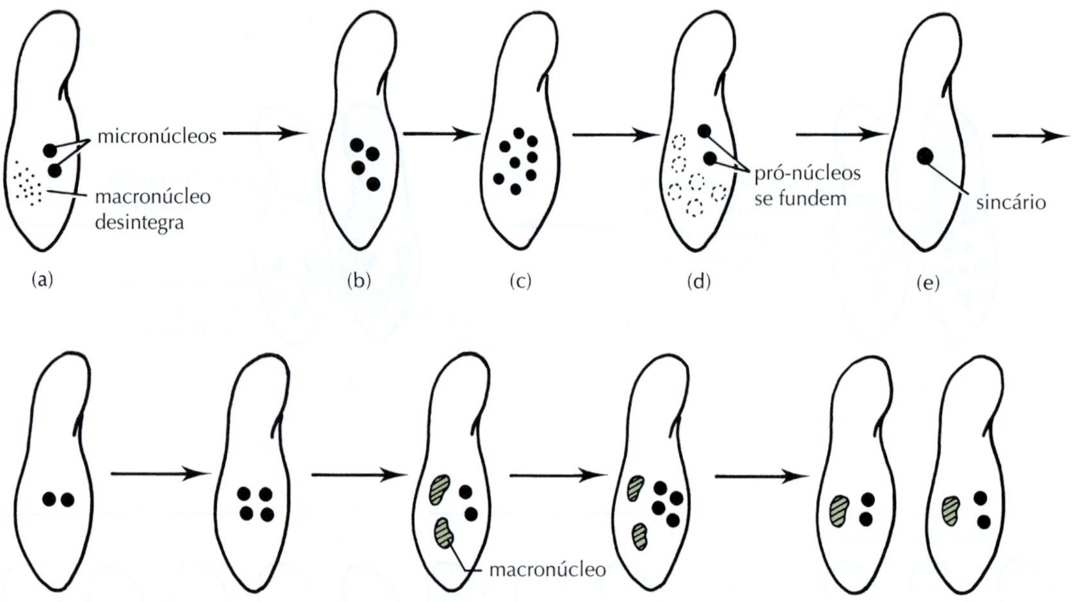

Figura 3.18

Representação diagramática de autogamia. (a) Degeneração do macronúcleo. (b-d) Os micronúcleos replicam por meiose e, em seguida, por mitose; segue-se a degeneração seletiva de pró-núcleos haploides. (e) Dois pró-núcleos se fundem para formar um sincário. (f-i) Uma série de divisões mitóticas produz macronúcleos e micronúcleos. (j) A divisão citoplasmática produz dois indivíduos, cada um com o número específico de micronúcleos e macronúcleos.

se fundem, formando um núcleo zigótico (um sincário), ao passo que os produtos remanescentes da divisão se desintegram. Os eventos subsequentes, incluindo a formação de um novo macronúcleo, assemelham-se àqueles da conjugação que segue a separação dos conjugantes.

A renovação periódica do macronúcleo parece ser essencial para algumas espécies de protozoários. Culturas de laboratório, por fim, desaparecerão após muitas gerações de reprodução assexuada, se alguma forma de reorganização nuclear for impedida de ocorrer periodicamente. A regeneração macronuclear, portanto, parece ter um efeito rejuvenescedor sobre os animais, que, do contrário, aparentemente evidenciariam senescência e, por fim, morte.

Estilos de vida dos ciliados

Uma diversidade de estilos de vida e comportamentos surpreendentemente sofisticados são exibidos no filo Ciliophora (Quadro Foco de pesquisa 3.1, p. 52). Cerca de 65% das espécies de ciliados são de vida livre e a maioria delas é móvel. Para fins de alimentação, algumas outras espécies fixam-se temporariamente a substratos vivos ou não vivos, ao passo que outras são permanentemente fixadas (i.e., **sésseis**) e podem formar colônias. Embora todos os ciliados tenham uma película distinta, algumas espécies sésseis também produzem um envoltório protetor rígido, chamado de **testa** ou **lórica**. Provavelmente, os exemplos mais bem conhecidos dessas espécies de ciliados formadoras de testa sejam encontrados nos tintinídeos, foliculinídeos (Fig. 3.19) e peritríquios (Fig. 3.21f). Os foliculinídeos são organismos extraordinários no sentido de que, embora como adultos sejam permanentemente fixados a um substrato sólido, podem se desdiferenciar em uma forma "larval" de vida livre, desfazem-se do envoltório, transferem-se para uma certa distância do local original, secretam um novo envoltório e reassumem o estilo de vida adulto. Na verdade, algumas espécies parecem se desdiferenciar e, após, passam por fissão, com a metade posterior do organismo permanecendo responsável pela rediferenciação na localização original, enquanto a metade anterior do organismo se separa para estabelecer-se em outro lugar.

Aproximadamente um terço de todas as espécies de ciliados são simbióticas dentro ou sobre uma diversidade de outros invertebrados (incluindo crustáceos, moluscos, briozoários e anelídeos) e vertebrados (incluindo os tratos digestórios de seres humanos, provocando uma condição ulcerativa do intestino, e a pele de peixes, causando a doença conhecida como "*ick*" (ICH ou Ictioftiríase [doença das manchas brancas, causada por *Ichthyophthirius multifilis*] pelos aficionados da pesca de água doce). Algumas espécies são comensais, fixando-se à superfície externa de organismos, como caranguejos, ou no interior do corpo dos mais diversos hospedeiros, como bovinos, equinos, ovinos, rãs e baratas, e algumas espécies são parasitos. Muitas espécies, por exemplo, parasitam peixes e várias espécies parasitam exclusivamente as gônadas de estrelas-do-mar (filo Echinodermata), sobretudo as masculinas.

Na maioria, os ciliados de vida livre são **holozoicos**; isto é, eles ingerem alimentos particulados. Algumas espécies podem ser **raptoriais**; ou seja, elas predam e ingerem presas vivas. Outros ainda podem coletar passivamente alimento em suspensão, ingerindo principalmente conglomerados de bactérias, algas unicelulares, outros protozoários ou pequenos metazoários.

As bocas de algumas espécies raptoriais podem ter a largura do seu corpo ou mais, permitindo a ingestão de presas grandes em relação ao seu tamanho. Os membros de uma espécie, *Didinium nasutum*, com cerca de 125 µm de comprimento, conseguem ingerir presas (exclusivamente membros do gênero *Paramecium*, um ciliado) duas a três vezes maiores do que eles próprios (Fig. 3.20).

Os organismos sedentários que se alimentam de material em suspensão, ao contrário, são relativamente passivos. As partículas alimentares são transportadas para a boca pelas correntes de água geradas pela atividade ciliar na região oral. Em geral, essas espécies possuem pedúnculos, como nos membros do gênero *Vorticella*. Os pedúnculos dessas espécies podem conter um **espasmonema** – um feixe helicoidal de fibras contráteis envolvido por membrana (Fig. 3.21f, g). A contração das fibras do espasmonema provoca um encurtamento (e enrolamento) muito rápido do pedúnculo e constitui a única resposta de escape do organismo. Outras espécies sésseis, como *Stentor* spp. (Fig. 3.21a), não possuem pedúnculos, porém, fibras contráteis no próprio corpo com frequência permitem a ocorrência de mudanças extensas de forma.

Um grupo de ciliados geralmente sésseis, os suctorianos, merece atenção especial, pois, de todos os ciliados de vida livre, eles parecem ter divergido mais do plano corporal básico. O corpo pode fixar-se a um substrato diretamente ou por meio de um longo pedúnculo (Fig. 3.21h). Esse pedúnculo nunca é contrátil. Os suctorianos adultos não têm cílios, embora os estágios imaturos sejam ciliados e nadem livremente. Os sistemas de cinetodesmos do estágio imaturo dispersivo são retidos, mesmo após a perda da ciliatura externa durante a maturação. Nenhum citóstoma é encontrado, mesmo em estágios imaturos. Além da infraciliatura, a única indicação clara de que os suctorianos adultos são realmente ciliados é a presença de macronúcleos e micronúcleos. Diferentemente do que encontramos em outros ciliados, os suctorianos se reproduzem assexuadamente não por divisão binária, mas simplesmente por brotamento de pequenas partes do adulto. Essas gemas se diferenciam em formas ciliadas nadantes que se dispersam, fixam-se em algum lugar e atingem a fase adulta. A reprodução sexuada, por sua vez, envolve a fusão total dos dois conjugantes, e não a união temporária descrita anteriormente. Em geral, um indivíduo se diferencia em um **microconjugante**, que, então, nada na direção de um parceiro. Os conjugantes também se fundem em outros ciliados sésseis.

Já que os suctorianos adultos não possuem um citóstoma convencional e cílios, a coleta e ingestão do alimento claramente deve ocorrer por métodos atípicos para os ciliados em geral. Presas pequenas são capturadas por tentáculos, que se dispõem pela superfície do corpo (Fig. 3.21h). Alguns desses tentáculos são ocos e portam protuberâncias com aberturas "orais" nas suas extremidades. Numerosas organelas envolvidas por membranas, denominadas **haptocistos**, ornamentam essas protuberâncias. Quando um organismo-presa apropriado entra em contato com os tentáculos, ele desencadeia descarga dos haptocistos. Os haptocistos, então, penetram na superfície do corpo da presa, presumivelmente por secreção enzimática, e ajudam a manter o contato entre a presa e o tentáculo do suctoriano. Em seguida, o citoplasma da presa é movido pelo lume dos tentáculos ocos para o corpo do suctoriano (Fig. 3.21, i). Estes realmente são pequenas ventosas engenhosas.

Filo Dinozoa (= Dinoflagellata)

Os dinoflagelados ou dinozoários ocorrem tanto em hábitats marinhos quanto de água doce. Cada indivíduo porta

QUADRO FOCO DE PESQUISA 3.1

Plasticidade fenotípica e complexidade comportamental nos ciliados

Grønlien, H. K., T. Berg e A. M. Lovlie. 2002. In the polymorphic ciliate *Tetrahymena vorax*, the non selective phagocytosis seen in microstomes to a highly selective process in macrostomes. *J. Exp. Biol.* 205:2089-97.

Na presença de bactérias e outras partículas alimentares similarmente pequenas, o ciliado *Tetrahymena vorax* tem um aparato oral normal, pequeno, de posição anterior para capturar não seletivamente alimento particulado. No entanto, quando o ciliado aparentado *Tetrahymena thermophila* está presente, o aparato oral normal de *T. vorax* é rapidamente reabsorvido e, em poucas horas, substituído por uma bolsa coletora de alimento substancialmente maior; em geral, o corpo também se torna maior (Tabela foco 3.1). Isto é, a forma do corpo é fenotipicamente plástica, com a drástica remodelagem sendo desencadeada por substâncias químicas liberadas inadvertidamente pela futura presa. Esses indivíduos "remodelados" são chamados de macróstomos (do grego, bocas grandes), ao passo que as formas originais são denominadas micróstomos (do grego, bocas pequenas) (Figura foco 3.1). Os indivíduos de *T. vorax* transformados, então, tornam-se carnívoros de indivíduos de *T. thermophila*. Neste artigo, Grønlien et al. (2002) perguntam se os macróstomos de *T. vorax* capturam apenas células de *T. thermophila*. Ou seja, a célula remodelada de *T. vorax* é uma adaptação específica para a predação de *T. thermophila*?

Tabela foco 3.1 Características de *Tetrahymena vorax* e do seu protozoário-presa, *Tetrahymena thermophila*

Organismo	Dimensões (μm)
Fase normal de *T. vorax* (micróstomo)	60 × 20
Fase remodelada de *T. vorax* (macróstomo)	120 × 80
T. thermophila	35 × 25

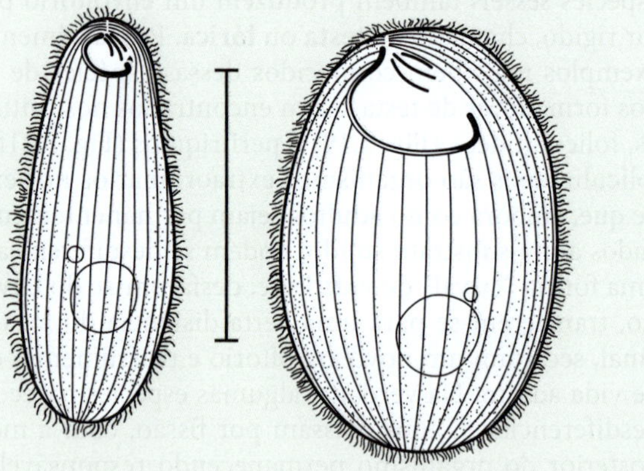

Figura foco 3.1

Células do protozoário ciliado *Tetrahymena paravorax*. (a) Forma do micróstomo. (b) Forma do macróstomo.

De Lee, J. J., et al. 2000. *An illustrated Guide to the Protozoa*, 2nd ed. Lawrence, Kansas: Society of Protozoologists.

Para responder a essa pergunta, os pesquisadores compararam as taxas de alimentação por macróstomos de *T. vorax* sobre indivíduos de *T. thermophila* e sobre gotas inertes de látex de tamanhos semelhantes. Para tornar a comparação clara, os pesquisadores inicialmente removeram de forma artificial os cílios do protozoário-presa. Após, as gotas e os

dois flagelos estruturalmente distintos: um localizado dentro de uma ranhura longitudinal (chamada de **sulco**) e o outro localizado em uma ranhura transversal (chamada de **cinto**) circundando o corpo (Fig. 3.22a, b). A posição e a orientação das duas ranhuras são os principais critérios para distinguir espécies de dinoflagelados. A orientação e os tipos de batimento dos dois flagelos fazem as células dos dinoflagelados girarem em padrões bem distintos quando nadam, um atributo refletido no nome do filo. O indivíduo inteiro é coberto por um intricado arranjo de placas celulósicas, secretadas dentro dos **sacos alveolares**, localizados imediatamente sob a membrana plasmática. Como indicado anteriormente, esses sacos alveolares unem os dinoflagelados aos ciliados e ao próximo grupo a ser discutido, os Apicomplexa. Atualmente, conhece-se aproximadamente 2 mil espécies de dinoflagelados.

Os dinoflagelados são mais bem conhecidos por comumente exibirem **bioluminescência** (produção bioquímica de luz) e por, às vezes, produzirem "marés vermelhas" altamente tóxicas. Estas são agregações densas de certas espécies de dinoflagelados, cujas neurotoxinas (saxitoxina e compostos aparentados) matam peixes e crustáceos e acumulam-se nos tecidos de mariscos, mexilhões e ostras, causando intoxicação diarreica por moluscos. Diversos dinoflagelados produzem uma neurotoxina similarmente potente que se acumula em certos peixes de água quente. Essa "intoxicação ciguatera" pode matar pessoas que comem os peixes, embora estes não sejam afetados.

Todavia, talvez o mais prejudicial dos dinoflagelados atualmente seja *Pfiesteria piscicida*, uma espécie com um ciclo de vida surpreendentemente complexo e cujas secreções tóxicas aparentemente têm sido responsáveis por protozoários-presa imobilizados foram oferecidos a aproximadamente 500 macróstomos por recipiente, isoladamente ou em combinação a uma concentração ótima de 10^6 itens por mL. Após 30 minutos, o experimento foi concluído pela adição de formaldeído (conservante); o número de predadores que capturaram células e o número dos que capturaram gotas foram, então, estimados. Em três desses experimentos, o número de gotas ou protozoários em vacúolos digestórios ou bolsas orais foi determinado para 100 predadores. Em um conjunto de estudos separado, um macróstomo foi colocado em uma gota de água com 5 micróstomos (6 réplicas) ou uma mistura de 25 micróstomos e 5 indivíduos de *T. thermophila* (outras 6 réplicas).

Os resultados foram impressionantes (Figura foco 3.2). Predadores remodelados (macróstomos) consumiram indivíduos sem cílios (removidos) de *T. thermophila* e gotas de látex, se oferecidos apenas um ou o outro. Entretanto, quando ambas as presas potenciais eram oferecidas juntas (Figura foco 3.2), os predadores consumiam preferencialmente indivíduos de *T. thermophila*. Da mesma forma, quando não havia escolha de presa, os macróstomos de *T. vorax* consumiam membros não transformados (micróstomos) de sua própria espécie. Contudo, quando foi oferecida aos macróstomos uma escolha de micróstomos ou *T. thermophila*, eles consumiam exclusivamente os indivíduos de *T. thermophila*, mesmo quando os micróstomos dominaram em uma razão de 5:1.

Os dados sugerem que a remodelagem causada principalmente pela presença de *T. thermophila* não é somente uma transformação morfológica. Trata-se também de uma transformação comportamental, com os ciliados modificados mudando da alimentação não seletiva para a alimentação altamente seletiva sobre a espécie que induziu a transformação. Como você acha que o predador poderia estar reconhecendo a presa? Como você testaria sua hipótese?

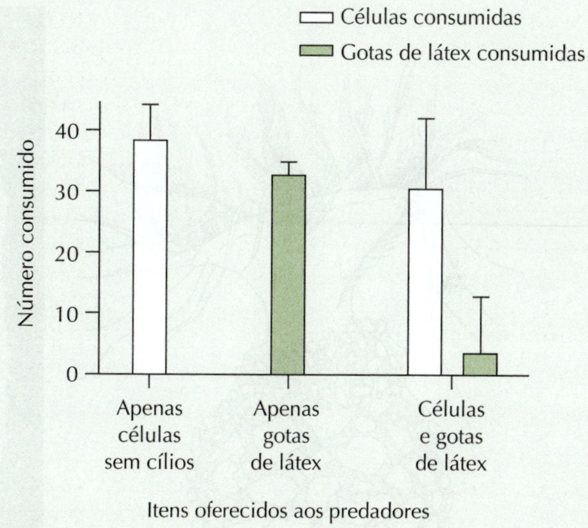

Figura foco 3.2

Porcentagem de células remodeladas de *Thermophila vorax* que capturaram *T. thermophila* sem cílios (barras brancas) ou gotas de látex de tamanho similar (barras verdes). Cada barra representa a média de três experimentos, com 100 de *T. vorax* contadas em cada experimento.

muitas mortes em massa recentes de peixes de águas estuarinas. O ciclo de vida inclui estágios flagelados, ameboides e encistados.

Cerca da metade de todas as espécies de dinoflagelados contém clorofila e realiza fotossíntese. Indivíduos de algumas dessas espécies apresentam vida intracelular, como simbiontes importantes no interior de alguns foraminíferos e nos tecidos de diferentes invertebrados marinhos multicelulares, incluindo corais formadores de recifes. Nesses casos, as atividades fotossintetizantes dos dinoflagelados (atualmente referidos como **zooxantelas**, principalmente membros do gênero *Symnodinium*) contribuem significativamente para as necessidades nutricionais do seu hospedeiro. Outros dinoflagelados, como a bioluminescente *Noctiluca* (Fig. 3.22c), não possuem clorofila e se alimentam apenas como heterótrofos, ingerindo alimentos particulados por fagocitose. Pelo menos algumas espécies nesse gênero podem ser predadoras importantes de bivalves larvais e outros organismos do zooplâncton. Por fim, membros de algumas espécies de dinoflagelados parasitam invertebrados, vertebrados ou outros protozoários. Na verdade, um desses dinoflagelados (*Hematodinium perezi*) pode ser responsável pelo enorme declínio recente em populações do siri-azul ao longo da costa leste dos Estados Unidos. Aparentemente, o parasito ingere a proteína de ligação ao oxigênio (hemacianina) do siri, de modo que os siris gravemente infestados, por fim, morrem de asfixia. Da mesma forma, membros do gênero *Perkinsus* (anteriormente considerado um apicomplexo – ver próxima seção) comumente parasitam ostras e outros moluscos, estando fortemente associados à mortalidade de moluscos em situações naturais e na aquacultura.

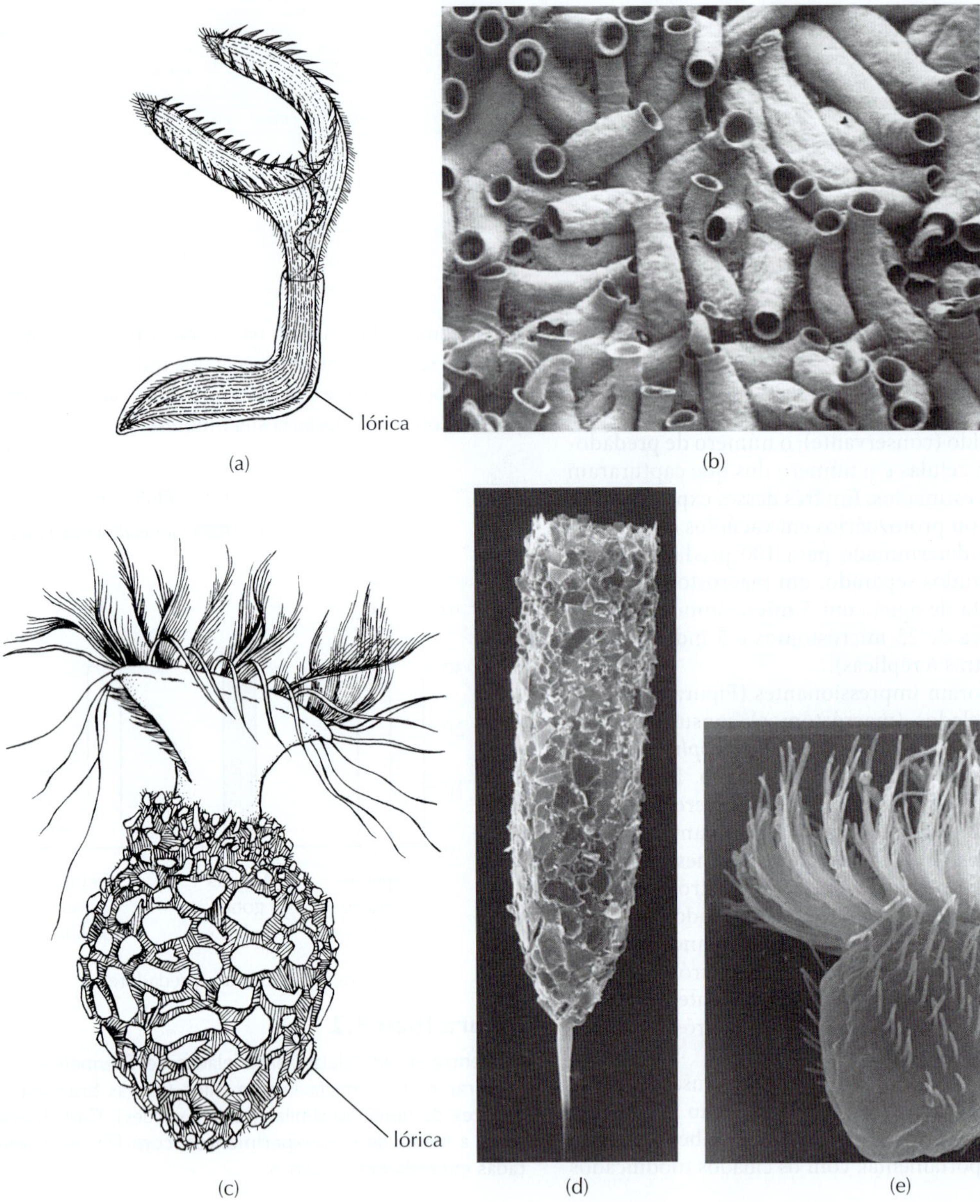

Figura 3.19

(a-b) Foliculinídeos: organismos e lóricas. (c) Um tintinídeo, *Stenosemella* sp. (d) Lórica de um tintinídeo, *Tintinopsis platensis*, vista ao microscópio eletrônico de varredura. (e) *T. parva* sem sua testa.

(a) Segundo Jahn, 1949. (b) De Mulisch e Housmann, "Journal of Protozoology" 30:97-104, Allen Press, Inc. © 1983. Dr. Edna Kaneshiro, editor. (c) De Corliss, em *American Zoologist* 19:573, 1979. Copyright © 1979 American Society of Zoologists. Reimpressa com permissão. (d, e) De K. Gold, de Mulisch e Housmann, "Journal of Protozoology" 28:415, Allen Press, Inc. © 1979, Dr. Edna Kaneshiro, editor.

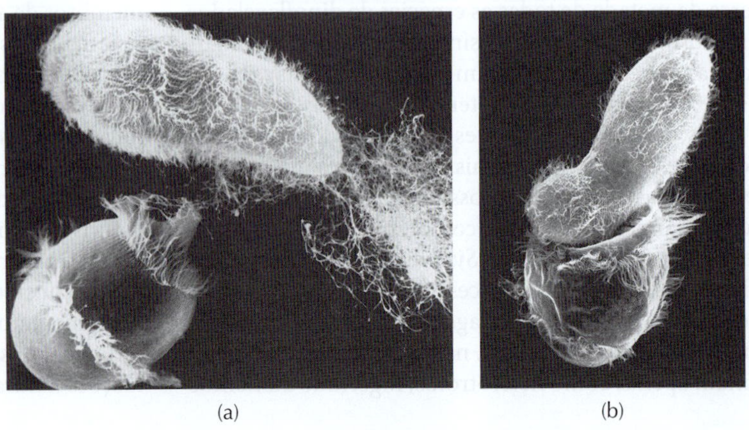

Figura 3.20

(a) Esse indivíduo de *Paramecium multimicronucleatum* descarregou numerosos tricocistos em resposta ao ataque de outro ciliado, *Didinium nasutum*. (b) *Dininium nasutum* persiste e começa a ingerir sua presa.

(a, b) © *Gregory Antipa, San Francisco State University.*

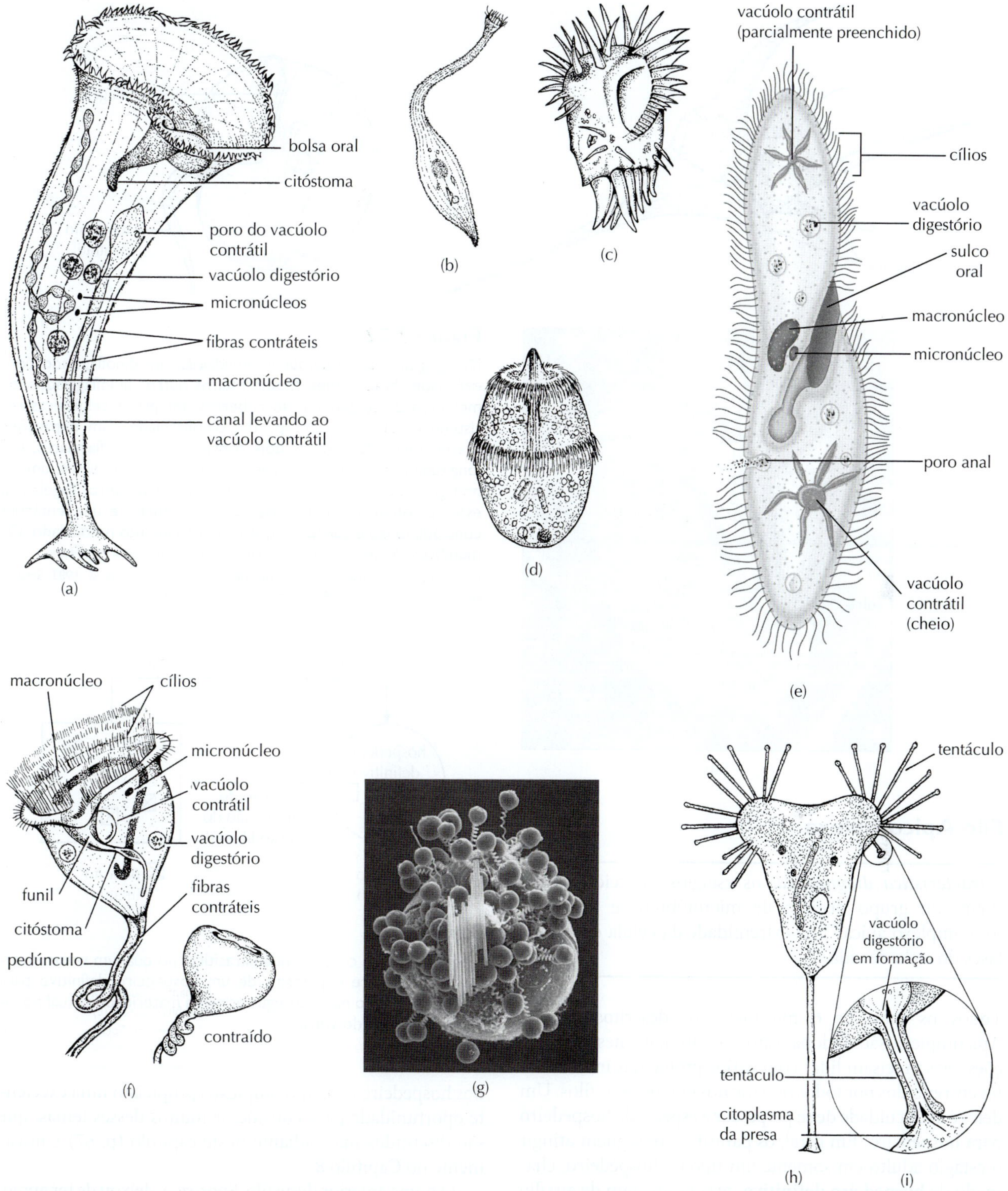

Figura 3.21

Diversidade dos ciliados. (a) *Stentor*. (b) *Tracheloraphis kahli*. (c) *Diophyrs scutum*. (d) *Didinium nasutum*. (e) *Paramecium caudatum*. (f) Um peritríquio, *Vorticella*. (g) Vorticelídeos cobrindo a concha de um bivalve marinho larval. Observe os pedúnculos enrolados, semelhantes a uma mola. A concha larval tem aproximadamente 200 μm de comprimento. (h) Um suctoriano, *Tokophyra quadripartita*. O corpo tem aproximadamente 100 a 175 μm de comprimento. (i) Citoplasma da presa sendo movido através de um tentáculo oco do suctoriano predador. Os haptocistos ajudam a manter o contato entre presa e predador.

(a) Segundo Sherman e Sherman. (b, c) Baseada em Bayard H. McConnaughey e Robert Zottoli, *Introduction to Marine Biology*, 4th ed., redesenhadas de T. Fenchel, 1969, "Ecology of Marine Macrobenthos IV" *Ophelia* 6:1-182, July. (d) De Hyman, segundo Blochmann. (e) De R. L. Wallace, W. K. Taylor e J. R. Litton, 1989. *Invertebrate Zoology*, 4th ed., Mcmillan Publ. (f) Segundo Sherman e Sherman. (g) © C. Bradford Calloway e R. D. Turner. (h) De Hyman, segundo Kent.

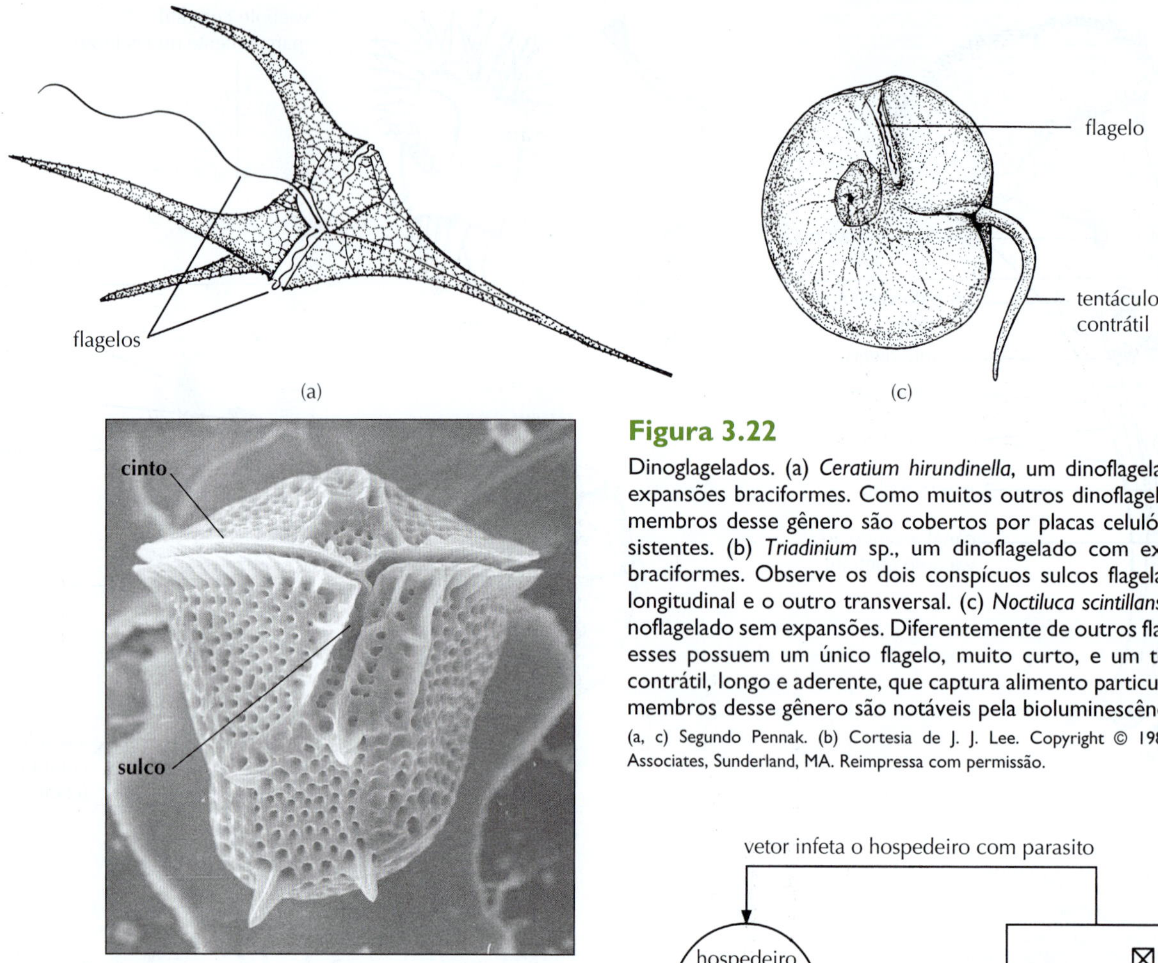

Figura 3.22

Dinoglagelados. (a) *Ceratium hirundinella*, um dinoflagelado com expansões braciformes. Como muitos outros dinoflagelados, os membros desse gênero são cobertos por placas celulósicas resistentes. (b) *Triadinium* sp., um dinoflagelado com expansões braciformes. Observe os dois conspícuos sulcos flagelares, um longitudinal e o outro transversal. (c) *Noctiluca scintillans*, um dinoflagelado sem expansões. Diferentemente de outros flagelados, esses possuem um único flagelo, muito curto, e um tentáculo contrátil, longo e aderente, que captura alimento particulado. Os membros desse gênero são notáveis pela bioluminescência.

(a, c) Segundo Pennak. (b) Cortesia de J. J. Lee. Copyright © 1983 Sinauer Associates, Sunderland, MA. Reimpressa com permissão.

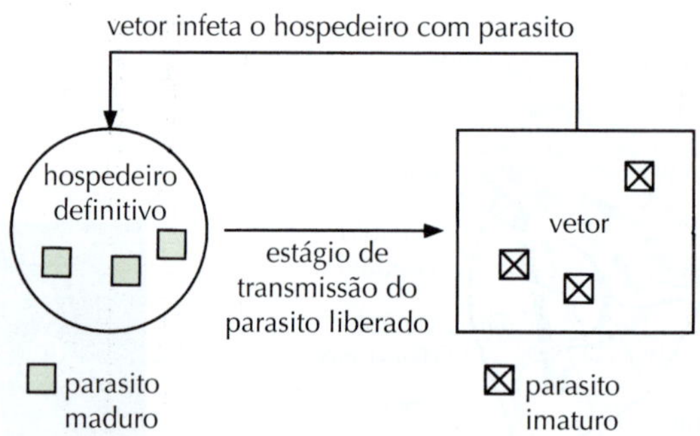

Figura 3.23

Diagrama de um ciclo de vida parasítico, no qual um vetor invertebrado transfere o parasito de um hospedeiro definitivo para outro. O parasito não consegue atingir a maturidade sexual no interior do corpo do vetor.

Filo Apicomplexa

Característica diagnóstica: os estágios infecciosos possuem um grupo distinto de microtúbulos e organelas (o "complexo apical") na extremidade da célula em certas fases do ciclo de vida.

Todos os mais de 6 mil membros descritos do filo Apicomplexa são endoparasitos em animais; nessas situações, eles precisam lidar com vários problemas interessantes enfrentados por todos os parasitos em todos os filos. Um deles é a dificuldade de se perpetuar a espécie de hospedeiro para hospedeiro. Em geral, os parasitos conseguem atingir o estágio adulto em somente um tipo de hospedeiro, chamado de **hospedeiro definitivo**, mas necessitam de auxílio para levar seus descendentes de um hospedeiro definitivo para outro. Desse modo, um ou mais **hospedeiros intermediários** comumente servem como **vetores** – agentes de transferência entre hospedeiros definitivos (Fig. 3.23). Não é surpresa que muitos parasitos exibam notáveis adaptações, as quais aumentam sua capacidade para localizar ou atrair hospedeiros intermediários e definitivos apropriados. Os parasitos devem também ser capazes de se adaptarem a diferentes exigências fisiológicas que encontram em distintos hospedeiros, além de escaparem de respostas imunes dos hospedeiros. Os apicomplexos propiciam uma excelente oportunidade para considerar muitos desses temas, que são discutidos mais adiante neste capítulo (p. 67) e novamente no Capítulo 8.

O nome anterior deste filo, Sporozoa, deixou de ter apoio, em parte porque muitas das espécies incluídas não produzem "esporos" e em parte porque Sporozoa incluía alguns grupos (p. ex., mixozoários e microsporídeos, p. 59) que são agora conhecidos como não aparentados.

Em dois ou três estágios do ciclo de vida dos apicomplexos, a maioria dos indivíduos possui, na extremidade da célula, um agrupamento de microtúbulos e organelas estruturalmente complicado; o nome do filo, Apicomplexa, formalmente se deve a esse "complexo apical" (Fig. 3.24). O filo inclui dois grupos de protozoários especialmente

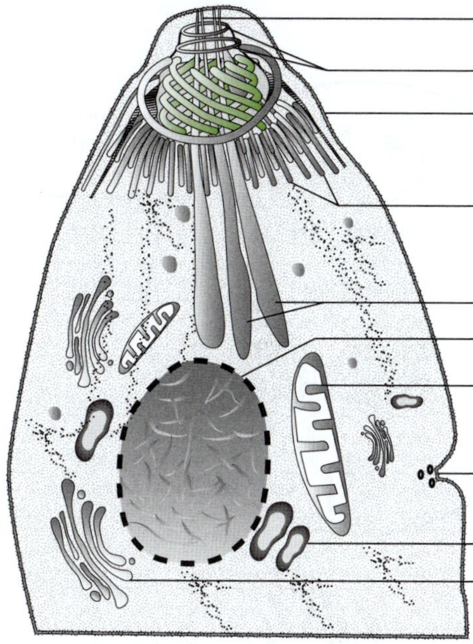

Figura 3.24

Metade anterior de um apicomplexo. As roptrias secretam enzimas e outras proteínas envolvidas no auxílio ao parasito no processo de invasão ou aderência às células do hospedeiro. O conoide também exerce um papel importante na invasão de células do hospedeiro. Modificada de diversas fontes.

importantes: gregarinas e coccidíos. Em ambos os grupos, nos adultos faltam completamente organelas locomotoras, embora em muitas espécies de aplicomplexos sejam produzidos gametas flagelados. As gregarinas parasitam insetos e outros invertebrados, ao passo que os coccídios parasitam vertebrados e invertebrados, com o invertebrado servindo de hospedeiro intermediário no ciclo de vida. Várias espécies de coccídios são parasitos de eritrócitos de seres humanos. Entre eles, os mais notáveis são os membros do gênero *Plasmodium*, o agente da malária. Quatro espécies de *Plasmodium* transmitem a malária humana, com *P. falciparum* sendo a mais letal das quatro.

Atualmente, a malária é considerada a doença mais importante no mundo. No mínimo, 1 bilhão de pessoas que vivem em (e visitam) áreas tropicais e subtropicais estão em risco, e 300 a 500 milhões de pessoas se tornam gravemente doentes com malária a cada ano. Cerca de 20 mil pessoas - sobretudo crianças - morrem de malária a cada semana, resultando em mais de 1 milhão de óbitos por ano. (Para comparação, o câncer afeta 10 milhões de pessoas no mundo inteiro.) Os adultos geralmente sobrevivem à infecção, mas ficam gravemente incapacitados.

No padrão típico do parasito, os ciclos de vida dos apicomplexos são eventos complicados, incluindo reprodução sexuada através da fusão de gametas, reprodução assexuada através de fissão e a produção de esporos resistentes ou infecciosos. O ciclo de vida do parasito da malária está diagramado na Figura 3.25. As fêmeas do mosquito (três espécies do gênero *Anopheles*) são excelentes vetores da malária, facilmente transmitindo-a de uma pessoa para outra, uma vez que elas precisam ingerir continuamente sangue de hospedeiros vertebrados para nutrir seus embriões em desenvolvimento.

Para iniciar o ciclo, **gametócitos** haploides, quiescentes dentro dos eritrócitos do seu hospedeiro humano, são removidos da corrente sanguínea humana pela picada de uma fêmea do mosquito. No interior do mosquito, os gametócitos rapidamente emergem dos eritrócitos e amadurecem em gametas femininos ou masculinos. Os gametas femininos são fertilizados aproximadamente meia hora após a ingestão de sangue pelo mosquito. Os zigotos diploides, móveis (denominados **oocinetos**), deslocam-se para o intestino do mosquito, encistam na parede intestinal e crescem. Cada oocineto encistado (**oocisto**) agora passa por meiose e vários eventos de fissão, cujos produtos amadurecem em **esporozoítos** haploides infecciosos. Até 10 mil esporozoítos são produzidos assexuadamente a partir de um zigoto.

Os esporozoítos maduros migram para as glândulas salivares do inseto, para serem injetados em um hospedeiro humano na próxima ingestão de sangue. Uma única picada de mosquito injeta 10 a 20 esporozoítos, que começam a infectar as células hepáticas humanas (hepatócitos); a condição intracelular afasta-os do ataque direto pelo sistema imune do hospedeiro. O esporozoíto forma um cisto resistente, que é seguido por um considerável número de divisões assexuadas; em cerca de uma semana, a fissão de um único esporozoíto (agora, chamado de **esquizonte**) pode originar quase 40 mil descendentes geneticamente idênticos, denominados **merozoítos**. Os merozoítos rompem a célula hepática que os abriga, entram na corrente sanguínea e, imediatamente, invadem os eritrócitos do hospedeiro. Logo após penetrar no eritrócito, o parasito, por alguma razão, altera a química da superfície da célula (glóbulo), de modo que esta adere ao tecido que reveste o vaso sanguíneo. Isso remove o eritrócito (e seu parasito) da circulação geral, impedindo a destruição deste pelo sistema imune de vigilância no interior do baço do hospedeiro. As células simplesmente não circulam pelo baço. Acúmulos de células infectadas nos vasos sanguíneos do cérebro do hospedeiro podem levar a grave dano neurológico ou à morte.

Dentro do eritrócito, o desenvolvimento do merozoíto segue uma das duas rotas: ou ele se multiplica assexuadamente, formando 10 a 20 novos merozoítos nas próximas 48 horas, ou ele se diferencia em um gametócito. Os novos merozoítos dissolvem o eritrócito e, rapidamente, invadem novos eritrócitos, aparentemente por sequestro de certas proteases das células hospedeiras,[8] para um outro ciclo de reprodução assexuada e dissolução de eritrócitos (levando à anemia debilitante do hospedeiro) ou para a diferenciação em um gametócito. A febre e os calafrios que caracterizam a infecção da malária resultam de toxinas liberadas durante a ruptura sincrônica dos eritrócitos infectados, uma vez a cada 48 horas, para a maioria das espécies de malária humana. Os gametócitos podem continuar o ciclo de vida somente se os eritrócitos que habitam forem ingeridos por um mosquito; se não houver ingestão, eles deterioram dentro de várias semanas.

Resumiremos alguns elementos-chave desse ciclo de vida. Apenas os gametócitos haploides, vivendo no interior dos eritrócitos humanos, infectam o mosquito vetor. Somente os esporozoítos haploides, que se acumulam em

[8]R. Chandramohanadas et al., 2009. *Science* 324:794-797.

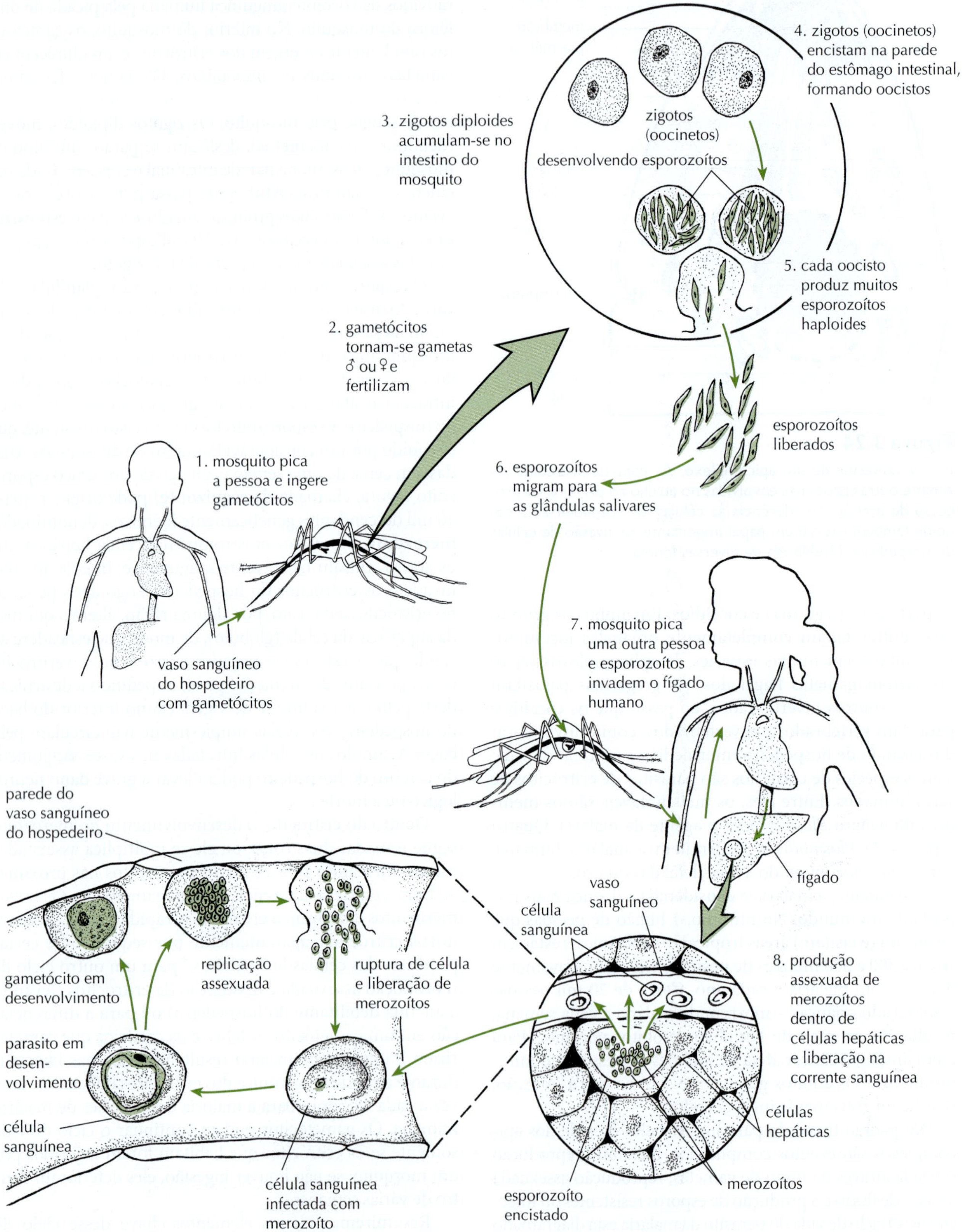

Figura 3.25
Ciclo de vida do parasito da malária, *Plasmodium* spp. (filo Apicomplexa).

certas células da glândula salivar do mosquito, podem infectar seres humanos. Os efeitos patológicos nos humanos são causados apenas pelo estágio no eritrócito (merozoíto) do ciclo de vida. Observe que o parasito é haploide na maior parte da sua vida; um estágio diploide ocorre somente no mosquito vetor.

Esforços empreendidos no passado para controlar a malária concentraram-se na eliminação de populações do mosquito, utilizando diclorodifeniltricloroetano (DDT) e outros pesticidas; para o controle da infeção humana, eram empregados os fármacos cloroquina e artemisinina. Nos últimos cinco anos, aproximadamente, as populações do mosquito tratadas tornaram-se resistentes aos pesticidas e os parasitos tornaram-se resistentes à cloroquina, além de desenvolver resistência à artemisinina, o princípio ativo na erva chinesa qinghoa.[9,*] Em consequência, a incidência de infecção da malária está aumentando rapidamente.

Aqui são apresentadas algumas das outras potenciais estratégias de controle que atualmente estão sendo investigadas: (1) produzir anticorpos que atacarão com eficácia as superfícies antigênicas complexas dos parasitos no estágio de merozoíto, durante seu limitadíssimo período de exposição na corrente sanguínea, ou que atacarão as superfícies antigênicas modificadas dos eritrócitos. Essa abordagem será extremamente difícil, pois os merozoítos frequentemente variam os componentes proteicos dos seus revestimentos superficiais, como o fazem os tripanossomos, discutidos anteriormente neste capítulo, além de variar as proteínas nas superfícies dos eritrócitos que eles infectam; (2) produzir uma vacina a partir de esporozoítos extraídos de mosquitos irradiados; (3) impedir que o parasito invada células hepáticas do hospedeiro (hepatócitos), desarmando, de alguma maneira, as proteínas específicas da superfície do esporozoíto que reconhecem e se ligam aos receptores nas células hepáticas; (4) impedir que os zigotos diploides (oocinetos) produzam a quitinase, que os permite penetrar na membrana quitinosa, a qual reveste o intestino do mosquito, e invadir a parede do estômago; (5) mosquitos produzidos por engenharia genética que impedirão que os gametócitos amadureçam no mosquito vetor ou que produzirão anticorpos contra as proteínas superficiais expressas nos zigotos e oocistos e, após, desenvolverão mecanismos de propagação desses genes por todas as populações de todas as espécies de mosquito relevantes; (6) imunizar pacientes com esporozoítos modificados, de modo que eles sejam incapazes de expressar genes essenciais para a maturação no fígado do hospedeiro ou a invasão de eritrócitos humanos;[10] (7) alterar geneticamente as bactérias ou os protozoários que vivem simbioticamente, como o mosquito vetor, de modo que o simbionte mate ou incapacite o parasito; (8) impedir que os esporozoítos invadam as células das glândulas salivares do mosquito por ruptura dos sítios de ligação no parasito, que interagem com receptores das glândulas salivares do mosquito; (9) incapacitar os vasodilatadores e anticoagulantes e compostos antiplaquetas encontrados na saliva do mosquito, que impedem as defesas normais dos vertebrados contra a perda de sangue. Isso poderia ser feito produzindo, por engenharia genética, mosquitos incapazes de secretar saliva e, após, desenvolvendo maneiras de propagar esses genes pelas populações do mosquito.

Uma outra abordagem potencial tira proveito da necessidade do *Plasmodium* por grandes quantidades de glicose. Após invadir o eritrócito, o parasito, de alguma forma, insere ou ativa proteínas suplementares de transporte na membrana plasmática do glóbulo, aumentado em cerca de 40 vezes o fluxo de glicose para dentro dele. Talvez os pesquisadores possam desenvolver fármacos que desativem essa rota ou impeçam-na de tornar-se ativada, possivelmente privando o parasito de alimento e provocando sua morte dentro do eritrócito.

Esforços adicionais para controlar a doença podem concentrar-se na reversão da resistência dos parasitos aos compostos antimalária existentes e no desenvolvimento de novos. Outros esforços recentes têm focalizado uma interessante organela de apicomplexos, denominada **apicoplasto** (Fig. 3.24). Estudos moleculares mostram que ela é um plastídeo vestigial, indicando um antigo descendente de algas de vida livre com cloroplastos. Todavia, os parasitos não conseguem viver sem um aplicoplasto funcional, ainda que este não mais funcione na fotossíntese; portanto, pode ser possível matar o parasito utilizando-se certos herbicidas.

O filo Apicomplexa contém muitas outras espécies dignas de menção comercialmente e do ponto de vista médico. Por exemplo, *Toxoplasma gondii* é um parasito de mamíferos de sangue quente especialmente disseminado e comum. Em geral, os seres humanos tornam-se contaminados a partir de gatos, que liberam grandes quantidades de ovos encistados em suas fezes. Como o parasito pode ser mortal para fetos em desenvolvimento, as mulheres grávidas devem evitar o contato com gatos e caixas de areia. O parasito *Pneumocystis carinii* pode também ser um membro desse grupo, embora atualmente muitos acreditam que ele seja, provavelmente, um fungo. Ele causa uma forma fatal de pneumonia em pessoas com sistemas imunes suprimidos e é especialmente comum em pacientes com a síndrome da deficiência imunológica adquirida (Aids).

Um breve comentário sobre microsporídeos e mixozoários

Os microsporídeos assemelham-se superficialmente aos apicomplexos em vários aspectos e, na verdade, até recentemente os dois grupos constituíam um único filo, o Esporozoa. Assim como os apicomplexos, todas as espécies de microsporídeos são parasitos intracelulares, e o ciclo de vida inclui a produção de esporos dispersivos ou resistentes (quitinosos). O ciclo de vida inclui um estágio ameboide que invade os tecidos do hospedeiro. Algumas espécies infectam os ovos do seu hospedeiro, afetando, desse modo, seus descendentes. No entanto, elas são incapazes de infectar o espermatozoide, uma vez que ele contém muito pouco citoplasma; se elas acabarem em um hospedeiro masculino,

---

[9]Mueller, A.-K., M. Labaied, S. H. I. Kappe e K. Matuschewski. 2005. *Nature* 433:164-67.

[10]I. Graham et al., 2010. Science 327:328-331.

*N. de T. Esta espécie herbácea, conhecida popularmente como losna ou absinto, recebe a denominação científica de *Artemisia annua L.* e pertence à família Asteraceae.

de alguma forma causam o desenvolvimento de masculino para feminino, e, após, infectam "seus" óvulos. Análises moleculares recentes indicam que os microsporídeos, na maioria, são realmente fungos degenerados, não protozoários.

Os mixozoários são cerca de 1.300 espécies de parasitos extracelulares, formadores de esporos, que foram também primeiramente classificados com os apicomplexos e os microsporídeos no filo Esporozoa. Contudo, dados moleculares recentes indicam que os mixozoários não são protozoários, mas sim cnidários altamente modificados. Desse modo, eles são agora discutidos no Capítulo 6 (p. 115). Esse comentário foi incluído principalmente para fornecer ao leitor uma ideia da revolução na taxonomia dos "protozoários", que ocorreu nos últimos 12 anos, aproximadamente.

Protozoários ameboides

Os organismos a serem discutidos nesta seção foram incialmente classificados juntos como Sarcodina, que foram inicialmente classificados com os flagelados e alguns outros (os opalinídeos, p. 70) no filo Sarcomastigophora. Nenhum grupo é monofilético.

Até agora, cerca de 56 mil espécies ameboides foram descritas, com aproximadamente 44 mil delas conhecidas apenas como fósseis. Nenhuma dessas espécies tem cílios ou infraciliatura, nenhuma tem película e nenhuma realiza conjugação; onde é conhecida a ocorrência de reprodução sexuada, a formação de gametas geralmente está envolvida. Algumas espécies formam gametas flagelados, o que tem intrigantes implicações filogenéticas, embora nenhum estágio adulto possua flagelos. Além disso, os protozoários ameboides, em geral, contêm um único tipo de núcleo. Algumas espécies são multinucleadas, porém, os núcleos são sempre monomórficos, ao contrário das duas formas distintas de macronúcleos e micronúcleos encontradas nos ciliados.

Vacúolos contráteis estão presentes, principalmente em espécies de água doce, embora não sejam fixos em uma posição, como nos ciliados, eles se movem livremente dentro do citoplasma. Assim como os ciliados, as amebas não possuem organelas sensoriais especializadas. A ameba típica é caracterizada acima de tudo pelas extensões citoplasmáticas do corpo, denominadas **pseudópodes**, utilizadas para locomoção, obtenção de alimento ou ambos, conforme discutido anteriormente (p. 41-43). As formas corporais variam de completamente amorfa e em constante modificação até altamente estruturadas com suportes esqueléticos rígidos e elaborados. Os membros da maioria das espécies se alimentam exclusivamente de material particulado pequeno, embora alguns sarcodíneos habitem algas endossimbióticas fotossintetizantes.

A maioria dos protozoários ameboides é de vida livre, embora cerca de 2% das espécies conhecidas parasitem hospedeiros vertebrados e invertebrados, incluindo outros protozoários. A disenteria amebiana (causada por *Entamoeba histolytica*, como mencionado anteriormente, p. 41) provavelmente seja a doença humana mais bem conhecida causada por um membro desse grupo; provavelmente, no mundo inteiro, mais de 500 mil pessoas são infectadas em um determinado momento e anualmente mais de 100 mil pessoas morrem de infecção. Algumas espécies ameboides parasitam no interior de corpos de outros parasitos; isto é, eles são **hiperparasitos**.

Todas as espécies de protozoários ameboides se reproduzem assexuadamente, principalmente por fissão binária ou fissão múltipla. Além disso, a reprodução sexuada tem sido descrita para muitas espécies. Em alguns casos, um único indivíduo essencialmente torna-se um gameta, que, após, funde-se com outro indivíduo. Em outros casos, são formados gametas flagelados, que aos pares se fundem para formar zigotos. O encistamento é comum nos protozoários ameboides, principalmente em espécies de água doce e parasíticas, proporcionando um meio de resistência às circunstâncias ambientais desfavoráveis.

As relações entre os protozoários ameboides estão sendo ainda investigadas e muito debatidas. Evidências moleculares e ultraestruturais atualmente indicam que a forma ameboide evoluiu muitas vezes de diferentes ancestrais flagelados, de modo que a presença de pseudópodes – independentemente da forma – é agora considerada como filogeneticamente não informativa. Certamente, os organismos ameboides não formam um grupo monofilético. Isso cria problemas para estudantes e autores de livros-texto: muitos desses organismos nitidamente se agrupam, mas muitas vezes não fica claro a que táxon mais elevado os grupos pertencem e como os diferentes grupos estão relacionados entre si. Dúzias de gêneros de protozoários ainda não podem ser colocados com confiança em qualquer agrupamento taxonômico maior.

Os grupos ameboides discutidos nas várias páginas seguintes enquadram-se em duas categorias principais. Os primeiros dois grupos (as amebas nuas e as amebas portadoras de testa) pertencem ao filo Lobosea, no agrupamento maior Amoebozoa. Os outros grupos ameboides discutidos aqui, incluindo os foraminíferos e os radiolários, são agora provisoriamente colocados dentro dos Rhizaria.

Amebozoários

Este agrupamento importante contém milhares de espécies descritas que exibem movimento ameboide. A maioria dos membros dos Amoebozoa é de vida livre, embora o grupo inclua algumas espécies parasíticas (como *Entamoeba histolytica*, há pouco mencionada). Quase todas elas possuem cristas mitocondriais tubulares ramificadas, razão pela qual são, às vezes, referidas como "amebas ramicristadas nuas".

Amebas nuas (Gimnamebas)

Característica diagnóstica: os indivíduos possuem corpos sem forma ("ameboide"), com pseudópodes agudos, largos, obtusos (lobosos) ou finos.

Esses membros dos Amoebozoa são limitados apenas por suas próprias membranas celulares – isto é, eles são nus – e utilizam pseudópodes de formas diferentes para mover-se e/ou alimentar-se (Fig. 3.26) (ver p. 41-43). A forma do corpo muda continuamente à medida que o organismo se

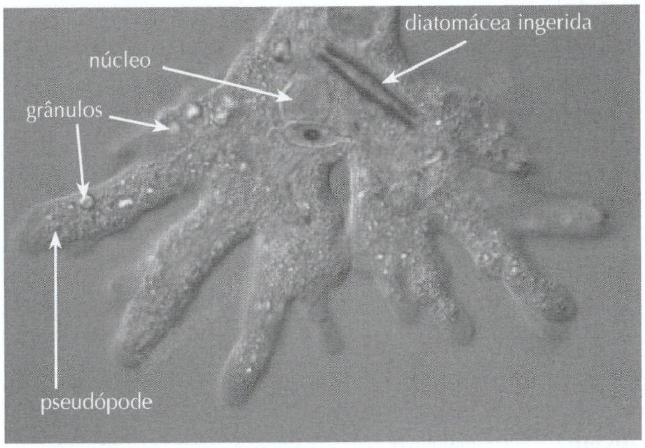

Figura 3.26

Amoeba proteus, uma ameba de água doce com pseudópodes especialmente bem desenvolvidos. Em geral, os indivíduos têm aproximadamente 450 µm de comprimento. Observe a diatomácea ingerida na parte superior, à direita do núcleo.

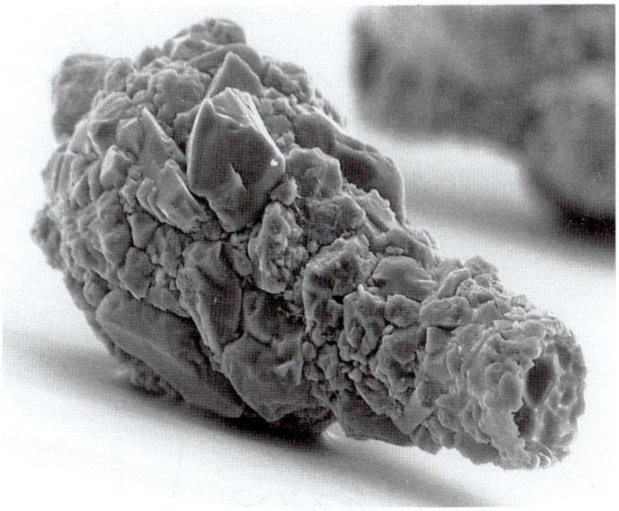

Figura 3.27

Testa da ameba de água doce *Difflugia gassowskii*, aproximadamente 125 µm de comprimento. Esse exemplar foi coletado em sedimentos de planície de inundação, no oeste da Alemanha.

desloca. A maioria das amebas nuas é de vida livre e muito comum em solos úmidos, água doce, estuários e no mar, em concentrações de milhares de indivíduos por cm^3. Cerca de 200 espécies foram descritas.

Todas as amebas nuas de vida livre são heterotróficas, capturando alimento com seus pseudópodes.[11] Comumente, a ingestão envolve **fagocitose**. Nesse processo, lobópodes ou filópodes avançam sobre ambos os lados da presa almejada e, muitas vezes, sobre o topo dela, formando uma **taça alimentar**. As extremidades dos pseudópodes logo se aproximam e se fundem, internalizando, desse modo, a presa. Os amebozoários geralmente se alimentam de bactérias, outros protozoários e algas unicelulares (p. ex., diatomáceas). Na **pinocitose**, são formados pseudópodes muito menores, que capturam particulados extremamente pequenos ou líquidos ricos em matéria orgânica dissolvida. Embora nenhum desses organismos seja parasítico, muitas espécies prejudicam vertebrados. Algumas espécies de *Acanthamoeba*, por exemplo, que abundam no solo e na água doce, causam infecções nos olhos de seres humanos.

Arcelinídeos e amebas aparentadas portadoras de testa

Muitas amebas secretam uma cobertura proteica ou silicosa com uma única câmara, denominada **testa**, ou cimentam finas partículas de areia ou detrito para formar suas coberturas (Fig. 3.27). O corpo, assim, adquire forma, com os pseudópodes projetando-se através de uma única abertura na testa. As amebas com testa são comuns no solo, lagos, rios e associadas a esfagno (musgo). Solos jovens podem conter várias centenas de milhões de indivíduos por metro quadrado. Testas fossilizadas de amebas foram encontradas em sedimentos de água doce depositados há cerca de 500 milhões de anos.

[11] Ver *Tópicos para posterior discussão e investigação*, nº 5, no final deste capítulo

Figura 3.28

Ameba social, Tasmânia, Austrália. A moeda à esquerda tem quase 2 cm de diâmetro.

A maioria das espécies de amebas com testa encontra-se nos Amoebozoa, e no mínimo 75% delas são colocadas no grupo Arcellinida. Todas têm lobópodes (p. 41); as espécies são distinguidas principalmente por suas características da testa (Fig. 3.27).

Amebas sociais

As amebas sociais celulares e acelulares, membros dos Eumycetozoa, são também membros dos Amoebozoa (ver Fig. 3.1). Por razões que logo ficarão aparentes, as amebas sociais têm sido com frequência classificadas como plantas ou como fungos. Contudo, na maior parte das suas vidas, as amebas sociais existem como células ameboides

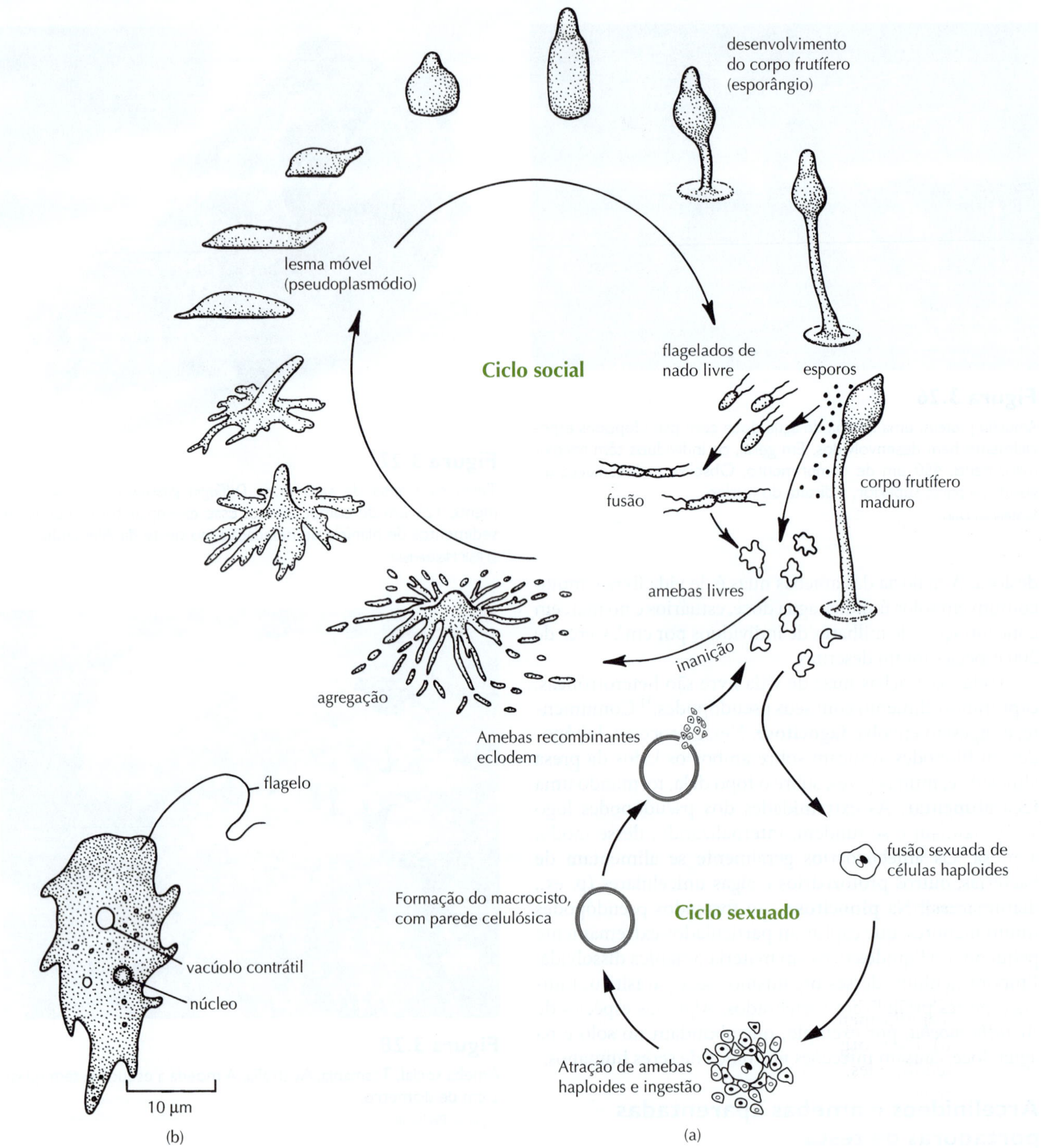

Figura 3.29

(a) Ciclo de vida de uma ameba social celular. *Dictyostelium* é uma das amebas sociais mais bem estudadas. Observe que os esporos podem originar flagelados natantes, que, por fim, se fundem e formam amebas, ou podem germinar amebas diretamente, dependendo da espécie. O estágio de lesma é, em geral, formado por aproximadamente 100 mil amebas individuais. *Dictyostelium discoideum* tem três sexos. (b) *Mastigamoeba longifilum*.

Adaptada de *Biological Science*, 3rd ed., por William T. Keeton, ilustrada por Paula DiSanto Bensadoun, com permissão, de W. W. Norton & Company, Inc. Copyright © 1980, 1979, 1978, 1972, 1967 por W. W. Norton & Company, Inc. e modificada de Mdhiabadi et al., 2012. *Bmc Evol. Biol.* 10:17

individuais, movendo-se e alimentando-se de matéria particulada através de lobópodes. A maioria dessas espécies é inofensiva e comumente encontrada na vegetação em decomposição em hábitats terrestres (Fig. 3.28), embora algumas espécies sejam fitopatógenos de importância comercial considerável. Em pelos menos algumas espécies, sob condições de umidade alta e escuridão, células haploides de diferentes tipos sexuais se fundirão para formar um zigoto diploide. Esse zigoto, então, atrai outras células haploides, que ele come. Após, ocorre meiose dentro de um **macrocisto** de celulose, e numerosas amebas haploides eclodem (Fig. 3.29a).

Em todos os casos, tendo ocorrido ou não qualquer atividade sexuada, os indivíduos ameboides, por fim, se agregam (Fig. 3.29a). Para as amebas sociais celulares, a agregação resulta claramente da comunicação química entre células. Provavelmente em resposta a abastecimentos decrescentes de alimento, algumas das amebas secretam cAMP, que atrai outras amebas para formar uma grande massa multinucleada – essencialmente uma ameba gigante e multinucleada, ou "lesma". As amebas sociais acelulares formam um **plasmódio** verdadeiro, em que as membranas celulares são desfeitas, formando-se uma massa sincicial grande e imóvel. As amebas sociais celulares, por outro lado, formam o chamado **pseudoplasmódio**, no qual as membranas celulares individuais persistem. O pseudoplasmódio é móvel e, por algum tempo, continua a deslocar-se e alimentar-se de uma maneira ameboide padrão (Fig. 3.29a). A lesma de uma espécie, *Dictyostelium discoideum*, consiste em cerca de 100 mil células distintas.

Se dois pseudoplasmódios ou plasmódios da mesma espécie estabelecem contato entre si, eles muitas vezes se fundem, criando um "indivíduo" ainda maior. Um decréscimo na disponibilidade de nutrientes provoca no pseudoplasmódio ou plasmódio o desenvolvimento de **esporângios**, ou corpos frutíferos semelhantes a fungo. Desses esporângios, são liberados esporos altamente resistentes, os quais germinarão somente se as condições ambientais forem apropriadas. Uma forma ameboide ou uma forma flagelada pode emergir de um esporo, dependendo da espécie. Em alguns casos, o indivíduo ameboide subsequentemente se transforma em um indivíduo flagelado, que continua a se alimentar e passa por fissão binária repetida. Por fim, os flagelados dão origem a amebas, que se alimentam e se agregam para formar um plasmódio multinucleado ou pseudoplasmódio que, após, diferencia-se e produz um outro ciclo de esporos resistentes.

Mastigamebas

Uma das características intrigantes das amebas sociais acelulares acima discutidas é que a história de vida de algumas espécies inclui estágios ameboides e flagelados. Um grupo similarmente intrigante é o das mastigamebas (Fig. 3.29b). Esses organismos possuem flagelos locomotores e pseudópodes, simultaneamente ou em sucessão. Essas espécies situam-se claramente nos cruzamentos da organização flagelado-ameba e fornecem novas evidências de uma estreita relação evolutiva entre as duas formas. As mastigamebas são mais comumente encontradas na água estagnada, tanto em ambientes marinhos quanto em água doce. Dados moleculares recentes, baseados em estudo de pequena subunidade de rDNA, indicam que esses organismos são parentes próximos dos Eumycetozoa, discutidos anteriormente.

Rhizaria

As Rhizaria possuem pseudópodes delgados (denominados filópodes), que em algumas espécies são sustentados por microtúbulos. Os pseudópodes podem ser simples ou ramificados, formando, às vezes, redes altamente complexas (**reticulópodes**: Figs. 3.8 e 3.30g). Esse grande grupo, Rhizaria, foi proposto primeiramente em 2002, baseado exclusivamente em dados moleculares – seus membros até agora não estão unidos por características morfológicas ou bioquímicas. Os dois principais grupos de Rhizaria discutidos aqui são os foraminíferos e os radiolários.

Filo Foraminifera

Características diagnósticas: 1) os indivíduos secretam testas com muitas câmaras, geralmente de carbonato de cálcio; 2) os pseudópodes (reticulópodes) emergem através de poros na testa e se ramificam amplamente, formando densas redes.

Os foraminíferos são principalmente marinhos e vivem nos sedimentos de fundo como organismos bentônicos; um pequeno número de espécies é planctônico. Os foraminíferos estão entre os protozoários mais abundantes encontrados em águas marinhas e salobras. Não há espécies parasíticas, embora algumas sejam ectocomensais. Os foraminíferos secretam testas com várias câmaras, geralmente de carbonato de cálcio (Fig. 3.30). As câmaras individuais dessas testas muitas vezes são delimitadas entre si por septos perfurados. Pseudópodes finos e amplamente ramificados, denominados **reticulópodes**, projetam-se de aberturas diminutas na testa (Figs. 3.8 e 3.30g), formando redes densas de pseudópodes, utilizadas principalmente para captura de alimento. Alongamento e encurtamento repetidos dos pseudópodes também permitem o rastejar lento sobre o fundo oceânico. Os foraminíferos consomem uma diversidade notável de alimento, abrangendo outros protistas, pequenos metazoários, fungos, bactérias e detrito orgânico. Além disso, algumas espécies abrigam simbiontes fotossintetizantes, incluindo dinoflagelados, e outros podem captar material orgânico dissolvido da água do mar. À medida que os oceanos do mundo continuam a acidificar, devido à absorção continuada de enormes quantidades de CO_2 liberadas para o ar pelas atividades humanas, os foraminíferos podem ficar sob crescente ameaça, uma vez que a alta acidez pode impedi-los da calcificação total das suas diminutas conchas.

As testas dos foraminíferos (representando mais de 30 mil espécies) abundam no registro fóssil. Os espécimes mais antigos datam do Cambriano Inicial, aproximadamente há 543 milhões de anos, embora recentes cálculos do relógio molecular sugiram que os foraminíferos estavam diversificando-se durante 150 a 600 milhões de anos antes disso. Embora as testas das espécies atuais raramente ultrapassem 9 mm de diâmetro, sendo as da maioria das espécies menores do que 1 mm, foram encontradas testas fossilizadas com mais de 15 cm de diâmetro – inegavelmente um tamanho extraordinário para um protozoário. Os extensos restos fossilizados de foraminíferos assumiram uma importância econômica considerável; por exemplo, o cimento e giz da lousa são produtos que contêm foraminíferos. Além disso, certos fósseis de foraminíferos são usados como indicadores bastante confiáveis de locais prováveis para prospecção do petróleo.

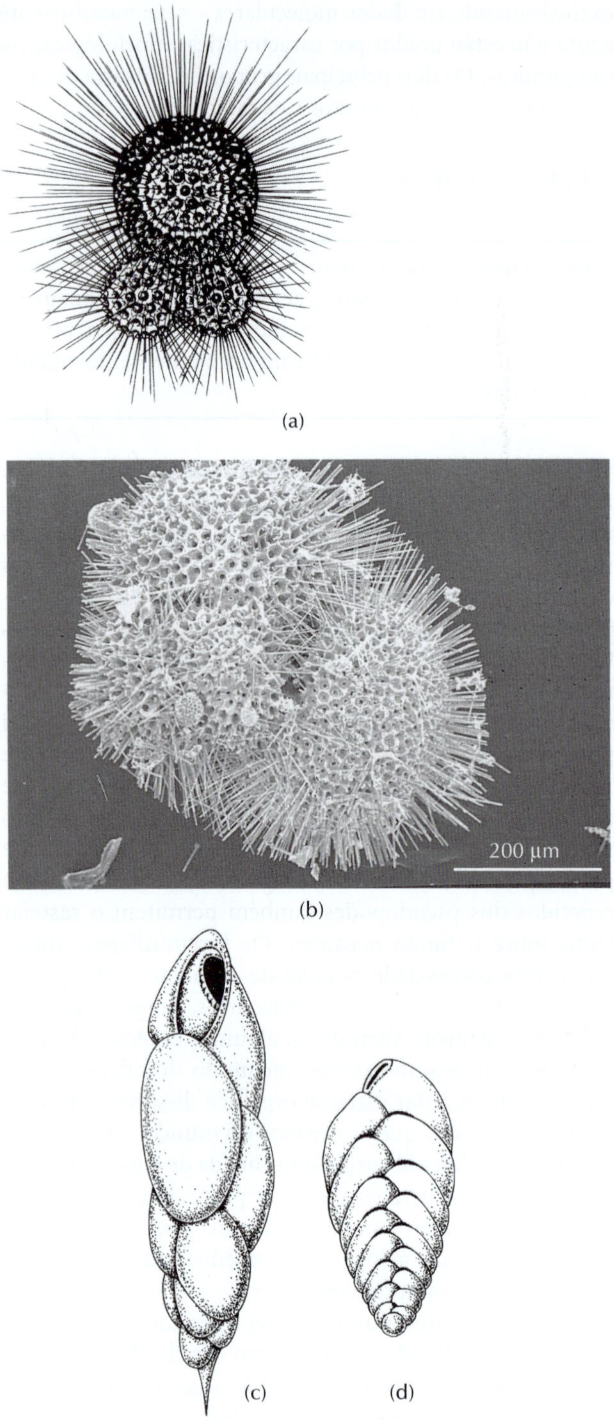

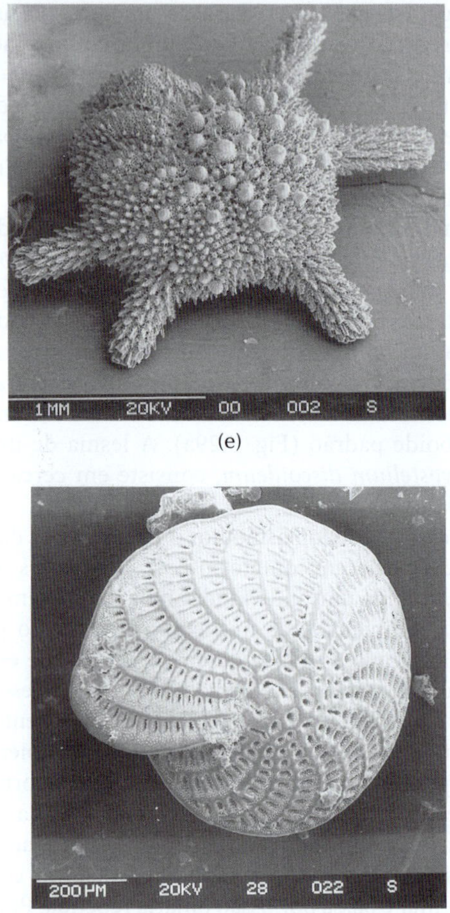

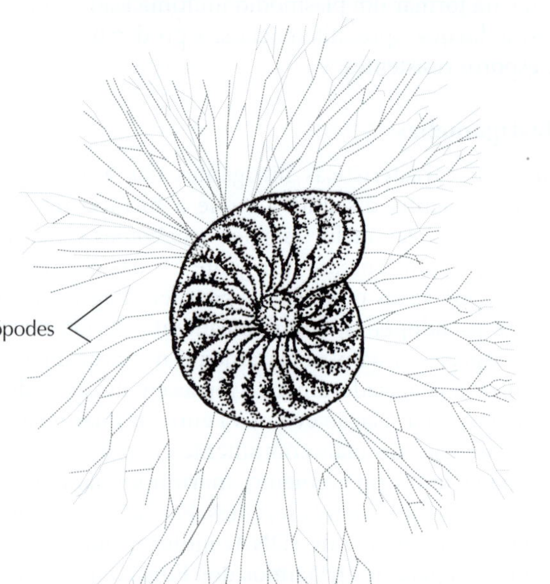

Figura 3.30

Testas de foraminíferos (a-d). Provavelmente 80% de todas as espécies de foraminíferos descritas estão extintas e conhecidas apenas a partir de registro fóssil. (a) *Globigerina bulloides*. (b) Testa de um foraminífero espinhoso, *Globigerinoides ruber*, de sedimentos muito distantes da costa noroeste da África. Os espinhos conspícuos indicam que esse indivíduo estava provavelmente imaturo quando morreu e foi depositado no fundo oceânico. (c) *Stainforthia immature* (X 200). (d) *Brizalina spathulata* (X 100). (e) *Calcarina gaudaudichaudi* ("estrela-da-areia"). Esse organismo incomum é um hospedeiro obrigatório para diatomáceas endossimbiontes; ele possui um sistema de canais internos muito complexo que banha as algas simbióticas. (f) *Elphidium crispum*. Essa espécie incorpora cloroplastos das diatomáceas capturadas. (g) O foraminífero *Polystomella strigillata*, com reticulópodes.

(a) Segundo Kingsley. (b) © Leslie Sautter. (c, d) De Haynes, Foraminifera. Copyright © 1981 Macmillan and Administration, Ltd., Hampshire, England. (e, f) © John J. Lee. (g) Segundo Kingsley; segundo Whiteley.

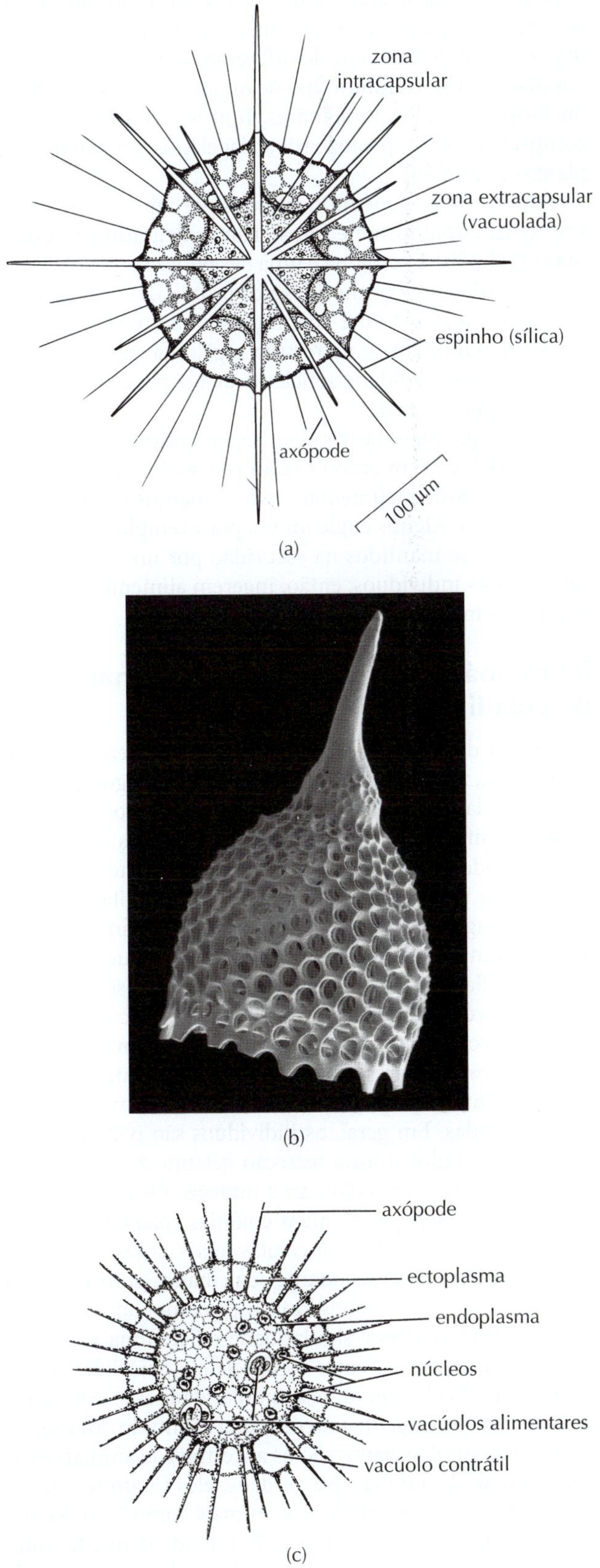

Figura 3.31

(a) Um radiolário, *Acanthometra elasticum*. (b) Um esqueleto de radiolário, composto por sílica. (c) Um heliozoário, *Actinosphaerium* sp.

(a) Segundo Farmer. (b) © G. Warner/Getty Images. (c) Segundo Beck e Braithwaite.

Filo Radiozoa (= Radiolaria)

Característica diagnóstica: o corpo é dividido em zonas intracapsulares e extracapsulares distintas, separadas por uma membrana ou cápsula perfurada.

Os membros deste filo, denominados radiolários e acantários, sustentam seus pseudópodes com microtúbulos delicados irradiados, que conferem uma aparência radiada e espinhosa a muitas espécies (Fig. 3.31). A complexidade e simetria de sua infraestrutura rígida tornam muitos radiolários extremamente belos (Fig. 3.31b). Os pseudópodes e seus suportes microtubulares são denominados **axópodes**. Todos os radiozoários possuem também um endoesqueleto rígido composto ou por sílica (nos radiolários) ou por sulfato de estrôncio (nos acantários). Devido aos seus esqueletos silicosos, os radiolários, como os foraminíferos e as amebas com concha, evidenciam-se nos registros fósseis das cerca de 8.700 espécies descritas, das quais aproximadamente 1.000 são existentes e 7.700 são conhecidas apenas como fósseis. Os acantários, ao contrário, não deixaram qualquer registro fóssil, pois os suportes de sulfato de estrôncio se degradam logo após a morte do organismo. Apenas cerca de 160 espécies de acantários foram descritas.

Ao contrário da maioria dos foraminíferos habitantes de fundo, todos os radiolários e a maioria dos acantários são organismos planctônicos, levados passivamente de um lado para outro por correntes oceânicas. Muitas espécies possuem algas simbióticas e, assim, suprem pelo menos parte das suas necessidades nutricionais por meio da fotossíntese. Elas também se alimentam como carnívoras, capturando presas microscópicas com o citoplasma que flui ao longo dos seus axópodes.

O corpo dos radiolários é geralmente esférico e dividido em uma **zona intracapsular** e uma **zona extracapsular** por uma membrana ou cápsula esférica e perfurada. A formação dos vacúolos alimentares e a digestão ocorrem na região extracapsular. O núcleo fica contido na zona intracapsular. O corpo dos acantários também é composto por camadas distintas, com a camada mais interna contendo muitos núcleos pequenos.

Um ameboide desajustado: os heliozoários

Característica diagnóstica: o corpo é dividido em regiões interna e externa distintas, as quais, no entanto, não são separadas por um limite físico; os axonemas têm numerosos microtúbulos dispostos como hexágonos ou triângulos.

Como os radiolários e os acantários, os heliozoários (também chamados de "centro-hélidos") são principalmente organismos flutuantes com axópodes (Fig. 3.31c), mas em grande parte restritos a hábitats de água doce. Do mesmo modo que os radiozoários, os corpos dos heliozoários são demarcados em (1) região externa espumante de ectoplasma, onde ocorre a digestão, e (2) uma região interna de endoplasma, menos vacuolada, contendo o núcleo. Contudo, os heliozoários não mostram um limite físico distinto (i.e., uma membrana capsular) entre as duas regiões. Os axópodes, que habitualmente se projetam através de uma camada espessa de escamas de sílica, servem principalmente para capturar itens alimentares; em algumas espécies, eles atuam também na locomoção. Nesses casos, um mecanismo coordenado de retração e expansão dos axópodes permite que os indivíduos se desloquem lentamente sobre uma superfície. Os microtúbulos localizados nos centros dos axópodes estão aparentemente envolvidos nas alterações no seu comprimento.

Por longo tempo tidos como aparentados aos radiolários, atualmente esses organismos são retirados dos Rhizaria e colocados temporariamente nos Chromista, um grupo considerado intimamente relacionado aos alveolados (ciliados, apicomplexos e dinoflagelados), discutidos anteriormente. Pouco menos de 100 espécies de heliozoários foram descritas.

Protozoários flagelados

Diferentemente das amebas, os protozoários flagelados possuem um a muitos flagelos (ver p. 41), de modo que os dois grupos diferem drasticamente em estrutura e função. É digno de nota, no entanto, que essas diferenças morfológicas drásticas entre flagelados adultos e amebas adultas são aparentemente enganosas. Dados moleculares atuais sugerem que os flagelados são os ancestrais de todas as espécies ameboides. Além disso, a existência de algumas formas de transição muito intrigantes (p. 70) indica uma relação evolutiva estreita entre os membros desses dois grupos.

Os flagelados (ou mastigóforos, dependendo de se as afinidades forem pelo latim ou grego, respectivamente) são caracterizados pela presença de uma película, conferindo ao corpo uma forma definida, ou especialmente pela presença de um ou mais flagelos. A maioria das espécies é de vida livra e móvel. Em algumas espécies, um citóstoma está presente, mas sua morfologia nunca é tão complexa quanto a encontrada nos Ciliophora. Vacúolos contráteis podem estar presentes, principalmente em espécies de água doce; se presente, sua posição é fixa dentro do citoplasma, ao contrário dos vacúolos contráteis das espécies de sarcodíneos.

Os flagelados abrangem espécies fotossintetizantes, consumidoras de partículas e parasíticas. Para simplificar a discussão, os flagelados estão agrupados de acordo com o estilo de vida. Um grupo – os dinoflagelados – já foi discutido (p. 51-53), pois atualmente acredita-se que seus membros estão mais intimamente relacionados aos ciliados e apicomplexos do que a outros organismos flagelados (ver p. 71). Muitas outras espécies de flagelados não estão presentes neste livro; *Volvox* e seus parentes, por exemplo, são geralmente colocados no reino Plantae.

Protozoários fitoflagelados

Alguns protozoários flagelados, como *Euglena* (Fig. 3.32b), contêm clorofila, obtêm sua energia diretamente da luz e dependem exclusivamente do CO_2 como fonte de carbono. Outras espécies utilizam a luz como fonte de energia, mas necessitam também de diferentes compostos orgânicos dissolvidos. Nenhum tipo de organismo tem uma boca ou forma vacúolos alimentares. Juntos, esses dois grupos compreendem os protozoários flagelados semelhantes a plantas (*plantlike*).

Muitas espécies de fitoflagelados portam uma organela vermelha, cupuliforme e fotossensível, denominada **estigma** (Fig. 3.32b). O estigma é uma das poucas organelas sensoriais verdadeiras conhecidas nos protozoários. Flagelos e estigmas são claramente adaptações para auxiliar os indivíduos a manterem-se na restrita região da coluna d'água, onde há disponibilidade suficiente de luz para que a fotossíntese líquida ocorra.

Ainda que algumas espécies sejam completamente **autotróficas** (i.e., têm autonutrição por meio da fotossíntese), muitas podem alimentar-se de alimentos particulados, se necessário. Alguns euglenoides, por exemplo, tornam-se holozoicos, se mantidos na escuridão por um tempo suficiente. Esses indivíduos, então, ingerem alimento sólido de maneira semelhante a um animal.

Protozoários zooflagelados – formas de vida livre

A maioria das espécies de flagelados estritamente do tipo animal (i.e., **zooflagelados**) é de vida livre na água doce, na água salgada ou no solo. Muitas espécies de zooflagelados foram classificadas nos Cercozoa. Um dos mais interessantes grupos de espécies de vida livre é o dos coanoflagelados, encontrado principalmente na água doce. Muitas espécies de coanoflagelados são sésseis, vivendo permanentemente fixadas a um substrato (Fig. 3.33). Cada indivíduo apresenta um único flagelo, que se estende por parte de seu comprimento através de uma rede cilíndrica (colar) de cordões protoplasmáticos justapostos, denominados **microvilosidades**. Movimentos flagelares criam correntes alimentares; partículas alimentares pequenas aderem-se ao colar microfibrilar e são ingeridas. Em geral, os indivíduos são pedunculados e/ou incorporados a uma secreção gelatinosa. As espécies são majoritariamente coloniais e imóveis. Os membros do gênero *Proterospongia* formam colônias (planctônicas) de mais de várias centenas de células; essas colônias podem apresentar uma impressionante semelhança com esponjas primitivas, conforme discutido no próximo capítulo. Não está confirmado se essa similaridade reflete uma verdadeira relação filogenética entre os flagelados unicelulares e as esponjas multicelulares ou se as similaridades são o produto de evolução convergente independente, contudo, foi sugerido que os coanoflagelados são os ancestrais de animais ou o grupo-irmão de animais. Na verdade, eles foram tentativamente reunidos como fungos e animais como "opistocontes" (ver *Detalhe taxonômico*, p. 75). Evidentemente, uma outra possibilidade é que os coanoflagelados evoluíram *de* esponjas.[12] Curiosamente, os coanoflagelados contêm genes de numerosas moléculas sinalizadoras anteriormente consideradas exclusivas dos metazoários.

[12]Maldonado, M. 2004. *Invert. Biol.* 123:1-22.

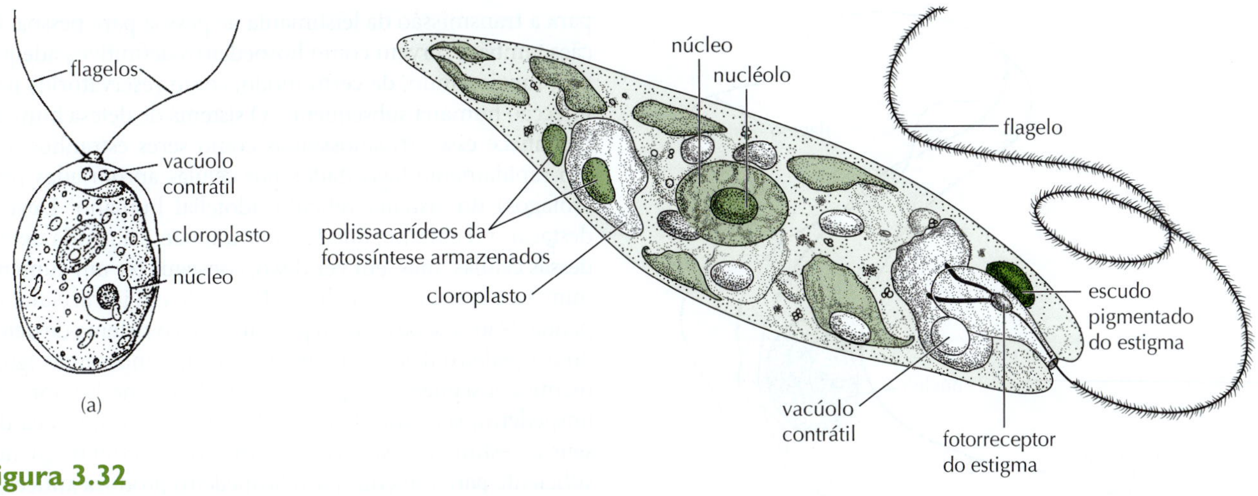

Figura 3.32

Diversidade dos flagelados: fitoflagelados. (a) *Chlamydomonas*. (b) *Euglena*.

(a) Segundo Pennak. (b) Redesenhado de Purves e Orians, *Life: The Science of Biology*, 2d ed. 1983 Sinauer Associates, Sunderland, MA

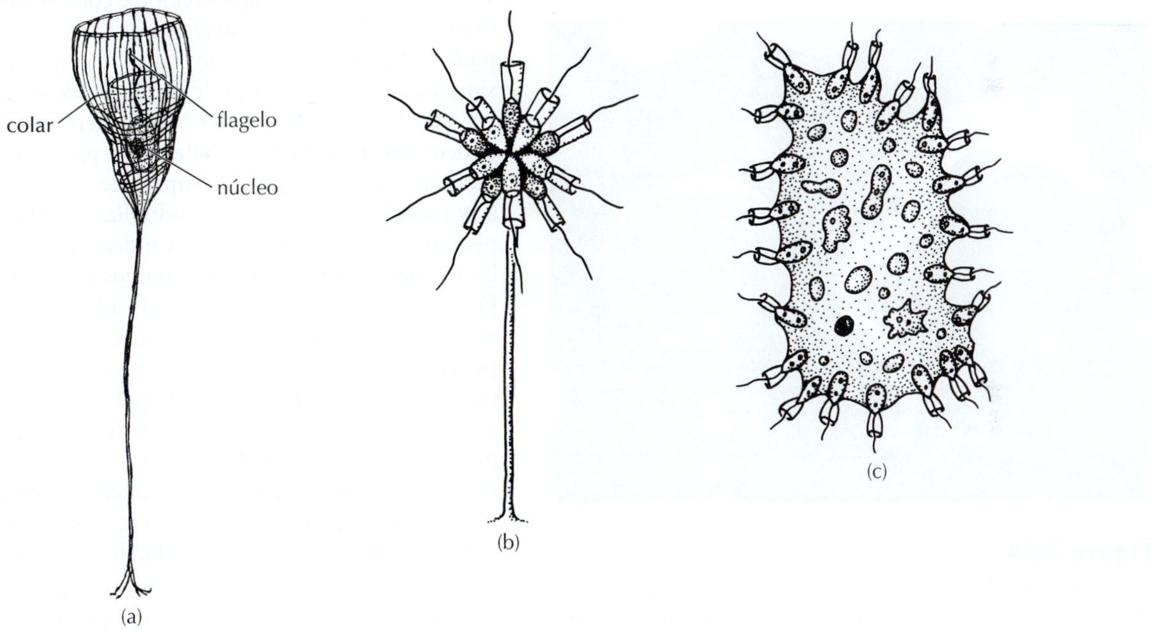

Figura 3.33

Diversidade dos flagelados: zooflagelados. (a-c) Coanoflagelados: (a) *Stephanoeca campanula*. (b) *Codosiga botrytis*, uma espécie colonial. (c) *Proterospongia*, uma outra espécie colonial, com os indivíduos incorporados a uma matriz espessa e gelatinosa.

(a) De H. A. Thomsen, K. R. Buck e F. P. Chavez, em *Ophelia* 33:131-64, 1991. Copyright © 1991 Ophelia Publications, Helsingør, Denmark. Reimpressa com permissão. (b) Segundo Kingsley. (c) De Hyman; segundo Kent.

Protozoários zooflagelados – formas parasíticas

Cerca de 25% das espécies de zooflagelados são parasíticas ou comensais com plantas, invertebrados e vertebrados, incluindo seres humanos. As espécies nesses grupos parasíticos com frequência exibem níveis de complexidade estrutural e funcional não observados em outros flagelados. Os ciclos de vida são especialmente complexos, pois abrangem adaptações para perpetuar as espécies de hospedeiro para hospedeiro, conforme discutido anteriormente (p. 56-59).

Tripanossomas (filo Euglenozoa, membros de Excavatae – ver Detalhe taxonômico, p. 73) são parasitos flagelados de interesse especial para os seres humanos (Fig. 3.34). Diferentes espécies são patógenas em plantas floríferas, nas pessoas, em bovinos, ovinos, caprinos, equinos e outros animais domesticados. Uma característica morfológica fundamental é a posse de um disco escuro de DNA, denominado

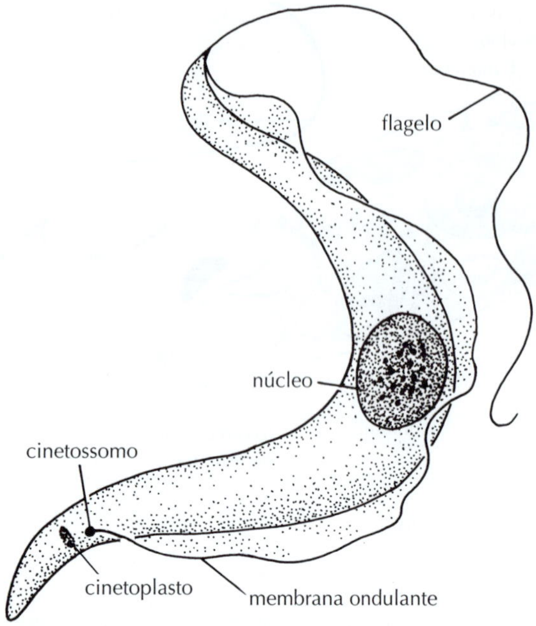

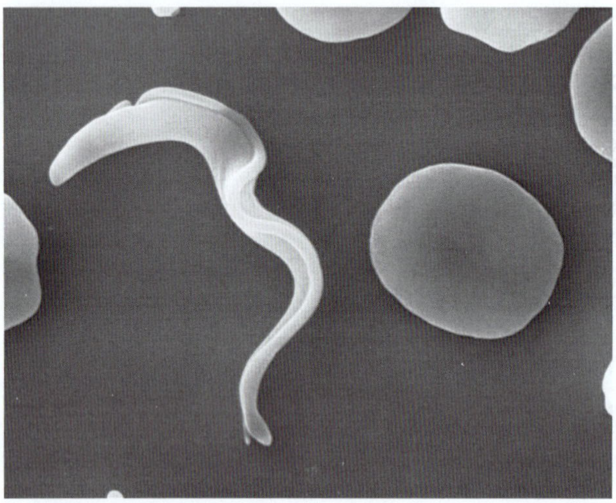

Figura 3.34

Diversidade dos flagelados: tripanossomas. (a) *Trypanosoma lewisi.* Observe a membrana ondulante (não confundir com a estrutura ciliada do mesmo nome). (b) Imagem ao microscópio eletrônico de varredura (aumento de 5.500 X) de um tripanossoma africano (*Trypanosoma brucei brucei*) entre eritrócitos do hospedeiro. Esse tripanossoma é um parente próximo da subespécie que causa a doença do sono africana.

(a) Sherman/Sherman, *The Invertebrates: Function and Form*, 2/e, © 1976, p. 9. Reimpressa, com permissão, de Prentice Hall, Upper Saddle River, New Jersey. (b) De J. E. Donelson, (1988) "The Unsolved mysteries of trypanosome antigenic variation" em *The Biology of Parasitism*, (P. T. Englund & A. Sher, editors), pp. 371-400. © Reimpressa, com permissão, de John Wiley & Sons.

cinetoplasto (Fig. 3.34a), localizado dentro de uma grande mitocôndria. Os tripanossomas, tendo a mosca tsé-tsé como vetor, são responsáveis pela doença do sono africana e por muitas outras doenças humanas. *Leishmania donovani*, por exemplo, causa desfiguração extrema e óbito (com aproximadamente 95% de mortalidade) em muitas áreas do mundo. Cerca de 12 milhões de pessoas são afetadas. Os mosquitos-pólvora (mosquitos-palha) servem como vetores para a transmissão da leishmania de pessoa para pessoa. Os cães também servem como hospedeiros definitivos adequados, funcionando, de certo modo, como reservatórios para infecção humana subsequente. O sistema de defesa humano reconhece esses tripanossomas como seres estranhos, que são rapidamente fagocitados por células apropriadas (macrófagos) do sistema reticuloendotelial humano. Deve-se destacar, no entanto, que *L. donovani* não é digerida dentro dessas células, mas, em vez disso, consegue ter um aumento numérico expressivo mediante fissão binária intracelular repetida. Não se sabe como o parasito evita o sistema de defesa do hospedeiro dessa maneira. Outros tripanossomas igualmente conseguem escapar da resposta imune humoral do hospedeiro, seja por alteração da composição química dos seus revestimentos superficiais antigênicos, com frequência suficiente para impedir que o hospedeiro produza anticorpo específico em concentrações eficazes, ou por invasão rápida de tecidos específicos que estão razoavelmente bem isolados do anticorpo circulante.

O truque de alterar os antígenos da superfície foi especialmente bem estudado em tripanossomas africanos, *Trypanosoma* spp. Cada indivíduo é coberto com uma única proteína. Seria imaginável que o sistema imune humano pudesse facilmente lidar com tal alvo, e que isso seria uma simples questão científica de produção de anticorpos contra a proteína ou de auxiliar o hospedeiro a produzir esses anticorpos. Entretanto, infelizmente para nós, a natureza bioquímica do antígeno de superfície muda à medida que a população do parasito se multiplica no interior do hospedeiro. Inicialmente, todos os indivíduos em uma população infecciosa têm a mesma composição proteica externa. O sistema imune do hospedeiro é ativado e começa a produzir anticorpos contra a proteína da superfície; na verdade, em poucos dias, a maioria dos invasores é destruída. Entretanto, para alguns indivíduos na população, um novo gene é ativado durante o ciclo de divisão, de modo que uma nova população começa a se desenvolver, constituída por indivíduos que apresentam uma nova superfície antigênica – não visada pelo anticorpo circulante (Fig. 3.35). Quando o sistema imune do hospedeiro já produziu anticorpos suficientes para enfrentar a segunda população de parasitos, aparece uma nova variante com um terceiro tipo de revestimento de superfície, e mais uma outra população de tripanossomas cresce rapidamente (Fig. 3.35). Dessa maneira, os tripanossomas permanecem um passo à frente do sistema imune humoral. Estima-se que os tripanossomas possuem mais de 1.000 diferentes genes e pseudogenes que codificam para proteínas de superfície. Como cada gene pode ser ativado mais de uma vez, o parasito tem combinações gênicas mais do que suficientes para manter uma infecção pela vida do hospedeiro. Os mecanismos moleculares responsáveis pela ativação e desativação de diferentes genes atualmente estão sendo estudados intensivamente; impedir o parasito de alterar seu revestimento parece ser uma excelente maneira de combater a doença. Anualmente, no mínimo 15 milhões de pessoas – e inumeráveis animais domesticados – tornam-se infectados por diferentes tripanossomas.

Assumindo que a seleção natural promove fundamentalmente associações que não matam o hospedeiro (um prejuízo óbvio à existência continuada das populações do

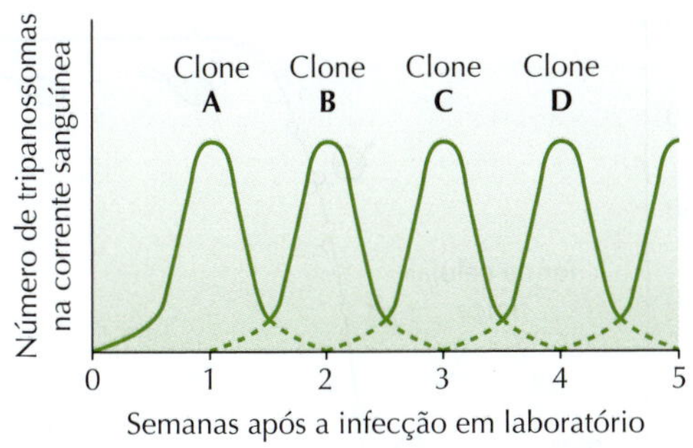

Figura 3.35

Aparecimento cíclico de tripanossomas na corrente sanguínea do hospedeiro. O animal testado foi injetado inicialmente com um único tripanossoma, que origina outros indivíduos (clone A) por replicação assexuada; todos esses indivíduos expressam um único antígeno de superfície. Em poucos dias, a maioria desses indivíduos é destruída pelo sistema imune do hospedeiro, quando alguns tripanossomas começaram a produzir um novo antígeno de superfície, não reconhecido pelo anticorpo circulante produzido em resposta ao clone A. Os clones B, C e D representam tripanossomas que expressam antígenos de superfície diferentes. Com a expressão periódica de novos antígenos de superfície, o hospedeiro nunca consegue eliminar a infecção.

Baseada em Donelson, J. E., em *The Biology of Parasitism*.

parasito), as associações mais altamente evoluídas entre zooflagelados parasíticos e seus hospedeiros devem ser não patogênicas na natureza. Os parabasalídeos (filo Parabasala) representam um grupo de flagelados, principalmente comensais, contendo cerca de 450 espécies. As espécies não patogênicas geralmente atraem menos atenção (e financiamento) para a pesquisa do que as patogênicas, porém, algumas espécies causam aos seres humanos danos suficientes para merecer estudos minuciosos. *Trichomonas vaginalis*, por exemplo, é um protozoário normalmente pequeno que parasita a vagina, a próstata e a uretra de seres humanos. Essa espécie geralmente causa pouco ou nenhum desconforto aos homens, mas muitas vezes produz considerável inflamação e irritação em mulheres. A doença é facilmente transmissível, sexualmente ou de outra maneira (p. ex., pelo contato com assentos sanitários e toalhas).

Provavelmente, as espécies de flagelados com mais complexidade morfológica sejam os hipermastigotos (filo Parabasala, classe Hypermastigota), que vivem de modo comensal nos intestinos de cupins, baratas e baratas-da-madeira (Fig. 3.36). Um grande número de indivíduos pode ser obtido facilmente para estudo extraindo parte do líquido dos intestinos de cupins. Uma espécie sozinha (*Trichonympha campanula*) pode representar mais de um terço da biomassa de um cupim individualmente. As espécies desse grupo são geralmente grandes (para flagelados), atingindo comprimentos corporais de várias centenas de micrômetros. Os corpos são comumente divisíveis em diversas regiões, morfológica e funcionalmente distintas, e muitas vezes apresentam numerosos flagelos (acima de vários milhares).

Talvez a característica mais curiosa da biologia desses protozoários hipermastigídeos seja a dependência mútua entre o hospedeiro e o flagelado. Diversas espécies que habitam intestinos de cupins conseguem digerir a celulose, ao contrário da maioria dos animais, incluindo os cupins. Se for privado dos seus flagelados, o cupim morre logo, embora ele nunca pare de ingerir madeira. Do mesmo modo, as baratas que comem madeira morrem logo, se não dispuserem de sua fauna intestinal de flagelados.

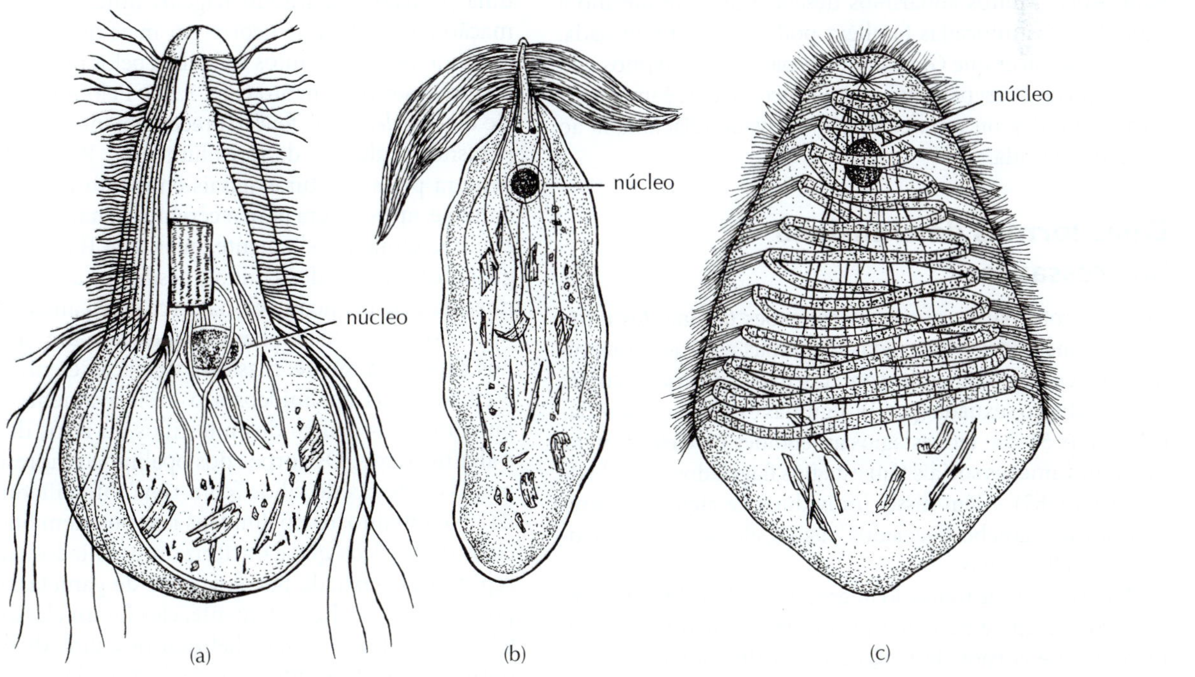

Figura 3.36

Flagelados simbióticos, as espécies de flagelados com mais complexidade morfológica. (a) *Trichonympha collaris* (cerca de 150 μm), retirada do intestino de um cupim. (b) *Rhynchonympha tarda*, proveniente do intestino de uma barata-da-madeira. (c) *Macrospironympha xylopletha*, proveniente do intestino de uma barata-da-madeira.

(a) De Hyman; segundo Kirby. (b, c) De Hyman; segundo Cleveland.

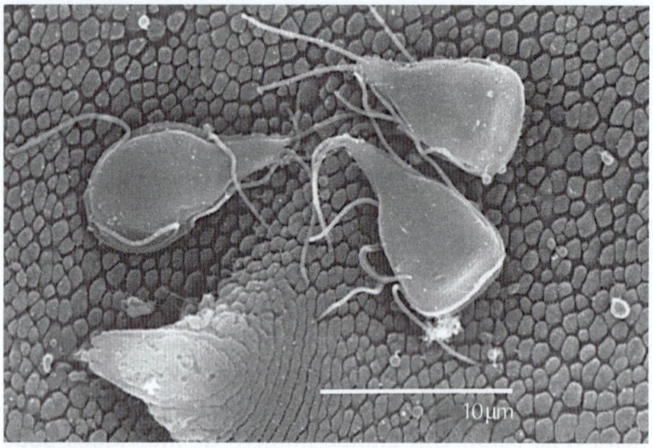

Figura 3.37

Imagem ao microscópio eletrônico de varredura de *Giardia* sp. (três indivíduos), fixada à parede corporal externa (tegumento) do platelminto parasítico *Echinostoma caproni*. Os dois parasitos foram retirados do intestino delgado de um *hamster* dourado infectado experimentalmente.

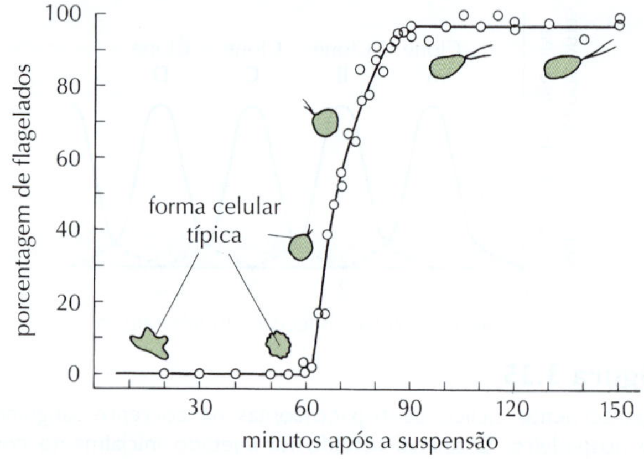

Figura 3.38

Transformação de *Naegleria gruberi* de uma forma ameboide para uma forma flagelada. A transformação foi iniciada a 25°C, movendo as amebas da superfície sobre a qual elas estavam vivendo para a suspensão em um tubo de ensaio. O número total de células na cultura não mudou consideravelmente durante o experimento.

Por outro lado, os hospedeiros protegem os flagelados de dessecação e predação, além de fornecerem celulose para a digestão; a celulose é a principal fonte de carbono para esses protozoários.

Alguns flagelados particularmente desagradáveis fazem parte do gênero *Giardia* (Fig. 3.37). *Giardia lamblia* é uma espécie que causa náusea intensa, cólicas e diarreia em seus hospedeiros humanos, uma condição que pode levar vários meses para se dissipar. A infecção é facilmente transmissível através da água contaminada com fezes infectadas utilizada para beber. Muitos andarilhos descobriram que mesmo a água de áreas intocadas também pode estar contaminada. Deve-se destacar que *Giardia* e seus parentes próximos não têm mitocôndrias; permanece em aberto se essa é uma condição primitiva ou uma condição derivada relacionada ao seu estilo de vida.

Duas formas de transição interessantes

Muitos protozoários oferecem conexões fascinantes entre formas ameboides e flageladas. Algumas espécies ameboides, por exemplo, liberam gametas flagelados no decorrer da reprodução sexuada (p. 60); algumas espécies de dinoflagelados (p. 51-53) têm estágios ameboides no ciclo de vida; e algumas amebas sociais têm estágios flagelados no ciclo de vida (p. 61-63). Além disso, indivíduos de algumas outras espécies são "amebo-flagelados"; isto é, eles são basicamente amebas flageladas.

Uma espécie de transição interessante é *Naegleria gruberi*, um protista aparentemente primitivo que não possui mitocôndrias e corpos de Golgi e cujos ribossomos exibem várias características procarióticas. *Naegleria gruberi* e seus parentes são comumente referidos como *amebomastigotos* ou *ameboflagelados*, pois claramente não são nem amebas plenamente desenvolvidas nem flagelados plenamente desenvolvidos. Sob condições normais de laboratório, *N. gruberi* é uma ameba completamente convincente, rastejante e amorfa. Lobópodes se formam em qualquer lugar da superfície celular, para locomoção e fagocitose, e o único vacúolo contrátil não tem posição fixa no interior do corpo. Contudo, uma diversidade de estímulos, incluindo alterações na salinidade ou simplesmente mantendo os animais em suspensão, rapidamente induz uma transformação completa das amebas em flagelados igualmente convincentes.[13] Uma película se forma, o vacúolo contrátil se torna fixo em uma posição e aparecem flagelos funcionais. A transformação completa, que ocorre em mais ou menos 1,5 hora, tem sido tema de muitos trabalhos pelos biólogos que estudam o desenvolvimento (Fig. 3.38). Pelo menos uma espécie de *Naegleria* (*N. fowleri*) recentemente mostrou ser um parasito facultativo de seres humanos. Provavelmente, ela penetra pelas aberturas nasais enquanto a vítima está nadando e, após, migra para o cérebro, matando o hospedeiro em uma semana. Felizmente, menos de 100 casos foram registrados nos Estados Unidos, desde que a doença foi reconhecida pela primeira vez, há cerca de 25 anos.

Os opalinídeos também estabelecem um elo, pelo menos superficialmente, mas essa transição é entre flagelados e ciliados. Os opalinídeos são exclusivamente parasíticos ou comensais dentro dos intestinos ou retos de rãs, sapos e alguns peixes. Os corpos dos opalinídeos apresentam numerosas fileiras de cílios (com uma infraciliatura associada). No entanto, os opalinídeos não possuem boca e os núcleos dimórficos que caracterizam os ciliados; eles exibem reprodução sexuada por formação de gametas, em vez de por conjugação. Recentemente, eles foram classificados em Chromista, junto com os helizoários e uma diversidade de outros organismos interessantes (ver p. 71).

[13]Ver *Tópicos para posterior discussão e investigação*, nº 4, no final deste capítulo.

Resumo taxonômico

Protistas "protozoários"

Reino Chromista

Protozoários alveolados (Alveolata)

Filo Ciliophora – protozoários ciliados

Filo Dinozoa (= Dinoflagellata) – dinoflagelados

Filo Apicomplexa (inclui os Sporozoa)

Rhizaria

Filo Foraminifera – foraminíferos

Filo Radiozoa – radiolários e acantários

Filo Cercozoa – inclui muitas espécies de ameboflagelados e zooflagelados, juntamente com amebas filamentosas (dotadas de testa e nuas) e parasitos como *Plasmodiophora* (p. ex., a hérnia das crucíferas) e haplosporídeos

Heterokontae (inclui também algas, como algas pardas e diatomáceas, bem como oomicetos)

Opalinídeos

Este grupo inclui *Actinosphaerium* e *Actinophrys*, juntamente com numerosos flagelados fagotróficos, incluindo *Spumella* e pedinelídeos

Filo Heliozoa

Heliozoários centro-hélidos e micro-hélidos

Reino Protozoa

Filo Amoebozoa:

Gimnamebas – amebas lobosas nuas

Arcelinídeos (amebas lobosas, dotadas de testa)

(outras amebas testadas *não* são Amoebozoa, mas sim Cercozoa filamentosas)

Mastigamebas e *Entamoeba*

Mycetozoa – amebas sociais celulares e acelulares

Superfilo Excavatae

Filo Metamonada

Giardia

Subfilo Parabasala (mais intimamente relacionado a *Giardia* do que é *Naegleria*)

Classe Trichomonadea

Classe Hypermastigea

Este filo inclui os *joakobídeos*, que têm os genomas mitocondriais mais primitivos de todos os eucariotos

Heterolobosea

Naegleria

Filo Euglenozoa

Classe Kinetoplastea – *Bodo*, *Trypanosoma* e outros cinetoplastídeos

Subfilo Euglenoida: euglenoides fotossintetizantes (p. ex., *Euglena*), euglenoides fagotróficos (p. ex., *Peranema*) e alguns osmotróficos (p. ex., *Astasia*)

Opisthokontae

Microsporídeos e outros fungos

Filo Choanozoa (p. ex., coanoflagelados)

Mixozoários, seres humanos e todos os outros animais

Tópicos para posterior discussão e investigação

1. As várias décadas passadas têm sido de avanços consideráveis em nossa compreensão dos mecanismos locomotores de ameboides. Que aspectos da sua biologia locomotora permanecem obscuros?

Allen, R. D., D. Francis, and R. Zeh. 1971. Direct testo f positive pressure gradiente teory of pseudopod extension and retraction in amoebae. *Science* 174:1237.

Cullen, K. J., and R. D. Allen. 1980. A laser microbeam study of amoeboid movement. *Exp. Cell Res.* 128:353.

Edds, K. T. 1975. Motility in *Echinosphaerium nucleofilum*. II Cytoplsmic contractility and its molecular basis. *J. Cell Biol.*66:156.

Fukui, Y., T. J. Lynch, H. Brzeska, and E. D. Korn. 1989. Myosin I is located at the leading edges of locomoting *Dictyostelium* amoebae. *Nature* 341:328.

Fukui, Y., T. Q. P. Uyeda, C. Kitayama and S. Inoue. 2000. How well can an amoeba climb? *Proc. Nat. Acad. Sci. U.S.A.* 97:10020.

Heath, J., and B. Holifield. 1991. Actin alone in lamellipodia. *Nature* 352:107.

Lazowski, K., and L. Kuznicki. 1991. Influence of light of diferente colors on motile behavior and cytoplasmic streaming in *Amoeba proteus*. *Acta Protozool.* 30:73.

Lombardi, M. L., D. A. Knecht, M. Dembo, and J. Lee. 2007. Traction force microscopy in *Dictyostelium* reveals distinct roles for myosin II motor and actin-crosslinking activity in polarized cell movement. *J. Cell Sci.* 120:1624-34.

Travis, J. L., J. F. X. Kenealy, and R. D. Allen. 1983. Studies on the motility of the Foraminifera. II. The dynamic microtubular cytoskeleton of the reticulopodial network of *Allogromia laticollaris*. *J. Cell Biol.* 97:1668.

Wilhelm, C., C. Rivière, and N. Biais. 2007. Magnetic control of *Dictyostelium* aggregation. *Phys. Rev. E* 75:041906-1.

2. Discuta a coordenação do batimento ciliar em ciliados de água doce. Qual é a evidência de que a infraciliatura está ou não envolvida nessa coordenação?

Naitoh, Y., and R. Eckert. 1969. Ciliary orientation: Controlled by cell membrane or by intracelular fibrils? *Science* 166:1633.

Pernberg, J. and H. Machemer. 1995. Voltage-dependence of ciliary activity in the ciliate *Didinium nasutum*. *J. Exp. Biol.* 198:2537.

3. Discuta o que compreendemos e o que não compreendemos sobre o funcionamento dos vacúolos contráteis.

Ahmad, M. 1979. The contractile vacuole of *Amoeba proteus*. III. Effects of inhibitors. *Canadian J. Zool.* 57:2083.

Cronkite, D. L., J. Neuman, D. Walker, and S. K. Pierce. 1991. The response of contractile and noncontractile vacuoles of *Paramecium calkinsi* to widely varying salinities. *J. Protozool.* 38:565.

Essid, M., et al. 2012. Rab8a regulates the excyst-mediated kiss-and-run discharge of the *Dictyostelium* contractile vacuole. *Molec. Biol. Cell* 23:1267.

Hampton, J. R., and J. R. L. Schwartz. 1976. Contractile vacuole function in *Pseudocohnilembus persalinus*: Responses to variation in íon and total solute concentration. *Comp. Biochem. Physiol.* 55A:1.

Organ, A. E., E. C. Bovee, and T. L. Jahn. 1972. The mechanismus of the water expulsion vesicle of the ciliate *Tetrahymena pyriformis*. *J. Cell Biol.* 55:644.

Patterson, D. J., and M. A. Sleigh. 1976. Behavior of the contractile vacuole of *Tetrahymena pyriformis* W: A redescription with comments on the terminology. *J. Protozool.* 23:410.

Riddick, D. H. 1968. Contractile vacuole in the amoeba, *Pelomyxa carolinensis*. *Amer. J. Physiol.* 215:736.

Schmidt-Nielson, B., and C. R. Schrauger. 1963. *Amoeba proteus*: Studying the contractile vacuole by micropuncture. *Science* 139:606.

Stock, C., R. D. Allen, and Y. Naitoh. 2001. How external osmolarity affects the activity of the contractile vacuole complex, the cytosolic osmolarity and the water permeability of the plasma membrane in *Paramecium multimicronucleatum*. *J. Exp. Biol.* 204:291-304.

Stock, C., H. K. Grønlien, R. D. Allen, and Y. Naitoh. 2002. Osmoregulation in *Paramecium*: *In situ* íon gradiente permit water to cascade through the cytosol to the contractile vacuole. *J. Cell Sci.* 115:2339.

Wigg, D., E. C. Bovee, and T. L. Jahn. 1967. The evacuation mechanism of the water expulsion vesicle ("contractile vacuole") of *Amoeba proteus*. *J. Protozool.* 14:104.

4. Vários protozoários podem se transformar rapidamente de uma forma corporal para outra. Descreva as mudanças morfológicas envolvidas e discuta os fatores ambientais que iniciam essas drásticas transformações.

Fulton, C., and A. D. Dingle. 1967. Appearance of the flagellate phenotype in populations of *Naegleria*. *Devel. Biol.* 15:165.

Nelson, E. M. 1978. Transformation in *Tetrahymena termophila*. Development of an inducible phenotype. *Devel. Biol.* 66:17.

Willmer, E. N. 1956. Factors which influence the acquisition of flagela by the amoeba, *Naegleria gruberi*. *J. Exp. Biol.* 33:583.

5. Investigue algumas das adaptações morfológicas, comportamentais e fisiológicas para a obtenção de nutrientes nos protozoários de vida livre.

Alexander, S. P., and T. E. DeLaca. 1987. Feeding adaptations ot the foraminiferan *Cibicides refulgens* living epizoically and parasitically on the antartic scallop *Adamussium colbecki*. *Biol. Bull.* 173:136.

Bowers, B., and T. E. Olszewski. 1983. *Acanthamoeba* discriminates internally between digestible and indigestible particles. *J. Cell Biol.* 97:317.

Bowser, S. S., T. E. DeLaca, and C. L. Rieder. 1986. Novel extracellular matrix and microtubule cables associated with pseudopodia of *Astrammina rara*, a carnivorous Antarctic foraminifer. *J. Ultra. Mol. Res.* 94:149.

Mast, S. O., and F. M. Root. 1916. Observations on amoeba feeding on rotifers, nematodes and ciliates, and their bearing on the surface tension theory. *J. Exp. Zool.* 21:33.

Salt, G. W. 1968. The feeding of *Amoeba proteus* on *Paramecium aurelia*. *J. Protozool.* 15:275.

Stoecker, D. K., A. E. Michaels, and L. H. Davis. 1987. Large proportion of marine planktonic ciliates found to contain functional chloroplasts. *Nature* 326:790.

Sundermann, C. A., J. J. Paulin, and H. W. Dickerson. 1986. Recognition of prey by suctoria: The role of cilia. *J. Protozool.* 33:473.

6. A vida multicelular deve ter evoluído de ancestrais dos protozoários unicelulares. Quais foram as possíveis etapas nessa evolução?

Blumenthal, T. 2011. Split genes: Another surprise from *Giardia*. *Current Biol.* 21:R162.

Ratcliff, W. C., R. F. Denison, M. Borello, and M. Travisano. 2012. Experimental evolution of multicellularity. *Proc. Natl. Acad. Sci.* 109:1595.

Shalchian-Tabrizi, K., et al. 2008. Multigene phylogeny of Choanozoa and the origin of animals. *PLoS One* 3:1.

7. Este capítulo apresentou vários exemplos de maneiras pelas quais os protozoários parasíticos confundem os sistemas imunes sofisticados dos seus hospedeiros. Investigue algumas maneiras pelas quais ciliados de vida livre enganam seus pretensos predadores.

Fyda, J., G. Kennaway, K. Adamus, and A. Warren. 2006. Ultrastructural events in the predator-induced defense response of *Colpidium kleini* (Ciliophora: hymenostomatia). *Acta Protozool.* 45:461-64.

Kuhlmann, H. W., and K. Heckmann. 1985. Interspecific morphogens regulating prey-predator relationships in protozoa. *Science* 227:1347.

Kusch, J. 1993. Predator-induced morphological changes in Euplotes (Ciliate): Isolation of the inducing substance released from *Stenostomum sphagnetorum* (Turbellaria). *J. Exp. Zool.* 265:613.

Washburn, J. O., M. E. Gross, D. R. Mercer, and J. R. Anderson. 1988. Predator-induced trophic shift of a free-living ciliate: Parasitismo f mosquito larvae by their prey. *Science* 240:1193.

8. A despeito da falta de órgãos e tecidos, os protozoários de vida livre com frequência mostram comportamentos surpreendentemente complexos. Quais comportamentos surpreendentes foram documentados em amebas de vida livre?

Bailey, G. B., G. J. Leitch, and D. B. Day. 1985. Chemotaxis by *Entamoeba histolytica*. *J. Protozool.* 32:341.

Biron, D., P. Libros, D. Sagi, D. Mirelman, and E. Moses. 2001. 'Midwives' assist dividing amoebae. *Nature* 410:430.

Dussutour, A., T. Latty, M. Beekman, and S. J. Simpson. 2010. Amoeboid organism solves complex nutritional challenges. *Proc. Natl. Acad. Sci.* 107:4607-4611.

Tani, T., and Y. Naitoh. 1999. Chemotactic responses of *Dictyostelium discoideum* amoebae to a cyclic AMP concentration gradient: Evidence to support a spatial mechanism for sensing cyclic AMP. *J. Exp. Biol.* 202:1.

Tetsu Saigusa, T., A. Tero, and T. Nakagaki. 2008. Amoebae anticipate periodic events. *Phys. Rev. Lett.* 100:01819111-1-018101-4.

Zaki, M., N. Andrew, and R. H. Insall. 2006. *Entamoeba histolytica* cell movement: A central role for self-generated chemokines and chemorepellents. *Proc. Nat. Acad. Sci. U.S.A.* 103:18751-56.

*Detalhe taxonômico**

Reino Chromista

Alveolados

Todos os membros possuem sacos membranosos achatados (alvéolos) sob a membrana celular externa. As cristas mitocondriais são tubulares, como na maioria dos outros eucariotos.

Filo Ciliophora

Blepharisma, Didinium, Euplotes, Folliculina, Paramecium, Stentor, Stylonychia, Tetrachymena, Tintinopsis, Tokophyra, Vorticella. Existem cerca de 3.500 espécies descritas de ciliados.

Filo Dinozoa (= Dinoflagellata)

Alexandrium (= *Protogonyaulax*), *Amphidinium, Ceratium, Dinophysis, Gonyaulax, Gymnodinium, Noctiluca, Perkinsus, Prorocentrum, Pyrocystis, Zooxanthella*. Existem cerca de 2 mil espécies de dinoflagelados.

Filo Apicomplexa

Babesia, Diplospora, Eimeria, Gigaductus, Gregarina, Haplosporidium, Monocystis, Paramyxa, Plasmodium, Sarcocystis, Toxoplasma. Trata-se de um grupo altamente diverso de parasitos, em grande parte restritos a hospedeiros invertebrados. Existem cerca de 6 mil espécies.

Rhizaria

Este é um grupo extremamente diverso de protozoários, definido exclusivamente por características moleculares. Ele abrange amebas não fotossintetizantes, ameboflageldos e um número muito grande de espécies de zooflagelados de grande abundância e provavelmente de importância ecológica, principalmente em hábitats de solo e de água doce. A maioria tem cristas mitocondriais tubulares (como nos alveolados e muitos outros eucariotos).

*Baseado em Cavalier-Smith, T. 2010. Biol. Letters 6: 342-345.

Filo Foraminifera

Allogramia, Ammonia, Elphidium, Globigerina, Spirillina. A maioria dos foraminíferos secreta testas de carbonato de cálcio. Os pseudópodes se projetam de numerosos poros. A maioria dos foraminíferos é microscópica, mas os indivíduos de algumas espécies podem ter mais de 2 cm de diâmetro. Em hábitats marinhos com menos de 2 mil metros de profundidade (em profundidades maiores, o carbonato de cálcio solubiliza facilmente), eles formam sedimentos conhecidos como lama de *Globigerina*. Um número pequeno de espécies de foraminíferos é planctônico, ocorrendo em concentrações de aproximadamente um indivíduo por litro de água do mar. Algumas espécies estabelecem relações simbióticas com algas (zooxantelas), semelhantes às formadas pelos corais construtores de recifes e alguns outros metazoários invertebrados. Os foraminíferos deixaram um registro fóssil extenso; a composição de espécies pode ser usada para datar sedimentos antigos. Além disso, a razão entre ^{18}O e ^{16}O em conchas antigas de algumas espécies é utilizada para determinar mudanças climáticas pretéritas.

Filo Radiolaria

Todos os membros possuem suportes microtubulares irradiados, denominados *axópodes*.

Classe Polycystinea

Acanthodesmia, Heliodiscus, Hexacontium, Astrosphaera, Spumella, Staurolonche, Triplecta. Um outro grupo de predadores marinhos pequenos (cerca de 30-250 μm), subdividido em formas esféricas (Spumellaria) e não esféricas (Nassellaria). As espécies de Polycystinea podem ser solitárias ou coloniais. Diferentemente dos Phaeodaria, muitas espécies de Polycystinea abrigam algas simbiontes. O esqueleto é composto por sílica, propiciando um registro fóssil extenso. Anteriormente agrupados com Phaeodarea como radiolários.

Classe Acantharia

Acanthocolla, Acanthometra, Acanthospira, Acanthostaurus, Heliolithium, Stauracon. Todos são micropredadores marinhos e de vida livre, com um esqueleto de sulfato de estrôncio. Assim como os Phaeodarea e os Polycystinea, discutidos anteriormente, os acantários exibem axópodes. Primeiramente agrupados com Phaeodarea e Polycystinea, com os quais compartilham a presença de axópodes, evidencia-se agora que os axópodes podem ter surgido independentemente nos ancestrais desses grupos.

Filo Cercozoa

Classe Phaeodarea

Aulacantha, Aulosphaera, Castenella, Gymnosphaera, Phaeodina. Esses predadores microscópicos secretam conchas ornadas de opala biogênica; seu tamanho varia de 50 a 250 μm. Eles são inteiramente marinhos, vivendo em profundidades de pelo menos 8 mil m, e foram primeiramente colocados nos Radiolaria. Ainda se conhece pouco sobre seus exatos papéis nas teias alimentares marinhas. Não abrigam algas simbiontes.

Heterokontae

Filo Stramenopiles

"Heliozoários"

Actinosphaerium, Actinophyrs. Existe uma opinião crescente de que os heliozoários são polifiléticos e que os Heliozoa deveriam ser abandonados como uma categoria formal. Muitos "heliozoários" estão agora na classe Actinophyridae.

Opalinídeos (classe Opalinata)

Opalina, Proteromonas. Protozoários flagelados conhecidos principalmente dos intestinos de répteis, peixes, rãs e outros vertebrados de sangue frio.

Reino Protozoa

Amoebozoa

A maioria dos membros tem mitocôndrias tubulares ramificadas ("ramicristadas"). O grupo inclui amebas nuas (gimnamebas; p. ex., *Acanthamoeba, Amoeba, Chaos, Entamoeba*), indivíduos principalmente de vida livre com pseudópodes lobosos, embora algumas espécies sejam patógenas obrigatórias de seres humanos e outros animais. Geralmente sem estágios flagelados no ciclo de vida. Concentrações superiores a 4.200 amebas por centímetro cúbico de areia foram registradas em praias na zona de entremarés.

Arcelinídeos

Arcella, Difflugia, Pentagonia. Esse grupo contém cerca de 75% de todas as amebas com concha, que projetam seus pseudópodes através de uma única abertura na testa.

Xenofióforos

Aschemonella, Homogammina, Psammetta. Todos são protozoários ameboides marinhos de águas profundas (500-8.000 metros de profundade) que cimentam partículas estranhas a elas em testas grandes, superiores a 25 cm de comprimento. Estão entre os maiores protistas conhecidos. Por muitos anos, eles foram considerados ou foraminíferos ou esponjas. Existem cerca de 50 espécies descritas.

Filo Mastigamoididae

Mastigamoeba, Mastigella. Todos os indivíduos têm corpos ameboides, exibindo em alguns casos pseudópodes funcionais, com a adição de um ou mais flagelos. Marinhos e de água doce. Nenhum tem mitocôndrias ou corpos de Golgi, mas isso parece ser uma perda secundária e não uma condição primitiva. As mastigamebas são especialmente comuns na água estagnada rica em matéria orgânica.

Filo Eumycetozoa

Prostelium, Echinostelium, Dictyostelium. São amebas sociais celulares e acelulares, comumente encontradas na vegetação em decomposição.

Excavatae

Todos esses protozoários possuem cristas mitocondriais em forma de disco e a maioria deles também tem um sulco oral ventral profundo, daí o nome do grupo (Excavatae, como uma "escavação").

Filo Parabasala

Estes flagelados são principalmente simbióticos, vivendo em hospedeiros que variam de seres humanos a cupins e baratas-da-madeira. Em vez de mitocôndrias, eles possuem hidrogenossomos, que podem ter derivado de mitocôndrias ou podem refletir uma antiga incorporação simbiótica independente.

Classe Trichomonadida

Dienramoeba, Trichomonas.

Classe Hypermastigia

Holomastigotes, Lophomonas, Trichonympha, Spironympha. Todos são simbiontes intestinais de cupins, baratas e baratas-da-madeira, com cada indivíduo portando centenas a milhares de flagelos.

Filo Euglenozoa

Classe Euglenida

Ordem Euglenia – ***Euglena, Peranema, Ploeotia.*** A maioria das aproximadamente 1.000 espécies é fotossintetizante, mas algumas são parasíticas e algumas se alimentam de alimento particulado. Os euglenídeos são encontrados principalmente em hábitats de água doce, embora algumas espécies ocupem águas marinhas ou salobras.

Ordem Kinetoplastea – ***Bodo, Leishmania, Leptomonas, Trypanosoma.*** Esse grupo de flagelados (um a dois flagelos por indivíduo) inclui espécies de vida livre, simbióticas e parasíticas. As espécies parasíticas infectam animais, plantas floríferas e outros protozoários. Todos os membros possuem um corpo proeminente de DNA dentro da mitocôndria, denominado *cinetoplasto*, e um único citoesqueleto microtubular. Várias espécies de tripanossomas infectam e debilitam, ou matam, seres humanos, bovinos e muitos outros animais. *Leishmania* é igualmente prejudicial, causando graves lesões de pele. Anualmente, no mínimo 400 mil pessoas em 67 países contraem leishmaniose.

Filo Heterolobsea

Naegleria, Percolomonas, Vahlkampfia

Diplomonadídeos

Enteromonas, Giardia, Spironucleus, Trigomonas. Um grupo coeso de flagelados de afiliação incerta. Os indivíduos não têm mitocôndrias. A opinião geral era de que esses flagelados derivaram de ancestrais amitocondriais, mas agora parece que, na verdade, eles perderam secundariamente as mitocôndrias. As espécies são, na maioria, simbiontes intestinais, embora algumas sejam de vida livre.

Oximonadídeos

Oxymonas, Polymastimastix, Pyrsonympha. Um outro grupo coeso de flagelados de afiliação incerta. Todas as espécies são simbiontes intestinais de cupins e de baratas-da-madeira, com um representante (*Monocercomonoides*) também vivendo nos intestinos de vertebrados.

Opisthokontae

Este grupo estabelecido recentemente contém os fungos verdadeiros e seus parentes protozoários, e animais multicelulares (incluindo os seres humanos) com seus parentes protistas. Todos os opistocontes têm um flagelo posterior em alguma parte do ciclo de vida.

Coanoflagelados (filo Choanomonada)

Acanthoeca, Codosiga, Diaphanoeca, Monosiga, Proterospongia. Protozoários de vida livre, com um único flagelo envolvido por colar semelhante a um cesto composto por filamentos silicosos. Muitas espécies formam colônias, a partir das quais metazoários e fungos podem ter evoluído.

Filo Fungi

Filo Microsporidia

Buxtehudea, Loma, Metchnikovella, Microfilum, Nosema. Os dados de sequências gênicas indicam que os microsporídeos são fungos degenerados. Nesse caso, a falta de mitocôndrias reflete uma perda secundária de seus ancestrais. Todos os membros do gênero *Metchnikovella* são parasitos intracelulares de protozoários gregarínidos (filo Apicomplexa).

Mixozoários

Chloromyxum, Myxidium. Presentemente, dados moleculares mostram que os membros desse grupo, todos parasíticos normalmente em peixes, são meatazoários altamente degenerados, provavelmente com parentesco mais próximo à água-viva e a outros cnidários.

Referências gerais sobre protozoários

Baldauf, S. L. 2003. The deep roots of eukaryotes. *Science* 300:1703-6.

Boardman, R. S., A. H. Cheetham, and A. J. Rowell, eds. 1987. *Fossil Invertebrates.* Palo Alto, Calif.: Blackwell Scientific, 67:91.

Bonner, J. T. *First Signals: The Evolution of Multicellular Development.* Princeton, New Jersey: Princeton University Press.

Cavalier-Smith, T. 2004. Only six kingdoms of life. *Proc. R. Soc. Lond. B* 271:1251-1262.

Cheng, T. C. 1986. *General Parasitology*, 2d ed. New York: Academic Press.

Coombs, G. H., K. Vickerman, M. A. Sleigh, and A. Warren. 1998. *Evolutionary Relationships among Protozoa.* Chapman & Hall, London.

Fenchel, T. 1987. *Ecology of Protozoa: The Biology of Free-Living Phagotrophic Protists.* New York: Springer-Verlag.

Hyman, L. H. 1949. *The Invertebrates, Vol. 1. Protozoa through Ctenophora.* New York: McGraw-Hill.

Keeling, P. J., et al. 2005. The tree of eukaryotes. *Trends Ecol. Evol.* 20:670-76.

Lee, J. J., G. F. Leedale, and P. Bradbury (eds). 2000. *An Illustrated Guide to the Protozoa*, 2nd ed. Lawrence, Kansas: Society of Protozoologists.

Matthews, B. E. 1998. *An Introduction to Parasitology.* New York: Cambridge University Press.

Nikolaev, S. I., et al. 2004. The twilight of Heliozoa and rise of Rhizaria, an emerging supergroup of amoeboid eukaryotes. *Proc. Natl. Acad. Sci.* 101:8066-8071.

Parker, S. P., ed. 1982. *Classification and Synopsis of Living Organisms*, vol. 1. New York: McGraw-Hill, 491-637.

Roberts, L. S., J. Janovy, and P. Schmidt. 2008. *Foundations of Parasitology*, 8th ed. New York: McGraw-Hill.

Sleigh, Michael A. 1989. *Protozoa and Other Protists.* London: Edward Arnold.

Zimmer, C. 2000. *Parasite Rex: Inside the Bizarre World of Nature's Most Dangerous Creatures.* New York: The Free Press.

Procure na web

1. www.ucmp.berkeley.edu/help/taxaform.html

   Clique em "Protista" para ver excelentes fotografias e desenhos de uma diversidade de espécies de protozoários, com acompanhamento de texto. O site é disponibilizado pela University of California, em Berkeley.

2. www.who.int

   Informações mais recentes sobre a propagação e o controle da malária e outras doenças parasitárias, disponibilizadas pela Organização Mundial da Saúde. Ao acessar o site, faça a busca pelas palavras "malária", "*Giardia*" ou "*Entamoeba*".

3. www.malaria.org

   Esta é a página da Fundação Internacional da Malária (Malaria Foundation International), que contém informações atuais sobre a propagação e o controle da malária.

4. www.cfsan.fda.gov

   Este site é mantido pela U.S. Food and Drug Administration; ele inclui as informações atuais sobre protozoários causadores de doenças. Acessando

"Program Areas", selecione "Bad Bug Book" sob o título "Foodborne illness" e, a seguir, clique nas entradas para *Giardia lamblia, Entamoeba histolytica* e *Acanthamoeba.*

5. www.pfiesteria.org/pfiesteria/

   Este site, oferecido pelo Centro de Ecologia Aplicada da North Carolina State University, fornece informações detalhadas sobre *Pfiesteria*, um dinoflagelado tóxico.

6. www.ucmp.berkeley.edu/protista/slimemolds.html

   Este site disponibiliza fotografias e informações sobre amebas sociais, juntamente com links de sites relacionados.

7. www.micrographia.com/index.htm

   Este site fornece lindas fotografias de protozoários e de muitos outros organismos, juntamente com instruções detalhadas para fazer boas fotomicrografias. Clique em "Specimen Galleries" para acessar a lista de organismos disponíveis. Proporcionado por micrografia.

8. http://www.tolweb.org/Eukaryotes

   Este endereço no site Tree of Life fornece uma excelente introdução aos eucariotos, incluindo uma discussão, de leitura muito agradável, das relações entre metazoários e protistas.

9. http://protist.i.hosei.ac.jp/Protist_menuE.html

   Este site, proporcionado pelo Japanese Protist Information Server, fornece milhares de fotografias de diferentes protistas. Clique no grupo de interesse, sob o título "Digital Specimen Archives".

10. www.bio.uscd.edu.au/Protsvil/

    Este site, da University of Sydney, Austrália, inclui vídeos de protozoários de uma diversidade de links externos.

11. www.youtube.com/watch?v=bkVhLJLG7ug

    Amebas sociais em ação, em diferentes estágios do ciclo de vida; cortesia de John Bonner, Princeton University.

4

Poríferos e placozoários

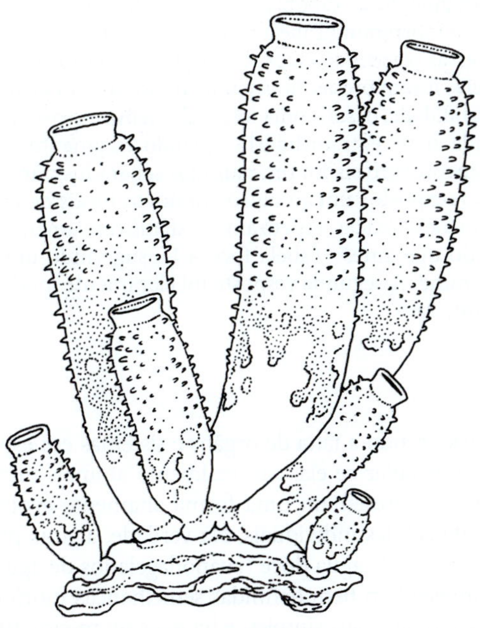

As esponjas e os placozoários são discutidos juntos neste capítulo principalmente por constituírem os mais simples dos animais multicelulares (metazoários). Os dois grupos podem não estar intimamente relacionados.

Filo Porifera

Característica diagnóstica:[1] Colares de microvilosidades envolvem flagelos, com unidades surgindo de células isoladas ou de sincícios.

Introdução

> "Os planos corporais das esponjas são tão diferentes dos de outros animais que fica difícil comparar mesmo características básicas, ainda que sua estrutura molecular ... mostre que elas têm um complemento de genes e rotas gênicas muito similares aos encontrados em outros animais".
>
> *Sally Leys, Universidade de Alberta*

Pelo menos 98% das aproximadamente 8 mil espécies de esponjas conhecidas são marinhas; menos de 2% vivem em água doce. Não há esponjas terrestres. Como os placozoários – e diferentemente da maioria de qualquer outro metazoário –, as esponjas não têm nervos e uma musculatura convencional. Todas as esponjas se alimentam de partículas suspensas na água. As esponjas são seres geralmente amorfos, assimétricos (embora existam algumas exceções muito bonitas) e não possuem órgãos reprodutivos, digestórios, respiratórios, sensoriais ou excretores especializados. Além disso, nenhuma esponja adulta tem qualquer estrutura que corresponda a superfícies anterior, posterior ou oral. Por outro lado, mais de 20 tipos celulares morfologicamente distintos podem ser reconhecidos em esponjas individuais, embora as células sejam funcionalmente independentes, de modo que no laboratório uma esponja inteira pode ser dissociada em suas células constituintes, sem impacto a longo

[1] Características que distinguem os membros desse filo dos membros de outros filos.

QUADRO FOCO DE PESQUISA 4.1

Histoincompatibilidade em esponjas

Hildemann, W. H., I. S. Johnson e P. L. Jokiel. 1979. Immunocompetence in the lowest metazoan phylum: Transplantation immunity in sponges. *Science* 204:420-22.

Para ser qualificado como portador de um sistema imune, (1) o organismo (ou as células desse organismo) deve evidenciar alguma forma de antagonismo a substâncias estranhas, (2) o antagonismo deve ser específico à determinada substância e (3) as respostas futuras deveriam ser alteradas pela primeira resposta – isto é, o sistema deve "lembrar" do encontro anterior. Há quarenta anos, afirmava-se que os invertebrados careciam de sistemas imunes. Este não é mais o caso. A capacidade de distinguir entre auto (*self*) e não auto (*nonself*) foi demonstrada claramente para muitos grupos de animais não vertebrados, incluindo ouriços-do-mar e estrelas-do-mar, insetos, crustáceos, anelídeos, mariscos e caracóis, anêmonas-do-mar e corais. Há muito, sabe-se que células de esponjas de uma determinada espécie evitam a fusão com células de outra espécie de esponja, porém, as células de uma esponja conseguem fazer a distinção entre células de esponjas de outro indivíduo da *mesma* espécie? Essas células podem mostrar uma resposta imune verdadeira?

Hildemann et al. (1979) estudaram a incompatibilidade tecidual intraespecífica (entre os indivíduos de uma espécie) da esponja tropical *Callyspongia diffusa*, uma esponja púrpura grande que cresce para cima, como dedos longos que surgem a partir de uma base comum, sobre rocha de coral no Havaí. Eles escolheram essa espécie para estudo porque, embora tenham observado com frequência a fusão de tecidos entre pedaços adjacentes de uma colônia individual de esponjas na natureza, eles nunca constataram esses enxertos entre colônias adjacentes de *C. diffusa*. Isso sugere que os tecidos das esponjas podem ser capazes de autorreconhecimento intraespecífico.

Para examinar essa possibilidade no laboratório, eles fixaram com arame pedaços de esponja (cada uma com aproximadamente 2 cm por 8 cm) a placas de plástico pesadas, colocando dois pedaços de esponja de uma colônia (tratamentos isogênicos) ou pedaços de duas colônias diferentes coletados em locais diferentes (tratamentos alogênicos) juntos sobre cada placa. Em seguida, os pesquisadores mantiveram as esponjas no laboratório a aproximadamente 27°C e monitoraram diariamente o destino de cada esponja.

Os fragmentos de esponja nos tratamentos isogênicos (pareados da mesma colônia) sempre se fundiram em alguns dias, mostrando compatibilidade completa entre os tecidos. Em contraste acentuado, os tecidos nos tratamentos alogênicos nunca se fundiram. Na verdade, os observadores verificaram respostas tóxicas pronunciadas entre os tecidos dessas esponjas incompatíveis; em duas semanas, os tecidos em contato com o fragmento de esponja vizinho perderam sua coloração púrpura e morreram (Tabela foco 4.1). As esponjas não mostraram essas reações aos suportes de plástico ou ao arame com o qual elas foram presas; houve uma resposta clara de histoincompatibilidade; desarmonia tecidual intensa e específica.

Ainda mais extraordinário, quando fragmentos de esponjas incompatíveis foram mantidos separados por 12 dias e, após, reexpostos um ao outro em novos locais de tecidos, as interações tóxicas repetiram-se significativamente mais rápido do que antes (Tabela foco 4.1), sugerindo uma memória imune. A segunda resposta foi claramente modificada pela primeira.

prazo. As células se desdiferenciam em uma forma ameboide, reagregam-se e, pelo menos em algumas espécies, podem se rediferenciar para formar a esponja.[2] Igualmente digno de registro, para um animal com morfologia tão simples, uma esponja consegue distinguir entre suas próprias células e as de indivíduos diferentes na mesma espécie (Quadro Foco de pesquisa 4.1). Esse não autorreconhecimento (i.e., aloincompatibilidade) é conhecido atualmente em pelo menos 25 espécies de esponjas.[3]

É provável que o aspecto mais surpreendente da biologia de esponjas seja que elas trabalham tão bem com tão pouco. Muitas vezes, elas são os principais componentes de comunidades aquáticas e competem de modo impressionante por alimento e, sobretudo, espaço com outros metazoários sedentários. Elas também fornecem abrigos para uma grande diversidade de animais de muitos outros filos, bem como para uma grande diversidade de bactérias e cianobactérias.

Considerando a falta de órgãos e sistemas em esponjas,[4] pode-se especular se elas são realmente animais multicelulares ou se representam uma forma altamente evoluída de colônia de células individuais. Na verdade, alguns protozoários coloniais de água doce (coanoflagelados de água doce, p. 66) apresentam bem definidas semelhanças morfológicas com as esponjas mais simples, e há mais ou menos 100 anos sugeriu-se que as esponjas fossem classificadas como protozoários coloniais. No entanto, dados moleculares recentes sustentam uma origem evolutiva comum para esponjas e animais estruturalmente mais complexos. Atualmente, as esponjas parecem situadas confortavelmente no reino animal, embora sua posição exata permaneça incerta. Considerada por muito tempo como uma situação "evolutiva sem saída", a partir de análises moleculares atuais parece que, enquanto as demosponjas e as esponjas-de-vidro podem não ter originado novas linhagens, as esponjas calcárias, juntamente com as de outro grupo (Homoscleromorpha, ver p. 93), podem ser ancestrais de outros animais moleculares, formando o filo

[2]Ver *Tópicos para posterior discussão e investigação*, nº 5, no final deste capítulo.

[3]Ver *Tópicos para posterior discussão e investigação*, nº 7, no final deste capítulo.

[4]Ver *Tópicos para posterior discussão e investigação*, nº 4, no final deste capítulo.

Tabela foco 4.1 Tempos de reações mútuas de fragmentos de *Callyspongia diffusa*

1 Fonte dos indivíduos testados	2 Dias para reagir no primeiro teste (média ± um desvio-padrão)	3 Número de pares testados	4 Dias para reagir no segundo teste (média ± um desvio-padrão)	5 Número de pares testado
A e B	9,0 ± 1,9	24	3,8 ± 8,9	10
A e C	8,9 ± 6,9	30	4,2 ± 1,3	13
B e C	7,2 ± 2,2	21	4,0 ± 1,2	11

Observação: para cada teste, esponjas coletadas de três locais diferentes (A, B ou C) foram enxertadas (em pares) em íntimo contato de tecidos moles. A morte de tecidos nos pontos de contato ficou nitidamente visível em pouco mais de uma semana (coluna 2). Quando os pares foram reenxertados após um intervalo de 12 dias, as respostas não tóxicas ocorreram ainda mais rapidamente (coluna 4). Por exemplo, a resposta média para indivíduos coletados dos locais A e B necessitou de aproximadamente nove dias no primeiro encontro, mas menos de quatro dias no segundo encontro. A resposta mais rápida no segundo encontro claramente foi uma consequência da experiência anterior, indicando que essas esponjas têm um sistema de memória imune.

Todos os 200 desafios intercolônias foram marcados por distintas respostas de incompatibilidade de tecidos no primeiro teste e respostas aceleradas no segundo. O tecido de cada esponja foi nitidamente capaz de reconhecer as diferenças entre muitas moléculas de superfície sutilmente diferentes que caracterizam esponjas individuais da mesma espécie. Os *loci* gênicos codificadores para moléculas de histocompatibilidade (i.e., aquelas responsáveis por fazer a distinção auto/não auto), localizadas na superfície celular de esponjas, devem ser altamente polimórficos, codificados por talvez centenas de diferentes genes em *loci* particulares. Essa capacidade de distinguir tão finamente entre auto e não auto certamente desempenha um papel fundamental no auxílio ao genótipo da esponja a competir com êxito por espaço.

Claramente, mesmo as esponjas têm um sistema de reconhecimento imune altamente sensível, capaz de distinguir mínimas diferenças químicas entre marcadores alogênicos de superfície. Futuros estudos desse sistema podem nos trazer algo sobre a origem evolutiva da imunidade celular em todos os animais e, talvez, sobre o funcionamento do principal complexo de histocompatibilidade do sistema imune humano.

Porifera parafilético (ver a definição no Capítulo 2, p. 24).[5] Seu registro fóssil remonta a aproximadamente 580 milhões de anos, e as evidências moleculares de substâncias químicas produzidas exclusivamente pelo metabolismo de esponjas foram registradas em sedimentos pelo menos 50 milhões de anos ainda mais antigos.

Características gerais

Em sua forma mais simples, uma esponja é uma bolsa perfurada, suficientemente rígida, cuja superfície interna é revestida com células flageladas. O espaço vazio dentro dessa bolsa é chamado de **espongiocelo**. As células flageladas que revestem o espongiocelo são denominadas **coanócitos** (literalmente, "células em funil") ou **células em colar**, em alusão ao arranjo cilíndrico das extensões citoplasmáticas (colares) envolvendo a porção proximal de cada flagelo (Fig. 4.1). Os colares de coanócitos das esponjas podem ser homólogos aos dos coanoflagelados protozoários. As células dos colares desempenham as seguintes funções:

1. elas geram correntes que ajudam a manter a circulação de água do mar dentro e através da esponja;
2. elas capturam partículas alimentares pequenas;
3. elas capturam espermatozoides que entram para a fertilização.

Em geral, as esponjas têm milhares de células de colar por mm cúbico de tecido.

Adjacente à camada de coanócitos (formalmente conhecida como **coanossomo**) encontra-se uma camada de material gelatinoso não vivo, denominada camada de **meso-hilo**. Embora seja acelular, o meso-hilo contém células vivas. Células ameboides e amorfas, denominadas **arqueócitos**, deslocam-se pelo meso-hilo através da corrente citoplasmática típica, que envolve a formação de pseudópodes, como nos protozoários ameboides. Os arqueócitos exercem várias funções nas esponjas e, quando necessário, desenvolvem mais tipos celulares especializados. Os arqueócitos são responsáveis pela digestão de partículas

[5] Nichols, S. e G. Wörheide. 2005. *Integr. Comp. Biol.* 45: 333-34.

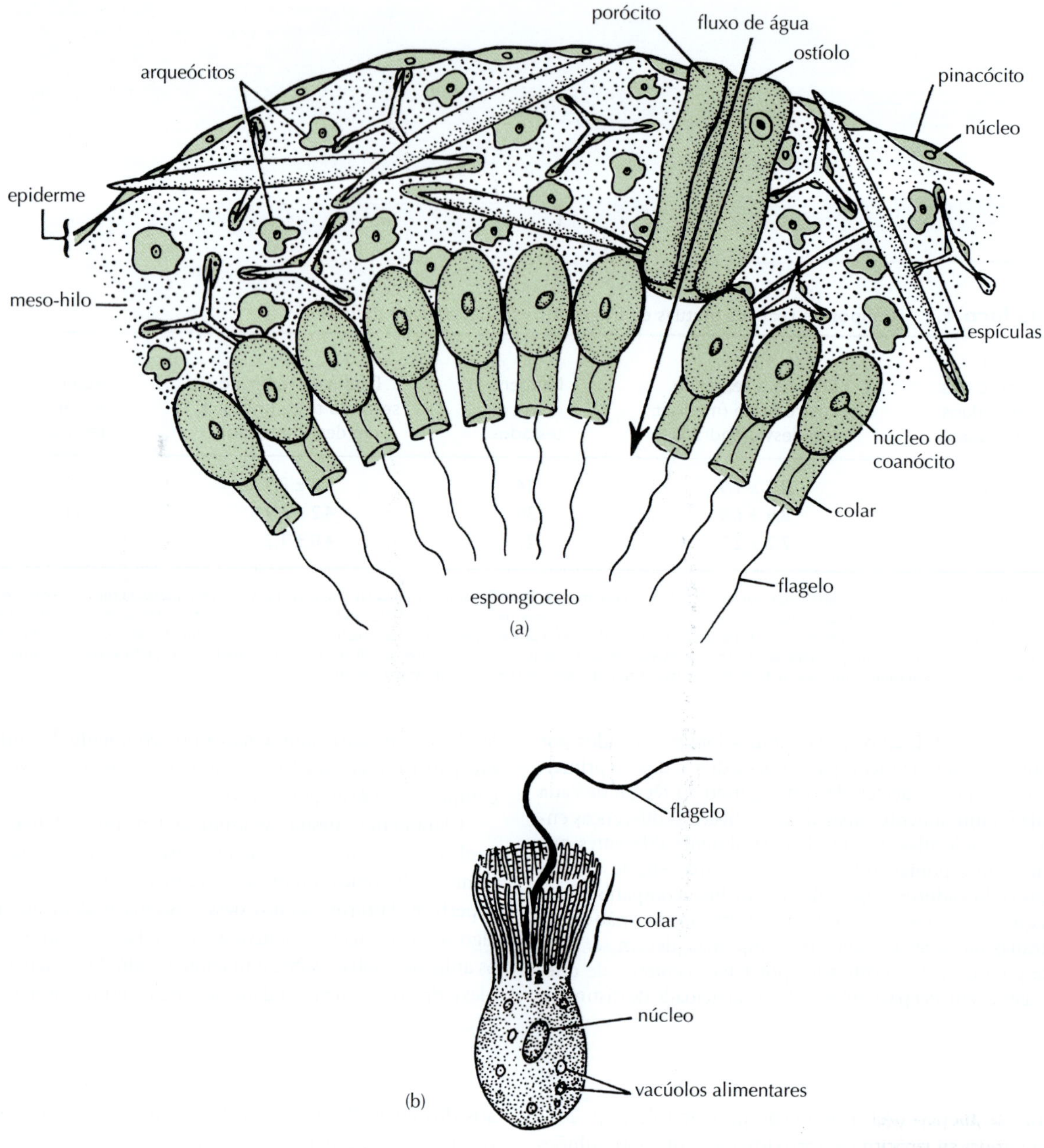

Figura 4.1

(a) Ilustração diagramática da parede do corpo de uma esponja. (b) Detalhe de um coanócito.

(a) De Hyman, *The Invertebrates*, Vol. III. Copyright © 1951 McGraw-Hill Book Company, New York. Reimpressa com permissão. (b) Segundo Rasmont.

alimentares capturadas pelos coanócitos, portanto, a digestão é inteiramente intracelular. Alguns arqueócitos também armazenam material alimentar digerido. Além disso, os arqueócitos podem originar tanto espermatozoides (que são flagelados) quanto óvulos, embora os gametas possam originar-se também por modificações morfológicas de coanócitos existentes. Provavelmente, eles também desempenham um papel ativo em reações de aloincompatibilidade em resposta ao contato com outras esponjas. Por fim, os arqueócitos exercem um papel na eliminação de resíduos e, além disso, podem tornar-se especializados na secreção de elementos de suporte, localizados na camada do meso-hilo. Esses elementos de suporte podem ser **espículas** calcárias ou silicosas, ou podem ser fibras compostas por uma proteína colagenosa, denominada **espongina**. As células secretoras de espículas são chamadas de **esclerócitos**, e as que produzem fibras de espongina são denominadas **espongiócitos**[6] (Fig. 4.2). Esses dois tipos de células são derivados de arqueócitos. Claramente, os arqueócitos são totalmente versáteis. As espículas e as fibras secretadas pelos esclerócitos e espongiócitos são de grande importância (1) para esponjas, que, em geral, dependem de elementos de suporte para a manutenção da forma, e, possivelmente, para inibir a predação; e (2) para os sistematas, como um fator indispensável na identificação de espécies.

[6]Ver *Tópicos para posterior discussão e investigação*, nº 1, no final deste capítulo.

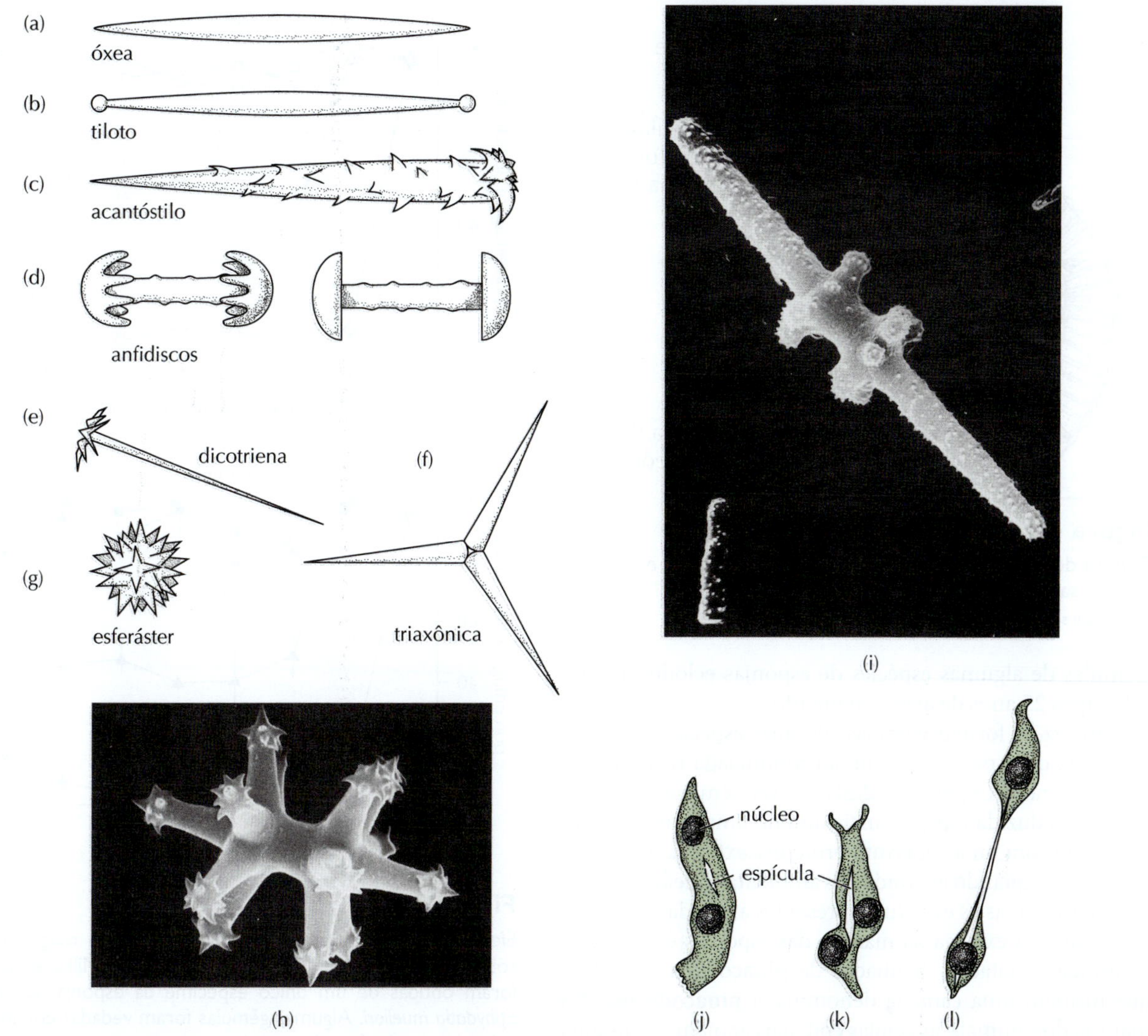

Figura 4.2

(a-g) Morfologias de espículas representativas de esponja. (i) Imagens de espículas de esponja ao microscópio eletrônico de varredura. (h) Anfiáster pequena de *Alectona wallichii*. (i) Anfiáster fusiforme de *Alectona wallichii*. (j-l) Produção de uma espícula de esponja por um esclerócito binucleado. A espícula é iniciada entre dois núcleos. Após a espícula estar completa, as células migrarão para a mesogleia.

(a-l) Baseada em Beck/Braithwaite, *Invertebrate Zoology, Laboratory Workbook*, 3/e, 1968. (l) Cortesia de Micha Ilan e J. Aizenberg. De Ilan, M., J. Aizenberg e O. Gilor, 1996. *Proc. Roy. Soc.* London B 263:133-39, figs. 1 c-d. (h, i) © G. Bavestrello. De Bavestrello, G. B. Calcinai, C. Cerrano e M. Sera, 1998. J. Mar. Biol. Ass. UK 78:59-73. (j, k, l) De Hyman, segundo Woodman.

Em certas épocas do ano, muitas espécies de esponjas de água doce (e algumas espécies marinhas) produzem estruturas dormentes, denominadas **gêmulas**. Para iniciar o processo, os arqueócitos acumulam nutrientes fagocitando outras células e, após, agrupam-nas dentro da esponja. Certas células que envolvem cada grupo secretam uma cobertura protetora espessa; a gêmula consiste no grupo de arqueócitos e na sua cápsula circundante (Fig. 4.3). As gêmulas, em geral, são muito mais resistentes à dessecação, ao congelamento e à anoxia (falta de oxigênio) do que as esponjas que as produzem (Fig. 4.4). Na verdade, as gêmulas de muitas espécies precisam despender vários meses sob temperaturas baixas, antes de se tornarem capazes de eclodir; isto é, elas necessitam de um período de **vernalização**. Sob condições ambientais apropriadas, as células vivas saem da gêmula (eclodem) através de uma abertura estreita e se diferenciam, formando uma esponja funcional.[7] A formação da gêmula, portanto, permite que as esponjas resistam às condições desfavoráveis entrando em um estágio de interrupção do desenvolvimento, um período de dormência. À luz de algumas das diferenças entre ambientes de água doce e marinhos, mencionados no Capítulo 1, a importância adaptativa da formação da gêmula pelas esponjas de água doce deveria ser especialmente aparente. Igualmente, uma vez que cada esponja produz muitas gêmulas, a formação delas pode ser um meio eficiente de reprodução assexuada, resultando em numerosos descendentes geneticamente idênticos.

[7]Ver *Tópicos para posterior discussão e investigação*, nº 2, no final deste capítulo.

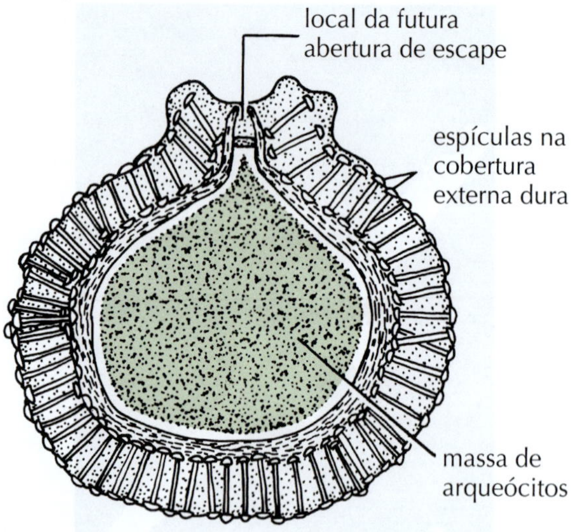

Figura 4.3

Gêmula de uma esponja de água doce, *Ephydatia*, vista em secção transversal.

De Hyman; segundo Evans.

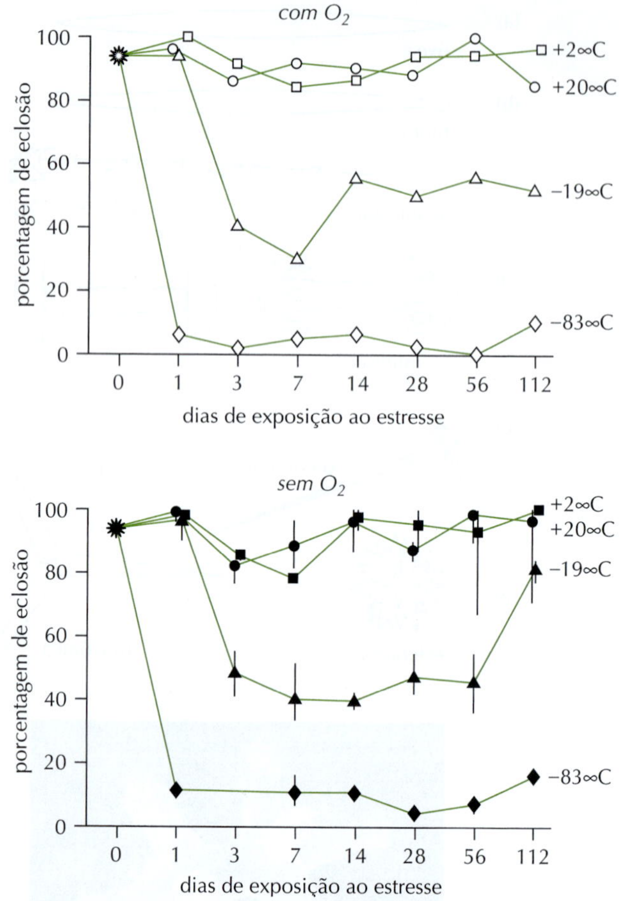

Figura 4.4

Efeito da temperatura baixa e da privação do oxigênio (anoxia) sobre a sobrevivência de gêmulas de esponjas. Milhares de gêmulas foram obtidas de um único espécime da esponja de água doce *Ephydatia muelleri*. Algumas gêmulas foram vedadas em ampolas de vidro contendo água bem oxigenada, ao passo que outras foram vedadas em ampolas de vidro depuradas com nitrogênio para remover todo o oxigênio da água. Cada ampola continha cerca de 30 gêmulas; aproximadamente 3.500 gêmulas foram utilizadas no experimento inteiro. As ampolas foram, então, distribuídas em quatro tratamentos térmicos. Em sete datas durante as posteriores 16 semanas, pelo menos uma ampola de cada tratamento foi aberta e determinou-se a porcentagem de eclosão de gêmulas no decorrer de quatro semanas, a 20°C. Os dados para gêmulas mantidas sob condições anóxicas geralmente mostram os valores médios e extremos para três réplicas de 30 gêmulas por amostra. No outro grupo do tratamento, não houve replicação para as gêmulas. As gêmulas foram marcadamente tolerantes à temperatura baixa (em geral, 5-18% eclodiu, mesmo após ficar 16 semanas a – 83°C) e sobreviveram igualmente bem na presença ou ausência de oxigênio.

De H. M. Reiswig e T. L. Miller, 1998. *Invert. Biol.* 117:1-8.

Gêmulas de algumas espécies de esponjas eclodiram com êxito após 25 anos de armazenamento.

Em vez de formar gêmulas, algumas espécies marinhas e de água doce passam por uma pronunciada regressão de tecidos durante os períodos desfavoráveis, em que a esponja se torna reduzida a pouco mais do que uma massa celular compacta com uma cobertura protetora externa. As células reativam-se quando as condições ambientais melhoram, regenerando todas as estruturas presentes antes da regressão.

A camada externa da maioria das esponjas é de células contráteis achatadas, chamadas de **pinacócitos** (Fig. 4.5), que formam uma camada denominada **pinacoderme**. Na maioria dos animais, as células epiteliais apoiam-se em uma lâmina de matriz extracelular secretada por elas, denominada **lâmina basal** (ou **membrana de embasamento**); os pinacócitos da maioria das esponjas, porém, (ver seção sobre esponjas homoscleromorfas, p. 88) não possuem lâmina basal. Mesmo assim, pelo menos algumas esponjas nitidamente apresentam tecidos epiteliais funcionais, capazes de impedir a difusão de moléculas pequenas para dentro e para fora do animal e de transportar íons específicos para controlar o potencial de membrana.[8] Os pinacócitos também delimitam os canais inaladores e o espongiocelo em locais onde faltam coanócitos. A contração dos pinacócitos permite que as esponjas passem por mínimas e máximas mudanças de forma[9] e, mediante variação do diâmetro das aberturas de inalação, pode também desempenhar um papel na regulação do fluxo hídrico através da esponja. Alguns pinacócitos são ciliados, mas não em quaisquer das esponjas calcárias conhecidas.

Devido à ausência de músculos, nervos e corpos deformáveis, as esponjas são completamente dependentes do fluxo da água para a alimentação, trocas gasosas e remoção de resíduos, bem como disseminação e coleta de espermatozoides. Em parte como consequência da atividade dos coanócitos e em parte como consequência da arquitetura da esponja (Fig. 4.6),[10] a água flui para o espongiocelo através de aberturas estreitas (**ostíolos**) e sai dele através de aberturas mais largas (**ósculos**) (Fig. 4.5). Os ostíolos são sempre numerosos no corpo da esponja, mas pode haver apenas um ósculo por indivíduo. O nome Porifera atesta a extrema importância de todas essas aberturas na morfologia e fisiologia das esponjas.

[8]Adams, E. D. M., G. G. Goss e S. P. Leys. 2010. *PLoS ONE* 5(11):e 1 5040.
[9]Ver *Tópicos para posterior discussão e investigação*, nº 4, no final deste capítulo.

[10]Ver *Tópicos para posterior discussão e investigação*, nºs 3 e 4, no final deste capítulo.

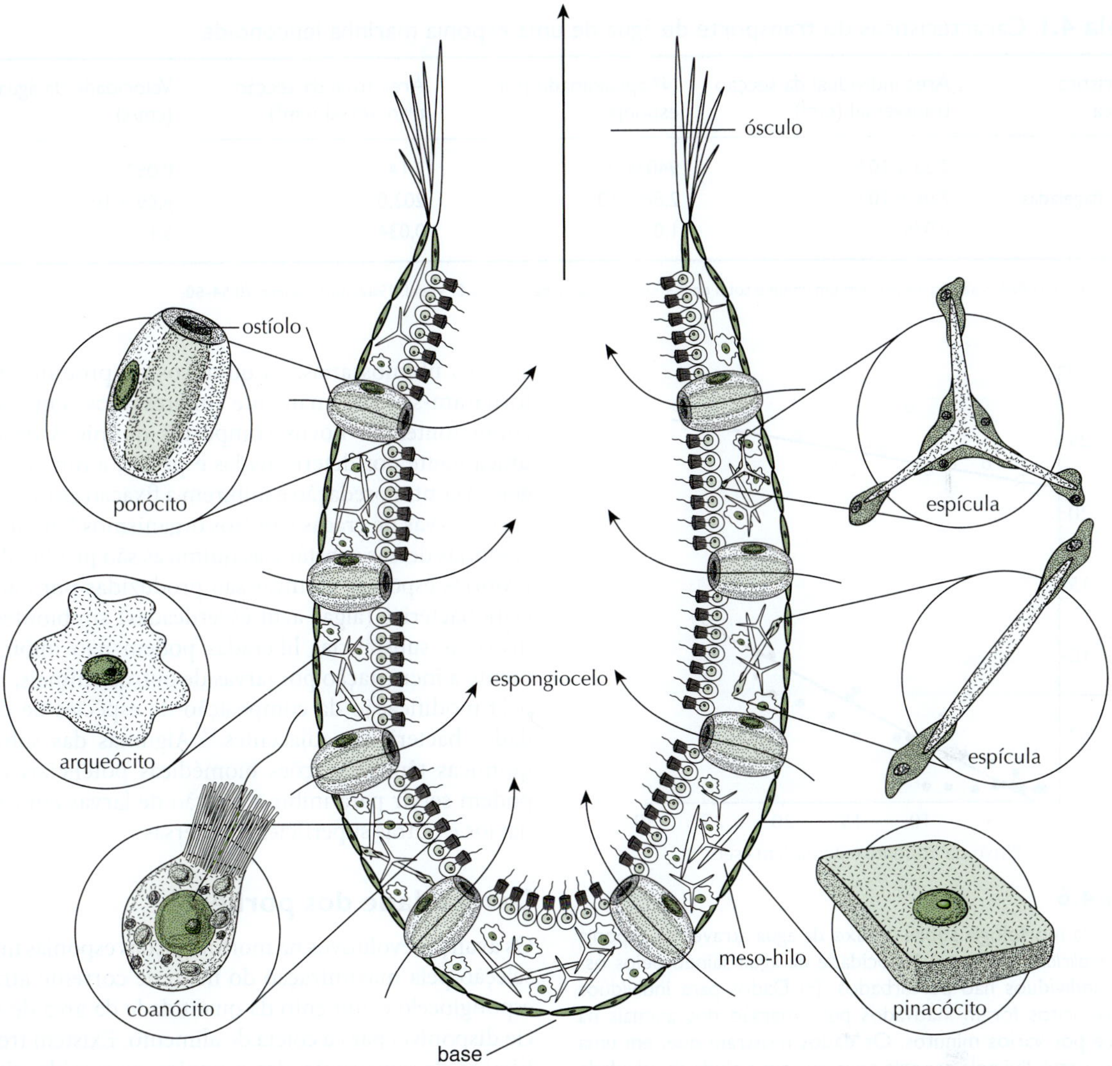

Figura 4.5

Representação diagramática de uma esponja simples (asconoide), ilustrando seus diferentes componentes celulares e estruturais. Nos asconoides, o canal inalador é simplesmente um tubo que passa por um pinacócito modificado, denominado *porócito*. Observe que seis células estão envolvidas na produção de uma espícula trirradiada.

Baseada em Sherman/Sherman. *The Invertebrates: Function and Form*, 2/e, 1976, p. 45.

O tamanho grande de muitas esponjas – os membros de algumas espécies têm mais de 1 metro de altura ou diâmetro – atestam os volumes grandes de água filtrada para alimentação: provavelmente muitos litros por esponja por dia.[11] Contudo, o fluxo rápido por uma superfície de obtenção de alimento é incompatível com a eficiente captura de partículas. Idealmente, o fluxo da água seria mais lento dentro das câmaras dos coanócitos, dando tempo para a eficiente remoção das partículas, e, então, aceleraria no caminho para fora da esponja, a fim de dispersar de maneira eficiente resíduos (e espermatozoides). Na verdade, isso é exatamente o que acontece, não devido a diferenças de atividade flagelar nas diferentes partes da esponja, mas simplesmente em virtude da sua arquitetura interna. A Tabela 4.1 apresenta dados do fluxo de água para uma esponja que filtra 0,18 cm^3 de água por segundo, que resulta em um respeitável volume de 0,65 litros de água por hora. Essa esponja possui um grande número de ostíolos (940.000); como a água entra por todas essas aberturas disponíveis, ela penetra através de cada ostíolo em uma lentidão de 0,057 cm por segundo. No entanto, os ostíolos conduzem para dentro um número incrível de câmaras flageladas, quase 29 milhões, nesse caso. Embora cada câmara seja muito pequena, multiplicando a área da secção transversal individual por 29 milhões, chega-se a uma área total surpreendentemente grande, conforme indicado na tabela. Uma vez que o volume total de água que entra na esponja também deve ser o volume movendo-se por ela e saindo dela no mesmo tempo (observe que para cada fileira da tabela, a área total multiplicada pela velocidade da água sempre é igual a aproximadamente 0,18 cm^3/s), a velocidade da água deve diminuir drasticamente no interior das câmaras dos coanócitos, conforme indicado, aumentando a oportunidade para a captura de partículas alimentares ou de gametas. Nosso próprio sistema capilar sanguíneo opera de maneira semelhante no aumento da eficiência

[11] Ver *Tópicos para posterior discussão e investigação*, nº 10, no final deste capítulo.

Tabela 4.1 Características do transporte de água de uma esponja marinha leuconoide

Característica anatômica	Área individual da secção transversal (cm^2)	Nº aproximado por esponja	Área total da secção transversal (cm^2)	Velocidade da água (cm/s)
Ostíolos	$3{,}33 \times 10^{-6}$	940.000	3,14	0,057
Câmaras flageladas	$7{,}06 \times 10^{-6}$	$2{,}88 \times 10^{7}$	203,0	$8{,}69 \times 10^{-4}$
Ósculo	0,034	1,0	0,034	5,1

A esponja na qual os dados são baseados tem um volume total de 2,4 cm^3. De LaBarbera, M., e S. Vogel. 1982. *Amer. Scient.* 70:54-60.

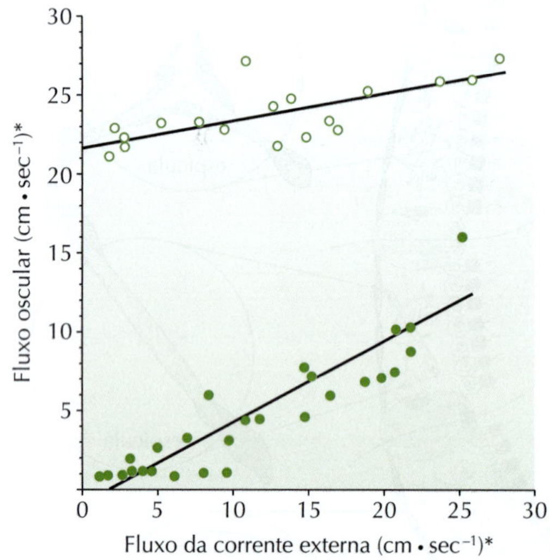

Figura 4.6

Influência da morfologia sobre o fluxo da água através da esponja marinha *Haliclona viridis*. (o) Velocidade da água saindo pelos ósculos de indivíduos não perturbados. (•) Dados para indivíduos cujos coanócitos foram inativados pela imersão dos animais na água doce por vários minutos. Os dados mostram que, em uma corrente, a água flui pela esponja com ou sem a ajuda da atividade dos coanócitos. Em uma corrente de 15 cm/s, por exemplo, a água se desloca através de uma esponja inativa a quase 30% da taxa medida em uma esponja integralmente funcional, simplesmente devido à maneira pela qual sua arquitetura se aproveita do fluxo hídrico circundante. Todas as medições foram feitas no campo, posicionando uma sonda diminuta sensível ao fluxo perto de uma esponja e outra no centro do seu ósculo.

Baseada em Steven Vogel, em *Proceedings of the National Academy of Science* 74:2069-71, 1977. *Centímetros por segundo

da troca gasosa entre sangue e tecidos, mas, nesse particular, as esponjas foram pioneiras, um bom exemplo de evolução morfológica convergente diante de pressões seletivas similares. Uma vez removidas as partículas (e o oxigênio) nas câmaras flageladas, a velocidade da água novamente aumenta, simplesmente devido ao decréscimo da área total da secção transversal pela qual a água agora flui; para mover o mesmo volume de água através de uma área da secção transversal menor da esponja no tempo, a velocidade deve aumentar. Temperaturas elevadas da água associadas com a mudança do clima global podem ter efeitos interessantes, mas prejudiciais, sobre a biologia das esponjas.[12]

Nos últimos anos, os químicos de produtos naturais tornaram-se extremamente interessados em esponjas, como fontes de novos compostos químicos produzidos unicamente por determinadas espécies, a fim de se protegerem contra predação e inibirem a fixação em sua superfície de larvas de cracas e outros organismos "incrustantes". Algumas dessas substâncias químicas são produzidas pelas próprias esponjas e outras são produzidas por bactérias e cianobactérias (algas azul-esverdeadas) simbiontes. Além disso, as substâncias liberadas podem não inibir diretamente a incrustação por larvas de outros animais, mas sim pela modificação da composição de espécies de comunidades bacterianas adjacentes.[12] Algumas das substâncias químicas têm aplicações biomédicas potenciais e outras podem servir para inibir a fixação de larvas em cascos de navios e outras superfícies submersas.

Diversidade dos poríferos

Os avanços evolutivos na morfologia das esponjas implicam seleção pela maximização do fluxo de corrente através do espongiocelo e aumento da quantidade da área de superfície disponível para a coleta de alimento. Existem três níveis básicos de construção das esponjas: asconoide, siconoide e leuconoide, em ordem de complexidade crescente. Cada forma simplesmente reflete um aumento no grau de evaginação da camada de coanócitos para longe do espongiocelo, aumentando a extensão da área de superfície cercada pela esponja (Fig. 4.7). A maioria das espécies de esponjas é do tipo leuconoide; ainda não está claro se esse tipo é um estado verdadeiramente "avançado" no desenvolvimento das esponjas ou se ele representa a condição ancestral, com as esponjas asconoide e siconoide sendo mais evoluídas por simplificação secundária.

As esponjas representativas são ilustradas na Figura 4.9. As esponjas ocorrem em uma enorme diversidade de cores e formas, variando de formas encrustadas de apenas alguns milímetros de largura até formas eretas elaboradas com mais de 1 m de altura. Embora a maioria das esponjas seja imóvel, os membros de algumas espécies podem deslocar-se a velocidades de vários milímetros por hora, presumivelmente pelos movimentos citoplasmáticos coordenados de células ameboides individuais.[13]

As esponjas estão distribuídas nas seguintes quatro classes, as quais são baseadas, em grande parte, na composição química e na morfologia dos elementos de sustentação:

[12]Massaro, A. J., J. B. Weisz, M. S. Hill e N. S. Webster. 2012. *J. Exp. Mar. Biol. Ecol.* 416-417:55-60.

[13]Ver *Tópicos para posterior discussão e investigação*, nº 4, no final deste capítulo.

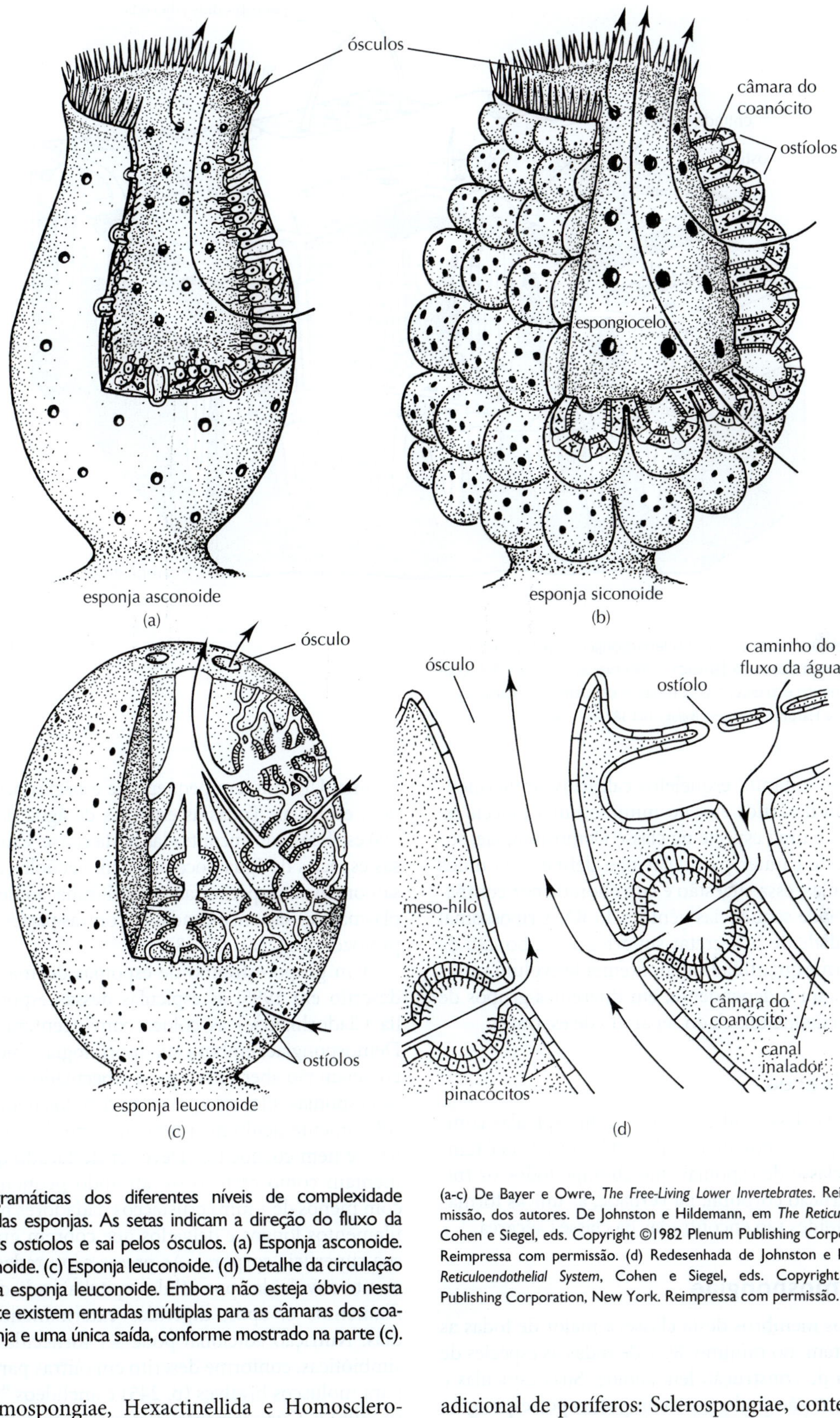

Figura 4.7

Ilustrações diagramáticas dos diferentes níveis de complexidade da arquitetura das esponjas. As setas indicam a direção do fluxo da água: entra pelos ostíolos e sai pelos ósculos. (a) Esponja asconoide. (b) Esponja siconoide. (c) Esponja leuconoide. (d) Detalhe da circulação da água em uma esponja leuconoide. Embora não esteja óbvio nesta figura, geralmente existem entradas múltiplas para as câmaras dos coanócitos da esponja e uma única saída, conforme mostrado na parte (c).

(a-c) De Bayer e Owre, *The Free-Living Lower Invertebrates*. Reimpressa, com permissão, dos autores. De Johnston e Hildemann, em *The Reticuloendothelial System*, Cohen e Siegel, eds. Copyright ©1982 Plenum Publishing Corporation, New York. Reimpressa com permissão. (d) Redesenhada de Johnston e Hildemann, em *The Reticuloendothelial System*, Cohen e Siegel, eds. Copyright © 1982 Plenum Publishing Corporation, New York. Reimpressa com permissão.

Calcarea, Demospongiae, Hexactinellida e Homoscleromorpha. As espécies da classe Homoscleromorpha antes pertenciam à classe Demospongiae, porém, dados moleculares progressivamente apoiam a sua colocação em uma classe separada.[14] Até recentemente, havia uma classe adicional de poríferos: Sclerospongiae, contendo 16 espécies, todas de construção leuconoide e restritas a cavernas e fendas escuras nos recifes de corais. As esclerosponjas diferem da maioria das outras esponjas por secretarem uma substancial massa de sustentação de carbonato de cálcio (Fig. 4.8), além das espículas microscópicas mais normais constituídas de carbonato de cálcio, sílica e espongina.

[14]Gazave, E., et al., 2012. *Hydrobiologia* 687:3-10.

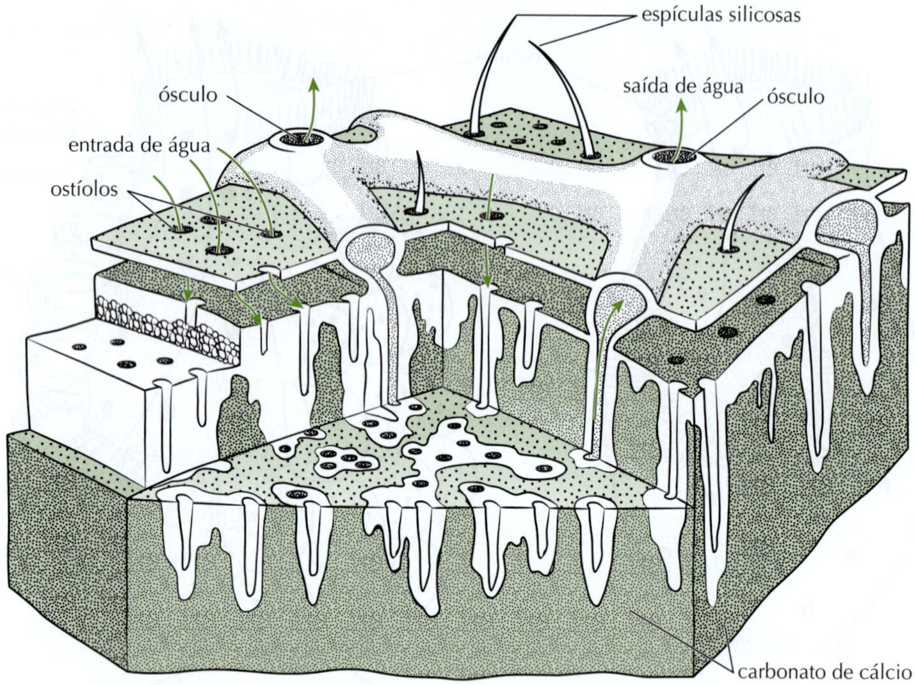

Figura 4.8

Representação esquemática de uma esclerosponja ("esponja coralina"), coletada ao longo da costa da Jamaica. Observe as câmaras dos coanócitos incomumente estreitas e o compacto esqueleto de calcário.

Baseada em Willenz e Hartman in *Marine Biology* 103:387-401. 1989.

Atualmente, no entanto, esqueletos calcários similarmente sólidos estão descritos em, no mínimo, uma espécie na classe Calcarea e uma espécie na classe Demospongiae, sugerindo que esse caráter particular não define uma única classe de esponjas; essa sugestão é corroborada por comparações recentes de sequências gênicas do RNA ribossomal 28S. A capacidade de se secretar suportes de carbonato de cálcio em enorme quantidade aparentemente evoluiu várias vezes, de maneira independente, em diferentes grupos de esponjas e não define um clado separado de esponjas.

Classe Calcarea

Os membros da classe Calcarea produzem espículas compostas apenas por carbonato de cálcio ($CaCO_3$). Esta é também a única classe de esponjas que abrange todos os três tipos de construção corporal; na verdade, as únicas formas vivas de asconoides são encontradas na classe Calcarea.

Classe Demospongiae

Quase todos os membros desta classe, a maior de todas as esponjas (contém, no mínimo, 80% de todas as espécies de esponjas), são de construção leuconoide. Suas espículas e fibras de sustentação podem ser compostas por espongina e/ou sílica, mas nunca de $CaCO_3$. Um trabalho recente[15] mostra que as fibras esqueléticas de demosponjas (e as esponjas-de-vidro a serem discutidas a seguir) contêm também quitina. Um número pequeno de espécies não possui fibras nem espículas. Todas as esponjas de água doce (menos de 300 espécies) são encontradas nesta classe. Curiosamente, essas espécies de água doce possuem vacúolos contráteis, que são organelas especializadas na eliminação de água do citoplasma; elas são encontradas em outras partes somente entre protozoários (ver p. 37-38).

Um grupo estranho de esponjas do mar profundo foi descrito em 1995; as espículas dessas esponjas (da família Cladorhizidae) as coloca convincentemente na classe Demospongiae, embora sua morfologia e biologia alimentar sejam tão aberrantes que é especulado se elas realmente são esponjas. Elas não possuem ostíolos nem ósculos – absolutamente nenhum sistema interno de canais, na verdade – e nem coanócitos. Deve ser destacado que elas se alimentam como carnívoros, atraindo pequenos (a maioria com menos de 1 mm) crustáceos nadadores nos numerosos filamentos longos e delgados que cobrem grande parte da sua superfície corporal. As presas capturadas são gradualmente envolvidas por células epiteliais adjacentes e novos filamentos e, após, digeridas externamente em poucos dias. Nutrição adicional pode ser fornecida por bactérias simbióticas, conforme descrito em outras partes deste livro para moluscos bivalves (p. 245) e anelídeos "pogonóforos" (p. 305).[16] Curiosamente, algumas outras esponjas da família Cladorhizidae têm um sistema funcional de canais internos, completo com coanócitos, e ainda se alimentam principalmente como carnívoras.

[15]Ehrlich, H., M. Maldonado, K. D. Spindler, C. Eckert, T. Hanke, R. Born, C. Goebel, P. Simon, S. Heinemann e H. Worch. 2007. *J. Exp. Zool.* 308B:347-56.

[16]Ver *Tópicos para posterior discussão e investigação*, nº 8, no final deste capítulo.

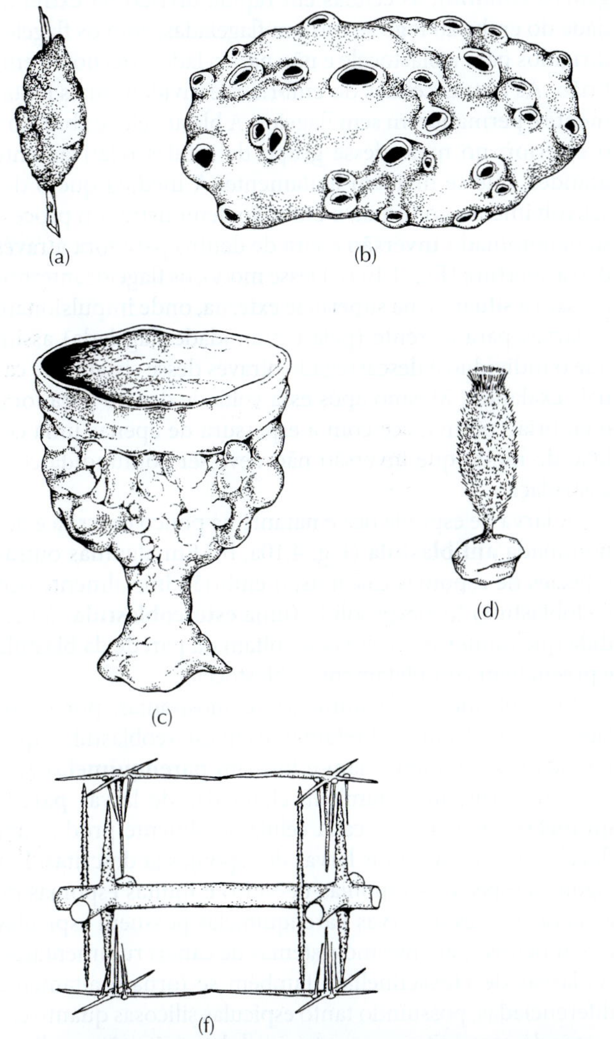

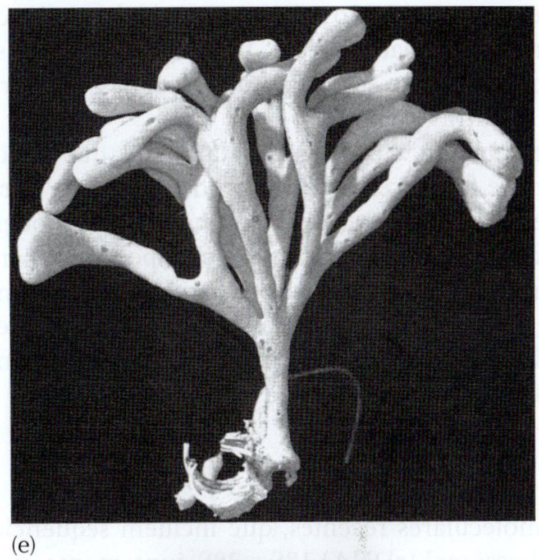

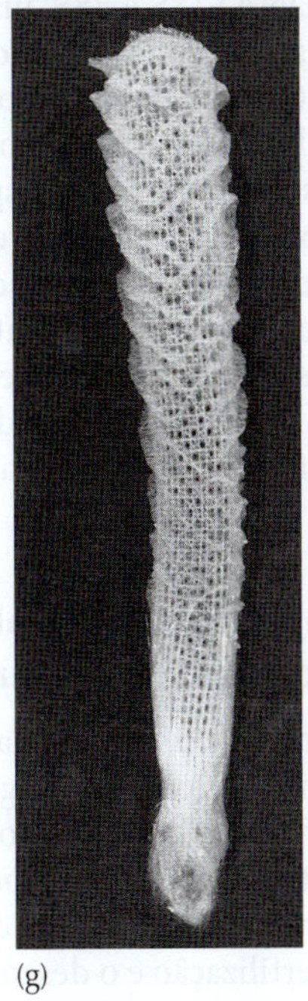

Figura 4.9

Diversidade de esponjas. (a) Uma espécie de água doce incrustando um graveto. (b) Uma esponja marinha incrustante. (c) Esponja em forma de cálice, *Poterion neptuni*. (d) Uma esponja siconoide, *Sycon* sp. (e) Uma esponja digitiforme, *Haliclona oculata*. (g) Cesto de flor-de-vênus, *Euplectella* sp., pertencente à classe Hexactinellida. As espículas têm seis raios e são compostas por dióxido de silício, conforme mostrado em (f). (h) Vista parcial detalhada de uma Hexactinellida.

(a) Segundo Hyman. (b, c) Segundo Pimentel, (d) Segundo MacGinitie e MacGinitie. (e) © J. A. Kaandorp, de "Fractal Modeling: Growth and Form in Biology", Springer-Verlag. Berlin, New York. 1994. (f) Barnes, *Invertebrate Zoology*, 4th ed. Orlando: W. B. Saunders Company, 1980. (g) © James Sumich. (h) © Jan A. Pechenik.

Classe Hexactinellida

Nesta classe, estão classificadas as esponjas cujos corpos são sustentados inteiramente por espículas de sílica e quitina, que possuem seis raios e interconectam-se. Essas esponjas, conhecidas como esponjas-de-vidro, são maravilhas de complexidade estrutural e simetria (Fig. 4.9g, h). Os membros de algumas espécies vivem em sedimentos moles, ancorados por tufos de espículas, ao passo que membros de outras espécies vivem fixados a substratos sólidos. Os sistemas de canais das Hexactinellida podem ser siconoides ou leuconoides. No entanto, elas estão separadas de todas as outras esponjas porque o indivíduo inteiro – incluindo a camada externa – é sincicial (com muitos núcleos contidos no interior de uma única membrana plasmática), em vez de celular, e faltam elementos contráteis; portanto, não existe a camada denominada pinacoderme. A camada interna, flagelada, também é sincicial, o que reforça a separação das esponjas-de-vidro em relação às outras esponjas.

Recentemente, cientistas constataram[17] que as longas (5-15 cm) e finas (cerca de 50 μm de diâmetro) fibras de sílica, secretadas por essas esponjas na sua base, podem ter propriedades de orientação luminosa superiores às encontradas em cabos de fibra óptica produzidos comercialmente, além de serem menos propensas à fratura. Não surpreende que exista um crescente interesse comercial em determinar como as esponjas fabricam essas espículas.

Classe Homoscleromorpha

Dados moleculares recentes, que incluem sequências de DNA ribossomal (rDNA) 18S e 28S, juntamente com informação do genoma mitocondrial, apoiam a transferência dessas esponjas (menos de 100 espécies) de Demospongiae para esta classe separada, Homoscleromorpha. Embora inexistentes na maioria das espécies de Homoscleromorpha, as espículas, quando presentes, são inteiramente silicosas, como nas esponjas de Hexactinellida, mas têm uma morfologia bem diferente. Além disso, os membros dessa classe são únicos entre as esponjas, pois têm uma membrana basal claramente distinta subjacente ao epitélio, além do fato de todas as suas células epiteliais produzirem cílios.

Outras características da biologia dos poríferos: reprodução e desenvolvimento

As esponjas se reproduzem assexuadamente, por fragmentação ou mediante a produção de gêmulas ou gemas, e sexuadamente, por meio da produção de ovócitos e espermatozoides. Muitas espécies de esponjas são **hermafroditas**, com um único indivíduo produzindo ambos os tipos de gametas. A fertilização e o desenvolvimento inicial são frequentemente internos, uma elaboração surpreendente para um animal que é muitas vezes considerado bem pouco sofisticado. Em pelo menos algumas espécies, os coanócitos capturam os espermatozoides entrantes, desdiferenciam-se para a forma ameboide e, após, transportam os espermatozoides para o meso-hilo, onde os ovócitos são fertilizados.

A maioria das espécies de esponjas retém (i.e., "incubam") os embriões em desenvolvimento por um certo tempo, liberando-os através dos ósculos como larvas natantes. Espécies em número muito menor são ovíparas; os óvulos recém-fertilizados (ou os próprios gametas) são lançados na água do mar, de modo que o desenvolvimento embrionário é completamente externo.

O desenvolvimento de embriões de esponjas difere do verificado em embriões de outros metazoários. Em esponjas calcárias e em algumas demosponjas, o desenvolvimento do embrião em uma blástula oca (uma **celoblástula**). Em algumas esponjas calcárias (incluindo os membros do gênero *Grantia*), as células em rápida divisão na extremidade do embrião logo se tornam flageladas, com os flagelos dirigidos para a blastocele e não para o lado externo do embrião. As outras células do embrião se dividem mais lentamente e permanecem sem flagelos. A blastocele se abre para o exterior, no meio desse grupo de células relativamente grandes, que se dividem lentamente. À medida que o desenvolvimento continua, o embrião demonstra um processo denominado **inversão** e vira de dentro para fora através dessa abertura (Fig. 4.10a). Desse modo, os flagelos internos passam a situar-se na superfície externa, onde impulsionam as larvas para a frente (pela extremidade flagelada) assim que o indivíduo é descarregado através desse sistema de canais exalantes. Mesmo após essa volta de dentro para fora, o embrião permanece com a espessura de apenas uma célula, de modo que inversão não deve ser confundida com gastrulação.

A larva de esponja oca e natante há pouco descrita é denominada **anfiblástula** (Fig. 4.10a, b). Em algumas outras espécies de esponjas calcárias, o embrião inicialmente oco (celoblástula) torna-se sólido (uma **estereoblástula**) à medida que numerosas células se soltam da parede da blástula e preenchem completamente a blastocele.

Os embriões da maioria das demosponjas, por outro lado, desenvolvem-se diretamente em estereoblástulas, que, por sua vez, se diferenciam e formam **parenquimelas** amplamente flageladas (também chamadas de larvas **parenquimelas**) (Fig. 4.10c); cada célula geralmente produz um flagelo, como em outras larvas de esponjas já descritas. Em algumas espécies – esponjas-de-vidro e muitas esponjas de água doce –, essas larvas parenquimelas possuem espículas e coanócitos, e até mesmo sistemas de canais rudimentares. As larvas de Hexactinellida também se tornam altamente diferenciadas, possuindo tanto espículas silicosas quanto câmaras de coanócitos; somente as células na secção mediana larval são flageladas, sendo que cada célula produz vários flagelos.

As larvas de esponjas são, em geral, incapazes de se alimentarem e nadam por menos de 24 horas antes da sua metamorfose. Antes de perder a capacidade de nadar, as larvas se fixam a um substrato. Durante o processo subsequente de metamorfose, células de diferentes partes do embrião passam por extensas migrações e começam, ou continuam, a se diferenciar para formar a futura esponja adulta. Em pelo menos algumas espécies calcárias e de demosponjas, coanócitos se desenvolvem diretamente das células flageladas da larva. Em algumas outras espécies de esponjas, os flagelos são degradados e, após, coanócitos se diferenciam *de novo* a partir de arqueócitos. Em no mínimo uma espécie de água doce, as células flageladas primeiro se desdiferenciam em células ameboides, que, posteriormente, se rediferenciam em coanócitos.

Com respeito ao seu modo de reprodução, as espécies de esponjas marinhas e de água doce geralmente têm um estágio de desenvolvimento larval que nada livremente. Esse estágio de dispersão natante muitas vezes é suprimido nas histórias de vida de outros invertebrados de água doce, conforme observado no Capítulo 1. Ainda não foi determinado como as larvas parenquimelas de água doce resistem ao estresse osmótico associado à vida na água doce.

[17]Sundar, V. C. et al. 2003. Fibre-optical features of a glass sponge. Nature 4424: 899–900.

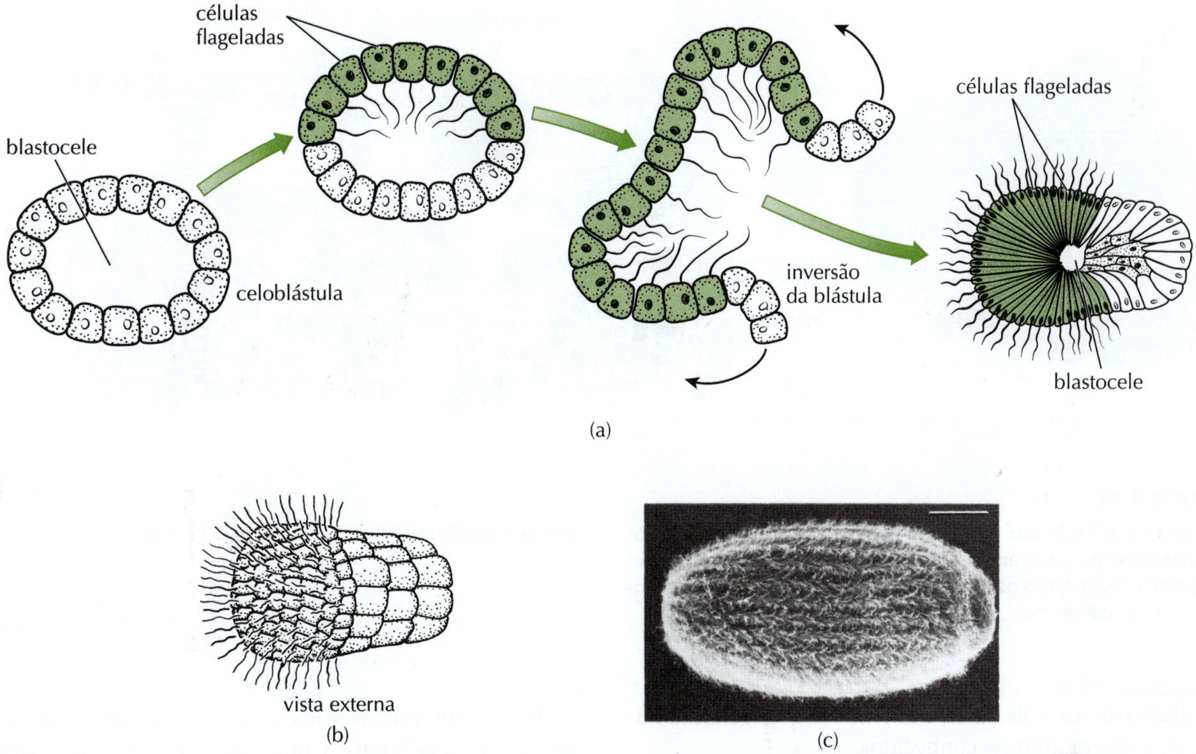

Figura 4.10

(a) Desenvolvimento da larva anfiblástula, vista em secção transversal. (b) Larva anfiblástula típica, vista externa. Essa larva de livre-natante se fixa a um substrato antes de passar pelo desenvolvimento posterior. (c) Imagem ao microscópio eletrônico de varredura de uma larva parenquimela, *Halichondria* sp. A larva tem aproximadamente 300 μm de comprimento.

(a) Baseada em P. E. Fell 1997. Em S. F. Gilbert e A. M. Raunia. *Embriology: Constructing the Organism*, p. 46. Inc. (b) Segundo Hammer. (c) © Claus Nielson, de C. Nielson, 1987, "*Acta Zoological*" (Stockholm) 68:205-262. Permissão da Royal Swedish Academy of Sciences.

Filo Placozoa

Característica diagnóstica: animais pequenos, multicelulares, amorfos, móveis, sem uma cavidade corporal, sistema digestório e sistema nervoso; compostos por duas camadas de células epiteliais ciliadas, com uma camada de células contráteis multinucleadas entre elas.

Introdução

Embora apenas uma única espécie de placozoário tenha sido descrita, *Trichoplax adhaerens* (Fig. 4.11a), achados recentes de quantidades altamente surpreendentes de diversidade de sequências de rDNA mitocondrial 16S entre os indivíduos sugerem que o filo pode conter mais de uma dúzia de espécies. *Trichoplax adhaerens* foi coletada em aquários marinhos e em hábitats marinhos subtropicais e tropicais de águas rasas pelo mundo. Embora os placozoários sejam conhecidos desde 1883, sua biologia e ecologia são pouco compreendidas. Os animais são obtidos mediante a submersão de lâminas de vidro (utilizadas em microscopia) no local de coleta, por uma ou duas semanas, e, após, as lâminas são examinadas no laboratório; seu hábitat natural é desconhecido. Na verdade, os animais podem, ainda, parasitar alguns hospedeiros desconhecidos, de modo que podemos estar observando apenas a porção de vida livre do ciclo de vida.

Características gerais

Como as esponjas, os placozoários não apresentam partes dianteira, traseira, direita e esquerda, além de não possuírem órgãos e tecidos. Não há sistema digestório, nem sistema nervoso e nem musculatura verdadeira. Além disso, como as esponjas, os placozoários não possuem estruturas sensoriais especializadas e, células que são dissociadas artificialmente se reagregam para formar de novo um animal funcional. Contudo, diferentemente das esponjas, os placozoários são totalmente móveis. Eles são aparentemente planctônicos durante partes de suas vidas, pois colocam-se sobre as lâminas de microscópio suspensas na água; porém, eles parecem adaptados ao deslizamento em substratos duros sobre milhares de cílios móveis e mediante contrações coordenadas de células fibrosas, alterando marcadamente a forma (no estilo-ameba) à medida que se deslocam. Os animais não são maiores do que 2 mm em cultura laboratorial, e indivíduos coletados na natureza são ainda menores: não mais do que aproximadamente 1/10 daquele tamanho. Com

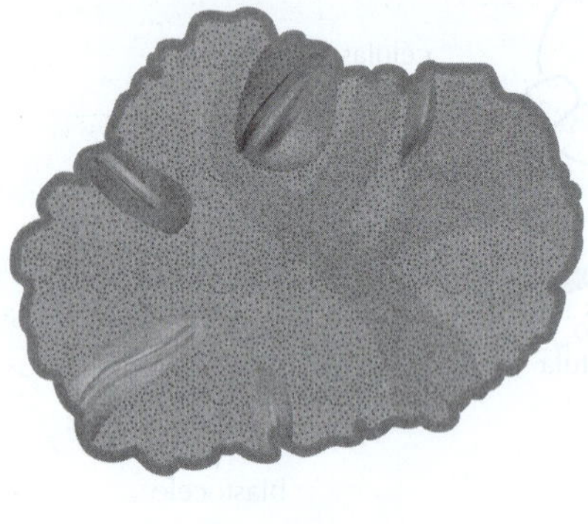

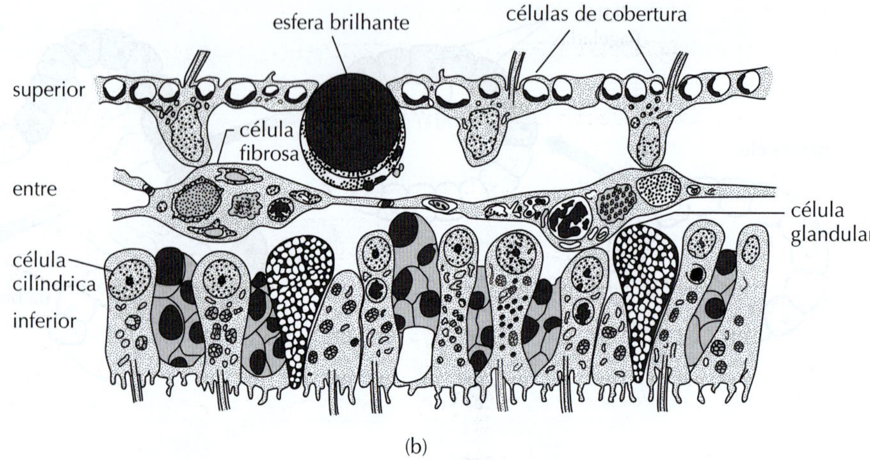

Figura 4.11

O placozoário *Trichoplax adhaerens*. (a) Esse indivíduo tinha aproximadamente 0,5 mm em sua dimensão mais longa. (b) Secção transversal, mostrando os quatro principais tipos celulares encontrados em *T. adhaerens*.

(b) Baseada em Miller e Ball. 2005. *Current Biol.* 15: R26-R28.

98 milhões de pares de bases, eles têm o menor genoma nuclear de todos os animais conhecidos.

Os placozoários são achatados, com duas camadas distintas de células epiteliais (Fig. 4.11b), cada uma delas contendo talvez milhares de células. Assim como nas esponjas, as células epiteliais carecem de uma lâmina basal. A camada ventral é composta por células colunares, cada uma portando um único flagelo. Células glandulares associadas aparentemente secretam enzimas sob o animal, à medida que ele fica sobre as algas ou protozoários dos quais aparentemente se alimenta; a digestão parece ser inteiramente extracelular, pois não há boca e nenhum sinal de fagocitose. A camada superior do animal, muito mais delgada, possui células flageladas junto com numerosas "esferas brilhantes", as quais parecem exercer um papel na defesa química contra predadores, mas não células glandulares. Entre as camadas celulares superior e inferior encontra-se um espaço ocupado com líquido, contendo uma rede densa de células fibrosas, as quais podem ser contráteis.

A reprodução assexuada - por gemulação, fragmentação ou divisão binária - ocorre comumente no laboratório. Ademais, os indivíduos não têm dificuldade em regenerar pedaços que foram cortados. Evidências genéticas sugerem que os placozoários também se reproduzem sexuadamente, embora ainda não saibamos muitos detalhes. Embora a fertilização nunca tenha sido percebida, alguns placozoários individuais produziram o que parecem ser embriões; infelizmente, no laboratório os embriões nunca se desenvolveram além de 64 células.

A relação entre placozoários e outros metazoários não está clara. É possível que, os placozoários sejam simplificados secundariamente a partir de animais mais complexos. Entretanto, alguns estudos recentes de sequências genômicas mitocondriais[18] colocam os placozoários bem na raiz da árvore dos metazoários, isto é, como seu grupo mais antigo (o mais basal). Como suporte para esse cenário, seu genoma mitocondrial é o maior já documentado, com 43.079 pares de bases, não devido aos sistemas de codificação especialmente complexos, mas porque contém numerosos espaçadores e íntrons intragênicos. Essas características são compartilhadas com genomas mitocondriais de protozoários coanoflagelados (ver p. 66) e alguns fungos, enquanto estudos recentes do genoma nuclear[19] colocam-nos como grupo-irmão de esponjas e cnidários. É possível também que os placozoários sejam simplificados secundariamente a partir de algum ancestral mais complexo. Se essa suposição for correta, então a evolução deles deve refletir a perda do sistema nervoso e outros eventos degenerativos. Curiosamente, o genoma dos placozoários inclui genes que codificam para diferentes fatores de transcrição e genes de sinalizadores que estão envolvidos no desenvolvimento embrionário inicial e na determinação do destino celular na maioria dos outros animais.

Resumo taxonômico

Filo Porifera – esponjas
- Classe Calcarea
- Classe Demospongiae
- Classe Hexactinellida – esponjas-de-vidro
- Classe Homoscleromorpha

Filo Placozoa

[18]Schierwater, B., M. Eitel, W. Jakob, H.-J. Osigus, H. Hadrys, S. L. Dellaporta, S.-O. Kolokotronis e R. DeSalle. 2009. *PLoS Biology* 7(1): e 1000020.

[19]Srivastava, M. et al., 2008. *Nature* 454:955-960.

Tópicos para posterior discussão e investigação

1. Como são secretadas as espículas das esponjas pelos esclerócitos?

Dendy, A. 1926. Origin, growth, and arrangement of sponge spicules. *Q. J. Microsc. Sci.* 70:1.

Ilan, M., J. Aizenberg, and O. Gilor. 1996. Dynamics and growth patterns of calcareous sponge spicules. *Proc. Royal Sci. London B* 263:133.

Ledger, P. W., and W. C. Jones. 1977. Spicule formation in the calcareous sponge *Sycon ciliatum*. *Cell Tissue Res.* 181:553.

Uriz, M. J. 2006. Mineral skeletogenesis in sponges. *Can. J. Zool.* 84:322-56.

2. Investigue o controle ambiental da eclosão a partir de gêmulas de esponjas.

Benfey, T. J., and H. M. Reisiwg. 1982. Temperature, pH, and photoperiod effects upon gemmule hatching in the freshwater sponge, *Ephydatia mülleri* (Porifera, Spongillidae). *J. Exp. Zool.* 221:13.

Fell, P. E. 1992. Salinity tolerance of the gemmules of *Eunapius fragilis* (Leidy) and the inhibition of germination by various salts. *Hydrobiol.* 242:33-39.

Schill, R. O., M. Pfannkuchen, G. Fritz, H. R. Köhler, and F. Brümmer. 2006. Qiescent gemmules of the frshwater sponge, *Spongilla lacustres* (Linnaeus, 1759), contain remarkable high levels of hsp70 stress protein and hsp70 stress gene mRNA. *J. Exp. Zool.* 305A:449-57.

3. Como a arquitetura da esponja contribui para aumentar o fluxo de água através dela e para aumentar a eficiência alimentar?

LaBarbera, M., and S. Vogel. 1982. The design of fluid transport systems in organisms. *Amer. Scient.* 70:54.

Leys, S. P., et al. 2011. The sponge pump: The role of current-induced flow in the design of the sponge body plan. *PLoS ONE* 6:27787.

Reiswig, H. M. 1975. The aquiferous systems of three marine Demospongiae. *J. Morphol.* 145:493.

Vogel, S. 1974. Current-induced flow through the sponge, *Halichondria*. *Biol. Bull.* 147:443.

4. Ninguém nunca demonstrou sistema nervoso em qualquer porífero. Todavia, em algumas espécies, existe evidência de cooperação entre diferentes áreas da esponja, resultando na locomoção e na regulação do fluxo de água pelo animal. Qual é a evidência para essa coordenação interna e por meio de quais mecanismos ela pode ser realizada na ausência de células nervosas?

Elliott, G. R. D., and S. P. Leys. 2007. Coordinated contractions effectively expel water from the aquiferous system of a freshwater sponge. *J. Exp. Biol.* 210:3736-748.

Elliott, G. R. D., and S. P. Leys. 2010. Evidence for glutamate, GABA, and NO in coordinating bahaviour in the sponge *Ephydatia muelleri* (Demospongieae, Spongillidae). *J. Exp. Biol.* 213:2310-321.

Ellwanger, K. and M. Nickel. 2006. Neuroactive substances specifically modulate rhythmic body contractions in the nerveless metazoon *Tethya wilhelma* (Demospongiae, Porifera). *Frontiers Zool.* 3:7.

Lawn, I. D., G. O. Mackie, and G. Silver. 1981. Conduction system in a sponge. *Science* 211:1169.

Leys, S. P., G. O. Mackie, and R. W. Meech. 1999. Impulse conduction in a sponge. *J. Exp. Biol.* 202: 1139.

Nickel, M. 2006. Like a "rolling stone": Quantitative analysis of the body movement and skeletal dynamics of the sponge *Tethya wilhelma*. *J. Exp. Biol.* 209:2839-46.

Tompkins-MacDonald, G. J., and S. P. Leys. 2008. Glass sponges arrest pumping in response to sediment: implications for the physiology of the hexactinellid conduction system. *Mar. Biol.* 154:973-84.

5. Como células dissociadas de esponjas se reconhecem mutuamente no processo de reagregação?

Galtsoff, P. S. 1925. Regeneration after dissociation (na experimental study on sponges). J. Behavior of dissociated cells of *Microciona prolifera* under normal and altered conditions. *J. Exp. Zool.* 42:183.

Humphreys, T. 1963. Chemical dissolution and in vitro reconstruction of sponge cell adhesions. I. Isolation and functional demonstration of the components involved. *Devel. Biol.* 8:27.

McClay, D. R. 1974. Cell aggregation: Properties of cell surface factors from five species of sponge. *J. Exp. Zool.* 188:89.

Misevic, G. N., Y. Guerardel, L. T. Summanovski, M. C. Slomianny, M. Demarty, C. Ripoll, Y. Karamanos, E. Maes, O. Popescu, and G. Strecker. 2004. Molecular recognition between glyconectins as an adhesion self-assembly pathway to multicellularity. *J. Biol. Chem.* 279:15579-90.

Spiegel, M. 1954. The role of specific surface antigens in cell adhesion. I. The reaggregation of sponge cells. *Biol. Bull.* 107:130.

Wilson, H. V., and J. T. Penney. 1930. The regeneration of sponges (*Microciona*) from dissociated cells. *J. Exp. Zool.* 56:73.

6. As esponjas competem por espaço com outras esponjas e com uma diversidade de organismos, incluindo algas macroscópicas, corais e briozoários. Além disso, as esponjas têm de submeter-se à considerável predação, principalmente por gastrópodes, crustáceos e peixes. Por fim, a grande área de superfície de esponjas parece torná-las ideais para o estabelecimento e crescimento de outros organismos sedentários. Carecendo de órgãos e comportamentos especializados, as esponjas competem e se protegem por meios químicos. Discuta a evidência de defesa química nas esponjas.

Becerro, M. A., V. J. Paul, and J. Starmer. 1998. Intracolonial variation in chemical defenses of the sponge *Cacospongia* sp. and its consequences on generalist fish predators and the specialist nudibranch predator *Glossodoris pallida*. *Marine Ecol. Progr. Ser.* 168:187.

Chanas, B., and J. R. Pawlik. 1996. Does the skeleton of a sponge provide a defense against predatory reef fish? *Oecologia* 107:225.

Furrow, F. B., C. D., J. B. McClintock, and B. J. Baker. 2003. Surface sequestration of chemical feeding deterrents in the Antarctic sponge *Latrunculia apicalis* as an optimal defense against sea star spongivory. *Marine Biol.* 143: 443.

Hill, M. S., N. A. Lopez, and K. A. Young. 2005. Anti-predator defenses in western North Atlantic sponges with evidence of enhanced defense through interactions between spicules and chemicals. *Mar. Ecol. Progr. Ser.* 291:93-102.

Lee, O. O., L. H. Yang, X. C. Li, J. R. Pawlik, and P. Y. Qian. 2007. Surface bacterial community, fatty acid profile, and antifouling activity of two congeneric sponges from Hong and the Bahamas. *Mar. Ecol. Progr. Ser.* 339:25-40.

McClintock, J. B. 1987. Investigation of the relationship between invertebrate predation and biochemical composition, energy content, spicule armament and toxicity of benthic sponges at McMurdo Sound, Antarctica. *Marine Biol.* 94:479.

Peters, K. J., C. D. Amsler, J. B. McClintock, R. W. M. van Soest, and B. J. Baker. 2009. Palatability and chemical defenses of sponges from the western Antarctic Peninsula. *Mar. Ecol. Progr. Ser.* 385:77-85.

Porter, J. W., N. M. Targett. 1988. Allelochemical interactions between sponges and corals. *Biol. Bull.* 175:230.

Swearingen, D. C., III, and J. R. Pawlik. 1998. Variability in the chemical defense of the sponge *Chondrilla nucula* against predatory reef fishes. *Marine Biol.* 131:619.

Uriz, M. J., X. Turon, M. A. Becerro, and J. Galera. 1996. Feeding deterrence in sponges. The role of toxicity, physical defenses, energetic contents, and life history stage. *J. Exp. Marine Biol. Ecol.* 205:187.

7. Descreva as respostas de reconhecimento imunes de esponjas que entram em contato com outras esponjas.

Amano, S. 1990. Self and non-self recognition in a calcareous sponge, *Leucandra abratsbo. Biol. Bull.* 179:272.

Amar, K.-O., N. E. Chadwick, and B. Rinkevich. 2008. Coral kin aggregations exhibit mixed allogeneic reactions and enhanced fitness during early ontogeny. *BMC Evolutionary Biology* 8:126

Ilan, M., and Y. Loya. 1990. Ontogenetic variation in sponge histocompatibility responses. *Biol. Bull.* 179:279.

Jokiel, P. L., and C. M. Bigger. 1994. Aspects of histocompatibility and regeneration in the solitary reef coral *Fungia scutaria. Biol. Bull.* 186:72.

McGhee, K. E. 2006. The importance of life-history stage and individual variation in the allorecognition system of a marine sponge. *J. Exp. Mar. Biol. Ecol.* 333:241-50.

Müller, W. E. G., and I. M. Müller. 2003. Origin of the metazoan imune system: Identification of the molecules and their functions in sponges. *Integr. Comp. Biol.* 43:281.

Van der Vyver, G., S. Holvoet, and P. DeWint. 1990. Variability of the immune response in freshwater sponges. *J. Exp. Zool.* 254:215.

8. Quão convincente é a evidência de que esponjas da família Cladorhizidae suplementam seu hábito carnívoro com nutrientes fornecidos por simbiontes bacterianos oxidantes de metano?

Vacelet, J., A. Fiala-Médioni, C. R. Fisher, and N. Boury-Esnault. 1996. Symbiosis between methane-oxidizing bacteria and a deep-sea carnivorous cladorhizid sponge. *Marine Ecol. Progr.* Ser. 145:77.

9. Baseado no seu conhecimento sobre biologia de esponjas e propriedades do ar e da água, por que não existem esponjas terrestres?

10. As esponjas podem ficar expostas a quantidades substanciais de substâncias químicas tóxicas, pois volumes grandes de água passam diariamente pelos seus corpos. Discuta o uso potencial de esponjas como monitores de estresse por poluentes químicos em ecossistemas marinhos e de água doce.

Batel, R., N. Bihari, B. Rinkevich, J. Dapper, H. Schäcke, H. C. Schröder, and W. E. G. Müller. 1993. Modulation of organotin-induced apoptosis by the water pollutant methyl mercury in a human lymphoblastoid tumor cell line and a marine sponge. *Marine Ecol. Progr. Ser.* 93:245.

Schröder, H. C., S. M. Efremova, B. A. Margulis, I. V. Guzhova, V. B. Itskovich, and W. E. G. Müller. 2006. Stress response in Baikalian sponges exposed to pollutants. *Hydrobiol.* 568 (Suppl. 1): 277-87.

Schröder, H. C., K. Shostak, V. Gamulin, M. Lacorn, A. Skorokhod, V. Kavsan, and W. E. G. Müller. 2000. Purification, cDNA cloning and expression of a cadmium-inducible cysteine-rich metallothionein-like protein from the marine sponge *Suberites domuncula. Marine Ecol. Progr. Ser.* 200:149.

Selvin, J., S. S. Priya, G. S. Kiran, T. Thangavelu, and N. S. Bai. 2009. Sponge-associated marine bacteria as indicators of heavy metal pollution. *Microbiol. Res.* 164:352-63.

Detalhe taxonômico

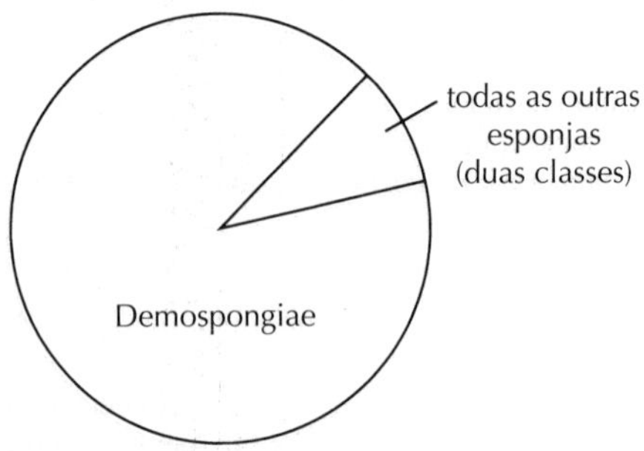

Sub-reino Parazoa

Filo Porifera

Classe Demospongiae

Esta classe contém mais de 90% de todas as espécies de esponjas existentes, abrangendo todas as espécies de água doce. Os elementos de sustentação nunca são calcários; eles são compostos por sílica, espongina ou ambas, aparentemente junto com quitina. Todos os membros são de construção leuconoide. As espécies exibem uma diversidade de formas – fina e incrustante, ereta e ramificada, multilobada, esférica, tubular –, e um único indivíduo pode ter mais de 2 m de diâmetro. Existem 65 famílias, contendo cerca de 7 mil espécies.

Família Clionidae

Cliona. Esponjas perfurantes: esponjas marinhas que escavam tocas no material calcário, como conchas de moluscos e corais. Substâncias químicas corrosivas são liberadas nas extremidades de células superficiais especializadas; essas secreções dissolvem apenas as bordas de fragmentos calcários, que se depositam no fundo oceânico, contribuindo em alguns lugares com mais de 40% do sedimento de recifes. As espécies desta família estão distribuídas desde águas rasas até profundidades superiores a 2.100 m.

Família Spongiidae

Spongia, Hippospongia. Todas as esponjas comerciais provêm desses dois gêneros. Todas as espécies desta família são marinhas. Elas vivem em todas as águas, desde os trópicos até as regiões Ártica e Antártica.

Família Haliclonidae
Haliclona. Os membros desta família estão entre os mais comumente encontrados e amplamente distribuídos de todas as esponjas de águas rasas, embora algumas espécies alcancem profundidades de quase 2.500 m.

Família Halichondriidae
Halichondria. Estas esponjas marinhas incrustantes são comuns em águas rasas.

Família Clathriidae
Microciona. Os primeiros experimentos sobre regeneração de esponjas foram realizados com *Microciona prolifera* durante o início da década de 1900.

Família Callyspongiidae
Callyspongia. As espécies deste grupo são comuns em oceanos tropicais rasos. As espécies podem ser eretas, incrustantes, ramificadas, tubulares ou em forma de vaso; algumas são compactas.

Família Spongillidae
Spongilla, Eunapius, Ephydatia, Heteromeyenia. Este grupo, amplamente distribuído, contém a maioria das aproximadamente 300 espécies de esponjas de água doce, que geralmente incrustam superfícies sólidas em reservatórios, riachos, rios e lagos. Uma esponja individual pode ter mais de 1 m de diâmetro. Algumas espécies são encontradas em águas salobras (i.e., levemente salgadas). *Ephydatia* é o gênero de esponja mais bem estudado no mundo.

Família Geodidae
Geodia. Estas são esponjas grandes de águas frias, com mais de 50 cm de diâmetro e peso acima de 24 kg. Elas são especialmente comuns em fiordes profundos da Noruega.

Família Lubomirskiidae
Este grupo contém espécies de água doce restritas ao Lago Baical, na Sibéria. Nenhuma dessas espécies produz gêmulas.

Família Mycalidae
Mycale.

Família Cladorhizidae
Asbestopluma, Cladorhiza. Estas são espécies de mares profundos, vivendo em profundidades de 8.840 m, embora uma espécie tenha sido encontrada em uma caverna mediterrânea de água rasa. Ao contrário de outras esponjas, esses animais carecem de coanócitos e sistemas internos de canais hídricos. Eles aparentemente se alimentam como carnívoros, capturando passivamente pequenos crustáceos que nadam, e podem também obter nutrientes de atividades de bactérias simbióticas.

Classe Calcarea
Todas as espécies são marinhas e possuem espículas exclusivamente compostas por carbonato de cálcio. As espécies desta classe podem apresentar níveis de construção asconoide, siconoide ou leuconoide. Existem 16 famílias.

Família Leucosoleniidae
Leucosolenia. Todos os membros desta família são marinhos, asconoides e contidos em um único gênero. As espécies são encontradas desde a zona entremarés até profundidades superiores a 2.400 m.

Família Grantiidae
Grantia (= *Scypha*). Todas as espécies são marinhas. Os membros desta família estão distribuídos desde a zona entremarés até profundidades de aproximadamente 2.200 m.

Esclerosponjas
Acanthochaetetes, Astrosclera, Stromatospongia. A maioria das esclerosponjas vive em águas profundas sobre recifes de coral ou em cavernas, fendas ou túneis dentro dos recifes. Todas as espécies são de complexidade leuconoide. O corpo é sustentado por uma camada espessa de carbonato de cálcio, além de espículas de sílica e fibras de espongina, dando origem ao nome comum "esponjas coralinas". Análises morfológicas e moleculares recentes sugerem que as espécies de esclerosponjas não têm uma origem comum, única; os membros da classe Sclerospongiae anterior estão atualmente colocados na classe Calcarea ou na classe Demospongiae.

Classe Hexactinellida – as esponjas-de-vidro
Os suportes esqueléticos de todas as espécies são compostos por espículas de seis lados, compostas por sílica e quitina; muitas espículas são fundidas, formando cordões longos, delgados e vítreos. Os tecidos epiteliais e de "coanócitos" são sincícios. Existem 16 famílias.

Família Euplectellidae
Euplectella – cesto de flor-de-vênus. As esponjas individuais frequentemente abrigam um único par de camarões, um de cada sexo, que entram na esponja quando pequenos e alcançam juntos a maturidade reprodutiva dentro do espongiocelo. As espécies desta família são encontradas em profundidades que variam de 100 m a mais de 5.200 m.

Classe Homoscleromorpha

Família Oscarellidae
Oscarella, Plakina. Anteriormente, os 84 membros desta classe estavam contidos na classe Demospongiae. Todas as espécies são marinhas. Duas famílias.

Família Plakinidae
Corticium, Plakina, Plakortis. Estas esponjas incomuns não têm esqueleto de sustentação e carecem de espículas e fibras de espongina. Junto a uma outra família (Oscarellidae, acima), essas esponjas eram antigamente membros da classe Demospongiae.

Referências gerais sobre esponjas e placozoários

Ball, E. E., and D. J. Miller. 2010. Putting placozoans on the (phylogeographics) map. *Molec. Ecol.* 19:2181-2183.

Bergquist, P. R. 1978. *Sponges*. Berkeley, Calif.: Univ. Calif. Press.

Eitel, M., and B. Schierwater. 2010. The phylogeography of the Placozoa suggests a taxon-rich phylum in tropical and subtropical waters. *Molec. Ecol.* 19:2315-2327.

Harrison, F. W., and J. A. Westfall, eds. 1991. *Microscopic Anatomy of the Invertebrates, Vol. 2. Placozoa, Porifera, Cnidaria, and Ctenophora*. New York: Wiley-Liss, pp. 13-27 (placozoans), 29-89 (sponges).

Hyman, L. 1940. *The Invertebrates, Vol. 1. Protozoa through Ctenophora*. New York: McGraw-Hill.

Leys, S. P., G. O. Mackie, and H. M. Reiswig. 2007. The biology of glass. *Adv. Mar. Biol.* 52:1-145.

Leys, S. O., and R. W. Meech. 2006. Physiology of coordination in sponges. *Can. J. Zool.* 84:288-306.

Miller, D. J., and E. E. Ball. 2005. Animal evolution: the enigmatic phylum Placozoa revisited. *Current Biology* 15:R26-R28.

Nichols, S., and G. Wörheide. 2005. Sponges: New views of old animals. *Integr. Comp. Biol.* 45:333-34. (This is the lead paper for a series of sponge-related papers presented at a symposium.)

Pawlik, J. R. 2011. The chemical ecology of sponges on Caribbean reefs: Natural products shape natural systems. *BioSci.* 61:888-98.

Pearse, V. B., and O. Voigt. 2007. Field biology of placozoans (Trichoplax): distribution, diversity, biotic interactions. *Integr. Comp. Biol.* 47:677-92.

Simpson, T. L. 1984. *The Cell Biology of Sponges*. New York: Springer-Verlag.

Srivastava, M. E. et al. 2008. The *Trichoplax* genome and the nature of placozoans. *Nature* 454:955-60.

Thorpe, J. H., and A. P. Covich. 2001. *Ecology and Classification of North American Freshwater Invertebrates*. 2nd ed. New York: Academic Press.

Wörheide, G. et al. 2012. Deep phylogeny and evolution os sponges (Phylum Porifera). *Adv. Mar. Biol.*, 61:1-78.

Wulff, J. L. 2006. Ecological interactions of marine sponges. *Can. J. Zool.* 84: 146-66.

Procure na web

1. www.ucmp.berkeley.edu/porifera/porifera.html

   Informações sobre a anatomia, ecologia, ciclos de vida, sistemática e registro fóssil de esponjas; inclui excelentes ilustrações coloridas de muitas espécies de esponjas.

2. www.spongeguide.org

   Este link fornece belas fotografias de esponjas caribenhas, cortesia do Dr. Joe Pawlik.

3. http://biodidac.bio.uottawa.ca

   Escolha "Organismal Biology," "Animalia," e, após, "Porifera" ou "Placozoa" para fotografias e ilustrações, incluindo material seccional.

4. http://www.ucmp.berkeley.edu/phyla/placozoa/placozoa.html

   Este site fornece informações sobre placozoários, imagens e links de outros sites.

5. http://www.tolweb.org/tree/

   Busque pelos termos "Placozoa" e "Porifera" para encontrar informações relevantes, imagens e links para outros sites.

6. http://palaeos.com/metazoa/porifera/homoscleromorpha2.html

   Este site fornece informações sobre a classe Homoscleromorpha de poríferos.

7. http://www.trichoplax.com

   Este site fornece imagens atraentes de placozoários, incluindo animais que passam por mitose e divisão.

5 Introdução ao esqueleto hidrostático

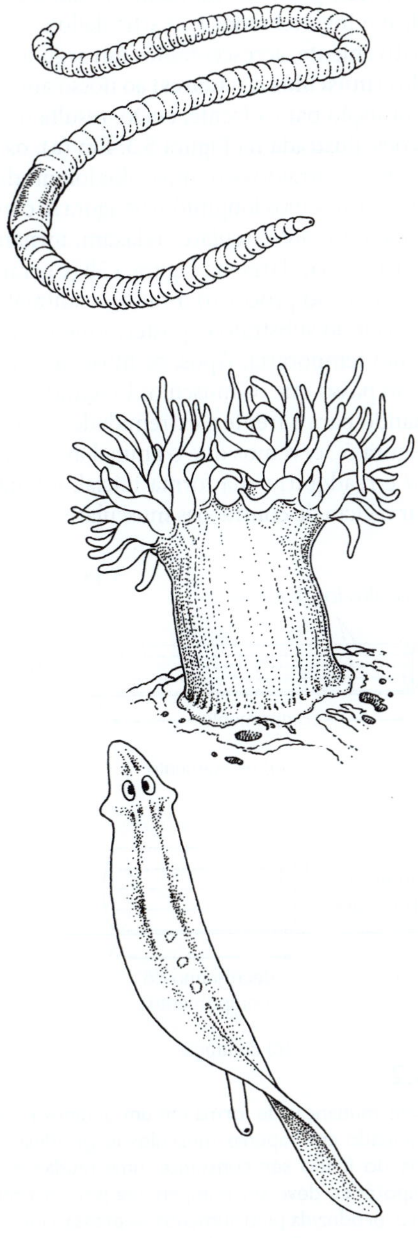

A palavra *esqueleto* invariavelmente evoca uma imagem dos ossos articulados pendentes no canto da sala de aula de biologia de uma escola de ensino médio, ou talvez no canto do consultório de um clínico geral. No entanto, a junção dos ossos é apenas uma forma de sistema esquelético. Quase todos os animais multicelulares, mesmo invertebrados, necessitam de um esqueleto para o movimento. As únicas exceções a essa regra são aqueles pequenos metazoários aquáticos que conseguem mover-se exclusivamente por cílios. Uma definição funcional da palavra *esqueleto* é:

> Um sistema sólido ou fluido que permite que os músculos retornem ao seu comprimento original após uma contração. Além disso, esse sistema pode ter ou não funções de proteção e de sustentação.

Um sistema esquelético é essencial simplesmente porque os músculos são capazes de somente duas das três atividades necessárias para os movimentos repetidos: os músculos podem encurtar ou relaxar, mas eles não conseguem estender-se ativamente. Para dobrar seu braço no cotovelo, o bíceps precisa contrair-se. Essa contração do bíceps não causa apenas o dobramento do seu braço no cotovelo, mas serve também para estender um outro músculo do seu braço, o tríceps (Fig. 5.1). O tríceps agora pode contrair-se, tornando possível a reextensão do seu braço. A reextensão do seu braço, por sua vez, permite que o bíceps se estenda. Nesses movimentos, os ossos do seu braço funcionam como o veículo por meio do qual o tríceps e o bíceps revezam-se na extensão de volta ao comprimento antes da contração; isto é, os músculos são **antagônicos** (um atua contra o outro), possibilitando o movimento repetível controlado. Em vertebrados, o antagonismo mútuo de músculos é mediado por um esqueleto sólido. Sem esqueleto, você seria capaz de contrair cada músculo apenas uma vez. Em ambientes terrestres, um sistema esquelético rígido é essencial, em parte porque o esqueleto deve servir também para sustentar o corpo em um meio que não proporciona suporte (ver Capítulo 1). Por outro lado, os organismos aquáticos são sustentados pelo meio em que vivem, de modo que não necessitam de um sistema esquelético rígido. Na verdade, muitos animais aquáticos utilizam o líquido como o veículo por meio do qual os conjuntos de músculos interagem. Isso

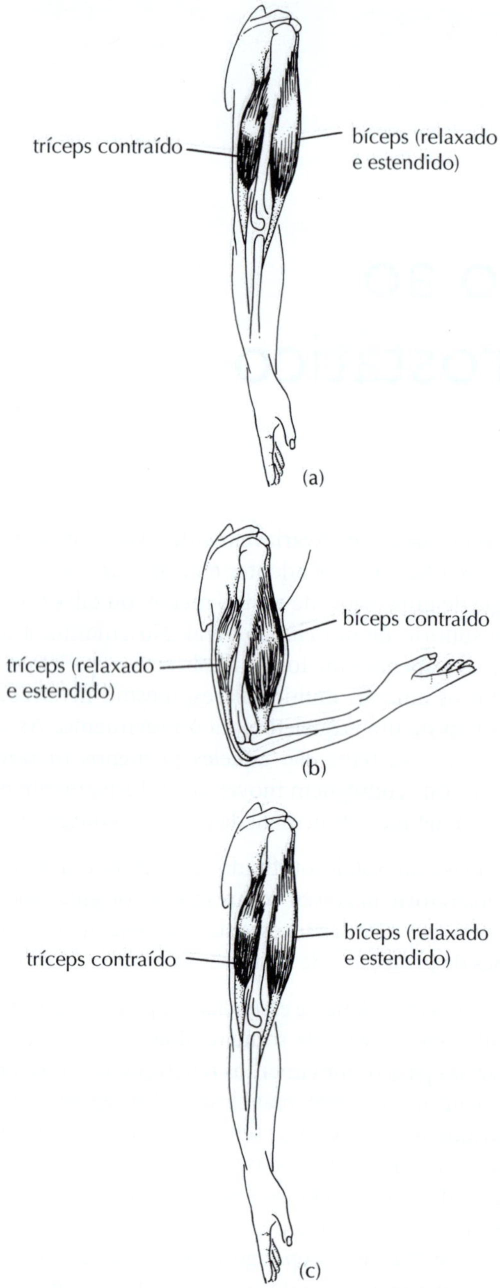

Figura 5.1

Interações antagônicas entre o bíceps e o tríceps no braço humano. A contração do bíceps (a) resulta não apenas no movimento do braço (b), mas também na extensão do músculo opositor, o tríceps. A contração do tríceps, portanto, provoca o retorno do braço à sua posição inicial (c) e estende o bíceps. Em vertebrados, os pares de músculos são antagônicos ao longo de um esqueleto rígido, que é interno e unido.

significa que esses animais têm **esqueletos hidrostáticos**. O esqueleto hidrostático básico requer:

1. a presença de uma cavidade contendo um fluido incompressível, que transmite uniformemente mudanças de pressão em todas as direções;
2. que a cavidade seja envolvida por uma membrana externa flexível, de modo que a parede externa do corpo possa ser deformada;
3. que o volume do fluido na cavidade permaneça constante;
4. que o animal seja capaz de conectar-se temporariamente com o substrato, se ocorrerem locomoções progressivas sobre ou dentro deste.

Assumiremos que esses quatro atributos estão presentes no organismo hipotético mostrado na Figura 5.2. Esse ser cilíndrico está equipado apenas com **músculos longitudinais**. Se esse animal se fixar ao ponto *X* (mostrado na Fig. 5.2a) e, após, contrair sua musculatura, o aumento na pressão hidrostática interna deformará a parede corporal externa, resultando em um animal mais curto e mais grosso (Fig. 5.2b). Esse animal consegue readquirir sua forma inicial somente se for envolvido por uma cobertura elástica e consistente que retornará a sua forma original sob relaxamento da musculatura longitudinal. Essa cobertura consistente, seria difícil de deformar em um primeiro momento e não é comumente encontrada em invertebrados não articulados.

Alternativamente, acrescentamos um segundo conjunto de músculos (**músculos circulares**) ao nosso animal hipotético. A locomoção para a frente, então, resulta de uma série de contrações, ilustrada na Figura 5.3. Em (a), os músculos circulares estão contraídos e os músculos longitudinais estão estendidos. Os músculos longitudinais agora se contraem, ao passo que os músculos circulares relaxam, tornando o animal mais curto e mais largo na Figura 5.3b (e gerando forças radiais poderosas no processo). Em (b), o animal libera sua fixação anterior ao substrato e, posteriormente, forma uma nova conexão temporária. Após, os músculos circulares se contraem, ao passo que os músculos longitudinais relaxam, impulsionando para a frente a extremidade anterior do animal. Na Figura 5.3c, vemos que o animal avançou por uma distância *d* e readquiriu sua forma inicial, estando pronto para repetir o ciclo de contrações musculares.

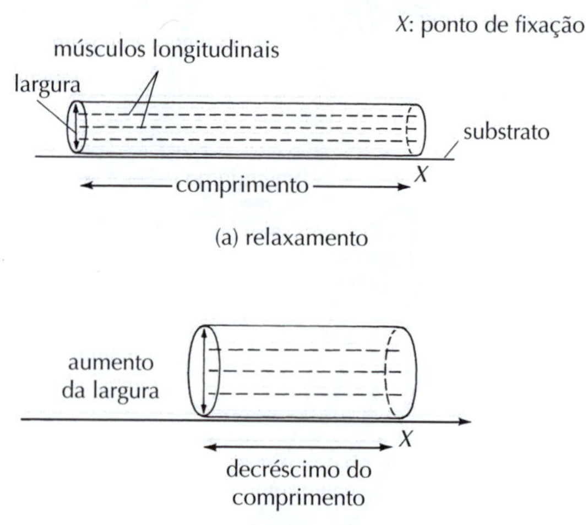

Figura 5.2

(a, b) Possíveis mudanças de forma em um organismo semelhante a verme, equipado com apenas músculos longitudinais. Pelo fato de o volume do fluido ser constante, uma mudança na largura do animal hipotético deve ser compensada por uma mudança no comprimento, produzida pelo aumento na pressão hidrostática interna durante a contração muscular. Do mesmo modo, um encurtamento do verme é acompanhado por um aumento na largura, conforme visto em (b).

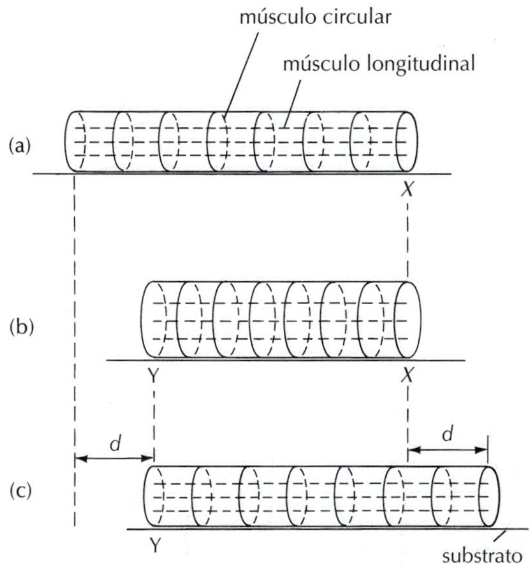

Figura 5.3

Locomoção em um verme hipotético que possui músculos circulares e longitudinais e uma cavidade corporal interna de volume constante, contínua e cheia de fluido. (a) O animal se fixa ao substrato no ponto *X*, relaxa seus músculos circulares e contrai seus músculos longitudinais. A contração aumenta a pressão hidrostática dentro da cavidade corporal, uma vez que o volume dela não pode ser diminuído e o fluido dentro é incompressível. Essa pressão é aliviada, permitindo que os músculos circulares se estendam. (b) O animal libera sua fixação anterior, estabelece uma fixação no ponto *Y* e relaxa seus músculos longitudinais. (c) Os músculos circulares se contraem, provocando um outro aumento na pressão, que, por sua vez, é aliviada à medida que os músculos longitudinais são estendidos. O animal agora avançou pela distância *d* e readquiriu sua forma corporal inicial.

A partir dessa discussão, fica evidente que um acréscimo deve ser feito à lista anterior de necessidades de um esqueleto hidrostático funcional:

5. a presença de uma cobertura deformável, porém elástica, ou a presença de no mínimo dois conjuntos de músculos que podem atuar antagonicamente.

Evidentemente, o sistema esquelético em nosso organismo hipotético é um fluido. Os aumentos temporários na pressão interna são causados pela contração de um conjunto de músculos, e esse aumento temporário na pressão alonga um outro conjunto de músculos. É importante enfatizar que o aumento na pressão interna é temporário; o alongamento do conjunto oposto de músculos alivia a pressão. O fluido essencialmente incompressível, portanto, torna possível o antagonismo mútuo dos dois conjuntos de músculos, resultando em movimentos locomotores repetíveis. Os esqueletos hidrostáticos exercem um papel nos movimentos realizados por representantes de quase todo o filo animal. Baseados nesses princípios, pesquisadores de várias instituições estão atualmente tentando desenvolver robôs flexíveis e que mudam de forma.

Tópicos para posterior discussão e investigação

1. Quais características de um esqueleto hidrostático as esponjas (Capítulo 4) possuem? De quais características elas carecem?
2. Células deformáveis cheias de fluido podem atuar como sistemas esqueléticos hidrostáticos. Os exemplos são as células musculares deformáveis dos tentáculos da lula ("hidróstatos musculares", Capítulo 12) e o parênquima de vermes achatados turbelários (Capítulo 8). Qual sequência de contrações e relaxações musculares provavelmente está envolvida no (a) alongamento de um tentáculo de lula, na (b) mediação da locomoção dos vermes achatados via ondulações ventrais e na (c) locomoção dos vermes achatados via "encurvamento"?

Referências gerais sobre esqueletos hidrostáticos

Kier, W. M. 2012. The diversity of hydrostatic skeletons. *J. Exp. Biol.* 215:1247-257.

Chapman, G. 1958. The hydrostatic skeleton in the invertebrates. *Biol. Rev.* 33:338-371.

6 Cnidários

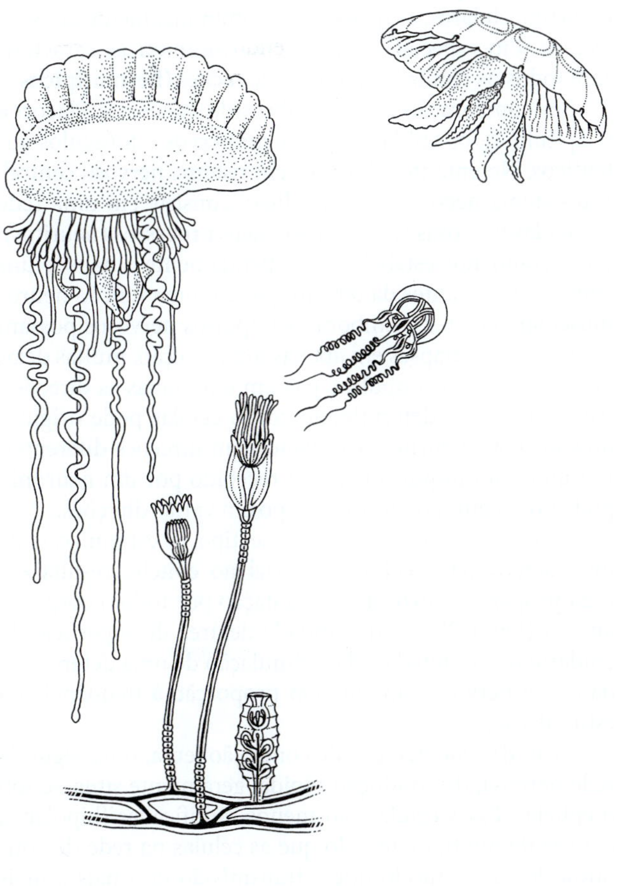

Introdução e características gerais

Características diagnósticas:[1] 1) secreção de organelas intracelulares complexas, denominadas cnidas (nematocistos); 2) larvas conhecidas como plânulas no ciclo de vida.

O filo Cnidaria contém mais de 11 mil espécies, incluindo animais, como as anêmonas-do-mar, corais, água-viva, *Hydra* de água doce e a caravela-portuguesa. Mais de 99% das espécies de cnidários são marinhas; apenas cerca de 0,2% das espécies vivem em água doce. Nos cnidários, são encontrados dois planos corporais nitidamente diferentes: uma forma de **medusa** (referida como uma "água-viva"), que se assemelha a um pires gelatinoso ou a uma taça invertida com tentáculos e geralmente nada (Fig. 6.6); e uma forma de **pólipo**, que tem um corpo tubular e geralmente é estacionário (Fig. 6.14a). Em muitas espécies, cada forma corporal está presente em uma parte diferente do ciclo de vida, e em algumas espécies ambas estão representadas simultaneamente em um indivíduo. Muitas pessoas possuem representantes do estágio de pólipo em suas casas sem saber: colônias dessas espécies marinhas (hidrozoário, ver p. 109) são desidratadas, coradas e comercializadas como "samambaias aéreas" ("*air ferns*"). Não é de se surpreender que elas nunca precisem ser hidratadas.

A despeito da diversidade estrutural e funcional desses organismos, não há dúvida em considerá-los como pertencentes a um único filo. Em geral, os cnidários têm uma simetria radial básica e possuem apenas duas camadas de tecidos vivos (a epiderme e a gastroderme). Todos os cnidários apresentam uma camada gelatinosa, a **mesogleia**, localizada entre a epiderme e a gastroderme. Embora seja não viva, a mesogleia pode conter células vivas derivadas da ectoderme embrionária; os amebócitos na mesogleia provavelmente desempenham papéis na digestão, no transporte e no armazenamento de nutrientes, no reparo

[1]Características que distinguem os membros desse filo dos membros de outros filos.

de ferimentos e na defesa antibacteriana. Todos os cnidários possuem tentáculos envolvendo a boca e apenas uma abertura para o sistema digestório. Todos os cnidários secretam cnidas.

Cnidas[2] (do grego, uma urtiga, um filamento urticante), exclusivas dos membros desse filo, são organelas notáveis secretadas no interior de células denominadas **cnidócitos** (ou **cnidoblastos** ou **nematoblastos**) e descarregadas com força explosiva para uma diversidade de funções. Das três principais categorias de cnidas, os **nematocistos** (literalmente, "cápsulas com filamento") são os mais generalizados e os mais bem estudados. Mais de 30 tipos de nematocistos foram descritos; muitos tipos diferentes com frequência ocorrem em um único indivíduo. As cnidas estão entre os mais complexos produtos de secreção intracelular conhecidos.

Cada cnida consiste em uma cápsula proteica arredondada, com uma abertura em uma extremidade que, muitas vezes, é fechada por um opérculo pendente. Dentro da cápsula encontra-se um tubo helicoidal longo e oco. Durante a descarga, o tubo oco projeta-se explosivamente da cápsula, virando do avesso durante o processo (Fig. 6.1). O processo completo necessita de apenas cerca de 3 ms (milissegundos). A descarga é desencadeada por uma combinação de estimulação táctil e química, geralmente percebida por um grupo de cílios modificados (**cnidocílio**), que se projeta do cnidoblasto e por quimiorreceptores de superfície sobre células vizinhas especializadas.[3] Cada cnida pode ser descarregada apenas uma vez.

A força primordial responsável pela impulsão efetiva do filamento da cnida é a pressão osmótica, embora o mecanismo exato do disparo permaneça incerto. Uma hipótese é que a descarga resulta de um aumento repentino e drástico da concentração osmótica dentro do fluido capsular. Segundo uma hipótese alternativa, a concentração osmótica é alta em todos os momentos e a descarga do filamento simplesmente acontece quando o opérculo da cápsula, por alguma razão, fica aberto. Talvez os tipos diferentes de cnidas sejam operados por mecanismos distintos.

Em um determinado indivíduo, as cnidas podem ser especializadas em envolver objetos pequenos, aderir a superfícies, penetrar em superfícies ou secretar toxinas proteicas, algumas das quais estão entre as mais letais que se conhece. As cnidas funcionam na coleta de alimento, defesa e, até certo ponto, na locomoção. Elas são especialmente abundantes nos tentáculos alimentares de todas as espécies e no interior da cavidade digestória de algumas espécies. A importância funcional das cnidas baseia-se na sua grande quantidade por milímetro quadrado da superfície corporal, e não no seu tamanho individual; suas cápsulas raramente são superiores a 50 μm de diâmetro e nenhuma ultrapassa 200 μm. A morfologia das cnidas é, com frequência, um critério taxonômico importante.

A ausência de ânus poderia ser encarada como um retrocesso importante à vida como um cnidário. Todo o material alimentar não digerido sai pela mesma abertura através da qual o alimento entra: a boca. Do ponto de vista humano, isso seria estranho, mas os defeitos da vida sem ânus não são meramente estéticos. A decomposição sequencial do material alimentar particulado que ocorre em um intestino tubular de extremidade aberta não é possível no sistema digestório dos cnidários e, na verdade, o animal precisa expelir os restos não digeridos de uma refeição antes que possa ingerir mais alimento. Além disso, os movimentos do animal são geralmente acompanhados de distorção física da cavidade digestória, incluindo a expulsão parcial ou completa do fluido contido. O movimento extenso, portanto, não é conducente à digestão vagarosa e completa. Por fim, desenvolvimento gonadal muitas vezes ocorre no interior da cavidade digestória; os gametas ou embriões devem ser liberados nessa cavidade antes de serem expelidos para o exterior através da boca.

Os cnidários são prioritariamente carnívoros, embora algumas espécies de corais moles também consumam fitoplâncton. Em muitas espécies, os indivíduos obtêm nutrientes adicionais por meio de atividades fotossintetizantes de algas unicelulares, as quais vivem simbioticamente em seus tecidos. Em especial, as algas endossimbióticas caracterizam todos os corais formadores de recifes (**hermatípicos**).[4]

Em comparação com membros de Porifera e Placozoa (Capítulo 4), os cnidários possuem nervos e músculos autênticos. No entanto, eles não têm sistema nervoso central. Seu sistema nervoso, em vez disso, consiste em uma rede de células nervosas (neurônios) e seus processos (neuritos), que geralmente estabelecem repetidamente sinapses uns com os outros antes da terminação em uma junção neuromuscular (Fig. 6.2). Embora os impulsos nervosos possam cruzar certas sinapses em apenas uma direção, muitas delas permitem que os impulsos passem em ambas as direções. Além disso, um determinado corpo celular pode originar dois ou mais neuritos, irradiando em direções diferentes. Portanto, um impulso nervoso recebido por um neurônio pode prosseguir ao mesmo tempo em várias direções.

Com uma rede nervosa desse tipo, a estimulação de uma determinada célula sensorial no epitélio resulta em uma propagação externa da excitação por todo o corpo do animal (Fig. 6.2b). A quantidade de área de superfície do cnidário que é afetada pela estimulação de uma determinada célula nervosa aumenta em proporção à frequência da estimulação.

Além da rede nervosa de condução lenta, uma segunda rede nervosa, de condução rápida, geralmente situa-se sob o epitélio. Essas células são menos ramificadas (bipolares, em vez de multipolares) do que as células na rede de condução lenta, de modo que a transmissão de sinais é mais direcionada. Além disso, os neuritos diferem em tamanho nas duas redes: os nervos da rede de condução rápida têm diâmetro maior, permitindo a condução mais rápida de impulsos nervosos. Estudos ultraestruturais indicam que essas fibras "gigantes" (talvez 1-5 μm de diâmetro) podem surgir

[2]Em alguns contextos, "cnidas" e "nematocistos" são termos equivalentes; é mais comum, no entanto, o emprego do termo "nematocisto" somente em referência às três categorias de cnidas mais amplamente distribuídas e mais bem estudadas.

[3]Ver *Tópicos para posterior discussão e investigação*, nº 6 a 8, no final deste capítulo.

[4]Ver *Tópicos para posterior discussão e investigação*, nº 3, no final deste capítulo.

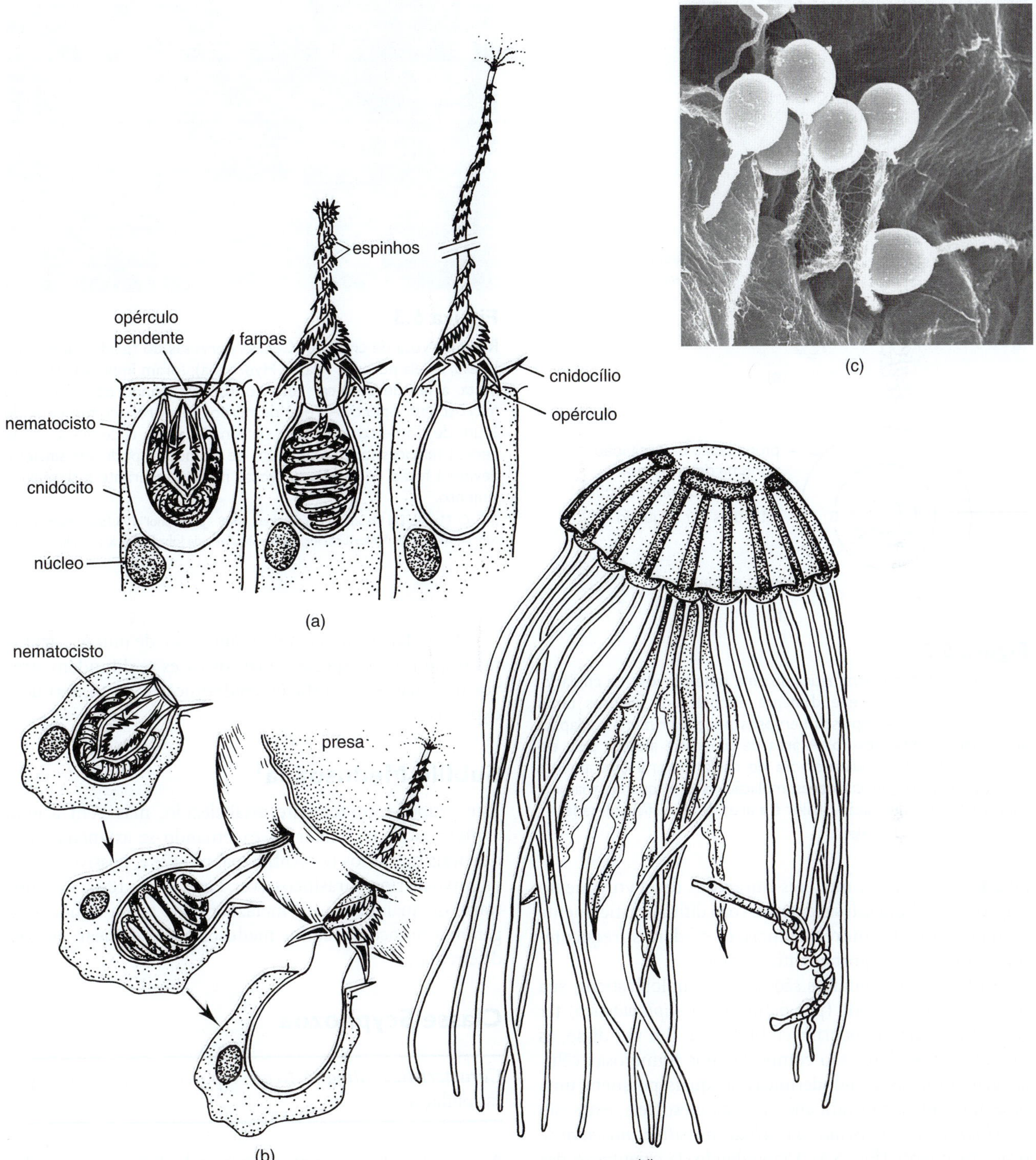

Figura 6.1

(a) Estágios na descarga de um nematocisto, estimulada por contato químico e/ou físico com o cnidocílio. O mecanismo de descarga permanece desconhecido, embora seja aparentemente mediado por um influxo de água ao longo de um gradiente de concentração. (b) Penetração do filamento do nematocisto em um outro animal. Os espinhos no filamento são expostos à medida que ele emerge (ver parte [a]), cruzando os tecidos da presa. (c) Seis nematocistos lançados pela água-viva *Cyanea capillata*, um cifozoário, penetrando na pele humana (comprimento da escala = 10 μm.) (d) Água-viva (medusa) capturando a presa. Os nematocistos comumente injetam toxinas que paralisam a presa antes da ingestão.

(b) Hardy, *The Open Sea: Its Natural History*. Boston: Houghton Mifflin Company 1965.
(c) Cortesia de Thomas Heeger. De T. Heeger et al. 1992. *Marine Biology* 113:669-78. © Springer-Verlag.

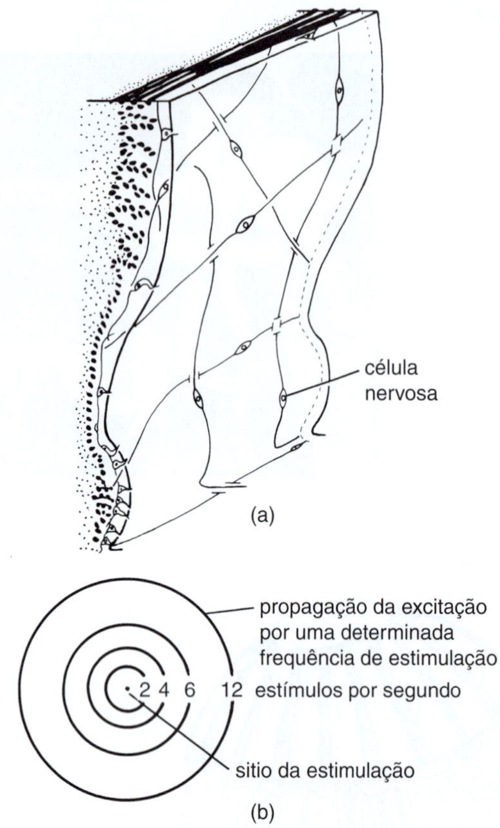

Figura 6.2

(a) Representação diagramática de uma rede nervosa de cnidário. As células nervosas repetidamente estabelecem sinapses umas com as outras. Os impulsos nervosos podem cruzar as sinapses em ambas as direções. (b) A área de superfície afetada pela estimulação de uma célula nervosa de cnidário varia diretamente em relação à frequência de estimulação; isto é, quanto maior a frequência da estimulação, maior é a área de superfície afetada.

(a) Segundo Bullock e Horridge.

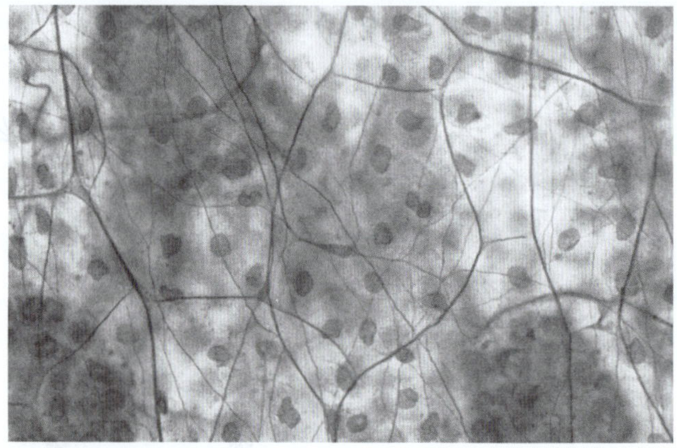

Figura 6.3

Rede nervosa de cnidário. Células nervosas do tecido epitelial de *Velella*, a vela púrpura (classe Hydrozoa), foram impregnadas com prata, a fim de destacar seus contornos quando observadas ao microscópio óptico. A rede de nervos menores (com menos de 1 µm de diâmetro) aparenta ser sináptica, e a rede adicional de nervos maiores (acima de 5 µm de diâmetro) pode ser sincicial, devido à fusão de células nervosas menores durante o desenvolvimento.

pela fusão de fibras menores durante o desenvolvimento (Fig. 6.3). Embora seu sistema nervoso difira drasticamente do da maioria dos outros animais, os cnidários frequentemente exibem comportamentos complexos.

Visto que os cnidários são animais diploblásticos, sua musculatura não pode (por definição de *diploblástico*) ter suas origens na mesoderme embrionária. Em vez disso, as camadas musculares são compostas por numerosas células ectodérmicas e endodérmicas, as quais possuem uma base alongada e contrátil ancorada na mesogleia; estas são as *células epiteliomusculares* e *células nutritivo-musculares*, respectivamente (Fig. 6.4). Dependendo da orientação das bases contráteis, as células formam camadas de musculatura longitudinal (p. ex., dirigida da base para o ápice do tentáculo,) ou musculatura circular (p. ex., dirigida ao redor da circunferência da coluna corporal de uma anêmona-do-mar). Além da sua função contrátil, as células nutritivo-musculares também capturam pequenas partículas alimentares e, após, digerem-nas intracelularmente. Embora caracterizem todos os cnidários, as células epiteliomusculares não são uma característica exclusiva desses animais; elas são encontradas esporadicamente em membros de diversos outros filos.

Os cnidários carecem de brânquias e de outras estruturas respiratórias especializadas; os gases se difundem através de todas as superfícies epidérmicas e gastrodérmicas expostas.

Subfilo Medusozoa[5]

Este grupo, recentemente estabelecido, mas bem aceito, contém todos os cnidários, excetuando-se as anêmonas e os corais marinhos (os Anthozoa, p. 117) e, possivelmente, os mixozoários parasíticos (ver Fig. 6.5, p. 104). Ao contrário de qualquer outro metazoário até agora estudado, o genoma mitocondrial dos medusozoários é linear, em vez de circular.

Classe Scyphozoa

Característica diagnóstica:[6] replicação assexuada por estrobilação.

A classe Scyphozoa contém menos de 200 espécies, todas marinhas e muitas das quais são bastante grandes (cerca de 2 m de diâmetro; ver p. 130). A camada de mesogleia dos cifozoários é espessa e tem a consistência de gelatina firme; os cifozoários são conhecidos coletivamente como água-viva (*jellyfish*).

[5]Classificação baseada em Collins, A. G. 2009. Recent insights into cnidarian phylogeny. *Smithsonian Contrib. Mar. Sci.* 38: 139-149.

[6]Característica que distingue os membros desta classe dos de outras classes dentro do filo.

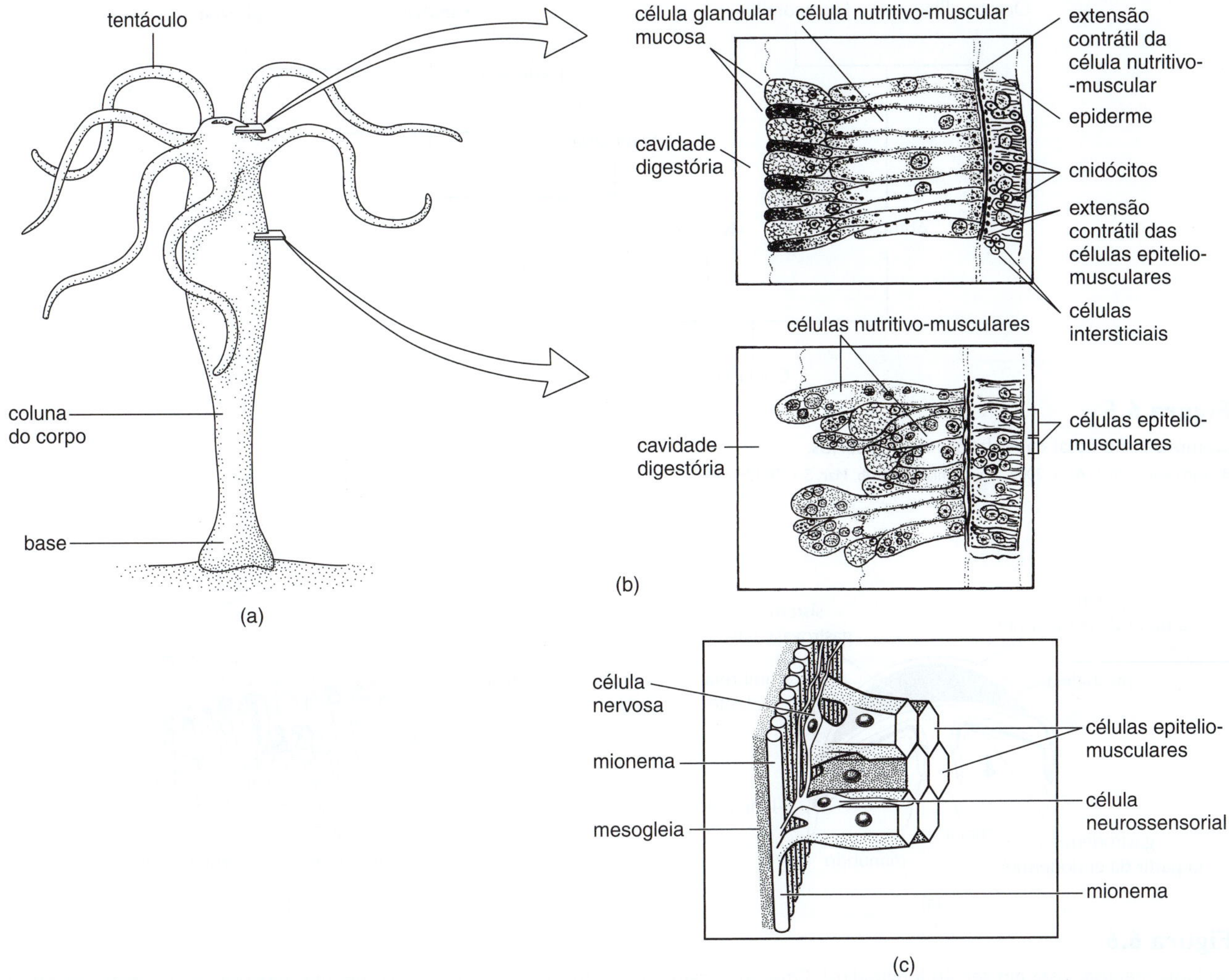

Figura 6.4

(a) Parede corporal de uma *Hydra* de água doce, vista em secção transversal de duas regiões do corpo. Observe que, conforme ilustrado em (b), as bases contráteis das células epiteliomusculares formam uma camada de musculatura longitudinal, que se estende para cima e para baixo da coluna do corpo, ao passo que as bases contráteis das células nutritivo-musculares formam uma camada de músculos circulares, que se estende ao redor da coluna do corpo. **Cnidócitos** são cnidoblastos maduros que contêm cnidas totalmente formadas e funcionais. As **células intersticiais** incluem cnidoblastos e outras, como células ainda indiferenciadas. (c) Células epiteliomusculares de um cnidário. As porções superiores colunares (ou, às vezes, cilíndricas) das células formam a epiderme externa, ao passo que as bases contráteis alongadas formam a musculatura. Uma porção da rede nervosa é também mostrada.

(c) Baseada em G. O. Mackie e L. M. Pussano, em *Journal of General Physiology* 52:600-608.

A morfologia da água-viva é descrita como **medusoide**. O corpo tem a forma de uma taça invertida, com tentáculos dotados de nematocistos que se estendem para baixo a partir da taça, ou **umbrela** (Fig. 6.6). A boca é situada na extremidade de um cilindro muscular, chamado de **manúbrio**.

Os membros da maioria das espécies dos cifozoários podem nadar ativamente, mediante contração de músculos e exploração das propriedades mecânicas da mesogleia. Quando as fibras musculares da umbrela natante se contraem, o volume de líquido contido embaixo dela decresce. Como consequência, a água é vigorosamente expelida desse local (embaixo da umbrela) e o animal é impulsionado na direção oposta (Fig. 6.7). A contração muscular deforma a mesogleia elástica, de modo que, quando a musculatura é relaxada, a mesogleia "pipoca" de volta para a sua forma normal. Isso, evidentemente, puxa a água-viva para baixo à medida que o volume contido pela umbrela natante aumenta. O movimento do animal para a frente ocorre principalmente porque a velocidade com que a umbrela se contrai excede a velocidade com que ela recua para o seu estado de repouso. Observe que a água é forçada para fora a partir da parte de baixo da umbrela natante, não através do manúbrio. Observe também que a mesogleia funciona aqui como um sistema esquelético, estendendo os músculos contraídos quando eles relaxam. Pesquisa recente[7] mostra que a mesogleia pode também funcionar como uma reserva de oxigênio, a ser explorada pelo animal sempre que as concentrações de oxigênio no entorno forem baixas.

[7]Thuesen, E. V., L. D. Rutherford, Jr., P. L. Brommer, K. Garrison, M. A. Gutowska e T. Towanda. 2005. *J. Exp. Biol.* 208: 2475-82.

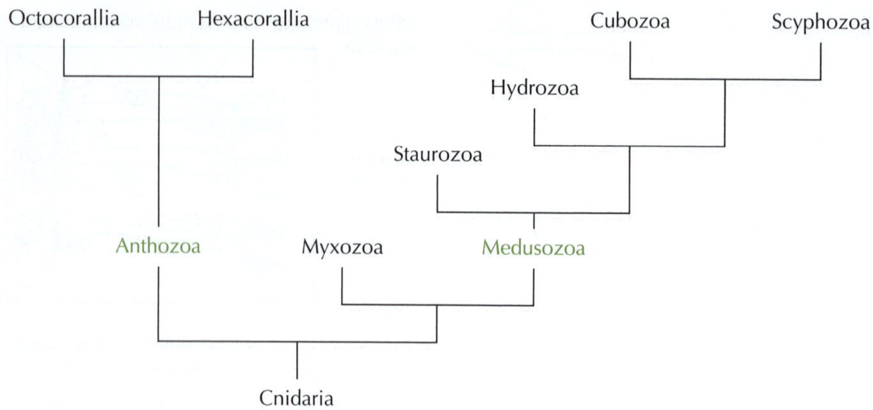

Figura 6.5

Compreensão atual das relações dos cnidários.

Baseada em Collins, A. G. 2009. Smithsonian Contrib. Mar. Sci. 38:139-149.

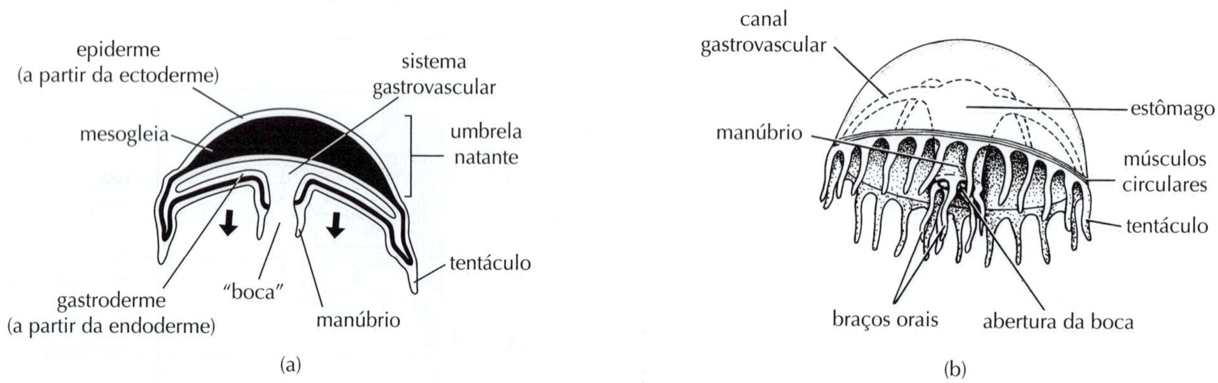

Figura 6.6

(a) Uma medusa, vista em secção longitudinal. Observe a camada de mesogleia muito espessa e a única abertura para a cavidade gastrovascular; essa abertura serve como boca e ânus. As setas indicam a saída da água quando a musculatura da umbrela se contrai.

(b) Vista lateral de uma medusa, mostrando o sistema de canais gastrovasculares e a disposição dos tentáculos, braços orais e musculatura da umbrela natante.

(a) Segundo Russel-Hunter.

Os cifozoários são caracterizados por um sistema de **canais gastrovasculares** preenchidos de líquido, conectando-se essencialmente à boca através do manúbrio (Fig. 6.8). As partículas alimentares capturadas pelos nematocistos nos tentáculos e/ou braços orais são ingeridas na boca e conduzidas ao estômago através do manúbrio. Após, o alimento é distribuído entre as quatro **bolsas gástricas**, as quais contêm tentáculos curtos dotados de nematocistos (**filamentos gástricos**), que secretam uma série de enzimas digestórias. A seguir, as partículas alimentares parcialmente digeridas são fagocitadas e a digestão é concluída intracelularmente, uma característica típica da biologia dos cnidários. O líquido na cavidade gastrovascular circula pela ação dos cílios que revestem as paredes dos canais gastrovasculares. Acredita-se que os canais gastrovasculares funcionem na circulação de oxigênio e dióxido de carbono (a parte "vascular" de *gastrovascular*), bem como na distribuição de nutrientes (a parte "gastro" do termo).

Alguns cifozoários também obtêm nutrientes de certas algas unicelulares (**zooxantelas**) que vivem simbioticamente nos tecidos da água-viva.

Embora neurologicamente simples em comparação com a maioria dos outros metazoários, os cifozoários, no entanto, apresentam uma diversidade de comportamentos bastante sofisticados, incluindo migrações verticais periódicas de águas superficiais para águas mais profundas e de volta novamente, e a formação temporária de migrações para procriação. Como convém a qualquer organismo móvel, as medusas dos cifozoários são equipadas com receptores sensoriais bastante sofisticados, implicando que o sistema nervoso é capaz de processar e integrar uma diversidade de estímulos (*inputs*) sensoriais. Os sistemas sensoriais incluem os órgãos de equilíbrio (**estatocistos**), receptores luminosos simples (**ocelos**) e, em algumas espécies, receptores de contato (**lóbulos sensoriais**). Os estatocistos e os ocelos ficam no interior de estruturas em forma de bastão, denominadas **ropálios**, que estão distribuídas ao longo das margens da umbrela (Figs. 6.8b e 6.9). Com os ropálios, são encontradas agregações densas de tecido nervoso. Esses gânglios atuam como marca-passos, desencadeando a contração rítmica do sino natatório.[8]

Os estatocistos operam como um princípio surpreendentemente simples. Partes tubulares de tecido (os **ropálios**) pendem livremente em vários locais por todas as margens

[8]Ver *Tópicos para posterior discussão e investigação*, nº 11, no final deste capítulo.

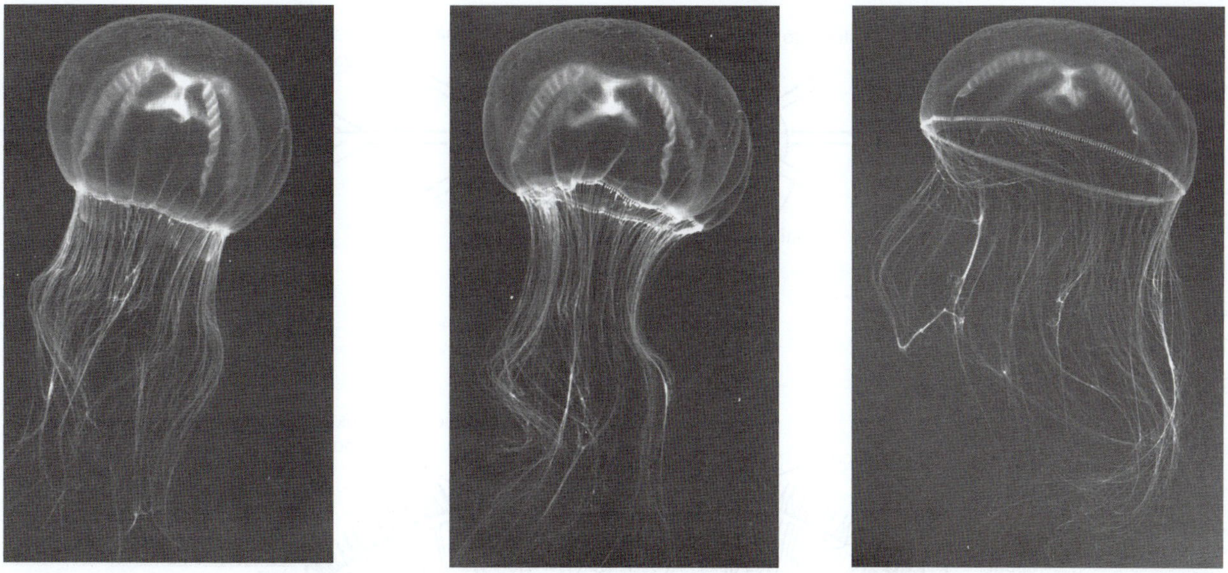

(a) (b) (c)

Figura 6.7

Locomoção do estágio de medusa de *Mitrocoma cellularia*. A umbrela tem um diâmetro de aproximadamente 70 mm. À medida que as contrações musculares forçam a água para fora da umbrela natante sob pressão, o animal é impulsionado na direção oposta (para cima, nestas fotografias). A propulsão eficiente baseia-se na incompressibilidade da água; o líquido deve deixar a umbrela, uma vez que ele não pode "esconder-se" sob ela por compressão. O animal mostrado é na verdade um hidrozoário e não um cifozoário; o véu é visto claramente como uma lâmina projetando-se da umbrela em (a). (Ver página 109 para discussão sobre medusas de hidrozoários.) (a) Batimento eficaz quase completo; observe que um volume de água expelida pode ser visto empurrando os tentáculos para fora aproximadamente na metade do seu comprimento. (b) Início do período de recuperação: a umbrela está em expansão; observe que a água ejetada se moveu para a parte baixa dos tentáculos. (c) Umbrela totalmente relaxada e expandida, pronta para a próxima contração.

(a-c) © Claudia E. Mills.

do sino natatório. Cada um desses ropálios é adjacente aos cílios sensoriais (mas não em contato contínuo com eles). Igualmente, cada tubo é equilibrado na extremidade livre com uma massa calcária esférica (**estatólito**). Se o animal se inclinar em uma determinada direção, os estatocistos na margem inferior pressionam contra seus respectivos cílios (Fig. 6.9b), fazendo as células nervosas associadas gerarem potenciais de ação. Portanto, o sistema ropálio/estatocisto proporciona um mecanismo pelo qual o animal pode ser informado de sua orientação física - isto é, se o corpo está na horizontal ou inclinado - e a água-viva pode alterar apropriadamente sua postura, mediante contrações mais fortes da musculatura de um lado da umbrela.

Os ocelos (receptores luminosos não formadores de imagem) são também encontrados na margem da umbrela. Um **ocelo** é simplesmente uma área pequena, muitas vezes em forma de taça, acompanhado por um pigmento fotossensível.

Os ciclos de vida do cifozoários são uma característica diagnóstica da sua biologia. As gônadas se desenvolvem dentro do tecido gastrodérmico e estão intimamente associadas às bolsas gástricas (Fig. 6.8). Com poucas exceções, as medusas individuais são masculinas ou femininas; isto é, os sexos são geralmente separados, e as espécies são ditas **gonocorísticas** ou **dioicas**. Isso contrasta com a situação frequentemente encontrada em outros invertebrados, na qual um indivíduo pode ser tanto masculino quanto feminino, simultaneamente ou em sequência. Essas espécies são chamadas de **hermafroditas** ou **monoicas** (do grego, uma única casa).

Em última análise, uma **plânula** (larva) resulta da união entre espermatozoide e óvulo, como em outros cnidários. Em geral, essa larva tem a forma de uma salsicha microscópica densamente ciliada. A plânula não alimentar logo fixa-se a um substrato e transforma-se em um indivíduo polipoide pequeno, denominado **cifístoma** (Fig. 6.10). Essa forma de **pólipo** tem a mesma construção com duas camadas (mais a camada de mesogleia) da medusa, mas a camada de mesogleia é substancialmente mais fina na forma de pólipo do que na de medusa. O cifístoma é séssil e carece de ocelos e estatocistos. Ele é um indivíduo alimentar, com a orientação da boca afastada do substrato.

À medida que cresce, o cifístoma pode produzir assexuadamente cifístomas por brotamento. Por fim, um processo denominado **estrobilação** ocorre na maioria das espécies. Durante a estrobilação, a coluna corporal de um cifístoma se subdivide transversalmente, formando numerosos módulos, que são empilhados um sobre outro (Fig. 6.10). Cada módulo finalmente desprende-se da pilha como uma **éfira** natatória. À medida que nada, cada éfira cresce gradualmente e se modifica em aparência física, tornando-se um cifozoário adulto.

Reflita por um momento sobre esse ciclo de vida. Os cifozoários utilizam a forma de pólipo relativamente inconspícua para conseguir algo realmente notável: a partir de um único óvulo fertilizado, que produz um só genótipo

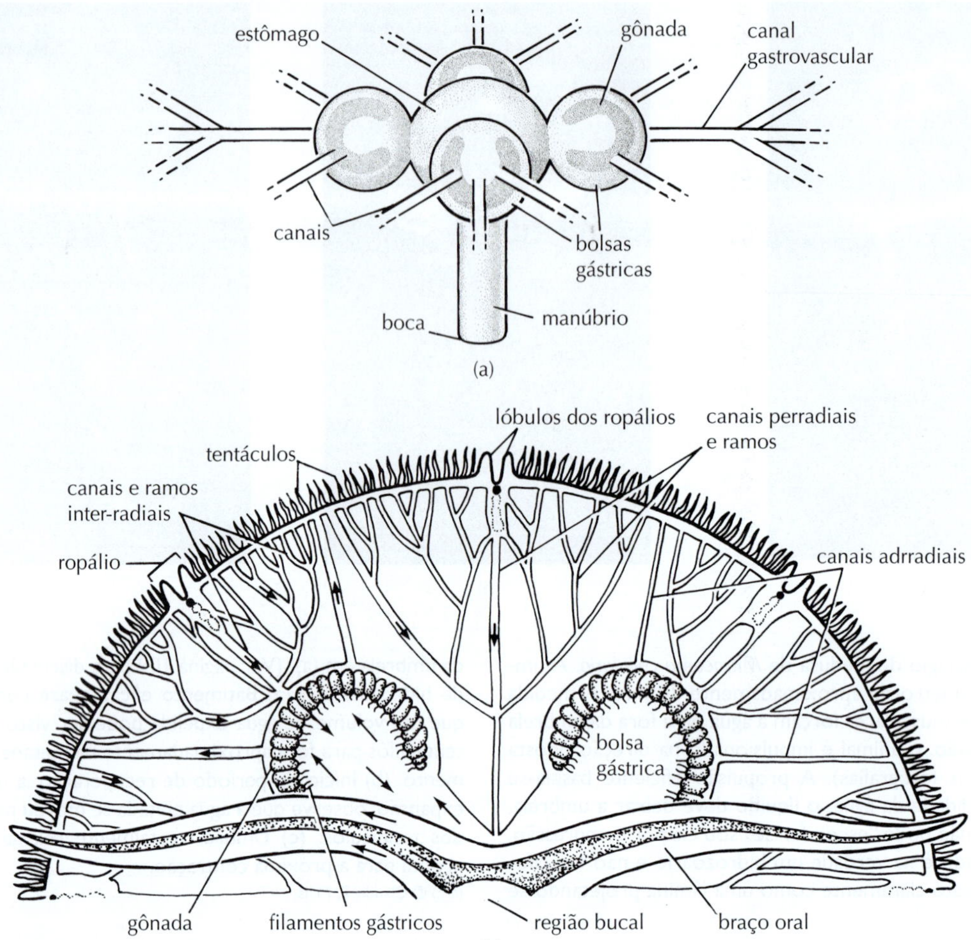

Figura 6.8

Detalhe do sistema de canais gastrovasculares dos cifozoários. (a) Vista lateral da medusa-da-lua, *Aurelia* sp. (b) Vista oral. Cílios que revestem o sistema de canais deslocam a água através da boca para as bolsas gástricas. A partir das bolsas, a água circula para a periferia do sino através de uma série complexa de canais estreitos, conforme apontam as setas. A Figura 6.9 apresenta detalhes dos ropálios, que são órgãos sensoriais.

(b) Segundo Hickman.

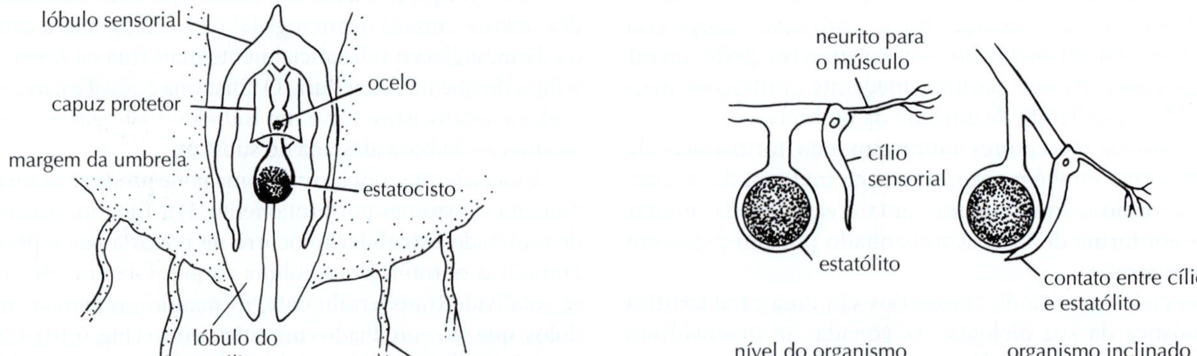

Figura 6.9

(a) Detalhe de um ropálio do cifozoário *Aurelia aurita*. A espécie ilustrada tem um estatocisto, um ocelo simples e um par de lóbulos sensoriais especializados associados com cada ropálio. Acredita-se que os lóbulos sensoriais funcionem como receptores químicos. (b) Princípio da operação do estatocisto. Quando o animal se inclina para o lado, o estatólito volta-se contra um cílio sensorial, iniciando um sinal nervoso para os músculos apropriados; essas contrações musculares, então, recolocam o animal na orientação certa.

(a) Segundo Hyman. (b) Segundo Wells.

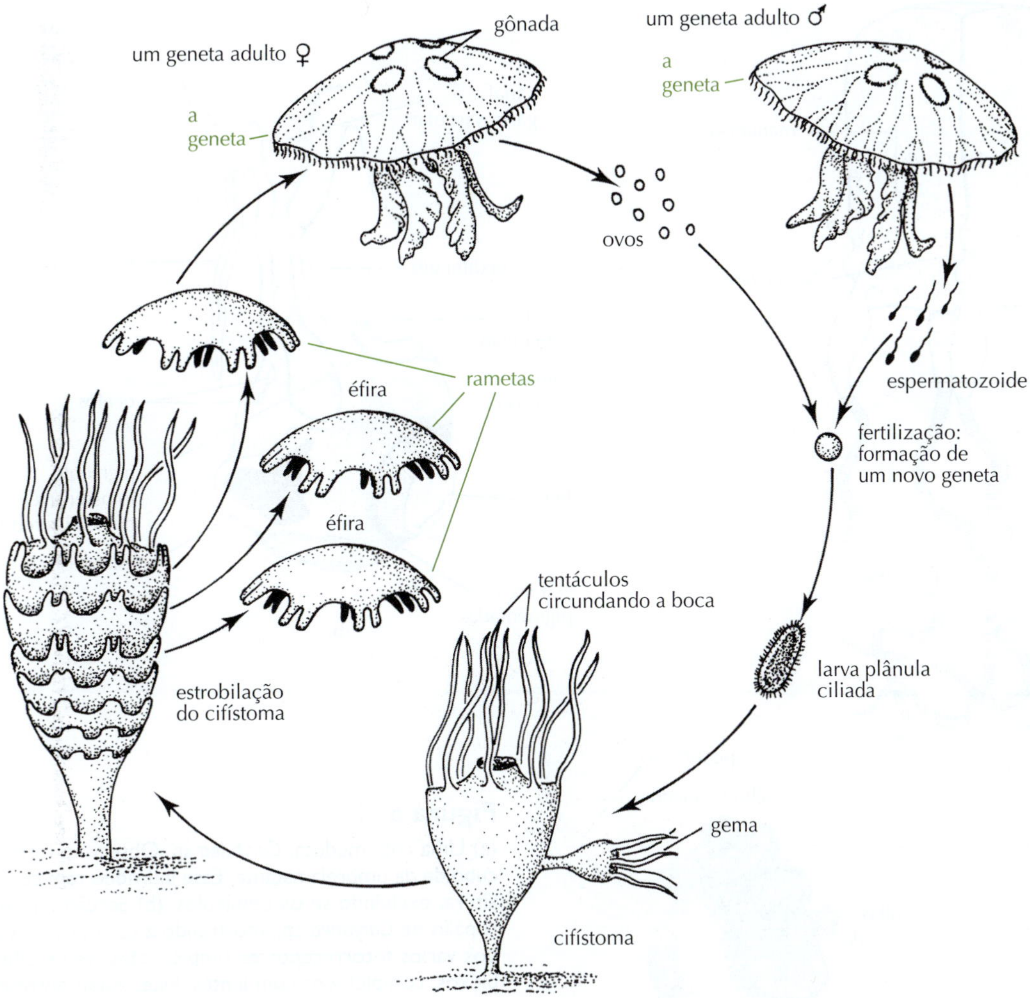

Figura 6.10

Ciclo de vida da medusa-da-lua, *Aurelia aurita*, um cifozoário típico. O estágio de pólipo (cifístoma) é pequeno – muitas vezes com apenas alguns milímetros de comprimento – e com frequência é encontrado pendente dos lados inferiores de saliências rochosas submersas. O cifístoma mostra crescimento modular, tanto por brotamento de novos cifístomas quanto por brotamento para produzir éfiras, que são rametas do geneta original.

(ou **geneta**), é gerado um grande número de medusas geneticamente idênticas e sexuadamente reprodutoras. Cada uma dessas unidades independentes, mas geneticamente idênticas, é chamada de **rameta** (Fig. 6.10).[9] Um fenômeno similar ocorre nos vermes achatados parasíticos, conforme discutido no Capítulo 8.

Em pelo menos algumas espécies, as éfiras livre-natantes podem se diferenciar de volta em pólipos de cifístomas, sob condições laboratoriais desfavoráveis.[10]

Classe Cubozoa

"A esposa estava gritando de dor e caminhava com auxílio do seu esposo - que também estava com dor - na direção da praia, onde ela tornou-se irracional e incapaz de suportar. Ela, então, ficou 'quieta e pálida'". S. K. Sutherland and J. Tibballs. 2001. *Australian Animal Toxins*. Oxford Univ. Press.

Características diagnósticas: 1) medusa com corpo semelhante a uma caixa; 2) ropálios com olhos complexos dotados de lente.

Os membros da pequena (cerca de 25 espécies) e interessante classe Cubozoa são denominados *cubomedusas*. Dados moleculares recentes sugerem que eles são os cnidários mais derivados. Como nos cifozoários, o estágio de medusa (água-viva) domina o ciclo de vida dos cubozoários. A cubomedusa geralmente tem alguns centímetros na sua dimensão maior e é extremamente transparente. A parte "cubo" do nome se refere ao fato de que todos os membros da classe possuem uma umbrela natante

[9]Ver *Tópicos para posterior discussão e investigação*, nº 17, no final deste capítulo.

[10]Piraino, S., D. de Vito, J. Schmich, J. Bouillon e F. Boero. 2004. *Can. J. Zool.* 82:1748-54.

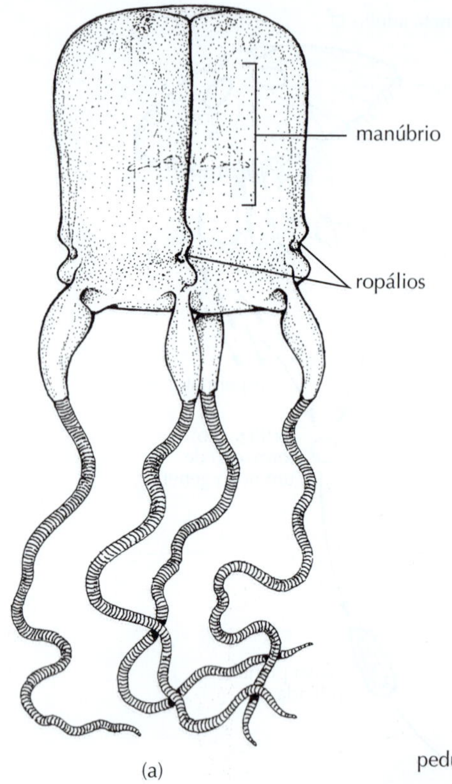

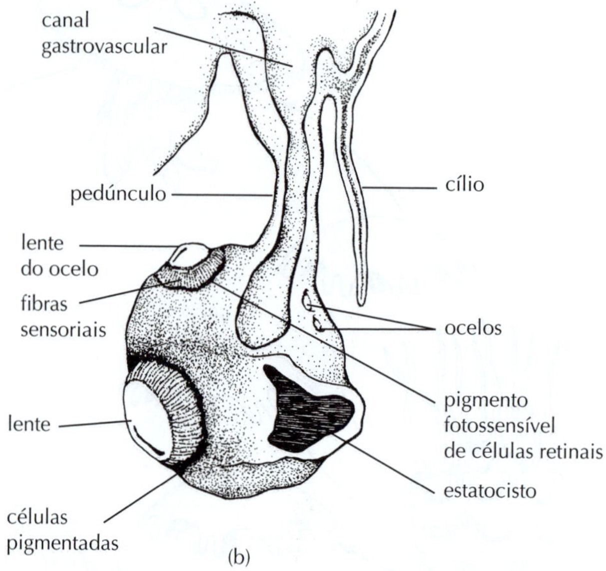

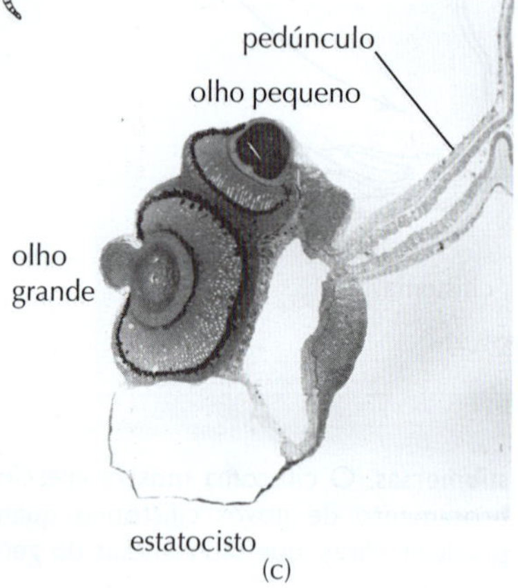

Figura 6.11

(a) Uma cubomedusa, *Carybdea* sp. Observe a forma nitidamente cuboide da umbrela natante. Esse indivíduo tem cerca de 3 cm de altura, excluindo-se os tentáculos. (b) Secção longitudinal de um ropálio de *Carybdea* sp., mostrando a estrutura dos ocelos. Além dos vários fotorreceptores simples, observe os olhos mais complexos, completados com lentes. Estes estão entre os olhos mais complexos encontrados nos invertebrados. Cada olho contém aproximadamente 11 mil células sensoriais. (c) Secção histológica de um ropálio da cubomedusa *Tripedalia cystophora*.

(b) Segundo Bayre e Owre: segundo Mayer e Conant, (c) De J. Piatigorsky et al., 1989. Em *Journal of Comparative Physiology* (A) 164:577-87. 1989. Copyright © Springer-Verlag, New York. Reimpressa com permissão.

cuboide. A umbrela é na verdade quadrada em secção transversal. Cada indivíduo porta quatro tentáculos ou quatro grupos de tentáculos, emergindo dos quatro cantos da umbrela, perto de quatro ropálios (Fig. 6.11a). Um animal com apenas 2 a 3 cm de diâmetro pode ter tentáculos com mais de 30 cm de comprimento. Esses tentáculos ostentam nematocistos altamente virulentos, o que levou as cubomedusas a serem conhecidas como "vespas-marinhas". As cubomedusas comem principalmente peixes pequenos, anelídeos e crustáceos, matando muitas vezes indivíduos muito maiores do que elas. Algumas espécies de cubomedusas, entretanto, matam seres humanos, provocando na vítima uma dor considerável.

As cubomedusas são geralmente nadadoras ativas e vigorosas, além de possuírem um sistema nervoso incomumente bem desenvolvido e olhos extraordinariamente complexos (Fig. 6.11b, c), os quais provavelmente podem formar imagens.[11] Em comparação com os cifozoários, a umbrela natante das vespas-marinhas curva-se para dentro na borda inferior, restringindo o tamanho da abertura pela qual a água é expelida quando a umbrela se contrai. Isso aumenta a força com que a água sai do sino e, portanto, o volume de propulsão obtida. O efeito é similar ao obtido quando se coloca um esguicho em uma mangueira de jardim. A força propulsora maior resulta da pressão para fora do mesmo volume de água, através de uma abertura menor no mesmo período de tempo.

Os cubozoários também diferem da água-viva verdadeira (cifozoários), pelo fato de o estágio de pólipo não apresentar estrobilação. Mais exatamente, o pólipo resultante de uma única larva plânula brota mais pólipos, cada um dos quais se desenvolve em uma única medusa. A produção assexuada de indivíduos geneticamente idênticos (rametas) que caracteriza os cifozoários é também realizada no ciclo de vida dos cubozoários, porém mediante um veículo diferente.

Os cubozoários são restritos a áreas tropicais e subtropicais, em cujas águas podem ser bem comuns em certas épocas do ano.

[11]Nilsson, D.-E., L. Gislén, M. M. Coates, C. Skogh e A. Garm. 2005. *Nature* 435:201-4.

Classe Hydrozoa

Os membros da Hydrozoa são caracterizados geralmente pela maior representatividade da forma de pólipo no ciclo de vida, como é o caso dos cifozoários. Apesar disso, as formas de pólipo e de medusa têm aproximadamente igual proeminência em várias espécies de hidrozoários, e a de medusa domina em algumas outras. Ao contrário de outros cnidários, o tecido gastrodérmico dos hidrozoários carece de nematocistos, e não são encontradas células dentro da mesogleia; os nematocistos são restritos à epiderme. A classe Hydrozoa abrange mais de 3 mil espécies distribuídas em duas subclasses. No mínimo 95% das espécies descritas pertencem à subclasse Hydroidolina. Os hidrozoários, em sua maioria, são marinhos.

Subclasse Hydroidolina

Embora a maioria dos membros dessa subclasse seja marinha, existem também muitas espécies de água doce - *Hydra* sp., por exemplo (ver Fig. 6.14a). Os hidroides são geralmente medusoides como adultos; isto é, o estágio sexuado do ciclo de vida assemelha-se ao encontrado nos Scyphozoa e, como as medusas dos cifozoários, as dos hidrozoários são comumente chamadas de água-viva. Enquanto as espécies mais bem conhecidas vivem em águas superficiais, estudos recentes empregando câmeras submersíveis têm revelado várias águas-vivas, tanto hidromedusas quanto cifomedusas, vivendo no fundo oceânico ou um pouco acima dele, desde várias centenas até mais de 1.000 m abaixo da superfície da água.

Como nos cifozoários, a camada de mesogleia da medusa dos hidrozoários é espessa, a boca é situada na extremidade de um manúbrio e os ocelos e estatocistos estão presentes. Os órgãos sensoriais podem ser encontrados na base dos tentáculos, como nos cifozoários, ou entre os tentáculos. Todas as medusas são gonocorísticas, sendo um determinado indivíduo masculino ou feminino, mas nunca ambos. No entanto, as medusas dos hidrozoários tendem a ser menores do que as dos cifozoários (geralmente apenas alguns centímetros ou menos de diâmetro) e muitas vezes possuem um tecido protetor (o **véu**), que se estende para dentro a partir da borda da umbrela em direção ao manúbrio (Fig. 6.12). A presença do véu determina que a água seja ejetada da parte de baixo da umbrela por uma abertura mais estreita e, portanto, com maior velocidade, quando a musculatura se contrai. O efeito é praticamente idêntico ao alcançado pela borda voltada para dentro da umbrela de cubomedusas (p. 108). As medusas dos cifozoários carecem de véu.

Como nos Scyphozoa, as larvas plânulas dos hidrozoários (Fig. 6.13) se desenvolvem de óvulos fertilizados, e a plânula geralmente sofre metamorfose em um indivíduo polipoide séssil carente de estatocistos e ocelos. Os pólipos dos hidrozoários são estrutural e funcionalmente mais complexos do que o são os cifístomas do ciclo de vida dos cifozoários. O gênero de hidrozoários mais conhecido dos leitores é provavelmente a *Hydra* de água doce, um hidrozoário um tanto atípico. Na *Hydra*, cada pólipo é um ser distinto, separado, completamente responsável

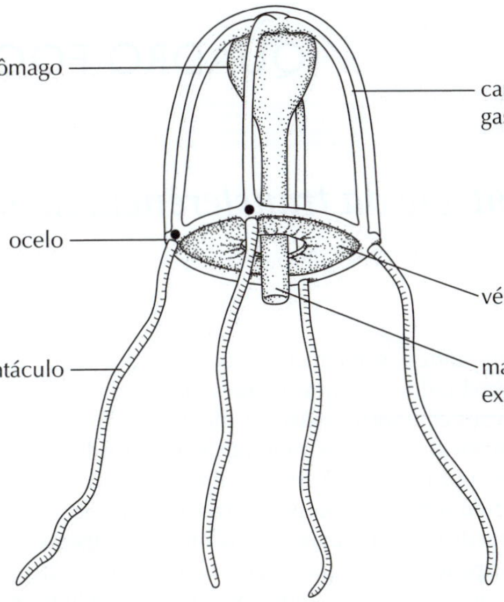

Figura 6.12

Ilustração diagramática de uma típica medusa de hidrozoário. Observe o véu conspícuo, através do qual a água é expelida vigorosamente quando a musculatura da umbrela natante se contrai. A água é expelida da parte de baixo da umbrela, como nas medusas dos cifozoários. O véu se estende na direção do manúbrio, mas não se funde com ele.

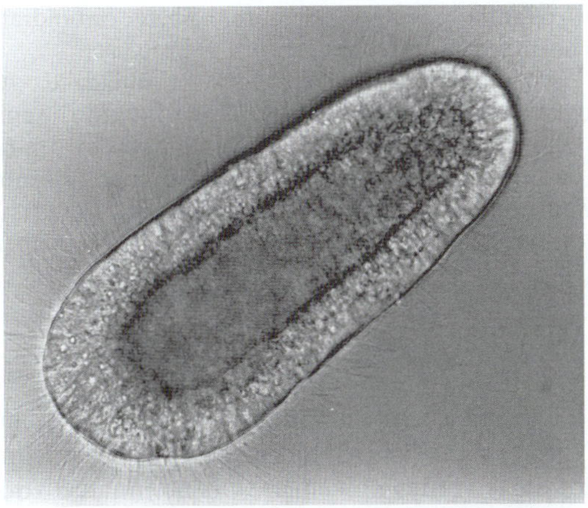

(a)

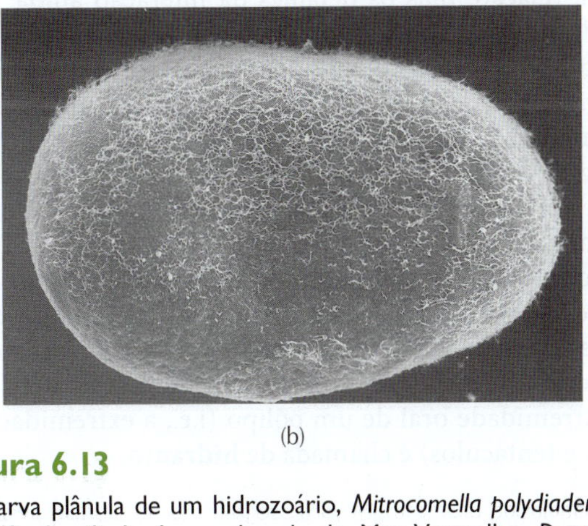

(b)

Figura 6.13

(a) Larva plânula de um hidrozoário, *Mitrocomella polydiademata*. (b) Plânula ciliada do coral mole do Mar Vermelho, *Dendronephthya hemprichi*.

(a) © Vicki J. Martin. (b) © Yehuda Benayahu. Dept. of Zoology Tel Aviv University.

QUADRO FOCO DE PESQUISA 6.1

Controle da transferência de nutrientes em associações simbióticas

Douglas, A. E., 1987. "The influence of host contamination on maltose release by symbiotic *Chlorella*." *Limnology and Oceanography* 32:1363:65.

As algas simbióticas suplementam as dietas dos seus hospedeiros invertebrados com quantidades substanciais de carboidratos e outros compostos ricos em energia. Embora a relação entre cnidários e suas algas simbióticas tenha sido estudada atentamente por mais de 25 anos, muito permanece ainda incompreendido sobre os processos de trocas de nutrientes entre algas e hospedeiros. Um tema especialmente intrigante é se o cnidário hospedeiro consegue regular a liberação de nutrientes das células algais. Afinal de contas, as algas de vida livre retêm a maior parte dos seus produtos finais fotossintéticos para seu próprio uso na respiração, no crescimento e na divisão celular. Quando as células algais (*Chlorella* sp.) são isoladas dos tecidos de hidrozoários de água doce (*Hydra* spp.) e cultivadas no laboratório, as células algais liberam pouco carboidrato para o meio circundante. Entretanto, quando vivem simbioticamente, as algas liberam para o hospedeiro cerca de 60% do carboidrato que produzem, geralmente como maltose. Essas observações sugerem que, por alguma razão, o tecido do hospedeiro estimula as algas simbióticas a liberar carboidrato que elas normalmente reteriam para seu próprio uso.

Para examinar essa tentadora possibilidade, Angela Douglas (1987) concentrou células algais de tecido de cnidário por trituração (**homogeneização**) da hidra verde e centrifugação da suspensão; a preparação na base do tubo da centrífuga continha células algais e tecido do hospedeiro. Douglas supôs que, se o tecido do hospedeiro estimulasse as algas a liberar os produtos da sua atividade fotossintética, essa liberação deveria ocorrer no tubo da centrífuga, e que a remoção do tecido do hospedeiro da preparação deveria diminuir a taxa com que os produtos da fotossíntese são liberados.

Quando a preparação crua (algas e células do hospedeiro) foi incubada na presença de dióxido de carbono radioativo ($^{14}CO_2$ fornecido como ^{14}C-bicarbonato de sódio) e iluminação adequada, as células algais incorporaram o ^{14}C nos carboidratos (Tabela foco 6.1, fileira 1, coluna 1), indicando que as células estavam em atividade fotossintética. Mais importante, as algas liberaram maltose para o meio, em taxas elevadas (Tabela foco 6.1, fileira 1, coluna 2), conforme previsto. Por outro lado, quando o tecido do hospedeiro no homogeneizado de hidra foi solubilizado com um detergente (SDS: deodecil sulfato de sódio), as algas liberaram pouca maltose, apesar de continuarem a realizar fotossíntese em taxas elevadas (Tabela foco 6.1, fileira 2). Essa comparação sugere fortemente que as células do hospedeiro regulam a liberação de carboidratos das algas.

Como apoio adicional à hipótese de regulação pelos hospedeiros, Douglas conseguiu reduzir a taxa de liberação de maltose, quando removeu o tecido do hospedeiro da sua preparação por um método inteiramente diferente: centrifugando o homogeneizado na presença de um gradiente de densidade, para separar com precisão os componentes com densidades diferentes – nesse caso, separando as células algais do tecido

pelo seu próprio bem-estar (Fig. 6.14a). Algumas espécies de *Hydra* (e alguns outros hidrozoários) abrigam em seus tecidos algas verdes unicelulares, denominadas **zooxantelas**. Tanto o hospedeiro quanto as algas se beneficiam dessa relação, mas os detalhes da interação ainda estão sendo descobertos (Quadro Foco de pesquisa 6.1).[12] Ao contrário do ciclo de vida da maioria dos outros hidrozoários, o da *Hydra* carece de um estágio de medusa. Ademais, a maioria dos outros hidrozoários é colonial no estágio de pólipo do ciclo de vida; isto é, uma única plânula geralmente origina um grande número de pólipos, denominados **zooides** (ou **módulos** da colônia). Todos os zooides são interconectados e compartilham uma cavidade gastrovascular contínua (Fig. 6.14b). Os zooides podem ser conectados também a um substrato através de um **estolão** (hidrorriza), o qual se assemelha a uma raiz. A extremidade oral de um pólipo (i.e., a extremidade da boca e tentáculos) é chamada de **hidranto**.

O estolão e os pedúnculos da colônia são comumente encerrados em um tubo protetor transparente, chamado de **perissarco** (Fig. 6.15a), composto por polissacarídeo, proteína e quitina. Dependendo da espécie, o perissarco pode ou não se estender para cima, a fim de envolver o hidranto de um pólipo. O perissarco que envolve o hidranto é chamado de **hidroteca** (Figs. 6.14c e 6.15a), e o hidroide é chamado de **tecado** (em oposição ao **não tecado**, Fig. 6,15b).

Diversos módulos estrutural e funcionalmente distintos estão muitas vezes presentes em uma única colônia hidroide; essas colônias são **dimórficas** (consistindo em dois tipos de módulos) ou **polimórficas** (com mais de dois tipos de módulos). Os módulos especializados para a alimentação são denominados **gastrozooides**. Os gastrozooides capturam animais pequenos utilizando os tentáculos (que são densamente revestidos de nematocistos) e ingerem a presa através da única abertura para a cavidade gastrovascular. A digestão é extracelular na cavidade gastrovascular e, após, torna-se intracelular à medida que o alimento é parcialmente digerido pela colônia, em grande parte mediante contrações rítmicas dos pólipos musculares.

[12]Ver *Tópicos para posterior discussão e investigação*, nº 5, no final deste capítulo.

Tabela foco 6.1 Efeito de vários tratamentos sobre as taxas de fotossíntese e liberação de maltose por zooclorelas simbióticas

Tratamento	1 Taxa de incorporação do ^{14}C (contagens do isótopo por minuto por 10.000 células por hora)	2 Taxa de liberação de maltose (fmol por célula por hora)
Sem tratamento	2.250	1,30
Detergente	2.150	Não detectável
Centrifugação por gradação da densidade	2.380	Não detectável

Observação: nesse estudo, as zooxantelas estavam concentradas por homogeneização da hidra verde em uma solução fisiologicamente adequada, centrifugando a suspensão resultante e coletando as células sedimentadas (fmol = femtomol [10^{-18} moles]).

do hospedeiro. Mais uma vez, a liberação de maltose pelas algas na ausência de tecido do hospedeiro foi escassamente detectável, embora as algas estivessem claramente realizando fotossíntese (Tabela foco 6.1, fileira 3). Em ambos os tratamentos, as células algais purificadas incorporaram ^{14}C aos carboidratos tão rápido quanto as preparações não purificadas (Tabela foco 6.1, coluna 1), indicando que os tratamentos não danificam as algas.

Esses dados sugerem que algo no tecido do hospedeiro (um "fator de liberação do hospedeiro") regula a liberação de carboidratos de algas simbióticas em hidra verde. Achados similares têm sido registrados para cnidários marinhos. Um próximo objetivo sensato é compreender como os hospedeiros exercem esses efeitos reguladores sobre seus hóspedes algais. Como você procederia?

Dados de A. E. Douglas, "The influence of host contamination on maltose release by symbiotic *Chlorella*." *Limnology and Oceanography* 32:1363-65, 1987. Copyright © 1987 American Society of Limnology and Oceanography, Inc., Seatle, Washington.

Os medusoides são produzidos assexuadamente por brotamento de diferentes regiões da colônia de pólipos. Uma única colônia de hidrozoário geralmente produz medusas masculinas ou femininas, porém, em algumas espécies, uma colônia pode aparentemente produzir medusas de ambos os sexos. Com frequência, os medusoides derivam de um tipo particular de módulo, denominado **gonozooide** (Fig. 6.15a). Alguns gonozooides carecem de tentáculos e, assim, são incapazes de alimentar-se; eles são especializados na produção de medusoides e precisam depender de outros membros da colônia para a nutrição.

Em alguns hidrozoários, as medusas por fim desprendem-se da colônia de pólipos, nadam e trocam gametas com outras medusas, conforme já discutido. Mais comumente, no entanto, a forma medusoide produtora de gametas permanece fixada à colônia do hidrozoário. Nessas espécies, existe o estágio de medusa sem nado livre. Na verdade, a forma de medusa pode ser pouco mais do que uma massa de tecido gonadal. Mesmo assim, é melhor pensar na medusa como o adulto. O estágio de pólipo, não importando quão conspícuo seja, é, então, considerado como um juvenil pré-pubescente que produz assexuadamente um estágio adulto independente. Em algumas espécies de hidrozoários, as medusas de vida livre brotam mais medusas geneticamente idênticas, a partir do manúbrio ou a partir de gemas tentaculares, antes de se desenvolverem. Como acontece com algumas medusas de cifozoários, as medusas de algumas espécies de hidrozoários podem "inverter" sua ontogenia sob condições estressantes (p. ex., por privação de alimento ou mudanças substanciais na salinidade ou na temperatura), voltando a ser pólipos;[13] desse modo, o programa genético completo para a formação do estágio de pólipo é retido pela medusa e pode ser reativado sob certas circunstâncias.

As colônias de hidrozoários em geral contêm módulos digitiformes especializados para a defesa (**dactilozooides**), bem como módulos especializados para alimentação e reprodução (Figs. 6.15b e 6.16). Os dactilozooides são densamente equipados com nematocistos. Os dactilozooides nunca possuem boca e, portanto, como alguns dos gonozooides altamente especializados, dependem dos

[13]Piraino, S., D. de Vito, J. Schmich, J. Bouillon e F. Boero. 2004. *Can. J. Zool.* 82:1748-54.

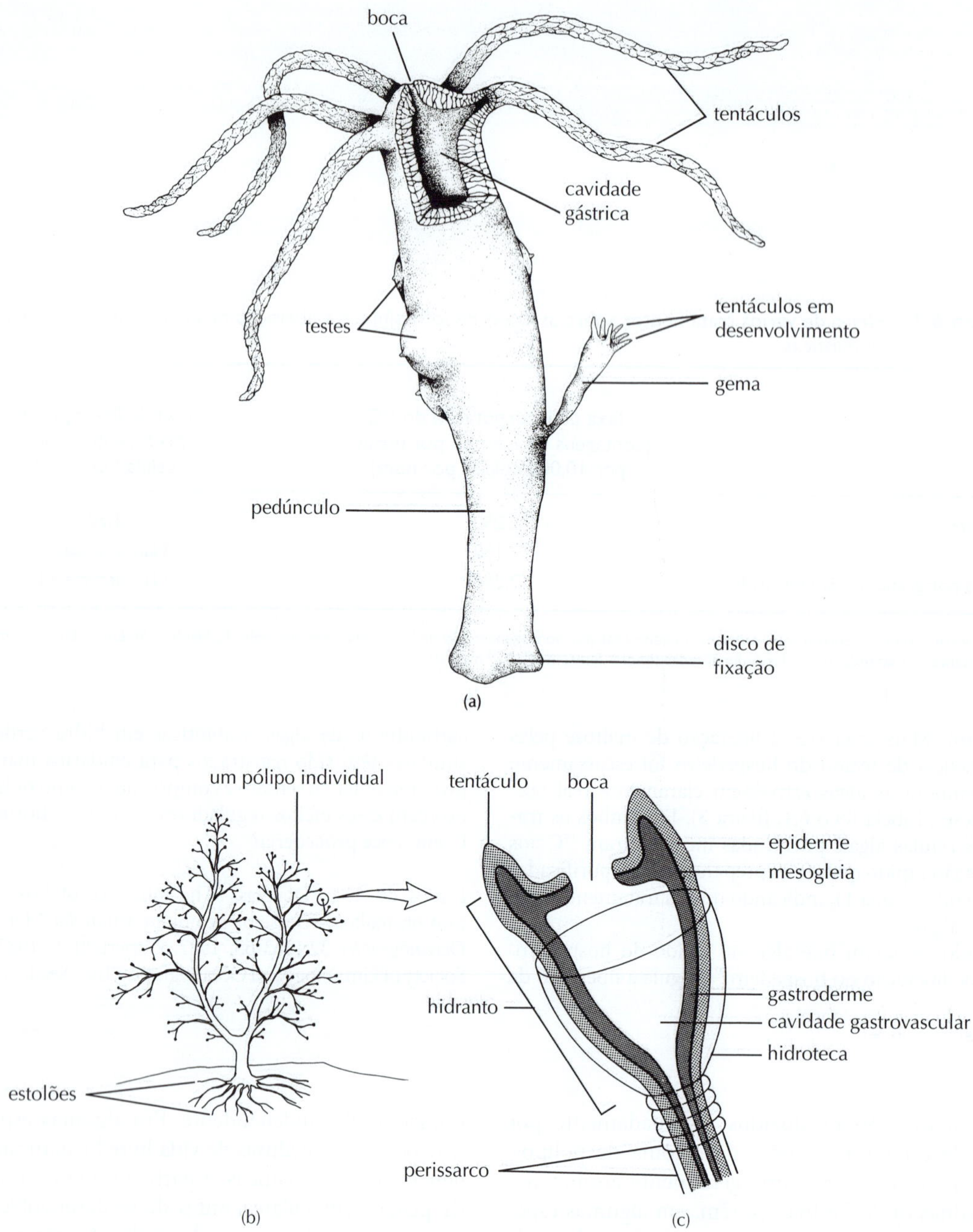

Figura 6.14

(a) Um membro de *Hydra*, um gênero de água doce. Na maioria das espécies, um único pólipo é gonocorístico, produzindo espermatozoides ou óvulos, mas não ambos, conforme ilustrado; algumas espécies são hermafroditas. Todas podem brotar novos indivíduos assexuadamente, conforme mostrado. Cada gema pode por fim desprender-se e estabelecer-se como um rameta separado. (b) Um hidroide colonial típico, *Campanularia* sp. A colônia inteira tem apenas alguns centímetros de altura. (c) Representação diagramática de um único pólipo de hidrozoário. Observe que a camada de mesogleia é muito mais fina do que na forma medusoide ilustrada na Figura 6.6a.

(b) Segundo Hyman, Vol. I.

gastrozooides para a captura de alimento. Todos os módulos de uma determinada colônia, não importa quão polimórfica ela seja, são derivados originalmente de uma única larva plânula, que serve como membro fundador de um novo geneta.

Muitos hidrozoários formam associações simbióticas espécie-específicas com outros animais, incluindo peixes, ouriços-do-mar, ascídias, anelídeos poliquetas, gastrópodes, bivalves, crustáceos, briozoários, esponjas, anêmonas-do-mar e até outros hidrozoários (Figs. 6.15b e 6.16a).

Ordem Siphonophora

A subclasse Hydroidolina contém três ordens; o epítome do polimorfismo dos hidrozoários é alcançado dentro da ordem Siphonophora. Os sifonóforos, que incluem a

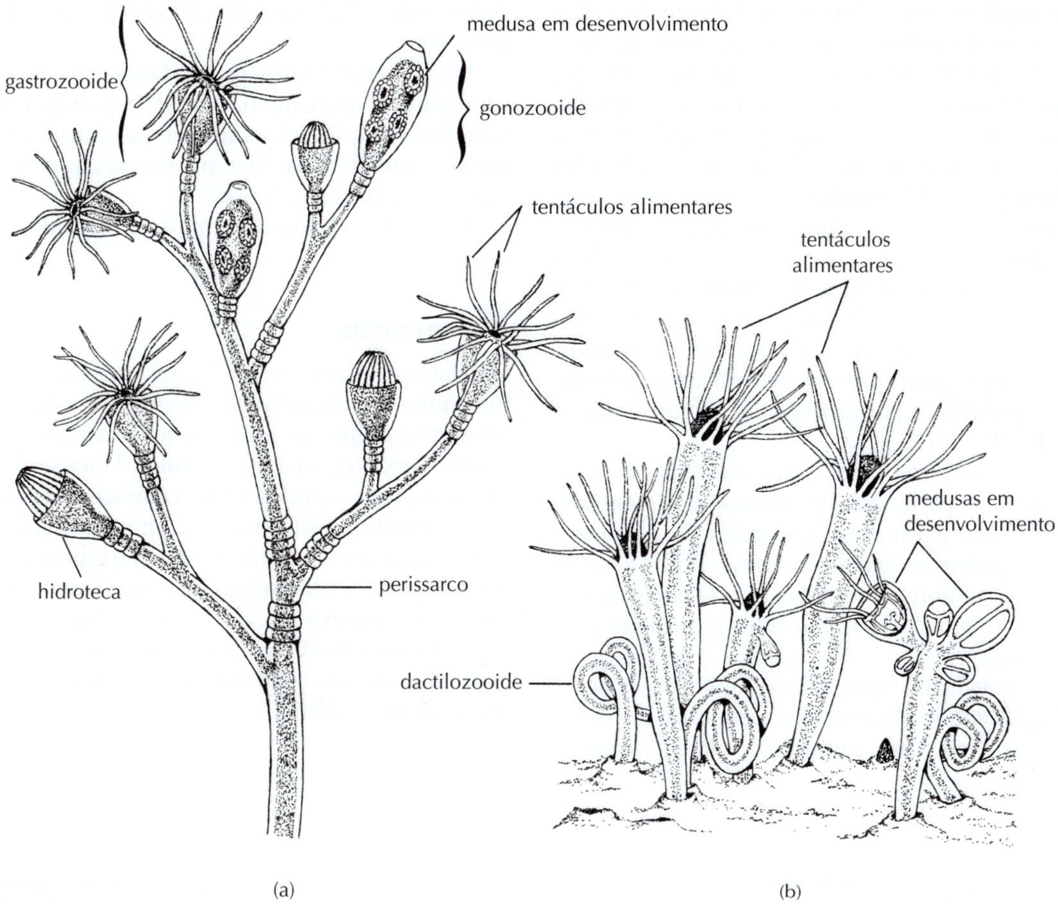

Figura 6.15

Um hidroide marinho tecado, *Obelia commissuralis*, mostrando pólipos especializados reprodutivos e alimentares (gonozooides e gastrozooides, respectivamente). Essa espécie geralmente forma uma cobertura espessa e descorada sobre estacas e boias em abrigos protegidos. (b) Um hidroide sem teca, *Podocoryne carnea*. Essa espécie possui indivíduos especializados para proteção (dactilozooide) e é comumente encontrada dentro de aberturas de conchas de caracóis ocupadas por caranguejos eremitas marinhos.

(a) Segundo McConnaughey e Zottoli; segundo Nutting.(b) Segundo McComminghey e Zottoli; segundo Fraser.

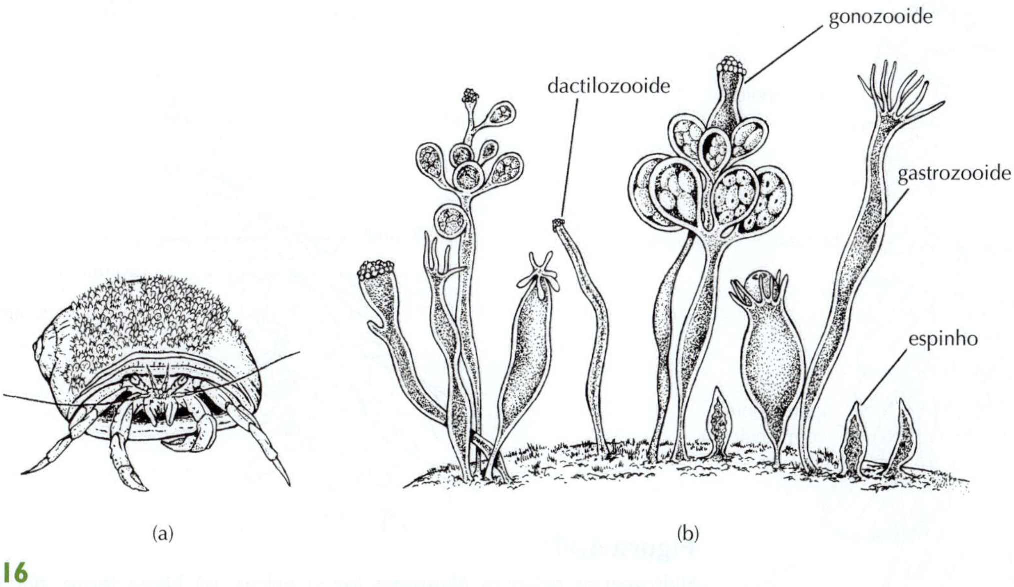

Figura 6.16

(a) Colônia de *Hydractinia echinata* incrustando na superfície externa de uma concha de caracol habitada por um caranguejo eremita. (b) Detalhe da colônia de *H. echinata*, ilustrando gastrozooides, gonozooides, dactilozooides e indivíduos modificados para formar espinhos protetores rígidos.

(a) De R. I. Smith, *Key to Marine Invertebrates of the Woods Hole Region*. Copyright © 1964 Marine Biological Laboratory, Woods Hole, MA. Reimpressa com permissão. (b) Segundo Bayer e Owre.

caravela-portuguesa, são colônias de hidrozoários flutuantes livres muito polimórficas, em que as formas medusoides e polipoides estão presentes simultaneamente. As medusas modificadas servem como módulos alterados para impulsionar a colônia pela água por propulsão a jato (**nectóforos**) ou como módulos defensivos semelhantes foliáceos (**brácteas** ou **filozooides**). Algumas espécies exibem flutuadores cheios de gás (monóxido de carbono), denominados **pneumatóforos**, que podem derivar também da arquitetura medusoide básica. A camada de mesogleia é muito reduzida ou inteiramente ausente nos pneumatóforos. Os nectóforos carecem de boca e de tentáculos. As brácteas são bem equipadas com nematocistos. A forma de pólipo é representada por gastrozooides, gonozooides e dactilozooides (Fig. 6.17).

Cada gastrozooide tem um único tentáculo associado a ele; estruturas portadoras de nematocistos (**tentilas**) podem projetar-se a partir desses tentáculos. Os dactilozooides também podem ter tentáculos associados. Todos os tentáculos dos sifonóforos são altamente retráteis, os nematocistos são, com frequência, muito tóxicos, inclusive para os seres humanos.

Os módulos dentro de uma colônia muitas vezes ocorrem em agrupamentos, denominados **cormídios**, dispostos sobre um longo eixo. Cada cormídio geralmente contém gonozooides, dactilozooides, filozooides (brácteas) e gastrozooides.

Uma ou mais formas podem faltar em alguns grupos de sifonóforos. Por exemplo, a caravela-portuguesa carece de nectóforos (Fig. 6.17c); os animais são movidos pelo vento e por correntes de água. Algumas outras espécies (Fig. 6.17b) carecem de pneumatóforos.

Todos os sinonóforos, como outros hidrozoários, são carnívoros vorazes.

Hidrocorais

Os chamados hidrocorais foram uma vez colocados em uma única ordem, a Hydrocorallina, mas atualmente estão em outros grupos de hidrozoários existentes (ver *Detalhe taxonômico,* no final deste capítulo). Trata-se de um número pequeno de espécies, todas coloniais que secretam um esqueleto calcário substancial, com a maioria delas restrita a águas quentes. Os dactilozooides são especialmente abundantes e potentes em muitas espécies; o nome popular "coral de fogo" é bem merecido. Todavia, esses animais não são corais verdadeiros. Os corais verdadeiros pertencem a uma classe diferente de cnidários, a classe Anthozoa, conforme discutido mais adiante.

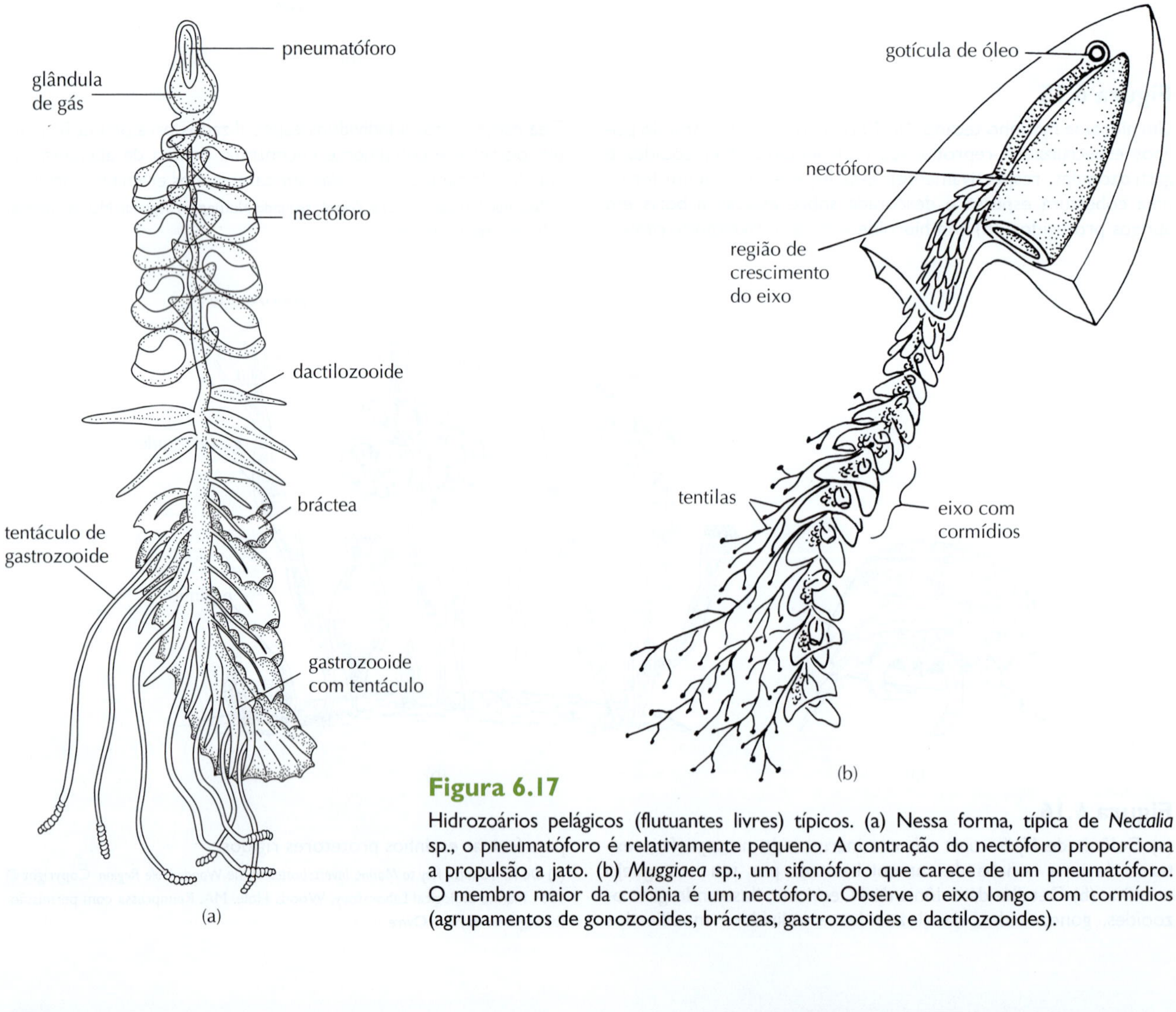

Figura 6.17
Hidrozoários pelágicos (flutuantes livres) típicos. (a) Nessa forma, típica de *Nectalia* sp., o pneumatóforo é relativamente pequeno. A contração do nectóforo proporciona a propulsão a jato. (b) *Muggiaea* sp., um sifonóforo que carece de um pneumatóforo. O membro maior da colônia é um nectóforo. Observe o eixo longo com cormídios (agrupamentos de gonozooides, brácteas, gastrozooides e dactilozooides).

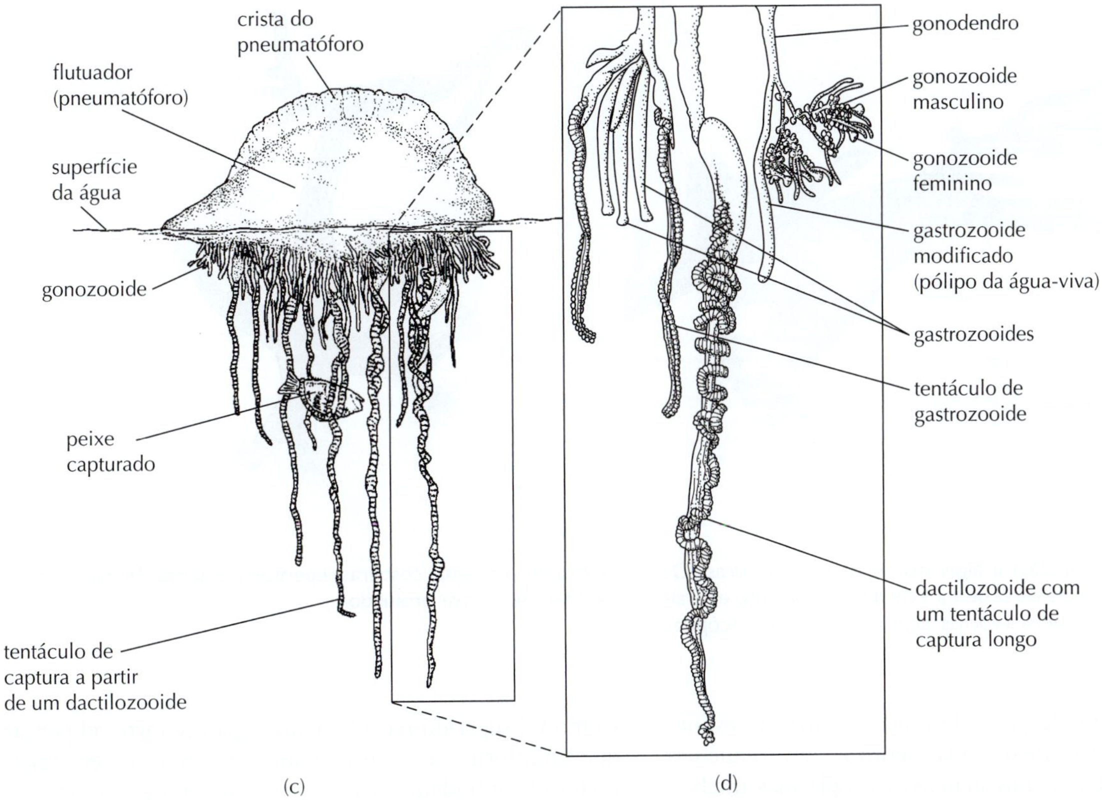

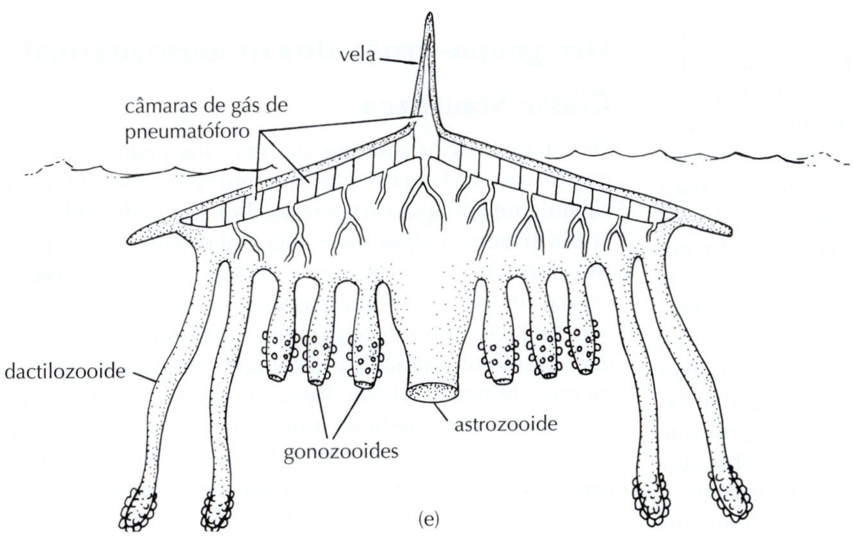

Figura 6.17 (*Continuação*)

(c) *Physalia*, a caravela-portuguesa. Esse sifonóforo não tem nectóforos e, desse modo, move-se sempre que sua "vela" for soprada. (d) Detalhe de *Physalia*. (e) Nesse hidrozoário (*Velella* sp.), o pneumatóforo é dividido em uma série de câmaras e apenas um único gastrozooide está presente. Os dactilozooides são dotados de nematocistos para capturar a presa. Como com *Physalia*, a locomoção é impulsionada pelo vento e pela corrente. Alguns pesquisadores afirmam que *Velella* é um pólipo individual elaborado, em vez de uma colônia de indivíduos. Ele não é mais considerado um sifonóforo.

Um grupo incomum de prováveis medusozoários: os Myxozoa

Os mixozoários são aproximadamente 2.200 espécies de parasitos extracelulares formadores de esporos, classificados até recentemente como protozoários. O esporo infeccioso presta-se para dispersar o parasito para um novo hospedeiro. Os mixozoários, em sua maioria, infectam anelídeos aquáticos (oligoquetas e poliquetas) e briozoários de água doce, geralmente com peixes servindo como hospedeiros intermediários no ciclo de vida. Nos viveiros e nas incubadoras de peixes, as infecções por mixozoários têm matado, direta ou indiretamente (por infecções secundárias), mais de 95% da criação. Assim como os organismos de um outro grupo até recentemente considerados protozoários (os microsporídeos, p. 59), os mixozoários possuem organelas distintivas, chamadas de **filamentos polares**; os mixozoários individuais geralmente produzem muitos desses filamentos, e cada um deles é enrolado firmemente no interior de **cápsulas polares** especializadas; essas cápsulas

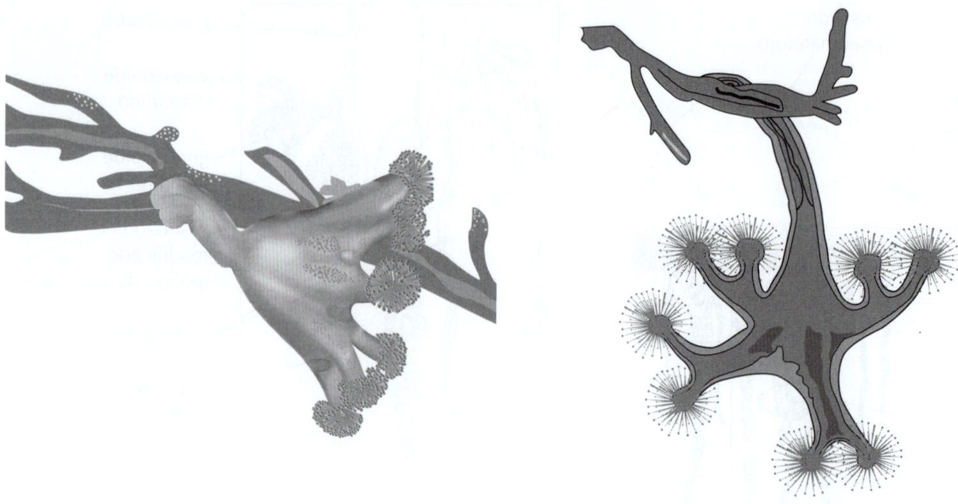

Figura 6.18

Dois estaurozoários, fixados a algas marinhas macroscópicas. Os animais têm normalmente cerca de 1 a 4 cm de comprimento e geralmente encontram-se fixados a rochas, algas marinhas macroscópicas ou cascalho em águas costeiras superficiais, embora algumas espécies localizem-se no mar profundo.

podem ocupar grande parte do espaço dentro do esporo (Fig. 6.19a, b). Além disso, cada esporo é com frequência multicelular, contendo dois ou mais esporoplasmas ameboides. Os esporoplasmas são liberados pela ruptura do esporo, em vez de pela descarga por um filamento polar destruído.

O que esses parasitos estão fazendo neste capítulo? Vários biólogos afirmaram por algum tempo que os mixozoários eram realmente animais multicelulares muito degenerados, não protozoários absolutamente. Dados moleculares coletados nos últimos 10 a 12 anos têm sustentado essa argumentação. Um dos mixozoários mais bem estudados (embora atípico), *Buddenbrockia plumatellae* (Fig. 6.19c), por vários anos foi considerado um briozoário peculiar degenerado. Todavia, resulta que as amostras de DNA que levavam a essa ideia foram contaminadas por tecido do hospedeiro do briozoário. Com a exclusão do DNA contaminado, *B. plumatellae* se agrupa com os cnidários, como parentes próximos (o grupo-irmão, na verdade) de medusazoários. De fato, um gene que codifica especificamente para proteínas de nematocistos de cnidários foi agora encontrado em um mixozoário.[14] Uma consequência interessante é que os assim chamados filamentos polares de mixozoários devem, na verdade, ser nematocistos, como suspeitou-se por um longo tempo com base em estudos ultraestruturais e de desenvolvimento. Ainda não está claro como os mixozoários estão relacionados aos outros membros do filo.

Diferentemente da maioria dos outros mixozoários, *Buddenbrockia plumatellae* é **vermiforme** (Fig. 6.19c) e contém quatro blocos de músculos longitudinais dispostos radialmente, utilizados na geração de ondas sinusoidais para locomoção, como o fazem os nematódeos. Mesmo assim, *B. plumatellae* não possui sistema nervoso ou órgãos sensoriais bem definidos, além de carecer de um intestino.

[14]Holland, J. W., B. Okamura, H. Hartikainen e C. J. Secombes. 2011. *Proc. R. Soc. B* 278:546-53.

Como foi sugerido recentemente,[15] parece razoável pensar que uma forma de saco produtora de esporos será finalmente encontrada no ciclo de vida, algo que possivelmente já foi descrito como uma espécie separada de mixozoário.

Um grupo-irmão dos medusozoários?

Classe Staurozoa

Os estaurozoários são, em sua maioria, pequenos (raramente mais de 4 cm de comprimento) e encontrados principalmente em águas frias rasas. Por um pedúnculo, eles vivem fixados a algas marinhas macroscópicas, rochas e cascalho (Fig. 6.18). Eles se alimentam principalmente de crustáceos pequenos que passam, capturando sua presa com oito conjuntos de tentáculos situados na sua extremidade distal; os tentáculos terminam em grandes agrupamentos de nematocistos. Desse modo, os estaurozoários parecem-se com medusas modificadas, mas vivem como pólipos; eles são comumente referidos como "águas-vivas pedunculadas". Não existe estágio de medusa natatória no ciclo de vida. Em vez disso, machos e fêmeas liberam seus gametas na água do mar e os embriões desenvolvem-se em plânulas alongadas. As plânulas não são ciliadas, o que as distinguem daquelas de outros medusozoários; em vez disso, elas rastejam sobre o substrato por contrações musculares. Assim, não há estágio natatório no ciclo de vida inteiro. Por fim, as larvas rastejantes se fixam a um substrato e, então, desenvolvem tentáculos alimentares e gônadas. Antes considerados como secundariamente simplificados a partir de ancestrais de cifozoários, estudos modernos sugerem que eles são os mais típicos dos medusozoários originais e que medusas de vida livre foram derivadas posteriormente dentro da linhagem.

[15]Monteiro, A. S., B. Okamura e P. W. H. Holland. 2002. *Molec. Biol. Evol.* 19:968-71.

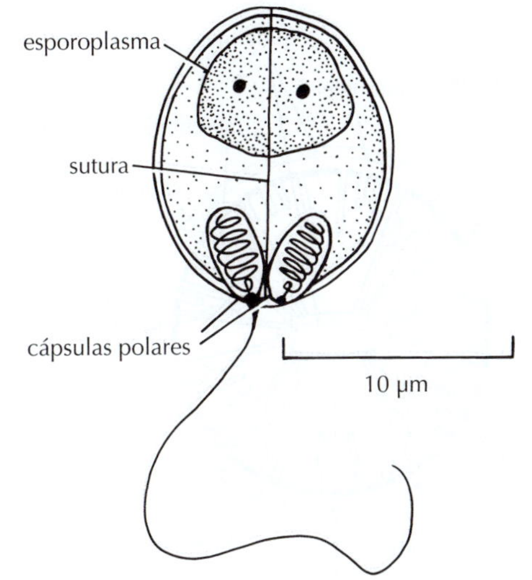

(a)

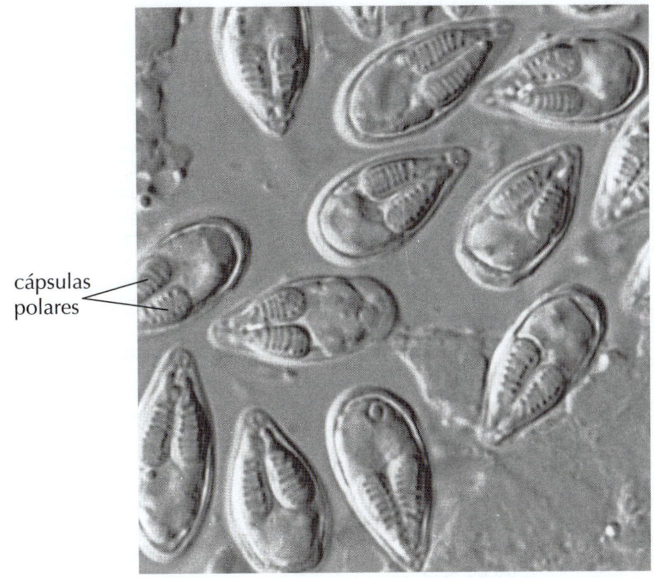

(b)

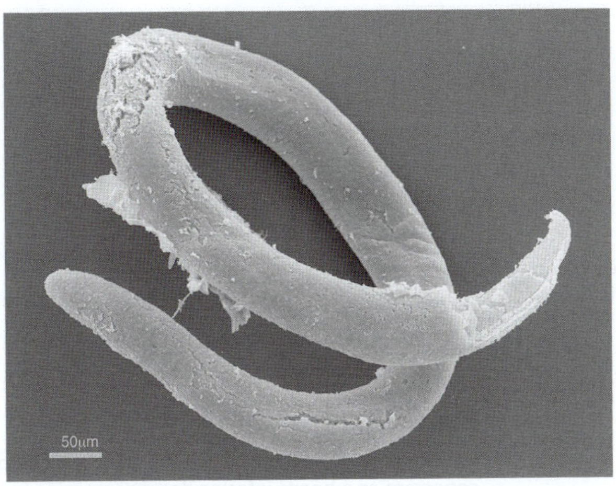

(c)

Figura 6.19

(a) Esporo de mixosporídeo com duas cápsulas polares, uma com um filamento prensado. Os esporozoítos infecciosos emergem do esporo após a ruptura ao longo da sutura. (b) Esporos do mixozoário *Myxobolus* sp. de um peixe. (c) *Buddenbrockia plumatellae*, mixozoário vermiforme atípico, é o principal responsável pelo posicionamento atual dos mixozoários dentro de Cnidaria.

(a) De John N. Farmer, *The Protozoa*. Copyright © 1980 The C. V. Mosby Company. (b) De W. L. Current et al. 1979. Myxosoma funduli Kudo (Myxosporida) in Fundulus kansae: ultrastructure of the plasmodium wall and of sporgensis. © Journal of Protozool. 26:574-583. (c) Cortesia de P. W. H. Holland, de Jimenez-Guri et al., 2007. "Science" 317:116-118. Copyright © American Association for the Advancement of Science. Reimpressa com permissão.

Subfilo Anthozoa

Características diagnósticas: 1) ausência (perda?) de um estágio de medusa (ou qualquer traço de um); 2) ausência (perda?) de opérculo e cnidocílio; 3) o DNA mitocondrial é circular (como na maioria dos eucariotos), em vez de linear (como em outros cnidários); 4) presença de sulco ciliado (sifonóglifo) na parede faringeal começando a partir da boca; 5) celêntero (cavidade gastrovascular) dividido por distintas lâminas de tecido (mesentérios/septos).

Os antozoários (incluindo as anêmonas-do-mar e os corais) consistem em aproximadamente 6 mil espécies, quase 70% de todas as espécies descritas de cnidários. Os antozoários formam um grupo-irmão de Medusozoa. Todos os antozoários são marinhos e exploram exclusivamente o estilo de vida e a forma corporal de pólipo; nenhum traço da forma de medusa aparece no ciclo de vida, levantando algumas indagações evolutivas que têm intrigado os biólogos por mais de 100 anos. Em particular, o cnidário original era um animal com a forma de pólipo, com as medusas evoluindo posteriormente; ou o cnidário ancestral era uma medusa, com a forma de pólipo evoluindo mais tarde e levando, por fim, à eliminação das medusas em todos os antozoários e muitos hidrozoários? E os cnidários eram originalmente bentônicos ou originalmente planctônicos? Esses temas permanecem sem solução, a despeito de muitas décadas de investigação ativa e de consideráveis debates.[16] O consenso presente favorece o cenário mostrado na Figura 6.5.

Na falta de uma medusa, os gametas são produzidos diretamente pelo pólipo do antozoário. Uma larva plânula se desenvolve a partir do óvulo fertilizado e passa por metamorfose para formar um outro pólipo. As larvas plânulas de algumas espécies de antozoários podem alimentar-se de fitoplâncton e outras partículas alimentares microscópicas; em outros grupos de cnidários, não foram encontradas quaisquer plânulas alimentares.

[16] Ver *Tópicos para posterior discussão e investigação*, nº 1, no final deste capítulo.

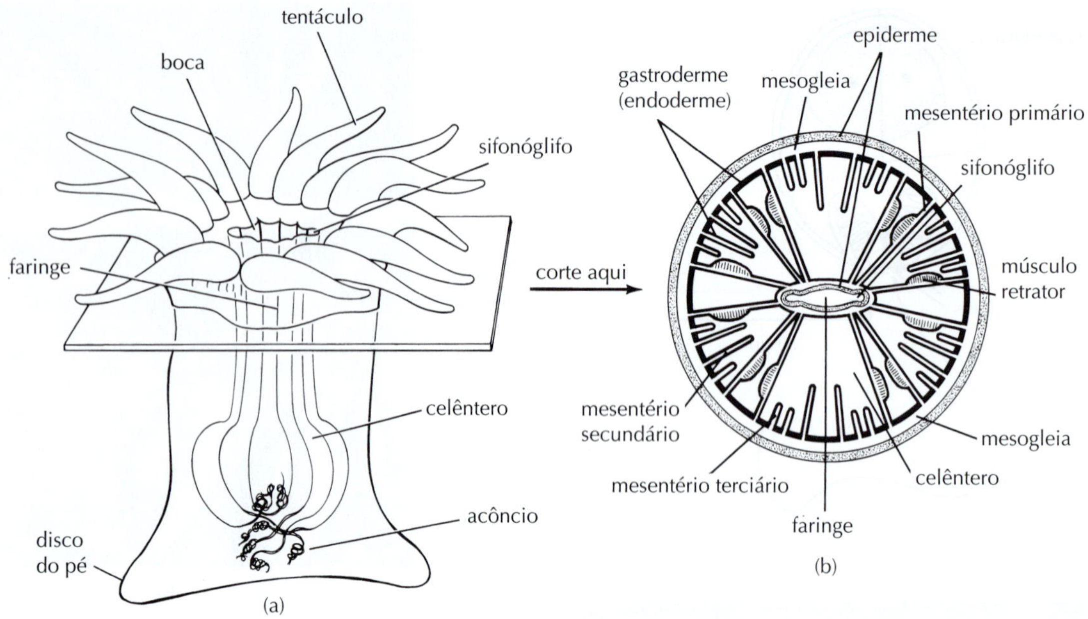

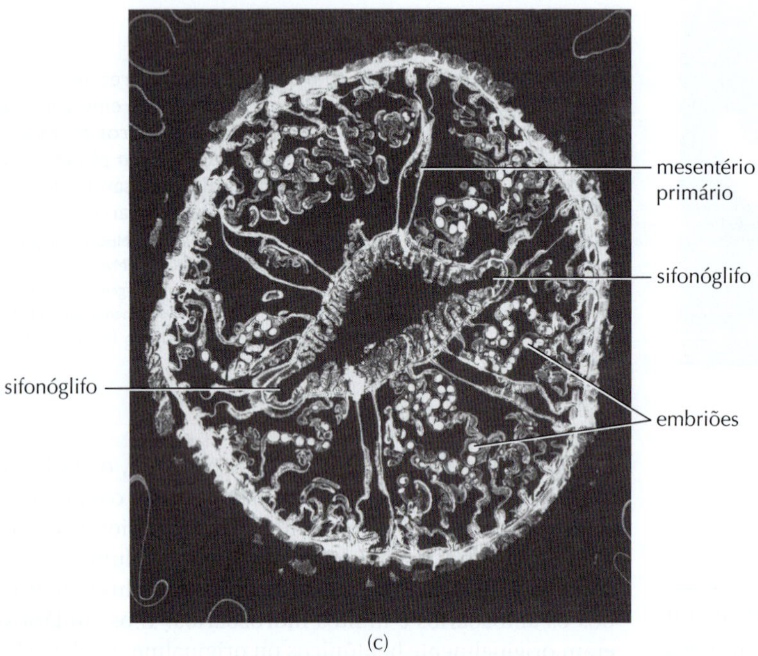

Figura 6.20

(a) Esquema de um antozoário típico. Os acôncios conectam-se à borda inferior dos mesentérios (não mostrados aqui). (b) Secção transversal do pólipo realizado na área indicada em (a). Fotografia de uma secção transversal de um antozoário. Observe os dois sifonóglifos e os embriões em desenvolvimento presentes em alguns dos mesentérios. (d) Detalhe de um mesentério incompleto, mostrando a estrutura trilobada na borda interna.

(c) Copyright © L. S. Eyster. (d) Modificada de M. Van-Praët. 1985. "Nutrition of sea anemones." *Adv. Marine Biol.* 22:66-69.

Pelo menos em laboratório,[17] algumas plânulas de corais podem secretar esqueletos calcificados flutuantes, possibilitando a sua flutuação por semanas na superfície da água; por fim, alguns desses pólipos abandonam o esqueleto flutuante, afundam até o fundo oceânico e secretam um novo esqueleto normal para a vida bentônica.

Muitas espécies de antozoários também se reproduzem assexuadamente, muitas vezes mediante uma **divisão** longitudinal ou transversal ou através de um processo de **laceração pedal**, em que partes do disco pedal (pé) separam-se do resto do animal e gradualmente se diferenciam em um novo rameta módulo individual.[18] Em espécies de recifes de corais, a fragmentação resultante de tempestades violentas pode também levar a uma replicação assexuada substancial.

Assim como os hidrozoários e cifozoários, os antozoários são prioritariamente carnívoros; eles capturam o alimento utilizando tentáculos equipados com nematocistos e o transferem a uma abertura oral central. No entanto, os pólipos dos antozoários e dos hidrozoários diferem em vários aspectos. A boca do antozoário se abre em uma faringe tubular, em vez de diretamente na cavidade gastrovascular,

[17] Vermeij, M. J. A. 2009. *Coral Reefs* 28:987.

[18] Ver *Tópicos para posterior discussão e investigação*, nº 10, no final deste capítulo.

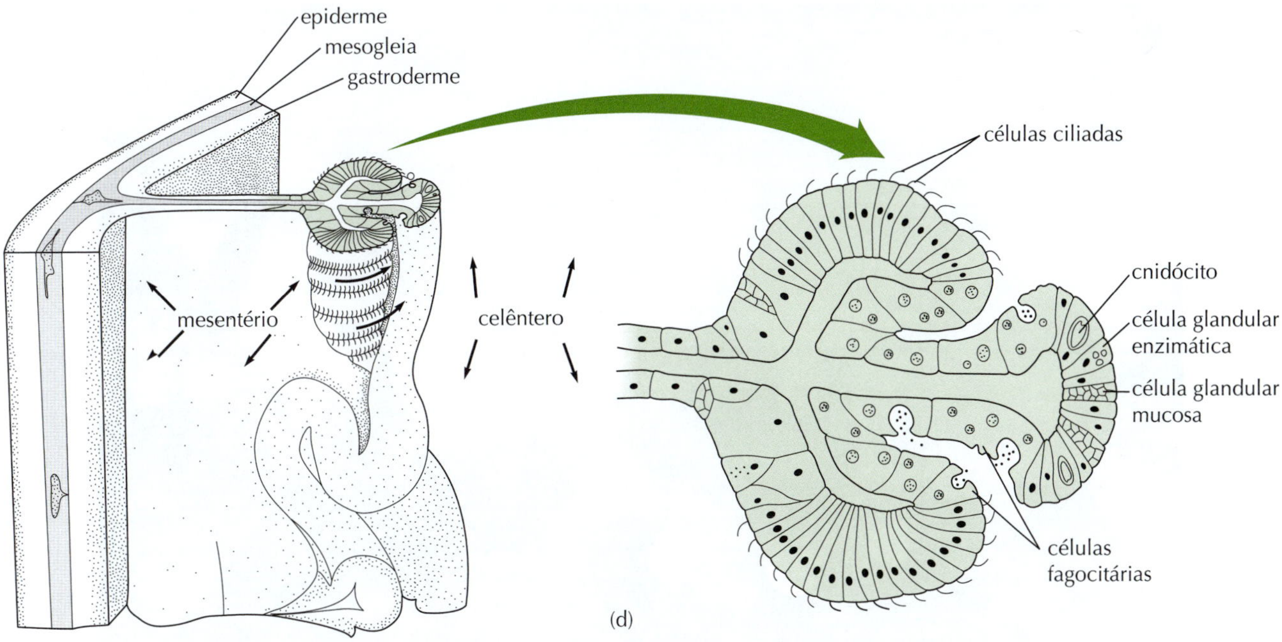

Figura 6.20 (*Continuação*)

e um ou dois sulcos ciliados discretos, denominados **sifonóglifos**, geralmente se estendem pela faringe a partir da boca (Fig. 6.20). A cavidade gastrovascular dos antozoários é dividida por numerosas lâminas de tecido, denominadas **mesentérios** ou **septos**, ao passo que não são encontrados mesentérios na cavidade gastrovascular de pólipos de hidrozoários. Essas invaginações de gastroderme e mesogleia aumentam consideravelmente a área de superfície disponível para secretar enzimas digestórias e absorção de nutrientes. Os mesentérios que se estendem da parede corporal até a cavidade gastrovascular, o suficiente para se fixarem à faringe, são denominados **mesentérios primários** ou **completos**. Aqueles que se estendem apenas parcialmente até a cavidade gastrovascular são denominados **mesentérios incompletos**. A borda livre dos mesentérios incompletos é trilobada, ciliada e dotada de nematocistos, células que secretam enzimas digestórias e células que realizam fagocitose de bactérias (Fig. 6.20d). Curiosamente, a disposição dos mesentérios mostra uma simetria bilateral básica, em vez de simetria radial. Adicionalmente, os mesentérios contêm músculos retratores longitudinais espessos (Fig. 6.20b) e portam as gônadas. Os antozoários são geralmente gonocorísticos, porém, algumas espécies são hermafroditas sequenciais.

Internamente, perto da base de um antozoário, em algumas espécies, filamentos finos, denominados **acôncios**, se estendem a partir do lobo mediano dos mesentérios (Fig. 6.20a); eles são carregados de nematocistos e células secretoras e podem se estender para fora do corpo, através de pequenos poros na parede corporal. Os acôncios são utilizados tanto ofensiva quanto defensivamente, e podem funcionar também na digestão.

Várias espécies de anêmonas possuem anéis de protuberâncias esféricas pequenas, que se estendem ao redor da circunferência da coluna corporal, logo abaixo dos tentáculos. Estes **acrorragos** ocos podem ser estendidos por uma distância substancial da coluna corporal, possivelmente forçando líquido para dentro deles a partir da cavidade gastrovascular, com a qual eles são contínuos. Os acrorragos são cobertos com nematocistos muito potentes; eles são empregados para defender o território contra a invasão por outras anêmonas, mesmo que sejam genetas da própria espécie (Fig. 6.21). Algumas espécies de anêmonas que carecem de acrorragos possuem, em vez disso, tentáculos especializados para lutar. Esses **tentáculos de captura** são análogos aos acrorragos, funcionando em encontros agressivos entre indivíduos.[19]

Os tecidos dos antozoários contêm fibras musculares circulares e longitudinais (Fig. 6.22). Desde que o animal mantenha sua boca fechada pela contração de músculos esfincterianos apropriados, a água do mar na cavidade gastrovascular pode servir como um esqueleto hidrostático (Capítulo 5). Por exemplo, pelo fechamento da boca, relaxação da musculatura longitudinal e contração dos músculos circulares da parede corporal, o animal torna-se longo e fino à medida que os músculos longitudinais são estendidos pelo aumento de pressão dentro da cavidade gastrovascular (Fig. 6.23). Em seguida, por contração dos músculos longitudinais em um lado do corpo e relaxação daqueles do outro lado, o animal pode inclinar-se para um lado, desde que os músculos circulares não possam estender-se. Em uma emergência, todos os músculos longitudinais podem ser contraídos enquanto a boca está aberta, fazendo o animal se achatar consideravelmente à medida que o líquido da cavidade gastrovascular é expelido.

[19]Ver *Tópicos para posterior discussão e investigação*, nº 9, no final deste capítulo.

Figura 6.21

Uma anêmona marinha, *Anthopleura krebsi*. O indivíduo à esquerda está exibindo numerosos acrorragos curtos abaixo dos seus tentáculos alimentares mais finos. Os acrorragos são usados pelas anêmonas para defender o território contra a invasão por anêmonas vizinhas.

A forma resultante foi referida como o disfarce da "goma de mascar sobre uma pedra" (Fig. 6.23c). A reinflação é um tanto lenta, sendo dependente da atividade dos cílios que revestem os sifonóglifos; esses cílios "dirigem" a água de volta para a cavidade gastrovascular.

Muitas espécies de antozoários conseguem mover-se de um local para outro com sua própria força, embora, em geral, muito lentamente. Uma anêmona com movimento rápido pode alcançar uma velocidade de vários milímetros por minuto. Algumas anêmonas são comumente encontradas no dorso de invertebrados mais velozes, sendo transportadas de maneira casual. Algumas espécies conseguem "nadar" por pequenas distâncias em resposta a predadores,[20] mas a maioria das anêmonas é basicamente sedentária.

Alguns antozoários apresentam uma simetria bilateral evidente; essa simetria parece ser gerada pelos mesmos mecanismos moleculares (expressão dos genes *Hox*) que geram a simetria bilateral em outros animais.[21] Isso levanta a tentadora possibilidade de que a simetria bilateral surgiu em Cnidaria antes da separação que deu origem ao que são reconhecidos tradicionalmente como animais bilaterais.

Uma dessas anêmonas com simetria bilateral, *Nematostella vectensis*, é o primeiro cnidário que teve seu genoma completamente sequenciado, em um projeto concluído em 2006.

Subclasse Hexacorallia (= Zoantharia)

Os hexacoraliários possuem muitos tentáculos ao redor da abertura da boca (geralmente alguns múltiplos de 6) e seis pares de mesentérios primários (Fig. 6.20b). Um par de sifonóglifos está associado à faringe. Muitas espécies dessa subclasse são **solitárias** (i.e., elas são rametas independentes, em vez de colônias de nódulos conectados) e carecem de uma cobertura protetora especializada. Essas espécies

[20] Ver *Tópicos para posterior discussão e investigação*, nº 2, no final deste capítulo.

[21] Finnerty, J. R., et al., 2004. *Science* 304:1335-37.

Figura 6.22

Representação diagramática da musculatura e camadas de tecidos na parede corporal e no mesentério (septo) de um antozoário típico.

Segundo Bullock e Horridge.

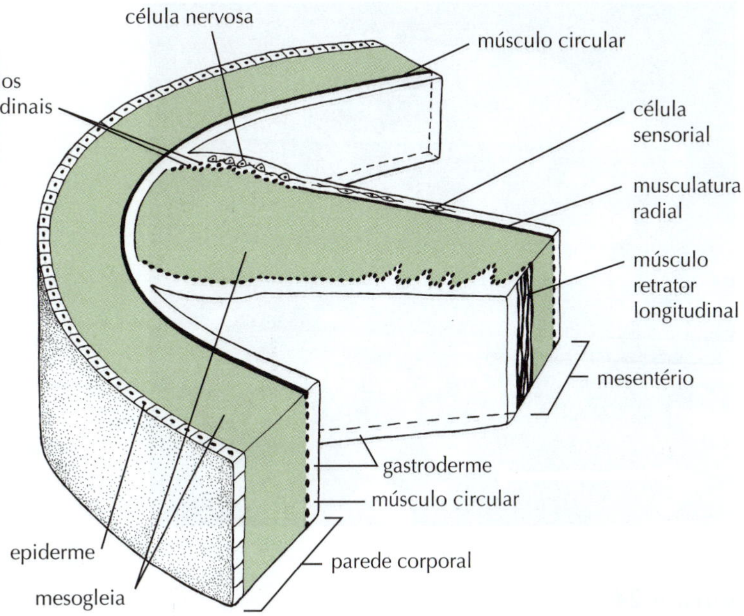

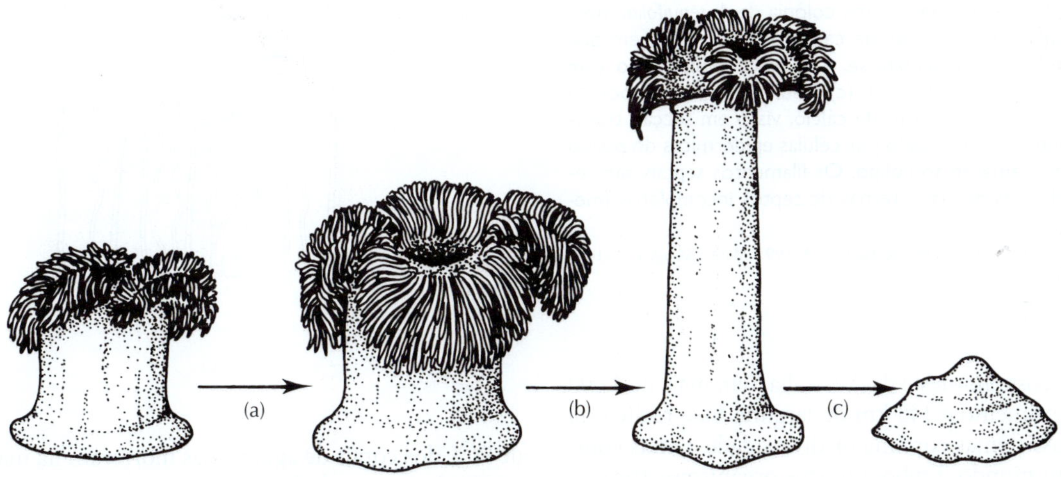

Figura 6.23

Mudanças de forma da anêmona-do-mar *Metridium senile*. (a) O animal está inflando lentamente, usando os cílios no sifonóglifo para deslocar a água em direção à cavidade gastrovascular. (b) Mediante fechamento da boca, relaxação dos músculos longitudinais e contração dos músculos circulares, a anêmona aumenta em altura, mas decresce em largura corporal. (c) Mediante abertura da boca e contração dos músculos longitudinais, a maior parte do líquido na cavidade gastrovascular é rapidamente expelida. Para recuperar sua forma original, por ação ciliar, o animal precisa bombear água de volta em direção ao celêntero, um processo muito mais lento.

Segundo Batham e Pantin.

são as anêmonas-do-mar, conforme está expresso na descrição da classe. As outras espécies dessa subclasse tendem a ser coloniais; ao contrário dos hidrozoários coloniais, entretanto, esses antozoários nunca são polimórficos. Dessas espécies coloniais, as mais bem conhecidas são os corais verdadeiros (de pedra), que secretam substanciais esqueletos externos de carbonato de cálcio. Essas espécies são também chamadas de corais escleractíneos, os quais dão nome à ordem Scleractinia (Figs. 6.24 e 6.26a, b) Os corais escleractíneos podem formar recifes (**hermatípicos**) ou não (**a-hermatípicos**).

Os corais hermatípicos, em sua maioria, estão restritos a águas claras e quentes. Os recifes de corais são especialmente abundantes em áreas tropicais do Indo-Pacífico, formando cadeias de ilhas e outras estruturas de grandes proporções. A Grande Barreira de Recifes (Great Barrier Reef),

(a)

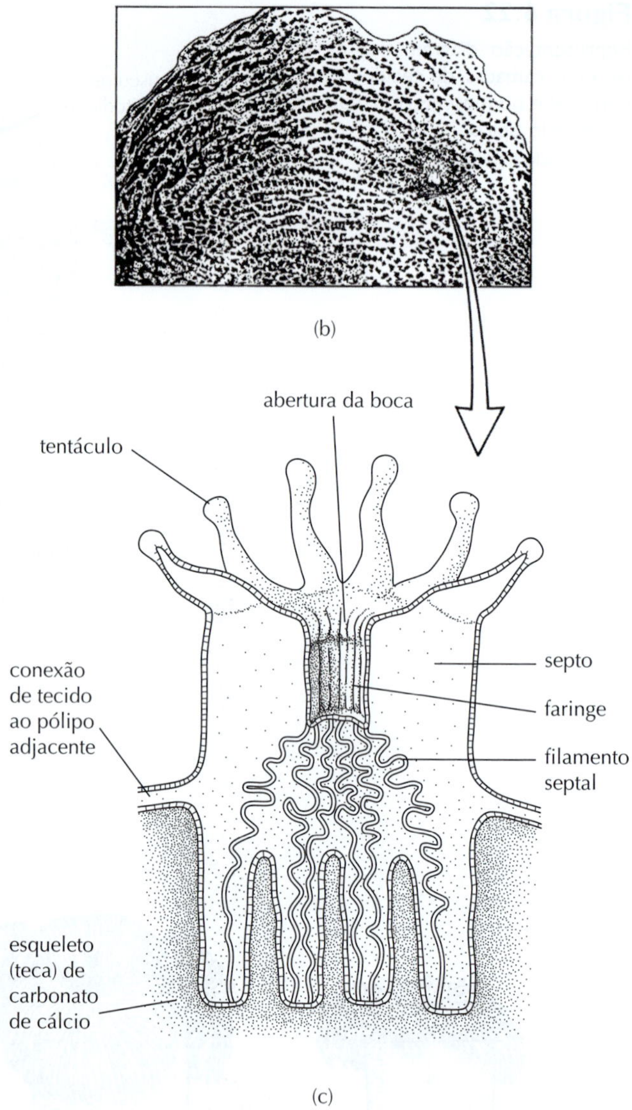

Figura 6.24

(a) *Agaricia tenuifolia*, um coral escleractíneo das águas de Belize. Escala de aproximadamente 15 cm. Ao contrário de muitas espécies de corais duros que produzem colônias enormes e fortes, *A. tenuifolia* produz colônias frágeis e semelhantes a folhas. (b) Detalhe de uma "folha" morta de uma colônia de *A. tenuifolia*, mostrando os esqueletos ou tecas de carbonato de cálcio, em que os pólipos individuais assentam-se. Um único pólipo vivo está ilustrado no lado direito da folha. (c) Detalhe do pólipo apoiado no seu esqueleto de carbonato de cálcio, visto em secção transversal. O esqueleto é secretado por células epidérmicas do pólipo e situa-se externamente ao pólipo. Os filamentos septais são regiões trilobadas nas bordas internas de septos incompletos (mesentérios).

(a) Cortesia de E. A. Chornesky. De Chornesly, E. A. 1991. *Marine Biology* 109:41-51. © Springer-Verlag.

ao longo da costa nordeste da Austrália, tem mais de 2.000 km de comprimento e 145 km de largura. Esse recife está entre os ecossistemas com maior diversidade e mais complexidade no mundo. Embora outros organismos (principalmente algas vermelhas calcárias, foraminíferos, moluscos com conchas, certos poliquetas tubícolas e briozoários) representem contribuições significativas para a estrutura e estabilidade dos recifes, os antozoários normalmente desempenham o papel principal na construção desses espetaculares hábitats.[22] Anualmente, a calcificação dos corais acrescenta cerca de 10 kg de $CaCO_3$ (carbonato de cálcio) adicional por m^2 de recife. Os anos recentes têm sido de crescente preocupação a respeito dos efeitos de doenças, aquecimento global, aumento da acidez da água do mar (Quadro Foco de pesquisa 6.2), depleção do ozônio, crescimento da exploração comercial (p. ex., de joias), aumento dos danos por operações de pesca em águas profundas, além do aumento da poluição e descarga de resíduos sobre a saúde e estabilidade de recifes de corais e ecossistemas de recifes de águas profundas.[23] Em 1998, por exemplo, mais de 90% dos corais de águas rasas morreram na maioria dos recifes do Oceano Índico.

Embora quase todos os antozoários sejam carnívoros, os recifes de corais prosperam principalmente em áreas de baixa produtividade planctônica. Isso é surpreendente porque a produção e abundância nas águas circundantes são insuficientes para sustentar esse exuberante crescimento dos corais; até agora, os recifes estão lá. Anos de pesquisa mostram que o crescimento dos corais é ajudado nesses locais por uma relação complexa com organismos fotossintetizantes unicelulares simbióticos (na verdade, dinoflagelados modificados, geralmente membros do gênero *Symbiodinium*), denominados **zooxantelas** (Fig. 6.24).[24] Através da fotossíntese, eles fornecem ao hospedeiro dos antozoários compostos orgânicos de baixo peso molecular e ricos em energia; medições recentes mostram 20 a 95% do material fixado pela fotossíntese sendo liberado para o hospedeiro, principalmente como ácidos graxos, gotículas lipídicas, aminoácidos, glicose ou glicerol. Em troca, as

[22]Ver *Tópicos para posterior discussão e investigação*, nº 13, no final deste capítulo.
[23]Ver *Tópicos para posterior discussão e investigação*, nº 15, no final deste capítulo.
[24]Ver *Tópicos para posterior discussão e investigação*, nº 3 a 5, 15, no final deste capítulo.

QUADRO FOCO DE PESQUISA 6.2

Efeitos da acidificação dos oceanos sobre as taxas de crescimento dos corais

Albright, R. e C. Langdon. 2011. Ocean acidification impacts multiple early life history processes of the Caribbean coral *Porites astreoides*. *Global Change Biol.* 17:2478-87.

A Revolução Industrial iniciada no início dos anos 1800 causou crescimentos consideráveis no CO_2 atmosférico, em grande parte pelo aumento da combustão do carvão, petróleo e outros combustíveis fósseis, além do aumento da produção de cimento; na verdade, os níveis atuais de CO_2 atmosférico de aproximadamente 390 ppm (partes por milhão) são cerca de 40% mais altos do que em 1850. Como consequência da atividade humana, os níveis de CO_2 têm subido aproximadamente 100 vezes mais rápido do que qualquer coisa que temos sido capazes de documentar nos últimos 650 mil anos.

Aproximadamente um terço dessas emissões de CO_2 tem sido absorvido pelos oceanos do mundo, o que tem impedido o aumento dos níveis de CO_2 atmosférico. Como desvantagem, contudo, o pH da água do mar diminuiu em torno de 0,1 unidade desde o começo da Revolução Industrial, com um declínio correspondente no estado de saturação de carbonato de cálcio. Nos próximos 100 anos, são previstos declínios adicionais de 0,3 unidade de pH. Pesquisadores por todo o mundo estão estudando ativamente os efeitos possíveis desses declínios sobre uma diversidade de organismos marinhos em uma multiplicidade de estágios da história de vida.

É provável que os organismos produtores de suportes de $CaCO_3$ e estruturas protetoras sejam particularmente vulneráveis a declínios no pH e nas concentrações de íons carbonato. Albright e Langdon (2011) examinaram uma gama de possíveis efeitos sobre o recrutamento e as vidas iniciais de *Porites astreoides*, um coral caribenho comum. Eles manipularam a química da água do mar borbulhando-a com ar enriquecido de CO_2, visando produzir concentrações desse gás na água do mar, o que esperamos encontrar nos próximos 50 anos (560 ppm) e nos próximos 100 anos (800 ppm). Doze colônias adultas de *P. astreoides* foram coletadas de um recife costeiro perto de Key Largo, FL, e mantidas no laboratório até que liberassem suas larvas (larvas plânulas). Após, as larvas foram expostas a placas de calcário e condicionadas por 40 dias com água do mar fluente, a fim de desenvolver filmes microbianos e algais que pudessem estimular as larvas plânulas a se fixarem e se metamorfosearem. Uma vez que as larvas do coral tenham se metamorfoseado sobre as placas, estas foram mantidas a 26°C por 49 dias em aquários com níveis de CO_2 da água do mar em aproximadamente 380 ppm (controle), 560 ppm ou 800 ppm, com 14 a 16 placas replicadas por condição. Foram feitas fotografias de cada placa no início e no final do estudo, a fim de determinar a amplitude do crescimento de cada colônia de corais, expresso como a taxa em que a área de superfície da colônia cresceu ao longo do tempo: milímetros quadrados de crescimento da colônia por mês.

As taxas de crescimento da colônia foram reduzidas significativamente em níveis mais altos de CO_2 (Figura foco 6.1), em cerca de 35% no nível mais alto testado (775 ppm) e cerca de 16% no nível intermediário (548 ppm).

Os resultados ensejam várias perguntas intrigantes. Por exemplo, como essas taxas reduzidas de crescimento da colônia afetarão a capacidade do coral de competir por espaço com outros organismos sedentários? O que mais é afetado além das taxas reduzidas de crescimento da colônia? A espessura esquelética também é reduzida e isso tornará os corais mais vulneráveis a, pelo menos, alguns predadores? Em quanto tempo a maturidade reprodutiva será afetada? A liberação continuada de excesso de CO_2 poderia ser uma calamidade ambiental de proporções importantes, mas ela representa muitas interessantes oportunidades de pesquisa. Que aspecto do problema você estudaria a seguir?

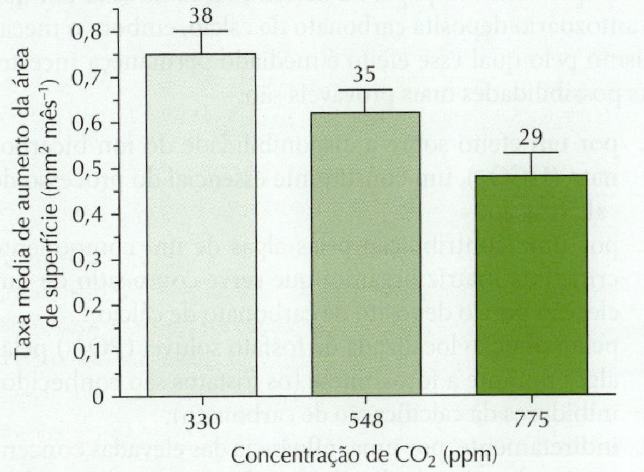

Figura foco 6.1

Influência do aumento das concentrações de CO_2 sobre as taxas de crescimento de colônias de corais novas, *Porites astreoides*, durante 49 dias em laboratório a 26°C. As concentrações de CO_2 reais foram ligeiramente diferentes das concentrações visadas, conforme mostrado no eixo x. Os dados estão apresentados como médias ± erro-padrão. Os números acima de cada barra mostram o número de colônias medidas em cada nível de CO_2.

zooxantelas têm íntimo acesso aos resíduos metabólicos do coral, incluindo dióxido de carbono para a fotossíntese e resíduos nitrogenados essenciais para o crescimento das algas. As zooxantelas também se beneficiam dessa relação simbiótica por serem protegidas de herbívoros. Em geral, as zooxantelas ocorrem no tecido do coral, em concentrações de aproximadamente 1 a 5 milhões de células por centímetro quadrado.

A relação entre o antozoário e suas zooxantelas tem um efeito adicional no crescimento do recife, completamente à parte daquele mediado por considerações nutricionais. Há cerca de 45 anos, os cientistas determinaram que os corais

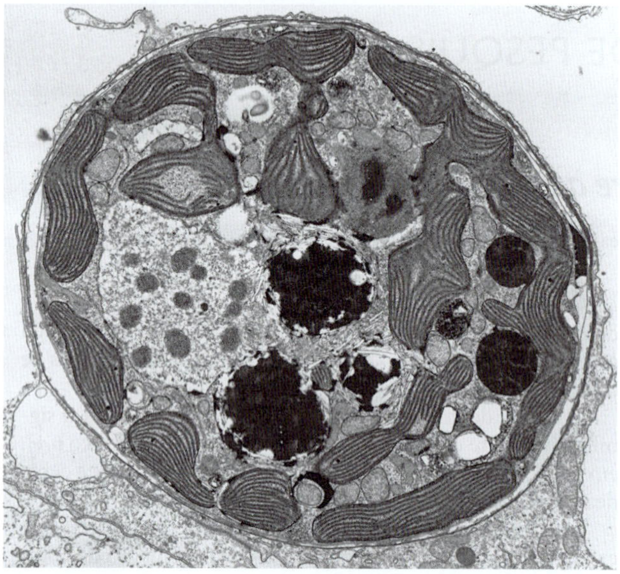

Figura 6.25

Imagem ao microscópio eletrônico de transmissão de uma zooxantela nos tecidos do coral de pedra *Pocillopora damicornis*.
© E. H. Newcomb e T. D. Pugh/Biological Photo Service.

hermatípicos calcificam mais rápido na luz do que no escuro. A implicação é que as atividades das algas simbióticas desempenham um papel na determinação da taxa em que o antozoário deposita carbonato de cálcio, embora o mecanismo pelo qual esse efeito é mediado permaneça incerto. As possibilidades mais prováveis são:

1. por um efeito sobre a disponibilidade do íon bicarbonato (HCO_3^-), um constituinte essencial do processo de calcificação;
2. por uma contribuição pelas algas de um componente crítico da matriz orgânica que serve como sítio de nucleação para o depósito de carbonato de cálcio;
3. pela remoção localizada de fosfato solúvel (PO_4^{3-}) pelas algas durante a fotossíntese (os fosfatos são conhecidos inibidores da calcificação de carbonato);
4. indiretamente, por uma influência das elevadas concentrações de oxigênio dissolvido sobre as taxas de metabolismo dos corais.

Vários corais a-hermatípicos (incluindo algumas espécies vivendo no norte da Escócia) e outras espécies de hexacoraliários também contêm zooxantelas em seus tecidos.

Uma associação íntima com zooxantelas cria problemas para o antozoário hospedeiro, particularmente a exposição ao peróxido de hidrogênio, oxirradicais e outras formas de oxigênio potencialmente tóxicas; essas espécies ativas de oxigênio são produzidas durante a fotossíntese, em parte em resposta à radiação ultravioleta proveniente da luz solar. Os oxirradicais podem inativar enzimas e degradar outras proteínas, danificar ácidos nucleicos e oxidar lipídeos de membrana. Nesse sentido, os tecidos das espécies de antozoários que abrigam zooxantelas tendem a exibir atividades elevadas de superóxido dismutase, catalase e outras enzimas que rapidamente destoxificam radicais livres e outras espécies reativas de oxigênio; essas mesmas enzimas destoxificantes estão também presentes nas próprias zooxantelas. Além disso, os antozoários concentram compostos que absorvem ultravioleta (UV) em seus tecidos e tendem a se contrair durante a parte mais ensolarada do dia, o que pode reduzir substancialmente a produção de oxigênio ativo.

Além da sua importância como formadores de recifes e objetos de satisfação estética, algumas espécies de corais de pedra estão sendo utilizadas em certos procedimentos cirúrgicos. Uma vez que seu sistema de poros interconectados e de tamanho apropriado é rapidamente infiltrado pelos capilares sanguíneos e osteoblastos humanos, por exemplo, partes pequenas de corais estão agora sendo empregadas para enxertos de ossos humanos, principalmente na reconstrução da face e do maxilar, bem como em cirurgia de braço e perna. O esqueleto de corais tem sido utilizado também para reparar fraturas de asas de aves. Os enxertos ficam firmemente ancorados ao osso adjacente e, por fim, são completamente substituídos pelo tecido ósseo normal. Ainda mais notável, pequenos implantes de coral estão sendo utilizados para melhorar o grau de movimento natural exibido por olhos artificiais. Um pedaço de coral é implantado na órbita do olho do paciente e logo torna-se invadido por vasos sanguíneos e músculos oculares. Uma vez conectado ao implante de coral, o olho artificial pode ser movido quase tão naturalmente quanto um olho real. Antes do transplante, os enxertos de coral são convertidos quimicamente de carbonato de cálcio para uma forma de fosfato de cálcio (hidroxiapatita) compatível com o tecido ósseo humano.

Subclasse Octocorallia (= Alcyonaria)

Característica diagnóstica: os pólipos portam oito tentáculos e são subdivididos por oito mesentérios completos.

Os membros da subclasse Octocorallia possuem oito tentáculos (e oito septos primários) e, em geral, têm apenas um único sifonóglifo. Os tentáculos dos octocoraliários são **pinados**; isto é, eles apresentam numerosas evaginações laterais, denominadas **pínulas** (Fig. 6.26c). Recentemente, foram encontradas algumas espécies de octocorais que ingerem organismos fitoplanctônicos, provavelmente capturados pelas pínulas. Tentáculos pinados são raramente encontrados em outros antozoários.

Todas as espécies de octocoraliários formam colônias modulares, que são com frequência polimórficas. Em espécies com pólipos polimórficos, alguns indivíduos não conseguem alimentar-se e funcionam unicamente na condução de água pelos espaços gastrovasculares da colônia. Os pólipos de octocorais podem ser incorporados a uma espessa matriz de mesogleia; esses são os corais moles. Em outras espécies de octocorais (espécies coloniais com suportes esqueléticos), os pólipos são sustentados por esqueletos internos proteicos ou calcários secretados por células

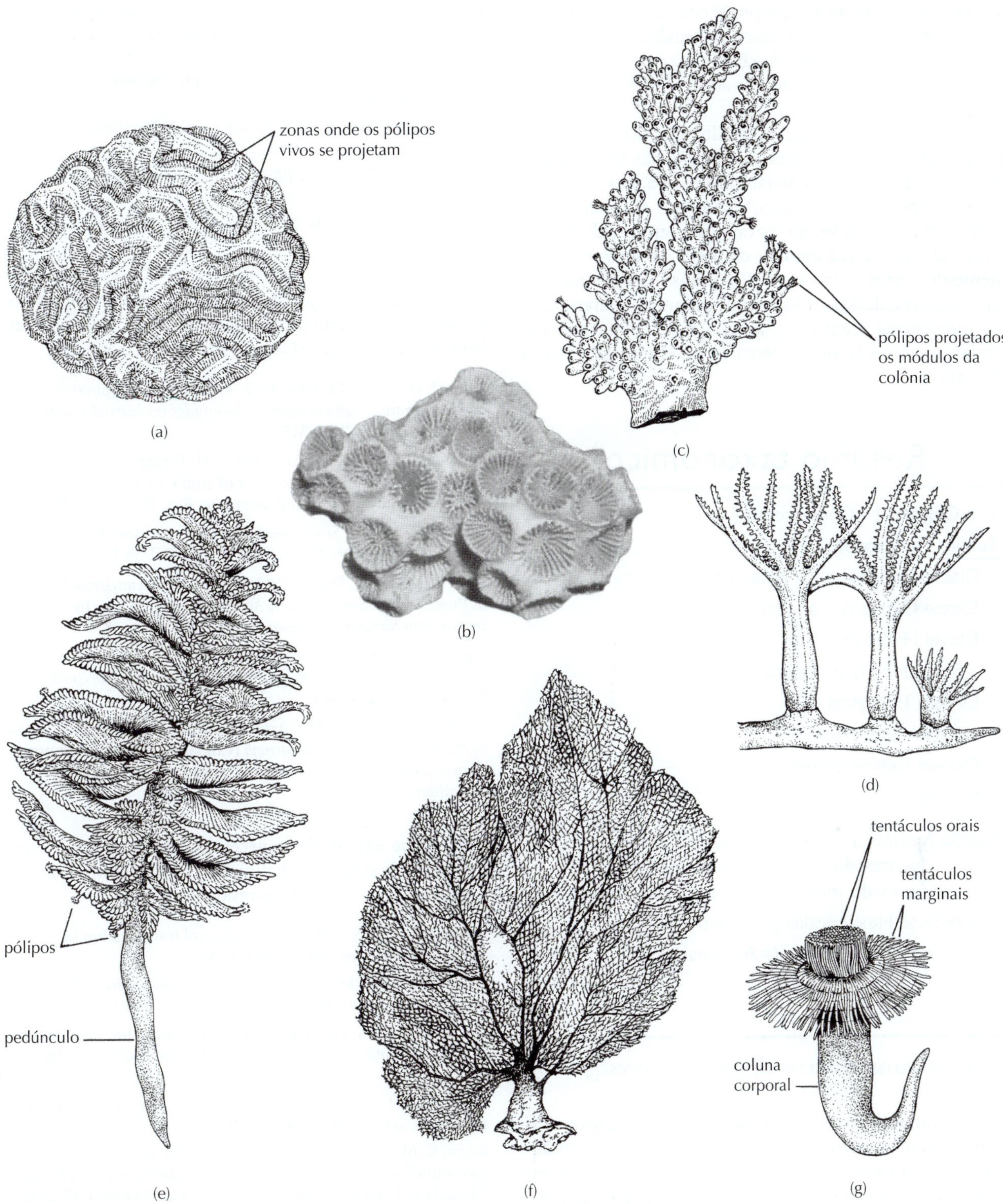

Figura 6.26

Diversidade dos antozoários. (a) O hexacoral, *Heliastra heliopora*, um coral-cérebro. (b) Esqueleto de carbonato de cálcio de um coral. No coral vivo, um pólipo residiria em cada uma das depressões. O fragmento inteiro tem cerca de 5 cm de comprimento. (c) Um outro hexacoral, *Astraea pallida*, com alguns dos seus pólipos expandidos e outros retraídos na base calcária protetora da colônia. (d) Um octocoral, *Clavularia*, mostrando os tentáculos pinados característicos da subclasse Octocorallia. (e) *Pennatula* sp., a caneta-do-mar, um outro octocoral. (f) O leque-do-mar, *Gorgonia* sp., um outro octocoral. (g) Um antozoário hexacoral que faz toca, *Cerianthus* sp., tomado do substrato lamacento em que vive. Esses animais (g) são estruturalmente similares às anêmonas-do-mar, exceto que carecem de um disco basal e têm os tentáculos dispostos em dois anéis, conforme mostrado. Os músculos longitudinais são especialmente bem desenvolvidos, permitindo a rápida retração em direção às tocas revestidas de muco. Somente os tentáculos são geralmente visíveis na superfície do sedimento.

(a, c) Segundo Kingsley. (d) Segundo Gohar. (e) Segundo Kolliker. (f) Segundo Bayer e Owre. (b) © J. Pechenik.

da mesogleia. Este último grupo de octocorais inclui os leques-do-mar e chicotes-do-mar (conhecidos coletivamente como gorgônias ou corais-de-chifre) e corais em forma de cachimbo. A Figura 6.26 mostra alguns hexacorais e octocorais típicos.

Há muito se sabe que os tecidos dos octocoraliários acumulam uma diversidade de substâncias bioquímicas incomuns derivadas do metabolismo de ácidos graxos.[25] Esses compostos não estão diretamente envolvidos nos processos metabólicos dos corais, mas, em vez disso, parecem proteger esses animais de predação e supercrescimento de outros organismos. Pesquisas recentes indicam que algumas dessas substâncias químicas matam certos tumores de mamíferos, aumentando o interesse em cnidários como fontes potenciais de eficientes agentes anticâncer.

Resumo taxonômico

Filo Cnidaria (= Coelenterata)
Subfilo Medusozoa
- Classe Scyphozoa – a água-viva verdadeira
- Classe Cubozoa – as vespas-do-mar
- Classe Hydrozoa
  - Subclasse Hydroidolina
- Ordem Trachylina
  - Classe Staurozoa
- Ordem Siphonophora
- Myxozoa

Subfilo Anthozoa – anêmonas-do-mar, corais, chicotes-do-mar, canetas-do-mar, leques-do-mar e amores-perfeitos-do-mar
- Subclasse Hexacorallia (= Zoantharia)
- Subclasse Octocorallia (= Alcyonaria)

Tópicos para posterior discussão e investigação

1. A história evolutiva dos cnidários tem sido demonstrada mais ou menos por muitas décadas. Os primeiros cnidários eram bentônicos ou planctônicos, eram polipoides ou medusoides? Demonstre convincentemente que os antozoários são os cnidários mais primitivos ou os mais avançados. O que cada cenário sugere sobre a evolução e a perda de características fundamentais dentro do filo?

Bridge, D., C. W. Cunningham, R. DeSalle, and L. W. Buss. 1995. Class-level relationships in the phylum Cnidaria: Molecular and morphological evidence. *Molec. Biol. Evol.* 12:679.

Collins, A. G., P. Schuchert, A. C., Marques, J. Jankowski, N. Medina, and B. Schierwater. 2006. Medusozoan phylogeny and character evolution clarified by new large and small subunit rDNA data and an assessment of the utility of phylogenetic mixture models. *Syst. Biol.* 55:97-115.

Hyman, L. H. 1940. *The Invertebrates*, vol. 1. New York: McGraw-Hill, 632:41.

Moore, J., and P. Willmer. 1997. Convergent evolution in invertebrates. *Biol. Rev.* 72:1.

Rees, W. J., ed. 1966. *The Cnidaria and Their Evolution.* New York: Academic Press.

2. Investigue as adaptações morfológicas e funcionais para o nado ou escavação de toca encontradas em alguns membros de Hexacorallia e Octocorallia, respectivamente.

Lawn, I. D., and D. M. Ross. 1982. The bahavioural physiology of the swimming sea anemone *Boloceroides mcmurrichi. Proc. Royal Soc. London* 216B:315.

Mariscal, R. N., E. J. Conklin, and C. H. Bigger. 1977. The ptychocyst, a major new category of cnida used in tube construction by a ceriantbid anemone. *Biol. Bull.* 152:392.

Robson, E. A. 1961. Some observations on the swimming behavior of the anemone *Stomphia coccinea. J. Exp. Biol.* 38:343.

Ross, D. M., and L. Sutton. 1967. Swimming sea anemones of Puget Sound: Swimming of *Actinostola* new species in response to *Stomphia coccinea. Science* 155:1419.

Sund, P. N. 1958. A study of the muscular anatomy and swimming behaviour of the sea anemone *Stomphia coccinea. Q. J. Microsc. Sci.* 99:401.

Weightman, J. O., and D. J. Arsenault. 2002. Produtor classification by the sea pen *Ptilosarcus gurneyi* (Cnidaria): role of waterborne chemical cues and physical contact with predatory sea stars. *Canadian J. Zool.* 80:185

3. Em que amplitude as necessidades nutricionais e respiratórias de corais hermatípicos e outros antozoários são satisfeitas pelas zooxantelas residentes?

Battey, J. F. and J. S. Patton. 1987. Glycerol translocation in *Condylactis gigantea. Marine Biol.* 95:37.

Davies, P. S. 1991. Effect of daylight variations on the energy budgets of shallow-waters corals. *Marine Biol.* 108:137.

Dunn, K. W. 1988. The effect of host feeding on the contributions of endosymbiotic algae to the growth of green hydra. *Biol. Bull.* 175:193.

Fabricius, K. E., Y. Benayahu, and A. Genin. 1995. Herbivory in asymbiotic soft corals. *Science* 268:90.

Kevin, K. M., and R. C. L. Hudson. 1979. The role of zooxanthellae in the hermatypic coral *Plesiastrea urvellei* (Milne Edwards and Haime) from cold waters. *J. Exp. Marine Biol. Ecol.* 36:157.

Kinzie, R. A. III, and G. S. Chee. 1979. The effect of different zooxanthellae on the growth of experimentally reinfected hosts. *Biol. Bull.* 156:315.

Meyer, J. L., E. T. Schultz, and G. S. Helfman. 1983. Fish schools: An asset to corals. Science 220:1047.

Muscatine, L., and J. W. Porter. 1977. Reef corals: Mutualistic symbiosis adapted to nutriente-poor environments. *BioScience* 27:454.

Wethey, D. C., and J. W. Porter. 1976. Sun and shade differences in productivity of reef corals. *Nature (London)* 262:281.

[25] Ver *Tópicos para posterior discussão e investigação*, nº 12, no final deste capítulo.

4. Investigue as características comportamentais, morfológicas e bioquímicas de cnidários que aumentam as contribuições fotossintéticas das suas zooxantelas simbióticas.

Dykens, J. A., and J. M. Schick. 1984. Photobiology of the symbiotic sea anemone, *Anthopleura elegantissima*: Defenses against photodynamic effects, and seasonal photoacclimatization. Biol. Bull. 167:383.

Gates, R. D., K. Y. Bil, and L. Muscatine. 1999. The influence of an anthozoan "host fator" on the physiology of a symbiotic dinoflagellate. *J. Exp. Marine Biol. Ecol.* 232:241.

Grant, A. J., M. Rémond, and R. Hinde. 1998. Low molecular-weight fator from *Plesiastrea versipora* (Scleractinia) that modifies release and glycerol metabolism of isolated symbiotic algae. *Marine Biol.* 130:553.

Lasker, H. R. 1979. Light-dependent activity patterns among reef corals: *Montastrea cavernosa. Biol. Bull.* 156: 196.

Schlicter, D., H. W. Fricke, and W. Weber. 1986. Light harvesting by wavelength transformation in a symbiotic coral of the Red Sea twilight zone. *Marine Biol.* 91:403.

Sebens, K. P., and K. DeRiemer, 1977. Diel cycles of expansion and contraction in coral reef anthozoans. Marine Biol. 43:247.

Sutton, D. C., and O. Hoegh-Gulberg. 1990. Host-zooxanthella interactions in four temperate marine invertebrate symbioses: Assessment of effect of host extracts on symbionts. *Biol. Bull.* 178:175.

5. Apesar das óbvias contribuições nutricionais de simbiontes fotossintetizantes ao hospedeiro cnidário, as células das algas podem explorar sua situação dentro do hospedeiro na obtenção de nutrientes para si próprias. Quando o cnidário captura e digere alimento particulado da água do mar circundante, os nutrientes resultantes tornam-se potencialmente acessíveis às algas intracelulares. Em que magnitude as zooxantelas e zooclorelas competem com seu hospedeiro por nutrientes obtidos pelas atividades de forrageio do hospedeiro?

Blanquet, R. S., D. Emanuel, and T. A. Murphy. 1988. Supression of exogenous alanine uptake in isolated zooxanthellae by cnidarian host homogenate fractions: Species and symbiosis specificity. *J. Exp. Marine Biol. Ecol.* 117:1.

Cook, C. B., C. F. D'Elia, and G. Muller-Parker. 1988. Host feeding and nutrient sufficiency for zooxanthellae in the sea anemone *Aiptasia pallida. Marine Biol.* 98:253.

McAuley, P. J. 1987. Quantitative estimation of movement of an amino acid from host to *Chlorella* symbionts in green hydra. *Biol. Bull.* 173:504.

McDermont, A. M., and R. S. Blanquet. 1991. Glucose and glycerol uptake by isolated zooxanthellae from *Cassiopea xamachana*: Transport mechanisms and regulation by host homogenate fractions. *Marine Biol.* 109:129.

Rees, T. A. V. 1991. Are symbiotic algae nutriente deficiente? *Proc. Royal Soc. London B* 243:227.

Steen, R. G. 1986. Evidence for heterotrophy by zooxanthellae in symbiosis with *Aiptasia pulchella. Biol. Bull.* 170:267.

Thorington, G. and L. Margulis. 1981. *Hydra viridis*: Transfer of metabolites between *Hydra* and symbiotic algae. *Biol. Bull.* 160:175.

6. O nematocisto é uma estrutura morfológica e funcionalmente complexa. Por qual processo os nematocistos são formados pelos cnidoblastos?

Skaer, R. J. 1973. The secretion and development of nematocysts in a siphonophore. *J. Cell Sci.* 13:371.

7. Qual a importância relativa dos estímulos químicos em relação aos físicos no desencadeamento da descarga dos nematocistos?

Conklin, E. J., and R. N. Mariscal. 1976. Increase in nematocyst and spirocyst discharge in a sea anemone in response to mechanical stimulation. In *Coelenterate Ecology and Behavior*, edited by G. O. Mackie. New York: Plenum, 549:58.

Grosvenor, W., and G. Kass-Simon. 1987. Feeding behavior in *Hydra*. I Effects of *Artemia* homogenate on nematocyst discharge. *Biol. Bull.* 173:527.

Kawaii, S., K. Yamashita, N. Nakai, and N. Fusetani. 1997. Intracellular calcium transientes during nematocyst discharge in actinulae of the hydroid *Tubularia mesembryanthemum. J. Exp. Zool.* 278:299.

Thorington, G. U., and D. A. Hessinger. 1990. Control of cnida discharge. III. Spirocysts are regulated by three classes of chemoreceptors. *Biol. Bull.* 178:74.

Thorington, G. U., and D. A. Hessinger. 1998. Effect mechanisms of discharging cnidae: II. A nematocyst release response in the sea anemone tentacle. *Biol. Bull.* 195:145.

Watson, G. M., and D. A. Hessinger. 1994. Antagonistic frequency tuning of hair bundles by diferente chemoreceptors regulates nematocyst discharge. *J. Exp. Biol.* 187:57.

8. Em que extensão a descarga do nematocisto está sob controle nervoso direto?

Aerne, B. L., R. P. Stidwill, and P. Tardent. 1991. Nematocyst discharge in *Hydra* does not require the presence of nerve cells. *J. Exp. Zool.* 258:137.

Lubbock, R. 1979. Chemical recognition and nematocyst excitation in a sea anemone. *J. Exp. Biol.* 83:283.

Mire-thibodeaux, P., and G. M. Watson. 1993. Direct monitoring of intracelular calcium íons in sea anemone tentacles suggests regulation of nematocyst discharge by remote, rare epidermal cells. *Biol. Bull.* 185:335.

Pantin, C. F. A. 1942. The excitation of nematocysts. *J. Exp. Biol.* 19:294.

Ross, D. M., and L. Sutton. 1964. Inhibition of the swimming response by food and of nematocyst discharge during swimming in the sea anemone *Stomphia coccinea. J. Exp. Biol.* 41:751.

Ruch, R. J., and C. B. Cook. 1984. Nematocyst inactivation during feeding in *Hydra littoralis. J. Exp. Biol.* 111:31.

Sandberg, D. M., P. Kanciruk, and R. N. Mariscal. 1971. Inhibition of nematocyst discharge correlated with feeding in a sea anemone, *Calliactis tricolor* (Leseur). *Nature (London)* 232:263.

9. Anêmonas-do-mar, corais e hidrozoários precisam competir por espaço entre si, assim como com membros de outros grupos animais (e de vegetais ou de algas). Quais são os papéis de acrorragos, acôncios e tentáculos capturadores na mediação da competição por espaço entre anêmonas-do-mar e corais? Até que ponto a capacidade para distinguir o próprio (*self*) do não próprio (*nonself*) contribui para a capacidade competitiva?

Ayre, D. J. 1982. intergenotype aggression in the solitary sea anemone *Actinia tenebrosa. Marine Biol.* 68:199.

Bigger, C. H. 1980. Interspecific and intraspecific acrohagial aggressive behavior among sea anemones: A recognition of self and non-self. *Biol. Bull.* 159:117.

Chadwick, N. E. 1987. Interspecific aggressive behavior of the corallimorpharian *Corynactis californica* (Cnidaria: Anthozoa): Effects on sympatric corals and sea anemones. *Biol. Bull.* 173:110.

Chornesky, E. A. 1983. Induced development of sweeper tentacles on the reef coral *Agaricia agaricites*: A response to direct competition. *Biol. Bull.* 165:569.

Francis, L. 1973. Intraspecific aggression and its effect on the distribution of *Anthopleura elegantissima* and some related anemones. *Biol. Bull.* 144:73.

Fukui, Y. 1986. Catch tentacles in the sea anemone *Haliplanella luciae*. Role as organs of social behavior. *Marine Biol.* 91:245.

Kramer, A., and L. Francis. 2004. Predation resistance and nematocyst scaling for *Metridium senile* and *M. farcimen. Biol. Bull.* 207:130-40.

Lange, R. G., M. H. Dick, and W. A. Müller. 1992. Specificity and early ontogeny of historecognition in the hydroid *Hydractinia. J. Exp. Zool.* 262:307.

Langmead, O., and N. E. Chadwich-Furhman. 1999. Marginal tentacles of the corallimorpharian *Rhodactis rhodostsoma*. 2. Induced development and long-term effects on coral competitors. *Marine Biol.* 134:491.

Miles, J. S. 1991. Inducible agonistic structures in the tropical corallimorpharian, *Discosoma sanctihomae. Biol. Bull.* 180:406.

Nozawa, Y., and Y. Loya. 2005. Genetic relationship and maturity state of the allorecognition system affect contact reactions in juvenile *Seriatopota* corals. *Mar. Ecol. Progr. Ser.* 286:115-23.

Salter-Cid, L., and C. H. Bigger. 1991. Alloimmunity in the gorgonian coral *Swiftia exserta. Biol. Bull.* 18:127.

Sauer, K. P., M. Muller, and M. Weber. 1986. Alloimmune memory for glycoprotein recognition molecules in sea anemones competing for space. *Marine Biol.* 92:73.

Sebens, K. P., J. S. Miles. 1988. Sweeper tentacles in a gorgonian octocoral: Their function in competition for space. *Biol. Bull.* 175:378.

Turner, V. L. G., S. M. Lynch, L. Paterson, J. L. León-Cortés, and J. P. Thorpe. 2003. Aggression as a function of genetic relatedness in the sea anemone *Actinia equina* (Anthozoa: Actiniaria). *Marine Ecol. Progr. Ser.* 247:85.

10. Alguma forma de reprodução assexuada é encontrada em todas as três classes de cnidários. Quais são os benefícios adaptativos da reprodução assexuada *versus* sexuada?

Grassle, J. F., and J. M. Schick, eds. 1979. Ecology of asexual reprodruction in animals. *Amer. Zool.* 19:667.

Kramarsky-Winter, E., M. Fine, and Y. Loya. 1997. Coral polyp expulsion. *Nature* 387:137.

Lirman, D. 2000. Fragmentation in the branching coral *Acropora palmata* (Lamarck): growth, survivorship, and reproduction of colonies and fragments. *J. Exp. Marine Biol.* Ecol. 251:41.

11. Como o nado e outros comportamentos são mediados pelo sistema nervoso dos cnidários?

Leonard, J. L. 1982. Transient rhythms in the swimming activity of *Sarsia tubulosa* (Hydrozoa). *J. Exp. Biol.* 96:181.

Lerner, J., S. A. Meleon, I. Waldron, and R. M. Factor. 1971. Neural redundancy and regularity of swimming beats in scyphozoan medusae. *J. Exp. Biol.* 55:177.

Mackie, G. O. 1990. Giant axons and control of jetting in the squid *Loligo* and the jellyfish *Aglantha. Canadian J. Zool.* 68:799.

Mackie, G. O., and R. W. Meech. 1995. Central circuitry in the jellyfish *Aglanthe digitale*. I. The relay system. *J. Exp. Biol.* 198:2261.

Mire, P. 1998. Evidence for stretch-regulation of fission in a sea anemone. *J. Exp. Zool.* 282:344.

Sawyer, S. J., H. B. Dowse, and J. M. Shick. 1994. Neurophysiological correlates of the behavioral response to light in the sea anemone *Anthopleura elegantissima. Biol. Bull.* 186:195.

12. Em que magnitude os cnidários utilizam defesas químicas e estruturais contra a predação?

Fenical, W., and J. R. Pawlik. 1991. Defensive properties of secondary metabolites from the Caribbean gorgonian coral *Erythropodium caribaeorum. Marine Ecol. Progr. Ser.* 75:1.

Harvell, C. D., W. Fenical, and C. H. Greene. 1988. Chemical and structural defenses of Caribbean gorgonian (*Pseudopterogorgia* spp.). I. Development of an *in situ* feeding assay. *Marine Ecol. Progr. Ser.* 49:287.

La Barre, S. C., J. C. Coll, and P. W. Sammarco. 1986. Defensive strategies of soft corals (Coelenterate: Octocorallia) of the Greta Barrier Reef. II. The relationship between toxicity and feeding deterrence. *Biol. Bull.* 171:565.

O'Neal, W., and J. R. Pawlik. 2002. A reappraisal of the chemical and physical defenses of Caribbean gorgonian corals against predatory fishes. *Marine Ecol. Progr. Ser.* 240:117.

Puglisi, M. P., V. J. Paul, J. Biggs, and M. Slattery. 2002. cooccurrence of chemical and structural defenses in the gorgonian corals of Guam. *Marine Ecol. Progr. Ser.* 239:105.

Sammarco, P. W., S. La Barre, and J. C. Coll. 1987. Defensive strategies of soft corals (Coelenterate: Octocorallia) of the Great Barrier Reef. III. The relationship between ichthyotoxicity and morphology. *Oecologia* (Berlin) 74:93.

Stachowicz, J. J., and N. Lindquist. 2000. Hydroid defenses against predators: the importance of secondary metabolites *versus* nematocysts. *Oecologia* 124:280.

13. Que fatores influenciam as taxas e as formas de crescimento de corais hermatípicos?

Al-Horani, F. A., S. M. Al-Moghrabi, and D. de Beer. 2203. The mechanisms of calcification and its relation to photosynthesis and respiration in the scleractinian coral *Galaxea fascicularis. Marine Biol.* 142:419.

Dunstan, P. 1975. Growth and form in the reef-building coral *Montastrea annularis. Marine Biol.* 33:101.

Goreau, T. F., N. I. Goreau, and T. J. Goreau. 1979. Corals and coral reefs. *Sci. Amer.* 241:124.

Houlbrèque, F., E. Tambuttè, and C. Ferrier-Pagès. 2003. Effect of zooplankton availability on the rates of photosynthesis, and tissue and skeletal growth in the scleractinian coral *Stylophora pistillata. J. Exp. Mar. Biol. Ecol.* 296:145-66.

Roopin, M., and N. E. Chadwick. 2009. Benefits to host sea anemones from ammonia contributions of resident anemonefish. *J. Exp. Mar. Biol. Ecol.* 370:27-34.

14. Como um economista retrata um cnidário sexualmente maduro?

15. Como os aumentos de temperatura globais, a crescente acidez e turbidez da água do mar e a poluição continuada provavelmente afetam os ecossistemas de corais?

Albright, R., B. Mason, M. Miller, and C. Langdon. 2010. Ocean acidification compromises recruitment success of the threatned Caribbean coral *Acropora palmata. Proc. Natl. Acad. Sci.* 107:20400-404.

Anthony, K. R. N., S. R. Connolly, and O. Hoegh-Guldberg. 2007. Bleaching, energetics, and coral mortality risk. Effects of temperature, light, and sediment regime. *Limnol. Oceanogr.* 52:716-26.

Anthony, K. R. N., and K. E. Fabricius. 2000. Shifting roles of heterotrophy and autotrophy in coral energetics under varying turbidity. *J. Exp. Mar. Biol. Ecol.* 252:221-53.

Baghdasarian, G., and L. Muscatine. 2000. Preferential expulsion of dividing algal cells as a mechanism for regulating algal-cnidarian symbiosis. *Biol. Bull.* 199:278-86.

Baird, A. H., R. Bhagooli, P. J. Ralph, and S. Takahashi. 2008. Coral bleaching: the role of the host. *Trends Ecol. Evol.* 24:16-19.

Baker, A. C., C. J. Starger, T. R. McClanahan, and P. W. Glynn. 2004. Corals' adaptive response to climate change. *Nature* 430:741.

Bassim, K. M., and P. W. Sammarco. 2003. Effects of temperature and ammonium on larval development and survirvorship in a scleractinian coral (*Diploria strigosa*). *Mar. Biol.* 142:241-52.

Bunkley-Williams, L., and E. H. Williams Jr. 1990. Global assault on coral reefs. *Nat. Hist.* (April):46.

Cooper, T. F., R. A. O'Leary, and J. M. Lough. 2012. Growth of western Australian corals in the Antoropocene. *Science* 335:593-96.

DeSalvo, M. K., S. Sunagawa, P. L. Fisher, C. R. Voolstra, R. Igelias-Prioto, and M. Medina. 2010. Coral host transcriptomic states are correlated with *Symbiodinium* genotypes. *Molec. Ecol.* 19:1174-86.

Fine, M., D. Tchernov. 2007. Scleractinian coral species survive and recover from decalcification. *Science* 315:181.

Gleason, D. F., and G. M. Welington. 1993. Ultraviolet radiation and coral bleaching. *Nature* 365:836.

Jompa, J., and L. J. McCook. 2002. The effects of nutrientes and herbivory on competition between a hard coral (*Porites cylindrica*) and a brown alga (*Lobophora variegata*). *Limnol. Oceanogr.* 47: 527-34.

Kinzie, R. A. III, M. Takayama, S. R. Santos, and M. A. Coffroth. 2001. The adaptive bleaching hypothesis: Experimental tests of critical assumptions. *Biol. Bull.* 200:51-58.

Kushmaro, A., Y. Loya, M. Fine, and E. Rosenberg. 1996. Bacterial infection and coral bleaching. *Nature* 380:396.

Rowan, R., N. Knowlton, A. Baker, and J. Jara. 1997. Landscape ecology of algal symbionts creates variation in episodes of coral bleaching. *Nature* 388:265.

Sutherland, K. P., S. Shaban, J. L., Joyner, J. W. Porter, and E. K. Lipp. 2011. Human pathogen shown to cause disease in the threatened elkhorn coral *Acropora palmata*. *PLoS ONE* 6:e23468.

Tchernov, D., H. Kvitt, L. Haramaty, T. S. Bibby, M. Y. Gorbunov, H. Rosenfeld, and P. G. Falkowski. 2001. Apoptosis and the selective survival of host animals following thermal bleaching in zooxanthellate corals. *Proc. Natl. Acad. Sci. USA* 108:905-09.

Visram, S. and A. E. Douglas. 2007. Resilience and acclimation to bleaching stressors in the scleractinian coral *Porites cylindrica*. *J. Exp. Mar. Biol. Ecol.* 349:5-44.

Visram, S., and A. E. Douglas. 2007. Resiliense and acclimation to bleaching stressors in the scleractinian coral *Porites cylindrica*. *J. Exp. Mar. Biol. Ecol.* 349:35-44.

16. Existem algumas evidências de que explosões de medusas de antozoários ("águas-vivas") estão se tornando mais comuns e mais graves em águas costeiras. Qual é a evidência a favor e contra essa proposição, e quais são as consequências prováveis, caso isso seja verdadeiro?

Condon, R. H., et al., 2012. Questioning the rise of gelatinous zooplankton in the world's oceans. *BioSci.* 62:160-69.

Purcell, J. E., S. Uye, and W.-T. Lo. 2007. Anthropogenic causes of jellyfish blooms and their direct consequences for humans: A review. *Mar. Ecol. Progr. Ser.* 350:153-74.

Richardson, A. J., A. Bakun, G. C. Hayes, and M. J. Gibbons. 2009. The jellyfish joyride: causes, consequences and management responses to a more gelatinous future. *Trends Ecol. Evol.* 24:312-22.

17. Seria ambíguo falar em "indivíduos" para espécies que exibem divisão, brotamento ou outras formas de replicação assexuada?

18. Por que o termo "água-viva" é um descritor inadequado para cifozoários?

Detalhe taxonômico

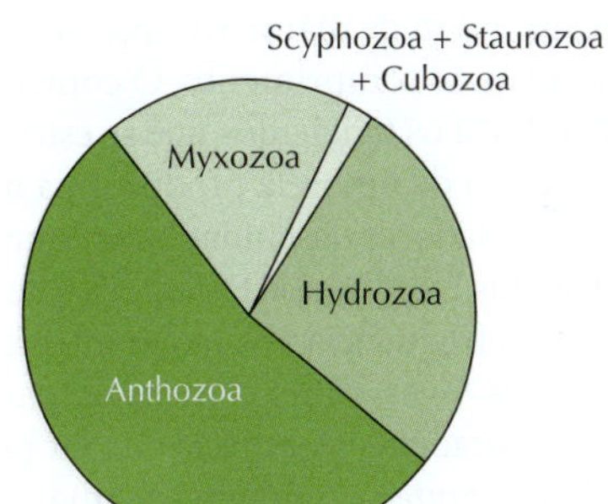

Filo Cnidaria (= Coelenterata)

Este filo contém aproximadamente 11.200 espécies, distribuídas em, pelo menos, cinco classes. As relações filogenéticas entre alguns desses grupos ainda permanecem incertas.

Subfilo Medusozoa

Este grupo contém todos os cnidários, exceto os antozoários e provavelmente os Myxozoa.

Classe Staurozoa

Ordem Stauromedusae *Haliclystus*. Ao contrário de outros cifozoários, as medusas dessa ordem são sempre sésseis e desenvolvem-se diretamente do estágio de cifístoma sem estrobilação. Portanto, apenas um juvenil surge de cada cifístoma; entretanto, cada larva plânula pode brotar outras plânulas geneticamente idênticas, de modo que numerosos juvenis geneticamente idênticos podem ainda ser produzidos de cada óvulo fertilizado. As plânulas são criaturas não ciliadas e rastejantes, ao contrário de outros cnidários. Os adultos se fixam a substratos firmes, como as macroalgas e rochas, utilizando um disco adesivo central. Algumas espécies podem mover-se de um local para outro, mas nenhuma consegue nadar. Duas famílias contêm cerca de 50 espécies.

Ordem Coronate *Stephanoscyphus.* Esta ordem contém mais de 24 espécies, principalmente grandes e de águas profundas. Entre os cifozoários, os membros do gênero *Stephanoscyphus* são os únicos em que o cifistoma secreta um perissarco quitinoso em torno de si. As medusas podem se reproduzir sexuadamente dentro do perissarco, nunca saindo do tubo. Em pelo menos uma espécie, os membros produzem éfiras que se desenvolvem diretamente em plânulas, que, então, estabelecem-se e se fixam a um substrato. Sete famílias.

Classe Scyphozoa

A verdadeira água-viva (cerca de 175 espécies, todas marinhas), em que as medusas são geradas de pólipos, medante estrobilação. Quatro ordens.

Ordem Semaeostomeae *Aurelia* – a medusa-da-lua. *Cyanea* – a água-viva juba de leão, que produz a maior de todas as medusas conhecidas; os indivíduos podem alcançar 2 m de diâmetro e possuir tentáculos de mais de 30 m de comprimento. O contato com os braços orais ou os tentáculos que se estendem da circunferência da umbrela produz uma irritação dolorida em nadadores descuidados ao longo da costa leste dos Estados Unidos. Certas espécies de peixes e crustáceos com frequência vivem em íntima associação com essas águas-vivas, como comensais, parasitos externos ou predadores. A espécie de mar profundo *Stygiomedusa gigantea* é também enorme, com uma umbrela de mais 100 cm de largura e quatro braços orais espessos, que se estendem por mais de 6 m de comprimento. *Aurelia aurita*, menor e muito mais comum, pode alcançar concentrações de 300 a 600 medusas por metro cúbico. *Chrysaora* – a urtiga-do-mar. As urtigas-do-mar importunam nadadores no verão ao longo da costa atlântica da América do Norte. Um água-viva enorme, de coloração vermelho-viva (popularmente denominada "*Big Red*"), foi descoberta em 2003, habitando profundidades de aproximadamente 600 a 1.450 m no Oceano Pacífico. A umbrela natante atinge, no mínimo, 0,9 m de diâmetro e, em vez de numerosos tentáculos finos, o animal possui quatro a sete braços grossos. Três famílias.

Ordem Rhizostomeae *Cassiopea, Rhizostoma, Stomolophus.* Em vez de uma boca central, existem muitas aberturas orais pequenas compondo um complexo sistema de canais, formado pela fusão de braços orais sobre a abertura oral original. As águas-vivas no gênero *Cassiopea* crescem mais de 30 cm em diâmetro e todas abrigam algas unicelulares simbióticas (zooxantelas), que conferem aos animais uma coloração marrom-esverdeada característica. Com frequência denominadas águas-vivas invertidas, os membros desse gênero normalmente mantêm-se "de cabeça para baixo", pulsando sobre o substrato, presumivelmente criando suas zooxantelas por maximização de sua exposição à luz solar. Cerca de 50 espécies, distribuídas em 10 famílias.

Classe Cubozoa

Uma ordem

Ordem Cubomedusae *Carybdea, Chironex, Tripedalia* – as vespas-do-mar. As águas-vivas presentes nessa ordem são, em sua maioria, pequenas e possuem uma umbrela altamente transparente e essencialmente quadrada em secção transversal. Cada animal tem quatro tentáculos; um indivíduo de 2,5 cm pode ter tentáculos com mais de 30 cm de comprimento. As vespas-do-mar nadam ativamente, acima de 6 m por minuto, e são comuns em todos os oceanos tropicais e subtropicais. Sua ferroada é extremamente dolorida e pode ser fatal para seres humanos. *Chironex fleckeri* é considerado o animal venenoso mais perigoso do mundo. Os indivíduos variam desde o tamanho de um dedal até o tamanho de uma bola de basquete, e seus tentáculos são superiores a 4,5 m de comprimento. A espécie é encontrada apenas em partes do Oceano Pacífico. Duas famílias, com cerca de 50 espécies.

Classe Polypodiozoa

Polypodium hydriforme é a única espécie deste grupo muito estranho. Seus membros são parasíticos dentro dos oócitos de esturjões e alguns outros peixes de água doce. Após surgir dos oócitos quando a fêmea do peixe desova, o parasito exibe um breve estágio do tipo medusa, se dividindo em duas "medusas" antes de infectar outros oócitos de peixes. Dados moleculares sugerem que eles podem fazer parte da Classe Hydrozoa.

Classe Hydrozoa

As medusas muitas vezes têm estágios de pólipo desconhecidos, e vice-versa, de modo que a taxonomia provavelmente seja reorganizada assim que mais ciclos de vida tenham sido integralizados. Sete ordens, com mais de 3 mil espécies.

Subclasse *Hydroidolina* Este grupo possui mais de 3 mil espécies; isto é, a maioria das espécies da Classe Hydrozoa. Três ordens.

Ordem Anthomedusae (= Anthoathecata) Os hidrantos carecem de uma cobertura quitinosa. Medusas de vida livre, se produzidas, têm sempre a forma de umbrela. *Bougainvillia, Sarsia, Eudendrium, Pennaria, Hydractinia, Podocoryne, Stylactis, Tubularia, Hydra* (espécie de água doce sem estágio de medusa no ciclo de vida), *Cordylophora* (hidroide produtor de medusa, ocorrente em rios de águas salobras). Essa ordem contém a maioria das espécies da classe. As espécies do gênero *Tubularia* produzem larvas **actínulas** (larva pelágica que se desenvolve diretamente em pólipo ou medusa) (ver também Ordem Trachylina, a seguir). *Hydractinia* forma colônias róseas, espessas e altamente polimórficas, cobrindo conchas de gastrópodes marinhos habitadas por caranguejos eremitas. *Turritopsis nutricula*, a "água-viva imortal", pode voltar ao estágio de pólipo a partir do estágio de medusa sexualmente madura e, após, começa a produção assexuada de mais pólipos. Atualmente, a ordem inclui também *Velella* (vela púrpura) e *Porpita* (o botão azul). Os indivíduos consistem no que a maioria dos pesquisadores acredita ser um pólipo único e grande, com um flutuador cheio de ar que mantém os animais na superfície oceânica; algumas espécies também possuem uma "vela", que permite o movimento dos animais pelo vento. Os pólipos flutuantes brotam medusas pequenas livre-natantes, as quais representam o estágio sexuado do ciclo de vida. Atualmente, a ordem também inclui os chamados corais-de-fogo (*Millepora*), que secretam esqueletos substanciais de carbonato de cálcio e representam contribuições expressivas à estrutura do recife de coral e cujos nematocistos são altamente irritantes aos seres humanos; todas as espécies liberam medusas. O grupo também inclui os hidrocorais (*Stylaster*), que também secretam esqueletos substanciais de carbonato de cálcio, embora, como os corais-de-fogo, não sejam corais verdadeiros. Existem 32 famílias.

Ordem Leptomedusae (= Leptothecata) *Aequorea, Campanularia, Clytia, Eugymnanthea, Obelia, Sertularia.* Os hidrantos possuem uma cobertura quitinosa. As medusas, quando presentes, são sempre achatadas e nunca com a forma de umbrela. Todas as espécies são marinhas. O hidroide colonial *Clytia gracilis* é planctônico, ocorrendo às vezes em agregações densas. Os membros do gênero *Eugymnantheca* vivem exclusivamente na cavidade do manto de algumas ostras, mexilhões e outros bivalves.

Ordem Siphonophora *Physalia* – a caravela-portuguesa. Todas as espécies (cerca de 175) formam colônias polimórficas que passam suas vidas nadando ou flutuando em águas marinhas. Os nematocistos injetam secreções altamente tóxicas e paralisantes, tornando as espécies desse grupo perigosas para seres humanos, sobretudo para crianças pequenas.

Subclasse *Trachylina* *Liriope.* Suas quase 150 espécies são majoritariamente marinhas e restritas a águas oceânicas quentes e abertas. As plânulas derivadas de atividades sexuadas do estágio de medusa geralmente se desenvolvem em larvas **actínulas** altamente especializadas, natantes e tentaculadas, as quais, por fim, se desenvolvem diretamente em medusas. Em geral, não há no ciclo de vida estágio de pólipo fixado. Quatro ordens.

Ordem Narcomedusae Neste grupo (com aproximadamente 50 espécies), as actínulas natantes produzem assexuadamente (por brotamento) actínulas adicionais, antes do desenvolvimento do estágio de medusa. A maioria das espécies carece do estágio de pólipo no ciclo de vida. Embora as espécies sejam majoritariamente marinhas, na antiga União Soviética foi encontrada uma espécie parasitando internamente peixes de água doce, tornando-a o único cnidário parasítico adulto.

Ordem Limnomedusae *Craspedacusta* (a água-viva de água doce comum e amplamente disseminada), *Gonionemus, Limnocodium, Pochella.* Este é o único grupo da subclasse Trachylina cujos membros exibem um estágio de pólipo verdadeiro no ciclo de vida, embora os pólipos habitualmente tenham menos de 1 mm de comprimento. A maioria das espécies ocorre somente na água doce, com alguns grupos restritos a lagos na África e na Índia. Algumas espécies do grupo são marinhas, com distribuições altamente restritas. As espécies de *Pochella*, por exemplo, são exclusivamente marinhas e vivem apenas na borda de tubos, formados por certos anelídeos poliquetas sedentários (poliquetas sabelídeos). As medusas produzidas por algumas espécies de *Gonionemus* têm pequenos discos adesivos nos tentáculos marginais; elas usam esses discos para se aderir às algas e ervas marinhas entre períodos de nado.

Ordem Trachymedusae *Liriope.* Este grupo contém cerca de 50 espécies. Todos os membros são inteiramente pelágicos, com medusas se reproduzindo sexuadamente, mas nenhum possui pólipos no ciclo de vida.

Ordem Actinulida *Halammohydra.* Os indivíduos de todas as espécies deste grupo são marinhos, solitários (i.e., nunca formam colônias) e muito pequenos, geralmente com menos de 1,5 mm de comprimento. Todos os membros vivem nos espaços entre grãos de areia. Não há estágio de medusa de vida livre no ciclo de vida – as larvas plânulas se transformam diretamente em adultos –, e o pólipo assemelha-se um pouco ao estágio de actínula encontrado em outros membros de Trachylina. O corpo todo é ciliado, permitindo o nado de um local para outro. Foram descritas menos de 10 espécies.

Classe Staurozoa

Este grupo contém o que parece ser os metazoários mais primitivos (basais). Eles carecem do estágio de medusa natante. Cerca de 50 espécies foram descritas.

Myxozoa

Cerca de 2.200 espécies foram descritas, distribuídas entre aproximadamente 20 famílias. Quase todas são parasitos internos. A reprodução sexuada ocorre no interior de hospedeiros invertebrados – geralmente anelídeos – com vertebrados (sobretudo peixes, mas também alguns anfíbios, répteis e, possivelmente, alguns mamíferos) servindo como hospedeiros intermediários. Os membros da maioria das espécies são específicos de determinados hospedeiros e de determinados tecidos dentro desses hospedeiros. Os mixozoários atualmente parecem estar incluídos nos Medusozoa, mas suas relações com os membros desse subfilo são ainda incertas.

Myxosporea Este grupo inclui duas das espécies de mixozoários.

Família Myxosomatidae *Myxobolus, Sphaerospora.* Esta família é considerada uma das mais importantes dos mixozoários; a maioria dos membros parasito peixes como hospedeiros intermediários, com anelídeos geralmente servido como hospedeiro primário. *Myxobolus cerebralis* causa "doença do corropio" em peixes salmonídeos e foi o primeiro mixozoário a ter seu ciclo de vida completo elucidado.

Malacosporea (*Buddenbrockia, Tetracapsuloides*) Este grupo contém apenas duas espécies conhecidas, ambas parasitando briozoários de água doce como hospedeiros definitivos. *Buddenbrockia plumatellae* é vermiforme, com quatro blocos de músculos longitudinais dispostos radialmente, os quais são usados na geração de ondas sinusoidais para locomoção dentro do hospedeiro briozoário. Os esporos de *Tetracapsuloides bryosalmonae* liberados dos seus hospedeiros briozoários se fixam à truta-arco-íris e a certos outros peixes salmonídeos, usando o filamento eversor da cápsula polar, causando uma resposta inflamatória expressiva que mata muitos peixes em tanques de criação e incubadoras.

Subfilo Anthozoa

Todas as espécies são marinhas. Cerca de dois terços de todas as espécies de cnidários descritas estão contidas nesta categoria taxonômica. Existem 15 ordens, com 6 mil espécies.

Subclasse Alcyonaria (= Octocorallia)

Oito ordens.

Ordem Stolonifera *Tubipora* – coral em forma de cachimbo. Esses são encontrados apenas em recifes de corais do Indo-Pacífico tropical.

Ordem Gorgonacea *Gorgonia* (leques-do-mar); *Plexaura, Plexaurella; Briareum* (em forma de dedos); *Leptogorgia* (chicotes-do-mar); *Pseudopterogorgia* (penas-do-mar). Dezoito famílias. As espécies, em sua maioria, são tropicais e todas formam colônias. A maioria das colônias é sustentada por um esqueleto proteico, central e firme, composto por gorgonina (substância orgânica composta de proteínas e mucopolissacarídeos).

Ordem Alcyonacea Os corais moles. *Alcyonium, Sinularia.* Estes antozoários coloniais carecem de um esqueleto rígido (calcário ou proteico), mas têm espículas calcárias (escleritos) incrustadas nos tecidos. As espécies ocorrem em todos os oceanos, sobretudo nos trópicos.

Ordem Pennatulacea *Ptilosarcus* – canetas-do--mar; *Renilla* – amores-perfeitos-do-mar. Todas as espécies deste grupo são marinhas e adaptadas a viver em substratos moles. Um único pólipo axial longo se estende pelo comprimento da colônia, com pólipos adicionais muito menores ocorrendo geralmente nas ramificações laterais (exceto em *Renilla*). A base do pólipo axial ancora a colônia no substrato. As canetas--do-mar permanecem eretas. Os amores-perfeitos-do--mar, que ficam planos sobre o substrato, geralmente exibem uma forte bioluminescência no escuro.

Subclasse Zoantharia (= Hexacorallia)

Sete ordens.

Ordem Actiniaria As anêmonas-do-mar. *Bunodactis, Aiptasia, Anthopleura, Actinia, Diadumene, Calliactis, Bunodosoma, Edwardsia, Haliplanella, Metridium, Nematostella, Sagartia, Stomphia.* Este grande grupo contém cerca de 800 espécies, distribuídas em 41 famílias. Nesta ordem, não existem espécies coloniais. Alguns membros do gênero *Stomphia* conseguem nadar, embora desajeitadamente, se atacados por predadores. Após desprender-se do substrato, as anêmonas nadam distâncias curtas, por contração violenta dos músculos longitudinais da parede corporal de um lado e depois do outro, curvando o corpo de um lado para outro. *Nematostella vectensis* (a expoente das anêmonas-do-mar), o primeiro cnidário a ter o genoma completamente sequenciado (concluído em 2006), tornou-se um modelo de destaque nos estudos de evolução dos primeiros metazoários.

Ordem Corallimorpharia *Corynactis.* As espécies desta ordem ocorrem em águas rasas e profundas do mundo inteiro, nos trópicos, na zona temperada e até nos polos. Os membros de todas as espécies são solitários e carecem de elementos esqueléticos rígidos.

Ordem Scleractinia Os corais verdadeiros (rochosos ou duros). Todas as espécies hermatípicas (formadoras de recifes) estabelecem relações simbióticas com algas unicelulares (zooxantelas ou zooclorelas). Muitas espécies comumente se propagam assexuadamente a partir de ramos que quebram durante tempestades. *Acropora* (corais chifre-de-veado e chifre-de-alce, as mais importantes espécies formadoras de recifes); *Astrangia; Agaricia; Fungia* (corais-cogumelos), formando os maiores pólipos de corais solitários conhecidos, com mais de 1 m de diâmetro; *Porites* – um outro importante formador de recifes; *Stylophora; Siderastraea; Pocillopora; Oculina; Montastraea; Diploria* (coral-cérebro).

Ordem Zoanthinaria (= Zoanthidea) *Zoanthus.* Os pólipos podem ser solitários ou coloniais, mas nunca secretam um esqueleto sólido. Três famílias.

Ordem Ceriantharia *Cerianthus.* Todas as espécies deste grupo são solitárias, vivendo em tubos enterrados verticalmente em sedimentos moles; apenas o disco oral do animal é visível para o escafandrista. A musculatura da coluna do corpo é em grande parte ectodérmica, permitindo ao animal atacado afastar-se rapidamente para o seu tubo. Os tubos são feitos de nematocistos especializados, denominados **pticocistos**, exclusivos dos membros desta ordem. Diferente de outros antozoários, o disco oral do ceriantídeos porta duas distintas espiras de tentáculos. Três famílias.

Ordem Ptychodactiaria Todos esses antozoários semelhantes a anêmonas estão restritos a águas frias nos oceanos Ártico e Antártico e próximo a eles.

Ordem Antipatharia *Antipathes*. Os corais pretos ou espinhosos. Os membros desta ordem são espécies tropicais de água profundas. Elas são comumente exploradas para confecção de joias. O sistema de suporte esquelético é composto por fibrilas quitinosas e proteína que podem ser curvadas e moldadas quando aquecidas. Esse esqueleto axial era antigamente considerado como dotado de propriedades medicinais.

Referências gerais sobre cnidários

Alpert, D. J. 2011. What's on the mind of a jellyfish? A review of behavioural observatons on *Aurelia* sp. jellyfish. *Neurosci. Biobehav. Rev*. 35:474-82.

Arai, M. N. 1997. *A Functional Biology of Scyphozoa*. London: Chapman & Hall.

Blackstone, N. W., and R. E. Steele. 2005. Introduction to the symposium. *Integr. Comp. Biol*. 45:583-84. (This paper is followed by a series of papers from the 2004 symposium, "Model systems for the basal metazoans: cnidarians, ctenophores, and placozoans", four of which deal exclusively with cnidarian biology: fission, the genetics of self, non-self recognition, programmed cell death (apoptosis), and the symbiotic relationship between zooxanthellae and anthozoans).

Brown, B. E. 1997. Adaptations of reef corals to physical environmental stress. *Adv. Marine Biol*. 31:221-99.

Canning, E. U., and B. Okamura. 2003. Biodiversity and ecology of the Myxozoa. *Adv. Parasitol*. 56:43-131.

Darling, J. A., A. R. Reitzel, P. M. Burton, M. E. Mazza, J. F. Ryan, J. C. Sullivan, and J. R. Finnerty. 2005. Rising starlet: The starlet sea anemone *Nematostella vectensis*. *BioEssays* 27:11-21.

Fautin, D. G. 2002. Reproduction of Cnidaria. *Can. J. Zool*. 80:1735-54.

Halstead, B. W., P. S. Auerbach, and D. R. Campbell. 1990. *A Color Atlas of Dangerous Marine Animals*. Boca Raton, Florida: CRC Press, Inc.

Harrison, F. W., and J. A., eds. 1991. *Microscopic Anatomy of Invertebrates, Vol. 2. Placozoa, Porifera, Cnidaria, and Ctenophora*. New York: Wiley-Liss.

Hessinger, D. A., and H. M. Lenhoff, eds. 1988. *The Biology of Nematocysts*. San Diego, Calif.: Academic Press.

Houbrèsque, F., and C. Ferrier-Pagès. 2009. Heterotrophy in tropical scleractinian corals. *Biol. Rev*. 84:1-17.

Jiménez-Guri, E., B. Okamura, and P. W. H. Holland. 2007. Origin and evolution of a myxozoan worm. *Integr. Comp. Biol*. 47:752-58.

Lesser, M. P. 2004. Experimental biology of coral reef ecosystems. *J. Exp. Mar. Biol. Ecol*. 300:217-52.

Lewis, J. B. 2006. Biology and ecology of the hydrocoral *Millepora* on coral reefs. *Adv. Mar. Biol*. 50:1-58.

Leys, S. P., and A. Hill. 2012. The physiology and molecular biology of sponge tissues. *Adv. Marine Biol*. 62:3-56.

Mackie, G. O., ed. 1976. *Coelenterate Ecology and Behavior*. New York: Plenum Press.

Shick, J. M. 1991. *A Functional Biology of Sea Anemones*. New York: Chapman & Hall.

Sutherland, S. K., and J. Tibbalis. 2001. *Australian Animal Toxins*. New York: Oxford University Press.

Thorpe, J. H., and A. P. Covich. 2001. *Ecology and Classification of North American Freshwater Invertebrates*, 2nd ed. New York: Academic Press.

Tops, S., A. Curry, and B. Okamura. 2005. Diversity and systematics of the Malacosporea (Myxozoa). *Invert. Biol*. 124:285-95.

Procure na web

1. http://biodidac.bio.uottawa.ca

   Escolha "Organismal Biology," "Animalia," e, após, "Cnidaria", para fotografias e desenhos, incluindo ilustrações e material seccionado.

2. www.ucmp.berkeley.edu/cnidaria/cnidaria.html

   Informações sobre todos os grupos de cnidários e imagens coloridas de muitos representantes. O site é operado pela University of California, em Berkeley.

3. http://tolweb.org/tree/phylogeny.html

   Isto conduz você ao site da Tree of Life, operado pela University of Arizona. Use os termos de busca "Cnidaria" e "Myxozoa" para encontrar informações sobre características e relações filogenéticas de cnidários, juntamente com excelentes imagens.

4. http://faculty.washington.edu/cemills/

   Este site, escrito por Claudia Mills, fornece informações sobre vários cnidários interessantes, acompanhadas de fotografias impressionantes desses animais. O site inclui uma discussão detalhada sobre *Aequorea victorea*, uma espécie de água-viva bioluminescente de Puget Sound, Washington. Essa água-viva é fonte de diversos marcadores que são amplamente utilizados em pesquisa biomédica.

5. http://animaldiversity.ummz.umich.edu/animalia.html

   Procure por "Cnidaria", para encontrar informações interessantes sobre espécies selecionadas em cada classe, acompanhadas de fotografias impressionantes. Este site é disponibilizado pelo Museu de Zoologia da University of Michigan.

6. http://faculty.washington.edu/cemills/Ctenophores.html

7. http://faculty.washington.edu/cemills/Stauromedusae.html

8. http://faculty.washington.edu/cemills/Hydromedusae.html

   O Diretório dos Hidrozoários (Hydrozoan Directory), cortesia de Peter Schuchert.

9. http://www.villege.ch/mhng/hydrozoa/hydrozoa-directory.html

7

Ctenóforos

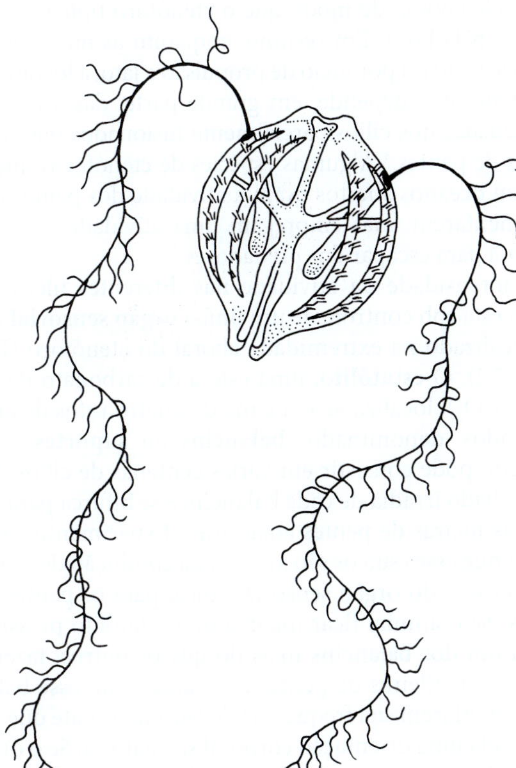

Introdução e características gerais

Características diagnósticas:[1] 1) placas de cílios fusionados dispostos em fileiras; 2) células adesivas (coloblastos) para captura da presa.

Quase todos os ctenóforos são predadores e a maioria é praticamente transparente. Apenas uma espécie parasítica é conhecida. As cerca de 150 espécies descritas são exclusivamente marinhas e, em sua maioria, **planctônicas**; isto é, seus membros geralmente não são bons nadadores, sendo transportados por correntes oceânicas. Os ctenóforos podem ser predadores importantes de peixes larvais e outros organismos zooplanctônicos e, às vezes, exercem papéis de destaque na ecologia estuarina, influenciando no sucesso de atividades pesqueiras comerciais.

Como um exemplo particularmente significativo do seu impacto, a espécie invasora *Mnemiopsis leidyi* devastou a pesca da anchova no Mar Negro em aproximadamente 30 anos após sua introdução acidental, em parte por consumir ovos e larvas dos peixes e em parte pela competição com eles por alimento e pelo consumo de outros organismos zooplanctônicos que os peixes comiam. No Mar Cáspio, onde a mesma espécie foi introduzida há cerca de 14 anos – provavelmente através da descarga de água de lastro –, já se constata um drástico declínio nas capturas de peixes; predadores desses peixes, incluindo a foca do Cáspio endêmica, atualmente também estão em perigo. A ocorrência de *Mnemiopsis leidyi* foi registrada também no Mar Báltico (2006), onde ameaça em particular a pesca do bacalhau, e ainda mais recentemente (2007), no Mar do Norte.

A arquitetura corporal dos ctenóforos assemelha-se um pouco à das medusas (cnidários). Como em uma medusa, o corpo do ctenóforo consiste em uma epiderme externa, uma gastroderme interna e uma camada média de mesogleia espessa e gelatinosa. Ambos os grupos exibem uma simetria radial básica, com superfícies oral e aboral.

[1]Características que distinguem os membros deste filo dos membros de outros filos.

Os sistemas digestórios são igualmente similares nos dois grupos. A boca conduz para a faringe (também chamada de **estomódeo**), que serve como um local de digestão extracelular, desta para o estômago e deste para uma série de **canais gastrovasculares**, onde a digestão é completada de maneira intracelular. Um sistema excretor funcional não foi documentado nesses grupos, nem quaisquer órgãos respiratórios especializados. O sistema nervoso dos ctenóforos toma a forma de uma rede nervosa subepidérmica, como em muitos cnidários. Ademais, pelo menos uma espécie de ctenóforo tem um estágio larval de plânula na sua história de vida. Além disso, como na maioria dos cnidários, os tentáculos dos ctenóforos são maciços, em vez de ocos. Por fim, os ctenóforos podem ser diploblásticos, formando durante a embriogênese – como nos cnidários – uma camada indistinta de tecido mesodérmico. Existe uma divergência nesse ponto: as células formadoras de músculos se diferenciam cedo no desenvolvimento dos ctenóforos, e alguns autores consideram-nas como células mesodérmicas verdadeiras, embora a fonte delas durante o desenvolvimento embriológico necessite de um exame minucioso adicional; se elas forem verdadeiramente mesodérmicas, os ctenóforos difeririam dos cnidários quanto ao *status* triploblástico. Uma espécie de ctenóforo é conhecida pelo uso de nematocistos na captura da presa, mas esses nematocistos são obtidos por meio da ingestão de medusas de cnidários; os nematocistos não são produzidos pelo ctenóforo.

Os ctenóforos deixaram um registro fóssil pobre, de modo que nossa melhor oportunidade de elucidar suas origens evolutivas provavelmente encontra-se no âmbito molecular. Embora possa haver uma relação evolutiva entre Ctenophora e Cnidaria, com base nas semelhanças morfológicas discutidas há pouco e em dados moleculares recentes, os ctenóforos claramente não são cnidários. Em primeiro lugar, a simetria dos ctenóforos é descrita com mais exatidão como *birradial*, em vez de radial; há apenas duas maneiras de cortar os ctenóforos em duas metades equivalentes. A simetria radial em si provavelmente não seja uma evidência convincente de relacionamento; a simetria radial básica dos ctenóforos poderia ser uma adaptação secundária à existência planctônica. Já foi mencionada uma diferença embriológica importante na formação da musculatura. Além disso, o polimorfismo, uma característica praticamente diagnóstica de hidrozoários e cifozoários, nunca é encontrado nos Ctenophora, e não há ctenóforos coloniais. Enquanto todos os cnidários possuem células monociliadas (um cílio por célula), as células dos ctenóforos são sempre multiciliadas, cada uma portando dois ou mais cílios. Além disso, o tipo de musculatura difere entre os membros dos dois grupos, bem como o mecanismo do nado, o sistema de manutenção do equilíbrio, o mecanismo e o modo de captura de alimento, os mecanismos de eliminação de resíduos sólidos, a natureza da sexualidade e vários aspectos do desenvolvimento embrionário. Cada uma dessas características será considerada a seguir.

Os músculos dos ctenóforos se desenvolvem de células ameboides encontradas dentro da mesogleia. Portanto, as fibras musculares resultantes residem, na verdade, nas camadas da mesogleia, respaldando a ideia de que os ctenóforos são triploblásticos. Por outro lado, a musculatura dos cnidários encontra-se no interior da gastroderme e, em menor grau, dentro da epiderme. Além disso, os ctenóforos possuem tecido muscular liso autêntico; na realidade, eles carecem de células mioepiteliais, que são tão características da musculatura dos cnidários. As primeiras fibras musculares lisas gigantes (acima de 6 cm de comprimento) foram agora isoladas de duas espécies de ctenóforos: *Mnemiopsis leidyi* e *Beroë* sp.; as preparações de músculos dessas espécies forneceriam excelente material para estudos gerais sobre a biologia da musculatura lisa.[2]

Na maioria das espécies costeiras de ctenóforos, a musculatura desempenha pouco ou nenhum papel na locomoção. Em vez disso, o nado é realizado pela atividade de muitas faixas de cílios, os quais são extraordinariamente longos e parcialmente fusionados. Na verdade, os ctenóforos são os maiores animais a usarem cílios para a locomoção. Cada faixa é um **pente**; os ctenóforos são os únicos animais com cílios fusionados em pentes. Os pentes são geralmente organizados em oito fileiras distintas, que são igualmente espaçadas sobre o corpo. Essas **fileiras de pentes** estendem-se da superfície oral para a superfície aboral do animal (Fig. 7.1) e chamam a atenção pela iridescência. O batimento eficaz dos cílios de cada pente ocorre em direção à superfície aboral, de modo que o ctenóforo típico começa a nadar pela boca. Em resumo, enquanto as medusas dos cnidários nadam por meio de propulsão a jato, a locomoção dos ctenóforos depende, em grande parte, das atividades coordenadas dos cílios parcialmente fusionados nas várias fileiras de pentes.[3] Algumas espécies de ctenóforos que vivem em oceanos abertos usam a atividade dos pentes para se alimentarem, mas empregam uma atividade muscular vigorosa para escapar dos predadores.[4]

A intensidade da atividade nas diferentes fileiras de pentes está sob controle de um único **órgão sensorial apical**, localizado na extremidade aboral do ctenóforo (Figs. 7.1a e 7.2). O **estatólito**, uma esfera de carbonato de cálcio ($CaCO_3$), localiza-se em cima de quatro tufos de cílios fusionados, denominados **balancins** ou **suportes**. Cada balancim pode consistir em várias centenas de cílios. Um sulco ciliado irradia de cada balancim e se bifurca para servir duas fileiras de pentes adjacentes. Experimentos mostraram que esses sulcos são agentes da condução de impulsos nervosos do órgão sensorial apical para os pentes das fileiras. Se o animal ficar inclinado, o estatólito pressiona contra um dos balancins mais do que os outros, fazendo os cílios das fileiras de pentes associadas com esse balancim aumentarem sua frequência de batimentos até que seja restaurada uma orientação corporal satisfatória. Se o órgão sensorial apical for removido cirurgicamente, o ctenóforo continua a nadar. Contudo, a cirurgia oblitera qualquer coordenação de batimento ciliar em fileiras de pentes diferentes, evidenciando o papel sincronizador do órgão sensorial apical.

[2]Ver *Tópicos para posterior discussão e investigação*, nº 3, no final deste capítulo.

[3]Ver *Tópicos para posterior discussão e investigação*, nº 1, no final deste capítulo

[4]Ver *Tópicos para posterior discussão e investigação*, nº 4, no final deste capítulo.

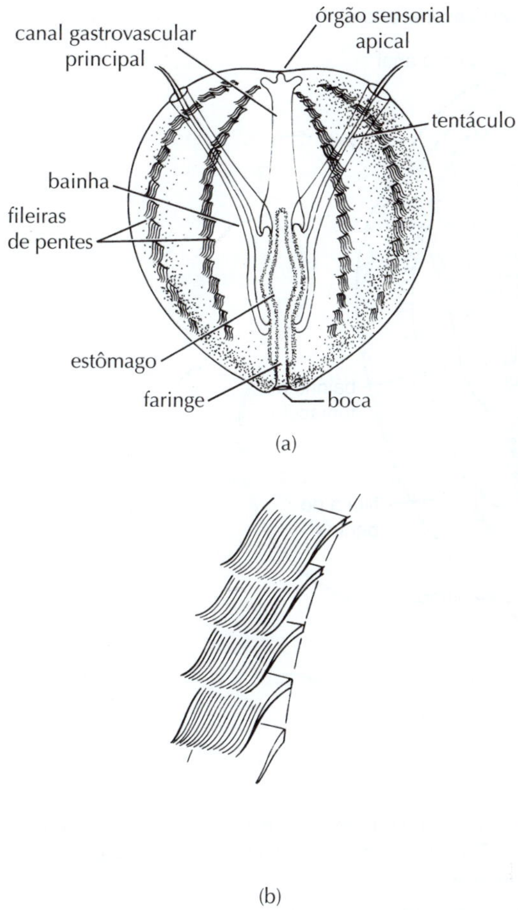

Figura 7.1

(a) Anatomia externa de um ctenóforo, *Pleurobrachia* sp., mostrando as fileiras de pentes e várias outras características anatômicas. Os tentáculos foram retraídos para dentro das suas bainhas. (b) Detalhe de uma fileira de pentes, mostrando quatro deles. Cada pente é formado de milhares de cílios longos e compostos.

Segundo Hyman. (b) Segundo Hardy.

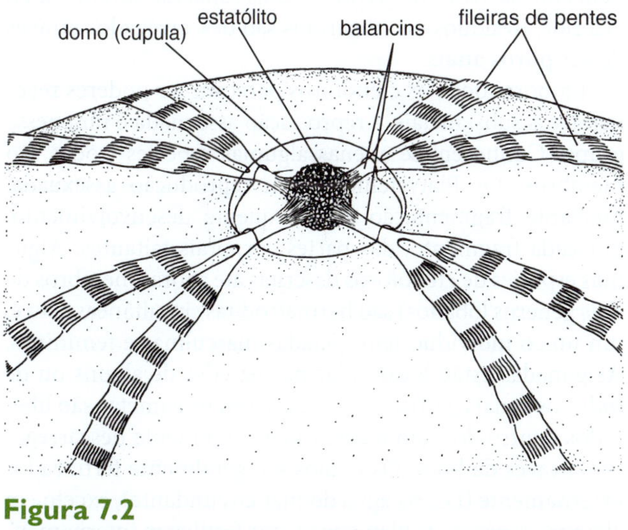

Figura 7.2

Detalhe de um órgão sensorial apical (aboral) e sua convergência transparente. A inclinação do animal faz o estatólito pressionar contra balancins particulares, estimulando a atividade nas fileiras de pentes associadas e, assim, restaurando a orientação do animal.

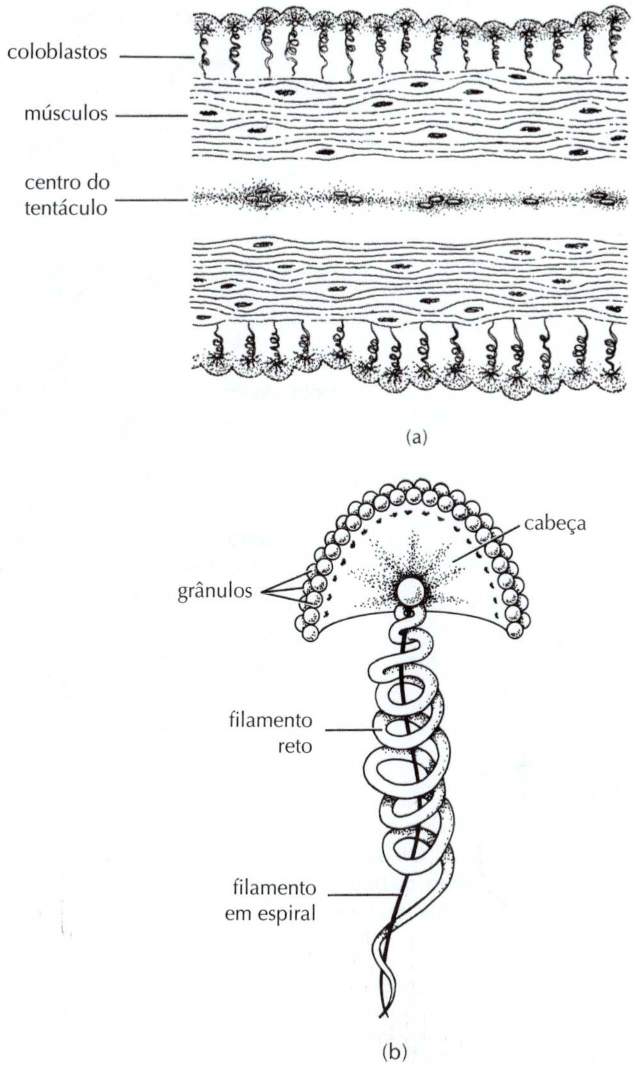

Figura 7.3

(a) Secção longitudinal através de um tentáculo. (b) Um coloblasto individual. O filamento em espiral é contrátil. A cabeça contém grânulos que, quando descarregados, produzem uma secreção adesiva que imobiliza a presa.

(a) De Hyman; segundo Hertwig. (b) De Hyman; segundo Komai.

A rede nervosa epidérmica também parece exercer um papel na coordenação das atividades dos pentes. Por exemplo, a estimulação mecânica da extremidade oral do animal provoca uma inversão repentina do batimento ciliar em todas as fileiras de pentes. Essa resposta é observada mesmo que o órgão sensorial apical tenha sido removido cirurgicamente.

Assim como nas medusas, muitas espécies de ctenóforos capturam suas presas usando tentáculos (ver Quadro Foco de pesquisa 7.1, p. 140). Diferentemente dos tentáculos dos cnidários, no entanto, os tentáculos dos ctenóforos podem ser completamente retraídos para dentro de covas ou bainhas proximais. Além disso, com uma exceção, o tentáculo e/ou a epiderme geral dos ctenóforos é dotada não de nematocistos, mas sim de estruturas completamente diferentes, denominadas **coloblastos** (Fig. 7.3). Cada célula do coloblasto consiste em uma cabeça bulbosa e adesiva conectada a um filamento reto e longo e a um filamento

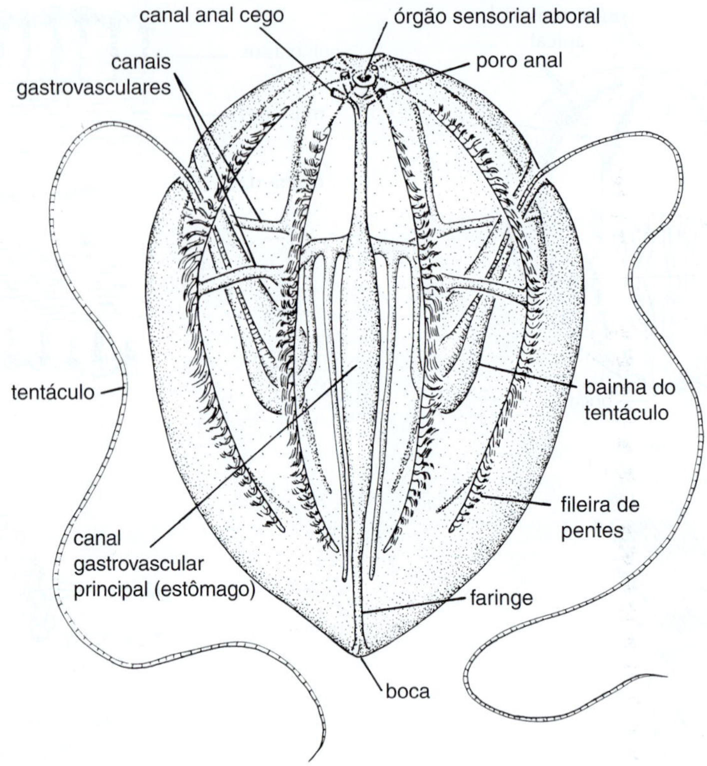

Figura 7.4

Representação diagramática do ctenóforo *Pleurobrachia* sp., a groselha-do-mar. Observe que o canal gastrovascular principal termina como quatro ramos perto do órgão sensorial aboral (apical). Dois desses ramos são cegos, mas os outros dois têm contato com o exterior através de pequenos poros anais. Todos os outros canais gastrovasculares terminam cegamente.

Segundo Bayer e Owre; segundo Hardy.

espiralado contrátil. As presas tornam-se aderidas aos tentáculos, que são, então, retraídos. Em muitas espécies, o corpo gira para colocar a boca em contato com os tentáculos assim que os itens alimentares são colocados ao seu alcance. Os tentáculos de algumas espécies podem ser estendidos mais do que 100 vezes o comprimento do corpo e retraídos em segundos.

Em outras espécies, a função de captação de alimento pelos tentáculos é muito reduzida. Em vez disso, a área de superfície do corpo é aumentada por compressão lateral, e as principais áreas do corpo são revestidas com um muco adesivo e com células do coloblasto. O próprio corpo, portanto, torna-se o principal órgão de coleta de alimento; os pequenos tentáculos encontrados em algumas dessas espécies meramente auxiliam no transporte de alimento para a boca. Conforme mencionado anteriormente, a maioria dos ctenóforos come pequenos crustáceos (filo Arthropoda) e os estágios larvais de diferentes espécies de peixes e moluscos com concha, incluindo alguns de importância comercial, como as ostras. Alguns ctenóforos predam outros ctenóforos ou animais gelatinosos de outros grupos (sobretudo dos Cnidaria e dos Urochordata). Além disso, algumas espécies de ctenóforos podem também comer fitoplâncton e protozoários ciliados.[5] Por isso, eles têm o potencial de influenciar de diferentes maneiras a dinâmica da teia alimentar, não apenas pelo consumo de zooplâncton.

[5]Scolardi, K. M., K. L. Daly, E. A. Pakhomov, e J. J. Torres. 2006. *Mar. Ecol. Progr. Ser.* 317: 111-26.

Os sistemas digestórios de ctenóforos e cnidários diferem em um aspecto interessante. Conforme discutido anteriormente, o trato digestório tem somente uma abertura, que serve como boca e ânus. Nos ctenóforos, por outro lado, quatro **canais digestórios** (**gastrovasculares**) levam da parte superior do estômago até a superfície aboral do animal (Fig. 7.4). Embora dois dos canais digestórios terminem com sacos secos, os outros dois canais se abrem para o exterior. Resíduos não digeridos são descarregados através desses **poros anais**.

Embora todos os ctenóforos pareçam ter poderes regenerativos substanciais, a reprodução assexuada é rara nesse grupo. Conhecem-se apenas algumas espécies (todas são membros dos Platyctenida) com reprodução assexuada, mediante fragmentação e subsequente desenvolvimento, por cada fragmento, das partes corporais faltantes. Algumas espécies de ctenóforos descritas até agora (membros de dois gêneros lobados) são hermafroditas simultâneas; isto é, um único indivíduo tem gônadas masculinas e femininas. As gônadas estão localizadas nas paredes de alguns ou de todos os canais gastrovasculares, assim os gametas são liberados dentro do trato digestório e comumente descarregados através da boca. Os óvulos são geralmente fertilizados externamente (i.e., na água do mar circundante), exceto em algumas espécies de platictenos, que fertilizam internamente seus óvulos.

O desenvolvimento dos ctenóforos difere em vários aspectos daquele dos cnidários. Em particular, a clivagem dos

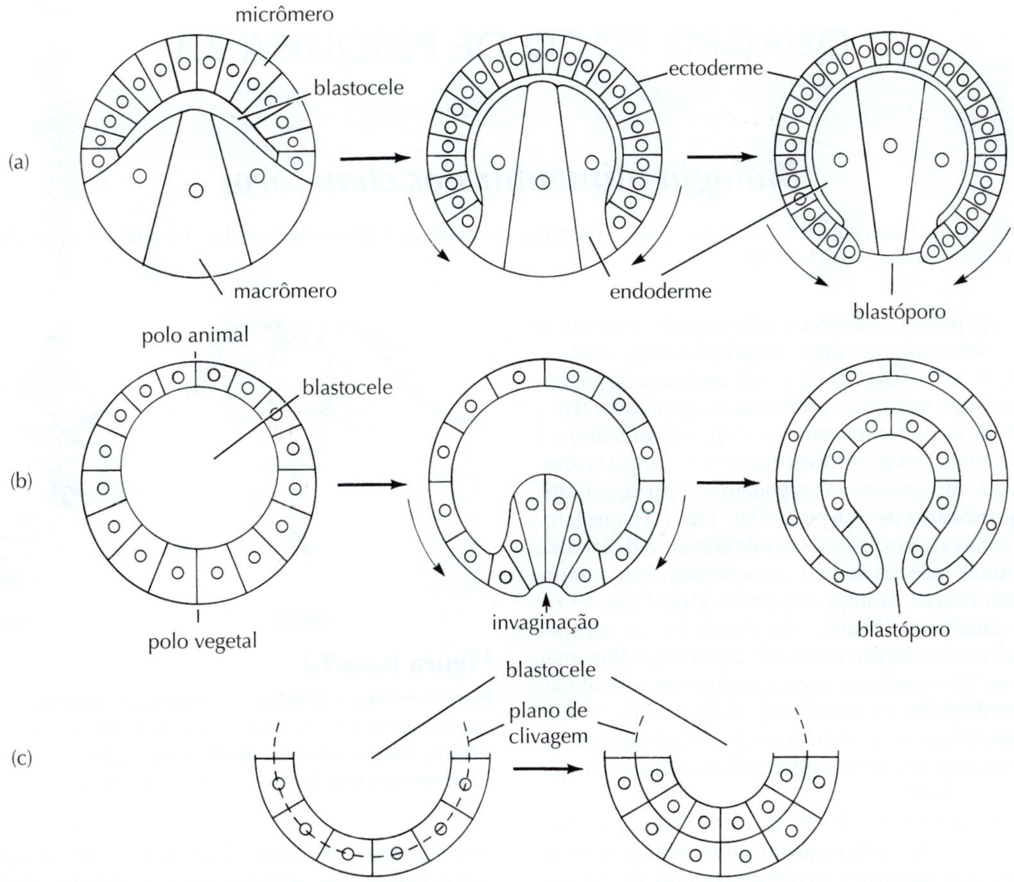

Figura 7.5

Padrões de gastrulação em ctenóforos e cnidários. (a) Gastrulação por epilobia, em que células menores (micrômeros) crescem sobre células maiores (macrômeros). (b) Gastrulação por invaginação, em que um grupo de células adjacentes se volta para dentro da blastocele. (c) Gastrulação por delaminação, em que a segunda camada é formada por divisão mitótica. Nos ctenóforos, a gastrulação é por epilobia ou por invaginação. Em contraste notável, os cnidários geralmente gastrulam por delaminação ou ingressão (em que as células do lado externo do embrião migram para dentro).

ctenóforos é altamente determinada; os destinos das células são fixados na primeira divisão celular. Os destinos celulares dos embriões dos cnidários tornam-se fixados mais tarde no desenvolvimento. Além disso, o mecanismo de **gastrulação** nos ctenóforos (i.e., a formação de distintas camadas embrionárias interna e externa) é completamente diferente do encontrado na maioria dos cnidários. Entre os ctenóforos, a gastrulação é alcançada ou por **epibolia**, um processo em que uma camada de micrômeros se propaga sobre os macrômeros adjacentes (Fig. 7.5a), ou por **invaginação**, em que grupos de células se projetam para dentro do espaço blastocélico (Fig. 7.5b). Embora a gastrulação ocorra nos cnidários, a epibolia não, e a maioria dos cnidários gastrula por um processo de **delaminação** (Fig. 7.5c). Na delaminação, as células da blástula se dividem com o plano de clivagem aproximadamente paralelo à superfície do embrião. Portanto, as células essencialmente se dividem para dentro da blastocele, formando uma camada celular interna e externa, entre as quais mais tarde a mesogleia é secretada. Ainda em outros cnidários, a gastrulação é por **ingressão**, na qual certas células desprendem-se das suas vizinhas e simplesmente se movem para dentro da blastocele, criando uma segunda camada de células.

Os embriões de ctenóforos, ao contrário dos de cnidários, raramente se desenvolvem em larvas plânulas ciliadas. Em vez disso, esse tipo de embrião, em geral, se desenvolve diretamente em uma miniatura de ctenóforo, denominada **cidipídeo**. O cidipídeo tem forma aproximadamente esférica; ele é equipado com oito fileiras de pentes, um órgão sensorial apical completamente formado e uma faringe, além de exibir um par de tentáculos ramificados. Em muitas espécies, o cidipídeo assemelha-se bastante ao adulto. Nas espécies bentônicas de ctenóforos substancialmente modificadas (ver Fig. 7.7d, p. 143), no entanto, o cidipídeo passa por uma alteração morfológica gradual, mas considerável, para atingir a forma adulta e, assim, pode ser considerado um verdadeiro estágio larval que sofre metamorfose.

Certas características de ctenóforos e cnidários são comparadas na Tabela 7.1.

Quase todos os ctenóforos são **bioluminescentes**.[6] Diferentemente da iridescência, em que as cores são geradas pela difração de luz incidente, a bioluminescência resulta de uma reação química em que grande parte da energia em excesso é emitida como luz, em vez de como calor. Embora

[6]Ver *Tópicos para posterior discussão e investigação*, nº 5, no final deste capítulo.

QUADRO FOCO DE PESQUISA 7.1

Biologia alimentar dos ctenóforos

Greene, C. H., M. R. Landry e B. C. Monger. 1986. "Foraging behavior and prey selection by the ambush entangling predator *Pleurobrachia bachei.*" *Ecology*, 67:1493-1501.

As densidades populacionais dos ctenóforos podem tornar-se bastante altas, sobretudo em águas costeiras. Certas espécies podem alcançar concentrações de várias centenas de indivíduos por metro cúbico. Como carnívoros, os ctenóforos têm a probabilidade de impactar substancialmente a abundância e a dinâmica de populações de outros organismos zooplanctônicos. Especificamente, os ctenóforos podem reduzir significativamente as quantidades de copépodes (Fig. foco 7.1), que também servem como as principais fontes de alimento de larvas e adultos de muitas espécies de peixes comercialmente importantes. A quantificação da importância dos ctenóforos na regulação dos tamanhos e dinâmica das populações de copépodes requer um conhecimento detalhado da biologia alimentar dos ctenóforos. Os ctenóforos preferencialmente selecionam certas espécies de presas ou certos estágios da história de vida de presas específicas, ou se alimentam não seletivamente de qualquer presa que por ventura capturam? Além disso, em que taxas eles se alimentam?

O estudo de Greene et al. (1986) documenta a capacidade de *Pleurobrachia bachei*, um pequeno (no máximo, com alguns centímetros de diâmetro) ctenóforo costeiro, de alimentar-se seletivamente de adultos das seguintes espécies de copépodes: *Acartia clausi*, *Calanus pacificus* e *Pseudocalanus* sp. Os autores examinaram também o consumo sobre diferentes estágios larvais e juvenis de *C. pacificus*.

No experimento básico, os pesquisadores dispuseram de vários frascos de 3,8 litros de água do mar e adicionaram um ctenóforo e 25 ou 50 presas de copépodes em cada um. Os ctenóforos puderam alimentar-se no escuro por 12 horas. Como outras espécies de ctenóforos tentaculados, *P. bachei* flutua passivamente na água por longos períodos, arrastando seus longos tentáculos de captura. Quando as presas são apanhadas pelos coloblastos, o ctenóphoro move o tentáculo captador até a boca e ingere as presas. No final de 12 horas, o número de copépodes que restou em cada frasco foi determinado. Não houve declínio na concentração de copépodes nos frascos-controle (que continham copépodes, mas não ctenóforos), de modo que o desaparecimento de copépodes nos tratamentos experimentais deve ter refletido a predação pelos ctenóforos.

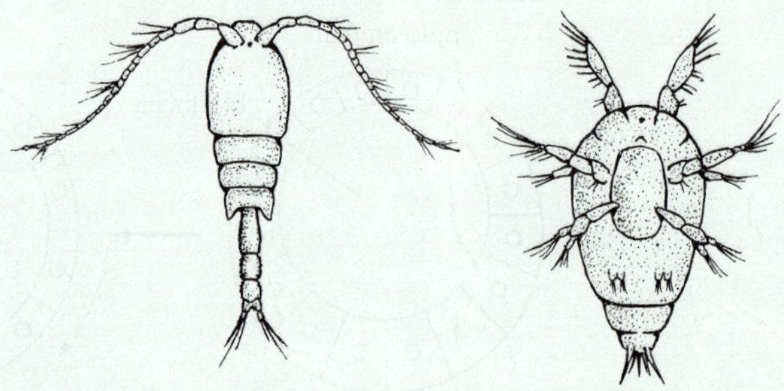

Figura foco 7.1

Estágios adulto e larval de um copépode planctônico típico (não representado com escala). Os copépodes são crustáceos (filo Arthropoda). Os adultos geralmente medem menos de 1 mm de comprimento e as larvas são muito menores.

Para fins comparativos, os dados sobre taxas de desaparecimento de copépodes foram expressos em termos de volume de água que cada ctenóforo deve ter processado a cada hora, para ter capturado e comido o número registrado de copépodes ingeridos. Por exemplo, se o frasco inicialmente continha 215 copépodes em 3,8 litros de água do mar e o ctenóforo comeu 50 copépodes nas 12 horas posteriores, a concentração média de copépodes no frasco durante aquele período foi de 50 copépodes por litro [(215 + 165)/2 copépodes] /3,8 litros. Para ter comido 50 copépodes, o ctenóforo precisou ter filtrado um litro de água do mar no período de 12 horas.

Tabela 7.1 Semelhanças e diferenças entre os dois filos de animais diploblásticos gelatinosos

Característica	Ctenóforos	Cnidários
Clivagem	Determinada	Indeterminada
Gastrulação	Epibolia ou invaginação	Delaminação, ingresso ou invaginação
Estágio de desenvolvimento comum	Cidipídeo	Plânula
Sistema digestório	Canais gastrovasculares	Canais gastrovasculares
Nematocistos	Nenhum (a menos que "emprestado" de presas capturadas)	Presente
Coloblastos	Presente	Nenhum
Sexualidade	Geralmente hermafrodita	Geralmente gonocorística
Musculatura	Dentro da mesogleia	Dentro da gastroderme
Ciliação	Células multiciliadas	Células monociliadas

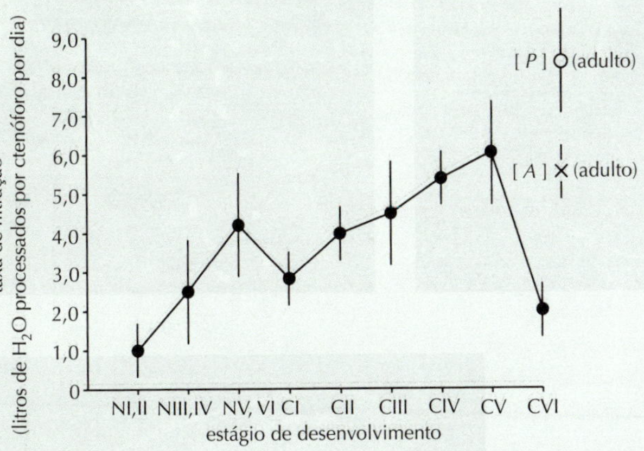

Figura foco 7.2

Taxas de alimentação em laboratório do ctenóforo *Pleurobrachia bachei* sobre copépodes de estágios de desenvolvimento diferentes (*Calanus pacificus*: •) ou de espécies diferentes (adultos de *Acartia clausi*: X; adultos de *Pseudocalanus* sp.: o). Em *C. pacificus*, os estágios de desenvolvimento NI-NVI são larvais, ao passo que os estágios CI-CVI são juvenis.

Os resultados dos estudos de alimentação demonstram claramente que, pelo menos no laboratório, essa espécie de ctenóforo se alimenta seletivamente (Fig. foco 7.2). De interesse especial, as taxas de alimentação dos diversos estágios larvais e juvenis de *C. pacificus* variaram de modo imprevisível de estágio para estágio. Poderia ser esperado que as taxas de alimentação fossem consistentemente mais altas para presas mais velhas (maiores e nadando mais rapidamente), porém, os dados para *C. pacificus* não mostraram um aumento contínuo na taxa de alimentação (Fig. foco 7.2). Além disso, as taxas de alimentação dos adultos de diferentes espécies de copépodes também diferiram marcadamente. Os ctenóforos se alimentaram de *Pseudocalanus* sp. nas maiores taxas, processando água do mar em taxas superiores a 8,4 litros por dia (Fig. foco 7.2).

Experimentos demonstraram que as diferenças nas taxas de alimentação mostradas quando os ctenóforos se alimentaram apenas de uma espécie de presa eram mantidos quando os ctenóforos se alimentaram de misturas de espécies de presas. Isso demonstra claramente que os membros dessa espécie de ctenóforo podem se alimentar seletivamente no laboratório, ingerindo mais de um tipo de presa do que de outro, quando os dois tipos de presas estão presentes em concentrações iguais.

Isso significa que os ctenóforos *selecionam* ativamente certas presas em relação a outras? Uma explicação alternativa é que algumas presas simplesmente apresentam menor probabilidade de serem capturadas e ingeridas; isto é, a predação diferencial pode refletir diferenças no comportamento da presa, em vez de escolhas deliberadas feitas pelo predador. Em especial, diferenças na suscetibilidade da presa poderiam refletir (1) comportamentos específicos de evitação exibidos pelos copépodes, (2) capacidade diferencial de escapar dos tentáculos após a captura ou (3) velocidades distintas de nado para copépodes de espécies diferentes e estágios de desenvolvimento diferentes (quanto mais rápido ela se move, é provável que mais cedo se depare com a dificuldade). Os autores continuaram examinando essas possibilidades. Como você supõe que eles delinearam essa parte do seu estudo?

Os experimentos de laboratório acima descritos sugerem que a predação pelos ctenóforos não têm impacto igual sobre todas as espécies de copépodes ou sobre todos os estágios de desenvolvimento de qualquer espécie de copépode. No campo, evidentemente, os ctenóforos estariam livres para estender seus tentáculos até comprimentos não permitidos em frascos de vidro pequenos, bem como os copépodes teriam oportunidades maiores de evitar a captura. Você pode imaginar um modo de testar a predação diferencial por ctenóforos sob condições de campo mais naturais?

a forma especial da reação que ocorre nos ctenóforos pareça ser peculiar aos membros desse filo, o fenômeno da bioluminescência não é. Na verdade, ao menos algumas espécies da maioria dos principais filos animais demonstram alguma forma de bioluminescência. A importância funcional da bioluminescência muitas vezes não é clara. Localizar o parceiro e reconhecer as espécies, atrair a presa e surpreender os potenciais predadores são possibilidades que podem ser aplicadas aos membros bioluminescentes de alguns filos. Algumas espécies podem usar a bioluminescência para evitar a detecção por predadores visuais, produzindo luz de intensidade ambiental. Isso mascararia a silhueta do animal quando observado de baixo pelos predadores potenciais, auxiliando a forma iluminada a confundir-se com o entorno. A importância adaptativa da bioluminescência nos ctenóforos tem sido examinada, embora a possibilidade de reconhecimento do parceiro possa provavelmente ser descartada pela falta de fotorreceptores distintos e pela provável incapacidade do sistema nervoso de processar essa informação complexa. Independentemente da sua importância, a bioluminescência, junto com a iridescência das fileiras de pentes, a delicadeza da forma e a elegância de movimento colocam os ctenóforos entre os mais magníficos animais a serem observados.

Diversidade dos ctenóforos

A maioria das espécies de ctenóforos vive no mar aberto distante da costa, de modo que a sua biologia, em grande, parte não é estudada. A mudança de coleta de amostras

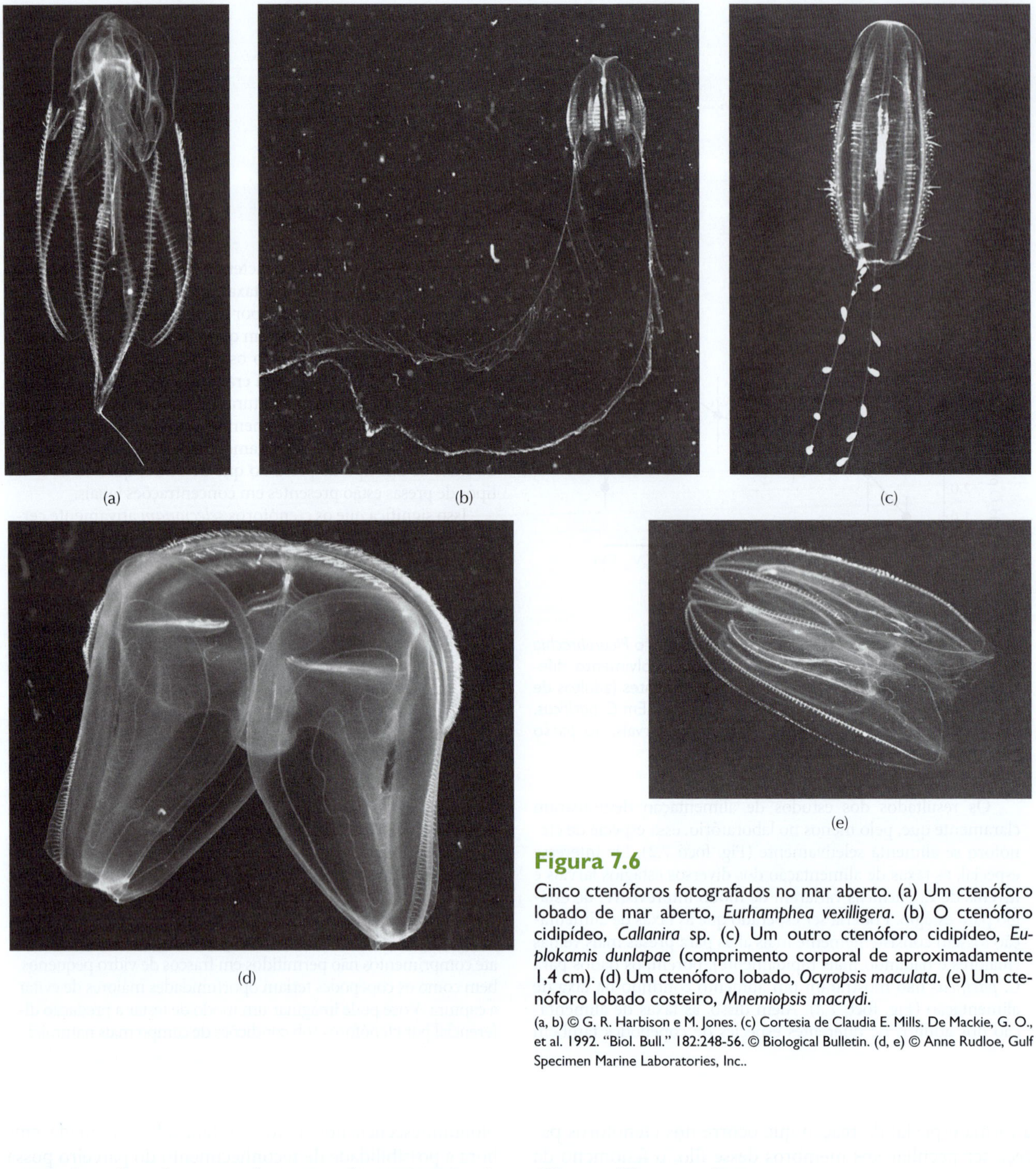

Figura 7.6

Cinco ctenóforos fotografados no mar aberto. (a) Um ctenóforo lobado de mar aberto, *Eurhamphea vexilligera*. (b) O ctenóforo cidipídeo, *Callanira* sp. (c) Um outro ctenóforo cidipídeo, *Euplokamis dunlapae* (comprimento corporal de aproximadamente 1,4 cm). (d) Um ctenóforo lobado, *Ocyropsis maculata*. (e) Um ctenóforo lobado costeiro, *Mnemiopsis macrydi*.

(a, b) © G. R. Harbison e M. Jones. (c) Cortesia de Claudia E. Mills. De Mackie, G. O., et al. 1992. "Biol. Bull." 182:248-56. © Biological Bulletin. (d, e) © Anne Rudloe, Gulf Specimen Marine Laboratories, Inc..

com redes rebocadas por embarcações de movimento rápido para observações *in situ* e coleta cuidadosa por mergulhadores e por submergíveis trouxe à luz numerosas espécies desconhecidas, as quais são demasiadamente frágeis para resistir ao trauma a que eram submetidas pelas técnicas de coleta antes de serem consideradas padrões. Algumas dúzias de espécies novas foram capturadas há alguns anos durante uma única expedição de duas semanas. Atualmente, as espécies de ctenóforos estão divididas em duas classes, tomando como critério principal a presença de tentáculos conspícuos nos animais adultos e/ou nos cidipídeos. Na Figura 7.6, são mostrados adultos representativos.

Classe Tentaculata

A maior parte da evolução dos tentaculados parece estar associada à modificação do mecanismo de captura da presa.[7] Algumas espécies de tentaculados assemelham-se bastante aos cidipídeos já descritos, exceto, evidentemente, pela presença das gônadas funcionais. Tentáculos longos e retráteis são bem desenvolvidos durante a vida, e o alimento é captado exclusivamente por esses poucos tentáculos e seus ramos laterais. Esses ctenóforos compreendem a ordem Cydippida (Figs. 7.6b, c e 7.7a). Em outras espécies, o corpo é um

[7]Ver *Tópicos para posterior discussão e investigação*, nº 2, no final deste capítulo.

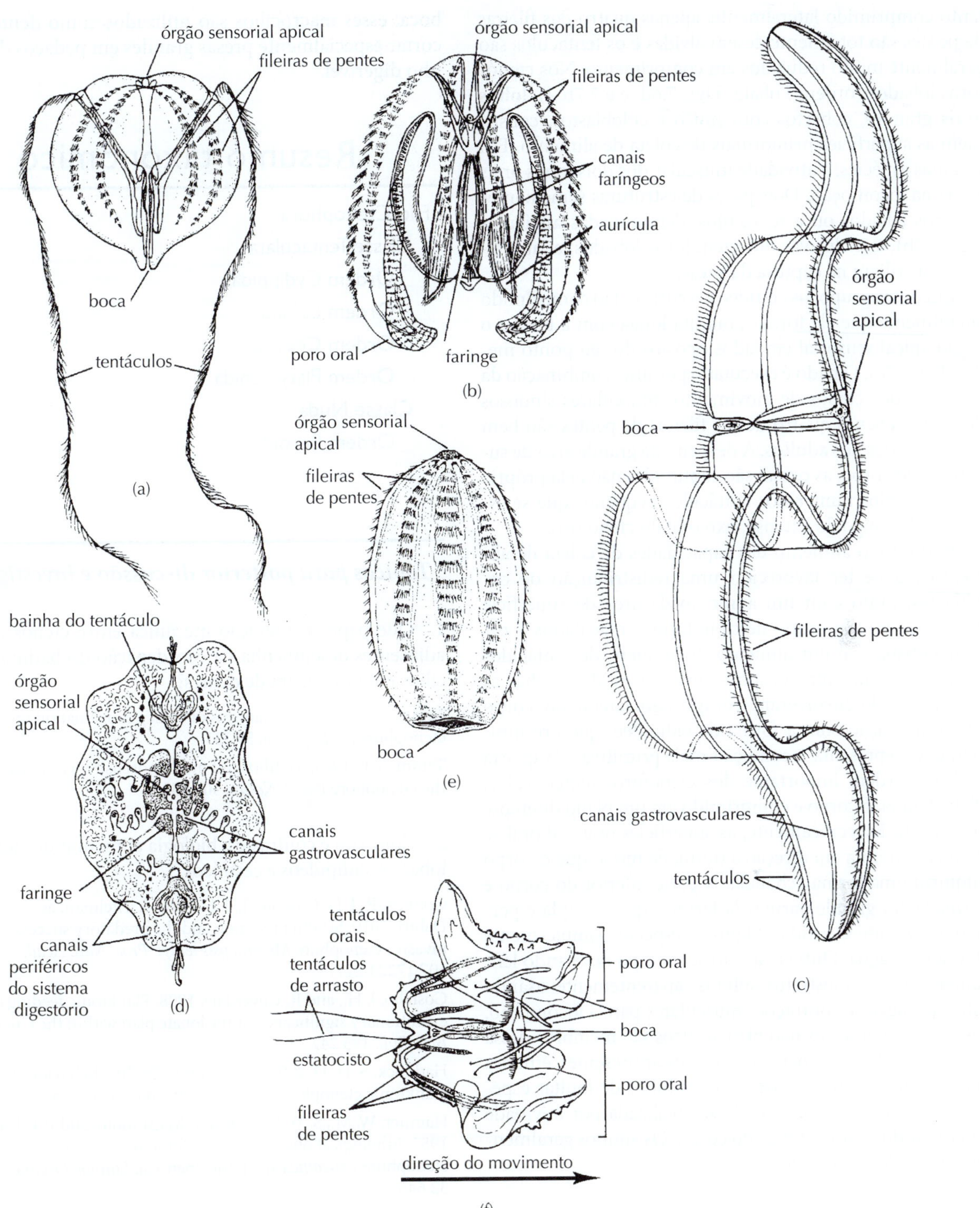

Figura 7.7

Diversidade de ctenóforos. (a) O cidipídeo *Pleurobrachia* sp., aproximadamente duas vezes o tamanho natural. (b) Um ctenóforo lobado, *Mnemiopsis leidyi*. (c) Um membro da ordem Cestida, *Cestum veneris*, comumente conhecido como cinturão-de-vênus. Esses animais atingem comprimentos de aproximadamente 1,5 m. (d) Um membro da ordem Platyctenida, *Coeloplana mesnili*, visto de cima. O animal mede cerca de 6 cm e passa sua vida em associação com certos corais no Indo-Pacífico. (e) Um membro da classe Nuda, *Beroë* sp. Os membros dessa classe carecem de tentáculos durante a vida. (f) *Leucothea* sp., um ctenóforo lobado de mar aberto. Distúrbios físicos fracos são suficientes para despedaçar seus lobos altamente frágeis, de modo que esses animais podem ser estudados somente mediante mergulho em seu meio.

(a, b) Segundo Hyman. (c) De Hyman; segundo Mayer. (d) De Hyman; segundo Dawydoff. (e) Segundo Hardy. (f) De Matsumoto e Hammer, *Marine Biology* 97:551-58. 1988.

tanto comprimido lateralmente, apenas quatro das fileiras de pentes são totalmente desenvolvidas e os tentáculos são geralmente muito reduzidos em comprimento. Nos ctenóforos lobados (ordem Lobata, Figs. 7.6d, e e 7.7b, f), **lobos orais** grandes, cobertos com muco e coloblastos, constituem as superfícies primordiais de coleta de alimento. Em algumas espécies, a atividade muscular dos dois lobos orais ajuda na locomoção. Dois pares de estruturas semelhantes a remos ciliados ou a tentáculos, denominadas **aurículas** (Fig. 7.7b), e exclusivas dos ctenofóros lobados, aparentemente auxiliam na captura da presa.

Em outro grupo, os cestídeos, o corpo é tão comprimido lateralmente que ele forma uma fita longa com a boca e o órgão apical sensorial em lados opostos do seu ponto médio (Fig. 7.7c). O nado é executado por uma combinação da atividade dos ctenos de movimentos musculares sinuosos do corpo; apenas quatro dessas fileiras de pentes são bem desenvolvidas nos adultos. A despeito da grande área de superfície do corpo, as presas são capturadas não pela própria fita, mas pelos numerosos tentáculos pequenos que se estendem ao longo do extenso eixo oral do ctenóforo.

Portanto, o aumento das capacidades de coleta de alimento parece ter favorecido uma redistribuição de coloblastos, junto com um aumento da área de superfície do corpo, em um grupo de ctenóforos tentaculados - ordem Lobata -, e um aumento do número de tentáculos alimentares em outro grupo - ordem Cestida. Ambas as adaptações desenvolveram compressão lateral do corpo em comparação com a forma de cidipídeo, que presumivelmente representa a condição mais primitiva. Na quarta e última ordem importante dos ctenóforos tentaculados, Platyctenida, o corpo é comprimido em um plano diferente (Fig. 7.7d). Especificamente, as superfícies oral e aboral se deslocaram uma em direção à outra, de modo que o corpo adquiriu uma forma achatada. A parte inferior do corpo é formada em grande parte pela faringe, que é ampla e permanentemente evertida. Algumas espécies simplesmente flutuam na água. Outras passam seu tempo rastejando lentamente sobre substratos sólidos, aparentemente usando cílios faríngeos e contrações musculares para a locomoção. Os únicos ctenóforos não planctônicos são membros dessa ordem. As fileiras de pentes podem estar presentes, embora sejam reduzidas ou inexistam nos adultos de muitas espécies. Alguma locomoção pode ser realizada por atividade muscular dos lobos laterais do corpo. Os adultos geralmente portam dois tentáculos longos.

Classe Nuda

Os membros da classe Nuda, relativamente pequena, estão contidos em uma única ordem, Beroida. Nenhum indivíduo deste grupo tem tentáculos (mesmo no estágio de cidipídeo de desenvolvimento) ou lobos orais. Todas as oito fileiras de pentes, no entanto, são bem desenvolvidas (Fig. 7.7e). As presas, incluindo outros ctenóforos, são capturadas e engolidas por lábios musculares ao redor da boca. A boca pode ser ampliada para acomodar presas substancialmente maiores do que o predador. **Macrocílios**, consistindo em milhares de 9 + 2 axonemas envoltos por uma única membrana, são localizados apenas dentro da boca; esses macrocílios são utilizados como dentes, para cortar especialmente presas grandes em pedaços de tamanho digerível.

Resumo taxonômico

Filo Ctenophora
- Classe Tentaculata
  - Ordem Cydippida
  - Ordem Lobata
  - Ordem Cestida
  - Ordem Platyctenida
- Classe Nuda
  - Ordem Beroida

Tópicos para posterior discussão e investigação

1. Que papel a interação mecânica entre ctenos (pentes) adjacentes desempenha na coordenação do batimento dos cílios em uma fileira de dentes?

Tamm, S. L. 1973. Mechanisms of ciliary coordination in ctenophores. *J. Exp. Biol.* 59:231.

Tamm, S. L. 1983. Motility and mechanosensitivity of macrocilia in the ctenophore *Beroë*. *Nature* 305:430.

2. Compare e contraste a biologia alimentar de ctenóforos lobados, cidipídeos e cestídeos.

Colin, S. P., J. H. Costello, L. J. Hanson, J. Titelman, and J. O. Dabiri. 2010. Stealth predation and the predatory success of the invasive ctenophore *Mnemiopsis leidyi*. *Proc. Natl. Acad. Sci. USA* 107:17223-227.

Costello, J. H., and R. Coverdale. 1998. Planktonic feeding and evolutionary significance of the lobate plan within the Cnetophora. *Biol. Bull.* 195:247.

Haddock, S. H. D. 2007. Comparative feeding behavior of planktonic ctenophores. *Integr. Comp. Biol.* 47:847-53.

Hamner, W. M., S. W. Strand, G. I. Matsumoto, and P. P. Hamner. 1987. Ethological observations on foraging behavior of the ctenophore *Leucothea* sp. in the open sea. *Limnol. Oceanogr.* 32:645.

Main, R. J. 1928. Observations of the feeding mechanism of the ctenophore, *Mnemiopsis leidyi*. *Biol. Bull.* 55:69.

Matsumoto, G. L., and G. R. Harbison. 1993. *In situ* observations of foraging, feeding, and escape behavior in 3 orders of oceanic ctenophores: Lobata, Cestida, and Beroida. *Marine Biol.* 117:279.

Reeve, M. R., M. A. Walter, and T. Ikeda. 1978. Laboratory studies of ingestion and food utilization in lobate and tentaculate ctenophores. *Limnol. Oceanogr.* 23:740.

Swanberg, N. 1974. The feeding behavior of *Beroë ovata*. *Marine Biol.* 24:69.

3. O comportamento alimentar dos ctenóforos normalmente envolve uma série surpreendentemente complexa de

contrações musculares rápidas e aparentemente coordenadas. Como os ctenóforos atingem tal coordenação sem um sistema nervoso central?

Bilbaut, A., M.-L. Hernandez-Nicaise, C. A. Leech, and R. W. Meech. 1988. Membrane currents that govern smooth muscle contraction in a ctenophore. *Nature* 331:533.

4. Discuta os papéis de cílios, musculatura e sensibilidade química nas respostas de escape exibidas por ctenóforos planctônicos.

Kreps, T. A., J. E. Purcell, and K. B. Heidelberg. 1997. Escape of the ctenophore *Mnemiopsis leidyi* from the scyphomedusa predator *Chrysaora quinquecirrha*. *Marine Biol.* 128:441.

Mackie, G. O., C. E. Mills, and C. L. Singla. 1992. Giant axons and escape swimming in *Euplokamis dunlapae* (Ctenophora: Cydippida). *Biol. Bull.* 182:248.

Matsumoto, G. I., and G. R. Harbison. 1993. *In situ* observations of foraging, feeding, and escape behavior in 3 orders of oceanic ctenophores: Lobata, Cestida, and Beroida. *Marine Biol.* 117:279.

Titelman, J., L. J. Hansson, T. Nilsen, S. P. Colin, and J. H. Costello. 2012. Predator-induced vertical behavior of a ctenophore. *Hydrobiol.* 690:181-87.

5. Como é possível demonstrar conclusivamente que uma determinada espécie de ctenóforo *não* tem capacidade de bioluminescência?

Haddock, S. H. D., and J. F. Case. 1995. Not all ctenophores are bioluminescent: *Pleurobrachia*. *Biol. Bull.* 189:356.

6. Nos últimos anos, a relação entre ctenóforos e outros metazoários, incluindo os cnidários, tem sido controversa. Resuma a evidência molecular a favor e contra uma íntima relação entre ctenóforos e cnidários.

Dohrmann, M. and G. Wörheide. 2013. Novel scenarios of early animal evolution – Is it time to rewrite textbooks? Integr. Comp. Biol. (in press).

Nosenko, T., F. Scheiber, M. Adamska, M. Adamski, M. Eitel, J. Hammel, M. Maldonado, W. E. G. Müller, M. Nickel, B. Schierwater, J. Vacelet, M. Wiens, and G. Wörheide. 2013. Deep metazoan phylogeny: When diferent genes tell different stories. Molec. Phylogenet. Evol. 67:223-33.

Detalhe taxonômico

Filo Ctenophora

As aproximadamente 150 espécies descritas estão distribuídas em sete ordens e 19 famílias.

Classe Tentaculata

Quatro ordens.

Ordem Cydippida

Cinco famílias.

Família Pleurobrachiidae. *Pleurobrachia.* Esta família apresenta distribuição geográfica muito ampla, de águas polares a tropicais e de hábitats costeiros até os de mar aberto.

Família Euplokidae. *Euplokamis.*

Família Mertensidae. *Mertensia, Callianira.*

Ordem Platyctenida

Estes ctenóforos peculiares, achatados, são restritos às águas superficiais nos trópicos e nos polos. Ao contrário dos outros ctenóforos, eles se reproduzem assexuadamente – por separação de partes do corpo –, bem como sexuadamente. A fertilização é comumente interna e o desenvolvimento do animal sempre passa por um estágio de cidipídeo perfeitamente normal. Quatro famílias.

Família Ctenoplanidae. *Ctenoplana.* Os indivíduos são geralmente menores do que aproximadamente 2 cm e todos são encontrados somente em águas tropicais. Embora capazes de nadar, eles passam a maior parte do tempo rastejando sobre diversos substratos bentônicos.

Família Coeloplanidae. *Coeloplana, Vallicula.* Estes animais atingem comprimentos de aproximadamente 6 cm e ocorrem em águas superficiais em todo o mundo. Algumas espécies são nadadoras ativas, ao passo que outras flutuam na água ou arrastam-se no fundo oceânico. As fileiras de pentes são completamente perdidas durante o desenvolvimento, de modo que o animal se parece superficialmente mais com um verme achatado do que com um ctenóforo. Algumas espécies são comensais de diversos outros organismos bentônicos.

Ordem Lobata

Todos os membros são planctônicos e possuem lobos orais e aurículas. Seis famílias.

Família Bolinopsidae. *Bolinopsis, Mnemiopsis.* Todas as espécies vivem em águas costeiras, com representantes em todos os oceanos, desde os tropicais até os polares. Os tentáculos são longos quando os animais estão no estágio de cidipídeo, mas curtos e inconspícuos nos adultos. Os indivíduos podem atingir cerca de 15 cm de altura. *Mnemiopsis leidyi* (Fig. 7.7b) foi introduzido acidentalmente no Mar Negro no início da década de 1980, provavelmente transportado na água de lastro de navio cargueiro, a partir da América do Norte ou do Sul ou do Caribe. Subsequentemente, seu impacto quase provocou um colapso da pesca da anchova no Mar Negro, pela competição por alimento com o peixe, além de comer suas ovas e larvas e bloquear as redes de pesca. Atualmente, esta espécie propaga-se pelos mares Mediterrâneo, Báltico e do Norte.

Família Ocyropsidae. *Ocyropsis.* Estes ctenóforos comuns, tropicais e de mar aberto, nadam mediante emprego de uma combinação da atividade dos ctenos e agitação vigorosa dos lobos orais. Os juvenis iniciais têm tentáculos curtos, os quais são reduzidos ou completamente perdidos quando adultos. Todos os membros do gênero são gonocorísticos.

Família Leucotheidae. *Leucothea.* Os lobos orais desses ctenóforos de oceano aberto são especialmente grandes e frágeis; mesmo uma turbulência moderada da água causará ruptura dos lobos. As aurículas são extremamente longas e finas. Os representantes estão presentes em todos os oceanos, desde regiões tropicais até temperadas.

Ordem Cestida

Cestum, Velamen. Todos os indivíduos são pelágicos. Apesar de a maioria ter menos de aproximadamente 15 cm, os membros do gênero *Cestum* podem ter mais de 2 m. O desenvolvimento inclui um cidipídeo normal, tentaculado, que gradualmente se alonga até a forma adulta. Embora sejam impulsionados pelas fileiras de ctenos quando se alimentam, os animais podem também se mover sinuosamente como enguias para escapar de potenciais predadores. Os membros desta ordem são encontrados no mundo inteiro, com concentrações especialmente altas nos trópicos. Uma família (Cestidae).

Ordem Ganeshida

Ganesha. Esta ordem contém duas espécies de ctenóforos pelágicos cujos membros possuem tentáculos ramificados, mas carecem de aurículas e lobos orais. Alguns autores argumentam que esses ctenóforos podem ser estágios de desenvolvimento de ctenóforos lobados.

Ordem Thalassocalycida

Thalassocalyce. Esta ordem contém uma única espécie de ctenóforo pelágico, muito frágil, cujos membros possuem lobos orais e tentáculos, mas carecem de aurículas e bainhas de tentaculares. A boca e a faringe são relacionadas com um pedúnculo central. Os indivíduos atingem aproximadamente 25 cm e têm sido coletados em profundidades de cerca de 1.000 m.

Classe Nuda

Uma ordem.

Ordem Beroida

Beroë. Todos estes ctenóforos são pelágicos e carecem de tentáculos. Eles se alimentam engolindo sua presa com uma boca grande e altamente distensível ou cortando a presa grande em pedaços com feixes microciliares de bordas afiadas. Além disso, eles se alimentam de outros animais gelatinosos, incluindo salpas (ver Capítulo 22) e outros ctenóforos. Eles ocorrem em todos os oceanos do mundo, desde os polos até os trópicos, atingindo comprimentos de aproximadamente 30 cm. Em 1997, eles apareceram no Mar Negro, onde têm se alimentado vorazmente de *Mnemiopsis leidyi*, ctenóforo lobado introduzido anteriormente. Uma família (Beroidae).

Referências gerais sobre ctenóforos

Haddock, S. H. D. 2007. Comparative feeding behavior of planktonic ctenophores. *Integr. Comp. Biol.* 47:847-53.

Harbison, G. R., L. P. Madin, and N. R. Swanber. 1978. On the natural history and distribution of oceanic ctenophores. Deep-Sea Res. 25:233-56.

Harrison, F. W., and J. A. Westfall, eds. 1991. *Microscopic Anatomy of Invertebrates*, vol. 2. New York: Wiley-Liss.

Hyman, L. 1940. *The Invertebrates, Vol. 1. Protozoa through Ctenophora.* New York: McGraw-Hill.

Morris, S. C., et al., eds. 1985. *The Origins and Relationships of Lower Invertebrates. Systematics Association, Special Vol. 28.* Oxford: Clarendon Press, 78-100.

Parker, S. P., Ed. 1982. *Classification and Synopsis of Living Organisms*, vol. 1. New York: McGraw-Hill, 707-15.

Procure na web

1. http://faculty.washington.edu/cemills/Ctenophores.html

   Esta página da web, uma apresentação da biologia de ctenóforos muito interessante de ler, é uma cortesia de Claudia Mills dos Friday Harbor Laboratories.

2. www.imagequest3d.com/pages/general/news/blackseajellies/blackseajellies.htm

   Esta página da web descreve a invasão do Mar Negro por ctenóforos, com excelentes fotografias dos principais envolvidos.

3. www.ucmp.berkeley.edu/cnidaria/ctenophora.html

   Uma introdução aos ctenóforos, com algumas belas fotografias, do Museu de Paleontologia da University of California.

4. http://tolweb.org/tree/phylogeny.html

   Este leva você ao site Tree of Life (sem itálico), publicado pela University of Arizona. Use o termo de busca “Ctenophora”.

8

Platelmintos

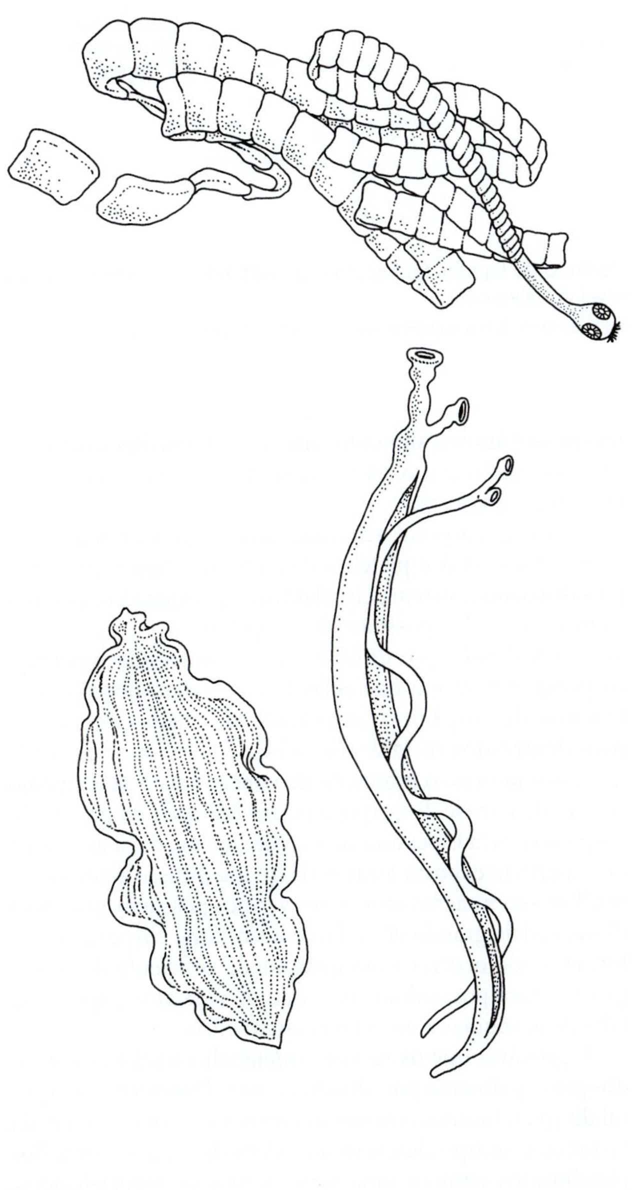

Introdução e características gerais

Os platelmintos constituem um grupo de aproximadamente 34 mil espécies descritas, ainda sem caracteres únicos (sinapomorfias) que o definam. O grupo inclui uma classe de indivíduos principalmente de vida livre (os turbelários) e três classes de indivíduos exclusivamente parasitos (os monogêneos, trematódeos e cestódeos), que se acredita terem evoluído de ancestrais turbelários de vida livre. Assim, mais de 80% das espécies de platelmintos descritas são parasitos. Estima-se que outras 36.500 espécies ainda não tenham sido descritas. Os platelmintos são acelomados, triploblásticos e bilateralmente simétricos. Os de vida livre podem ser os animais bilaterais mais primitivos (i.e., **basais**) e os primeiros a terem desenvolvido uma verdadeira mesoderme. Dessa forma, todos os animais celomados podem, fundamentalmente, ter evoluído de ancestrais semelhantes aos platelmintos.

No entanto, existem também evidências convincentes e argumentos lógicos sugerindo que os platelmintos são descendentes de ancestrais celomados e que a condição acelomada é uma simplificação secundária. Possivelmente, o espaço celômico de algum ancestral dos platelmintos foi preenchido como uma adaptação à evolução do tamanho corporal reduzido, por exemplo, ou talvez a ausência de celoma tenha surgido de um estágio de desenvolvimento celomado, quando um embrião se tornou sexualmente maduro antes de desenvolver um espaço celômico. Ambas são possibilidades bem fundamentadas. O registro fóssil é extremamente limitado para os platelmintos e, portanto, não ajuda o entendimento da origem do grupo. O mais antigo fóssil de platelminto conhecido, com aproximadamente 40 milhões de anos, foi encontrado há cerca de 10 anos, preservado em resina de árvore fossilizada (âmbar).[1] Nas análises mais recentes, os platelmintos são às vezes agrupados com moluscos, anelídeos, briozoários e membros de vários outros filos, constituindo os **lofotrocozoários** (ver Capítulo 2, p. 20), mas a controvérsia relativa à natureza primi-

[1]Poinar, G., Jr. 2003. *Invert. Biol.* 122:308-12.

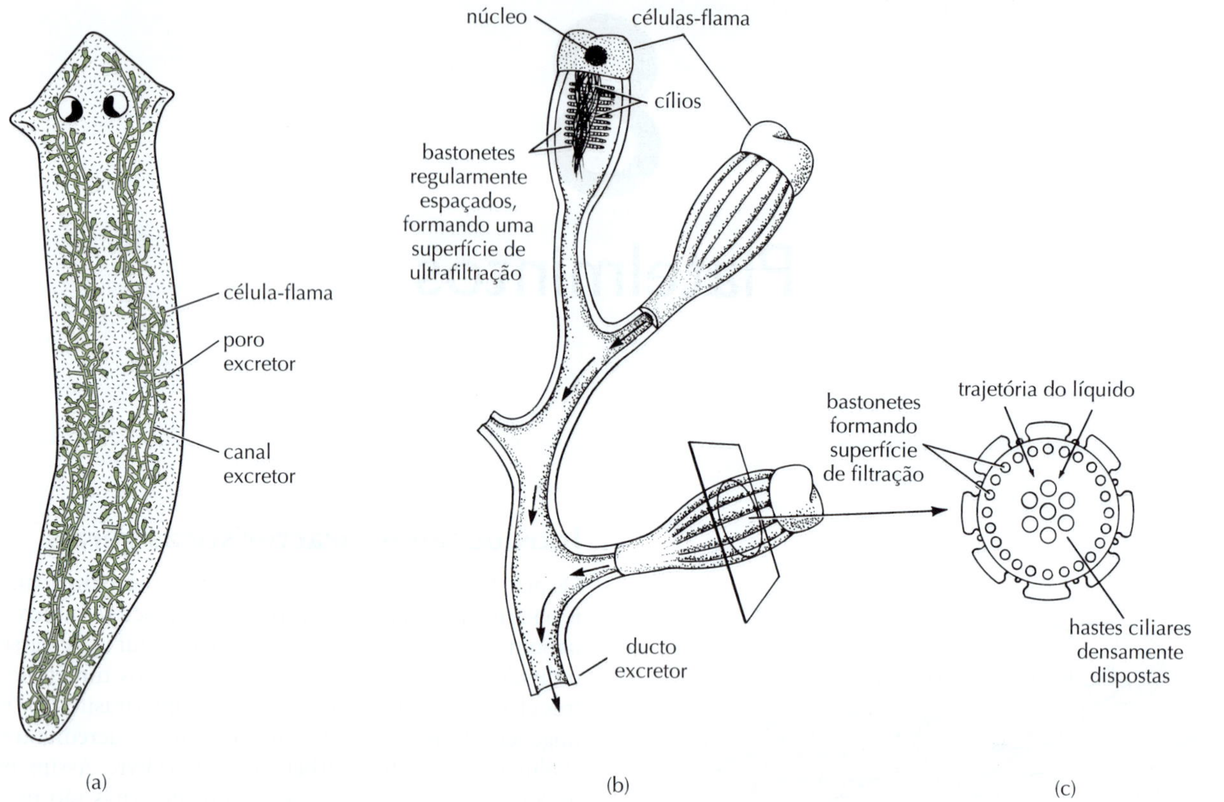

Figura 8.1

(a) Sistema excretor altamente ramificado de um platelminto de água doce e de vida livre. (b) Detalhe de várias células-flama drenando para um ducto coletor comum. As setas indicam a direção do fluxo do líquido. (c) Secção transversal de uma célula-flama ao nível do feixe ciliar.

(a) Baseada em Schmidt-Nielson, *Animal Physiology: Adaptation and Environment*, 3d ed.

tiva ou derivada da condição acelomada dos platelmintos permanece sem solução. Conforme discutido mais adiante (p. 152), alguns platelmintos podem ser secundariamente acelomados, ao passo que a condição acelomada pode ser original em outros. Neste caso, o filo Platyhelminthes contém ao menos dois grupos de animais sem um ancestral imediato comum, tornando-o polifilético e inválido (ver Capítulo 2). O debate ainda não acabou.[2]

Embora os platelmintos sejam acelomados, seu desenvolvimento é, em outros aspectos, do tipo protostômio: a clivagem é espiral e, pelo menos em algumas espécies, determinada,[3] e a boca se forma, a partir do blastóporo, antes do ânus. A maioria das espécies tem um cérebro anterior conspícuo, que é conectado a um ou mais pares de cordões nervosos longitudinais. Nas espécies mais avançadas, apenas um par de cordões nervosos está presente, os quais sempre se localizam ventralmente. A camada mesodérmica do embrião se desenvolve em um tecido de arranjo frouxo, denominado **parênquima**. Este tecido ocupa todo o espaço entre a parede externa do corpo e a endoderme do intestino. Como os cnidários, a maioria dos platelmintos não possui ânus; o alimento entra no sistema digestório e os resíduos não metabolizados saem desse sistema através de uma única abertura.

A forma corporal achatada talvez seja a característica mais conspícua dos platelmintos. Eles não têm órgãos respiratórios, nem sistema circulatório especializados, embora algumas espécies possuam hemoglobina. As trocas gasosas são realizadas por difusão simples através da superfície corporal. A taxa em que essas trocas podem ocorrer (milímetros de oxigênio transportado do meio circundante para dentro dos tecidos por unidade de tempo) depende de vários fatores: o gradiente de concentração de oxigênio através da parede do corpo, a permeabilidade da parede do corpo ao gás, a espessura da parede do corpo e a área total de superfície exposta através da qual a difusão pode ocorrer. Por serem achatados, esses vermes possuem uma área de superfície grande em relação ao volume corporal; dessa forma, pode ocorrer uma quantidade suficiente de trocas gasosas para possibilitar um estilo de vida ativo, apesar da falta de brânquias e de sistema circulatório.

É provável que os resíduos metabólicos sejam excretados principalmente por difusão através da superfície corporal dos platelmintos. Da mesma maneira, a forma achatada favorece esse tipo de excreção. Além disso, a maioria dos platelmintos contém uma série de órgãos especializados, denominados **protonefrídeos** (do grego, primeiro rim).

[2]Ver *Tópicos para posterior discussão e investigação*, nos 7 e 10, no final deste capítulo.

[3]Ver *Tópicos para posterior discussão e investigação*, nº 8, no final deste capítulo.

O protonefrídeo típico consiste em um grupo de cílios que se projetam para dentro de uma estrutura em forma de taça (Fig. 8.1). O batimento ciliar dentro dessa estrutura tem sido comparado ao movimento de uma chama; por isso, o nome comum desse tipo celular é **célula-flama**. Outros protonefrídeos assumem a forma de **solenócitos**, em que há um único flagelo em cada estrutura em forma de taça. Em ambos os casos, essa estrutura se comunica com um longo túbulo convoluto, o qual desemboca no meio externo através de um único poro excretor. O funcionamento interno dos protonefrídeos não está totalmente compreendido. Aparentemente, o batimento dos flagelos ou cílios cria uma pressão negativa, deslocando o líquido pela estrutura em forma de taça e para dentro do túbulo do protonefrídeo. Portanto, o líquido que entra no protonefrídeo é ultrafiltrado: moléculas grandes (p. ex., proteínas) são excluídas por sua incapacidade de passar através das aberturas da parede da estrutura em foma de taça. Medições do líquido que entra e sai dos protonefrídeos indicam que a sua composição química muda, à medida que ele se desloca ao longo do túbulo em direção ao poro excretor: íons podem ser seletivamente absorvidos ou secretados e o conteúdo de água pode ser igualmente alterado. Assim, os protonefrídeos dos platelmintos provavelmente desempenham um papel importante na regulação iônica e no balanço hídrico (osmorregulação), além do seu possível papel na eliminação de amônia, ureia, aminas e outros resíduos metabólicos.

A grande maioria das espécies de platelmintos, de todas as quatro classes, são **hermafroditas simultâneas**; isto é, cada indivíduo pode funcionar simultaneamente como fêmea e macho. Em consequência, a troca dos espermatozoides e a fertilização dos óvulos podem ocorrer quando um indivíduo encontra outro da mesma espécie. Em geral, não há autofertilização; algumas exceções são discutidas brevemente neste capítulo.

Conforme comentado anteriormente, as inter-relações evolutivas nos principais grupos de platelmintos são muito debatidas e, como consequência, sua classificação decididamente não está resolvida. Há um consenso crescente de que alguns platelmintos na verdade pertencem a um filo separado (Acoelomorpha), o qual pode até não ser filogeneticamente próximo aos outros platelmintos. Neste livro, é utilizado o sistema mais simples possível para essa apresentação, com todos os "turbelários" agrupados em uma única classe, Turbellaria. Em todos os outros grupos de platelmintos (os grupos exclusivamente parasíticos Cestoda, Monogenea, Digenea e Aspidogastrea), a epiderme larval é substituída durante a metamorfose por um **tegumento** sincicial não ciliado, uma possível homologia sugerindo que o parasitismo surgiu uma vez em um ancestral único dessas classes e, assim, elas estão agrupadas em um único clado, Neodermata. A Figura 8.2 apresenta uma visão geral das relações evolutivas entre os principais grupos de platelmintos a serem discutidos neste capítulo.

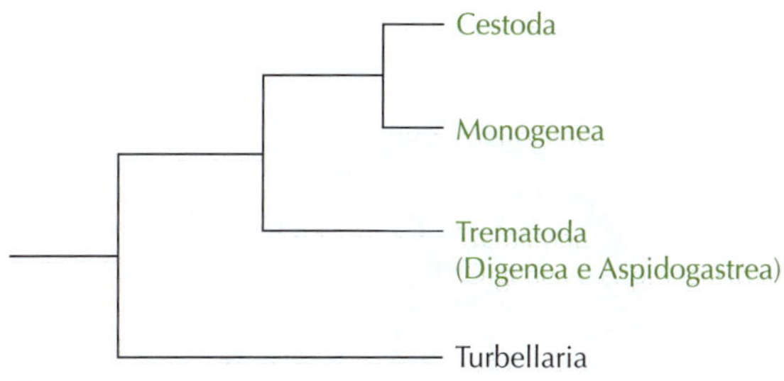

Figura 8.2

Visão geral das relações evolutivas entre os principais grupos de platelmintos. Resumida de várias fontes. O destaque em verde indica grupos contidos em Neodermata.

Classe Turbellaria

Apenas cerca de 15% de todas as espécies de vermes achatados são turbelários. A razão entre área de superfície e volume dos turbelários, relativamente alta, os torna especialmente propensos à desidratação, de modo que a maioria desses animais vive em ambientes aquáticos. A maioria das 4.500 espécies de turbelários é de vida livre, mas cerca de 150 espécies são comensais ou parasitos de outros invertebrados. Acredita-se que os turbelários parasíticos evoluíram independentemente dos Neodermata, a partir de pelo menos um ancestral diferente. A maioria das espécies de turbelários é marinha; várias espécies são encontradas na água doce; e algumas espécies são consideradas terrestres, embora sejam restritas a áreas muito úmidas. Os turbelários têm geralmente menos de 1 cm de comprimento, independentemente do hábitat, embora os membros de algumas espécies terrestres e marinhas sejam consideravelmente maiores.

O sistema nervoso consiste em um estilo-celenterado, uma rede nervosa difusa na maioria das espécies primitivas de turbelários. A compactação crescente do sistema está associada à sua evolução na classe, culminando na ocorrência de um gânglio cerebral – um cérebro primitivo, mas distinto – e de um a três (raramente quatro) pares de cordões nervosos longitudinais (Fig. 8.3). Um sistema nervoso assim avançado também caracteriza os membros parasíticos do filo. Os turbelários apresentam normalmente um ou mais pares de olhos na porção anterior do corpo, junto com diversas células com sensibilidade para substâncias químicas (como alimentos potenciais), mudanças de pressão (como as produzidas por correntes de água) e estímulos mecânicos. Em aproximadamente 10% das espécies, ocorrem também estatocistos, que fornecem um *feedback* sobre a orientação do corpo.

As espécies de turbelários, em sua maioria, são **bentônicas**; isto é, elas vivem no fundo de oceanos, lagos, represas ou rios. A superfície externa do corpo é ciliada, muitas vezes mais na superfície ventral do que na dorsal. A maioria das espécies se move, ao menos parcialmente, mediante secreção de muco na superfície ventral e batendo os cílios ventrais dentro dessa substância viscosa. Como consequência da forma achatada do corpo, o tamanho corporal aumentado é acompanhado por um aumento substancial da área da superfície de contato com o substrato sobre o qual o animal se move. Portanto, o aumento do número de cílios em contato com o substrato compensa o aumento do peso de um animal maior, e a capacidade de movimento não é prejudicada à medida que o animal cresce. Em comparação com a condição monociliada de cnidários e esponjas, cada célula epidérmica dos platelmintos é multiciliada, portando vários ou muitos cílios.

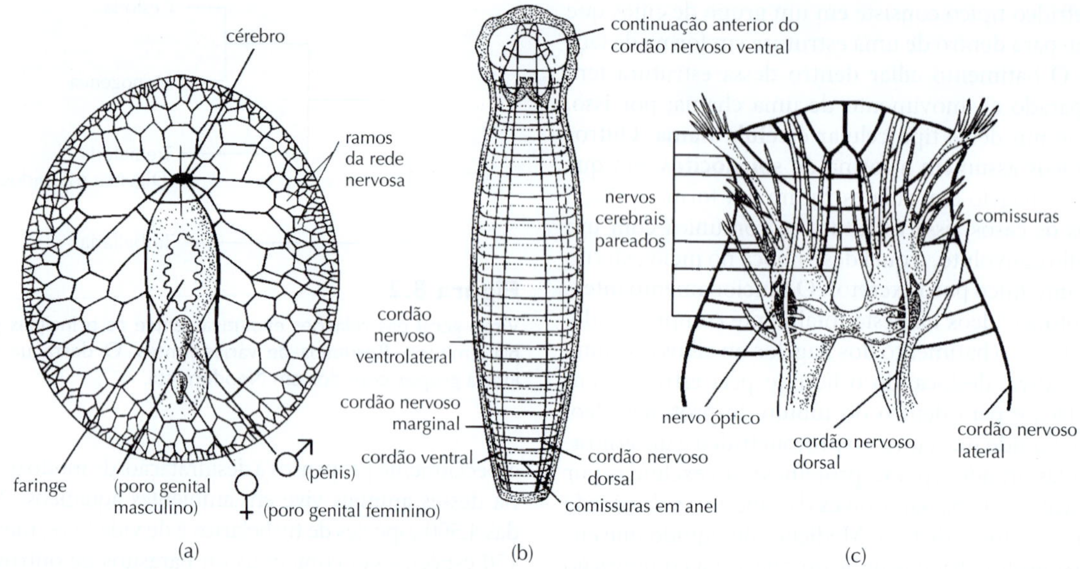

Figura 8.3

Sistema nervoso dos turbelários. (a) Rede nervosa de *Planocera*. (b) Sistema com cordões nervosos de *Bothrioplana*. (c) Detalhe do cérebro de *Crenobia*.

(a) Segundo Lang. (b) Segundo Reisinger; segundo Micoletzky. (c) De Bayer e Owre, *The Free-Living Lower Invertebrates*. Reimpressa, com permissão, dos autores.

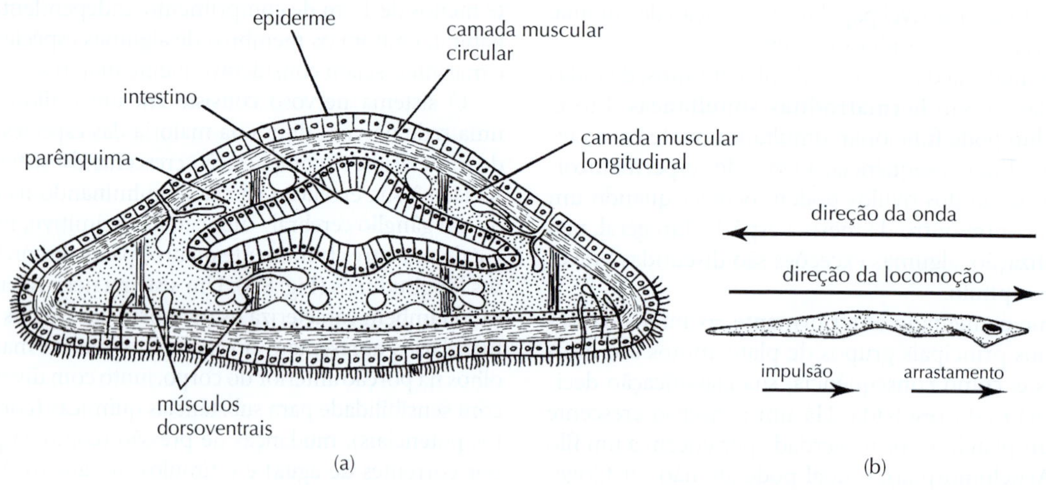

Figura 8.4

(a) Representação diagramática de um turbelário em secção transversal, mostrando a disposição das camadas musculares. (b) Locomoção por ondas pedais em um turbelário. Uma única onda é mostrada cruzando a superfície ventral do corpo. Uma pequena porção do corpo é empurrada e arrastada para a frente à medida que a onda de contração dorsoventral afasta do substrato essa região do corpo. As forças de impulsão e arrastamento são geradas pelas regiões do corpo fixadas ao substrato, de cada lado da contração. Na maioria das espécies, muitas ondas de contração deslocam-se pelo corpo simultaneamente.

A locomoção de muitos indivíduos envolve secção sutis de contração muscular ao longo da superfície ventral do animal. Estas **ondas pedais** são unidirecionais, movendo-se da parte anterior para a posterior do verme. À medida que uma onda de contração se desloca pelo comprimento do corpo, pequenas porções da superfície ventral são aproximadas e afastadas do substrato. Os músculos circulares se contraem um pouco antes da onda, comprimindo e impulsionando o corpo para a frente; os músculos longitudinais se contraem logo após a onda, arrastando o corpo na direção da locomoção (Fig. 8.4b). A magnitude das contrações musculares envolvendo a geração de ondas pedais é bem pequena, e, simultaneamente, várias ondas com frequência prosseguem pelo corpo. Desse modo, o deslocamento do animal é muito gracioso e quase indistinguível daquele realizado inteiramente por atividade ciliar.

A musculatura da parede corporal inclui fibras longitudinais, circulares, dorsoventrais e diagonais (Fig. 8.4a). Toda essa musculatura é utilizada para os movimentos locomotores de alguns turbelários. Esse movimento, denominado

mede-palmos (*looping*), é bem pronunciado. O indivíduo fixa-se ao substrato com a extremidade anterior, arrasta a parte posterior para a frente mediante contração dos músculos longitudinais, fixa-se ao substrato com a extremidade posterior, libera a extremidade anterior e, após, impulsiona o corpo para a frente por contração dos músculos circulares (Figura 8.5).

Para uma locomoção mede-palmos eficiente, o platelminto precisa ser capaz de aderir ao substrato, a fim de impedir o deslizamento para trás enquanto as forças para arrastar e impulsionar estão sendo geradas. Além disso, as fixações ao substrato devem ser apenas temporárias, possibilitando o deslocamento do animal. Os platelmintos geralmente possuem um grande número de células secretoras pareadas (***duo-glands***), localizadas na superfície ventral e com abertura para o exterior. Nesse sistema, um tipo celular parece produzir uma cola viscosa, ao passo que outro tipo celular presumivelmente secreta uma substância química que desfaz essa fixação ao substrato (Fig. 8.6).

Várias espécies de turbelários conseguem nadar, seja por atividade ciliar ou por vigorosas e controladas ondas de contração da musculatura da parede corporal. Algumas espécies bentônicas provavelmente nadam apenas quando as condições ambientais pioram, ao passo que várias espécies de águas superficiais nadam rotineiramente, permanecendo associadas ao substrato só durante a maré baixa. Algumas espécies de acelos pequenos (< 1 mm) (ver a seguir) são rotineiramente encontradas em amostras planctônicas coletadas em águas superficiais oceânicas quentes, sugerindo que esses animais podem ser permanentemente planctônicos.

A superfície corporal de muitas espécies apresenta numerosas agregações de pequenos **rabditos** cilíndricos e **rabdoides** relacionados (Fig. 8.6). Os rabditos* representam uma característica exclusiva dos turbelários, embora sua função seja incerta; eles liberam uma secreção** espessa que envolve o corpo do animal, possivelmente em resposta à tentativa de predação ou à dessecação.

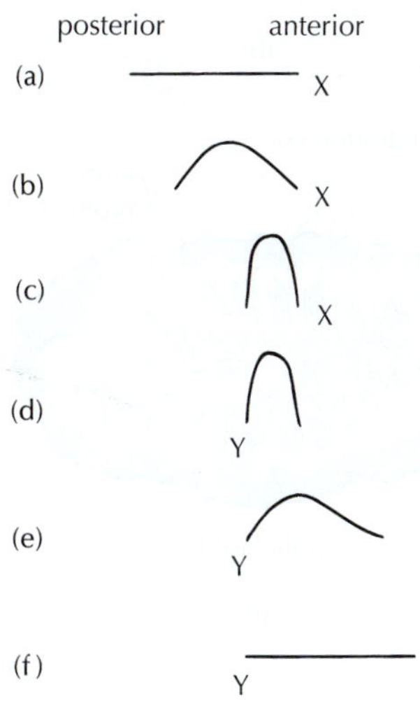

Figura 8.5

Representação diagramática do movimento mede-palmos de turbelários. Uma vez feita a fixação ao substrato no ponto X (a), a contração da musculatura longitudinal leva a parte posterior do animal para a frente (b, c). A parte anterior é liberada do substrato, e a extremidade posterior fixa-se novamente ao substrato (d) no ponto Y, permitindo que a extremidade anterior do animal seja impulsionada para a frente (e, f).

*N. de R.T. Há uma diversidade de secreções liberadas na superfície corporal dos turbelários, além dos rabditos e rabdoides (Rieger et al., 1991).

**N. de R.T. Os rabditos caracterizam o clado denominado Rhabditophora, que inclui todos os platelmintos, excetuando-se Acoelomorpha e Catenulida. Em Neodermata, em que ocorre uma epiderme sincicial, essa característica foi perdida (Rieger et al., 1991, Boll et al., 2013).

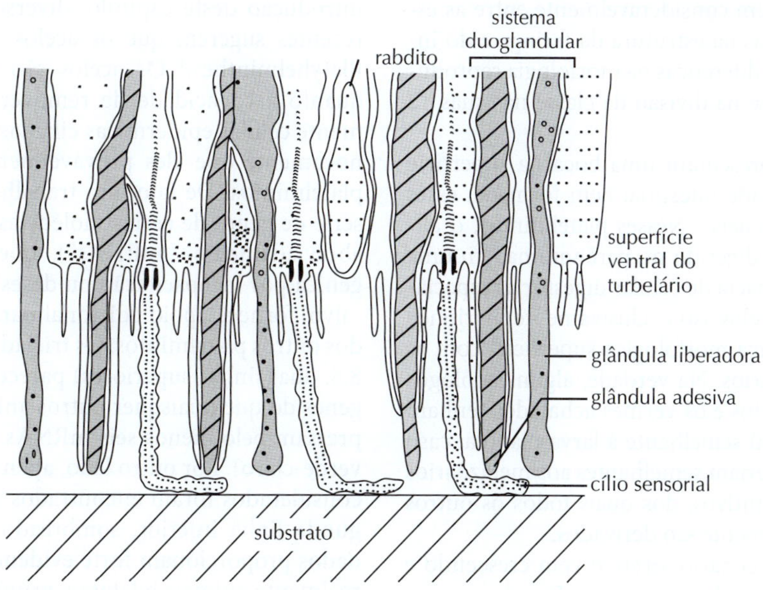

Figura 8.6

Representação diagramática da superfície ventral de um turbelário de vida livre, mostrando a disposição do sistema de glândulas duplas. As glândulas adesivas produzem uma substância química que fixa parte da superfície ventral do animal a um substrato; as glândulas liberadoras secretam uma substância química que dissolve a fixação quando pertinente. Na epiderme da maioria dos turbelários, encontram-se rabditos semelhantes a bastonetes, conforme ilustração, aos quais é sugerida uma função defensiva.

Modificada de Tyler. 1976. *Zoomorphology* 84:1.

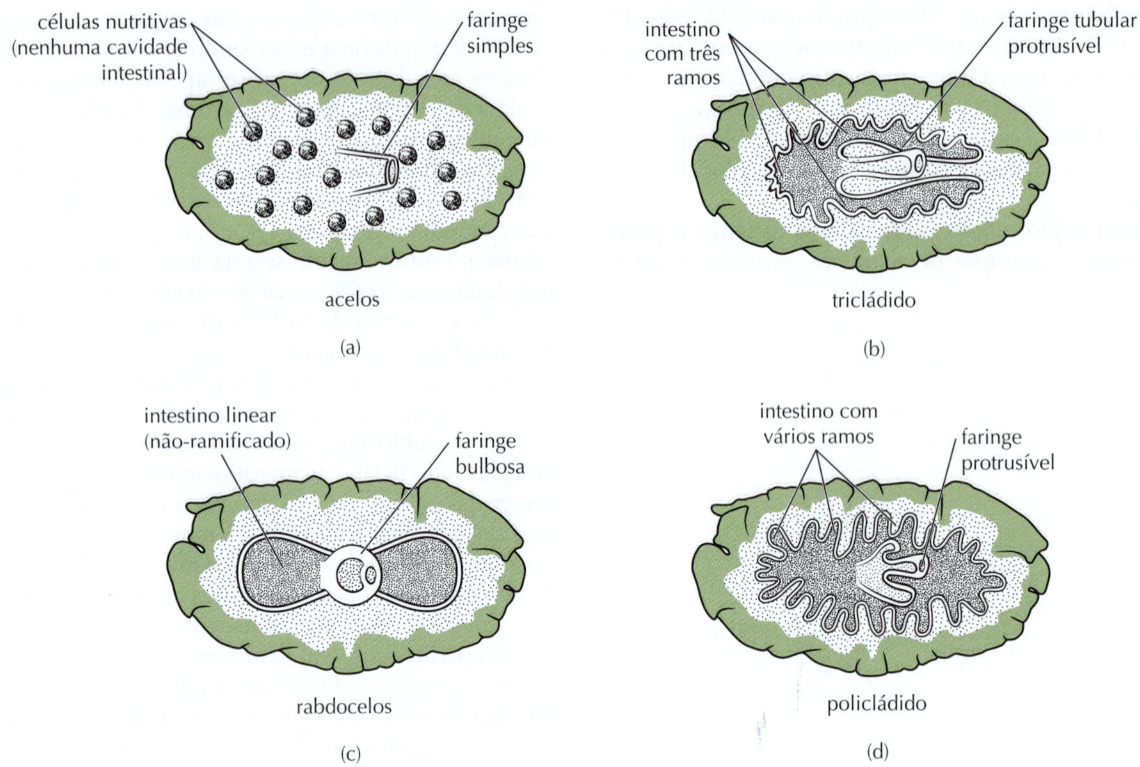

Figura 8.7

Diversidade morfológica do sistema digestório dos turbelários, variando de (a) intestino mal delimitado; (b) um intestino com três ramos; (c) um intestino não ramificado; (d) um intestino com vários ramos.
(a-d) Baseada em W. D. Russel-Hunter, *A Life of Invertebrates*. 1979.

O sistema digestório dos turbelários é bastante simples, embora os detalhes variem consideravelmente entre as espécies. De fato, diferenças na estrutura da faringe e do intestino, juntamente com diferenças na morfologia reprodutiva, são elementos-chave na divisão da classe nas suas 12 ordens constituintes.

Algumas espécies apresentam uma boca na superfície ventral e não têm cavidade intestinal bem formada; esses são os acelos (ordem Acoela). Nesses platelmintos, o alimento é essencialmente digerido no parênquima, em uma massa densamente compacta de células digestórias especializadas (Fig. 8.7a). Os acelos são exclusivamente marinhos e exibem uma semelhança morfológica superficial com as larvas plânulas de cnidários. Na verdade, alguns zoólogos suspeitam que os cnidários e os vermes achatados tenham evoluído de um ancestral semelhante à larva plânula, caso em que os acelomados seriam semelhantes aos metazoários triploblásticos mais primitivos, dos quais todos os outros metazoários presumivelmente são derivados.

O suporte para esse cenário atrativo vem crescendo e diminuindo praticamente de mês a mês. Estudos recentes sugerem que os acelos absolutamente não são primitivos, mas sim descenderam de ancestrais mais elaborados e dotados de intestino (e possivelmente até celomados), ao passo que outros estudos recentes recolocam os platelmintos, em geral, e os acelos, em particular, no *status* central como triploblastos basais. Conforme referido na introdução deste capítulo, diversos estudos moleculares recentes sugerem que os acelos não pertencem ao filo Platyhelminthes.[4] Os acelos são também quase únicos quanto à capacidade de remover e digerir continuadamente células epidérmicas ciliadas danificadas, sugerindo novamente que eles provavelmente não pertencem aos platelmintos. De fato, um trabalho recente, usando uma série de genes de certas moléculas de RNA (microRNAs, abreviadamente "miRNAs"), que regulam a expressão gênica por incapacitação ou desestabilização de mRNAs-alvo, fornece apoio adicional para a separação de acelos dos outros platelmintos. Os tricládidos e policládidos (Fig. 8.8, duas linhas superiores) parecem expressar mais esses genes do que quaisquer outros animais e, na verdade, expressam pelo menos seis mRNAs únicos (sombreado em verde-claro). Por outro lado, apenas cinco dos 28 mRNAs considerados foram encontrados nos acelos (Fig. 8.8, segunda linha inferior, sombreado em verde-escuro). Os dados proporcionam forte evidência de que os acelos são realmente animais bilaterais primitivos, sem uma relação estreita com outros platelmintos. Se houver confirmação com estudos adicionais, os acelomados provavelmente

[4]Ver *Tópicos para posterior discussão e investigação*, nº 7, no final deste capítulo.

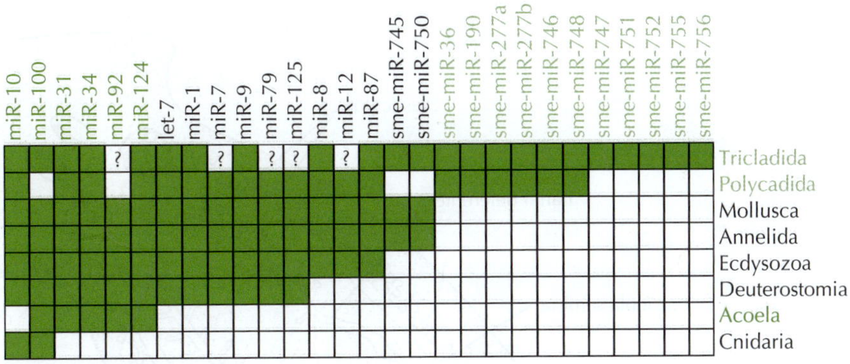

Figura 8.8

Expressão de microRNAs (detecção por *Northern blots*) para platelmintos e uma diversidade de outros metazoários. O sombreado verde-claro indica expressão exclusiva para tricládidos e policládidos, ao passo que o sombreado verde-escuro indica genes expressos por acelos.

Baseada em Sempere, L. F., O. P. Martinez, C. Cole, J. Baguña e K. J. Peterson. 2007. Phylogenetic distribution of microRNAs supports the basal position of acoel flatworms and the polyphyly of Platyhelminthes. *Evol. Devel.* 9:409-415.

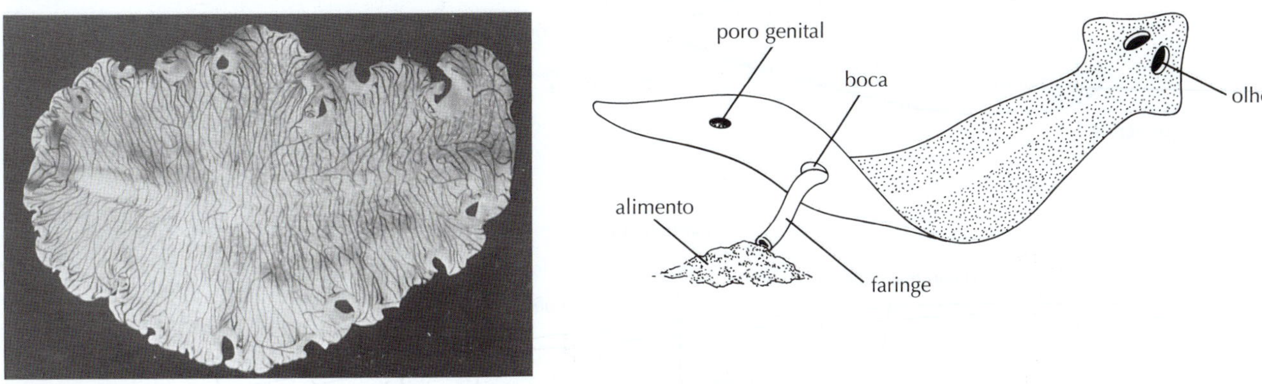

(a) (b)

Figura 8.9

(a) Um policládido marinho, *Pseudoceros crozieri*. Esse indivíduo tinha quase 4 cm de comprimento. (b) Tricládido típico (*Dugesia*)* com faringe estendida para a alimentação.

(a) © Anne Rudloe, Gulf Specimen Marine Laboratories, Inc.
*N. de R.T. Na região Neotropical, o gênero de tricládido típico é *Girardia*.

constituirão um novo filo (Acoelomorpha) na próxima edição deste livro. Entretanto, onde esse filo irá situar-se ainda é uma questão em aberto: seus membros podem estar mais intimamente relacionados aos ouriços-do-mar, peixes e outros deuterostômios; nesse caso, eles não estão estreitamente relacionados a outros platelmintos e sua simplicidade atual deve refletir perdas a partir de ancestrais mais complexos.

A evolução dos turbelários parece ter sido em grande parte uma história da complexidade crescente do sistema digestório e dos meios de adquirir alimento, além de uma especialização crescente do sistema reprodutivo. O intestino dos platelmintos, além do nível de desenvolvimento dos acelos, pode ser não-ramificado, trirramificado ou multirramificado (Fig. 8.7). A boca das espécies mais avançadas é muitas vezes situada na extremidade de uma **faringe protrusível** (Fig. 8.9b); outras espécies possuem uma probóscide separada, que captura itens alimentares, e, após, os transfere para uma boca adjacente. As espécies de turbelários, em sua maioria, são carnívoros ativos, embora algumas espécies façam ingestão de detritos e algas,[5] ao passo que alguns outros possuem algas simbiontes. A digestão do alimento é inicialmente extracelular através de secreção de enzimas. Posteriormente, as partículas são fagocitadas e a digestão é concluída intracelularmente.

Nos turbelários, o sistema mais sofisticado estrutural e fisiologicamente é o sistema reprodutivo. Órgãos reprodutivos masculinos e femininos ocorrem em um mesmo indivíduo, sendo o sistema masculino especialmente complexo (Fig. 8.10). Quando os tricládidos acasalam, cada indivíduo geralmente insere seu pênis na abertura feminina do outro membro do par, de modo que a transferência de espermatozoides é recíproca (Fig. 8.11a). Para a maioria dos outros turbelários, a copulação pode ocorrer por impregnação hipodérmica, em que os estiletes do pênis perfuram o corpo do parceiro. Os ovos de cada animal são liberados após a

[5]Ver *Tópicos para posterior discussão e investigação*, nº 1, no final deste capítulo.

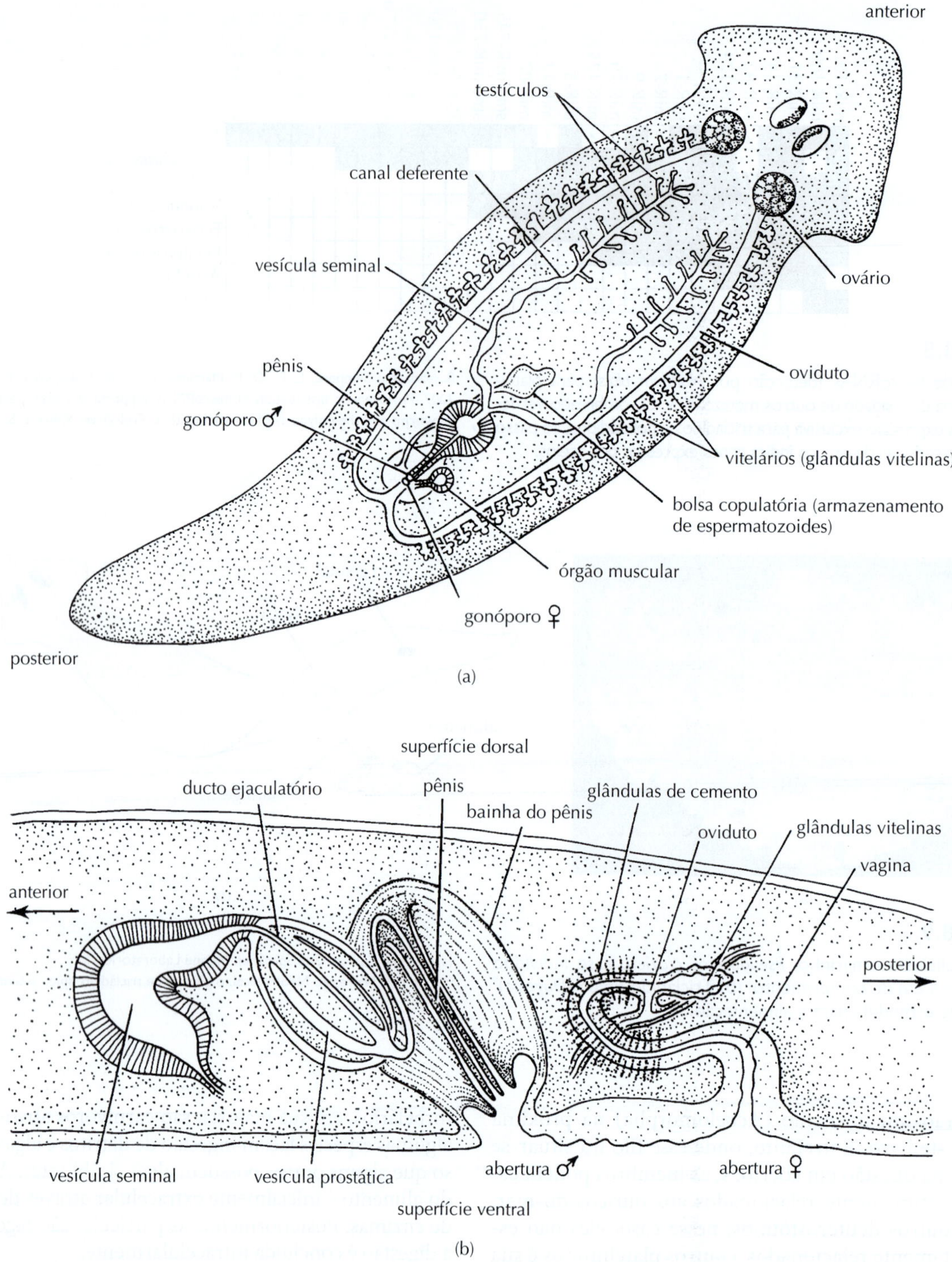

Figura 8.10

(a) Sistema reprodutor de turbelário tricládido. Observe a presença de órgãos reprodutivos masculinos e femininos em um único indivíduo. O sistema reprodutivo masculino consiste em testículos, glândula prostática e ductos (canal deferente e vesícula seminal) que conduzem espermatozoides dos testículos para o ducto ejaculatório, que atravessa o pênis muscular. Os espermatozoides se acumulam na vesícula seminal antes da copulação. O sistema reprodutivo feminino inclui os ovários, os ovidutos e o gonóporo, pelo qual os óvulos fertilizados são liberados. À medida que se movem pelo oviduto em direção ao gonóporo, os óvulos são circundados por células vitelinas nutritivas, produzidas pelos vitelários. A bolsa copulatória serve para receber e armazenar os espermatozoides procedentes do parceiro. Algumas espécies possuem um órgão adicional para armazenamento de espermatozoides: o receptáculo seminal. Após a copulação, as glândulas de cemento revestem os ovos emergentes com uma substância pegajosa que os adere a uma diversidade de substratos sólidos, incluindo macroalgas e outros vegetais. (b) Detalhe do aparato copulatório* e estruturas associadas.

(a, b) Segundo Steinmann.

*N. de R.T. O aparelho copulatório em (b) é de um policládido.

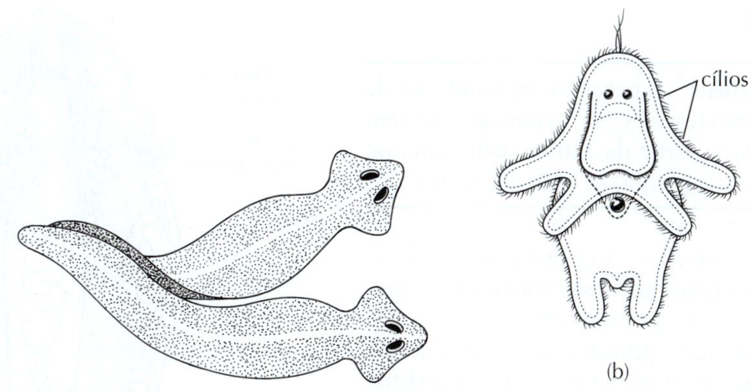

Figura 8.11

(a) Platelmintos em cópula. O pênis de cada indivíduo é inserido na abertura feminina do parceiro. (b) Larva de Müller de um platelminto marinho.

(b) Baseada em E. E. Ruppert, "A review of metamorphosis of turbellarian larvae" in *Settlement and Metamorphosis of Marine Invertebrate Larvae*, Chia e Rice, eds. 1978.

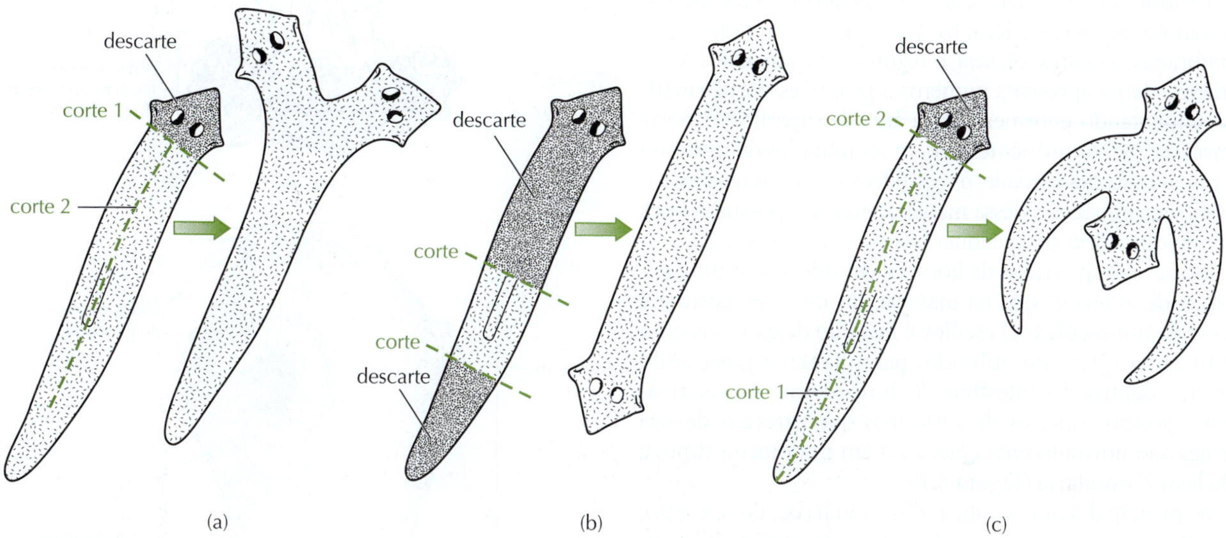

Figura 8.12

Três experimentos ilustrando a significativa capacidade regenerativa de muitas espécies de tricládidos de água doce. Os cortes são feitos com uma lâmina de barbear. O sombreado mais escuro indica as partes descartadas do corpo.

Baseada em Sherman/Sherman, *The Invertebrates: Function and Form*, 2e. 1976.

fertilização e, muitas vezes, se desenvolvem de forma direta em platelmintos em miniatura, dentro de uma cápsula protetora; na maioria das espécies de turbelários, não há estágio larval de vida livre no ciclo de vida. Em várias espécies marinhas, no entanto, o desenvolvimento embrionário dá origem a um estágio larval microscópico, de vida curta e de nado livre, mais comumente conhecido como **larva de Müller** (Fig. 8.11b).

Muitas espécies de turbelários possuem capacidade regenerativa extraordinária, que vai muito além da capacidade de reparar ferimentos,[6] conforme ilustrado na Figura 8.12. A regeneração é realizada a partir dos **neoblastos**, células indiferenciadas – exclusivas dos turbelários – com excepcional plasticidade de desenvolvimento. Além disso, muitas espécies de turbelários se reproduzem rotineiramente por divisão assexuada, o que está intimamente vinculado à sua grande capacidade regenerativa. Os biólogos especialistas em desenvolvimento estudaram atentamente esse fenômeno; certos tricládidos de água doce em particular há muito têm servido como modelos para o estudo de processos que controlam a diferenciação celular. Ainda não está claro por que os membros de algumas espécies de turbelários podem regenerar, ao passo que outros não. Observe que ter os destinos celulares em grande parte fixados na primeira clivagem (uma característica diagnóstica dos protostômios) não necessariamente limita a capacidade regenerativa posterior.

[6]Ver *Tópicos para posterior discussão e investigação*, nº 6, no final deste capítulo.

Classe Cestoda

Características diagnósticas:[7] 1) pequeno órgão anterior de fixação, dotado de ganchos (escólex); 2) divisão do corpo em segmentos (proglótides) a partir da extremidade anterior, atrás do escólex; 3) ausência (perda) de trato digestório.

Os membros da classe Cestoda – os quais majoritariamente pertencem à subclasse Eucestoda e são conhecidos popularmente como solitárias – são parasitos internos; isto é, são **endoparasitos**. Eles parasitam principalmente vertebrados, habitando órgãos diversos do trato digestório do hospedeiro. Estima-se que cerca de 135 milhões de pessoas no mundo inteiro sejam parasitados por solitárias.

Os cestódeos são marcadamente diferentes dos turbelários. Essas diferenças refletem um grau extremamente alto de especialização dos cestódeos para uma existência endoparasítica. Em vez da epiderme ciliada, característica nos turbelários, um **tegumento** não ciliado cobre os cestódeos. O tegumento contém numerosos núcleos, os quais não são separados por membranas celulares; ou seja, o tegumento é **sincicial**. A superfície externa apresenta numerosas projeções citoplasmáticas, aumentando enormemente a área de superfície exposta através da qual os nutrientes podem ser retirados do intestino do hospedeiro. Na verdade, os cestódeos precisam receber todos os seus nutrientes dessa maneira, pois não possuem boca ou trato digestório em qualquer fase do seu ciclo de vida.

Embora desprovidos de boca, os cestódeos têm uma extremidade anterior, que na maioria das espécies assume a forma de um **escólex**. O escólex é munido de ganchos e/ou ventosas, os quais são utilizados para manter a posição do parasito dentro do intestino do hospedeiro. As relativamente poucas espécies de cestódeos que carecem de um escólex são normalmente colocadas em um outro grupo, a subclasse Cestodaria (Figura 8.13a).

A principal característica das solitárias, no entanto, encontra-se logo após o escólex, em uma região conhecida como **colo**. Uma série aparentemente interminável de segmentos, denominados **proglótides**, originam-se do colo da maioria dos cestódeos, em uma taxa de vários por dia (Fig. 8.13b). Apenas um pequeno número de espécies de cestódeos, a maioria membros da subclasse Cestodaria (Fig. 8.13a), não produz proglótides.

Cada proglótide está envolvida principalmente com o processo de reprodução sexuada. Não somente cada solitária é um hermafrodita simultâneo, mas também cada proglótide; isto é, cada proglótide contém os dois sistemas reprodutivos: masculino e feminino (Fig. 8.14). Em algumas espécies, cada proglótide pode conter numerosos ovários e cerca de 1.000 testículos distintos. As solitárias poderiam ser mais adequadamente entendidas como franqueadoras de óvulos e espermatozoides. Como as melhores operações de franquia, as solitárias têm uma grande produção diária, qualitativamente similar, de proglótide para proglótide.

Cada proglótide talvez contenha 50 mil óvulos. Os óvulos são geralmente fertilizados por espermatozoides de um cestódeo vizinho, porém, podem ser fertilizados por espermatozoides do mesmo indivíduo – ou, na verdade, da mesma proglótide. Uma vez que as proglótides raramente têm mais de 3 a 5 mm de comprimento e o comprimento total de um cestódeo pode exceder 10 a 12 m, em muitas espécies talvez sejam produzidas 2 a 4 mil proglótides por indivíduo e diariamente um incrível número de óvulos fertilizados (dezenas de milhares ou mesmo centenas de milhares) seja produzido por cestódeo.

Em algumas espécies, as proglótides mais posteriores se dissociam periodicamente. Em outras espécies, proglótides

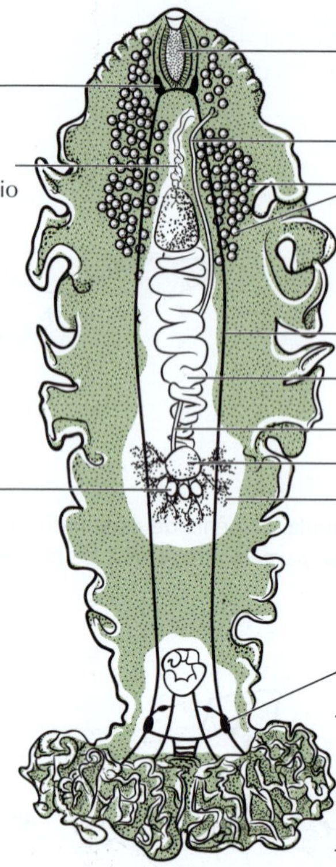

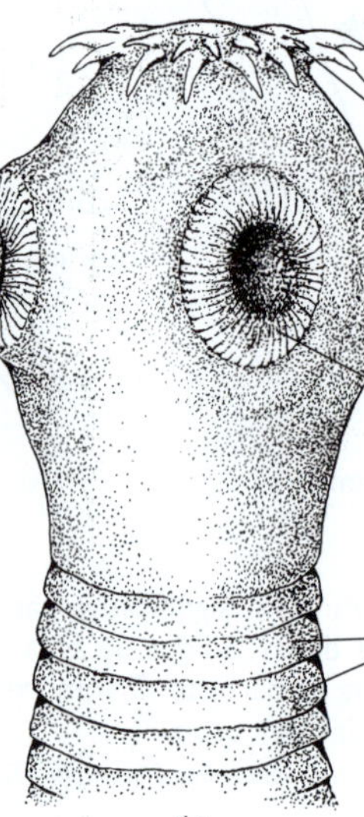

Figura 8.13

(a) *Gyrocotyle fimbriata*, um membro da pequena subclasse Cestodaria. (b) Extremidade anterior da solitária comum *Taenia* sp., aumentada 12 ×.

(a) Baseada em T. Cheng (segundo Lynch, 1945), *General Parasitology*, 2d ed. 1986.

[7]Características que distinguem os membros desta classe dos membros de outras classes dentro do filo.

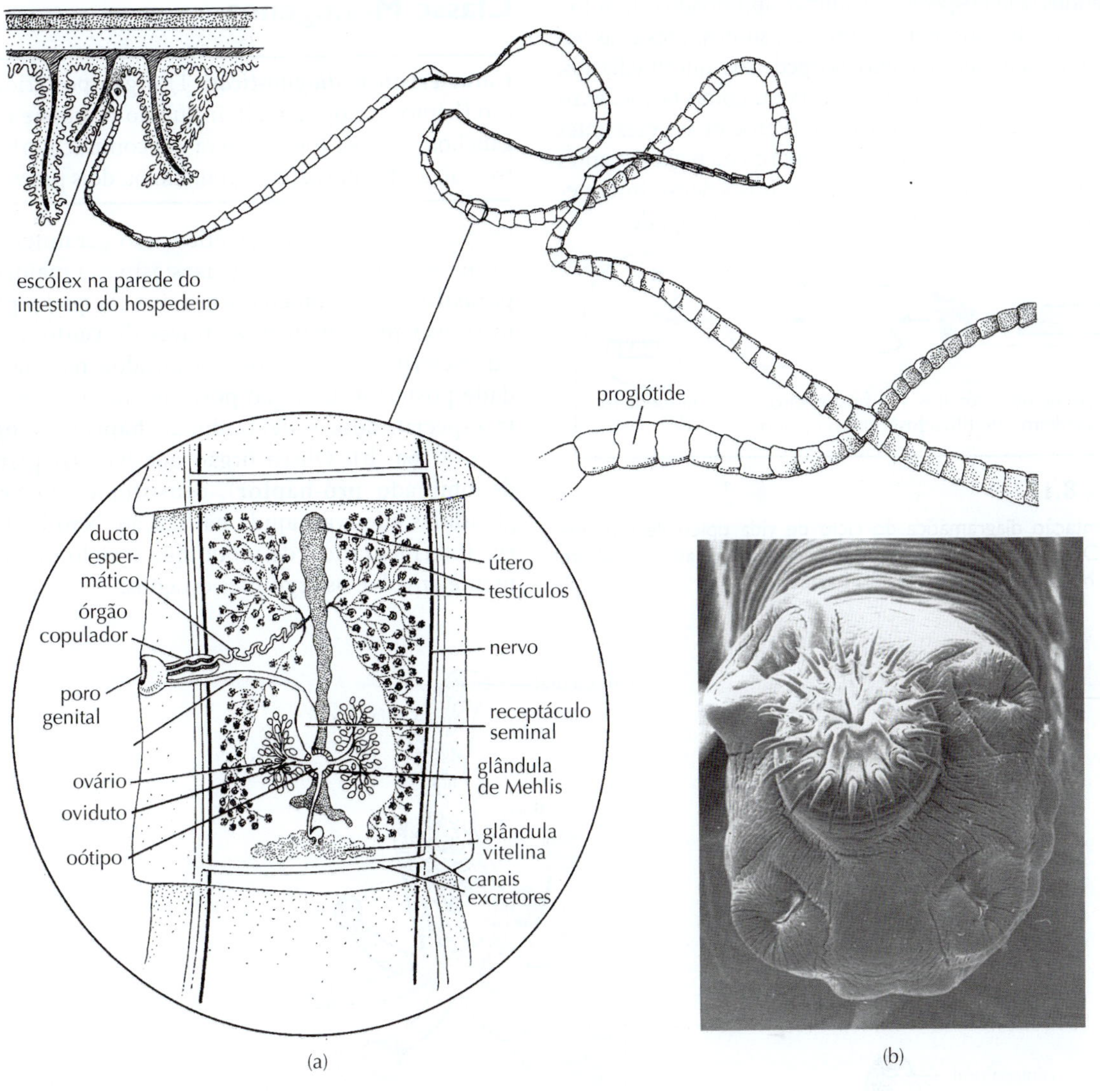

Figura 8.14

(a) *Taenia solium*, a solitária do porco, fixada à parede intestinal do hospedeiro. Observe que a proglótide inteira é dedicada à tarefa da reprodução. Os óvulos saem do ovário e são fertilizados em trânsito ou dentro do oótipo (a região onde os ovidutos se juntam) por espermatozoides se nutrindo no receptáculo seminal. Após, os óvulos fertilizados são envolvidos individualmente em cápsulas protetoras, possivelmente formadas por secreções de uma glândula (glândula de Mehlis), que circunda o oótipo. (b) Imagem ao microscópio eletrônico de varredura da extremidade anterior de *Taenia hydatigena*, aumentada 170 ×.

(b) De D. W. Featherston, *International Journal of Parasitology* 5:615, fig. 1, ©1975 Pergamon Press. Reimpressa com permissão.

maduras se rompem, liberando os óvulos fertilizados no intestino do hospedeiro. De qualquer maneira, os óvulos saem do corpo do hospedeiro junto com as fezes. Em geral, os óvulos fertilizados não conseguem alojar-se imediatamente no **hospedeiro definitivo** (final); primeiro, eles precisam entrar em um **hospedeiro intermediário** ou, em algumas espécies, uma série de hospedeiros intermediários. Espécies diferentes de cestódeos requerem hospedeiros intermediários diferentes, os quais abrangem tanto vertebrados quanto invertebrados.

Quando um óvulo de cestódeo fertilizado é ingerido por um hospedeiro intermediário adequado, geralmente eclode uma larva chamada de **oncosfera**. Cada oncosfera tem músculos, células-flama e, o mais importante, três pares de ganchos com os quais ela se fixa à parede do trato digestório do hospedeiro. A seguir, a oncosfera inicia sua trajetória na parede intestinal, provocando **lise** (dissolução) dos tecidos, passando a residir como uma forma encistada no espaço celomático ou em órgãos e tecidos específicos do hospedeiro. Nas solitárias do gênero *Taenia*, uma oncosfera geralmente produz um único indivíduo (estacionário), denominado **cisticerco**. Em algumas espécies, contudo, esse indivíduo se divide assexuadamente muitas vezes no hospedeiro intermediário, produzindo um **cisto hidático** grande, às vezes letal. Essa replicação assexuada é especialmente comum entre os teniídeos (família Taeniidae), mas raramente ocorre em outras espécies de cestódeos.

O desenvolvimento subsequente é interrompido até que o hospedeiro intermediário seja comido por um hospedeiro diferente, que pode ser o hospedeiro final ou outro hospedeiro intermediário. Portanto, a sequência completa do ovo até o adulto ocorre somente se os óvulos fertilizados alcançarem os hospedeiros apropriados, que, por sua vez, devem ser ingeridos pelo hospedeiro definitivo apropriado (Fig. 8.15). Entre os vertebrados, peixes, bovinos, suínos, cães e, às vezes, aves podem servir como hospedeiros intermediários. Os seres humanos muitas vezes servem como hospedeiros finais e intermediários admissíveis. (Pense duas vezes antes de comer carne malcozida de gado, porco ou peixe – e antes de deixar um cão lamber sua face.) Os hospedeiros intermediários invertebrados são, em sua maioria, artrópodes.

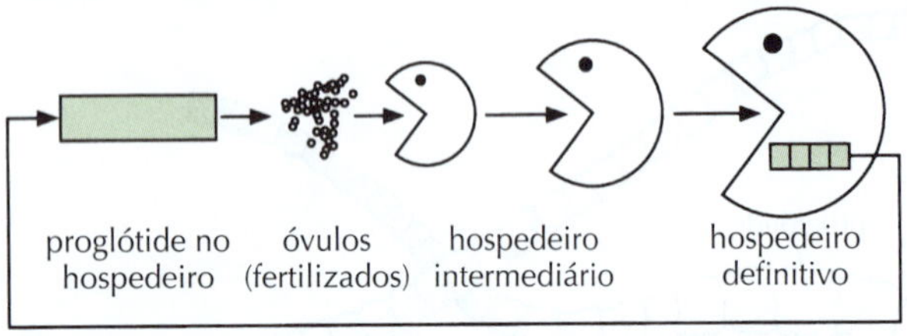

Figura 8.15

Representação diagramática do ciclo de vida típico de um cestódeo. O parasito não consegue atingir a maturidade sexual até que um hospedeiro definitivo seja localizado.

Classe Monogenea

Características diagnósticas: 1) órgão posterior de fixação (háptor [= opistátor]), incluindo ventosa e complexos ganchos e escleritos; 2) larva (oncomiracídio) portando três faixas de cílios e, em geral, um ou dois pares de olhos.

Os platelmintos monogenéticos são geralmente parasitos na pele ou guelras de peixes; isto é, a maioria é **ectoparasito**. Há um único hospedeiro, ao qual o platelminto se fixa principalmente através de ventosas, ganchos ou escleritos complexos, localizados na sua extremidade posterior. O órgão posterior de fixação, altamente especializado, é denominado **háptor** (= **opistátor**) (Fig. 8.16a, b). Outro órgão adesivo (frequentemente denominado **pró-háptor**), consistindo em ventosas e glândulas adesivas, ajuda na fixação. Não há hospedeiros intermediários, de modo que o ciclo de vida geralmente envolve os seguintes estágios:

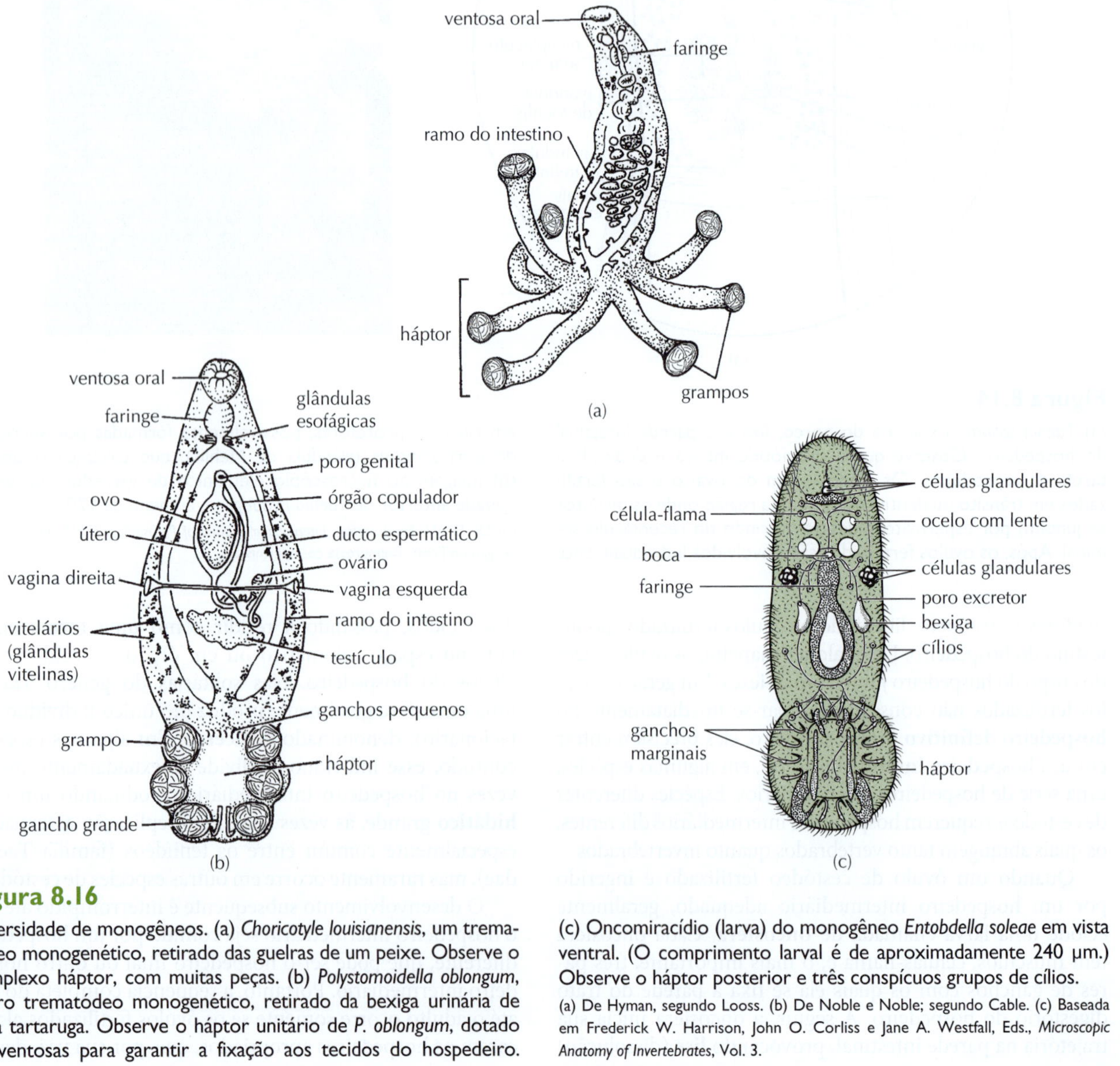

Figura 8.16

Diversidade de monogêneos. (a) *Choricotyle louisianensis*, um trematódeo monogenético, retirado das guelras de um peixe. Observe o complexo háptor, com muitas peças. (b) *Polystomoidella oblongum*, outro trematódeo monogenético, retirado da bexiga urinária de uma tartaruga. Observe o háptor unitário de *P. oblongum*, dotado de ventosas para garantir a fixação aos tecidos do hospedeiro. (c) Oncomiracídio (larva) do monogêneo *Entobdella soleae* em vista ventral. (O comprimento larval é de aproximadamente 240 μm.) Observe o háptor posterior e três conspícuos grupos de cílios.

(a) De Hyman, segundo Looss. (b) De Noble e Noble; segundo Cable. (c) Baseada em Frederick W. Harrison, John O. Corliss e Jane A. Westfall, Eds., *Microscopic Anatomy of Invertebrates*, Vol. 3.

(1) Maturidade sexual alcançada → (2) Produção de óvulos → em um peixe
(3) Estágio larval → (4) Fixação ao peixe (**oncomiracídio**)

A maioria das espécies dos monogêneos mostra um alto nível de especificidade ao hospedeiro, e, em geral, ocupa locais altamente específicos no corpo dele; os membros de uma espécie de monogêneo vivem somente na base dos filamentos das guelras de um peixe, por exemplo, ao passo que os membros de outra espécie são encontrados somente perto dos ápices dos mesmos filamentos. Até agora, foram descritas apenas 8 mil espécies, mas presume-se a existência de cerca de 25 mil espécies, o que tornaria esse grupo o mais rico em espécies nos platelmintos.

O *status* taxonômico dos monogêneos esteve incerto por algum tempo. Por muito tempo, os monogêneos foram considerados trematódeos (fascíolas), com os quais se assemelham muito quando adultos. Alguns autores afirmam que os monogêneos são mais intimamente relacionados aos cestódeos, com base, em grande parte, na similaridade entre a oncosfera dos cestódeos e o **oncomiracídeo** dos monogêneos (Fig. 8.16c). Outros sustentam que os monogêneos são suficientemente diferentes dos cestódeos e dos trematódeos para merecer a categorização como uma classe separada, mas alguns estudos ultraestruturais sugerem que os monogêneos não formam um grupo monofilético. Atualmente, dados moleculares unem os monogêneos aos cestódeos como uma classe separada de platelmintos, classe Monogenea (ver Fig. 8.2). Nesse caso, as semelhanças morfológicas entre monogêneos adultos e trematódeos refletem solidamente uma evolução convergente. Certamente, os ciclos de vida dos monogêneos têm menos em comum com os dos trematódeos digenéticos, conforme discussão a seguir.

Classe Trematoda

Todos os membros desta classe são parasitos e a maioria deles atinge a maturidade apenas como parasitos em hospedeiros vertebrados. Uma existência parasítica desencadeia vários problemas, nenhum dos quais é trivial (ver também p. 56-59). Um parasito bem-sucedido precisa:

1. reproduzir em um hospedeiro definitivo;
2. liberar do hospedeiro os óvulos fertilizados ou embriões;
3. encontrar e reconhecer um hospedeiro novo e apropriado;[8]
4. ter acesso ao hospedeiro;
5. localizar o ambiente apropriado no hospedeiro;
6. manter sua posição no hospedeiro;
7. resistir, muitas vezes, a um ambiente bastante anaeróbio (pobre em oxigênio);
8. evitar a digestão ou o ataque pelo sistema imune do hospedeiro;[9]
9. evitar a morte do hospedeiro, pelo menos até que a reprodução seja alcançada.

[8]Ver *Tópicos para posterior discussão e investigação*, nº 2, no final deste capítulo.
[9]Ver *Tópicos para posterior discussão e investigação*, nº 4, no final deste capítulo.

Esses problemas são enfrentados por todos os parasitos, mas talvez as adaptações mais notáveis aos itens 3 e 4 sejam encontradas nos trematódeos, também chamados de "fascíolas".

A camada corporal externa de trematódeos adultos é um tegumento sincicial não ciliado. Em outras espécies, o corpo dos trematódeos assemelha-se mais ao de turbelários. Os trematódeos têm uma abertura bucal e um trato digestório com extremidade cega que, com algumas exceções, é bilobada. O corpo nunca é segmentado (Fig. 8.17). O parasito ingere pela boca tecidos e sangue do hospedeiro.

A esquistossomose, uma doença muitas vezes letal e proeminente em várias regiões do mundo, resulta de uma infecção por trematódeos, conhecidos como "fascíolas do sangue" (Fig. 8.17c). Atualmente, estima-se que mais de 200 milhões de pessoas em 77 países sofrem de esquistossomose, tornando-a a segunda doença mais prevalente no mundo, próxima à malária (que é causada por um protozoário - ver Capítulo 3). A esquistossomose mata cerca de 800 mil pessoas anualmente, em parte por indução de câncer;[10] as infestações do gado causam prejuízos de centenas de milhões de dólares na pecuária.

As fascíolas são classificadas em um grupo principal com mais de 6 mil espécies, os **trematódeos digenéticos** (também chamados de "digêneos"), e um grupo muito menor, com menos de 100 espécies, os aspidogástreos (também chamados de aspidobótreos).

Digêneos

Como seu nome sugere, as fascíolas digenéticas sempre requerem, pelo menos, um hospedeiro intermediário antes de alcançar o hospedeiro final. Ao contrário do processo passivo encontrado nos cestódeos, a localização do hospedeiro nos trematódeos digenéticos é geralmente um processo ativo, mediado por estágios larvais altamente especializados e de vida livre.

Entre os trematódeos digenéticos, cada óvulo fertilizado geralmente origina um único **miracídio** (larva), ciliado e de vida livre (Fig. 8.18). O miracídio, sem intestino, é, então, comido por um hospedeiro intermediário ou o localiza e perfura-o. Esse hospedeiro é quase sempre um molusco e mais comumente um caramujo. Os miracídios produzidos por uma determinada espécie de trematódeo devem, em geral, penetrar em uma determinada espécie de molusco hospedeiro para o seu posterior desenvolvimento. Dessa forma, os biólogos moleculares podem, por fim, erradicar a esquistossomose mediante inserção de genes nas espécies de caramujos apropriadas, os quais impedirão a penetração ou o desenvolvimento dos miracídios do esquistossoma nesses hospedeiros.

A penetração no hospedeiro é realizada por secreções de várias glândulas, localizadas na parte anterior do miracídio (Fig. 8.18a). A seguir, o miracídio se desdiferencia em um estágio de **esporocisto-mãe**, em que a maioria das estruturas larvais (incluindo os cílios externos) é perdida, exceto os protonefrídeos. O esporocisto-mãe vive no sistema circulatório sanguíneo do molusco (hemocele). Como não há

[10]Mayer, D.A. e B. Fried. 2007. *Adv. Parasitol.* 65: 239-96.

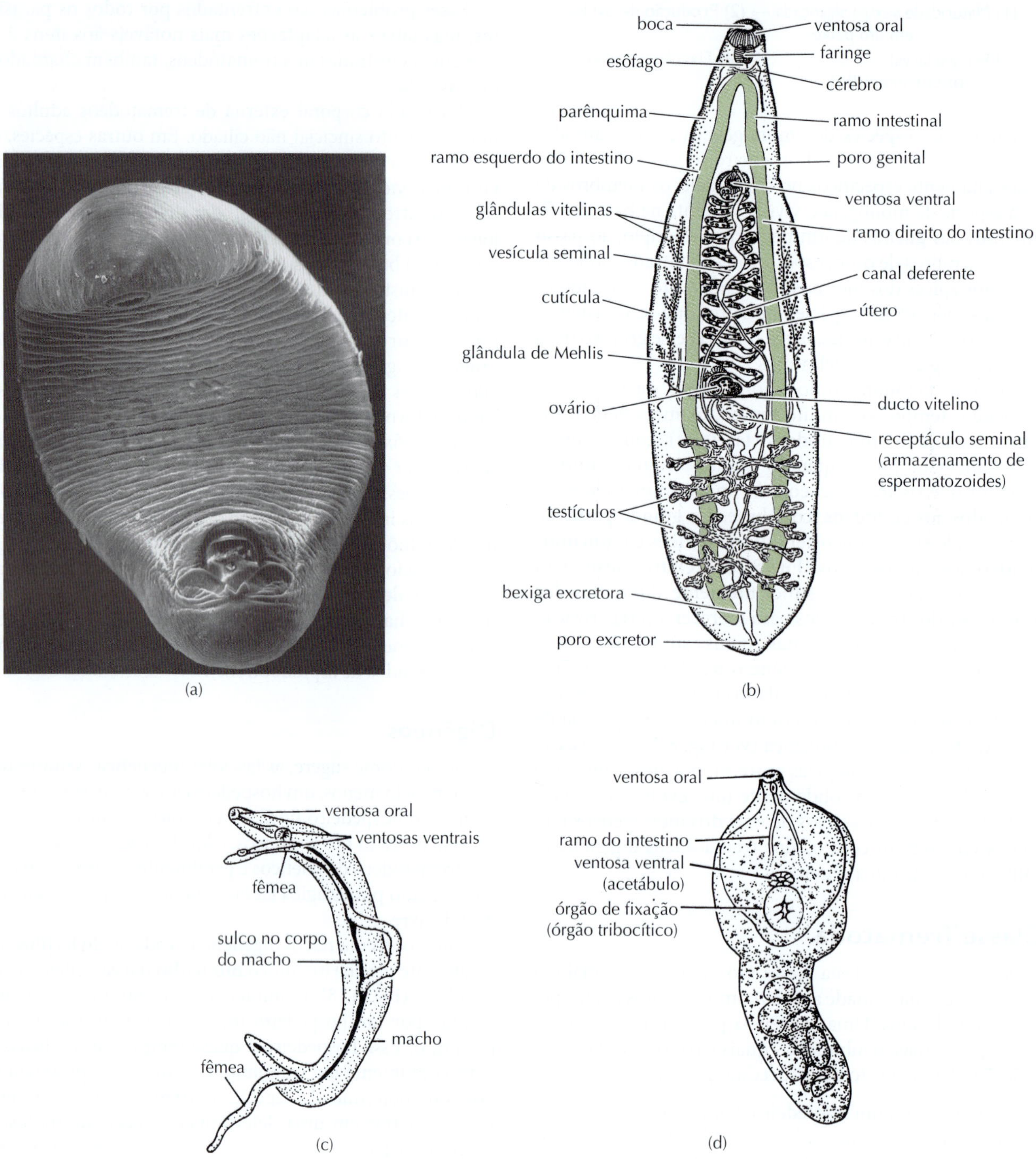

Figura 8.17

Diversidade de trematódeos digenéticos. (a) Imagem ao microscópio eletrônico de varredura, mostrando a morfologia externa de *Zygocotyle lunata*, procedente de um camundongo. A ventosa oral está no topo da imagem. (b) Fascíola hepática chinesa, *Opisthorchis sinensis*, observada em vista ventral. Observe a grande porcentagem do corpo destinada à reprodução. A glândula de Mehlis, também denominada glândula da casca, é uma característica conspícua do trato reprodutivo feminino; sua função nos trematódeos é incerta. (c) A fascíola do sangue, *Schistosoma haematobium*, uma espécie digenética gonocorística. Durante a copulação, a fêmea encontra-se em um sulco especializado no corpo do macho. Essa e várias outras espécies aparentadas causam nos seres humanos a doença conhecida como "esquistossomose". A"coceira do nadador", como também é conhecida, é causada por membros da mesma família. (d) *Neodiplostomum paraspathula*, trematódeo digenético observado em vista ventral. O órgão tribocítico libera uma diversidade de enzimas digestórias, as quais solubilizam o tecido do hospedeiro no local de fixação.

(a) S. W. B. Irwin, University of Ulster, Northern Ireland. (b) De Brown, 1950. *Selected Invertebrates Types*. John Wiley & Sons. (d) De Hyman; segundo Looss. (e) De Noble e Noble; segundo Noble.

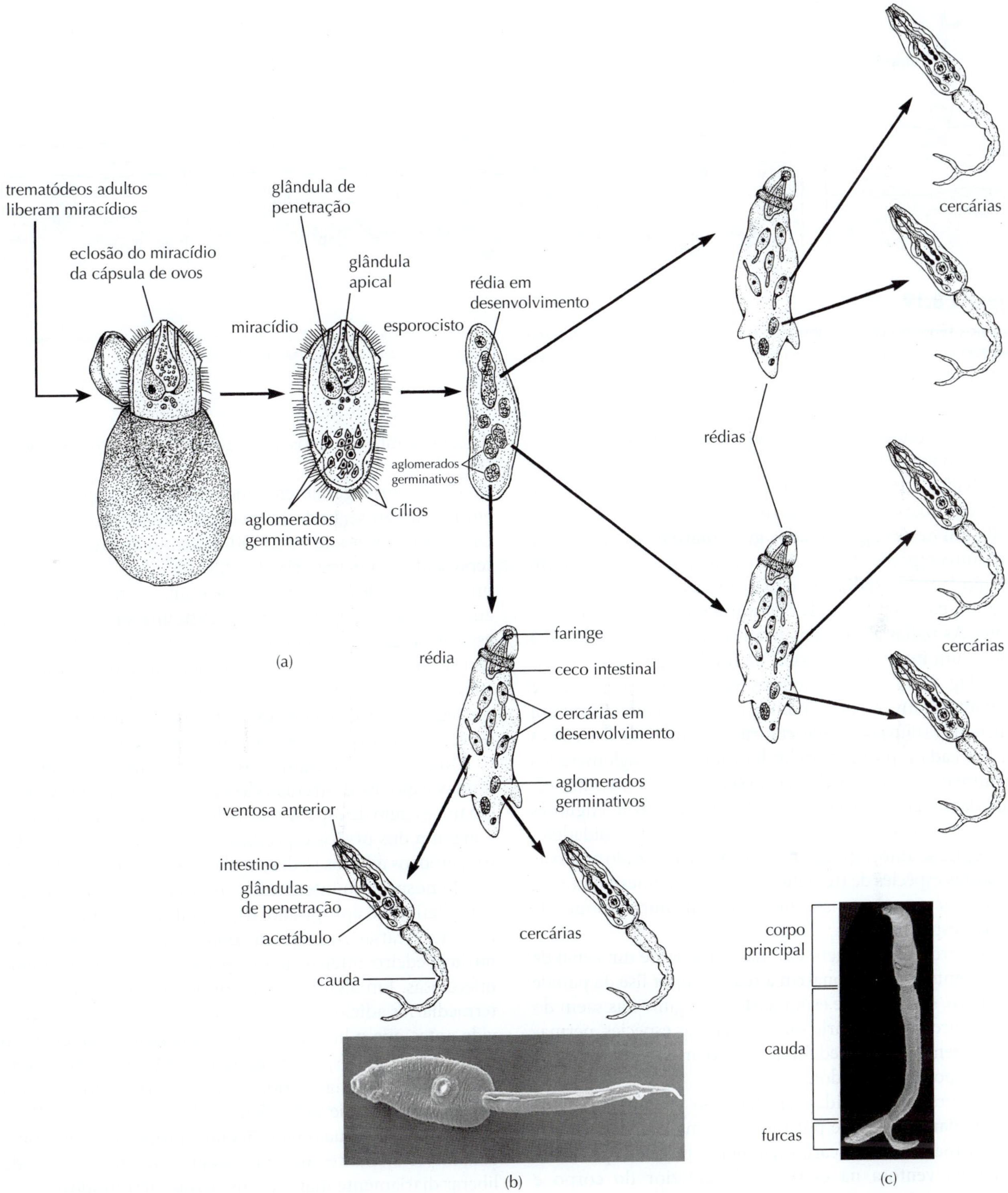

Figura 8.18

(a) Replicação de estágios larvais no ciclo de vida de trematódeo. Grandes quantidades de cercárias estão contidas em cada rédia. Muitas rédias, por sua vez, estão contidas em cada esporocisto. Todas as larvas derivadas de um único óvulo fertilizado são produzidas assexuadamente e, portanto, são geneticamente idênticas entre si. Os estágios de miracídio e cercária são geralmente de nado livre. Os estágios de esporocisto e rédia ocorrem no interior de um hospedeiro intermediário, normalmente um caramujo. Observe os aglomerados germinativos nos estágios de miracídio e esporocisto; estes se desenvolverão em larvas de rédia. Do mesmo modo, os aglomerados germinativos dentro das rédias são futuras cercárias. (b) Imagem ao microscópio eletrônico de varredura do estágio de cercária de *Echinostoma trivolvis*, um trematódeo digenético, observado em vista ventral. O comprimento total é de aproximadamente 0,5 mm. A cauda não é bifurcada nesta e em muitas outras espécies. Observe as ventosas oral e ventral proeminentes. (c) Imagem ao microscópio eletrônico de varredura de uma cercária de *Schistosoma mansoni*.

(a) Modificada segundo Noble e Noble; segundo Cheng, T. C. 1986. *General Parasitology*, 2d ed. Academic Press. (b) Fried e M. A. Haseeb, (1991) "Platyhelminthes: Aspidogastrea, Monogenea e Digenea" in *Microscopic Anatomy of Invertebrates, Volume 3, Platyhelminthes and Nemertinea*, (F. Harrison e B. Bogitsh, Editors) pp. 141-209. © John Wiley & Sons. Reimpressa com permissão. (c) Cortesia de D. W. Halton. De Mair, G. R. Maule, A. G. Fried, B. Day, T. A. e D. W. Halton. 2003. Organization of the musculature of schistosome cercariae. J. Parasitol. 89:623-625. Copyright © Journal of Parasitology.

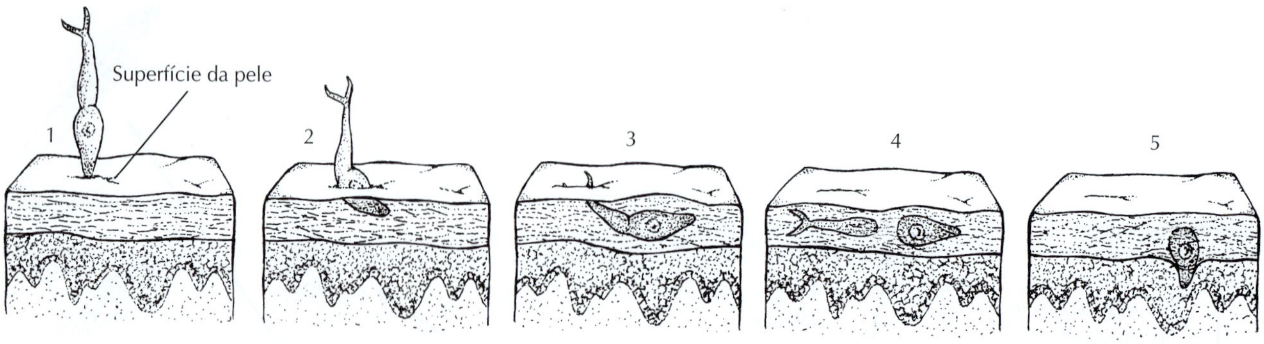

Figura 8.19

Estágios sequenciais na penetração de uma cercária de *Schistosoma mansoni* em um hospedeiro vertebrado. Observe a perda da cauda na etapa 4.

Modificada de Ginetsinskaya, T. A. 1988. *Trematodes, Their Life Cycles, Biology and Evolution*. New Delhi: Amerind, Publ. Co., Pvt., Ltd., 59, Fig. 96.

boca nesse estágio de desenvolvimento, o esporocisto-mãe cresce no interior do hospedeiro por captação de nutrientes dissolvidos dos líquidos corporais circundantes. Dentro de cada esporocisto estão numerosos aglomerados de células. Cada um desses **aglomerados germinativos** se desenvolve em outro esporocisto (os esporocistos-filhos) ou em outro estágio larval, a **rédia**. As rédias ou os esporocistos-filhos migram para sua glândula digestória ou gônada do hospedeiro. As rédias alimentam-se ativamente, possuindo uma boca e um intestino funcional de fundo cego (ceco intestinal) (Fig. 8.18a), ao passo que os esporocistos-filhos não se alimentam ativamente, embora provavelmente absorvam nutrientes solúveis do seu entorno. Na maioria das rédias ou em cada esporocisto-filho há numerosos aglomerados germinativos, cada um deles se desenvolvendo em outro estágio larval anatomicamente distinto, a **cercária**. Algumas rédias, no entanto, servem como uma casta de "soldados", em vez de se autorreplicarem, atacando e matando as larvas de outras espécies de trematódeos dentro do mesmo hospedeiro e até mesmo consumindo rédias de outros clones da mesma espécie.[11]

As cercárias emergem da "mãe" através de um canal de nascimento, se abandonarem a rédia, ou por lise da parede do corpo, se saírem de esporocistos; a seguir, elas saem do hospedeiro intermediário ou, em algumas espécies, permanecem dentro do hospedeiro intermediário até que este seja comido por um predador.

As cercárias de vida livre não são ciliadas, mas podem nadar ativamente por meio de uma cauda muscular (Fig. 8.18a, b). As cercárias, em geral, possuem pelo menos uma ventosa na extremidade anterior do corpo e muitas espécies também apresentam uma ventosa ventral (Fig. 8.18a, b). As larvas cercárias de algumas espécies se transformam em adultos assim que encontram o próximo hospedeiro, fixam-se a ele e penetram enzimaticamente nos seus tecidos. Em outros casos, a cercária se encista na vegetação submersa, provavelmente para ser comida pelo hospedeiro definitivo. Na maioria das espécies, contudo, a próxima parada é outro hospedeiro animal intermediário. Em qualquer situação, a penetração pela larva cercária no próximo hospedeiro é acompanhada pelo desprendimento da cauda, antes ou após a entrada no corpo do hospedeiro (Fig. 8.19).

Os digêneos geralmente mostram pouca especificidade em relação ao segundo hospedeiro intermediário, que inclui tanto espécies de vertebrados quanto de invertebrados, representando a maioria dos filos animais. Mesmo uma única espécie de trematódeo pode muitas vezes utilizar uma ampla gama de segundos hospedeiros intermediários. Uma espécie do gênero *Echinostoma*, por exemplo, pode utilizar certas espécies de caramujos de água doce ou os estágios larvais de certos anfíbios. Já os miracídios dessa espécie conseguem infectar com êxito apenas caramujos de uma espécie ou de várias espécies intimamente aparentadas.

Uma vez no segundo hospedeiro intermediário, em muitas espécies de trematódeos, a cercária se transforma em um estágio de espera encistado, a **metacercária**, na qual a maioria dos órgãos especificamente larvais degenera. Os trematódeos adultos se desenvolvem somente quando o segundo hospedeiro intermediário é ingerido por um hospedeiro definitivo apropriado, o que pode levar algum tempo; as metacercárias conseguem sobreviver por muitos meses no hospedeiro intermediário, permanecendo plenamente infecciosas. Em alguns casos, um ou mais hospedeiros intermediários adicionais podem estar envolvidos no ciclo de vida antes que o hospedeiro final seja alcançado. Quando comido por um hospedeiro definitivo, o trematódeo juvenil migra pelo trato digestório, a fim de fixar-se em um local apropriado, espécie-específico, onde chega à fase adulta. O trematódeo sexualmente maduro produz ovos em uma taxa impressionante; um único esquistossoma adulto pode liberar diariamente mais de 3 mil óvulos fertilizados.

O que foi descrito acima é um ciclo de vida generalizado de digêneos; os detalhes variam consideravelmente entre as espécies (Figs. 8.20 e 8.21).

Observe que, ao contrário do ciclo de vida ectoparasítico dos trematódeos monogêneos, os trematódeos digenéticos, como os cestódeos, são exclusivamente **endoparasitos**, vivendo dentro do tecido do hospedeiro. O digêneo adulto tem uma boca e um intestino em fundo cego, em geral birramificado, e, frequentemente, uma ventosa anterior e outra ventral para manter sua posição dentro do hospedeiro (ver Fig. 8.17). A maioria das espécies é hermafrodita, embora algumas tenham sexos separados, distintos

[11] Hechinger, R. F., A. C. Wood e A. M. Kuris. 2010. *Proc. Roy. Soc. B*. 278:656-65.

QUADRO FOCO DE PESQUISA 8.1

Controle da esquistossomose

Eveland, L. K. e M. A. Haseeb. 1989. *Schistosoma mansoni*: Onset of chemoattraction in developing worms. *Experientia* 45:309-10.

A esquistossomose é uma das principais doenças no mundo atual, afetando cerca de 200 milhões de pessoas (Fig. 8.20c, d). Por essa razão, muitos biólogos estão buscando maneiras para eliminá-la ou, pelo menos, controlar sua propagação. Uma vez que os efeitos patológicos da infecção por esquistossoma em seres humanos são causados pelos ovos, os parasitos devem ser eliminados antes do início da oviposição. Uma abordagem amplamente experimentada é desenvolver vacinas que ataquem proteínas de superfície específicas do esquistossoma em fases juvenis. Outra abordagem é controlar populações do hospedeiro intermediário, um caramujo de água doce. Uma terceira abordagem é interferir na eficácia do sistema digestório do esquistossoma, impedindo o crescimento e a maturação sexual mediante interferência em enzimas digestórias fundamentais. Uma quarta abordagem, o foco do artigo de Eveland e Hasseb, é tirar vantagem da sexualidade gonocorística de esquistossomos – única entre os trematódeos – e, de algum modo, interferir no processo essencial de localização do parceiro: os óvulos não podem ser fertilizados e liberados até que uma fêmea venha instalar-se no sulco especializado do corpo do macho (Fig. 8.17c). Uma pesquisa anterior indicou que machos e fêmeas localizam-se mutuamente por meios químicos. O trabalho de Eveland e Haseeb define a idade na qual começa a atração entre os vermes.

Eveland e Haseeb conduziram seu estudo usando uma cepa de *Schistosoma mansoni*, uma das várias espécies do gênero, causadora de esquistossomose. As larvas em estágio de cercária foram obtidas do caramujo de água doce *Biomphalaria glabrata* (Gastropoda: Pulmonata) e aplicadas na pele raspada de vários camundongos. De 20 a 28 dias após os camundongos terem sido infectados, os pesquisadores mataram-nos e recuperaram os parasitos juvenis para testar sua capacidade quimioatrativa.

Para cada bioensaio, um macho e uma fêmea de esquistossomo foram pipetados em um aquário, 6 a 15 mm distantes entre si, e seus movimentos subsequentes, de aproximação e afastamento entre si, foram registrados em vídeo. Durante 30 minutos, a distância entre os dois vermes foi medida a cada 3 minutos, e a mudança percentual em sua distância física ("índice de migração") foi calculada para cada intervalo de tempo. Entre dois a quatro pares de vermes foram testados em cada um dos grupos etários examinados.

Claramente, os vermes tornaram-se atrativos mutuamente entre 21 e 23 dias após infectar o hospedeiro (Fig. foco 8.1); antes desse período, os machos e as fêmeas na verdade pareciam repelir-se. A identificação dos fatores responsáveis pela repulsão poderia ser útil na determinação dos fatores responsáveis pela atração subsequente. Os dados sugerem a viabilidade de interferir no processo reprodutivo de esquistossomos, impedindo que os vermes localizem seus parceiros sexuais. Isso não só ajudaria o hospedeiro, impedindo a oviposição e as respostas inflamatórias associadas, como reduziria também a propagação da doença para outros indivíduos, mediante redução da liberação (*output*) de ovos no ambiente.

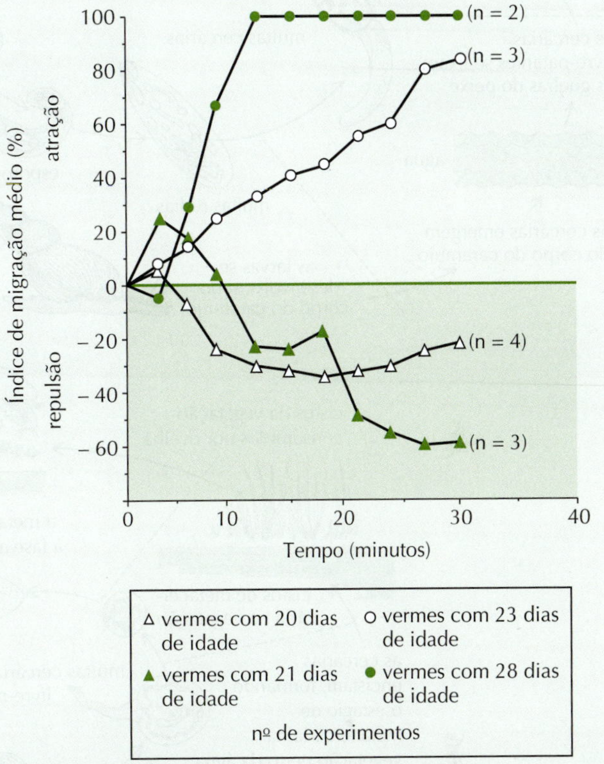

Figura foco 8.1

Influência da idade do esquistossomo na capacidade quimioatrativa em bioensaios de 30 minutos. O dia 0 é aquele em que as larvas (cercárias) de *Schistosoma mansoni* infectaram o hospedeiro (camundongo). Os dados indicam mudanças percentuais médias na distância entre vermes machos e fêmeas; cada experimento foi repetido duas a quatro vezes. Um valor 0 indica inexistência de movimento de afastamento ou aproximação entre os vermes.

Baseada em L. K. Eveland e M. A. Haseeb, "*Schistosoma mansoni*: Onset of Chemoattraction in Developing Worms" em *Experientia* 45:309-10. 1989.

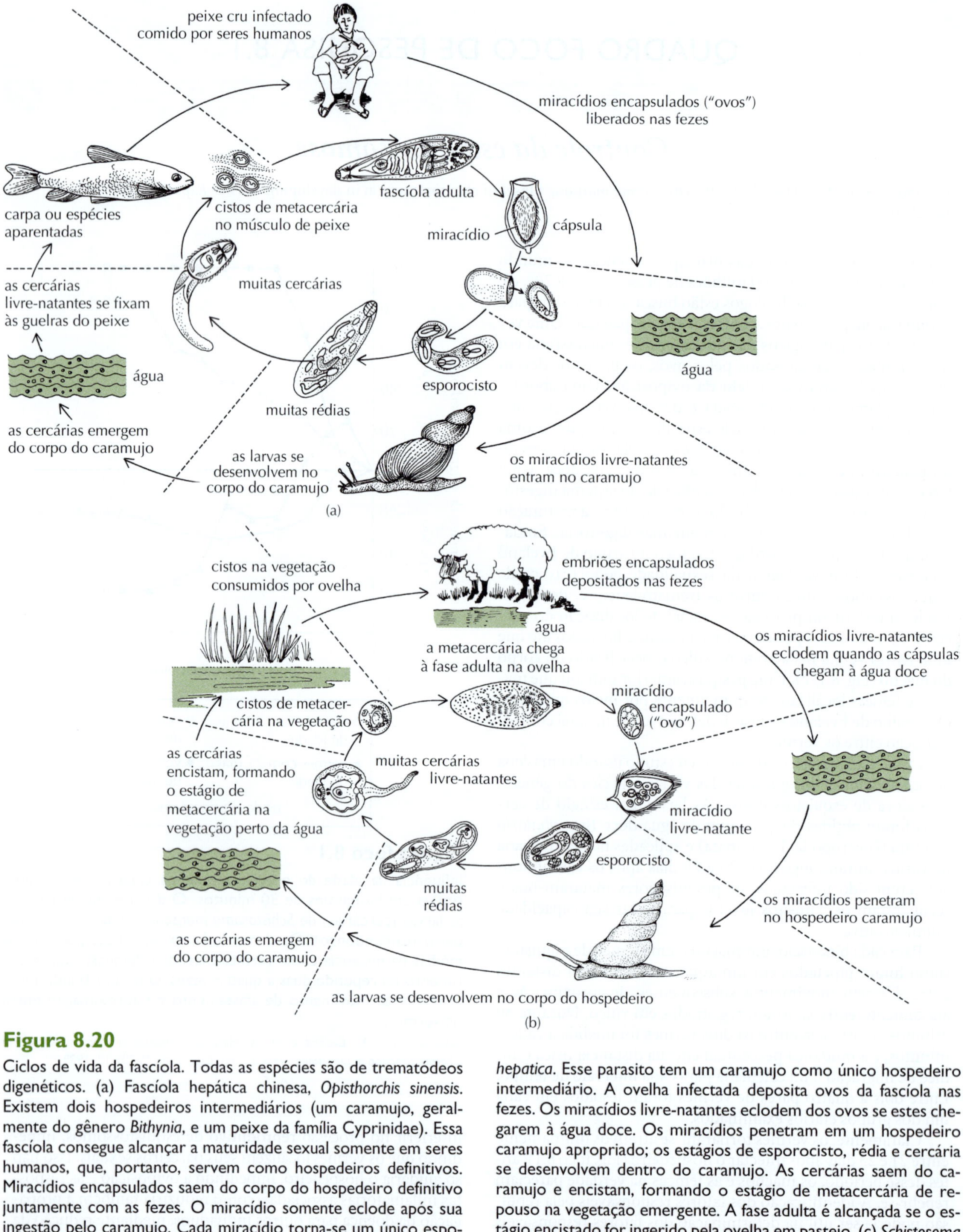

Figura 8.20

Ciclos de vida da fascíola. Todas as espécies são de trematódeos digenéticos. (a) Fascíola hepática chinesa, *Opisthorchis sinensis*. Existem dois hospedeiros intermediários (um caramujo, geralmente do gênero *Bithynia*, e um peixe da família Cyprinidae). Essa fascíola consegue alcançar a maturidade sexual somente em seres humanos, que, portanto, servem como hospedeiros definitivos. Miracídios encapsulados saem do corpo do hospedeiro definitivo juntamente com as fezes. O miracídio somente eclode após sua ingestão pelo caramujo. Cada miracídio torna-se um único esporocisto, que produz (assexuadamente) muitas rédias, cada uma das quais, por sua vez, produz (assexuadamente) muitas cercárias. Estas saem do caramujo e nadam livremente na água circundante. Ao encontrarem um hospedeiro apropriado (peixe), as cercárias penetram no músculo do peixe e nele encistam. O ciclo de vida se completa somente quando os seres humanos comem peixe cru ou malcozido. A fase adulta é alcançada dentro do ducto biliar humano. (b) Fascíola hepática da ovelha, *Fasciola hepatica*. Esse parasito tem um caramujo como único hospedeiro intermediário. A ovelha infectada deposita ovos da fascíola nas fezes. Os miracídios livre-natantes eclodem dos ovos se estes chegarem à água doce. Os miracídios penetram em um hospedeiro caramujo apropriado; os estágios de esporocisto, rédia e cercária se desenvolvem dentro do caramujo. As cercárias saem do caramujo e encistam, formando o estágio de metacercária de repouso na vegetação emergente. A fase adulta é alcançada se o estágio encistado for ingerido pela ovelha em pastejo. (c) *Schistosoma mansoni*, uma das espécies causadoras da esquistossomose em seres humanos. Os adultos têm apenas cerca de 1 cm de comprimento. Os membros desse gênero são trematódeos atípicos, pois os adultos são gonocorísticos, com a fêmea se alojando em um sulco especializado no corpo do macho, que é maior. Os óvulos fertilizados (ovos, talvez 300 por dia por fêmea) saem do hospedeiro humano nas fezes, e os miracídios eclodem se as fezes mantiverem contato com a água doce. Os miracídios devem

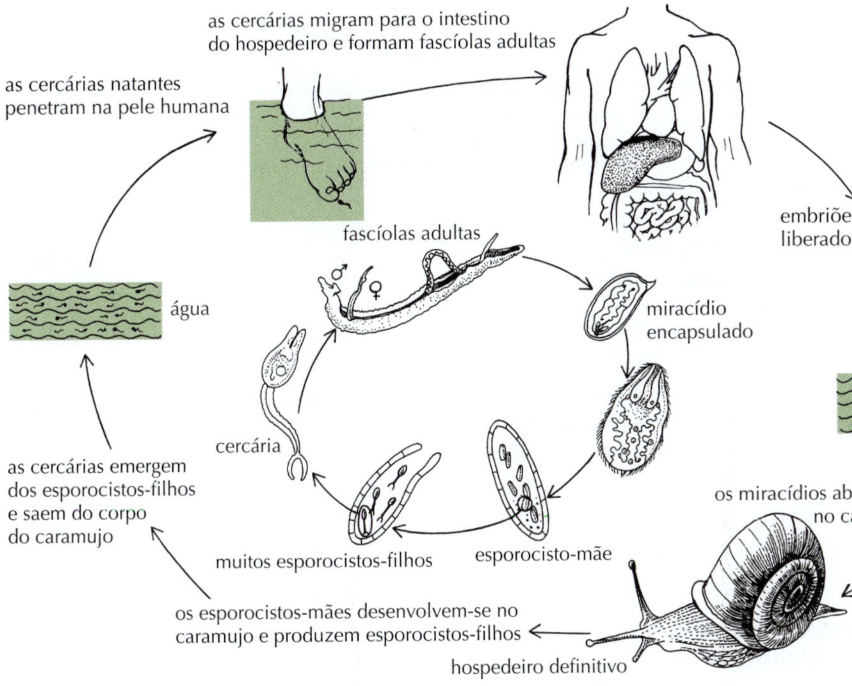

(c)

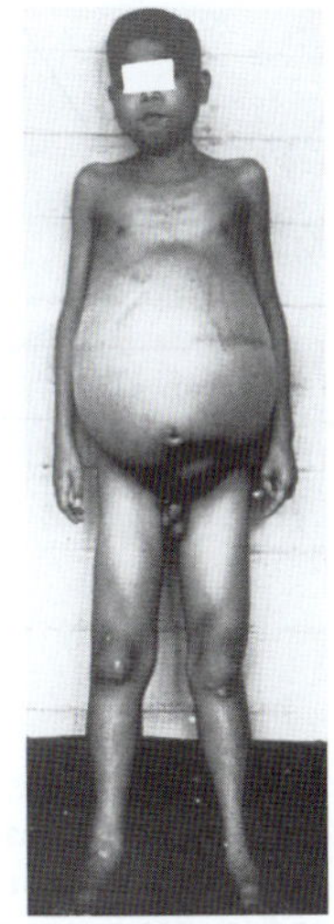

(d)

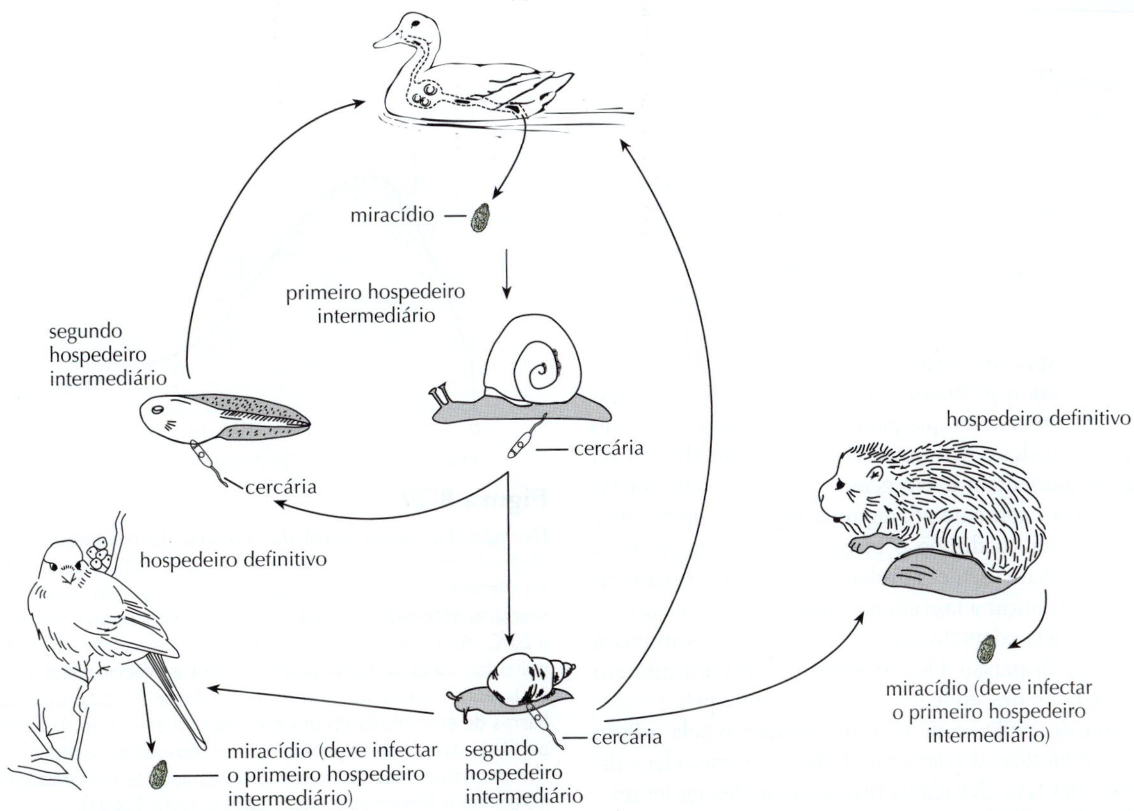

(e)

Figura 8.20 *(Continuação)*

encontrar e penetrar nos tecidos de um único hospedeiro intermediário, um caramujo do gênero *Biomphalaria*. A seguir, cada miracídio se desenvolve em um único esporocisto, que produz, então, muitos esporocistos-filhos. Muitas cercárias emergem de cada esporocisto-filho e saem do caramujo. Se a cercária livre-natante mantiver contato com um ser humano, ela penetra pela pele e migra para o sistema circulatório dele, deslocando-se para o coração, para os pulmões e de lá para os rins, onde se alimenta e cresce. Por fim, o parasito alcança a maturidade dentro dos vasos sanguíneos do intestino do hospedeiro, onde pode viver por anos. A patologia resulta principalmente da inflamação causada pelos ovos retidos nos tecidos do hospedeiro. (d) O garoto tem a barriga distendida típica da infecção por *Schistosoma japonicum*. (e) Ciclo de vida generalizado de um trematódeo com colar de 37 espinhos (*Echinostoma* spp.). Os adultos vivem nos intestinos e ductos biliares de muitos hospedeiros vertebrados, sobretudo aves e mamíferos aquáticos. Os adultos portam 37 espinhos em um colar que circunda a ventosa oral.

(d) Cortesia de Centers of Disease Control, Department of Health and Human Services, Atlanta, GA. (e) De Huffman and Fried, "Echinostoma and Echinostomiasis," in *Advances in Parasitology* 29:224, 1990. Copyright © Academic Press Inc., Orlando, Florida. Reimpressa com permissão.

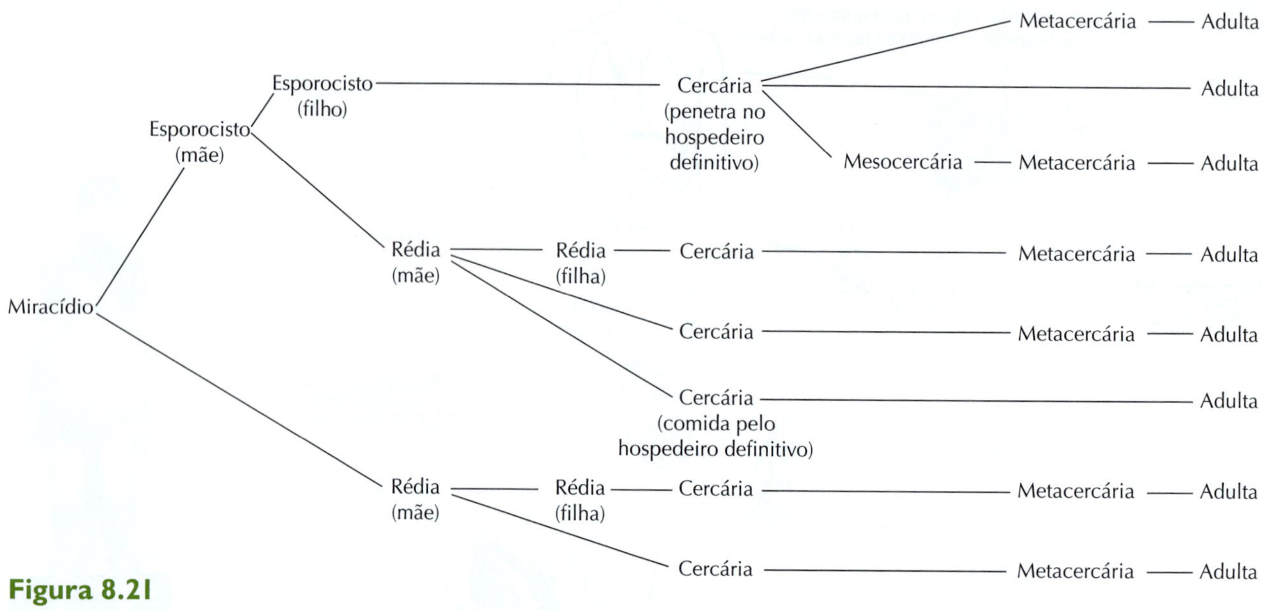

Figura 8.21

Variação nos ciclos de vida dos trematódeos digenéticos. Observe que os esporocistos-mães produzem ou esporocistos-filhos ou rédias, mas nunca ambos na mesma espécie.

anatomicamente; essas espécies são gonocorísticas (Quadro Foco de pesquisa 8.1). A maior parte do corpo é ocupada pelo sistema reprodutivo.

O ciclo de vida de trematódeos digenéticos é, certamente, bastante complexo. Vários hospedeiros são necessários para a conclusão do ciclo de vida; frequentemente os hospedeiros ocupam hábitats muito diferentes, complicando o deslocamento de um hospedeiro para o próximo; e tanto os estágios larvais intermediários quanto o estágio adulto requerem espécies de hospedeiros específicas (Fig. 8.20), embora a especificidade para o primeiro hospedeiro intermediário seja sempre muito maior do que para o segundo hospedeiro intermediário ou para o hospedeiro definitivo. Os estágios larvais de vida livre não se alimentam e, em geral, podem permanecer vivos e infecciosos somente por algumas horas, e durante esse período deve ser localizado o próximo animal hospedeiro (Fig. 8.22). Evidentemente, a probabilidade de qualquer óvulo fertilizado alcançar a fase adulta é muito pequena. Aí reside a significância adaptativa de produzir números imensos de estágios de dispersão. Os cestódeos formam um número muito grande de descendentes, principalmente pela produção elevada de óvulos e de espermatozoides e pela adição de novas proglótides diariamente. Entre os trematódeos digenéticos, uma taxa elevada de produção de descendentes é realizada pela multiplicação geométrica e assexuada de estágios larvais.[12] Cada fêmea geralmente tem apenas um único ovário, e cada óvulo fertilizado se desenvolve em apenas uma única larva de miracídio. Contudo, dentro de cada miracídio estão os aglomerados germinativos do estágio de rédia (ou de um estágio de esporocisto adicional), no interior da qual estão os aglomerados germinativos do estágio de cercária. Um único miracídio geralmente origina, em média, dezenas de milhares de cercárias - muitas centenas de milhares para

[12]Ver *Tópicos para posterior discussão e investigação*, nº 9, no final deste capítulo.

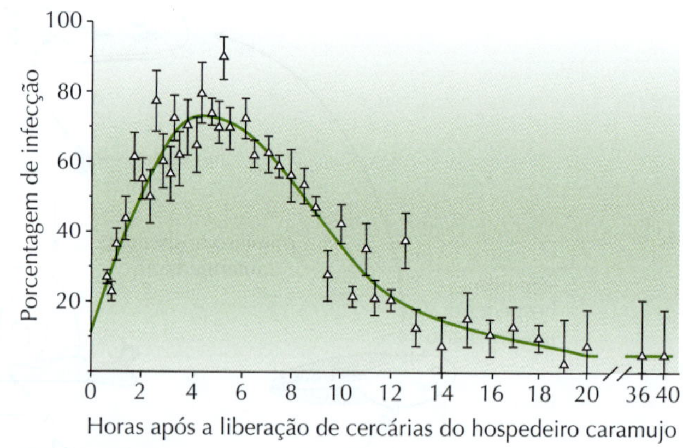

Figura 8.22

Duração da vida funcional de cercárias do trematódeo digenético *Plagiorchis elegans*. Para determinar a capacidade infecciosa, cercárias de diferentes idades foram expostas a um segundo hospedeiro intermediário adequado, larvas do mosquito *Aedes aegypti*, por 15 minutos a 20°C. Após 24 horas, o número de metacercárias em cada hospedeiro foi contado. Cada ponto mostra a infecciosidade média para 10 larvas de mosquito, com cinco cercárias testadas por réplica. As barras de erro mostram um erro-padrão em torno da média. A capacidade das cercárias para infectar o mosquito hospedeiro diminuiu abruptamente mais ou menos 6 horas após as cercárias emergirem do primeiro hospedeiro intermediário (gastrópode).

Baseada em C. A. Lowenberger e M. E. Rau, em *Parasitology* 109. 1994.

algumas espécies de esquistossomo –, todas geneticamente idênticas entre si e ao óvulo fertilizado que lhe originou. Os resultados de toda essa replicação assexuada, por fim, podem representar cerca de 40% do total da massa de tecidos moles do infortunado hospedeiro molusco.[13] Um hospedeiro intermediário moderadamente infectado pode liberar milhares de cercárias por dia por muitos anos.

[13]Ver *Tópicos para posterior discussão e investigação*, nº 3, no final deste capítulo.

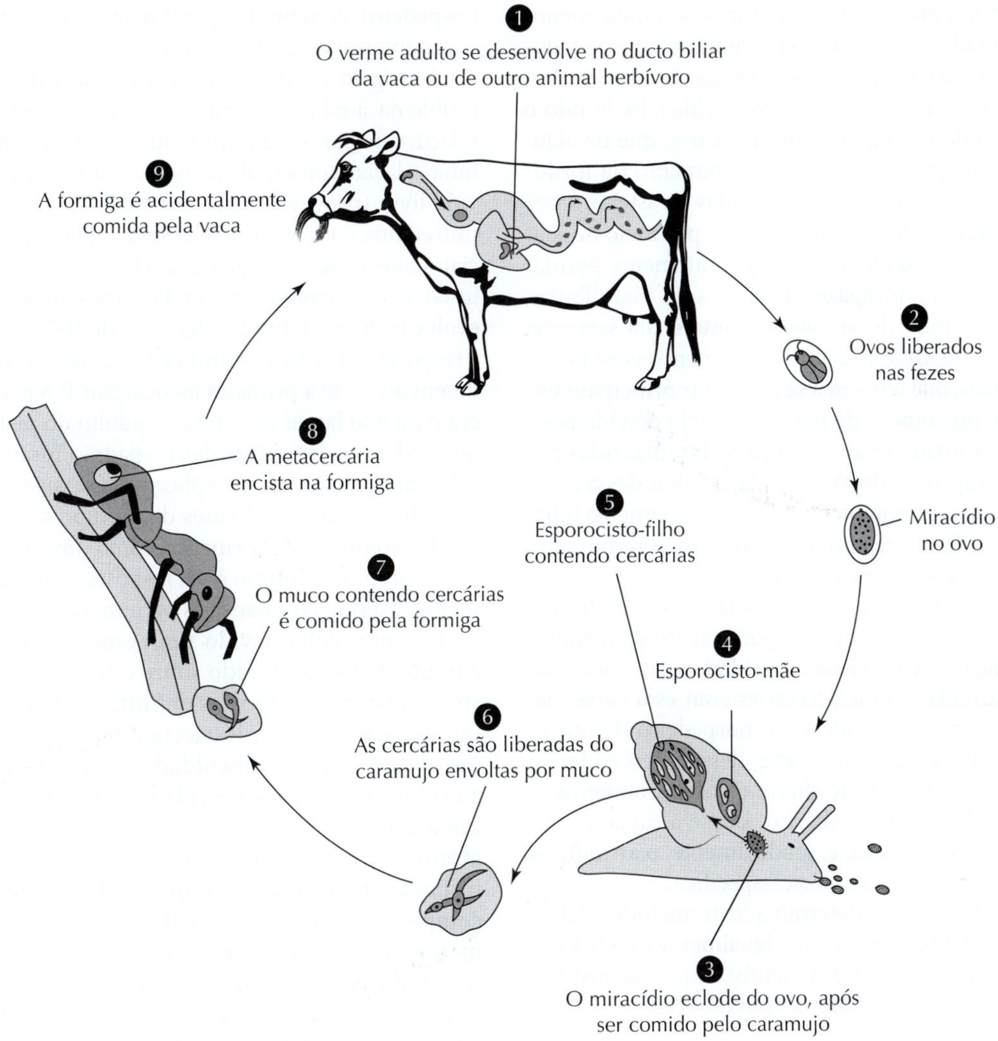
1
O verme adulto se desenvolve no ducto biliar da vaca ou de outro animal herbívoro
2
Ovos liberados nas fezes
Miracídio no ovo
3
O miracídio eclode do ovo, após ser comido pelo caramujo
4
Esporocisto-mãe
5
Esporocisto-filho contendo cercárias
6
As cercárias são liberadas do caramujo envoltas por muco
7
O muco contendo cercárias é comido pela formiga
8
A metacercária encista na formiga
9
A formiga é acidentalmente comida pela vaca

Figura 8.23

Resumo do ciclo de vida do trematódeo digenético *Dicrocoelum dendriticum*. Baseado em várias fontes.

Chegando a um novo hospedeiro

Várias adaptações comportamentais notáveis que surgiram nos trematódeos aumentam a probabilidade de um determinado estágio larval alcançar o próximo hospedeiro requerido. Algumas espécies de esquistossomo, por exemplo, emergem como cercárias dos seus hospedeiros caramujos aquáticos somente em certos períodos do dia, quando há maior probabilidade do seu hospedeiro vertebrado-alvo estar na água. Todavia, talvez uma das adaptações mais maravilhosas para facilitar a transmissão de parasitos seja mostrada pela fascíola hepática, encontrada em ovinos, bovinos, suínos e diversos outros vertebrados terrestres, incluindo seres humanos, embora raramente. A espécie é *Dicrocoelium dendriticum*, e apresentaremos alguns detalhes da sua história, a fim de revisar os eventos do ciclo de vida dos trematódeos. O ciclo de vida de *D. dendriticum* é extraordinário em muitos aspectos, incluindo o fato de que ele ocorre inteiramente no hábitat terrestre (Fig. 8.23).

As fascíolas hepáticas adultas são hermafroditas e depositam seus ovos nos ductos biliares do seu hospedeiro. Os ovos têm menos de 50 µm de diâmetro e saem do hospedeiro com as fezes. Os ovos não eclodirão até serem comidos por uma determinada espécie de caramujo terrestre ou possivelmente alguma dentre diversas espécies. Os miracídios provenientes dos óvulos fertilizados digerem a parede intestinal do hospedeiro e migram para uma região específica do sistema digestório do caramujo, onde gradualmente transformam-se em esporocistos. Cada esporocisto-mãe produz muitos esporocistos-filhos, e, cada um deles, por sua vez, origina um grande número de cercárias; essa espécie não tem o estágio de rédia. As cercárias – cada uma com cerca de 600 µm de comprimento – migram para o "pulmão" do caramujo, onde grupos delas são envolvidos no muco. Aglomerados de muco são expelidos do caramujo para o exterior. A superfície externa de cada aglomerado de muco seca, formando um revestimento externo resistente à água, ao passo que as cercárias persistem no ambiente aquoso interno.

A partir dessa etapa, a história torna-se ainda menos crível. Aglomerados de muco são rotineiramente coletados e ingeridos por várias espécies de formiga. Dentro da formiga, as cercárias encistam em vários tecidos, incluindo o cérebro, formando o estágio de metacercária, que de alguma maneira consegue alterar o comportamento da formiga. À tardinha, as formigas são obrigadas a rastejar sobre uma folha de grama e fixar-se firmemente por meio de suas mandíbulas no ápice da folha. Elas aparentemente permanecem nessa posição, incapazes de abrir suas mandíbulas, até que a temperatura do ar suba durante o dia seguinte. Enquanto isso, elas são especialmente vulneráveis ao pastejo por herbívoros, que tendem a se alimentar principalmente à tardinha e no começo da manhã. O ciclo de vida pode ser concluído somente se as formigas forem ingeridas por um hospedeiro apropriado. As fascíolas adultas dessa espécie conseguem residir nos ductos biliares e na vesícula biliar de muitos mamíferos, incluindo equinos, ovinos, bovinos, cães, coelhos, suínos e seres humanos.

Não se sabe exatamente como a metacercária de trematódeo é capaz de influenciar o comportamento da formiga, mas é fácil imaginar como essa capacidade seria selecionada, uma vez surgida. As metacercárias com essa capacidade teriam mais chance de infectar o hospedeiro definitivo e deixar descendentes. Uma parte desses descendentes também teria a capacidade de alterar o comportamento da formiga (hospedeiro intermediário), já que a capacidade é geneticamente determinada, e, gradualmente, o atributo se tornaria uma característica espécie-específica.

O ciclo de vida desse determinado trematódeo talvez seja mais notável do que a maioria. Igualmente excepcional é a paciência e persistência dos cientistas que reconstituíram esse e outros ciclos de vida de trematódeos.[14]

Evolução dos ciclos de vida dos digêneos

O que é responsável pela evolução do ciclo de vida complexo e aparentemente circular dos digêneos? Resumiremos as características-chave: (1) o ciclo de vida geralmente abrange cinco estágios de desenvolvimento exclusivos e distintos (miracídio, esporocisto, rédia, cercária e metacercária) e normalmente dois ou mais estágios intermediários; (2) o primeiro hospedeiro intermediário quase sempre é um molusco – das aproximadamente 10 mil espécies de trematódeos conhecidas, excetuando-se duas, todas as demais requerem um molusco (gastrópode ou bivalve) como primeiro hospedeiro intermediário; (3) a espécie-específica para o primeiro hospedeiro intermediário é extremamente alta; (4) a especificidade para hospedeiros intermediários subsequentes e para o hospedeiro definitivo é muito mais baixa; (5) o ciclo de vida dos digêneos inclui replicação assexuada em alguns estágios de desenvolvimento, não encontrada em quaisquer espécies de turbelários; essa replicação assexuada ocorre inteiramente dentro do corpo do hospedeiro intermediário (molusco); (6) por fim, a maioria das espécies pode alcançar a fase adulta apenas em um hospedeiro vertebrado, geralmente após um período de encistamento no ambiente ou em um hospedeiro anterior.

A origem evolutiva desse ciclo de vida apresenta um problema ainda mais intrigante. É fácil imaginar que as relações de parasitismo presentes tenham começado como uma relação comensal, benigna, entre um platelminto de vida livre (provavelmente um rabdocelo) e outro animal. Entretanto, com que outro animal o platelminto estava inicialmente associado? Qual era o hospedeiro original: o molusco ou o vertebrado? Se a relação desenvolveu-se antes da evolução dos vertebrados (há cerca de 500 milhões de anos), a resposta para essa pergunta é óbvia; mas há quanto tempo desenvolveu-se a primeira associação? E o parasito original era o estágio larval ou o estágio adulto do platelminto? Em que ordem os três hospedeiros-padrão foram mais provavelmente alcançados? A replicação assexuada fazia parte do ciclo de vida ancestral antes de o grupo tornar-se parasito ou ela evoluiu posteriormente, como uma adaptação à vida parasitária? Seria ótimo se as respostas estivessem tão facilmente disponíveis quanto as perguntas.

Embora tenha havido uma especulação considerável e muito debate acalorado sobre esses temas, não são possíveis quaisquer respostas definitivas. Todavia, sempre é um excelente desafio intelectual tentar propor hipóteses que outros tenham dificuldade de refutar.[15] Certamente, a evolução dos ciclos de vida dos trematódeos nos apresenta um desafio desse tipo. Um cenário especialmente atrativo[16] é que originalmente a larva do platelminto parasitasse um hospedeiro molusco. Isso explicaria a quase completa especificidade atual por um molusco como primeiro hospedeiro intermediário e o alto grau em que esse hospedeiro tolera o parasito, presumindo-se que, durante a evolução, parasitos e seus hospedeiros tendem a tornar-se mais bem adaptados entre si. É fácil imaginar que o platelminto adulto permanecesse vivendo livremente por um período. Por fim, a replicação assexuada dentro do molusco evoluiu e a cercária de vida livre desenvolveu a capacidade de encistar-se na vegetação, talvez como uma adaptação aos estresses ambientais; cercárias de algumas espécies de trematódeos ainda encistam-se na vegetação e não dentro do corpo do hospedeiro. A ingestão desses cistos de vida livre por algum vertebrado, então, poderia ter levado o estágio adulto a tornar-se parasito naquele vertebrado que agora é seu hospedeiro definitivo; nesse caso, o segundo hospedeiro intermediário teria sido incorporado ao ciclo de vida mais tarde, provavelmente como um instrumento para aumentar a produtividade do parasito em relação ao vertebrado. Isso explicaria o espectro especialmente amplo de segundos hospedeiros intermediários aceitáveis mesmo em cada espécie de trematódeo: essencialmente, todos os animais rotineiramente comidos pelos hospedeiros finais podem servir como hospedeiros intermediários aceitáveis. Novamente, esse não é o único caminho possível para o atual ciclo de vida dos trematódeos, porém, parece bastante razoável.

[14]Ver *Tópicos para posterior discussão e investigação*, nº 5, no final deste capítulo.

[15]Ver *Tópicos para posterior discussão e investigação*, nº 12, no final deste capítulo.

[16] Baseado em Ginetsinskaya, T. A. 1988. *Trematodes, Their Life Cycles, Biology and Evolution*. New Delhi: Amerind Publishing Company.

Aspidogástreos (= Aspidobótreos)

Característica diagnóstica: ventosa ventral grande dividida por septos, geralmente formando uma fileira de ventosas.

Conforme prometido, consideraremos agora um pequeno grupo de trematódeos. Os trematódeos aspidogástreos, com apenas 80 espécies, apresentam semelhanças com monogêneos e digêneos, porém, não se enquadram em nenhum desses grupos. A maioria das espécies tem um ciclo de vida simples envolvendo um único hospedeiro, como nos Monogenea. Esse hospedeiro é sempre um molusco (mexilhões ou gastrópodes de água doce), mas, diferentemente, os aspidogástreos em geral apresentam muito pouca especificidade ao hospedeiro. No entanto, os aspidogástreos nunca têm o órgão posterior de fixação (háptor) que caracteriza espécies de monogêneos. Em vez disso, toda a superfície ventral do corpo é modificada, formando uma poderosa ventosa de fixação (Fig. 8.24). Também diferentemente dos monogêneos, algumas espécies necessitam de um hospedeiro intermediário para completar o ciclo de vida; essas espécies atingem a fase adulta em peixes ou tartarugas, usando o molusco como um hospedeiro intermediário. Nesse aspecto, elas assemelham-se aos trematódeos digenéticos, porém, ao contrário do ciclo de vida digenético, os estágios de desenvolvimento nunca exibem replicação assexuada dentro do hospedeiro intermediário (molusco).

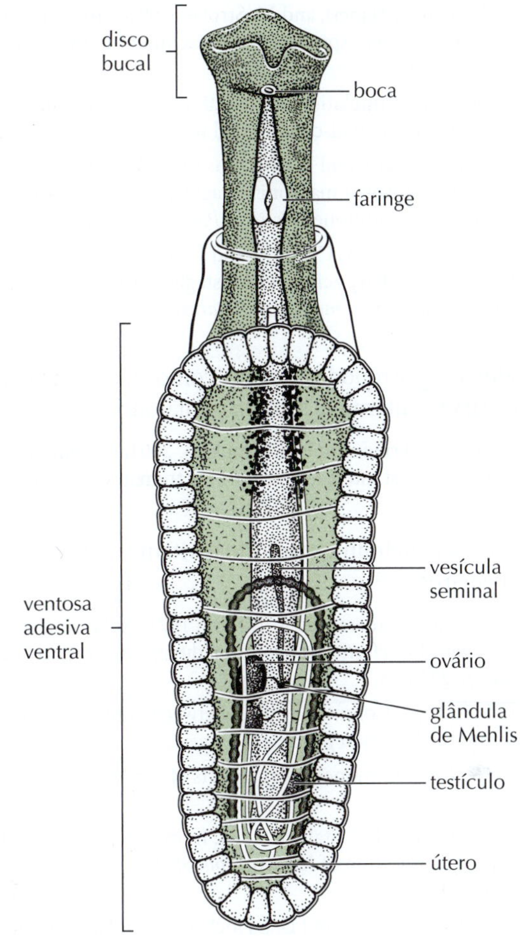

Figura 8.24

Indivíduo jovem do aspidogástreo *Cotylogaster occidentalis* removido das guelras de um molusco de água doce. Observe que a única ventosa ventral grande dividiu-se em uma série de compartimentos.

Baseada em B. Fried e M. A. Haseeb. De Frederick W. Harrison, John O. Corliss e Jane A. Westfall, Eds., *Microscopic Anatomy of Invertebrates*, Vol. 3: 1992.

Resumo taxonômico

Filo Platyhelminthes – os platelmintos
- Classe Turbellaria – os platelmintos de vida livre*
- Classe Cestoda
  - Subclasse Cestodaria
  - Subclasse Eucestoda – as solitárias
- Classe Monogenea
- Classe Trematoda – as fascíolas
  - Subclasse Digenea
  - Subclasse Aspidogastrea

Tópicos para posterior discussão e investigação

1. Discuta a biologia alimentar dos turbelários.

Calow, P., and D. A. Read. 1981. Transepidermal uptake of the amino acid leucine by freshwater triclads. *Comp. Biochem. Physiol.* 60A:443.

Dumont, H. J., and I. Carels. 1987. Flarworm predator (*Mesostoma* cf. *lingua*) releases a toxin to catch planktonic prey (*Daphnia magna*). *Limnol. Oceanogr.* 32:699.

Jennings, J. B. 1989. Epidermal uptake of nutrients in an unusual turbellarian parasitic in the starfish *Cascinasterias calamaria* in Tasmanian Waters. *Biol. Bull.* 176:327.

Jennings, J. B., and J. I. Phillips. 1978. Feeding and digestion in three endosymbiotic graffillid rhabdocoels from bivalve and gastropod molluscs. *Biol. Bull.* 155:542.

2. Como as larvas dos trematódeos localizam e entram nos seus futuros hospedeiros e, após, encontram o local apropriado para atingir a fase adulta dentro do hospedeiro?

Bartoli, P., M. Bourgeay-Causse, and C. Combes. 1997. Parasite transmission via a vitamin supplement. *BioScience* 47:251.

Blankespoor, H. D., and H. van der Schalie. 1976. Attachment and penetration of miracidia observed by scanning electron microscopy. *Science* 191:291.

Curtis, L. A. 1993. Parasite transmission in the intertidal zone: Vertical migration, infective stages, and snail trails. *J. Exp. Marine Biol. Ecol.* 173:197.

Fried, B., and B. W. King. 1989. Attraction of *Echinostoma revolutum* cercariae to *Biomphalaria glabrata* dialysate. *J. Parasitol.* 75:55.

*N. de R.T. Há várias espécies de turbelários parasitos de invertebrados, como, por exemplo, os representantes da família Fecampiidae (ver a seguir).

Hass, W., M. Gui, B. Haberl, and M. Ströbel. 1991. Miracidia of *Schistosoma japonicum*: Approach and attachment to the snail host. *J. Parasitol.* 77:509.

Mason, P. R. 1977. Stimulation of the activity of *Schistosoma mansoni* miracidia by snail-conditioned water. *J. Parasitol.* 75:325.

Roberts, T. M., S. Ward, and E. Chernin. 1979. Behavioral responses of Schistosoma mansoni miracidia in concentration gradients of snail-conditioned water. *J. Parasitol.* 65:41.

Salafsky, B., Y-S. Wang, A. C. Fusco, and J. Antonacci. 1984. The role of essential fatty acids and prostaglandins in cercarial penetration (*Schistosoma mansoni*). *J. Parasitol.* 70:656.

3. Todos os gastrópodes servem como hospedeiros para estágios larvais intermediários de trematódeos?

Pechenik, J. A., B. Fried, and H. I. Simpkins. 2001. *Crepidula fornicata* is not a first intermediate host for trematodes: Who is?

4. Como os platelmintos parasitos evitam o sistema imune do hospedeiro?

Clegg, J. A., S. R. Smithers, and R. J. Terry. 1971. Acquising of human antigens by *Schistosoma mansoni* during cultivation "in vitro." *Nature* 232:653.

Damian, R. T. 1967. Common antigen between adult *Schistosoma mansoni* and the laboratory mouse. *J. Parasitol.* 53:60.

Dineen, J. K. 1963. Immunological aspects of parasitism. *Nature* 197:268.

Hopkins, C. A., and H. E. Stallard. 1974. Immunity to intestinal tapeworms: The rejection of *Hymenolepis citelli* by mice. *Parasitology* 69:63.

Smithers, S. R., R. J. Terry, and D. J. Hockley. 1969. Host antigens in schistosomiasis. *Proc. Royal Soc. London* 171B:483.

Wakelin, D. 1997. Parasites and the immune system. *BioScience* 47:32.

5. Como os pesquisadores documentam histórias de vida complexas de trematódeos?

Reversat, J., R. Leducq, R. Marin, and F. Renaud. 1991. A new methodology for studying parasite specificity and the life cycles of trematodes. *Int. J. Parasitol.* 21:467.

Shinn, G. L. 1985. Infection of new hosts by *Anoplodium hymanae*, a turbellarian flatworm (Neohabdocoela, Umagillidae) inhabiting the coelom of the sea cucumber *Stichopus californicus*. *Biol. Bull.* 169:199.

Stunkard, H. W. 1941. Specificity and host-relation in the trematode genus *Zoogonus*. *Biol. Bull.* 81:205.

Stunkard, H. W. 1964. Sutids on the trematode genus *Renicola*: Observations on the life-history, specificity, and systematic position. *Biol. Bull.* 126:467.

Stunkar, H. W. 1980. The morphology, life-history, and taxonomic relations of *Lepocreadium aveolatum* (Linton, 1900) Stunkard, 1969 (Trematoda: Digenea). *Biol. Bull.* 158:154.

6. Os platelmintos são capazes de considerável regeneração de partes do corpo perdidas, inclusive a cabeça. Investigue a regeneração em platelmintos turbelários.

Baguña, J., E. Saló, and C. Auladell. 1989. Regeneration and pattern formation in planarians. III. Evidence that neoblasts are totipotent stem cells and the source of blastema cells. *Development* 107:77.

Beane, W. S., J. Morokuma, D. S. Adams, and M. Levin, 2011. A chemical genetics approach reveals H,KATPase-mediated membrane voltage is required for planarian head regeneration. *Cell Chem. Biol.* 18:77-89.

Best, J. B., A.B. Goodman, and A. Pigon. 1969. Fissioning in planarians: Control by brain. *Science* 164:565.

Egger, B., P. Ladurner, K. Nimeth, R. Gschwentner, and R. Rieger. 2006. The regeneration capacity of the flatworm *Macrostomum lignano* – on repeated regeneration, rejuvenation, and the minimal size needed for regeneration. *Devel. Genes Evol.* 216:565-77.

Goldsmith, E. D. 1940. Regeneration and accessory growth in planarians. II. Initiation of the development of regenerative and accessory growths. *Physiol. Zool.* 13:43.

Mead, R. W. 1985. Proportioning and regeneration in fissioned and unfissioned individuals of the planarian *Dugesia tigrina*. *J. Exp. Zool.* 235:45.

Nentwig, M. R. 1978. Comparative morphological studies of head development after decapitation and after fission in the planarian *Dugesia dorotocephala*. *Trans. Amer. Microsc. Soc.* 97:297.

Nishimura, K., Y. Kitamura, T. Inoue, Y. Umesono, S. Sano, K. Yoshimoto, M. Inden, K. Takata, T. Taniguchi, S. Shimohama, and K. Agata. 2007. Reconstruction of dopaminergic neural network and locomotion function in planarian regenerates. *Devel. Neurobiol.* 67:1059-78.

Saló, E., and J. Baguña. 2002. Regeneration in planarian and other worms: New findings, new tools, and new perspectives. *J. Exp. Zool.* 292:528.

7. Discuta a controvérsia referente às relações entre acelos e outros animais.

Egger, B. D. et al., 2009. To be or not to be a flatworm: The acoel controversy. *PLoS ONE* 4:e5502.

Mendoza, A. de, and I. Ruiz-Trillo. 2011. The mysterious evolutionary origin for the GNE gene and the root of Bilateria. *Mol. Biol. Evol.* 28:2987-91.

Mwinyi, A., X. Bailly, S. J. Bourlat, U. Jondelius, D. T. Littlewood, and L. Podsladlowski. 2010. The phylogenetic position of Acoela as revealed by the complete mitochondrial genome of *Symsagittifera roscoffensis*. *BMC Evol. Biol.* 10:309.

Philippe, H. 2011. Acoelomorph flatworm are deuterostomes related to *Xenoturbella*. *Nature* 470:255-58.

8. Como se pode estabelecer se a clivagem é determinada (= mosaico) ou indeterminada (= reguladora) em embriões com clivagem em espiral?

Boyer, B. C. 1990. The role of the first quartet micromeres in the development of the polyclad *Hoploplana inquilina*. *Biol. Bull.* 177:338-43.

9. Discuta as semelhanças e diferenças nos ciclos de vida de platelmintos digêneos e membros da classe Scyphozoa dos cnidários. Alternativamente, compare o ciclo de vida de trematódeos digenéticos com o de parasitos causadores da malária no filo Apicomplexa dos protozoários (p. 56-59).

10. Como os platelmintos, muitos membros do filo Cnidaria carecem de estruturas respiratórias especializadas e de sistemas circulatórios sanguíneos. Como os cnidários são capazes de satisfazer suas necessidades de trocas gasosas sem apresentarem corpo de forma achatada?

11. A condição acelomada dos platelmintos é de considerável interesse para aqueles que tentam compreender como

eram os primeiros animais de simetria bilateral e como se desenvolveram. Se pudermos assumir com segurança que o plano corporal dos platelmintos precedeu o dos celomados e pseudocelomados, então é muito provável que artrópodes, moluscos, anelídeos e outros importantes grupos de metazoários evoluíram de platelmintos ancestrais. Se não pudermos, os ancestrais multicelulares de celomados são outros. Debata se a condição acelomada é primitiva ou avançada.

Egger, B. D., et al., 2009. To be or not to be a flatworm: The acoel controversy. *PLoS ONE* 4:e5502.

Hyman, L. H. 1951. *The Invertebrates: Platyhelminthes and Rhynchocoela*, vol. 2. New York: McGraw-Hill, 52-219.

Mendoza, A. de, and I. Ruiz-Trillo. 2011. The mysterious evolutionary origin for GNE gene and the root of Bilateria. *Mol. Biol. Evol.* 28:2987-991.

Mwinyi, A., X. Bailly, S. J. Bourlat, U. Jondelius, D. T. Littlewood, and L. Podsladlowski. 2010. The phylogenetic position of Acoela as revealed by the complete mitochondrial genome of *Symsagittifera roscoffensis*. *BMC Evol. Biol.* 10:309.

Philippe, H. 2011. Acoelomorph flatworms are deuterostomes related to *Xenoturbella*. *Nature* 470:255-58.

Ruiz-Trillo, L., M. Riutort, D. T. J. Littlewood, E. A. Herniou, and V. J. Baguña. 1999. Acoel flatworms: Earliest extant metazoans, not members of the Platyhelminthes. *Science* 283:1919-23.

Sempere, L. F., P. Martinez, C. Cole, J. Baguña, and K. J. Peterson. 2007. Phylogenetic distribution of microRNAs supports the basal position of acoel flatworms and the polyphyly of Platyhelminthes. *Evol. Devel.* 9:409-15.

Smith, J. P. S. III, and S. Tyler. 1985. The acoel turbellarians: Kingpins metazoan evolution or a specialized offshoot? S. C. Morris et al., eds. *The Origin and Relationships of Lower Invertebrates*. Oxford: Clarendon Press, 123-42.

Telford, M. J., A. E. Lockyer, C. Carwright-Finch, and D. T. J. Littlewood. 2003. Combined large and small subunit ribosomal RNA phylogenies support a basal position of the acoelomorph flatworms. *Proc. Royal Soc. London* B 270:1077-83.

12. A ordem em que os diversos hospedeiros foram conquistados na evolução dos ciclos de vida dos trematódeos digenéticos é muito controversa. Abaixo estão os três cenários mais plausíveis:

Cenário	Estágio I	Estágio II	Estágio III
A	molusco como hospedeiro	conquista o segundo hospedeiro intermediário	conquista o hospedeiro vertebrado
B	molusco como hospedeiro	conquista o hospedeiro vertebrado	conquista o segundo hospedeiro intermediário
C	vertebrado como hospedeiro	conquista o hospedeiro molusco	conquista o segundo hospedeiro intermediário

Sugira uma evidência que respaldasse cada cenário e uma evidência que argumentasse contra cada cenário.

13. O que uma cercária de trematódeo tem em comum com um hóspede residente por longo tempo?

Detalhe taxonômico

Filo Platyhelminthes

As aproximadamente 34 mil espécies estão distribuídas em quatro classes. Os membros de Neodermata são mostrados em azul.

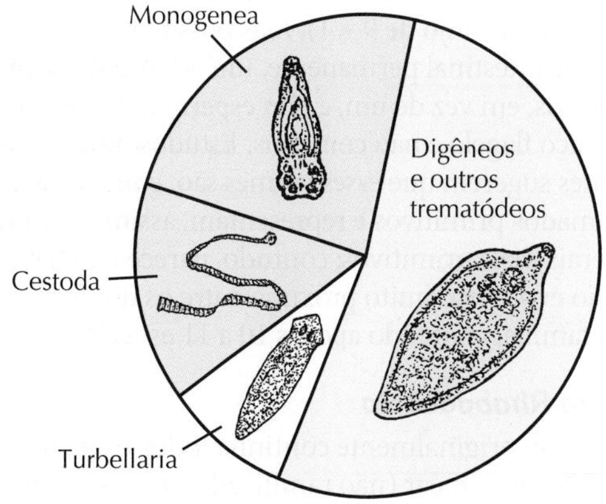

Classe Turbellaria[17]

As aproximadamente 4.500 espécies descritas nesta classe estão distribuídas em 12 ordens e cerca de 120 famílias. Provavelmente outras 10 mil ou mais espécies aguardem descrição.

Ordem Acoela

Esta ordem contém cerca de 370 espécies, todas marinhas. Esses vermes não têm cavidade digestória permanente e possuem um estatocisto que abriga um único estatólito. Não há gônadas distintas. A maioria dos indivíduos é menor do que 1 mm, e nenhum é maior do que alguns milímetros. A maioria das espécies ocorre em ou sobre sedimentos marinhos, mas algumas espécies (p. ex., *Ectocotyla paguris* e *Avagina* spp.) são comensais com outros invertebrados, particularmente equinodermos; algumas espécies são planctônicas, apresentando capacidade de natação. Algumas espécies bentônicas do gênero *Convoluta* abrigam algas simbiontes dentro do parênquima e exibem um comportamento "luminoso" rítmico, o qual promove a fotossíntese pelas algas. Pelo menos algumas outras espécies de acelos desenvolvem-se em sedimentos pobres em oxigênio, vivendo da energia obtida da oxidação do gás sulfeto de hidrogênio. Os acelos que vivem na coluna d'água podem ser componentes comuns do plâncton da superfície quente de oceanos; esses platelmintos sempre abrigam algas simbiontes. Ao menos uma espécie de acelo possui clivagem indeterminada, em

[17]Em muitos tratamentos recentes, baseados em estudos de ultraestrutura e análises cladísticas, a classe Turbellaria tem sido abandonada como uma categoria taxonômica formal. No entanto, existe ainda muita incerteza a respeito das relações evolutivas entre muitos grupos de platelmintos. Até que haja uma maior estabilidade, será mantido aqui o esquema de classificação mais antigo e mais simples.

vez do padrão determinado característico de protostômios. Evidências moleculares recentes* classificam os acelos e os nemertodermatídeos (ver abaixo) juntos em um novo filo, Acoelomorpha; atualmente, a relação desse novo filo com outros filos é incerta.

Ordem Nemertodermatida

Nemertoderma. Estes platelmintos de vida livre assemelham-se aos acelos em muitos aspectos (inclusive um arranjo microtubular de 9 + 2 no flagelo do espermatozoide; a maioria dos outros platelmintos mostra um arranjo de 9 + 1), mas possuem uma cavidade intestinal permanente, um estatocisto com dois estatólitos, em vez de um, e têm espermatozoide com um único flagelo e não com dois. Estudos moleculares recentes sugerem que esses vermes são, como os acelos, acelomados primitivos e representam, assim, os animais bilaterais mais primitivos; contudo, parece não haver uma relação evolutiva muito próxima entre os dois grupos. Uma família, contendo apenas 10 a 11 espécies.

Ordem Rhabdocoela

Este grupo originalmente continha todos os platelmintos com intestino linear (não ramificado), mas seus membros estão agora distribuídos nas seguintes três novas ordens: Catenulida, Macrostomida e Neorhabdocoela. Os catenulídeos e os macrostomídeos são considerados filogeneticamente próximos dos acelos, enquanto acredita-se que neorabdocelos sejam consideravelmente mais avançados. Todas as espécies de turbelários com intestino retilíneo (não ramificado) são ainda referidos coletivamente como rabdocelos, porém, o termo não tem *status* taxonômico formal.

Ordem Catenulida

Catenula, *Stenostomum* (platelmintos de água doce), *Retronectes* (platelmintos intersticiais marinhos). A maioria das 70 espécies é límnica, ocorrendo em lagos e outros corpos d'água, embora algumas espécies sejam marinhas. Algumas espécies podem utilizar seus cílios para nadar por distâncias pequenas. Os representantes das espécies de água doce reproduzem-se principalmente de forma assexuada: os órgãos são replicados e os vermes dividem-se em dois ou mais indivíduos. Os vermes dessa ordem são extremamente frágeis.

Ordem Macrostomida

Microstomum, *Macrostomum*. As espécies são majoritariamente intersticiais, vivendo entre grãos de areia de sedimentos de água doce ou marinhos. A maioria das espécies apresenta glândulas adesivas abundantes erabditos, mas nenhuma tem estatocistos. Os membros do gênero *Microstomum* são, de alguma maneira, capazes de sequestrar os nematocistos (estruturas de defesa) das hidras de água doce, das quais eles se alimentam e usam-nos para sua própria defesa. Três famílias, contendo perto de 200 espécies.

Ordem Lecithoepitheliata

Prorhynchus, *Geocentrophora*. As espécies de água doce e terrestres pertencentes a essa pequena ordem são comuns no mundo inteiro. A ordem também inclui algumas espécies marinhas de água profunda. Duas famílias.

Ordem Polycladida

Este grande grupo de platelmintos não contém espécies parasíticas; apenas uma das suas espécies (que ocorre somente na água doce) não é marinha. Os policládidos exibem um intestino altamente ramificado. Os indivíduos típicos têm vários centímetros de comprimento; a maioria dos platelmintos marinhos visíveis a olho nu pertence a essa ordem. Alguns conseguem nadar por curtas distâncias mediante ondulação das margens laterais do corpo. Existem 29 famílias.

Subordem Acotylea

Dezessete famílias, muitas com até 12 espécies.

Família Stylochidae. *Stylochus* – a sanguessuga da ostra. Várias espécies predam ostras jovens e adultas, tornando-as pragas comercialmente importantes desses moluscos. Elas perfuram enzimaticamente a concha da ostra e, após, destroem os músculos adutores que mantêm juntas as duas valvas da concha. Os tecidos da ostra são, então, facilmente predados. Outras espécies são comensais de outros invertebrados, incluindo caranguejos eremitas e ascídias (seringas-do-mar – filo Chordata).

Família Discocelidae. *Adenoplana*, *Coronadena*. Este grupo propaga-se em ambientes marinhos temperados e tropicais.

Família Hoploplanidae. *Hoploplana*. Pelo menos uma espécie é simbiótica em cavidades do manto de gastrópodes marinhos, embora as espécies sejam majoritariamente carnívoras de vida livre.

Família Planoceridae. Várias espécies nesta família são transparentes e pelágicas durante suas vidas.

Subordem Cotylea

Doze famílias, muitas com menos de seis espécies. Algumas espécies são intersticiais.

Família Pseudoceridae. *Pseudoceros*. Esta grande família de mais de 200 espécies descritas inclui numerosos platelmintos tropicais vivamente coloridos. As margens do corpo são sempre dobradas anteriormente, formando um par de tentáculos pronunciados. Todas as espécies são marinhas.

Ordem Prolecithophora (= Holocoela)

Plagiostomum. Este grupo contém tanto espécies marinhas quanto de água doce, a maioria das quais é de vida livre. Algumas espécies são parasitos externos em certos caranguejos (crustáceos decápodes). Os espermatozoides de todas as espécies não possuem flagelos. Nove famílias.

---

*N. de R.T. Além disso, estudos filogenéticos baseados em dados morfológicos já haviam há muito tempo indicado que os platelmintos são compostos por três linhagens filogenéticas distintas: Acoelomorpha, Catenulida e Rhabditophora. Esta última linhagem inclui, também, os neodermados (Ehlers, 1984, Boll et al., 2013).

Ordem Proseriata

A maioria das espécies é marinha; elas estão divididas em oito famílias.

Família Monocelididae. *Monocelis*. Este grupo contém cerca de 60 espécies, muitas das quais vivem na água doce. A maioria é carnívora, mas algumas parasitam ou vivem comensalmente em caranguejos.

Família Coelogynoporidae. Este é um grupo amplamente distribuído de platelmintos intersticiais marinhos.

Família Bothrioplanidae. Esta família contém apenas uma espécie, *Bothrioplana semperi*, que vive em hábitats restritos de água doce (p. ex., corpos d'água efêmeros, água subterrânea e fossos de drenagem) no mundo inteiro. Ela se reproduz por partenogênese e tem um período de geração de apenas aproximadamente três semanas.

Ordem Tricladida

Todos os indivíduos exibem um intestino com três ramos distintos. Os membros de água doce desta ordem são conhecidos coletivamente como "planárias". Sete famílias.

Família Bdellouridae. *Bdelloura*. A maioria das espécies é de vida livre, mas os membros mais famosos desta família são comensais das guelras de límulos; eles se fixam ao hospedeiro usando secreção adesiva e uma ventosa posterior especializada. As fêmeas depositam seus ovos nas guelras do hospedeiro.

Família Procerodidae. *Procerodes*. Os membros desta família vivem em uma grande diversidade de hábitats marinhos e de água doce. Algumas espécies são de vida livre, ao passo que outras são comensais de quítons, raias ou límulos japoneses. As espécies de água doce ocorrem no Taiti e em cavernas mexicanas.

Família Planariidae. *Planaria*, *Polycelis*. Este grupo familiar de aproximadamente 80 espécies de água doce ocorre apenas no Hemisfério Norte.

Família Dugesiidae. *Dugesia*. Estes platelmintos, comuns em riachos, lagos e outros corpos d'água, são frequentemente utilizados em estudos de regeneração. Eles diferem dos indivíduos da família Planariidae, sobretudo por possuírem olhos com retinas multicelulares e cálices pigmentados. Mais de 100 espécies foram descritas, muitas das quais se reproduzem principalmente (ou exclusivamente) por divisão assexuada.

Família Bipaliidae. *Bipalium*. Um grupo considerável (cerca de 100 espécies) de planárias terrestres. Os indivíduos podem atingir comprimentos superiores a 0,5 m. *Bipalium adventitium*, uma planária introduzida acidentalmente nos Estados Unidos a partir do sudeste asiático, provavelmente por meio de plantas cultivadas importadas, predam preferencialmente minhocas e podem provocar extinção local de suas populações. Uma outra espécie é comum em estufas no mundo inteiro.

Família Geoplanidae. *Geoplana*. Este é um outro grande grupo de tricládidos terrestres, incluindo cerca de 200 espécies.

Família Dendrocoelidae. Este grupo abrange espécies marinhas e de água doce, incluindo muitos habitantes cegos de cavernas. São conhecidas cerca de 150 espécies, todas do Hemisfério Norte.

Ordem Neorhabdocoela

Quatro subordens, contendo 34 famílias. Todos os membros possuem intestino reto (não ramificado) e um único par de cordões nervosos ventrais. Os membros de subordens distintas diferem em grande parte quanto à morfologia da genitália masculina. Algumas espécies podem usar seus cílios epidérmicos para nadar.

Subordem Dalyellioida

Existem algumas indicações que todos os grupos parasíticos (monogêneos, digêneos, aspidogástreos e cestódeos) podem ter se originado entre os membros desta subordem. Oito famílias.

Família Dalyellidae. *Castrella*, *Dalyellia*, *Microdalyellia*. As 145 espécies desta família têm distribuição geográfica ampla e são principalmente abundantes em lagos e outros corpos d'água límnicos. O grupo também contém algumas espécies marinhas e uma espécie comensal de certos crustáceos pequenos (anfípodes). Indivíduos de várias espécies abrigam zooclorelas simbióticas.

Família Provorticidae. *Provortex*. A maioria das aproximadamente 50 espécies é marinha ou de água doce, mas uma (*Archivortex*) é terrestre e outra (*Oekiocolax*) parasita outros turbelários marinhos.

Família Graffillidae. *Graffilla*, *Paravortex*. Todas as sete espécies são marinhas e de distribuição ampla. Várias espécies são exclusivamente parasíticas em bivalves ou gastrópodes, ao passo que as outras são de vida livre. *Paravortex* spp. estão entre os poucos platelmintos que contêm hemoglobina.

Família Umagillidae. *Anoplodium*. Todas as aproximadamente 35 espécies são parasíticas, principalmente nos intestinos ou nas cavidades celomáticas de equinodermos.

Família Acholadidae. *Acholades*. Esta família contém uma única espécie, parasítica nos pés tubulares de uma determinada espécie de estrela-do-mar da Tasmânia. Esses turbelários carecem de boca e de trato digestório, aparentemente subsistindo de nutrientes orgânicos dissolvidos obtidos por digestão enzimática de tecido adjacente da estrela-do-mar.

Família Hypoblepharinidae. *Hypoblepharina*. Todas as quatro espécies carecem de olhos e parecem ser comensais em crustáceos anfípodes na Antártida.

Família Fecampiidae. *Fecampia, Kromborgia.* Todas as 12 espécies são parasíticas na hemocele de certos crustáceos marinhos. Os adultos e, às vezes, as larvas, carecem de boca, trato digestório e olhos. Os adultos saem do hospedeiro para depositar os ovos dentro de uma cápsula (cerca de 8 mm de comprimento em *Fecampia*). Os membros do gênero *Kromborgia*, alcançando comprimentos superiores a 39 cm, castram o hospedeiro e, após, matam-no ao saírem. Um pequeno consolo para o hospedeiro é que o próprio verme morre logo após a ovoposição. *Fecampia erythrocephala* também castra pelo menos alguns dos seus hospedeiros (caranguejos eremitas, camarão carídeo) e provavelmente também mata pelo menos alguns deles (caranguejo da praia) ao saírem.

Subordem Typhloplanoida

Promesostoma, Typhloplana. Este grupo inclui cerca de 175 espécies, principalmente de vida livre em hábitats marinhos, de água doce ou terrestres. Uma espécie é ectoparasítica, vivendo apenas entre os parapódios de uma espécie de anelídeo poliqueta (*Nephtys scolopendroides*). Os membros de algumas espécies marinhas aparentam serem nadadores muito ativos e potentes. Algumas espécies do gênero *Typhloplana* abrigam algas verdes simbióticas (zooclorelas). Nove famílias, a maioria das quais contém menos de 12 espécies cada.

Subordem Kalyptorhynchia

A maioria das 140 espécies habita sedimentos marinhos, embora algumas vivam na água doce. Existem 15 famílias, a maioria das quais contém menos de seis espécies cada.

Subordem Temnocephalida

Temnocephala. Todas as espécies são comensais, vivendo principalmente nas guelras de crustáceos decápodes. Os membros de algumas espécies vivem em caramujos ou tartarugas de água doce. A contrário da maioria dos outros turbelários, o corpo não é ciliado externamente. A maioria das quase 40 espécies ocorre somente na América do Sul, Austrália ou Nova Zelândia. Esses platelmintos pequenos (menores que 2 mm de comprimento) geralmente rastejam de modo semelhante a uma sanguessuga, usando dois ou mais tentáculos anteriores e um disco adesivo posterior grande. Eles se alimentam principalmente de outros invertebrados menores, em vez de tecidos do hospedeiro. Os tentáculos anteriores aparentemente funcionam também na captura de presas e na defesa. Duas famílias.

Classe Cestoda

As aproximadamente 5 mil espécies estão divididas em quase 60 famílias. Duas subclasses.

Subclasse Cestodaria *Amphilina, Gyrocotyle.* Estes platelmintos sem intestino são endoparasitos de peixes e, menos frequentemente, de tartarugas. Os ciclos de vida são pouco conhecidos, provavelmente porque nenhuma das espécies tem qualquer importância econômica ou médica. Ao contrário da maioria das solitárias verdadeiras da subclasse Eucestoda, os cestodários carecem de escólex, não possuem segmentação externa e o primeiro estágio larval tem 10 ganchos, em vez de 6. Nenhum indivíduo aloja mais do que um único conjunto de órgãos reprodutivos masculinos e femininos. Os indivíduos de algumas espécies podem ter mais de 35 cm de comprimento. Três famílias.

Subclasse Eucestoda. As solitárias verdadeiras estão distribuídas em 12 ordens, em grande parte com base na morfologia do escólex. Existem 56 famílias.

Ordem Caryophyllidea

Archegetes, Caryophyllaeides. As espécies deste pequeno grupo são incomuns, pois o corpo não é segmentado (não há proglótides) e apresenta apenas um único conjunto de órgãos masculinos e femininos. Até onde sabemos, os ciclos de vida envolvem vermes oligoquetas de água doce como hospedeiros intermediários. Os adultos parasitam peixes e oligoquetas de água doce. Uma família.

Ordem Spathebothriidea

Diplocotyle, Spathebothrium. Estes cestódios são incomuns pela falta de um escólex ou outros órgãos de fixação. Além disso, eles não apresentam segmentação externa em proglótides, embora os órgãos reprodutivos estejam dispostos internamente em uma série linear. Os adultos parasitam teleósteos marinhos. Uma família.

Ordem Trypanorhyncha

Grillotia, Lacistorhyncus. Todas as espécies desta ordem parasitam os estômagos ou válvulas espirais de tubarões e outros elasmobrânquios. Existem 16 famílias.

Ordem Pseudophyllidea

Estes platelmintos amplamente distribuídos parasitam principalmente peixes marinhos e de água doce, mas algumas espécies infectam anfíbios, aves ou seres humanos, às vezes com consequências graves. Existem 10 famílias.

Família Diphyllobothriidae. *Diphyllobothrium, Polygonoporus, Spirometra.* Esta família de aproximadamente 60 espécies contém a maior de todas as solitárias: *Polygonoporus giganticus*, um parasito de baleias que alcança 30 m de comprimento. *Diphyllobothrium latum* cresce até 20 m em hospedeiros humanos e contém muitos milhares de proglótides. Os seres humanos tornam-se infectados por ingestão de peixe malcozido; dor abdominal e perda de peso caracterizam a infecção.

Ordem Tetraphyllidea

Estas solitárias parasitam tubarões e outros elasmobrânquios. Seus ciclos de vida são poucoconhecidos. A ordem contém uma das poucas solitárias gonocorísticas conhecidas (gênero *Dioecotaenia*). Quatro famílias.

Ordem Cyclophyllidea

Esta importante e bem estudada ordem inclui a maioria das espécies de solitárias que infectam pessoas, animais de estimação e gado. Todas as espécies têm quatro ventosas no escólex. Existem 14 famílias, contendo várias centenas de espécies.

Família Triplotaeniidae. Todas as espécies parasitam exclusivamente marsupiais australianos.

Família Tetrabothriidae. Todas as aproximadamente 60 espécies desta família parasitam aves e mamíferos marinhos, incluindo baleias e focas.

Família Dioecocestidae. Este pequeno grupo de parasitos de aves abrange a maioria das poucas espécies de solitárias gonocorísticas. (Ver também Ordem Tetraphyllidea.)

Família Taeniidae. *Taenia*, *Taeniarhynchus*, *Echinococcus*. Esta família, com aproximadamente 100 espécies, é de grande importância econômica e médica. Este grupo inclui *Taenia solium*, que usa o porco como seu hospedeiro intermediário; os seres humanos que comem carne de porco infectada e malcozida são passíveis de problemas neurológicos graves, incluindo cegueira e paralisia, que podem levar ao óbito. Os adultos de *T. solium* podem alcançar 7 m de comprimento. Um parasito humano mais comum é a solitária da carne bovina, *Taeniarhynchus* (= *Taenia*) *saginata*, infectando atualmente aproximadamente 61 a 77 milhões de pessoas no mundo inteiro. Como o nome comum sugere, a infecção é transmitida pelo consumo de carne bovina infectada e malcozida. Os adultos geralmente possuem cerca de 1.000 proglótides, cujos comprimentos raramente excedem 60 cm de comprimento (embora tenham sido registrados indivíduos de 3 m a 5 m de comprimento). A patologia associada a essa infecção é muito menos grave do que a associada à infecção pela solitária do porco, *T. solium*. Os membros do gênero *Echinococcus* alcançam a fase adulta em cães e raramente são maiores do que aproximadamente 3 mm, possuindo não mais do que cinco proglótides. Contudo, em ruminantes e em seres humanos, que servem como hospedeiros intermediários, os estágios larvais multiplicam-se assexuadamente, formando **cistos hidáticos** cheios de líquido; esses cistos têm o tamanho de uma laranja ou mesmo de um pomelo e cada cisto pode abrigar muitos milhares de escólices. Os cistos devem ser removidos cirurgicamente. Os seres humanos geralmente tornam-se infectados por cães, que, com frequência, transportam os ovos em suas línguas.

Família Dilepididae. Este é um grupo importante de solitárias, particularmente comuns em aves e mamíferos, com artrópodes como hospedeiros intermediários. Os membros de *Dipylidium caninum* parasitam gatos e cães no mundo inteiro e infectam seres humanos (sobretudo crianças) que ingerem hospedeiros intermediários (pulgas e piolhos). A infecção não causa dificuldades médicas graves.

Família Hymenolepididae. Este grupo abrange centenas de espécies que parasitam aves e mamíferos, inclusive seres humanos. *Hymenolepis diminuta* é o principal modelo de cestódeo para estudos médicos. *Vampirolepis nana* infecta seres humanos, mas causa poucos problemas médicos; essa espécie é única entre os cestódeos, por não necessitar de hospedeiro intermediário.

Classe Monogenea

Este grupo anteriormente foi considerado uma subclasse dentro da classe Trematoda. Todos os indivíduos de todas as espécies são hermafroditas simultâneos e não há hospedeiros intermediários no ciclo de vida. Existem 44 famílias, contendo cerca de 8 mil espécies identificadas e outras 17 mil aguardando descrição.

Subordem Monopisthocotylea

Gyrodactylus, *Dactylogyrus*, *Protogyrodactylus*, *Trivitellina*, *Capsala*. As espécies desta subordem possuem um háptor (órgão posterior para fixação) com um único conjunto de ganchos, ventosas ou outros dispositivos para fixação. A maioria parasita peixes marinhos ou de água doce (pele, guelras, tratos urinários, tratos respiratórios ou cavidades retais, em particular), mas algumas espécies parasitam certos copépodes marinhos (que são eles próprios parasitos de peixes), e outras espécies parasitam anfíbios. A maioria das espécies se alimenta de tecido epidérmico e muco do hospedeiro. Quinze famílias.

Subordem Polyopisthocotylea

Diplozoon, *Discocotyle*, *Microcotyle*, *Polystoma*. Todos os membros são caracterizados pela presença de um háptor (órgão posterior para fixação) subdividido em, pelo menos, duas partes distintas. A maioria das espécies parasita as guelras ou a pele de peixes marinhos ou de água doce, mas algumas parasitam os tratos urinários de anfíbios ou répteis. Na maioria das espécies, os indivíduos se alimentam de sangue. Vinte e nove famílias.

Classe Trematoda

As aproximadamente 8 mil espécies descritas estão distribuídas em mais de 200 famílias. Provavelmente, pelo menos outras 5 mil espécies aguardam descrição. Todos os membros dessa classe são parasíticos. Duas subclasses.

Subclasse Digenea

Esta subclasse contém mais de 99% de todas as espécies de trematódeos. Cinco ordens, com 160 famílias.

Ordem Strigeidida

Strigea, *Cotylurus*, *Alaria*. As espécies deste grupo parasitam hábitats diversos: tratos digestórios de aves, crocodilos, tartarugas, serpentes e mamíferos; boca ou esôfago de répteis e aves; escamas de peixes de água doce ou estuarinos; reto de aves e mamíferos; sistemas circulatórios de peixes, aves e mamíferos. Algumas espécies necessitam de quatro hospedeiros sucessivos para completar o ciclo de vida. Existem 13 famílias, contendo mais de 1.350 espécies.

Família Schistosomatidae. *Austrobilharzia, Schistosoma, Trichobilharzia* – fascíolas hepáticas. Todos os adultos são parasitos nos vasos sanguíneos de mamíferos e aves. O ciclo de vida requer apenas dois hospedeiros – um caramujo e um vertebrado – de modo que não há estágio de metacercária. Não há qualquer estágio de rédia na história de vida; as cercárias são produzidas diretamente dos esporocistos. Várias espécies são responsáveis pela propagada e debilitante doença denominada esquistossomose. Ademais, as cercárias de algumas espécies marinhas e de algumas de água doce penetram na pele de seres humanos, a despeito da sua incapacidade de sobreviver dentro desse hospedeiro, produzindo uma dermatite cercarial, de duração curta (geralmente várias semanas), mas acompanhada de uma coceira irritante, apropriadamente denominada "coceira do nadador." Essa família contém algumas das únicas espécies de trematódeos gonocorísticos. Os esquistossomos são fascíolas incomuns por viverem em vasos sanguíneos e carecerem de estágio metacercarial encistado.

Família Gymnophallidae. *Bartolius.* Os representantes desta família usam uma diversidade de espécies de bivalves marinhos como primeiro e segundo hospedeiros intermediários e, quando adultos, parasitam aves marinhas.

Ordem Azygiida

Azygia, Hemiurus. As espécies deste grupo (mais de 500) comumente parasitam a cavidade celomática ou diversas partes dos tratos digestórios de peixes marinhos e de água doce. Algumas espécies desta ordem parasitam o trato respiratório ou tubos de Eustáquio de anfíbios. Uma diversidade de invertebrados e vertebrados, incluindo cracas, copépodes, cnidários e peixes, servem como hospedeiros intermediários. Existem 26 famílias, muitas das quais contêm somente uma ou algumas espécies. Cerca de 80% de todas as espécies fazem parte de apenas duas famílias: Hemiuridae e Didymozoidae.

Ordem Echinostomida

Aporchis, Echinostoma, Fasciola. Os membros desta grande ordem de aproximadamente 1.360 espécies comumente parasitam a cloaca e os intestinos de aves e mamíferos, incluindo cães, gatos, herbívoros e mamíferos marinhos; o sistema respiratório de aves e de outros vertebrados; os intestinos de peixes; os pulmões de tartarugas. Os seres humanos podem ser infectados, mas os problemas médicos são mínimos. *Fasciola hepatica* libera diariamente cerca de 25 mil ovos. Existem 28 famílias.

Ordem Plagiorchiida

Plagiorchis, Paragonimus, Dicrocoelium, Nanophyetus. Os ciclos de vida com frequência necessitam de três hospedeiros. Os adultos parasitam uma diversidade de hospedeiros e hábitats, incluindo a vesícula biliar, o rim, o fígado, os ovários, o reto e os pulmões de praticamente todos os vertebrados (incluindo peixes, serpentes, anfíbios, aves e mamíferos), os intestinos de peixes marinhos e de água doce, o celoma e a bexiga de teleósteos, elasmobrânquios, anfíbios e tartarugas. Os indivíduos de algumas espécies podem ter 12 m de comprimento. As cercárias de *Nanophyetus salmincola* encistam em salmonídeos e alguns outros peixes, que servem como hospedeiros intermediários. Essa fascíola também transporta o agente da doença denominada rickettsiose, que geralmente mata cães que comem salmão cru ou outro peixe infectado. A fascíola hepática lanceta, *Dicrocoelium dendriticum*, é incomum entre os trematódeos, pois seu ciclo de vida é inteiramente terrestre: um caramujo terrestre e uma formiga servem como hospedeiros intermediários. Existem 53 famílias, contendo muitas centenas de espécies.

Ordem Opisthorchiida

Esta ordem contém cerca de 700 espécies parasitando uma diversidade de órgãos de peixes marinhos e de água doce, répteis, aves e mamíferos. O ciclo de vida sempre requer três hospedeiros para ser completado. Sete famílias.

Família Opisthorchiidae. *Opisthorchis, Clonorchis sinensis* – a fascíola hepática chinesa. Os adultos vivem nos ductos biliares de um hospedeiro humano, causando sérios problemas médicos, incluindo câncer do ducto biliar. Atualmente, um total de 20 milhões de pessoas pode estar infectado com espécies de *Opisthorchis* e *Clonorchis.* A família abrange mais de 140 espécies.

Família Heterophyidae. *Cryptocotyle, Heterophyes, Haplorchis.* Estes vermes são parasitos intestinais comuns de aves e mamíferos, incluindo cães, gatos e seres humanos. A infecção em mamíferos pode causar dor intestinal intensa; além disso, os ovos podem acumular-se no coração, provocando parada cardíaca.

Família Nasitrematidae. *Nasitrema.* Todas as 10 espécies desta família parasitam as cavidades nasais de baleias.

Subclasse Aspidogastrea (= Aspidobothrea)

Aspidogaster, Stichocotyle. As 80 espécies desta subclasse são majoritariamente parasitos internos de animais marinhos, como mexilhões, gastrópodes, peixes ou tartarugas. Toda a superfície ventral do corpo é modificada, formando-se uma poderosa ventosa ou uma série de ventosas para fixação. A maioria das espécies necessita de um hospedeiro intermediário para completar o ciclo de vida; neste aspecto, elas assemelham-se aos trematódeos digenéticos, mas, ao contrário do ciclo de vida digenético, os estágios de desenvolvimento nunca apresentam replicação assexuada dentro do hospedeiro intermediário. Três famílias.

Referências gerais sobre os platelmintos e sua história evolutiva

Bush, A. O., J. C. Fernández, G. W. Esch, and J. R. Seed. 2002. *Parasitism: The Diversity and Ecology of Animal Parasites*. New York: Cambridge University Press.

Cheng, T.C. 1967. Marine molluscs as hosts for symbioses, with a review of known parasites of commercially important species. *Adv. Marine Biol.* 5:1-424.

Cribb, T. H., R. A. Bray, P. D. Olson, D. Timothy, and J. Littlewood. 2003. Life cycle evolution in the Digenes: a new perspective from phylogeny. *Adv. Parasitol.* 54:197-254.

Edgecombe, G. D., G. Giribet, C. W. Dunn, A. Hejnol, R. M. Dristensen, R. C. Neves, G. W. Rouse, K. Worsane, and M. V. Sørensen. 2001. Higher-level metazoan relationships, recent progress and remaining questions. *Org. Divers. Evol.* 11:151-72.

Ellis, C. H. Jr., and A. Fausto-Sterling. 1997. Platyhelminthes, the flatworms. In: Gilbert S. F., and A. M. Raunio, eds. *Embryology: Constructing the Organism*. Sunderland, MA: Sinauer Associates, Inc. Publishers.

Fried, B., and T. K. Graczyk, eds. 1997. *Advances in Trematode Biology*. New York: CRC Press.

Harrison, F. W., and B. J. Bogtish, eds. 1991. *Microscopic Anatomy of Invertebrates*, Vol. 3. New York: Wiley-Liss.

Higgins, R. P., and H. Thiel. 1988. *Introduction to the Study of Meiofauna*. Washington, D. C.: Smithsonian Institute.

Hyman, L. H. 1951. *The Invertebrates: Platyhelminthes and Rhynchocoela, the Acoelomate Bilateria*. New York: McGraw-Hill.

Kearn, G. C. 1998. *Parasitism and the Platyhelminthes*. London: Chapman and Hall.

Moore, J. 2002. *Parasites and the Behaviour of Animals*. New York: Oxford University Press.

Roberts, L. S., J. Janovy, Jr., and P. Schmidt. 2004. *Foundations of Parasitology*, 7th edition. New York: McGraw-Hill.

Rohde, K. 1996. Robust phylogenies and adaptative radiations: A critical examination of methods used to identify key innovations. *Amer. Nat.* 148:481-500.

Ruiz-Trillo, L., M. Riutort, D. T. J. Littlewood, E. A. Herniou, and J. Baguña. 1999. Acoel flatworms: Earliest extant metazoans, not mebers of the Platyhelminthes. *Science* 283:1919-23.

Sempere, L. F., F. Lorenzo, P. Martinez, C. Cole, J. Baguña, and K. J. Peterson. 2007. Phylogenetic distribution of microRNA's supports the basal position of acoel flatworms and the polyphyly of Platyhelminthes. *Evol. Devel.* 9:409-15.

Telford, M. J., A. E. Lockyer, C. Carwright-Finch, and D. T. J. Littlewood. 2003. Combined large and small subunit ribosomal RNA phylogenies support a basal position of the acoelomorph flatworms. *Proc Royal Soc.* London B 270:1077-83.

Toleo, R., J.-G. Esteban, and B. Fried. 2006. Immunology and pathology of intestinal trematodes in their definitive hosts. *Adv. Parasitol.* 63:285-365.

Procure na web

1. www.ucmp.berkeley.edu/platyhelminthes/platyhelminthes.html

   Este site é mantido pela University of California, Berkeley. Ele contempla conexões com páginas da web e outros sites, incluindo o site Tree of Life da University of Arizona e o da Organização Mundial da Saúde (World Health Organization).

2. http://tolweb.org/tree/phylogeny.html

   A busca sob o termo "Platyhelminthes" levará você à seção sobre platelmintos do site da Tree of Life, mantido pela University of Arizona.

3. http://www.rzuser.uni-heidelberg.de/~bu6/index.html

   Este leva você à página da web sobre Platelmintos Marinhos do Mundo, com belas fotografias, pesquisáveis por região geográfica.

4. Google: "The Bad Bug Book" e, a seguir, ir para a página da web, que é mantida pela U. S. Food and Drug Administration (FDA). Clique nas entradas para *Diphyllobothrium* spp. (solitárias) e *Nanophyetus* spp. (fascíolas).

5. www.who.int/neglected_diseases/en/

   Este site é mantido pela Organização Mundial da Saúde e inclui informação sobre a diversidade de platelmintos parasíticos. Abra "Diseases" à esquerda e, a seguir, clique nas entradas para *Dracuncus liasis*, *Schistosomiasis*, Lymphatic filariasis, Leishmaniasis e Intestinal parasites (inclui as informações mais recentes sobre dados epidemiológicos, tendências das infecções e mapas mostrando a distribuição geográfica da infecção).

6. http://biodidac.bio.uottawa.ca

   Escolha "Organismal Biology", "Animalia" no topo da página e, a seguir, "Platyhelminthes", para fotografias e desenhos, incluindo ilustrações de material cortado.

7. http://animaldiversity.ummz.umich.edu/site/accounts/information/Animalia.html

   Sob o termo "Classification", selecione "Eumetazoa", depois "Bilateria", a seguir "Protostomes" e, finalmente, "Platyhelminthes", para encontrar informação interessante (e fotografias) sobre espécies selecionadas em cada classe. Este site é disponibilizado pelo Museu de Zoologia da University of Michigan.

8. http://turbellaria.umaine.edu/

   Este site fornece uma listagem atualizada da taxonomia de turbelários, gentileza de Seth Tyler, University of Maine.

9

Os mesozoários: possivelmente relacionados aos platelmintos

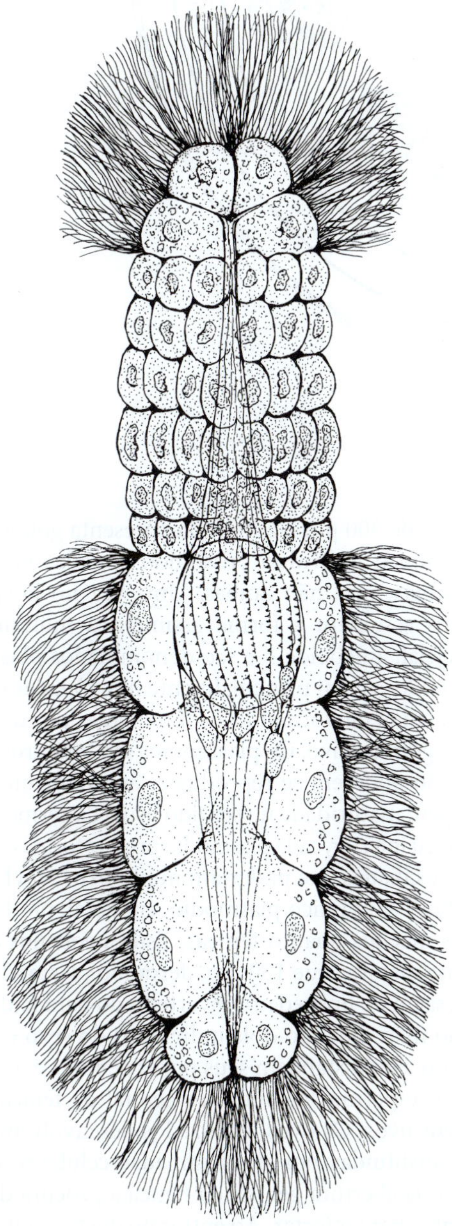

Os mesozoários

As relações filogenéticas entre Mesozoa e outros animais multicelulares ainda não são claras. Como o próprio nome "Mesozoa" sugere, esses animais são intermediários aos protistas unicelulares e platelmintos triploblásticos em seu nível de organização. Os mesozoários são definitivamente multicelulares, embora com apenas cerca de 10 a 40 células, porém, eles não são claramente nem animais diploblásticos e nem triploblásticos: suas células formam no máximo duas camadas de tecido, mas essas correspondem aparentemente à ectoderme e mesoderme; parece não haver endoderme, a qual constitui a segunda camada de tecido nos diploblásticos. Além disso, não há tecido conectivo contendo colágeno e o epitélio dos mesozoários carece de lâmina basal.

Assim como Cestoda e Trematoda (Filo Platyhelminthes), todos os mesozoários parasitam outros animais, e tal qual nos platelmintos turbelários, a superfície corporal é ciliada em pelo menos alguma parte do ciclo de vida (Figs. 9.1 e 9.2), com cada célula contendo dois ou mais cílios. Como os cestoides, os mesozoários carecem de qualquer vestígio de boca ou sistema digestório e não apresentam sistema circulatório, respiratório, sensorial ou nervoso especializados. Em muitos outros aspectos, sua biologia é tanto peculiar quanto única. Provavelmente, o aspecto mais notável de sua biologia é que eles se desenvolvem intracelularmente, isto é, as células reprodutivas e os embriões se desenvolvem *dentro* de outras células. Esse desenvolvimento intracelular é desconhecido entre os animais e sugere que os mesozoários representem um ramo inicial na evolução multicelular, separada daquela que conduz a ou de quaisquer outros metazoários.

Alternativamente, sua morfologia simples pode refletir um processo de degeneração extrema ocorrida nos seus ancestrais, que teriam sido mais complexos, como uma adaptação ao parasitismo. Diversas análises recentes de genes *Hox* sugerem que ao menos alguns mesozoários (como os rombozoários diciêmidas, que parasitam exclusivamente os rins de cefalópodes – como discutido na próxima página) são de fato relacionados a platelmintos, moluscos, anelídeos

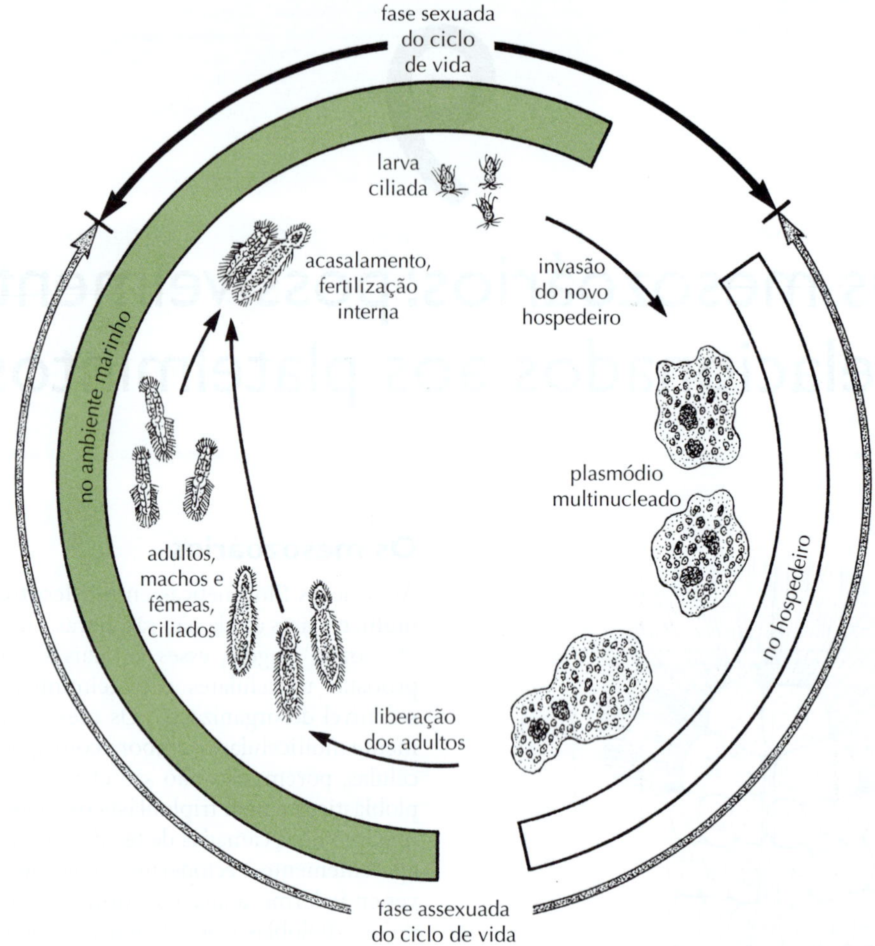

Figura 9.1
O ciclo de vida dos ortonectídeos.

e uma variedade de outros organismos, chamados de **lofotrocozoários** (ver Fig. 2.11b, Capítulo 2). No entanto, estudos recentes detalhados de seus mecanismos reprodutivos sugerem que, em vez disso, eles podem ser protozoários multicelulares que adquiriram alguns genes de seus hospedeiros cefalópodes por transferência lateral de genes.[1] As relações filogenéticas dos mesozoários com outros filos não são claras. As relações entre os dois grupos de mesozoários são também incertas. A lista de diferenças morfológicas e de história de vida entre ortonectídeos e rombozoários excede a pequena lista de semelhanças, sugerindo que eles não possuem um ancestral comum próximo e exclusivo. De fato, em uma edição anterior deste livro, cada um possuía o *status* de filo. No entanto, algumas análises recentes indicam que eles formam um grupo monofilético, apesar de suas diferenças, mais uma vez unindo-os provisoriamente no filo Mesozoa, como feito aqui.

Classe Orthonectida

Os ortonectídeos parasitam uma variedade de outros invertebrados marinhos, incluindo moluscos bivalves, como lingueirões e ostras, anelídeos poliquetas, equinodermos e platelmintos turbelários. Os indivíduos raramente excedem o tamanho de 300 μm e a maioria apresenta gonocorismo, com um único indivíduo possuindo gônadas masculinas ou femininas, mas não ambas. Uma vez no hospedeiro, os juvenis assumem a forma assimétrica multinucleada, mas sincicial, ameboide – e são denominados **plasmódios** (Fig. 9.1). Eles vivem principalmente nas gônadas dos hospedeiros, em geral, tornando-os impotentes por destruição do tecido germinativo. Os plasmódios são imaturos no sentido de não poderem se reproduzir sexuadamente, porém não atingem maturidade no sentido usual do termo. Em vez disso, no seu interior, cada plasmódio produz formas sexuadas celulares e ciliadas que poderiam muito bem ser chamadas de "adultos". Um único plasmódio, em geral, produz adultos tanto machos quanto fêmeas. Estes pequenos adultos, raramente maiores que 150 μm, deixam o plasmódio e, em seguida, saem do hospedeiro invertebrado para nadar livremente no mar. Quando dois indivíduos do sexo oposto se encontram, eles justapõem seus poros genitais e os machos lançam os espermas na abertura genital da fêmea, fertilizando seus ovos. Os ovos fertilizados desenvolvem formas larvais constituídas por duas camadas celulares, ciliadas, que saem da abertura genital da fêmea à procura de novos hospedeiros para infectar. Ao entrar no ducto genital de um novo hospedeiro invertebrado, a larva ortonectídea perde sua camada externa de células ciliadas. As células internas

[1]Czaker, R. 2011. *Cell Tissue Res* 343: 649-58.

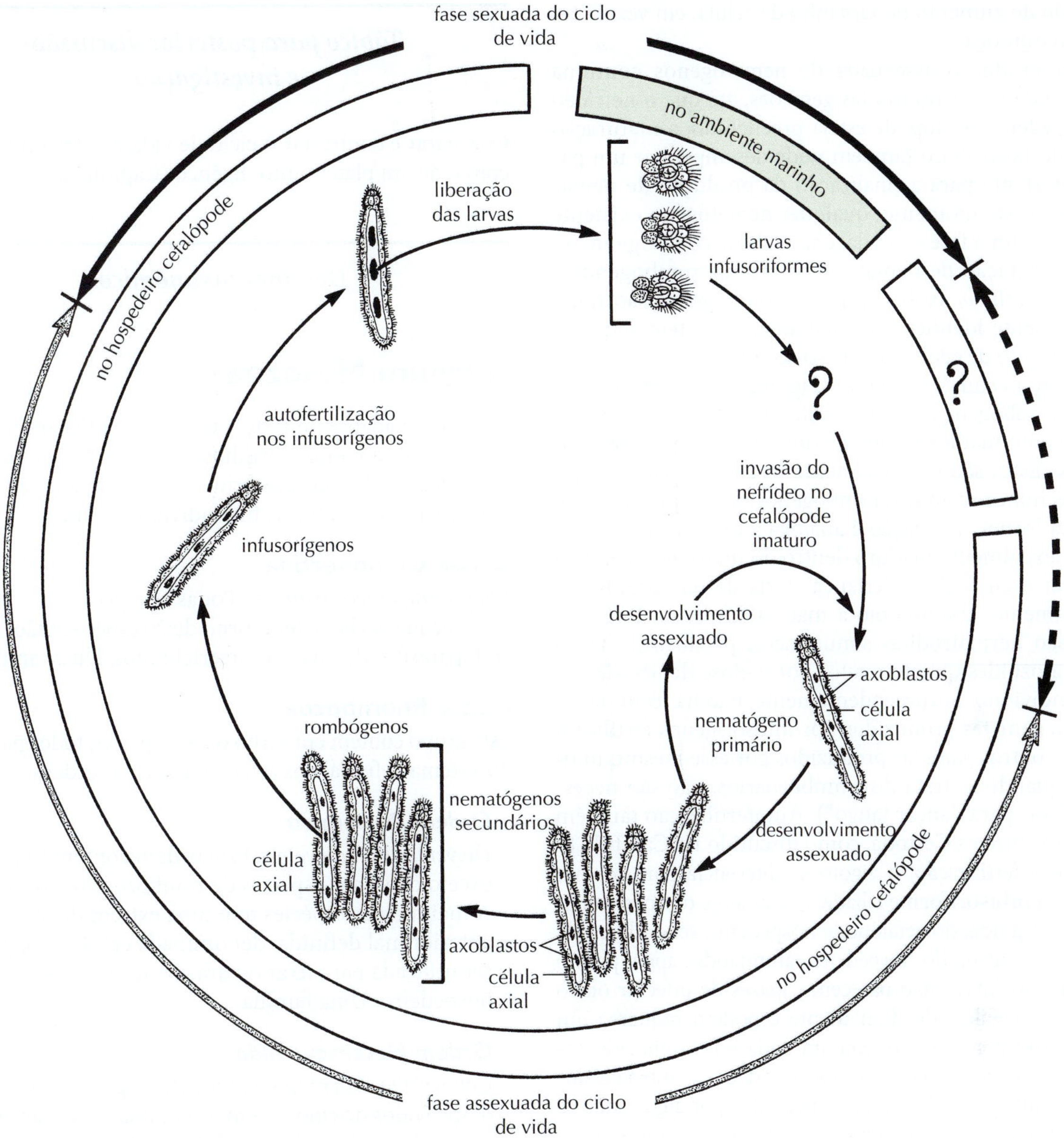

Figura 9.2
O ciclo de vida dos rombozoários.

movem-se pela gônada do hospedeiro e cada célula torna-se um plasmódio por divisão mitótica. São conhecidas apenas cerca de 20 espécies de ortonectídeos.

Classe Rhombozoa

A classe Rhombozoa possui cerca de 65 espécies. O ciclo de vida dos rombozoários pouco se assemelha ao dos ortonectídeos e outros metazoários. A terminologia associada também é complicada, mas inevitável.

Todos os rombozoários parasitam os nefrídeos e outras estruturas associadas de moluscos cefalópodes, particularmente sépias e polvos. A primeira fase encontrada nos cefalópodes hospedeiros é chamada de **nematógeno primário**. Tal qual o corpo dos ortonectídeos adultos, os rombozoários nematógenos são vermiformes (em forma de verme). Alguns indivíduos têm 7,5 mm de comprimento, mas mesmo os maiores animais têm o corpo composto por não mais que cerca de 30 células. As células ciliadas da camada corporal externa, que perfazem 20 a 30, circundam uma (ou várias) **célula axial** alongada, que forma um eixo central no animal (Fig. 9.2). Esse eixo central é o centro de reprodução desses animais, mas não se trata de uma gônada no sentido usual do termo; em vez disso, a reprodução é uma função de outras células – cerca de 100 em algumas espécies – que se desenvolvem *no interior* dessa célula axial. Cada **axoblasto intracelular** (também chamado de **agameta**) desenvolve-se em mais nematógenos, que, por sua vez, desenvolvem mais axoblastos, que desenvolvem mais nematógenos (Fig. 9.2). Uma vez que cada nematógeno atinge um determinado número de células no início do seu desenvolvimento, o qual é espécie-específico, todo crescimento posterior é resultado do aumento no tamanho da célula, em vez da replicação mitótica.

Essa produção assexuada de nematógenos continua ao longo de várias ou muitas gerações, até que o nefrídeo do hospedeiro cefalópode esteja preenchido; a maturação sexual do hospedeiro também pode desempenhar um papel importante para a finalização da produção de nematógenos. Neste momento, qualquer nematógeno existente evolui para uma fase sexuada, chamada de **rombógeno**, ou a última geração de nematógenos produz rombógenos a partir das células axoblásticas. Os rombógenos são morfologicamente idênticos aos nematógenos e têm seu próprio conjunto de células axoblásticas internamente, dentro da(s) sua(s) célula(s) axial(is) (Fig. 9.2). Esses axoblastos, não os rombógenos em si, se diferenciam em indivíduos sexualmente maduros não ciliados, chamados de **infusorígenos**. Estes são essencialmente os rombozoários adultos, mas nunca saem dos rombógenos que os produziram. De certa forma, a situação é análoga a um ser humano se tornar sexualmente maduro dentro do útero da mãe. Para melhorar a analogia, a "criança" teria de ter surgido assexuadamente, assim como a mãe. Além disso, infusorígenos são hermafroditas simultâneos, produzindo tanto espermatozoides quanto óvulos por meiose dentro de um único indivíduo. Surpreendentemente, não há fecundação cruzada; gametas produzidos por infusorígenos fertilizam somente outros gametas produzidos por esse mesmo indivíduo (quando se trata dos rombozoários, não são necessários "dois para dançar tango"). Autofertilização também é comum entre os Cestoda, como discutido no Capítulo 8.

Após a fertilização, o zigoto se diferencia para formar uma **larva infusoriforme** ciliada, que emerge do rombozoário e, em seguida, do cefalópode hospedeiro, sendo liberada no mar pela urina do hospedeiro, afundando, após, para o substrato. As larvas não parecem capazes de infectar outro hospedeiro cefalópode diretamente e podem requerer um hospedeiro intermediário, embora nada seja conhecido sobre essa parte do ciclo de vida. Os nefrídeos de outro cefalópode juvenil são eventualmente invadidos por algo – não se sabe pelo que, nem a sua origem – que se torna um nematógeno e passa a produzir mais nematógenos assexuadamente.

Os estágios de nematógenos e rombógenos aparentemente obtêm seus nutrientes exclusivamente da urina do hospedeiro em que vivem. O conteúdo nutritivo pode ser elevado, porém, a concentração de oxigênio é extremamente baixa e o metabolismo dos nematógenos e rombógenos é correspondentemente anaeróbio. De fato, esses organismos aparentemente sobrevivem mais tempo na presença de cianeto do que na presença de oxigênio.

Os rombozoários não causam muito prejuízo ao seu hospedeiro, apesar da sua extensiva proliferação assexuada nos rins deste.

Resumo taxonômico

Filo Mesozoa
- Classe Orthonectida
- Classe Rhombozoa – diciêmidas e outros

Tópico para posterior discussão e investigação

Comparar e contrastar o ciclo de vida de um rombozoário com o de um platelminto digêneo (Capítulo 8).

Detalhes taxonômicos

Phylum Mesozoa

As aproximadamente 100 espécies deste filo parasitam outros invertebrados marinhos. Os mesozoários são divididos em dois grupos principais, sendo que cada um pode merecer o *status* de filo individualmente.

Classe Orthonectida

Rhopalura, Stoecharthrum. Todas as espécies desta pequena classe (em torno de 20 espécies) são endoparasitos de diversos invertebrados. Duas famílias.

Classe Rhombozoa

Este grupo contém em torno de 80 espécies, todos parasitos do sistema nefridial dos cefalópodes. Duas ordens.

Ordem Dyciemida

Dicyema, Pseudicyema. Esta ordem contém todas, exceto duas, das espécies de rombozoários conhecidas. A maioria das espécies tem uma extremidade anterior mal definida, denominada **calota**, que pode ser utilizada para fixar o parasito aos tecidos do hospedeiro. Uma família.

Ordem Heterocyemida

Conocyema, Microcyema. Os nematógenos são desprovidos de cílios e têm uma camada celular externa sincicial. Os ciclos de vida das duas espécies nesta ordem são conhecidos de forma incompleta.

Referências gerais sobre os mesozoários

Czaker, R. 2011. Dicyemid's dilemma: Structure *versus* genes: The unorthodox structure of dicyemid reproduction. *Cell Tissue Res.* 343:649–58.

Kobayashi, M., H. Furuya, and H. Wada. 2009. Molecular markers comparing the extremely simple body plan of dicyemids to that of lophotrochozoans: Insight from the expressin patterns of *Hox, Otx,* and *brachyury*. *Evol. Devel.* 11:582–89.

Lapan, E. A., and H. Morowitz. 1972. The Mesozoa. *Sci. Amer.* 227:94–101.

Parker, S. P., ed. 1982. *Classification and Synopsis of Living Organisms,* vol. 1. New York: McGraw-Hill, 880–929.

Roberts, L. S., J. Janovy, Jr., and P. Schmidt. 2008. *Foundations of Parasitology,* 8th edition. McGraw-Hill.

Stunkard, H. W. 1954. The life history and systematic relations of the Mesozoa. *Q. Rev. Biol.* 29:230–44.

10

Os gnatíferos: rotíferos, acantocéfalos e dois grupos menores

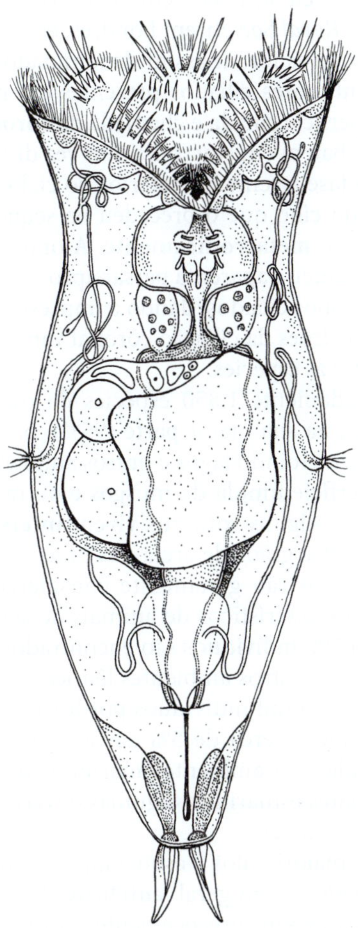

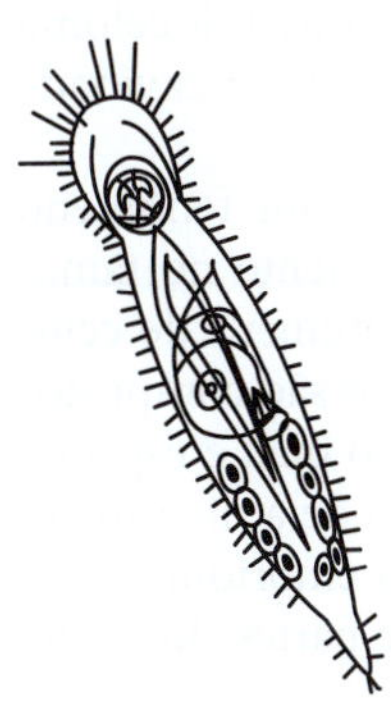

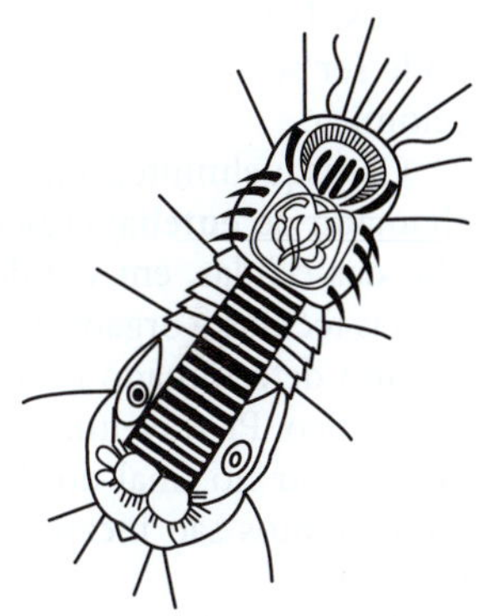

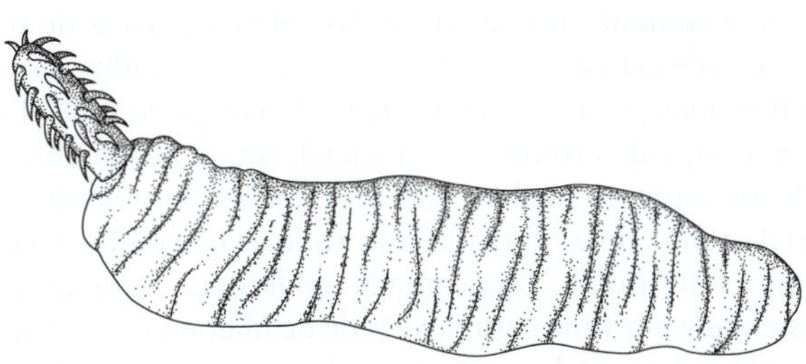

Filo Gnathifera

Características diagnósticas: todos os membros possuem mandíbulas faríngeas com ultraestrutura similar e complexa.

> "Não despreze as criaturas porque elas são minúsculas... Não duvide de que nestas pequenas criaturas existem mais mistérios do que jamais imaginaremos."
>
> Charles Kingsley, 1855

Introdução

Os animais discutidos neste capítulo estavam anteriormente agrupados com nematoides e uma série de outros grupos animais (Gastrotricha, Kinorhyncha e Nematomorpha) no filo Aschelminthes. As semelhanças entre pelo menos alguns desses animais foram gradativamente melhor compreendidas, passando a ser consideradas como resultado de convergências, em vez de ancestralidade comum; assim, para cada um, foi concedido o *status* de filo individual. O termo "asquelminto" ainda é amplamente utilizado ao falar desses animais, porém refletindo um certo grau de similaridade organizacional. Embora as relações precisas entre os asquelmintos ainda estejam sendo estudadas, eles estão atualmente divididos em dois grupos principais – os animais que fazem muda e os que não fazem. Os asquelmintos que fazem mudas são agrupados no táxon Cycloneuralia (Fig. 2.11b, Capítulo 2), ao passo que os que não fazem mudas são discutidos aqui e incluídos no táxon Gnathifera. Um volume crescente de evidências moleculares e morfológicas indica que todos os quatro grupos discutidos neste capítulo evoluíram de um ancestral comum.

Assim como outros "asquelmintos", os animais incluídos neste capítulo têm uma cavidade corporal contendo fluido, a qual não é formada por esquizocelia, nem por enterocelia, além de nunca ser delimitada por epitélio mesodérmico; portanto, trata-se de um "**pseudoceloma**", não de um celoma verdadeiro (Fig. 2.3). Tradicionalmente, o pseudoceloma foi definido como uma blastocele persistente, mas, aparentemente, o mecanismo de formação ocorre de outras formas em muitas espécies de asquelmintos. Pelo menos em alguns grupos, o pseudoceloma pode ser secundariamente modificado em uma cavidade celômica.

Os asquelmintos também apresentam um fenômeno chamado de **eutelia**: crescimento pelo aumento no tamanho das células, em vez de aumento no número de células. Os tecidos e órgãos de juvenis e adultos são compostos por um determinado número de células, o qual é espécie-específico. Provavelmente devido ao fato de a divisão celular cessar no final do desenvolvimento embrionário, os asquelmintos são incapazes de regenerar partes do corpo perdidas.

A maioria das espécies de gnatíferos é encontrada dentro dos dois primeiros grupos discutidos neste capítulo, os Rotifera, de vida livre, e os Acanthocephala, totalmente parasitários. Crescentes evidências morfológicas e moleculares indicam que esses dois grupos são filogeneticamente próximos. Em particular, membros de ambos os grupos possuem uma epiderme sincicial como um tipo único de estrutura de sustentação no citoplasma. Alguns estudos atuais se referem a um "filo Syndermata", que poderia englobar ambos os grupos, sendo Rotifera e Acanthocephala classes deste filo. Outros[1] têm sugerido manter Rotifera como o nome do filo, incluindo neste grupo acantocéfalos e rotíferos propriamente ditos. Na ausência de um consenso, mantivemos os dois grupos como filos separados nesta edição.

Filo Rotifera

Características diagnósticas:[2] 1) faringe altamente muscular e contendo mandíbulas (trofos) para agarrar, esmagar ou moer presas ou se fixar ao hospedeiro; 2) projeções do pé ("dedos") com glândulas adesivas.

[1]Por exemplo, Sorensen, M. V. e G. Giribet. 2006. *Molec. Phylog. Evol.* 40: 61-72.

[2]Características distintivas dos membros deste filo para os membros de outros filos.

Introdução e características gerais

"Eu o chamo de animal aquoso, porque sua aparência como uma criatura viva é somente neste elemento. Eu também o nomeio para distinguir bem o nome de girador, inseto-roda ou animal-roda, porque possui um par de "instrumentos" que se assemelham a rodas, em aparência e movimento. Eles podem, no entanto, permanecer muitos meses fora da água, secos como pó; condição na qual sua forma é globular, o seu tamanho não excede um grão de areia e nenhum sinal de vida aparece. Não obstante, colocados em água, após meia hora, lânguidos movimentos começam, os glóbulos giram em torno de si mesmos, alongam-se lentamente, tornam-se dinâmicos vermes e, com frequência, em poucos minutos, externam suas rodas e nadam vigorosamente pela água em busca de alimento."

Assim escreveu Sr. Baker, em uma carta endereçada ao presidente da *Royal Society* em Londres, em 1744, sobre os rotíferos. Rotíferos foram assim denominados devido aos dois lobos anteriores ciliados presentes em muitas espécies. Esta superfície ciliada é chamada de **corona**. Os cílios coronais não batem em sincronia. Em vez disso, cada cílio está em uma fase levemente anterior no ciclo de batimentos daquela do cílio que o precedeu na sequência; isto é, os cílios vibram **metacronicamente**. A onda de cílios batendo dessa maneira aparenta passar aproximadamente na periferia dos lobos ciliados, dando a impressão de rotação. O grau e os padrões da ciliação coronal variam consideravelmente entre as espécies.

Aproximadamente 1.850 espécies de rotíferos já foram descritas, na sua maior parte (95%), para ambientes de água doce, incluindo lagos e outros ambientes lênticos, além da superfície úmida de musgos e outras vegetações semiterrestres. Alguns rotíferos vivem **intersticialmente** nos espaços entre grãos de areia nas praias de água doce. De fato, rotíferos são geralmente considerados um dos grupos mais característicos de animais de água doce. Em geral, de 40 a 500 indivíduos são encontrados por litro de água de lagos ou outros ambientes lênticos, com densidades superiores a 5 mil indivíduos por litro registradas em diversas ocasiões. Cerca de 5% das espécies de rotíferos são encontradas em ambientes marinhos de águas rasas ou em ambientes estuarinos; algumas dessas espécies marinhas são intersticiais.

Como a maioria dos "asquelmintos", rotíferos são pseudocelomados e, em geral, **eutélicos**. As divisões celulares mitóticas cessam precocemente no início do desenvolvimento e, assim, o aumento do tamanho corporal se dá pelo aumento no tamanho das células, em vez de pelo número de células, e os diferentes órgãos e tecidos são caracterizados por um número de núcleos espécie-específico. A epiderme dos rotíferos é sincicial, isto é, as membranas celulares entre os núcleos são incompletas. A epiderme sincicial produz uma "cutícula" intracelular não quitinosa que nunca sofre muda. Esta camada epidérmica intracelular é sustentada por uma complexa rede de filamentos proteicos, a qual também pode ser encontrada apenas nos acantocéfalos. Os rotíferos possuem fibras musculares lisas e estriadas

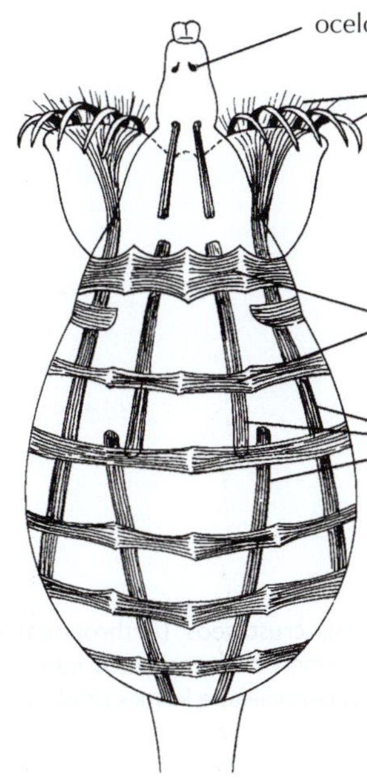

(a)

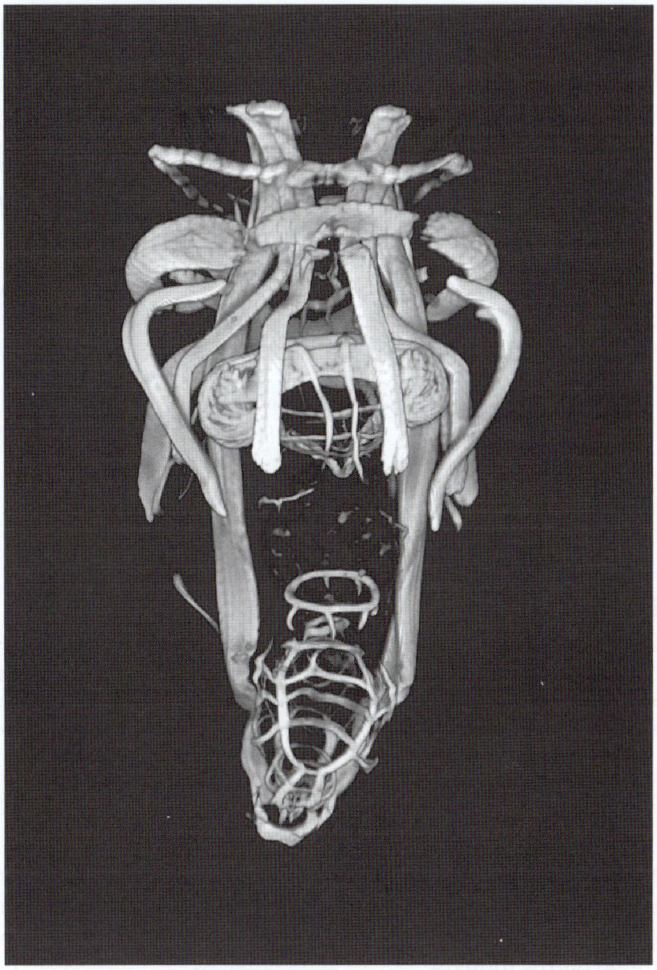

(b)

Figura 10.1

(a) Ilustração da musculatura dos rotíferos (*Rotatoria* sp). A musculatura de um dado rotífero pode ser lisa, estriada, ou a combinação de ambas. (b) Vista dorsal da musculatura de *Filinia ovaezealandiae* em imagem computadorizada. Músculos foram corados com faloidina (um peptídeo derivado do fungo que se liga à actina) e visualizados com microscopia confocal de varredura a *laser*.

(a) De Hyman, *The Invertebrates*, Vol. III. Copyright © 1951 McGraw-Hill Book Company, New York. Reproduzida com permissão

(b) Cortesia de Rick Hochberg, University of Massachusetts, Lowell. De Hochberg, R. e O. A. Gurbuz. 2007. Functional morphology of somatic muscles and anterolateral setae em *Filinia novaezealandiae* Shiel e Sanoamuang, 1993 (Rotifera). *Zoologischer Anzeiger* 246: 11-22.

(Fig. 10.1), sendo estas últimas utilizadas para o rápido movimento dos espinhos e outros apêndices. Não há sistemas respiratório e circulatório especializados.

A maioria das espécies é de vida livre e efêmera. Em geral, os rotíferos vivem entre uma e duas semanas, embora indivíduos de poucas espécies possam viver por até cerca de cinco semanas. Algumas espécies de vida livre passam a vida adulta permanentemente fixadas a um substrato, ao passo que outras são capazes de se locomover de um lugar para outro. Alguns rotíferos são parasitos, mas seus hospedeiros são sempre invertebrados, sobretudo artrópodes e anelídeos (Fig. 10.2). Devido ao fato de os rotíferos parasitos apresentarem o mínimo impacto sobre os seres humanos, sua história de vida nunca ganhou a atenção concedida aos outros animais parasitos. As espécies de vida livre nunca foram vistas pelo olho humano de leigos. A maioria tem apenas cerca de 100 a 500 μm (micrômetros) de comprimento, sendo este tamanho extremamente pequeno para um metazoário adulto. Os maiores indivíduos nunca excedem 3 mm de comprimento. O interesse na biologia dos rotíferos parece estar aumentando, já que várias espécies de vida livre têm sido consideradas uma boa fonte de alimento para a criação de peixes e crustáceos de interesse comercial. Os rotíferos também podem desempenhar um papel importante na determinação da estrutura da comunidade aquática e na mediação do fluxo de energia nos ecossistemas de água doce. Rotíferos recentemente têm sido usados como modelos para pesquisas sobre os processos de **senescência** (envelhecimento) e em monitoramento da poluição.

Rotíferos não parasitos (de vida livre) se alimentam de uma variedade de itens. A maioria é onívora, ingerindo seletivamente algas de tamanho e composição química apropriados, pequenos animais de vida livre (**zooplâncton**) e

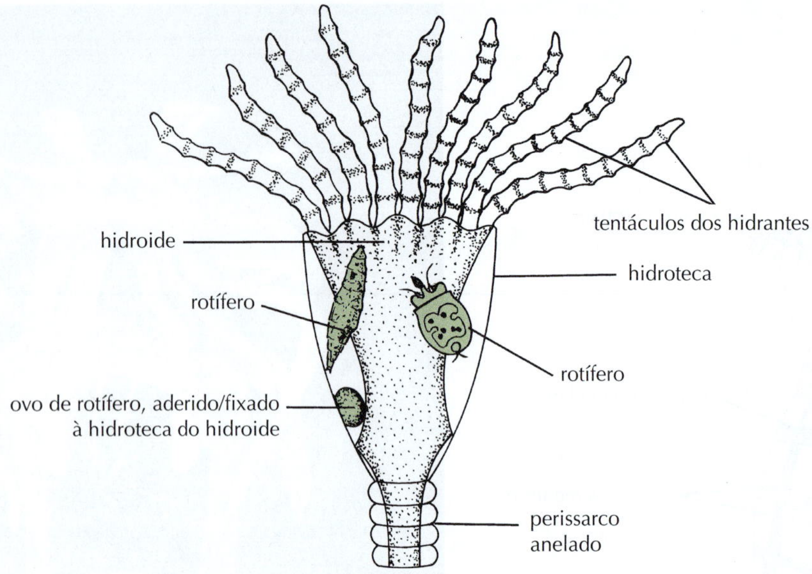

Figura 10.2

Hidroide de cnidário com rotíferos parasitos (*Proales gonothyraea*) na hidroteca. O rotífero se alimenta dos tecidos do cnidário e deposita seus ovos no hidroide. Outras espécies deste gênero são parasitos internos ou externos de protozoários, oligoquetas (Annelida), embriões de gastrópodes (Mollusca), crustáceos (Arthropoda) e algas filamentosas. Diversos outros gêneros são parasitos internos comuns de oligoquetas, sanguessugas (Annelida) e lesmas (Molusca). De Hyman; segundo Remane.

detritos de tamanho apropriados. Algumas outras espécies se alimentam da substância intracelular de algas, e diversas espécies são carnívoras, predando pequenos animais, incluindo outros rotíferos.

Certas características do processo de alimentação e do sistema digestório dos rotíferos – notavelmente, o mástax e os trofos – são únicos. O **mástax** é uma modificação proeminente e muscular da faringe (Fig. 10.3). Em algumas espécies parasitos, o mástax é modificado para fixação no hospedeiro. No mástax de todas as espécies são encontradas diversas estruturas rígidas, os **trofos**, que são muitas vezes utilizados para triturar os alimentos após a ingestão (Fig. 10.4). Em algumas espécies, os trofos são utilizados para sugar os alimentos através da boca; em outras espécies, os trofos podem ser projetados da boca para agarrar ou furar suas presas. A estrutura e a forma dos trofos variam consideravelmente nas diferentes espécies, de acordo com a maneira como os trofos são utilizados. Eles podem, assim, serem importantes ferramentas na identificação das espécies. A ultraestrutura dos trofos é quase única dos rotíferos; apenas as mandíbulas dos gnatostomulídeos (discutidos posteriormente neste capítulo) são estruturalmente semelhantes às dos rotíferos, constituindo parte das evidências que sugerem uma estreita relação evolutiva entre os dois grupos.

Os rotíferos de vida livre nadam usando a corona ciliar. Em algumas espécies, espinhos particularmente bem desenvolvidos também contribuem para a locomoção, produzindo saltos curtos (Fig. 10.5). Algumas espécies são inteiramente planctônicas, isto é, os indivíduos nadam durante suas vidas. Membros de muitas outras espécies param de nadar periodicamente e se fixam temporariamente a substratos sólidos através da secreção de uma substância aderente produzida por um par de glândulas de cemento exterior, que desembocam na superfície do corpo através de poros em projeções ("**dedos**") do pé. Este último possui até quatro dedos, dependendo da espécie (Fig. 10.6). Após fixação ao substrato, a corona ciliar gera correntes de água para a respiração e coleta de alimentos. Em diversos rotíferos, planctônicos ou sedentários, a corona ciliar forma duas faixas paralelas, com um sulco ciliado entre as duas. Os cílios das duas faixas batem em direção contrária entre si, varrendo as partículas para esse sulco (Fig. 10.7). Os cílios desses sulcos, em seguida, conduzem as partículas capturadas à boca, para a ingestão.

Muitas espécies de vida livre podem mover-se sobre substratos sólidos entre os períodos de natação. O pé e os dedos têm um importante papel nessa locomoção, sendo utilizados para a fixação temporária ao substrato. Uma vez que a fixação é feita, o corpo pode ser alongado por meio da contração dos músculos circulares, que são distribuídos no corpo em conjuntos separados. A contração da musculatura circular alonga o corpo e distende a musculatura longitudinal, que se encontra relaxada. O pseudoceloma desses rotíferos funciona como um esqueleto hidrostático, permitindo o antagonismo mútuo da musculatura circular e longitudinal, propiciando aumento temporário na pressão hidrostática.

Como o corpo do rotífero se alonga, a corona é retraída, transformando a extremidade anterior do corpo em uma **probóscide** de sucção (Fig. 10.8). A probóscide pode ser aposta ao substrato, constituindo um novo local de fixação. A fixação da extremidade posterior do corpo é, então, desfeita e o corpo torna-se mais curto e mais largo por meio da

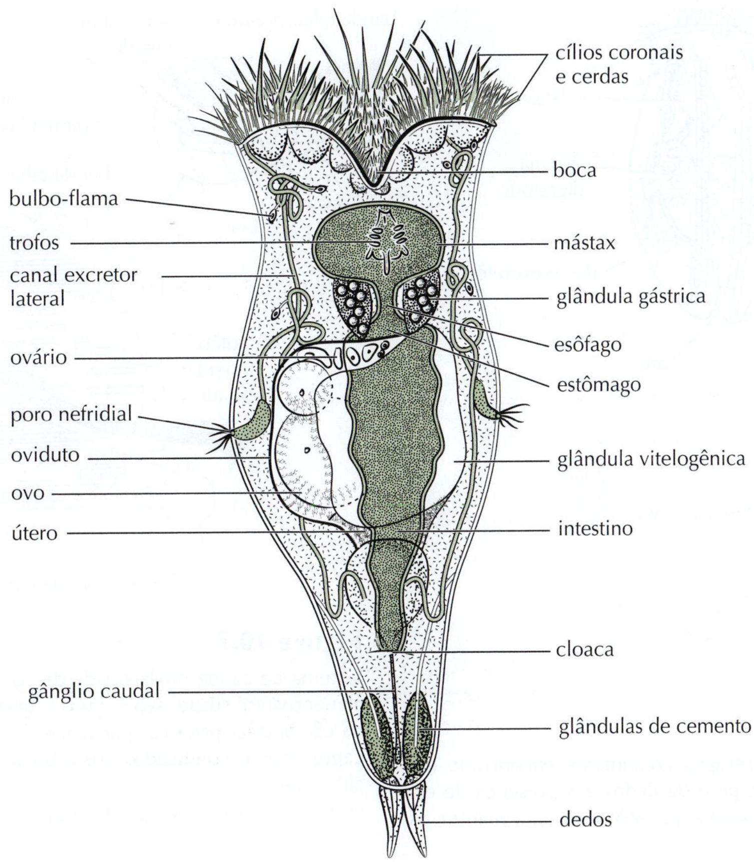

Figura 10.3

Epiphanes senta, um rotífero comum, de vida livre, ocorrente em água doce. Observe a localização da boca e as estruturas utilizadas para o processo de alimentação. O complexo trofos/mástax é utilizado para triturar o alimento ingerido, produzindo pequenas partículas. Em algumas espécies, os trofos podem ser projetados da boca para capturar presas.

Beseada em Frank Brown, *Selected Invertebrate Types*.

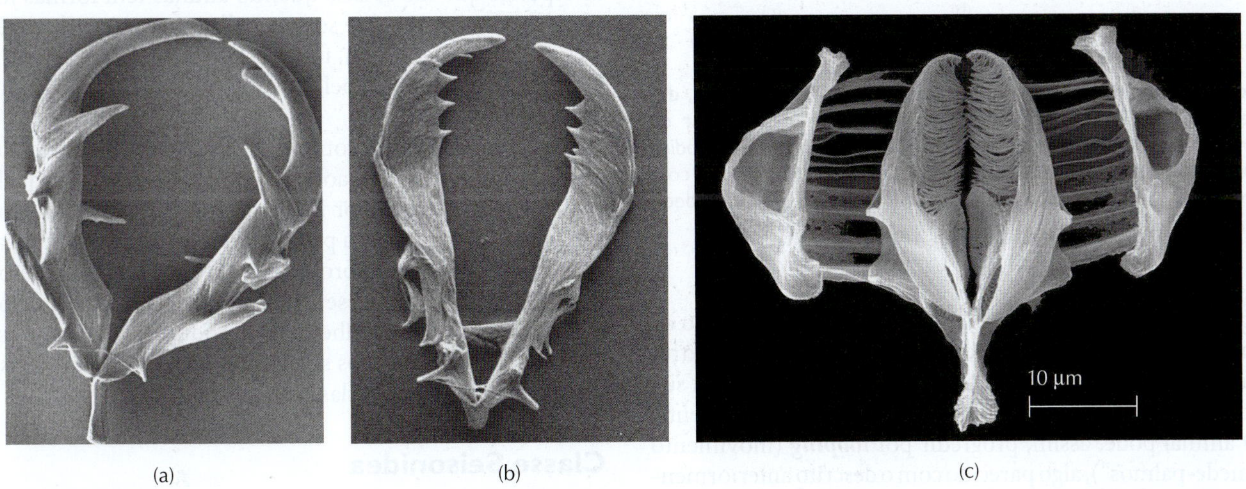

Figura 10.4

Micrografias eletrônicas de varredura dos trofos dos rotíferos (a) *Asplanchna sieboldi* (700×). (b) *Asplanchna priodonta* (1400×). (c) *Floscularia ringens*.

(a, b) © George Salt. De Salt et al., 1978. *Amer. Microsc. Sci.* Trans. 97:469 (c) Cortesia de Guilio Melone. De Fontaneto, D., Melone, G. e R. L. Wallace. 2003. Morphology of *Floscularia ringens* (Rotifera, Monogononta) from egg to adult. *Invert. Biol.* 122:231-40. © American Microscopical Society.

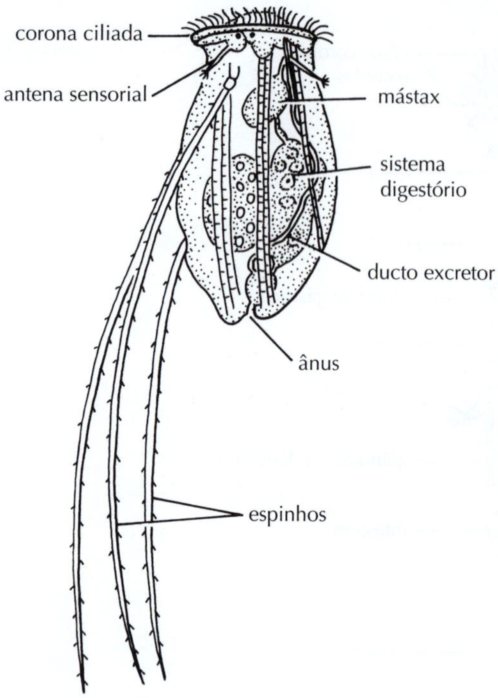

Figura 10.5

Filinia longiseta, um rotífero pelágico comumente encontrado em lagos. Observe a ausência do *pé* e de dedos e a presença de espinhos conspícuos, os quais podem ser utilizados para manter os predadores afastados.

De Hyman; segundo Weber.

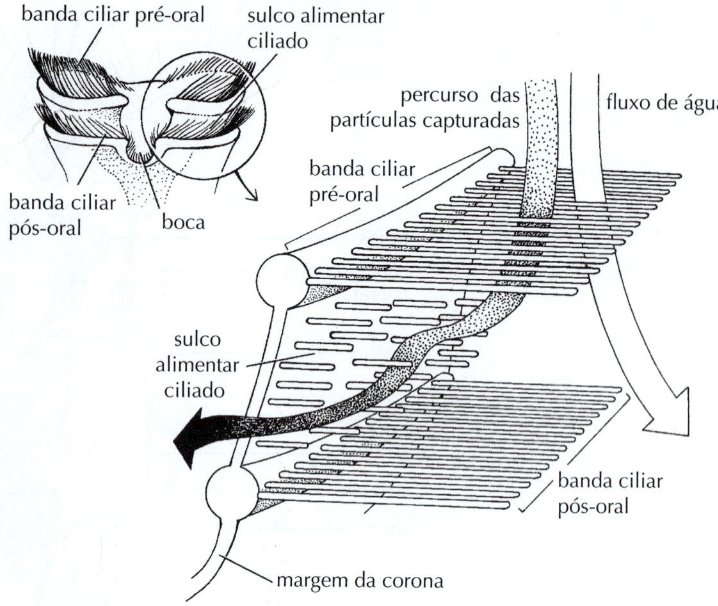

Figure 10.7

Sistema de banda dupla ciliada de rotíferos que se alimentam de alimentos em suspensão. Como a água é arrastada entre os cílios da banda ciliar pré-oral, partículas de alimento em suspensão são capturados e conduzidos até a boca através dos cílios do sulco alimentar.

Modificada de Strathmann et al., 1972. *Biological Bulletin* 142:505-19.

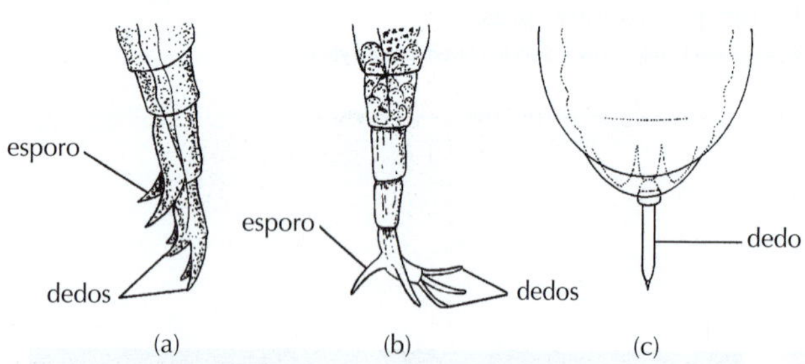

Figura 10.6

Rotíferos podem ter nenhum ou um a quatro dedos no pé, dependendo da espécie, e podem também apresentar um par de protuberâncias não secretoras, chamadas de esporos. (a) *Philodina roseola* com quatro dedos e dois de esporos. (b) *Rotaria* sp., com três dedos e dois esporos. (c) *Monostyla* sp., com um único dedo e nenhum esporo.

contração da musculatura longitudinal e o alongamento da musculatura circular relaxada. Por fim, a fixação da extremidade anterior é desfeita, ao passo que o pé recupera sua aderência sobre o substrato e o corpo alonga-se novamente. O animal pode, assim, progredir por ***looping*** (movimento "mede-palmos"), algo parecido com o descrito anteriormente para os platelmintos de vida livre (filo Platyhelminthes, classe Turbelaria – Capítulo 8), assim como descrito para as sanguessugas (filo Annelida, p. 323-324). Alguns rotíferos apresentam mudança extraordinária da sua forma durante a locomoção, que é frequentemente facilitada pelo pé e pelo tronco corporal, dividido em uma série de seções, que se acomodam umas dentro das outras, algo parecido com um copo desmontável.

Outros rotíferos não parasitos são **sésseis** quando adultos; isto é, eles são incapazes de se locomover. Glândulas pedais fixam esses animais no substrato permanentemente. Membros de muitas espécies secretam tubos protetores, muitas vezes incorporando detritos, areia ou mesmo pelotas fecais em suas paredes (Fig. 10.9). Todas as espécies que são sésseis quando adultas têm formas juvenis livre-natantes, que se assemelham a juvenis de espécies planctônicas. Assim, todas as espécies sedentárias são capazes de locomoção, pelo menos por um curto período, até a geração adulta.

A reprodução dos rotíferos é incomum em diversos aspectos. Similarmente aos nematódeos e outros asquelmintos, a reprodução por fissão ou fragmentação é desconhecida; novamente uma provável consequência da eutelia. Quando presente, a reprodução assexuada nos rotíferos ocorre por **partenogênese**, pelo desenvolvimento de ovos não fertilizados. Os detalhes das reproduções sexuada e assexuada entre os rotíferos serão mais bem discutidos classe por classe. Existem três classes nesse filo.

Classe Seisonidea

A pequena classe Seisonidea é composta exclusivamente por ectoparasitos de crustáceos marinhos. Como poderia ser esperado, a corona dessas espécies é frequentemente muito reduzida no tamanho (Fig. 10.10a). A reprodução parece ser exclusivamente sexuada, e todos os indivíduos

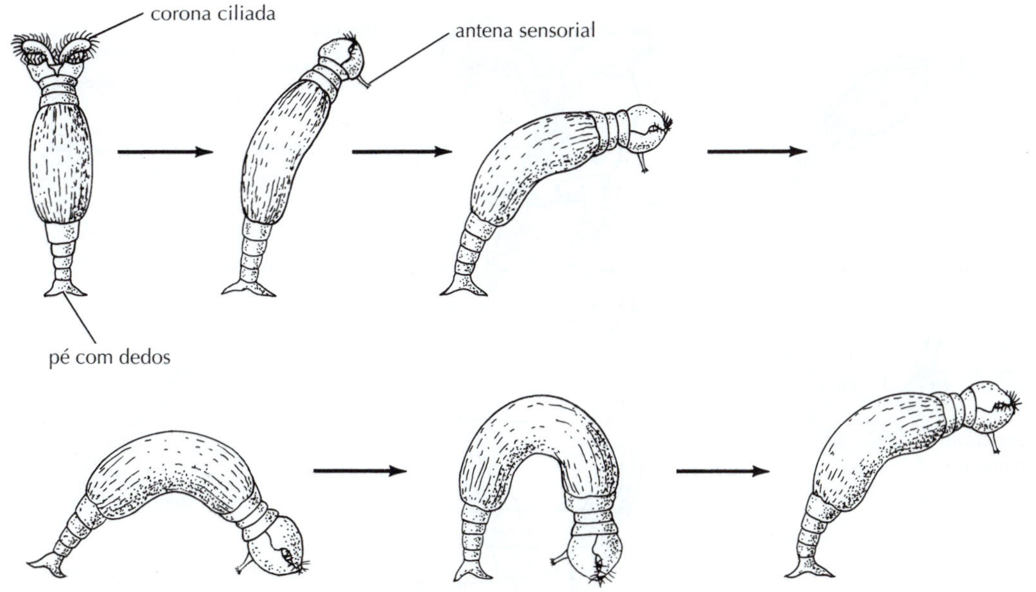

Figura 10.8

Locomoção por *looping* (mede-palmos) de *Philodina roseola.* A contração dos músculos circulares alonga o corpo, o qual, então, inclina-se para o substrato pela contração diferencial dos músculos longitudinais. Uma vez que a extremidade anterior do animal se fixa ao substrato, o pé se desprende e a extermidade posterior do corpo pode ser puxada para a frente. O corpo pode, em seguida, fixar a extremidade posterior e se estender para a frente novamente. Observe que a corona é retraída nesta sequência de movimentos.

Segundo Harmer e Shipley.

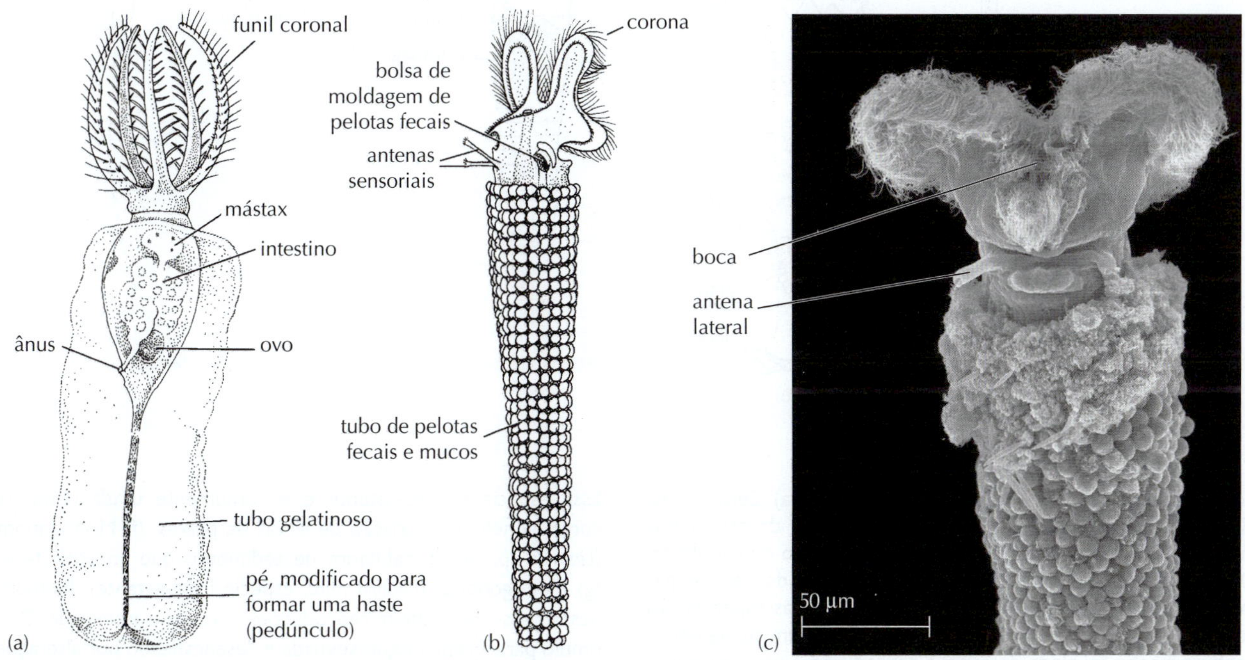

Figura 10.9

Duas espécies de rotíferos sedentários. (a) *Stephanoceros fimbriatus.* (b) *Floscularia ringens,* mostrando a região de formação das pelotas fecais. (c) Micrografia eletrônica de varredura de *F. ringens* em seu tubo no interior do substrato.

(a) De Jurczyk; segundo Jägersten. (b) Segundo Pennak. (c) Cortesia de Guilio Melone. De Fontaneto, D., G. Melone e R. L. Wallace. 2003. Morphology of *Floscularia ringens* (Rotifera, Monogononta) from egg to adult. *Invert. Biol.* 122:231-40. © American Microscopical Society.

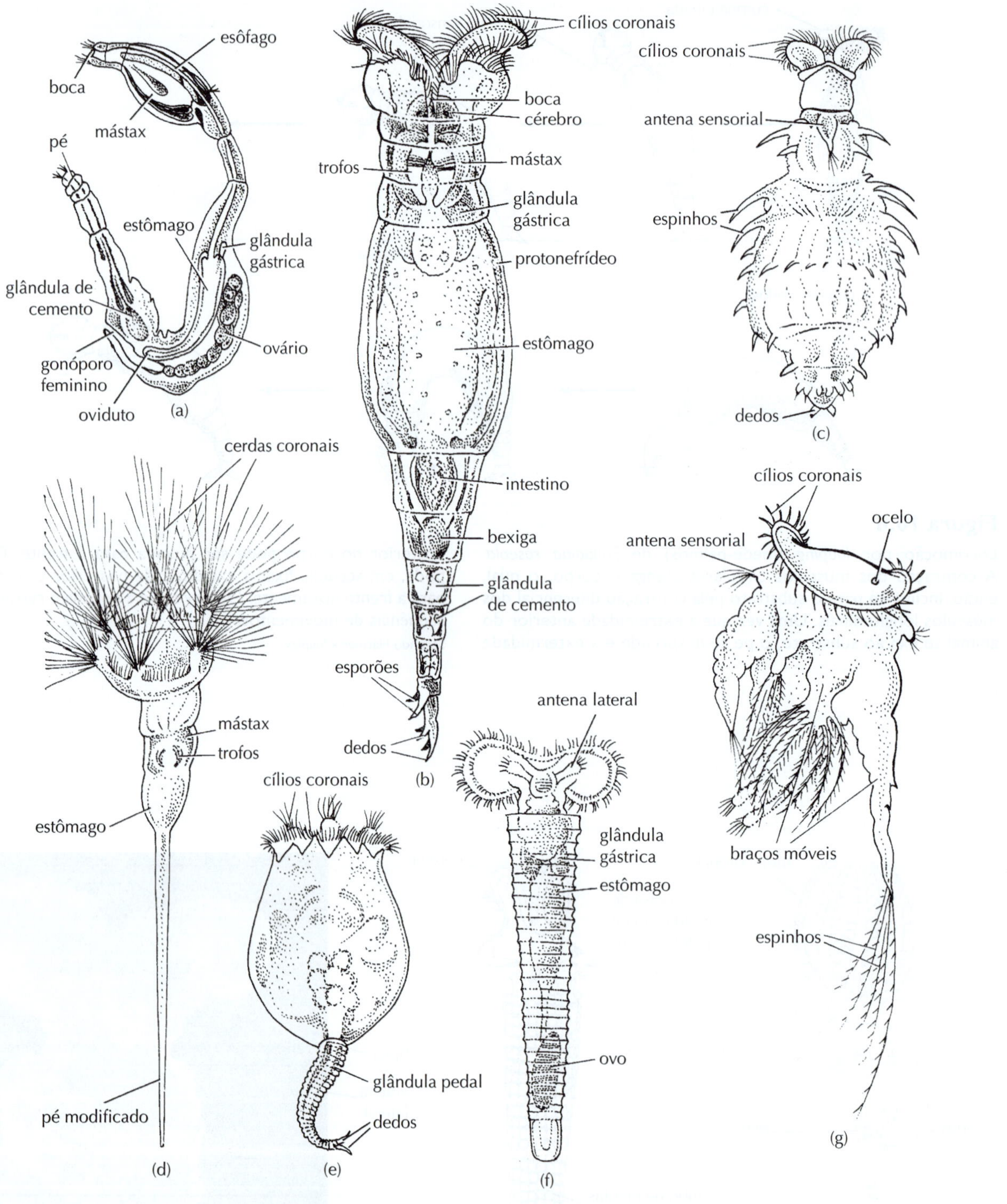

Figura 10.10

Representantes de três classes de rotíferos. (a) Seisonoidea (*Seison* sp.). Todas as espécies são ectoparasitos de crustáceos marinhos e são gonocóricos. O indivíduo ilustrado é uma fêmea. Observe a reduzida ciliação associada com o modo de vida parasitário. (b) Bdelloidea (*Philodina roseola*). Todas as espécies são de vida livre, vágeis, consumidoras de partículas em suspensão e nenhum macho foi ainda descrito; a reprodução é partenogênica. (c) Bdelloidea (*Macrotrachela multispinosus*). (d) Monogononta (*Collotheca* sp.). Observe a corona altamente modificada com sete lobos distintos. O animal é séssil e secreta um tubo gelatinoso (não ilustrado). (e) Monogononta (*Brachionus rubens*). Essa espécie é livre-natante e é comumente usada como recurso alimentar na criação de larvas de peixes. (f) Monogononta (*Limnius* sp., séssil, habitante de sedimento que constrói tubo). (g) Monogononta (*Pedalia mira,* espécie livre-natante). Membros dessa classe apresentam reproduções sexuada e assexuada. O estímulo para a reprodução sexuada é desencadeado por alterações no ambiente físico.

(a) De Meglitsch; segundo Plate. (b) De Hyman; segundo Hickernell. (c) De Hyman; segundo Murray. (d) Segundo Hyman. (e) De Pennak; segundo Halbach. (f) De Meglitsch; segundo Edmondson. (g) De Hyman; segundo Hudson e Gosse.

possuem sexos separados; isto é, os membros desta classe são sempre **gonocóricos** (**dioicos**). A fecundação é interna, ou através de cópula verdadeira ou através de impregnação hipodérmica da fêmea pelo macho. Neste último caso, os espermatozoides são injetados pelo macho no pseudoceloma da fêmea, de onde se deslocarão para o ovário.

Classe Bdelloidea

Membros da classe Bdelloidea são todos de vida livre e possuem motilidade: não há nenhuma espécie com habitação em tubos, séssil ou parasito. A maioria dos membros é onívora, alimentando-se de partículas em suspensão, e a corona é proporcionalmente bem desenvolvida e bilobada (Fig. 10.10b, c); uma espécie predadora foi recentemente descrita. A reprodução entre os rotíferos bdelóideos parece ser exclusivamente por partenogênese, uma vez que machos nunca foram descobertos. Assim, todos os rotíferos conhecidos desta classe são fêmeas. Evidências moleculares[3] recentes sugerem que os rotíferos bdelóideos têm persistido por milhões de anos sem qualquer mudança no material genético entre os indivíduos, um desafio direto à ideia de que a perda de um dos sexos levará inevitavelmente à extinção. Em torno de 370 espécies foram descritas.

Rotíferos bdelóideos, em geral, habitam ambientes que periodicamente expõem esses animais a condições fisiológicas estressantes, como congelamento, desidratação ou altas temperaturas. Espécies que vivem em lagos e outros ambientes lênticos polares, incluindo corpos d'água temporários, e entre musgos e líquens emergentes são muitas vezes capazes de entrar em um estado de metabolismo extremamente baixo, ou **criptobiose**. Algumas espécies secretam um revestimento gelatinoso durante as fases iniciais de dessecação. Esta cobertura, então, endurece, formando um **cisto** (Fig. 10.11). Como os tardígrados e nematódeos (a serem discutidos nos Capítulos 15 e 16, respectivamente), rotíferos em criptobiose podem suportar condições ambientais extremas, incluindo extensa dessecação por períodos prolongados. Surpreendentemente, alguns rotíferos bdelóideos foram reidratados com sucesso após 20 anos ou mais de dessecação. Ainda é desconhecido como a criptobiose permite que os rotíferos suportem condições ambientais que seriam letais para outros organismos. Muitos rotíferos também possuem uma notável capacidade de suportar a exposição à radiação ionizante.[4]

Classe Monogononta

A maioria dos rotíferos pertencem à classe Monogononta. Os monogonontes podem ser livre-natantes ou sésseis. De fato, essa classe contém os únicos rotíferos de vida livre sésseis. Os rotíferos sésseis são geralmente encontrados fixados a plantas macroscópicas, a algas filamentosas, ou aos tubos de outros rotíferos sésseis, da mesma espécie ou de espécies diferentes. Alguns rotíferos sésseis usam a corona para coletar partículas de alimentos, como descrito anteriormente, ou uma modificação desse órgão. Em outras espécies, a corona é pobremente ciliada ou não ciliada, mas pode conter longos espinhos na extremidade anterior que possui a forma de funil. Os espinhos podem ser movimentados para capturar pequenos metazoários, que se aproximam, e as presas capturadas são forçadas à boca para ingestão. Assim, muitos membros dessa classe são carnívoros. A ciliação do **campo bucal** em torno da boca provavelmente ajuda na ingestão.

Muitas espécies sésseis vivem em tubos protetores (Fig. 10.9 e 10.10f). Em alguns casos, esses tubos são secreções meramente gelatinosas produzidas por glândulas especializadas que se abrem na superfície do corpo. Em outros, partículas são coletadas por meio da corona, revestidas com muco e cimentadas no lugar, aumentando o tubo à medida que o animal cresce. Em algumas espécies, pelotas fecais são incorporadas ao tubo. Tanto nas espécies monogonontes livre-natantes quanto nas sésseis, a cutícula é comumente espessa e rígida, formando uma **lorica** protetora. A produção da lorica ocorre apenas nos membros dessa classe. Em cada espécie, a forma da lorica pode ser modificada por fatores ambientais (Fig. foco 10.1).

Os padrões reprodutivos dentro dos rotíferos monogonontes são únicos. Em geral, os monogonontes se reproduzem por partenogênese. Fêmeas geralmente produzem ovos diploides por mitose, em geral um por vez, e cada ovo desenvolve-se em uma outra fêmea diploide – tudo na ausência de machos. Essas fêmeas são denominadas **amícticas**, referindo-se à produção de ovos sem a "mistura" de genes de qualquer outro indivíduo. Rotíferos juvenis emergem desses ovos amícticos logo após os ovos serem liberados; assim, ovos amícticos são também chamados de ovos **subitâneos**. Por meio da produção de ovos subitâneos, o tamanho da população de uma determinada espécie de rotífero pode dobrar em menos de 15 horas. Em geral, cada fêmea produz de 4 a 40 ovos amícticos ao longo da vida, e de 20 a 40, ou mais, gerações de fêmeas amícticas geneticamente idênticas podem ocorrer anualmente.

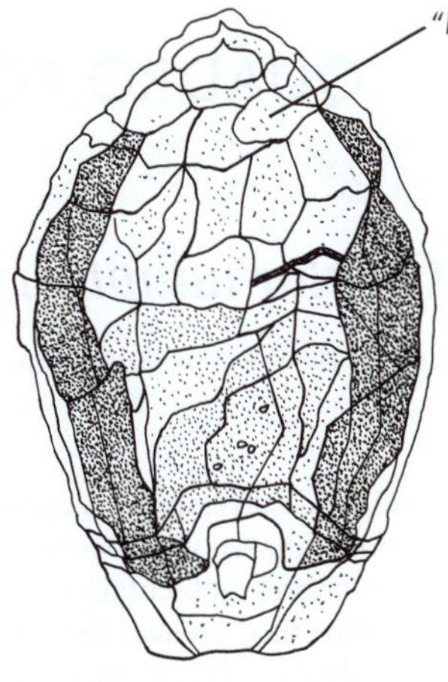

Figura 10.11
Philodina roseola, encistada. O adulto é ilustrado nas figuras 10.8 e 10.10 (b).
De Hyman; segundo Hickernell.

---
[3]Ver *Tópicos para posterior discussão e investigação*, nº 6, no final deste capítulo.
[4]Ver *Tópicos para posterior discussão e investigação*, nº 2, no final deste capítulo.

QUADRO FOCO DE PESQUISA 10.1

O valor adaptativo da morfologia dos rotíferos

Gilbert, J. J. e R. S. Stemberger. 1984. *Asplanchna*-induced polymorphism in the rotifer *Keratella slacki*. *Limnol. Oceanogr.*29:1309-16.

Certos invertebrados aquáticos de diversos filos exibem **ciclomorfose** – mudanças morfológicas nas gerações subsequentes induzidas por mudanças nos fatores ambientais, como temperatura, disponibilidade de alimento, pressão de predação ou substâncias orgânicas dissolvidas. *Brachionus calyciflorus*, um rotífero de água doce que se alimenta de material em suspensão, por exemplo, exibe ciclomorfose em resposta a algumas substâncias químicas (não caracterizadas) liberadas por rotíferos predadores do gênero *Asplanchna*. Essas substâncias químicas não alteram a morfologia do adulto, porém afetam o desenvolvimento no estágio inicial dos embri*ões*. Na presença de *Asplanchna* spp., a prole de *B. calyciflorus* desenvolve espinhos muito maiores que o normal, os quais provavelmente os protegem da predação por *Asplanchna*.

Existem outros rotíferos consumidores de material em suspensão que mostram resposta similar a *Asplanchna*? Essas mudanças morfológicas realmente reduzem a predação? E as mesmas mudanças morfológicas podem ser induzidas por outros predadores ou são respostas específicas para *Asplanchna*? Estas foram as questões abordadas por Gilbert & Stemberger (1984). Eles escolheram trabalhar com o rotífero herbívoro *Keratella slacki*, uma vez que ele coexiste com predadores *Asplanchna* spp. e exibe uma grande variedade de formas morfológicas; na verdade, indivíduos coletados em campo têm espinhos mais longos apenas quando *Asplanchna* está presente, sugerindo uma relação de causalidade interessante de examinar. Por exemplo: *Asplanchna* é diretamente responsável pela variação morfológica e como esta variação beneficia *K. slacki*?

Mudanças na morfologia corporal de uma espécie em campo ao longo do tempo podem ser explicadas por uma das três formas: (1) indivíduos com certas características morfológicas sobrevivem melhor em certos períodos do que em outros; (2) indivíduos com certas características morfológicas geneticamente determinadas deixam mais descendentes em certos períodos do que em outros; (3) o fenótipo da maioria dos indivíduos é alterado sob algumas condições, sem qualquer mudança genética subjacente. Essas possibilidades são facilmente avaliadas em *K. slacki* (e em muitos outros rotíferos) porque estes se reproduzem partenogeneticamente e cada geração tem duração breve; uma população grande e geneticamente idêntica pode ser estabelecida rapidamente a partir de um indivíduo fêmea. Nos experimentos descritos, todos os indivíduos de *K. slacki* eram clones derivados de um indivíduo.

Para conduzir seus estudos, Gilbert & Stemberger mantiveram em laboratório um cultivo com alta densidade do rotífero predador, *Asplanchna girodi*, e de um pequeno crustáceo planctônico, predador *Tropocyclops prasinus*. Antes de cada experimento, eles passavam a água do cultivo através de um filtro de vidro para remover sólidos. Várias fêmeas adultas de *K. slacki* foram colocadas em placas de Petri pequenas contendo 5 mL do filtrado de *Asplanchna*, e elas foram alimentadas com uma pequena alga unicelular, *Cryptomonas* sp. Como controle, populações adicionais de *K. slacki* foram cultivadas com a mesma alga unicelular em filtrados do protozoário *Paramecium aurelia*, os quais foram usados como alimento em cultivo de *Asplanchna*. Outras populações de rotíferos foram todas cultivadas em filtrados do crustáceo predador. Em condições de laboratório, as populações de rotíferos aumentaram rapidamente. Os pesquisadores mudaram o alimento e a água em intervalos de alguns dias, até no máximo nove dias, e, após, eles fixaram todos os rotíferos para fazer análises morfológicas (medições). O comprimento do corpo e dos espinhos, de aproximadamente 50 indivíduos de cada tratamento, foram medidos, utilizando-se um microscópio equipado com uma escala de medição (micrômetro ocular).

Na presença do filtrado com rotífero predador, a média do tamanho do corpo da população de *K. slacki* aumentou em torno de 15%, o comprimento dos espinhos posteriores direitos aumentou em torno de 130%, e o comprimento dos espinhos anteriores aumentou em média 30%. Alguns indivíduos também desenvolveram espinhos posteriores conspícuos no lado esquerdo do corpo (Fig. foco 10.1). Em contrapartida, filtrados com o crustáceo predador ou com protozoários-controle não tiveram efeito no tamanho do corpo e nem na morfologia dos rotíferos (Fig. foco 10.2). Esses dados claramente indicam que *K. slacki* não está simplesmente respondendo aos altos níveis de alguns produtos residuais, como amônia, uma vez que os crustáceos e os protozoários foram cultivados em condições comparáveis de altas densidades e taxas de excreção, que provavelmente não diferiram radicalmente entre esses animais. Além disso, a resposta parece ser desencadeada por uma substância específica, produzida por *Asplanchna*, solúvel em água, em vez de qualquer contato físico, e isso claramente reflete um desenvolvimento de polimorfismo, em vez de qualquer alteração genética na população. Como mencionado anteriormente, todos os descendentes de *K. slacki* nesses experimentos foram produzidos partenogeneticamente.

Todavia, é essa resposta vantajosa adaptativamente? Para analisar essa situação, Gilbert & Stemberger colocaram um mesmo número de *K. slacki*, com espinhos curtos e longos, em cada uma das diversas placas de Petri com água e, em seguida, adicionaram alguns predadores *Asplanchna* em cada placa. Cerca de seis horas mais tarde, eles contaram o número de *K. slacki* com espinhos curtos e longos em cada placa. Se indivíduos com espinhos curtos fossem mais suscetíveis à predação, então um número menor destes indivíduos deveria restar no final do experimento. De fato, este foi o resultado obtido em cada um dos três estudos conduzidos separadamente (Tabela foco 10.1). Utilizando-se um microscópio de dissecção para observar a interação presa-predador diretamente, os pesquisadores confirmaram estes resultados: os indivíduos com

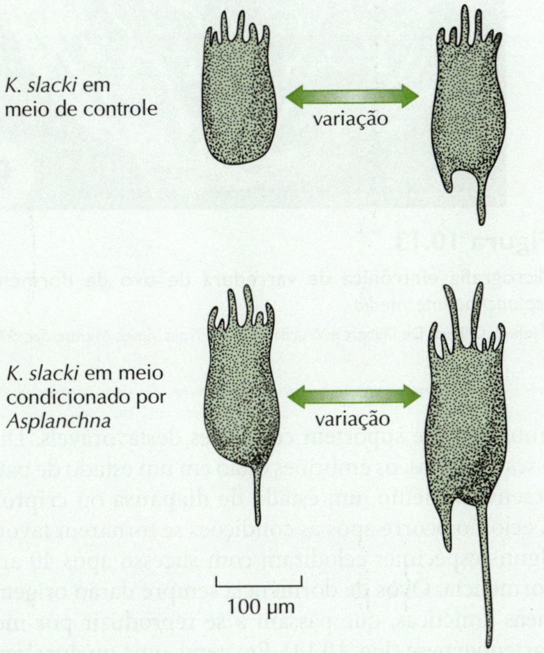

Figura foco 10.1

As formas de corpo mais comuns encontradas em cultivos controlados de *Keratella slacki* e as criadas junto a *Asplanchna*. Animais criados em tratamentos experimentais têm tamanho um pouco maior e espinhos substancialmente mais longos.

Baseada em J. J. Gilbert e R. S. Stemberger. 1984. *Asplanchna*-induced polymorphism in the rotifer *Keratella slacki*. *Limnology and Oceanography* 29:1309-16. 1984.

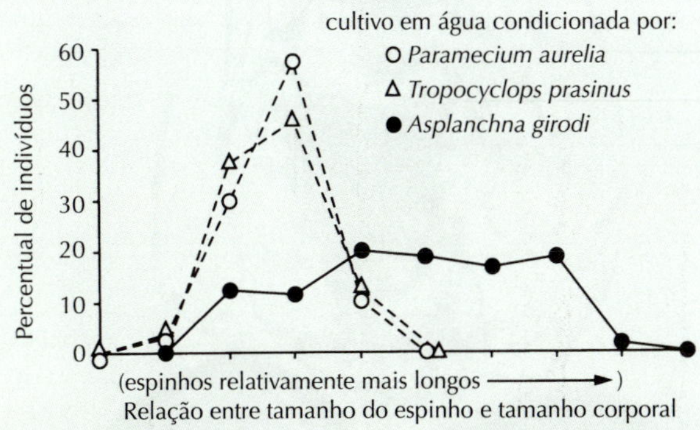

Figura foco 10.2

O efeito de tratamentos condicionados por um protozoário e dois predadores no tamanho do espinho posterior direito em *Keratellla slacki*.

espinhos grandes foram capturados e comidos pelo predador *Asplanchna* com frequência significativamente menor, embora eles tenham sido atacados tão frequentemente quanto os indivíduos com espinhos curtos.

Como de costume, os resultados de um estudo científico desencadeiam perguntas adicionais, levando a outros estudos. Por exemplo, se para *K. slacki* ter espinhos é uma vantagem, por que o desenvolvimento de espinhos ocorre apenas na presença de rotíferos predadores? Por que espinhos longos e corpos maiores não são geneticamente programados para todos os indivíduos? Gilbert & Stemberger passaram a abordar esse e outros assuntos relacionados em trabalhos subsequentes. Você pode imaginar como eles poderiam ter delineado os seus experimentos?

Tabela foco 10.1 A influência do tamanho corporal e da morfologia na suscetibilidade do rotífero herbívoro *Keratella slacki* à predação pelo rotífero predador *Asplanchna girodi*

	Porcentagem de predados			
Experimento	Espinhos curtos	Espinhos longos	Número original de cada tipo	Diferença estatisticamente significativa?
1	40	10	10	Não
2	62	0	8	Sim
3	50	20	18-20	Sim
Todos os três combinados	50	12	36-38	Sim

Nota: permitiu-se que os rotíferos predadores se alimentassem por cerca de seis horas; a extensão da predação de rotíferos com espinhos curtos e longos foi avaliada pelo número de indivíduos nas placas e confirmada pelo encontro de restos da presa no intestino do predador ou no fundo das placas. Um resultado estatisticamente significativo é aquele que poderia ocorrer por mero acaso apenas em menos de cinco ensaios em 100.

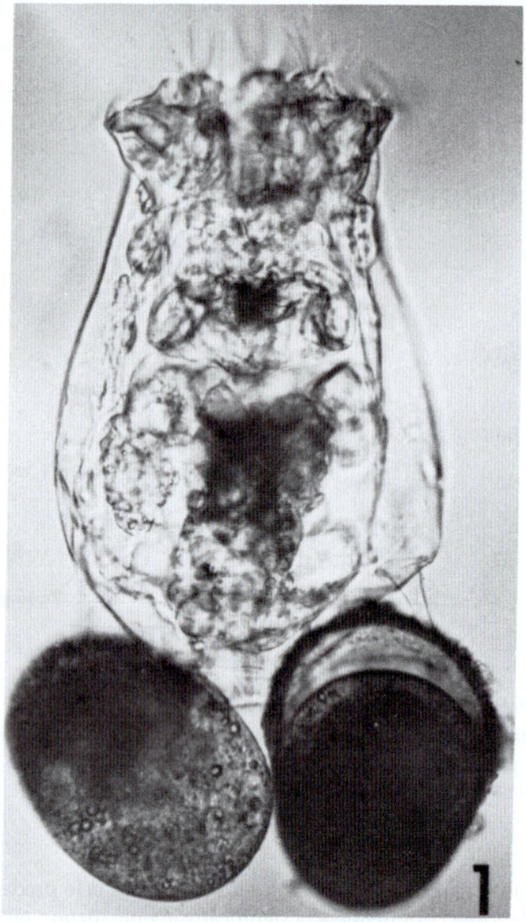

Figura 10.12

Fotografia da fêmea de *Brachionus calyciflorus* com ovos mícticos de dormência.

© John J. Gilbert. De Wurdak, Gilbert e Jagels, 1978. *Trans. Amer. Microsc. Soc.* 97:49.

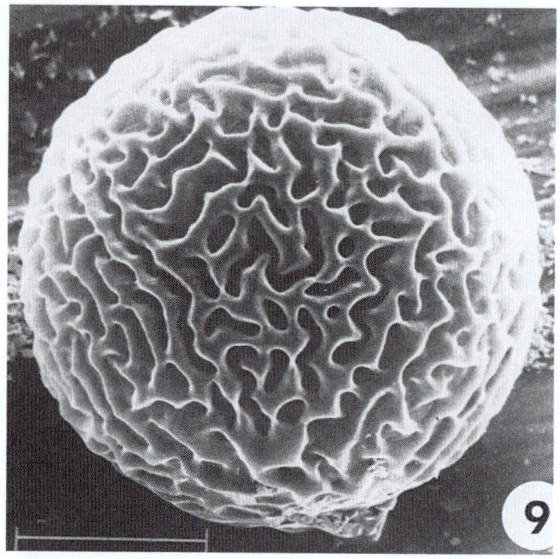

Figura 10.13

Micrografia eletrônica de varredura de ovo de dormência de *Asplanchna intermedia.*

© John J. Gilbert. De Gilbert e Wurdack, 1978. *Trans. Amer. Microsc. Soc.* 97:330.

Em certas condições, contudo, um tipo diferente de fêmeas monogonontes é produzido.[5] Estas fêmeas **mícticas** produzem seus ovos por meio de meiose, de modo que todos seus ovos são haploides (Fig. 10.12). Na ausência de fertilização, ovos mícticos se desenvolvem em machos haploides. Os machos são geralmente menores e morfologicamente distintos em relação às fêmeas da mesma espécie, porém são sempre nadadores velozes. Os machos não se alimentam; boca e ânus estão ausentes. Seu trabalho deve ser feito rapidamente, uma vez que eles geralmente não podem sobreviver mais que poucos dias. Normalmente, uma hora após sua eclosão, os machos estão prontos para fertilizar ovos. Em pelo menos uma espécie, rotíferos machos podem aparentemente usar sinais químicos para localizar ovos contendo fêmeas um pouco antes da eclosão; em seguida, os machos vigiam os ovos e se acasalam com as fêmeas rapidamente, à medida que emergem. Os ovos haploides fertilizados formam **ovos de dormência**, também chamados de **ovos de inverno** ou **diapausa** (Fig. 10.13). Esses ovos são altamente resistentes a uma variedade de estresses físicos e químicos, possibilitando o desenvolvimento dos embriões que suportem condições desfavoráveis. Durante esses períodos, os embriões estão em um estado de pausa do desenvolvimento, um estado de **diapausa** ou **criptobiose**. A eclosão ocorre após as condições se tornarem favoráveis; alguns espécimes eclodiram com sucesso após 40 anos de dormência. Ovos de dormência sempre darão origem a fêmeas amícticas, que passam a se reproduzir por meio de partenogênese (Fig. 10.14). Em geral, uma ou duas gerações mícticas ocorrem por ano.[6]

Recentemente, pesquisadores descobriram que uma pequena porcentagem (< 0,5 %) de fêmeas em uma população pode ser caracterizada como nem míctica nem amíctica. Em vez disso, essas fêmeas são **anfotéricas**; uma única fêmea produz alguns ovos haploides por meiose (que se tornam machos se não fertilizados) e também produz alguns ovos diploides por mitose.

Neste ponto, deve estar claro que a maioria dos rotíferos de vida livre, sendo móveis ou sésseis, são fêmeas. A determinação do sexo haplodiploide é também discutida no Capítulo 14.

Outras características da biologia dos rotíferos

Sistema digestório

A maioria das espécies de rotíferos tem um sistema digestório tubular, com uma boca anterior e um ânus posterior (Figs. 10.3 e 10.10). Os cílios que revestem a superfície interna do intestino movimentam os alimentos ao longo do sistema digestório. A digestão é, em grande parte, extracelular e ocorre no estômago. **Glândulas gástricas,** ou **cecos gástricos**, associados com o estômago, secretam enzimas digestórias. Resíduos não digeridos passam por um curto

[5]Ver *Tópicos para posterior discussão e investigação*, nº 1, no final deste capítulo.

[6]Ver *Tópicos para posterior discussão e investigação*, nº 2, no final deste capítulo.

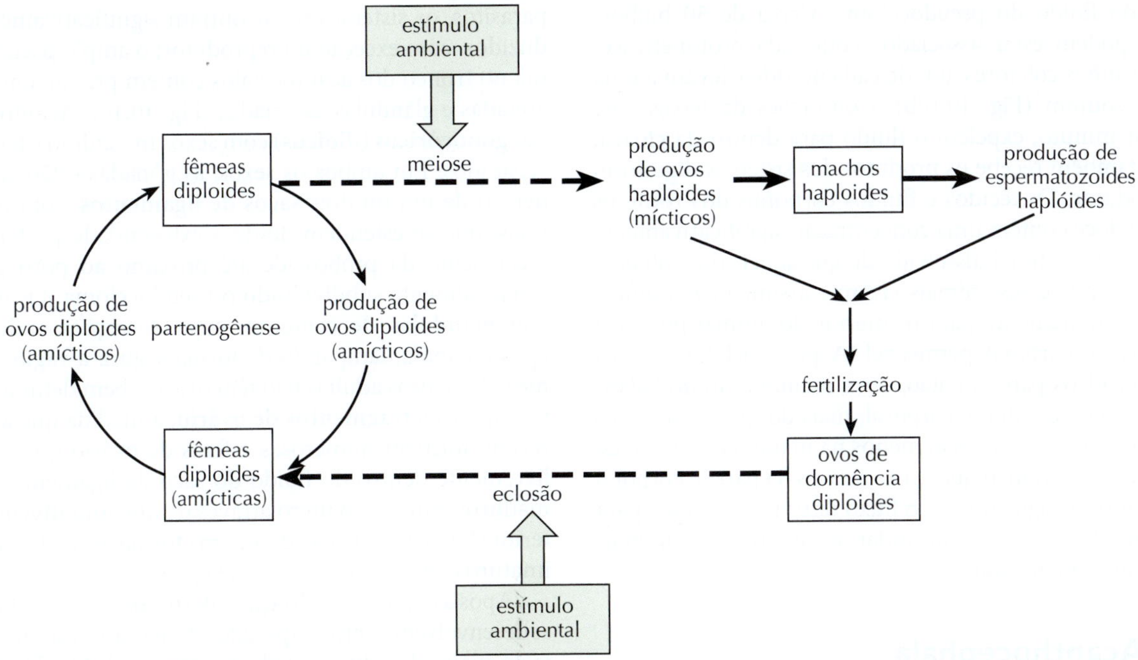

Figura 10.14

O ciclo de vida dos rotíferos monogonontes. Na ausência de um estímulo específico, a reprodução é exclusivamente assexuada, isto é, por partenogênese. Fatores ambientais que podem influenciar na reprodução incluem mudanças na qualidade e quantidade de alimento, no fotoperíodo e na temperatura. No lado direito do diagrama, observe que ovos haploides se desenvolvem em machos (haploides) somente se não tiver ocorrido fertilização. Ovos diploides sempre se desenvolvem em fêmeas diploides, sem necessidade de fertilização.

intestino e são liberados em uma cloaca (do latim, esgoto), que, por definição, também recebe os ductos terminais dos sistemas excretores e reprodutivos. O ânus abre dorsalmente, próximo à junção do tronco com o pé. Alguns rotíferos bdelóideos não têm cavidade estomacal pronunciada e ânus. Em vez disso, o "estômago" é uma massa sincicial contínua através da qual o alimento é distribuído. Nessas espécies, a digestão é principalmente intracelular. Exceto nos membros dos Seisonidea, rotíferos machos carecem de um sistema digestório funcional.

Sistemas nervoso e sensorial

O cérebro de rotíferos consiste em uma massa de gânglios bilobados disposta dorsalmente ao mástax (Fig. 10.15). Os nervos se estendem ao longo do corpo, conectando o cérebro à musculatura, aos órgãos e a uma variedade de receptores sensoriais. Cerdas sensoriais e, em geral, três antenas (duas laterais e uma mediodorsal) servem como quimiorreceptores e mecanorreceptores. Um fotorreceptor, pigmentado e em forma de cálice, muitas vezes encontra-se diretamente sobre o cérebro. Fotorreceptores adicionais podem ocorrer na corona.

Excreção e balanço hídrico

A excreção é, pelo menos parcialmente, realizada por difusão através da superfície corporal. Além disso, todos os rotíferos contêm um par de protonefrídeos, semelhantes aos dos platelmintos. Presume-se que a atividade dos flagelos cria uma pressão negativa no interior de cada nefrídeo,

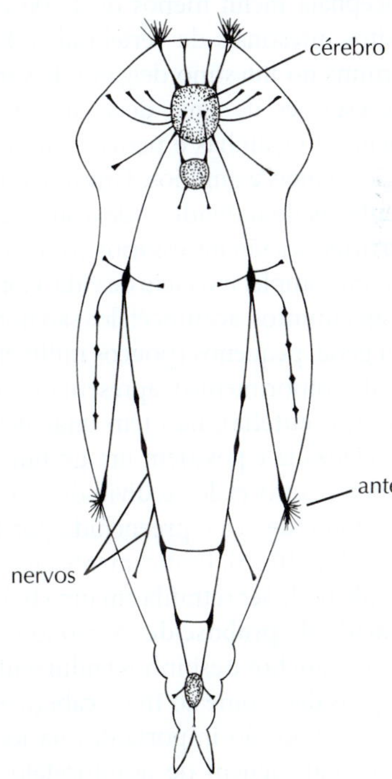

Figura 10.15

Sistema nervoso de um rotífero.

De Pennak, *Fresh-Water Invertebrates of the United States,* 2d ed. Copyright © 1978 John Wiley & Sons, New York. Reproduzida, com permissão, de John Wiley & Sons, Inc.

retirando fluido do pseudoceloma. Cerca de 50 bulbos-flama podem estar associados com cada protonefrídeo. Os dois tubos coletores, um de cada nefrídeo, levam a uma **bexiga** comum (Fig. 10.10b). Contrações da bexiga, até seis por minuto, expelem o fluido para dentro da **cloaca**, a qual também recebe os produtos dos sistemas digestório e reprodutor. Os tecidos e fluidos corporais dos rotíferos de água doce contêm uma concentração significativamente mais alta de material dissolvido do que aquela do ambiente aquático onde esses animais vivem e assim, a água difunde-se continuamente para o interior do animal por toda a superfície corporal permeável. A principal função dos protonefrídeos parece, então, ser a manutenção do balanço hídrico e do volume corporal, mais do que remover os produtos da excreção, pelo menos na maioria das espécies. O gradiente osmótico que existe através da parede corporal de rotíferos de água doce, e o fluxo difusional da água para o interior do corpo, podem ajudar os rotíferos na manutenção do turgor corporal.

Filo Acanthocephala

Características diagnósticas: 1) de um a dois sacos de colágeno (sacos de ligamentos), grandes, acelulares, no pseudoceloma, sustentando as gônadas; 2) adultos com probóscide contendo ganchos intracelulares.

O filo Acanthocephala inclui menos de 1.200 espécies, as quais são parasitos intestinais de vertebrados. Eles são especialmente comuns no intestino delgado de vários peixes, particularmente espécies de água doce, mas também infectam aves (incluindo galinhas e perus), mamíferos e, em menor proporção, répteis e anfíbios. Um único hospedeiro pode abrigar centenas de indivíduos de acantocéfalos. Frequentemente, artrópodes são necessários como hospedeiros intermediários para completar o ciclo de vida. Como a maioria dos outros asquelmintos, acantocéfalos são normalmente cilíndricos e, em geral, pequenos (poucos milímetros a poucos centímetros de comprimento), apresentam um número constante de células (**eutelia**), não têm qualquer estrutura respiratória especializada e possuem um grande pseudoceloma. O corpo dos acantocéfalos é dividido em três partes distintas: uma probóscide oca e preenchida por fluido; um colo; e um tronco (Fig. 10.16). Praticamente em todas as espécies, a probóscide pode ser retraída em uma bolsa especializada, o **receptáculo de probóscide**. A probóscide sempre contém numerosos ganchos e espinhos endurecidos bioquimicamente (os quais dão nome ao filo - cabeça espinhosa), cujos tamanho e arranjo são importantes na identificação das espécies. (Chamar alguém de acantocéfalo provocará um esplêndido insulto - satisfatório, mas é mais provável causar estupefação do que retaliação física.)

Parasitos intestinais invariavelmente requerem meios de se fixar à parede intestinal do hospedeiro, a fim de evitarem serem arrastados pela corrente até o ânus. Acantocéfalos usam os ganchos da probóscide para permanecer fixos a um local. Assim como acontece com a maioria dos outros parasitos, os sistemas se encontram significativamente reduzidos, com exceção do reprodutor; o amplo pseudoceloma no tronco dos acantocéfalos contém principalmente as gônadas e glândulas associadas (Fig. 10.16). Acantocéfalos são **gonocóricos** (**dioicos**) com sexos masculino e feminino separados. Em ambos os sexos, as gônadas estão contidas dentro de um ou dois **sacos de ligamentos**, com paredes finas, que se estendem desde a extremidade posterior do receptáculo da probóscide até próximo ao poro genital, essencialmente subdividindo o pseudoceloma. Os machos têm **glândulas de cemento**, cujas secreções endurecem após a cópula, tampando de forma segura a vagina da fêmea. As fêmeas adultas não têm ovários bem definidos. Em vez disso, os **fragmentos de ovário**, à medida que amadurecem, formam numerosas esferas de ovário que flutuam livremente dentro do fluido do saco de ligamentos. Ovos maduros entram no útero através de um **sino uterino** posterior (Fig. 10.16b), que, de alguma forma, impede que ovos imaturos saiam do(s) saco(s) de ligamentos.

Após a cópula e fertilização interna, os óvulos fertilizados se desenvolvem dentro do pseudoceloma da fêmea para um estágio avançado e diferenciado, o **estágio acântor** (Fig. 10.17). Uma única fêmea pode liberar centenas de milhares de acântores diariamente, os quais em breve saem do hospedeiro por meio das fezes, envoltos em cápsulas protetoras.

O acântor pode se desenvolver apenas dentro de certos hospedeiros invertebrados; ele não pode infectar outro hospedeiro vertebrado diretamente. Se o embrião encapsulado é consumido pelo hospedeiro intermediário apropriado – geralmente determinados insetos para os ciclos terrestres e crustáceos para os ciclos de vida aquáticos –, o acântor emerge da sua cápsula, perfura o tecido da parede intestinal, entra no sistema circulatório (hemocele) do artrópode e continua seu desenvolvimento. A idade adulta só é alcançada se o hospedeiro intermediário for comido por um vertebrado adequado, porém isso não necessariamente ocorre de forma direta: geralmente os acantocéfalos podem passar por um ou mais **hospedeiros de transporte** antes de, eventualmente, chegarem ao hospedeiro definitivo final. Para muitas espécies de acantocéfalos, esses hospedeiros de transporte, nos quais o parasito não pode continuar a se desenvolver, são elos essenciais da sua história de vida; frequentemente o hospedeiro definitivo não se alimenta de artrópodes diretamente, mas de pequenos peixes, caracóis ou outros hospedeiros de transporte, que, por sua vez, se alimentam de artrópodes (Fig 10.17).

Durante todo o ciclo de vida, os acantocéfalos devem subsistir com nutrientes solubilizados absorvidos dos diferentes hospedeiros; acantocéfalos não apresentam nenhum traço de trato digestório em nenhum estágio do desenvolvimento. Esta é uma característica comumente relacionada com a vida parasitária, juntamente com a redução dos órgãos sensoriais e de muitos outros sistemas.

As adaptações pronunciadas mostradas pelos acantocéfalos para uma vida endoparasítica deixam poucas pistas morfológicas sobre sua história evolutiva. Evidências fósseis sugerem uma relação próxima com um pequeno filo de vermes de vida livre, chamados de "priapúlidos" (Capítulo 17); várias espécies de priapúlidos fossilizados extraídos do

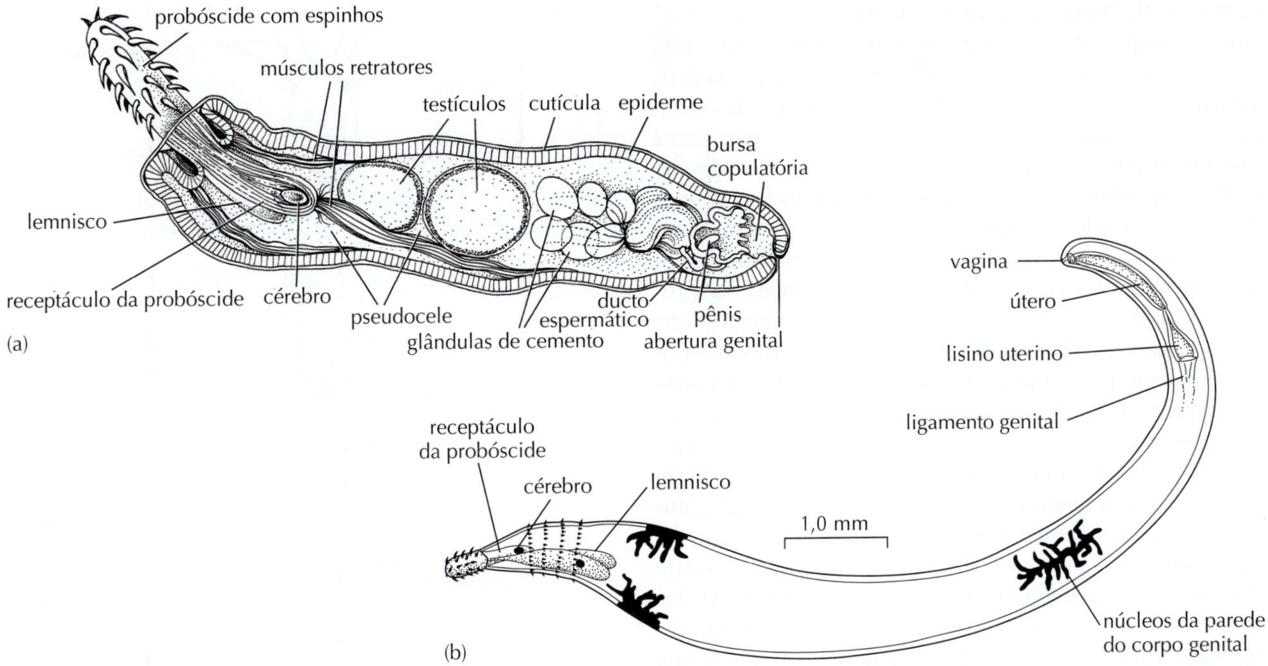

Figura 10.16

(a) Um acantocéfalo macho (*Acanthocephalus* sp.). A Bursa copulatória é eversível e prende a fêmea durante a cópula, usando secreções da glândula de cemento. (b) Fêmea de uma espécie diferente, *Quadrigyrus nickolii.* A função dos lemniscos pareados, encontrados em ambos os sexos, é desconhecida. Observe o cérebro próximo ao receptáculo da probóscide, na extremidade posterior do corpo.

(a) De Hyman; segundo Yamaguti.

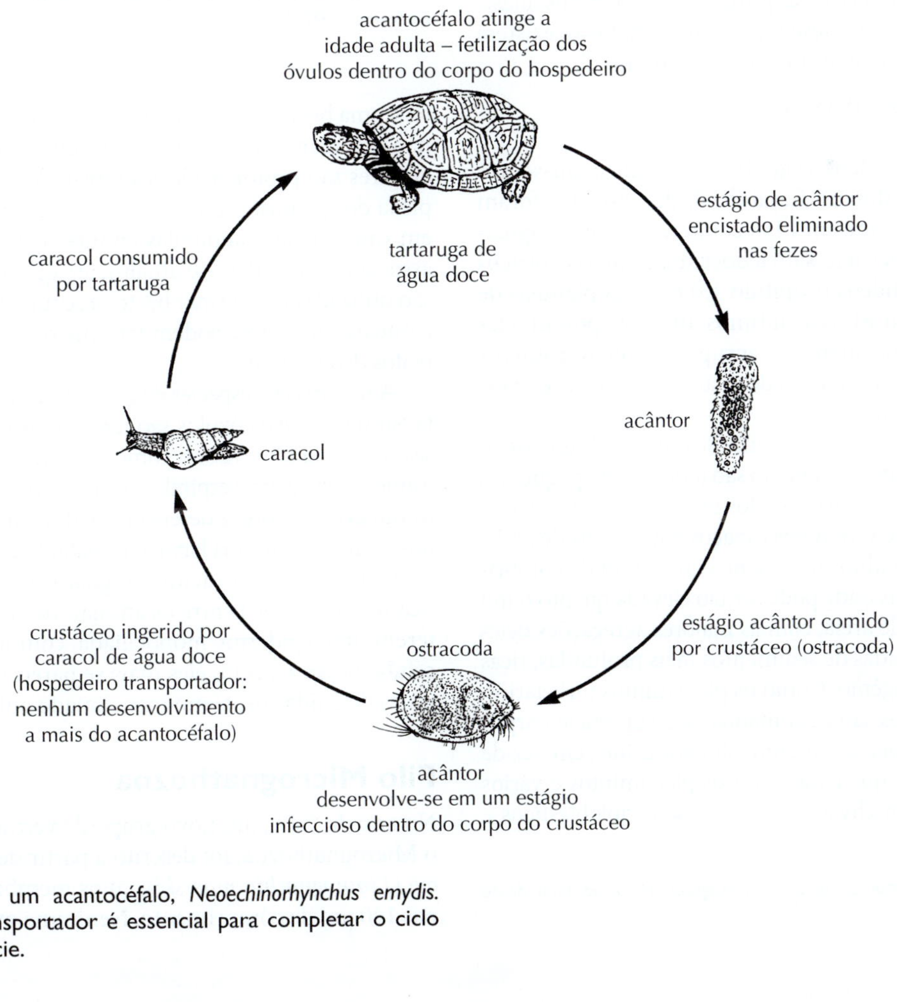

Figura 10.17

Ciclo de vida de um acantocéfalo, *Neoechinorhynchus emydis.* O hospedeiro transportador é essencial para completar o ciclo de vida nesta espécie.

Burgess Shale (formado cerca de 540 milhões de anos atrás) mostram a aparente morfologia de acantocéfalos. Isso sugere que os acantocéfalos descendem de organismos de vida livre, habitantes do lodo marinho, possivelmente tendo desenvolvido essa associação com artrópodes existentes atualmente como uma adaptação à intensa predação pelos artrópodes muito tempo atrás: parasitar ou perecer. Sua história de vida atual teria evoluído mais tarde, após a evolução dos vertebrados. Por outro lado, existem evidências crescentes de que os acantocéfalos são mais próximos filogeneticamente dos rotíferos, e, por esse motivo, ocorre seu posicionamento neste capítulo; na verdade, eles podem *ser* rotíferos modificados drasticamente para uma existência parasitária. Há um crescente apoio, devido principalmente a evidências moleculares, para posicionar rotíferos e acantocéfalos em um único filo, chamado quer de Rotifera ou Syndermata.[7] Em apoio a essa ideia, embora os membros da maioria das espécies de acantocéfalos não apresentem um sistema excretor especializado, há um sistema de protonefrídeos em algumas espécies, como em rotíferos (e platelmintos). Além disso, a epiderme dos acantocéfalos é sincicial e mostra a mesma rede intracelular peculiar de fibras proteicas, que confere rigidez, encontrada apenas nos rotíferos. Ao longo dos próximos anos, estudos moleculares, incluindo mais espécies e diferentes sequências de genes, podem resolver esse problema.

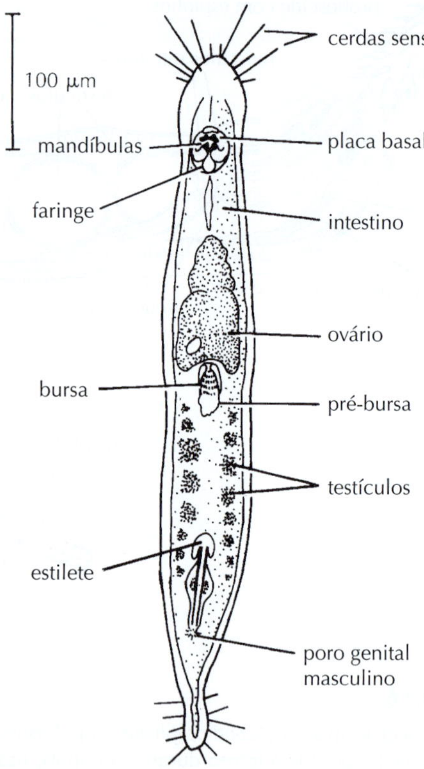

Figura 10.18

Um gnatostomulídeo, *Gnathostomulida jenneri*. A maioria dos indivíduos é menor que 1 mm de comprimento.

De Sterrer, 1972. *Syst. Zool*. 21:151.

Filo Gnathostomulida

"Não despreze as criaturas porque elas são minúsculas... não duvide de que nestas pequenas criaturas existem mais mistérios do que jamais imaginaremos."

Charles Kingsley, 1855, *Wonders of the Shore*

Os gnatostomulídeos (Fig. 10.18) assemelham-se aos turbelários, discutidos no Capítulo 8; de fato, eles foram descritos originalmente em 1956 como turbelários singulares. Desde então, eles têm sido associados com gastrótricos (Capítulo 18), anelídeos (Capítulo 13) e larvas plânulas de cnidários (Capítulo 6). Nos últimos 10 anos, porém, eles tornaram-se convincentemente agrupados com os rotíferos por meio de uma combinação de análises moleculares e estudos ultraestruturais.

Membros das aproximadamente 80 espécies de gnatostomulídeos descritas até o momento são todos muito pequenos, de corpo mole, sendo representados principalmente por vermes intersticiais que vivem nos espaços entre grãos de areia. A maioria dos indivíduos tem menos que 1 mm de comprimento, mas sua densidade pode ser tão elevada quanto 6 mil indivíduos por kg de areia, com as maiores agregações deles ocorrendo em camadas de sedimentos mais profundas, ricas em sulfeto de hidrogênio. Como os platelmintos turbelários, os gnatostomulídeos são acelomados. Sua superfície corporal é ciliada (mas apenas com um cílio por célula, em vez de vários por célula, o que caracteriza os platelmintos e vários outros animais com clivagem espiral); são triploblásticos e têm uma boca, mas não têm ânus funcional. Além disso, eles não têm sistemas circulatório e respiratório e seus órgãos excretores são protonefrídeos simples. A estrutura mais complexa dos gnatostomulídeos são as peças bucais, consistindo em um par de mandíbulas endurecidas e uma placa basal associada. Considera-se atualmente que as mandíbulas, que são utilizadas para raspar bactérias e fungos de grãos de areia e outros substratos, podem ter uma origem comum com os trofos dos rotíferos.

A maioria das espécies de gnatostomulídeos é hermafrodita simultânea e os óvulos são fertilizados internamente e, em seguida, liberados. Assim como acontece com outros protostômios, a clivagem é espiral. No entanto, os zigotos dos gnatostomulídeos sempre se desenvolvem de forma direta em pequenos vermes: nenhuma larva livre-natante é conhecida.

Como observado acima, os gnatostomulídeos estão praticamente isolados entre os animais de clivagem espiral por terem uma epiderme monociliada, com um único cílio por célula; nesse aspecto, eles mais se parecem com larvas plânulas de cnidários, como mencionado anteriormente.

Filo Micrognathozoa

No ano de 2000, um novo grupo de vermes microscópicos, o Micrognathozoa, foi descrito a partir de uma única espécie (*Limnognathia maerski*), cujos membros possuem apenas 140 µm de comprimento. Nenhuma outra espécie ainda

[7]Ver *Tópicos para posterior discussão e investigação*, nº 5, no final deste capítulo.

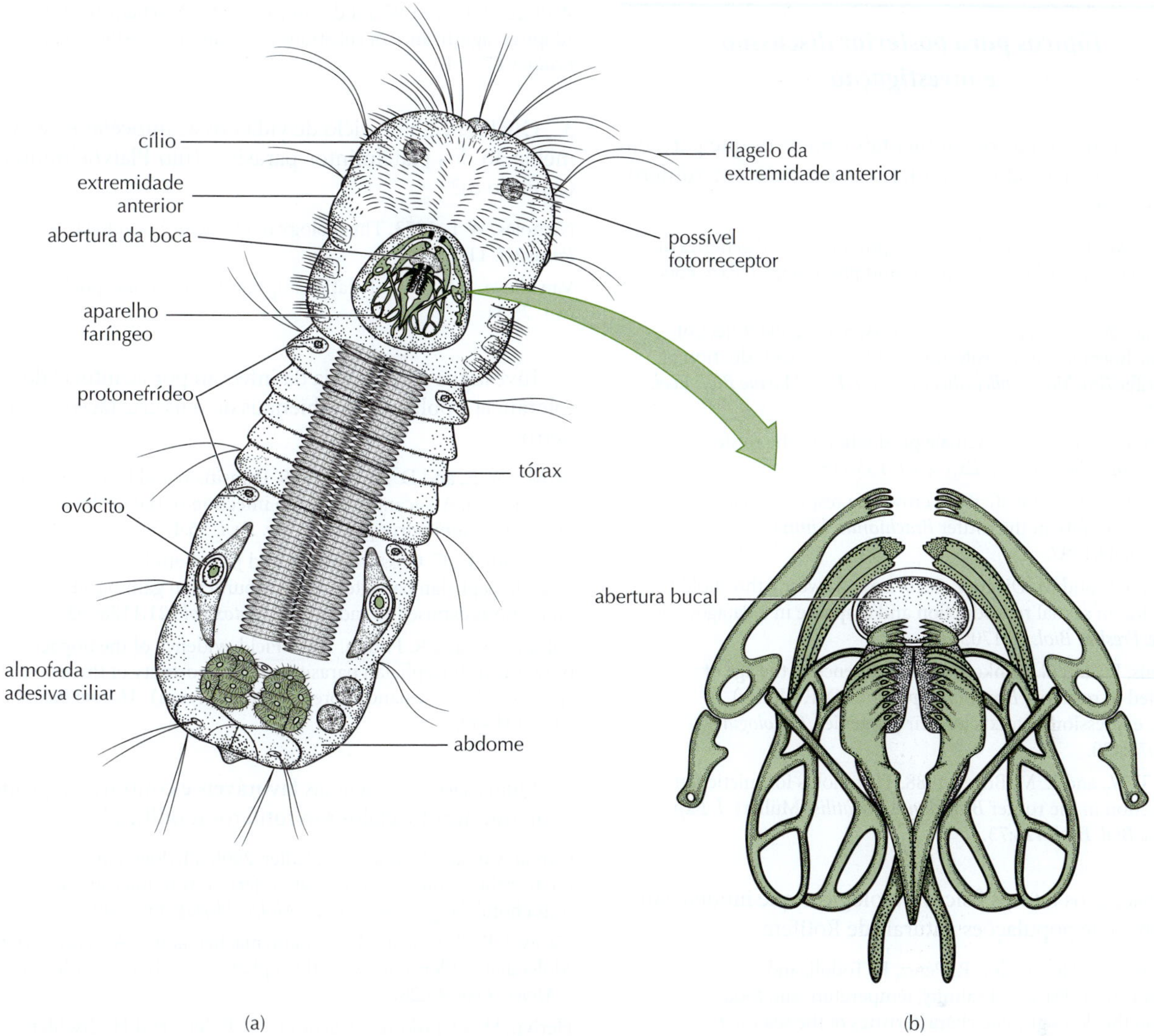

Figura 10.19

O micrognatozoário *Limnognathia maerski* (vista ventral), o único membro descrito para o filo Micrognathozoa. O indivíduo apresenta tamanho corporal de cerca de 120 µm. (a) Observe a almofada adesiva ciliar (10 células) e a extraordinariamente complexa estrutura das mandíbulas na faringe, ilustrada em detalhes em (b). (b) Detalhe das mandíbulas do micrognatozoário.

De Kristensen, R.M. e P. Funch. 2000. *J. Morphol.* 246: 1-49.

foi descrita. Como ilustrado (Fig. 10.19), esses animais têm uma extremidade anterior dividida em duas partes que contêm uma série altamente complexa de mandíbulas (Fig. 10.19b). Esses animais se locomovem por atividade ciliar, usando uma fileira dupla de células multiciliadas. Perto da extremidade posterior do animal, na superfície ventral, existe uma almofada adesiva ciliada, que secreta uma substância pegajosa (Fig. 10.19a). A almofada é bastante diferente dos dedos do pé adesivos de rotíferos e pode ser uma característica exclusiva dos micrognatozoários. Ainda pouco se sabe sobre a ecologia, a fisiologia ou o comportamento desses animais. Até o momento, somente fêmeas foram encontradas, sugerindo que os micrognatozoários se reproduzem por partenogênese, como muitos rotíferos.

Resumo taxonômico

Filo Rotifera

- Classe Seisonidea
- Classe Bdelloidea
- Classe Monogononta

Filo Acanthocephala

Filo Gnathostomulida

Filo Micrognathozoa

Tópicos para posterior discussão e investigação

1. Investigue os fatores ambientais e internos que parecem desencadear a produção de fêmeas mícticas em rotíferos monogonontes.

Birky, C. W., Jr. 1964. Studies on the physiology and genetics of the rotifer, *Asplanchna*. I. Methods and physiology. *J. Exp. Zool*. 155:273.

Gallardo, W. G., A. Hagiwara, and T. W. Snell. 2000. Effect of juvenile hormone and serotonin (5-HT) on mixis induction of the rotifer *Brachionus plicatilus* Muller. *J. Exp. Marine Biol. Ecol.* 252:97.

Gilbert, J. J. 1963. Mictic-female production in the rotifer *Brachionus calyciflorus*. *J. Exp. Zool.* 153:113.

Gilbert, J. J. 2003. Specificity of crowding response that induces sexuality in the rotifer *Brachionus*. *Limnol. Oceanogr.*48:1297.

Gilbert, J. J., and M. Diéguez. 2010. Low crowding threshold for induction of sexual reproduction and diapause in a Patagonian rotifer. *Freshw. Biol.* 55:1705–18.

Lubzens, E., and G. Minkoff. 1988. Influence of the age of algae fed to rotifers (*Brachionus plicatilis* O. F. Müller) on the expression of mixis in their progenies. *Oecologia (Berl.)*75:430.

Snell, T. W., and E. M. Boyer. 1988. Thresholds for mictic female production in the rotifer *Brachionus plicatilis* (Müller). *J. Exp. Marine Biol. Ecol.* 124:73.

2. Discuta os fatores físicos e biológicos que influenciam a dinâmica de populações naturais de Rotifera.

Bosque, T., R. Hernández, R. Pérez, R. Todolí, and R. Oltra. 2001. Effects of salinity, temperature and food level on the demographic characteristics of the seawater rotifer *Synchaeta littoralis* Rousselet. *J. Exp. Marine Biol. Ecol.* 258:55.

Edmondson, W. T. 1945. Ecological studies of sessile Rotatoria. II. Dynamics of populations and social structures. *Ecol. Monog.* 15:141.

Gilbert, J. J. 1989. The effect of *Daphnia* interference on a natural rotifer and ciliate community: Short-term bottle experiments. *Limnol. Oceanogr.* 34:606.

Gilbert, J. J., and C. E. Williamson. 1978. Predator-prey behavior and its effect on rotifer survival in associations of *Mesocyclops edax, Asplanchna girodi, Polyarthra vulgaris,* and *Keratellacochlearis. Oecologia (Berl.)* 37:13.

Gladyshev, E., and M. Meselson. 2008. Extreme resistance of bdelloid rotifers to ionizing radiation. *Proc. Natl. Acad. Sci. U.S.A.* 105:5139–44.

King, C. E. 1972. Adaptation of rotifers to seasonal variation. *Ecology* 53:408.

Ricci, C., L. Vaghi, and M. L. Manzini. 1987. Desiccation of rotifers (*Macrotrachela quadricornifera*): Survival and reproduction. *Ecology* 68:1488.

Ricci, C., M. Caprioli, and D. Fontaneto. 2007. Stress and fitness in parthenogens: Is dormancy a key feature for bdelloid rotifers ? *BMC Evol. Biol*. 7 (Suppl 2): S9.

Snell, T. W., R. Ricomartinez, L. N. Kelly, and T. E. Battle. 1995. Identification of a sex pheromone from a rotifer. *Marine Biol.* 123:347.

Wallace, R. L., and W. T. Edmondson. 1986. Mechanism and adaptive significance of substrate selection by a sessile rotifer. *Ecology* 67:314.

3. Qual aspecto do ciclo de vida dos acantocéfalos se assemelha ao dos platelmintos parasitos (filo Platyhelminthes, Capítulo 8)?

Nicholas, W. L. 1973. The biology of the Acanthocephala. *Adv. Parasitol.* 11:671.

Van Cleve, J., II. 1941. Relationships of the Acanthocephala. *Amer. Nat.* 75:31.

4. Investigue a influência da infecção por acantocéfalos na tolerância a poluentes ambientais de seus crustáceos hospedeiros.

Brown, A. F., and D. Pascoe. 1989. Parasitism and host sensitivity to cadmium: An acanthocephalan infection of the freshwater amphipod *Gammarus pulex*. *J. App. Ecol.* 26:473.

Gismondi, E., C. Cossu-Leguille, and J.-N. Beisel. Acanthocephalan parasites: Help or burden in gammarid amphipods exposed to cadmium? *Ecotoxicol*. 21:1188–93.

Latham, A., and R. Poulin. 2002. Field evidence of the impact of two acanthocephalan parasites on the mortality of three species of New Zealand shore crabs (Brachyura). *Marine Biol*. 141:1131–39.

5. Quais são as evidências favoráveis e contrárias à proposição que acantocéfalos são rotíferos modificados?

García-Varela, M., and S. A. Nadler. 2006. Phylogenetic relationships among Syndermata inferred from nuclear and mitochondrial gene sequences. *Molec. Phylog. Evol*. 40:61–72.

Garey, J. R., T. J. Near, M. R. Nonnemacher, and S. A. Nadler. 1996. Molecular evidence for Acanthocephala as a subtaxon of Rotifera. *J. Molec. Evol.* 43:287.

Herlyn, H., O. Piskurek, J. Schmitz, U. Ehlers, and H. Zischler. 2003. The syndermatan phylogeny and the evolution of acanthocephalan endoparasitism as inferred from 18S rDNA sequences. *Molec. Phylog. Evol.* 26:155–64.

Morris, S. C., and D. W. Crompton. 1982. The origins and evolution of the Acanthocephala. *Biol. Rev.* 57:85.

Near, T. J. 2002. Acanthocephalan phylogeny and the evolution of parasitism. *Integr. Comp. Biol.* 42:668.

Nielsen, C. 1995. *Animal Evolution: Interrelationships of the Living Phyla.* New York: Oxford University Press, pp. 248–53.

Sørensen, M. V., and G. Giribet. 2006. A modern approach to rotiferan phylogeny: Combining morphological and molecular data. *Molec. Phylog. Evol.* 40:61–72.

Welch, D. B. M. 2000. Evidence from a protein-coding gene that acanthocephalans are rotifers. *Invert. Biol.* 119:17.

6. Quão convincente é a evidência de que os rotíferos bdelóideos evoluíram milhões de anos atrás a partir de ancestrais que perderam a capacidade de se reproduzir sexuadamente?

Welch, D. M., and M. Meselson. 2000. Evidence for the evolution of bdelloid rotifers without sexual reproduction or genetic exchange. *Science* 288:1211–15.

Welch, J. L. M., D. B. M. Welch, and M. Meselson. 2004. Cytogenetic evidence for asexual evolution of bdelloid rotifers. *Proc. Nat. Acad. Sci. U.S.A.* 101:1618–21.

Detalhe taxonômico

Superfilo Gnathifera

Os membros deste grupo estão unidos por semelhanças moleculares e por possuírem mandíbulas de estrutura única.

Filo Rotifera

As aproximadamente 2 mil espécies estão divididas em duas classes e três subclasses.

Classe Eurotatoria

Esta classe contém os rotíferos bdelóideos e monogonontes, que incluem mais de 99% de todas as espécies de rotíferos.

Subclasse Monogononta

Esta classe contém pelo menos 75% de todos os rotíferos, mais que 1.500 espécies. Três ordens.

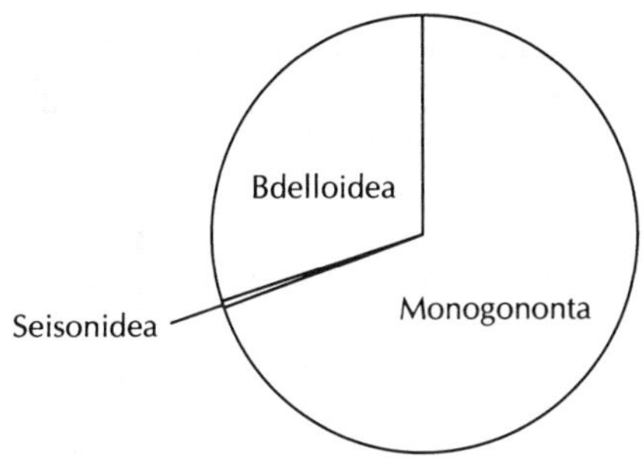

Ordem Ploima

A maioria das espécies de rotíferos pertence a esta ordem. Em geral, as populações consistem em fêmeas amícticas que se reproduzem por partenogênese, mas os ovos mícticos são produzidos sob certas condições ambientais. A maioria das espécies vive em água doce, porém, algumas espécies são marinhas. Há 14 famílias.

Família Brachionidae *Brachionus, Keratella, Epiphanes, Lepadella.* Os indivíduos são principalmente planctônicos, embora a família também inclua algumas espécies bentônicas (que vivem associadas ao substrato), como *Lepadella.*

Família Asplanchnidae *Asplanchna.* Todas as espécies são planctônicas e predadoras, frequentemente predando uns aos outros. Os indivíduos alcançam um tamanho de até 2 mm.

Família Lecanidae *Lecane.* É uma das mais ricas em espécies de todos os gêneros de rotíferos. Todas as espécies vivem em ambientes de água doce.

Família Synchaetidae *Synchaeta, Polyarthra.* Estes rotíferos são comuns em ambientes marinhos e de água doce. A maioria dos rotíferos planctônicos marinhos *é* encontrada nesta família.

Família Proalidae *Proales.* Diversas espécies consistem em parasitos internos de animais (vivendo em hospedeiros bizarros, como ovos de cobras e certos protozoários) ou plantas, ao passo que outros vivem em associação simbiótica com diversos animais, como protozoários coloniais, hidrozoários, crustáceos ou larvas de insetos.

Ordem Flosculariaceae

Quatro famílias.

Familia Flosculariidae *Floscularia.* Este grupo inclui alguns rotíferos bentônicos comuns que constroem tubos em plantas aquáticas, usando pelotas formadas por detritos, cuidadosamente cimentadas ao substrato. Algumas espécies, incluindo as do gênero *Sinantherina,* formam colônias em uma massa gelatinosa comum, as quais podem se fixar ao substrato ou flutuar na água.

Ordem Collothecaceae

Uma família.

Família Collothecidae *Collotheca, Stephanoceros.* A maioria das espécies desta família é séssil e vive fixada a substratos sólidos, envolta em secreções gelatinosas, em ambientes de água doce. O ânus abre-se anteriormente, no colo, como uma adaptação para esses organismos viverem no interior de tubos.

Subclasse Bdelloidea

Membros deste grupo vivem em uma ampla variedade de hábitats, incluindo solos úmidos, musgos, fontes de água quente e lagos Antárticos, e poucas espécies vivem no mar. Rotíferos bdelóideos são extremamente numerosos no fundo de lagos e outros ambientes lênticos de água doce em todo o mundo. O ciclo de vida parece ser inteiramente amíctico; a reprodução é exclusivamente por partenogênese e machos são desconhecidos. Indivíduos podem tolerar uma notável amplitude de temperatura e longos períodos de dessecação. Em torno de 460 espécies, distribuídas em quatro famílias.

Familia Philodinidae *Philodina, Rotaria, Zelinkiella.* A maioria das espécies é de vida livre em ambientes de água doce e terrestres úmidos, mas poucas espécies (p. ex., do gênero *Embata*) são parasitos das brânquias de certos crustáceos (filo Arthropoda). *Zelinkiella* vive nas depressões epidérmicas dos pepinos-do-mar (Echinodermata: Holothuroidea).

Classe Pararotatoria

Subclasse Seisonidea

Uma família, contendo somente três espécies.

Família Seisonidae *Seison.* Estes rotíferos são todos simbiontes marinhos. Em vez de um pé com dedos, a extremidade posterior do corpo tem um disco adesivo terminal similar ao das sanguessugas. Representantes de *Seison* vivem exclusivamente nas brânquias de crustáceos europeus. Os animais têm de 2 a 3 mm de comprimento (tamanho grande, para rotíferos), mas têm uma corona altamente reduzida. Machos e fêmeas são igualmente abundantes e bem desenvolvidos.

Filo Acanthocephala

As aproximadamente 1.150 espécies descritas são distribuídas em três classes. Há crescentes evidências de que os acantocéfalos são realmente rotíferos, modificados para uma existência parasitária.

Classe Archiacanthocephala

Os únicos acantocéfalos com sistema excretor especializado estão incluídos nesta classe. Todas as espécies parasitam aves ou mamíferos, sendo insetos, centípedes e milípedes hospedeiros intermediários. A classe inclui *Macracanthorhynchus hirudinaceus,* um dos maiores acantocéfalos e o único de importância econômica; adultos quase sempre parasitam suínos, embora infestação humana tenha sido registrada ocasionalmente. As fêmeas são três ou quatro vezes maiores que os machos e alcançam o tamanho de cerca de 70 centímetros. As larvas se desenvolvem dentro de besouros escarabídeos que ingerem fezes de suínos, e estes se tornam infestados ao ingerirem larvas ou adultos de besouros. Quatro famílias.

Classe Eoacanthocephala

Neoechinorhynchus (= *Neorhynchus*). A maioria das espécies parasita peixes. Crustáceos servem frequentemente como hospedeiros intermediários. Três famílias.

Classe Palaeacanthocephala

Esta classe contém a maioria das espécies de acantocéfalos. Os acantocéfalos parasitam uma ampla gama de hospedeiros vertebrados: hospedeiros definitivos incluem peixes (inclusive robalos), anfíbios, répteis, aves e mamíferos. Crustáceos geralmente servem como hospedeiros intermediários. Algumas espécies parasitam perus e galinhas, usando isópodos terrestres como hospedeiros intermediários obrigatórios. Algumas espécies podem alterar o comportamento do hospedeiro, de forma a aumentar a probabilidade de captura pelo hospedeiro definitivo. Treze famílias.

Filo Gnathostomulida

Haplognathia, Gnathostomaria. As 80 ou mais espécies deste filo são distribuídas em duas ordens baseadas em diferenças da anatomia do sistema reprodutor e morfologia dos espermatozoides. Esses pequenos vermes hermafroditas (< cerca de 4 mm) vivem intersticialmente, nos espaços entre os grãos de areia. Os primeiros membros foram descobertos em 1956. Todas as espécies são marinhas.

Ordem Filospermoidea

Haplognathia. Duas famílias.

Ordem Bursovaginoidea

Agnathiella, Gnathostomula. Esta ordem contém cerca de 75% de todas as espécies de gnatostomulídeos. A anatomia reprodutiva é mais complexa nas espécies desta ordem, e machos possuem pênis contendo um estilete, que injeta espermatozoides em qualquer parte da superfície corporal da fêmea. Muitos membros dessa ordem podem inverter a direção do batimento ciliar, nadando para trás. Oito famílias, e algumas possuem uma única espécie.

Filo Micrognathozoa

Este grupo atualmente contém uma única espécie, *Limnognathia maerski,* descrita em 2000, a partir de material coletado em uma nascente gelada na Groelândia. Micrognatozoários provavelmente têm o aparelho mandibular mais complexo já observado em animais microscópicos.

Referências gerais sobre rotíferos e outros gnatíferos

Harrison, F. W., and E. E. Ruppert, eds. 1991. *Microscopic Anatomy of Invertebrates, Volume 4: Aschelminthes.* New York: Wiley-Liss (Rotifers: 219–97; Acanthocephalans: 299–332).

Hyman, L. H. 1951. *The Invertebrates, Volume 3. Acanthocephala, Aschelminthes, and Entoprocta.* New York: McGraw-Hill.

Kennedy, C. R. 2006. *Ecology of the Acanthocephala .* Cambridge University Press.

Kristensen, R. M. 2002. An introduction to Loricifera, Cycliophora, and Micrognathozoa. *Integr. Comp. Biol.* 42:641–51.

Kristensen, R. M., and P. Funch. 2000. Micrognathozoa: A new class with complicated jaws like those of Rotifera and Gnathostomulida. *J. Morphol.* 246:1–49.

Morris, S. C., et al., eds. 1985. *The Origins and Relationships of Lower Invertebrates. Systematics Association, Special Volume 28.* Oxford: Clarendon Press.

Near, T. J. 2002. Acanthocephalan phylogeny and the evolution of parasitism. *Integr. Comp. Biol.* 42:668–77.

Nielsen, C. 2012. *Animal Evolution: Interrelationships of the Living Phyla,* 3rd ed. New York: Oxford University Press, 185–193.

Parker, S. P., ed. 1982. *Classification and Synopsis of Living Organisms,* vol. 1. New York: McGraw-Hill, 865–72, 933–40.

Ricci, C., and M. Caprioli. 2005. Anhydrobiosis in bdelloid species, populations and individuals. *Integr. Comp. Biol.* 45:759–63.

Roberts, L. S., J. Janovy, Jr., and P. Schmidt. 2004. *Foundations of Parasitology,* 7th ed. New York: McGraw-Hill.

Thorpe, J. H., and A. P. Covich, eds. 2001. *Ecology and Classification of North American Freshwater Invertebrates,* 2nd ed. New York: Academic Press, 187–248.

Wallace, R. L. 2002. Rotifers: Exquisite metazoans. *Integr. Comp.Biol.* 42:660–67.

Wallace, R. L., and H. A. Smith. 2009. Rotifera. In G.E. Likens (ed.) *Encyclopedia of Inland Waters,* vol. 3. Oxford: Elsevier, pp. 689–703.

Procure na web

1. www.ucmp.berkeley.edu/phyla/rotifera/rotifera.html

   Este site é mantido pela University of California, em Berkeley. Ele fornece informações sobre a biologia dos rotíferos, com fotos e links de outros sites relevantes.

2. http://www.onlinezoologists.com/topics/taxa/acanth.htm

   Um resumo ótimo e conciso sobre as características dos acantocéfalos.

3. http://www.micrographia.com

   Clique em "Specimen Galleries", depois em "Biological Specimens: Freshwater" e, após, em "Rotifers" para ver informações detalhadas sobre a biologia dos rotíferos em belas fotografias.

4. http://www.microscopy-uk.org.uk/mag/indexmag.html?http://www.microscopy-uk.org.uk/mag/wimsmall/rotidr.html

   Este site contém muitas imagens maravilhosas de rotíferos, cortesia da Wim van Egmond.

5. http://www.zmuc.dk/InverWeb/Dyr/Limnognathia/Limno_intro_UK.htm

   Aprenda sobre Micrognathozoa, descoberto no ano 2000, em uma expedição na Groelândia.

11

Nemertinos

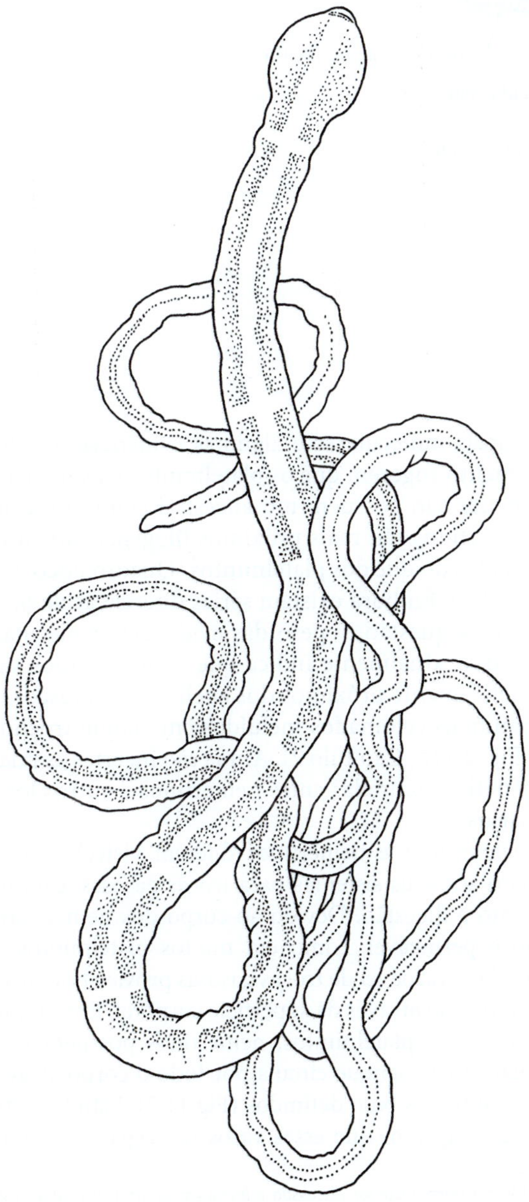

Introdução e características gerais

Característica diagnóstica:[1] probóscide muscular eversível alojada em uma cavidade esquizocélica (a rincocele) preenchida por fluido.

Os nemertinos (também chamados de *nemerteans*, em inglês) são um pequeno grupo de vermes alongados, não segmentados e de corpo mole. A maioria das aproximadamente 1.300 espécies descritas neste filo é marinha. Nemertinos são comumente habitantes de águas rasas marinhas, rastejadores sobre substratos sólidos, construtores de galerias em sedimentos, ou ainda vivendo ocultos sob pedras, rochas ou camadas de algas. Algumas outras espécies (principalmente pertencentes a um único gênero) são encontradas em água doce, e os membros de vários pequenos gêneros são terrestres. As espécies terrestres são mais comuns em ambientes tropicais úmidos. As espécies de água doce e terrestres provavelmente possuem ancestrais marinhos. Diversas espécies de nemertinos vivem comensalmente com invertebrados de outros filos, particularmente Arthropoda e Molusca, porém, poucos nemertinos são parasitos.

Em diversos aspectos, os nemertinos, pelo menos superficialmente, lembram os platelmintos de vida livre (filo Platyhelminthes, classe Turbellaria). Assim como os platelmintos, os nemertinos são externamente ciliados e secretam muco, através do qual eles deslizam. Pequenos nemertinos podem se mover sobre o substrato exclusivamente por meio de batimento ciliar. Indivíduos maiores muitas vezes produzem ondas de contração muscular quando se deslocam sobre substratos rígidos ou em substratos macios. Membros de algumas espécies podem nadar ao gerar ondas por intermédio de contrações musculares relativamente violentas.

Similarmente aos turbelários, a maioria dos nemertinos é achatada dorsoventralmente e possui músculos circulares, longitudinais e dorsoventrais. Na maioria das espécies de nemertinos, a área situada entre a parede externa do corpo

[1]Características que distinguem os membros deste filo dos membros de outros filos.

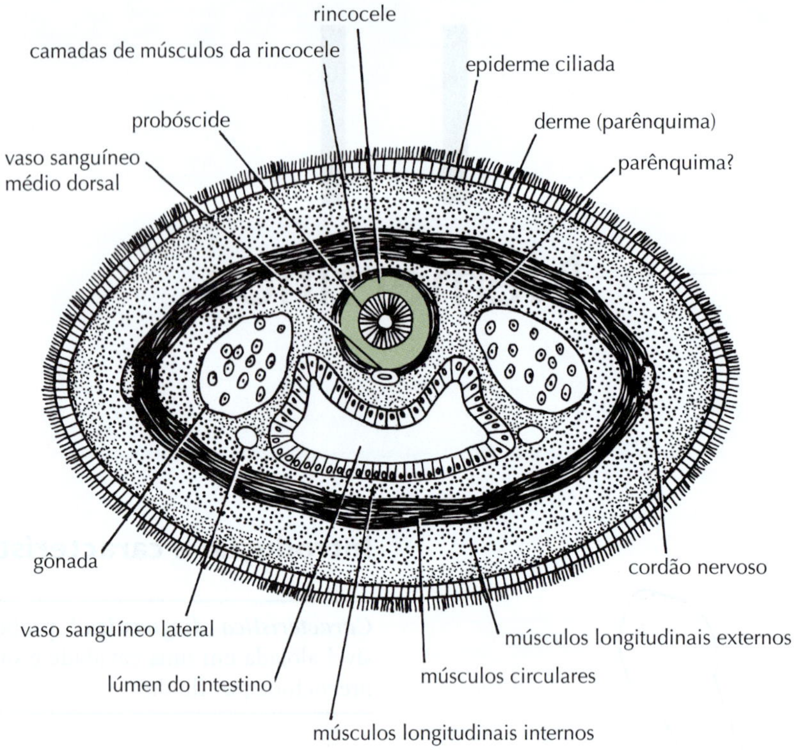

Figura 11.1

Secção transversal diagramática no corpo de um nemertino. As funções da probóscide e da rincocele serão discutidas posteriormente neste capítulo.

Segundo Harmer e Shipley.

e o intestino é ocupada por uma matriz extracelular, mas em pelo menos algumas espécies o espaço é aparentemente preenchido com **parênquima** de origem mesodérmica, como nos platelmintos (Fig. 11.1). O sistema nervoso dos nemertinos também lembra o plano dos turbelários: os gânglios cerebrais formam um anel anterior e dão origem a um arranjo em "escada", com nervos longitudinais e conexões laterais. Nemertinos possuem quimiorreceptores e mecanorreceptores, localizados em fendas e sulcos na superfície do corpo, e cerdas sensoriais. A maioria das espécies também possui fotorreceptores pigmentados (ocelos), e algumas espécies possuem órgãos responsáveis pelo equilíbrio (**estatocistos**). O número de ocelos varia amplamente entre espécies, de 0 a mais de 80 por animal. Como nos platelmintos, os nemertinos possuem sistema excretor protonefrideal e a digestão é, em grande parte, intracelular. Os estágios larvas também parecem compartilhar algumas características importantes.

O corpo da maioria das espécies de nemertinos é consideravelmente comprido, geralmente em torno de 20 cm, porém, em alguns casos, pode atingir 30 metros. "Vermes-fita", o nome comum para membros deste filo, é especialmente apropriado para estes nemertinos alongados.

Nemertinos diferem dos platelmintos em uma variedade de aspectos, suficientemente importantes para colocar estes dois grupos em filos separados. De fato, evidências moleculares e algumas evidências no desenvolvimento sugerem que os platelmintos e os nemertinos realmente não possuem um ancestral comum recente, e os nemertinos são mais próximos filogeneticamente dos celomados do que dos platelmintos (Quadro Foco de pesquisa 11.1). Embora existam sérias diferenças de opinião sobre essa questão, o peso das evidências moleculares e estruturais atualmente indica que os nemertinos são filogeneticamente próximos dos anelídeos, moluscos e outros animais celomados incluídos em "Lophotrochozoa" (ver Fig. 2.11b, Capítulo 2). Ainda são incertas as relações filogenéticas acuradas entre nemertinos e outros lofotrocozoários.

Platelmintos e nemertinos diferem visivelmente com respeito aos seus sistemas para trocas gasosas, captura de alimento e digestão. Devido ao corpo dos nemertinos ser plano e permeável, como em muitos platelmintos, uma quantidade razoável de trocas gasosas provavelmente ocorre por difusão através da superfície corporal. Entretanto, ao contrário dos platelmintos, nemertinos possuem sistema circulatório. O sangue circula por todo o corpo através de vasos contráteis bem definidos (Fig 11.2). Estudos ultraestruturais sugerem que esses vasos são espaços celômicos[2]

[2]Ver *Tópicos para posterior discussão e investigação*, nº 1, no final deste capítulo.

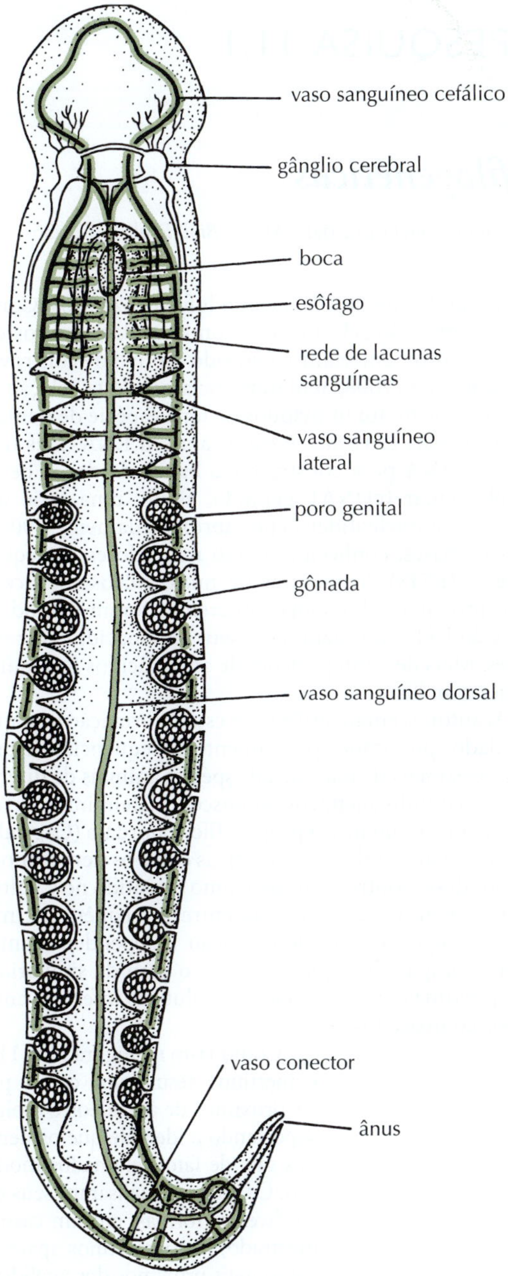

Figura 11.2

Ilustração esquemática de *Cerebratulus*, um gênero comum de nemertino. Observe o sistema circulatório bem desenvolvido.

Segundo Bayer e Owre; segundo Joubin.

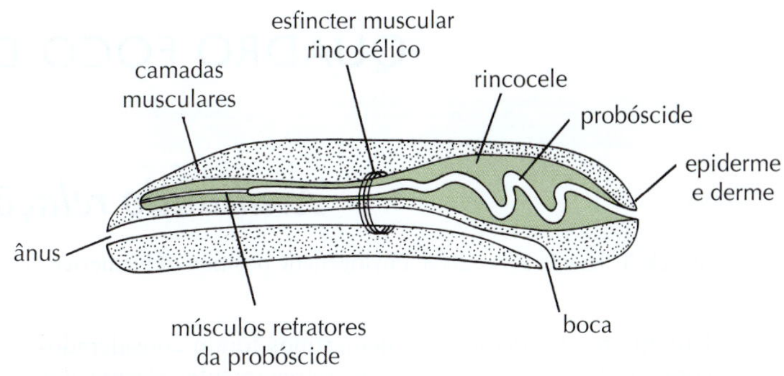

Figura 11.3

Secção longitudinal diagramática de um nemertino, mostrando o intestino tubular.

Modificada de Turbeville e Ruppert, 1983, *Zoomorphol.* 103:103.

altamente modificados, proporcionando maior suporte para classificar os nemertinos como celomados. Não há um coração verdadeiro e os vasos sanguíneos não possuem válvulas de sentido único, de modo que o sangue não circula unidirecionalmente. Em vez disso, ele flui para a frente ou para trás erraticamente, impulsionado, em grande parte, por contrações musculares associadas com movimentos rotineiros do animal. Algumas espécies possuem hemoglobina em seu sangue, porém, a maioria das espécies não possui pigmentos sanguíneos para transporte de oxigênio.

Ao contrário dos platelmintos, os nemertinos possuem um trato digestório unidirecional, com uma boca anterior e um ânus posterior (Fig 11.3). O fluxo do alimento é unidirecional neste intestino tubular, possibilitando um processo digestório ordenado: as enzimas digestórias podem ser secretadas em sequência conforme a comida é empurrada no intestino por atividade ciliar, e o animal pode continuar comendo sem interromper a digestão. Como os nutrientes são absorvidos apenas em uma parte posterior especializada do intestino, muitos tecidos corporais estão localizados distantes do local de absorção. O sistema circulatório dos nemertinos desempenha, assim, um papel importante na distribuição dos nutrientes por todo o corpo.

A maioria dos nemertinos é carnívora, com preferências alimentares que, muitas vezes, são altamente específicas. Nemertinos parecem ter preferência por pequenos anelídeos e crustáceos, e cada espécie mostra frequentemente preferência por uma determinada presa.[3]

Diferentemente de qualquer platelminto, os nemertinos possuem uma **probóscide** muscular oca. Esta estrutura não é homóloga à faringe dos turbelários, a qual é essencialmente uma extensão protrusível do intestino. Pelo contrário, a probóscide dos nemertinos é, em geral, distinta do trato digestório (Figs. 11.3 e 11.4 b, c), flutuando em uma cavidade tubular própria, cheia de fluido, chamada de **rincocele** (Fig. 11.4a). A rincocele se forma durante o desenvolvimento como uma fenda no tecido mesodérmico e, neste sentido, é celômica. Se ela é homóloga da cavidade celômica de anelídeos e outros protostômios inquestionavelmente celomados, é uma questão em aberto. A importância da rincocele como característica diagnósticas dos nemertinos levou a um nome alternativo para o filo, Rhynchocoela (do grego. focinho com cavidade).

A probóscide de nemertinos pode ser projetada para fora com uma força explosiva, algo que nenhum platelminto turbelário pode fazer com sua faringe. O que

[3]Ver *Tópicos para posterior discussão e investigação*, nº 2, no final deste capítulo.

QUADRO FOCO DE PESQUISA 11.1

Avaliando relações filogenéticas

Struck, T. H. e F. Fisse. 2008. Phylogenetic position of Nemertea derived from phylogenomic data. *Molec. Biol. Evol.* 25:728-36.

Durante muitas décadas, os nemertinos foram considerados como acelomados triploblásticos, estreitamente relacionados com os platelmintos, os dois grupos considerados como tendo evoluído de um ancestral comum recente. Duas características ocorrentes nos nemertinos, mas não nos platelmintos – uma rincocele preenchida com fluido e um sistema circulatório – acreditava-se terem evoluído nos nemertinos depois que eles divergiram dos seus ancestrais platelmintos. Estudos publicados por James Tuberville e colaboradores, nos anos 1990, contudo, confirmaram sugestões feitas por cientistas alemães muito anos antes: (a) a rincocele dos nemertinos se forma por uma fenda no tecido mesodérmico, similarmente à formação da cavidade celômica, e (b) os "vasos sanguíneos" dos nemertinos possuem revestimento epitelial contínuo, musculatura e diversas outras características, sugerindo que estes são espaços celômicos modificados.

No entanto, muitos biólogos não estavam convencidos de que os nemertinos seriam celomados verdadeiros. A questão era a definição de um "celoma": este seria qualquer cavidade formada a partir de uma fenda no tecido mesodérmico ou ele precisa ter uma localização específica preenchendo o espaço entre o intestino e a musculatura da parede corporal? Se os nemertinos são celomados verdadeiros, então eles seriam mais estreitamente relacionados com moluscos, anelídeos e outros lofotrocozoários do que com platelmintos.

Ao longo dos últimos 20 anos, aproximadamente, evidências moleculares consideráveis têm acumulado suporte

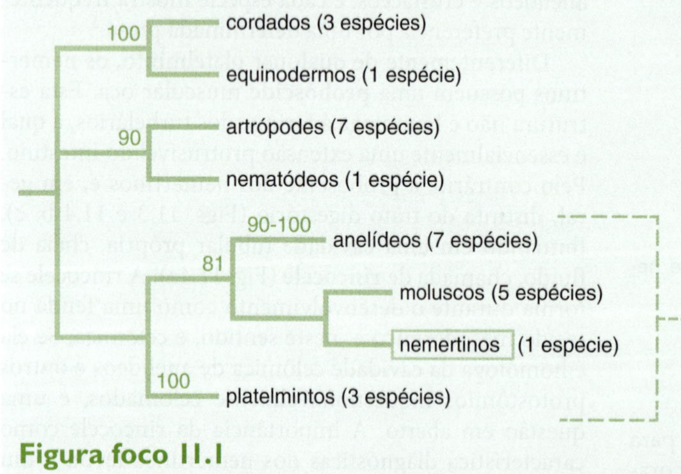

Figura foco 11.1

Um resultado das análises, nas quais, neste caso, foi usada inferência bayesiana para avaliar a relação entre vários grupos incluídos neste estudo. O número em cada ponto de ramificação mostra a porcentagem de 50 mil replicações que resultaram em cada determinada ramificação; assim, as porcentagens expressam o grau de confiança que se pode ter em cada ponto de ramificação. O número em parênteses junto ao nome do grupo mostra o número de espécies cujos dados do genoma foram fornecidos para cada grupo.

Baseada em T. H. Struck e F. Fisse. 2008. Phylogenetic position of Nemertea derived from phylogenomic data in *Molecular Biology and Evolution* 25:728-36.

à inclusão dos nemertinos como lofotrocozoários. Como os nemertinos estão relacionados com os outros grupos de lofotrocozoários, entretanto, tem sido motivo de controvérsia. Struck e Fisse (2008) tentaram esclarecer esta relação. Para isso, eles coletaram indivíduos de uma espécie de nemertino em particular, *L. viridis*, e extraíram seu RNA. Eles utilizaram este RNA para construir seu banco de dados de DNA complementar (cDNA), gerando, assim, uma série de sequências de nucleotídeos com aproximadamente 500 a 800 pares de bases, conhecidas como marcadores de sequência expressa (ESTs). Sequências de nucleotídeos codificadoras de 60 proteínas ribossomais diferentes foram extraídas dos dados do EST e traduzidas em seus aminoácidos correspondentes. Mais de 9 mil posições de aminoácidos foram incluídas nesta análise.

Os autores, então, utilizaram essa informação juntamente com dados publicados previamente de sequências de proteínas ribossomais de mais de 30 espécies animais de diferentes filos – incluindo anelídeos, moluscos, platelmintos, artrópodes e membros do nosso próprio filo, Chordata (Capítulo 23) – para avaliar as relações evolutivas entre os nemertinos e os animais desses outros grupos. Como discutido no Capítulo 2, um maior grau de diferenças entre as sequências implica em um longo período de evolução independente entre os grupos comparados; quanto maior o grau de similaridades, mais próximas serão as relações evolutivas inferidas entre os grupos comparados.

Como visto na Figura foco 11.1, os nemertinos resultaram como parentes próximos de anelídeos e moluscos, suportando a ideia de que os nemertinos são, de fato, celomados modificados. Os autores analisaram seus dados de diversas formas; em um caso (não mostrado), os nemertinos apareceram como mais próximos dos anelídeos do que dos moluscos, mas nunca houve qualquer dúvida sobre sua inclusão em Lophotrochozoa. Os dados também indicam claramente que os nemertinos e os platelmintos não são grupos-irmãos.

Assim, parece que, a partir de análises moleculares, os nemertinos são, de fato, celomados; dessa forma, a definição sobre o que é um celoma precisa ser modificada. De acordo com as ideias discutidas no Capítulo 2, como você acha que os resultados poderiam ter diferido, caso diferentes sequências de genes fossem incluídas neste estudo? Quais outros fatores você poderia supor que pudessem alterar este tipo de análise?

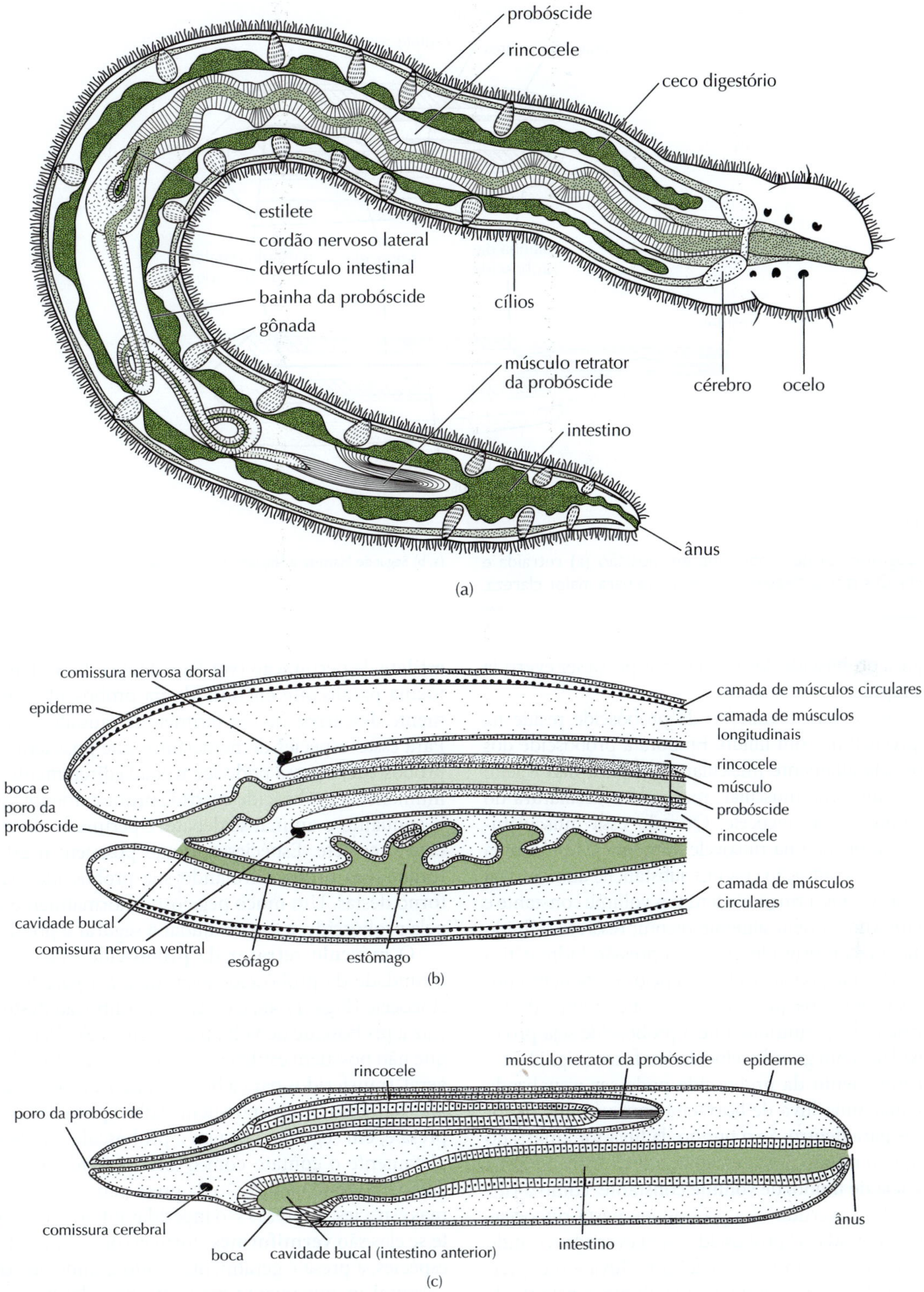

Figura 11.4

(a) Ilustração diagramática de *Prostoma graecense*, um nemertino de água doce. O intestino se conecta com várias saliências (divertículos) e sacos (cecos). (b) Ilustração diagramática de *Nemertopsis* sp., em secção longitudinal da extremidade anterior. Observe que, nesta espécie, a abertura bucal foi perdida, existindo apenas uma única abertura para a probóscide e entrada do sistema digestório. As comissuras nervosas se conectam para formar um anel em torno da porção anterior da rincocele. Observe o estômago com várias dobras, possibilitando a eversão do intestino anterior. (c) Em *Cephalothrix bioculata*, a probóscide é ejetada através de uma abertura separada da boca.

(a) Baseada em Pennak, *Fresh-Water Invertebrates of the United States*, 2d ed. 1978. (b) Segundo Bayre e Owre; segundo Burger. (c) De J. B. Jennings e Ray Gibson, 1969. *Biological Bulletin* 136:405. Reimpressa com permissão.

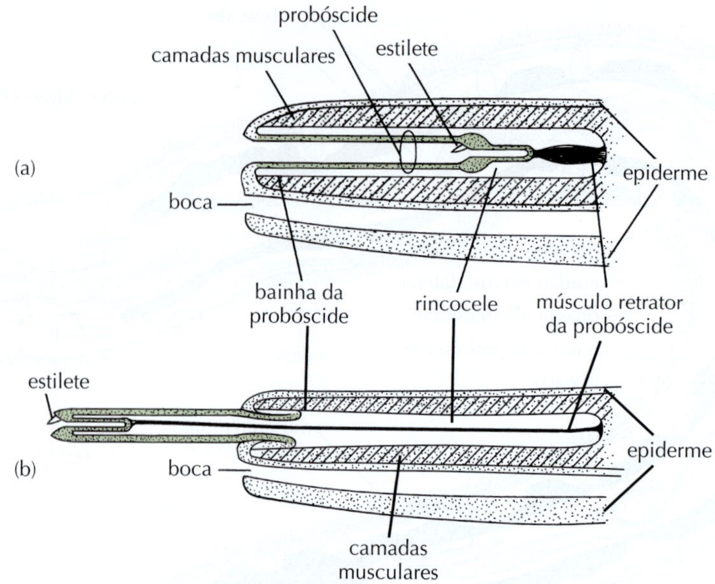

Figura 11.5

Ilustração diagramática da probóscide em posição (a) retraída e (b) estendida. O sistema digestório foi omitido para maior clareza.

(a, b) Segundo Harmer e Shipley; segundo Alexander.

permite que a probóscide dos nemertinos possa ser evertida com tanta rapidez?

O segredo no funcionamento da probóscide reside na rincocele preenchida com fluido. Embora a probóscide dos nemertinos seja altamente muscular, o disparo não é feito pela própria atividade muscular, mas pela musculatura do tecido circundante, a rincocele. Quando essa musculatura se contrai, a pressão na rincocele aumenta. Mesmo uma pequena força de contração cria um substancial aumento na pressão, uma vez que a rincocele tem um volume constante e seu fluido interno é essencialmente incompressível; o fluido não sai e nem é comprimido. Assim, a pressão hidrostática aumenta. A elevada pressão é aliviada pelo relaxamento dos músculos esfincteres, os quais circundam a extremidade anterior da rincocele, permitindo que a probóscide seja projetada da cavidade com grande velocidade e força (Fig. 11.5).

O funcionamento da probóscide pode ser visualizado ao se imaginar uma luva de borracha com um dos dedos empurrados para dentro. Se o punho da luva for amarrado de forma que o ar não possa escapar, a luva torna-se uma cavidade cheia de fluido, de volume constante, como a rincocele. O dedo "invertido" é a probóscide nesta rincocele. Se a luva for apertada, a "probóscide" será evertida, virando do avesso ao sair. Se um furo for feito na luva e o experimento for repetido, a importância do volume constante da rincocele ficará evidente.

Na maioria das espécies, a probóscide é evertida através do **poro da probóscide**, que é distinto da boca. Em algumas espécies, no entanto, a probóscide e o aparelho digestório passaram a compartilhar uma abertura, porque ou a boca ou o poro da probóscide foi perdido(a).

Os nemertinos são predadores que não podem ser subestimados, mesmo por presas ágeis. Principalmente em um determinado grupo de espécies, a probóscide contém um **estilete** de perfuração (ver Figs. 11.4a e 11.5). Uma potente toxina paralisante encontrada na probóscide é frequentemente descarregada em ferimentos causados pelo estilete. Para essas espécies de nemertinos que possuem estilete na probóscide, a presa pode ser arpoada diretamente. Mais comumente, a probóscide evertida primeiramente fere a presa e, enquanto o animal se debate, é perfurado diversas vezes com o estilete. Espécies que não possuem o estilete capturam suas presas enrolando sua probóscide preênsil em torno destas. Um muco pegajoso é normalmente secretado pela probóscide, a fim de ajudar a segurar a presa.[4]

O **músculo retrator da probóscide** estende-se da extremidade da probóscide evertida até a parede interna da rincocele (Figs. 11.4a, c e 11.5). A contração deste músculo traz a probóscide de volta para a rincocele. Para as espécies que não possuem estiletes, os alimentos capturados são, em geral, transferidos para a boca quando a probóscide é retraída. Nemertinos que possuem estilete primeiro paralisam a presa e, em seguida, retraem a probóscide, perdendo completamente o contato com o animal ferido. O nemertino, então, move-se na direção da presa para comê-la. Em algumas espécies, as presas são ingeridas inteiras, principalmente se elas são **vermiformes** (formato de vermes). Em outras espécies, a presa é geralmente muito grande ou com forma corporal inconveniente para ser engolida; nesses casos, o nemertino insere seu intestino anterior na presa e, por ondas peristálticas de atividade muscular, bombeia os tecidos liquefeitos da vítima para o intestino.

Membros de muitas espécies de nemertinos enterram-se em substratos moles, alguns utilizando a musculatura da parede corporal e outros utilizando a probóscide, conforme explicado a seguir. Em primeiro lugar, a contração

[4]Ver *Tópicos para posterior discussão e investigação*, nº 2, no final deste capítulo.

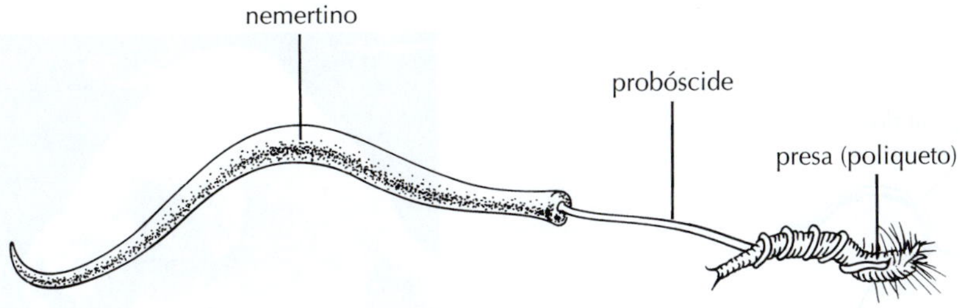

Figura 11.6
Ilustração diagramática de um nemertino (*Paranemertes peregrina*) dominando sua presa.
Segundo MacGinitie e MacGinitie.

da musculatura da parede corporal eleva a pressão interna da rincocele. A probóscide é, então, evertida no sedimento e sua extremidade alarga-se, devido ao relaxamento dos músculos circulares. Esta dilatação distal ancora a extremidade da probóscide no sedimento. O corpo do animal pode, então, ser puxado para baixo, para o sedimento, mediante contração dos músculos retratores da probóscide e dos músculos longitudinais da parede corporal. A contração dos músculos longitudinais também força mais fluido para a probóscide, sob considerável pressão, causando dilatação adicional e ancoragem. Podem ser encontrados mecanismos semelhantes de escavação em diversos outros filos animais, nos quais o celoma ou as cavidades sanguíneas exercem a mesma função que a rincocele dos nemertinos.

Aqui, então, pode-se ver os princípios do esqueleto hidrostático (Capítulo 5) em ação. Os avanços na locomoção e na captura dos alimentos são obtidos por meio das propriedades de uma cavidade com volume constante, cheia de líquido. Essas cavidades parecem ter evoluído pelo menos quatro diferentes vezes nos metazoários: por enterocelia, esquizocelia, pela persistência de uma blastocele e pela formação da rincocele por esquizocelia. As pressões seletivas promovendo a evolução de cavidades corporais secundárias têm sido obviamente fortes. Entre os nemertinos, os benefícios seletivos parecem estar nas vantagens mecânicas adquiridas e nos novos modos de vida, que se tornaram possíveis.

Outras características da biologia dos nemertinos

Classificação

Nemertinos são divididos em duas classes principais: Anopla e Enopla. Membros dos Anopla não possuem estilete; isto é, a probóscide não é armada. Além disso, a boca dos nemertinos anoplos é posterior ao cérebro. Já nos enoplos, a probóscide pode possuir estilete (probóscide armada), sendo todas as espécies com estilete incluídas em uma única ordem (Hoplonemertea), e a boca é anterior ao cérebro.

Proteção contra predadores

Como você pode proteger a si mesmo se você possui um corpo grande e convidativamente mole? Nemertinos não possuem comportamento de defesa e também não possuem conchas, espinhos e quaisquer outras partes duras protetoras. A escavação é apenas uma solução parcial para o problema, uma vez que muitos predadores buscam suas presas no sedimento. Nemertinos parecem defenderem-se quimicamente, mas não inteiramente por meio de seus próprios esforços: em pelo menos algumas espécies de nemertinos, bactérias simbiontes (provavelmente *Vibrio alginolyticus*) parecem sintetizar tetrodotoxina (TTX), uma neurotoxina potente que provavelmente oferece uma excelente defesa contra predadores.

Reprodução e desenvolvimento

A maioria das espécies de nemertinos possui sexos separados; isto é, são **gonocóricas** (**dioicas**). As poucas espécies hermafroditas que têm sido descritas são **protândricas**; isto é, na medida em que amadurecem, cada indivíduo torna-se primeiro macho e depois fêmea. Após a fertilização, a clivagem é espiral e determinada, geralmente seguindo o padrão protostômio básico. A fertilização é, em geral, externa. Na maioria das espécies, o embrião se desenvolve em um estágio larval microscópico, alongado e ciliado, que se assemelha a um verme juvenil, completo, com rincocele, probóscide e trato digestório (que normalmente apenas se torna funcional após metamorfose). Na ordem Heteronemertea, contudo, os embriões de muitas espécies se diferenciam em distintas larvas **pilídeo**. Estes são indivíduos de vida longa, ciliados, nadadores e consumidores, que se assemelham a capacetes de futebol com duas abas (Fig 11.7a, b). Apenas uma parte do pilídeo origina o juvenil, que se desenvolve no interior da larva a partir de uma série de **discos imaginais** (normalmente três pares), que gradualmente se fundem (Fig. 11.7c). Essas massas discretas de tecido embrionário, pré-programadas para formar tecidos e órgãos adultos específicos na metamorfose, são encontradas em muitos insetos (Capítulo 14). Durante a metamorfose, em algumas espécies, o que sobra do pilídeo afasta-se nadando e, por fim, morre de fome, uma vez que o estágio juvenil fica com a boca e o sistema digestório quando abandona a larva (Fig. 11.7c). Em outras espécies, o juvenil ingere os tecidos larvais durante ou após a metamorfose. Estudos embriológicos modernos sugerem que pelo

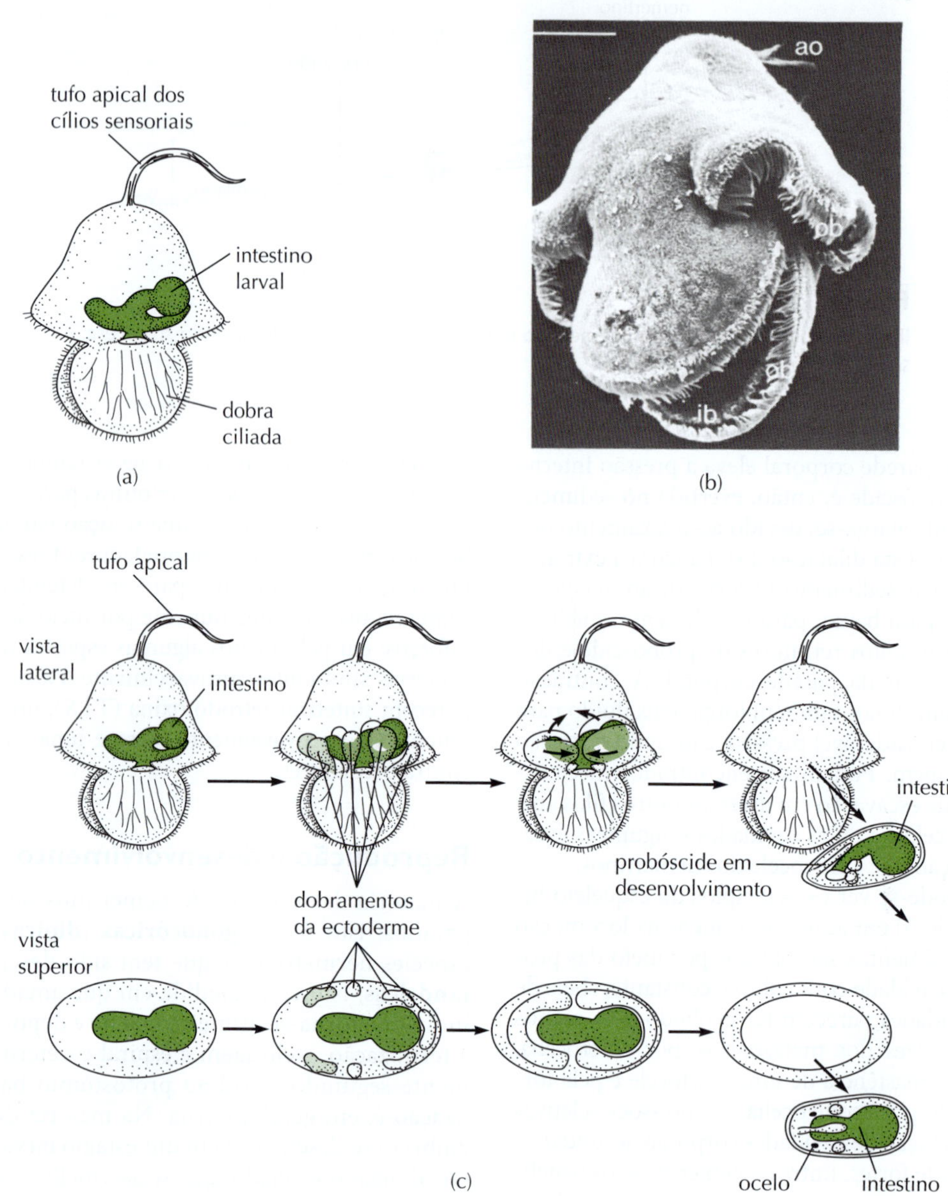

Figura 11.7

(a) A larva pilídeo de um nemertino. (b) Micrografia eletrônica de varredura de uma larva pilídeo não identificada, cerca de 400 µm de comprimento ("ib" e "ob"= bandas ciliadas internas e externas, respectivamente; "ao" = tufo apical). (c) Estágios da metamorfose de uma larva pilídeo. Dobramentos da ectoderme larval formam sete discos imaginários (três pares e um disco posterior), os quais eventualmente se fundem, envolvendo o futuro juvenil em um discreto saco. A cabeça ectodérmica, o gânglio cerebral (cérebro) e a probóscide são formados pelo par anterior de discos cefálicos (em verde-claro). Na metamorfose, a massa central se destaca do resto da larva para viver no fundo oceânico como um pequeno nemertino. A outra porção ou continua nadando por um período, eventualmente passando fome até a morte, já que não possui trato digestório, ou é comida pelo juvenil recém-metamorfoseado.

Segundo Harmer e Shipley. (b) © Claus Nielsen. De Nielsen. 1987. *Acta Zoologica* (Stockholm) 68:205-62. The Royal Swedish Academy of Sciences. (c) De Hardy, *The Open Sea: Its Natural History*. Copyright © 1965 Houghton Mifflin Company, Boston, Massachusetts, e de Henry e Martindale, 1997. Em S. F. Gilbert e A. M. Raunio, eds. *Embryology: Constructing the Organism*. Sinauer Associates, Inc., e de Henry e Martindale. De S. F. Gilbert e A. M. Raunio, eds. *Embryology Constructing the Organism*, p. 160. Copyright © 1997 de Sinauer Associates, Inc.

menos uma espécie primitiva de nemertino tem uma larva trocófora autêntica no seu desenvolvimento,[5] sugerindo que o pilídeo é derivado de um ancestral trocóforo.

[5]Maslakova, S.A., M. Q. Martindale e J. L. Norenberg. 2004. *Evol. Devel.* 6:219-26.

Membros de diversas espécies de nemertinos também podem se reproduzir assexuadamente, por fissão ou por meio de fragmentação, e, assim, regenerar partes perdidas do corpo. A maioria das espécies, no entanto, se reproduz apenas sexuadamente e não possui a capacidade de se regenerar.

Resumo taxonômico

Filo Nemertea (= Rhynchocoela) – os vermes-fita

Classe Anopla – os nemertinos desarmados (probóscide sem estilete)

Classe Enopla – inclui os nemertinos armados (probóscide pode conter estilete)

Tópicos para posterior discussão e investigação

1. Estudos morfológicos recentes indicam que a rincocele e o sistema circulatório dos nemertinos surgem durante o desenvolvimento embrionário a partir de fendas no tecido mesodérmico. Qual é a evidência na qual esta sugestão é baseada e de que forma esse pode ser um argumento para um ancestral celomado?

Nielsen, C. 2001. *Animal Evolution: Interrelationships of the Living Phyla,* 2nd ed. Oxford University Press, pp. 283–89.

Turbeville, J. M. 1986. An ultrastructural analysis of coelomogenesis in the hoplonemertine *Prosorhochmus americanus* and the polychaete *Magelona* sp. *J. Morphol.* 187:51.

Turbeville, J. M., and E. E. Ruppert. 1985. Comparative ultrastructure and the evolution of nemerting. *Amer. Zool.* 25:53.

Willmer, P. 1990. *Invertebrate Relationships.* New York: Cambridge University Press, 204–6.

2. Compare e diferencie os diferentes métodos de alimentação encontrados em Nemertea.

Caplins, S., M. A. Penna-Diaz, E. Godoy, N. Valdivia, J. M. Turbeville, and M. Thiel. 2012. Activity patterns and predatory behavior of an intertidal nemertean from rocky shores: *Prosorhochmus nelson* (Hoplonemertea) from the Southeast Pacific. *Marine Biol.* 159:1363–74.

Jennings, J. B., and R. Gibson. 1969. Observations on the nutrition of 7 species of rhynchocoelan worms. *Biol. Bull.* 136:405.

McDermott, J. J. 1976. Observations on the food and feeding behavior of estuarine nemertean worms belonging to the order Hoplonemertea. *Biol. Bull.* 150:157.

Roe, P. 1976. Life history and predator-prey interactions of the nemertean *Paranemertes peregrina* Coe. *Biol. Bull.* 150:80.

Stricker, S. A., and R. A. Cloney. 1981. The stylet apparatus of the nemertean *Paranemertes peregrina:* Its ultrastructure and role in prey capture. *Zoomorphology* 97:205.

3. Discuta as limitações encontradas para mudanças na forma do corpo dos nemertinos, impostas pela estrutura da parede corporal.

Clark, R. B., and J. B. Cowey. 1958. Factors controlling the change of shape of certain nemertean and turbellarian worms. *J. Exp. Biol.*35:731.

Turbeville, J. M., and E. E. Ruppert. 1983. Epidermal muscles and peristaltic burrowing in *Carinoma tremaphoros* (Nemertini): Correlates of effective burrowing without segmentation. *Zoomorphology* 103:103.

4. De que modo a probóscide de um nemertino é semelhante a um estudante estudando?

Detalhe taxonômico

Filo Nemertea (= Rhynchocoela)

As aproximadamente 1.300 espécies descritas são distribuídas em duas classes.[6]

Classe Anopla

Nestes nemertinos, a boca e a abertura da probóscide são separadas e a probóscide é normalmente "desarmada". Duas ordens, nove famílias.

Ordem Palaeonemertea (= Palaeonemertini)

As evidências moleculares mais recentes indicam que estes são os nemertinos mais primitivos (basais). Todas as espécies vivem no fundo oceânico, em areia ou lama. Nenhum deles tem larvas livre-natantes. Quatro famílias.

Família Tubulanidae. *Tubulanus*. Estes nemertinos possuem listras ou faixas, e são muitas vezes vivamente coloridos. Os maiores indivíduos possuem cerca de 2 m de comprimento. A maioria das espécies é restrita a águas rasas, embora algumas vivam tão profundamente quanto 2.500 m.

Ordem Heteronemertea

A maioria das espécies é marinha, embora algumas sejam encontradas em água salobra ou água doce. Larvas pilídeos (e outras relacionadas) são encontradas somente em membros desta ordem. Cinco famílias, com mais de 400 espécies.

Família Baseodiscidae. *Baseodiscus.* Os indivíduos possuem até 2 m de comprimento e cores vivas, com conspícuas listras ou faixas. Os membros são amplamente distribuídos em águas rasas dos Oceanos Atlântico, Pacífico e Índico e do mar Mediterrâneo.

Família Lineidae. *Cerebratulus, Micrura, Lineus.* A maioria das espécies é marinha e livre-natante, embora algumas ocorram apenas em água doce e uma (*Uchidana parasita*) vive apenas na cavidade do manto de moluscos bivalves. Membros do gênero *Cerebratulus* podem nadar distâncias curtas por ondulação. A família inclui o maior nemertino conhecido (*Lineus longissimus*), que pode atingir 30 m de comprimento.

[6]Estas classificações são baseadas fortemente em Andrade, S. C. S., et al., 2012. *Cladistics* 28:141-59.

Classe Enopla (= Hoplonemertea)

Duas ordens, 29 famílias. A probóscide destes nemertinos geralmente sai através da boca, em vez de por uma abertura separada, e é armada com um ou mais estiletes em muitas espécies. Todas as espécies de nemertinos terrestres estão nesta classe. Estudos dos sistemas nervoso e sensorial destes animais têm convencido alguns biólogos de que esse grupo deu origem aos vertebrados.

Ordem Monostilifera

Quase todas as espécies possuem uma probóscide armada com um único estilete perfurador central e até 12 bolsas acessórias com estiletes substitutos. Os membros desta ordem vivem em ambientes marinhos e terrestres e muitos se alimentam de vários artrópodes por sucção, bombeando para fora o conteúdo do corpo de suas presas. Sete provisórias famílias.

Família Carcinonemertidae. *Carcinonemertes.* A probóscide não é eversível. Todas as espécies vivem em crustáceos decápodes (caranguejos e lagostas) como parasitos ou ectossimbiontes. Membros do gênero *Carcinonemertes* aparentemente podem atingir a idade adulta apenas em hospedeiros fêmeas. Os indivíduos normalmente vivem nas guelras do caranguejo hospedeiro, porém, migram para o abdome do hospedeiro para se alimentarem de embriões em desenvolvimento quando o hospedeiro está ativo reprodutivamente. Membros de pelo menos algumas espécies podem produzir larvas haploides por partenogênese, apesar de ainda não ser claro se essas larvas são viáveis ou se contribuem para o futuro crescimento da população.

Família Cratenemertidae. *Nipponnemertes.* Os membros de algumas espécies desta família podem nadar, e indivíduos de pelo menos uma espécie são completamente planctônicos, vivendo na coluna d'água.

Família Ototyphlonemertidae. *Ototyphlo nemertes.* Todos os indivíduos são pequenos e vivem em espaços entre os grãos de areia em águas rasas marinhas e hábitats intersticiais.

Família Prosorhochmidae. *Geonemertes, Gononemertes, Prosorhochmus.* A maioria das espécies é marinha e de vida livre, embora os membros do gênero *Gononemertes* vivam apenas em associação com ascídeas (urocordados ascídeos), e membros de vários outros gêneros vivam exclusivamente em hábitats terrestres (p. ex., *Geonemertes*: Indo-Pacífico e Oeste das Índias; *Leptonemertes*: casas de vegetação na Europa, Açores e outras ilhas do Atlântico Norte; *Argonemertes*: espécies australianas com até 120 olhos).

Família Tetrastemmatidae. *Tetrastemma, Prostoma.* A maioria dos membros vive na água do mar ou salobra, porém algumas espécies (gênero *Prostoma*) vivem apenas em água doce. Espécies desta família estão entre os menores nemertinos, algumas atingindo somente 1 a 3 mm de comprimento quando adultas. Algumas espécies vivem intersticialmente, nos espaços entre os grãos de areia.

Família Malacobdellidae. *Malacobdella.* Estes estranhos nemertinos – classificados até recentemente em uma ordem separada – são semelhantes a sanguessugas, com uma ventosa ventral posterior. Todos são comensais e vivem na cavidade do manto de certos bivalves marinhos (seis espécies de nemertinos) ou gastrópodes (uma espécie de nemertino), alimentando-se de pequenas partículas de alimento em suspensão. A probóscide é desarmada.

Ordem Polystilifera

Estes nemertinos são todos marinhos e exibem uma probóscide armada com muitos pequenos estiletes. Vinte famílias.

Tribo Reptantia. Todas as espécies vivem no fundo oceânico, algumas em profundidades de várias centenas de metros.

Tribo Pelagica. *Nectonemertes, Pelagonemertes, Planktonemertes.* Todas as espécies vivem livres na água, nadando ou flutuando, em profundidades de centenas ou até milhares de metros. Cerca de 10 famílias.

Referências gerais sobre nemertinos

Gibson, R., J. Moore, and P. Sundberg, eds. 1993. *Advances in Nemertean Biology.* Kluwer Academic Publishers. Dordrecht, The Netherlands.

Harrison, F. W., and B. J. Bogitsh, eds. 1991. *Microscopic Anatomy of Invertebrates, Vol. 3: Platyhelminthes and Nemertinea.* New York: Wiley-Liss, 285–328.

Henry, J., and M. Q. Martindale. 1997. Nemerteans, the ribbon worms. In: Gilbert, S. F. and A. M. Raunio, eds. *Embryology: Constructing the Organism.* Sunderland, MA: Sinauer Associates, Inc.

Hyman, L. H. 1951. *The Invertebrates, Vol. 2. Platyhelminthes and Rhynchocoela: The Acoelomate Bilateria.* New York: McGraw-Hill.

Maslakova, S. A. 2010. The invention of the pilidium larva in an otherwise perfectly good spiralian phylum Nemertea. *Integr. Comp. Biol.* 50:734–43.

McDermott, J. J., and P. Roe. 1985. Food, feeding behavior and feeding ecology of nemerteans. *Amer. Zool.* 25:113–25.

Norenberg, J. L., and P. Roe, eds. 1998. Fourth International Conference on Nemertean Biology. *Hydrobiologia* 365:1–310.

Parker, S. P., ed. 1982. *Classification and Synopsis of Living Organisms,*vol. 1. New York: McGraw-Hill, 823–46.

Roe, P., and J. L. Norenburg, eds. 1985. Comparative biology of nemert. *Amer. Zool.* 25:3–151.

Thorpe, J. H., and A. P. Covich. 2009. *Ecology and Classification of North American Freshwater Invertebrates,* 3rd ed. New York: Academic Press.

Turbeville, J. M. 2002. Progress in nemertean biology: Development and phylogeny. *Integr. Comp. Biol.* 42:692–703.

12

Moluscos

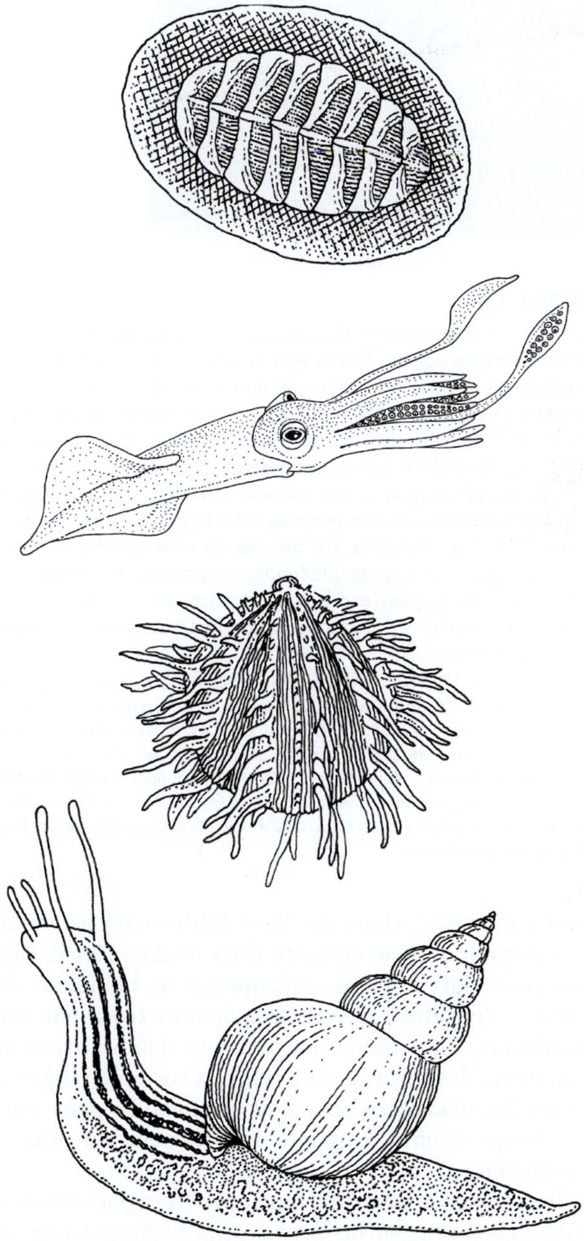

Introdução e características gerais

Características diagnósticas:[1] 1) epitélio dorsal formando um manto, o qual secreta espículas calcáreas ou uma ou mais conchas; 2) banda circular de dentes (rádula) no esôfago, utilizada para a alimentação, ausente (perdida?) nos bivalves; 3) músculos da parede ventral do corpo desenvolvidos em um pé locomotor ou fixador.

Mollusca é um grande filo, incluindo aproximadamente 100 mil espécies atuais, além de outras 70 mil conhecidas apenas de registros fósseis. Essas espécies reúnem alguns organismos extremamente distintos entre si, tornando o plano básico dos moluscos um dos mais variáveis do reino animal. Surpreendentemente, mariscos, caracóis e polvos são, todos, moluscos.

Não há, de fato, um molusco "típico". A maioria, mas nem todos, tem conchas formadas principalmente de carbonato de cálcio envolto em uma matriz proteica. Material orgânico pode compreender aproximadamente 35% do peso seco da concha em algumas espécies de gastrópodes e até 70% do peso seco em bivalves. As conchas da maioria dos moluscos (incluindo todos os gastrópodes e bivalves) têm uma fina camada orgânica externa (o **perióstraco**); uma camada mais interna, também fina, de natureza calcárea (a **camada nacarada**); e uma grossa camada intermediária calcárea (a **camada prismática**) (Fig. 12.1). A microestrutura da concha pode diferir significativamente entre os membros de diferentes grupos de moluscos.

Tanto os componentes orgânicos quanto os inorgânicos da concha são secretados por um tecido especializado, chamado de **manto**. Se um grão de areia, um parasito ou outro corpo estranho ficar preso entre o manto e a superfície interna da concha, uma pérola pode se formar em um período de anos. A formação natural de pérolas é um evento relativamente raro. Talvez uma ostra em mil poderá formar

[1] Características que distinguem os membros deste filo dos membros de outros filos.

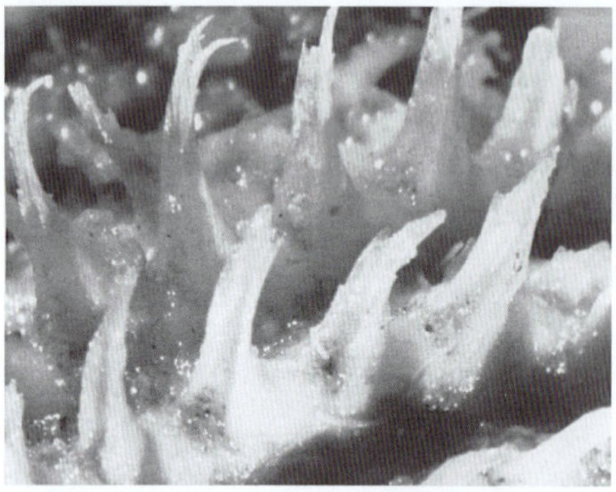

(a)

(b)

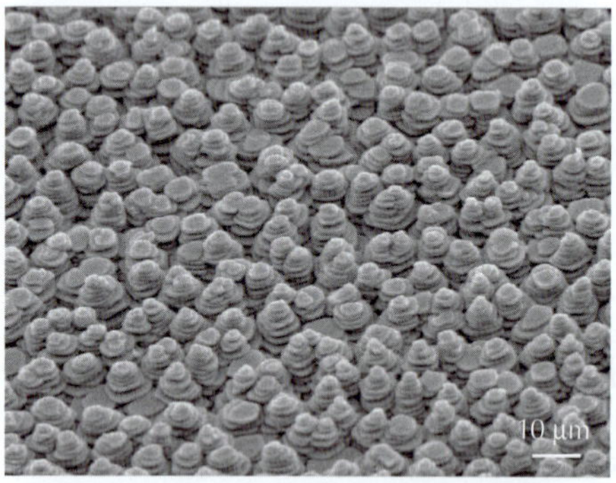

(c)

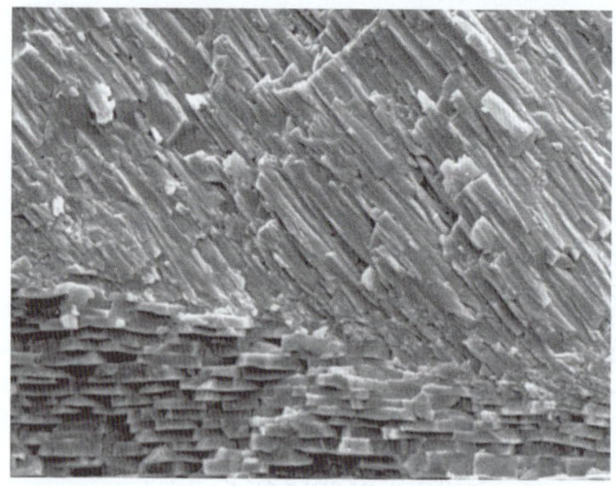

(d)

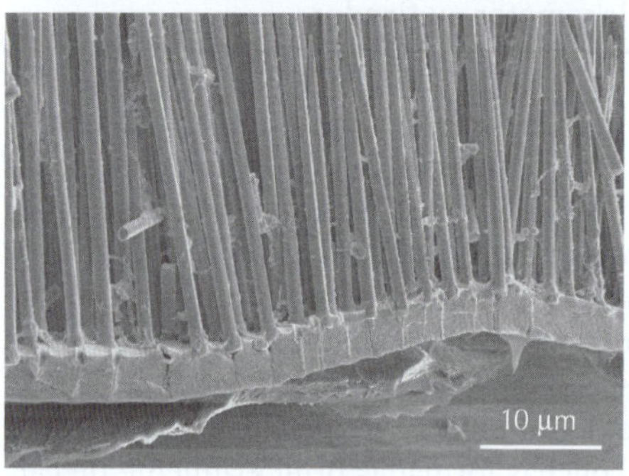

(e)

Figura 12.1

Estrutura da concha de moluscos. (a) Espinhos do perióstraco da concha do gastrópode *Trichotropis cancellata.* (b) Prismas longos de calcita da camada prismática de uma ostra, *Crassostrea virginica* (Gmelin). A concha foi quebrada e tratada brevemente com hipoclorito de sódio para dissolver a matriz proteica (conchiolina), que normalmente ocorre entre as unidades prismáticas. (c) Prismas de cristais de aragonita na camada nacarada do gastrópode *Perotrochus caledonicus.* Os prismas mais largos têm aproximadamente 6 µm de diâmetro. (d) Secção de uma concha fraturada de um mexilhão de águas profundas, ilustrando a camada prismática externa (acima) e prismas calcários da camada nacarada inferior. (e) Espículas emergindo do perióstraco do bivalve venerídeo *Tivela lamyi.*

(a) © D. J. Bottjer, Third North American Paleontological Convention, *Proceedings*, 1982, Vol. 1, pp. 51-56. (b) © De M. R. Carriker, de M. R. Carriker et al., 1980. *Proc. Nat. Shellf. Assoc.* 70:139. (c) Cortesia dos Drs Antonio Checa e Marthe Rousseau, da coleção de conchas do Dr. Bernard Métivier. Ver Checa, A. G., J. H. E. Cartwright e M. -G. Willinger. 2009. *Proc. Natl. Acad. Sci. USA*106:38-43. (d) © Dr. R. A. Lutz. (e) Cortesia de John Taylor e Emily Glover. Ver Glover, E. A. e J. D. Taylor. 2012. J. *Mollus. Stud.* 76:157-179. Copyright © Oxford University Press. Reimpressa com permissão.

naturalmente uma pérola. Seres humanos aumentam a frequência de produção de pérolas implantando pedaços de concha (geralmente de bivalves de água doce) ou esferas plásticas entre a concha e o manto de ostras maduras, mantendo-as vivas por 5 a 7 anos. Contudo, repare que a *formação* de pérolas cultivadas ocorre de uma maneira normal; o ser humano intervém somente dando início ao processo.

Embora o manto seja uma característica importante do filo, seu papel varia substancialmente em diferentes grupos de moluscos. De modo similar, o **pé** dos moluscos sofre modificações para uma variedade de funções em diferentes grupos.

A maioria dos moluscos tem uma cavidade característica localizada entre o manto e as vísceras. Esta **cavidade do manto** geralmente abriga as brânquias em forma de pente dos moluscos, chamadas de **ctenídeos**, e, em geral, serve como porta de saída dos sistemas excretor, digestório e reprodutivo. Um **ctenídeo**, quando presente, pode ter uma função puramente respiratória ou também atuar na coleta e seleção de partículas de alimento. Um quimiorreceptor/mecanorreceptor, chamado de **osfrádio**, está geralmente localizado junto ao ctenídeo (Figs. 12.2a e 12.15). Com exceção da lula e outros cefalópodes, as brânquias dos moluscos trabalham em um princípio de **troca por contracorrente**, um sistema que aumenta significativamente a eficiência das trocas gasosas entre a corrente sanguínea dentro dos filamentos ctenidiais e o fluxo de água sobre eles. Nesse sistema, sangue e água correm em direções opostas (Fig. 12.3a).

Para compreender como funciona a troca por contracorrente, observe o trajeto do *fluxo de água* do ponto 1 ao ponto 3, na Figura 12.3b. À medida que a água se move da esquerda para a direita no diagrama, ela está sempre em contato com

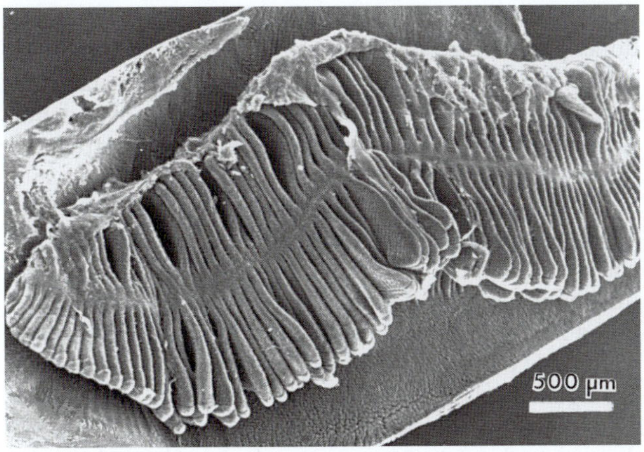

Figura 12.2

O osfrádio (microscopia eletrônica de varredura) da cavidade do manto de *Thais haemastoma canaliculata* (Mollusca: Gastropoda). Os filamentos do osfrádio, que é de 4 a 5 mm de comprimento nesta espécie, ficam suspensos recebendo o fluxo de água inalante dentro da cavidade do manto; a água, então, entra em contato com o osfrádio antes de contatar a brânquia.

Cortesia de D. W. Garton e R. A. Roller. De Garton et al., 1984. *Biological Bulletin* 167:310-21. © Biological Bulletin.

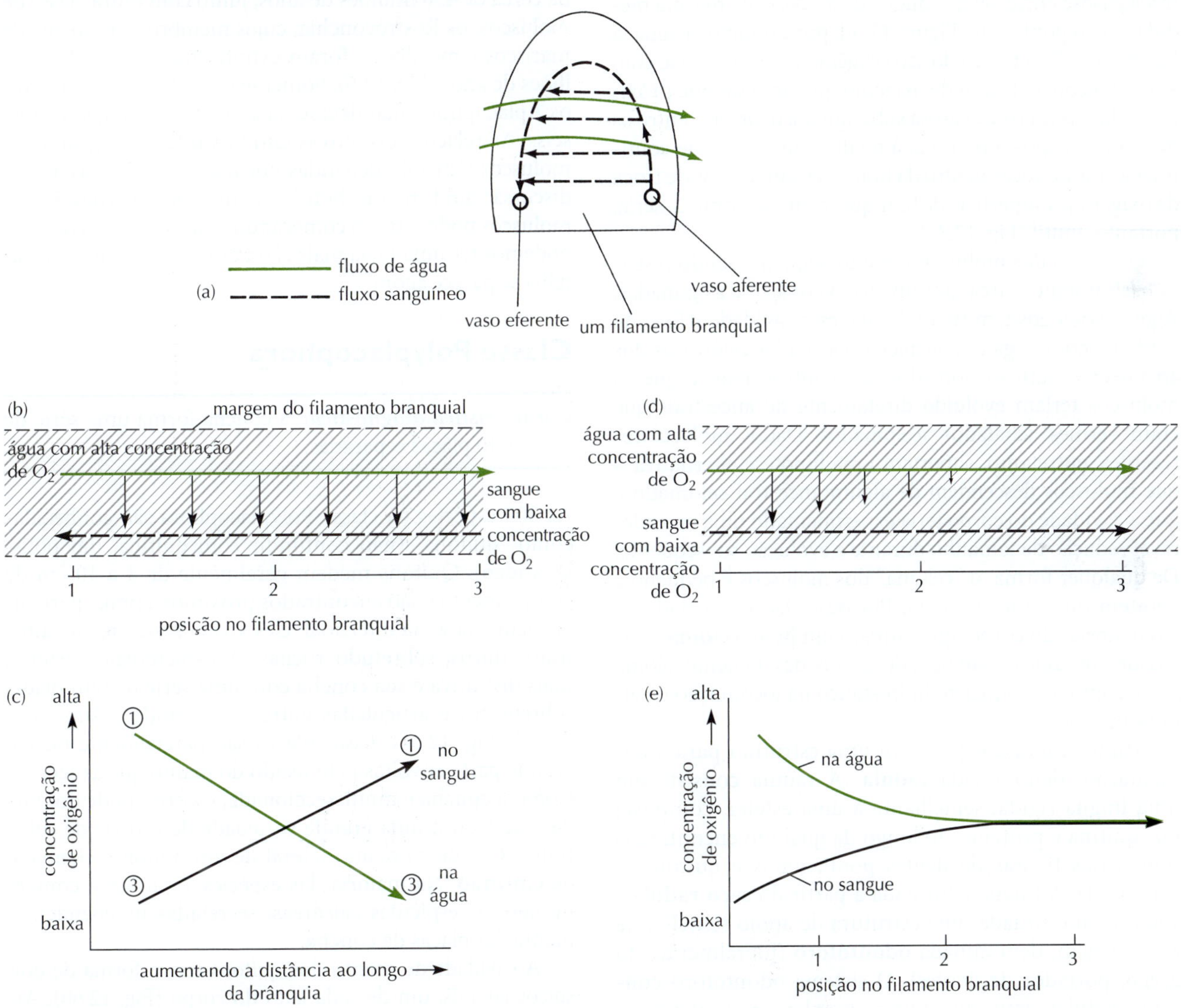

Figura 12.3

Troca por contracorrente na brânquia de molusco. (a) A direção do fluxo de água através da superfície de cada filamento do ctenídeo é contrária à direção do fluxo sanguíneo através dos capilares branquiais (ver Fig. 12.16b). O vaso aferente transporta sangue desoxigenado dos tecidos para os filamentos dos ctenídeos. Sangue oxigenado deixa a brânquia via vaso eferente, levando o sangue ao coração e, então, aos tecidos. (b, c) Ilustração do princípio de troca por contracorrente. O comprimento das setas verticais significa a magnitude do gradiente de concentração de oxigênio entre a água e o sangue. Em (b), a situação da contracorrente, o equilíbrio nunca é atingido; o oxigênio se difunde através de toda a superfície da brânquia, permitindo que uma maior porcentagem de oxigênio da água seja absorvida pelo sangue (c). (d, e) Difusão de oxigênio em uma situação de não contracorrente. O gradiente de concentração de oxigênio diminui rapidamente (d), de maneira que, além do ponto 2, na brânquia, muito pouca difusão ocorre (e).

o sangue de baixa concentração de oxigênio, mantendo um alto gradiente de concentração de oxigênio. De modo inverso, seguindo o *fluxo sanguíneo* do ponto 3 para o ponto 1 na mesma figura, o sangue – mesmo continuamente absorvendo oxigênio da água – está sempre em contato com a água de maior concentração de oxigênio à medida que se desloca da direita para a esquerda na figura. Assim, o oxigênio se difundirá da água para o sangue à medida que este cruzar todo o filamento branquial (Fig. 12.3c).

Em uma situação alternativa hipotética, em que água e sangue corressem em um mesmo sentido (Fig. 12.3d), a magnitude do gradiente de concentração de oxigênio entre a água e o sangue diminuiria continuamente ao longo da superfície do filamento branquial, à medida que a água fosse perdendo oxigênio para o sangue adjacente; a taxa de troca gasosa entre água e sangue decresceria na mesma medida. Até o ponto 2 na Figura 12.3d, por exemplo, a água já haveria perdido muito do seu oxigênio e estaria quase com a mesma concentração de oxigênio quanto o sangue próximo a ela. Pouca troca gasosa subsequente ocorreria entre os dois fluidos após o ponto 2, à medida que o sangue continuasse a se deslocar dentro da brânquia; em termos de troca de oxigênio, a superfície da brânquia além do ponto 2, seria, portanto, inútil (Fig. 12.3e).

O celoma dos moluscos é muito pequeno, sendo restrito basicamente à área que envolve o coração e as gônadas. Alguns zoólogos têm sugerido que essa cavidade não é, na verdade, homóloga às conspícuas cavidades celômicas dos anelídeos e outros celomados não controversos, e que os moluscos teriam evoluído diretamente de ancestrais que eram vermes achatados acelomados. Dados moleculares recentes, entretanto, suportam uma hipótese alternativa – que moluscos descendem de algum ancestral celomado e que a cavidade do corpo teria experimentado uma considerável redução de tamanho durante a evolução subsequente. De qualquer forma, o "celoma" dos moluscos é pequeno e não tem função locomotora. Por outro lado, as cavidades circulatórias do corpo, que formam um **hemoceloma** ("cavidade sanguínea") são bem desenvolvidas. O hemoceloma serve como um esqueleto hidrostático na locomoção de alguns moluscos.

Muitos moluscos possuem uma estrutura para a alimentação, denominada **rádula**. A rádula consiste em uma língua rígida, semelhante a uma esteira, composta por quitina e proteína, ao longo da qual são encontradas numerosas fileiras de dentes pontiagudos e quitinosos (Fig. 12.4). A língua é formada a partir do **saco radular**, sob o qual é situada uma estrutura de apoio semelhante à cartilagem, denominada **odontóforo** (literalmente, do grego: portador de dentes). O sistema odontóforo-conjunto radular, associado a uma complexa musculatura, é conhecido como **massa bucal**, ou **complexo do odontóforo**. Para a alimentação, a massa bucal é protraída, de modo que o odontóforo se estende levemente para fora da boca. A rádula, então, é movida para a frente sobre o odontóforo e, após, puxada de volta. Quando cada fileira de dentes se desloca para trás sobre a borda do odontóforo, os dentes automaticamente se erguem e giram lateralmente, raspando partículas de alimento e trazendo-as para dentro da cavidade bucal quando a rádula é retraída. À medida que dentes velhos são desgastados ou perdidos na extremidade anterior da rádula, novos dentes são continuamente formados e adicionados à extremidade posterior da língua, no saco radular.

Como se pode notar pelas prudentes palavras empregadas nos parágrafos anteriores, é difícil fazer generalizações sobre moluscos. Para completar, adultos apresentam uma enorme gama de tamanho: de conchas com menos de 1 a 2 mm de comprimento em alguns gastrópodes marinhos, até corpos excedendo 12 metros de comprimento, em algumas lulas.

Moluscos atuais estão distribuídos em sete classes. Seis dessas sete classes estão representadas por fósseis formados há cerca de 450 milhões de anos, junto com outra classe de moluscos, os Rostroconchia, cujos membros, em forma de mariscos e mexilhões, foram extintos há cerca de 225 milhões de anos (Fig. 12.5). Somente uma classe de moluscos, os Aplacophora, não deixou, aparentemente, registros fósseis.[2] As relações evolutivas entre os diferentes grupos de moluscos têm sido debatidas por mais de 100 anos, e essa discussão ainda não acabou: "... a briga sobre a evolução dos moluscos pode estar só começando... (mas) pelo menos nós podemos ter uma ideia mais clara de como o campo de batalha se parece agora".[3]

Classe Polyplacophora

Característica diagnóstica: a concha forma uma série de sete a oito placas separadas.

As 800 espécies na classe Polyplacophora são conhecidas como "quítons" (não confundir com quitina, um polissacarídeo). Quítons medem geralmente de 3 a 10 cm de comprimento e são encontrados próximos à praia, particularmente na zona intertidal; eles vivem somente em substratos duros, sobretudo rochas. A característica externa mais distintiva é sua concha com uma série de oito placas sobrepostas e articuladas entre si, cobrindo a superfície dorsal (Fig. 12.6a). Essas placas são parcialmente ou em grande parte envoltas pelo tecido do manto que as secreta. Como a concha é multisseccionada, o corpo pode dobrar-se e se fixar a uma grande variedade de formas de substratos. O espesso manto lateral de um quíton é chamado de **cinturão**. Na maioria das espécies, o cinturão contém numerosas espículas calcáreas, secretadas independentemente das placas da concha.

A cavidade do manto dos quítons tem a forma de dois sulcos laterais, um de cada lado do corpo (Fig. 12.6b). Até aproximadamente 80 ctenídeos **bipectinados** (i.e., dois ramos) ficam suspensos em cada sulco dividindo cada longa cavidade do manto em uma câmara inalante e outra exalante.

[2]Um fóssil de Herefordshire, Inglaterra, de aproximadamente 425 milhões de anos atrás, foi descrito como um possível aplacóforo. (M. D. Sutton et al., 2001. *Nature* 410:461-63.)

[3]Telford, M. J. e G. E. Budd. 2011. *Curr. Biol.* 21(23):R964-R966.

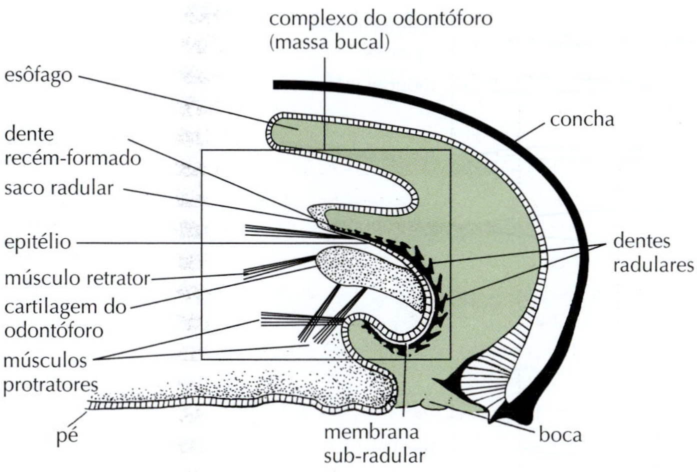

(a)

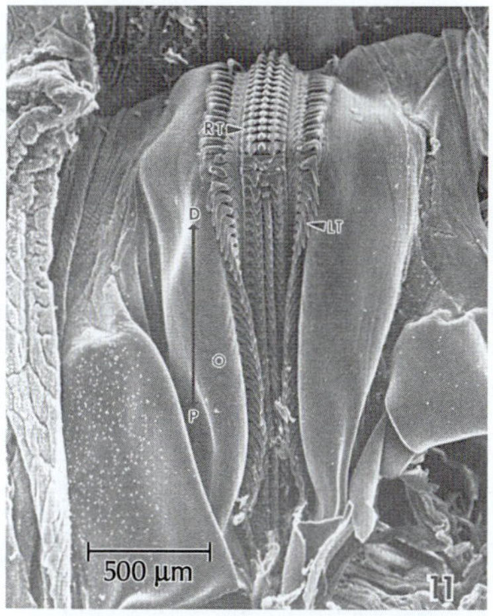

(c)

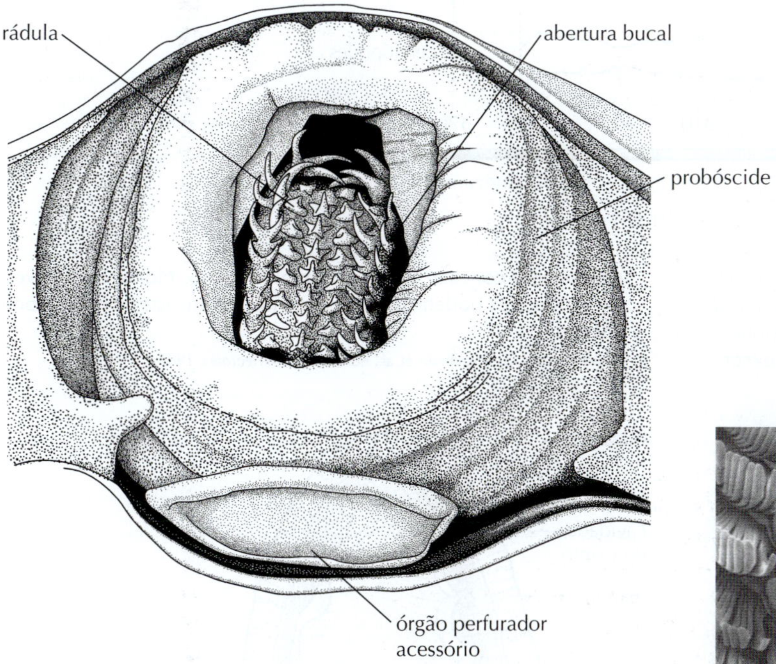

(b)

(d)

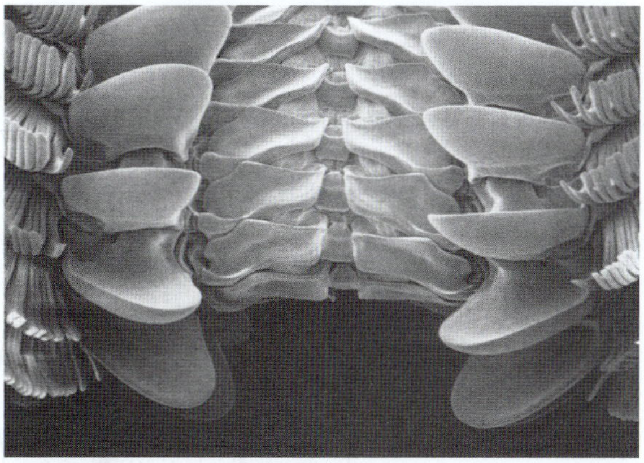

(e)

Figura 12.4

(a) Secção longitudinal através da parte anterior de um gastrópode, mostrando a relação entre o odontóforo, a esteira radular e a boca. (b) Extremidade anterior de um caramujo-da-lua (*Euspira* sp.) com a rádula visível na abertura bucal. O órgão perfurador acessório (OPA) secreta ácido e enzimas, que permitem que estes carnívoros possam perfurar as conchas de outros moluscos. (c) Rádula e odontóforo (microscopia eletrônica de varredura) projetando-se da boca de um caramujo marinho, a ostra-do-sul *Thais haemastoma canaliculata*. O, odontóforo; RT e LT, dentes radulares. (d, e) Micrografia eletrônica de varredura de dentes radulares de duas espécies diferentes de caramujos: (d) *Montfortula rugosa*; (e) *Nerita undata*.

(a) Modificada de Runham e várias fontes. (b) De Hyman, 1967. *The Invertebrates*, Vol. 6. McGraw-Hill. (c) © Roller et al., 1984. *American Malacological Bulletin* 2:63-73. (d, e) © C. S. Hickman, de Hickman, 1981. *Veliger* 23:189.

A água entra na câmara inalante pela ação dos cílios branquiais. O fluxo de água se dá do sentido anterior para o posterior, de modo que os produtos de excreção são descarregados posteriormente na corrente exalante. O fluxo sanguíneo através de cada lamela branquial tem sentido oposto ao do fluxo de água, formando um **sistema de troca por contracorrente** que facilita as trocas gasosas, como discutido anteriormente (pp. 216-218).

O pé se estende ao longo de toda a superfície ventral do animal e é completamente coberto pela concha e pelo cinturão. A locomoção é auxiliada por pequenas ondas de atividade muscular, chamadas de "ondas pediosas", como

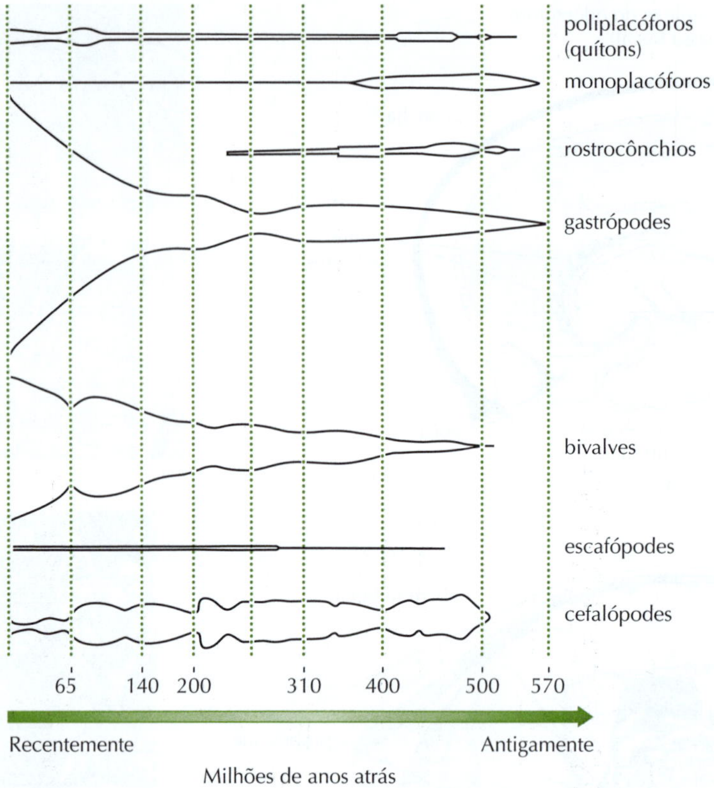

Figura 12.5

Diversidade de espécies de moluscos representada em registros fósseis. A largura de cada barra é proporcional ao número de espécies em cada classe. Membros de Rostroconchia lembram superficialmente os mexilhões e bivalves relacionados, exceto que eles tinham conchas abertas, sem articulação. Moluscos bivalves e escafópodes podem ser descendentes de ancestrais rostroconchianos.

Baseada em R. S. Boardman et al., eds., *Fossil Invertebrates*, 1987.

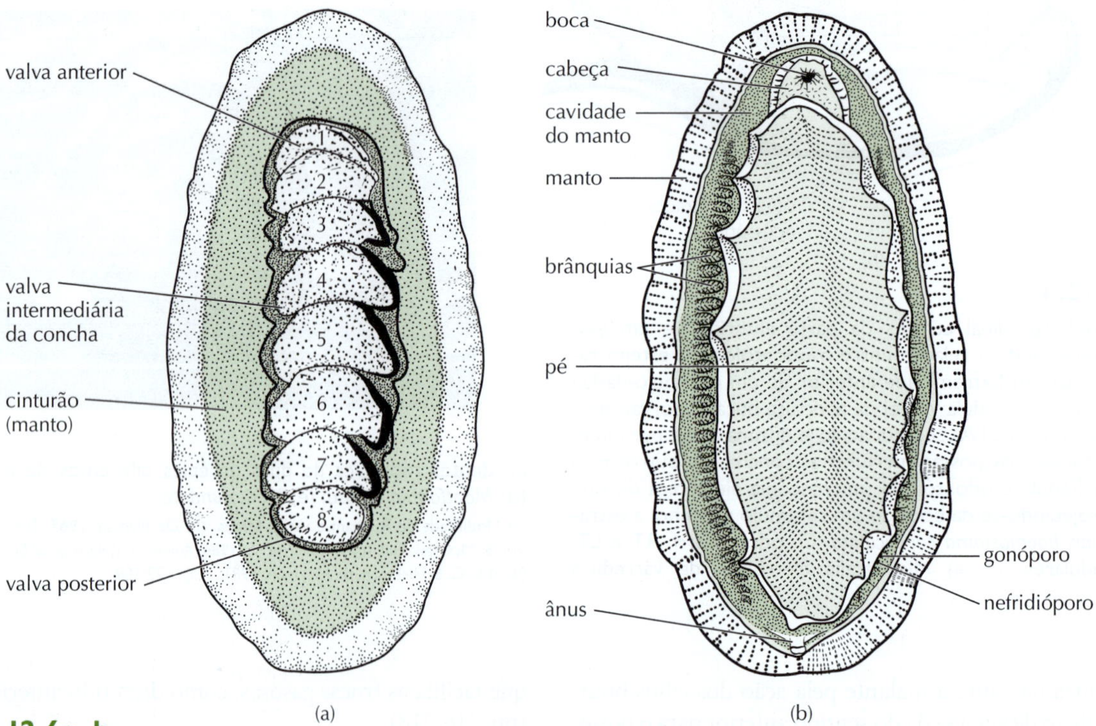

Figura 12.6a, b

O poliplacóforo *Katharina tunicata*. (a) Vista dorsal. (b) Vista ventral. Todos os quítons são dorsoventralmente achatados, com o pé formando uma ventosa para aderir a substratos firmes. A concha é composta por oito placas articuladas, permitindo que o animal se dobre inteiramente e, portanto, se adapte à topografia da superfície sob ele.

(a, b) Baseada em Beck/Braithwaite, *Invertebrate Zoology, Laboratory Workbook*, 3/e, 1968.

(c)

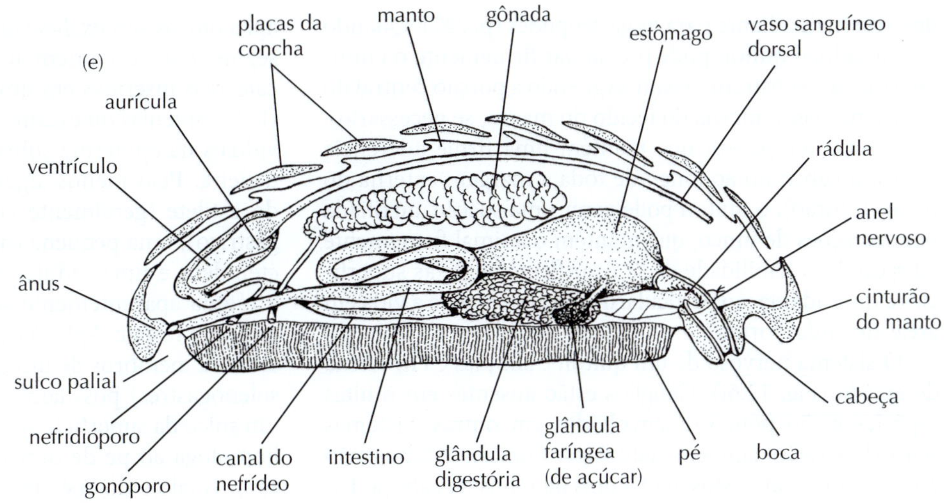

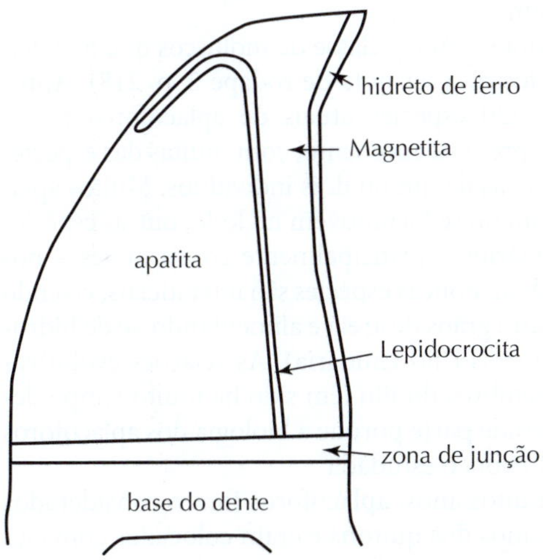

(d)

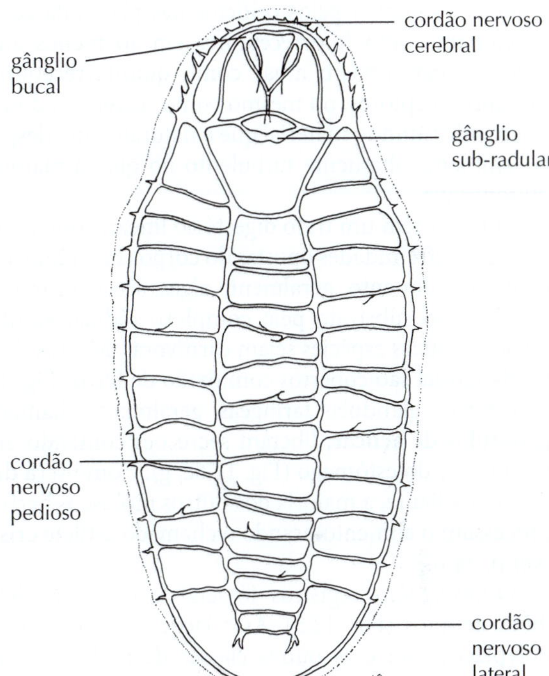

(f)

Figura 12.6 c, d, e, f, g

(c) *Tonicella lineata* firmemente aderida a substrato rochoso na zona intertidal da costa da Califórnia. Observe as oito placas da concha e o conspícuo cinturão. (d) Dente lateral da rádula do quíton *Acanthopleura echinata*. (e) Anatomia interna de um poliplacóforo. (f) Sistema nervoso de um quíton típico. (g) Anatomia interna vista dorsalmente, após a remoção das placas da concha e da dissecção e retirada do tecido do manto.

(c) © Thomas M. Niesen. (d) De L. R. Brooker, A. P. Lee, D. J. Macey, W. van Bronswijk e J. Webb. 2003. Multiple-front iron-mineralisation in chiton teeth (*Acanthopleura echinata*: Mollusca: Polyplacophora). *Marine Biol.* 142:447-54. (e, f) De Sherman e Sherman, 1976.

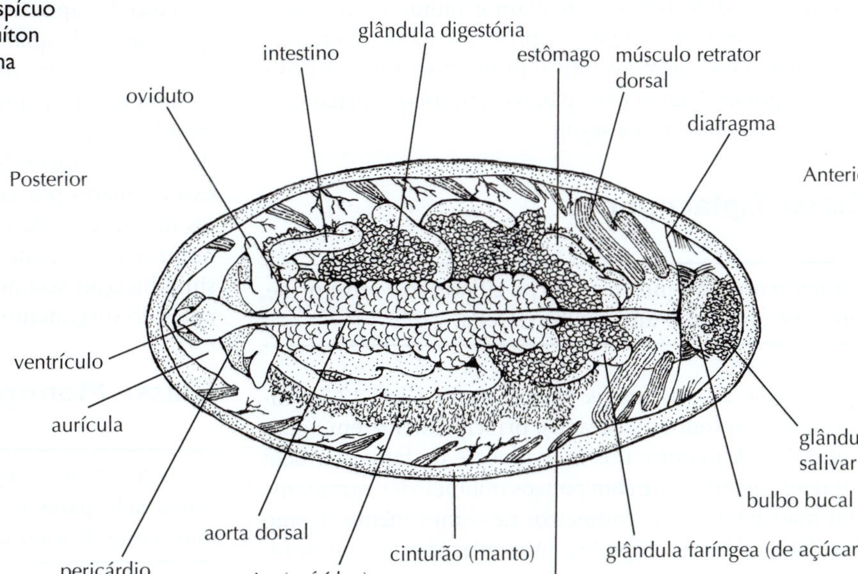

(g)

descrito mais adiante para os gastrópodes (p. 227). Quando perturbado, o quíton pode pressionar firmemente o cinturão contra o substrato. Assim, erguendo a porção central do pé (e a margem interna do tecido do manto, se necessário), ao mesmo tempo em que mantém uma firme aderência contra o substrato ao longo de toda a margem externa do pé (e cinturão), o quíton pode gerar uma sucção, auxiliada por secreções de muco, que mantém o animal firmemente aderido. Esta habilidade de se fixar firmemente às superfícies é uma adaptação particularmente efetiva para a vida em áreas de ondas fortes.

O sistema nervoso de um quíton é simples e em forma de escada (Fig. 12.6f). Gânglios estão ausentes em muitas espécies e são pouco desenvolvidos em outras. Sistemas sensoriais estão também reduzidos. Quítons adultos não apresentam estatocistos, tentáculos ou olhos na cabeça. **Estetos** – órgãos abundantes derivados do tecido do manto e que se estendem pelos orifícios nas placas da concha – funcionam como fotorreceptores em ao menos algumas espécies, mas podem atuar como quimiorreceptores ou mecanorreceptores, ou mesmo como secretores do perióstraco, substituindo material que é naturalmente desgastado no ambiente altamente turbulento no qual a maioria dos quítons vive.

Quítons têm um trato digestório linear, com a boca e o ânus em extremidades opostas do corpo (Fig. 12.6b, e). Partículas de alimento, geralmente algas, são com frequência raspadas do substrato pelo complexo rádula/odontóforo, embora poucas espécies sejam carnívoras. Muitos dos dentes da rádula são cobertos com óxido de ferro (Fig. 12.6d). Um par de glândulas faríngeas, geralmente chamadas de **glândulas de açúcar**, liberam secreções contendo amilase no interior do estômago (Fig. 12.6e, g). Como será discutido mais adiante, a maioria dos outros moluscos herbívoros processam o alimento usando o chamado estilete cristalino (ver p. 245).

Quítons têm registros fósseis de cerca de 500 milhões de anos (Fig. 12.5). As relações evolutivas entre os Polyplacophora e as outras classes de moluscos não são claras, embora não haja razão alguma para suspeitar que quaisquer outros moluscos tenham evoluído diretamente de quítons ancestrais. Quítons provavelmente divergiram da principal linhagem evolutiva dos moluscos muito cedo, o que é possível ser o caso para os moluscos aplacóforos vermiformes, descritos a seguir.

Classe Aplacophora

Característica diagnóstica: corpo cilíndrico, vermiforme, com o pé formando uma quilha estreita.

Aplacóforos são moluscos **vermiformes** (Fig. 12.7) encontrados em todos os oceanos, principalmente em águas profundas. A maioria dos indivíduos é de tamanho bem pequeno – geralmente com poucos milímetros e raramente com mais de poucos centímetros de comprimento. Como os cefalópodes, escafópodes, monoplacóforos e quítons, aplacóforos são exclusivamente marinhos. O corpo é não segmentado e contém numerosas espículas ou escamas calcáreas inseridas em uma cutícula externa (Fig. 12.7a, c, f). As espículas ou escamas são secretadas por células individuais na epiderme subjacente: não há uma concha verdadeira. Pelo menos algumas espécies possuem um saco do estilete (geralmente completo, com estilete e escudo gástrico), uma pequena cavidade do manto posterior com ctenídeos e uma rádula, embora na maioria das espécies a rádula aparentemente seja usada mais para agarrar do que para raspar. Aplacóforos não têm um pé desenvolvido, embora membros de um grupo (os Neomeniomorpha, ou solenogastres) possuam uma crista ciliada, localizada em um sulco da superfície ventral do corpo, que é considerada homóloga ao pé de outros moluscos. Solenogastres utilizam os cílios do "pé" para deslizar sobre o sedimento ao longo de uma trilha de muco, que eles secretam à medida que se deslocam.

Aplacophora é a única classe de moluscos que não deixou registros fósseis (ver nota de rodapé 2, p. 218). Aproximadamente 320 espécies atuais de aplacóforos foram descritas até o presente momento, com muitas das espécies conhecidas apenas de um ou dois indivíduos. Muitos aplacóforos escavam ou se locomovem no lodo; outras espécies vivem em cnidários – principalmente corais moles – nos quais eles predam. Poucas espécies são intersticiais, vivendo nos espaços entre grãos de areia e alimentando-se de hidrozoários intersticiais (filo Cnidaria). As relações evolutivas com outros membros do filo têm sido há muito tempo debatidas, em grande parte porque a biologia dos aplacóforos tem sido muito pouco estudada.

Durante muitos anos, aplacóforos foram considerados parentes próximos dos quítons e eram colocados com eles em um único grupo taxonômico, os Amphineura. Nas décadas de 1970 e 1980, estudos da formação das espículas, da estrutura da rádula e da anatomia desses animais contribuíram para afastar a hipótese de uma estreita relação com os quítons, porém, dados moleculares recentes, novamente, os têm colocado como grupos-irmãos, em um novo clado, denominado Aculifera. Apoiando essa hipótese, o sistema nervoso dos aplacóforos consiste em gânglios cerebrais pares, originando quatro cordões nervosos lineares ganglionados – dois laterais, dois ventrais – interconectados na forma de uma escada, como nos quítons (Fig. 12.7c). Além disso, membros de ambos os grupos formam espículas calcáreas de maneira aparentemente idêntica, através de secreções extracelulares por células únicas. Uma das mais intrigantes implicações da validade de Aculifera é que a condição desprovida de concha dos aplacóforos representaria uma simplificação secundária, e não uma condição primitiva, antes do surgimento evolutivo da concha.

Classe Monoplacophora

Características diagnósticas: 1) três pares de ctenídeos, seis a sete pares de nefrídeos; 2) múltiplos (geralmente oito) pares de músculos retratores do pé (pediosos).

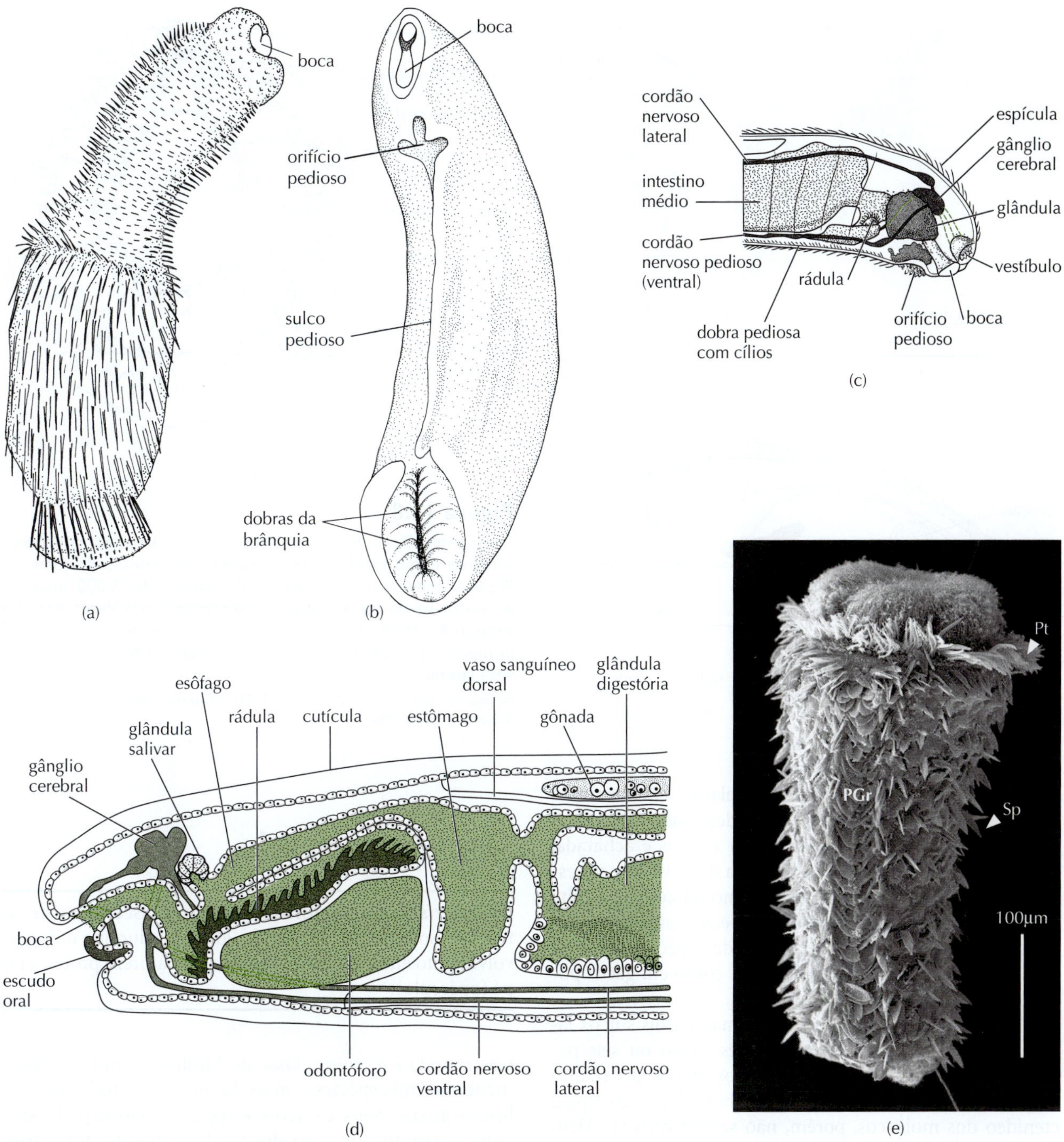

Figura 12.7

Membros de Aplacophora: (a) *Falcidens* sp. (b) *Neomenia carinata.* (c) Parte anterior de um aplacóforo, mostrando o arranjo dos cordões nervosos. (d) Anatomia interna, extremidade anterior de *Limifossor talpoideus.* Observe a rádula bem desenvolvida e o odontóforo que a apoia. (e) Larva avançada (9-11 dias de idade) do aplacóforo *Epimenia babai*, do Japão. Observe as espículas bem desenvolvidas (Sp) e o menos conspícuo sulco pedioso (PGr). Pt, anel dos cílios locomotores larvais (prototróquio).

(a) Cortesia de Dr. A. H. Scheltema. (b) De Hyman. (c) Baseada em R. S. Boardman, *Fossil Invertebrates.* (d) Baseada em Harrison, *Microscopic Anatomy of Invertebrates,* Vol. 5, (e) Figura 24a de Okusu, A. 2002. *Biol. Bull.* 203:87-103. Reimpressa, com permissão do Marine Biological Laboratory, Woods Hole MA.

Antes de 1952, a classe Monoplacophora era conhecida apenas por registros fósseis. Na verdade, alguns representantes haviam sido coletados por volta de 1890, porém foram identificados como gastrópodes e ignorados. Desde a sua redescoberta –, em uma profundidade de 3.570 metros – e reconhecimento como uma classe distinta de moluscos, em 1952, 31 espécies atuais foram descritas, todas elas marinhas e encontradas a profundidades de pelo menos 175 metros. A maioria das espécies é conhecida somente de poucos exemplares vivos ou de conchas vazias. Monoplacóforos

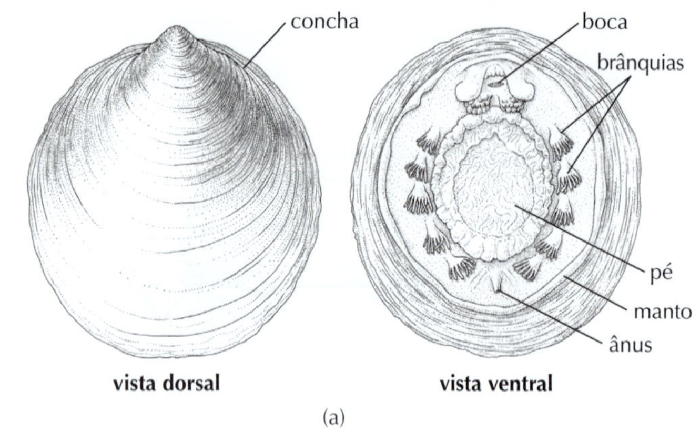

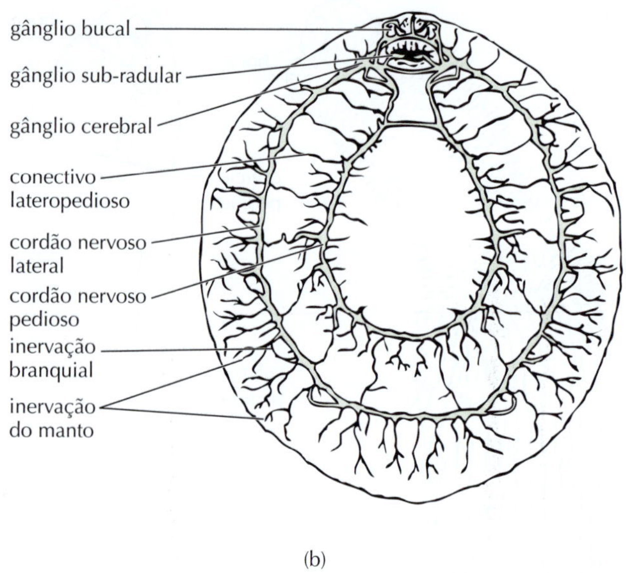

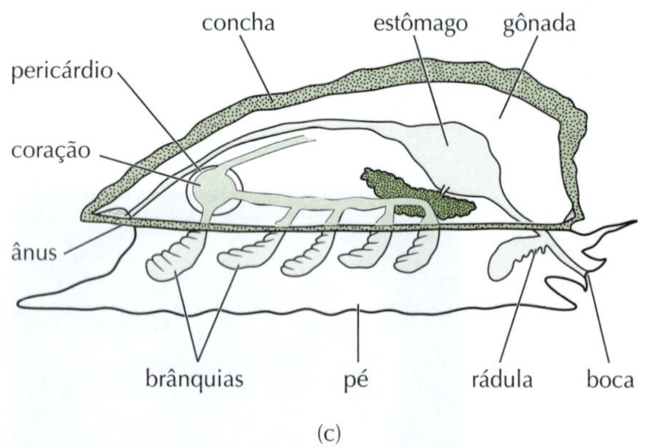

Figura 12.8

O monoplacóforo *Neopilina galatheae*. Este animal era conhecido somente como fóssil até 1952, quando foi retirado da costa do Pacífico mexicano de uma profundidade de 5.000 metros. A concha mede até 37 mm de comprimento. (a) Vistas dorsal e ventral. A concha adulta mede aproximadamente 3 cm de comprimento. (b) Sistema nervoso, vista dorsal. (c) Anatomia interna, vista lateral.

(a) Segundo Lemche. (b, c) Baseada em E. N. K. Clarkson, *Invertebrate Palaeontology & Evolution*, 2d ed. 1986.

produzem conchas únicas, sem articulação, em forma de chapéu (Fig. 12.8a), como os gastrópodes conhecidos como lapas. A concha dos monoplacóforos adultos é achatada, em vez de espiralada, embora a concha da larva seja em espiral. A faixa de comprimento máximo da concha adulta varia de menos de 1 mm em uma espécie a até aproximadamente 37 mm em representantes de espécies maiores. O pé dos monoplacóforos é achatado, como em gastrópodes e poliplacóforos (Fig. 12.8a).

A cavidade do manto toma a forma de dois sulcos laterais, como em poliplacóforos, e três, cinco ou seis pares de brânquias pendem dentro dos sulcos do manto (Fig. 12.8a). Se essas brânquias são homólogas ao típico ctenídeo dos moluscos, porém, não se tem certeza. Além das brânquias, os músculos retratores do pé, aurículas e ventrículos do coração, gônadas e nefrídeos ocorrem em múltiplas cópias. Tanto uma rádula quanto um estilete cristalino estão presentes, e o intestino é linear, com uma boca anterior e um ânus posterior. Assim como nos poliplacóforos e aplacóforos, o sistema nervoso inclui cordões nervosos laterais e pediosos (Fig. 12.8b).

Apesar do pequeno número de espécies atuais, monoplacóforos merecem estudos adicionais. Todos os grupos de moluscos que ainda precisam ser debatidos – escafópodes, gastrópodes, bivalves e cefalópodes – podem ter evoluído de ancestrais parecidos a monoplacóforos. Todavia, isso ainda está longe de ser esclarecido: alguns estudos moleculares têm colocado monoplacóforos ora como grupo-irmãos dos quítons ora dos cefalópodes. Fique atento.

Classe Gastropoda[4]

Características diagnósticas: 1) massa visceral e sistema nervoso sofrem uma torção de 90 a 180° durante o desenvolvimento embrionário; 2) escudo de natureza proteica no pé (opérculo).

Gastropoda é a maior classe de Mollusca, contendo pelo menos 60 mil espécies – mais da metade de todos os moluscos atuais. Seus caracóis e lesmas estão distribuídos entre marinhos, de água doce e de ambientes terrestres, ocupando hábitats bastante diversos, incluindo rios, lagos, árvores, desertos, a zona intertidal marinha, o plâncton e o mar profundo. Eles exibem uma incrível diversidade de estilos de vida, incluindo espécies alimentadoras de suspensão, carnívoras, herbívoras, alimentadoras de depósito e ectoparasitos. O caramujo típico consiste em

[4]A sistemática de Mollusca ainda se encontra confusa, particularmente para os gastrópodes e bivalves. A classificação desta edição é baseada em sua maior parte em Beesley, P. L., G. J. B. Ross e A. Wells (Eds.). 1998. *Mollusca: The Southern Synthesis. Fauna of Australia.* Vol. 5. CSIRO Publishing: Melbourne; Bouchet, P. e J.-P. Rocroi. 2005. Classification and nomenclator of gastropod famílias. *Malacologia* 47:1-397; e Telford, M. J. e G. E. Budd. 2011. Invertebrate evolution: Bringing order to the molluscan chaos. *Current Biol.* 21:R964-R966.

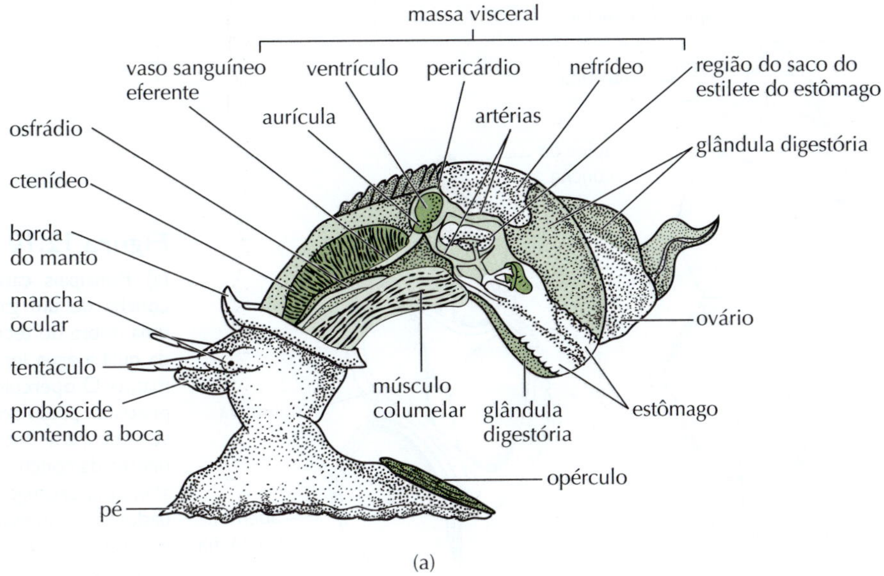

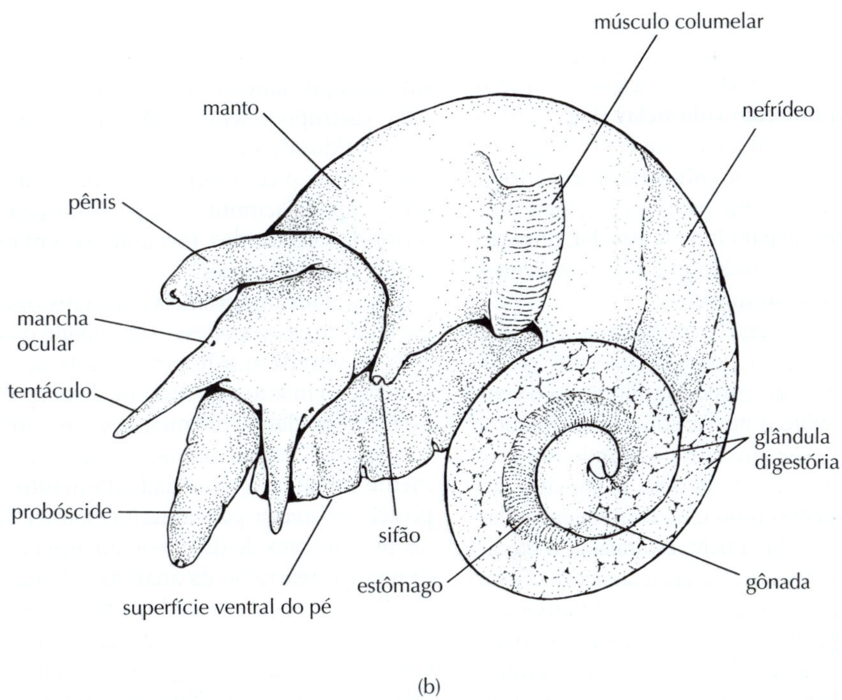

Figura 12.9

(a) Anatomia interna e morfologia geral da fêmea da litorina (*Littorina littorea*), retirada de sua concha. O animal ocupa todo o interior da concha, enrolando-se em volta da columela à medida que cresce. Estruturas azuis são visíveis apenas através de dissecção. Cílios revestindo o saco do estilete puxam o alimento, envolvido em uma fita de muco da boca até o estômago. (b) O caramujo marinho *Busycon* sp., removido de sua concha.

(a) Baseada em Fretter e Graham, *A Functional Anatomy of Invertebrates*. 1976.

uma **massa visceral** (i.e., todos os órgãos internos) sobre um **pé** muscular (Fig. 12.9). A massa visceral é, em geral, protegida por uma concha univalve que é com frequência espiralada, provavelmente como uma adaptação para acomodar de maneira eficiente a massa visceral. A morfologia da concha difere consideravelmente entre as espécies.[5] O tamanho da concha varia desde 1 mm em adultos de algumas espécies, até mais de 50 cm em outras. Em muitas outras espécies, adultos são destituídos de (perdem a) concha.

[5]Ver *Tópicos para posterior discussão e investigação*, nº 1, no final deste capítulo.

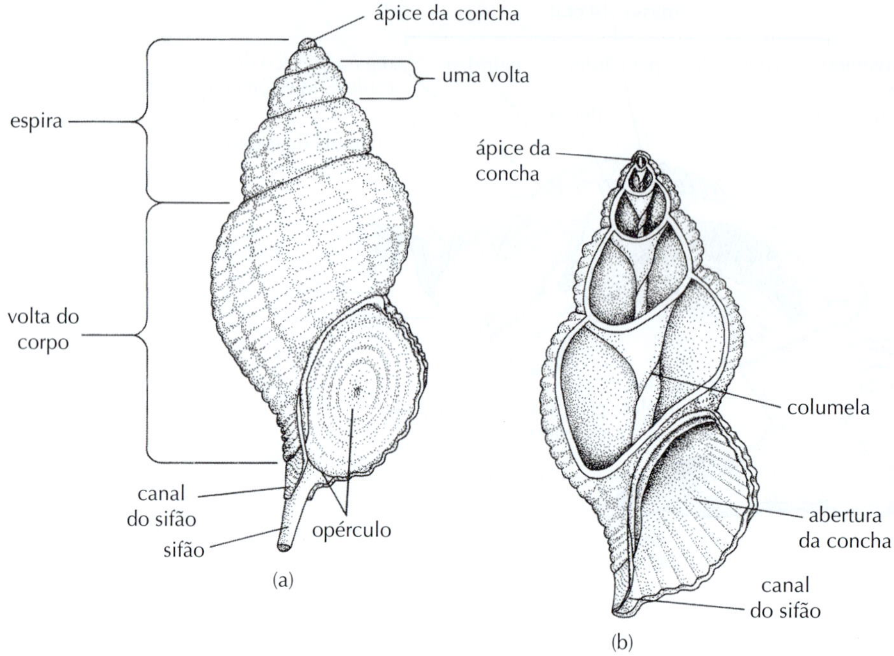

Figura 12.10

(a) Principais caracteres externos da concha de um gastrópode. O sifão é uma dobra do tecido do manto através da qual a água ingressa na cavidade do manto. O opérculo é um escudo rígido, proteico, preso ao pé; quando o animal se encontra inteiramente recolhido dentro da concha, o opérculo sela a sua abertura, protegendo o animal de predadores e estresses físicos. (b) Secção longitudinal através de uma típica concha gastrópode. À medida que o caramujo cresce, seu corpo se enrola em volta da columela.

(b) Segundo Hyman; segundo Dakin.

Em espécies providas de concha, o caramujo é preso ao interior desta por um **músculo columelar** (Fig. 12.9), o qual se estende do pé do animal até o eixo central da concha; esse eixo central é chamado de **columela** (Fig. 12.10b). O músculo columelar é importante para os principais movimentos do corpo: protração para fora da concha, retração para dentro da concha, torção (*twisting*) e a ação de erguer e baixar a concha em relação ao substrato.

A concha, em geral, é carregada de maneira a pender para o lado esquerdo do corpo. O eixo da concha é, então, oblíquo ao eixo longitudinal do corpo, equilibrando o centro de massa do animal sobre o pé. As conchas da maioria das espécies de gastrópodes se enrolam no sentido horário, para a direita (Figs. 12.10 e 12.11a), ou seja, as conchas são "**dextrógiras**". Provavelmente como uma consequência das limitações de espaço dentro da concha espiralada, o ctenídeo, o osfrádio, o rim (nefrídeo) e a aurícula cardíaca no lado direito do corpo tendem a ser reduzidos ou ausentes; somente os gastrópodes primitivos (i.e., aqueles mais próximos à condição ancestral, incluindo muitas espécies arqueogastrópodes) ainda exibem estruturas pares (Fig. 12.12b, c, d). Relativamente poucas espécies de caramujos formam conchas, que se enrolam no sentido anti-horário, para a esquerda (Fig. 12.11b) e mostram uma correspondente redução ou ausência de ctenídeo, osfrádeo, nefrídeo e aurícula cardíaca no lado esquerdo do corpo. Essas espécies são ditas como "**sinistrógiras**" em seu enrolamento. Observe que é possível para um caramujo dextrógiro produzir uma concha, que pareça ser "canhota" (Fig. 12.12c, d); alguns gastrópodes exibem tal padrão particularmente no estágio larval.

Muitas espécies de gastrópodes possuem, além de suas conchas, estratégias razoavelmente complexas de defesa comportamental ou química contra predadores. Essas adaptações geralmente incluem uma das seguintes formas: (1) o gastrópode sente a presença de predadores potenciais, ou quimicamente ou pelo tato, e inicia o escape apropriado, um comportamento de evitamento ou enfrentamento; (2) o gastrópode sente quimicamente a presença de indivíduos feridos de sua própria espécie (indivíduos conspecíficos) e inicia o comportamento de escape adequado; ou (3) o gastrópode acumula compostos orgânicos tóxicos no interior de seus tecidos, tornando-se, então, impalatável para potenciais predadores.[6]

De grande importância para a história evolutiva e biologia atual de gastrópodes é o fenômeno da **torção**, um giro de 180° no sentido anti-horário da cabeça e do pé em relação à concha, ao manto e ao restante do corpo (a **massa visceral**) no início do desenvolvimento. Como uma consequência da torção, os sistemas nervoso e digestório tornam-se obviamente torcidos, e a cavidade do manto se desloca de uma posição posterior para anterior, sobre a cabeça (Fig. 12.12). Os mecanismos de desenvolvimento responsáveis por esse dramático rearranjo da anatomia do caramujo ainda estão sendo ativamente estudados. Os principais promotores parecem ser contrações periódicas dos músculos retratores larvais, que conectam o pé do animal à sua concha, juntamente com uma proliferação celular mais rápida no lado direito do epitélio do manto.[7]

A torção pode ocorrer em poucas horas ou mesmo minutos em algumas espécies. Ela não tem relação direta com a espiralização da concha: tratam-se de dois processos separados e independentes.

O significado adaptativo da torção tem sido assunto de considerável especulação.[7] A controvérsia se dá especialmente na questão de se a torção beneficia a larva ou o adulto, ou ambos, e parte da dificuldade em interpretar o "porquê" da torção é que este movimento da cavidade do

---

[6]Ver *Tópicos para posterior discussão e investigação,* nº 5, no final deste capítulo.

[7]Ver *Tópicos para posterior discussão e investigação,* nº 3, no final deste capítulo.

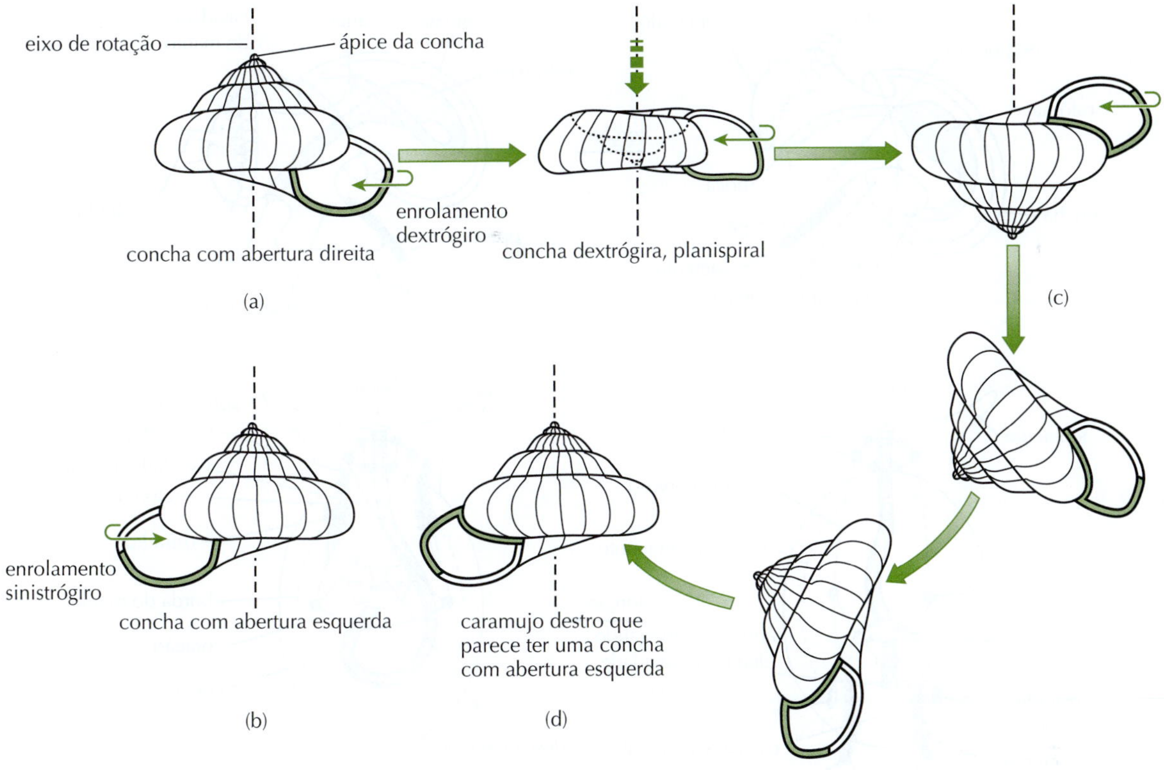

Figura 12.11

Principais padrões de enrolamento da concha entre gastrópodes. Setas verdes indicam a direção do enrolamento da concha. Membros da maioria das espécies se enrolam para a direita e vivem em conchas com abertura direita (a), embora membros de algumas espécies se enrolem para a esquerda e tenham conchas com abertura esquerda (b). Como uma complicação intrigante, um caracol dextrógiro pode produzir o que parece ser uma concha com abertura esquerda, por enrolar-se mais para cima em relação ao eixo central do que para baixo (c). Somente observações anatômicas podem confirmar a verdadeira direção do enrolamento do corpo. Para visualizar-se indo de (a) a (c), imagine empurrar para baixo o ápice da concha em (a), produzindo uma concha planispiral, com todas as voltas da concha em um único plano, sem um passo intermediário. Continue empurrando para baixo até que você chegue a (c); observe que a direção do enrolamento da concha não foi alterada no processo. Gire a concha para obter (d).

Baseada em R. S. Boardman et al., eds. *Fossil Invertebrates*. 1987.

manto seria anteriormente visto como, no máximo, algo parcialmente vantajoso. Obviamente, através da torção, os ctenídeos e osfrádios passaram a estar localizados na parte anterior do animal, na direção da sua locomoção, porém, a torção também deslocou o ânus, de maneira que os produtos de excreção passaram a ser expelidos sobre a cabeça, criando um problema sanitário potencialmente sério. Além disso, a história da evolução subsequente dos gastrópodes envolve claramente compensações para os efeitos da torção embrionária ou larval, isto é, os gastrópodes mais avançados (opistobrânquios e pulmonados, conhecidos em conjunto por heterobrânquios) exibem uma marcada redução no grau de torção durante o desenvolvimento. Em algumas espécies, uma aparente **destorção** ocorre após a torção, provavelmente através de um processo de crescimento diferencial. As pressões de seleção responsáveis pela evolução da torção, como todas as questões evolutivas de "por que ela surgiu?", são, no momento, desconhecidas. Entretanto, o fenômeno é dramático demais para ser ignorado (Quadro Foco de pesquisa 12. 1). Em nenhuma outra classe de Mollusca ocorre torção.

Pequenas espécies de gastrópodes podem se locomover principalmente por meio da ação de cílios localizados na superfície ventral do pé, contudo, a maioria das espécies se move por meio de **ondas pediosas** de contração muscular ao longo de um muco adesivo, secretado pela boca ou pelo pé. Diferentemente de ondas peristálticas, ondas pediosas raramente envolvem músculos circulares ou contrações musculares de grande magnitude, e são restritas à porção central da superfície ventral do pé.

A musculatura do pé é predominantemente vertical (dorsoventral) e transversal (Fig. 12.3a). No início da onda pediosa, a musculatura dorsoventral se contrai na parte anterior do pé. Aparentemente, os músculos transversais não relaxam, ou seja, o pé não pode ser distendido lateralmente; em vez disso, o pé é esticado para a frente. Uma onda de contração da musculatura dorsoventral, então, se desloca posteriormente, o que permite que o restante do pé se junte à porção anterior (Fig. 12.3a). As bordas do pé são temporariamente aderidas ao substrato com muco e, então, uma pequena pressão negativa (sucção) é gerada no espaço entre o substrato e a porção erguida do pé. Os músculos dorsoventrais são novamente estendidos quando relaxados, pelo menos em parte, pela pressão externa negativa; o pequeno espaço atua como um esqueleto hidrostático, mesmo que seja externo ao corpo, permitindo à musculatura na parte

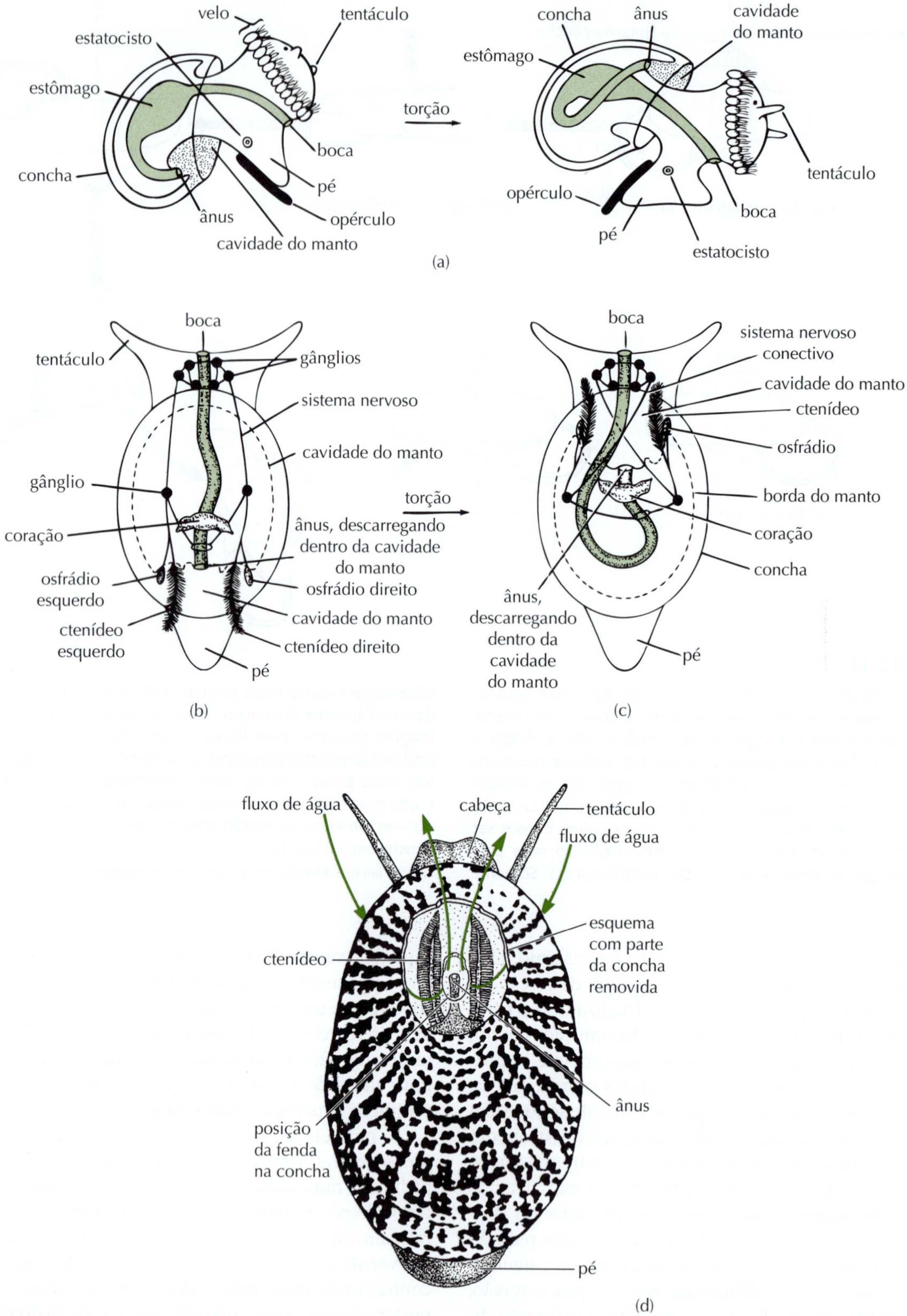

Figura 12.12

(a) Torção na larva livre-natante de um gastrópode primitivo, *Patella* sp. Observe que a cavidade do manto é deslocada ao longo do lado direito do animal, da parte posterior para a anterior da larva. Seguindo a torção, a cabeça e o pé podem ser completamente retraídos dentro da cavidade do manto, e a abertura firmemente fechada pelo opérculo rígido. (b, c) As consequências da torção para o gastrópode adulto. (b) O estado não torcido de um molusco ancestral hipotético em forma de gastrópode. (c) O rearranjo da anatomia interna após a torção. Observe que a brânquia primitiva tem folhetos estendendo-se de ambos os lados do eixo central. Como será discutido posteriormente, ela é chamada de brânquia bipectinada. (d) Caminho da circulação de água através da cavidade do manto de um gastrópode primitivo – uma lapa de concha fendida, ordem Archaeogastropoda – com brânquias pares. A água entra em ambos os lados da cabeça e sai por uma abertura circular (a fenda) na concha.

QUADRO FOCO DE PESQUISA 12.1

A torção nos gastrópodes

Pennington, J. T. e F. S. Chia. 1985. Gastropod torsion: A test of Garstang's hypothesis. *Biol. Bull.* 169:391-96.

No final dos anos 1920, o zoólogo inglês Walter Garstang hipotetizou que a torção teria surgido mais como uma adaptação para a vida larval do que para a vida adulta. Ele argumentou que, antes da torção, a cabeça e o velo, este um órgão exclusivamente larval usado para captura de alimento e natação, eram mais vulneráveis à predação, uma vez que eram recolhidos por último na concha sem torção, que se abria posteriormente. A torção trouxe a cavidade do manto para a região anterior, proporcionando um espaço no qual era possível rapidamente retrair essas estruturas anteriores em situações de perigo ou ameaça. De acordo com a hipótese de Garstang, indivíduos com torção deveriam, portanto, sobreviver com mais facilidade do que os não torcidos, e os genes para a torção larval teriam rapidamente se tornado permanentes na história de vida desses moluscos.

Embora as ideias de Garstang tenham sido muito debatidas e amplamente aceitas durante os últimos 70 anos, elas nunca haviam sido diretamente testadas, até que Pennington e Chia (1985) expuseram larvas de abalone (*Haliotis kamtschatkana*) a sete diferentes predadores planctônicos: larvas de caranguejo (no estágio final de megalopa), copépodes, duas espécies de ctenóforos, duas espécies de hidromedusas e uma espécie de peixe. Tanto as larvas de abalone pré-torção quanto as torcidas foram testadas, com 50 larvas colocadas em cada um de cinco aquários com um diferente predador estudado. Larvas que desapareciam dos aquários-teste após períodos de 15 horas eram presumidas como predadas; cinco aquários-controle, cada um com 50 larvas de abalone, mas sem predadores, foram usados para ajustar qualquer erro de contagem ou de manuseio, inevitavelmente associados ao trabalho com animais aquáticos muito pequenos – essas larvas têm somente algumas centenas de micrômetros de comprimento. Se a hipótese de adaptação larval de Garstang estivesse correta, deveria haver menos predação nas larvas de abalone que já haviam passado pela torção.

Os resultados não apoiaram a hipótese de Garstang. Cinco dos sete predadores consumiram tanto larvas pré-torção quanto pós-torção durante o experimento de 15 horas (Fig. foco 12.1). Somente as hidromedusas *Aequorea victoria* mostraram uma preferência estatisticamente significativa por larvas pré-torção. As larvas de caranguejo (espécie não determinada) realmente consumiram mais larvas torcidas do que larvas pré-torção de abalone. No cômputo geral, não houve indicação de que a torção protegia as larvas da predação.

Sendo justos com a hipótese de Garstang, deve-se observar que Pennington e Chia não testaram larvas completamente torcidas; suas larvas "torcidas" haviam completado somente os primeiros 90° da torção. Mesmo que cada uma dessas larvas pudesse retrair-se completamente dentro de sua concha quando provocada e pudesse fechar completamente a abertura da concha com seu opérculo, larvas completamente desenvolvidas (180°) podem ser menos vulneráveis ao ataque. Ademais, larvas de outras espécies de gastrópodes podem ser mais bem protegidas pela torção do que o são aquelas de abalone. Além disso, os predadores que podem ter selecionado a torção em gastrópodes ancestrais talvez não existam mais, ou ao menos não tenham sido testados nesse estudo. Não pode-se concluir que as ideias de Garstang sobre a importância da predação em larvas para a seleção da torção estejam erradas; a limitada evidência experimental disponível no momento pode somente sugerir que a torção hoje não proteja efetivamente larvas de abalone contra predadores planctônicos.

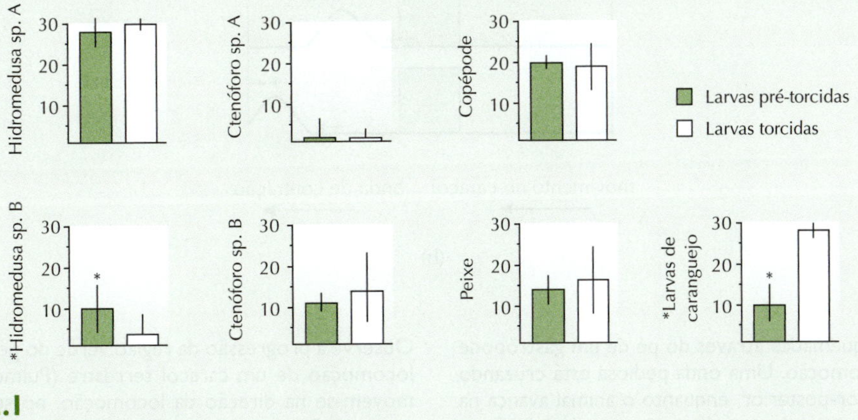

Figura foco 12.1

Predação por sete predadores sobre larvas pré-torcidas (barras verdes) e torcidas (barras brancas) de abalone (*Haliotis kamtschatkana*). Dados se referem ao número médio de larvas consumidas (média de cinco réplicas, 50 larvas por réplica) durante um período de teste de 15 horas. Barras de erro mostram o desvio-padrão da média. Um * indica que a predação sobre larvas pré-torcidas foi significativamente diferente da predação sobre larvas torcidas para aquele predador ($P < 0,05$). Larvas de caranguejo, 5 espécies, misturadas; copépode, *Epilabidocera longipedata;* peixe, *Oncorhynchus gorbuscha;* hidromedusa sp. A, *Phialidium gregarium;* hidromedusa sp. B, *Aequorea victoria;* ctenóforo sp. A, *Pleurobrachia bachei;* ctenóforo sp. B, *Bolinopsis infundibulum.*

Baseada em Pennington, J. T. e F. S. Chia. 1985. Gastropod torsion: a test of Garstang's hypothesis. *Biological Bulletin* 169:391-96. 1985.

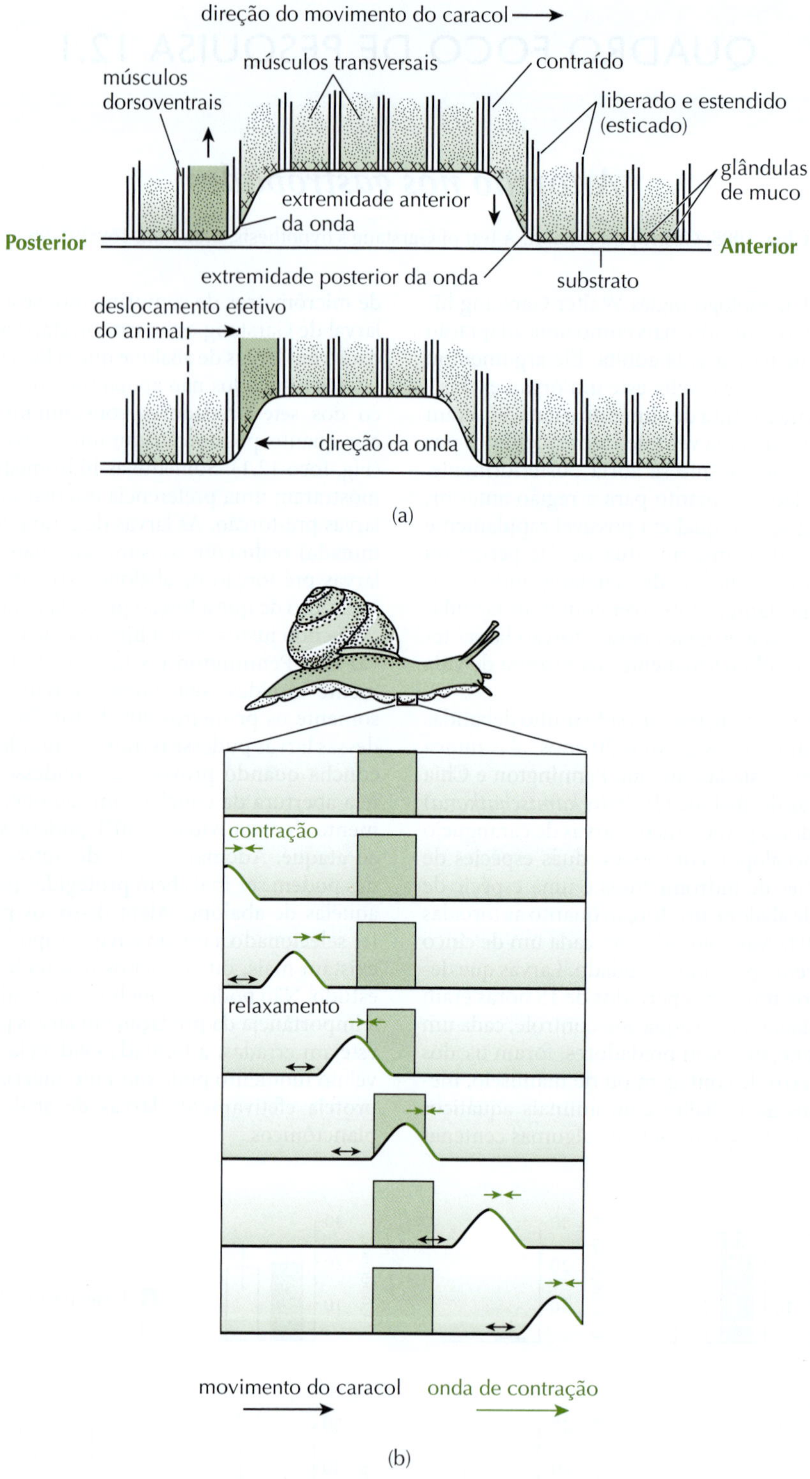

Figura 12.13

Secção longitudinal esquemática através do pé de um gastrópode em movimento de locomoção. Uma onda pediosa está cruzando o pé no sentido anterior-posterior, enquanto o animal avança na direção oposta; esta é chamada de *onda pediosa retrógrada*. Contrações localizadas dos músculos dorsoventrais elevam uma pequena porção do pé para a frente sobre o substrato, produzindo uma pequena, mas mensurável, sucção. A sucção ajuda a alongar os músculos dorsoventrais quando eles relaxam, empurrando a área na parte de trás da onda contra o substrato. Observe a progressão da região verde do pé. (b) Ondas diretas na locomoção de um caracol terrestre (Pulmonata). Ondas diretas movem-se na direção da locomoção, no sentido posterior para anterior. Somente a porção elevada acima do substrato move-se para a frente (observe a progressão da região verde do pé). Muitas ondas cruzam o pé de cima para baixo simultaneamente, como mostrado no caracol à esquerda.

(a) Baseada em Jones e Trueman, em *Journal e Experimental Biology*, 52:201, 1970.
(b) Baseada em Lissman, em *Journal of Experimental Biology*, 21:58, 1945.

anterior da onda se contrapor àquela da porção posterior. Neste caso, o esqueleto hidrostático opera por meio de um decréscimo temporário de pressão, essencialmente sugando a porção elevada do pé para baixo e estendendo os músculos associados, mais do que por meio de um aumento temporário da pressão.

A descrição anterior se aplica a **ondas retrógradas**; a onda de contração muscular viaja no sentido oposto ao qual o caramujo está se movendo. Ondas pediosas também podem ser **diretas** (i.e., se movem no mesmo sentido que o animal o faz) (Fig. 12.13b). Os detalhes mecânicos da formação da onda pediosa podem diferir substancialmente entre as espécies.[8] Observe que, não importando se a onda pediosa é retrógrada ou direta, os caramujos podem mover-se para a frente.

Gastrópodes têm um importante, embora indireto, papel na transmissão de várias doenças humanas importantes, com muitas espécies servindo como hospedeiros intermediários obrigatórios nos ciclos de vida de vermes chatos parasitos (filo Platyhelminthes, classe Trematoda; Capítulo 8). De fato, muitas pesquisas no controle desses platelmintos parasitos têm focado na regulação das populações de caramujos.

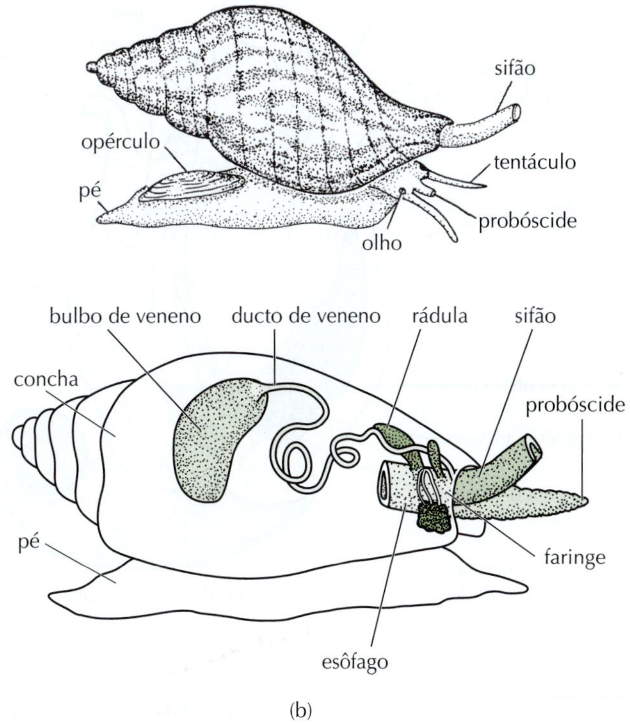

Figura 12.14

(a) Gastrópode prosobrânquio (*Fasciolaria tulipa*), mostrando o opérculo e o sifão estendido. (b) Desenho esquemático ilustrando o aparato de veneno no gastrópode prosobrânquio carnívoro *Conus* sp.

(a) Segundo Niesen. (b) Baseada em F. E. Russell, em *Advances in Marine Biology*, 21:59, 1984.

Os prosobrânquios

Característica diagnóstica: cavidade do manto geralmente anterior, devido à torção.

A sistemática de Gastropoda tem sido controversa por muitos anos. O sistema anterior de três subclasses (Prosobranchia, Opisthobranchia e Pulmonata) tem dado lugar a um sistema mais complexo que reflete melhor as relações evolutivas entre os diferentes grupos. Em particular, Prosobranchia não existe mais como um grupo taxonômico válido.[9] Entretanto, é ainda uma prática comum referir-se a essas espécies, informalmente, como "prosobrânquios", nomenclatura adotada neste livro.

A maioria das espécies de gastrópodes são prosobrânquios, e a maioria das espécies de prosobrânquios é marinha, embora uma pequena porcentagem viva em água doce ou em ambiente terrestre. Pelo menos 35 mil espécies têm sido descritas, a maior parte delas incluídas em Caenogastropoda. Prosobrânquios são geralmente de vida livre e móveis, embora algumas espécies tenham evoluído estilos de vida sésseis ou mesmo parasíticos. Prosobrânquios de vida livre podem ser herbívoros, alimentadores de depósito, onívoros, alimentadores de suspensão ou carnívoros, dependendo da espécie. Algumas espécies carnívoras – notavelmente os caramujos em forma de cone de águas quentes (*Conus* spp.) – produzem venenos potentes (Fig. 12.4), que são injetados em presas (peixes, moluscos ou anelídeos) através de um dente radular oco, em forma de arpão. As várias toxinas atuam se ligando a classes muito específicas de receptores e canais iônicos da superfície celular; elas são largamente usadas por neurobiólogos para estudar o funcionamento de receptores e canais iônicos tanto em invertebrados quanto em vertebrados, e são considerados promissores para o tratamento de dor, arritmias cardíacas, depressão clínica e epilepsia. Infelizmente, muitas espécies de caramujos-cone parecem próximas à extinção, devido à grave degradação de seus hábitats e à coleta predatória de conchas.[10]

Um modo de alimentação completamente diferente parece ocorrer em um gastrópode ainda não descrito, recentemente descoberto em mar profundo. Esses caramujos contêm bactérias simbióticas vivendo no tecido branquial; as bactérias podem fornecer nutrientes ao caramujo (ver pp. 245-247).

Prosobrânquios são os mais primitivos dos gastrópodes; isto é, a maior parte dos outros gastrópodes pode, provavelmente, ter evoluído de ancestrais similares a prosobrânquios. A maioria das espécies de prosobrânquios possui uma concha bem desenvolvida, cavidade do manto, osfrádio e rádula, e o pé geralmente porta um disco proteico rígido (algumas vezes reforçado com carbonato de

[8]Ver *Tópicos para posterior discussão e investigação*, n°s 11 e 16, no final deste capítulo.

[9]Espécies de prosobrânquios são agora incluídas ou na subclasse Eogastropoda, que contém as espécies mais primitivas (as lapas verdadeiras, ordem Patellogastropoda), ou na subclasse muito maior, Orthogastropoda, a qual inclui alguns arqueogastrópodes, todos os mesogastrópodes e todos os neogastrópodes (ver *Detalhe taxonômico*, no final deste capítulo).

[10]Ver *Tópicos para posterior discussão e investigação*, nº 8, no final deste capítulo.

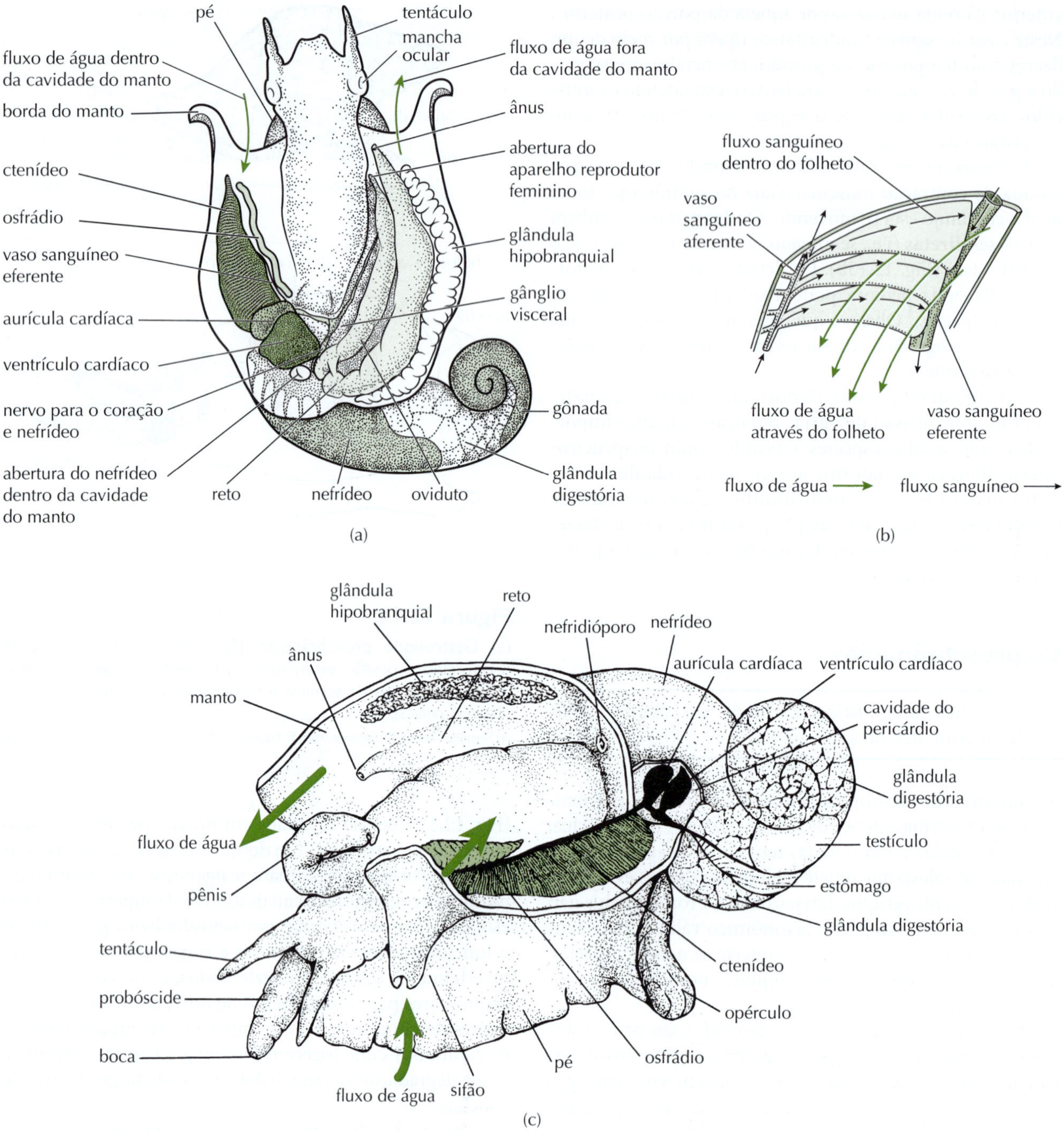

Figura 12.15

(a) A litorina *Littorina littorea,* removida de sua concha e com a cavidade do manto seccionada dorsomedialmente para mostrar o arranjo dos órgãos dentro da cavidade do manto. Observe o vaso sanguíneo principal (vaso sanguíneo eferente) que leva o sangue da brânquia até a aurícula cardíaca. Em seguida, o sangue flui para o ventrículo e, então, para os tecidos. A glândula hipobranquial secreta muco para capturar partículas carregadas pelos filamentos do ctenídeo. (b) Detalhe de um ctenídeo monopectinado ("com um único ramo"), mostrando a direção do fluxo sanguíneo dentro de cada filamento branquial (setas pretas) e o fluxo de água através desses filamentos (setas verdes). (c) O caramujo *Busycon* sp., com a cavidade do manto exposta e a parte superior do pericárdio retirada.

(a, b) Baseada em Fretter e Graham, 1976. *A Functional Anatomy of Invertebrates.* (c) Modificada de Brown, 1950. *Selected Invertebrate Types.*

cálcio), chamado de **opérculo**. Quando o pé é retraído para dentro da concha, o opérculo pode selar completamente a abertura da concha, protegendo o caramujo de predadores e estresses físicos, como desidratação e baixa salinidade (Figs. 12.10 e 12.14a).

A típica brânquia de um prosobrânquio é um **ctenídeo**, o qual consiste em uma série de bainhas achatadas, triangulares (filamentos), adjacentes uma à outra (Fig. 12.15). Sangue desoxigenado entra via um vaso sanguíneo aferente do sistema aberto de espaços sanguíneos (a **hemocele**). Uma vez distribuído por cada filamento do ctenídeo, o sangue se move pelas bainhas, onde ele se torna oxigenado, e, então, à aurícula cardíaca, através de um vaso sanguíneo eferente. Da aurícula, o sangue é bombeado dentro do único ventrículo associado e, então, é distribuído para os tecidos através de uma aorta única levando aos espaços sanguíneos da hemocele. Espécies de prosobrânquios primitivos (incluindo as lapas verdadeiras, ordem Patellogastropoda) possuem um par de aurículas, um par de vasos sanguíneos eferentes e um par de ctenídeos (Fig. 12.2d).

A água é retirada, movida para dentro da cavidade do manto e através dos filamentos branquiais pelos movimentos dos cílios da brânquia. Em muitas espécies de prosobrânquios, uma parte do manto é expandida para fora dentro de uma extensão cilíndrica, chamada de **sifão** (Figs. 12.14a e 12.15c); a água entra por esse sifão, pela ação dos cílios branquiais, dentro da cavidade do manto e através do **osfrádio** (um órgão quimio e mecanorreceptor - Figs. 12.2 e 12.15a, c). O caramujo move o sifão muscular para trás e para a frente, retirando água de diferentes direções. Em espécies escavadoras, o sifão é estendido através do substrato até a água imediatamente acima. O sifão dos gastrópodes é especialmente bem desenvolvido em carnívoros e detritívoros - que muitas vezes percebem sua presa por quimiorrecepção -, e é geralmente reduzido ou ausente em alimentadores de suspensão, herbívoros e alimentadores de depósito.

Na maioria das espécies de gastrópodes, a água entra na cavidade do manto pelo lado esquerdo da cabeça, passa sobre ou entre os filamentos branquiais, e sai ao lado direito da cabeça (Fig. 12.15). Em espécies arqueogastrópodes primitivas com glândulas pares, a água necessariamente entra na cavidade do manto por ambos os lados da cabeça; o fluxo de água nessas espécies torna-se possível pela presença de conspícuas aberturas circulares ou em forma de fenda laterais ou posteriores, como nas lapas de concha fendida (Fig. 12.12d) e abalones (Fig. 12.16e). Em todas as espécies, o movimento da água através da brânquia é unidirecional e contrário ao sentido do fluxo sanguíneo, de maneira que o princípio da troca por contracorrrente sempre está presente (pp. 216-218).

Muito da evolução prosobrânquia é uma trajetória de mudanças no número de brânquias (de duas nas espécies mais primitivas [ancestrais] a uma nas espécies mais avançadas [derivadas]) e mudanças na orientação dos filamentos branquiais, que se estendem do eixo ctenidial. Na condição **bipectinada** primitiva (ancestral), os filamentos se estendem de ambos os lados do eixo ctenidial, ao passo que na condição **monopectinada** relativamente avançada (derivada) (Fig. 12.15), os filamentos projetam-se de somente um lado do eixo de apoio (o lado "de baixo" da corrente). Independentemente do número de brânquias e da disposição dos filamentos em diferentes espécies de prosobrânquios, entretanto, o princípio da troca por contracorrente aplica-se a todos. De fato, o princípio da contracorrente aplica-se a todos os ctenídeos no filo Mollusca, exceto aqueles dos cefalópodes.

Existe uma considerável diversidade anatômica e funcional entre os prosobrânquios (Fig. 12.16). Os membros de um grupo, os **heterópodes**, exibem modificações especialmente surpreendentes do plano corporal básico e do estilo de vida prosobrânquio. Os heterópodes são planctônicos, carnívoros vorazes, cuja concha é reduzida ou ausente e cujo pé é uma espécie de remo fino e ondulante que propulsiona o animal pela água (Fig. 12.16a, b). Exceto pelas vísceras, o corpo é quase transparente, uma adaptação excelente para uma locomoção despercebida na água. Como ilustrado na Figura 12.16a, b, heterópodes nadam de barriga para cima.

Os opistobrânquios[11]

Característica diagnóstica: cavidade do manto lateral ou posterior devido à destorção, ou perda.

Opistobrânquios, um grupo que inclui as lesmas-do-mar e conchas-bolha, são quase todos marinhos. Aproximadamente 5 mil espécies foram descritas. As características que distinguem adultos desse grupo daqueles de prosobrânquios são (1) uma tendência à redução, internalização ou perda da concha, (2) redução ou perda do opérculo (embora ele esteja presente em todas as larvas), (3) torção limitada durante a embriogênese, (4) redução ou perda da cavidade do manto e (5) redução ou perda dos ctenídeos. A maior parte das espécies que perdeu os ctenídeos evoluiu outras estruturas respiratórias que não são relacionadas, em termos desenvolvimentais, à brânquia ancestral. Por exemplo, em muitas lesmas-do-mar (os nudibrânquios - ordem Nudibranchia), a troca gasosa ocorre através de projeções dorsais vivamente coloridas, chamadas de **ceratos** (Fig. 12.17b, c), as quais também contêm extensões do sistema digestório. Em pelo menos uma espécie, os ceratos exibem contrações rítmicas musculares, que, aparentemente, servem para movimentar o sangue pelos espaços hemocélicos para troca gasosa.

A redução ou perda da concha aumenta potencialmente a vulnerabilidade aos predadores, e é razoável esperar que pressões para selecionar meios de defesa tenham sido especialmente fortes. Em particular, os ceratos de muitas espécies de opistobrânquios abrigam organelas defensivas não disparadas (**nematocistos**) obtidas de cnidários presas; esses **nematocistos** podem, então, funcionar como defesa para o nudibrânquio. Em vez de ceratos, muitos outros nudibrânquios possuem brânquias de aspecto plumoso surgindo da superfície dorsal (Fig. 12.17a). Algumas espécies de opistobrânquios (incluindo a lesma-do-mar, *Aplysia* spp., e muitas espécies nudibrânquias) defendem-se quimicamente de predação.

A cabeça opistobrânquia geralmente porta, além de um par de tentáculos adjacente à boca, como em prosobrânquios, um segundo par de estruturas em forma de tentáculos, localizadas dorsalmente, chamadas de **rinóforos**. Acredita-se que os rinóforos sejam quimiossensoriais, o que os faz análogos ao osfrádio dos opistobrânquios que contêm uma cavidade do manto.

[11]Opistobranchia é um táxon válido, mas há discordância sobre seu nível taxonômico. Opistobrânquios estão agora incluídos na subclasse Orthogastropoda, um grupo que também contém a maioria das espécies de prosobrânquios e todas as espécies pulmonadas.

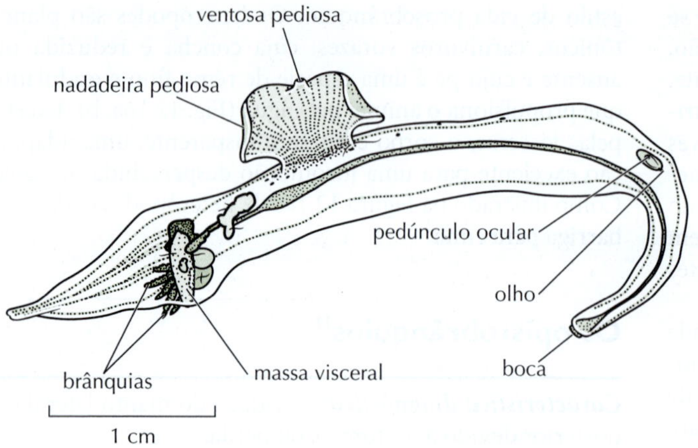

(a)

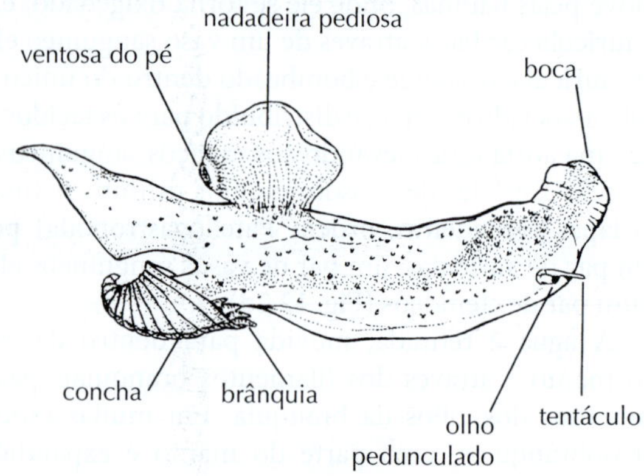

(b)

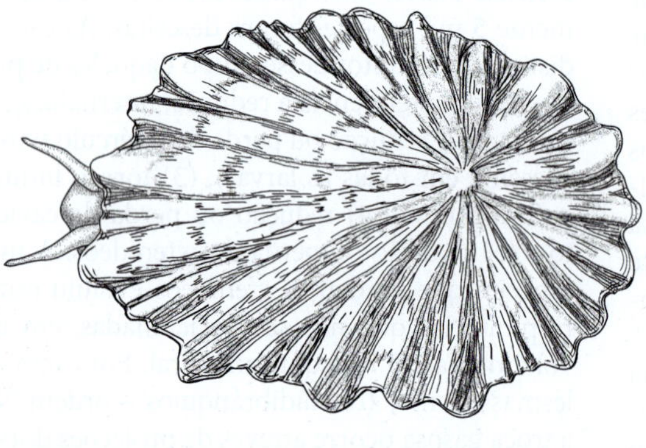

(c)

(d)

Figura 12.16 a, b, c, d

Diversidade prosobrânquia. (a) *Pterotrachea hippocampus,* um heterópode havaiano. A concha é perdida na metamorfose do estágio larval. A massa visceral contém o trato digestório, coração, nefrídeos e boa parte do sistema reprodutivo. Todos os heterópodes são planctônicos. (b) *Carinaria lamarcki,* um heterópode com concha. Observe o pequeno tamanho da concha em relação ao restante do animal. (c) A lapa intertidal *Collisella scabra,* da Califórnia. Observe a completa ausência de espiralização da concha. A concha tem aproximadamente 2 cm de comprimento. (d) A lapa patelogastrópode *Cellana* sp. e sua "marca da casa" na zona intertidal em Kaikoura, NZ. Lapas intertidais de muitas espécies pastam ativamente quando submersas e, então, retornam à sua posição inicial antes da maré baixa, usando informação química em suas trilhas de muco para encontrar o caminho de volta para casa. A concha tem cerca de 3 cm de comprimento. (e) O abalone, *Haliotis* sp. Cílios das brânquias conduzem água para dentro da cavidade do manto na extremidade anterior do corpo. A água sai através de uma série de perfurações na concha. As aberturas do sistema digestório e excretor estão localizadas abaixo dessas aberturas. (f) Um caramujo de concha vermiforme, *Vermicularia* sp. Este é um gastrópode que vive aderido a substratos sólidos, incluindo rochas e outras conchas; o pé é consequentemente reduzido. Quando juvenil, o animal produz uma típica concha em espiral, como observada próxima ao ápice da concha adulta. À medida que o animal cresce, o enrolamento em espiral torna-se muito frouxo, de modo que as voltas tornam-se desconectadas. Esta concha em forma de saca-rolhas lembra aquela secretada por algumas espécies de anelídeos poliquetos sésseis. (g) Uma concha volute, *Scaphella* sp. Todos os volutes são carnívoros marinhos, alimentando-se de outros invertebrados. (h) O caramujo-gigante, *Tonna galea.* Observe as conspícuas carenas da concha, a espira baixa e a grande volta do corpo. O adulto não tem opérculo. (i) O caramujo-chinelo, *Crepidula fornicata.* Adultos vivem em pilares, como mostrado, com o grande pé tornando-se pouco mais que um forte aparato de sucção. Cada indivíduo eventualmente se transforma de macho para fêmea, de modo que os caramujos mais velhos (na base do pilar) são fêmeas. Fêmeas têm normalmente de 3 a 4 cm de comprimento.

(a) Baseada em R. Seapy, 1985, em *Malacologia,* 26:125-35. (c) Baseada em uma fotografia de Tom Niesen. (d) © J. Pechenik. (e) Segundo Hyman. (g) Segundo Hardy. (h) De Pimentel, segundo Abbott. (i) Modficada dos desenhos de W. R. Coe e outros.

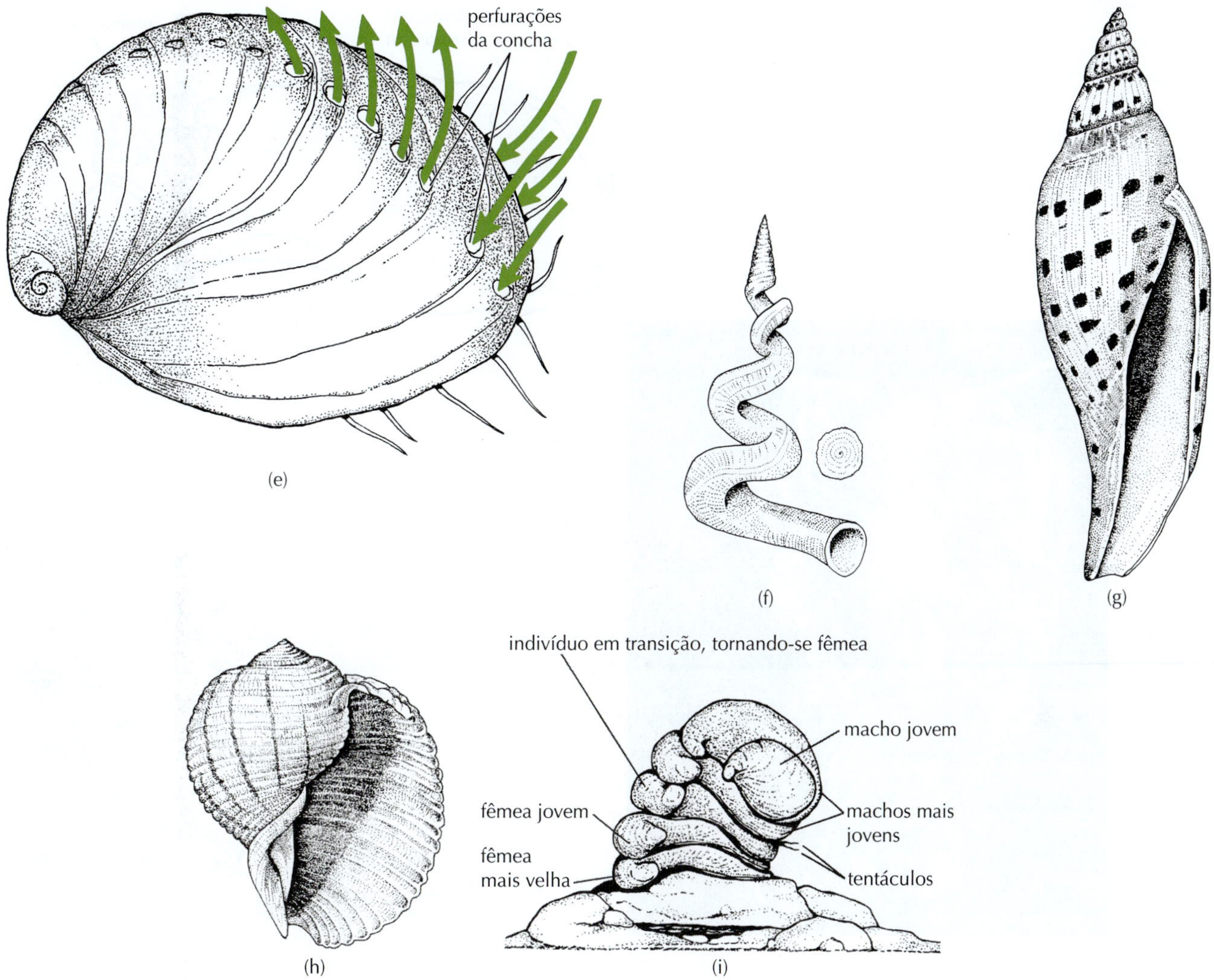

Figura 12.16 e, f, g, h, i

Opistobrânquios exibem diferentes graus de modificação da condição ancestral, de forma prosobrânquia. Lesmas-do-mar adultas, por exemplo, não têm cavidade do manto, ctenídeos, osfrádio, concha ou opérculo, e algumas espécies não mostram evidência alguma de torção quando adultas. Larvas de lesma-do-mar, por outro lado, têm uma cavidade do manto pronunciada, concha e um opérculo, mostrando uma clara afinidade com os prosobrânquios. Outro grupo opistobrânquio comum (ordem Anaspidea) tem uma cavidade do manto (com brânquia e osfrádio) quando adultos, e adultos da maioria das espécies também têm uma concha. Contudo, a cavidade do manto é muito pequena e situada no lado direito do animal, e a concha é reduzida e interna. Claramente, as lesmas-do-mar anaspídeas são mais próximas à condição prosobrânquia ancestral que as outras lesmas-do-mar.

Apesar da redução, internalização ou perda da concha exibidas pela maioria dos opistobrânquios, poucas espécies possuem uma conspícua concha espiralada externa (Fig. 12.18), operculada. Além disso, a cavidade do manto nessas espécies (contendo uma brânquia e um osfrádio) é bem desenvolvida, e os caramujos geralmente mostram pouca evidência de destorção. Em muitas espécies, a cavidade do manto ainda está localizada anteriormente, e o sistema nervoso ainda mostra a condição completamente torcida, "estreptoneura" (ver Fig. 12.48c).

Embora a locomoção se dê principalmente por meio de cílios e ondas pediosas ao longo da superfície ventral do pé, alguns opistobrânquios, como as lesmas-do-mar *Aplysia* spp., podem nadar em movimentos curtos e rápidos, movimentando dobras laterais do pé, chamadas de **parapódios**. Em outros membros dessa subclasse, o pé, inteiro é expandido em dois lobos finos, também chamados de parapódios, que são utilizados para natação. Esses animais são conhecidos como pterópodes ("pés em forma de asa") ou borboletas-do-mar (Fig. 12.19). Pterópodes podem ou não ter conchas, dependendo da espécie, mas todos são membros permanentes do plâncton. Pterópodes geralmente são destituídos de órgãos respiratórios, e a troca gasosa ocorre através da superfície geral do corpo.

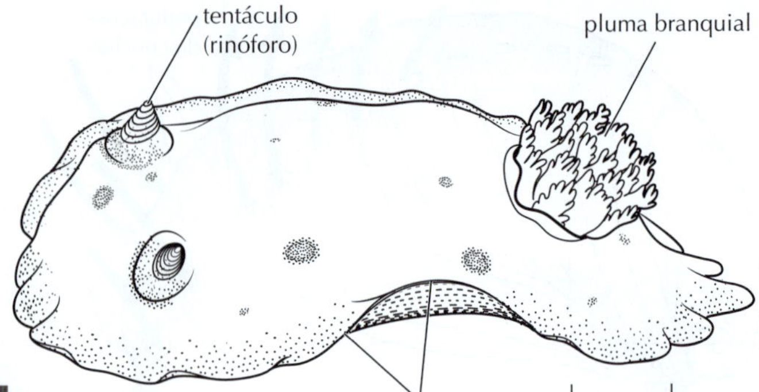

(a)

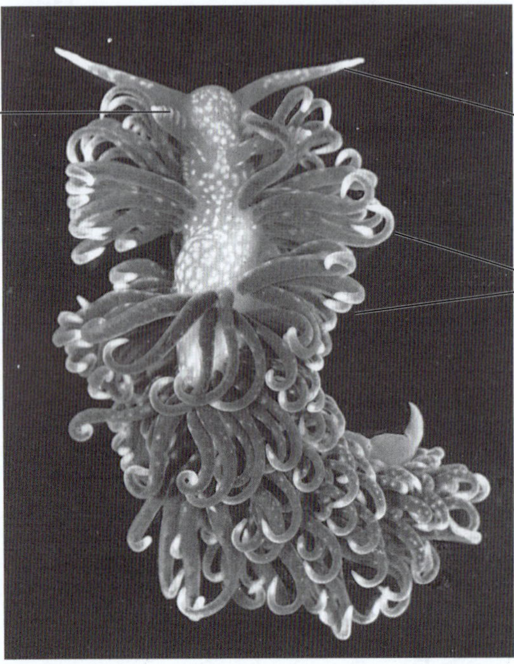

(b)

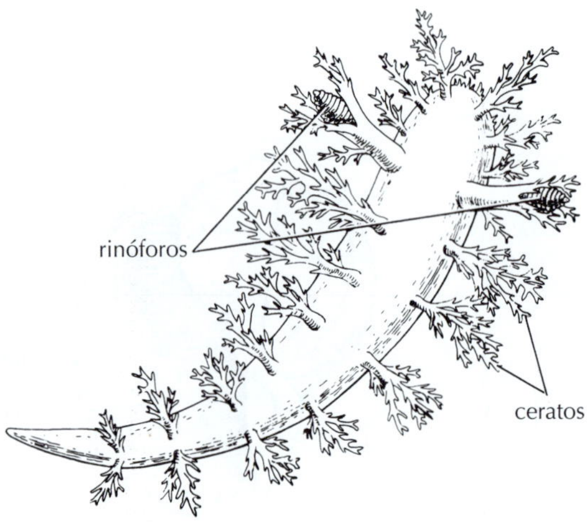

(c)

Figura 12.17

(a) Um nudibrânquio dorídeo, *Dialula sandiegensis*. Observe as brânquias arranjadas como uma pluma ao redor do ânus. (b) Um nudibrânquio eolídeo, *Spurilla neapolitana*. As conspícuas projeções dorsais são ceratos, que servem para trocas gasosas e também contêm prolongamentos do sistema digestório. (c) Um dendronotídeo nudibrânquio, *Dendronotus arborescens*. Observe as elaboradas ramificações dos ceratos. Esta e outras espécies relacionadas nadam flexionando o corpo de lado a lado.

(a) Baseada em Bayard H. McConnaughey e Robert Zottoli, *Introduction to Marine Biology*, 4th ed. (b) Copyright © L. S. Eyster. (c) Segundo Kingsley.

Os pulmonados[12]

Característica diagnóstica: cavidade do manto altamente vascularizada e, então, modificada para formar um pulmão.

Ao contrário dos gastrópodes prosobrânquios e opistobrânquios, poucas das cerca de 19 mil espécies pulmonadas são marinhas, e aquelas poucas espécies ocorrem somente intertidalmente e em estuários. A maior parte das espécies pulmonadas é encontrada em ambientes terrestres ou de água doce; lesmas e caracóis (Fig. 12.20) são membros terrestres dessa subclasse[13]. Uma concha espiralada está presente na maioria das espécies pulmonadas, mas a concha é reduzida, internalizada, ou completamente perdida em outras espécies (as lesmas) (Fig. 12.21c, d). Somente poucas espécies têm um opérculo no pé. A maioria dos pulmonados possui uma rádula longa, em acordo com sua dieta, em geral, herbívora; a cabeça geralmente contém dois pares de tentáculos. A torção é limitada a aproximadamente 90°, de modo que o sistema nervoso não é muito torcido, e a cavidade do manto abre-se no lado direito do corpo, como em muitos opistobrânquios.

[12]Pulmonata é um táxon válido, mas há desacordo quanto ao seu nível taxonômico. O grupo é incluído dentro da subclasse Orthogastropoda, um grupo que também contém a maioria dos prosobrânquios e todas as espécies opistobrânquias.

[13]Ver *Tópicos para posterior discussão e investigação*, nº 10, no final deste capítulo.

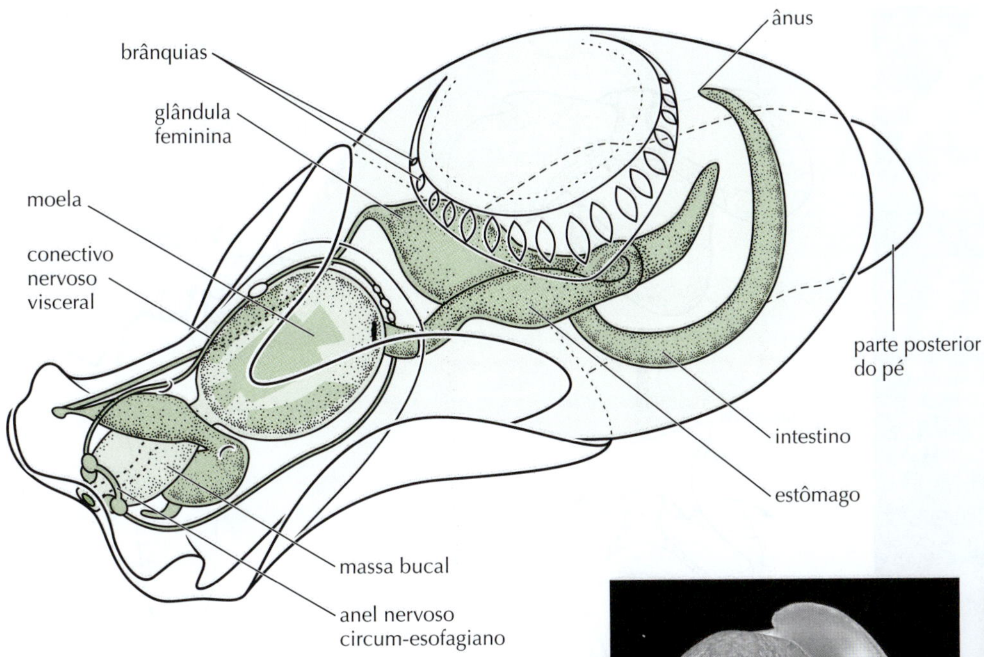

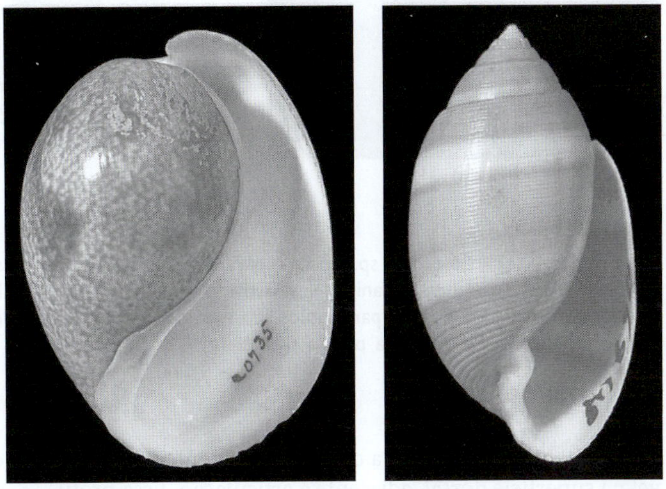

Figura 12.18

Gastrópodes opistobrânquios com concha. (a) Anatomia esquemática de *Bulla* sp. A concha (aqui, transparente) é representada em verde. (b) Concha de *Hydatina physis.* (c) Concha de *Acteon tornatilus.*

(a) Baseada em Paula Mikkelsen. De *Adv. Marine Biol.* 42:67-136. (b, c) Cortesia de Paula Mikkelsen. Copiada de *Advanced Marine Biology,* 42, 69-136, 2002. © Elsevier.

O principal caráter que distingue os pulmonados é que a cavidade do manto é altamente vascularizada e funciona como um pulmão (Fig. 12.20b). O rebaixamento do teto da cavidade do manto aumenta o volume da cavidade, de modo que o ar, ou, algumas vezes, a água, entre na cavidade do manto para a respiração. O fluido é, então, expelido pela diminuição do volume da cavidade do manto. Água ou ar flui para dentro ou para fora do pulmão através de uma pequena e única abertura, chamada de **pneumóstoma** (Figs. 12.20a e 12.21a, c). Embora pulmonados não tenham ctenídeos, uma brânquia evoluiu secundariamente em algumas espécies de água doce. Essa brânquia é formada por dobras do tecido do manto próximo ao pneumóstoma.

Classe Bivalvia (= Pelecypoda)

Características diagnósticas: 1) concha com duas valvas; 2) corpo achatado lateralmente.

A classe Bivalvia contém mais de 9 mil espécies atuais, incluindo mariscos, vieiras, mexilhões e ostras. As principais características incluem: (1) uma concha articulada, os dois lados (valvas esquerda e direita) fechados por um ou dois **músculos adutores**; um **ligamento** elástico mantém as valvas abertas quando os músculos adutores relaxam; (2) compressão lateral do corpo e do pé; 3) falta de cefalização: quase ausência de uma cabeça e estruturas sensoriais associadas; (4) uma cavidade do manto ampla, comparativamente a outras classes de moluscos; (5) um estilo de vida sedentário; e (6) a ausência de um complexo rádula-odontóforo. Bivalves são principalmente marinhos, mas aproximadamente 10 a 15% de todas as espécies ocorre em água doce. Nenhum bivalve é terrestre. Membros da maioria das espécies são alimentadores de suspensão, utilizando seus cílios branquiais para conduzir água através da cavidade do manto e capturar fitoplâncton e outras partículas microscópicas da água do mar.

A região de articulação de uma concha bivalve é dorsal (Fig. 12.22). A concha se abre ventralmente. Uma

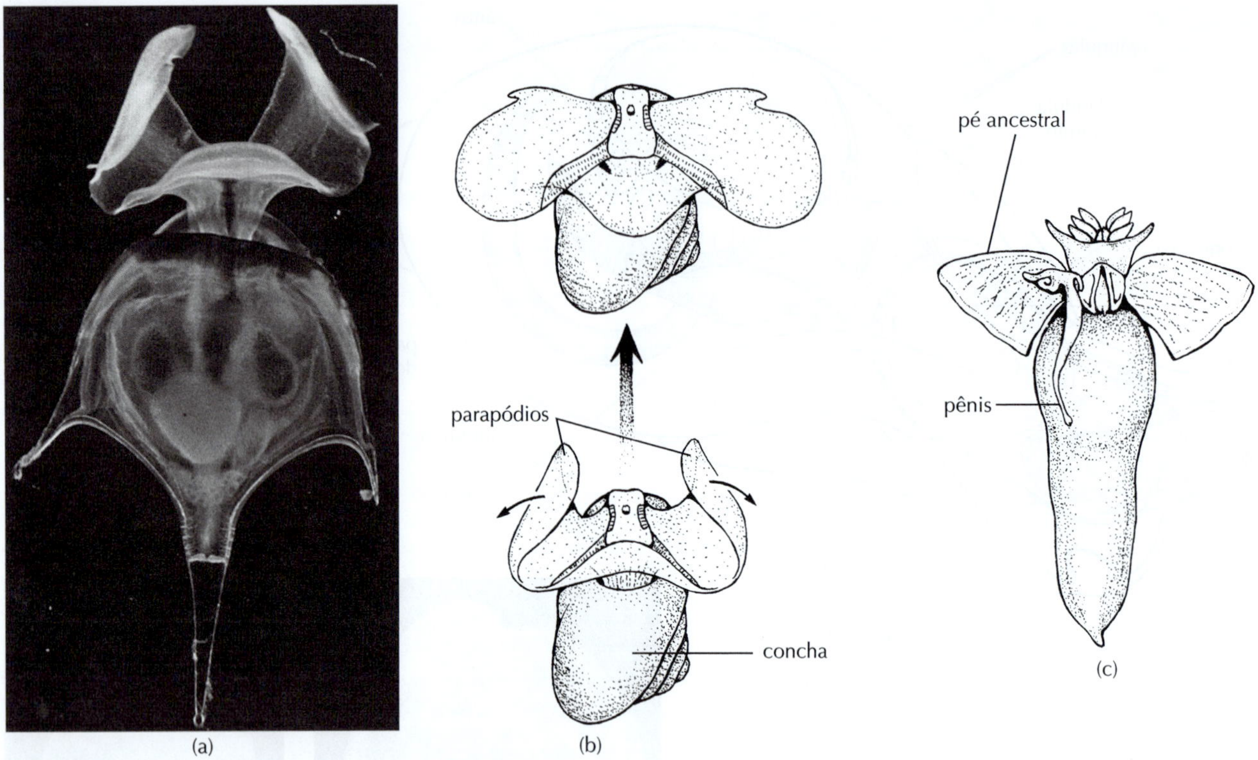

Figura 12.19

Pterópodes. (a) *Cavolina* sp. com parapódios expostos. (b) *Spiratella* sp. nadando. O animal é mostrado executando sua poderosa remada, na qual os parapódios são movidos para baixo vigorosamente, gerando força para a frente. (c) Um pterópode sem concha, *Clione limacina*. O animal perde sua concha quando a larva sofre a metamorfose.

(a) © R. W. Gilmer. (b) Segundo Morton.

conspícua protuberância na concha é frequentemente visível na superfície dorsal, adjacente à articulação. Essa protuberância, chamada de **umbo**, é formada pelo material mais antigo da concha, depositado pelo animal. **Linhas visíveis de crescimento** muitas vezes se estendem paralelamente até as margens externas da concha, como ilustrado na Figura 12.23. O pé projeta-se ventral e anteriormente, na direção do movimento, e os sifões, quando presentes, projetam-se posteriormente.

Por muitos anos, a clasificação dos bivalves foi baseada principalmente na estrutura da brânquia. A Lamellibranchia, anteriormente a maior das subclasses bivalves, não é mais um táxon válido. Seus membros foram distribuídos entre quatro novas subclasses (ver *Detalhe taxonômico*, pp. 286-290), baseado largamente em diferenças nas características da articulação. Para simplificar, esses bivalves serão discutidos juntos, como os "lamelibrânquios". As espécies mais primitivas de bivalves são encontradas em uma quarta subclasse, os Protobranchia, e os bivalves mais bizarros são agora incluídos dentro de uma quinta subclasse, Anomalodesmata.

Subclasse Protobranchia

Características diagnósticas: 1) brânquias pequenas e lembrando aquelas de gastrópodes, funcionando principalmente como superfícies para troca gasosa; 2) alimento coletado por longas e finas extensões musculares do tecido ao redor da boca (probóscides do palpo).

Membros dos Protobranchia mantêm o que parece ser um estado primitivo de organização bivalve. O grupo é inteiramente marinho e todas as espécies vivem em substratos moles (Fig. 12.24a). Um par de brânquias está presente na cavidade do manto, com uma brânquia em cada lado do corpo (Fig. 12.24 b, c). Em muitas espécies, as duas brânquias se estendem posteriormente, longe o suficiente (além do pé) para unirem-se uma à outra através de tufos de cílios nos filamentos branquiais (Fig. 12.25a). Cada brânquia consiste em duas partes, chamadas de **demibrânquias**, estendendo-se de lados opostos de um eixo branquial central (Fig. 12.24b, c). Então, as brânquias dos bivalves protobrânquios são sempre **bipectinadas** (do latim, duplo pente). As muitas unidades que compõem cada demibrânquia podem ser achatadas, em bainhas arredondadas (Fig. 12.24b), como em um típico ctenídeo gastrópode, ou podem ser estruturas digitiformes (Fig. 12.24c), as quais têm uma secção transversal mais circular; nos dois casos, cada unidade é denominada **filamento**. Os filamentos branquiais ficam pendurados para baixo dentro da cavidade do manto, dividindo-o em uma câmara **inalante** (ventral) e uma **exalante** (dorsal). A água entra na cavidade do manto ventralmente,

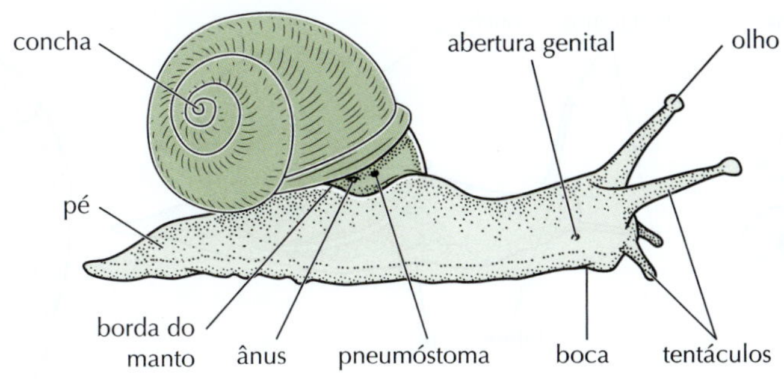

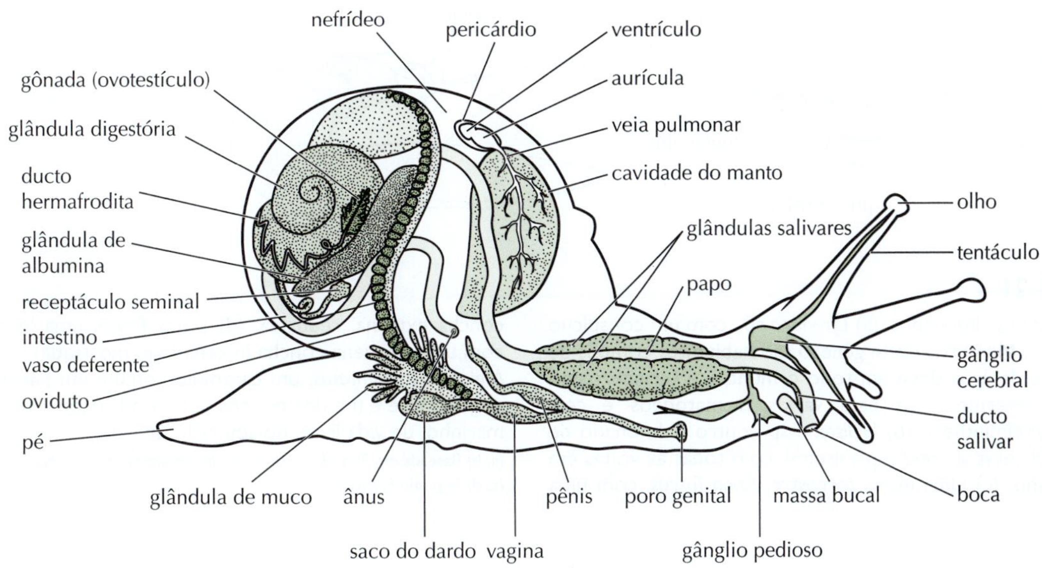

Figura 12.20

(a) Anatomia externa e (b) interna do pulmonado terrestre *Helix* sp. Este é o animal consumido como "escargot".

(a) Baseada em Sherman/Sherman, *The Invertebrates: Function and Form*, 2/e, 1976, p. 236.
(b) Baseada em *Invertebrate Zoology*, 3d ed. De Joseph Engemann e Robert Hegner. 1981.

geralmente passa entre os filamentos branquiais, e, então, sai dorsalmente (Fig. 12.24b, c). A brânquia dos protobrânquios atua principalmente nas trocas gasosas (como na maior parte dos gastrópodes prosobrânquios), embora possa também ter algum papel na obtenção de alimento pela filtragem de algas unicelulares da água.

Cílios branquiais são restritos à área perto da borda dos filamentos da brânquia, os **cílios laterais** sempre têm como função primária a condução da água pela cavidade do manto (Fig. 12.25a). Os **cílios frontais** atuam principalmente na limpeza das brânquias, retirando os sedimentos e outras partículas.

Cada filamento branquial é preso aos filamentos adjacentes por bandas circulares de cílios rígidos e imóveis nas superfícies anterior e posterior de cada folheto. Os cílios de cada folheto, na realidade, se entrelaçam com aqueles dos folhetos adjacentes, estabilizando a estrutura da brânquia; interações iônicas entre as superfícies ciliares aparentemente ainda reforçam a fixação entre folhetos adjacentes. Os discos ciliados, então, mantêm juntos os filamentos adjacentes; isto é, eles formam **junções interfilamentares** – estabilizando as junções entre filamentos individuais da brânquia (Fig. 12.25a). O famoso sistema de fechamento conhecido como Velcro®[14] atua com base em um princípio similar.

Embora muitas espécies suplementem suas dietas com alimentação de suspensão, a maior parte da obtenção de alimento em bivalves protobrânquios é exercida não pelas brânquias, mas pelas **probóscides do palpo** – longas e finas extensões musculares do tecido que circunda a boca (Fig. 12.25b). As probóscides do palpo projetam-se entre as valvas da concha e exploram o substrato mole ao redor, envolvendo as partículas no muco. O muco carregado de sedimento é, então, transportado para dentro da cavidade do manto por cílios existentes ao longo da superfície ventral das probóscides. Presas às bases das probóscides do palpo, encontram-se estruturas achatadas, chamadas de **palpos**

[14]Velcro® é uma marca registrada de Velcro U.S.A.

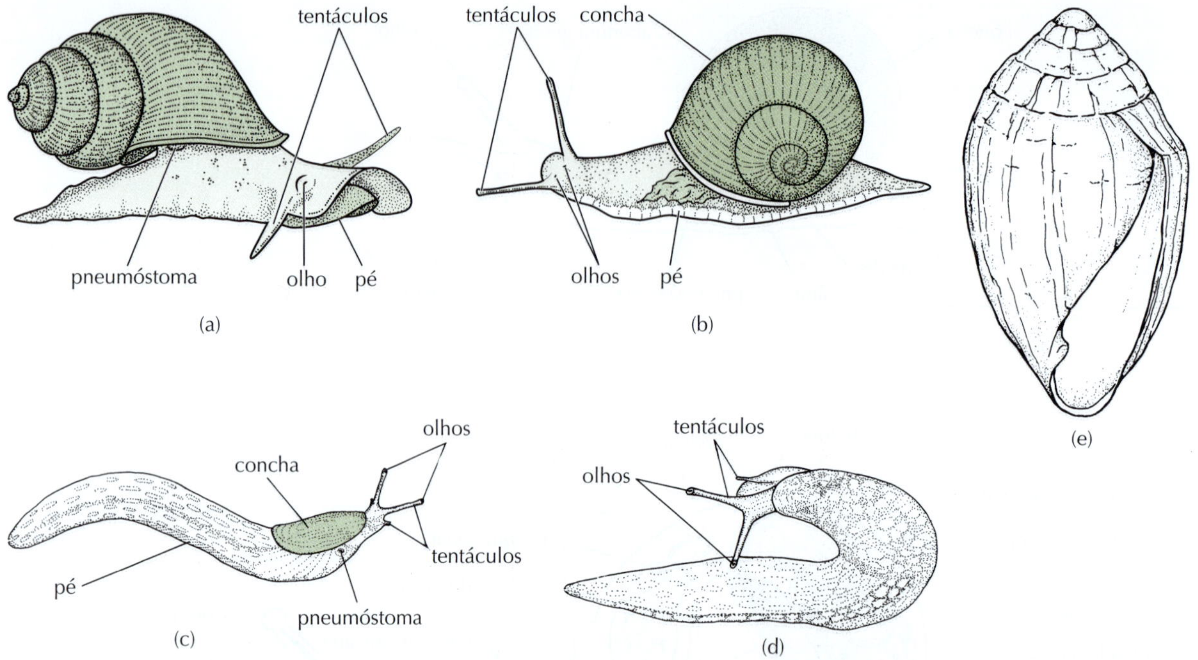

Figura 12.21

Diversidade dos pulmonados. (a) *Lymnaea* sp., com um conspícuo pneumóstoma. Membros deste gênero são habitantes comuns de lagos e lagoas de água doce em todo o mundo, e servem como hospedeiros intermediários para vários trematódeos e cestódeos (Platyhelminthes). (b) *Helisoma* sp., outro pulmonado de água doce. Observe a concha planispiral, com todas as voltas em um único plano. (c) Uma lesma terrestre, *Arion fuscus*, com uma concha externa, reduzida. (d) *Limax flavus*, uma lesma terrestre com uma pequena concha interna (não mostrada). (e) Concha de *Melampus bidentatus*, um caramujo comum em pântanos de água salgada. Este é um dos poucos pulmonados com um estágio larval marinho, de vida livre, no seu ciclo de vida.

(a, b) Baseada em Pennak, *Fresh-Water Invertebrates of the United States*, 2d ed. 1978. (c, d) Segundo Kingsley.

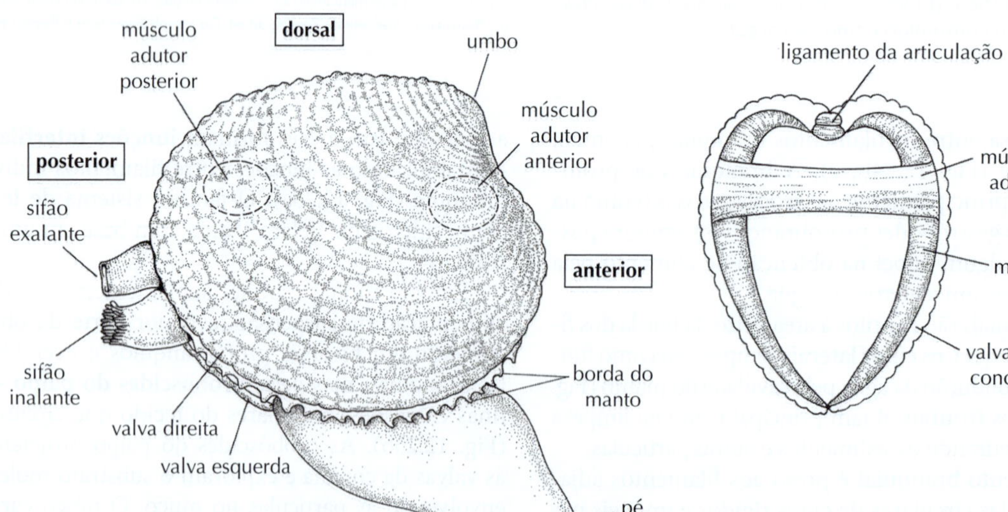

Figura 12.22

Um bivalve, indicando a orientação do corpo dentro das valvas da concha. Observe que a articulação está localizada dorsalmente e as valvas abrem-se ventralmente. Os sifões se projetam posteriormente. Tentáculos no sifão inalante funcionam como quimio e mecanorreceptores. (a) Vista lateral. (b) Secção transversal através da concha; sifões ultrapassariam os limites desta página.

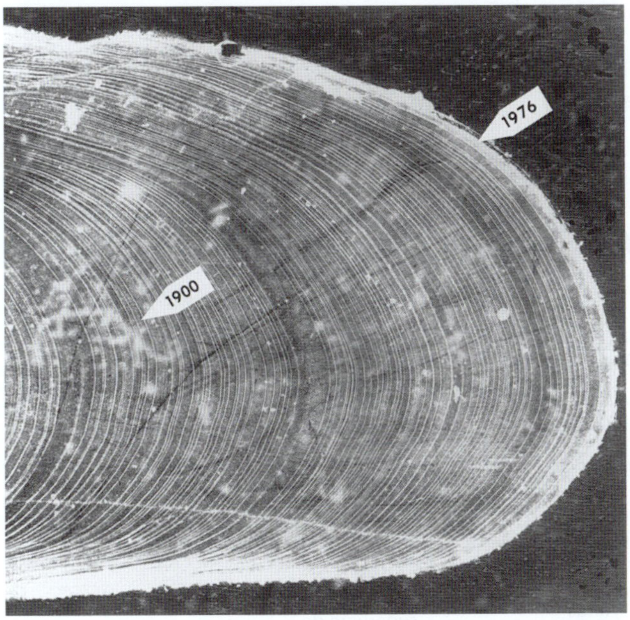

Figura 12.23

Linhas de crescimento na concha do bivalve *Arctica islandica.* A idade da concha pode ser determinada por meio da contagem das linhas de crescimento, uma vez que os padrões de crescimento da concha são sazonais. As linhas de crescimento mais recente estão perto da margem externa da valva da concha. Este indivíduo teve a idade estimada em 149 anos.

© Douglas S. Jones, Florida Museum of Natural History.

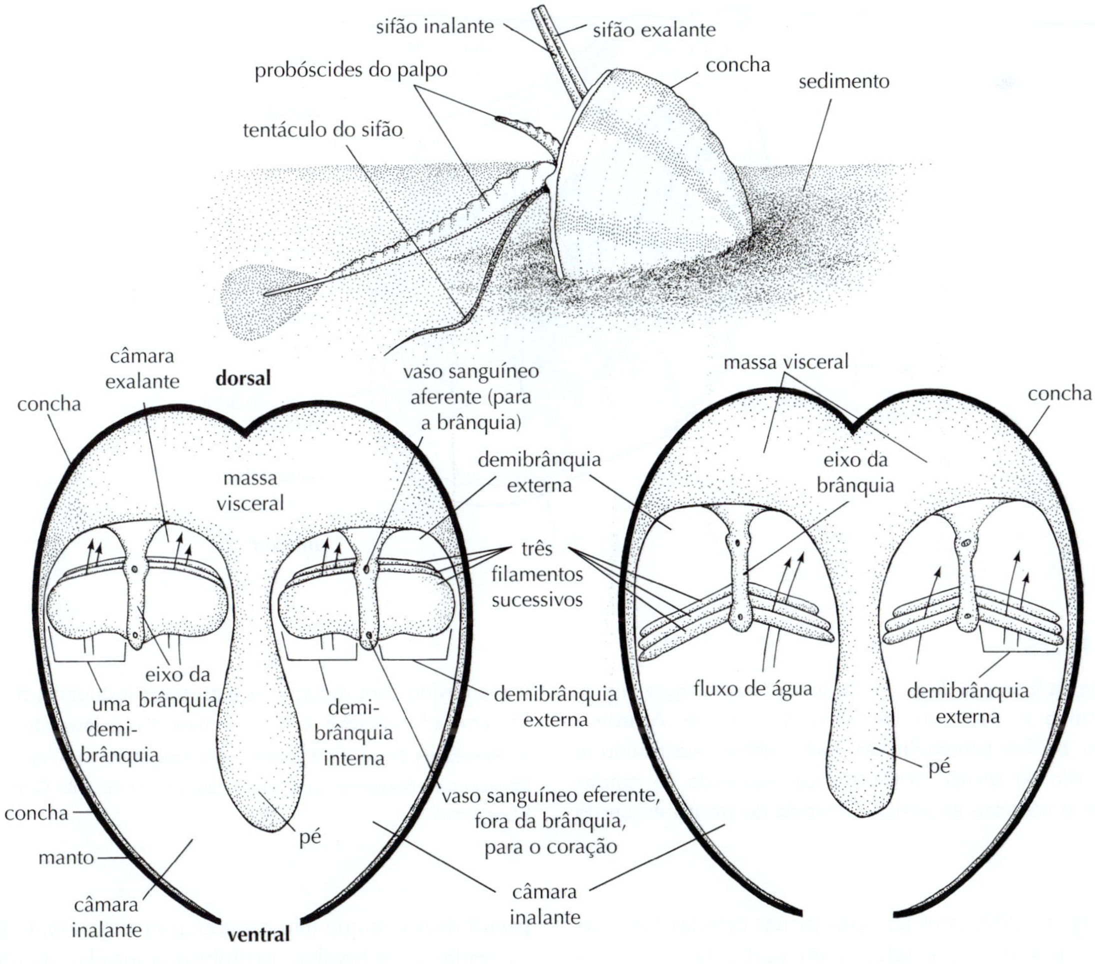

Figura 12.24

(a) Um bivalve protobrânquio, *Yoldia limatula,* com seu pé e a parte inferior de sua concha enterrados no sedimento. (b, c) Dois tipos de brânquia dos protobrânquios, com o tipo mais primitivo (ancestral) à esquerda. A extremidade anterior do animal projeta-se para dentro da página. Setas indicam o caminho do fluxo de água pela cavidade do manto. As brânquias funcionam principalmente para trocas gasosas, não para captura de alimento.

(a) Segundo Meglitsch. (b, c) Segundo Russell-Hunter.

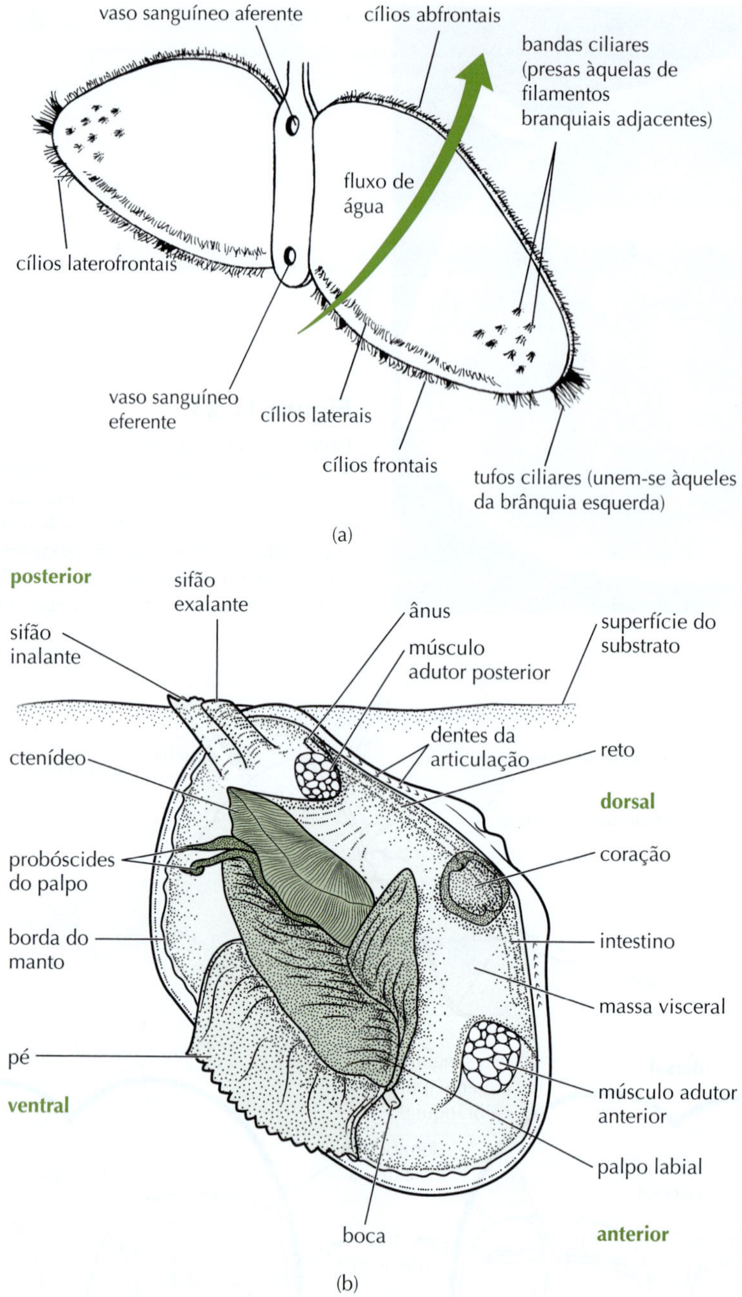

Figura 12.25

(a) Detalhe da brânquia direita do bivalve protobrânquio *Nucula* sp., mostrando a ciliação em um único filamento. (b) Anatomia interna do bivalve protobrânquio *Yoldia eightsi,* mostrando o lado esquerdo do animal, incluindo o par esquerdo de lamelas do palpo e o ctenídeo esquerdo. O tecido do manto esquerdo foi removido para mostrar as estruturas localizadas abaixo dele. Observe a localização da boca na base dos palpos labiais.

(a) Baseada em Orton, 1912. *J. Marine Biol. Assoc.*, U.K. 9:444. (b) Baseada em J. Davenport, em *Proceedings of the Royal Society*, 232:431-42, 1988. Com sugestões de J. Evan Ward.

labiais (Fig. 12.25b); estes têm conspícuas carenas nas suas superfícies internas, que selecionam partículas por ação ciliar, transportanto partículas pequenas e nutrientes até a boca para ingestão e transferindo partículas maiores e menos nutritivas (e possivelmente tóxicas) até as margens dos palpos labiais, de onde elas são ejetadas para dentro da cavidade do manto e expelidas. Este material rejeitado é chamado de **pseudofezes**, já que não chegou a ser ingerido. O modo de alimentação de bivalves protobrânquios claramente os restringe a viver em substratos moles. Este tipo de alimentação, na qual o sedimento é tomado e a fração orgânica é digerida, é chamada de **alimentação de depósito**, sendo bem comum em invertebrados. Um protobrânquio sozinho pode processar mais de 1,5 kg de sedimento por ano.

Embora protobrânquios estejam presentes em águas rasas, eles são muito mais comuns em águas profundas. Bivalves protobrânquios podem representar cerca de 75% de todos os bivalves em sedimentos amostrados de profundidades de 1.000 ou mais.

Os lamelibrânquios

Características diagnósticas: 1) brânquias modificadas para coletar partículas de alimento em suspensão, além de servir como superfícies para trocas gasosas; 2) secreção de um material de fixação de natureza proteica (geralmente em forma de fios) por uma glândula especializada (a glândula de bisso), situada no pé.

A maioria dos bivalves tem características lamelibrânquias. Embora a maior parte dos lamelibrânquios seja marinha, todos os bivalves de água doce também pertencem a essa subclasse. A maioria das espécies de água doce é incluída em uma única família, Unionidae.

Tanto os lamelibrânquios de água doce quanto os marinhos frequentemente têm papéis ecológicos importantes, sobretudo em águas rasas. Em rios, lagos e estuários, em particular, eles geralmente dominam a biomassa animal. Comercialmente importantes há muitos anos como alimento (p. ex., ostras e vieiras) e como fontes de madrepérola e pérolas, lamelibrânquios têm sido amplamente utilizados para se avaliar o grau de poluição ambiental. Algumas espécies recentemente introduzidas, em especial os mexilhões *Dreissena polymorpha* e *D. bugensis*, estão provocando efeitos dramáticos na estrutura e no funcionamento do ecossistema de água doce[15]. Seu significativo impacto ecológico (e o crescimento de sua importância no monitoramento de poluição hídrica) deve-se às complexas mudanças evolutivas na função das brânquias.

Em bivalves de todas as subclasses, a água geralmente entra e sai da cavidade do manto posteriormente; a água geralmente entra por um **sifão inalante**, passa dorsalmente entre filamentos adjacentes da brânquia, e, então, sai por um **sifão exalante**, localizado mais dorsalmente (Figs. 12.26b, c e 12.31c). Os sifões, quando presentes, são extensões tubulares do tecido do manto que, em geral, podem ser projetadas bem além das margens posteriores da concha, permitindo ao resto do animal viver de maneira segura, profundamente enterrado no substrato ao redor (Fig. 12.26c). Como nos gastrópodes prosobrânquios e nos bivalves protobrânquios, as correntes de água são geradas pela ação dos cílios branquiais – não pela atividade muscular dos sifões –, e a brânquia é a superfície primária para trocas gasosas. Mas as brânquias dos lamelibrânquios são, além disso, modificadas para coletar partículas da água circundante. Ademais, é grande a capacidade de indivíduos processarem a água a altas taxas, em combinação com o grande número de indivíduos por metro quadrado de substrato, o que causa um importante impacto ecológico. Como as glândulas se modificaram para a função adicional de coleta de partículas de alimento?

O ctenídeo lamelibrânquio é geralmente muito maior que aquele dos protobrânquios, sendo modificado de várias maneiras para proporcionar uma enorme superfície para coleta, seleção e transporte de partículas em suspensão. Discutir a morfologia desses ctenídeos leva, inevitavelmente, a uma certa confusão de terminologia; aconselha-se ao leitor que vá devagar pelas próximas páginas, observando seguidamente as ilustrações correspondentes. Esta discussão é limitada à terminologia básica essencial para a observação em laboratório e para qualquer discussão sobre a evolução dos bivalves.

Os filamentos individuais da brânquia dos lamelibrânquios são finos e bastante alongados, geralmente dobrados em forma de "V", de modo que o ctenídeo inteiro tem a aparência de um "W" (Fig. 12.27). Um canal ventral ciliado situa-se entre os dois ramos de cada filamento, na base de cada "V" (Figs. 12.27 e 12.28c), e os cílios no interior deste sulco passam partículas de alimento de um filamento para o próximo, em direção à boca.

Os dois braços de cada V são nomeados em referência ao eixo central, do qual os filamentos se originam. Um **ramo descendente** desce do eixo central e um **ramo ascendente** dobra-se para cima a partir da base do ramo descendente (Fig. 12.28b). Quando os dois filamentos em forma de V unem-se para formar um W em cada lado do pé (Figs. 12.27 e 12.28b), "Ws" adjacentes em uma brânquia são presos um ao outro por **junções ciliares interfilamentares** (i.e., "entre filamentos"). Estas brânquias dos lamelibrânquios – consistindo em filamentos individuais ligados um ao outro unicamente por junções de discos ciliares – são chamadas de **filibrânquias**. Na maioria das brânquias bivalves altamente modificadas, chamadas de **eulamelibrânquias**, as junções entre filamentos adjacentes são feitas de tecido, mais do que de cílios; estas **junções teciduais interfilamentares** unem firme e completamente os filamentos adjacentes (Fig. 12.28d). Tanto em filibrânquias quanto em eulamelibrânquias, as séries de ramos ascendentes e descendentes formam bainhas contínuas de tecido, ou **lamelas**. A água passa através das lamelas branquiais – entre filamentos branquiais adjacentes – antes de deixar a cavidade do manto.

Como as brânquias dos protobrânquios, lamelibrânquias são bipectinadas, com uma demibrânquia ("meia-brânquia") estendendo-se de cada lado do eixo branquial central; cada demibrânquia consiste normalmente em uma lamela ascendente e outra descendente, formada dos ramos ascendentes e descendentes dos numerosos filamentos em forma de V. A demibrânquia mais próxima do pé é chamada de **demibrânquia interna**; aquela do lado mais próximo do manto é chamada de **demibrânquia externa** (Figs. 12.27 e 12.28b).

Em resumo, no lado esquerdo do pé e na massa visceral encontra-se uma brânquia. Essa brânquia consiste em uma demibrânquia externa e uma interna, as quais são unidas dorsalmente no eixo branquial. Cada demibrânquia é formada por muitos filamentos; os filamentos consistem, normalmente, em ramos ascendentes e descendentes, de

[15]Ver *Tópicos para posterior discussão e investigação*, nº 21, no final deste capítulo.

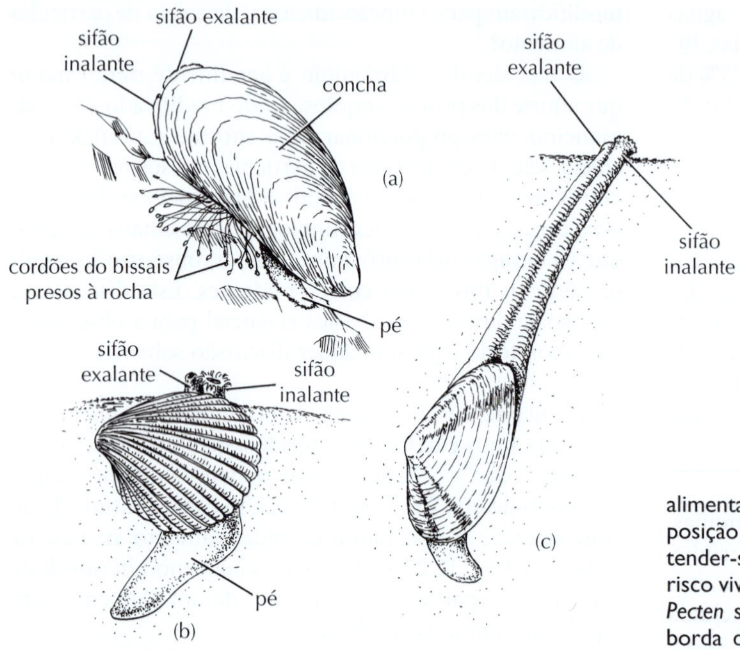

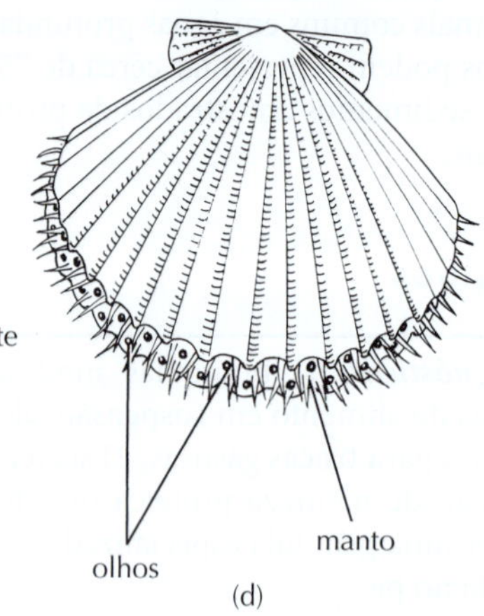

Figura 12.26

Diversidade dos lamelibrânquios. (a) O mexilhão *Mytilus edulis* preso a uma rocha por cordões de composição proteica. Esses fios bissais são secretados por uma gândula localizada na base do pé. (b) Um berbigão, *Cardium* sp., em sua posição normal de alimentação. (c) O marisco de concha mole, *Mya arenaria*, em sua posição normal de alimentação. Os sifões fusionados podem estender-se mais do que 30 cm da concha, permitindo a esse marisco viver bem abaixo da superfície do sedimento. (d) Uma vieira, *Pecten* sp. Numerosos receptores estão presentes ao longo da borda do manto. A vieira pode nadar por contração ativa, vigorosa do músculo adutor posterior bem desenvolvido, ejetando água através de aberturas próximas à articulação da concha. Vieiras não apresentam sifões e perderam o músculo adutor anterior. É o grande e bem desenvolvido músculo adutor posterior que é servido como "vieira" em restaurantes.

(a–d) Segundo Niesen.

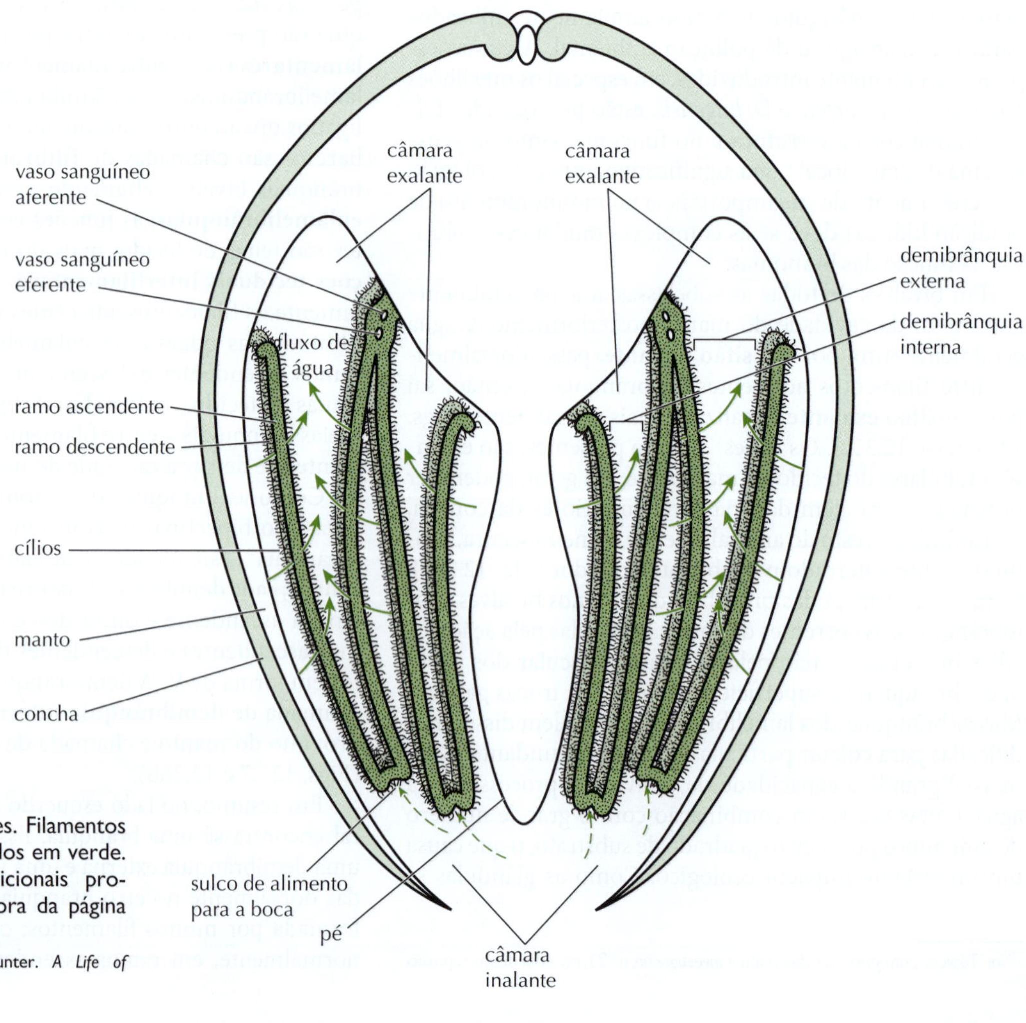

Figura 12.27

Uma lamelibrânquia simples. Filamentos branquiais são representados em verde. Filamentos branquiais adicionais projetam-se em uma fileira fora da página de cada lado do pé.

Baseada em W. D. Russell-Hunter. *A Life of Invertebrates.*

modo que cada demibrânquia é composta por uma lamela descendente e uma ascendente. No lado direito do pé e na massa visceral está uma outra brânquia, a imagem refletida da brânquia no lado esquerdo.

Frequentemente, os ramos ascendentes e descendentes de um único filamento estão conectados por porções transversais de tecido, formando **junções interlamelares** (i.e., "entre lamelas") (Fig. 12.28b). Em eulamelibrânquias, as junções interlamelares entre os ramos ascendentes e descendentes de cada filamento podem ser tão extensas que formam uma bainha completa e sólida de tecido no espaço entre os dois ramos. Como mostrado na Figura 12.28d, as junções interlamelares e interfilamentares nessas brânquias, essencialmente, transformam pares de filamentos adjacentes em caixas retangulares, sem tampa (cobertura). A água deve agora passar entre os filamentos branquiais, da câmara inalante da cavidade do manto até a câmara exalante, através de minúsculos orifícios, chamados de óstios, localizados nas laterais de cada caixa (Fig. 12.28d, e). Além disso, as lamelas ascendentes das demibrânquias internas (as duas demibrânquias mais próximas do pé) geralmente se prendem, em suas extremidades, ao pé do bivalve, e as lamelas ascendentes das duas demibrânquias externas geralmente se prendem, também por suas extremidades, ao manto (Figs. 12.28d e 12.29b). Com as pontas das lamelas ascendentes firmemente fixadas aos outros tecidos do bivalve, *toda* a água deve passar entre os filamentos adjacentes antes de sair da cavidade do manto, o que deve aumentar consideravelmente a efetividade da filtragem branquial, pois nenhuma partícula pode agora escapar dos tufos (agrupamentos) de cílios coletores de alimento.

As superfícies dos filamentos dos lamelibrânquios, que estão voltadas para a câmara inalante da cavidade do manto, mostram complexos padrões de ciliação (Fig. 12.28c, e). **Cílios laterais** em cada filamento criam correntes de água responsáveis por conduzir a água para dentro e para fora da cavidade do manto, como nos bivalves protobrânquios; lembre-se que, embora a água entre na cavidade do manto por um sifão inalante, a água é puxada para dentro por meio da ação desses cílios branquiais laterais, não por qualquer ação muscular direta do sifão em si. Mesmo assim, a taxa de fluxo de água através da cavidade do manto do bivalve pode ser realmente muito grande. Uma ostra americana movimenta de 30 a 40 litros de água por suas brânquias por hora, a 24°C. Densos agrupamentos de bivalves de água doce filtram até 10 m^3 de água por m^2 de substrato, por dia. Cada bivalve pode reduzir o fluxo de água através da cavidade do manto contraindo seus músculos para reduzir o diâmetro do sifão, ou contraindo músculos lisos dentro das próprias brânquias, ou, possivelmente, variando a frequência dos batimentos ciliares.

Detalhes da captura de partículas, seu transporte e seleção pelas brânquias dos bivalves ainda estão sendo estudados.[16] O modelo tradicional propõe que partículas de alimento são capturadas por cílios **laterofrontais** compostos, os quais, então, passam essas partículas para os cílios frontais próximos (Fig. 12.28c). Um trabalho mais recente indica que, em vez disso, as partículas são coletadas principalmente por forças hidrodinâmicas, sem qualquer contato físico entre as partículas e os cílios laterofrontais; além disso, algumas partículas podem ser interceptadas diretamente pelos filamentos branquiais. Em ambos os casos, **cílios frontais** movem as partículas coletadas de alimento para sulcos alimentares especializados, localizados nas margens ventral e dorsal de cada demibrânquia (Figs. 12.27, 12.28c, e e 12.30). Membros de algumas espécies de bivalves transportam partículas capturadas de alimento principalmente nos sulcos alimentares dorsais, e os demais bivalves transportam essas partículas em ambos os sulcos, ventral e dorsal (Fig. 12.30). Em todos os casos, as partículas são levadas por cílios branquiais aos palpos labiais, onde elas são selecionadas de acordo com seu tamanho e valor nutricional[16], e, então, carreadas para a boca, como em protobrânquios. Em muitas espécies, as partículas são pré-selecionadas nas brânquias.

Periodicamente, os bivalves lamelibrânquios fecham suas valvas vigorosamente, expelindo água e partículas indesejadas (**pseudofezes**) da cavidade do manto através do sifão inalante. Pseudofezes podem ser uma importante fonte de energia para alimentadores de depósito bentônicos.

Depois de as partículas de alimento serem ingeridas na boca e passadas para o esôfago, presas em fios de muco, elas são jogadas dentro do estômago, misturadas e, em parte, digeridas pela ação de um bastão giratório translúcido, chamado de **estilete cristalino**. O estilete cristalino é composto por proteína estrutural e várias enzimas digestórias. Uma extremidade do bastão fica em um **saco do estilete**, uma bolsa do intestino revestido por cílios (Fig. 12.13b). A atividade desses cílios faz o bastão girar. A ponta do estilete que se projeta dentro do estômago raspa contra um **escudo gástrico** quitinoso enquanto gira, quebrando o alimento em pedaços menores. A abrasão também faz o bastão se degradar lentamente na ponta, liberando enzimas digestórias dentro do estômago. Adições ao estilete cristalino são feitas no saco do estilete. Um aparato do estilete cristalino morfológica e funcionalmente similar é também encontrado nos estômagos de monoplacóforos e de algumas espécies de gastrópodes alimentadoras de suspensão. Em contrapartida, bivalves protobrânquios possuem um saco do estilete com muco e enzimas digestórias, mas não têm um estilete cristalino. Como na maioria dos outros moluscos, o estômago dos bivalves conecta-se com **glândulas digestórias (divertículos digestórios)**, as quais servem como os principais sítios de digestão e absorção.[17] Se as partículas são ou não enviadas às glândulas digestórios vai depender do seu valor nutricional, de modo que o estômago pode servir como um local adicional para a seleção de partículas.

A nutrição de alguns bivalves lamelibrânquios difere consideravelmente do que tem sido descrito como padrão. No começo da década de 1980, bactérias foram encontradas vivendo simbioticamente no tecido branquial de alguns bivalves de águas rasas e de águas profundas.[18] As brânquias ricas em bactérias são muito mais espessas que o comum e mais do que três vezes mais pesadas que as brânquias de espécies de bivalves sem bactérias simbiontes.

[16]Ver *Tópicos para posterior discussão e investigação*, nº 18, no final deste capítulo.
[17]Ver *Tópicos para posterior discussão e investigação*, nº 9, no final deste capítulo.
[18]Ver *Tópicos para posterior discussão e investigação*, nº 14, no final deste capítulo.

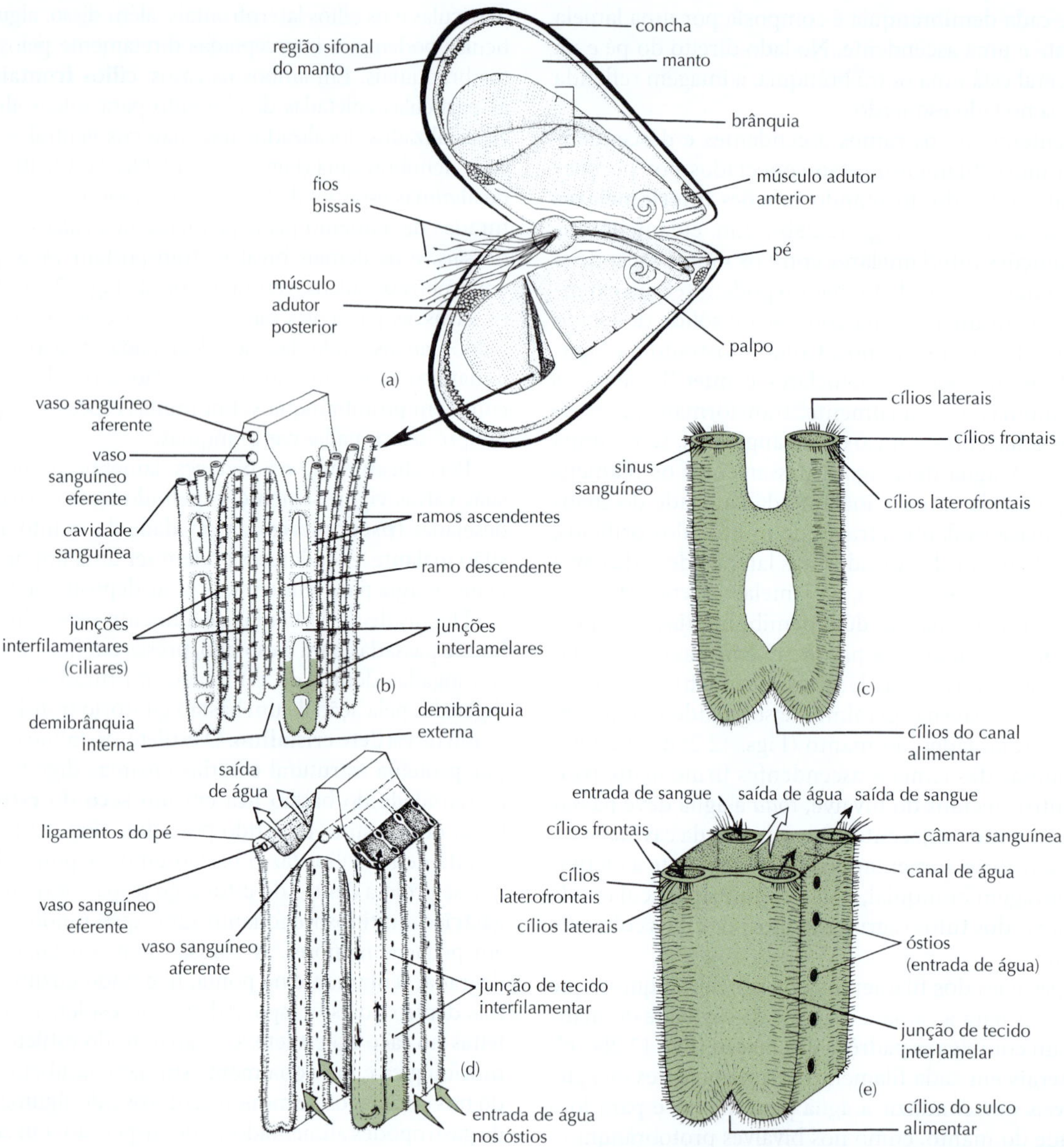

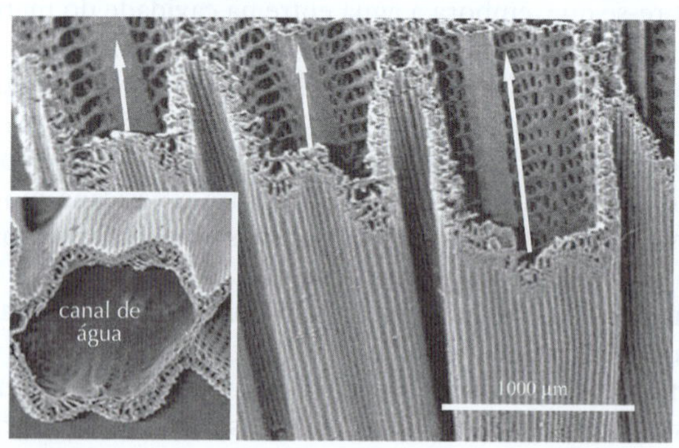

(f)

Figura 12.28

(a) O mexilhão-azul, *Mytilus edulis*, com sua concha aberta para mostrar as brânquias. (b) Filibrânquia do mexilhão-azul, *M. edulis*. Nessas brânquias relativamente simples dos lamelibrânquios, filamentos adjacentes são mantidos juntos somente por bandas esporádicas de cílios (junções ciliares interfilamentares). As lamelas ascendentes e descendentes de cada demibrânquia são sustentadas por finas extensões transversais (junções ciliares interlamelares). (c) Secção transversal através de um filamento da filibrânquia, mostrando o padrão de ciliação. Cílios laterais geram correntes de água para alimentação e trocas gasosas. Partículas de alimento são capturadas por forças hidrodinâmicas ou por cílios laterofrontais, que, por sua vez, transferem o alimento para os cílios frontais. Os cílios frontais transportam partículas de alimento pelo filamento da brânquia para o sulco alimentar. Se você remover uma valva de um bivalve e deixar o animal deitado sobre sua valva remanescente, os cílios frontais projetam-se diretamente para cima, voltados para o leitor. (d) Representação esquemática de uma brânquia eulamelibrânquia, como a encontrada no marisco de concha rígida *Mercenaria mercenaria*. As junções interfilamentares entre filamentos adjacentes são bainhas completas de tecido perfurado, mais do que bandas esporádicas de cílios entrelaçados. A junção interfilamentar entre as lamelas interna e externa de uma única demibrânquia é agora uma bainha sólida de tecido, e não uma série de barras finas e separadas. Setas pretas representam o fluxo sanguíneo dentro dos filamentos branquiais. (e) Detalhe de uma demibrânquia, mostrando estrutura básica e padrão de ciliação. Toda a água entra através dos óstios nas junções interfilamentares e, após, deve fluir ao longo dos canais de água antes de sair. Setas pretas repesentam o fluxo sanguíneo. (f) Canais de água na brânquia do marisco *Mercenaria mercenaria* vistos em eletromicroscopia de varredura. Setas brancas indicam a direção do fluxo de água pelos canais após a água entrar na brânquia através dos óstios.

(f) Cortesia de S. Medler, de S. Medler e H. Silverman, 2001. Muscular alteration of gill geometry *in vitro*: Implications for bivalve pumping processes. *Biol. Bull.* 200:77-86. Reimpressa, com permissão, de Marine Biological Laboratory, Woods Hole MA.

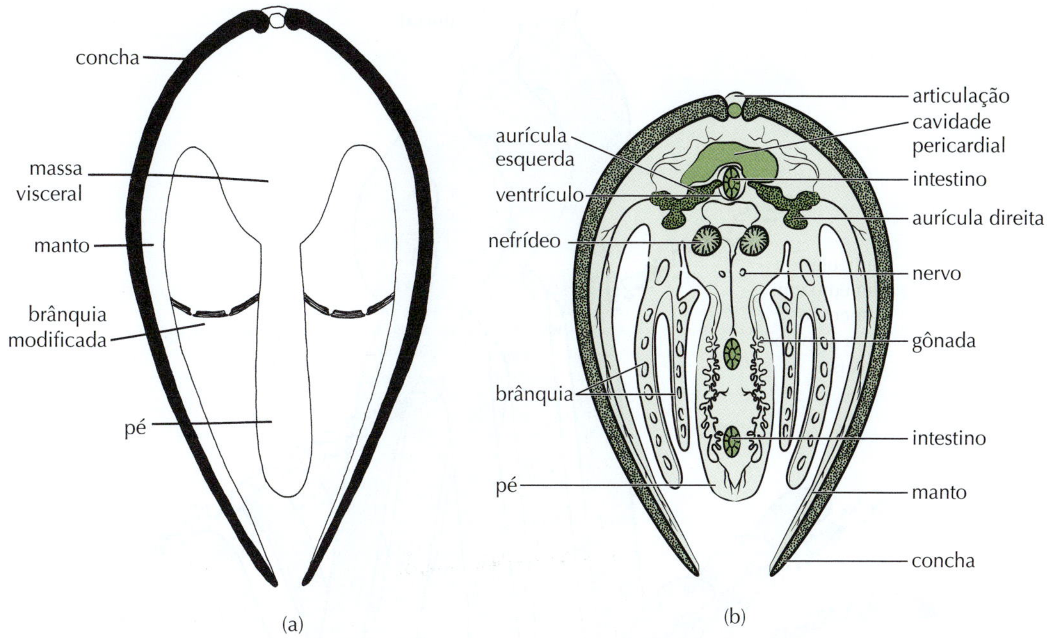

Figura 12.29

(a) Secção transversal através de um bivalve septibrânquio, mostrando a brânquia altamente modificada. Compare com a secção transversal de um eulamelibrânquio de água doce, *Anodonta* sp., mostrado em (b). (b) Observe que o coração envolve o intestino, como em todos os bivalves.

(b) Baseada em Beck/Braithwaite, *Invertebrate Zoology*, Laboratory Workbook, 3/e, 1968.

As bactérias dentro das brânquias geram ATP e redutores (NADH ou NADPH) pela oxidação de substratos químicos altamente reduzidos (sulfetos – HS^- – ou metano) e usam a energia obtida para fixar dióxido de carbono (CO_2) em compostos orgânicos, que se tornam, então, disponíveis para a nutrição do hospedeiro bivalve. As bactérias, portanto, como as plantas, são autotróficas. De fato, para fixar CO_2 em carboidartos, elas utilizam as mesmas rotas enzimáticas do ciclo de Calvin que as plantas utilizam para a fotossíntese, mas as bactérias são **quimioautotróficas**, e não autotróficas, usando energia química, em vez da energia luminosa, para fixar carbono a partir de CO_2. A quimiossíntese bacteriana sem dúvida tem um papel na nutrição do hospedeiro, embora a exata contribuição ainda não tenha sido formalmente ou plenamente quantificada para qualquer espécie. Muitos bivalves que hospedam bactérias nas brânquias têm um aparelho digestório muito reduzido, e em algumas espécies o aparelho digestório foi completamente perdido; bactérias simbiontes têm certamente contribuído de modo substancial para a nutrição do hospedeiro nesses animais.

A simbiose entre bivalves e bactérias oxidantes de enxofre é acompanhada por certas modificações morfológicas (Quadro Foco de pesquisa 12.2, p. 252) e fisiológicas da parte do hospedeiro, modificações estas que ainda estão sendo ativamente estudadas. A relação com simbiontes bacterianos geralmente está correlacionada à redução dos palpos labiais e do aparelho digestório, à perda das demibrânquias externas e às subsequentes modificações na morfologia da brânquia, presumivelmente associadas à redução da dependência de alimento particulado.

Modificações fisiológicas são igualmente intrigantes. HS^- é normalmente tóxico para tecidos vivos, mesmo a baixas concentrações, inativando a citocromo *c* oxidase, uma enzima-chave para a cadeia de transporte de elétrons envolvida na síntese de ATP. Permitir o acesso de bactérias simbiontes ao sulfeto necessário para a produção bacteriana de ATP é, portanto, uma proposição potencialmente arriscada para o hospedeiro. Algumas espécies têm proteínas sanguíneas especializadas que se ligam a HS^-, impedindo o sulfeto livre de entrar em contato com enzimas sulfeto-sensíveis do sistema de transporte de elétrons. Essa adptação tem o benefício adicional de proteger o sulfeto da oxidação espontânea durante o transporte até as bactérias; essa oxidação espontânea reduziria significativamente o valor do sulfeto como uma fonte de energia. Outras espécies podem detoxificar HS^- através de sua oxidação parcial em thiossulfato, uma substância não tóxica que pode, então, ser posteriormente processada pelas bactérias. Por fim, alguns dos tecidos do hospedeiro podem investir principalmente em rotas metabólicas anaeróbias para produção de ATP, reduzindo sua dependência do sistema da citocromo *c* oxidase, diminuindo sua suscetibilidade à intoxicação por sulfeto.

Bivalves exibem uma pequena variedade de estilos de vida. Alguns lamelibrânquios, como mexilhões, vivem presos a substratos duros através de secreções proteicas, chamadas de **fios bissal**. Um líquido proteico é secretado por uma glândula bissal na base do pé, dentro da cavidade do manto, sendo facilmente transportado até o substrato por um sulco no pé. Logo após entrar em contato com a água do mar, a secreção se solidifica para formar muitos fios

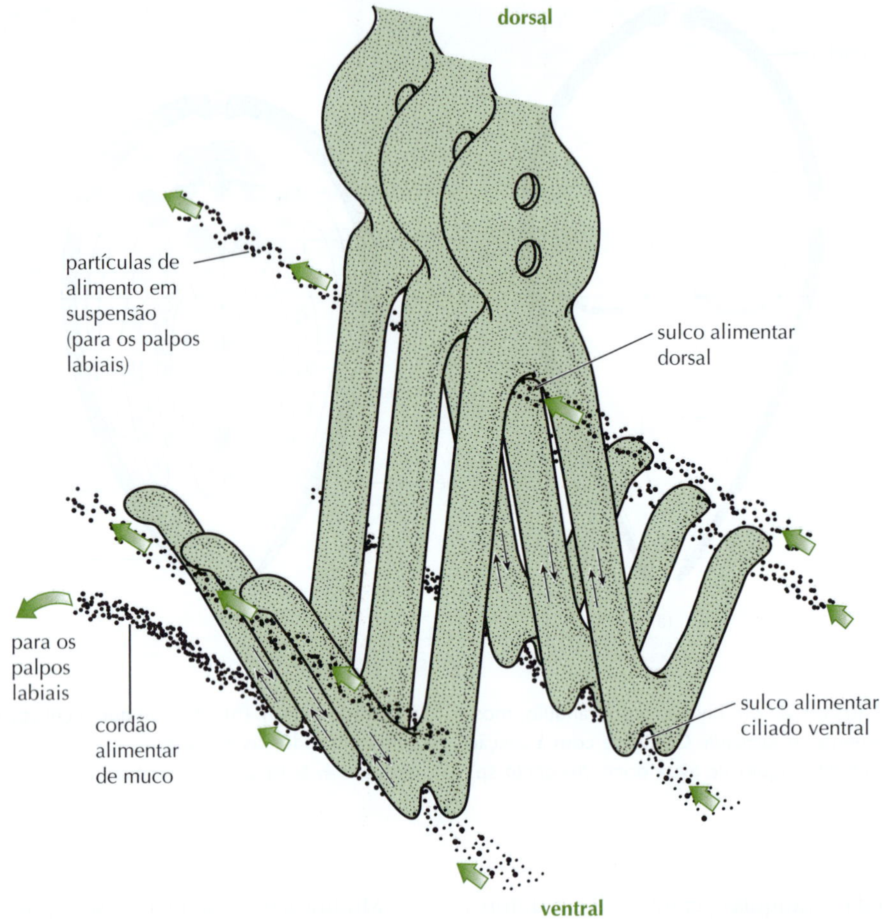

Figura 12.30

Captura e transporte de partículas de alimento por brânquias de um bivalve lamelibrânquio. Partículas que entram no sulco alimentar ventral são incorporadas a um cordão de muco e transportadas por cílios de um filamento branquial para outro, em direção aos palpos labiais (Fig. 12.28a e 12.31a, c), onde alguma ou mesmo a maior parte da seleção das partículas ocorre, como em protobrânquios. O transporte de partículas por mecanismos mucociliares é indicado por setas sólidas. Partículas que entram nos sulcos alimentares dorsais, por outro lado, são capturadas por mecanismos hidrodinâmicos e transportadas em suspensão para os palpos labiais (setas vazadas).

Baseada em J. E. Ward et al., em *Limnol. Oceanogr.* 38:265-72, 1993.

finos – mas bastante resistentes – de fixação (Figs. 12.26a e 12.28a). Alguns outros bivalves (p. ex., ostras, Fig. 12.31e) cimentam permanentemente uma das valvas no substrato. Bioquímicos têm examinado esses processos por muitos anos; um adesivo poderoso que endurece rapidamente em contato com a água poderia ter um uso comercial futuro excelente, como, por exemplo, em um novo adesivo dental. Na maioria das espécies lamelibrânquias, somente juvenis formam fios de bisso, e a glândula bissal torna-se não funcional quando o animal se torna adulto. Bivalves protobrânquios não secretam um bisso.

Poucas espécies lamelibrânquias (algumas vieiras, Fig. 12.26d) vivem soltas sobre o substrato e são capazes de pequenos movimentos de "natação", batendo repetida e sincronizadamente ambas as valvas; a súbita expulsão de água da cavidade do manto desloca rapidamente o animal, permitindo a fuga de potenciais predadores.

A maior parte dos bivalves, entretanto, evita predadores ao viver dentro do substrato – sedimento, madeira ou rocha –, em tocas que eles mesmos fazem. Para se entocar em um substrato mole, como areia ou lodo, utilizam seu pé muscular (Fig. 12.32). O pé é inicialmente estendido dentro do substrato por meios hidráulicos ou hidrostáticos, através de contrações de musculatura do próprio pé. Os **músculos adutores**, que prendem o animal à concha em todas as espécies bivalves, ficam relaxados nesse momento. Esse relaxamento dos músculos adutores permite a liberação de energia armazenada no ligamento contraído da articulação, de modo que as valvas da concha se afastam e pressionam firmemente contra o substrato ao redor. Essa força lateralmente dirigida das valvas proporciona ancoragem para a concha, à medida que o pé se estende para dentro do substrato. Ou seja, a extensão para baixo do pé não implica na ejeção do animal de sua toca. Os músculos adutores, então,

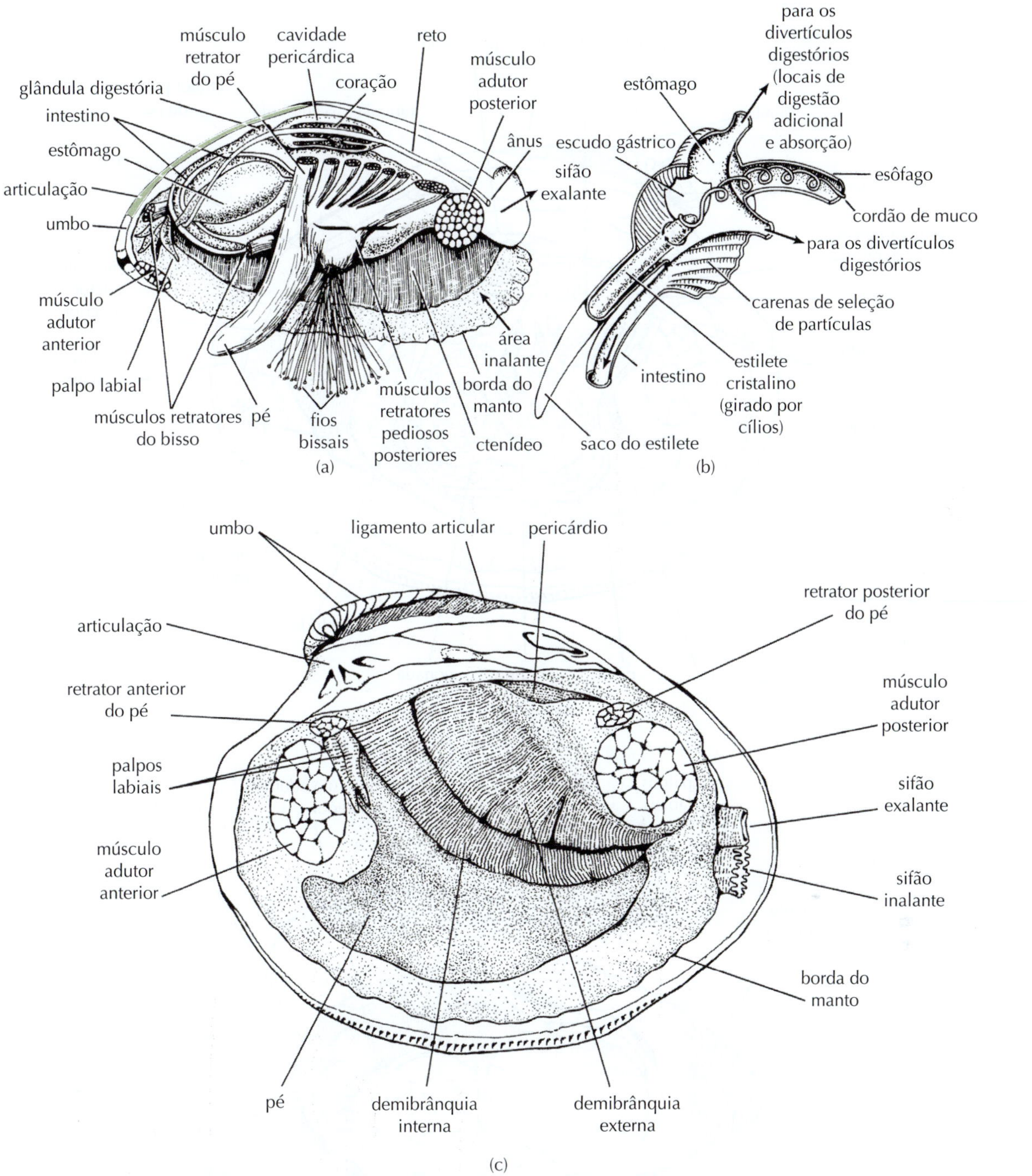

Figura 12.31 a, b, c

(a) Anatomia interna do bivalve lamelibrânquio, o mexilhão-marinho *Mytilus edulis*. A brânquia esquerda foi removida para mostrar a anatomia embaixo dela. (b) O aparelho digestório de um bivalve alimentador de suspensão, como o mexilhão-azul ou o marisco de concha mole. O estilete cristalino auxilia a digestão; girado por cílios no saco do estilete, o estilete libera enzimas digestórias quando a ponta do bastão é raspada contra o escudo gástrico. Um aparato do estilete cristalino é encontrado em algumas espécies de gastrópodes prosobrânquios. (c) Anatomia interna do marisco de concha dura, *Mercenaria mercenaria*. O animal está posicionado sobre sua valva direita, com a valva esquerda removida. Somente a brânquia esquerda é ilustrada. A brânquia direita encontra-se embaixo do pé e, portanto, não pode ser vista neste desenho. (d) O mesmo animal mostrado em (c), mas com a brânquia esquerda retirada e os órgãos internos expostos por dissecção. Observe as vísceras bem estendidas dentro do pé. (e) Estrutura interna da ostra americana, *Crassostrea virginica*, com a valva direita removida. Ostras adultas não têm pé nem o músculo adutor anterior. (*Continua na página seguinte*)

(a) Segundo Turner. (b) Segundo Morton. (c) Segundo Kellogg. (d) Modificada de várias fontes. (e) Modificada de Kellogg e outras fontes.

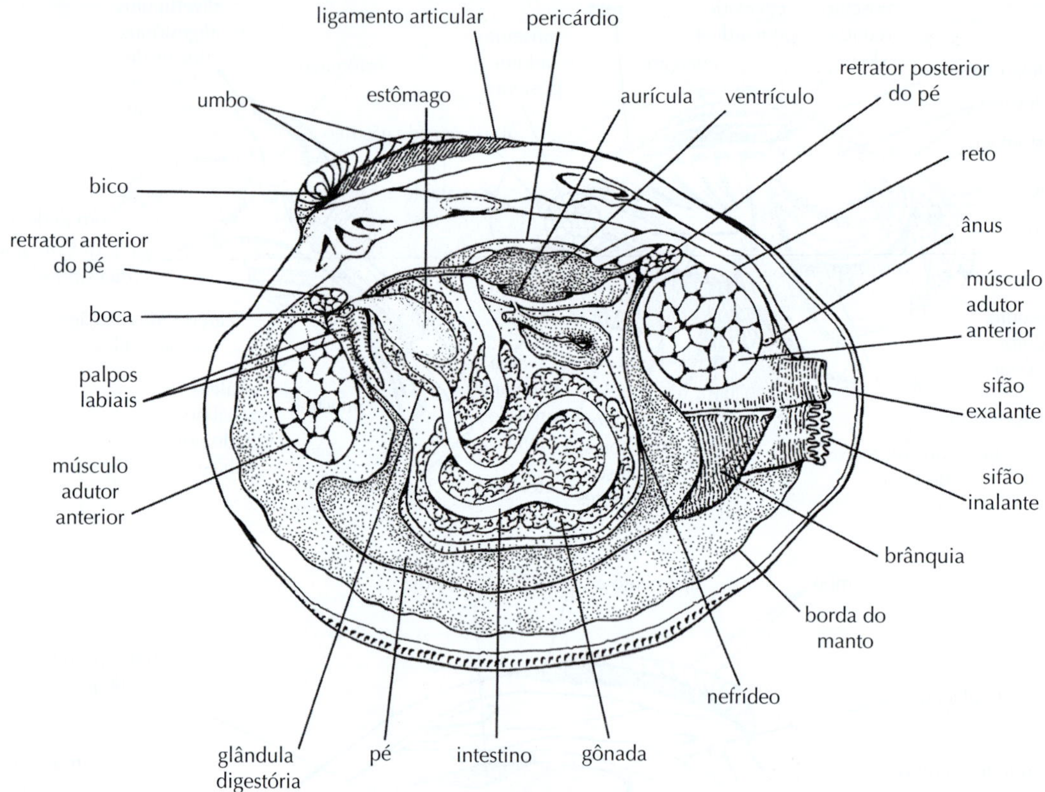

(d)

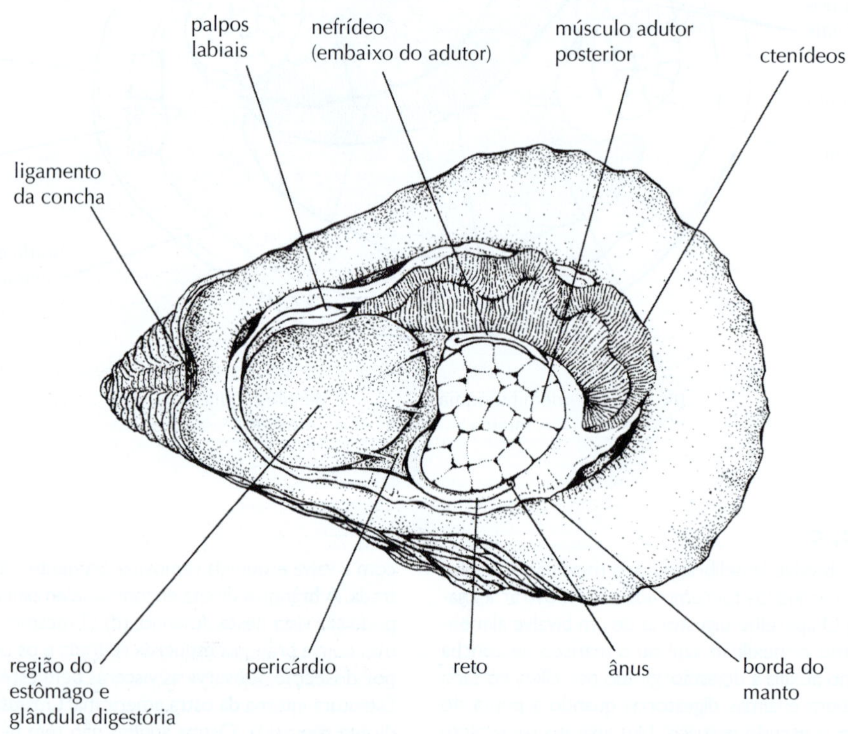

(e)

Figura 12.31 d, e *(Continuação)*

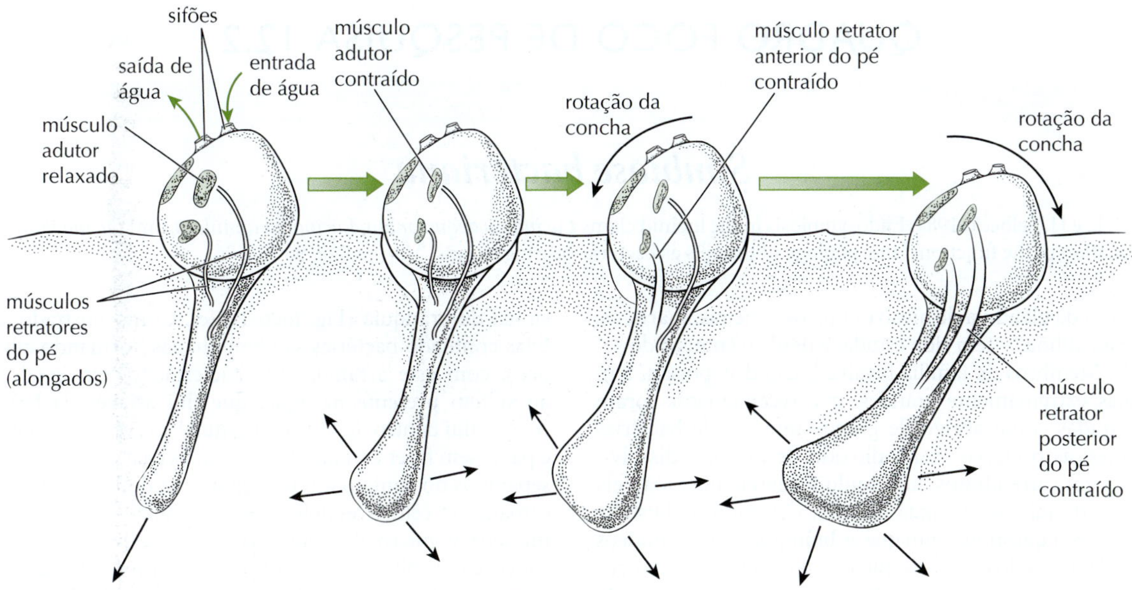

Figura 12.32

Escavação por bivalves. O pé serve tanto para perfurar o substrato quanto para ancorar o animal enquanto o corpo é puxado para baixo. Ver o texto para discussão desses pontos.

Baseada em Trueman et al., 1966, *J. Exp. Biol.* 44:469-92.

contraem, fechando as valvas umas contra elas mesmas. Essa ação solta a âncora da concha.

A contração dos músculos adutores também bombeia sangue para o interior do pé, o qual, então, se dilata na extremidade para formar uma outra âncora. O fechamento rápido das valvas da concha, junto com a inflação do pé, força a água para fora da cavidade do manto, espalhando e soltando um pouco do sedimento adjacente à abertura entre as valvas da concha. Com o pé ancorado firmemente ao substrato, a concha pode, então, ser puxada para baixo por contração dos **músculos retratores do pé**, que se estendem do pé até a concha. Os músculos retratores do pé não se contraem simultaneamente, e sim sequencialmente, de modo que a concha do bivalve se move para a frente e para trás enquanto progride, perfurando o substrato.

Muitos bivalves marinhos fazem tocas, enquanto são juvenis recém-metamorfoseados, dentro de madeira, conchas, corais e outros substratos duros. A concha tem um papel fundamental na formação da toca por essas espécies, de fato, cavando dentro do substrato. À medida que o animal cresce, o corpo se mantém escondido e protegido pelo substrato no qual a toca se formou, com somente os sifões projetados para fora; os sifões de todas as espécies que se entocam tendem a ser longos, permitindo que o resto do animal viva profundamente dentro do substrato. O dano provocado por bivalves perfuradores de madeira pode ser considerável, como qualquer proprietário de marina ou de barco sabe bem. Bivalves perfuradores de madeira têm sido encontrados em todos os hábitats marinhos, incluindo o mar profundo, a vários milhares de metros.

Um grupo importante de bivalves lamelibrânquios perfuradores de madeira são erroneamente referidos como "vermes-de-navios" (Figs. 12.33 e 12.34). A filtragem de partículas de alimento em suspensão, ao modo normalmente lamelibrânquio, pode, de fato, ter um papel menos importante na biologia da alimentação desses bivalves, uma vez que vermes de madeira parecem preencher muitos de seus requisitos nutricionais com a ajuda de bactérias simbiontes que vivem em altas concentrações dentro de uma porção especializada do seu estômago, chamada de **ceco armazenador de madeira**. As bactérias (possivelmente auxiliadas por protozoários coabitantes) fixam nitrogênio e digerem a madeira ingerida pelo bivalve.

Como observado anteriormente, espécies lamelibrânquias estão atualmente distribuídas em três subclasses (ver *Detalhe taxonômico*, pp. 286-290).

Subclasse Anomalodesmata

Característica diagnóstica: articulação sem dentes verdadeiros (embora dentes secundários estejam presentes em algumas espécies).

Esses bivalves peculiares ocorrem em ambientes marinhos e estuarinos em todo o mundo, de zonas intertidais a profundidades abissais. Algumas espécies têm lamelibrânquias ligeiramente modificadas e são alimentadoras de suspensão ou de depósito. Contudo, os membros talvez mais bizarros do grupo tenham um ctenídeo altamente modificado

QUADRO FOCO DE PESQUISA 12.2

Simbiose bacteriana

Distel, D. L. e H. Felbeck. 1987. Endosymbiosis in the lucinid clams *Lucinoma aequizonata, Lucinoma annulata,* and *Lucina floridana*: A reexamination of the functional morphology of the gills as bacteria-bearing organs. *Marine Biol.* 96:79 e 86.

A estrutura da glândula de bivalves típicos – vieiras, mariscos, ostras e mexilhões – tem sido estudada desde o começo do século XX. Membros da família bivalve Lucinidae, porém, têm brânquias extremamente grandes, que recentemente foram demonstradas como abrigo de grande número de bactérias simbiontes; as bactérias fixam dióxido de carbono dissolvido (CO_2) em carboidratos, utilizando a energia liberada pela oxidação dos sulfetos da água do mar. O estudo de Distel e Felbeck (1987) questiona "Em que as brânquias dos lucinídeos diferem daquelas dos bivalves que não possuem bactérias endossimbiontes, e quanto estas diferenças são adaptativamente vantajosas para a simbiose?".

Distel e Felbeck coletaram representantes de duas espécies lucinídeas (*Lucinoma aequizonata* e *L. annulata*) da costa da Califórnia e uma espécie (*Lucina floridana*) da costa da Flórida, e, então, dissecaram suas brânquias. Como as bactérias estão distribuídas dentro do tecido branquial? O estudo da ultraestrutura da brânquia requeria que o tecido da brânquia fosse fixado e preparado para microscopia eletrônica com químicos apropriados. Mesmo quimicamente estabilizado (fixado), o tecido é ainda macio para ser fatiado ("seccionado") sem ser quebrado, amassado ou deformado. Para firmar o tecido, os pesquisadores o desidrataram em álcool e, em seguida, passaram-no para água em uma solução semelhante a epóxi. Uma vez que o plástico endurecia, as amostras de tecido eram cortadas com um micrótomo e lâminas de vidro ou diamante. Cortes grossos (1–4 µm) eram corados para microscopia óptica, e cortes finos (menos que 0,1 µm) eram corados para microscopia eletrônica de transmissão para tornar mais visíveis alguns componentes celulares.

A Figura foco 12.2b mostra um pedaço de tecido cortado de uma brânquia de um dos mariscos; estas espécies têm somente uma única demibrânquia – a interna – de cada lado do sistema pé/massa visceral. Quando uma brânquia é cortada no plano mostrado e corada apropriadamente, o microscópio óptico revela uma estrutura branquial normal na superfície: filamentos finos e paralelos contendo cílios laterais, laterofrontais e frontais, como em outras brânquias bivalves (Fig. 12.28c, e). Mais profundamente no tecido da brânquia, contudo, os filamentos são diferentes do normal, sendo grandemente inchados, com grandes células, chamadas de **bacteriócitos** (Fig. foco 12c, d), cada uma delas com dúzias de bactérias contidas dentro de vesículas circundadas por membrana. Células na zona dos bacteriócitos também abrigam numerosos grânulos escuros quando corados, chamados de "grânulos de pigmento".

Após estudar centenas de cortes adjacentes de tecido branquial, Distel e Felbeck construíram um modelo tridimensional da brânquia (Fig. foco 12.2e). Como ilustrado, as células contendo bactérias são empilhadas, formando cilindros ocos; com este arranjo, cada bacteriócito tem igual acesso ao sulfeto presente na água, que flui através da brânquia. A água flui dentro do tecido branquial através desses cilindros e passa sem fazer contato direto com os bacteriócitos; estes são separados do contato direto com a água do mar por uma fina camada de células epiteliais. Essas células epiteliais contêm numerosas microvilosidades, o que aumenta grandemente a superfície de absorção disponível para a tomada de sulfeto e para troca de O_2 e CO_2. Após passar pelos cilindros ocos dos bacteriócitos e das células epiteliais, a água flui para fora da brânquia no espaço entre lamelas adjacentes da demibrânquia, saindo então da cavidade do manto pelo sifão exalante.

Embora Distel e Felbeck tivessem documentado com sucesso a estrutura branquial e a localização das bactérias dentro da brânquia, seu trabalho levantou algumas questões interessantes sobre o funcionamento dessa relação simbiótica entre bivalve e bactéria:

1. Como a água rica em sulfeto entra primeiro em contato com a própria brânquia, não há oportunidade para outros tecidos detoxificarem o sulfeto antes de a água chegar à brânquia. O que protege a camada externa de células epiteliais da intoxicação por sulfeto?
2. Por que os bacteriócitos não ficam em contato direto com a água do mar? Qual é a função da fina camada de células epiteliais cobrindo os bacteriócitos?
3. Qual é a função dos conspícuos grânulos de pigmento presentes na camada de bacteriócitos da brânquia? Poderiam eles estar envolvidos na eliminação de produtos de excreção ou na digestão de células bacterianas?
4. Como o hospedeiro obtém nutrientes das bactérias? São as bactérias digeridas pelo bivalve? Ou as bactérias se mantêm intactas, liberando carboidratos e outras moléculas orgânicas para o hospedeiro?
5. De onde vêm as bactérias simbiontes? São elas continuamente obtidas do ambiente externo? Distel e Felbeck consideram isso improvável, já que estudos de eletromicoscopia não mostraram evidência de atividade endocitótica no tecido branquial; as bactérias parecem ser autossustentáveis no interior da brânquia. Mas como cada brânquia se torna "infectada"? As bactérias são passadas diretamente dos pais para o ovo fertilizado? Elas aparecem primeiro na larva livre-natante, ou só aparecem depois da metamorfose?

Como você responderia cada uma dessas questões?

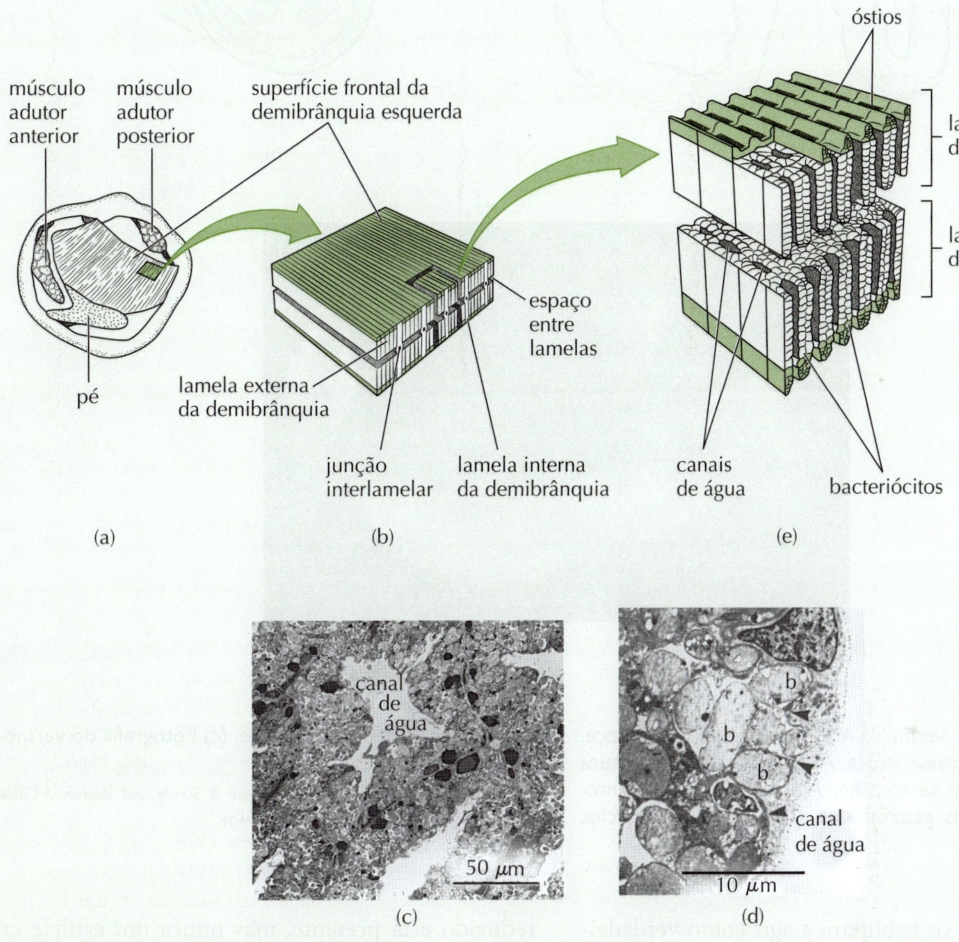

Figura foco 12.2

(a) O bivalve de águas profundas, *Lucinoma aequizonata*, sobre seu lado direito, com a valva esquerda da concha removida para expor a incomum e espessa brânquia. (b) Detalhe em maior aumento do corte quadrado mostrado em (a). O corte foi girado aproximadamente 90° para mostrar porções das duas lamelas que compõem a demibrânquia esquerda. A região sombreada é morfologicamente idêntica às brânquias de outros bivalves lamelibrânquios. (c) Micrografia eletrônica de transmissão de uma secção sagital da região da brânquia com bactérias entre as duas camadas finas, mostradas em verde em (b). Bactérias (b) ocorrem intracelularmente em agrupamentos em volta de estreitos canais de água, os quais se estendem perpendiculares à superfície frontal da brânquia. As bactérias são vistas nitidamente em um maior aumento de (d). (e) Reconstrução esquemática da estrutura da brânquia baseada em eletromicrografias, mostrando espessas colunas de bacteriócitos ao redor de canais de água.

(c, d) Cortesia de D.L. Distel. De Distel e Feibeck, 1987, "Marine Biology" 96:79-86. © Springer Verlag. (b, e) Baseada em D. L. Distel. De Distel e Felbeck, 1987. *Marine Biology* 96:79-86.

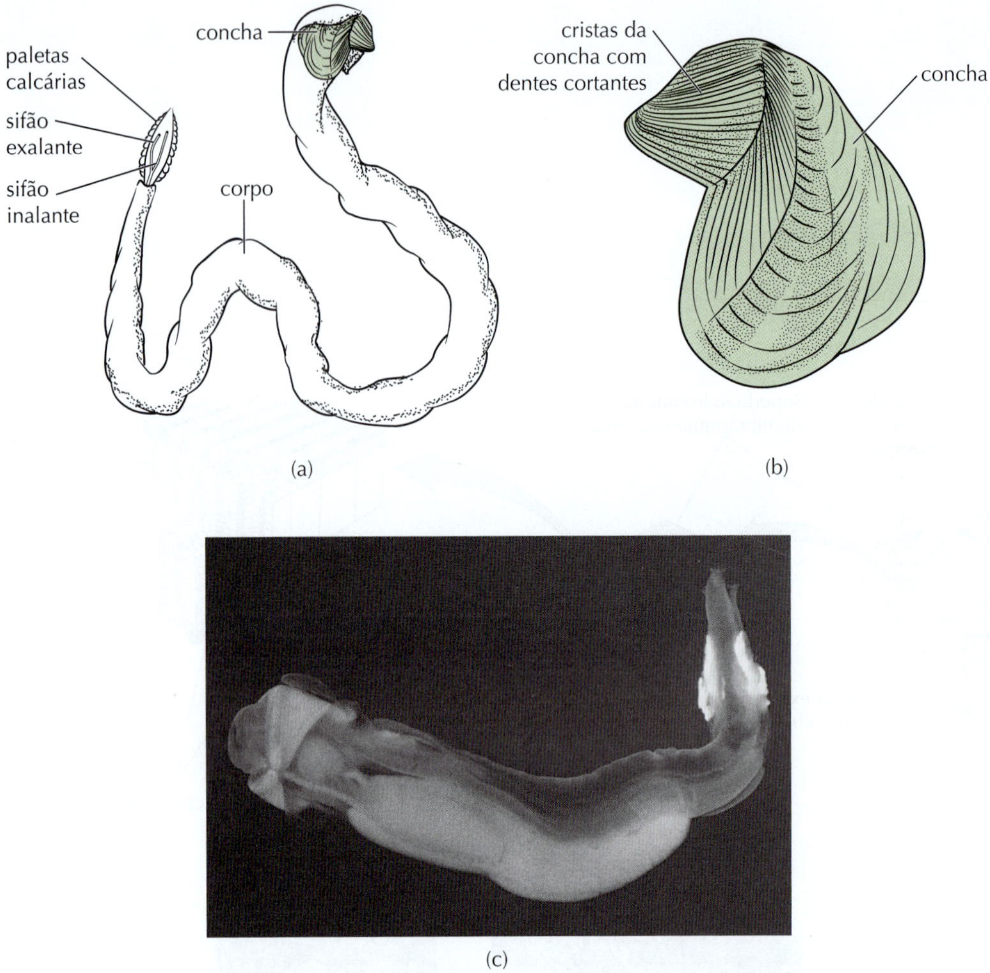

Figura 12.33

(a) Morfologia externa do verme da madeira retirado de sua toca. A concha é usada para escavar a toca. As paletas selam a abertura da toca quando o animal se recolhe. As paletas são, portanto, análogas ao opérculo dos gastrópodes. (b) Detalhe da concha, mostrando os dentes cortantes. (c) Fotografia do verme-de-navio *Teredora malleolus*.

(a, b) Baseada em Ruth D. Turner, em *A Survey and Illustrated Catalogue of the Teredinidae*, 1966. (c) © Bradford Calloway.

("septibrânquio"), que os habilitam a agir como verdadeiros carnívoros, alimentando-se principalmente de poliquetos e crustáceos de até vários milímetros de comprimento.

O ctenídeo septibrânquio não tem filamentos; em vez disso, forma um septo muscular (Fig. 12.29a). O septo divide a cavidade do manto em uma câmara ventral e outra dorsal, como em outros bivalves, porém, ele é perfurado por uma série de aberturas ciliadas. Valvas de uma única direção regulam o fluxo de água através dessas aberturas em algumas espécies. O septo pode ser movido vigorosamente para cima dentro da cavidade do manto, drenando água para dentro pelo sifão inalante e, simultaneamente, expelindo-a através do sifão exalante. Assim, esses animais se alimentam como aspiradores, geralmente sugando pequenos crustáceos e anelídeos. O estômago é revestido por quitina rígida, servindo para moer o alimento ingerido. Palpos labiais, embora presentes, são bem pequenos e não têm qualquer função de seleção. Um saco do estilete muito reduzido está presente, mas nunca um estilete cristalino. Estes são realmente bivalves "anômalos".

Classe Scaphopoda

Características diagnósticas: 1) concha cônica, em forma de presa, aberta em ambas as extremidades; 2) desenvolvimento de tentáculos anteriores, em forma de fios adesivos, para a alimentação.

As 300 ou 400 espécies na classe Scaphopoda são todas marinhas e levam uma vida sedentária em substratos de areia ou lodo, a maior parte em águas profundas. Escafópodes possuem estes "típicos" caracteres dos moluscos: pé, tecido do manto, cavidade do manto, rádula e concha. A concha escafópode nunca é curvada em espiral; ela cresce linearmente como um tubo oco e curvado; daí os

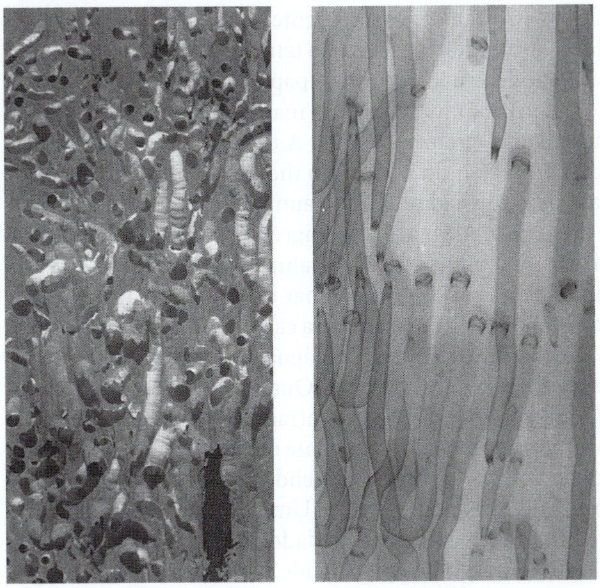

Figura 12.34

(a) Um pedaço de madeira todo perfurado por bivalves perfuradores de madeira. (b) Foto de raio X de um pedaço de madeira contendo vermes-de-navio.

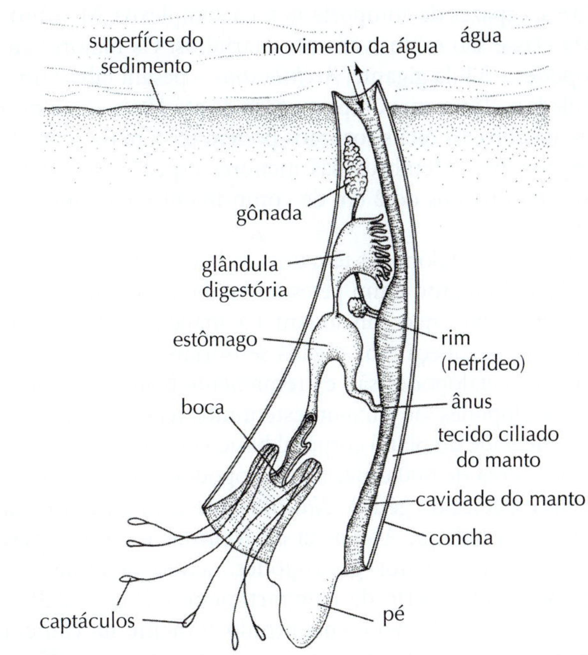

Figura 12.35

Dentalium sp., um escafópode, em sua posição normal de alimentação. Partículas de alimento são capturadas pelos captáculos.

Segundo Borradaile; segundo Naef.

nomes comuns "concha-dente-de-elefante" e "concha-presa". A concha tem uma abertura em cada extremidade (Fig. 12.35). A água entra na extremidade mais estreita, a qual se projeta acima do substrato. O fluxo de entrada da água é devido à ação de células restritas às dobras do tecido do manto. Periodicamente, a água é expelida por essa mesma abertura por uma súbita contração da musculatura do pé.

Diferentemente de muitos outros moluscos, escafópodes não possuem ctenídeos. Eles também não têm um coração ou um sistema circulatório; em vez disso, o sangue circula por vários espaços da hemocele, como uma consequência dos movimentos rítmicos do pé. Tampouco qualquer escafópode possui osfrádio; receptores sensoriais especializados na região posterior da cavidade do manto, onde as correntes respiratórias entram e saem, podem ter a mesma função de amostragem de água que o osfrádio exerce em outros moluscos.

A escavação em substrato mole é realizada pelo pé, essencialmente como descrito anteriormente para os bivalves. Escafópodes capturam pequenas partículas de alimento, incluindo foraminíferos (um grupo de protozoários com valvas, ver p. 63) da água e do sedimento ao redor usando tentáculos finos e especializados, chamados de **captáculos** (Fig. 12.35). Um indivíduo típico possui de 100 a 200 desses tentáculos. Cada tentáculo termina em um bulbo ciliado e adesivo; na alimentação, os tentáculos são estendidos pela ação progressiva dos cílios até que o bulbo contate o alimento. O alimento é então transportado pela boca pelos cílios captaculares ou, no caso de partículas maiores de alimento, como grandes foraminíferos e pequenos bivalves, por contrações musculares dos próprios tentáculos.

A morfologia dos escafópodes tem, por muito tempo, sugerido uma relação próxima com os bivalves. Recentes estudos moleculares, porém, os tem considerado mais próximos ou aos cefalópodes ou aos gastrópodes. Talvez a controvérsia seja resolvida quando mais espécies forem amostradas.[19]

Classe Cephalopoda

Características diagnósticas: 1) concha dividida por septos, com câmaras conectadas por um sifúnculo: um cordão vascularizado de tecido contido em um tubo de carbonato de cálcio (concha reduzida ou perdida em muitas espécies); 2) sistema circulatório fechado; 3) pé modificado para formar braços flexíveis e sifão; 4) gânglios fusionados, formando um grande cérebro dentro de um crânio cartilaginoso.

É verdadeiramente incrível que animais como a lula e o polvo pertençam ao mesmo filo que os mariscos, caramujos, escafópodes e quítons. Diferentemente da maioria dos moluscos, cefalópodes são geralmente carnívoros ativos e

[19] Telford, M. J. e G. E. Budd. 2011. *Current Biol.* 21:R964.

velozes, capazes de comportamentos complexos. Membros desta classe são exclusivamente marinhos. Os maiores cefalópodes - a lula gigante, *Architeuthis* - pesam talvez uma tonelada e alcançam comprimentos de até 18 m, incluindo os tentáculos, os quais sozinhos podem ter 5 m ou mais de comprimento. Membros das menores espécies de cefalópodes têm menos de 2 cm de comprimento, incluindo os tentáculos.

Todos os cefalópodes têm uma rádula e ctenídeos. Uma cavidade do manto e um pé estão também presentes, mas eles geralmente não funcionam na maneira "típica" dos moluscos. A cabeça e os órgãos sensoriais associados dos moluscos cefalópodes são extremamente bem desenvolvidos. Cefalópodes são a maior testemunha da impressionante plasticidade do plano corporal básico dos moluscos.

Das cerca de 600 espécies cefalópodes atuais, as cinco ou seis espécies do gênero *Nautilus* possuem uma concha externa verdadeira. A concha de *Nautilus* é espiral, mas diferente daquela dos gastrópodes, sendo dividida por **septos** em uma série de compartimentos (Figs. 12.36 e 12.37). O animal vivo é encontrado somente na câmara maior e mais externa. Os septos são perfurados pelo **sifúnculo** - um tubo calcificado e seu cordão de tecido vascularizado, que percorre em espiral a concha a partir da massa visceral, cruzando todas as câmaras da concha. O líquido pode ser lentamente transportado de e para as câmaras da concha através do sifúnculo, e os gases difundidos para dentro e fora das câmaras, à medida que os volumes dos líquidos são alterados.

O transporte de líquido é aparentemente possível por enzimas no tecido sifuncular; estas enzimas concentram ativamente itens dissolvidos - provavelmente íons - ou no interior ou do lado de fora do tecido sifuncular, estabelecendo, então, gradientes osmóticos locais. Se a concentração osmótica é maior dentro do tecido sifuncular, a água irá difundir-se ao longo do gradiente osmótico do líquido na câmara - chamado de **fluido da câmara** - para dentro do sifúnculo e, após, para o sangue, sendo descarregada no nefrídeo. O gás provavelmente se difunde do sangue - lembre-se, o sifúnculo é bem vascularizado - para dentro da câmara da concha quando o fluido da câmara é removido.

Quando o conteúdo de gás de cada câmara é alterado por esse mecanismo, a flutuação da concha e, portanto, do animal, também muda. Dessa forma, o náutilo pode manter uma flutuação neutra à medida que cresce, compensando de maneira exata o aumento no peso da concha e do tecido através de uma descarga apropriada de fluido da câmara. O fluxo de fluido cameral pode também estar envolvido na regulagem da flutuação durante as migrações verticais do náutilo, nas quais o animal pode subir e descer centenas de metros por dia.

O náutilo se locomove por propulsão a jato, expelindo água da cavidade do manto através de um tubo oco e flexível, chamado de **sifão** ou **funil** (Fig. 12.36a). A água é expelida pela contração dos músculos retratores da cabeça. O funil muscular, o qual é derivado do pé do molusco "típico", pode ser flexionado de vários modos para mover o animal em diferentes direções.

Outros cefalópodes também se movem por propulsão a jato, porém, eles expelem um volume muito maior de água e fazem isso mais vigorosamente. Ao contrário dos nautiloides, outros cefalópodes não têm uma concha externa, e o manto pode, então, assumir o papel principal no movimento (Fig. 12.38a). O tecido do manto é grosso e dotado de musculatura circular e radial. A contração da musculatura radial do tecido do manto, ao mesmo tempo em que as fibras circulares são relaxadas, aumenta o volume da cavidade do manto. A água, então, ingressa na cavidade do manto pela sua margem anterior, geralmente por meio de válvulas unidirecionais (se você imaginar um polvo vestindo um casaco [o manto], a água entra na cavidade do manto em volta do pescoço). Este influxo de água faz o animal ser ligeiramente levado para a frente. Quando os músculos radiais relaxam e os circulares se contraem, as margens do tecido do manto se fecham firmemente em volta do pescoço, e um grande volume de água é expelido com força inteiramente através do funil oco e flexível. Uma vez que empuxo = massa do fluido expelido × velocidade, a expulsão de tanta água pelo funil em grande velocidade permite a esses cefalópodes se locomoverem a grandes velocidades; por breves períodos, pelo menos, a lula pode alcançar velocidades de 5 a 10 metros por segundo. Nessas lulas velozes, a cavidade do manto se enche parcialmente por contrações dos músculos radiais, parcialmente pelo recolhimento do manto comprimido, e parcialmente (ou grandemente) por gradientes de pressão originados ao longo das laterais do corpo enquanto a lula nada.[20] Propulsão a jato é usada mais frequentemente na fuga de predadores e na captura de presas. Para locomoção mais lenta, muitas espécies utilizam os braços (como em *Octopus*) ou nadadeiras laterais musculares (como na lula e na sépia).

O papel ativo na locomoção da cavidade do manto é incompatível com a presença de uma concha externa. A maioria dos cefalópodes atuais que retêm uma concha (sépias, lulas e muitos polvos - ordem Octopoda, p. 291) a possuem internamente (Fig. 12.39a, b). Sépias, por exemplo, têm uma concha interna dividida em câmaras, que está envolvida na regulagem da flutuação, como em *Nautilus*.[21] A concha da lula é também interna, mas é pouco mais que uma bainha proteinácea fina, delicada, chamada de **pena** (Fig. 12.38b). Esta "concha" não dividida em câmaras não tem função alguma na regulagem da flutuação; em vez disso, a lula compensa seu próprio peso corporal acumulando altas concentrações de íons de amônio no fluido celômico. Em membros do gênero *Octopus*, não há vestígios de concha. O chamado náutilo-de-papel (*Argonauta*) também não tem uma concha verdadeira; ele é mais proximamente relacionado aos polvos do que a *Nautilus*, apesar de seu nome popular. Quando reprodutivamente ativas, porém, fêmeas produzem uma "concha" em espiral, frágil e destituída de câmaras, utilizando glândulas localizadas no braço - não o tecido do manto; a fêmea do náutilo-de-papel vive em sua concha enquanto está cuidando de sua prole.

Portanto, de todos os cefalópodes atuais, somente o náutilo de concha em câmaras forma uma concha externa verdadeira. Redução ou perda da concha tem sido certamente um dos aspectos principais na evolução dos cefalópodes

[20]Ver *Tópicos para posterior discussão e investigação*, nº 12, no final deste capítulo.

[21]Ver *Tópicos para posterior discussão e investigação*, nº 2, no final deste capítulo.

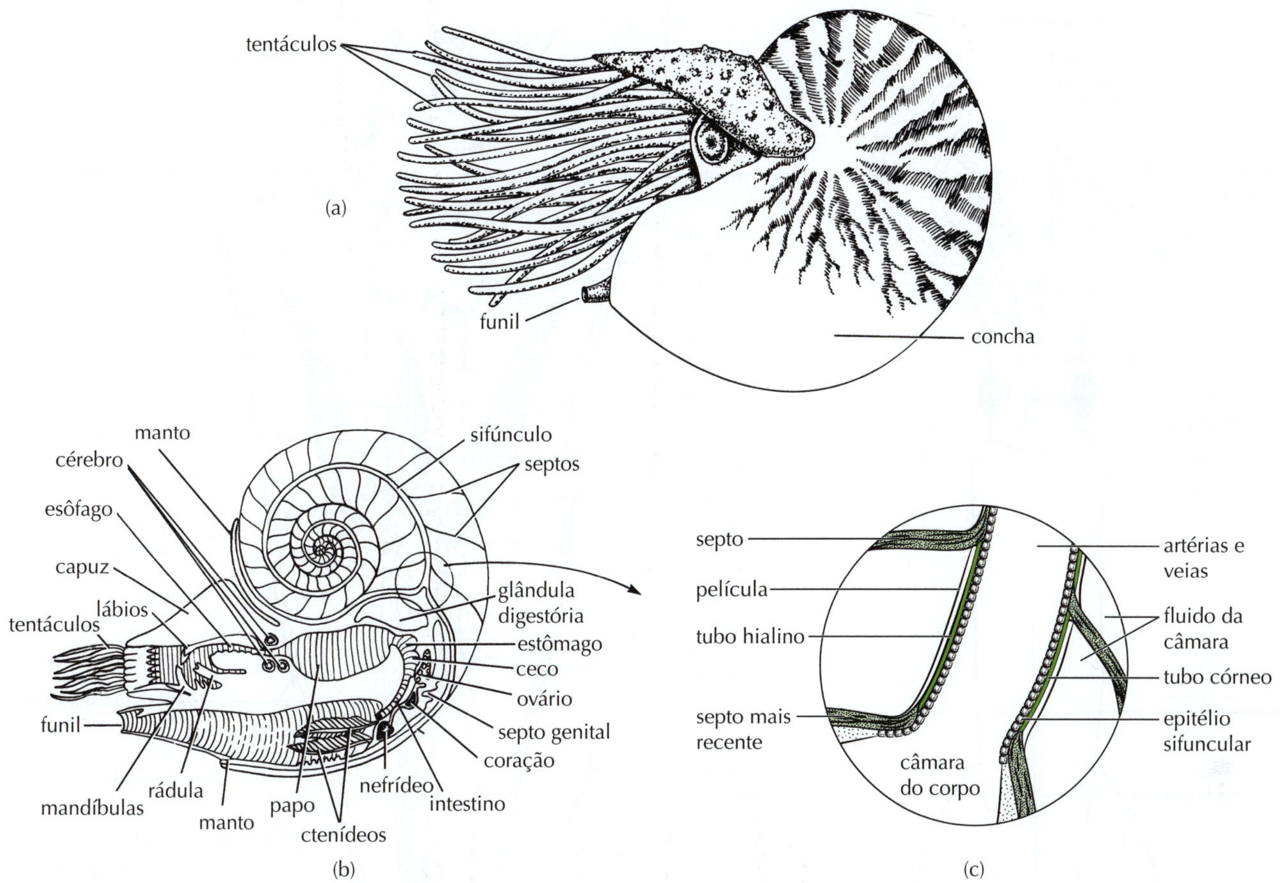

Figura 12.36

(a) *Nautilus* sp., em sua posição normal de natação. (b) Secção longitudinal através da concha do mesmo indivíduo, mostrando os septos que isolam os diferentes compartimentos da concha, o sifúnculo e a anatomia interna. O corpo inteiro do animal fica situado na câmara mais externa da concha. Das outras câmaras da concha, todas, exceto a mais nova, são preenchidas com gás. (c) Detalhe da câmara mais nova e da segunda mais nova da concha.

(b) Segundo Engemann e Hegner; segundo Borradaile e Potts. (c) Baseada em "The Buoyancy of the Chambered Nautilus" de Peter Ward, Lewis Greenwald e Olive E. Greenwald, em *Scientific American*, outubro 1980.

nas últimas muitas centenas de milhões de anos; mais de 7 mil espécies de cefalópodes com conchas são conhecidas a partir de fósseis (Fig. 12.39c), algumas com conchas de até 4,5 m de diâmetro. Como conchas externas tornaram-se reduzidas ou perdidas na evolução, cefalópodes devem ter-se tornado mais vulneráveis à predação. Essa vulnerabilidade provavelmente levou à seleção de outros modos de proteção. Por exemplo, a pele da maioria dos cefalópodes contém várias camadas de células minúsculas coloridas, chamadas de **cromatóforos**, as quais cobrem células refletivas, chamadas de **iridócitos** (Fig. 12.40). Em geral, a pele de um único indivíduo contém centenas de milhares, ou mesmo milhões, de cromatóforos. Expansões e contrações dos cromatóforos são mediadas por elementos musculares na pele, e estão sob controle nervoso direto do cérebro. Então, a coloração da pele dos cefalópodes pode mudar de modo extremamente rápido. Mudanças de cor defensivas, de camuflagem e relacionadas ao comportamento de corte têm sido descritas.[22] Não surpreendentemente, o náutilo de concha em câmara é destituído de cromatóforos.

[22]Ver *Tópicos para posterior discussão e investigação*, nº 5, no final deste capítulo.

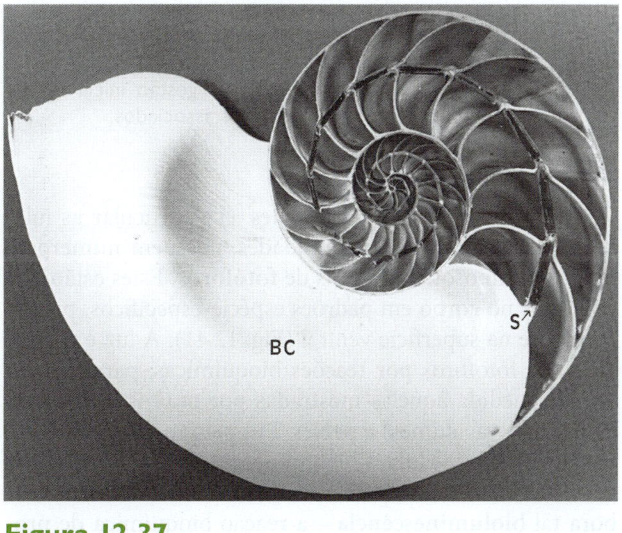

Figura 12.37

Corte através da concha de *Nautilus*, mostrando a grande câmara do corpo (BC), sifúnculo (S), e câmaras menores separadas por septos. Orifícios foram feitos na concha em várias das câmaras mais novas para fins experimentais; eles não são naturais.

© Lewis Greenwald.

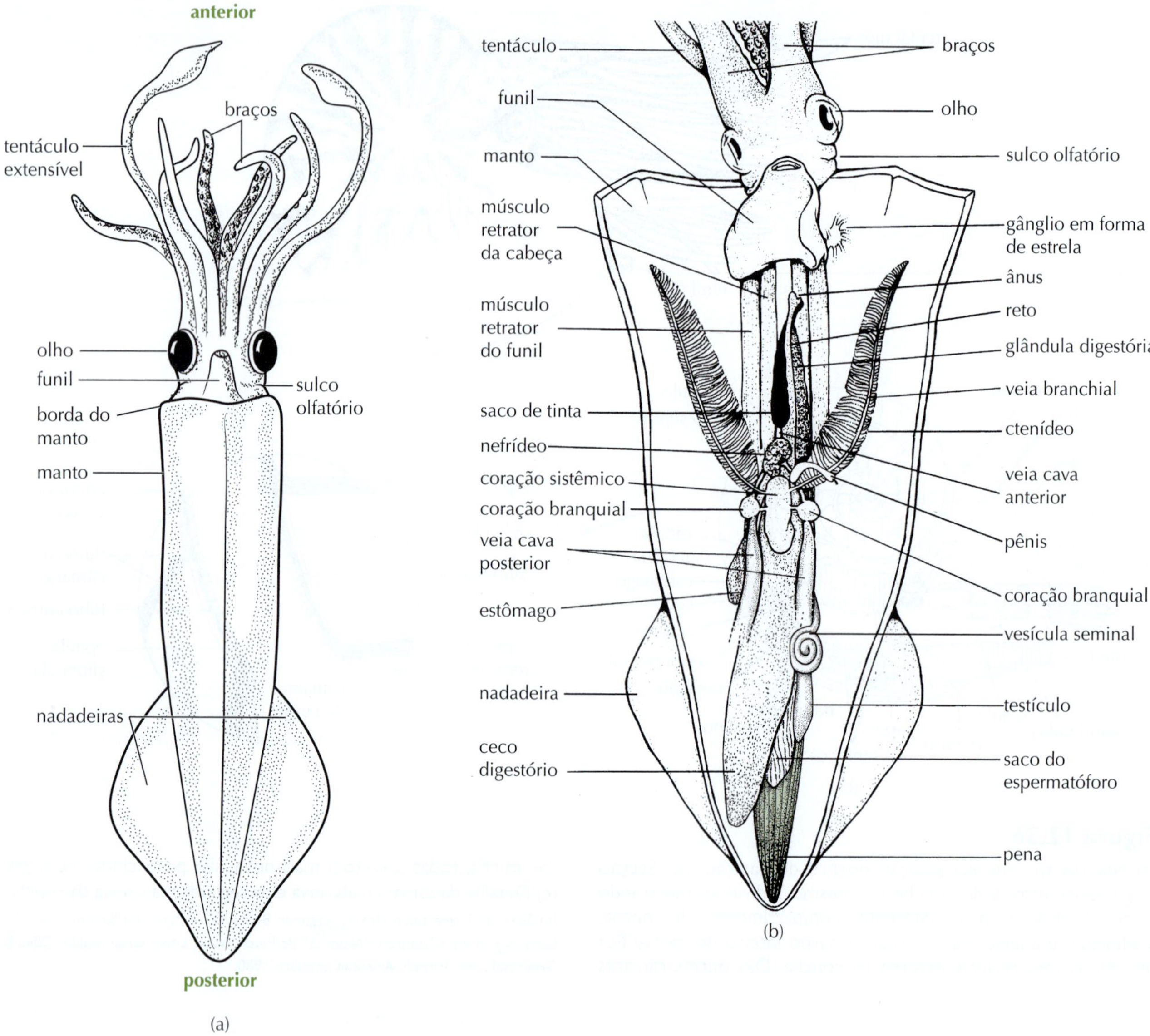

Figura 12.38a, b

(a) Anatomia externa da lula *Loligo* sp. (b) Anatomia de um macho de lula (superfície ventral para cima). A digestão inicia no estômago e é completada nos grandes cecos associados.

(a) Baseada em Beck/Braithwaite, *Invertebrate Zoology, Laboratory Workbook*, 3/e, 1968.

Muitas espécies de cefalópodes, em particular as lulas de médias e grandes profundidades, possuem numerosos órgãos luminosos, chamados de **fotóforos**. Estes estão distribuídos no corpo em padrões espécie-específicos, principalmente na superfície ventral (Fig. 12.41). A luz é produzida nos fotóforos por reações bioquímicas, paralelas em grande medida àquelas mostradas por muitos artrópodes (incluindo vagalumes) e peixes. Em pelo menos três dezenas de espécies de lula, a bioluminescência é produzida por bactérias simbiontes que vivem dentro dos fotóforos. Embora tal **bioluminescência** – a reação bioquímica de produção de luz com um calor mínimo – possa ter um papel na atração ou no reconhecimento de parceiros sexuais e na atração de potenciais presas, ela quase certamente também protege contra a predação. À noite, ou em águas muito profundas, onde é sempre escuro, *flashes* coordenados e brilhosos de luz podem assustar possíveis predadores. A profundidades menores, os fotóforos provavelmente agem para, em vez disso, tornar a lula menos visível quando vista de baixo.[23] Imagine-se olhando para a silhueta de um objeto opaco contra a paisagem ao redor durante o dia. Agora imagine o objeto quebrando sua silhueta ao produzir luz de intensidade ambiente em muitos pontos ao longo da sua superfície ventral. Observe que, para conseguir se camuflar dessa maneira, a lula deve ser capaz de avaliar a intensidade de luz do ambiente e ajustar a intensidade de sua própria luz produzida para combiná-la com a luz ao redor.

Além disso, a maior parte dos cefalópodes, exceto *Nautilus*, tem um **saco de tinta** associado ao sistema digestório (Fig. 12.38b, c). O fluido pigmentado de preto secretado

[23]Ver *Tópicos para posterior discussão e investigação*, nº 5, no final deste capítulo.

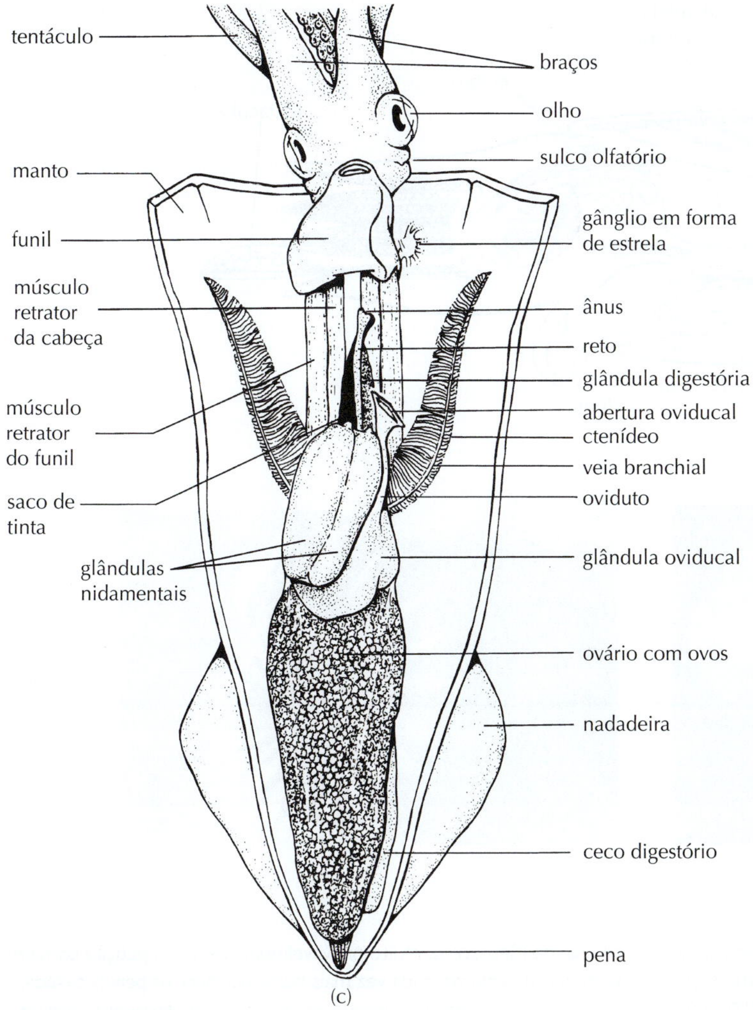

Figura 12.38c

(c) Fêmea adulta dissecada, mostrando os principais órgãos reprodutivos. As glândulas nidamentais secretam um revestimento gelatinoso em volta de cada ovo.

pelo saco de tinta pode ser descarregado voluntariamente pelo ânus, formando uma "nuvem" que confunde potenciais predadores e que também pode agir como um leve narcótico. *Nautilus* não tem um saco de tinta; sua ausência é consistente com a noção de que o saco de tinta foi selecionado por outras espécies sujeitas à maior pressão de predação que acompanhou a redução e perda da concha externa.

A cavidade do manto de cefalópodes geralmente contém um par de ctenídeos (Fig. 12.38b, c), mas, diferentemente da situação em outros moluscos, sangue e água não fluem continuamente em direções opostas: não há um sistema de troca por contracorrente. Além disso, os ctenídeos dos cefalópodes não são ciliados. Alternativamente, a circulação de água é mantida pelo esvaziamento e enchimento contínuos da cavidade do manto, realizados através da contração da musculatura do manto.

Cefalópodes são também únicos entre os moluscos por terem um sistema circulatório completamente fechado, no qual o sangue flui inteiramente através de um sistema de artérias, veias e capilares; os espaços sanguíneos encontrados em outros moluscos não estão presentes nos cefalópodes. Além de um único **coração sistêmico**, que recebe sangue oxigenado das brânquias e o manda de volta para os tecidos, um coração acessório (**branquial**) está associado com cada brânquia (Fig. 12.38b). Os dois corações branquiais aumentam a pressão sanguínea, ajudando a empurrar o sangue pelos capilares das brânquias. Concentrações de pigmentos sanguíneos que se ligam ao oxigênio (hemocianina, p. 266) são também incomumente altas no sangue cefalópode. O sistema circulatório dos cefalópodes é, portanto, mais eficiente que o de outros moluscos, suportando um estilo de vida muito mais ativo.

Além de formar o funil, derivados do pé molusco formam os **braços** musculares e os **tentáculos** extensíveis dos cefalópodes (Fig. 12.42). A boca, então, fica situada no meio do "pé". O número total de braços e tentáculos é geralmente de oito ou dez, dependendo da espécie, embora alguns nautiloides possuam de 80 a 90. Os tentáculos da maioria dos cefalópodes - todos, exceto os dos nautiloides - apresentam pequenas ventosas, as quais são utilizadas para se agarrar ao substrato ou a objetos, incluindo potenciais presas (Fig. 12.42a, b). Os braços são também cobertos por mecano e quimiorreceptores; todos os cefalópodes testados até hoje têm capacidades quimiossensoriais bem desenvolvidas.

O grau de **cefalização** encontrado entre os Cephalopoda (concentração de tecido nervoso e sensorial na extremidade anterior de um animal) supera a de qualquer outro invertebrado. Cefalópodes possuem um cérebro grande, complexo e altamente diferenciado (Fig. 12.43a). O cérebro do polvo comum, *Octopus vulgaris*, tem mais de 10 lobos distintos. Estudos do comportamento cefalópode indicam uma capacidade evidente para memória e aprendizado (Quadro Foco de pesquisa 12.3). Em experimentos básicos, um indivíduo - geralmente um polvo - é treinado, por meio de recompensas apropriadas (alimento) e desencorajamentos (choques elétricos leves) a atacar um objeto de uma certa forma, cor ou textura, ou a atacar a presa somente se um objeto em particular está ou não presente. Quando o treinamento é concluído, os pesquisadores testam o indivíduo a intervalos para determinar por quanto tempo o animal lembra o que foi aprendido. Mudando forma, textura, orientação, cor, tamanho ou peso de um objeto, eles podem descobrir quais diferenças o cefalópode pode perceber. Pode ele dizer a diferença, por exemplo, entre um círculo vermelho e um círculo igual, porém branco, ou entre um retângulo horizontal e um vertical, ou entre uma esfera pesada e outra idêntica, porém mais leve, ou entre uma esfera rugosa e uma lisa, ou entre uma concha de vieira e uma concha de marisco ou de mexilhão?

Os resultados desses experimentos indicam claramente que o polvo percebe formas, intensidades de cor e texturas, mas, surpreendentemente, não consegue distinguir entre objetos que diferem apenas quanto ao peso. Ainda mais surpreendentemente, cefalópodes não mostram resposta comportamental alguma a sons, exceto em muito baixas

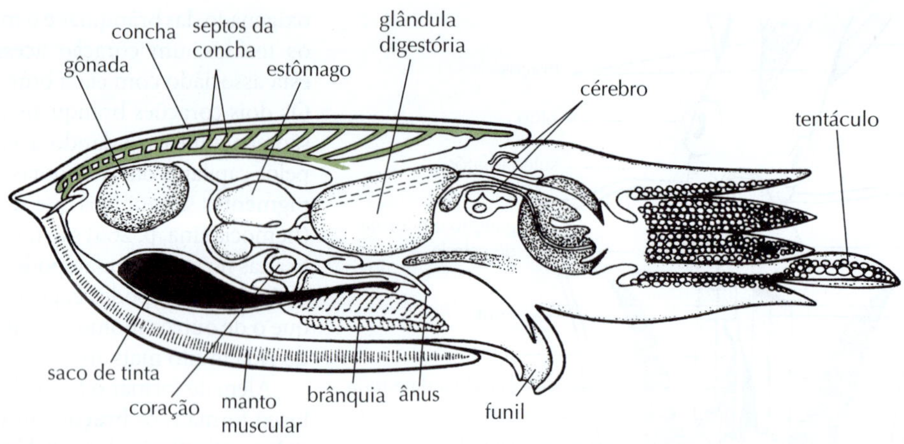

(a)

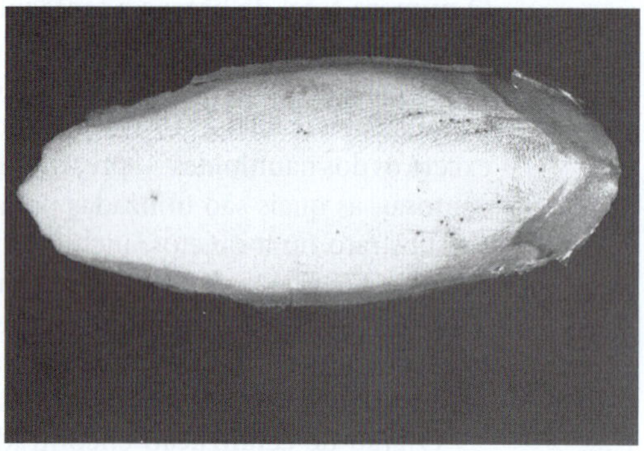

(b)

(c)

Figura 12.39

(a) Anatomia interna da sépia, *Sepia* sp., mostrando a localização da concha interna (*cuttlebone*). (b) A concha interna de uma sépia. (c) Amonita fossilizada (aproximadamente 5 cm de diâmetro), com a concha espiralada típica da maioria dos cefalópodes por várias centenas de milhões de anos. Conchas de algumas espécies excediam 4,5 m de diâmetro. A maioria dos cefalópodes com concha foi extinta no final do Mesozoico, muito provavelmente pela competição com um surgimento evolutivo cada vez mais bem-sucedido: os peixes ósseos.

(a) Boardman et al., 1987. *Fossil Invertebrates*. Palo Alto, Calif: Blackwell Scientific Publications. (b) © Kerry M. Zimmerman. (c) De Urreta e Kilinger, 1986. "Annals of South African Museum" vol. 196 (specimen no. 11876). Sally Dove, fotógrafo. Reimpressa, com permissão, de Iziko Museums of South Africa.

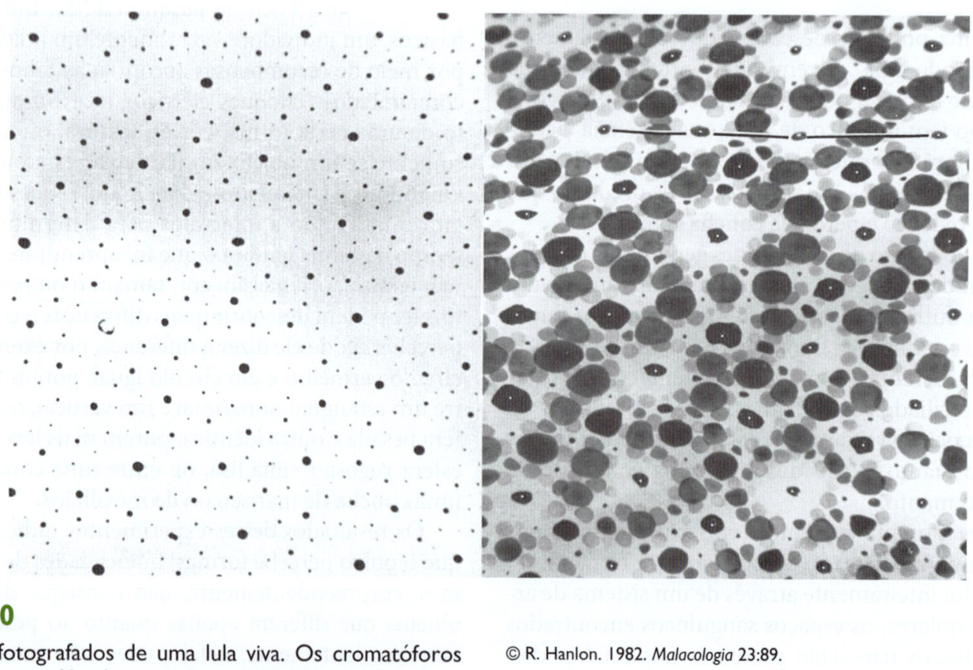

Figura 12.40

Cromatóforos fotografados de uma lula viva. Os cromatóforos são mostrados contraídos à esquerda e expandidos à direita.

© R. Hanlon. 1982. *Malacologia* 23:89.

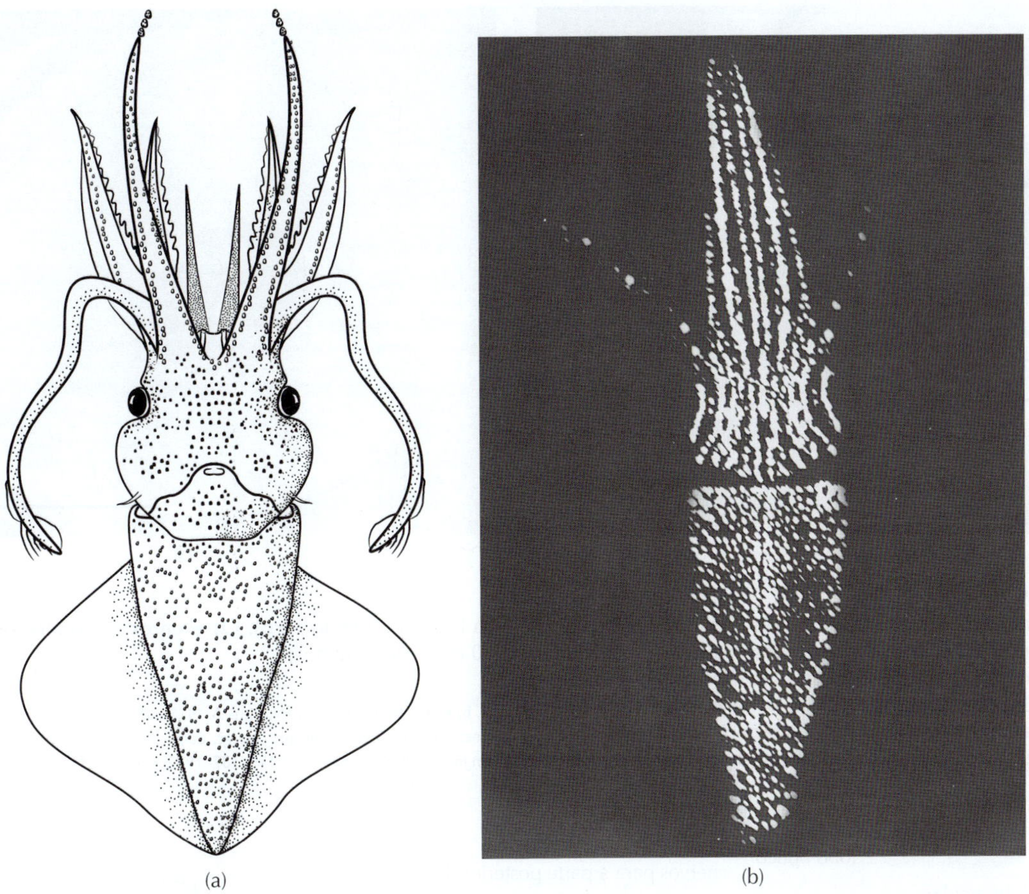

Figura 12.41

(a) Superfície ventral da lula *Abraliopsis* sp., mostrando seus numerosos fotóforos. Durante o dia, a lula é encontrada geralmente a 500 a 600 m de profundidade; ela migra para águas mais rasas à noite. (b) Fotografia de bioluminescência, mostrando o padrão de fotóforos na lula *Abralia veranyi*.

(a) Baseada em R. E. Young, em *Science* 191:1046-48, 1976. (b) Cortesia de E. A. Widder. De Herring, P. J., et al., 1992. *Marine Biol.* 112:293-98. © Springer-Verlag.

frequências. Enquanto gravações elétricas diretas indicam claramente que os estatocistos são sensíveis a estímulos sonoros, a informação, ao que parece, não é adequadamente processada no cérebro. A surdez dos cefalópodes pode ser uma resposta adaptativa a milhões de anos de predação por orcas e golfinhos, que podem atordoar sua presa com som.[24] Ao não detectarem a maioria dos sons, cefalópodes podem, então, ser imunes a essa engenhosa estratégia de caça; cefalópodes surdos teriam uma vantagem sobre cefalópodes que podiam ouvir, e, assim teriam sido selecionados ao longo de muitas gerações, se assumirmos que a surdez seja uma característica geneticamente determinada.

Cada cefalópode tem dois olhos. Em *Nautilus* spp., os olhos são simples e funcionam sob o princípio da câmara de buraco de agulha; não há lente (Fig. 12.43c). Os olhos formam uma imagem, mas a acuidade visual não é grande. Em contrapartida, todos os outros cefalópodes têm olhos que formam imagens incrivelmente similares aos dos mamíferos (Fig. 12.43b). Os olhos desses cefalópodes e aqueles de mamíferos estão entre os mais bonitos exemplos de convergência evolutiva encontrada entre animais; os dois grupos animais evoluíram de maneira independente olhos que são surpreendentemente similares em estrutura. Como o olho dos mamíferos, o olho dos cefalópodes possui córnea, lente, íris, diafragma e retina; ambos os olhos ajustam foco e formam imagem, embora o processo de formação de imagem em mamíferos e cefalópodes difira em detalhes. Na maioria dos mamíferos, a luz é focada pela alteração da forma da lente. Em contrapartida, a luz é focada dentro do olho do cefalópode pelo movimento da lente, aproximando-se ou afastando-se da retina. Olhos de vertebrados e de cefalópodes também diferem na maneira como se desenvolvem: enquanto olhos de vertebrados desenvolvem-se como projeções de dobras do cérebro, olhos de cefalópodes originam-se por invaginações da ectoderme.

Claramente, a história da evolução de Cephalopoda nas últimas várias centenas de milhões de anos tem sido de adaptações para um modo de vida ativo e carnívoro: redução e eliminação da concha; evolução de meios alternativos de proteção contra predadores; substituição da atividade ciliar pela atividade muscular na locomoção e na respiração; modificação do pé, manto e sistema circulatório; e na

[24]Ver *Tópicos para posterior discussão e investigação*, nº 17, no final deste capítulo.

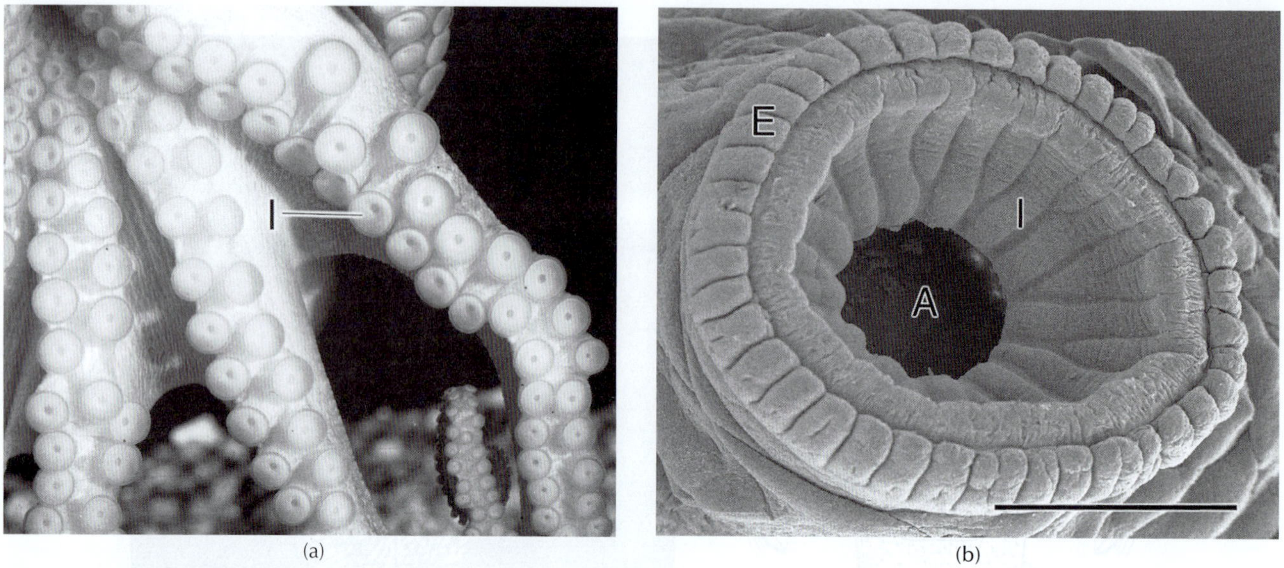

Figura 12.42a, b

(a) Ventosas nos braços de *Octopus* sp. aderidas à parede de vidro de um aquário. (b) Detalhe de uma ventosa de *Octopus* sp., barra de escala, 1 mm. I, disco da ventosa (infundíbulo), A, acetábulo (abertura na cavidade da ventosa), E, epitélio. (c) A lula *Loligo pealei,* capturando a presa com seus tentáculos extensíveis e adesivos. (d) Nesta sequência, a presa crustácea foi jogada na frente da lula a T_0 (tempo zero). Os eventos mostrados ocorreram em 70 ms (milissegundos).

(a, b) © Bill Kier. De Kier, W. M. e A. M. Smith. 2002. The structure and adhesive mechanism of *Octopus* suckers. Integr. *Comp. Biol.* 42:1146-53. (c) Baseada em Kier, em *Journal of Morphology*, 172:179, 182. 1982. (d) © W. M. Kier.

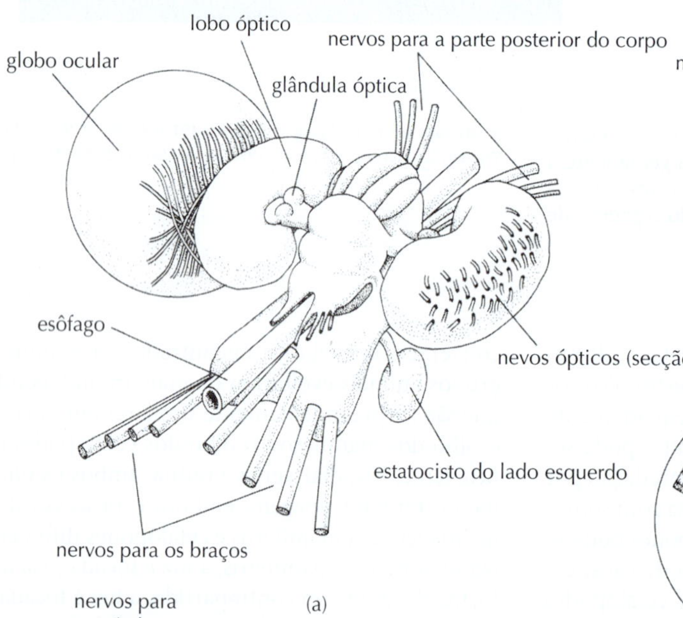

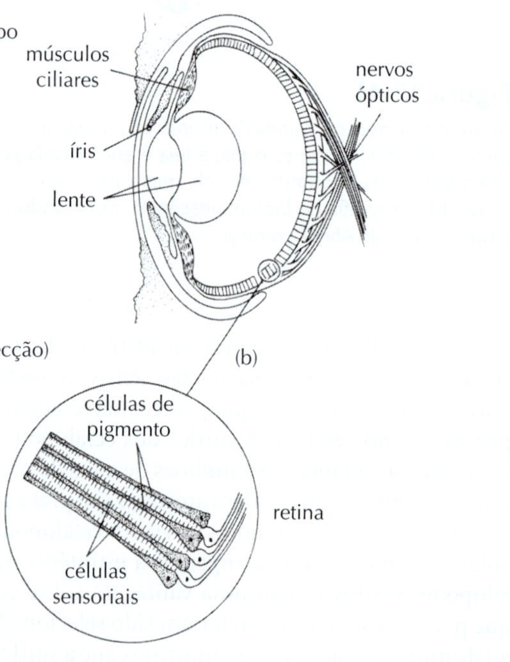

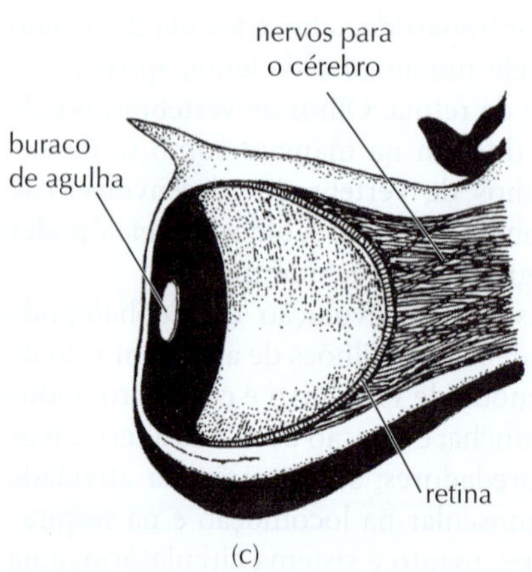

Figura 12.43

(a) Um cérebro de cefalópode. Cefalópodes possuem os cérebros mais complexos entre os invertebrados. (b) O olho de *Octopus*, mostrando a evolução convergente com o olho de vertebrados. Distintamente do olho dos vertebrados, os olhos dos cefalópodes focalizam movendo a lente para trás e para a frente, e não pela alteração da forma da lente. (c) Secção vertical através do olho em câmera de buraco de agulha de *Nautilus*.

(c) De W. R. A. Muntz, 1991, *American Malacological Bulletin*. 9:69-74.

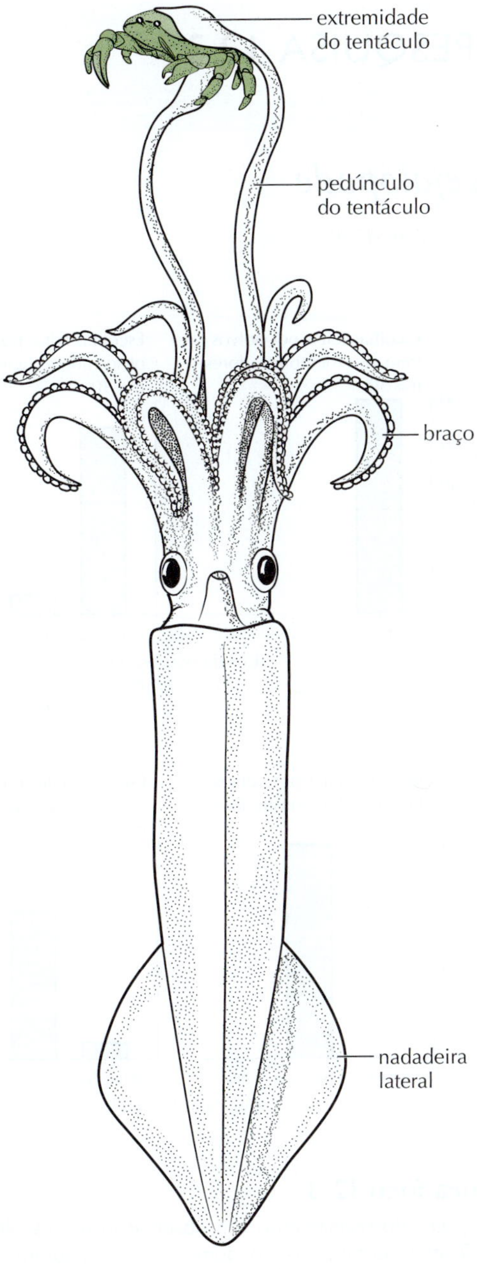

(c)

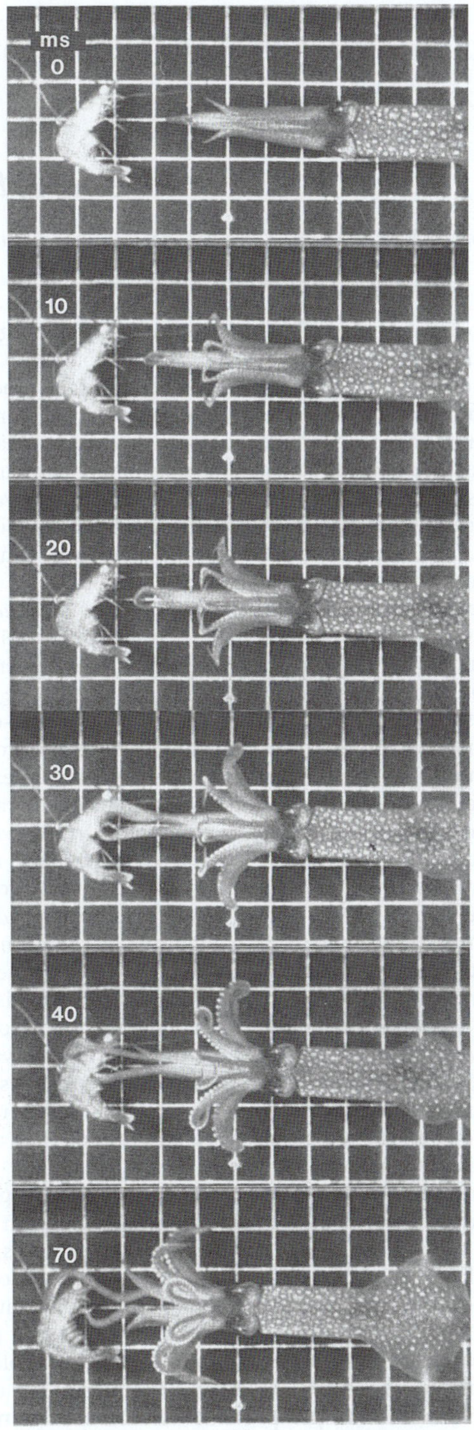

(d)

Figura 12.42c, d

extenso desenvolvimento da cabeça, dos órgãos sensoriais, do cérebro e do sistema nervoso. O que pode ter causado essa evolução dramática a partir de um plano corporal básico e modo de vida padrões dos moluscos? Que pressões poderiam provavelmente ter selecionado contra uma estrutura de proteção tão efetiva quanto uma resistente concha externa? Aqui está um cenário interessante. Até o começo do Paleozoico, há aproximadamente 500 milhões de anos, os cefalópodes, com suas conchas flutuantes e divididas em câmaras, eram sem dúvida os mais móveis e bem-sucedidos predadores marinhos. A subsequente diversificação e o sucesso dos peixes ósseos devem ter originado intensas pressões competitivas entre peixes e cefalópodes. Com a intrigante exceção de *Nautilus*, somente aqueles cefalópodes que evoluíram uma morfologia e um modo de vida mais parecidos com os dos peixes suportaram essas pressões e continuaram a existir até hoje.[25]

[25]Ver *Tópicos para posterior discussão e investigação*, nº 19, no final deste capítulo.

QUADRO FOCO DE PESQUISA 12.3

Comportamento cefalópode

Fiorito, G. e P. Scotto. 1992. Observational learning in *Octopus vulgaris. Science* 256:545-47.

Os processos de aprendizado e memória são dois dos grandes mistérios da biologia humana. Biólogos têm há muito tempo estudado o comportamento em outros animais, esperando descobrir princípios gerais do funcionamento cerebral que possam ser aplicados também a nós, e determinar quão única é nossa habilidade para aprender, lembrar e ensinar. Muitos desses estudos têm sido conduzidos em *Octopus vulgaris*, uma espécie comum em águas costeiras da Europa. Fiorito e Scotto (1992) foram os primeiros a perguntar se um polvo pode aprender com outros polvos.

Eles desenvolveram seu estudo com *Octopus vulgaris* coletados na baía de Nápoles, Itália. Primeiro eles treinaram cada um de 44 polvos a agarrar uma bola plástica vermelha ou uma branca, dando pequenos choques elétricos se ele escolhesse de maneira incorreta, ou recompensando-o com alimento se escolhesse corretamente. Depois de aproximadamente 17 de 21 tentativas, os polvos consistentemente selecionavam a cor que eles tinham sido treinados para escolher, mesmo sem recompensa ou punição. *Octopus vulgaris* não distingue visualmente cores, ou seja, os animais devem ter percebido diferenças no brilho, mais do que na cor propriamente dita. Então, os pesquisadores deixaram cada polvo demonstrar sua preferência adquirida de cor a um polvo de teste recém-capturado, que não havia recebido nenhum treinamento prévio. Cada polvo demonstrador consistentemente escolhia uma bola vermelha ou branca quatro vezes (Fig. foco 12.3a, c), enquanto um polvo-teste observava. A seguir, a cada um dos 44 polvos-teste foi permitido escolher entre uma bola vermelha e uma branca, sem qualquer recompensa ou punição. Os polvos observadores adotariam as preferências de seus demonstradores?

Os resultados foram realmente notáveis. Os 30 polvos-teste expostos somente a polvos demonstradores com preferência por bolas vermelhas escolheram, eles próprios, bolas vermelhas (Fig. foco 12.3d), mesmo sem ter recebido qualquer punição ou prêmio para escolher uma bola ou outra. De modo similar, a maioria dos polvos-teste expostos a polvos que demonstraram preferência por bolas brancas escolheram também bolas dessa cor (Fig. foco 12.3b). Além disso, as preferências mostradas por polvos observadores (aprendizes) persistiram quando os animais foram novamente testados, cinco dias depois. Esses resultados são todos mais impressionantes pelo fato de que polvos mostraram uma clara preferência por bolas vermelhas por alguma razão, então escolher uma bola branca e não uma vermelha ia contra sua aparente preferência por vermelho.

Parece claro que indivíduos de *Octopus vulgaris* podem aprender com outros indivíduos da mesma espécie. De fato, eles parecem aprender mais rapidamente por observação do que por meio de treinamento humano; os polvos precisaram de pelos menos 17 repetições para aprender por choque/recompensa, mas somente quatro repetições para aprender por meio de exemplo. Nós esperaríamos certamente encontrar esse tipo de aprendizagem por cópia entre chimpanzés ("macaco vê, macaco faz") e outros vertebrados, mas encontrar esse comportamento entre moluscos é realmente intrigante. Pode-se pensar sobre em que medida os polvos podem aprender comportamentos mais complexos por meio de exemplo, e sobre que comportamentos os polvos podem realmente aprender com outros no seu ambiente.

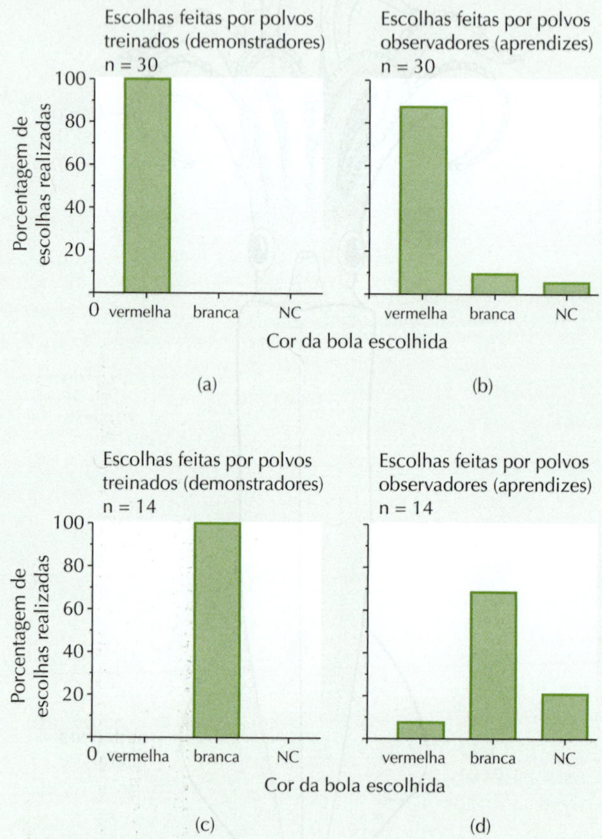

Figura foco 12.3

O impacto do treinamento e a observação nas escolhas feitas por *Octopus vulgaris*. Polvos demonstradores foram treinados para preferir uma bola branca (a) ou uma vermelha (c). Foi então permitido aos polvos observadores assistir às escolhas feitas pelos demonstradores, porém, sem eles mesmos receberem treinamento. NC, nenhuma escolha feita. n, número de indivíduos participando em cada experimento.

Baseada em Fiorito, G. e P. Scotto, 1992. Observational learning in *Octopus vulgaris* in *Science* 256:545-47.

Outros aspectos da biologia de moluscos

Reprodução e desenvolvimento

Embora alguns gastrópodes sejam partenogenéticos, moluscos geralmente se reproduzem sexuadamente. A maioria das espécies é **gonocorística** (i.e., tem sexos separados), mas há muitas exceções a esta generalização. Alguns gastrópdes prosobrânquios, opistobrânquios e bivalves lamelibrânquios, por exemplo, são **hermafroditas protândricos**, isto é, o sexo de um único indivíduo muda de macho para fêmea com a idade. Todos os pulmonados e os opistobrânquios que não são hermafroditas protândricos são **hermafroditas simultâneos**, com um único indivíduo produzindo tanto óvulos quanto esperma simultaneamente; a gônada desses indivíduos é chamada de **ovoteste**. Hermafroditas simultâneos frequentemente têm cópula recíproca, resultando em uma troca mútua de esperma (Fig. 24.3b, Capítulo 24). Não há espécies de cefalópodes hermafroditas.

De maneira geral, os ductos genitais dos moluscos estão associados com uma parte, ou uma parte modificada, do sistema excretor. A fertilização é exclusivamente externa nos Scaphopoda, e provavelmente também o seja em Monoplacophora. A fertilização externa é bem comum entre os bivalves, quítons e aplacóforos, não tanto entre os gastrópodes e inexistente em cefalópodes. Moluscos terrestres e de água doce (alguns gastrópodes e bivalves) têm fertilização apenas interna, como adaptação a condições estressantes que, de outra forma, seriam impostas aos gametas e embriões pelo ambiente (Capítulo 1). Cefalópodes mostram um conjunto de adaptações particularmente diferentes para a sua fertilização interna. Em particular, um braço do macho é modificado como um órgão copulador (Fig. 12.44). Esse braço, algumas vezes altamente modificado, chamado de **hectocótilo**, transfere pacotes de espermatozoides (**espermatóforos**, Capítulo 24, Fig. 24.9d, p. 563) para a fêmea; no náutilo-de-papel, o hectocótilo se desprende do macho e permanece atrás da cavidade do manto da fêmea, até a transferência de esperma ser concluída. Igualmente peculiar, em muitos gastrópodes terrestres pulmonados, é a produção, pelos órgãos genitais, de "dardos do amor" (Fig. 12.45) especializados, quitinosos ou calcários; esses dardos são injetados no parceiro durante o acasalamento; enquanto o esperma está sendo transferido pelo pênis, hormônios transmitidos ao parceiro pelos dardos aumentam a probabilidade de sucesso na fertilização.

Como esperado, estágios larvais de vida livre estão associados com o desenvolvimento da maioria das espécies que fertilizam seus óvulos externamente na água marinha circundante. O embrião passa por um conspícuo estágio de larva **trocófora** (Fig. 12.46a, b), lembrando o de anelídeos poliquetos (Fig. 13.12, Capítulo 13). Atualmente não está claro se a similaridade dos estágios larvais indica uma relação evolutiva próxima entre anelídeos e moluscos ou se, em vez disso, a larva surgiu independentemente nos dois filos, por convergência. Em qualquer dos casos, o prototróquio do estágio trocóforo de gastrópodes, bivalves e escafópodes transforma-se gradualmente em um distintivo órgão ciliado, denominado **velo**. A larva

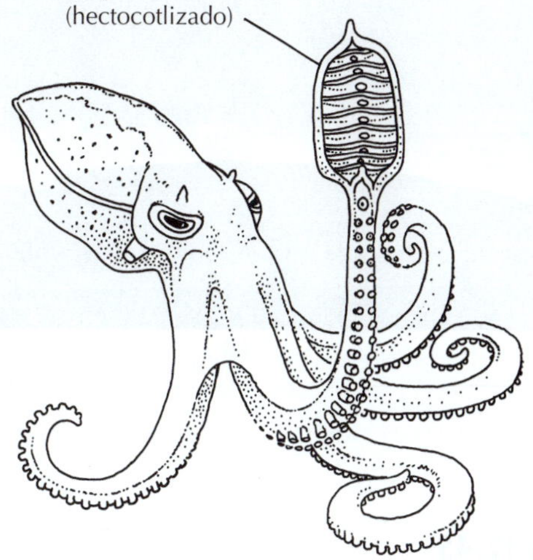

Figura 12.44

Octopus lentus, macho com braço hectocotilizado. O braço é virado para cima para mostrar onde os espermatóforos serão carregados. O hectocótilo da maioria dos cefalópodes não é tão altamente modificado.

Segundo Huxley; segundo Verrill.

com um velo é chamada de **véliger** (Figs. 12.46d, e, i, j e 24.14e, f). O velo pode ser usado para locomoção, coleta de alimento (plâncton) e trocas gasosas; ele é perdido na metamorfose para a forma adulta. Velígeros podem passar horas, dias, semanas ou meses nadando no plâncton antes de sofrer metamorfose. Entre os moluscos com concha, a metamorfose geralmente marca uma mudança abrupta na morfologia e na ornamentação da concha; em muitas espécies, a transição entre larva e juvenil é, então, claramente indicada na concha (Fig. 12.47b). Entre opistobrânquios sem concha, a concha larval é abandonada na metamorfose.

Mesmo quando a fertilização é interna, uma larva dispersante geralmente ocorre em algum momento do desenvolvimento. Notavelmente, considerando os problemas osmóticos que os animais de água doce enfrentam, poucas espécies de bivalves de água doce têm larvas velígeras de vida livre. A presença desses velígeros na história de vida dos mexilhões-zebra (*Dreissena polymorpha*) tem certamente contribuído para sua rápida dispersão por ecossistemas de água doce da América do Norte nos últimos 15 anos. Contudo, na maioria das espécies de bivalves de água doce, a véliger tem-se modificado significativamente para formar uma larva **gloquídeo** (Fig. 12.46f), uma larva microscópica, não nadadora e com concha, que se desenvolve por semanas como um parasito externo – quase sempre em peixes – antes de descer para o substrato para passar a vida como um juvenil bentônico. Antes de sua liberação pelo mexilhão-pai, os gloquídeos se desenvolvem dentro das brânquias dele (Fig. 12.46g); uma vez liberados, eles podem completar seu ciclo de vida somente se conseguirem se fixar a um hospedeiro vertebrado apropriado que esteja passando por perto. Sua dependência em espécies particulares de peixes hospedeiros para

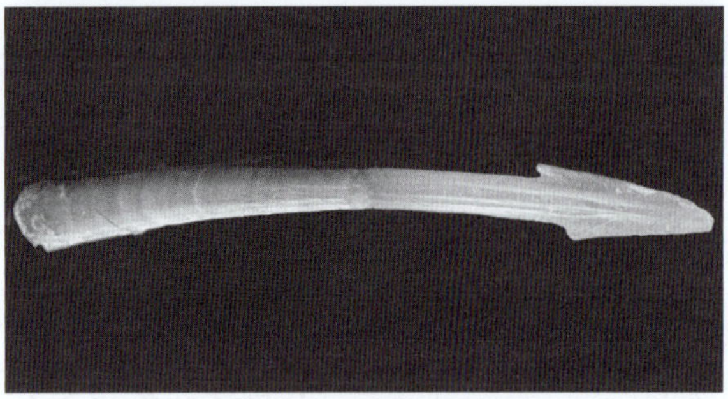

(a)

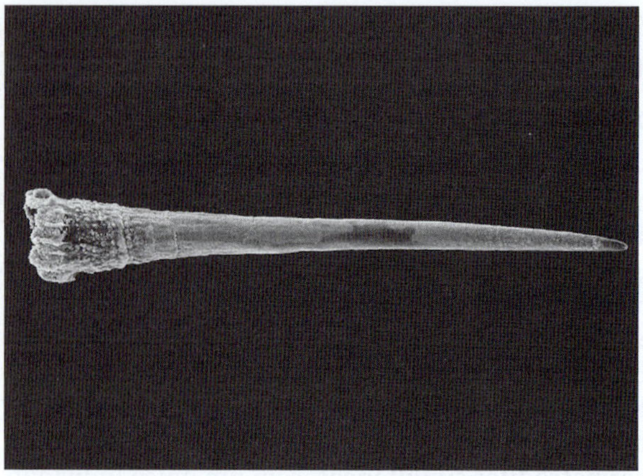

(b)

Figura 12.45

Dardos do amor dos gastrópodes pulmonados *Monachoides vicinus* (a) e *Trichia hispida* (b). Os dardos mostrados têm 5,1 mm (a) e 1,4 mm de comprimento.

(a, b). © Joris M. Koene de BioMed Central, Koene & Schulenburg 2005, *BMC Evol. Biol.* 5: artigo 25.

completar o ciclo de vida está provavelmente contribuindo para a presente extinção de muitas espécies de bivalve de água doce; como muitos hábitats de água doce estão se tornando inadequados para espécies de peixes hospedeiros, em virtude da poluição ou da construção de barragens em rios, por exemplo, a prole dos bivalves não pode alcançar a fase adulta reprodutiva. Nesses casos, a geração atual se tornará a última.[26]

Nas espécies mais avançadas de espécies de moluscos, particularmente entre os gastrópodes, o estágio larval de vida livre é geralmente suprimido. Embriões podem se desenvolver até o estágio juvenil inteiramente dentro de uma massa gelatinosa, uma cápsula-ovo (Figs. 12.46h e 24.13) ou em uma câmara incubadora especializada da fêmea. A maioria dos pulmonados desenvolve-se em caracóis em miniatura, bem protegidos dentro de ovos calcificados, embora algumas espécies mantenham uma véliger de vida livre; obviamente, nenhum dos gastrópodes verdadeiramente terrestres tem larvas de vida livre. Somente entre os cefalópodes há um estágio larval mofoógica e ecologicamente distinto, de vida livre, ausente no ciclo de vida de todas as espécies. Ovos de cefalópodes desenvolvem-se no interior de massas gelatinosas, geralmente protegidos atentamente e ventilados pela mãe, até que os jovens tenham emergido como miniaturas do adulto completamente formados.

Circulação, pigmentos sanguíneos e trocas gasosas

Todos os moluscos têm um sistema circulatório sanguíneo. Em cefalópodes, o sistema é completamente fechado; todo o fluxo sanguíneo ocorre por artérias, veias e capilares. Em todos os outros moluscos, o sistema circulatório é amplamente aberto, com o sangue movendo-se por uma série de grandes espaços (a **hemocele**) derivados da blastocele embrionária (Fig. 12.48). Em gastrópodes, a turgidez dos tentáculos e do pé depende da quantidade de sangue nos espaços desses tecidos. Na maioria dos moluscos, incluindo os aparentemente primitivos (ancestrais) monoplacóforos, o sangue é bombeado por um coração. Todavia, em escafópodes que não têm um coração, contrações musculares do pé têm a responsabilidade principal de mover o sangue pelos grandes espaços.

O sangue de muitas espécies de moluscos não apresenta um pigmento especializado para o transporte de oxigênio. Onde esse pigmento é encontrado, ou ele é hemoglobina, como em alguns bivalves e pulmonados, ou hemocianina, como na maioria dos pulmonados e todos os prosobrânquios e cefalópodes. **Hemocianina** é uma proteína, como a hemoglobina, exceto que a molécula de hemocianina contém cobre, em vez de ferro. A capacidade de se ligar ao oxigênio da hemocianina é substancialmente menor que a da hemoglobina.

Trocas gasosas podem ocorrer por brânquias, abrigadas dentro de uma cavidade do manto (p. ex., em cefalópodes, bivalves, quítons e gastrópodes prosobrânquios), por brânquias externas (p. ex., em alguns gastrópodes opistobrânquios) ou através de outros tecidos vascularizados (p. ex., os ceratos de gastrópodes opistobrânquios e o tecido que reveste a cavidade do manto de pulmonados e escafópodes).

Sistema nervoso

O grau de desenvolvimento do sistema nervoso dos moluscos corresponde ao nível de atividade de quem o possui. Gânglios de moluscos variam de ausentes, em muitos quítons, a extremamente bem desenvolvidos, nos cefalópodes. Nos cefalópodes, os gânglios formam um cérebro verdadeiro (Fig. 12.43a). Em outros moluscos, os gânglios principais são geralmente pares e conectados por fibras nervosas, formando um anel em volta do esôfago (Fig. 12.49a). Cordões nervosos principais podem se estender para o manto, pé,

[26]Ver *Tópicos para posterior discussão e investigação*, nº 22, no final deste capítulo.

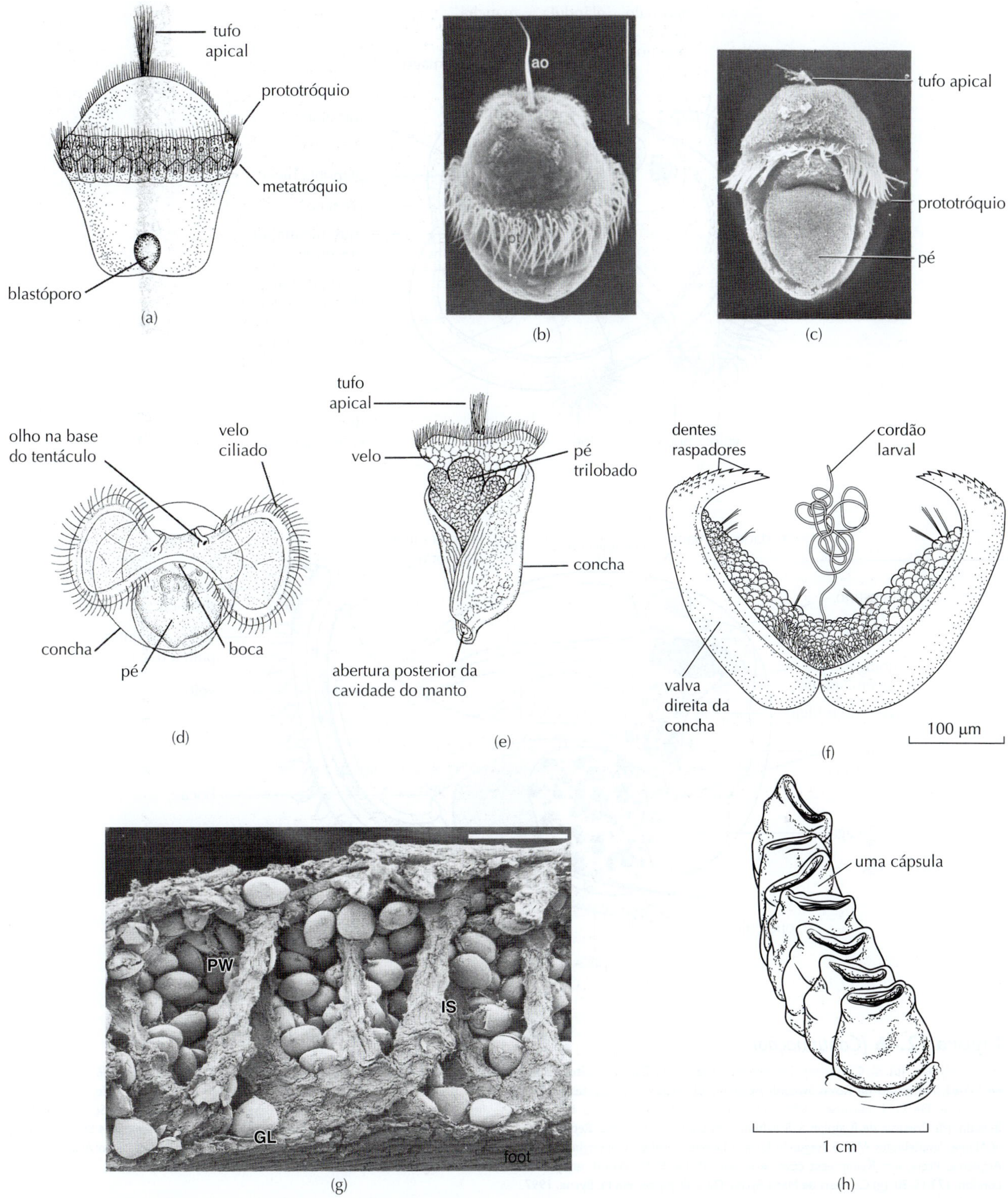

Figura 12.46

Desenvolvimento dos moluscos. (a) A larva trocófora de *Patella* sp., um gastrópode prosobrânquio primitivo. (b) Larva trocófora jovem do quíton *Lepidochitona dentiens.* A larva tem aproximadamente 150 μm de largura. ao, órgão apical; pt, prototróquio. (c) Larva avançada (sete dias de idade) do quíton *Lepidochitona hartweiqii*; observe o pronunciado pé em desenvolvimento. (d) Uma larva véliger gastrópode em vista frontal. (e) Um velígero de escafópode. (f) Gloquídeo maduro do bivalve de água doce, *Anodonta cyngea.* O cordão larval tem possivelmente uma função sensorial, ou para a fixação ao peixe hospedeiro. (g) Gloquídeos em desenvolvimento dentro das brânquias parentais do bivalve de água doce australiano, *Hyridella depressa.* GL, gloquídeo; PW, canais principais de água, IS, septos interlamelares. Barra de escala, 300 μm. (h) Cápsulas ovígeras do gastrópode prosobrânquio, *Conus abbreviatus.* Cada cápsula tem aproximadamente 1 cm de altura e contém numerosos embriões. (i) Larva da ostra americana, *Crassostrea virginica,* em vista lateral. (j) Véliger do gastrópode *Nassarius reticulatus*, mostrando a anatomia interna em lateral. Setas no sulco do velo mostram o movimento das partículas capturadas de alimento em direção à boca.

(Continua na próxima página)

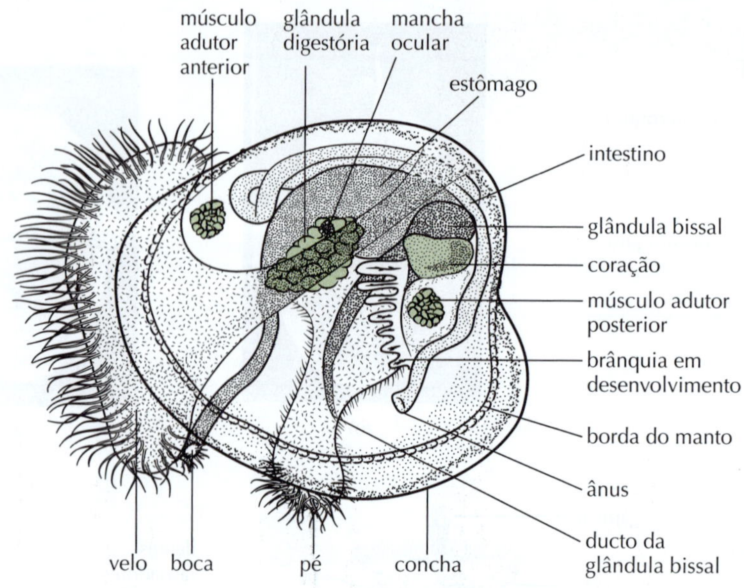

(i)

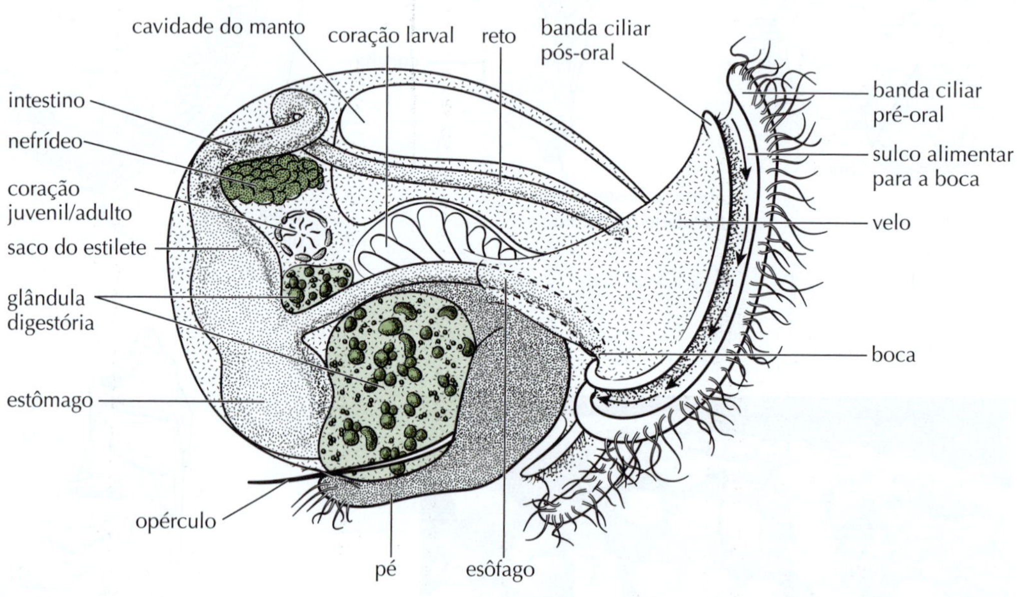

(j)

Figura 12.46 *(Continuação)*

(a) De Hyman. (b) © C. Nielsen De Nielsen, 1987. *Acta Zoologica* (Stockholm) 68:205-62. Permissão de Royal Swedish Academy of Sciences. (c) Cortesia de D. J. Eernisse. De D. J. Eernisse, 1988. *Biological Bulletin* 174:287-302. © Biological Bulletin. (d) Cortesia de Rudolph S. Scheltema. (e) De Giese e Pearse, *Reproduction of Marine Invertebrates,* Vol. 5 (segundo Lucaze-Duthiers, 1856). Copyright © 1979 Academic Press, Inc. Reimpressa com permissão. (f) De E. M. Wood, em *J. Zool.* London, 173:15-30. (g) Cortesia de Maria Byrne, De S. D. Jupiter em M. Byrne. 1997. *Invertebrate Reproduction & Development,* Vol. 32, Issue 2, 177-186 (fig 2a, p. 180), Balaban Publishers. Reimpressa, com permissão da editora (Taylor & Francis Ltd, http://www.tandf.co.uk/journals). (h) Baseada em Kohn, em *Pacific Science,* 15:163-79, 1961. (i) Baseada em H. F. Prytherch, em *Ecological Monographs,* 4:56. 1934. (j) Baseada em Fretter em Montgomery, em *Journal of the Marine Biological Association of the United Kingdom,* 48:504, 1968.

brânquias e osfrádio, vísceras e rádula. Os gânglios associados à inervação desses tecidos são denominados, respectivamente, gânglios *pleurais, pediosos, parietais, viscerais* e *bucais.* Detalhes variam entre os membros das diferentes classes.

Em determinados moluscos, alguns neurônios são especializados para uma condução do impulso muito rápida. Essas **fibras gigantes** extraordinariamente amplas são especialmente proeminentes entre os cefalópodes, conectando os gânglios cerebrais à musculatura do manto (Fig. 12.50). Fibras gigantes são extremamente importantes para a sincronização das contrações dos músculos do manto para a propulsão a jato, facilitando rápidas respostas de fuga. As fibras também têm sido importantes para os seres

Figura 12.47

(a) Concha adulta (micrografia eletrônica de varredura) do gastrópode prosobrânquio *Cyclostremiscus beauii*, da Flórida. A concha, com 8 mm de diâmetro, é vista de cima, com a abertura à direita. (b) Ápice da concha visto em grande aumento, mostrando a transição entre a concha larval (protoconcha) e a juvenil (seta); a larva sofreu metamorfose quando a concha estava com cerca de 450 μm de diâmetro. Na posição equivalente às 9h, aproximadamente, há uma outra linha conspícua, a qual provavelmente indica um ataque frustrado de predador sobre a larva; a larva sobreviveu, reparou sua concha, e continuou a crescer.

(a, b) © R. Bieler e P. M. Mikkelsen. De Bieler e Mikkelson. 1988. *The Nautilus* 102:1-29.

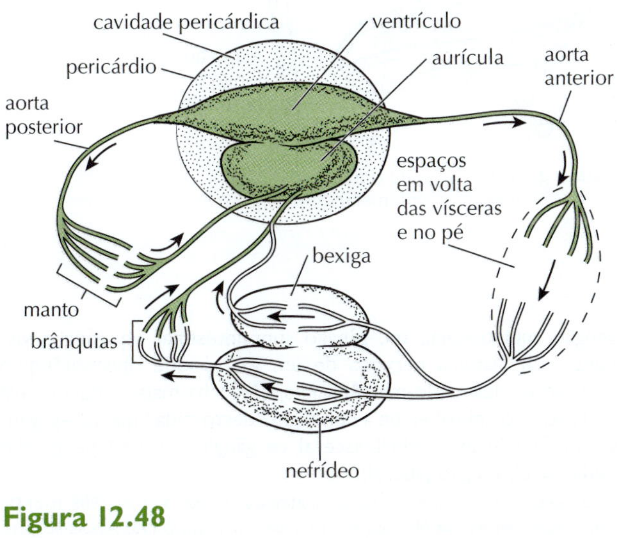

Figura 12.48

Padrão de circulação do sangue no lamelibrânquio de água doce *Anodonta* sp. As áreas sombreadas indicam o caminho do sangue oxigenado.

Baseada em Cleveland P. Hickman, *Biology of the Invertebrates*, 2d ed. 1973.

humanos: o atual conhecimento sobre como os impulsos nervosos são gerados e transmitidos vem, em grande parte, de estudos com fibras gigantes de cefalópodes.

Sistema digestório

A maioria dos moluscos tem um sistema digestório completo, com uma boca e um ânus separados. A boca leva a um esôfago curto, o qual, por sua vez, leva a um estômago. Uma ou mais **glândulas digestórias** ou **cecos digestórios** se encontram associados ao estômago. Enzimas digestórias são secretadas no interior do lume dessas glândulas. Digestão extracelular adicional tem lugar no estômago. Em cefalópodes, a digestão é inteiramente extracelular. Na maioria dos outros moluscos, os estágios finais da digestão são completados intracelularmente, dentro do tecido das glândulas digestórias. Os nutrientes absorvidos entram no sistema circulatório sanguíneo para a distribuição pelo corpo ou são armazenados nas glândulas digestórias para uso posterior. Substâncias não digeridas passam por um intestino e para fora pelo ânus.

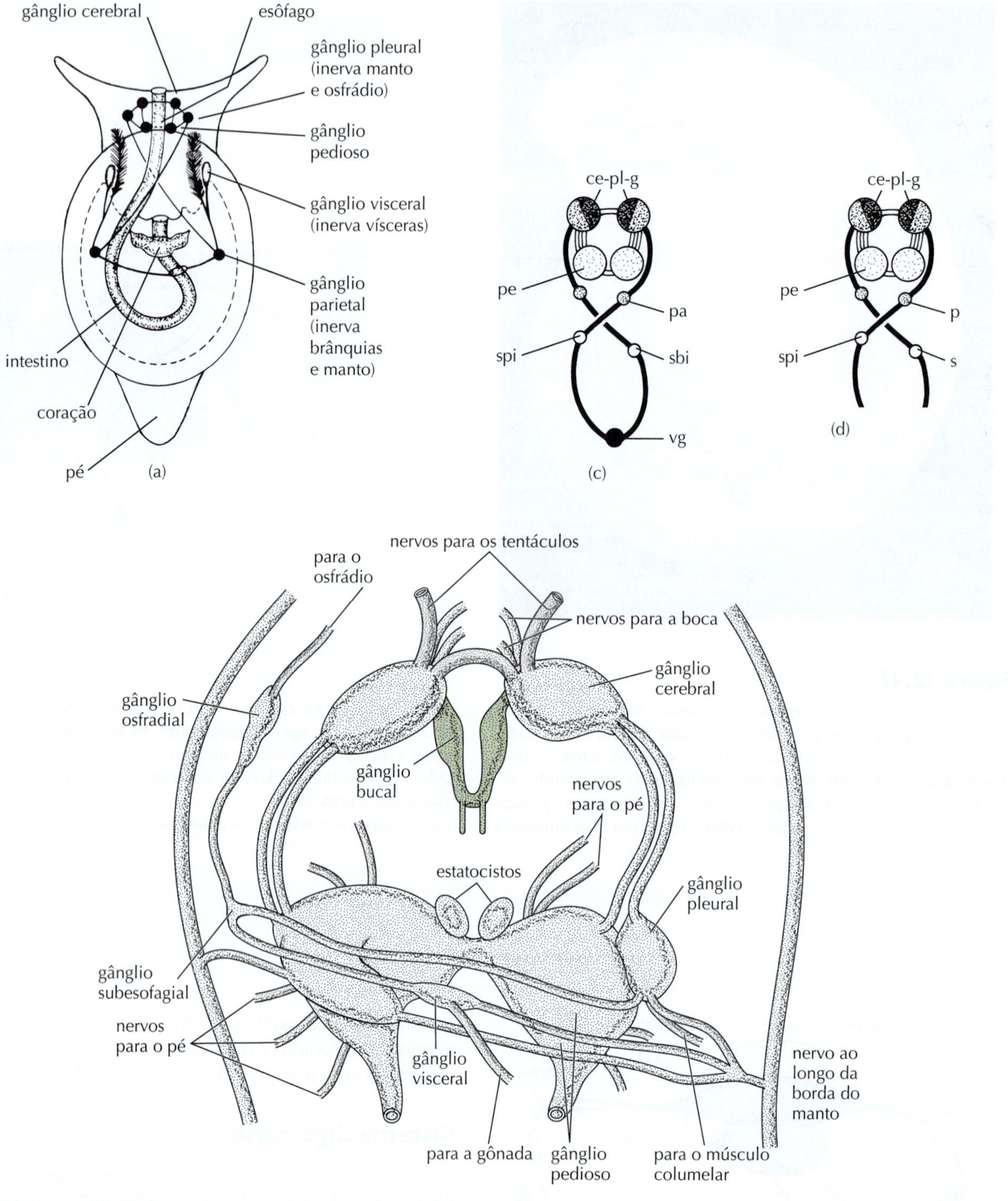

Figura 12.49

(a) Sistema nervoso generalizado de um gastrópode prosobrânquio, demonstrando os efeitos da torção. (b) Porção anterior do sistsema nervoso de uma lapa de profundidade (classe Gastropoda) *Cocculinella minutissima.* (c) Sistema nervoso de um gastrópode opistobrânquio primitivo, o caramujo-de-concha--bolha, *Acteon.* Os membros deste gênero não mostram sinal algum de destorção; o sistema nervoso ainda tem a configuração "estreptoneura", completamente torcida (ce-pl-g, gânglios cerebral e pleural fusionados; pa, gânglio parietal; pe, gânglio pedioso; sbi, gânglio subintestinal; spi, gânglio supraintestinal; vg, gânglio visceral). (d) Sistema nervoso de um gastrópode opistobrânquio avançado, a lesma-do-mar *Aplysia* sp. Não há mais qualquer sinal de torção; o animal exibe a condição "destorcida" (pa-sbi-vg, gânglios parietal-subintestinal-visceral; ce, gânglio cerebral; pe, gânglio pedioso; pl, gânglio pleural).

(b) Baseada em Haszprunar, em *Journal of Molluscan Studies*, 54:1-20, 1988. (c-d) De Louise Schmekel, em *The Mollusca*, Vol. 10, 1985. Copyright © 1985 Academic Press, Inc. Reimpressa com permissão.

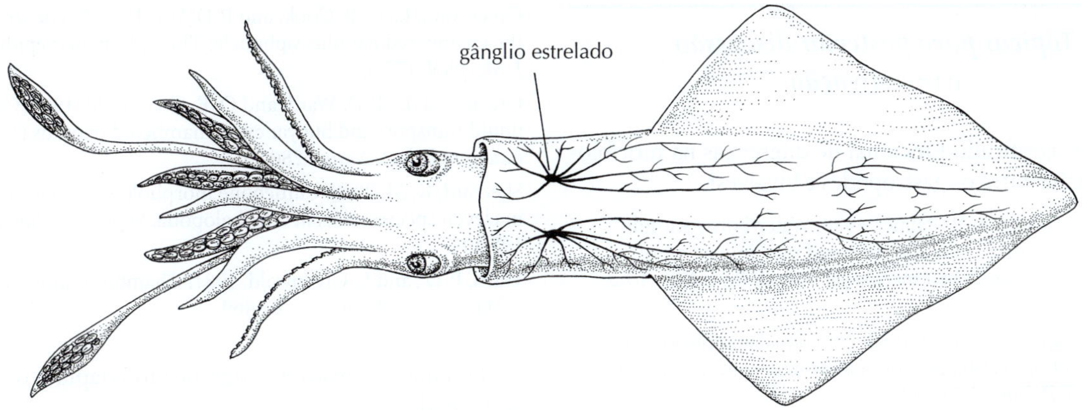

Figura 12.50

O sistema nervoso de um cefalópode (lula), mostrando o sistema de fibras gigantes. Cada axônio pode alcançar até 1 mm de diâmetro.

De Richard D. Keynes, "The Nerve Impulse and the Squid," ilustrado por Bunji Tagawa em *Scientific American*, dezembro de 1958. Copyright © 1958 por Scientific American, Inc.

Outros aspectos da coleta e do processamento de alimento foram discutidos anteriormente nos trechos para cada grupo.

Sistema excretor

A urina dos moluscos é formada geralmente quando o fluido celômico passa através de um ou mais pares de rins (algumas vezes chamados de **metanefrídeos**). Como em anelídeos (Capítulo 13), o fluido celômico geralmente entra no nefrídeo por um nefróstomo. Lembre-se que o celoma molusco é pouco mais que uma pequena cavidade (**pericárdio**) em volta do coração (Fig. 12.48). Portanto, o fluido celômico parece ser em grande parte um filtrado de sangue, contendo pequenas moléculas de produtos de excreção, como amônia, que são carreadas através da parede do coração junto com o filtrado. A própria lâmina basal, junto com células perfuradas associadas, chamadas de **podócitos**, realiza a ultrafiltração quando a pressão força o fluido através da superfície. Excretas adicionais são ativamente descarregadas no fluido celômico por glândulas que revestem o pericárdio. Como em anelídeos, a urina primária é modificada por reabsorção seletiva e secreção quando ela passa pelos túbulos metanefridiais. A penúltima urina é, então, despejada dentro da cavidade do manto por um **poro renal** (**nefridióporo**) e dispersada por correntes de água.

Resumo taxonômico

Filo Mollusca
- Classe Polyplacophora – quítons
- Classe Aplacophora
- Classe Monoplacophora
- Classe Gastropoda – caracóis, caramujos e lesmas
  - Subclasse Eogastropoda
    - Ordem Patellogastropoda (lapas verdadeiras)
  - Subclasse Orthogastropoda (cinco superordens)
    - Superordem Caenogastropoda – inclui a maioria das espécies "prosobrânquias"
    - Superordem Heterobranchia
      - Os opistobrânquios (Opistobranchia)
      - Os pulmonados (Pulmonata)
- Classe Bivalvia (= Pelecypoda) – mariscos, mexilhões, ostras e vermes-de-navio
  - Subclasse Protobranchia
  - Os lamelibrânquios (quatro subclasses)
  - Subclasse Anomalodesmata – inclui os septibrânquios
- Classe Scaphopoda – conchas dente-de-elefante; dentálios
- Classe Cephalopoda – lulas, polvos, sépias e náutilos de câmaras

Tópicos para posterior discussão e investigação

1. Qual o significado funcional de diferenças na morfologia da concha entre os gastrópodes e bivalves?

Appleton, R. D., and A. R. Palmer. 1988. Water-borne stimuli released by predatory crabs and damaged prey induce more predator-resistant shells in a marine gastropod. *Proc. Nat. Acad. Sci.* 85:4387.

Bottjer, D. J., and J. G. Carter. 1980. Functional and phylogenetic significance of projecting periostracal structures in the Bivalvia (Mollusca). *J. Paleontol.* 54:200.

Bourdeau, P. E. 2010. An inducible morphological defence is a passive by-product of behaviour in a marine snail. *Proc. R. Soc. B* 277:455–62.

Carefoot, T. H., and D. A. Donovan. 1995. Functional significance of varices in the muricid gastropod *Ceratostoma foliatum*. *Biol. Bull.* 189:59.

Currey, J. D., and J. D. Taylor. 1974. The mechanical behavior of some mollusc hard tissues. *J. Zool., London* 173:395.

Edgell, T. C., and C. J. Neufeld. 2008. Experimental evidence for latent developmental plasticity: Intertidal whelks respond to a native but not an introduced predator. *Biol. Lett.* 4:385–87.

Leonard, G. H., M. D. Bertness, and P. O. Yund. 1999. Crab predation, waterborne cues, and inducible defenses in the blue mussel, *Mytilus edulis*. *Ecology* 80:1.

Palmer, A. R. 1977. Function of shell sculpture in marine gastropods: Hydrodynamic destabilization in *Ceratostoma foliatum*. *Science* 197:1293.

Palmer, A. R. 1979. Fish predation and the evolution of gastropod shell sculpture: Experimental and geographical evidence. *Evolution* 33:697.

Perry, D. M. 1985. Function of the shell spine in the predaceous rocky intertidal snail *Acanthina spirata* (Prosobranchia: Muricacea). *Marine Biol.* 88:51.

Schmitt, R. J. 1982. Consequences of dissimilar defenses against predation in a subtidal marine community. *Ecology* 63:1588.

Stanley, S. M. 1969. Bivalve mollusk burrowing aided by discordant shell ornamentation. *Science* 166:634.

Trussell, G. C., and M. O. Nicklin. 2002. Cue sensitivity, inducible defense, and trade-offs in a marine snail. *Ecology* 83:1635.

Vermeij, G. J. 1979. Shell architecture and causes of death of Micronesian reef snails. *Evolution* 33:686.

Vermeij, G. J., and A. P. Covich. 1978. Coevolution of freshwater gastropods and their predators. *Amer. Nat.* 112:833.

Vermeij, G. J., and J. D. Currey. 1980. Geographical variation in the strength of thaidid snail shells. *Biol. Bull.* 158:383.

Vogel, S. 1997. Squirt smugly, scallop! *Science* 385:21–22.

2. Algumas espécies de cefalópodes retêm ou produzem conchas quando adultos, internamente ou externamente. Que papel têm esssas conchas na regulagem da flutuação?

Denton, E. J. 1974. On buoyancy and the lives of modern and fossil cephalopods. *Proc. Royal Soc. London B* 185:273.

Denton, E. J., and J. B. Gilpin-Brown. 1961. The buoyancy of the cuttlefish *Sepia officinalis* (L.). *J. Marine Biol. Assoc. U.K.* 41:319.

Finn, J. K., and M. D. Norman. 2010. The argonaut shell: gas-mediated buoyancy control in a pelagic octopus. *Proc. R. Soc. B* 277:2967–71.

Greenwald, L., C. B. Cook, and P. D. Ward. 1982. The structure of the chambered nautilus siphuncle: The siphuncular epithelium. *J. Morphol.* 172:5.

Greenwald, L., P. D. Ward, and O. E. Greenwald. 1980. Cameral liquid transport and buoyancy in chambered nautilus (*Nautilus macromphalus*). *Nature* 286:55.

Sherrard, K. M. 2000. Cuttlebone morphology limits habitat depth in eleven species of *Sepia* (Cephalopoda: Sepiidae). *Biol. Bull.* 198:404.

Ward, P. D., and L. Greenwald. 1981. Chamber refilling in *Nautilus*. *J. Marine Biol. Assoc. U.K.* 62:469.

3. Discuta as causas e o significado adaptativo da torção gastrópode.

Bondar, C. A., and L. R. Page. 2003. Development of asymmetry in the caenogastropods *Amphissa columbiana* and *Euspira lewisii*. *Invert. Biol.* 122:28.

Crofts, D. R. 1955. Muscle morphogenesis in primitive gastropods and its relation to torsion. *Proc. Zool. Soc. London* 125:711.

Ghiselin, M. T. 1966. The adaptive significance of gastropod torsion. *Evolution* 20:337.

Goodhart, C. B. 1987. Garstang's hypothesis and gastropod torsion. *J. Moll. Stud.* 53:33.

Hickman, C. S., and M. G. Hadfield. 2001. Larval muscle contraction fails to produce torsion in a trochoidean gastropod. *Biol. Bull.* 200:257.

Kriegstein, A. R. 1977. Stages in the post-hatching development of *Aplysia californica*. *J. Exp. Zool.* 199:275.

Kurita, Y., and H. Wada. 2011. Evidence that gastropod torsion is driven by asymmetric cell proliferation activated by TGF-β signaling. *Biol. Lett.* 7:759–62.

Pennington, J. T., and F.-S. Chia. 1985. Gastropod torsion: A test of Garstang's hypothesis. *Biol. Bull.* 169:391–96.

Thompson, T. E. 1967. Adaptive significance of gastropod torsion. *Malacologia* 5:423.

Underwood, A. J. 1972. Spawning, larval development and settlement behavior of *Gibbula cineraria* (Gastropoda: Prosobranchia) with a reappraisal of torsion in gastropods. *Marine Biol.* 17:341.

Wanninger, A., B. Ruthensteiner, and G. Haszprunar. 2000. Torsion in *Patella caerulea* (Mollusca, Patellogastropoda): ontogenetic

4. Alguns moluscos demonstram uma relação simbiótica com protistas fotossintetizantes, que é reminiscente da encontrada entre zooxantelas e cnidários. Como são adquiridos os simbiontes fotossintetizantes pelos moluscos, e quais os benefícios obtidos pelos hospedeiros?

Curtis, N. E., J. A. Schwartz, and S. K. Pierce. 2010. Ultrastructure of sequestered chloroplasts in sacoglossan gastropods with differing abilities for plastid uptake and maintenance. *Invert Biol.* 129:297–308.

Fitt, W. K., and R. K. Trench. 1981. Spawning, development, and acquisition of zooxanthellae by *Tridacna squamosa* (Mollusca, Bivalvia). *Biol. Bull.* 161:213.

Gallop, A., J. Bartrop, and D. C. Smith. 1980. The biology of chloroplast acquisition by *Elysia ciridis*. *Proc. Royal Soc. London B* 207:335.

Klumpp, D. W., B. L. Bayne, and A. J. S. Hawkins. 1992. Nutrition of the giant clam *Tricdacna gigas* (L.). I. Contribution of filter feeding and photosynthates to respiration and growth. *J. Exp. Marine Biol. Ecol.* 155:105.

Masuda, K., S. Miyachi, and T. Maruyama. 1994. Sensitivity of zooxanthellae and non-symbiotic microalgae to stimulation of photosynthate excretion by giant clam tissue homogenate. *Marine Biol.* 118:687.

Trench, R. K., D. S. Wethey, and J. W. Porter. 1981. Observations on the symbiosis with zooxanthellae among the Tridacnidae (Mollusca: Bivalvia). *Biol. Bull.* 161:180.

5. Investigue as defesas comportamentais e químicas de gastrópodes, bivalves ou cefalópodes contra a predação.

Aggio, J. F., and C. D. Derby. 2008. Hydrogen peroxide and other components in the ink of sea hares are chemical defenses against predatory spiny lobsters acting through non-antennular chemoreceptors. *J. Exp. Mar. Biol. Ecol.* 363:28–34.

Alexander, J. E., Jr., and A. P. Covich. 1991. Predator avoidance by the freshwater snail *Physella virgata* in response to the crayfish *Procambarus simulans. Oecologia* 87:435.

Allen, J. J., L. M. Mäthger, A. Barbosa, and R. T. Hanlon. 2009. Cuttlefish use visual cues to control three-dimensional skin papillae for camouflage. *J. Comp. Physiol. A* 195:547–55.

Bullock, T. H. 1953. Predator recognition and escape responses of some intertidal gastropods in the presence of starfish. *Behavior* 5:130.

Crowl, T. A., and A. P. Covich. 1990. Predator life-history shifts in a freshwater snail. *Science* 247:949.

Denny, M., and L. Miller. 2006. Jet propulsion in the cold: mechanics of swimming in the Antarctic scallop *Adamussium colbecki. J. Exp. Biol.* 209:4503–14.

Derby, C. D. 2007. Escape by inking and secreting: Marine molluscs avoid predators through a rich array of chemicals and mechanisms. 2007. *Biol. Bull.* 213:274–89.

Dix, T. L., and P. V. Hamilton. 1993. Chemically mediated escape behavior in the marsh periwinkle *Littoraria irrorata* Say. *J. Exp. Marine Biol. Ecol.* 166:135.

Fainzilber, M., I. Napchi, D. Gordon, and D. Zlotkin. 1994. Marine warning via peptide toxin. *Nature* 369:192.

Feder, H. M. 1963. Gastropod defensive responses and their effectiveness in reducing predation by starfishes. *Ecology* 44:505.

Feifarek, B. P. 1987. Spines and epibionts as antipredator defenses in the thorny oyster *Spondylus americanus* Hermann. *J. Exp. Marine Biol. Ecol.* 105:39.

Ferguson, G. P., and J. B. Messenger. 1991. A countershading reflex in cephalopods. *Proc. Royal Soc. London B* 243:63.

Fishlyn, D. A., and D. W. Phillips. 1980. Chemical camouflaging and behavioral defenses against a predatory seastar by 3 species of gastropods from the surf grass *Phyllospadix* community. *Biol. Bull.* 158:34.

Frick, K. 2003. Response in nematocyst uptake by the nudibranch *Flabellin verrucosa* to the presence of various predators in the southern Gulf of Maine. *Biol. Bull.* 205:367–76.

Garrity, S. D., and S. C. Levings. 1983. Homing to scars as a defense against predators in the pulmonate limpet *Siphonaria gigas* (Gastropoda). *Marine Biol.* 72:319.

Gillette, R., M. Saeki, and R.-C. Huang. 1991. Defense mechanisms in notaspid snails: Acid humor and evasiveness. *J. Exp. Biol.* 156:335.

Gilly, W. F., B. Hopkins, and G. O. Mackie. 1991. Development of giant motor axons and neural control of escape responses in squid embryos and hatchlings. *Biol. Bull.* 180:209.

Greenwood, P. G., and R. N. Mariscal. 1984. Immature nematocyst incorporation by the aeolid nudibranch *Spurilla neapolitana. Marine Biol.* 80:35.

Hanlon, R. T., M. J. Smale, and W. H. H. Sauer. 1994. An ethogram of body patterning behavior in the squid *Loligo vulgaris reynaudii* on spawning grounds in South Africa. *Biol. Bull.* 187:363.

Iken, K., C. Avila, A. Fontana, and M. Gavagnin. 2002. Chemical ecology and origin of defensive compounds in the Antarctic nudibranch *Austrodoris kerguelenensis* (Opisthobranchia: Gastropoda) *Marine Biol.* 141:101.

Kicklighter, C. E., S. Shabani, P. M. Johnson, and C. D. Derby. 2005. Sea hares use novel antipredatory chemical defenses. *Current Biol.* 15:549–54.

Margolin, A. S. 1964. A running response of *Acmaea* to seastars. *Ecology* 45:191.

Marko, P. B., and A. R. Palmer. 1991. Responses of a rocky shore gastropod to the effluents of predatory and non-predatory crabs: Avoidance and attraction. *Biol. Bull.* 181:363.

Mäthger, L. M., and E. J. Denton. 2001. Reflective properties of iridophores and fluorescent "eyespots" in the loliginid squid *Allotheuthis subulata* and *Loligo vulgaris. J. Exp. Biol.* 204:2103.

Meyer, J. J., and J. E. Byers. 2005. As good as dead? Sublethal predation facilitates lethal predation on an intertidal clam. *Ecol. Lett.* 8:160–66.

Packard, A., and G. D. Sanders. 1971. Body patterns of *Octopus vulgaris* and maturation of the response to disturbance. *Anim. Behav.* 19:780.

Parsons, S. W., and D. L. Macmillan. 1979. The escape responses of abalone (Mollusca, Prosobranchia, Haliotidae) to predatory gastropods. *Marine Behav. Physiol.* 6:65.

Penney, B. K. 2002. Lowered nutritional quality supplements nudibranch chemical defense. *Oecologia* 132:411.

Phillips, D. W. 1975. Distance chemoreception-triggered avoidance behavior of the limpets *Acmaea (Collisella) limatula* and *Acmaea (Notoacmaea) scutum* to the predatory starfish *Pisaster ochraceus. J. Exp. Zool.* 191:199.

Prior, D. J., A. M. Schneiderman, and S. I. Greene. 1979. Size-dependent variation in the evasive behaviour of the bivalve mollusc *Spisula solidissima. J. Exp. Biol.* 78:59.

Sheybani, A., M. Nusnbaum, J. Caprio, and C. D. Derby. 2009. Responses of the sea catfish *Ariopsis felis* to chemical defenses from the sea hare *Aplysia californica. J. Exp. Mar. Biol. Ecol.* 368:153–60.

Young, R. E., C. F. E. Roper, and J. F. Walters. 1979. Eyes and extraocular photoreceptors in midwater cephalopods and fishes: Their role in detecting downwelling light for counterillumination. *Marine Biol.* 51:371.

6. Discuta o papel desempenhado pela bioluminescência e coloração do corpo no comportamento de acasalamento e alimentação de cefalópodes.

Chiao, C.-C., J. K. Wickiser, J. J. Allen, B. Genter, and R. T. Hanlon. 2011. Hyperspectral imaging of cuttlefish camouflage indicates good color match in the eyes of fish predators. *Proc. Natl. Acad. Sci.* 108:9148–53.

Jantzen, T. M., and J. N. Havenhand. 2003. Reproductive behavior in the squid *Sepioteuthis australis* from South Australia: Ethogram of reproductive body patterns. *Biol. Bull.* 204:290.

Johnsen, S., E. J. Balser, E. C. Fisher, and E. A. Widder. 1999. Bioluminescence in the deep-sea cirrate octopod *Stauroteuthis syrtensis* Verrill (Mollusca: Cephalopoda). *Biol. Bull.* 197:26.

7. Moluscos apresentam uma resposta imune?

Adema, C. M., and E. S. Loker. 1997. Specificity and immunobiology of larval digenean-snail associations. In: B. Fried, and T. K. Graczyk (eds). *Advances in Trematode Biology.* New York: CRC Press, pp. 229–63.

Cheng, T. C., K. H. Howland, and J. T. Sullivan. 1983. Enhanced reduction of T4D and T7 coliphage titres from *Biomphalaria glabrata* (Mollusca) hemolymph induced by previous homologous challenge. *Biol. Bull.* 164:418.

Hertel, L. A., S. A. Stricker, and E. S. Loker. 2000. Calcium dynamics of the gastropod *Biomphalaria glabrata:* Effects of digenetic trematodes and selected bioactive compounds. *Invert. Biol.* 119:27.

Johnston, L. A., and T. P. Yoshino. 2001. Larval *Schistosoma mansoni* excretory-secretory glycoproteins (ESPs) bind to hemocytes of *Biomphalaria glabrata* (Gastropoda) via surface carbohydrate binding receptors. *J. Parasitol.* 87:786–93.

Tripp, M. R. 1960. Mechanisms of removal of injected microorganisms from the American oyster, *Crassostrea virginica* (Gmelin). *Biol. Bull.* 119:273.

8. Investigue as adaptações para o comportamento carnívoro ou para o parasitismo em gastrópodes prosobrânquios.

Carriker, M. R., D. van Zandt, and T. J. Grant. 1978. Penetration of molluscan and nonmolluscan minerals by the boring gastropod *Urosalpinx cinerea. Biol. Bull.* 155:511.

Hermans, C. O., and R. A. Satterlie. 1992. Fast-strike feeding behavior in a pteropod mollusk, *Clione limacina* Phipps. *Biol. Bull.* 182:1.

O'Sullivan, J. B., R. R. McConnaughey, and M. E. Huber. 1987. A blood-sucking snail: The Cooper's Nutmeg, *Cancellaria cooperi* Gabb, parasitizes the California electric ray, *Torpedo californica* Ayres. *Biol. Bull.* 172:362.

Perry, D. M. 1985. Function of the shell spine in the predaceous rocky intertidal snail *Acanthina spirata* (Prosobranchia: Muricacea). *Marine Biol.* 88:51.

Rittschoff, D., L. G. Williams, B. Brown, and M. R. Carriker. 1983. Chemical attraction of newly hatched oyster drills. *Biol. Bull.* 164:493.

Salisbury, S. M., G. G. Martin, W. M. Kier, and J. R. Schulz. 2010. Venom kinematics during prey capture in *Conus*: The biomechanics of a rapid injection system. *J. Exp. Biol.* 213:673–82.

Stewart, J., and W. F. Gilly. 2005. Piscivorous behavior of a temperate cone snail, *Conus californicus. Biol. Bull.* 209:146–53.

9. Investigue os ciclos de atividade digestória encontrados nos bivalves e nos gastrópodes prosobrânquios.

Curtis, L. A. 1980. Daily cycling of the crystalline style in the omnivorous, deposit-feeding estuarine snail *Ilyanassa obsoleta. Marine Biol.* 59:137.

Hawkins, A. J. S., B. L. Bayne, and K. R. Clarke. 1983. Coordinated rhythms of digestion, absorption and excretion in *Mytilus edulis* (Bivalvia: Mollusca). *Marine Biol.* 74:41.

Morton, J. E. 1956. The tidal rhythm and the action of the digestive system of the lamellibranch *Lasaea rubra. J. Marine Biol. Assoc. U.K.* 35:563.

Palmer, R. E. 1979. Histological and histochemical study of digestion in the bivalve *Arctica islandica* L. *Biol. Bull.* 156:115.

Robinson, W. E., and R. W. Langton. 1980. Digestion in a subtidal population of *Mercenaria mercenaria* (Bivalvia). *Marine Biol.* 58:173.

Yonge, C. M. 1926. Structure and physiology of the organs of feeding and digestion in *Ostrea edulis. J. Marine Biol. Assoc. U.K.* 14:295.

10. Investigue as adaptações de gastrópodes para a vida em ambiente terrestre.

Boss, K. J. 1974. Oblomovism in the mollusca. *Trans. Amer. Microsc. Soc.* 93:460.

Lai, J. H., J. C. del Alamo, J. Rodríguez-Rodríguez, and J. C. Lasheras. 2010. The mechanics of the adhesive locomotion of terrestrial gastropods. *J. Exp. Biol.* 213:3920–33.

Sloan, W. C. 1964. The accumulation of nitrogenous compounds in terrestrial and aquatic eggs of prosobranch snails. *Biol. Bull.* 126:302.

Verderber, G. W., S. B. Cook, and C. B. Cook. 1983. The role of the home scar in reducing water loss during aerial exposure of the pulmonate limpet, *Siphonaria alternata* (Say). *Veliger* 25:235.

Wells, G. P. 1944. The water relations of snails and slugs. III. Factors determining activity in *Helix pomatia* L. *J. Exp. Biol.* 20:79.

Welsford, I. G., P. A. Banta, and D. J. Prior. 1990. Size-dependent responses to dehydration in the terrestrial slug, *Limax maximus* L: Locomotor activity and huddling behavior. *J. Exp. Zool.* 253:229.

11. Discuta os papéis do muco na locomoção, adesão e alimentação de moluscos gastrópodes.

Connor, V. M. 1987. The use of mucous trails by intertidal limpets to enhance food resources. *Biol. Bull.* 171:548.

Cook, A. 1992. The function of trail following in the pulmonate slug, *Limax pseudoflavus. Anim. Behav.* 43:813.

Davies, M. S., and P. Beckwith. 1999. Role of mucus trails and trail-following in the behaviour and nutrition of the periwinkle *Littorina littorea. Marine Ecol. Progr. Ser.* 179:247.

Denny, M. W. 1984. Mechanical properties of pedal mucus and their consequences for gastropod structure and performance. *Amer. Zool.* 24:23–36.

Kappner, I. S. M. Al-Moghrabi, and C. Richter. 2000. Mucus-net feeding by the vermetid gastropod *Dendropoma maxima* in coral reefs. *Marine Ecol. Progr. Ser.* 204:309.

Lai, J. H., J. C. del Alamo, J. Rodríguez-Rodríguez, and J. C. Lasheras. 2010. The mechanics of the adhesive locomotion of terrestrial gastropods. *J. Exp. Biol.* 213:3920–33.

Miller, S. L. 1974. Adaptive design of locomotion and foot form in prosobranch gastropods. *J. Exp. Mar. Biol. Ecol.* 14:99–156.

Smith, A. M., and M. C. Morin. 2002. Biochemical differences between trail mucus and adhesive mucus from marsh periwinkle snails. *Biol. Bull.* 203:338–46.

12. Discuta a evidência indicando que contrações musculares radiais, por si só, não são suficientes para preencher a cavidade do manto na propulsão a jato.

Gosline, J. M., and R. E. Shadwick. 1983. The role of elastic energy storage in swimming: An analysis of mantle elasticity in escape jetting in the squid, *Loligo opalescens. Canadian J. Zool.* 61:1421.

Vogel, S. 1987. Flow-assisted mantle cavity refilling in jetting squid. *Biol. Bull.* 172:61.

Ward, D. V. 1972. Locomotor function of the squid mantle. *J. Zool., London* 167:437.

13. O processo de aprendizado e memória ainda é um dos maiores mistérios biológicos. Muito do que atualmente se sabe sobre aprendizagem e memória e a base biológica do comportamento vem do estudo de invertebrados, incluindo moluscos gastrópodes. Descreva os tipos de experimentos que têm sido conduzidos em gastrópodes e quanto cada um deles tem ampliado nossa compreensão de como os animais aprendem.

Barnes, D. M. 1986. From genes to cognition. *Science* 231:1066.

Colebrook, E., and K. Lukowiak. 1988. Learning by the *Aplysia* model system: Lack of correlation between gill and gill motor neuron responses. *J. Exp. Biol.* 135:411.

Kandel, E. R., and J. H. Schwartz. 1982. Molecular biology of learning: Modulation of transmitter release. *Science* 218:433.

Lin, S. S., and I. B. Levitan. 1987. Concanavalin A alters synaptic specificity between cultured *Aplysia* neurons. *Science* 237:648.

Moffett, S., and K. Snyder. 1985. Behavioral recovery associated with the central nervous system regeneration in the snail *Melampus. J. Neurobiol.* 16:193.

14. Bactérias têm sido encontradas nas brânquias de várias espécies de bivalves marinhos vivendo em sedimentos ricos em matéria orgânica em decomposição. Que evidência sugere que essas bactérias vivem em relação simbiótica com os bivalves, e qual a natureza dessa relação?

Cavanaugh, C. M., R. R. Levering, J. S. Maki, R. Mitchell, and M. E. Lidstrom. 1987. Symbiosis of methylotrophic bacteria and deep-sea mussels. *Nature (London)* 325:346.

Childress, J. J., C. R. Fisher, J. M. Brooks, M. C. Kennicutt II, R. R. Bidigare, and A. E. Anderson. 1986. A methanotrophic marine molluscan (Bivalvia: Mytilidae) symbiosis: Mussels fueled by gas. *Science* 233:1306.

Dufour, S. C., and H. Felbeck. 2006. Symbiont abundance in thyasirids (Bivalvia) is related to particulate food and sulphide availability. *Mar. Ecol. Progr. Ser.* 320:185–94.

Hentschel, U., D. S. Millikan, C. Arndt, S. C. Cary, and H. Felbeck. 2000. Phenotypic variations in the gills of the symbiont-containing bivalve *Lucinoma aequizonata. Marine Biol.* 136:633.

Kádár, R. Bettencourt, V. Costa, R. S. Santos, A. Lobo-da-Cunha, and P. Dando. 2005. Experimentally induced endosymbiont loss and re-acquirement in the hydrothermal vent bivalve *Bathymodoilus azoricus. J. Exp. Mar. Biol. Ecol.* 318:99–110.

Kochevar, R. E., J. J. Childress, C. R. Fisher, and E. Minnich. 1992. The methane mussel: Roles of symbiont and host in the metabolic utilization of methane. *Marine Biol.* 112:389.

Powell, M. A., and G. N. Somero. 1986. Adaptations to sulfide by hydrothermal vent animals: Sites and mechanisms of detoxification and metabolism. *Biol. Bull.* 171:274.

15. Discuta como os moluscos têm sido usados para detectar e avaliar o impacto de poluentes ambientais.

Axiak, V., and J. J. George. 1987. Effects of exposure to petroleum hydrocarbons on the gill functions and ciliary activities of a marine bivalve. *Marine Biol.* 94:241.

Byrne, C. J., and J. A. Calder. 1977. Effect of the water-soluble fractions of crude, refined and waste oils on the embryonic and larval stages of the quahog clam *Mercenaria* sp. *Marine Biol.* 40:225.

Hagger, J. A., D. Lowe, A. Dissanayake, M. B. Jones, and T. S. Galloway. 2010. The influence of seasonality on biomarker responses in *Mytilus edulis. Ecotoxicol.* 19:953–62.

Shi, H. H., C. J. Huang, S. X. Zhu, X. J. Yu, and W. Y. Xie. 2005. Generalized system of imposex and reproductive failure in female gastropods of coastal waters of mainland China. *Mar. Ecol. Progr. Ser.* 304:179–89.

Stickle, W. B., S. D. Rice, and A. Moles. 1984. Bioenergetics and survival of the marine snail *Thais lima* during long-term oil exposure. *Marine Biol.* 80:281.

de Vauflery, A. G., and F. Pihan. 2000. Growing snails used as sentinels to evaluate terrestrial environment contamination by trace elements. *Chemosphere* 40:275–84.

16. Compare a natureza e função dos esqueletos hidrostáticos na locomoção de diferentes espécies de gastrópodes.

Bernard, F. R. 1968. The aquiferous system of *Polinices lewisi* (Gastropoda, Prosobranchiata). *J. Fish Res. Bd. Canada* 25:541.

Dale, B. 1973. Blood pressure and its hydraulic functions in *Helix pomatia* L. *J. Exp. Biol.* 59:477.

Jones, H. D. 1973. The mechanism of locomotion in *Agriolimax reticulatus* (Mollusca; Gastropoda). *J. Zool., London* 171:489.

Kier, W. M. 1988. The arrangement and function of molluscan muscle. In *The Mollusca, Vol. 11: Form and Function.* Trueman, E. R., and M. R. Clarke, eds. New York: Academic Press, 211–52.

Trueman, E. R., and A. C. Brown. 1976. Locomotion, pedal retraction and extension, and the hydraulic systems of *Bullia* (Gastropoda: Nassaridae). *J. Zool., London* 178:365.

Voltzow, J. 1986. Changes in pedal intramuscular pressure corresponding to behavior and locomotion in the marine gastropods *Busycon contrarium* and *Haliotis kamtschatkana. Canadian J. Zool.* 64:2288.

17. Discuta a hipótese de que a surdez em cefalópodes é uma resposta adaptativa à predação.

Hanlon, R. T., and B.-U. Budelmann. 1987. Why cephalopods are probably not "deaf." *Amer. Nat.* 129:312–17.

Moynihan, M. 1985. Why are cephalopods deaf? *Amer. Nat.* 125:465.

Wilson, M., R. T. Hanlon, P. L. Tyack, and P. T. Madsen. 2007. Intense ultrasonic clicks from echolocating toothed whales do not elicit anti–predator responses or debilitate the squid Loligo pealeii. *Biol. Lett.* 3:225–27.

18. Como a aplicação de novas tecnologias tem alterado nossa compreensão de como os lamelibrânquios coletam e selecionam partículas de alimento?

Baker, S. M., J. S. Levinton, and J. E. Ward. 2000. Particle transport in the zebra mussel, *Dreissena polymorpha* (Pallas). *Biol. Bull.* 199:116.

Beninger, P. G., 2000. Limits and constraints: A comment on premises and methods in recent studies of particle capture mechanisms in bivalves. *Limnol. Oceangr.* 45:1196.

Brillant, M. G. S., and B. A. MacDonald. 2003. Postingestive sorting of living and heat-killed *Chlorella* within the sea scallop, *Placopecten magellanicus* (Gmelin). *J. Exp. Marine Biol. Ecol.* 290:81.

Levinton, J. S., J. E. Ward, and S. E. Shumway. 2002. Feeding responses of the bivalves *Crassostrea gigas* and *Mytilus trossulus* to chemical composition of fresh and aged kelp detritus. *Marine Biol.* 141:367.

Medler, S., and H. Silverman. 2001. Muscular alteration of gill geometry *in vitro:* Implications for bivalve pumping processes. *Biol. Bull.* 200:77.

Nielsen, N. F., P. S. Larsen, H. U. Riisgård, and C. B. Jørgensen. 1993. Fluid motion and particle retention in the gill of *Mytilus edulis:* Video recordings and numerical modelling. *Marine Biol.* 116:61.

Richoux, N. B., and R. J. Thompson. 2001. Regulation of particle transport within the ventral groove of the mussel (*Mytilus edulis*) gill in response to environmental conditions. *J. Exp. Marine Biol. Ecol.* 260:199.

Robbins, H. M., V. M. Bricelj, and J. E. Ward. 2010. *In vivo* effects of brown tide on the feeding function of the gill of the Northern quahog *Mercenaria mercenaria* (Bivalvia: Veneridae). *Biol. Bull.* 219:61–71.

Silverman, H., J. W. Lynn, and T. H. Dietz. 2000. In vitro studies of particle capture and transport in suspension-feeding bivalves. *Limnol. Oceanogr.* 45:1199.

Ward, J. E., and J. S. Levinton. 1997. Site of particle selection in a bivalve mollusc. *Nature* 390:131.

Ward, J. E., and S. E. Shumway. 2004. Separating the grain from the chaff: Particle selection in suspension- and deposit-feeding bivalves. *J. Exp. Mar. Biol. Ecol.* 300:83–130.

19. Avalie a hipótese de que a redução e perda da concha em cefalópodes foram selecionadas pela competição com peixes ósseos. Que outra evidência poderia ser utilizada contra ou a favor dessa hipótese?

Packard, A. 1972. Cephalopods and fish: The limits of convergence. *Biol. Rev.* 47:241.

20. Por meio de métodos cladísticos (Capítulo 2), grupos animais são definidos pela posse compartilhada de caracteres ausentes no ancestral imediato desses grupos. Esses caracteres derivados compartilhados (sinapomorfias) são, essencialmente, o que tem sido definido por "Características diagnósticas" ao longo deste livro. Explique por que cada um desses caracteres *não* é uma sinapomorfia válida para Cephalopoda: saco de tinta; cromatóforos; perda da concha; desenvolvimento de uma concha em espiral.

21. Mexilhões-zebra (*Dreissena polymorpha*) foram registrados pela primeira vez nos Grandes Lagos (Estados Unidos) em 1986, provavelmente transportados a partir da Europa em água de lastro de navios. Eles desde então têm-se espalhado rapidamente pelos principais cursos de água para o sul (Louisiana) e para oeste (Okhlahoma), e espera-se que colonizem três quartos dos rios e lagos de água doce nos Estados Unidos. Eles também estão se espalhando para rios e lagos no Canadá. Que características tornam os mexilhões-zebra invasores tão bem-sucedidos, e como a invasão alterou as relações ecológicas nos lagos, rios e córregos dos Estados Unidos?

Berkman, P. A., M. A. Haltuch, E. Tichich, D. W. Garton, G. W. Kennedy, J. E. Gannon, S. D. Mackey, J. A. Fuller, and D. L. Liebenthal. 1998. Zebra mussels invade Lake Erie muds. *Nature* 393:27.

Kolar, C. S., A. H. Fullerton, K. M. Martin, and G. A. Lamberti. 2002. Interactions among zebra mussel shells, invertebrate prey, and Eurasian ruffe or yellow perch. *J. Great Lakes Res.* 28:664.

MacIsaac, H. J. 1996. Potential abiotic and biotic impacts of zebra mussels on the inland waters of North America. *Amer. Zool.* 36:287.

Peyer, S. M., A. J. McCarthy, and C. E. Lee. 2009. Zebra mussels anchor byssal threads faster and tighter than quagga mussels in flow. *J. Exp. Biol.* 212:2027–36.

Strayer, D. L., N. F. Caraco, J. J. Cole, S. Findlay, and M. L. Pace. 1998. Transformation of freshwater ecosystems by bivalves. *BioScience* 49:19.

22. Quais fatores estão contribuindo para a extinção de moluscos de água doce, marinhos e terrestres, e o que faz algumas espécies mais vulneráveis que outras?

Bogan, A. E. 1993. Freshwater bivalve extinctions (Mollusca: Unionoida): A search for causes. *Amer. Zool.* 33:599.

Carlton, J. T., G. J. Vermeij, D. R. Lindberg, D. A. Carlton, and E. C. Dudley. 1991. The first historical extinction of a marine invertebrate in an ocean basin: The demise of the eelgrass limpet *Lottia alveus*. *Biol. Bull.* 180:72.

Hadfield, M. G., S. E. Miller, and A. H. Carwile. 1993. The decimation of endemic Hawai'ian tree snails by alien predators. *Amer. Zool.* 33:610.

Lorenz, S. 2003. E. U. shifts endocrine disrupter research into overdrive. *Science* 300:1069.

23. Como os moluscos formam suas conchas?

Checa, A. G., J. H. E. Cartwright, and M.-G. Willinger. 2009. The key role of the surface membrane in why gastropod nacre grows in towers. *Proc. Natl. Acad. Sci USA* 106:38–43.

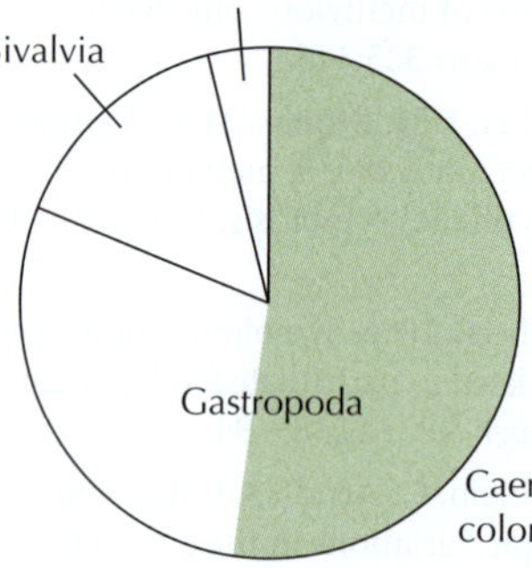

Detalhe taxonômico

Filo Mollusca[27]

Subfilo Aculifera

Espículas calcáreas são formadas dentro de células individuais no tecido do manto, ou em regiões especializadas do manto. Duas classes.

Classe Polyplacophora

As aproximadamente 500 espécies estão divididas em 13 famílias. Quítons são destituídos de órgãos copulatórios e a fertilização é geralmente externa, embora algumas espécies mantenham embriões até o estágio trocóforo.

Família Lepidopleuridae. *Leptochiton, Lepidopleurus.* Diferentemente da maior parte dos quítons, que ocorrem em águas rasas ou na zona intertidal, a maioria das espécies nesta família é coletada somente em águas profundas, a mais de 7.000 m de profundidade.

[27]A sistemática de Mollusca está ainda confusa, em particular para os gastrópodes e bivalves. A classificação aqui adotada é baseada em grande parte em Beesley, P. L., G. J. B. Ross e A. Wells (Eds.). 1998. *Mollusca: The Southern Synthesis. Fauna of Australia.* CSIRO Publishing; Melbourne Bouchet, P. e J.-P. Rocroi. 2005. Classification and nomenclator of gastropod families. *Malacologia* 47:1397; e Telford, M. J. e G. E. Budd. 2011. Invertebrate evolution: Bringing order to the molluscan chaos. *Current Biol.* 21:R964-R966.

Família Ischnochitonidae (= Bathychitonidae). *Callochiton, Chaetopleura, Ischnochiton, Lepido-chitona, Tonicella.* Estas são na maioria espécies de águas rasas, vivendo sobre pedras e bancos de ostras. Esta família contém até 40% de todas as espécies de quítons.

Família Mopaliidae. *Mopalia* - o quíton peludo, ou musguento, de até 13 cm de comprimento; *Katharina.* O cinturão de *Mopalia* spp. é ornamentado com conspícuos espinhos (a síndrome do "cinturão peludo"). Membros de um gênero, *Placiphorella,* são carnívoros, predando poliquetos e crustáceos.

Família Chitonidae. *Chiton, Acanthopleura.* Cerca de 20% de todas as espécies de quítons são membros desta família. Podem alcançar até 20 cm.

Família Acanthochitonidae. *Cryptochiton* - Os maiores de todos os quítons, com até 36 cm de comprimento. Valvas da concha são cobertas por um extenso cinturão. *Cryptoplax* - um estranho quíton vermiforme com corpo altamente extensível, que vive em cavidades em rochas no Indo-Pacífico. Aproximadamente 20% de todas as espécies de quítons pertencem a esta família bastante diversa.

Família Cryptoplacidae. *Cryptoplax.* Estes são grandes (até 15 cm de comprimento) quítons vermiformes com pequenas valvas separadas umas das outras quando adultos.

Classe Aplacophora

Aproximadamente 320 espécies.

Subclasse Neomeniomorpha (= Solenogastres)

Todos os membros possuem um pé delgado, situado em um sulco estreito, que percorre a superfície ventral desde a região posterior à boca até a cavidade do manto posterior. Muitas espécies são destituídas de rádula e as outras possuem uma rádula extremamente simplicada. Nenhuma tem ctenídeos verdadeiros. Todas as espécies são hermafroditas. Membros desta subclasse ou se arrastam no sedimento ou vivem entre cnidários, dos quais eles se alimentam. Todos são marinhos. As vinte e uma famílias contêm aproximadamente 70% de todas as espécies de aplacóforos. Cerca de 45% dessas espécies vêm de águas da Antártica.

Família Neomeniidae. *Neomenia.*

Subclasse Chaetodermomorpha (= Caudofoveata)

Membros deste grupo não possuem um pé nem um sulco ventral, mas têm um distinto escudo cuticular em volta da boca. Todas as espécies possuem uma rádula e uma cavidade do manto abrigando um par de ctenídeos bipectinados. Todos são marinhos e escavadores de substratos moles. Três famílias.

Família Chaetodermatidae. *Chaetoderma, Falcidens.*

Subfilo Conchifera

O manto secreta uma ou mais conchas calcárias, mas nenhuma espícula. Cinco classes.

Classe Monoplacophora

As 31 espécies descritas estão todas inclusas em uma única família (Neopilinidae). *Micropilina, Neopilina, Rokopella, Vema.* A espécie com a maior concha é *Neopilina galatheae* (37 mm), a com a menor concha (< 1 mm) é a espécie *Micropilina arntzi.*

Classe Gastropoda[28]

Esta classe contém pelo menos 60 mil espécies atuais. Ela pode conter cerca de 200 mil espécies, incluindo muitas que ainda não foram descritas.

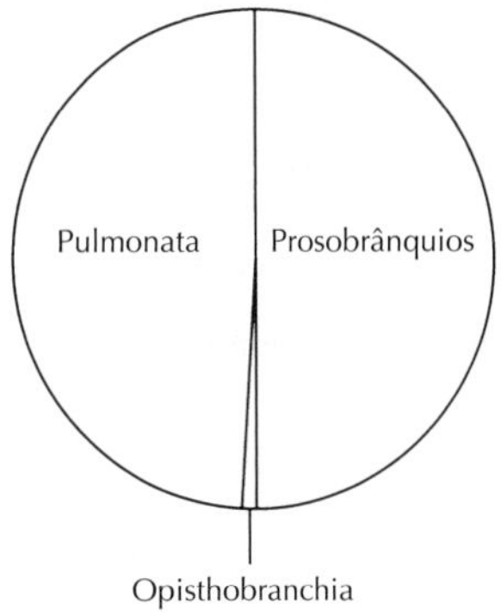

Os "prosobrânquios"

Este grupo contém pelo menos metade de todas as espécies de gastrópodes, distribuídas em mais de 140 famílias.

Os arqueogastrópodes

Estes caramujos possuem várias características prosobrânquias primitivas, com muitas espécies contendo um par de glândulas hipobranquiais, um par de osfrádios, um par de aurículas, um par de nefrídeos e um par de ctenídeos (sempre bipectinados). Gânglios são pares, raramente fusionados e geralmente separados por longas comissuras. A rádula apresenta muitos dentes. A maioria das espécies arqueogastrópodes é herbívora marinha, incluindo aproximadamente 50 espécies de abalone; poucas espécies terrestres e poucas de água doce são também conhecidas. Arqueogastrópodes normalmente têm fertilização externa e são únicos entre os gastrópodes, pelo fato de desenvolverem-se como larvas trocóforas livre-natantes. Aproximadamente 5 mil espécies, dstribuídas em 26 famílias.

[28]No arranjo taxonômico atualmente aceito, os Archaeogastropoda e Mesogastropoda não são mais táxons reconhecidos formalmente, embora os termos *arqueogastrópode* e *mesogastrópode* sejam ainda amplamente utilizados para referir informalmente diferentes níveis de organização. Os Neogastropoda ainda existem como um grupo formal, mas são agora incluídos dentro da superordem Caenogastropoda (pp. 271, 281). Nesta obra, os principais grupos gastrópodes são salientados em verde.

Subclasse Patellogastropoda

Este pequeno grupo (menos de 500 espécies) contém as lapas verdadeiras (todas marinhas) e seus supostos ancestrais. Os Patellogastropoda parecem ser o grupo-irmão de todos os outros gastrópodes. A rádula difere em forma e função daquelas dos demais gastrópodes. Constituem o grupo mais primitivo de Gastropoda. Suas conchas são achatadas e sem sinal de espiralização, embora seus ancestrais provavelmemente tenham tido conchas espiraladas. A maioria dos patelogastrópodes é herbívora, usando sua rádula como foice. Todos fertizam seus ovos externamente. Cinco famílias.

Família Patellidae. *Patella, Scutellastra.* Membros distribuídos em todo o mundo, sobretudo em mares temperados.

Família Acmaeidae. *Acmaea.*

Família Lottiidae. *Lottia (= Collisella), Notoacmea, Patelloida, Tectura.* Esta é a família mais diversa e mais rica em espécies dos patelogastrópodes.

Família Nacellidae. *Cellana, Nacella.*

Subclasse Orthogastropoda

Esta subclasse contém todos os outros gastrópodes (mais de 59 mil espécies): os demais prosobrânquios, os opistobrânquios e os pulmonados.

Superordem Cocculiniformia. Sete famílias, com representantes vivendo a profundidades de 30 m a mais de 9.000 m.

Família Cocculinidae. *Cocculina.* Lapas de mares profundos, aproximadamente 130 espécies, coletadas em profundidades de 30 m a mais de 3.700 m. A maior parte das espécies ingere madeira, mas algumas se alimentam de substratos tão restritos quanto penas de cefalópodes, tubos de poliquetos, a ossos de peixes e baleias mortos.

Família Choristellidae. *Choristella.* Diferentemente de outros membros desta superfamília, todos esses caramujos de águas profundas têm conchas espiraladas.

Superordem Vestigastropoda. Nove famílias.

Superfamília Pleurotomarioidea. Quatro famílias.

Família Haliotidae. *Haliotis* – o abalone. Caramujos herbívoros de águas rasas – aproximadamente 50 espécies – vivendo sobre substratos sólidos, aos quais se fixam firmemente. O tecido é geralmente consumido por seres humanos, e as amplas conchas são comumente usadas como ornamentos.

Família Neomphalidae. *Neomphalus.* Um arqueogastrópode de mares profundos recentemente coletado a profundidades de 2.400 m no mar de Galápagos do Oceano Pacífico. Considerado um fóssil vivo em virtude de suas várias características primitivas.

Superfamília Fissurellacea. Uma família (Fissurellidae). *Fissurella, Emarginula, Emarginella, Diodora, Puncturella* – lapas de concha fendida. Assim chamada porque a concha contém um conspícuo orifício na parte superior, através do qual a água sai depois de passar pelas brânquias. O opérculo é perdido na metamorfose. Todos marinhos.

Superfamília Trochoidea. Oito famílias.

Família Trochidae. *Gibbulla, Margarites, Calliostoma, Cittarium, Tegula, Austrocochlea, Stomatella, Umbonium, Bankivia, Monodonta.* Todas as espécies são marinhas, e a maioria é herbívora.

Família Turbinidae. *Astraea* – conchas-estrela. *Turbo.* Todas as espécies são marinhas, a maior parte é herbívora. O opérculo é calcificado.

Superordem Neritopsina

Superfamília Neritoidea. Seis famílias, cerca de 300 espécies.

Família Neritidae. *Nerita, Smaragdia, Neritina.* Entre os mais avançados dos arqueogastrópodes, ilustrados pela perda do nefrídio e ctenídeo direitos e pela complexa e incomum anatomia e biologia reprodutiva. A maioria das espécies é marinha, mas algumas ocupam hábitats estuarinos, de água doce ou terrestres.

Família Hydrocenidae. *Hydrocena, Georissa.* Caracóis terestres com a cavidade do manto formando um pulmão, e destituídos de ctenídeos.

Família Helicinidae. *Helicina, Alcadia.* Caracóis terrestres vivendo no solo ou, mais raramente, em árvores.

Os mesogastrópodes (= tenioglossos)

O ctenídeo direito é perdido, e o outro ctenídeo (esquerdo) é sempre monopectinado; algumas espécies terrestres perderam ambos os ctenídeos. Gânglios tendem a ser fusionados. A cabeça geralmente contém uma probóscide extensível e um par de tentáculos cefálicos, com um olho simples na base de cada um. O nefrídeo direito é perdido ou modificado para reprodução. O coração tem uma única aurícula. A glândula hipobranquial esquerda é perdida. A rádula geralmente contém sete dentes em cada fileira (a condição "tenioglossada"). Todas as espécies apresentam fertilização interna, e a maioria produz larvas velígeras de vida livre. Em algumas espécies, a borda do manto forma um sifão inalante. A maioria dos mesogastrópodes é de vida livre e marinha, mas algumas espécies são terrestres, de água doce ou parasitos. Há 95 famílias.

Superordem Caenogastropoda

Pelo menos metade de todas as espécies de gastrópodes pertencem a este grupo incrivelmente diverso.

Ordem Architaenioglossa.[29] Caracóis terrestres com opérculo, sem qualquer tipo de brânquia: a cavidade do manto é modificada para respiração. Cinco famílias.

Família Cyclophoridae. *Leptopoma.*

Família Pupinidae. *Pupina.*

Família Viviparidae. *Viviparus, Notopala.* Alimentadores de suspensão de água doce. Tentáculo direito do macho modificado para cópula.

Família Ampullariidae (= Pilidae). *Asolene, Pomacea, Marisa.* Grandes (até 6 cm) caramujos tropicais de água doce, geralmente vendidos para aquarismo. A cavidade do manto tem um pulmão e uma brânquia. Esses caramujos predam ovos e juvenis de outros gastrópodes, e são geralmente utilizados para reduzir populações de gastrópodes que servem como hospedeiros intermediários em ciclos de vida de trematódeos parasitos.

Ordem Sorbeoconcha

Superfamília Cerithioidea. De 15 a 25 famílias.

Família Cerithiidae. *Cerithium, Bittium, Litiopa, Batillaria.* Todos são marinhos, principalmente de águas rasas, e a maioria consome detrito.

Família Pleuroceridae. *Pleurocera, Pachychilus, Leptoxis.* Este é um grupo amplamente distribuído de gastrópodes de água doce, comuns em córregos, lagoas e lagos.

Família Turritellidae. *Turritella, Vermicularia.* Espécies marinhas alimentadoras de suspensão.

Família Potamididae. *Cerithidea, Terebralia.* Abundantes em manguezais e em estuários de áreas tropicais e subtropicais.

Família Thiaridae. *Melanoides, Thiara.* Caramujos tropicais de água doce e salobra, geralmente servindo como hospedeiros intermediários em ciclos de vida de trematódeos parasitos.

Infraordem Littorinimorpha
Aproximadamente 50 famílias.

Superfamília Littorinoidea

Família Littorinidae. *Littorina, Lacuna, Bembicium, Melarhaphe, Tectarius* – litorinas. Todos são herbívoros marinhos, geralmente menores que 2,5 cm. A maioria vive intertidalmente; algumas espécies são encontradas apenas acima da linha superior da maré.

Família Pomatiasidae. *Pomatias.* Caracóis terrestres que vivem entre folhas mortas e musgo. Possuem um modo único de locomoção, bipedioso, em que os dois lados do pé movem-se para a frente alternadamente.

Superfamília Rissooidea

Família Bithyniidae. *Bithynia.* Alimentadores de suspensão de água doce, que servem de hospedeiros intermediários no ciclo de vida do trematódeo parasito intestinal *Opisthorchis tenuicollis.*

Família Hydrobiidae. *Hydrobia.* Prosobrânquios pequenos (aproximadamente 6 mm de altura), a maioria de água doce; algumas de água salobra e algumas terrestres. A maioria eclode como pequenos caramujos juvenis, porém, uma espécie (*H. ulvae*) apresenta larvas velígeras de vida livre.

Família Caecidae. *Caecum.* Espécies marinhas muito pequenas (geralmente poucos milímetros de comprimento) conchas tubulares.

Superfamília Stromboidea. Três famílias.

Família Strombidae. *Strombus* – caramujos cones. Marinhos. Economicamente importantes como fonte de alimento em algumas áreas tropicais.

Superfamília Calyptraeacea. Quatro famílias, com mais de 100 espécies.

Família Calyptraeoidea. *Calyptraea, Crepidula.* Herbívoros marinhos parecidos com lapas. Muitas espécies são alimentadoras de suspensão,

[29] Alguns pesquisadores os consideram arqueogastrópodes.

capturando alimento com a brânquia ciliada. Algumas espécies vivem em colunas comunais, com as fêmeas na base e os machos na parte superior. Todas as espécies são hermafroditas sequenciais.

Superfamília Veretoidea

Família Vermetidae. *Vermetus, Serpulorbis, Petaloconchus, Dendropoma.* Alimentadores de suspensão, caramujos marinhos sésseis (imóveis) vivendo em conchas frouxamente espiraladas ou não espiraladas, lembrando as feitas por poliquetos. As conchas são permanentemente cimentadas às rochas.

Superfamília Cypraeoidea. Seis famílias.

Família Cypraeidae. *Cypraea.* Todos marinhos, a maior parte de mares rasos tropicais. As conchas são muito lisas e brilhosas, geralmente com cerca de 4 a 7,5 cm de comprimento. Juvenis e adultos não apresentam opérculo.

Família Ovulidae. *Cyphoma, Ovula, Simnia.* A maioria é de carnívoros marinhos tropicais, que se alimentam de cnidários coloniais.

Superfamília Naticoidea. Uma família (Naticidae). *Natica, Polinices, Lunatia.* Marinhos, geralmente habitantes de substrato arenoso ou lodoso, predadores de bivalves e de outros gastrópodes; eles escavam orifícios circulares nas conchas da presa utilizando secreções glandulares e com a ação da rádula, e, então, inserem uma probóscide altamente eversível para a alimentação. Naticídeos têm uma extensa cavidade no pé, preenchida por água; a água deve ser expelida de poros localizados na parte posterior do pé antes deste ser completamente retraído dentro da concha.

Superfamília Tonnoidea. Oito famílias.

Família Tonnidae. *Tonna.* Marinhos, normalmente carnívoros de substrato arenoso, vivendo a profundidades superiores a 5.000 m. Predam uma variedade de invertebrados e peixes, injetando ácido sulfúrico e secreções paralisantes.

Família Ranellidae (= Cymatiidae). *Cymatium, Fusitriton, Charonia.* Marinhos, principalmente caramujos de águas mais quentes. Predam moluscos e holotúrios, incapacitando a presa com ácido sulfúrico e, em geral, a ingerindo inteira. Conchas com até 50 cm de comprimento.

Família Bursidae. *Bursa* – conchas-sapo. A maior parte é de carnívoros marinhos de águas rasas que se alimentam de vários vermes, os quais são paralisados com uma secreção ácida e, então, ingeridos inteiros através de uma probóscide grandemente expansível e de um esôfago.

Superfamília Carinariodae. Heterópodes. Três famílias. Todos são carnívoros pelágicos.

Família Atlantidae. *Atlanta.* Heterópodes com conchas espiraladas pequenas, delgadas e frágeis. O animal pode se recolher completamente dentro da concha. A cabeça tem olhos bem desenvolvidos e probóscide. Aparentemente, alimentam-se preferencialmente de outros gastrópodes planctônicos (pterópodes).

Família Carinariidae. *Carinaria.* Heterópodes com concha fina e achatada, muito pequena para conter o animal inteiro. Probóscide extremamente extensível. Corpo com até 0,5 m de comprimento.

Família Pterotracheidae. *Pterotrachea.* Heterópodes destituídos de conchas, manto, cavidade do manto e probóscide. Corpo com até 20 cm de comprimento, transparente e cilíndrico.

Superfamília Janthinoidea. Três famílias.

Família Epitoniidae. *Epitonium.* Em geral, ectoparasitos em antozoários.

Família Janthinidae. *Janthina, Recluzia.* Todos pelágicos, vagando presos a uma câmara flutuante, composta por muco secretado e ar. Todos são carnívoros alimentando-se de hidrozoários planctônicos (sifonóforos), e todas as espécies são hermafroditas sequenciais, com cada indivíduo primeiramente macho e depois se tornando fêmea.

Superfamília Eulimoidea. Seis famílias.

Família Eulimidae. Eulima, Melanella, Stilifer. Caramujos marinhos, a maioria ectoparasitos em equinodermos; fluidos corporais são bombeados através de uma longa probóscide. Fêmeas são muito maiores que machos.

Família Entoconchidae. *Entoconcha, Thyonicola.* Todas as espécies são parasitos internos de pepinos-do--mar (holotúrios). Fêmeas adultas são normalmente vermiformes e sem concha, podendo atingir comprimentos de até 1,3 m. Machos são microscópicos (machos "anões") e geralmente incluídos nos tecidos da fêmea como pouco mais do que sacos testiculares. Alguns pesquisadores incluem todos os representantes desta família dentro dos Eulimidae.

Superfamília Triphoroidea

Família Triphoridae. *Triphora, Inella.* Caramujos marinhos, principalmente com conchas sinistrógiras. Adultos geralmente se alimentam de esponjas.

Os Neogastrópodes – Infraordem Neogastropoda

Estes são os mais altamente evoluídos dos gastrópodes. Todas as espécies são marinhas, e a maioria é carnívora. Como os mesogastrópodes, os neogastrópodes têm um único ctenídeo monopectinado, um só nefrídeo e um coração com uma aurícula. A rádula, porém, não tem mais do que três dentes por fileira (a condição "estenoglossata"), e o osfrádio é especialmente bem desenvolvido e bipectinado. A fertilização é sempre interna. Muitas espécies desenvolvem-se para um estágio juvenil sem ter uma larva véliger de vida livre. A borda do manto sempre forma um sifão inalante. Aproximadamente 12 mil espécies, distribuídas em 21 famílias.

Superfamília Muricoidea. Inclui 17 famílias.

Família Muricidae. *Urosalpinx; Thais, Nucella, Concholepas* – o economicamente importante e altamente comestível "loco" sul--americano; *Drupa, Murex, Ocenebra.* Predadores marinhos de águas rasas que perfuram orifícios nas conchas de cirripédios, gastrópodes e bivalves, usando uma glândula especializada (o órgão perfurador acessório, ABO) no pé, em conjunto com a ação raspadora da rádula. O ABO secreta uma mistura de ácido e enzimas, que dissolve a concha. Muricídeos geralmente não apresentam larvas velígeras de vida livre no seu ciclo de vida; a maioria emerge como juvenil de cápsulas ovígeras presas a substratos duros. Fenícios e romanos coravam seus mantos cerimoniais púrpuras usando uma substância secretada por muitas espécies de *Murex.* De fato, esta é a origem do nome dos fenícios (do grego, *phoenix*: [púrpura-avermelhado]).

Família Buccinidae. *Buccinum, Neptunea, Colus* – búzios. Todos marinhos. Uma família muito grande, constituída principalmente por espécies carnívoras.

Família Columbellidae. *Columbella, Anachis.* Todos marinhos. A maioria é de caramujos pequenos, com menos de 0,5 cm de altura. Espécies carnívoras e herbívoras.

Família Nassariidae. *Nassarius, Ilyanassa.* Todos são marinhos e incluem carnívoros, detritívoros e herbívoros. Vivem principalmente em hábitats marinhos lodosos ou arenosos; algumas espécies são mixoalinas e outras são de água doce.

Família Melongenidae. *Busycon* – búzios; *Melongena.* Grandes caramujos marinhos, de até 60 cm de comprimento. Principalmente carnívoros e detritívoros em águas rasas; a maioria das espécies vive nos trópicos.

Família Fasciolariidae. *Fasciolaria, Pleuroplaca.* Grandes carnívoros marinhos, com até 60 cm de comprimento.

Família Olividae. *Oliva, Olivella.* Estes carnívoros habitantes de substratos arenosos são comuns em todos os mares tropicais e subtropicais.

Superfamília Conoidea. Três famílias.

Família Conidae. *Conus* – conchas--cone. Carnívoros marinhos, aproximadamente 500 espécies, a maioria vive em recifes de coral de regiões tropicais. Um veneno altamente tóxico é produzido por glândulas de veneno e injetado na presa através de afiados dentes laterais da rádula.

Superordem Heterobranchia (= Euthyneura)

Este grupo recentemente erigido contém os caramujos opistobrânquios e os pulmonados, bem como algumas espécies (sundials e piramelídeos – os chamados "heterobrânquios inferiores") anteriormente consideradas como prosobrânquios.

Superfamília Architectonicoidea. Duas famílias.

Família Architectonicidae. *Architectonica, Philippia*. Espécies com conchas cônicas ou discoides, que vivem a profundidades de 2.000 m. Geralmente alimentam-se de cnidários.

Superfamília Pyramidelloidea. Cinco famílias.

Família Pyramidellidae. *Boonea, Odostomia, Pyramidella*. Todas as 6 mil espécies são predadoras marinhas ou ecotoparasitos de outros invertebrados, incluindo outros moluscos; eles picam seu hospedeiro com um estilete afiado e, então, sugam os fluidos corporais através da probóscide. Alguns pesquisadores consideram estes gastrópodes como membros da subclasse Opisthobranchia, e novos dados moleculares os colocam, por sua vez, dentro de Pulmonata.[30]

Os Opisthobranchia[31]

Aproximadamente 5 mil espécies heterobrânquias, a maioria marinha, distribuídas em mais de 120 famílias.

Ordem Cephalaspidea. *Bulla, Haminoea, Hydatina, Retusa, Runcina* – os caramujos-de-concha-bolha. Todos os representantes têm concha, que pode ser externa, como na maior parte dos prosobrânquios, ou escondida internamente. Como nos prosobrânquios, o sistema nervoso é plenamente torcido (i.e., exibe estreptoneuria). Cefalaspídeos são geralmente carnívoros marinhos e ingerem a presa inteira, moendo-a com placas duras, calcáreas, na moela. Todos os haminoeídeos, porém, são herbívoros. Trinta e uma famílias.

Ordem Acochlidioidea. Sete famílias.

Família Acochlidiidae. *Acochlidium, Microhedyle*. Na maior parte, gastrópodes vermiformes marinhos, intersticiais, que vivem em espaços entre grãos de areia. Não apresentam cavidade do manto, ctenídeos ou concha. Algumas poucas espécies vivem em água doce na Indonésia, Palau e Índias Ocidentais. A maioria das espécies mede somente entre 2 e 5 mm de comprimento. Todos os indivíduos são hermafroditas, e o pênis, em algumas espécies, possui um estilete afiado que injeta esperma no parceiro por impregnação hipodérmica.

Ordem Rhodopemorpha. Duas famílias.

Família Rhodopidae. *Rhodope*. Um bizarro gastrópode vermiforme, sem concha, muito pequeno (menos de 0,4 cm de comprimento). Estes moluscos não apresentam tentáculos, cavidade do manto, brânquias de qualquer tipo e coração; não há sequer vestígio de um pericárdio. Espículas calcárias são envolvidas nos tecidos. Representantes desta família são exclusivamente intersticiais, vivendo nos espaços entre grãos de areia, no Oceano Atlântico e no Mar Mediterrâneo. Há algumas evidências relacionando-os mais proximamente aos pulmonados.

Ordem Sacoglossa (= Ascoglossa). Sacoglossos, ou ascoglossos. Há 12 famílias.

Família Elysiidae. *Elysia*. Representantes desta família perdem a concha na metamorfose e não apresentam ceratos. O pé geralmente apresenta abas laterais, chamadas de "parapódios", que podem ser dobradas sobre a superfície dorsal. A cavidade do manto, ctenídeos associados e osfrádio são perdidos. O ânus abre-se no lado direito do animal. Todos são herbívoros hermafroditas, e a maioria dos adultos mede menos de 1 cm de comprimento. Pelo menos algumas espécies contêm algas unicelulares vivendo simbioticamente nos seus tecidos, dando ao animal uma distintiva cor verde.

Família Juliidae. *Berthelinia, Julia*. Estes opistobrânquios formam uma concha com duas valvas, lembrando superficialmente os moluscos bivalves; entretanto, os vestígios de uma concha larval espiralada, como a de outros gastrópodes, podem ser encontrados na valva esquerda. Cavidade do manto, osfrádio e uma

[30] Jørger, K. M. et al., 2010. *BMC Evol. Biol.* 10:323.

[31] Opisthobranchia é um táxon válido, mas há desacordo quanto ao seu nível taxonômico. O grupo está incluído na subclasse Orthogastropoda.

brânquia estão presentes; ceratos estão ausentes. As espécies são normalmente verdes devido à presença de bactérias simbiontes em seus tecidos, menores do que 1 cm e tropicais, alimentando-se de um gênero particular de macroalgas (*Caulerpa*).

Ordem Anaspidea (= Aplysiacea). Duas famílias.

Família Aplysiidae. *Aplysia* – lesmas-do-mar. Animais grandes e herbívoros, com até 75 cm de comprimento e pesando até 16 kg. Rinóforos lembram orelhas de coelho. Uma concha interna fina é coberta pelo manto. Uma cavidade do manto (contendo um ctenídeo) está presente, mas se encontra deslocada para o lado direito do animal, como resultado da destorção. Todas as espécies são hermafroditas simultâneas. Grandes projeções laterais, chamadas de "parapódios", estendem-se do pé; ao batê-los, o animal pode nadar. Pesquisas em *Aplysia* têm levado a uma nova compreensão da base bioquímica do aprendizado e da memória. Os neurônios da lesma-do-mar são de 100 a 1.000 vezes maiores que os dos seres humanos.

Ordem Notaspidea. Três famílias.

Família Pleurobranchidae. *Pleurobranchus, Berthella, Pleurobranchaea.* A concha é perdida em muitas espécies; se presente, ela é interna. Indivíduos retêm uma brânquia. Secreções altamente ácidas são produzidas por glândulas que se abrem na faringe e por glândulas distribuídas no manto. Representantes desta família são predadores, sobretudo de esponjas e ascídias. Algumas espécies são capazes de nadar.

Ordem Thecosomata. Os pterópodes com concha. Todos são marinhos. Todos usam um pé modificado (os parapódios) para nadar, e muitos secretam uma rede externa de muco para a coleta de alimento. Cinco famílias.

Família Limacinidae (= Spiratellidae). *Limacina.* Pterópodes que vivem em conchas pequenas (menos de 1 cm), com espiralização sinistrógira; cavidade do manto, opérculo e osfrádio estão presentes. Todas as espécies são hermafroditas protândricas.

Família Cavoliniidae (= Cuvieriidae). *Cavolina, Clio.* Pterópodes que vivem em conchas não espiraladas, de até 5 cm de comprimento. Conchas podem ser em forma de garrafa, bulbosas, em forma de escudo ou cônicas. O opérculo é perdido, mas a cavidade do manto, o osfrádio e o ctenídeo são mantidos. Após a morte, conchas vazias geralmente formam um componente importante de sedimentos de águas temperadas e tropicais.

Família Cymbulidae. *Gleba, Corolla, Cymbulia.* A típica concha gastrópode em espiral é descartada na metamorfose, e o adulto secreta uma "concha" transparente, interna e gelatinosa. Todas as espécies são hermafroditas.

Ordem Gymnosomata. Os pterópodes sem concha. Todos são marinhos. Sete famílias.

Família Clionidae. *Clione.* Pterópodes sem concha e também sem cavidade do manto ou brânquias; um osfrádio está presente. Geralmente com menos de 4 cm de comprimento. Todos são hermafroditas. *Clione limacina* exibe apêndices altamente especializados para alimentação e para captura de pterópodes com concha, dos quais eles se alimentam exclusivamente.

Ordem Nudibranchia. Os nudibrânquios, com 68 famílias, contêm de 40 a 50% de todas as espécies opistobrânquias. As conchas são descartadas na metamorfose e adultos não apresentam cavidade do manto ou ctenídeos. Ceratos normalmente servem como brânquias secundárias. Todos são hermafroditas marinhos.

Subordem Doridina. Nudibrânquios dorídeos. Adultos não apresentam concha, ctenídeos e cavidade do manto. Todos os membros do grupo têm evoluído brânquias secundárias, arranjadas em um tufo circular em volta do ânus; ceratos verdadeiros, contendo extensões do sistema digestório, estão ausentes. Todos são hermafroditas marinhos. A maior parte é carnívora, alimentando-se mais frequentemente de esponjas. Há 12 famílias.

Família Polyceridae (= Polyceratidae). *Polycera.*

Família Hexabranchidae. *Hexabranchus.* Um grupo tropical amplamente distribuído, contendo gastrópodes com até 30 cm de comprimento e peso de até 350 g. Os representantes desta família podem tanto nadar quanto caminhar.

Família Dorididae. *Doris, Austrodoris, Rostanga.*

Família Archidorididae. *Archidoris.* Caramujos arredondaddos, de corpo particularmente mole, geralmente com menos de 10 cm de comprimento.

Família Discodorididae (= Diaululidae). *Discodoris, Diaulula.*

Subordem Dendronotina. Todas as espécies dendronotíneas são marinhas e hermafroditas, e a maioria tem ceratos verdadeiros. Os ceratos são altamente ramificados em muitas espécies. Há 10 famílias.

Família Tritoniidae (= Duvaucellidae). *Tritonia.* A maior parte é carnívora, alimentando-se de corais moles (alcionários).

Família Dendronotidae. *Dendronotus.* Estes moluscos alimentam-se de hidroides.

Família Tethydidae. *Melibe, Tethys.* Até 30 cm de comprimento. Os ceratos são incomumente largos e achatados, e a cabeça porta um conspícuo capuz oral circundado por tentáculos. O capuz pode alcançar 15 cm de largura quando completamente expandido e é utilizado para capturar presas ativas, incluindo crustáceos e peixes.

Família Dotoidae. *Doto, Tenellia.*

Subordem Arminina. Um outro grupo de hermafroditas marinhos, sem concha. Seis famílias.

Família Arminidae. *Armina.* Lesmas pequenas, geralmente com menos de 5 cm de comprimento. Em vez de ceratos, brânquias secundárias são encontradas sob a superfície do manto especialmente espesso. Estes carnívoros de águas rasas alimentam-se à noite, geralmente de marinhos bioluminescentes (antozoários coloniais); eles próprios podem se tornar bioluminescentes como consequência de suas atividades de alimentação.

Subordem Aeolidina. Lesmas com numerosos ceratos na superfície dorsal. A maioria das espécies se alimenta de cnidários em águas rasas, apropriando-se dos nematocistos para sua própria defesa. Dezessete famílias.

Família Flabellinidae. Coryphella, Flabellina. A maioria das espécies alimenta-se de hidrozoários.

Família Pseudovermidae. *Pseudovermis.* Lesmas pequenas, com menos de 0,6 cm de comprimento, adaptadas para vida intersticial nos espaços entre grãos de areia. Tentáculos cefálicos e rinóforos estão ausentes, e os ceratos são muito curtos e localizados lateralmente.

Família Tergipedidae (= Cuthonidae). *Cuthona, Tenellia, Cratena, Phestilla.* Indivíduos têm menos de 2,5 cm de comprimento. Algumas espécies alimentam-se de hidroides.

Família Glaucidae. *Glaucus, Hermissenda, Phidiana.* Todos são carnívoros, alimentando-se de cnidários, anelídeos e moluscos. Espécies do gênero *Glaucus* ou proximamente relacionadas a ele são pelágicas, alimentando-se de sifonóforos; ao usurparem os nematocistos de sua presa, estas lesmas tornam-se perigosas, inclusive para seres humanos. O pênis é geralmente armado com espinhos.

Família Aeolidiidae. *Aeolidia, Spurilla.*

Os Pulmonata[32]

Outro grupo importante de espécies heterobrânquias. Representantes da maioria das espécies possuem concha, a qual, em lesmas, é geralmente encoberta dentro do manto e, portanto, não é facilmente vista. A cavidade do manto não tem um ctenídeo, mas algumas vezes abriga brânquias secundariamente evoluídas. Todas as espécies são hermafroditas e a maioria é ovípara; algumas espécies protegem seus ovos fertilizados com conchas calcárias. Aproximadamente 70 famílias contendo cerca de 19 mil espécies.

Ordem Eupulmonata

Subordem Actophila

Família Ellobiidae. *Melampus, Ovatella, Ellobium.* Pulmonados geralmente marinhos ou estuarinos

[32]Pulmonata é um táxon válido, mas há desacordo quanto à sua categoria taxonômica. O grupo é incluído na subclasse Orthogastropoda, superordem Heterobranchia.

(poucas espécies terrestres), intertidais ou de águas rasas, com conchas espiraladas externas; opérculo e osfrádio ausentes. Todos são hemafroditas, ou sequenciais ou simultâneos. Umas poucas espécies são semelhantes a larvas velígeras planctônicas de vida livre, lembrando bastante as produzidas por gastrópodes prosobrânquios e opistobrânquios. O pênis geralmente porta um estilete afiado.

Subordem Stylommatophora. Indivíduos da maioria das espécies têm conchas espiraladas que, em lesmas, podem ser completamente envoltas pelo manto. Um opérculo nunca está presente. Todos os indivíduos possuem dois pares de tentáculos, com o par superior contendo um olho apical. Mais de 50 famílias, com cerca de 18 mil espécies.

Família Achatinellidae. *Achatinella.* Estes são caracóis terrestres arborícolas encontrados principalmente em ilhas do Pacífico, incluindo Havaí, mas também no Japão, na Nova Zelândia e na Austrália.

Família Pupillidae. *Pupilla, Orcula.* Caracóis terrestres pequenos, geralmente com menos de 1 cm de comprimento. Este grande grupo contém quase 500 espécies.

Família Clausiliidae. *Clausila, Papillifera, Vestia* – caracóis exclusivamente terrestres, ovovivíparos, distribuídos em mais de 200 gêneros na Ásia, na América do Sul, na Europa e na Ásia Menor. Todos os representantes deste grupo possuem um mecanismo único, complexo morfológica e funcionalmente, o "clausílio", para selar a abertura depois que o corpo se recolhe dentro da concha.

Família Succineidae. Todos são terrestres, com conchas menores de 2 cm, muito finas e frágeis.

Família Athoracophoridae. *Triboniophorus.* Caracóis terrestres parecidos com lesmas, com a concha reduzida a uma massa de placas calcificadas dentro do integumento. O sistema respiratório peculiar lembra o sistema traqueal dos insetos. Esses caracóis geralmente vivem em árvores e arbustos, principalmente na Austrália e na Nova Zelândia.

Família Achatinidae. *Achatina.* Todos terrestres, com conchas de até 23 cm; estes são os maiores de todos os pulmonados terrestres. Esta espécie africana estiva durante a estação seca, formando um epifragma especialmente forte. *Achatina fulica* é uma importante praga agrícola e é consumida por seres humanos em algumas partes do mundo; a concha é reutilizada como utensílio e para decoração.

Família Streptaxidae. Um grande grupo de caracóis terrestres tropicais, com cerca de 500 espécies. Vivem em serrapilheira e sob troncos caídos e podem ficar recolhidos em estivação durante longos períodos de seca. Todos são carnívoros, predando outros gastrópodes e anelídeos.

Família Limacidae. *Deroceras, Limax.* Lesmas terrestres, com a concha reduzida em uma placa plana e na maior parte envolvida pelo manto. São pragas agrícolas importantes, particularmente na Europa e na África. Indivíduos são capazes de se autofertilizar.

Família Helicidae. *Helix, Cepaea.* Estes caracóis terrestres e distintamente comestíveis ("escargôs") têm uma concha externa em espiral. Eles hibernam escavando no solo e cobrindo a toca com um epifragma bem desenvolvido. Um saco de dardos especializado está associado à vagina de cada indivíduo. Durante a cópula, cada parceiro injeta um dardo calcário nos tecidos do outro, similar ao que acontece em vários outros grupos pulmonados e em alguns opistobrânquios.

Ordem Basommatophora. Estes são caracóis pequenos (geralmente com menos de 10 cm), com olhos localizados na base dos tentáculos. Há 15 famílias, contendo menos de 1.000 espécies.

Família Siphonariidae. *Siphonaria.* A concha é em forma de chapéu, com uma projeção irregular no lado direito, e a cavidade do manto abriga uma brânquia secundária. Algumas espécies liberam larvas velígeras de vida livre. Todas as espécies são marinhas. Muitas são tropicais, vivendo na zona intertidal superior.

Família Amphibolidae. *Amphibola.* Gastrópodes nesta família são únicos entre os pulmonados por terem um opérculo quando adultos. Embora brânquias de qualquer tipo estejam ausentes, anfibolídeos possuem um osfrádio na cavidade do manto. Suas espécies são estuarinas e produzem uma larva véliger distinta, porém, em apenas uma espécie, a véliger aparentemente emerge como uma larva natante e que se alimenta (*Amphibola crenata*, da Nova Zelândia).

Família Lymnaeidae. *Lymnaea.* Caramujos de lagoas, com uma concha externa em espiral. Todas as espécies vivem em água doce; elas geralmente servem como hospedeiros intermediários de várias espécies de vermes chatos parasitos (trematódeos).

Família Physidae. *Physa.* Estes hermafroditas de água doce podem se autofertilizar. A concha é sempre sinistrógira.

Família Planorbidae. *Biomphalaria, Bulinus, Planorbis, Helisoma.* Todos são caramujos de água doce, geralmente com uma concha planispiral, que se enrola sinistralmente. Representantes desta família são extremamente importantes como hospedeiros intermediários na transmissão da esquistossomose, uma doença devastadora causada por vermes chatos do gênero *Schistosoma.* O sangue desses caramujos é geralmente rico em hemoglobina, permitindo-os viver em ambientes – incluindo áreas poluídas – com muito baixas concentrações de oxigênio. Populações são de difícil controle, em parte porque estes caramujos podem se autofertilizar.

Ordem Systellommatophora. *Onchidium, Smeagol, Vaginulus.* Estas lesmas normalmente não apresentam qualquer vestígio de concha, seja interna ou externamente. A cavidade pulmonar, se presente, está sempre localizada posteriormente. A cabeça porta dois pares de tentáculos, com o par superior contendo os olhos, como em basomatóforos. A maior parte das espécies é terrestre, embora algumas sejam anfíbias, vivendo parcialmente na terra e parcialmente no mar. Algumas espécies são herbívoras, outras alimentam-se de outros pulmonados. Quatro famílias.

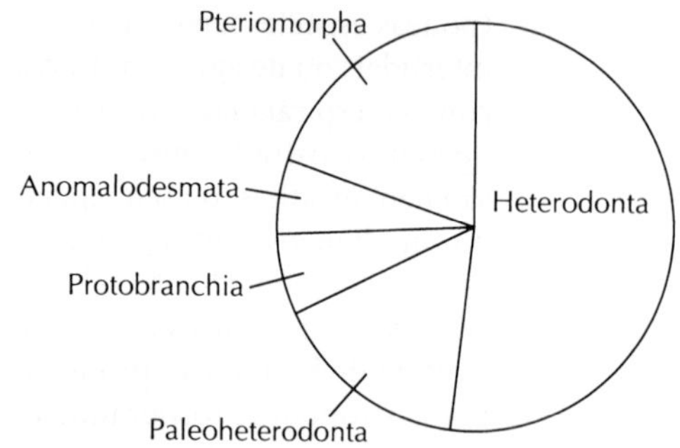

Classe Bivalvia[33]

Aproximadamente 9.200 espécies estão distribuídas entre mais de 90 famílias.

Subclasse Protobranchia (= Paleotaxodonta = Cryptodonta)

Sete famílias, todas marinhas, com aproximadamente 500 espécies.

Família Nuculidae. *Nucula.* São alimentadores de depósito, vivendo em sedimentos arenosos, com conchas geralmente medindo de 1 a 3 cm de comprimento. Estes bivalves não têm sifões, e a água entra anteriormente na cavidade do manto.

Família Nuculanidae. *Yoldia.* Estes pequenos protobrânquios (menores de 7 cm de comprimento) vivem principalmente em sedimentos de águas profundas. Eles possuem sifões inalante e exalante posteriormente.

Família Solemyidae. *Solemya.* Solemídeos escavam na areia e no lodo e ocorrem em uma extremamente ampla gama de profundidades. O sistema digestório é substancialmente reduzido, ou mesmo ausente, em algumas espécies; nutrientes podem ser obtidos através da atividade de bactérias simbiontes oxidantes de enxofre que vivem nas brânquias. Estes mariscos não têm sifões e a água entra na cavidade do manto anteriormente. Solemídeos podem nadar durante até um minuto, ejetando água vigorosamente pelo sifão exalante.

[33]Na classificação aqui utilizada, representantes dos Lamellibranchia são atualmente distribuídos entre as seguintes quatro subclasses: Pteriomorphia, Paleoheterodonta, Heterodonta e Anomalodesmata. Os bivalves septibrânquios são agora tratados como duas famílias (Poromyidae e Cuspidariidae) dentro da subclasse Anomalodesmata.

Subclasse Pteriomorphia

A maioria das espécies pertence à epifauna, presa a substratos duros com fios de bisso, e não apresenta um sifão inalante verdadeiro. Existem 24 famílias com aproximadamente 1.500 espécies

Família Mytilidae. *Modiolus, Bathymodiolus, Mytilus, Lithophaga* – mexilhões. A maior parte das espécies vive presa por cordões de bisso a substratos sólidos, em hábitats marinhos e estuarinos; poucas espécies vivem na água doce. Algumas espécies marinhas (*Lithophaga* spp.) escavam substrato calcário (incluindo corais) ou vivem comensalmente com ascídias. *Mytilus edulis* tem-se tornado uma importante espécie bioindicadora de poluição. *Bathymodiolus azoricus* domina a fauna em muitas fontes hidrotermais ao longo da cadeia mesoatlântica. Embora estes bivalves possam ingerir material particulado, eles também obtêm nutrientes de bactérias simbiontes oxidantes de enxofre e podem ingerir aminoácidos dissolvidos diretamente da água do mar.

Família Pinnidae. *Pinna* – conchas-pena. As conchas são finas e frágeis, e podem chegar a 1 m de comprimento. Os músculos adutores posteriores são muito maiores que os anteriores. Os animais vivem em mares tropicais rasos, parcialmente enterrados no sedimento e presos ao substrato sólido mais profundo por fios bissais sedosos.

Família Ostreidae. *Ostrea, Crassostrea* – ostras, de considerável importância comercial. Estes bivalves se apoiam na valva esquerda, a qual pode estar firmemente cimentada ao substrato. Adultos não apresentam pé e não secretam fios bissais. Não existe músculo adutor anterior e a concha não apresenta camada nacarada. Indivíduos alteram o sexo a cada período de poucos anos ao longo da vida. Cada fêmea pode produzir mais de um milhão de ovos anualmente.

Família Pectinidae. *Chlamys, Pecten, Aequipecten, Argopecten, Placopecten* – escalopes. Várias espécies podem nadar batendo as duas valvas da concha uma na outra, porém, poucas espécies não são capazes de nadar e permanecem sobre o substrato ou vivem presas a substratos duros por fios bissais. O músculo adutor anterior está ausente. O músculo adutor posterior, contudo, é grande e é a única parte do escalope que é consumida pelos seres humanos.

Família Anomiidae. *Anomia*. As conchas são arredondadas ou ovais e bastante brilhosas. Anomiídeos vivem fixos a substratos sólidos; uma conexão quitinosa, geralmente calcária, de material bissal, alcança o substrato por um orifício na valva direita da concha. Não há músculo adutor anterior, e o posterior é muito reduzido.

Subclasse Paleoheterodonta („antigos e de dentição desigual")

Oito famílias, com aproximadamente 1.000 espécies.

Family Unionidae. *Lampsilis, Ligumia, Medionidus, Villosa, Unio, Anodonta, Pyganodon*. Todos os membros desta família (mais de 300 espécies na América do Norte) vivem na água doce. Fêmeas incubam embriões nas brânquias e liberam gloquídeos, os quais continuam seu desenvolvimento como parasitos de peixes. Os adultos são de vida livre, com um perióstraco particularmente bem desenvolvido e dois fortes músculos adutores. Centenas de espécies encontram-se atualmente ameaçadas ou já extintas.

Subclasse Heterodonta („de dentição desigual")

Com 42 famílias e pelo menos 4 mil espécies. O adulto geralmente não apresenta uma glândula bissal.

Ordem Veneroida.

Este grupo abriga mais de um terço de todas as espécies atuais de bivalves.

Família Lucinidae. *Lucina, Lucinoma*. Estes mariscos são comuns em sedimentos ricos em sulfetos e constroem (com o pé) túneis bastante complexos, que se estendem profundamente no sedimento sob o animal. O pé longo e vermiforme destes bivalves alimentadores de suspensão geralmente forma um tubo anterior de alimentação revestido de muco. A posição do tubo inalante é mudada frequentemente. Todos os lucinídeos estudados até agora têm bactérias quimioautotróficas vivendo simbioticamente nas brânquias; as bactérias formam carboidratos a partir de CO_2, utilizando energia obtida da oxidação de sulfetos. As brânquias são particularmente espessas e possuem somente a demibrânquia interna.

Família Thyasiridae. *Thyasira.* Como seus parentes próximos, os lucinídeos, estes bivalves geralmente têm brânquias bem desenvolvidas abrigando bactérias quimioautotróficas simbiontes, e constroem com o pé um tubo de alimentação revestido de muco. Diferentemente dos lucinídeos, o tubo de alimentação tem uma posição fixa e as brânquias são completas, com as demibrânquias internas e externas; Populações tão densas quanto 4 mil individuos/m^2 têm sido descritas no Atlântico Norte, em sedimentos ricos em matéria orgânica. O pé constrói uma extensa rede de túneis, que se estendem profundamente no sedimento abaixo dos bivalves; esses túneis são mais complexos que aqueles dos lucinídeos.

Família Galeommatidae. *Lasaea, Montacuta.* Um grupo de bivalves pequenos (normalmente menores de 2 cm), rastejantes ativos, que são, em geral, comensais em outros invertebrados marinhos, sobretudo anêmonas, anelídeos, crustáceos e outros bivalves. Algumas espécies de *Entovalva* vivem somente dentro do intestino de holotúrios. Uma espécie de profundidade (*Mysella verrilli*) parece ser um ectoparasito sugador de cnidários. Indivíduos nesta família são geralmente hermafroditas e muitas vezes incubam embriões no interior da cavidade do manto antes de liberar a prole como larvas velígeras de vida livre. Em algumas espécies, os machos vivem dentro da cavidade do manto da fêmea.

Família Carditidae. *Cardita.* Estes alimentadores de suspensão habitantes de águas rasas prendem-se a substratos duros por fios bissais. O sangue contém hemoglobina. Os sexos são separados, e as fêmeas incubam embriões na brânquia.

Família Cardiidae. *Cardium, Laevicardium* – berbigões. Este grupo contém cerca de 200 espécies de alimentadores de suspensão de águas rasas, geralmente vivendo em substratos arenosos. O pé é altamente musculoso e utilizado para escavar, saltar e mesmo nadar, embora a natação raramente seja graciosa. O perióstraco é pouco desenvolvido.

Família Tridacnidae. *Tridacna, Hippopus* – mariscos-gigantes. Os indivíduos podem pesar até 180 kg. A maioria das espécies tem um pé muito pequeno e vive presa ao substrato por um enorme bisso. O manto é repleto de algas unicelulares (zooxantelas) vivendo simbioticamente no seu tecido. Nenhum adulto destituído de zooxantelas foi reportado até hoje. Vivendo no tecido do manto do bivalve, as zooxantelas adquirem proteção contra a irradiação UV. Todas as seis espécies tridacnídeas vivem em águas rasas do Indo-Pacífico tropical.

Família Mactridae. *Mactra, Spisula* – os mariscos; *Mulinia, Rangia.* A maioria das espécies é marinha, embora algumas sejam exclusivas de água doce. Espécies marinhas escavam em sedimentos de águas rasas, usando um grande pé que não apresenta bisso. Várias espécies constituem alimentos comercialmente importantes.

Família Pharidae (= Cultellidae). *Cultellus, Ensis* – mariscos-"lâmina". Alimentadores de suspensão e escavadores rápidos em hábitats marinhos e estuarinos.

Família Tellinidae. *Tellina, Macoma.* Estes bivalves são todos marinhos e principalmente alimentadores de depósito, vivendo na areia ou no lodo. A demibrânquia externa é muito pequena e destituída de todas ou da maioria das lamelas ascendentes.

Família Donacidae. *Donax.* Alimentadores de suspensão escavadores, todos marinhos. Pelo menos algumas espécies migram para cima e para baixo em praias arenosas jogando areia para fora (aparentemente alertadas pelo som do arrebentar de ondas grandes) e sendo carregadas pela subida ou descida da maré.

Família Arcticidae. *Arctica islandica.* Estes bivalves vivem em águas bastante profundas na costa da Nova Inglaterra. Eles são comercialmente importantes como mariscos utilizados para a alimentação; os Estados Unidos coletam aproximadamente 20 mil toneladas de mariscos anualmente.

Família Corbiculidae. *Corbicula*. Alimentadores de suspensão escavadores encontrados em estuários e em água doce. Cerca de 100 espécies, uma das quais foi introduzida nos Estados Unidos vinda da Ásia, provavelmente nos anos 1930 do século passado, sendo hoje um grande problema econômico em boa parte dos Estados Unidos. Populações deste molusco podem exceder 1.000 indivíduos por metro quadrado. A maioria das espécies libera velígeros livre-natantes. A espécie introduzida *C. fluminea* é capaz de se autofertilizar, incubar embriões na brânquia e liberar pequenos bivalves juvenis, os quais podem ser transportados através de correntes por consideráveis distâncias ao longo do corpo de água.

Família Dreissenidae. *Dreissena* – mexilhões, mexilhões-zebra. Estes pequenos (< 5 cm) bivalves europeus e asiáticos recentemente invadiram o leste e oeste dos Estados Unidos e do e Canadá, provavelmente transportados na água de lastro de navios durante os anos 1980. Eles têm sido bem-sucedidos na água doce e salgada, e rapidamente tornaram-se pragas economicamente importantes; eles competem por alimento em suspensão com peixes e espécies de bivalves nativos comercialmente importantes, além de obstruírem os canais de captação de água de hidrelétricas, embarcações e sistemas de refrigeração industrial. Adultos atingem densidades de mais de 50 mil indivíduos/m^2, reproduzindo-se prolificamente (fertilizando ovos externamente e liberando larvas velígeras livre-natantes) e formam grossos emaranhados de fios bissais, o que os fazem extremamente difíceis de desalojar dos canos obstruídos. Nenhum outro bivalve de água doce norte-americano forma fios bissais na fase adulta.

Família Sphaeriidae (= Pisidiidae). *Pisidium, Sphaerium* – mariscos-unhas-de-dedo. Alimentadores de suspensão dulciaquícolas. As conchas são geralmente menores de 0,5 cm. Algumas espécies vivem fora da água em serrapilheira úmida ao longo de praias de lagoas e córregos; portanto, eles são, de alguma maneira, terrestres.

Família Vesicomyidae. *Calyptogena, Vesicomya*. Todas as cerca de 50 espécies de bivalves nesta família vivem em hábitats ricos em sulfeto, como próximo a saídas hidrotermais e fontes sulfurosas de água fria, e todas abrigam bactérias endossimbiontes quimioautotróficas nas brânquias.

Família Veneridae. *Mercenaria* (= *Venus*) – mariscos-de-concha-dura; *Gemma, Tapes, Petricola, Mysia*. Um grande grupo de aproximadamente 500 espécies alimentadoras de suspensão, todas as quais marinhas. O marisco *Mercenaria mercenaria* é utilizado em ensopados e caldos. *Petricola* e outros membros da subfamília Petricolinae geralmente escavam em uma variedade de substratos, como lodo, sedimentos de conchas e foraminíferos e corais. Todos são marinhos.

Ordem Myoida. Seis famílias.

Família Myidae. *Mya* – mariscos-de-concha-mole. A maioria das espécies é alimentadora de suspensão. Os sifões são fusionados e cobertos por um estojo de perióstraco.

Família Hiatellidae. *Panopea*. Estes grandes bivalves são encontrados ao longo da costa do Pacífico dos Estados Unidos e do e Canadá. As conchas crescem até 20 cm de comprimento, com sifões excedendo comprimentos de 75 cm, possibilitando aos animais viverem profundamente no sedimento.

Família Pholadidae. *Martesia, Xylophaga, Zirphaea*. Estes bivalves marinhos escavam em substratos duros, incluindo argila endurecida, sedimentos, conchas e madeira. Os sifões estendem-se para fora do substrato, para alimentação por suspensão. Estes animais provocam danos consideráveis a embarcações de madeira, docas e pilastras.

Família Teredinidae. *Teredo, Bankia* – os vermes-de-navio, turus ou cupins-do-mar. Estes bivalves, em sua maioria, escavam madeira.

Eles revestem seus túneis com depósitos de cálcio. Sua concha é bem pequena – em geral, cerca de 0,4 cm em um indivíduo que tem entre 6 a 7 cm de comprimento –, e a maior parte do animal se estende posteriormente da concha como um longo "verme". O animal vive escondido dentro da madeira, deixando de fora apenas os sifões, que são usados para a alimentação. Diferentemente dos Pholadidae (ver p. 289), teredinídeos possuem paletas calcárias, que são utilizadas para fechar a galeria após a retração dos sifões. A maioria das espécies é marinha ou estuarina. Algumas são gonocorísticas; outras são hermafroditas. Jovens são incubados no interior das brânquias. Estes bivalves causam considerável dano econômico a embarcações de madeira e pilastras, nas quais eles penetram durante a metamorfose larval.

Subclasse Anomalodesmata

Esta classe inclui todas as espécies "septibrânquias". Inclui 13 famílias e aproximadamente 450 espécies.

Família Pandoridae. *Pandora.* Um pequeno grupo (cerca de 25 espécies) de alimentadores de suspensão e escavadores marinhos, que vivem em sedimentos de águas rasas. As demibrânquias internas dos ctenídeos são plenamente desenvolvidas, porém, as demibrânquias internas são muito reduzidas. Todas as espécies são hermafroditas.

Família Poromyidae. *Poromya.* Estas espécies "septibrânquias" são carnívoras – alimentando-se sobretudo de anelídeos –, e a maior parte vive em grandes profundidades. Os ctenídeos são bastante modificados. Todas as espécies são marinhas e hermafroditas.

Família Cuspidariidae. *Cuspidaria.* Estes animais "septibrânquios" são carnívoros altamente modificados, vivendo em sedimentos de mares profundos. O pé é pequeno, mas com bisso; os palpos labiais podem ser inteiramente perdidos; a cavidade do manto é dividida em duas câmaras por um septo perfurado muscular; ctenídeos verdadeiros estão ausentes. Todas as espécies são marinhas e os indivíduos alimentam-se principalmente de crustáceos e anelídeos.

Família Clavagellidae. *Clavagella.* Esta família inclui alguns dos mais bizarros e menos compreendidos bivalves. Adultos vivem dentro de longos tubos calcários (12-30 cm), que são perfurados na extremidade anterior como em um regador de plantas. Pelo menos uma valva da concha se fusiona com o tubo. Nada é conhecido sobre sua história de vida.

Classe Scaphopoda

As cerca de 350 espécies estão distribuídas em 10 famílias.

Família Dentaliidae. *Dentalium.* As conchas possuem até 15 cm de comprimento, que é o máximo que qualquer escafópode pode atingir. Espécies deste grupo são amplamente distribuídas, com algumas vivendo em águas rasas e outras a grandes profundidades, em todos os principais oceanos: Atlântico, Pacífico, Índico e Ártico.

Classe Cephalopoda

As aproximadamente 600 espécies estão divididas em 45 famílias. Todas as espécies são marinhas, gonocorísticas e carnívoras.

Subclasse Nautiloidea

Nautiloides são os únicos cefalópodes com conchas externas verdadeiras, secretadas pelo manto. Embora este grupo já tenha contido milhares de espécies distribuídas em muitas famílias, somente seis espécies escaparam da extinção, e estas são muito proximamente relacionadas, de maneira que pertencem a uma única família.

Família Nautilidae. *Nautilus* – o náutilo com câmaras. A concha calcária externa é espiralada e dividida internamente por septos transversais; o animal ocupa somente a câmara mais externa. Conchas de adultos podem atingir cerca de 27 cm. Nautiloides têm olhos de lentes simples, 80 a 90 tentáculos, dois pares de ctenídeos e dois pares de osfrádios; nenhum apresenta saco de tinta. Todas as seis espécies ocorrem no Indo-Pacífico, vivendo geralmente a profundidades entre 50 e 500 a 600 m.

Subclasse Coleoidea (= Dibranchiata)

A maior parte das espécies possui conchas internas, que são completamente envolvidas pelo tecido do manto. Quatro ordens, 44 famílias.

Ordem Sepioidea. Todos os representantes contêm oito braços e dois tentáculos. Cinco famílias.

Família Spirulidae. *Spirula* – "chifre-de-carneiro". A concha interna é espiralada e calcária, e atua na regulagem da flutuação. Estes animais são pelágicos em águas profundas (200-600 m), possuindo saco de tinta e, na região posterior, um órgão bioluminescente externo; não possuem rádula.

Família Idiosepiidae. *Idiosepius*. Estes minúsculos cefalópodes raramente excedem 1,5 cm de comprimento e geralmente são destituídos até mesmo de concha interna.

Família Sepiidae. *Sepia* – sépias. A concha calcária, muito leve ("*cuttlebone*"), é interna e atua na regulagem da flutuação. Os tentáculos podem ser completamente retraídos dentro de uma bolsa especial.

Ordem Teuthoidea (= Decapoda). As lulas. Conchas são sempre internas e não calcificadas. A cabeça é circundada por oito braços e dois tentáculos, e contém olhos avançados, com lentes. Todos os representantes têm uma rádula bem desenvolvida. Lulas são comercialmente importantes, com cerca de 200 milhões de toneladas de algumas espécies capturadas anualmente para a alimentação. Existem 25 famílias deste grupo.

Família Loliginidae. *Loligo* – lulas. Todas as três espécies são base da indústria pesqueira; *Sepioteuthis, Lolliguncula*. A lula *Loligo* alcança comprimentos de cerca de 50 cm, tendendo a viver em grandes agregados.

Família Ommastrephidae. *Illex, Todarodes* – lulas-flecha. Estas lulas são base de grandes indústrias pesqueiras do Atlântico Norte e do Japão, respectivamente.

Família Lycoteuthidae. *Lycoteuthis*. Estas são pequenas (menos que 10 cm de comprimento) lulas de águas profundas, encontradas a até 3.000 m de profundidade. Possuem órgãos bioluminescentes em padrões espécie-específicos. Essas lulas emitem luzes vermelhas, azuis e brancas em diferentes regiões do corpo.

Família Architeuthidae. *Architeuthis* – lulas gigantes. Estes são os maiores de todos os invertebrados, atingindo comprimentos de 20 m, incluindo os tentáculos, e pesos excedendo uma tonelada. A lula não apresenta órgãos bioluminescentes e vive a profundidades de 500 a 1.000 m. São altamente predadas por cachalotes.

Família Cranchiidae. Lulas-vidro (a maioria das espécies é transparente). *Galiteuthis, Mesonychoteuthis* (lulas colossais). Os olhos das lulas colossais podem exceder 25 cm de diâmetro, o que os faz os maiores olhos animais já registrados.

Ordem Vampyromorpha. Uma família (Vampyroteuthidae). *Vampyroteuthis* – lulas-vampiro. Estas lulas de corpo escuro e habitantes de águas profundas (300-3.000 m) têm oito braços normais e mais um par de braços altamente modificados, finos e alongados, como ramos de uma planta trepadeira. Conspícuas bainhas de tecido ocorrem entre os braços, formando algo similar a uma "capa de vampiro". As espécies do grupo possuem órgãos bioluminescentes bem desenvolvidos, uma rádula e grandes olhos vermelhos. A concha é interna, não calcificada e quase transparente.

Ordem Octopoda. Estes cefalópodes possuem oito braços e nenhum tentáculo. A concha, se presente, é reduzida a pequenas estruturas cartilaginosas de suporte. Há 12 famílias, contendo pelo menos 600 espécies.

Família Cirroteuthidae. *Cirrothauma*. Estes polvos ocorrem a grandes profundidades, de até 4.000 m, e pelo menos uma espécie é única entre os cefalópodes, por ser aparentemente cega. Não possuem rádula nem saco de tinta, e algumas espécies têm uma aparência gelatinosa, parecendo mais águas-vivas gigantes do que cefalópodes.

Família Octopodidae. *Octopus* – polvos (pelo menos 250 espécies). Estes cefalópodes de águas rasas têm até 3 m de comprimento e 2,5 kg de peso. São habitantes de fundos, não natantes e os indivíduos tendem a viver por si só em pequenas cavernas de proteção. Octopodídeos podem perfurar conchas de moluscos e matar a presa utilizando uma secreção tóxica da glândula salivar. O cérebro bem desenvolvido é envolto por um crânio cartilaginoso. Polvos têm um comportamento complexo, podendo aprender e lembrar. Aproximadamente 150 novas espécies de polvos foram descritas desde 1995.

Família Argonautidae. *Argonauta* – o náutilo-de-papel. Estes octópodes são exclusivamente pelágicos. As fêmeas têm até 30 cm de comprimento e secretam uma concha grande, porém não dividida em câmaras e fina como papel, na qual a fêmea vive e incuba seus embriões em desenvolvimento; a concha é produzida por glândulas especializadas em vários dos tentáculos, não sendo homóloga a outras conchas de moluscos. O macho tem somente cerca de 1,5 cm de comprimento, e é destituído de concha. Durante a cópula, o longo braço hectocótilo do macho se desprende completamente após penetrar na cavidade do manto da fêmea.

Família Opisthoteuthidae. *Opisthoteuthis.* Estes animais de águas profundas apresentam consistência semigelatinosa, uma concha interna cartilaginosa e são destituídos de rádula. São encontrados em mares tropicais e temperados, geralmente em profundidades de 100 a 1.000 m.

Família Ocythoidae. *Ocythoe.* Estes octópodes pelágicos do Atlântico, Pacífico e Mediterrâneo são sexualmente dimórficos, com machos "anões" (aproximadamente 3-4 cm de comprimento) vivendo em túnicas abandonadas de tunicados; fêmeas medem até 30 cm de comprimento e são de vida livre. Fêmeas de *Ocythoe tuberculata* são únicas entre os cefalópodes por possuírem uma bexiga natatória para regulagem da flutuação, semelhante à dos peixes.

Referências gerais sobre moluscos

Ballarini, R., and A. H. Heuer. 2007. Secrets in the shell. *Amer. Sci.* 95:422–29.

Boardman, R. S., A. H. Cheetham, and A. J. Rowell, eds. 1987. *Fossil Invertebrates.* Palo Alto, Calif: Blackwell Scientific, 270–435.

Davies, M. S., and J. Hawkins. 1998. Mucus from marine molluscs. *Adv. Marine Biol.* 34:1–71.

Fretter, V., and A. Graham. 1994. *British Prosobranch Molluscs,* 2d ed. London: The Ray Society.

Guderley, H. E. and I. Tremblay. 2013. Escape responses by jet propulsion in scallops. *Can. J. Zool.* 91:420–430.

Hanlon, R., and J. B. Messenger. 1996. *Cephalopod Behaviour.* New York: Cambridge University Press.

Harrison, F. W., ed. 1992. *Microscopic Anatomy of Invertebrates, Vols. 5 and 6: Molluscs.* New York: Wiley-Liss.

Hyman, L. H. 1967.*The Invertebrates, Vol. 6. Mollusca I.* New York: McGraw-Hill.

Kat, P. W. 1984. Parasitism and the Unionacea (Bivalvia). *Biol. Rev.* 59:189–207.

Kröger, B., J. Vinther, and D. Fuchs. 2011. Cephalopod origin and evolution: A congruent picture emerging from fossils, develop ment, and molecules. *Bioessays* 33:602–13.

Lalli, C. M., and R. W. Gilmer. 1989. *Pelagic Snails: The Biology of Holoplanktonic Gastropod Mollusks.* Stanford, Calif.: Stanford Univ. Press.

Lindberg, D. R., W. F. Ponder, G. Haszprunar. 2004. The Mollusca: Relationship and patterns from their first half-billion years. In J. Cracraft and M.J. Donoghue (eds.), *Assembling the Tree of Life,* Oxford University Press, New York, pp. 252–78.

Lydeard, C., et al. 2004. The global decline of nonmarine mollusks. *BioScience* 54:321–30.

Morton, J. E., 1979. *Molluscs,* 5th ed. London: Hutchinson Univ. Press.

O'Dor, R. K. 2013. How squid swim and fly. *Can. J. Zool.* 91:413–419.

Parker, S. P., ed. 1982.*Classification and Synopsis of Living Organisms,* vol. 2. New York: McGraw-Hill, 946–1166.

Ponder, W. F., and D. R. Lindberg, eds. 2008. *Phylogeny and Evolution of the Mollusca.* Berkeley: University of California Press.

Pörtner, H. O., R. K. O'Dor, and D. L. Macmillan, eds. 1994. *Physiology of Cephalopod Molluscs: Lifestyle and Performance Adaptations.* Switzerland: Gordon & Braech, Publishers.

Reynolds, P. D. 2002. The Scaphopoda. *Adv. Mar. Biol.* 42:137–236.

Southward, A. J., P. A. Tyler, C. M. Young, and L. A. Fuiman. 2002. *Advances in Marine Biology: Molluscan Radiation - Lesser-known Branches.* New York: Academic Press. This volume contains chapters on the protobranch bivalves (by J. D. Zardus, pp. 2–65), shelled opisthobranch gastropods (by P. M. Mikkelsen, pp. 69–136), scaphopods (by P. D. Reynolds, pp. 139–236) and pleurotomariodean gastropods (by M. G. Harasewych, pp. 238–94).

Suzuki, M. and H. Nagasawa. 2013. Mollusk shell structures and their formation mechanism. *Can J. Zool.* 91:349–366.

Thorpe, J. H., and A. P. Covich, eds. 2001.*Ecology and Classification of North American Freshwater Invertebrates,* 2nd ed. New York: Academic Press.

Vermeij, G. 1993.*A Natural History of Shells.* Princeton N.J.: Princeton Univ. Press.

Ward, P. D. 1987.*The Natural History of* Nautilus. Boston: Allen & Unwin.

Wilbur, K. M., ed. 1983–1988.*The Mollusca.* (Vol. 1: Metabolic Biochemistry; Vol. 2: Environmental Biochemistry and Physiology; Vol. 3: Development; Vols. 4 and 5: Physiology; Vol. 6: Ecology; Vol. 7: Reproduction; Vols. 8 and 9: Neurobiology and Behavior; Vol. 10: Evolution; Vol. 11: Form and Function; Vol. 12: Paleontology and Neontology of Cephalopods.) New York: Academic Press.

Procure na web

1. http://www.uwphotographyguide.com/nudibranchs

   Excelentes fotografias de nudibrânquios, com instruções de como você mesmo pode obter bonitas fotos subaquáticas, cortesia de Scott Gietler.

2. http://www.ucmp.berkeley.edu/taxa/inverts/mollusca/cephalopoda.php/

   Informação detalhada sobre cefalópodes fósseis e atuais, com excelentes fotografias, da University of California, Museu de Paleontologia de Berkeley.

3. Dois sites excelentes sobre mexilhões-zebra (*Dreissena polymorpha*):

   http://nas.er.usgs.gov/taxgroup/mollusks/zebramussel/

   Este site é parte da Rede Nacional de Informação sobre o Mexilhão-Zebra.

   www.anr.state.vt.us/dec/waterq/lakes/htm/ans/lp_zebra.htm

   Este é parte do site Vermont Agency of Natural Resources.

4. http://tolweb.org/Cephalopoda

   Este site (parte do projeto "Tree of Life") foi preparado por R. Young, M. Vecchione e K. M. Mangold, da University of Havaii. Ele contém extensa informação sobre sistemática de cefalópodes, com fotografias.

5. http://www.flickr.com/photos/turtblu/3424848753

   Assista este vídeo que mostra as ondas pediosas se movendo ao longo do pé de um gastrópode com concha, que se arrasta sobre um pedaço de plástico transparente.

6. http://www.conchologistsofamerica.org/conchology

   Esta é uma excelente introdução à sistemática e diversidade dos moluscos, escrita e mantida pelo Dr. Gary Rosenberg.

7. http://shells.tricity.wsu.edu

   O link Gladys Archerd traz a você fotografias e informação taxonômica sobre vários grupos de moluscos, fornecido por Washington State Universities Natural History Museum.

8. www.whoi.edu/science/B/aplacophora/ defchaetneo.html

   Este site fornece várias fotografias coloridas de moluscos aplacóforos, cortesia de Robert Robertson e Amelie Scheltema.

9. http://www.thecephalopodpage.org

   Esta é a página pessoal de James B. Wood, do Bermuda Institute of Ocean Sciences. Ela inclui uma lista de espécies acompanhada de imagens coloridas, junto com informação geral e links para outros sites.

10. seanet.stanford.edu/Prosobranchia/index.html

    seanet.stanford.edu/RockyShore/Molluscs/index.html

    Estes sites trazem bonitas fotografias de gastrópodes com concha, bivalves e quítons da Califórnia.

11. http://hermes.mbl.edu/mrc/hanlon/video.html

    http://eol.org/data_objects/466451

    http://eol.org/data_objects/466455

    Confira estes incríveis vídeos de cefalópodes em ação, cortesia de Roger Hanlon.

12. http://www.youtube.com/watch?v= I0YTBj0WHkU

    Este site mostra mexilhões unionídeos atraindo peixes para completar o seu ciclo de vida.

13. http://www.bivatol.org/

    Aqui está um site que é parte da iniciativa "Assembling the Tree of Life", formada pela National Science Foundation (NSF). Esta é a seção dos bivalves, a qual inclui descrição e foto do "bivalve do dia".

13

Anelídeos

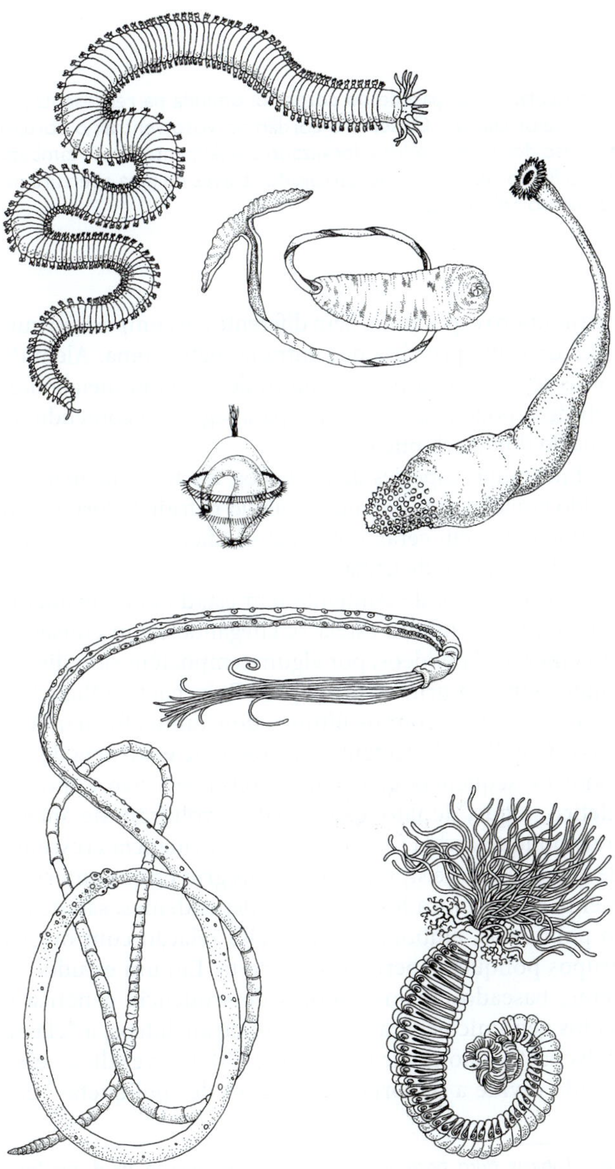

Introdução

O filo Annelida tem-se tornado um grupo mais diverso nos últimos 20 anos; ele agora inclui três grupos de animais que anteriormente eram considerados como filos separados: pogonóforos (agora chamados de *siboglinídeos*), equiúros e, ao menos por enquanto, os sipuncúlidos. Dados morfológicos, ontogenéticos e/ou dados de sequência genética sugerem que todos esses protostômios devem ser incluídos dentro de um único filo.

Filo Annelida

Característica diagnóstica:[1] um ou mais pares de setas quitinosas.

Características gerais de anelídeos

Existem pelo menos 15.500 espécies descritas de anelídeos. Todos os anelídeos adultos, exceto os sipuncúlidos, possuem ao menos um par de cerdas quitinosas, chamadas de **setas**, e todos são **vermiformes**; ou seja, estes animais, como aqueles em alguns outros filos, têm o corpo mole, são ligeiramente circulares em secção transversal, e são mais compridos do que largos. Diferentemente da maioria dos outros animais vermiformes, porém, o corpo dos anelídeos consiste em uma série de segmentos repetidos. Esta repetição serial de segmentos e sistemas de órgãos (pele, musculatura, sistema nervoso, sistema circulatório, sistema reprodutivo e sistema excretor) é chamada de **metamerismo** ou segmentação metamérica (Fig. 13.1).

Somente dois outros filos contêm animais tão marcadamente segmentados: o Arthropoda e o nosso próprio filo, o Chordata.

[1]Características que distinguem os membros de Annelida de membros de outros filos.

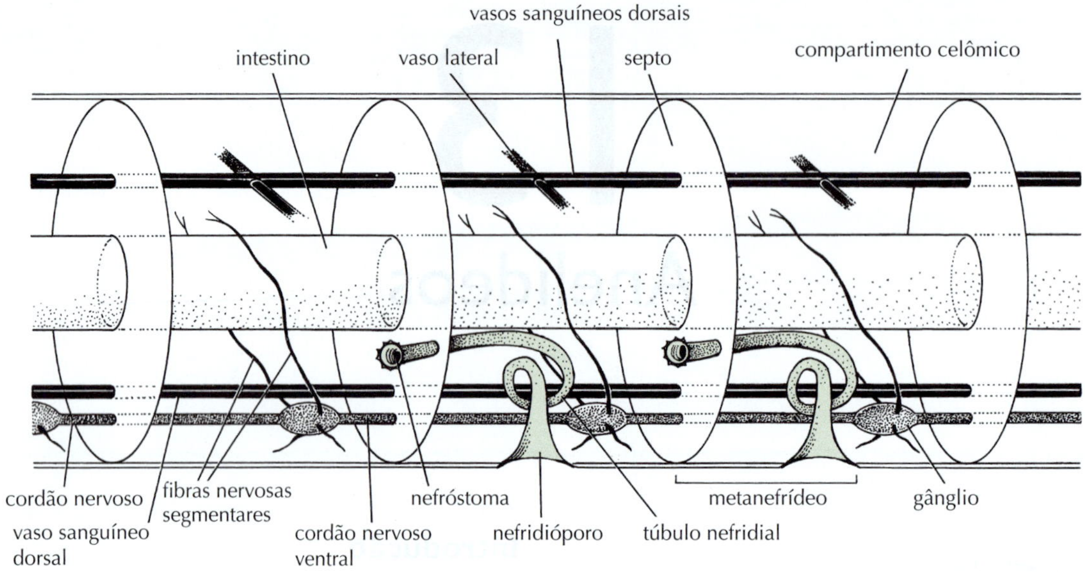

Figura 13.1

Ilustração esquemática de organização metamérica em anelídeos. O corpo anelídeo consiste em uma série linear de segmentos, separados entre si por septos transversais, mesodermicamente derivados. Muito da anatomia interna, incluindo os sistemas excretor, nervoso, celômico e muscular, é segmentarmente arranjado. A musculatura da parede do corpo foi omitida na representação para maior clareza. Observe o cordão nervoso ventral; o cordão nervoso dos vertebrados é localizado dorsalmente. Note também que o fluido celômico é descarregado através de uma abertura no segmento adjacente.

A parede externa do corpo dos anelídeos é, em geral, flexível e pode ter um papel ativo na locomoção. Além disso, a fina parede do corpo pode servir como uma superfície geral para trocas gasosas, desde que mantida úmida. Mesmo quando a epiderme secreta uma cutícula protetora, esta se mantém permeável tanto à agua quanto a gases. Por essa razão, anelídeos estão restritos a ambientes úmidos.

Os segmentos individuais do anelídeo são geralmente separados uns dos outros, em alto grau, por **septos**, que são finas bainhas de tecido derivado do mesoderma (**peritônio**), o que essencialmente isola o fluido celômico em um segmento separado daquele de segmentos adjacentes (Fig. 13.1). Isso permite uma deformação localizada da parede do corpo, obtida por contrações da musculatura circular e longitudinal dentro de um único segmento. Portanto, contrações musculares em um determinado segmento não alteram a pressão hidrostática em outras partes do animal.

Embora alguns produtos de excreção sejam eliminados através da superfície geral do corpo, a excreção normalmente ocorre através de estruturas chamadas de **nefrídeos** ("pequenos rins"). A maioria dos segmentos dos anelídeos contém dois nefrídeos, cada um deles aberto em ambas as extremidades. Esse tipo de nefrídeo é denominado **metanefrídeo**.

O fluido celômico ingressa no nefrídeo através **nefróstoma** pela ação de cílios (Fig. 13.2). À medida que o fluido passa através do tubo enrolado do nefrídeo, algumas substâncias (incluindo sais, aminoácidos e água) podem ser reabsorvidas seletivamente, e outras substâncias (incluindo produtos de excreção) podem ser ativamente secretadas para dentro do lúmen do túbulo. A urina final que sai pelo nefridióporo é, portanto, bem diferente em composição química da urina primária que entra no nefróstoma. Além de fornecer uma saída para produtos de excreção metabólica, nefrídeos podem ser utilizados para regular o conteúdo de água do fluido celômico.[2]

Em muitas espécies de anelídeos, ductos principais do tecido gonadal se fusionam ao túbulo nefridial. Portanto, o nefrídeo tem, em geral, um papel na liberação de gametas, além da liberação de urina.

A sistemática de Annelida tem estado em considerável confusão, embora esteja-se chegando a um consenso atualmente. Anelídeos, por algum tempo, têm sido distribuídos em três grupos principais: Polychaeta, Oligochaeta e Hirudinea, com os últimos dois juntos formando a classe Clitellata. Entretanto, há crescente evidência de estudos de sequência gênica que Polychaeta não é monofilético, e que, de fato, os clitelados evoluíram de ancestrais poliquetas.[3] Há também, agora, evidência crescente de que equiúros e sipuncúlidos, dois grupos que anteriormente eram colocados em filos independentes, são de fato poliquetas, embora a sua precisa relação com outros grupos poliquetas permaneça incerta. Em um estudo recente, baseado em marcadores de sequência genética e dados genômicos para 34 espécies de anelídeos, a "classe Polychaeta" não existe mais (Fig. 13.3). Em vez disso, esse estudo divide a maioria das espécies de "poliquetas" em

[2]Ver *Tópicos para posterior discussão e investigação*, nº 4, no final deste capítulo.

[3]Ver *Tópicos para posterior discussão e investigação*, nº 13, no final deste capítulo.

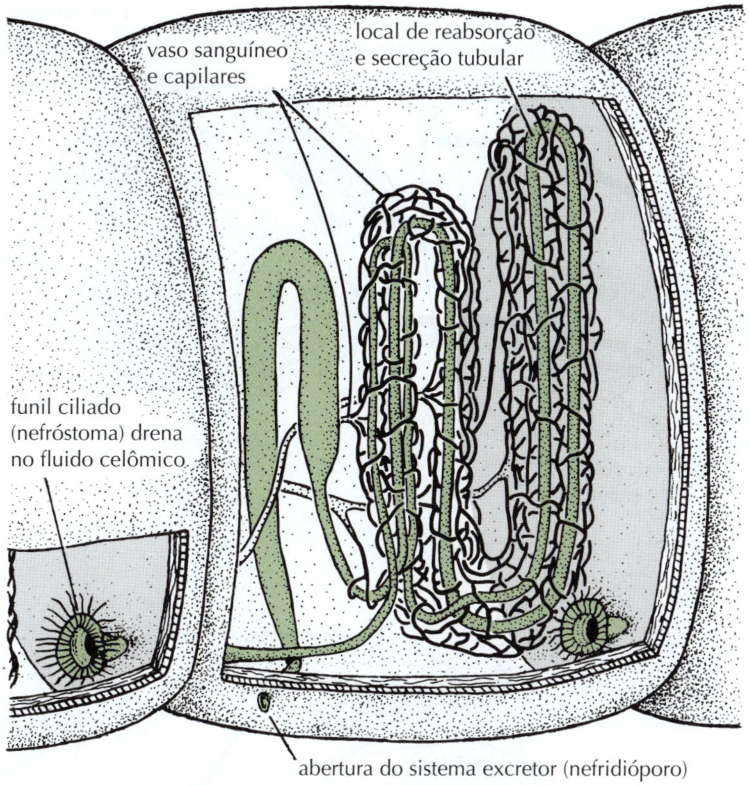

Figura 13.2

Representação esquemática de um metanefrídeo típico. A composição química da urina primária que ingressa através do nefróstoma é alterada por reabsorção e secreção seletivas, à medida que o fluido passa pelos túbulos nefridiais. A urina final é eliminada pelo nefridióporo.

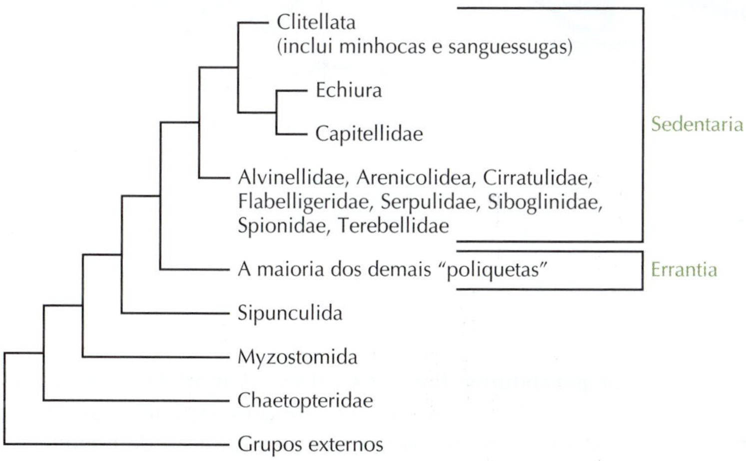

Figura 13.3

Uma filogenia de anelídeos proposta recentemente, baseada em dados moleculares de 34 espécies. De acordo com este esquema, os "poliquetas" não formam mais um grupo taxonômico válido, e os Sedentaria e Errantia formam, juntos, um novo agrupamento, os Pleistoannelida (*pleistos* = do grego, a maioria). Observe que as minhocas e sanguessugas (os clitelados) são incluídos dentro de Sedentaria. Observe também que os Echiura estão firmemente incluídos em Pleistoannelida, ao contrário dos sipuncúlidos.

Adaptada de Struck, T. H. 2011. *J. Zool. Syst. Evol. Res.* 49:340-345.

dois grupos principais – Errantia e Sedentaria –, retornando ao sistema proposto há mais de 150 anos e abandonado nos anos 1970. Sob este novo sistema, os oligoquetas (minhocas) e sanguessugas são incluídos em Sedentaria (Fig. 13.3). Se esta proposta se mantiver nos próximos anos, ela será adotada na próxima edição deste livro. Por enquanto, será mantido o sistema de duas classes, com o qual a maioria das pessoas é familiar (Polychaeta e Clitellata). Seria ótimo ter essa questão finalmente resolvida. Nós podemos estar perto disso. Mesmo assim, as pessoas provavelmente continuarão a utilizar o termo geral "poliquetas" por muitos anos. Observe que Clitellata mantém-se como um táxon válido nessa classificação recentemente proposta (Fig. 13.3).

Estudos recentes indicam que pelo menos algumas espécies de anelídeos têm retido genes e mecanismos reguladores de genes que são compartilhados com vertebrados, mas que foram perdidos nos sistemas-modelo protostômios, como na mosca-da-fruta, *Drosophila melanogaster*, e no verme nematódeo, *Caenorhabditis elegans*. Anelídeos podem, então, se tornar cada vez mais importantes em estudos de biologia desenvolvimental evolutiva.

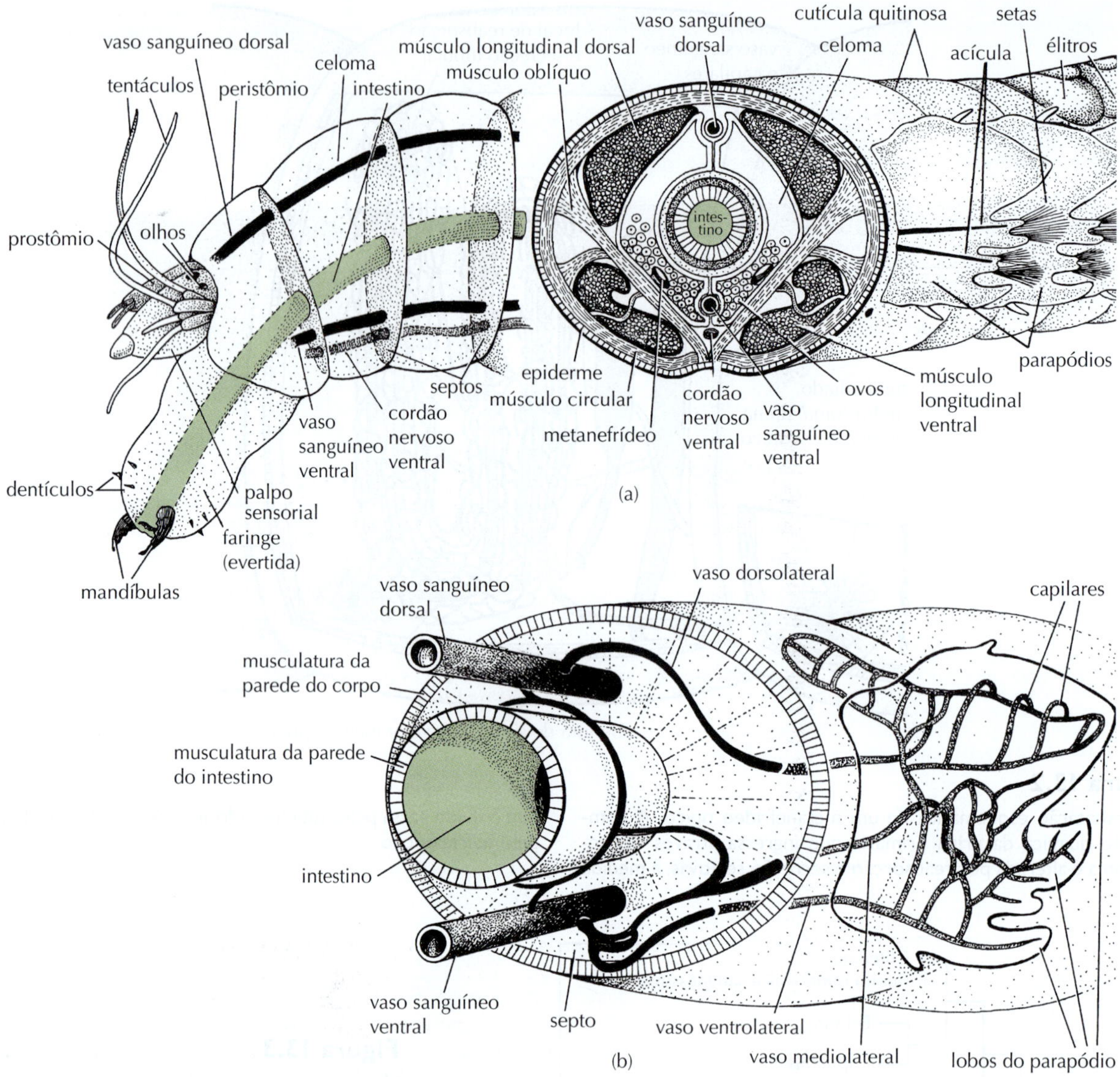

Figura 13.4

(a) Anelídeo poliqueta hipotético, uma composição de várias espécies, mostrando as principais características típicas. (b) Detalhe de um parapódio, mostrando o alto grau de vascularização.

Classe Polychaeta

Característica diagnóstica:[4] projeções laterais pares da parede do corpo (parapódios)?

Aproximadamente 65% de todas as espécies de anelídeos são poliquetas, e quase todos os poliquetas vivem na água salgada. Poliquetas possuem, em geral, ao menos um par de olhos e pelo menos um par de apêndices sensoriais (**tentáculos**) na parte mais anterior do corpo (o **prostômio**). Com frequência, a parede do corpo é estendida lateralmente em uma série de projeções finas e achatadas, chamadas de **parapódios** (Figs. 13.4 e 13.5). A morfologia dos parapódios difere significativamente entre espécies e, portanto, tem um papel importante na identificação de poliquetas. Esses prolongamentos aumentam a área de superfície exposta do animal e, como os parapódios são altamente vascularizados (Fig. 13.4b), eles funcionam nas trocas gasosas entre o poliqueta e seu ambiente. Parapódios também possuem uma função locomotora em muitas espécies, sendo reforçada pela presença de espículas quitinosas de suporte, chamadas de **acículas** (Fig. 13.4b). Além disso, cerdas silicosas, quitinosas ou, mais raramente, calcárias, chamadas de **setas**, projetam-se de cada parapódio; a morfologia das setas também difere substancialmente entre espécies de poliquetas. O corpo é coberto por uma série de placas protetoras sobrepostas (élitros) em algumas espécies (Figs. 13.4a e 13.5b).

[4]Características que distinguem os membros desta classe dos membros de outras classes dentro do filo.

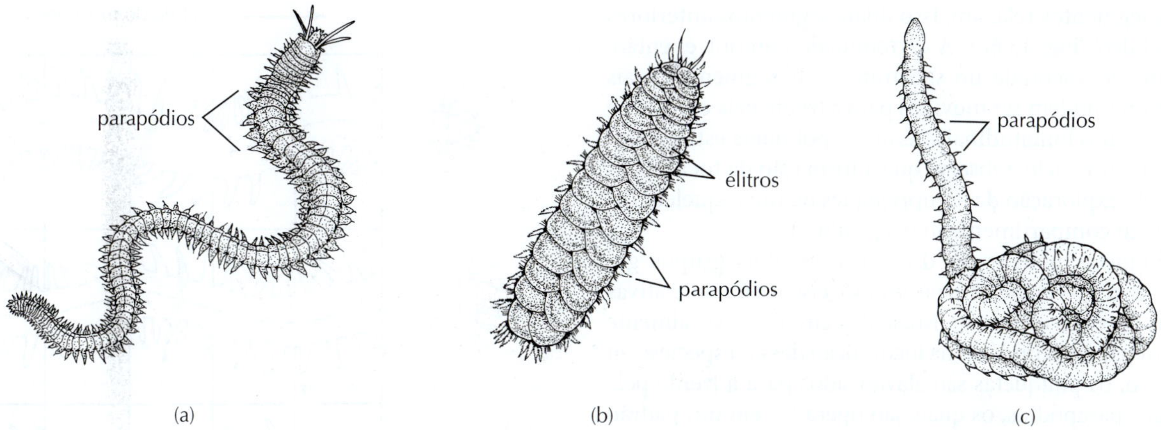

Figura 13.5

Poliquetas errantes representativos. (a) *Nereis virens*. (b) *Harmothoe imbricata*. (c) *Arabella iricolor*.

(a, b) Modificada de McConnaughey e Zottoli, *Introduction to Marine Biology*, 4th ed., 1983. (c) Modificada de Ruppert e Fox, *Seashore Animals of the Southeast United States*. South Carolina Press, Columbia, S. C., 1988.

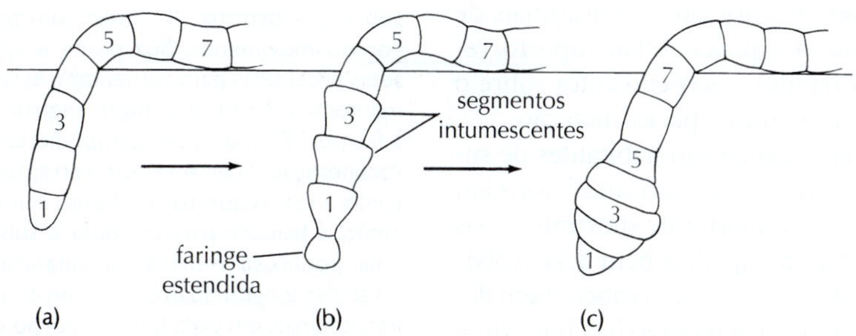

Figure 13.6

Sequência de movimentos envolvidos na escavação do poliqueta marinho *Arenicola marina*. (a) O poliqueta, já tendo escavado parcialmente dentro do sedimento. (b) A faringe é evertida anteriormente, formando a probóscide. Muito do sedimento é ingerido; o resto é jogado para fora, anteriormente. Contrações musculares apropriadas fazem os segmentos adjacentes se intumescerem, impedindo o poliqueta de ser empurrado para trás e para fora do túnel, pela projeção da faringe. (c) Contração sequencial da musculatura longitudinal de cada segmento empurra o animal para baixo. A largura aumentada dos segmentos anteriores, refletindo o relaxamento dos músculos circulares, ancora o animal enquanto os segmentos mais posteriores são movidos para a frente.

Segundo Trueman.

Os septos presentes entre a maioria dos segmentos em poliquetas permite que o sistema do esqueleto hidrostático funcione independentemente em cada segmento. Contrações localizadas em uma parte do corpo resultam em deformações localizadas sem interferir na musculatura dos outros segmentos do animal. Setas funcionam como sítios de fixação temporária e impedem o deslizamento para trás durante a locomoção sobre ou dentro do substrato ou toca. Septos entre segmentos adjacentes anteriores estão, em geral, ausentes ou são incompletos (**perfurados**) em formas escavadoras e ativas, permitindo que um maior volume de fluido celômico seja utilizado. Isso, por sua vez, possibilita maiores mudanças de forma, associadas com a extensão e ancoragem do órgão de penetração (a faringe evertida, chamada de **probóscide**) dentro do sedimento.[5]

Uma secção transversal de um poliqueta revela uma cutícula secretada, não viva, e uma camada circular de músculos sob a epiderme (Fig. 13.4a). Abaixo da camada circular de músculos, se estende uma camada de fibras musculares longitudinais. Músculos oblíquos também são geralmente encontrados, servindo para manter a turgescência do corpo e para movimentar os parapódios, que podem ser utilizados como remos para a locomoção na água (p. ex., natação), sobre superfícies ou dentro de tocas.

Muitos poliquetas formam tocas (túneis) no sedimento, em grande parte pelo antagonismo dos músculos longitudinais e circulares através do esqueleto hidrostático de cada compartimento celômico. Em alguns poliquetas escavadores, a probóscide é evertida para dentro do segmento (Fig. 13.6a), penetrando-o e empurrando a areia para fora. Os segmentos logo atrás da probóscide intumescem marcadamente à medida que os músculos circulares naqueles segmentos se contraem (Fig. 13.6b), impedindo que o poliqueta deslize para trás. A protusão de setas também detém o deslizamento. Os músculos longitudinais, então, se contraem nos segmentos anteriores, ao passo que os músculos circulares

[5]Ver *Tópicos para posterior discussão e investigação*, nº 2, no final deste capítulo.

nesses segmentos relaxam. Isso dilata segmentos anteriores do anelídeo (Fig. 13.6c). A extremidade anterior é, então, firmemente ancorada no substrato, e os segmentos mais posteriores podem ser movidos para a frente pela contração dos músculos longitudinais. Assim, o poliqueta está pronto para repetir o ciclo. Observe que a formação da toca é possível pela exploração das propriedades de um esqueleto hidrostático compartimentado (Capítulo 5).

Poliquetas podem ser divididos em dois grupos gerais. Um grupo inclui as espécies móveis, geralmente ativas (i.e., as espécies **errantes**). Músculos circulares geralmente têm um papel secundário na locomoção dessas espécies; em vez disso, os poliquetas são alavancados para a frente pela ação dos parapódios, os quais são operados em um padrão complexo, como remos. As acículas têm uma função importante como elementos de sustentação durante essa atividade, impedindo que o fino tecido dos parapódios colapse quando a força é aplicada contra o substrato. Poliquetas errantes geralmente aumentam os movimentos parapodiais com contrações cuidadosamente coordenadas da musculatura longitudinal da parede do corpo, gerando ondas sinusoides de atividade; aqui, os músculos longitudinais de um lado do corpo antagonizam aqueles no lado oposto, resultando em movimentos rápidos e serpenteantes sobre o substrato (Fig. 13.7) ou, em algumas espécies, natação.

Nem todos os poliquetas errantes são habitantes de superfície: membros de algumas espécies "errantes" formam túneis simples ou complexos no interior de substratos, mas estes poliquetas, contudo, têm parapódios bem desenvolvidos e completos, com acículas e setas, e uma cabeça bem desenvolvida, equipada com uma faringe eversível portadora de dentes ou mandíbulas. A maior parte das espécies errantes é carnívora, porém o grupo também inclui alimentadores de suspensão, de detrito e onívoros.

Algumas espécies de poliquetas não apresentam parapódios; embora isso possa representar uma perda secundária, o pensamento atual é que essa ausência representa a condição ancestral em Polychaeta. Se os poliquetas ancestrais tiveram parapódios, então a "presença de parapódios" é suficiente para definir Polychaeta; se essas estruturas evoluíram secundariamente de poliquetas escavadores, então o grupo não tem qualquer característica que o defina.

Ao contrário desses poliquetas errantes, outras espécies frequentemente passam suas vidas em túneis simples no sedimento ou em tubos rígidos de proteção – isto é, os animais têm vida sedentária.[6] Seus tubos variam em construção, desde secreções orgânicas simples misturadas com grãos de areia ou argila a tubos compostos por carbonato de cálcio e/ou misturas complexas de proteínas e polissacarídeos. Outras espécies escavam ativamente em substratos calcários e vivem nos túneis resultantes. Os parapódios tendem a ser bastante reduzidos, altamente modificados ou ausentes em poliquetas sedentários (Fig. 13.8). Não surpreendentemente, acículas estão também ausentes, confirmando sua função locomotora em espécies errantes. A maioria das espécies errantes também não apresenta uma faringe eversível (probóscide). A água é transportada pelos tubos de espécies sedentárias

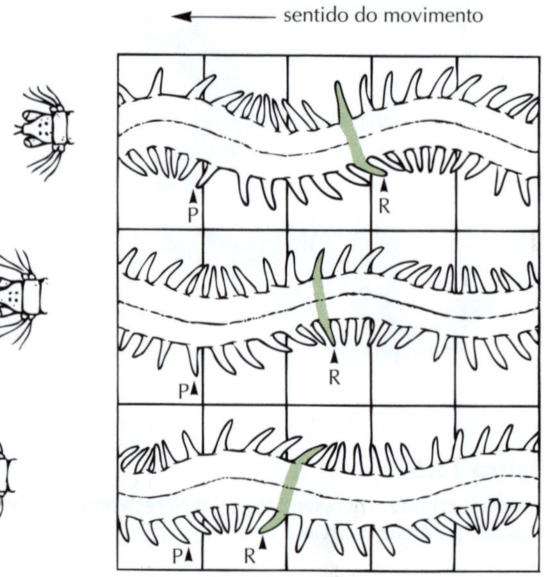

Figura 13.7

O poliqueta errante *Nereis virens*, arrastando-se rapidamente sobre o substrato. "P" indica um parapódio executando seu vigoroso movimento. Sua ponta é aplicada no substrato, com as setas protraídas para aumentar a estabilidade; observe que a ponta mantém-se no mesmo lugar enquanto o corpo é alavancado para a frente. "R" indica um parapódio executando seu movimento de recuperação. Suas setas são retraídas enquanto o parapódio é erguido e retornado para a frente acima do substrato; o parapódio, então, é baixado para contatar o substrato, pronto para executar uma poderosa remada. Simultaneamente, ondas de contração muscular longitudinais propagam-se posteriormente; os músculos longitudinais em cada lado do corpo contraem-se em movimentos alternados, produzindo um rápido arrastamento.

Fonte: J. Gray, 1939, Studies in animal locomotion. VIII. *Nereis diversicolor* em Journal of Experimental Biology, 16:9-17, Plate I.

para respiração, alimentação e/ou remoção de excreta, movimentos rítmicos de parapódios modificados, ou por ondas de contração muscular, que cruzam de uma extremidade à outra do poliqueta (Fig. 13.9). Muitas espécies de poliquetas sedentários exibem abundantes apêndices em forma de fios ou plumas na extremidade anterior, alguns servindo para a captura de alimento e outros sendo altamente vascularizados e servindo como brânquias para as trocas gasosas (Figs. 13.8 e 13.10a). Todos os poliquetas neste grupo ecológico são ou alimentadores de suspensão ou de depósito.

Espécies em algumas famílias de poliquetas possuem **protonefrídeos**, nos quais o fluido é ultrafiltrado quando ele entra no túbulo por batimentos ciliares, similar àqueles encontrados em Platyhelminthes (p. 148) e em vários outros grupos invertebrados. Em outros aspectos, protonefrídeos e metanefrídeos funcionam de maneira similar. Todos os outros poliquetas – de fato, todos os outros anelídeos, exceto, talvez, algumas espécies siboglinídeas – têm metanefrídeos, que são abertos em ambas as extremidades (p. 297). Intrigantemente, a maioria das espécies de poliquetas possui protonefrídeos em seus estágios larvais, mesmo quando os adultos têm metanefrídeos. Protonefrídeos têm sido também descritos para estágios de desenvolvimento de alguns clitelados. Essa evidência sugere que anelídeos evoluíram de ancestrais com protonefrídeos.

[6]Ver *Tópicos para posterior discussão e investigação*, nº 1, no final deste capítulo.

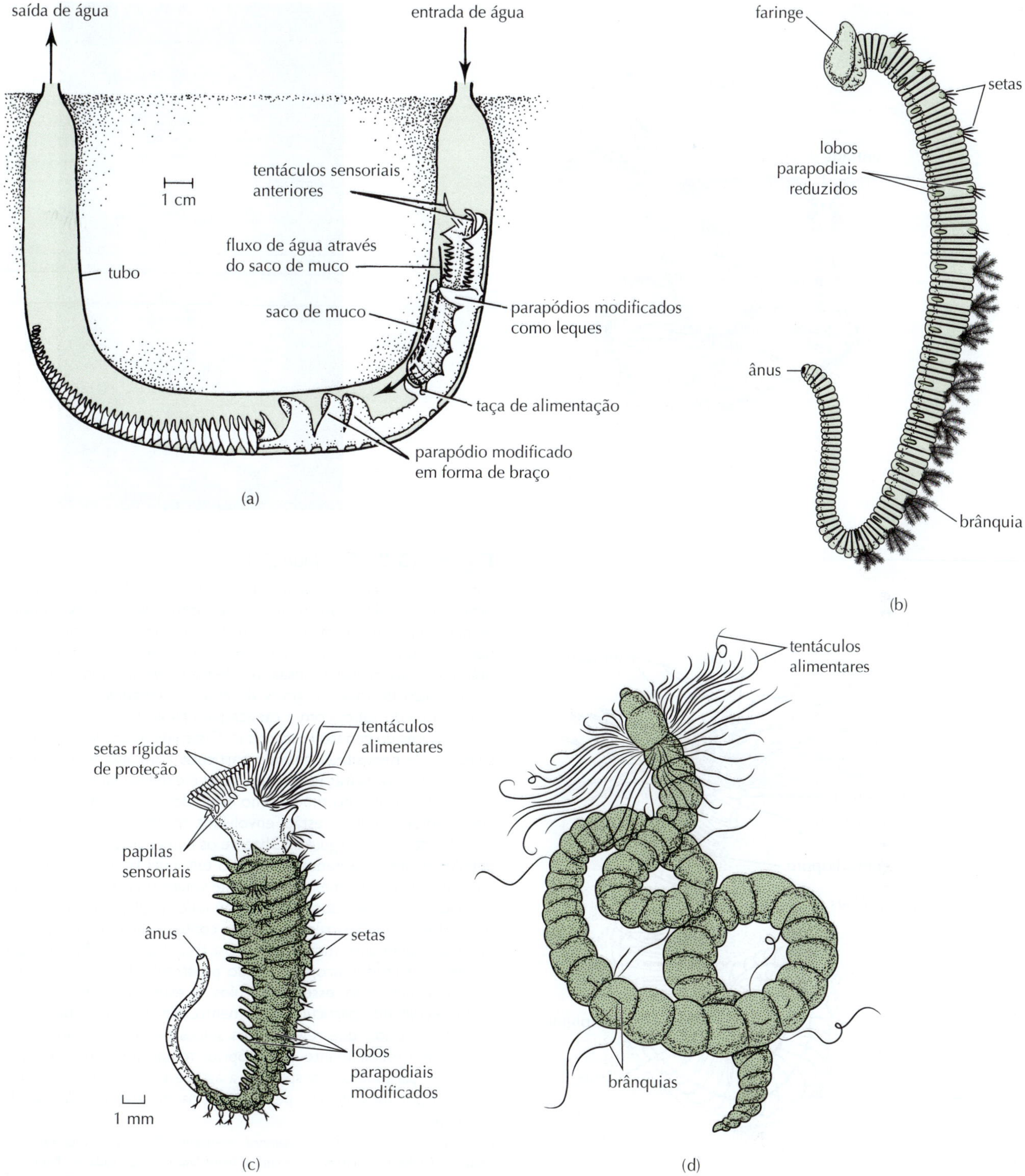

Figura 13.8

Representantes de poliquetas sedentários, exibindo uma variedade de adaptações morfológcas para uma existência imóvel. A maioria dos animais é representada fora de seus tubos ou tocas. (a) *Chaetopterus variopedatus*. Correntes de alimentação são geradas por movimentos rítmicos de parapódios em forma de leque. Um par de parapódios anteriores é modificado para manter aberto um saco mucoso, que filtra partículas de alimento à medida que a água se move através do tubo. O saco é seguro posteriormente por uma taça alimentar ciliada, que recolhe continuamente o muco com alimento dentro de uma bola. Periodicamente, a bola é liberada do restante da rede e passada adiante ao longo de um trato ciliado até a boca, para ingestão. (b) *Arenicola marina*, o poliqueta marinho. Este poliqueta é um alimentador de depósito e vive enterrado na areia. Para trocas gasosas, a água é bombeada por ondas peristálticas de contração muscular; parapódios não têm função locomotora ou no fluxo de água e são significativamente reduzidos em tamanho na maioria dos segmentos. Em alguns segmentos, uma pequana porção dos lobos parapodiais é modificada para formar brânquias – agrupamentos de filamentos branquiais finos e vascularizados. (c) *Sabellaria alveolata*, em vista lateral. Membros desta espécie constroem tubos de grãos de areia e muco e os prendem a uma variedade de substratos sólidos, incluindo os tubos de indivíduos vizinhos. Os segmentos são fusionados anteriormente para formar uma superfície densamente coberta por cerdas, que ocluem a abertura do tubo

(Continua na página seguinte)

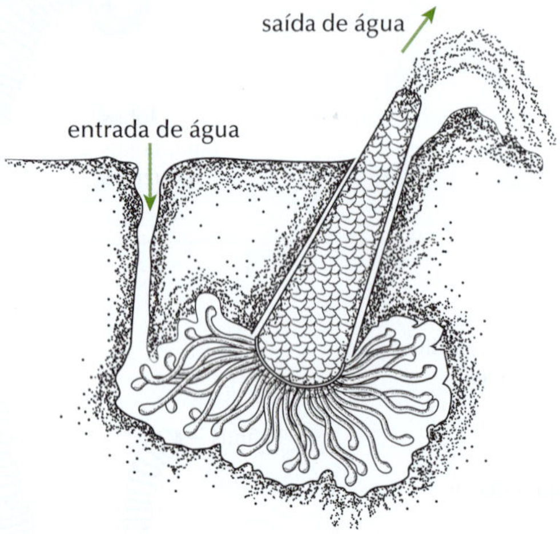

(e)

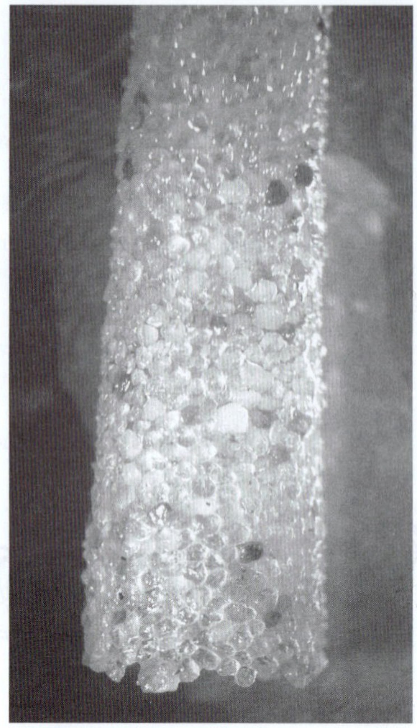

(f)

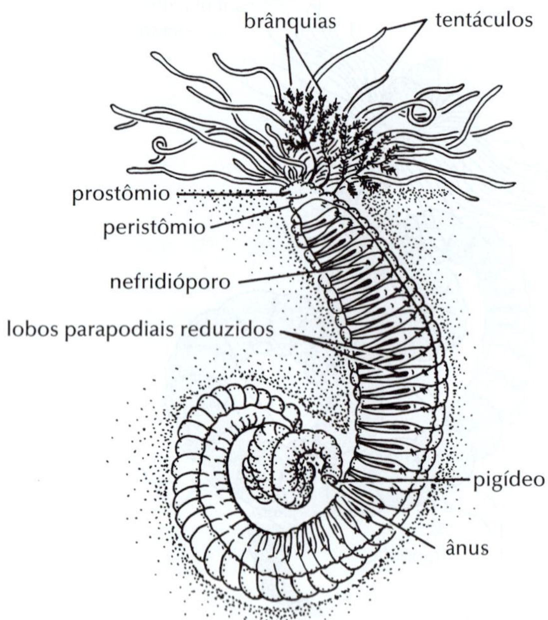

(g)

Figura 13.8 *(Continuação)*

quando o animal se recolhe para dentro do tubo. (d) *Cirratulus cirratus*. Estes animais vivem dentro de substratos argilosos. Embora os parapódios sejam muito reduzidos, uma porção de cada parapódio se torna bem alongada em alguns segmentos, formando brânquias para trocas gasosas. (e) *Pectinaria belgica* dentro de seu tubo cônico de muco e grãos de areia cimentados. O poliqueta vive dentro do tubo, com a cabeça para baixo no sedimento. Representantes do gênero *Pectinaria* (= Cistenides) são alimentadores seletivos de depósito, ingerindo partículas com alto teor de conteúdo orgânico. A fração não digestível é expelida na extremidade elevada, posterior, do tubo, como ilustrado. Os longos tentáculos, vistos anteriormente, estão envolvidos na captura de alimento. (f) Tubo de *Pectinaria gouldii*. Observe os numerosos grãos de areia, peculiarmente cimentados. Este tubo tem uma largura máxima de aproximadamente 5 mm. (g) *Amphitrite ornata*, uma espécie que vive em águas rasas, em tubos de areia ou lodo (argila) revestidos com muco. Os primeiros três segmentos contêm, cada um, um par de brânquias altamente modificadas para trocas gasosas. Numerosos tentáculos sulcados projetam-se do prostômio. Quando o animal está se alimentando, esses tentáculos se estendem sobre o substrato, recolhendo partículas de alimento. Este é transportado para a boca por cílios, que revestem os sulcos tentaculares ou diretamente pelo recolhimento dos próprios tentáculos. Observe a ausência de parapódios conspícuos; a água é transportada ao longo do tubo por movimentos peristálticos da musculatura da parede do corpo.

(b) Baseada em Frank Brown, *Selected Invertebrate Types*. (c, e) Baseada em Fretter e Graham, *A Functional Anatomy of Invertebrates*. (d) Baseada em Bayard H. McConnaughey e Robert Zottoli, *Introduction to Marine Biology*, 4th ed. 1983; segundo W. C. McIntosh, 1915, *British Marine Annelids*, Vol. III, The Royal Society. (f) © J. Pechenik. (g) Segundo Brown; segundo Barnes.

Hábitos alimentares são altamente diversos entre poliquetas e incluem predação, alimentação de detrito, alimentação de suspensão e de depósito.

Reprodução em Polychaeta

A reprodução é exclusivamente sexuada na maioria das espécies de poliquetas, e a maior parte deles é **gonocorística** (i.e., eles têm sexos separados). Os gametas são produzidos pelo tecido do peritônio, em vez de por gônadas distintas, e são então liberados nos compartimentos celômicos associados, onde eles amadurecem. Pelo menos seis segmentos adjacentes de um determinado indivíduo estão envolvidos na produção de gametas, e em algumas espécies os gametas são produzidos dentro de quase todos os segmentos.

Algumas famílias de poliquetas, mesmo em habitantes de tubos ou outras espécies sedentárias, sofrem **epitoquia**,

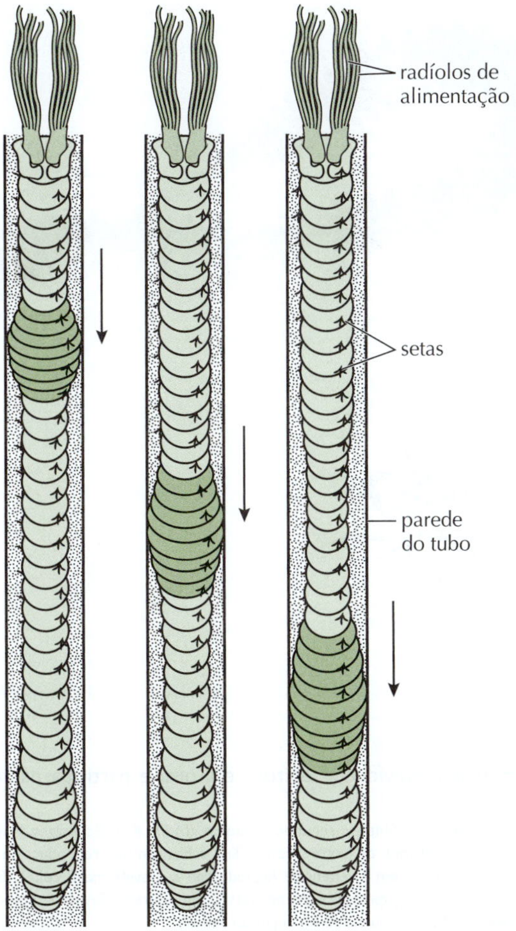

Figura 13.9

O poliqueta sabelídeo habitante de tubo, *Eudistylia vancouveri*, irrigando seu tubo com uma onda peristáltica de contração muscular.
Baseada em A. Giangrande, "Irrigation of *Eudistylia* tube," em *Journal of the Marine Biological Association of the U.K.* 71:27-35. 1991.

uma transformação morfológica notável na preparação para a atividade reprodutiva. O resultado dessa transformação é uma **epítoca**: um ser sexualmente maduro (macho ou fêmea) que é altamente especializado para natação e reprodução sexuada. Em muitas espécies, a epitoquia envolve brotamento assexuado (Fig. 13.11a). Um ou mais novos módulos reprodutivos (epítocas) são brotados, um segmento por vez, da porção posterior do animal original (o **átoco**).[7] Essas epítocas se desprendem subsequentemente do átoco e nadam para se unir com outras epítocas e descarregar seus ovos ou esperma. O átoco permanece em segurança em sua toca ou tubo. Observe que as epítocas são geneticamente idênticas aos átocos que as produzem.

Em algumas outras espécies de poliquetas epítocos, a epitoquia envolve a remodelagem de estruturas preexistentes, em vez da brotação de novos segmentos. O anelídeo original, então, se torna a epítoca, através de adaptações para produção e armazenamento de gametas e para natação ativa (Fig. 13.11c). Nessas espécies, o poliqueta inteiro sai nadando para se reproduzir. Têm-se demonstrado que a

[7]Ver *Tópicos para posterior discussão e investigação*, n°s 10 e 12, no final deste capítulo.

(a)

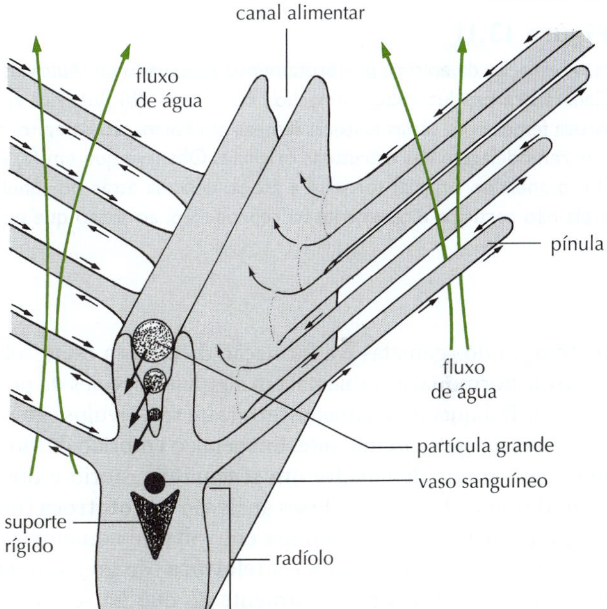

(b)

Figura 13.10

(a) O poliqueta sedentário *Sabella pavonia*. Os rígidos tentáculos ciliados (chamados de *radíolos*) formam um leque ao redor da boca. As correntes de água passam entre os tentáculos, e partículas capturadas de alimento são levadas até a boca para seleção e subsequente ingestão ou rejeição. Quando o anelídeo é perturbado, os tentáculos são rapidamente recolhidos dentro do tubo de proteção. (b) Detalhe de um único tentáculo (radíolo) visto em secção transversal. Partículas de alimento são capturadas pelas *pínulas* ciliadas e transportadas para um canal alimentar ciliado, que percorre todo o comprimento de cada filamento até a boca do animal. Setas verdes mostram a direção do fluxo de água; pequenas setas pretas indicam o caminho percorrido pelas partículas de alimento ao longo das pínulas para o canal principal do radíolo. Partículas de tamanhos diferentes são transportadas em diferentes regiões do sulco alimentar, como ilustrado, para ingestão, construção do tubo ou rejeição.
(b) De W. D. Russell-Hunter, *A Life of Invertebrates*. 1979. W. D. Russell-Hunter.

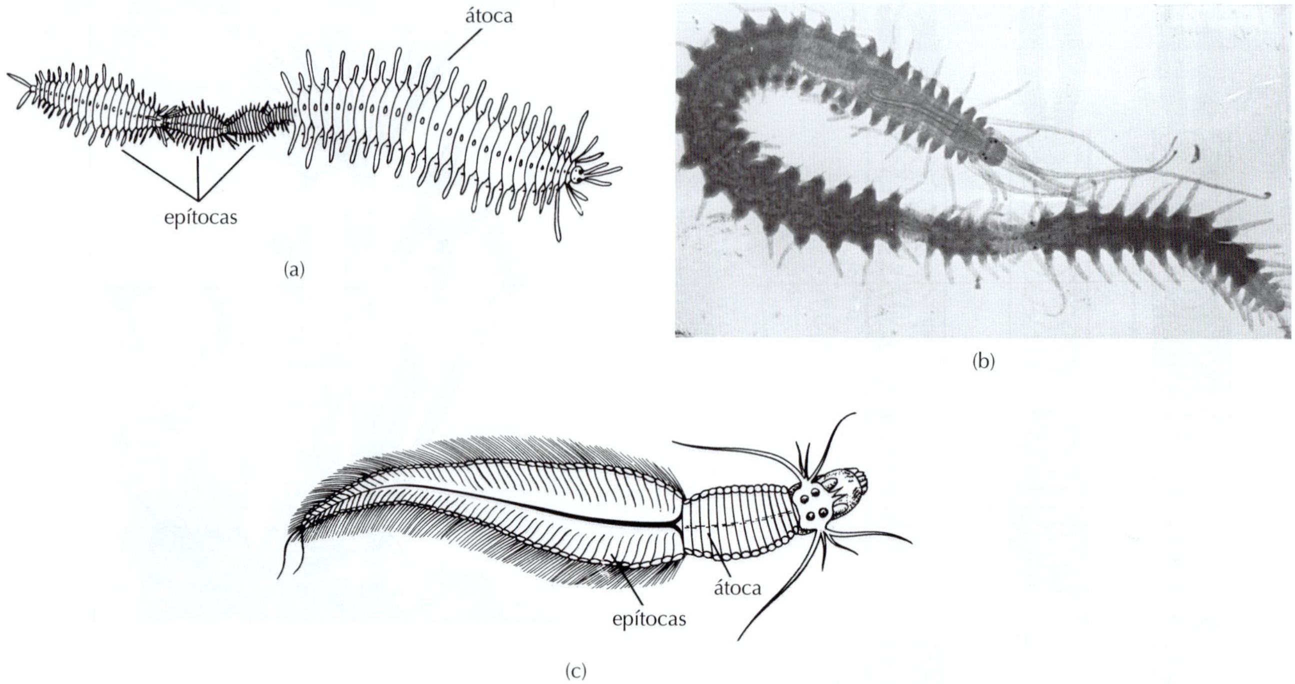

Figura 13.11

(a) Formação da epítoca por brotamento assexuado em *Autolytus*. Cada átoca produz epítocas machos ou fêmeas. (b) *Autolytus* sp. Átoca fêmea com várias epítocas fêmeas. (c) Formação da epítoca por remodelagem das estruturas originais. Observe que em (a) e (b), o anelídeo original torna-se a átoca, deixada atrás no túnel, e ela não participa diretamente na reprodução, ao passo que em (c), um único indivíduo é epítoca e átoca, e participa na reprodução diretamente.

(a) Segundo Harmer e Shipley; segundo Malaquin. (b) De K. L. Schiedges, "Field and laboratory investigations of factors controlling schizogamous reproduction in the polychaete, *Autolytus*" em *Invertebrate Reproduction & Development* Vol. 1, Issue 6, 1979 pp. 359-370. Reimpressa, com permissão, da editora (Taylor & Francis Ltd, http://www.tandf.co.uk/journals). (c) Segundo Fauvel.

maturação dos gametas e a formação da epítoca estão sob controle hormonal e ambiental em algumas espécies de poliquetas. Poliquetas geralmente fertilizam seus óvulos externamente, na água circundante. Em geral, o embrião de vida livre em seguida desenvolve um sistema digestório e dois anéis de cílios (Fig. 13.12). Esses anéis são a **prototroca** (do grego, primeira roda), localizada em volta do equador do animal, anteriomente à boca, e a **telotroca** (do grego, roda da cauda), localizada posteriormente no que irá se tornará a porção terminal do adulto, o **pigídeo**. A prototroca é o principal órgão locomotor da larva. Devido aos anéis ciliados, a larva é chamada de **trocófora**, significando "portador de rodas" (Fig. 13.12a, b). Uma terceira banda de cílios, a **metatroca** ("entre rodas"), forma-se posteriormente entre a prototroca e a telotroca.

Larvas trocóforas são também produzidas por equiúros e sipuncúlidos, mas *não* por qualquer membro dos Clitellata. Entretanto, elas *são* produzidas por muitas espécies de moluscos. O que as larvas trocóforas nos contam sobre as relações evolutivas entre anelídeos e moluscos é ativamente debatido – teria a larva trocófora evoluído uma única vez, ou ela evoluiu independentemente por convergência nos diferentes grupos?

Quando a larva trocófora nada e, em geral, se alimenta na água, os segmentos do corpo são repetidamente formados de sua região posterior, pouco à frente do pigídeo. Cada novo segmento porta um anel de cílios locomotores, permitindo que a larva continue nadando, apesar do aumento no peso corporal (Fig. 13.12c). A larva torna-se mais parecida ao adulto e continua a se desenvolver (Fig. 13.12d, e) e, eventualmente, sofre metamorfose na forma e no hábitat adultos, em geral após várias semanas de dispersão no plâncton. Algumas espécies de poliquetas produzem um estágio trocóforo de vida curta, que não se alimenta e que se mantém das reservas do ovo, sofrendo metamorfose depois de nadar por somente umas poucas horas ou, em alguns casos, alguns minutos.

Algumas espécies não apresentam estágio larval de vida livre na sua história de vida. Em vez disso, os embriões podem se desenvolver dentro de uma massa gelatinosa de ovos, ancorada no sedimento ou na superfície do tubo da fêmea. Em algumas espécies, embriões podem ser diretamente protegidos pelo progenitor, mudando para um estágio juvenil ou larval dentro de câmaras incubadoras especializadas do adulto. Algumas espécies reproduzem-se assexuadamente, por fragmentação e subsequente regeneração das partes perdidas. Todos os fragmentos regenerados de um único indivíduo são geneticamente idênticos, e, portanto, não são verdadeiramente "indivíduos". Cada fragmento regenerado é considerado, mais apropriadamente, um **ramo** do genótipo original.

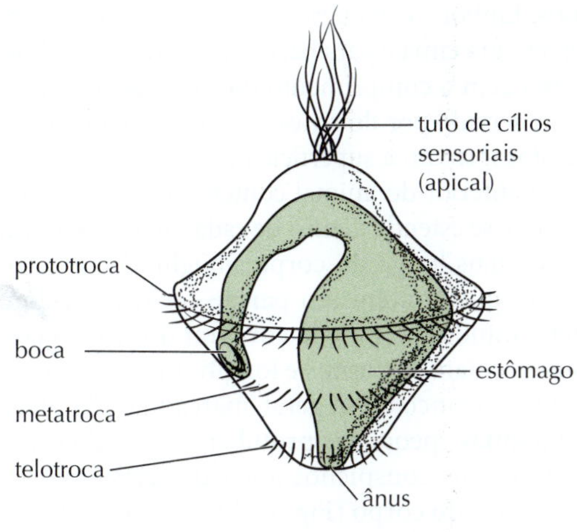

(a)

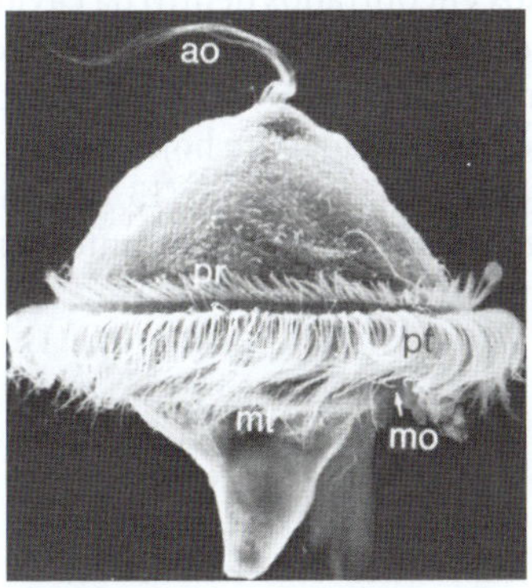

(b)

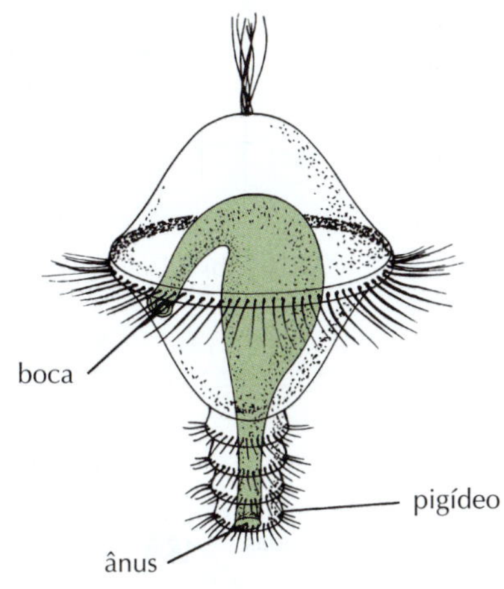

(c)

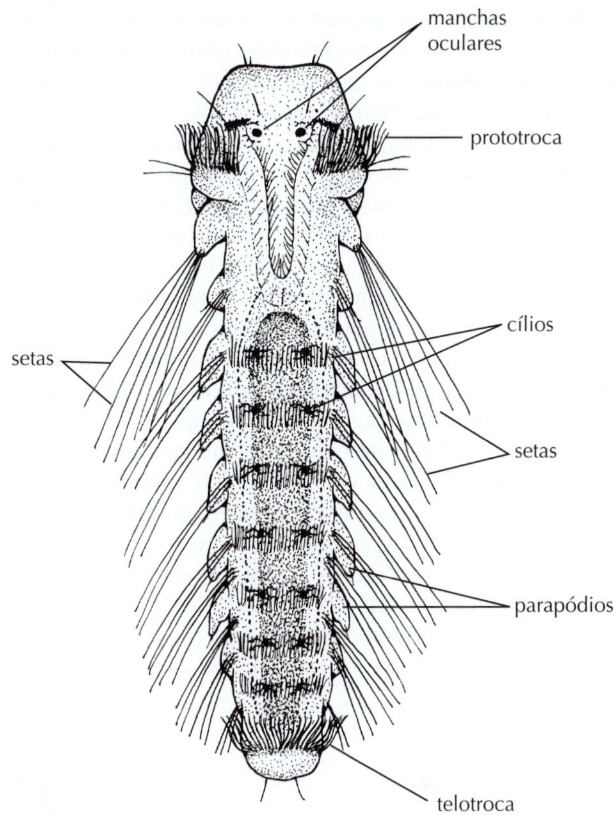

(d)

Figura 13.12

(a) Larva trocófora poliqueta. A larva alimenta-se de algas unicelulares coletadas pelas bandas de cílios. (b) Micrografia eletrônica de varredura da larva trocófora de *Serpula vermicularis.* A larva tem aproximadamente 110 µm (micrômetros) de largura (ao, tufo apical; mo, abertura oral; mt, cílios metatrocais; pr, cílios pré-trocais; pt, cílios prototrocais). (c) Larva trocófora avançada, mostrando segmentos ciliados adicionais brotados posteriormente da trocófora inicial. Parapódios logo se desenvolverão de cada um desses segmentos. Novos segmentos são adicionados logo à frente do pigídeo, que contém o ânus. Portanto, os segmentos mais jovens estão localizados posteriormente, ao passo que os segmentos mais velhos de um anelídeo são anteriores. (d) Larva avançada, com cerca de 600 µm de comprimento, do poliqueta *Polydora ciliata,* em vista dorsal.

(a) Baseada em Purves e Orians, *Life: The Science of Biology*, 2d ed. 1983. (b) Cortesia de Claus Nielsen, de Nielsen, 1987. *Acta Zoolog.* (Stockholm) 68:205-62. Permissão © Royal Swedish Academy of Sciences. (c) De Hardy, *The Open Sea: Its Natural History*, 1965. Boston: Houghton Mifflin Company. (d) De D. P. Wilson, em *Journal of Marine Biology Association*, U. K. 15:567, 1928.

Família Siboglinidae (os antigos Pogonophora)

Características gerais

Características diagnósticas: 1) o tecido do intestino (endoderma) forma um órgão (o trofossoma), que torna-se preenchido com bactérias quimiossintéticas; 2) a segmentação é restrita a uma pequena porção posterior do animal (o opistossoma).

Os siboglinídeos são um grupo pequeno, mas especialmente intrigante, de poliquetas tubícolas, distribuídos em todos os oceanos. Todas as 170 espécies descritas são marinhas. Vários milhares de indivíduos por metro quadrado têm sido registrados em algumas áreas do fundo oceânico. Ainda, siboglinídeos eram desconhecidos antes do século XX, em parte porque não há espécies de águas rasas; umas poucas podem ser coletadas a profundidades de 20 a 25 metros, porém a maioria dos siboglinídeos vive muito mais profundamente, a centenas ou a milhares de metros de profundidade.

Siboglinídeos têm uma interessante história taxonômica, com uma variedade de diferentes nomes e de afiliações presumidas. Durante a maior parte dos últimos 25 anos, eles foram colocados em seu próprio filo – Pogonophora (do grego, com barba) – e em um determinado momento, foram divididos em dois filos. Agora que seu *status* como poliquetas derivados é quase universalmente reconhecido, seu nome volta ao que era quando de sua descrição original. Com a sua remoção de filos independentes para assumir um *status* de simplesmente uma outra família de poliquetas, por que há referência a eles neste livro? Quando você ler o que vem a seguir, concordará que relegá-los a poucas sentenças no *Detalhe taxonômico,* no final deste capítulo, teria sido uma tragédia pedagógica.

A maior parte do corpo dos siboglinídeos contém poucas pistas de afinidade anelídea e, de fato, estes animais foram originalmente considerados deuterostômios, não protostômios. A parte mais anterior do corpo porta geralmente um **lobo cefálico**; uma "barba", consistindo em um a muitos milhares de tentáculos ciliados; e uma área glandular que secreta um tubo quitinoso, dentro do qual o animal passa sua vida (Fig. 13.13). Todos os siboglinídeos vivem em tubos quitinosos. Embora sedentários, siboglinídeos são livres para se mover para cima e para baixo dentro de seus tubos, que sempre excedem o comprimento do corpo do animal. Cada tentáculo é servido por dois vasos sanguíneos, de modo que os tentáculos formam a superfície principal para troca gasosa. A seção anterior do animal contém uma única cavidade celômica, que se estende dentro de cada um dos tentáculos.

A parte mais longa do corpo siboglinídeo é o **tronco** (Fig. 13.14), que contém um par de cavidades celômicas não interrompidas. A parede corporal do tronco contém músculos circulares externos e longitudinais internos. Externamente, o tronco é, em geral, marcado por grande número de **papilas** (pequenas protuberâncias), duas regiões de ciliação e dois conspícuos anéis de setas, próximos à metade inferior do corpo (Fig. 13.14). O tronco não é segmentado, e a sua cavidade corporal não possui septos. Os principais órgãos encontrados dentro da cavidade celômica são as gônadas e uma estrutura multilobada, denominada **trofossoma** (Figs. 13.15 e 13.16a). O trofossoma de todas as espécies examinadas até hoje contém muitas bactérias intimamente agrupadas (Fig. 13.15b), as quais provavelmente exercem um papel importante na nutrição dos

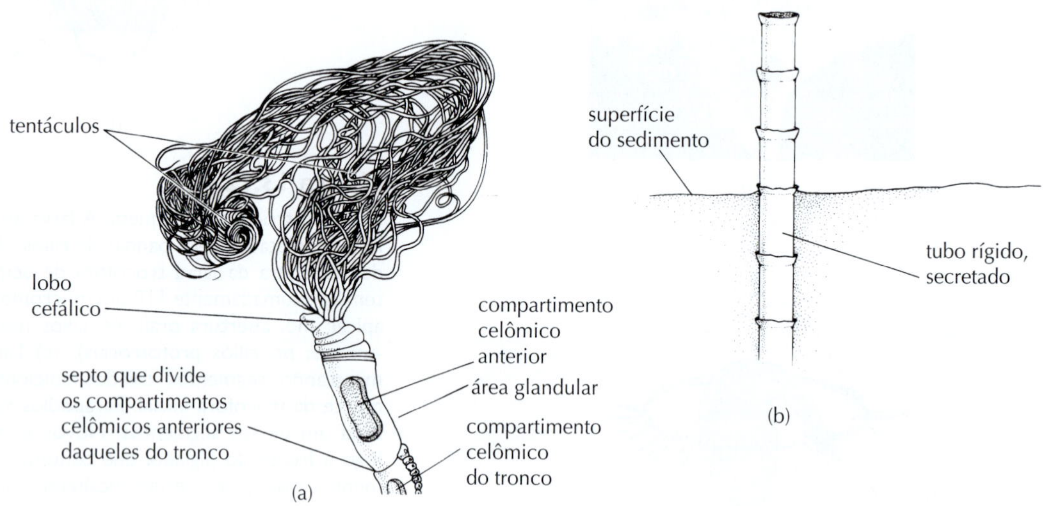

Figura 13.13
(a) Extremidade anterior do poliqueta siboglinídeo *Polybrachia* sp. (b) Uma porção do tubo secretado pelo mesmo animal. Boa parte do tubo está ancorada no sedimento mole.
De Hyman; segundo Ivanov.

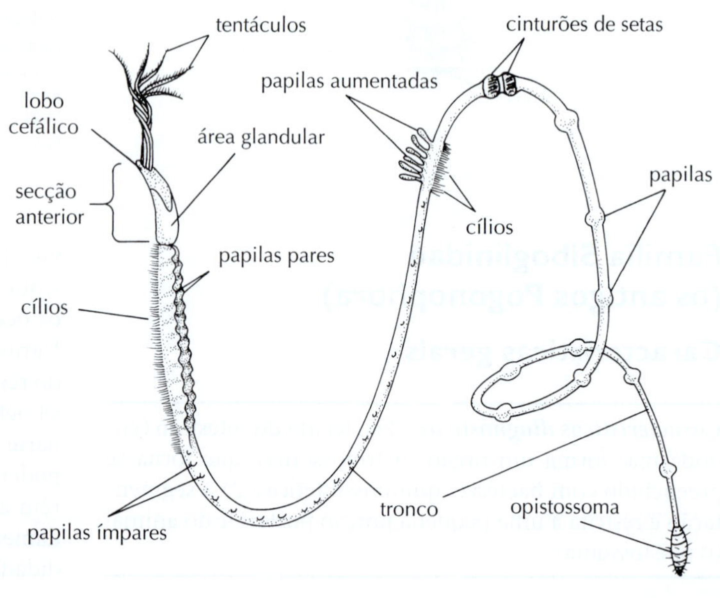

Figura 13.14
Siboglinídeo removido intacto de seu tubo. Observe as três conspícuas divisões do corpo: lobo cefálico, portando tentáculos; tronco; e opistossoma segmentado.
De George e Southward, em *Journal of the Marine Biological Association,* 53:403, 1973. Copyright 1973 Marine Biological Association, U.K. Reimpressa com permissão.

siboglinídeos, como discutido mais adiante neste capítulo. Órgãos possivelmente excretores têm sido descritos nas extremidades anteriores de todos os siboglinídeos estudados até o momento.

Por muitos anos, estes animais frágeis foram coletados principalmente por dragagem, uma técnica que geralmente os mutila. As afinidades anelídeas do grupo foram sugeridas pela primeira vez há aproximadamente 35 anos, quando os primeiros espécimes intactos foram coletados. Nessa época, uma terceira e mais posterior região do corpo foi descoberta, o **opistossoma**. Descobrir o opistossoma deve ter sido realmente excitante e surpreendente: o opistossoma mostra o mesmo tipo de segmentação evidente encontrada entre os poliquetas e clitelados (Fig. 13.14), com cada um dos cerca de 6 a 25 segmentos contendo um compartimento celômico que é isolado dos compartimentos adjacentes por septos musculares. Cada segmento contém setas quitinosas. O opistossoma é usado para se arrastar no sedimento pela maioria das espécies, ou para ancorar o animal dentro do seu tubo quitinoso. Esse opistossoma segmentado, junto com evidências ontogenéticas descritas no texto a seguir, e em comparações de sequências de bases de DNA de diferentes genes, um mitocondrial e um nuclear, apoiam fortemente a inclusão de siboglinídeos dentro de Annelida, assim como a estrutura da hemoglobina e a morfologia das setas.

Talvez o único e mais fascinante componente da biologia estudada até hoje se relaciona ao sistema digestório siboglinídeo: não há nenhum. Aparentemente, siboglinídeos são os que perderam secundariamente o trato digestório. Siboglinídeos adultos não possuem boca, ânus, ou qualquer coisa que lembre um trato digestório, embora um sistema digestório completo apareça por um curto período no desenvolvimento de algumas espécies. Como os adultos conseguem satisfazer suas necessidades nutricionais? Existem várias possibilidades, e alguma evidência promove uma função para cada uma. Por exemplo, os tentáculos na extremidade anterior do animal portam muitas microvilosidades e células secretoras em sua superfície. Partículas de alimento podem ser capturadas pelos tentáculos e digeridas externamente. Os nutrientes solubilizados poderiam então ser absorvidos pelas superfícies cobertas por microvilosidades dos tentáculos. A evidência para esse modo de alimentação é estritamente morfológica, e atualmente parece ser improvável que a alimentação por partículas exerça um papel substancial na nutrição siboglinídea.

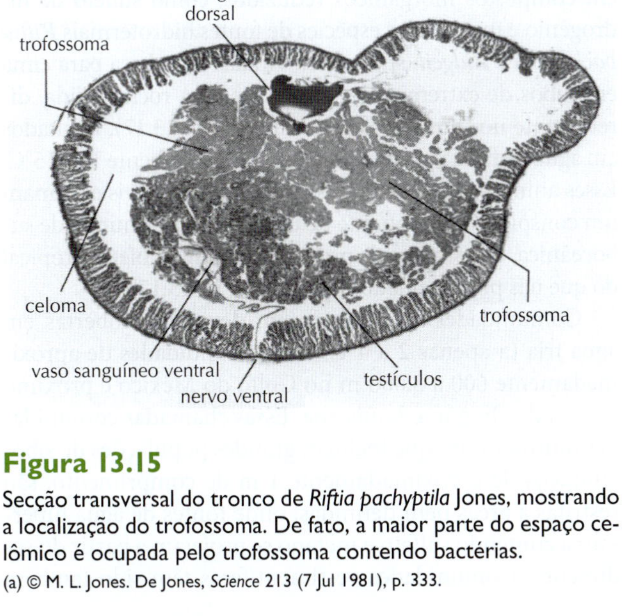

Figura 13.15

Secção transversal do tronco de *Riftia pachyptila* Jones, mostrando a localização do trofossoma. De fato, a maior parte do espaço celômico é ocupada pelo trofossoma contendo bactérias.

(a) © M. L. Jones. De Jones, *Science* 213 (7 Jul 1981), p. 333.

Por outro lado, considerável evidência experimental indica que siboglinídeos, como muitos outros invertebrados de corpo mole, podem tomar a matéria orgânica dissolvida (MOD) da água do mar, mesmo com as baixas concentrações encontradas naturalmente. Basicamente, o experimento consiste em demonstrar que aminoácidos, carboidratos e outras moléculas orgânicas marcadas radioativamente são acumulados por siboglinídeos mesmo contra notáveis gradientes de concentração; alguns compostos podem ser retirados de concentrações tão baixas quanto 1 μM (micromolar; ou seja, 1×10^{-6} moles por litro). A retirada é feita através de um processo ativo e que requer energia. Cálculos baseados nas taxas de respiração e taxas de retirada de MOD sugerem que para algumas, mas não todas, as espécies, a tomada de moléculas orgânicas dissolvidas da água circundante pode ser suficiente para atender a todas as necessidades para a manutenção metabólica de um siboglinídeo.

A maioria dos siboglinídeos – especificamente os Frenulata – tem apenas de 6 a 36 cm de comprimento, longos e em forma de fio, geralmente com menos de 1 mm de largura. Essas espécies lembram fios longos e finos. A proporção entre a área (superfície) e o volume nesses animais é muito alta, aumentando o papel da superfície do corpo na tomada de nutrientes da água do mar. Os tubos dessas espécies frenuladas têm paredes finas e são abertos em ambas as extremidades, e há uma certa evidência de que os tubos são permeáveis à MOD. Além disso, todos os siboglinídeos frenulados são representantes da **infauna**; ou seja, eles vivem com a maior parte do corpo dentro de substratos moles, lodosos, nos quais nutrientes dissolvidos acumulam-se em altas concentrações em relação às concentrações encontradas na água do mar. MOD pode representar uma contribuição importante para a biologia nutricional desses siboglinídeos.[8]

Entretanto, a tomada de MOD provavelmente tem um papel nutricional menos relevante no grupo siboglinídeo recentemente descoberto, chamado de **vestimentífero**. Cerca de 20 espécies de vestimentíferos foram descritas, todas incluídas em um subgrupo distinto, Vestimentifera.

Vestimentíferos são enormes, com corpos de até 2 m de comprimento e 25 a 40 mm de largura. Além disso, eles são morfologicamente diferentes de outros siboglinídeos por possuírem um longo e conspícuo colar, chamado de **vestimento**, situado logo após a pluma de tentáculos (a **pluma respiratória**, ou **branquial**; Fig. 13.16), e uma estrutura grande e sólida, anterior, com a ponta plana (o **obturáculo**, Fig. 13.16), que suporta a pluma respiratória e fecha a abertura do tubo quando o residente se recolhe.

[8]Ver *Tópicos para posterior discussão e investigação*, nº 15, no final deste capítulo.

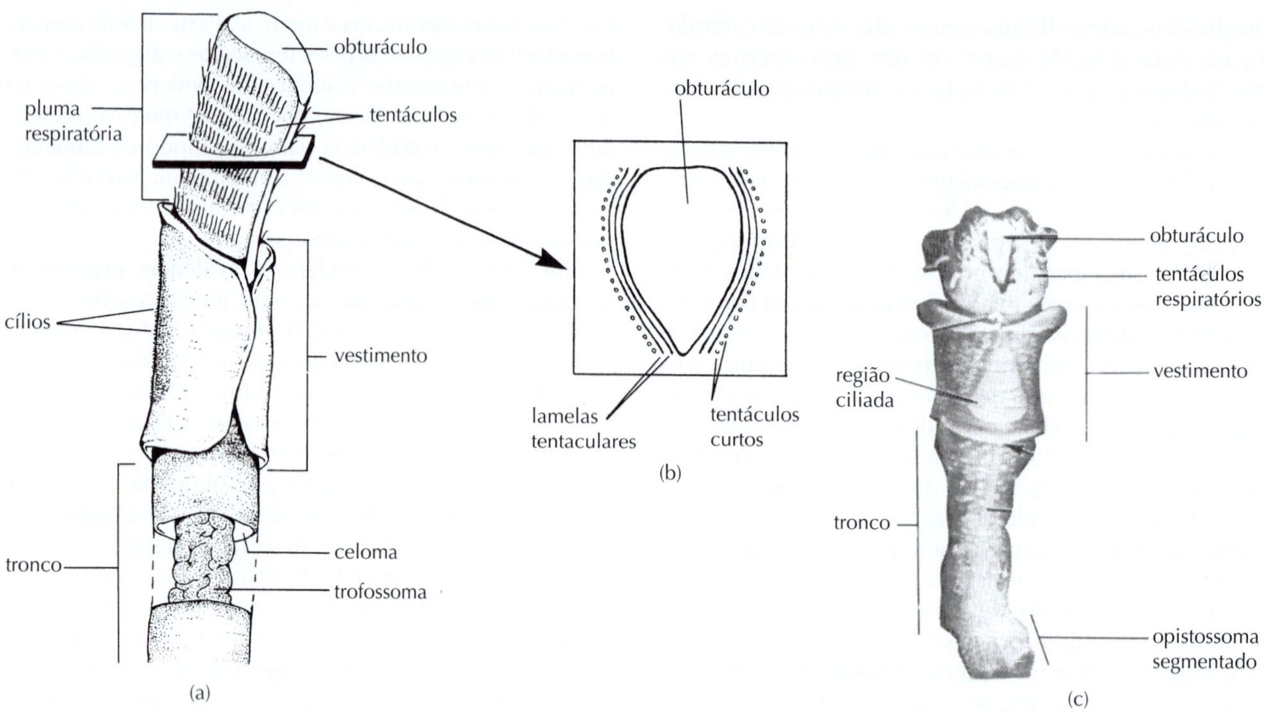

Figura 13.16

(a) Porção anterior do siboglinídeo *Riftia pachyptila*. O tecido abaixo do vestimento foi seccionado para mostrar uma porção do extenso trofossoma dentro do tronco do animal. (b) Secção transversal da pluma branquial (tentacular) de *Riftia pachyptila*, mostrando as lamelas formadas da fusão parcial de centenas de tentáculos individuais. (c) Micrografia eletrônica de varredura de um poliqueta tubícola juvenil, *Ridgeia* sp. Este juvenil tem somente uns poucos milímetros de comprimento.

(a) Modificada de Southward e Southward, *Animal Energetics*, Vol. 2, pp. 201-28, Academic Press, 1987; e G. N. Somero, Oceanus, 27:69, 1984. (b) De Southward e Southward, 1987. (c) Cortesia de M. L. Jones. De M. L. Jones e S. L. Gardiner, 1989. *Biological Bulletin* 177:254-76. Permissão © *Biological Bulletin*.

Os poros excretores do animal abrem-se dorsalmente no vestimento.

Os tentáculos dessas espécies vestimentíferas são muito numerosos (milhares ou mesmo várias centenas de milhares por indivíduo) e fusionados em muito ou em quase todo o seu comprimento, formando bainhas achatadas, ou lamelas, em volta do obturáculo (Fig. 13.16b). Além disso, os vestimentíferos não apresentam setas no tronco, apresentam um trofossoma muito mais extenso e têm segmentos opistossomais com cavidades celômicas pares; os siboglinídeos frenulados possuem somente um compartimento celômico por segmento.

Apesar de suas substanciais diferenças quando adultos, comparações de sequências gênicas (18S rDNA e sequência citocromo-oxidase mitocondrial) suportam a inclusão de frenulados e vestimentíferos, juntamente com umas poucas outras espécies de anelídeos marinhos sem sistema digestório, dentro de um único grupo taxonômico. De fato, todos os siboglinídeos parecem se desenvolver do mesmo modo inicialmente, e são muito parecidos enquanto juvenis. Em particular, juvenis de todas as espécies examinadas até hoje exibem compartimentos celômicos opistossomais no interior de cada segmento; as partições mesodérmicas entre compartimentos são simplesmente retidas em vestimentíferos adultos e perdidas no desenvolvimento posterior de espécies frenuladas.

Vestimentíferos foram descobertos em 1977, quando pesquisadores a bordo do submarino de mar profundo *Alvin* exploravam uma importante área de contato entre placas tectônicas perto das ilhas Galápagos, no Oceano Pacífico, próximo à costa do Equador. As elevações do solo oceânico dessa área são regiões onde novo material crustal está sendo gerado profundamente dentro da Terra. As elevações são caracterizadas por **fontes hidrotermais** esparsas, pequenas aberturas da crosta que emitem água marinha quente, rica em compostos inorgânicos reduzidos, como sulfeto de hidrogênio e metano. As espécies de fontes hidrotermais *Riftia pachyptila* e *Ridgeia* spp. vivem viradas de cabeça para cima em tubos de extremidades cegas, presos à rocha sólida, diretamente no caminho dessas fontes (Fig. 13.17), banhados em água resfriada por mistura a aproximadamente 10 a 15°C. Esses animais vivem em densidades consideráveis e formam um conspícuo componente de uma incrível comunidade suboceânica, que seria mais provável em um ambiente tropical do que nas profundidades marinhas (Fig. 13.17b).

Comunidades similares foram depois descobertas em água fria (a apenas 2 a 4°C) em profundidades de aproximadamente 600 a 3.000 m no Golfo do México e próximo à costa de Oregon e Louisiana. Essas chamadas comunidades hidrotermais, que incluem grandes populações de siboglinídeos de aproximadamente 1 m de comprimento, são restritas a áreas bem definidas, onde fontes de água hipersalina contendo sulfeto e metano se projetam a partir do sedimento. Comunidades vestimentíferas têm sido também

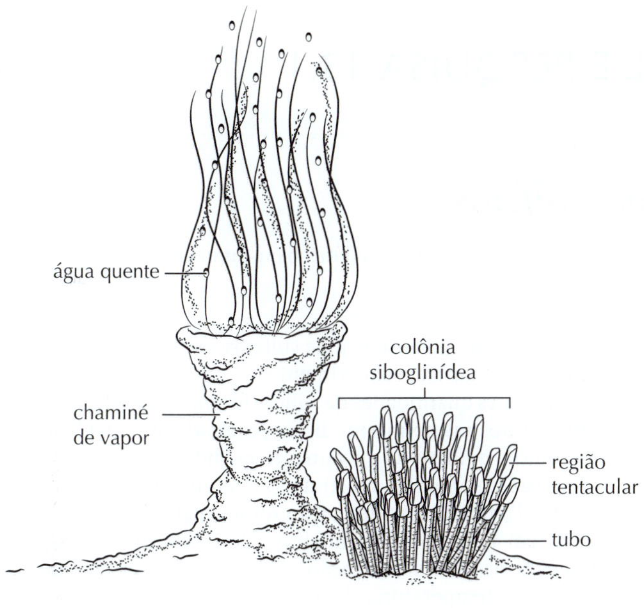

(a)

(b)

Figura 13.17

(a) Vida animal desenvolvendo-se nas águas quentes e ricas em sulfetos próximo a fontes hidrotermais. Estes siboglinídeos (*Riftia pachyptila*) foram encontrados a uma profundidade de aproximadamente 2.500 m por uma equipe de cientistas a bordo do submarino *Alvin*, em 1977. Os tubos de extremidades cegas desses poliquetas têm perto de 3 m de comprimento e são brancos, cilíndricos e flexíveis. (b) Denso agrupamento dos poliquetas tubícolas, *Riftia pachyptila*, reunidos perto de uma fonte hidrotermal nas Ilhas Galápagos, a uma profundidade de mais de 2.500 m.

(a) Baseada em *Science at Sea: Tales of an Old Ocean*, de Van Andel. 1981. (b) Cortesia de H. W. Jannasch. De Jannasch, 1989. *American Society for Microbiology News* 55:413-16. Copyright © American Society for Microbiology.

encontradas ao redor de baleias em decomposição, um outro sítio rico em ácido sulfídrico.

A relação superfície/volume desses grandes vestimentíferos de fontes hidrotermais é consideravelmente menor do que as espécies frenuladas menores e mais finas, o que torna improvável que siboglinídeos maiores possam retirar MOD rápido o suficiente para satisfazer suas necessidades metabólicas mais substanciais. Além disso, as espessas paredes do tubo dos vestimentíferos provavelmente agem como barreiras contra a tomada de MOD através da superfície do corpo. Embora a tomada de MOD não tenha sido descartada nessas espécies, biólogos começaram a investigar uma fonte alternativa de alimento para esses animais. O que eles descobriram explica claramente por que essas intrigantes comunidades de água profunda estão associadas unicamente com águas ricas em substratos inorgânicos reduzidos, como sulfeto de hidrogênio e metano.

O trofossoma desses siboglinídeos de fontes hidrotermais e de fontes frias contém enormes quantidades de bactérias (Fig. 13.15), em concentrações de até 10^{10} (10 bilhões) de bactérias por grama (peso líquido) de tecido do trofossomo. Evidências bioquímicas indicam que essas bactérias obtêm energia através da oxidação do sulfeto de hidrogênio ou do metano da água do mar circundante (Fig. 13.18). Como a água do mar está fora do animal e as bactérias dentro dele, o animal deve fornecer metano ou sulfeto para as bactérias. Os sulfetos e o metano aparentemente se difundem no sangue do siboglinídeo através da pluma tentacular e são, então, passados ao trofossoma pela proteína de transporte hemoglobina no sistema circulatório, junto com o oxigênio necessário para oxidar esses compostos reduzidos. As bactérias usam a energia que obtêm da oxidação desses substratos para produzir ATP, que, por sua vez, é usado para sintetizar moléculas orgânicas do carbono a partir de dióxido de carbono (CO_2), como na fotossíntese vegetal:

$$CO_2 + 4H_2S + O_2 \rightarrow [CH_2O]_n + 4S + 3H_2O$$

As bactérias utilizam esses carboidratos para seu próprio crescimento e reprodução. A população bacteriana interna crescente, então, pode ser digerida pelo hospedeiro siboglinídeo ou pode alimentar o hospedeiro indiretamente, ao liberar carboidratos solúveis para os tecidos do hospedeiro.[9]

Seja qual for o caso, esses siboglinídeos de mares profundos estão participando de uma cadeia alimentar nova, que não depende da luz como fonte de energia. Essa cadeia alimentar começa com **quimiossíntese**, em vez de com fotossíntese. A fonte de energia para fixar dióxido de carbono em moléculas orgânicas é química, em vez de luminosa. Bactérias quimiossintetizantes similares têm sido agora encontradas nos tecidos do siboglinídeo frenulado habitante de lodo, bem como nos tecidos de várias espécies de moluscos e pelo menos uma espécie de anelídeo poliqueta. Um modo de nutrição quimiotrófico, simbiótico, está se tornando comum entre animais que vivem em água e sedimentos ricos em sulfeto de hidrogênio ou metano, independentemente da profundidade ou temperatura ambiente; ainda está sendo investigado de que maneira esses animais resistem à exposição a tão altas concentrações de compostos químicos tóxicos (Quadro Foco de pesquisa 13.1).

[9]Ver *Tópicos para posterior discussão e investigação*, nº 16, no final deste capítulo.

QUADRO FOCO DE PESQUISA 13.1

Vivendo com sulfetos

Powell, M. A. e G. N. Somero. 1986. Adaptations to sulfide by hydrothermal vent animals: Sites and mechanisms of detoxification and metabolism. *Biol. Bull.* 171:274-90.

Ainda há muito a ser aprendido sobre a relação simbiótica entre bactérias oxidantes de enxofre e seus hospedeiros animais. Por exemplo, como os siboglinídeos suportam a exposição ao sulfeto? Todos os animais dependem da enzima sensível ao enxofre citocromo *c* oxidase para geração aeróbia de ATP. Esta proteína, localizada na membrana interna das mitocôndrias, transfere elétrons do citocromo *c* para o oxigênio, o passo final na cadeia de transporte de elétrons; a citocromo *c* oxidase é geralmente intoxicada em níveis muito baixos de sulfeto, níveis substancialmente menores que aqueles encontrados em águas circundando fontes hidrotermais e fontes de água fria. Como, então, os siboglídeos são capazes de sobreviver à constante exposição a essas altas concentrações de sulfeto de hidrogênio (H_2S)? Por que seus sistemas citocromo *c* oxidase não são inativados? Ou (1) a citocromo *c* oxidase do siboglinídeo de algum modo tolera concentrações mais altas de sulfeto que sistemas de enzimas comparáveis de animais que vivem em ambientes sem sulfeto, ou (2) o sulfeto é, de alguma maneira, detoxificado durante seu transporte pelo siboglinídeo até as bactérias no interior do trofossoma. Um estudo de Powell e Somero (1986) indica que o siboglinídeo sobrevive por detoxicação do sulfeto e que há dois prováveis sítios e mecanismos de detoxicação.

Para examinar a sensibilidade da citocromo *c* oxidase a sulfetos, Powell e Somero coletaram – com uso de submarinos – exemplares da espécie habitante de fonte hidrotermal, *Riftia pachyptila*, a uma profundidade de 2.600 m, e, então, homogeneizaram a pluma branquial de tecido tentacular. Este é o tecido exposto mais diretamente aos sulfetos na água do mar. Eles então avaliaram a capacidade da citocromo *c* oxidase da pluma para catalisar a transferência de elétrons da citocromo *c* para o oxigênio, na ausência de sulfetos; estes dados serviram como controles para o experimento.

Diferentes quantidades de sulfeto foram então adicionadas a outras amostras do mesmo homogeneizado, e a atividade da citocromo *c* oxidase foi novamente medida, monitorando-se o desaparecimento do substrato (citocromo *c* reduzido) da mistura. Temperaturas de reação foram mantidas constantes a 20°C em todos os experimentos, de modo que quaisquer diferenças nas taxas de reação não poderiam ser atribuídas a efeitos da temperatura. A atividade da citocromo *c* oxidase em *Riftia pachyptila* é obviamente muito sensível a sulfeto (Fig. foco 13.1).

Os efeitos inibidores de sulfetos na atividade da citocromo *c* oxidase foram contrapostos dramaticamente adicionando-se sangue siboglinídeo ao homogeneizado da pluma (Fig. foco 13.2). O sangue aparentemente contém altas concentrações de uma proteína (hemoglobina) que se liga firmemente às moléculas de sulfeto, de modo que este é essencialmente inativado durante o transporte até o trofossoma. Enquanto as concentrações sanguíneas de sulfeto livre permanecem baixas, a respiração aeróbia dos tecidos do siboglinídeo não é afetada. O problema de como o sulfeto se torna livre no trofossoma não foi estudado.

Um outro modo de detoxicar sulfetos é oxidá-los. Essa oxidação pelo siboglinídeo faria as moléculas muito menos úteis como uma fonte de energia para as bactérias, mas protegeria os tecidos siboglinídeos. Powell e Somero homogeneizaram diversos tecidos siboglinídeos e e utilizaram técnicas bioquímicas padrões para investigar a habilidade do homogeneizado purificado na oxidação do enxofre. A maior atividade (por grama de tecido animal) foi, é claro, encontrada

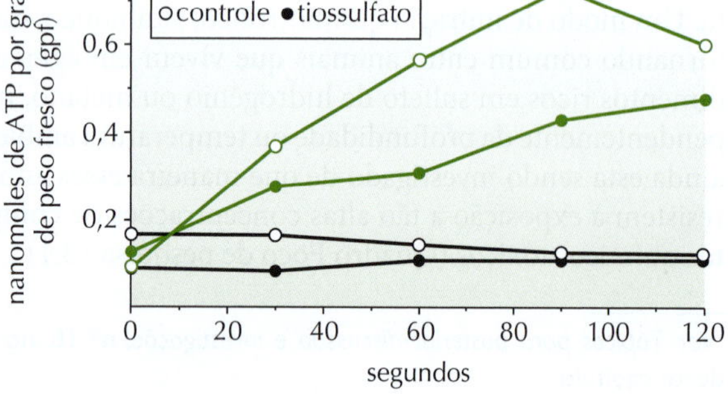

Figura 13.18

Influência de sulfetos e compostos relacionados na produção de ATP por tecidos homogeneizados de trofossoma com bactérias, obtidos do siboglinídeo de fontes quentes, *Riftia pachyptila*. Cada ponto representa o resultado médio de duas réplicas. A concentração de ATP era determinada adicionando-se quantidades conhecidas de luciferina e luciferase do vagalume, o qual reage para produzir luz somente se ATP está presente, e medindo-se a intensidade da luz produzida. O experimento foi conduzido a 20°C. Resultados estão expressos em nanomoles (nmoles; 10^{-9} moles) de ATP produzidos por grama de peso fresco (gpf) de tecido do trofossoma. Tanto sulfeto quanto adições de sulfeto aumentaram significativamente a produção de ATP acima dos níveis de controle dentro de somente um ou dois minutos. O ATP seria, então, supostamente utilizado pelas bactérias oxidantes de enxofre para fixar o carbono do CO_2 em carboidratos.

Baseada em M. A. Powell e G. N. Somero, Adaptations to sulfide by hydrothermal vent animals: sites and mechanisms of detoxification and metabolism, *Biological Bulletin*, 171:274-90, 1986.

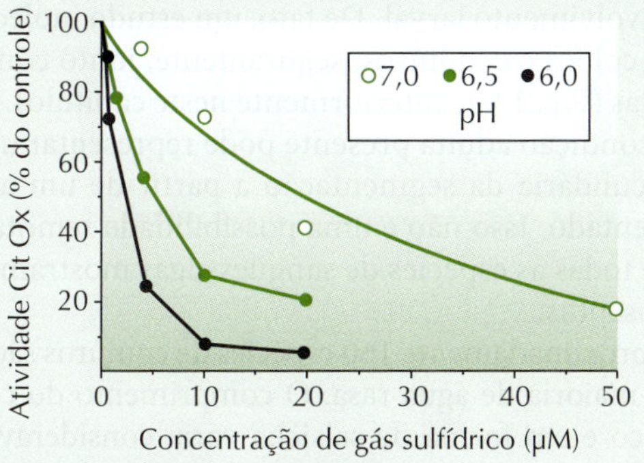

Figura foco 13.1

A influência de sulfito na atividade da citocromo *c* oxidase nos tecidos do siboglinídeo de fontes quentes, *Riftia pachyptila.* Os ensaios foram realizados a 20°C, usando plumas tentaculares. A atividade da citocromo *c* oxidase foi determinada utilizando-se um espectrofotômetro para monitorar a taxa de desaparecimento de substrato (citocromo *c* reduzido) do meio de incubação. Mesmo baixos níveis de sulfito inibem substancialmente a atividade da citocromo *c* oxidase, particularmente sob condições levemente ácidas.

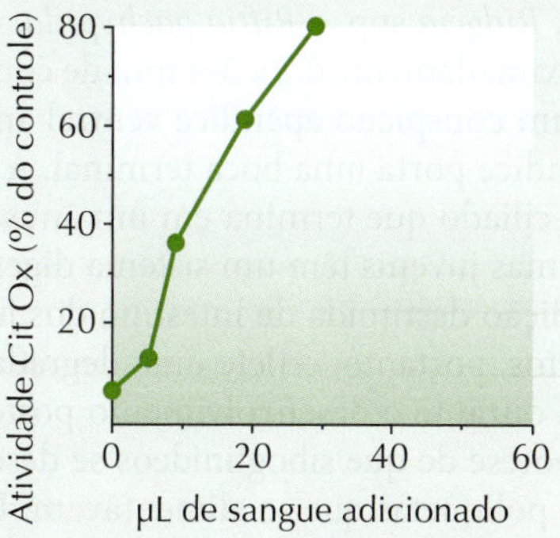

Figura foco 13.2

Capacidade do sangue siboglinídeo de proteger a atividade da citocromo *c* oxidase da intoxicação por sulfito no tecido da pluma da espécie de fonte hidrotermal *Riftia pachyptila.* O experimento foi conduzido como na Figura foco 13.1, exceto que diferentes quantidades de sangue foram adicionadas para a mistura de reação, como ilustrado. Sem sangue (0 μL [microlitros] de sangue adicionado), os sulfitos suprimem significativamente a atividade da citocromo *c* oxidase para menos de 10% de sua atividade na ausência deles. Esta inibição por sulfito é claramente removida por algum componente do sangue siboglinídeo, que agora se sabe tratar-se da própria hemoglobina extracelular. A adição de apenas 20 μL de sangue de siboglinídeo aumentou substancialmente o nível da atividade da citocromo *c* oxidase, apesar da presença de sulfitos.

Figuras foco 13.1 e 13.2, baseadas em M. A. Powell e G. N. Somero, Adaptations to sulfide by hydrothermal vent animals: sites and mechanisms of detoxification and metabolism. *Biological Bulletin*, 171:274-90, 1986.

no trofossoma, refletindo a oxidação de sulfeto pelas densas agregações bacterianas naquele tecido. Entretanto, níveis consideráveis de atividade de sulfeto oxidase foram também encontrados na parede do corpo do siboglinídeo, sugerindo que enzimas na parede externa do corpo oxidam sulfeto quando ele se difunde para o interior do corpo através da sua superfície geral e, portanto, protege os tecidos da parede corporal da intoxicação por sulfeto. As menores concentrações de sulfeto oxidase foram encontradas no tecido da pluma; este achado é consistente com o modelo pluma → sistema circulatório → trofossoma de como os simbiontes bacterianos obtêm acesso ao sulfeto não oxidado. Mas como as atividades respiratórias da pluma são protegidas, já que os tecidos da mesma não parecem detoxificar sulfetos (pelo menos por oxidação)? E os tecidos da parede do corpo do siboglinídeo obtêm energia da oxidação dos sulfetos? Estas estão entre as muitas questões que vêm sendo investigadas desde que esse trabalho foi publicado.

Bactérias oxidantes de metano são também abundantes e ativas na superfície externa de tubos vestimentíferos, servindo possivelmente como uma fonte importante de alimento para gastrópodes de fontes hidrotermais e outros invertebrados pastejadores.

Um grupo de siboglinídeos descrito em 2004 – membros do gênero *Osedax* – vivem exclusivamente nos ossos de animais em decomposição, sobretudo baleias. Eles são destituídos de um sistema digestório, como outros siboglinídeos, mas usam bactérias endossimbiontes presentes dentro de um complexo de raízes ramificadas para extrair matéria orgânica dos ossos.

Reprodução e desenvolvimento dos siboglinídeos

A maioria dos siboglinídeos é **gonocorística**, com as gônadas masculinas e femininas localizadas nos troncos de indivíduos diferentes. Em poucas espécies, machos "anões" vivem no interior dos corpos das fêmeas (ver Detalhe taxonômico). Detalhes da fertilização e do desenvolvimento inicial são conhecidos somente de umas poucas espécies e, dessa forma, o conhecimento é limitado. Em 1997, ovos de duas espécies vestimentíferas foram fertilizados em laboratório pela primeira vez, com o esperma retirado artificialmente de outros indivíduos. Os embriões sofreram clivagem espiral, formaram lobos polares (Capítulo 2) e se desenvolveram em larvas trocóforas, como em outros poliquetas. Os padrões ciliares do tipo trocóforo tinham sido previamente reportados de frenulados encontrados em desenvolvimento dentro de tubos parentais. Portanto, todos os siboglinídeos estudados até o momento passam por um estágio de larva trocófora. Eles também exibem duas outras características do desenvolvimento anelídeo: pelo menos alguns dos compartimentos celômicos são formados por esquizocelia (como aberturas no tecido mesodermal), e os segmentos opistossomais formam-se de uma zona discreta na extremidade posterior do anelídeo.

Entre os frenulados, a trocófora não ingere alimento particulado. Entretanto, entre os vestimentíferos de fontes hidrotermais, *Ridgeia* spp. e *Riftia pachyptila,* os menores juvenis (aproximadamente 0,2 a 3-4 mm de comprimento) apresentam um conspícuo apêndice ventral anteriormente, e este apêndice porta uma boca terminal. A boca leva a um intestino ciliado que termina em um ânus; ou seja, as primeiras formas juvenis têm um sistema digestório completo. A condição destituída de intestino dos juvenis mais velhos e adultos, portanto, reflete uma degradação secundária e perda durante o desenvolvimento posterior, o que suporta a hipótese de que siboglinídeos se desenvolveram de ancestrais poliquetas que se alimentavam. Uma observação desenvolvimental que não condiz com este cenário é um relato de que o mesoderma se forma por meio de esquizocelia em siboglinídeos frenulados, um caráter deuterostomado que é desconhecido entre os protostomados. Contudo, mais estudos embriológicos são necessários para definir de maneira mais clara o desenvolvimento dos compartimentos celômicos e as origens do tecido mesodermal.

Embora larvas siboglinídeas de vida livre nunca tenham sido coletadas em amostras de plâncton, o pensamento corrente sugere que ao menos os vestimentíferos liberam essas larvas, permitindo a cada geração se dispersar para novas fontes hidrotermais. Congruentemente com a ideia de dispersão larval, a colonização de novos sítios é bastante rápida: uma área vazia visitada por submarino em 1991 abrigou uma surpreendente colônia de uma espécie vestimentífera 11 meses mais tarde, e uma igualmente surpreendente colônia de uma segunda espécie (*R. pachyptilia*), quando revisitada 21 meses depois. Além disso, para alcançar o tamanho observado durante os períodos entre as visitas, os anelídeos devem ter alongado seus tubos a taxas notavelmente rápidas: pelo menos 30 cm por ano para a primeira espécie e 85 cm por ano para a segunda. Pelo menos alguns dos siboglinídeos frenulados provavelmente também liberam larvas – as larvas de uma espécie têm sido mantidas nadando em experimentos de laboratório por vários dias na ausência de sedimento –, mas os dados ainda são insuficientes para qualquer generalização.

Equiúros

Característica diagnóstica: órgãos musculares (sacos anais) formados por projeções externas do reto dentro do espaço celômico, contendo numerosos funis que descarregam fluido celômico (e produtos de excreção?) pelo ânus.

Equiúros vivem em tocas arenosas ou lodosas, ou, mais raramente, em buracos nas rochas. Como os siboglinídeos, equiúros foram por muito tempo colocados em um filo separado. Entretanto, diferentemente dos siboglinídeos discutidos anteriormente, equiúros não são segmentados quando adultos. Ainda assim, seu posicionamento em Annelida é apoiado por dados moleculares, observações de que bolsas celômicas segmentadas aparecem brevemente durante a embriogênese, e por um relato de segmentação distinta no sistema nervoso durante o desenvolvimento larval. De fato, um estudo molecular recente coloca os equiúros, seguramente, junto com os poliquetas (Fig. 13.3, anteriormente neste capítulo). Portanto, a condição adulta presente pode representar uma perda secundária da segmentação a partir de um ancestral segmentado. Isso não é uma possibilidade remota, já que quase todas as espécies de sanguessugas mostram tal perda de septos.

Aproximadamente 160 espécies de equiúros são descritas, a maioria de água rasa. O comprimento do corpo cilíndrico e em forma de salsicha varia consideravelmente entre as espécies, de vários milímetros a mais de 8 cm. Talvez o caráter mais conspícuo dos equiúros seja uma projeção cefálica anterior, chamada comumente de **probóscide** (Fig. 13.19), a qual contém o cérebro. A probóscide é muscular e bem móvel – em algumas espécies, ela pode ser estendida mais do que 25 vezes o comprimento do próprio corpo (200 cm em um indivíduo de 8 cm).

A probóscide é ciliada na superfície ventral e atua como um órgão para a coleta de alimento em todas as espécies de equiúros. Embora o comprimento da probóscide possa ser alterado significativamente pelo animal, ela nunca pode ser retraída para dentro do corpo. As extremidades da probóscide dobram-se para formar uma espéciue de calha; lodo e detrito, aderidos por secreções mucosas da probóscide, são movidos por cílios em direção posterior, até a boca, a qual está localizada na base da probóscide perto da sua junção com o corpo propriamente dito (o **tronco**). O sistema digestório está contido no tronco e é muito longo e enovelado, com o ânus abrindo-se posteriormente.

Embora a maioria dos equiúros seja alimentadora de depósito, todos os representantes do gênero *Urechis* (Fig. 13.20) são alimentadores de suspensão, extraindo partículas de alimento a partir da água que passa através de uma rede mucosa secretada pelo animal no lúmen de suas tocas. O fluxo de água através de uma toca em forma de "U", característica do gênero, é mantido por ondas peristálticas de contração muscular movendo-se para baixo no corpo (Fig. 13.21).[10] Os sedimentos adjacentes são geralmente ricos em sulfeto de hidrogênio, um veneno metabólico. Foi descoberto recentemente que o fluido celômico de *U. caupo* contém concentrações milimolares (mM) de um composto contendo ferro, que oxida este sulfeto, detoxificando-o.

Além das **papilas** (pequenas vesículas externas) encontradas em algumas espécies, as únicas projeções conspícuas do tronco equiúro são um único par de grandes e quitinosas setas do tipo anelídeas, localizadas posteriormente à probóscide. Algumas espécies de equiúros contêm setas adicionais na forma de um anel, localizado junto e

[10]Ver *Tópicos para posterior discussão e investigação,* nº 20, no final deste capítulo.

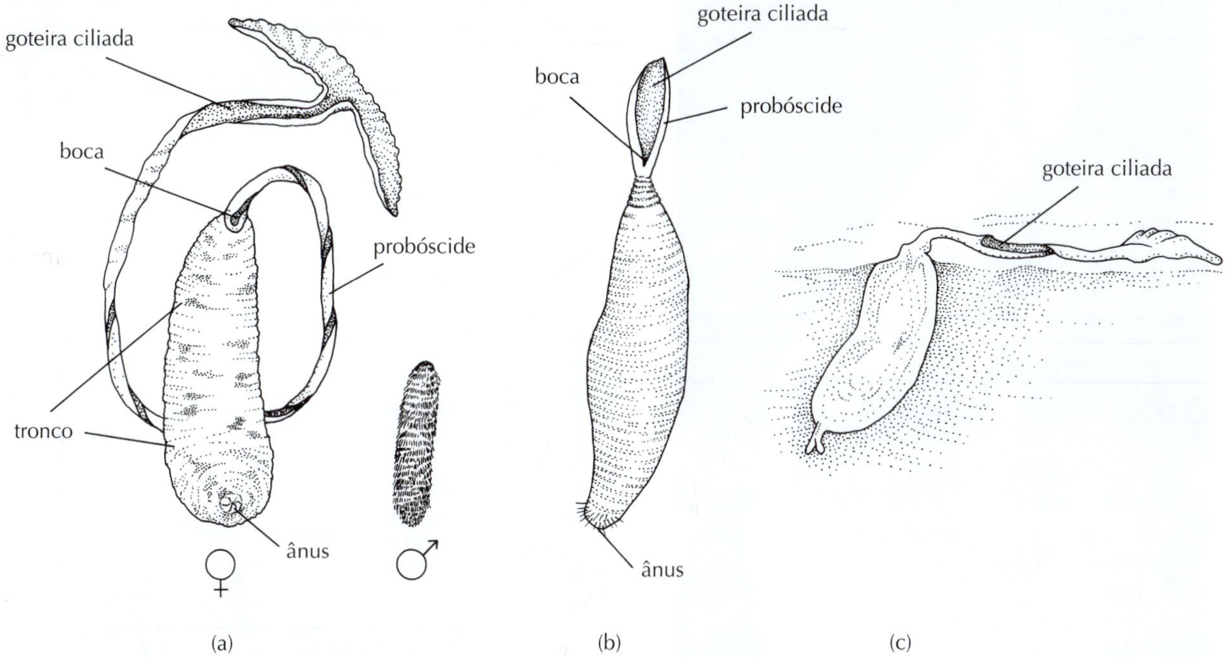

Figura 13.19

Exemplos de equiúros. (a) *Bonellia viridis* (fêmea). O tronco tem aproximadamente 2,5 cm de comprimento, e a probóscide pode exceder de 1 m quando completamente estendida. Observe a goteira ciliada da probóscide, que leva à boca. O macho não descrito mede apenas uns poucos milímetros de comprimento total. (b) *Echiurus echiurus*, em vista ventral. Machos e fêmeas têm formas similares. O comprimento do tronco pode alcançar 15 cm, enquanto a probóscide se estende cerca de 2 a 4 cm. Ambas as espécies vivem em sedimentos moles, tocas.

(c) Equiúro típico em posição de alimentação. (b) Segundo Harmer e Shipley. Segundo Zenkevitch; modificada de Grasse, *Traité de Zoologie*, vol. 5.

anteriormente ao ânus. As setas provavelmente auxiliam na escavação.

O tronco contém um único grande espaço celômico não dividido, que se estende no interior da probóscide (Fig. 13.22). Não há segmentação metamérica no espaço celômico, nem no cordão nervoso que corre por ele. Além de conter o sistema digestório, o espaço celômico abriga de um a centenas de metanefrídeos, como encontrado em outros anelídeos; os membros da maioria das espécies possuem de um a cinco pares de nefrídeos. O fluido celômico é presumivelmente drenado para dentro de cada nefróstoma por ação ciliar, e uma urina final é excretada através de nefridióporos que se abrem para a água do mar circundante.

Considera-se que o único órgão adicional dentro do celoma equiúro tenha uma função excretora: um par de **sacos anais** evaginam-se do reto (Fig. 13.22). Os sacos são musculares e sua superfície é repleta de muitos milhares de funis ciliados, lembrando nefróstomas. Como os metanefrídeos, esses funis coletam fluido celômico, mas não há indicação de que este fluido coletado é depois modificado ou por secreção ou por reabsorção. Além disso, o fluido é descarregado no exterior pelo do ânus, em vez de por um nefridióporo. A descarga é realizada por contrações musculares periódicas dos sacos; válvulas unidirecionais na base dos funis impedem que o fluido retorne para o interior do celoma.

Equiúros não apresentam órgãos respiratórios especializados; a difusão através da superfície corporal aparentemente satisfaz as necessidades de trocas gasosas na maioria das espécies.[11]

De maneira similar, equiúros não têm gônadas distintas. Em vez disso, os gametas são produzidos pelo revestimento peritonial do celoma e liberados na cavidade celômica, como em muitos outros poliquetas. Os gametas dos equiúros deixam o corpo passando pelos metanefrídeos, saindo pelos nefridióporos. A formação dos gametas e sua liberação são essencialmente idênticas às dos sipuncúlidos.

A vida sexual dos equiúros parece ser bem monótona, com somente umas poucas exceções (como discutido no próximo parágrafo). Gametas são sempre liberados pelos nefridióporos na água do mar circundante, onde a fertilização ocorre. O desenvolvimento é típico protostômico, culminando na produção de uma **larva trocófora** (Fig. 13.23), como entre os poliquetas e siboglinídeos.

Todas as espécies de equiúros são **gonocorísticas** (**dioicas**) (um sexo por indivíduo), e machos e fêmeas são geralmente similares em aparência. Contudo, *Bonellia viridis* e uns poucos parentes próximos são sexualmente **dimórficos** (caracterizados por duas diferentes formas corporais) (Fig. 13.19a). Comparados com as fêmeas, os

[11]Ver *Tópicos para posterior discussão e investigação*, nº 21, no final deste capítulo.

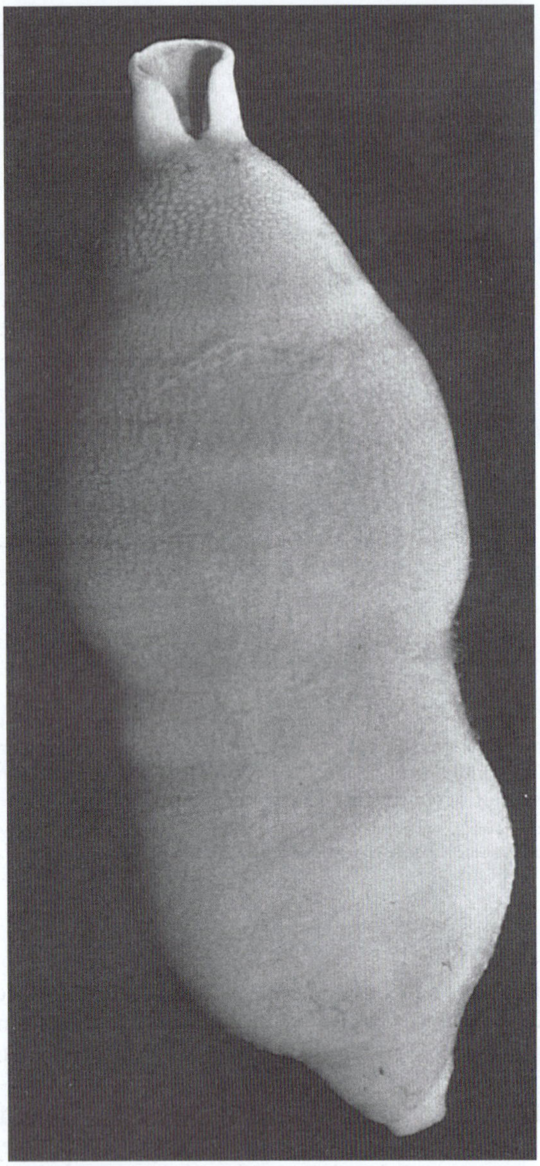

Figura 13.20

Fotografia de *Urechis caupo* (cerca de 8 cm de comprimento), retirada de sua toca em forma de "U". A conspícua constrição da parede do corpo representa uma contração peristáltica. Essas ondas de contração muscular conduzem a água pela toca para coleta de alimento, trocas gasosas e remoção de produtos de excreção, e fazem circular o sangue, que banha livremente a cavidade do corpo; vasos sanguíneos estão ausentes na maioria das espécies. Para facilitar a troca gasosa, a água é periodicamente absorvida pela fina parede do intestino através do ânus e expelida pela mesma abertura.

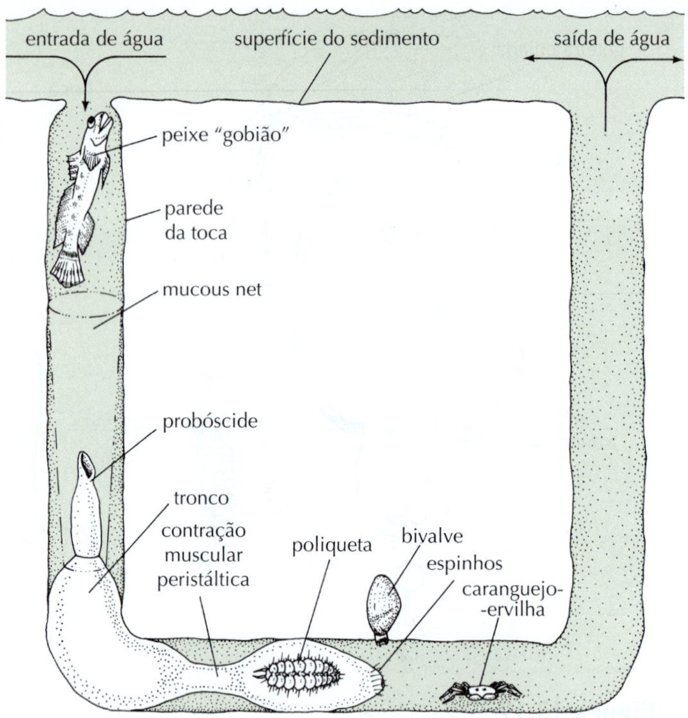

Figura 13.21

O equiúro *Urechis caupo* conduzindo água pela sua toca em forma de "U" através de ondas de contração muscular (ondas peristálticas). Os adultos alcançam cerca de 50 cm de comprimento. As tocas de *U. caupo* são geralmente compartilhadas com vários simbiontes, mais notavelmente um poliqueta (*Hesperonoe adventor*), várias espécies de caranguejo-ervilha (sobretudo *Pinnixa franciscana* e *P. schmitti*), um pequeno bivalve (*Cryptomya californica*) e o peixe "gobião" (*Clevelandia ios*).

De Pimentel; segundo Fisher e MacGinitie.

machos de *B. viridis* são muito menores, não apresentam probóscide nem um sistema circulatório especializado e possuem um sistema digestório degenerado. Estes machos "anões" não têm vida livre; pelo contrário, eles vivem no interior do corpo da fêmea – geralmente dentro dos nefrídeos, os quais assumem a função do útero. Uma única fêmea geralmente tem 20 machos vivendo dentro de seu corpo simultaneamente, esperando pela oportunidade para fertilizar seus óvulos. Talvez o aspecto mais bizarro dessa peculiar história de vida é que o sexo da maioria dos embriões não é determinado na fertilização. Em vez disso, para a maioria dos indivíduos, a determinação do sexo masculino é induzida somente pelo contato da larva com a probóscide de uma fêmea adulta. Na ausência desse contato, a larva geralmente torna-se uma fêmea.[12]

Os sipuncúlidos

Características diagnósticas: 1) a parte anterior do corpo forma uma invaginação eversível e completamente retrátil, com a boca na sua extremidade; 2) corpos multicelulares (urnas) no fluido celômico, especializados em acumular produtos de excreção particulados; 3) tentáculos anteriores conectados a uma série de sacos musculares (sacos compensatórios) que bombeiam fluido para dentro dos tentáculos e o armazenam quando os tentáculos se retraem.

[12]Ver *Tópicos para posterior discussão e investigação*, nº 18, no final deste capítulo.

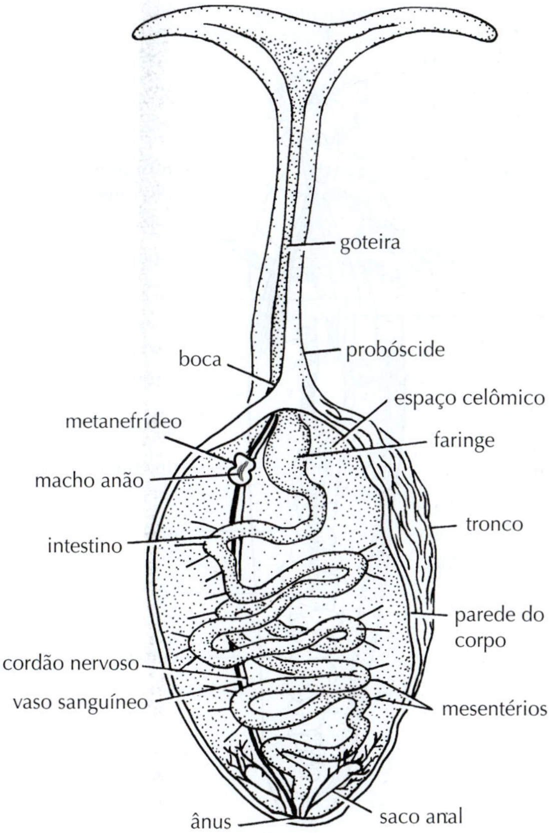

Figura 13.22

Anatomia interna do equiúro *Bonellia viridis*. Observe a ampla cavidade celômica.
Segundo Harmer e Shipley.

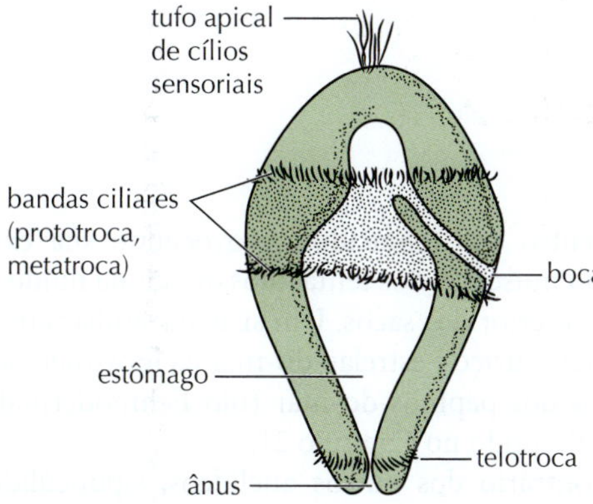

Figura 13.23

Uma típica larva trocófora equiúra com três conspícuas bandas de cílios. Comparar com a Figura 13.12a.
Baseada em Gosta Jägersten, *Evolution of the Metazoan Life Cycle*. 1972.

Como os outros anelídeos discutidos neste capítulo, sipuncúlidos têm uma parede composta, em sequência, por uma cutícula externa, uma epiderme, uma camada de músculos circulares, uma camada de músculos longitudinais e um peritônio revestindo o celoma (Fig. 13.24a); mostram clivagem espiral, formação do mesoderma a partir da célula 4d (Capítulo 2) e formação do celoma por esquizocelia (Capítulo 2); em geral, produzem larvas ciliadas trocóforas (Tabela 13.1). Entretanto, sipuncúlidos não apresentam setas e não mostram qualquer traço de segmentação em qualquer etapa do desenvolvimento. Alguns detalhes ontogenéticos sugerem um relacionamento próximo com moluscos, mas estudos de sequência gênica, por outro lado, sugerem claras afinidades com os anelídeos. Uma parte de evidência morfológica que suporta a ligação com poliquetas, contudo, é que o introverte de algumas espécies de sipuncúlidos contém um par de supostos quimiorreceptores, chamados de **órgãos nucais**, lembrando aqueles encontrados em algumas espécies reconhecidas de poliquetas. Os sipuncúlidos teriam perdido todos os vestígios de segmentação e parapódios de um ancestral com esses caracteres? Ou eles representariam a condição ancestral para anelídeos?

Como a maioria dos equiúros, todos os sipuncúlidos são marinhos e encontrados principalmente em águas rasas, embora algumas espécies em ambos os filos sejam encontradas a profundidades entre 7.000 e 10.000 m. A maioria das espécies de ambos os filos é alimentadora de depósito-detrito e tem sexos separados. Nem equiúros nem sipuncúlidos secretam tubos, mas ambos podem formar túneis. Sipuncúlidos são comumente encontrados em túneis, em sedimentos lodosos ou arenosos de águas rasas[13] e em conchas vazias de moluscos ou tubos de poliquetas. Uma espécie muito pequena é conhecida por habitar as conchas calcárias formadas por foraminíferos (Protozoa). Algumas outras espécies são encontradas em fendas nas rochas, e umas poucas podem perfurar substratos calcários de recifes de corais. Há mais do que o dobro de espécies de sipuncúlidos do que de equiúros. A maioria das 350 espécies de sipuncúlidos tem alguns milímetros de comprimento, embora algumas espécies atinjam comprimentos maiores de 1 m.

O corpo sipuncúlido consiste em um tronco largo, não segmentado e um **introverte** anterior. Diferentemente da probóscide dos equiúros, o introverte sipuncúlido é completamente retrátil dentro do corpo, e a boca abre-se no final do introverte (Fig. 13.25). A contração da musculatura da parede corporal projeta o introverte para fora do corpo (Fig. 13.25b), enquanto a contração dos músculos retratores bem desenvolvidos do introverte puxa a extremidade anterior do animal de volta para dentro do tronco (Fig. 13.25a). O introverte geralmente contém numerosos tentáculos cobertos de muco em volta ou adjacentes à boca terminal. Esses tentáculos agarram partículas da água circundante ou são pressionados contra o substrato, retirando lodo e detrito. O introverte inteiro, então, pode ser recolhido no interior do corpo e o material particulado ingerido, ou as partículas podem ser levadas à boca por sulcos ciliados dos tentáculos. Portanto, a maioria dos sipuncúlidos, como os equiúros, são alimentadores de depósito. Durante a formação do túnel, sipuncúlidos podem ingerir lodo diretamente.

Diferentemente do típico sistema digestório anelídeo, o dos sipuncúlidos é em forma de "U", com o ânus abrindo-se perto do ponto médio do tronco (Fig. 13.24b). Isso seria

[13] Ver *Tópicos para posterior discussão e investigação*, nº 19, no final deste capítulo.

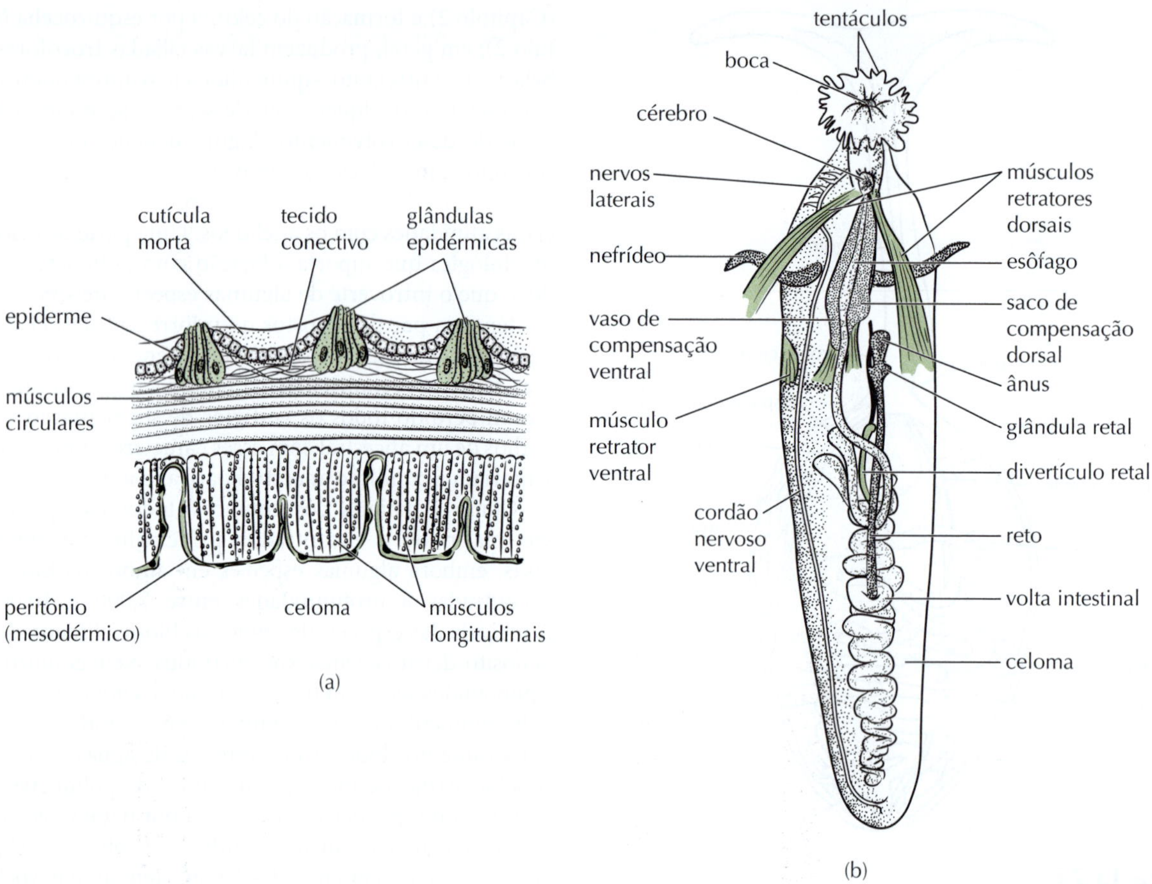

Figura 13.24

(a) Secção transversal através da parede do corpo do sipúnculo *Phascolosoma gouldi*, mostrando o típico arranjo vermiforme de musculatura circular e longitudinal. (b) Anatomia interna de *Sipunculus nudus*. Observe que o ânus termina anteriormente, em vez de posteriormente; isto é, o intestino é em forma de "U". Observe também a ampla cavidade celômica.

(a) Baseada em Frank Brown, *Selected Invertebrate Types*. (b) Baseada em *Invertebrate Zoology*, 3rd ed., de Paul A. Meglitsch.

uma adaptação para uma existência sedentária em túneis que têm somente uma abertura para o exterior; resíduos sólidos são descarregados perto da abertura do túnel.

Além dos órgãos nucais discutidos anteriormente, o introverte sipuncúlido contém células sensoriais na sua superfície. Sipuncúlidos podem também possuir vários pares de ocelos fotossensíveis no interior do cérebro. Além dos tentáculos que surgem do introverte, o corpo do sipúnculo não apresenta projeções importantes; ele não contém setas nem apêndices corporais (Fig. 13.25).

O corpo sipuncúlido contém uma enorme cavidade celômica (Fig. 13.24b) que não mostra qualquer sinal de segmentação ou septos em qualquer fase de sua história de vida. Surpreendentemente, os tentáculos ocos do introverte são conectados a uma série de sacos, chamados de **vasos contráteis** ou de **sacos compensatórios** (Fig. 13.24b). Esses sacos estão ligados à superfície do esôfago; eles podem ser bem extensos, ramificando-se para fora do celoma do tronco e formando uma espécie de sistema circulatório em algumas espécies. A contração da musculatura do saco bombeia fluido dentro dos tentáculos, provocando sua extensão. A retração muscular dos tentáculos direciona fluido de volta para o interior dos sacos. Um sistema similar atua na locomoção de ouriço e estrelas-do-mar na movimentação dos tentáculos dos pepinos-do-mar (filo Echinodermata), como será discutido no Capítulo 21.

Ao contrário dos outros anelídeos, sipuncúlidos não apresentam um sistema circulatório com coração e vasos sanguíneos. Contudo, células no fluido celômico contêm pigmento que se liga ao oxigênio. Trocas gasosas ocorrem através dos tentáculos, introverte ou parede corporal, com o fluido celômico servindo como um meio circulatório.

A excreção por sipuncúlidos é realizada em grande parte por metanefrídeos, como em outros anelídeos. Entretanto, a maior parte dos sipuncúlidos contém somente um par desses órgãos (Fig. 13.24b). O sistema nefridial é suplementado por um sistema peculiar de **urnas**. As urnas são agrupamentos de células que surgem e se desprendem do revestimento peritonial do celoma (Fig. 13.26). Flutuando livremente no fluido celômico, urnas coletam resíduos sólidos e,

Tabela 13.1 Comparação de características encontradas entre poliquetas, clitelados, equiúros e sipuncúlidos

Característica	Polychaeta e Clitellata	Echiura	Sipuncula
Musculatura da parede corporal	Externa: circular; interna: longitudinal	Externa: circular; interna: longitudinal	Externa: circular; interna: longitudinal
Sistema excretor	Metanefrídeos (um a muitos pares)	Metanefrídeos (um a muitos pares), mais sacos anais	Metanefrídeos (um par), mais urnas
Sistema nervoso	Cérebro com um cordão nervoso ventral	Cérebro com um cordão nervoso ventral	Cérebro com um cordão nervoso ventral
Sistema circulatório sanguíneo	Vasos sanguíneos dorsais e ventrais	Vasos sanguíneos dorsais e ventrais	Ausentes
Pigmentos que se ligam ao oxigênio	Hemoglobina, hemeritrina, clorocruorina	Hemoglobina	Hemeritrina
Setas	Presentes	Presentes	Ausentes
Metamerismo	Presente durante toda a vida	Somente durante o desenvolvimento	Ausente
Formação do celoma	Esquizocelia	Esquizocelia	Esquizocelia
Padrão de clivagem	Espiral, determinada	Espiral, determinada	Espiral, determinada
Forma larval	Trocófora	Trocófora	Trocófora, pelagosfera
Produção de gametas	Podem surgir do peritônio e amadurecer no celoma; podem sair através de nefridióporos	Surgem do peritônio; amadurecem no celoma; saem através de nefridióporos	Surgem do peritônio; amadurecem no celoma; saem através de nefridióporos
Sistema digestório	Linear (i.e., boca e ânus em extremidades opostas do corpo)	Linear	Em "U"

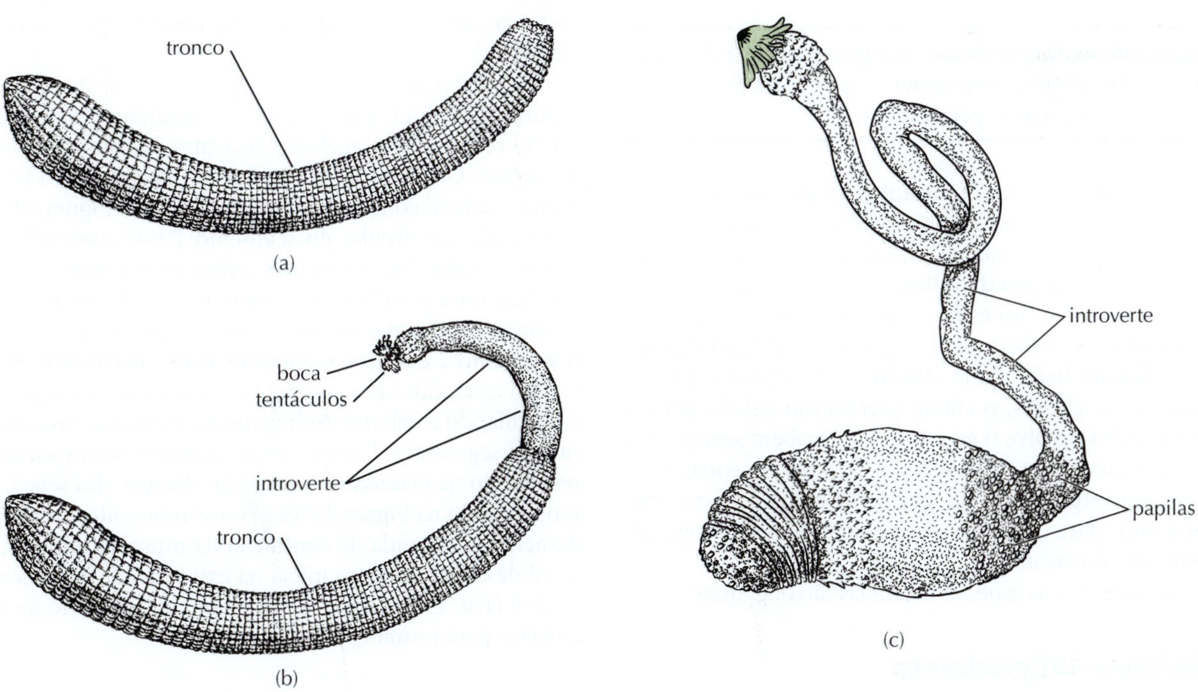

Figura 13.25

Sipunculus nudus, com seu introverte recolhido (a) e estendido (b). (c) *Phascolion* sp., um sipúnculo com conspícuas papilas. O introverte está completamente estendido.

(c) Baseada em R. I. Smith, *Key to Marine Invertebrates of the Woods Hole Region*. 1964.

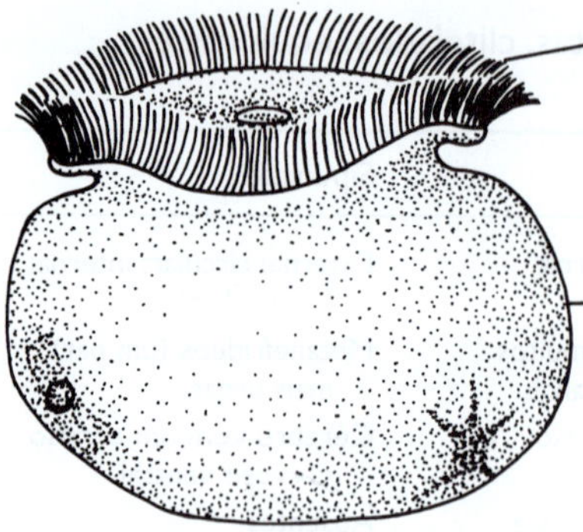

Figura 13.26

Uma célula-urna retirada do fluido celômico de *Sipunculus nudus*. De Hyman; segundo Selensky.

eventualmente, depositam estes resíduos na parede do corpo do animal, ou esses são eliminados através do sistema nefridial.

O desenvolvimento de uma larva trocófora, como também encontrado em moluscos, já foi mencionado (Fig. 13.27a). Em alguns sipuncúlidos, a trocófora desenvolve-se depois em uma larva **pelagosfera** (Fig. 13.27b), a qual já foi considerada um sipúnculo adulto livre-natante, e hoje é incluída no inválido gênero *Pelagosphaera*. Essas larvas são geralmente grandes (vários milímetros de comprimento) e de vida longa, e podem dispersar-se por grandes distâncias.

Classe Clitellata

Características diagnósticas: 1) região glandular do corpo pronunciada (clitelo) que exerce importantes funções na reprodução; 2) gônadas permanentes.

Esta classe inclui dois importantes grupos de anelídeos, os oligoquetas e as sanguessugas, que são incluídos em duas subclasses separadas. Tanto oligoquetas quanto sanguessugas são **hermafroditas** (sistemas reprodutores masculino e feminino estão contidos dentro de um único indivíduo) e exibem uma região especializada da epiderme, denominada como **clitelo** (Figs. 13.28a e 13.31). Em ambas as classes, o clitelo secreta um casulo dentro do qual se desenvolve o embrião. Ele também secreta um muco que auxilia na transferência de esperma entre indivíduos, e produz albumina, que serve como uma reserva de alimento para os embriões enquanto eles se desenvolvem dentro do casulo.

Mais de 85% das espécies cliteladas são oligoquetas.

Subclasse Oligochaeta

Aproximadamente 4 mil espécies oligoquetas têm sido descritas. Somente cerca de 6,5% dessas espécies são marinhas; a maior parte é encontrada em água doce ou em hábitats terrestres. A minhoca comum, *Lumbricus terrestris*, é um exemplo familiar desta subclasse (Fig. 13.28a); esta espécie tem sido largamente utilizada como biomonitora de impacto por poluição e tem recebido considerável atencão pelo seu papel potencial na transferência de poluentes para aves e outros vertebrados terrestres[14] (ver Quadro Foco de pesquisa 13.2). Minhocas são também bem conhecidas por seus papéis essenciais na aeração e drenagem do solo; de fato, Charles Darwin calculou que, de cada acre de terra, minhocas trazem aproximadamente 18 toneladas de solo para a superfície, a cada ano.

Oligoquetas são mais lineares em aparência do que a maioria dos poliquetas. Em particular, parapódios estão ausentes e a região mais anterior do corpo, o **prostômio**, é destituída de estruturas sensoriais conspícuas, como olhos e tentáculos. Oligoquetas apresentam setas, mas estas são menos densamente distribuídas ao longo do corpo. Ao contrário da diversidade de planos corporais encontrada entre poliquetas, o plano corporal oligoqueta é relativamente invariável entre espécies. Em geral, não há órgãos respiratórios especializados; as trocas gasosas são realizadas por difusão através de uma parede do corpo úmida.

Como na maioria dos poliquetas, septos dividem a cavidade celômica dos oligoquetas em uma série de compartimentos semi-isolados. A musculatura é organizada como nos poliquetas, com uma camada interna de músculos longitudinais coberta por uma camada de músculos circulares bem desenvolvidos (Fig. 13.28b). Para se locomover, oligoquetas geram uma série contínua de contrações localizadas e relaxamentos da musculatura circular e longitudinal. Esses ciclos de contração, chamados de **ondas peristálticas**, são também comumente utilizados nos poliquetas escavadores, tanto durante a formação do túnel quanto para direcionar água pela toca para oxigenação e remoção de resíduos.

O princípio da locomoção peristáltica é ilustrado na Figura 13.29. Na Figura 13.29a, a musculatura está parcialmente relaxada, e o anelídeo encontra-se com o diâmetro uniforme. Uma porção da parede do corpo em cada segmento está em contato com o substrato. Na Figura 13.29b, a musculatura circular do segmento 1 está contraída. Como os segmentos adjacentes estão empurrando lateralmente contra o substrato, a parte mais anterior do corpo (o prostômio) move-se para a frente, empurrando contra o segmento 2 e outros segmentos mais posteriores. As setas são estendidas nos segmentos posteriores ao segmento 1, auxiliando a evitar o deslizamento. Os músculos circulares nos segmentos 2, 3 e 4 então contraem-se em sucessão, resultando na extensão do corpo (e retração das setas), como ilustrado na Figura 13.29c. Nesse momento, aproximadamente, uma onda de contração da musculatura longitudinal de cada segmento inicia na extremidade posterior do animal (Fig. 13.29d), e esta onda também passa do sentido anterior para posterior.

[14]Ver *Tópicos para posterior discussão e investigação*, nº 14, no final deste capítulo.

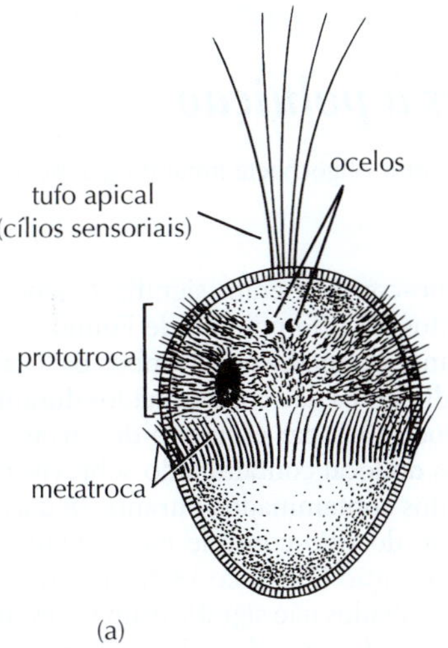

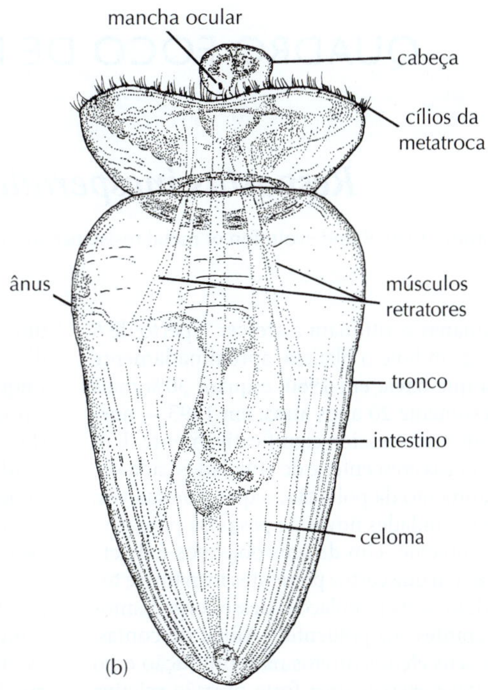

Figura 13.27

(a) Larva trocófora de *Golfingia* sp. Comparar com a Figura 13.12a. (b) Larva pelagosfera de *Sipunculus polymyotus*. A larva trocófora é sempre um estágio que não se alimenta em sipuncúlidos, ao passo que a larva pelagosfera pode se alimentar de algas microscópicas do plâncton.

(a) De Hyman; segundo Gerould. (b) Cortesia Dr. Rudolph S. Scheltema.

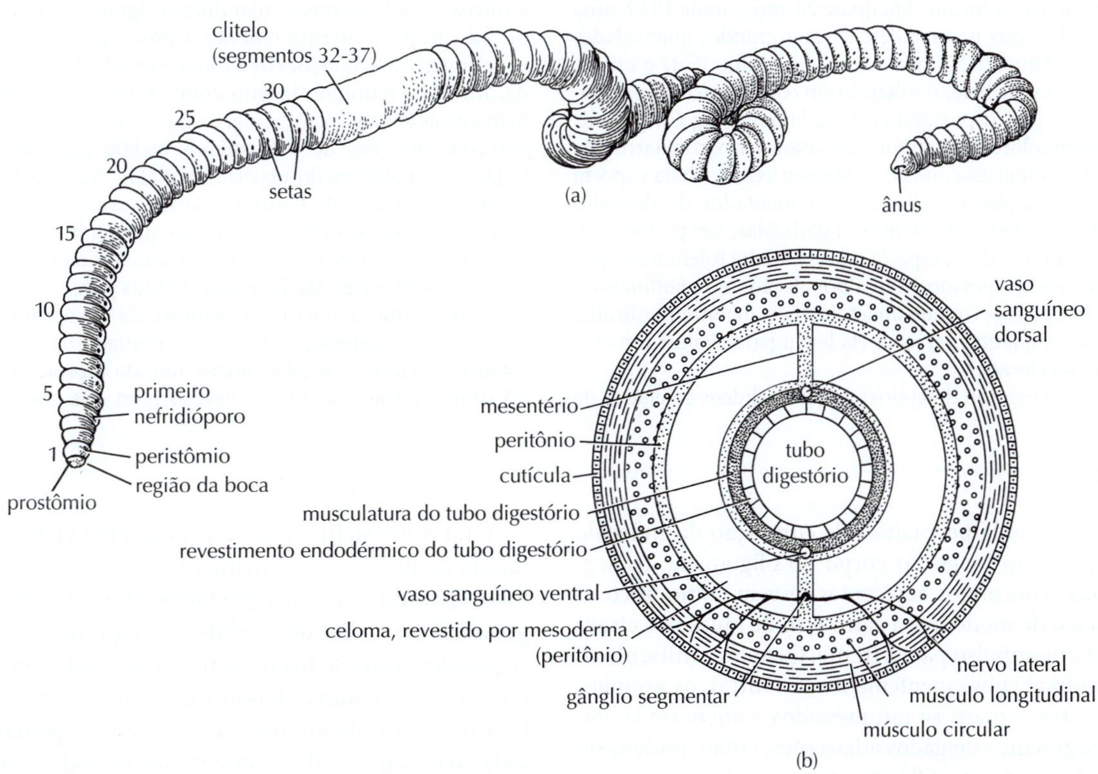

Figura 13.28

(a) Morfologia externa do oligoqueta terrestre *Lumbricus terrestris*. Observe a ausência de apêndices anteriores e laterais. O clitelo é uma região glandular característica tanto de oligoquetas quanto de sanguessugas. Ele produz um muco que auxilia na cópula e envolve os ovos fertilizados em um casulo de proteção. (b) Oligoqueta em secção transversal esquemática, mostrando o arranjo das camadas musculares da parede do corpo e do intestino.

(a) Segundo Sherman e Sherman. (b) Segundo Russell-Hunter.

QUADRO FOCO DE PESQUISA 13.2

Respostas inesperadas à poluição

Klerks, P. L. e J. S. Levinton. 1989. Rapid evolution of metal resistance in a benthic oligochaete inhabiting a metal-polluted site. *Biol. Bull.* 176:135-41.

Como populações humanas continuam a crescer - perto de 6 bilhões de pessoas ocupam hoje o planeta, aproximadamente duas vezes o número que havia em 1960, e quase 30% mais do que havia aqui há somente 20 anos atrás, em 1993 –, nosso impacto no ambiente tem crescido significativamente. Um produto de nossos números crescentes e de atividades cada vez mais sofisticadas é o aumento da poluição, o que, por sua vez, tem criado muitas oportunidades novas de pesquisa para pesquisadores em meio ambiente. Um de seus objetivos é determinar as concentrações em que certos poluentes tornam-se tóxicos a organismos. Mas e se as populações desses organismos tornarem-se mais tolerantes aos poluentes? Afinal de contas, a poluição, através de seus efeitos diretos na reprodução e no sucesso reprodutivo, deve exercer uma forte pressão seletiva sobre as populações, e indivíduos de futuras gerações podem ser capazes de suportar graus cada vez maiores de agressão ambiental. Se a tolerância à poluição pode evoluir, então estudos de curta duração não irão prever acuradamente consequências de longo prazo.

Klerks e Levinton (1989) estudaram uma população de oligoquetas de Foundry Cove, uma baía de água doce no Rio Hudson, em Nova Iorque. Em quase 20 anos, desde 1979, uma fábrica de baterias na área descarregou grandes quantidades - aproximadamente 53 toneladas - de cádmio (Cd) e outros metais pesados na baía, resultando em concentrações superiores a 10.000 µg Cd por grama de sedimento (µg Cd/g); animais alimentadores de depósito deveriam ser particularmente impactados por essas condições. Mesmo assim, a baía suporta grandes populações do oligoqueta alimentador de depósito *Limnodrilus hoffmeisteri* (família Tubificidae, ver p. 336). Seriam os membros desta espécie especialmente tolerantes à poluição por metais pesados? Ou a população de *L. hoffmeisteri* naquele local teria evoluído uma tolerância incomumente alta, e, nesse caso, quantas gerações ela levou para evoluir uma resistência tão elevada?

Klerks e Levinton descobriram que anelídeos coletados de um sítio-controle eram significativamente intolerantes a sedimentos do sítio poluído de Foundry Cove (Fig. foco 13.3). Enquanto os anelídeos de ambos os locais sobreviveram bem em sedimentos não contaminados durante o estudo de 28 dias (Fig. foco 13.3, par esquerdo de barras), somente aqueles retirados do local contaminado sobreviveram à exposição a sedimentos contaminados durante 28 dias; nenhum oligoqueta coletado do sítio-controle não contaminado sobreviveram a essa exposição (Fig. foco 13.3, par direito de barras). Todavia, esses resultados não significavam necessariamente que a maior resistência dos anelídeos de Foundry Cove era decorrente de evolução; essa maior resistência poderia, em vez disso, refletir os efeitos de algum mecanismo de detoxificação bioquímica que é engatilhado dentro de uma geração, pois indivíduos se adaptam às condições contaminadas. Assim, os autores criaram uma prole proveniente de adultos de Foundry Cove até uma segunda geração em água limpa e sedimento descontaminado, e, então, testaram a tolerância dessa prole aos mesmos poluentes. Quando expostos a concentrações de 20.000 e 30.000 µg Cd/g sedimento (Fig. foco 13.4), a prole de anelídeos de Foundry Cove sobreviveu tão bem quanto seus pais (i.e., a média de sobrevivência não diferiu significativamente para os dois grupos), mesmo embora a prole nunca tivesse antes experimentado condições de cádmio elevado. Em contrapartida, anelídeos retirados do sítio-controle não sobreviveram tão bem a essas concentrações (Fig. foco 13.4, símbolos x). Cádmio em concentrações de pelo menos 60.000 µg/g devastaram todas as populações do experimento (Fig. foco 13.4), porém alguns oligoquetas de Foundry Cove estavam ainda vivos ao final dos 28 dias do estudo, ao passo que nenhum animal das populações-controle sobreviveu; novamente, a prole de Foundry Cove sobreviveu tão bem quanto seus pais.

Claramente, a tolerância aumentada a cádmio elevado tem uma base genética, e tem sido resultado de seleção. Em estudos adicionais de laboratório, usando a prole de adultos do sítio-controle, os autores descobriram que anelídeos que

Quando a onda peristáltica de contração do músculo circular passa ao longo do corpo do oligoqueta, os segmentos não contraídos adjacentes servem como âncoras temporárias, de modo que a contração de músculos circulares gera um impulso para a frente. Quando a musculatura longitudinal subsequentemente se contrai, os segmentos anteriores tornam-se intumescidos e ancoram o animal. Os segmentos delgados adjacentes, então, podem ser puxados para a frente. Observe que as ondas musculares passam em uma direção, mas o animal se move na direção oposta (Figs. 13.29 e 13.30). Essas ondas são conhecidas como **retrógradas**, em vez de **diretas**.[15]

Ondas peristálticas são especialmente efetivas na formação de túneis e no movimento dentro de um túnel ou tubo. Quando a musculatura longitudinal é contraída, engrossando o corpo do anelídeo, a superfície inteira dos segmentos torna-se firmemente pressionada contra as paredes do túnel, aumentando significativamente a magnitude das forças de impulsão e retração que podem ser geradas sem causar o deslizamento do animal dentro do túnel. A protrusão das setas pelo anelídeo, nos momentos apropriados dos ciclos de contração e relaxamento muscular, auxilia na ancoragem dessas porções do animal e impede o deslizamento para trás quando forças de impulsão e de retração são geradas (Fig. 13.30).

[15]Ver *Tópicos para posterior discussão e investigação*, nº 3, no final deste capítulo

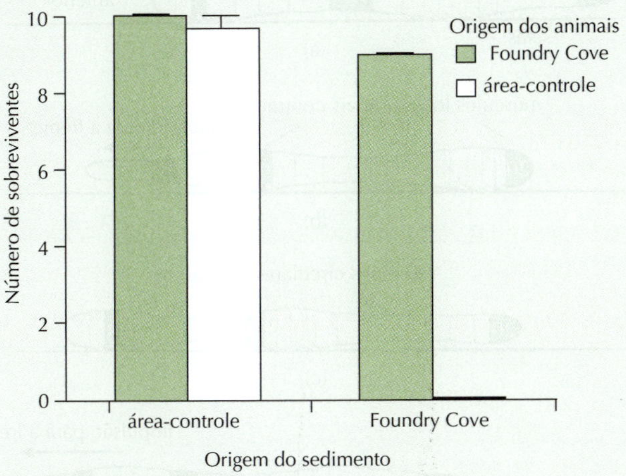

Figura foco 13.3

Efeito da exposição de cádmio na sobrevivência de oligoquetas (*Limnodrilus hoffmeisteri*) depois de 28 dias de exposição a sedimentos (1 cm de profundidade em copos de Becker), do sítio contaminado Foundry Cove no Rio Hudson, New York, ou de uma área controle relativamente não poluída distante cerca de 2 km. A concentração de cádmio em Foundry Cove era de cerca de 7.000 μg Cd g^{-1} de sedimento. Os animais eram alimentados com flocos de ração para peixe durante o estudo. Cada barra representa a média (+1 erro padrão da média) de três réplicas com 10 oligoquetas por réplica.

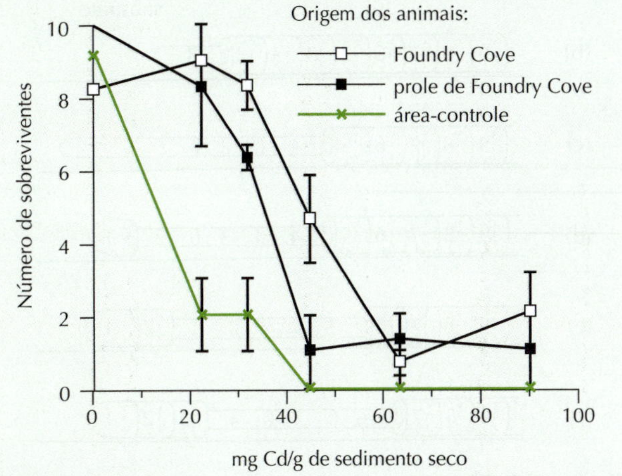

Figura foco 13.4

Efeito da exposição de cádmio na sobrevivência de oligoquetas coletados do sítio contaminado (Foundry Cove, New York) e expostos por 28 dias ao sedimento com as diferentes concentrações de cádmio indicadas. Animais-controle vinham de um local relativamente não poluído, a cerca de 2 km de distância. Símbolos sólidos representam dados para oligoquetas que foram coletados do local poluído, mas criados em laboratório por duas gerações sob condições não poluídas, antes do teste. Os anelídeos foram alimentados com flocos de ração para peixe durante o estudo. Cada ponto representa a sobrevivência média (+ 1 EP) de três réplicas, 10 oligoquetas por réplica.

aumentavam significativamente a tolerância ao cádmio poderiam ser obtidos depois de somente três gerações de seleção. Trabalho subsequente* demonstrou que oligoquetas tolerantes produzem altas concentrações de uma proteína que se liga a metal em resposta a concentrações elevadas de Cd no ambiente. A proteína se liga ao Cd; isso detoxifica o metal, mas também resulta em altas concentrações intracelulares de Cd.

*Wallace, W. G., G. R. Lopez e J. S. Levinton. 1998. *Marine Ecol. Progr. Ser.* 172:225-37. Levinton, J. S., E. Suatoni, W. G. Wallace, R. J. B. Kelaher e B. J. Allen. 2003. *Proc. Natl. Acad. Sci U.S.A.* 100:9889-91

Embora pareça claro que populações de *L. hoffmeisteri* possam evoluir resistência aumentada a pelo menos alguns poluentes, uns poucos aspectos dos dados ainda são intrigantes: em concentração de 40.000 μg/g sedimento, a prole de Foundry Cove sobreviveu significativamente menos do que seus pais (Fig. foco 13.4). Como você pode explicar esse resultado, se a tolerância é geneticamente determinada? Contudo, o maior quebra-cabeças está relacionado às implicações dos dados. Você acha que os resultados deste estudo são motivo para celebração ou para alarme? Você pode pensar sobre consequências negativas que podem vir junto com a resistência aumentada à poluição por invertebrados?

Reprodução dos oligoquetas

Diferentemente dos poliquetas, todas as espécies de oligoquetas são hermafroditas e, muitas vezes, apenas poucos segmentos de cada indivíduo produzem gametas. Além disso, os gametas são produzidos dentro de testículos e ovários distintos, em vez de do peritônio que reveste a cavidade celômica. O esperma é, em geral, trocado simultaneamente entre dois indivíduos em cópula (FIg. 13.31a); o esperma é armazenado para uso posterior em órgãos especializados, chamados de **espermatecas** (do grego, caixas de esperma). Eventualmente, óvulos e esperma são despejados de aberturas separadas dentro de um casulo complexo secretado pelo lúmen do **clitelo**, de modo que a fertilização ocorre externamente. Os embriões desenvolvem-se e se alimentam de um fluido nutritivo encontrado no interior do casulo. Quando o desenvolvimento é completado, oligoquetas em miniatura emergem dos casulos; oligoquetas não apresentam estágios larvais de vida livre, mesmo em ambientes marinhos.

Embora reprodução assexuada ocorra em alguns grupos de poliquetas, ela é mais comum entre oligoquetas, particularmente em espécies de água doce.[16] O processo de reprodução assexuada envolve a divisão transversal do "adulto" em um certo número de divisões separadas e a regeneração subsequente de cada seção em um indivíduo completo.

[16]Ver *Tópicos para posterior discussão e investigação*, nº 8, no final deste capítulo.

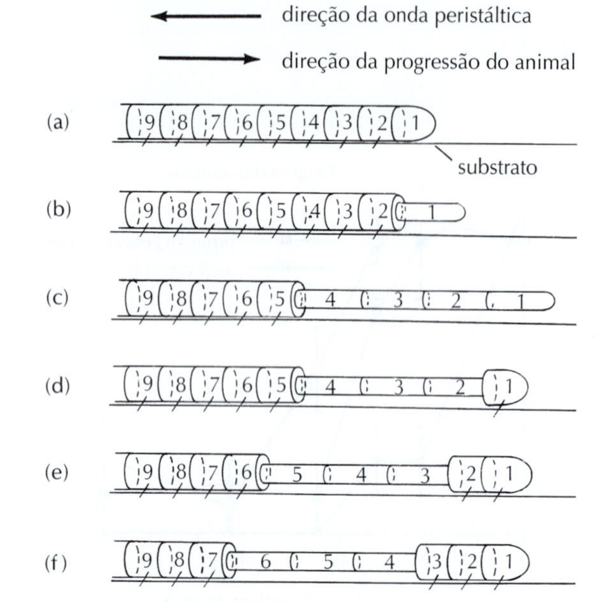

Figura 13.29

Ilustração esquemática da locomoção peristáltica em oligoquetas. (a-c) Uma onda de contração dos músculos circulares inicia, movendo-se para trás no corpo, resultando na extensão do anelídeo para a frente. Enquanto a onda continua a viajar para trás no corpo do anelídeo, de segmento para segmento, uma fase de consolidação é iniciada anteriormente, isto é, uma onda de contrações musculares longitudinais se move em direção posterior (d-f), encurtando e espessando cada segmento, em preparação para a próxima fase de extensão.

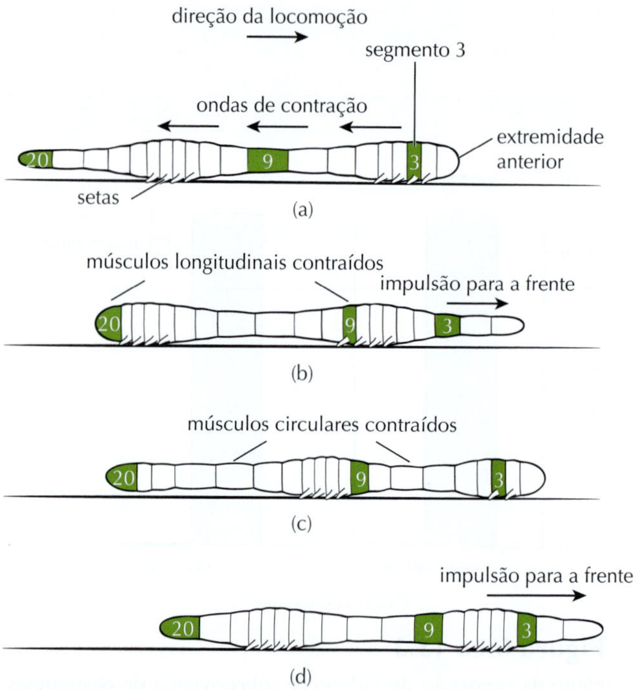

Figura 13.30

Locomoção de uma minhoca, baseada em um filme em câmara lenta. (a) Os músculos circulares dos primeiros cinco a seis segmentos mais anteriores estão relaxados, e os músculos longitudinais desses segmentos estão completamente contraídos. Em (b), uma onda de contração dos músculos circulares é iniciada anteriormente; o segmento 3 e seus vizinhos imediatos se tornam mais alongados e mais finos. O segmento 3 se move também para a frente, em parte devido à contração de sua própria musculatura circular (e relaxamento da musculatura longitudinal) e em parte ao impulso para a frente gerado pelas contrações dos segmentos 4 e 5. Ao mesmo tempo, a onda de contração muscular longitudinal se move em direção posterior, incluindo o segmento 9. Observe que os segmentos 6 a 9 são impedidos de deslizar pela protrusão das setas quando os segmentos anteriores são impulsionados para a frente. Uma segunda onda de contração muscular longitudinal passa do segmento 15 aos segmentos terminais do anelídeo; consequentemente, o segmento 20 é puxado para a frente. Em (c) e (d), ondas de contração muscular longitudinais e circulares continuam a ser geradas anteriormente, impulsionando e puxando os segmentos do anelídeo para a frente.

Baseada em Purves e Orians, *Life: The Science of Biology*, 2d ed. 1983.

Além disso, poucas espécies oligoquetas, sobretudo aquelas que vivem em ambientes terrestres, são **partenogenéticas**, isto é, os ovos podem se desenvolver normalmente na ausência de fertilização.

Subclasse Hirudinea

Característica diagnóstica: ventosa posterior.

A subclasse Hirudinea, que inclui as sanguessugas, tem aproximadamente 700 espécies descritas, as quais são consideradas evoluídas do ramo oligoqueta. Refletindo sua presumida origem oligoqueta, a maior parte das sanguessugas ocupa hábitats terrestres ou de água doce; somente uma pequena proporção das espécies é marinha. Como os oligoquetas, o plano básico corporal dos Hirudinea varia pouco entre as espécies. Notavelmente, estão ausentes parapódios, outros apêndices respiratórios especializados e apêndices cefálicos, como em oligoquetas (Figs. 13.31b e 13.32).

Ao contrário dos oligoquetas, a maioria das sanguessugas não apresenta setas. Além disso, geralmente o corpo não é separado em compartimentos por septos, e o espaço celômico contínuo é grandemente preenchido com tecido conectivo, ou **mesênquima** (Fig. 13.33). Os canais e sinos remanescentes dentro desse tecido têm função no transporte sanguíneo na maioria das espécies de sanguessugas; portanto, o meio circulatório é o fluido celômico. Não surpreendentemente, considerando a falta de septos, a locomoção de sanguessugas difere consideravelmente daquela de outros anelídeos. Sanguessugas não se movem por meio da geração de ondas peristálticas; em vez disso, elas se locomovem sobre substratos sólidos, utilizando ventosas como âncoras temporárias. Essas ventosas são formadas a partir de grupos de segmentos nas extremidades anterior e posterior do corpo (Figs. 13.32 e 13.34). Com a ventosa posterior aderida ao substrato, o

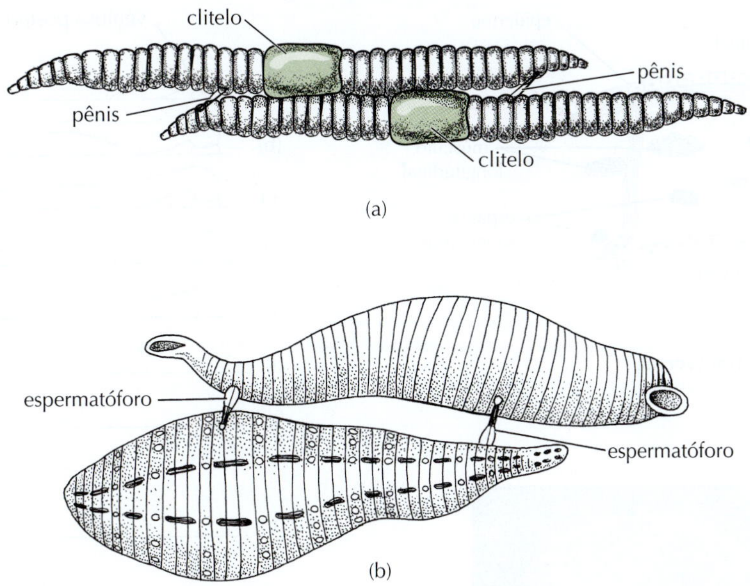

Figura 13.31

Todos os anelídeos clitelados são hermafroditas simultâneos. (a) Oligoquetas em cópula, *Pheretima communissima*. (b) Sanguessugas copulando, *Glossiphonia* sp. Os membros dessa família geralmente não apresentam um pênis; espermatóforos são vigorosamente injetados dentro do parceiro, e o esperma migra para o aparelho reprodutor, para ser armazenado e, posteriormente, fertilizar os óvulos. A fertilização é externa entre oligoquetas e interna em sanguessugas. Tanto em oligoquetas quanto em sanguessugas, os ovos fertilizados são incubados em um casulo gelatinoso secretado pelo clitelo.

(a) Baseada em Fretter e Graham, *A Functional Anatomy of Invertebrates*. 1976. (b) Segundo Meglitsch; segundo Brumpt.

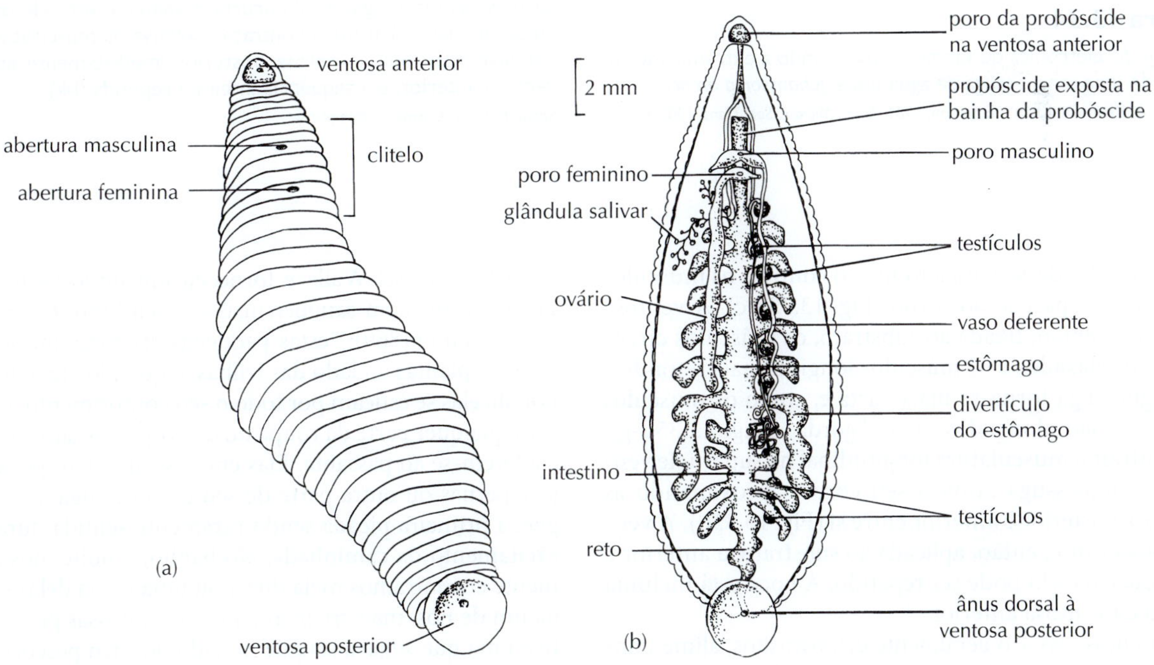

Figura 13.32

(a) Anatomia externa de uma sanguessuga. (b) Anatomia interna de *Glossiphonia complanata*.

(a) Segundo Pimentel. (b) Mann (segundo Harding), *Leeches*. Oxford, England: Pergamon Press, 1962.

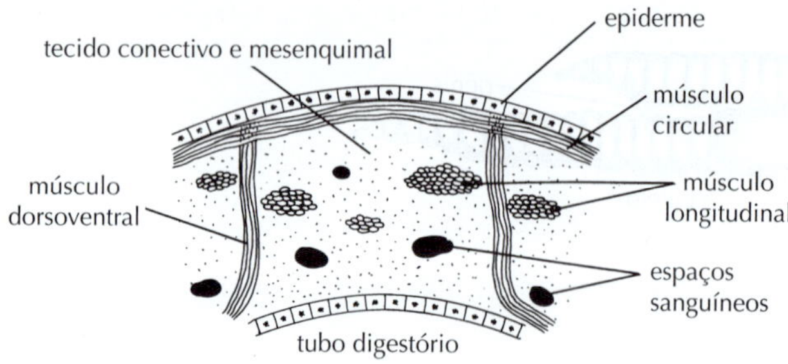

Figura 13.33

Uma sanguessuga em secção transversal.
Segundo Mann.

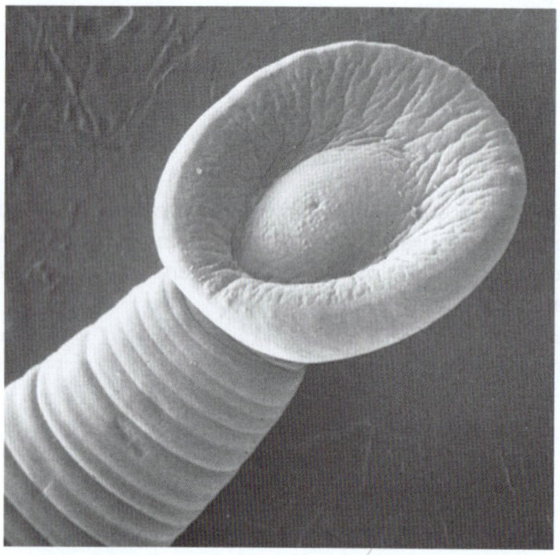

Figura 13.34

Micrografia eletrônica de varredura mostrando a extremidade anterior de uma sanguessuga de água doce, *Johanssonia arctica*.
© Dr. R. A. Khan. De Khan e Emerson, 1981. *Amer. Microsc. Soc. Trans.* 100:51.

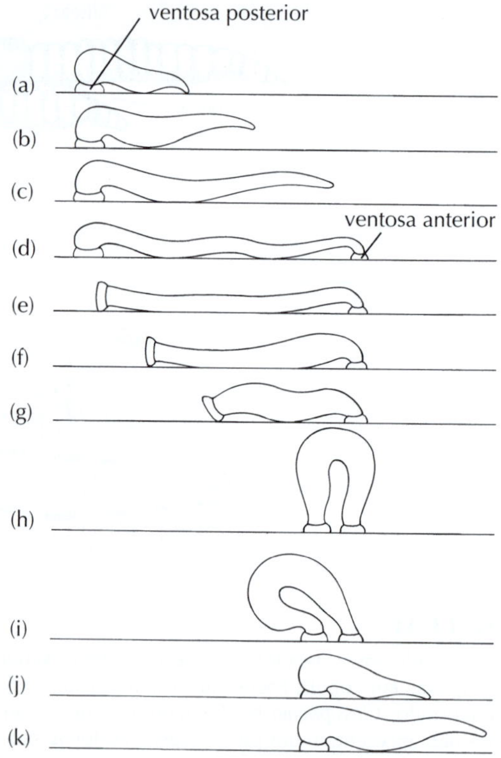

Figura 13.35

Locomoção da sanguessuga. Em (a–d), a ventosa posterior é fixada no substrato, enquanto os músculos circulares da sanguessuga se contraem, estendendo o animal para a frente. Os músculos longitudinais são alongados no processo. Em (e-g), a ventosa posterior é liberada, ao passo que a ventosa anterior é fixada. A contração da musculatura longitudinal encurta o animal e estende os músculos circulares. Em (h), a contração seletiva da musculatura longitudinal posiciona a ventosa posterior imediatamente atrás da ventosa anterior, e a sequência inteira é repetida (i-k).
Segundo Gray, Lissman e Pumphrey.

anelídeo estende-se para a frente ao contrair os músculos circulares da parede do corpo (Fig. 13.35a-c). A ventosa anterior é, então, fixada ao substrato, os músculos circulares são relaxados e os músculos longitudinais retraídos. A sanguessuga torna-se mais curta e, como os músculos circulares são alongados, mais "gorda" (Fig. 13.35d-g). Ao contrair a musculatura longitudinal na superfície ventral, a sanguessuga arqueia seu corpo, aproximando as ventosas posterior e anterior entre si (Fig. 13.35h). A ventosa posterior é, então, aplicada ao substrato, a anterior é liberada, e o ciclo pode ser repetido. A boca está incluída dentro da ventosa anterior.

Sanguessugas são geralmente ectoparasitos, alimentando-se ou do sangue de outros invertebrados ou, mais frequentemente, do sangue de vertebrados. A maioria das espécies de parasitos possui três mandíbulas denteadas no interior da boca; a sanguessuga usa essas mandíbulas para fazer uma incisão no hospedeiro. Outras espécies têm uma probóscide protraível, através da qual o sangue é extraído do hospedeiro.

Alfred Russel Wallace forneceu um importante relato de encontros com sanguessugas em seu livro, *O Arquipélago Malaio* (1869): "estas pequenas criaturas infestam as folhas e plantas ao lado das trilhas, e quando alguém passa por ali, elas se esticam por todo o seu comprimento, e se tocam qualquer parte da roupa ou do corpo, largam sua folha e aderem-se ao passante. Elas então se arrastam pelos seus pés, pernas ou outra parte de seu corpo e sugam seu sangue, a primeira picada sendo raramente sentida durante o excitamento da caminhada. No banho, à noite, nós geralmente encontramos meia dúzia ou uma dúzia delas em cada um de nós, mais frequentemente em nossas pernas... eu tive uma que sugava sangue no lado do meu pescoço, mas que por sorte esqueceu da veia jugular".

Os hábitos hematófagos de sanguessugas têm sido há muito tempo empregados na prática da medicina, para sangria, ao longo de boa parte do século XIX e, mais recentemente, para aliviar a pressão do fluido que se segue a dano no tecido vascular (p. ex., após uma mordida de cobra ou após o reimplante de um dedo da mão ou orelha cortados).

Quando um dedo da mão é reimplantado cirurgicamente, as artérias que promovem a irrigação sanguínea podem ser reconectadas àquelas no dedo, mas as veias, devido ao seu menor calibre, geralmente não. Assim, o sangue flui dentro do dedo reimplantado, mas não pode retornar. Uma aplicação de *Hirudo medicinalis*, a sanguessuga medicinal, auxilia de duas maneiras: (1) a sanguessuga drena para fora o excesso de sangue do dedo e (2) injeta um anticoagulante – hirudina – que mantém o sangue saindo do local da picada depois da retirada da saciada sanguessuga. Eventualmente, o sistema venoso do paciente se restabelece sozinho no apêndice reimplantado, e os serviços da sanguessuga não são mais necessários.

Sanguessugas também atraem o interesse de companhias farmacêuticas modernas como fontes de substâncias úteis, como os anestésicos locais (que capacitam as sanguessugas a picarem sem serem percebidas pelo hospedeiro) e certos antibióticos. Muito recentemente, descobriu-se uma sanguessuga amazônica que produz uma proteína que dissolve coágulos sanguíneos; a hirudina produzida por *H. medicinalis* somente impede que os coágulos se formem. Se os genes que codificam para essas substâncias puderem ser isolados, a produção comercial em massa dessas substâncias deve se tornar possível. Por fim, sanguessugas estão se tornando modelos principais de pesquisa no estudo da função e do desenvolvimento do sistema nervoso.

Há menos de 100 anos atrás, vender sanguessugas para estabelecimentos médicos era um negócio efervescente, e talvez se torne novamente. Como descrito pelo antigo Reverendo J. G. Wood (*Animal Creation*, 1885), a coleta de sanguessugas era um desafio divertido:

> "Os coletores de sanguessugas pegam-nas de vários modos. O método mais simples e mais bem-sucedido é entrar na água e pegar as sanguessugas tão rapidamente quanto elas se aderem às pernas nuas. Este plano, contudo, não é de jeito algum calculado para garantir a saúde do coletor de sanguessuga, que se torna magro, pálido e parecido a quase um fantasma, pela constante perda de sangue, e parece ser uma companhia perfeita para os cansados cavalos e gados que são ocasionalmente conduzidos às lagoas de sanguessuga para alimentar esses anelídeos sedentos de sangue."

Hoje, sanguessugas são criadas comercialmente, principalmente na Inglaterra.

As sanguessugas não parasitos, cerca de 25% de todas as espécies conhecidas, predam outros animais invertebrados.

Reprodução

Como nos Oligochaeta, sanguessugas adultas são hermafroditas simultâneas, e um estágio larval de vida livre está ausente no seu ciclo de vida. Somente uns poucos segmentos de cada indivíduo estão envolvidos diretamente na **gametogênese** (produção de gametas). Enquanto oligoquetas fertilizam seus óvulos externamente, a fertilização nas sanguessugas ocorre internamente, ou por cópula ou, em espécies sem pênis, por inserção de pacotes de esperma (**espermatóforos**) dentro do corpo do parceiro, ou por meio de penetração da parede do corpo pelos próprios espermatóforos. A troca de esperma é mútua entre dois indivíduos em cópula (Fig. 13.31b), e os ovos fertilizados de cada indivíduo desenvolvem-se geralmente no interior de casulos. O **clitelo** frequentemente atua na produção do casulo e de fluido nutritivo, como nos oligoquetas. Uma sanguessuga em miniatura em um determinado momento emerge do casulo.

Ao contrário dos poliquetas e oligoquetas, nenhum membro de Hirudinea apresenta reprodução assexuada.

Outras características da biologia de anelídeos

Sistema digestório

O tubo digestório típico é linear e não segmentado, com uma boca no peristômio e um ânus na extremidade posterior do animal (pigídeo). O alimento é transportado pelo tubo digestório por cílios e por contrações musculares. A digestão é principalmente extracelular, embora algumas espécies mostrem também um componente intracelular.

Classe Polychaeta

Não há tubo digestório em siboglinídeos adultos, e nos equiúros ele é longo e enrolado, como mencionado anteriormente. O trato digestório é geralmente dividido em faringe, esôfago, intestino e reto (Fig. 13.36a). Em algumas espécies, evaginações do tubo digestório formam **glândulas** ou **cecos digestórios** de fundo cego, aumentando a superfície disponível para digestão e absorção.

Classe Clitellata

Subclasse Oligochaeta

Oligoquetas geralmente mostram mais modificações do arranjo básico, recém-descrito para os poliquetas. O esôfago pode ser modificado para formar um **papo**, para armazenar alimento, e/ou uma **moela**, uma estrutura altamente muscular preenchida com cutícula endurecida, para moer alimento (Fig. 13.36b). **Glândulas calcíferas** estão associadas ao esôfago; elas podem atuar na regulagem do pH sanguíneo por meio do controle da concentração de íons carbonato.

O intestino de muitas espécies de oligoquetas terrestres termina em uma carena ou dobra (**tiflossole**), que aumenta a superfície efetiva do tubo digestório (Fig. 13.37).

Associado com o intestino (e vaso sanguíneo dorsal) de oligoquetas, encontra-se um tecido amarelado característico, chamado de **cloragógeno**. Células cloragógenas têm importante papel no metabolismo de lipídeos, carboidratos e proteínas de oligoquetas.

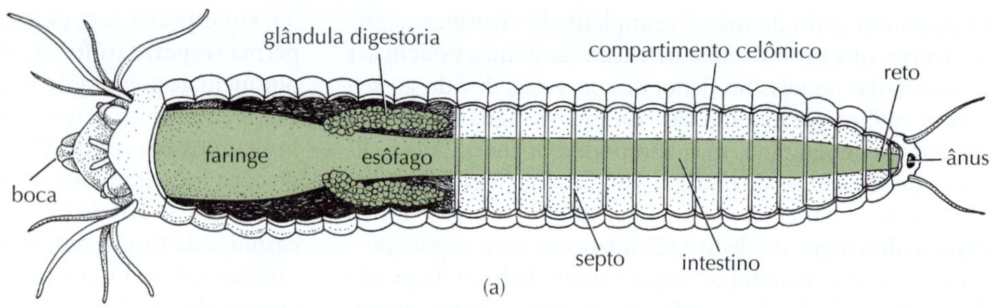

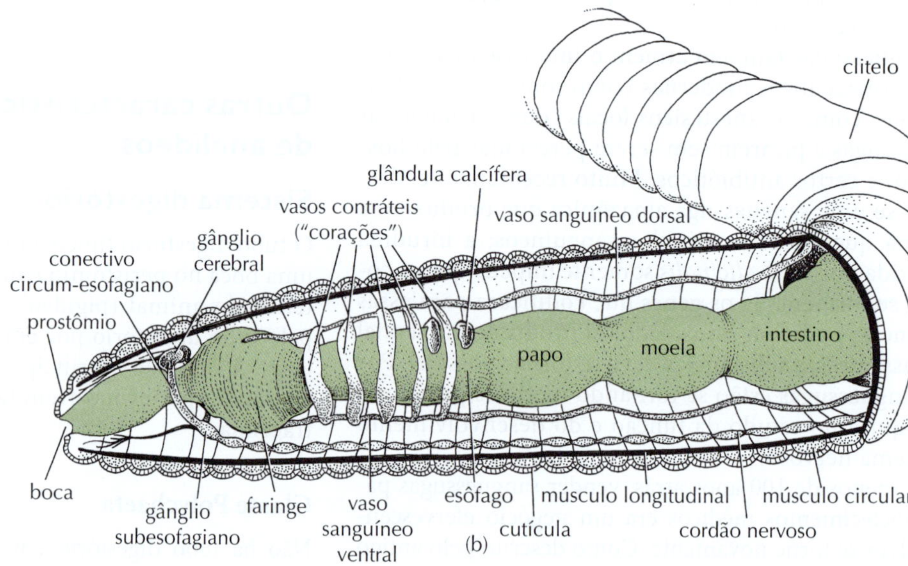

Figura 13.36

(a) Sistema digestório do poliqueta errante, *Nereis virens*. (b) Sistema digestório de um oligoqueta, *Lumbricus terrestris*. Elementos dos sistemas nervoso e circulatório também são mostrados.

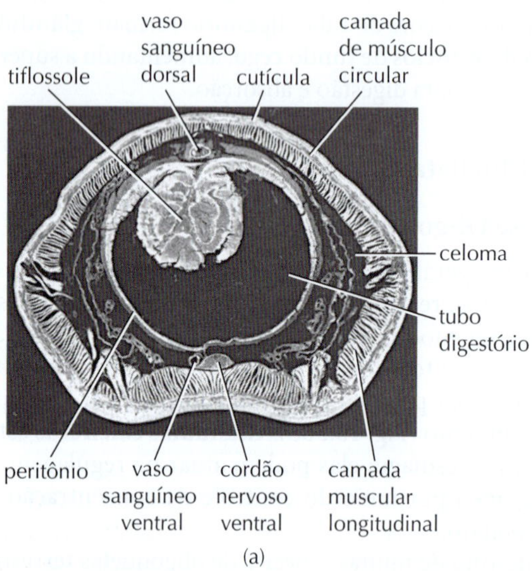

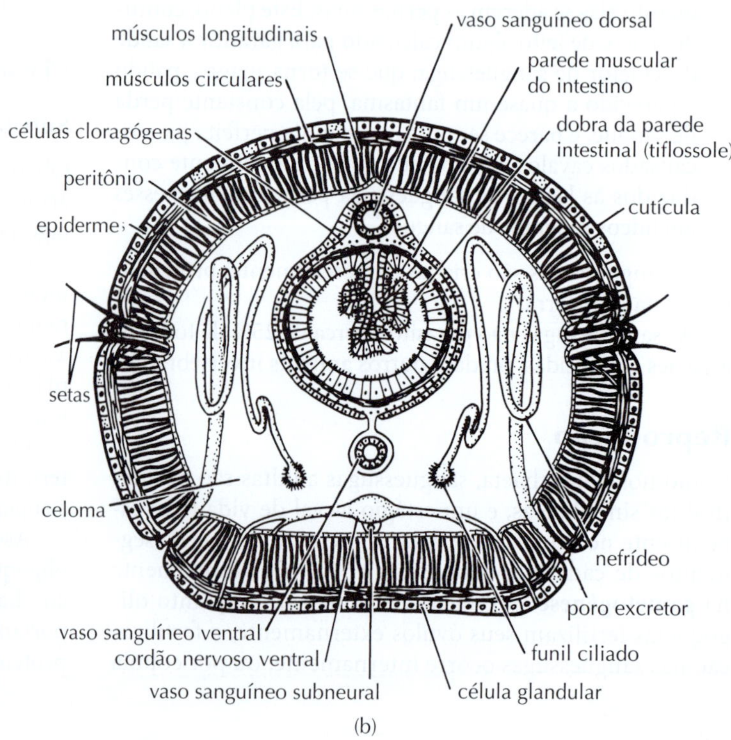

Figura 13.37

(a) *Lumbricus terrestris* em secção transversal. (b) Ilustração esquemática de *L. terrestris* em secção transversal. Uma invaginação pronunciada da parede intestinal é característica de oligoquetas terrestres; este tiflossole aumenta a superfície intestinal disponível para a absorção de nutrientes. Observe o tecido cloragógeno envolvendo o intestino. Este tecido, encontrado em oligoquetas e poliquetas, tem papel na excreção, na síntese de hemoglobina e no metabolismo basal.

(a) © L. S. Eyster. (b) Segundo Buchsbaum e outras fontes.

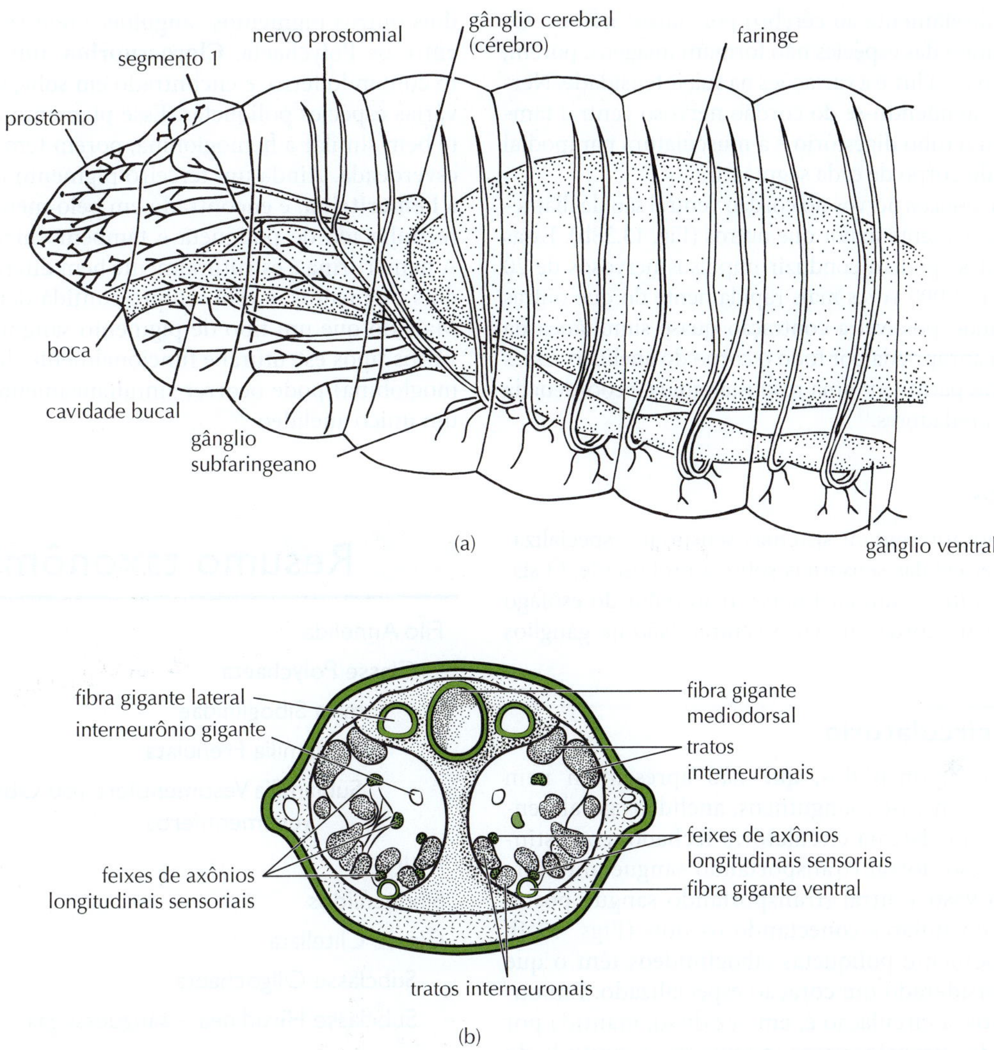

Figura 13.38

(a) Sistema nervoso de *Lumbricus terrestris,* extremidade anterior do animal. (b) Ilustração esquemática do cordão nervoso ventral em secção transversal, mostrando um complexo conjunto de fibras nervosas, incluindo fibras gigantes. As fibras gigantes medeiam respostas motoras rápidas. Os tratos interneuronais estão envolvidos principalmente na coordenação das atividades de vários segmentos do corpo. As fibras gigantes conduzem impulsos nervosos até 1.600 vezes mais rapidamente que as fibras nervosas menores.

(a) Baseada em Barnes; segundo Hess; de Avel. (b) Baseada em P. J. Mill em *Comparative Biochemistry and Physiology,* 73A:641, 1982.

Subclasse Hirudinea

A boca de uma sanguessuga se abre no interior de uma faringe muscular, bombeadora. **Glândulas salivares** associadas à faringe (Fig. 13.32b) secretam **hirudina**, um anticoagulante. Um papo e glândulas digestórias são encontrados em algumas espécies.

Sistema nervoso e órgãos sensoriais

Classes Polychaeta e Clitellata

Poliquetas e clitelados possuem uma massa de **gânglios** (agregações de tecido nervoso) formando um cérebro (Fig. 13.38a). Um cordão nervoso sólido (ou um par de cordões na condição primitiva) percorre da extremidade anterior para a posterior de cada indivíduo. Para espécies segmentadas, intumescimentos do cordão em cada segmento formam gânglios segmentares. Uma variedade de órgãos sensoriais, incluindo receptores táteis, estatocistos, fotorreceptores, receptores de vibração e quimiorreceptores, estão distribuídos por toda a extensão do corpo. Na maior parte das espécies de poliquetas, a cabeça porta um par de depressões ou fendas ciliadas, chamadas de **órgãos nucais**, os quais se acredita serem quimiossensoriais. Em algumas espécies, os órgãos nucais são eversíveis, ao passo que em outras esses órgãos são pequenos e internos, e podem ser encontrados entre os sipúnculos, como discutido anteriormente. Oligoquetas, sanguessugas e equiúros não apresentam órgãos nucais.

Entre poliquetas e clitelados, os vários receptores estão conectados ao cordão nervoso ventral através de nervos segmentares ou (como no caso dos olhos e órgãos nucais) conectados diretamente ao cérebro por outros nervos. Os olhos da maioria das espécies não formam imagens, porém, eles são sensíveis à luz e a variações na sua intensidade. Nervos laterais estendendo-se do cordão nervoso ventral também inervam o tubo digestório e a musculatura parapodial e da parede do corpo de cada segmento.

Em geral, poucos nervos no cordão ventral são de diâmetro consideravelmente maior que outros (Fig. 13.38b). Essas fibras "gigantes" podem conduzir impulsos nervosos de 20 a mais do que 1.000 vezes mais rapidamente do que outras fibras, tornando possível a contração quase simultânea da musculatura apropriada por todo o corpo do anelídeo. Essas fibras gigantes permitem uma resposta rápida e coordenada a potenciais predadores.[17]

Os equiúros

Equiúros não apresentam sistemas sensoriais especializados, a não ser células sensoriais sobre a probóscide. O sistema nervoso inclui um anel nervoso ao redor do esôfago e um conspícuo cordão nervoso ventral. Não há gânglios evidentes.

Sistema circulatório

Exceto pelos sipuncúlidos, que não apresentam nem um coração nem vasos sanguíneos, anelídeos geralmente possuem um sistema circulatório fechado, consistindo em um vaso dorsal (transportando sangue anteriormente), um vaso ventral (transportando sangue posteriormente) e capilares conectando os dois (Figs. 13.4b e 13.36b). Somente poliquetas siboglinídeos têm o que pode ser considerado um coração especializado. Em outros anelídeos, a circulação é, em vez disso, mantida por contrações dos próprios vasos sanguíneos, sobretudo do vaso dorsal. Válvulas asseguram um fluxo unidirecional de sangue pelo corpo. Essa forma de sistema circulatório sanguíneo é muito reduzida ou mesmo ausente entre os representantes de Hirudinea. Entre as sanguessugas, o fluido celômico assume toda ou parte da função circulatória, atingindo os tecidos através de canais e espaços celômicos contráteis.

Pigmentos sanguíneos carreadores de oxigênio são encontrados no fluido circulatório da maioria das espécies de poliquetas, oligoquetas e sanguessugas. Pigmentos sanguíneos estão ausentes no sistema circulatório equiúro, mas presentes no fluido celômico, e presentes também no fluido celômico de sipuncúlidos. Vários pigmentos química e funcionalmente distintos são encontrados entre os anelídeos. O sangue da maioria das espécies (e o fluido celômico de equiúros) contém **hemoglobina**, na qual átomos de ferro servem como sítios de ligação para o oxigênio. A hemoglobina pode ocorrer em corpúsculos ou em solução no fluido sanguíneo, dependendo da espécie estudada. Sangue contendo hemoglobina é característico sobretudo de sanguessugas, oligoquetas e siboglinídeos, embora seja encontrado também no sangue de algumas outras espécies de poliquetas. Além da hemoglobina, dois outros pigmentos sanguíneos têm sido encontrados entre os Polychaeta. **Clorocruorina**, um outro pigmento contendo ferro, é encontrado em solução no sangue de várias espécies poliquetas. Esse pigmento é quimicamente bem similar à hemoglobina, porém tem uma coloração esverdeada. Ainda um terceiro pigmento contendo ferro, a **hemeritrina**, é encontrado em pelo menos uma espécie reconhecida de poliqueta e também entre sipuncúlidos. A hemeritrina é estruturalmente bem diferente dos outros dois pigmentos, e está sempre contida dentro de células. Mais do que um tipo de pigmento sanguíneo (incluindo vários tipos estrutural e funcionalmente diferentes de hemoglobina) pode ocorrer simultaneamente no sangue de um único anelídeo.[18]

Resumo taxonômico

Filo Annelida
- Classe Polychaeta
  - Família Siboglinidae
    - Subfamília Frenulata
    - Subfamília Vestimentifera (ou Obturata) – vestimentíferos
- Equiúros
- Sipuncúlidos
- Classe Clitellata
  - Subclasse Oligochaeta
  - Subclasse Hirudinea – sanguessugas

Tópicos para posterior discussão e investigação

1. Explore as adaptações morfológicas, comportamentais e fisiológicas associadas à existência sedentária entre poliquetas.

Barnes, R. D. 1965. Tube-building and feeding in chaetopterid polychaetes. *Biol. Bull.* 129:217.

Brown, S. C., and J. S. Rosen. 1978. Tube-cleaning behavior in the polychaete annelid *Chaetopterus variopedatus* (Renier). *Anim. Behav.* 26:160.

Chughtai, I., and E. W. Knight-Jones. 1988. Burrowing into limestone by sabellid polychaetes. *Zool. Scripta* 17:231.

Dauer, D. M. 1985. Functional morphology and feeding behavior of *Paraprionospio pinnata* (Polychaeta: Spionidae). *Marine Biol.* 85:143–51.

Dubois, S., L. Barillé, B. Cognie, and P. G. Beninger. 2005. Particle capture and processing mechanisms in *Sabellaria alveolata* (Polychaeta: Sabellariidae). *Mar. Ecol. Progr. Ser.* 301:159–71.

[17]Ver *Tópicos para posterior discussão e investigação*, nº 9, no final deste capítulo.

[18]Ver *Tópicos para posterior discussão e investigação*, nº 5, no final deste capítulo.

Flood, P. R., and A. Fiala-Médioni. 1982. Structure of the mucous feeding filter of *Chaetopterus variopedatus* (Polychaeta). *Marine Biol.* 72:27.

Grelon, D., M. Morineaux, G. Desrosiers, and S. K. Juniper. 2006. Feeding and territorial behavior of *Paralvinella sulfincola*, a polychaete worm at deep-sea hydrothermal vents of the Northeast Pacific Ocean. *J. Exp. Mar. Biol. Ecol.* 329:174–86.

Hedley, R. H. 1956. Studies of serpulid tube formation. I. The secretion of the calcareous and organic components of the tube of *Pomatoceros triqueter. Q. J. Microsc. Sci.* 97:411.

Hentschel, B. T. 1996. Ontogenetic changes in particle-size selection by deposit-feeding spionid polychaetes: The influence of palp size on particle contact. *J. Exp. Marine Biol. Ecol.* 206:1.

Hoffmann, R. J., and C. P. Mangum. 1972. Passive ventilation in benthic animals? *Science* 176:1356.

Mahon, H. K., and D. M. Dauer. 2005. Organic coatings and ontogenetic particle selection in *Streblospio benedicti* Webster (Spionidae: Polychaeta). *J. Exp. Mar. Biol. Ecol.* 323:84–92.

Mattila, J. 1997. The importance of shelter, disturbance and prey interactions for predation rates of tube-building polychaetes (*Pygospio elegans* [Claparéde]) and free-living tubicifid oligochaetes. *J. Exp. Marine Biol. Ecol.* 218:215.

Merz, R. A. 1984. Self-generated *versus* environmentally produced feeding currents: A comparison for the sabellid polychaete *Eudistylia vancouveri. Biol. Bull.* 167:200.

Shimeta, J., and M. A. R. Koehl. 1998. Mechanisms of particle selection by tentaculate suspension feeders during encounter, retention, and handling. *J. Exp. Marine Biol. Ecol.* 209:47.

Strathmann, R. R., R. A. Cameron, and M. F. Strathmann. 1984. *Spirobranchus giganteus* (Pallas) breaks a rule for suspension feeders. *J. Exp. Marine Biol. Ecol.* 79:245.

Völkel, S., and M. K. Grieshaber. 1992. Mechanisms of sulphide tolerance in the peanut worm, *Sipunculus nudus* (Sipunculidae), and in the lugworm, *Arenicola marina* (Polychaeta). *J. Comp. Physiol. B* 162:469.

Whitlatch, R. B., and J. R. Weinberg. 1982. Factors influencing particle selection and feeding rate in the polychaete *Cistenides (Pectinaria) gouldii. Marine Biol.* 71:33.

2. Quais vantagens mecânicas são ganhas e perdidas pela eliminação de septos entre anelídeos?

Chapman, G. 1958. The hydrostatic skeleton in the invertebrates. *Biol. Rev.* 33:338.

Chapman, G., and G. E. Newell. 1947. The role of the body fluid in relation to movement in soft-bodied invertebrates. I. The burrowing of *Arenicola. Proc. Royal Soc.* London *B* 134:431.

Elder, H. Y. 1973. Direct peristaltic progression and the functional significance of the dermal connective tissues during burrowing in the polychaete *Polyphysia crassa* (Oersted). *J. Exp. Biol.* 58:637.

Gray, J., H. W. Lissmann, and R. J. Pumphrey. 1938. The mechanism of locomotion in the leech (*Hirudo medicinalis* Ray). *J. Exp. Biol.* 15:408.

Trueman, E. R. 1966. The mechanism of burrowing in the polychaete worm, *Arenicola marina* (L.). *Biol. Bull.* 131:369.

3. Compare a locomoção de poliquetas errantes com a de oligoquetas.

Gray, J. 1939. Studies in animal locomotion. VIII. *Nereis diversicolor. J. Exp. Biol.* 16:9.

Merz, R. A., and D. R. Edwards. 1998. Jointed setae—Their role in locomotion and gait transitions in polychaete worms. *J. Exp. Marine Biol. Ecol.* 228:273.

Quillin, K. J. 1998. Ontogenetic scaling of hydrostatic skeletons: Geometric, static stress and dynamic stress scaling of the earthworm *Lumbricus terrestris. J. Exp. Biol.* 201:1871.

Seymour, M. K. 1969. Locomotion and coelomic pressure in *Lumbricus terrestris. J. Exp. Biol.* 51:47.

4. Quais diferenças na estrutura e função nefridial você poderia esperar ver entre anelídeos marinhos, de água doce e terrestres?

5. Uma variedade de pigmentos sanguíneos é encontrada em Annelida. Todos os pigmentos devem ter um atributo-chave para serem funcionais. Eles devem ser capazes de se combinar reversivelmente com oxigênio. A quantidade de oxigênio potencialmente transportada por milímetro de sangue e as condições sob as quais o sangue se tornará saturado com oxigênio são determinadas pela abundância e pelas propriedades do pigmento sanguíneo particular que está presente. Além disso, pigmentos sanguíneos diferem em relação a quão prontamente eles fornecem oxigênio sob certos conjuntos de condições ambientais. Quais são as diferenças estruturais e funcionais entre os diferentes pigmentos sanguíneos anelídeos, e como essas diferenças se relacionam aos ambientes em que as espécies ocorrem?

Baldwin, E. 1964. *An Introduction to Comparative Biochemistry.* New York: Cambridge University Press, 88–106.

Dorgan, K. M., P. A. Jumars, B. Johnson, B. P. Boudreau, and E. Landis. 2005. Burrow extension by crack propagation. *Nature* 433:475.

Kayar, S. R. 1981. Oxygen uptake in *Sabella melanostigma* (Polychaeta: Sabellidae): The role of chlorocruorin. *Comp. Biochem. Physiol.* 69A:487.

Mangum, C. P. 1985. Oxygen transport in invertebrates. *Amer. J. Physiol.* 248:R505.

Mangum, C. P., J. M. Colacino, and J. P. Grassle. 1992. Red blood cell oxygen binding in Capitellid polychaetes. *Biol. Bull.* 182:129.

Toulmond, A., F. E. I. Slitine, J. de Frescheville, and C. Jouin. 1990. Extracellular hemoglobins of hydrothermal vent annelids: Structural and functional characteristics in three alvinellid species. *Biol. Bull.* 179:366.

Wood, S. C., ed. 1980. Respiratory pigments. *Amer. Zool.* 20:3.

6. Qual é a influência de poliquetas alimentadores de depósito na distribuição e abundância de outros anelídeos presentes em uma comunidade?

Wilson, W. H., Jr. 1981. Sediment-mediated interactions in a densely populated infaunal assemblage: The effects of the polychaete *Abarenicola pacifica. J. Marine Res.* 39:735.

Woodin, S. A. 1985. Effects of defecation by arenicolid polychaete adults on spionid polychaete juveniles in field experiments: Selective settlement or differential mortality? *J. Exp. Marine Biol. Ecol.* 87:119.

7. Anelídeos exibem uma resposta imune? Qual é a evidência?

Anderson, R. S. 1980. Hemolysins and hemagglutinins in the coelomic fluid of a polychaete annelid, *Glycera dibranchiata. Biol. Bull.* 159:259.

Chain, B. M., and R. S. Anderson. 1983. Antibacterial activity of the coelomic fluid of the polychaete, *Glycera dibranchiata*. I. The kinetics of the bactericidal reaction. *Biol. Bull.* 164:28.

Cooper, E. L., and P. Roch. 1984. Earthworm leukocyte interactions during early stages of graft rejection. *J. Exp. Zool.* 232:67.

Çotuk, A., and R. P. Dales. 1984. The effect of the coelomic fluid of the earthworm *Eisenia foetida* Sav. on certain bacteria and the role of the coelomocytes in internal defense. *Comp. Biochem. Physiol.* 78A:271.

Dhainaut A., and P. Scaps. 2001. Immune defense and biological responses induced by toxics in Annelida. *Can. J. Zool.* 79:233–53.

Fitzgerald, S. W., and N. A. Ratcliffe. 1989. In vivo cellular reactions and clearance of bacteria from the coelomic fluid of the marine annelid, *Arenicola marina* L. (Polychaeta). *J. Exp. Zool.* 249:293.

8. Uma vez perdidas, habilidades regenerativas podem ser readquiridas?

Bely, A. E. and J. M. Sikes. 2010. Latent regeneration abilities persist following recent evolutionary loss in asexual annelids. *Proc. Acad. Natl. Sci. U.S.A.* 107:1464–69.

9. Investigue o papel das fibras gigantes na mediação de respostas de fuga por oligoquetas aquáticos.

Drewes, C. D., and C. R. Fourtner. 1989. Hindsight and rapid escape in a freshwater oligochaete. *Biol. Bull.* 177:363.

Zoran, M. J., and C. D. Drewes. 1987. Rapid escape reflexes in aquatic oligochaetes: Variations in design and function of evolutionarily conserved giant fiber systems. *J. Comp. Physiol. (A)* 161:729.

10. Em quais aspectos a formação da epítoca é similar à estrobilação de pólipos no ciclo de vida das águas-vivas sifozoárias (p. 105)?

11. Para onde um poliqueta vai quando seus pés doem?

12. Compare e contraste o fenômeno da epitoquia dos poliquetas com o ciclo de vida de hidrozoários marinhos (p. 111).

13. As origens evolutivas de anelídeos e as relações evolutivas entre os seus vários grupos têm sido controversas por algum tempo. Por exemplo, a ausência de parapódios e órgãos nucais refletem a condição clitelada original, ou uma perda secundária? Alguns consideram o anelídeo primitivo parecido com um poliqueta, com parapódios bem desenvolvidos. Outros colocam os compridos oligoquetas, ou mesmo as sanguessugas, na posição ancestral, de modo que parapódios seriam uma novidade evolutiva secundária. Além disso, alguns têm sugerido que poliquetas e oligoquetas evoluíram independentemente de ancestrais segmentados celomados. Qual é a evidência em favor de cada alternativa?

Brinkhurst, R. O. 1982. Evolution in the Annelida. *Canadian J. Zool.* 60:1043.

Clark, R. B. 1964. *Dynamics in Metazoan Evolution*. London: Oxford Univ. Press.

McHugh, D. 1997. Molecular evidence that echiurans and pogonophorans are derived annelids. *Proc. Natl. Acad. Sci. USA* 94:8006.

Nielsen, C. 1995. *Animal Evolution: Interrelationships of the Animal Phyla*. New York: Oxford Univ. Press.

Rousset, V., F. Pleijel, G. W. Rouse, C. Erséus, and M. E. Siddall. 2007. A molecular phylogeny of annelids. *Cladistics* 23:41–63.

Siddall, M. E., K. Fitzhugh, and K. A. Coates. 1998. Problems determining the phylogenetic position of echiurans and pogonophorans with limited data. *Cladistics* 14:401.

Struck, T. H., C. Paul, N. Hill, S. Hartmann, C. Hösel, M. Kube, B. Lieb, A. Meyer, R. Tiedemann, G. Purschke, and C. Bleidorn. 2011. Phylogenomic analyses unravel annelid evolution. *Nature* 471:95–98.

Westheide, W. 1997. The direction of evolution within the Polychaeta. *J. Nat. Hist.* 31:1.

Winnepenninckx, B., T. Backeljau, and R. De Wachter. 1995. Phylogeny of protostome worms derived from 18S rRNA sequences. *Molec. Biol. Evol.* 12:641.

14. A avaliação de risco ecológico é amplamente utilizada para o manejo da disposição de resíduos, limpeza de depósitos de resíduos e outros problemas ambientais complexos. Como alimentadores de depósito e componentes importantes de muitas teias alimentares terrestres, minhocas podem exercer papéis fundamentais na transferência de vários poluentes do solo para vertebrados. Quais são os benefícios e complicações associados ao uso de minhocas para monitorar as concentrações de poluentes no solo e para avaliar os riscos associados a essas concentrações?

Klok, C., P. W. Goedhart, and B. Vandecasteele. 2007. Field effects of pollutants in dynamic environments. A case study on earthworm populations in river floodplains contaminated with heavy metals. *Environ. Poll.* 147:26–31.

Menzie, C. A., D. E. Burmaster, J. S. Freshman, and C. A. Callahan. 1992. Assessment of methods for estimating ecological risk in the terrestrial component: A case study at the Baird & McGuire superfund site in Holbrook, Massachusetts. *Environ. Toxicol. Chem.* 11:245.

Morgan, J. E., and A. J. Morgan. 1993. Seasonal changes in the tissue-metal (Cd, Zn, and Pb) concentrations in two ecophysiologically dissimilar earthworm species: Pollution-monitoring implications. *Environ. Poll.* 82:1.

15. Discuta a evidência de que a tomada de material orgânico dissolvido (MOD) da água do mar circundante tem um papel na nutrição siboglinídea ("pogonófora").

Southward, A. J., and E. C. Southward. 1982. The role of dissolved organic matter in the nutrition of deep-sea benthos. *Amer. Zool.* 22:647.

Southward, A. J., and E. C. Southward. 1987. Pogonophora. *Animal Energetics*, vol. 2. Pandian, T. J., and F. J. Vernberg, eds. New York: Academic Press, 201–28.

16. Discuta o papel das bactérias oxidantes de enxofre e metano na nutrição de siboglinídeos ("pogonóforos") e outros anelídeos.

Belkin, S., D. C. Nelson, and H. W. Jannasch. 1986. Symbiotic assimilation of CO_2 in two hydrothermal vent animals, the mussel *Bathymodiolus thermophilus,* and the tube worm, *Riftia pachyptila. Biol. Bull.* 170:110.

Childress, J. J. and P. R. Girguis. 2011. The metabolic demands of endosymbiotic chemoautotrophic metabolism on host physiological capacities. *J. Exp. Biol.* 214:312–325.

Felbeck, H. 1981. Chemoautotrophic potential of the hydrothermal vent tube worm, *Riftia pachyptila* Jones (Vestimentifera). *Science* 213:336.

Giere, O., N. M. Conway, G. Gastrock, and C. Schmidt. 1991. Regulation of gutless annelid ecology by endosymbiotic bacteria. *Mar. Ecol. Progr. Ser.* 68:287–99.

Southward, A. J., E. C. Southward, P. R. Dando, G. H. Rau, H. Felbeck, and H. Flügel. 1981. Bacterial symbionts and low $^{13}C/^{12}C$ ratios in tissues of Pogonophora indicate unusual nutrition and metabolism. *Nature (London)* 293:616.

Southward, A. J., E. C. Southward, P. R. Dando, R. L. Barrett, and R. Ling. 1986. Chemoautotrophic function of bacterial symbionts in small pogonophora. *J. Marine Biol. Assoc. U.K.* 66:415.

17. Evidência atual sugere que ovos siboglinídeos não são contaminados por qualquer bactéria quando eles deixam o oviduto. Quando, durante o desenvolvimento, e por qual mecanismo, os siboglinídeos adquirem suas bactérias endossimbiontes?

Distel, D. L., D. J. Lane, G. J. Olsen, S. J. Giovannoni, B. Pace, N. R. Pace, D. A. Stahl, and H. Felbeck. 1988. Sulfur-oxidizing bacterial endosymbionts: Analysis of phylogeny and specificity by 16S rRNA sequences. *J. Bacteriol.* 170:2506.

Jones, M. L., and S. L. Gardiner. 1989. On the early development of the vestimentiferan tube worm *Ridgeia* sp. and observations on the nervous system and trophosome of *Ridgeia* sp. and *Riftia pachyptila. Biol. Bull.* 177:254.

Southward, E. C. 1988. Development of the gut and segmentation of newly settled stages of *Ridgeia* (Vestimentifera): Implications for relationship between Vestimentifera and Pogonophora. *J. Marine Biol. Assoc. U.K.* 68:465.

18. Um pigmento verde chamado de "bonelina" foi isolado da parede do corpo do equiúro *Bonellia viridis.* Discuta a evidência relacionando a bonelina como o fator que faz larvas em metamorfose se tornarem machos.

Aguis, L. 1979. Larval settlement in the echiuran worm *Bonellia viridis:* Settlement on both the adult proboscis and body trunk. *Marine Biol.* 53:125.

Jaccarini, V., L. Aguis, P. J. Schembri, and M. Rizzo. 1983. Sex determination and larval sexual interaction in *Bonellia viridis* Rolando (Echiura: Bonellidae). *J. Exp. Marine Biol. Ecol.* 66:25.

19. Compare e contraste a escavação de túnel por sipuncúlidos (ou equiúros) e poliquetas.

Trueman, E. R. 1966. The mechanism of burrowing in the polychaete worm, *Arenicola marina* (L.). *Biol. Bull.* 131:369.

Trueman, E. R., and R. L. Foster-Smith. 1976. The mechanism of burrowing of *Sipunculus nudus. J. Zool. (London)* 179:373.

Wilson, C. B. 1900. Our North American echiurids. A contribution to the habits and geographic range of the group. *Biol. Bull.* 1:163.

20. Compare e contraste o mecanismo de alimentação do equiúro *Urechis caupo* com o do poliqueta *Chaetopterus variopedatus.*

Barnes, R. D. 1965. Tube-building and feeding in chaetopterid polychaetes. *Biol. Bull.* 129:217.

MacGinitie, G. E. 1939. The method of feeding of *Chaetopterus. Biol. Bull.* 77:115.

MacGinitie, G. E. 1945. The size of the mesh openings in mucous feeding nets of marine animals. *Biol. Bull.* 88:107.

21. O anelídeo *Urechis caupo* (Echiura) suplementa as trocas gasosas através da sua superfície do corpo bombeando água para dentro e para fora da cloaca. Discuta o mecanismo pelo qual esse movimento de água é realizado.

Wolcott, T. G. 1981. Inhaling without ribs: The problem of suction in soft-bodied invertebrates. *Biol. Bull.* 160:189.

22. Muitas espécies de anelídeos (incluindo sipuncúlidos) são expostas a concentrações substanciais do veneno metabólico sulfeto de hidrogênio. Discuta as adaptações morfológicas e fisiológicas à exposição ao sulfeto exibidas por esses animais.

Arp, A. J., and C. R. Fisher (eds). 1995. Life with sulfide. *Amer. Zool.* 35:81–185.

Childress, J. J., C. R. Fisher, J. A. Favuzzi, R. E. Kochevar, N. K. Sanders, and A. M. Alayse. 1991. Sulfide-driven autotrophic balance in the bacterial symbiont-containing hydrothermal vent tubeworm, *Riftia pachyptila* Jones. *Biol. Bull.* 180:135.

Hance, J. M., J. E. Andrzejewski, B. L. Predmore, K. J. Dunlap, K. L. Misiak, and D. Julian. 2008. Cytotoxicity from sulfide exposure in a sulfide-tolerant marine invertebrate. *J. Exp. Mar. Biol. Ecol.* 359:102–9.

Menon, J., and A. J. Arp. 1998. Ultrastructural evidence of detoxification in the alimentary canal of *Urechis caupo. Invert. Biol.* 117:307.

Völkel, S., and M. K. Grieshaber. 1992. Mechanisms of sulfide tolerance in the peanut worm, *Sipunculus nudus* (Sipunculidae) and in the lugworm, *Arenicola marina* (Polychaeta). *J. Comp. Physiol. B* 162:469.

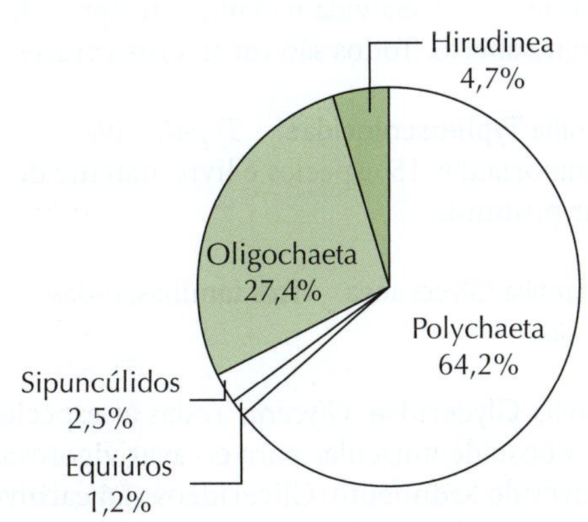

Detalhe taxonômico

Filo Annelida

Este filo tem ao menos 15 mil espécies distribuídas em duas classes. As duas subclasses de Clitellata são marcadas em verde. O esquema de classificação abaixo é baseado principalmente no trabalho de G. W. Rouse e F. Pleijel, 2001 (*Polychaetes*, Oxford University Press). Este trabalho provavelmente sofrerá uma mudança significativa no futuro. Em particular, há crescente suporte para a ideia de que clitelados são de fato poliquetas modificados.

Classe Polychaeta

"A organização sistemática dos anelídeos poliquetas é um dos problemas mais insatisfatoriamente resolvidos na filogenia dos invertebrados."
W. Westheide, 1997. *J. Nat.Hist.* 31:1–15.

Este grupo contém mais de 60% de todas as espécies de anelídeos, distribuídas em 25 ordens. A maior parte das espécies é marinha ou estuarina.

Ordem Phyllodocida

Vinte e sete famílias.

Superfamília Phyllodocidacea. Oito famílias, muitas das quais contêm pequenos números de anelídeos exclusivamente pelágicos, natantes. A maioria das espécies filodocídeas é bentônica. Todos os representantes são marinhos.

Família Phyllodocidae. *Eulalia, Notophyllum, Phyllodoce, Eteone, Sige.* Adultos são bentônicos, e somente algumas espécies são escavadoras; a maioria é carnívora ativa, arrastando-se sobre substratos duros. Há mais de 300 espécies descritas. Quando sexualmente maduro, o anelídeo inteiro pode se tornar epítoco e nadar para cima dentro da água para se reproduzir. Indivíduos são compostos por até 700 segmentos.

Família Tomopteridae. *Tomopteris.* Estes pequenos (menos de 40 segmentos) e transparentes anelídeos passam toda a sua vida nadando em águas de oceano aberto. Todos são carnívoros vorazes.

Família Typhloscolecidae. *Typhloscolex.* A maioria das 15 espécies é livre-natante de mar profundo.

Superfamília Glyceracea. Três famílias, todas marinhas.

Família Glyceridae. *Glycera.* Todas as espécies usam a probóscide muscular para escavar vigorosamente através do sedimento. Glicerídeos são carnívoros notáveis, subjugando sua presa com potentes toxinas descarregadas por suas presas orais. Alterações morfológicas que ocorrem durante a maturação sexual (formação da epítoca) incluem a degeneração da probóscide, trato digestório e musculatura da parede do corpo, e alongamento dos parapódios e setas. A fertilização é externa, com liberação dos gametas pela boca. Adultos morrem após a cópula. *Glycera dibranchiata* é um anelídeo comercialmente importante de águas frias, que pode infligir uma picada perigosa a seu coletor. Como outros poliquetas, glicerídeos possuem protonefrídeos de fundo cego, em vez de metanefrídeos.

Superfamília Nereididacea. Seis famílias.

Família Hesionidae. *Hesionides, Leocrates, Podarke.* A maioria dos hesionídeos é habitante de superfícies e alimentadora de detrito, embora algumas espécies sejam intersticiais, vivendo entre grãos de areia. Muitas espécies são comensais com outros invertebrados, incluindo equinodermos e outros poliquetas. Uma espécie foi recentemente registrada em praias arenosas de água doce, mas todas as demais são marinhas.

Família Antonbruuniidae. Esta família contém uma única espécie (*Antonbruunia viridis*), restrita às águas da costa de Moçambique. Estes anelídeos vivem exclusivamente dentro da cavidade do manto de uma espécie de bivalve (*Lucina fosteri*), com cada hospedeiro abrigando apenas um anelídeo macho e um anelídeo fêmea.

Família Syllidae. *Syllis, Odontosyllis, Exogone, Autolytus.* Algumas espécies são intersticiais, e todas são carnívoras ativas. Uma espécie (*Calamyzas amphictenicola*) vive ectoparasiticamente em alguns outros poliquetas. Silídeos exibem uma variedade de adaptações reprodutivas complexas. Em algumas espécies, o animal inteiro torna-se uma epítoca, ao passo que em outras, epítocos brotam posteriormente como estolões. Os epítocos geralmente "enxameiam" e podem fazer isso em períodos incrivelmente precisos do ciclo lunar.

Família Nereididae. *Nereis, Platynereis.* A maioria das espécies vive em tubos ou tocas, enquanto algumas são comensais com caranguejos ermitões ou alguns outros poliquetas. Poucas espécies vivem na água doce. O poliqueta arenícola marinho, *Nereis virens*, é uma isca comercialmente importante ao longo da costa da Nova Inglaterra. Algumas espécies nesta família formam epítocas extremamente modificadas, ao passo que outras não formam epítoca alguma. Os animais geralmente morrem após produzirem a prole.

Superfamília Nephtyidacea. Duas famílias.

Família Nephtyidae. *Nephtys.* A maior parte das espécies é de águas rasas, carnívora marinha e que usa uma probóscide muscular para escavar o sedimento. O grupo contém algumas espécies intersticiais, algumas de águas profundas e algumas espécies de água doce. Representantes desta família são diferentes de outros poliquetas e da maioria dos outros animais, uma vez que suas fibras musculares estriadas geralmente contêm altas concentrações de grânulos de fosfato de cálcio no interior das células; esses grânulos possivelmente reforçam as fibras musculares e ajudam os poliquetas em suas vigorosas atividades de escavação. Como alguns outros poliquetas, neptídeos possuem protonefrídeos terminados em extremidades cegas, em vez de metanefrídeos.

Superfamília Aphroditacea. Todos os representantes são marinhos e têm escamas dorsais características (élitros). Seis famílias.

Família Aphroditidae. *Aphrodita* – camundongo-do-mar. O nome comum refere-se à superfície dorsal em forma de grossos pelos, compostos por setas numerosas e finas. Esses habitantes do substrato marinho passam a maior parte do seu tempo parcialmente enterrados em lodos finos, usando parapódios robustos, tubulares e altamente musculosos para caminhar sobre o substrato. Os indivíduos maiores têm aproximadamente 22 cm de comprimento, mas nenhum tem mais do que 60 segmentos.

Família Polynoidae. *Harmothoe, Hermenia, Lepidonotus.* Estes são em sua maioria carnívoros marinhos de águas rasas, embora algumas espécies sejam comensais com outros invertebrados. Esta é uma grande família, contendo mais de 600 espécies. Os indivíduos maiores, que vivem na Antártica, chegam a atingir até 19 cm.

Família Pholoidae. *Pholoe.* Estes anelídeos amplamente distribuídos vivem em sedimentos lodosos ou se arrastam sob rochas.

Família Sigalionidae. *Sigalion.* A maior parte das espécies é de carnívoros escavadores e ativos, com corpo de até 300 segmentos.

Família Polyodontidae. *Polyodontes* —o lobo-do-mar. Estes predadores ferozes tubícolas podem ter mais de 0,5 m de comprimento.

Família Pisionidae. *Pisionella.* Pequenos anelídeos carnívoros altamente modificados para a vida insterticial entre grãos de areia.

Ordem Spintherida

Spinther. Todas as nove espécies desta ordem são ectoparasitos de esponjas.

Ordem Eunicida

Nove famílias.

Família Onuphidae. *Diopatra, Kinbergonuphis, Onuphis.* Estes poliquetas vivem em tubos de aspecto pergamináceo ou, menos frequentemente, em túneis. Eles são predadores ou detritívoros e comuns em uma ampla gama de profundidades. Algumas espécies "cultivam" algas em seus tubos. Os maiores indivíduos podem chegar a 200 cm de comprimento.

Família Eunicidae. *Eunice, Palola, Marphysa.* A família contém alguns dos maiores poliquetas, com membros de algumas espécies excedendo 2 m de comprimento e mais do que 600 segmentos. Todos são predadores, a maior parte vive em águas rasas, em fendas e tocas em substratos duros. O comportamento reprodutivo de poliquetas palolos é especialmente bem documentado; epítocas liberam-se de seus pais e formam grandes aglomerações em períodos bem determinados do ciclo lunar. Em alguns lugares (p. ex., Samoa), as epítocas são coletadas e consumidas pela população.

Família Lumbrinereidae. *Lumbrinereis, Lumbrinerides.* Estes anelídeos marinhos de vida livre lembram minhocas em sua aparência. A maioria dos tipos de alimentação, incluindo alimentadores de depósito e carnívoros, está representada dentro do grupo.

Família Arabellidae. *Arabella.* Todas as espécies são de vida livre e predadoras quando adultos, mas alguns são parasitos em outros invertebrados quando juvenis. Arabelídeos lembram minhocas; parapódios são inconspícuos, e apêndices anteriores estão ausentes, como adaptações para a escavação.

Família Histriobdellidae. *Histriobdella.* Este grupo de pequenos (geralmente menos de 2 mm de comprimento) vermes contém somente seis espécies conhecidas. Todos são simbióticos com certos crustáceos (incluindo lagostas e lagostins) e altamente modificados para esta associação: os apêndices anteriores e posteriores formam discos adesivos achatados, com os quais o anelídeo se locomove e se fixa à câmara branquial do hospedeiro. Setas estão ausentes. O poliqueta alimenta-se de bactérias e outros microrganismos que revestem as paredes da câmara branquial do crustáceo. O grupo inclui tanto espécies marinhas quanto de água doce.

Ordem Spionida

Cinco famílias.

Família Spionidae. *Polydora, Scolelepis, Spio, Streblospio.* A maioria das espécies se entoca em sedimentos, mas as do gênero *Polydora* escavam em substratos calcários, como conchas de bivalves e de caramujos; representantes de algumas espécies predam embriões criados por caranguejos ermitões, ocupando estas conchas. Algumas espécies secretam seus próprios tubos. O grupo inclui tanto espécies alimentadoras de depóstito quanto de suspensão, e membros de algumas espécies podem alternar entre os dois modos de alimentação, quando as condições os permitem. Mais de 300 espécies foram descritas, incluindo algumas de água doce.

Ordem Chaetopterida

Uma família (Chaetopteridae). *Chaetopterus, Phyllochaetopterus.* Estes poliquetas sedentários são inteiramente marinhos e vivem em tubos coriáceos secretados por eles. O corpo está sempre dividido em três tagmas distintos. Os poliquetas capturam partículas de alimento em suspensão com redes mucosas, com a maioria das espécies transportando água dentro do tubo e através da rede por batimento ciliar. Indivíduos de *Chaetopterus variopedatus* bombeiam água pelos seus tubos, sincronizando o movimento de três notopódios centrais altamente modificados. Estas espécies também diferem de outros membros da família por produzirem um muco notavelmente bioluminescente quando perturbadas.

Ordem Magelonida

Uma família (Magelonidae). *Magelona.* Estes poliquetas são todos alimentadores de detritos e comuns em águas rasas costeiras. Entre os anelídeos, somente os representantes desta família possuem o pigmento sanguíneo hemeritrina.

Ordem Psammodrilida

Psammodrilus. Uma família (Psammodrilidae). Ambas as espécies desta pequena ordem são marinhas e altamente modificadas para a vida intersticial. Elas são pequenas (menos de 9 mm aproximadamente), delgadas e vermiformes por terem parapódios muito reduzidos. Estes animais são amplamente distribuídos em águas mais frias do Hemisfério Norte, alimentando-se de diatomáceas bentônicas.

Ordem Cirratulida

Três famílias.

Família Cirratulidae. *Cirratulus.* A maioria das espécies forma túneis no lodo, coletando sedimento com finos tentáculos, que se arrastam sobre a superfície do substrato. Numerosas brânquias filamentosas projetam-se anteriormente, pendendo sobre o substrato. Espécies do gênero *Dodecaceria*, em vez disso, escavam em conchas de moluscos bivalves e outros substratos calcários. Padrões reprodutivos entre os membros desta família são complexos e incluem reprodução assexuada por fragmentação, com a regeneração subsequente das partes perdidas.

Ordem Flabelligerida

Três famílias.

Família Flabelligeridae. *Flabelligera.* Estes anelídeos marinhos alimentadores de depósito vivem, em sua maioria, sob pedras e em túneis rasos, coletando sedimento com seus palpos e tentáculos. Uma espécie (*F. commensalis*) vive exclusivamente entre os espinhos de ouriços-do-mar, fartando-se dos produtos fecais do equinodermo.

Ordem Opheliida

Duas famílias.

Família Opheliidae. *Armandia, Ophelia.* Todos os membros são alimentadores de depósito escavadores, geralmente restritos a sedimentos com partículas de tamanho específico. A maior parte das espécies pode nadar por curtos períodos ao ondular todo o corpo, e algumas tornam-se completamente livre-natantes, como epítocas.

Ordem Capitellida

Três famílias.

Família Capitellidae. *Capitella, Mediomastus, Notomastus.* Na morfologia geral, capitelídeos lembram minhocas delgadas. O corpo é em forma de fio, com parapódios inconspícuos, e destituído de apêndices anteriores. Algumas espécies são oportunistas, tendo tempos de geração muito curtos (menos de 30 dias) e sendo capazes de viver sob condições ambientais não toleradas pela maioria das outras espécies; assim, elas são excelentes indicadoras de poluição e outras perturbações ambientais. Poucas espécies vivem em água doce, porém a maioria é marinha ou estuarina. Todos os capitelídeos são alimentadores de depósito, ingerindo sedimento e digerindo compostos orgânicos.

Família Maldanidae. *Clymenella.* Na aparência externa, esses anelídeos lembram uma vara de bambu. Eles vivem de cabeça para baixo no sedimento, em tubos verticais que eles mesmos produzem.

Família Arenicolidae. *Arenicola, Abarenicola* – anelídeos-lesma. São poliquetas em forma de lesma, alimentadores de depósito, comuns em áreas intertidais de estuários e baías. Eles vivem de cabeça para baixo em suas tocas, excretando bolas fecais espiraladas e conspícuas na areia junto à abertura do túnel. Em geral, depositam seus ovos em enormes cilindros gelatinosos, que, algumas vezes, se aproximam de 2 m de comprimento. O anelídeo em si pode crescer até cerca de 1 m de comprimento. A família é relativamente pequena, contendo somente cerca de 30 espécies descritas, mas seus representantes estão amplamente distribuídos.

Ordem Oweniida
Uma família (Oweniidae). *Owenia.* Estes poliquetas vivem em tubos em substratos arenosos ou lodosos. Indivíduos da maioria das espécies têm tentáculos ciliados para alimentação de suspensão, ao passo que membros de algumas espécies sobrevivem, por sua vez, de sedimento ingerido.

Ordem Terebellida
Seis famílias.

Família Pectinariidae (= Amphictenidae). *Cistena* (= *Pectinaria, Cistenides*). Estes anelídeos são ativos alimentadores de depósito, vivendo de cabeça para baixo em tubos cônicos abertos em ambas as extremidades. Os tubos são geralmente construídos de grãos de areia, selecionados e cimentados com notável precisão.

Família Sabellariidae. *Sabellaria, Phragmatopoma.* Estes anelídeos alimentadores de suspensão vivem geralmente em tubos de areia e fragmentos de concha cimentados, muitas vezes em agregações massais e formadoras de recifes; esses recifes podem se estender ao longo de centenas de quilômetros da costa. O corpo é dividido em quatro tagmas distintos.

Família Ampharetidae. *Melinna.* Este grupo de cerca de 230 espécies de poliquetas marinhos alimentadores de depósito é particularmente comum em substratos lodosos de águas rasas. Os animais vivem protegidos dentro de tubos, coletando sedimento com ativos e delgados tentáculos para a alimentação.

Família Terebellidae. *Amphitrite, Eupolymnia, Polycirrus.* A maior parte das espécies nesta família é tubícola, porém, a estrutura e a composição dos tubos variam amplamente entre as espécies. Todas são alimentadoras de depósito. Quase 400 espécies foram descritas, algumas das quais atingindo quase 0,33 m de comprimento; os tentáculos desses grandes indivíduos podem estender-se mais de um metro a partir do tubo ou túnel.

Família Alvinellidae. *Alvinella, Paralvinella.* Estes anelídeos grandes e exclusivos de águas profundas podem compor uma parte importante da biomassa encontrada em fontes hidrotermais.

Ordem Sabellida
As espécies nesta ordem são conhecidas como anelídeos-leque. Quatro famílias.

Família Sabellidae. *Sabella, Schizobranchia, Myxicola, Eudistylia, Fabricia, Manayunkia.* As 300 espécies neste grupo são em sua maioria tubícolas e alimentadoras de suspensão. A extremidade posterior do anelídeo fica na parte de baixo do tubo de fundo cego ou túnel; tratos ciliares expelem dejetos para cima e para fora. Muitas espécies produzem um tubo independente elevado acima do substrato (Fig. 13.9a). Algumas outras espécies escavam em corais, rochas ou outros substratos calcários, e outras escavam o sedimento; na maioria desses casos, os anelídeos secretam tubos mucosos dentro dos túneis. Além de se reproduzirem sexuadamente, muitas espécies se reproduzem assexuadamente por fissão, rotineiramente.

Família Caobangidae. *Caobangia.* As aproximadamente seis espécies nesta pequena família escavam conchas de gastrópodes e bivalves de água doce no sudeste da Ásia. Como uma adaptação para viver em tocas de fundo cego nas conchas, o trato digestório tem-se tornado em forma de U, com o ânus abrindo-se anteriormente. Esses poliquetas são alimentadores de suspensão hermafroditas, com fertilização interna. Apesar de seu hábitat de água doce, eles liberam uma larva natante, a qual, em um determinado momento, sofre metamorfose sobre uma concha apropriada.

Família Serpulidae. *Hydroides, Serpula; Spirobranchus.* Todas as espécies desta família vivem em tubos calcários permanentes, geralmente presos a rochas, conchas, fundos de navios ou a outros substratos sólidos. Filamentos ciliados elaborados projetam-se da abertura do tubo para a alimentação de suspensão; esses filamentos são rapidamente retraídos em caso de ameaça ou perigo. Embora a maior parte das 350 espécies de serpulídeos seja marinha, pelo menos uma (*Ficopomatus* [= *Mercierella*] *enigmaticus*) ocorre em água doce.

Família Spirorbidae. *Spirorbis.* Todas as 170 espécies vivem em tubos calcários permanentes cimentados a algas, conchas, rochas e outros objetos sólidos. Os tubos são geralmente pequenos (poucos milímetros ou menos de diâmetro) e enrolados. As larvas de vida curta têm sido amplamente utilizadas em estudos de seleção de hábitat. Todas as espécies são marinhas.

Ordem Protodrilida
Protodrilus, Saccocirrus. Um pequeno grupo (menos de 50 espécies) de poliquetas intersticiais, comuns. Muitas espécies não apresentam parapódios, e poucas vivem em água doce; a maioria é marinha ou estuarina. Duas famílias.

Ordem Myzostomida
Myzostomum. As cerca de 170 espécies nesta ordem são exclusivamente parasitos dentro ou sobre estrelas-do-mar (asteroides), serpentes-do-mar (ofiuroides) e sobretudo lírios-do-mar (crinoides). Alguns dados moleculares colocam esses animais fora de Annelida, mas outros (dados de ordem gênica mitocondrial, em particular) apoiam sua inclusão no filo. Eles têm sido considerados, em algumas vezes, como vermes chatos, crustáceos, parentes dos crustáceos ou briozoários. São destituídos de celoma e a cavidade do corpo é preenchida com células parenquimais. Sete famílias.

Os Arquianelídeos

Troglochaetus (água doce), *Polygordius*, *Dinophilus*, *Protodrillus*. Anteriormente colocados em uma classe separada de anelídeos principalmente marinhos, esses anelídeos segmentados são agora considerados poliquetas altamente modificados, sendo distribuídos em várias famílias de Polychaeta (incluindo os Protodrilida). Arquianelídeos são, em sua maioria, pequenos e altamente modificados para a vida entre grãos de areia. Indivíduos de muitas espécies retêm algumas características larvais, incluindo bandas ciliares externas.

Família Siboglinidae (= "pogonóforos")

Este grupo contém cerca de 160 espécies. Suas relações com outros poliquetas ainda não estão claras, embora uma análise sugira uma afiliação com a ordem Sabellida.

Subfamília Frenulata (= Perviata). *Siboglinum*, *Oligobrachia*, *Polybrachia*. Siboglinídeos pequenos e delgados que não apresentam vestimento nem obturáculo. A região anterior do corpo contém de 1 a mais de 200 tentáculos dorsais, e a segunda região do corpo porta uma estrutura cuticular, denominada frênulo. Aproximadamente 140 espécies distribuídas em cinco famílias.

Subfamília Vestimentifera (= Obturata). *Riftia*, *Ridgeia*, *Lamellibrachia*, *Tevnia*. Vestimentíferos. Siboglinídeos grandes, de corpo robusto e até 2 m de comprimento, contendo um vestimento e um obturáculo na região anterior. Cerca de 18 espécies distribuídas em cinco famílias.

Sclerolinum. As seis espécies neste gênero podem ser o grupo-irmão dos vestimentíferos. Seus representantes não apresentam vestimento e exibem anéis de setas (*uncini*) no opistossoma. A região anterior porta somente dois tentáculos dorsais. Estes siboglinídeos são encontrados em sedimentos reduzidos, mas algumas vezes também entre materiais orgânicos em decomposição, como madeira e corda feita de fibras naturais.

Osedax

Este gênero de anelídeos (somente cinco espécies descritas até o momento, com mais por vir) é especializado na extração de material orgânico de ossos de mamíferos em decomposição. Eles têm sido encontrados principalmente sobre baleias. Fêmeas não possuem um opistossoma, e machos são muito reduzidos em tamanho; até 100 machos anões vivem dentro do corpo de uma única fêmea.

Classe Clitellata

Subclasse Oligochaeta

As cerca de 4 mil espécies estão distribuídas em três ordens.

Ordem Lumbriculida

Uma família (Lumbriculidae). *Lumbriculus*. Estes anelídeos vivem em água doce ou são semiterrestres.

Ordem Haplotaxida

Subordem Tubificina

Seis famílias, com cerca de 100 espécies.

Família Tubificidae. *Limnodrilus*, *Clitellio*, *Tubifex*. Este grupo contém numerosas espécies marinhas, bem como de água doce; recentemente, algumas espécies têm sido encontradas até mesmo em grandes profundidades marinhas. Membros desta família geralmente prosperam em águas altamente poluídas, como sugere seu nome popular. Indivíduos são em forma de fio e raramente ultrapassam poucos centímetros de comprimento. Eles vivem de cabeça para baixo em tubos sedimentares, balançando sua extremidade posterior na água, provavelmente para facilitar as trocas gasosas. Reprodução assexuada por fissão é frequente.

Família Naididae. *Branchiodrilus*, *Chaetogaster*, *Dero*, *Nais*, *Pristina*. Os representantes desta amplamente distribuída família geralmente lembram alguns poliquetas por possuírem olhos e brânquias e por serem capazes de nadar. Reprodução assexuada por fissão é extremamente comum e pode ser a principal ou a única forma de reprodução em algumas espécies. A maior parte das cerca de 100 espécies é livre-natante, porém espécies de *Chaetogaster* são carnívoras ou simbióticas na cavidade do manto ou tecidos de alguns gastrópodes e bivalves de água doce. Algumas espécies vivem em estuários ou no oceano.

Subordem Lumbricina

Este grande grupo de mais de 3 mil espécies inclui as minhocas e seus parentes. As atividades de alimentação e escavação de minhocas traz muitas toneladas de solo para a superfície por acre, a cada ano. O primeiro estudo detalhado da atividade de minhocas foi publicado por Charles Darwin, em 1881. Aproximadamente 14 famílias.

Família Lumbricidae. *Lumbricus*. Este grupo de cerca de 300 espécies inclui as minhocas mais conhecidas e amplamente distribuídas.

Família Ailoscolecidae. *Komarekiona*. Estas minhocas são especialmente comuns nos estados de Carolina do Norte, Tenesse e Indiana.

Família Glossoscolecidae. *Pontoscolex*. Estes são as minhocas mais frequentemente encontradas na América do Sul e no Caribe. Embora sejam encontradas na maior parte de florestas, uma espécie vive principalmente na areia de praias. Membros desta família podem alcançar 2 m de comprimento. Estas espécies são consumidas aparentemente por algumas populações silvícolas sul-americanas.

Família Megascolecidae. Esta família de minhocas abriga mais de 1.000 espécies, a maioria na Ásia e na Austrália. A família inclui os maiores anelídeos conhecidos, da espécie *Megascolides australis*, que podem exceder de 3 m de comprimento; os diâmetros não são proporcionalmente grandes – cerca de 3 cm ou mais. Estes anelídeos, listados como uma das doze espécies de animais mais ameaçadas, constroem tocas permanentes no solo de até 2 m de profundidade.

Família Eudrilidae. *Eudrilus*. Esta familia de aproximadamente 500 minhocas africanas inclui os mais estruturalmente complexos de todos os oligoquetas.

Subclasse Hirudinea

As aproximadamente 650 espécies estão distribuídas em quatro ordens.

Ordem Rhynchobdellae Estas espécies não apresentam mandíbulas, obtendo o sangue do hospedeiro através de uma probóscide rígida e muscular. Todos são parasitos ou predadores aquáticos tanto em ambientes marinhos quanto de água doce. Alimentam-se de hospedeiros tão diversos quanto elefantes e pequenos invertebrados. Não há pênis; os espermas são trocados através da transferência de sacos espermáticos (espermatóforos), que penetram na parede do corpo do parceiro. Três famílias.

Família Glossiphoniidae. *Glossiphonia*, *Placobdella*. Este grupo inclui parasitos e predadores, todos restritos à água doce. Os corpos são largos e em forma de folha.

Família Piscicolidae. *Calliobdella*, *Myzobdella*, *Piscicola*, *Pontobdella*. A maioria das espécies marinhas está incluída nesta família, embora também ocorram algumas espécies de água doce. Todas as espécies são parasitos de peixes ou outros vertebrados aquáticos.

Família Ozobranchidae. *Ozobranchus*. Esta família inclui tanto espécies marinhas quanto de água doce, as quais são, em sua maioria, parasitos de tartarugas e crocodilos.

Ordem Arhynchobdellae

A fertilização é realizada pela inserção de um pênis no interior da vagina do outro indivíduo. Nove famílias.

Família Hirudinidae. *Macrobdella*; *Hirudo medicinalis* — a sanguessuga medicinal. As mais de 80 espécies neste grupo são em sua maior parte hematófagas de água doce, com três mandíbulas bem desenvolvidas, portadoras de dentes. As maiores sanguessugas conhecidas (*Haemopis* spp.) ocorrem nesta família, atingindo comprimentos de 45 cm.

Família Haemadipsidae. *Haemadipsa*. Estas chamadas "sanguessugas terrestres" são todas hematófagas, vivendo geralmente na serrapilheira ou em árvores e arbustos. A maioria das espécies é restrita à Austrália e ao Oriente. Como os hirudinídeos, essas sanguessugas possuem mandíbulas denteadas.

Família Erpobdellidae. *Erpobdella*. Estas sanguessugas vermiformes ("*worm-leeches*") são cilíndricas, destituídas de mandíbulas e, na maior parte, de dentes. Todas são predadoras, vivendo em hábitats terrestres e de água doce em todo o mundo.

Ordem Branchiobdellida

Cambarincola, *Stephanodrilus*, *Xironodrilus*. As cerca de 130 espécies neste grupo vivem principalmente como comensais ou parasitos nas câmaras branquiais de crustáceos de água doce. Morfologicamente, esses anelídeos são intermediários entre as sanguessugas verdadeiras e os oligoquetas; eles se prendem ao seu hospedeiro através das ventosas anterior e posterior. Um único lagostim de água doce pode ser infectado com várias centenas desses anelídeos, simultaneamente. Muitos pesquisadores consideram branquiobdélidos como uma família especializada de Oligochaeta. Outros colocariam os branquiobdélidos em sua própria subclasse.

Ordem Acanthodbellida

A ordem contém um único gênero (*Acanthobdella*) com uma só espécie. De maneira única entre sanguessugas, estes animais retêm um celoma compartimentado e setas nos primeiros cinco segmentos anteriores, e não apresentam uma ventosa anterior. Adultos parasitam peixes salmonídeos.

Os Equiúros

As aproximadamente 160 espécies estão distribuídas em três ordens. Todos os equiúros são marinhos. Alguns estudos moleculares colocam os equiúros como o grupo-irmão da família poliqueta Capitellidae (p. 334).

Ordem Echiuroidea

Esta ordem contém quase 95% de todas as espécies de equiúros. Duas famílias.

Família Bonelliidae. *Bonellia*. Os vários representantes desta família ocorrem em uma faixa notavelmente ampla de profundidade, da zona intertidal até a abissal. Todas as espécies exibem um pronunciado dimorfismo sexual, com fêmeas geralmente sendo, pelo menos, 20 vezes maiores que os machos. Os machos vivem simbioticamente sobre ou dentro das fêmeas.

Família Echiuridae. *Echiuris*. Esta é a maior família de Echiura, abrigando quase 60% de todas as espécies. A maior parte das espécies ocorre em águas rasas e, em geral, mostram pouco ou nenhum dimorfismo sexual.

Ordem Xenopneusta

Urechis. Os membros deste gênero bem conhecido são equiúros atípicos, pois possuem uma probóscide excepcionalmente curta, um sistema circulatório aberto e uma região cloacal aumentada, que atua nas trocas gasosas. Uma família, com somente quatro espécies.

Ordem Heteromyota

Ikeda taenioides. Esta pequena ordem contém uma única família, a qual inclui uma única espécie, encontrada somente próximo ao Japão. A probóscide pode ter até mais de 1 m de comprimento, mais do que três vezes o restante do corpo do animal. Diferentemente de outros equiúros, os membros desta espécie apresentam centenas de nefrídeos ímpares na cavidade celômica. O arranjo da musculatura da parede do corpo também é diferente do padrão equiúro.

Os Sipuncúlidos

As aproximadamente 350 espécies de sipuncúlidos ("*peanut worms*") estão distribuídas em quatro famílias. Todas as espécies são marinhas.

Família Golfingiidae. *Golfingia*, *Themiste*, *Phascolion*. Esta família contém perto da metade de todas as espécies de sipuncúlidos. *Golfingia minuta* é incomum por ser o único sipúnculo hermafrodita conhecido. Algumas espécies no gênero *Themiste* escavam em corais e em outros substratos calcários. Várias espécies no gênero *Phascolion* habitam geralmente estruturas feitas por outros animais, incluindo os tubos de poliquetas e conchas vazias de gastrópodes.

Família Phascolosomatidae. *Phascolosoma*. Muitas destas espécies escavam em rochas.

Família Sipunculidae. *Sipunculus*. A maior parte dos indivíduos nesta família são grandes e escavam na areia, ingerindo sedimento durante a escavação. Algumas espécies podem nadar por curtas distâncias, flexionando rapidamente seu corpo.

Família Aspidosiphonidae. Este grupo de quase 60 espécies descritas é geralmente encontrado em fragmentos de recifes de corais.

Referências gerais sobre anelídeos

Clark, R. B. 1964. Dynamics in Metazoan Evolution: The Origin of the Coelom and Segments.London: Oxford Univ. Press.

Colapinto, J. 2005. Blocksuckers: How the leech made a comeback. The New Yorker, July 25:72–81.

Cuttler, E. B. 1994. The Sipuncula: Their Systematics, Biology, and Evolution.Ithaca, N.Y.: Cornell Univ. Press.

Dales, R. P. 1967. Annelids,2d ed. London: Hutchinson University Library.

Fauchald, K., and P. A. Jumars. 1979. The diet of worms: A study of polychaete feeding guilds. Oceanogr. Marine Biol. Ann. Rev. 17:193–284.

Gage, J. D., and P. A. Tyler. 1991. Deep-Sea Biology: A Natural History of Organisms at the Deep-Sea Floor.New York: Cambridge Univ. Press.

Gilbert, S. F., and A. M. Raunio. 1997. Embryology: Constructing the Organism.Sunderland, MA: Sinauer Assoc., Inc., pp. 167–88 (echiurans) and pp. 219–35 (other annelids).

Halanych, K. M., T. G. Dahlgren, and D. McHugh. 2002. Unsegmented annelids? Possible origins of four lophotrochozoan worm taxa. Integ. Comp. Biol. 452:678–84.

Halanych, K. M., and A. M. Janosik. 2006. A review of molecular markers used for Annelid phylogenetics. Integr. Comp. Biol. 46:533–43.

Harrison, F. W., and S. L. Gardiner, eds. 1992. Microscopic Anatomy of Invertebrates,vol. 7 (polychaetes and oligochaetes), vol. 12 (pp. 327–460, pogonophorans). New York: Wiley-Liss.

Hilário, A., M. Capa, T. G. Dahlgren, K. M. Halanych, C. T. S. Little, D. J. Thornhill, C. Verna, and A. G. Glover. 2011. New perspectives on the ecology and evolution of siboglinid tubeworms. PLoS ONE 6:e16309.

Hyman, L. H. 1959. The Invertebrates, Vol. 5: Smaller Coelomate Groups.New York: McGraw-Hill (pogonophorans and echiurans).

Ivanov, A. V. 1963. Pogonophora.New York: Academic Press.

McHugh, D. 2000. Molecular phylogeny of the Annelida. Canadian J. Zool. 78:1873–84.

Parker, S. P., ed. 1982. Classification and Synopsis of Living Organisms,vol. 2. New York: McGraw-Hill, pp. 1–43 (polychaetes and clitellates), and pp. 65–66 (echiurans).

Piger, J. F. 1997. In: Gilbert, S. B., and A. M. Raunio. Embryology: Constructing the Organism.Sunderland, MA: Sinauer Assoc., Inc., pp. 167–78.

Rice, M. E., and M. Todorovic. 1975. Proceedings of the International Symposium on the Biology of the Sipuncula and Echiura.Washington, D.C.: National Museum of Natural History, Smithsonian Institution.

Rouse, G., and F. Pleijel (eds.). 2006. Reproductive Biology, and Phylogeny of Annelida. Enfield, NH: Science Publishers, 675 pp.

Rouse, G. W. 2001. A cladistic analysis of Siboglinidae Caullery, 1914 (Polychaeta, Annelida): formerly the phyla Pogonophora and Vestimentifera. Zool. J. Linn. Soc. 132:55–80.

Rouse, G. W., and F. Pleijel. 2001. Polychaetes. New York: Oxford University Press.

Rousset, V., F. Pleijel, G. W. Rouse, C. Erséus, and M. E. Siddall. 2007. A molecular phylogeny of annelids. Cladistics 23:41–63.

Struck, T. H. 2011. Direction of evolution within Annelida and the definition of Pleistoannelida. J. Zool. Syst. Evol. Res. 49:340–345.

Thorpe, J. H., and A. P. Covich, eds. 2001. Ecology and Classification of North American Freshwater Invertebrates,2nd ed. New York: Academic Press.

Procure na web

1. Cada um dos seguintes endereços contém pelo menos uma excelente imagem colorida de uma espécie representativa. A página Pogonophora ilustra um agrupamento de vestimentíferos. Os sítios são mantidos pela University of California, em Berkeley.

   www.ucmp.berkeley.edu/annelida/polyintro.html
   www.ucmp.berkeley.edu/annelida/pogonophora.html

www.ucmp.berkeley.edu/annelida/echiura.html
www.ucmp.berkeley.edu/sipuncula/sipuncula.html

2. http://hermes.mbl.edu/publications/biobull/keys/pdf/9.pdf

   Este sítio traz uma chave taxonômica para famílias de poliquetas representadas próximo a Woods Hole, e uma seção explicando a terminologia relevante para o grupo. Cortesia do Marine Biological Laboratory, em Woods Hole, Massachusetts.

3. http://biodiversity.uno.edu/~worms/annelid.html

   Este sítio traz a você a página da web "Annelid Worm Biodiversity Resources", mantida por Geoffrey B. Read. Ela inclui listas faunísticas geográficas de espécies de anelídeos e uma discussão extensa da filogenia de Annelida. Também inclui links para outros sítios sobre a biologia de poliquetas, clitelados e sipuncúlidos.

4. http://tolweb.org/Annelida/2486

   Esta traz a você o sítio "Tree of Life", da University of Arizona, em Tucson. A entrada "The Annelids" é fornecida por Greg W. Rouse, Fredrik Pleijel e Damhnait McHugh.

5. http://biodidac.bio.uottawa.ca

   Clique em "Organismal Biology", "Animalia" e, depois, em "Annelida" para fotos e desenhos, incluindo material dissecado.

6. http://video.calacademy.org/details/119

   Este vídeo é sobre um grupo recentemente descoberto de poliquetas planctônicos de grandes profundidades, apelidados de anelídeos "*green bomber*".

7. http://www.ucmp.berkeley.edu/annelida/annelidafr.html

   Anelídeos não fossilizam bem, devido ao seu corpo mole, mas deixaram um pequeno registro fóssil, descrito aqui.

8. http://www.youtube.com/watch?v=aDYBpv807yo

   Bom vídeo de uma minhoca se arrastando; ignore a conversa ao fundo,

14 Artrópodes

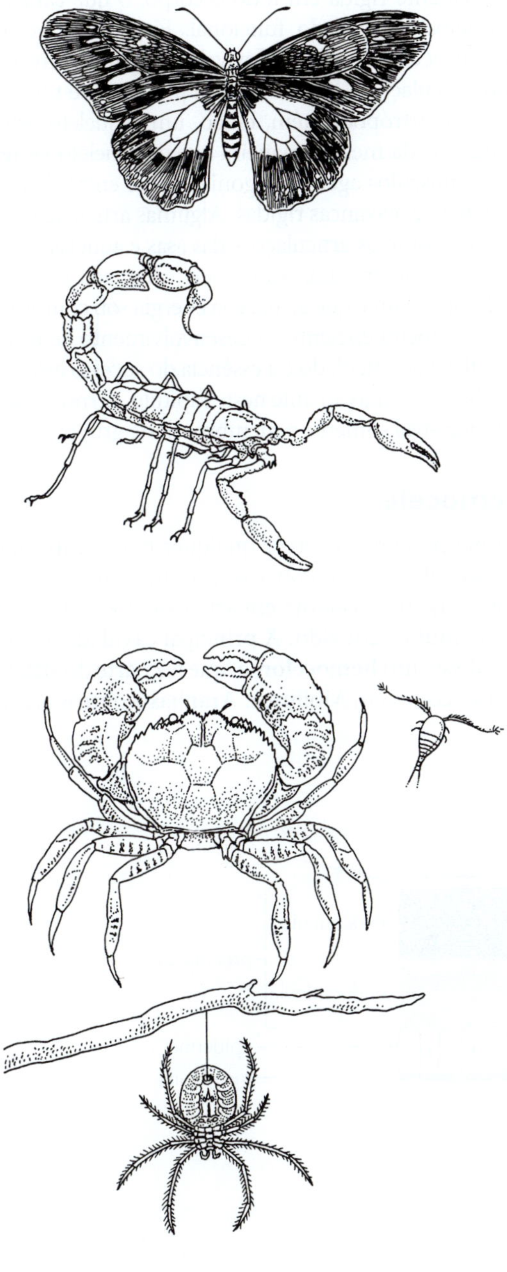

Características diagnósticas:[1] 1) a epiderme produz um exoesqueleto quitinoso segmentado, articulado e rígido (esclerotizado), com musculatura intrínseca entre as articulações dos apêndices; 2) perda completa de cílios móveis nos estágios adulto e larval.

Introdução e características gerais

Quase 85% de todas as espécies animais descritas até hoje pertencem ao filo Arthropoda, o que torna o plano corporal artrópode, de longe, o mais bem representado no reino animal. Artrópodes também dominam o registro fóssil. Insetos, aranhas, escorpiões, pseudoescorpiões, centopeias, caranguejos, lagostas, camarões, copépodes e cracas são, todos, artrópodes. Como os anelídeos, artrópodes são basicamente metaméricos, com novos segmentos surgindo durante o desenvolvimento de uma zona germinativa específica na extremidade posterior do animal. Nos membros mais derivados do filo, entretanto, a repetição metamérica de segmentos iguais é mascarada pela fusão e modificação de diferentes regiões do corpo para funções altamente especializadas. Esta especialização de grupos de segmentos, chamada de **tagmatização**, é vista também em alguns anelídeos poliquetas, porém, ela alcança a maior extensão em Arthropoda. Dois dos principais grupos de artrópodes (Insecta e Crustacea) têm três tagmas distintos: cabeça, tórax e abdome.

Artrópodes são incomuns por não possuírem cílios, mesmo nos estágios larvais.

O exoesqueleto

Artrópodes têm uma conspícua característica em comum com moluscos: indivíduos em ambos os grupos geralmente apresentam uma cobertura protetora externa e rígida. Todavia, a semelhança acaba aqui: as coberturas externas nos

[1]Características que distinguem os membros deste filo dos membros de outros filos.

dois filos são produzidas por mecanismos inteiramente distintos, diferem significativamente na composição química, possuem propriedades físicas muito distintas, e executam funções bem diferentes. Enquanto a concha dos moluscos funciona, em sua maior parte, para proteger as partes moles, o integumento dos artrópodes funciona adicionalmente como um esqueleto locomotor.

O exoesqueleto artrópode (Fig. 14.1) é secretado por células da epiderme. Sua camada mais externa (a **epicutícula**) é geralmente cerosa, sendo composta por uma firme camada de lipoproteína sobreposta por camadas de lipídeos. A cutícula é, portanto, impermeável à água, de modo que a superfície externa do corpo não serve para trocas gasosas. Por outro lado, a cutícula impermeável torna os artrópodes incomumente resistentes à perda de água por desidratação. A epicutícula é bem fina, talvez somente 3% da espessura total do exoesqueleto. A maior parte do exoesqueleto é composta por **procutícula**, formada principalmente pelo polissacarídeo **quitina** em associação com algumas proteínas.

O interesse comercial na quitina tem lentamente aumentado nos últimos anos porque ela é forte, não alergênica e biodegradável. A quitina pode, por exemplo, ser solubilizada e, então, transformada em fibras, as quais podem se utilizadas na fabricação de tecidos e suturas cirúrgicas. Ela pode também ser utilizada para fazer cápsulas biodegradáveis que poderiam ser implantadas no corpo humano, onde elas poderiam gradualmente liberar fármacos por longos períodos de tempo. Desde que a quitina possa ser produzida como uma película clara, ela pode ser eventualmente utilizada como um substituto para a embalagem plástica. Além disso, a quitina e seus derivados se ligam prontamente a numerosos compostos orgânicos e inorgânicos, incluindo gorduras, mas eles mesmos não são digeridos pelos vertebrados. Como um aditivo nos alimentos, a quitina poderia reduzir a ingestão de calorias e de colesterol. Suas habilidades de ligação também fazem dela uma boa candidata para remover compostos tóxicos orgânicos e inorgânicos da água de abastecimento.

Entre artrópodes, a quitina atua na proteção, sustentação e movimento, proporcionando um rígido sistema esquelético. A procutícula dos artrópodes é reforçada por vários elementos que a enrijecem. Em crustáceos, este endurecimento é parcialmente obtido pela deposição de carbonato de cálcio em algumas camadas da procutícula. O endurecimento é também obtido pelo "curtimento" do componente proteico da procutícula. Este processo de curtimento, também chamado de **esclerotização**, envolve a formação de ligações transversais entre cadeias de proteína; isso contribui para o endurecimento da cutícula em todos os artrópodes. Um processo similar ocorre com frequência também em outros filos: a esclerotização está envolvida na formação dos ligamentos e fios bissais dos bivalves; no fortalecimento do periostraco da concha; no enrijecimento da rádula dos moluscos, das setas dos poliquetas, das mandíbulas de alguns anelídeos, na cobertura de ovos de alguns platelmintos e dos trofos de rotíferos.

A procutícula dos artrópodes varia em espessura e não é uniformemente rígida em todo o corpo, o que caracteriza o seu principal significado funcional. Em muitas regiões do corpo, a procutícula é fina e flexível em algumas direções, formando articulações (Fig. 14.2). Pela presença de musculatura apropriada, artrópodes têm, então, um esqueleto articulado que funciona da mesma maneira que o esqueleto vertebrado: pares de músculos agem antagonicamente entre si através de um sistema de alavancas rígidas. Algumas articulações dos artrópodes – como as articulações das asas e aquelas envolvidas em saltos – contêm uma substância, chamada de "borracha animal", ou resilina, que armazena energia sob compressão e a libera de maneira eficiente. O desenvolvimento de um exoesqueleto flexível articulado é a essência do sucesso artrópode, e, como discutido mais adiante neste capítulo, permitiu um estilo de vida acessível somente a membros deste grupo: o voo.

A hemocele

O celoma pode não exercer qualquer papel importante na locomoção de animais cobertos por um conjunto de placas rígidas, e, assim, o celoma em artrópodes é, correspondentemente, muito reduzido. A principal cavidade do corpo é, em vez disso, um **hemoceloma**, que faz parte do sistema circulatório, como em Mollusca. Aranhas e outros aracnídeos

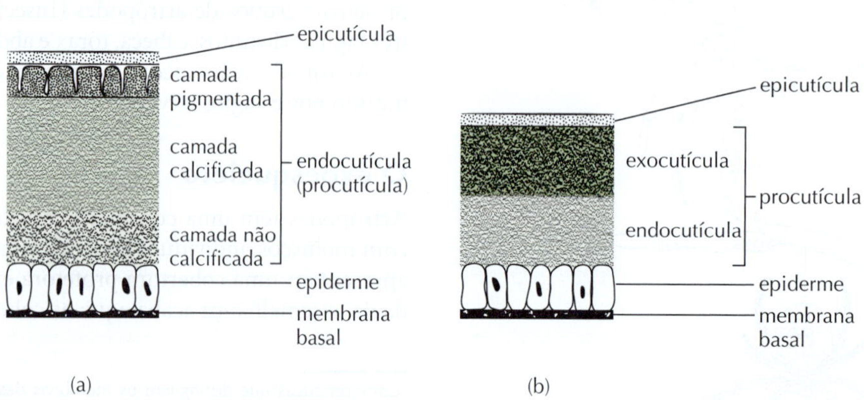

Figura 14.1

A cutícula de (a) crustáceos e (b) insetos. As cutículas de ambos os grupos de animais são secretadas pela epiderme subjacente.
Baseada em W. D. Russell-Hunter, *A Life of Invertebrates*. 1979.

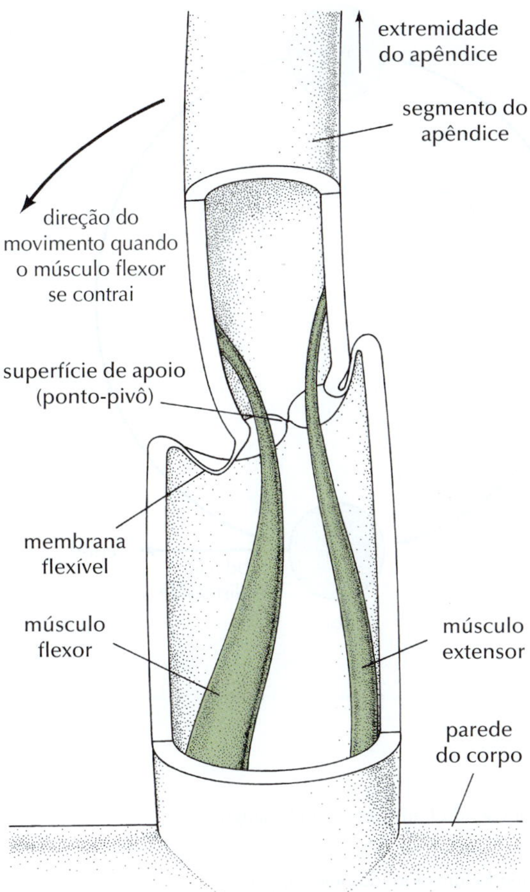

Figura 14.2

A articulação de um apêndice crustáceo. A procutícula é endurecida em todo o membro, exceto nas articulações, como indicado. Segundo Russell-Hunter.

estendem suas pernas através do aumento da pressão sanguínea dentro do hemoceloma, porém, em outros casos, fluidos e cavidades do corpo geralmente têm pouco a ver com a locomoção dos artrópodes.

Muda

Em contraste com o crescimento da concha em moluscos, a cobertura protetora externa de um artrópode não recebe material adicional na sua região de crescimento. Em vez disso, ela é secretada em todas as regiões do corpo simultaneamente. Uma vez que o processo de endurecimento é completado, o artrópode é, literalmente, preso dentro de sua armadura, exceto nos locais onde a armadura é perfurada por pelos sensoriais e aberturas de glândulas. As principais regiões do intestino anterior e posterior são também revestidas por cutícula. Para aumentar seu tamanho corporal, o artrópode deve descartar a cutícula – incluindo o revestimento do intestino –, crescer em tamanho e, então, endurecer a nova cutícula para caber no corpo maior (e, sob certas circunstâncias, morfologicamente alterado). A antiga cutícula é parcialmente degradada por secreções enzimáticas e é rompida antes de sua remoção. Entre os crustáceos, a formação de um novo esqueleto requer uma substância denominada *criptocianina*, uma molécula que aparentemente evoluiu da hemocianina, uma proteína com uma base de cobre envolvida no transporte[2] de oxigênio.

A cutícula velha é rompida pela tomada de água ou ar e pelo aumento da pressão sanguínea, os quais causam a expansão do corpo. O processo de remoção do exoesqueleto existente é chamado de **ecdise**, da palavra grega que significa "uma fuga", "escape" ou "sair fora de". Na prática, a nova cutícula é realmente secretada antes de a velha ser descartada, o que pode explicar em parte o porquê dos artrópodes não se tornarem completamente não funcionais durante o processo de muda. Caranguejos de corpo mole – e também possivelmente outros artrópodes em muda – dependem de alta pressão sanguínea interna para manter suas funções locomotoras; assim, o hemoceloma atua como um esqueleto hidrostático interno até que o novo exoesqueleto endureça (ver Capítulo 5).[3] É claro, o potencial colapso do corpo durante a muda é mais problemático no ar do que na água, já que o ar não oferece suporte para o corpo. Isso pode ajudar a explicar por que artrópodes terrestres são menores do que espécies aquáticas. A cutícula não enrijece até que alterações morfológicas (quando ocorrem) e o aumento de tamanho ocorram. Portanto, o tempo entre a ecdise e o endurecimento da nova cutícula é um período de maior vulnerabilidade a predadores; a maioria dos artrópodes procura por abrigo durante a ecdise.

Embora o aumento em tamanho seja descontínuo nos artrópodes, o crescimento de tecido (**biomassa**) é um processo contínuo. O número de células na epiderme, por exemplo, aumenta continuamente em muitos artrópodes, com o tecido adicional tornando-se dobrado ou recolhido até que a nova cutícula seja descartada e o aumento de tamanho corporal ocorra.

Os processos de ecdise e formação do novo exoesqueleto estão ambos sob controle neural e hormonal. Basicamente, uma glândula (p. ex., o **órgão Y**, localizado na cabeça dos crustáceos, ou as **glândulas protorácicas**, localizadas no tórax de insetos) produz **hormônios ecdisteroides**, que, por sua vez, estimulam a muda. Nos insetos, a produção ecdisteroide é engatilhada pela produção de um outro hormônio pelo cérebro, o qual ativa as glândulas protorácicas. Em contrapartida, nos crustáceos, a produção ecdisteroide é inibida entre as mudas por um segundo hormônio, produzido por um complexo neurossecretor (o **órgão X**), localizado nos pedúnculos oculares. Quando o órgão X cessa a produção efetiva de seu hormônio, a atividade do órgão Y deixa de ser inibida e a ecdisona pode ser produzida. A ecdise não pode ocorrer até que o órgão X pare de produzir seu hormônio inibidor (Fig. 14.3); a remoção cirúrgica dos pedúnculos oculares de crustáceos resulta em ecdise prematura. Outras funções nos artrópodes são também conhecidas por estar sob controle neuro-hormonal, incluindo a regulação do ciclo reprodutivo, da concentração osmótica do fluido corporal, da migração de pigmentos fotodetectores no olho e o movimento de grânulos de pigmento dentro de células, denominadas **cromatóforos**, levando a mudanças graduais na cor do corpo.

[2]Terwilliger, N. B., M. C. Ryan e D. Towle. 2005. *J. Exp. Biol.* 208:2467-74.
[3]Taylor, J. R. A. e W. M. Kier. 2003. *Science* 301:209-10.

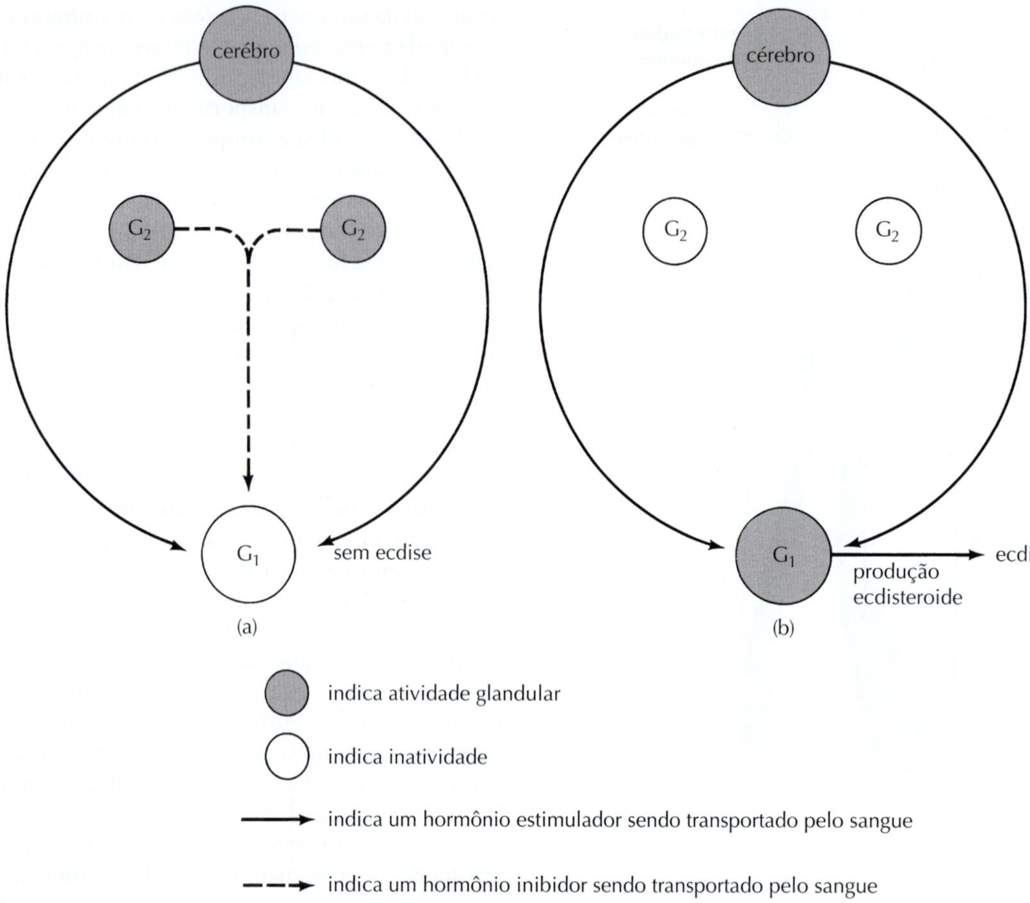

Figura 14.3

Diagrama esquemático de um provável mecanismo regulador da ecdise em crustáceos. Glândulas associadas à muda estão indicadas como G_1 e G_2. (a) O hormônio produzido pela G_2 inibe a produção ecdisteroide pela G_1, e nenhuma muda ocorre. (b) A glândula G_2 está inativa; o hormônio cerebral estimula a produção ecdisteroide pela G_1, e o animal realiza a muda.

Nervos e músculos

O sistema nervoso dos artrópodes merece uma menção especial, pois ele é operacionalmente bem distinto daquele de vertebrados e de outros invertebrados. Em vertebrados, cada fibra muscular é inervada por um único neurônio. A força da contração muscular depende do número de fibras que se contraem, ao passo que o número de fibras que se contraem em cada músculo depende do número de axônios contatados. No músculo de artrópodes, em contrapartida, a força de contração depende da taxa na qual os impulsos nervosos são enviados às fibras. Além disso, uma única fibra muscular pode ser inervada por até cinco tipos diferentes de neurônios (Fig. 14.4). O tipo de contração (rápida e curta *versus* lenta e duradoura) depende, em parte, da fonte de estímulo do músculo. Além disso, alguns neurônios são inibidores; potenciais de ação enviados para esses neurônios inibidores podem alterar a liberação de sinais enviados adiante para outros axônios da mesma fibra muscular. Uma outra complicação é que artrópodes apresentam vários tipos fisiológicos e funcionais de fibra muscular, isto é, a taxa de contração é, em parte, uma propriedade da fibra muscular. O controle fino do movimento em artrópodes, portanto, depende do tipo de fibra muscular estimulada e da interação de vários tipos de neurônios terminando em uma única fibra muscular. Finalmente, um único neurônio artrópode pode inervar um grande número de fibras musculares, de modo que um determinado músculo pode ser inervado por muito poucos neurônios (dois a três, em alguns casos). Em contrapartida, um determinado músculo de vertebrado pode ser inervado por centenas de milhões de neurônios.

A musculatura de artrópodes também difere significativamente da de outros grupos invertebrados: o músculo de artrópodes é inteiramente estriado, ao passo que a maioria dos outros invertebrados possui principalmente (ou inteiramente) músculo liso. As ramificações funcionais dessa diferença são consideráveis, pois o músculo estriado pode se contrair muito mais rapidamente que o músculo liso (Tab. 14.1). Sem músculos estriados, artrópodes nunca teriam desenvolvido a capacidade de voar.

O sistema circulatório

O sistema circulatório dos artrópodes também é de interesse: embora o sangue deixe o coração através de vasos fechados na maioria das espécies, ele entra no coração diretamente da hemocele através de perfurações, chamadas de óstios, na parede cardíaca (Fig. 14.5). O sistema circulatório

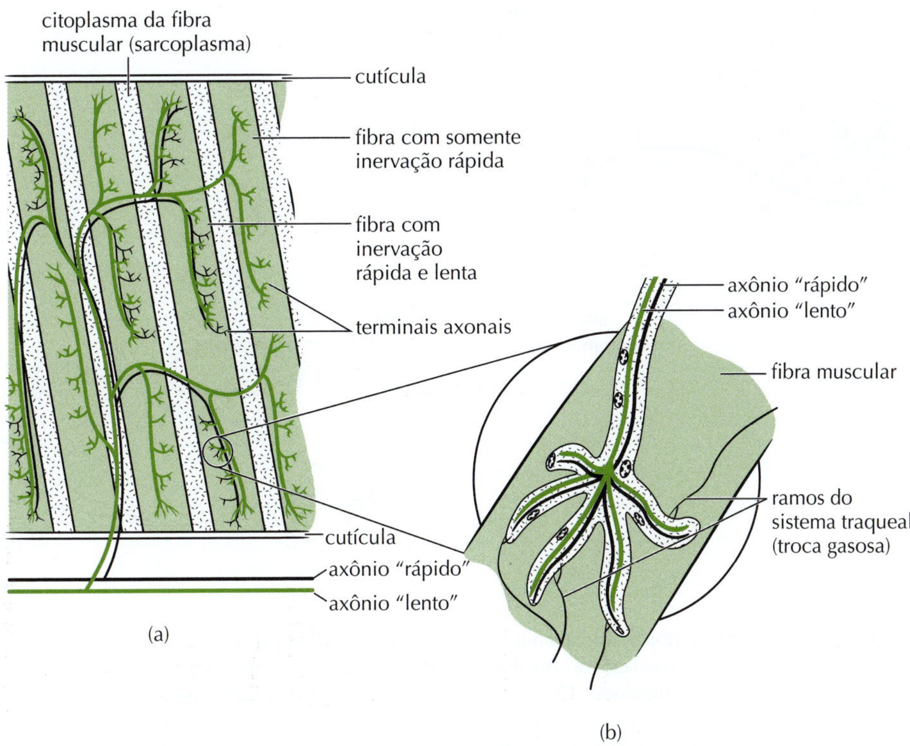

Figura 14.4

(a) Inervação de um típico músculo artrópode. Observe que somente algumas das fibras musculares recebem inervação do axônio "lento". (b) Junção neuromuscular (destaque), em detalhe.

Baseada em G. Hoyle, em M. Rockstein, ed., *The Physiology of the Insecta*, Vol. 4. 1974.

Tabela 14.1 Tempos de contração de músculos de invertebrados

Fonte	Tempo de contração (segundos)
Anthozoa	
Músculo do esfincter	5
Músculo circular	60-180
Scyphozoa	0,5-1
Annelida	
Músculo circular de minhoca	0,3-0,5
Bivalvia	
Músculo retrator anterior do bisso	1
Gastropoda	
Músculo retrator do tentáculo	2,5
Arthropoda	
Músculo abdominal de *Limulus*	0,195
Músculo de voo de inseto	0,025

A partir de várias fontes.

é, portanto, aberto, com o sangue oxigenado passando por uma série de cavidades e, por fim, sendo drenado de volta para o interior do coração pelos óstios quando o coração se expande. Um "coração com óstios" é uma das características diagnósticas de Arthropoda, embora a troca gasosa seja efetuada por meios radicalmente diferentes em diversos grupos de artrópodes.

Sistemas visuais de Arthropoda

Os sistemas visuais de artrópodes podem ser de duas formas: ocelos ou olhos compostos.

Um **ocelo** é simplesmente uma pequena taça com uma superfície sensível à luz à frente de um pigmento absorvente de luz. Esses fotorreceptores simples são encontrados em muitos filos, incluindo Platyhelminthes, Annelida, Mollusca e Arthropoda. A taça é, em geral, coberta por uma lente. Como em todos os sistemas visuais conhecidos, o pigmento fotossensível do ocelo é um derivado da vitamina A em combinação com uma proteína. A estimulação pela luz provoca uma mudança química no pigmento fotorreceptor, gerando potenciais de ação, os quais são, então, transportados por fibras nervosas, a fim de serem interpretados em outro local. Ocelos, em geral, não formam imagens.

Por outro lado, olhos compostos *podem* formar imagens. Esses olhos são especialmente comuns e bem estudados nos insetos e crustáceos, e podem estar presentes junto aos ocelos. Olhos compostos notavelmente grandes (2-3 cm de diâmetro) foram recentemente descritos de um provável ancestral artrópode, *Anomalocaris,* fossilizado há cerca de 515 milhões de anos.* Algumas espécies de anelídeos poliquetas evoluíram independentemente olhos compostos que funcionam com princípios incrivelmente similares àqueles demonstrados por olhos de crustáceos e de insetos.

*Paterson, J. R. et al. 2011. *Nature* 480:237-40.

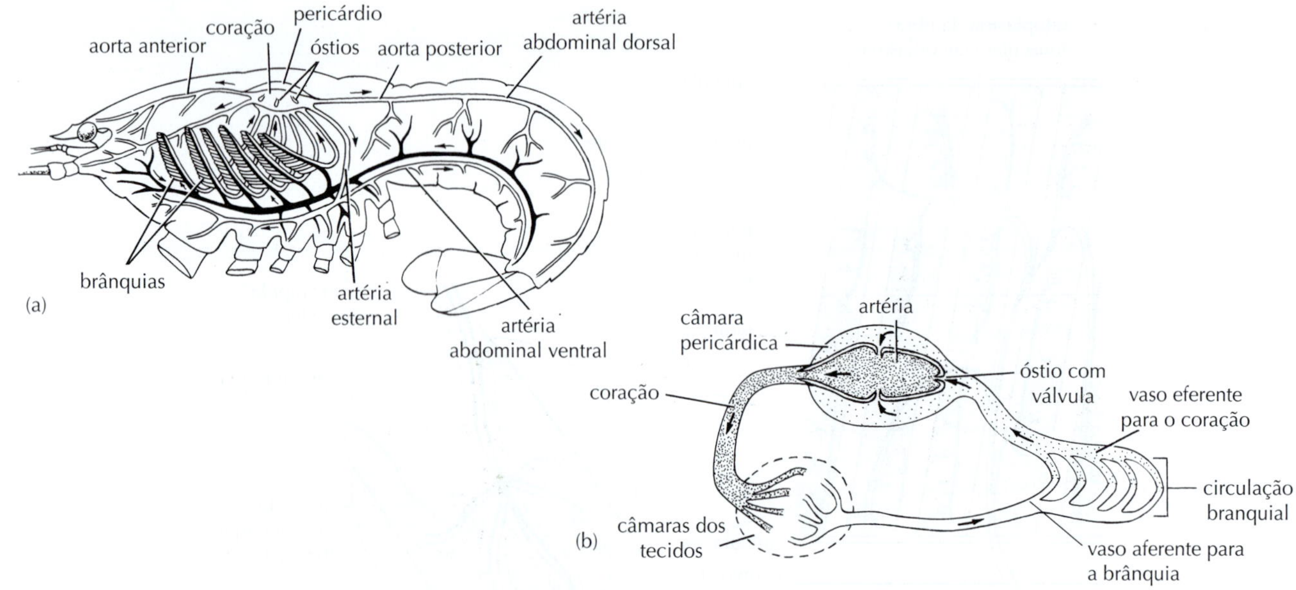

Figura 14.5

(a) Sistema circulatório de um artrópode típico, mostrando o coração com óstios. O animal ilustrado é uma lagosta. (b) Ilustração esquemática do padrão circulatório sanguíneo. O sangue oxigenado é transportado através dos vasos (representados não sombreados) até os canais hemocélicos, nos quais ocorre a troca gasosa entre o sangue e os tecidos. Sangue desoxigenado (vasos sombreados em [a]) coleta em uma série de câmaras (cavidades) ventrais. Dali, o sangue vai para as brânquias, é oxigenado e volta para a câmara (cavidade) pericárdica que circunda o coração.

(a) Segundo Engemann e Hegner; segundo Gegenbauer. (b) De Cleveland P. Hickman, *Biology of the Invertebrates*, 2d ed. Copyright © 1973. The C. V. Mosby Company, St. Louis, Missouri. Reimpressa com permissão.

Para qualquer olho formar uma imagem, a luz deve primeiramente ser focada na superfície receptora. O animal deve, então, ser capaz de examinar cada componente da cena independentemente e monitorar como a intensidade da luz varia através da imagem formada. Assim, o animal deve possuir um sistema nervoso que seja suficientemente sofisticado para reconstruir a imagem detectada pelo sistema sensorial.

No olho humano do tipo câmera, a luz entra através de uma única lente e é focada sobre a retina na parte posterior, quase da mesma maneira que uma imagem de um filme é focada em uma tela. Os componentes da imagem invertida, formada na parte de trás de um olho humano, são amostradas por milhões de células receptoras agrupadas dentro da retina - os bastonetes e cones. Impulsos nervosos de células receptoras individuais são, então, integrados e interpretados pelo cérebro. Um olho composto trabalha do mesmo modo, exceto que (1) há muitas lentes; (2) o foco de cada lente não pode variar; e (3) há muito menos células receptoras para amostrar a imagem, a qual é direta; isto é, não é invertida.

O olho composto é formado por muitas unidades individuais, chamadas de **omatídeos** (de onde vem o termo "olho composto"). Os olhos compostos de algumas espécies de insetos contêm muitos milhares de omatídeos, cada um orientado em uma direção ligeiramente diferente dos outros, como um resultado da forma convexa do olho (Fig. 14.6). O campo visual desse olho convexo e multifacetado é muito amplo, como qualquer um que tente surpreender uma mosca pode observar.

O tipo mais simples de olho composto é também o mais comum, encontrado em insetos, tão diversos quanto abelhas, formigas e baratas, e em não insetos, como limulídeos, caranguejos verdadeiros (infraordem Brachyura), ostracodes

Figura 14.6

Olho composto de uma mosca, contendo centenas de omatídeos. Observe a forma convexa do olho: dois omatídeos nunca estão orientados exatamente na mesma direção.

miodocarpídeos e isópodes. Notavelmente, evidência molecular recente sugere uma origem evolutiva independente para os olhos compostos dos ostracodes miodocarpídeos.[4] Contrastando com o modo de funcionamento dos olhos humanos, os olhos compostos decompõem a imagem antes de ela chegar na retina e, assim, cada omatídeo fornece apenas uma pequena parte da imagem completa. Portanto, o filme de

[4]Oakley, T. H. e C. W. Cunningham. 2002. *Proc. Natl. Acad. Sci. USA* 99: 1426-30.

horror tem isso de errado: um inseto não vê centenas de imagens idênticas, completas, de uma vez, mas sim uma única imagem, bastante granulada, de cada vez. Cada omatídeo consiste em (1) uma lente de foco fixo (a córnea), a qual tem profundidade de campo que objetos de 1 mm a vários metros à frente estão em foco no receptor; (2) um **cone cristalino** gelatinoso inferior, que serve como uma lente em alguns insetos e na maioria dos crustáceos; (3) uma série de até oito corpos cilíndricos (os fotorreceptores), chamados de **células retinulares**, cada uma contendo pigmento fotossensível; (4) células cilíndricas contendo **pigmento protetivo**, opticamente isolando cada omatídeo dos omatídeos circundantes; e, (5) na extremidade basal, uma **cápsula neural**, um agrupamento de neurônios recebendo a informação conduzida pelas células retinulares e enviando potenciais de ação para processamento pelos gânglios (Fig. 14.7a). Olhos de insetos e crustáceos são sensíveis à polarização da luz. Luz polarizada é utilizada por muitos insetos como uma ferramenta de navegação durante o voo e por pelo menos algumas espécies de borboletas para reconhecimento do parceiro. Sua sensibilidade à luz ultravioleta (UV) também possibilita aos insetos ver padrões (sobre flores ou outros objetos) que são invisíveis aos seres humanos. Alguns insetos, sobretudo aqueles que voam à noite e antes do amanhecer, são também sensíveis a comprimentos de onda infravermelha.

O pigmento fotossensível das células retinulares está contido dentro de dezenas de milhares de **rabdômeros**, os quais são finas projeções microvilares das paredes da célula retinular. Os rabdômeros dentro de cada omatídeo formam uma associação ordenada e discreta, chamada de **rabdoma** (Fig. 14.7a–c).

Nos rabdomas "fechados" ou "fusionados" encontrados na maioria dos insetos, incluindo abelhas e muitos mosquitos (Fig. 14.7b, c), não há espaço entre rabdômeros adjacentes, e o rabdoma funciona como uma única unidade funcional. Em outras palavras, o rabdoma fusionado não é realmente uma estrutura única, mas sim uma entidade central formada cooperativamente por microvilosidades das células retinulares participantes. O rabdoma registra a intensidade da luz no *centro* da imagem que incide em sua extremidade; ele não registra a imagem inteira. A ponta de um rabdoma é essencialmente análoga a um único bastonete em nossos olhos. O restante do rabdoma cilíndrico atua como um guia de luz, para baixo do qual este pequeno componente da imagem viaja até o cartucho neuronal, situado na base. O cérebro, então, reconstrói a imagem completa de todos os sinais enviados pelas dezenas, centenas ou muitos milhares de omatídeos individuais.

Menos frequentemente, os rabdômeros dentro de cada omatídeo são fisicamente separados entre si (Fig. 14.7e), de modo que cada rabdômero atua como um guia luminoso separado, aumentando, dessa forma, a sensibilidade visual ao movimento. Esses rabdomas são encontrados, por exemplo, em moscas-da-fruta e moscas domésticas. Incrivelmente, o desenvolvimento de rabdomas fechados ou abertos está sob controle de um único gene, e, portanto, de uma única proteína estrutural, facilitando a evolução de sistemas fechados para sistemas abertos.[5]

[5]Zelhof, A. C., R. W. Hardy, A. Becker e C. S. Zucker. 2006. *Nature* 443:696-99.

Em muitas espécies, particularmente aquelas ativas à noite, cada omatídeo é funcionalmente isolado de seus vizinhos por pigmento protetivo permanente (Fig. 14.7a), ou por traquéolas refletivas, e, assim, a acuidade visual é alta. Esse olho composto básico é chamado de **olho de aposição**, uma vez que a lente é aposta diretamente ao rabdoma receptor. Como cada lente é muito pequena, cada rabdoma recebe somente uma pequena quantidade de luz; olhos em aposição, portanto, funcionam melhor em intensidades moderadamente altas de luz. Para um olho composto trabalhar bem em baixas intensidades de luz, cada cápsula neural deve receber luz de mais de um omatídeo. Se o pigmento de bloqueio entre omatídeos adjacentes está faltando, muitas facetas podem combinar, ou sobrepor, a luz que elas recebem em uma única imagem sobre a retina. Esse tipo de olho é chamado de **olho de superposição**. Em olhos desse tipo, cada omatídeo tem um grande espaço entre a extremidade distal do cone cristalino e o rabdoma; sem o pigmento de bloqueio no caminho, a luz de um único ponto no campo visual pode ser recebida por muitas lentes e focalizada para um único rabdoma, produzindo um sinal de intensidade substancialmente maior que o recebido através de uma lente única (Fig. 14.8a). Olhos de superposição são especialmente comuns em insetos e crustáceos que são ativos à noite.

Os olhos de superposição adaptam-se facilmente, com a ajuda de colares com pigmento flanqueando cada rabdoma, a diferentes condições de luz; quando a intensidade luminosa aumenta, grânulos densos de pigmento migram para baixo em cada colar, e o colar atua como uma íris, bloqueando a luz recebida de omatídeos adjacentes (Fig. 14.8b). Na luz intensa, então, o olho em superposição funciona essencialmente como um olho em aposição. Se a intensidade luminosa é reduzida, os grânulos de pigmento migram para fora do caminho, de modo que os raios luminosos recebidos pela lente de um omatídeo podem novamente se estender sobre omatídeos adjacentes, aumentando a intensidade do sinal recebido. Como a migração do pigmento está sob controle hormonal, ela leva algum tempo para se adaptar à luz ou à escuridão em um olho de superposição.

A nitidez da imagem formada por um olho composto depende de alguns fatores: (1) a extensão na qual a luz incidindo sobre os rabdômeros de um único omatídeo penetra em um feixe paralelo ao eixo óptico (i.e., o eixo longitudinal) de cada omatídeo (resolução aumentada); (2) a extensão na qual a luz de omatídeos adjacente incide sobre o pigmento receptor de um omatídeo (resolução diminuída); (3) o grau de diferença na direção na qual diferentes omatídeos estão orientados (ângulos menores resultam em aumento da resolução); (4) o número de omatídeos por olho (mais omatídeos aumentam o potencial de resolução); e (5) a complexidade do centro de informação (o cérebro) recebendo e processando os impulsos enviados dos omatídeos. Mesmo os maiores e mais sofisticados olhos compostos devem produzir uma imagem granulada. A imagem que o ser humano vê é sintetizada a partir de dados de alta intensidade luminosa por milhões de bastonetes e cones individuais; a imagem vista por um olho composto resulta dos esforços colaborativos de somente cerca de uma meia dúzia de, no máximo, vários milhares de cápsulas neurais

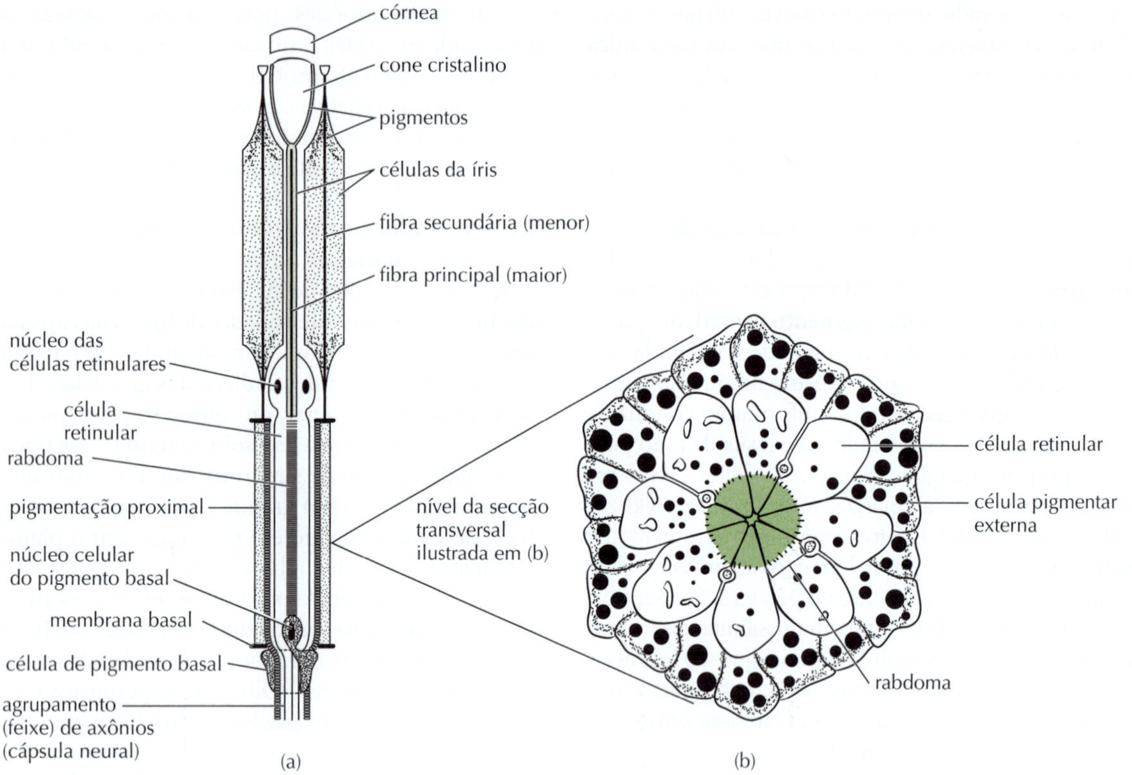

(a) (b)

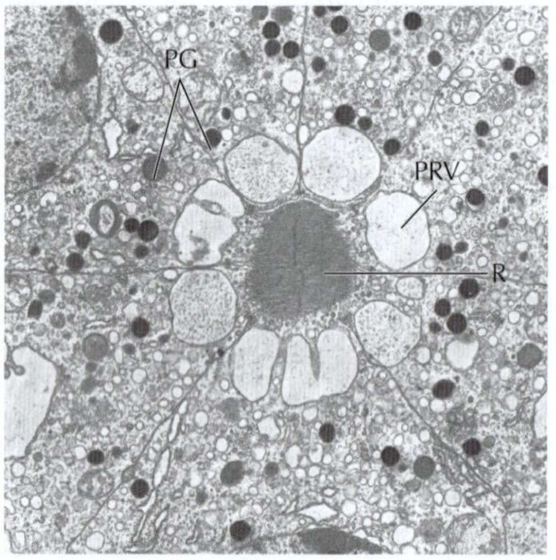

(c)

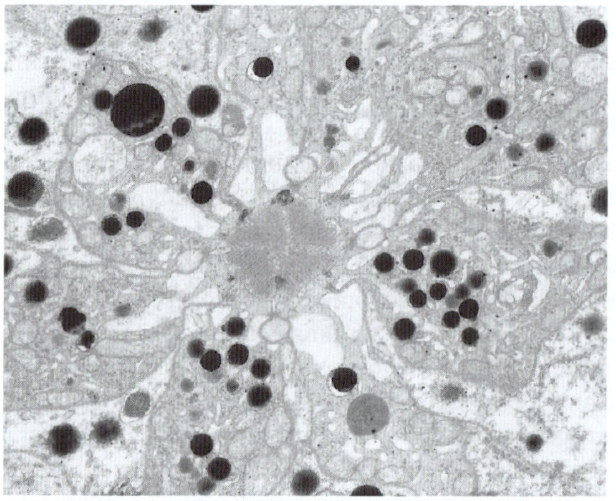

(d)

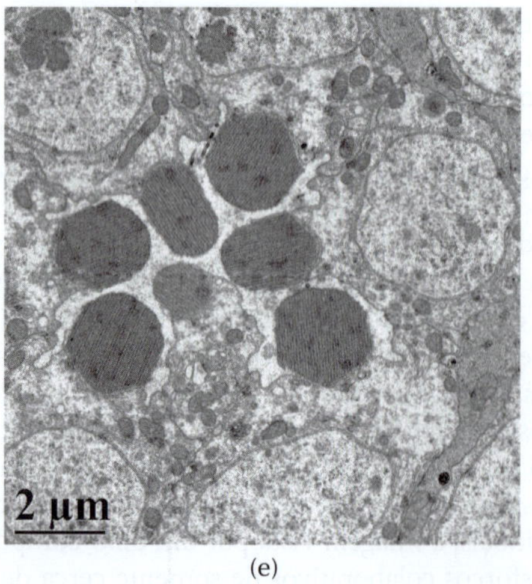

(e)

Figura 14.7

(a) Estrutura de um único omatídeo em um olho de borboleta. O pigmento fotossensível está contido no rabdoma. (b) Secção transversal da região do rabdoma de um omatídeo (no nível aproximado indicado em [a]), mostrando a relação entre o rabdoma e as células retinulares que contribuem para ele. (c) Micrografia eletrônica de transmissão de um omatídeo de caranguejo em secção transversal. PG, grânulos de pigmento nas células retinulares; R, rabdoma; PRV, vacúolo perirrabdomal. (d) Secção transversal através de um omatídeo fechado ("fusionado") da abelha *Apis mellifera* e (e) pelo omatídeo aberto da mosca-da-fruta. *Drosophila melanogaster*. Uma única mutação pode transformar um olho como em "b", "c" ou "d" para um como em "e".

(a, b) Baseada em S. L. Swihart, em *Journal of Insect Physiology*, 15:37. 1969. (c) Cortesia de K. Arikawa, de Arikawa et al., 1987. Daily changes of structure, function, and rhodopsin content in the compound eye of the crab *Hemigrapsus sanguinensis J. Comp. Physiol.* A 161:161-74 Copyright © SpringerVerlag. (d, e) © J. Pechenik.

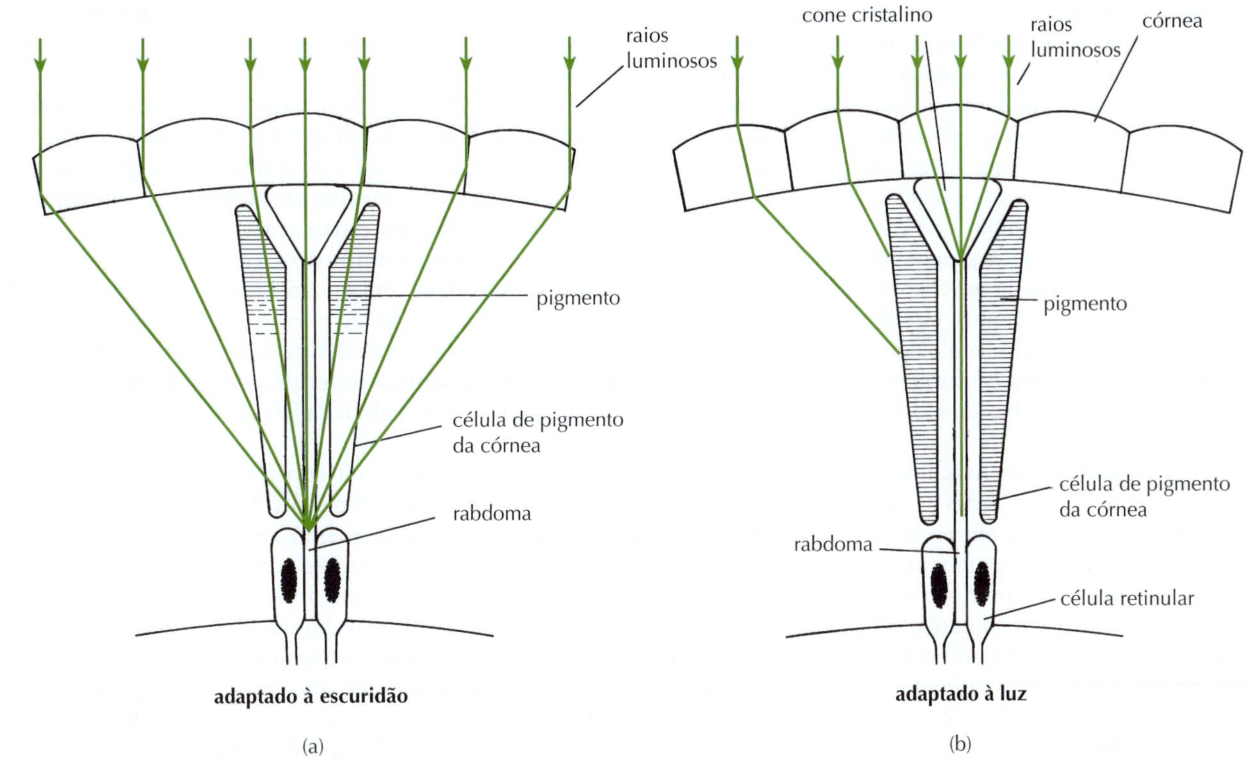

Figura 14.8

Um olho de superposição em condições de (a) adaptado à pouca luz e (b) adaptado à bastante luz. Observe que na condição adaptada à escuridão, a luz entrando através das lentes de vários omatídeos incide sobre um único rabdoma. A migração de pigmento dentro dos colares de pigmento impede que isso ocorra no olho adaptado para condições de boa luminosidade, aumentando a acuidade visual e a sensibilidade direcional. Para melhor clareza, os feixes de luz refletida e refratada são mostrados separadamente em (a) e (b), respectivamente.

individuais. Além dos olhos formadores de imagem situados na cabeça, muitos insetos, crustáceos, aranhas e outros artrópodes possuem neurônios fotossensíveis distribuídos sobre outros locais do corpo (Fig. 14.10).

Reprodução nos artrópodes

Reprodução sexuada é a regra entre artrópodes. A fertilização é interna na maioria das espécies, mas externa em algumas. A maior parte das espécies é **gonocorística** (= **dioica**) (i.e., tem sexos separados), embora algumas espécies - sobretudo as sedentárias e parasíticas - sejam hermafroditas (Fig. 24.3a), e até algumas espécies de vida livre exibem diferentes graus de reprodução assexuada. **Partenogênese** - isto é, a produção de prole a partir de ovos não fertilizados - é geralmente encontrada entre os Insecta e os Branchiopoda e em alguns copépodes de água doce. De fato, machos nunca foram encontrados em algumas espécies desses grupos. Tanto em espécies terrestres quanto em aquáticas, indivíduos frequentemente localizam potenciais parceiros através da produção de feromônio e da sinalização química.

Embora a fertilização interna seja distribuída esporadicamente entre artrópodes marinhos, é a regra em espécies terrestres. Na verdade, a fertilização interna em formas marinhas foi um pré-requisito, uma pré-adaptação, para a invasão do meio terrestre. Muitos artrópodes, incluindo insetos, escorpiões, ácaros e copépodes, transferem o esperma para as fêmeas indiretamente, geralmente através de invólucros especializados (**espermatóforos**), que são passados para a fêmea de várias formas, como descrito no Capítulo 24 (pp. 562–564; Figs. 24.9, 24.10 e 24.11b).

Mais detalhes sobre o desenvolvimento de artrópodes são discutidos posteriormente neste capítulo, para insetos (p. 367) e crustáceos (p. 389).

Classificação utilizada neste livro

No esquema de classificação adotado neste capítulo, há oito classes, 80 ordens e aproximadamente 2.400 famílias contidas no filo Arthropoda. Somente os aracnídeos (ácaros, carrapatos e aranhas), sozinhos, estão distribuídos em quase 550 famílias. Apesar do enorme número de grupos taxonômicos grandes e pequenos, entretanto, a maioria dos artrópodes adultos mostra somente pequenos desvios do plano corporal geral. Distinções taxonômicas em artrópodes dependem significamente de número, distribuição, origem embrionária, forma e função dos apêndices.

Como este livro enfoca o vocabulário básico e a gramática da zoologia dos invertebrados, mais do que a diversidade de forma e função encontrada dentro de cada grupo, algumas das classes e subclasses de artrópodes foram suprimidas da discussão a seguir. Selecionar os grupos artrópodes "essenciais" não foi fácil. Foram incluídos aqueles grupos cujos representantes são, em geral, familiares à maioria das pessoas e aqueles grupos que têm maior importância ecológica e/ou evolutiva. Os grupos escolhidos são também aqueles mais prováveis de ser encontrados no ambiente e na literatura científica. Juntos, eles ilustram os princípios e terminologias principais da biologia e da arquitetura dos artrópodes. A seção *Detalhe taxonômico*, no final do capítulo, inclui informação básica sobre os grupos que foram omitidos aqui.

Três grupos principais (Arachnida, Insecta e Crustacea) incluem mais de 95% de todas as espécies de artrópodes. As relações filogenéticas entre esses três grupos, dentro deles e entre eles e outros grupos artrópodes têm sido controversas por muito tempo e permanecem assim até hoje; o esquema de classificação adotado neste livro é apenas um de vários que têm sido propostos.[6,7] Como a determinação de caracteres compartilhados derivados (ou perdidos) para grupos particulares de animais requer uma boa compreensão da sua história evolutiva, foi omitida a seção *Características diagnósticas* para alguns dos grupos discutidos no texto a seguir. As relações entre os artrópodes serão discutidas ao final deste capítulo, depois da leitura do elenco de caracteres.

Subfilo Trilobitomorpha

Característica diagnóstica:[8] dois sulcos longitudinais dividem o corpo em três regiões (duas laterais e uma central).

Classe Trilobita

Embora aproximadamente 4 mil espécies tenham sido descritas do registro fóssil, o grupo não tem representantes atuais. Os trilobitas eram especialmente comuns há cerca de 500 milhões de anos e altamente diversos – distribuídos entre aproximadamente 5 mil gêneros –, contudo, eles foram todos extintos nos 225 milhões de anos subsequentes, próximo à catastrófica extinção em massa que definiu o fim da era Paleozoica. Diferenças morfológicas aparentes entre os fósseis sugerem que existiu uma significativa diversidade ecológica dentro do grupo naquela época, variando de trilobitas escavadores a formas caminhantes e natantes.

O corpo trilobita era achatado dorsoventralmente e dividido em três seções (Fig. 14.9). As seções I e III eram cobertas por uma bainha contínua, não segmentada, de exoesqueleto (uma **carapaça**); portanto, a segmentação metamérica subjacente não era visível em vista dorsal. Um par de **olhos compostos**, cada um composto por muitos **omatídeos**, era encontrado lateralmente na primeira seção corporal. A porção mediana da superfície dorsal era parcialmente dividida das porções laterais por dois sulcos no sentido anterior-posterior, dando ao corpo uma aparência "trilobada", reconhecida pelo nome do grupo.

Adjacente à boca, na superfície ventral de um dos segmentos da região corporal I, havia um lábio quitinoso, o **labro**, e cada segmento corporal posterior à boca portava um par de apêndices com dois ramos (**birremes**) (Fig. 14.9b). O ramo mais interno era destituído de setas longas e usado possivelmente para caminhar. Os segmentos do ramo externo portavam longos filamentos ou simplesmente podem ter sido setas usadas para natação, filtragem de alimento ou rastejamento em substrato mole. Esta repetição serial de apêndices birremes idênticos ao longo de todo o comprimento do corpo era claramente a condição artrópode primitiva. Grupos mais avançados mostram aumento na especialização de apêndices para tarefas específicas. Essa especialização geralmente envolve a redução ou perda completa de um dos ramos de cada apêndice birreme primitivo.

Subfilo Chelicerata

Características diagnósticas: 1) ausência de antenas; 2) corpo dividido em duas partes distintas (o prossoma e o opistossoma), sem uma cabeça distinta; 3) o primeiro par de apêndices (as quelíceras) no prossoma é adaptado para a alimentação.

Quelicerados são os únicos artrópodes sem antenas. Na verdade, o primeiro segmento anterior não contém apêndice algum. O segundo segmento anterior porta um par de apêndices com garras (**quelíceras**) adjacentes à boca, para agarrar e cortar o alimento. Representantes de Chelicerata também não apresentam mandíbulas, apêndices encontrados junto à boca em muitos outros grupos de artrópodes e utilizados para mastigar e moer o alimento durante a ingestão.

Superclasse Merostomata

Características diagnósticas: 1) apêndices, no opistossoma, achatados e modificados para a troca gasosa como folhas de um livro ("brânquias-livro"); 2) a porção terminal do corpo (télson) prolongada como um longo espinho.

[6]Ver *Tópicos para posterior discussão e investigação*, n°s 1 e 22, no final deste capítulo.

[7]O tratamento taxonômico dos grupos artrópodes nesta edição é, em grande parte, baseado em Giribet, G. e G. D. Edgecombe. 2012. *Ann. Rev. Entomol.* 57: 167-86; von Reumont et al., 2012. *Mol. Biol. Evol.* 29:1031-45; Andrew, D. R., 2011. *Arthro. Struct. Devel.* 40:289-302; Edgecombe, G. D. 2010. *Arthro. Struct. Devel.* 39:74-87; Jenner, R. A. 2010. *Arthro. Struct. Devel.* 39:143-153; Koenemann, S. et al. 2010. *Arthro. Struct. Devel.* 39:88-110; Regier, J. C. et al., 2010. *Nature* 463:1079-84.

[8]Características que distinguem os membros de quelicerados daqueles de outros subfilos.

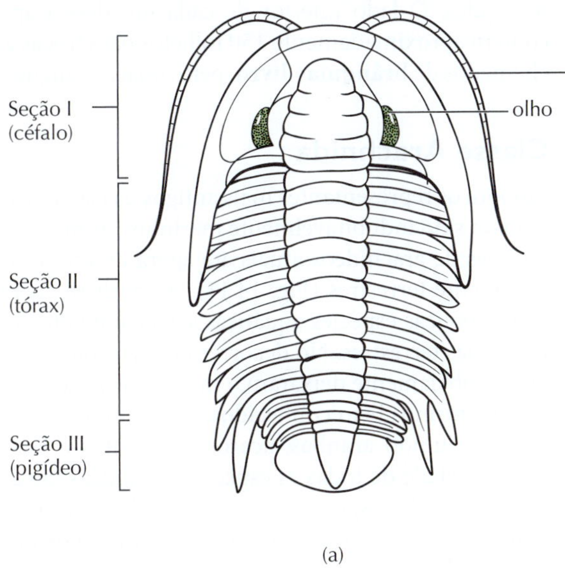

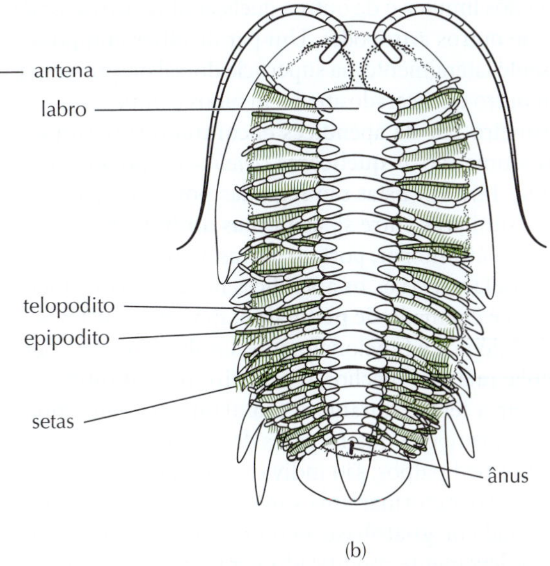

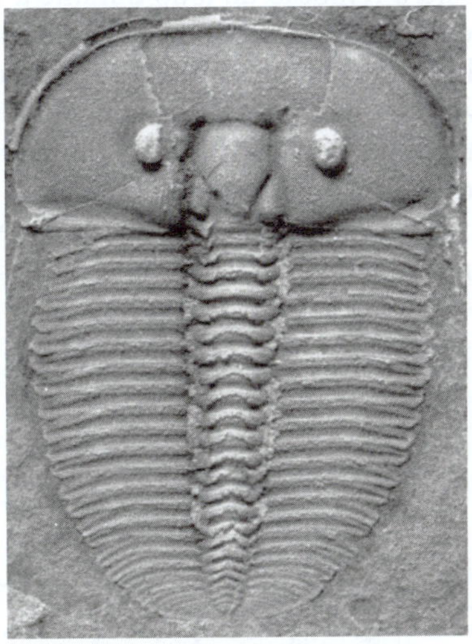
(c)

Figura 14.9

Trilobita em (a) vistas dorsal e (b) ventral. Observe o par de apêndices birremes associados à cada segmento; os apêndices são muito uniformes em estrutura ao longo de todo o corpo. Em cada apêndice, o epipodito é o ramo que contém os filamentos longos, cuja função permanece ainda incerta. (c) Vista dorsal do trilobita *Aulacopleura konincki*, obtida de depósitos do Siluriano (cerca de 430 milhões de anos atrás), na República Tcheca. Este indivíduo tem cerca de 2 cm de comprimento. Observe os grandes olhos compostos e a quebra aguda entre a cabeça (céfalo) e o tórax.

(a, b) Baseada em Beck/Braithwaite, *Invertebrate Zoology, Laboratory Workbook*, 3/e, 1968. (c) © Nigel Hughes. De Hughes, N. C. 2003. Trilobite tagmosis and body patterning from morphological and developmental perspectives. *Integr. Comp. Biol.* 43:185-206.

A classe Merostomata é composta principalmente por espécies já extintas. Somente quatro espécies são atuais, incluindo o caranguejo límulo (*horseshoe crab*), *Limulus polyphemus* (Fig 14.10). Apesar do nome popular, esses animais não são caranguejos verdadeiros; os verdadeiros caranguejos são membros de Crustacea (p. 373). Límulos escavam camadas de lodo, ingerindo pequenos animais que eles encontram, oxigenando o sedimento nesse processo. Todos os membros de Merostomata são marinhos. Curiosamente, representantes atuais são encontrados somente em águas do leste norte-americano, sudeste asiático e Indonésia. Apesar do pequeno número de espécies de límulos e de suas distribuições geográficas limitadas, os seres humanos têm se beneficiado consideravelmente do estudo de sua biologia. Muito do que é compreendido sobre os princípios básicos da visão é baseado em estudos dos olhos dos límulos. Além disso, componentes do sangue desses animais são rotineiramente utilizados para testar soluções farmacêuticas injetáveis quanto à contaminação por endotoxinas bacterianas e para revelar gonorreia, meningite espinal e várias outras doenças. Seus embriões, depositados em grandes números em águas rasas costeiras a cada primavera, fornecem uma fonte de energia fundamental para pelo menos 11 espécies de pássaros migratórios costeiros, incluindo seixoeiras (maçaricos-de-papo-vermelho) e pilritos-da-praia (maçaricos-brancos). A produção de ovos têm caído significativamente em anos recentes, pois límulos adultos são muito utilizados como iscas para peixes e adornos, bem como seu sangue; assim, muitas populações de pássaros migratórios estão também ameaçadas.

Caracteristicamente, a cabeça e o tórax de merostomados são fusionados em uma única unidade funcional, o **prossoma** (*pro* = do grego, para a frente; *soma* = do grego, corpo), ou **cefalotórax**, e são cobertos com uma única placa de exoesqueleto, a **carapaça** (Fig. 14.10a). Padrões de expressão do gene *hox* durante o desenvolvimento sugerem que o prossoma dos límulos e de outros quelicerados corresponde à cabeça de outros artrópodes. Um par de olhos compostos está presente lateralmente, na superfície dorsal do prossoma. Nenhum outro quelicerado atual tem olhos compostos.

O primeiro par de apêndices encontrado ventralmente no prossoma são as **quelíceras** (*cheli* = do grego, garra, unha) (Fig. 14.10b). Estas são seguidas por cinco pares de apêndices similares entre si, as **pernas ambulacrais**, e todas, exceto o último par, portam garras. O primeiro par de pernas ambulacrais (i.e., os apêndices no terceiro segmento anterior) é chamado de **pedipalpo**, mas entre as fêmeas este é morfológica e funcionalmente similar às outras pernas ambulacrais. Em machos, o primeiro par é modificado para agarrar a fêmea durante o acasalamento. Em ambos os sexos, os primeiros quatro pares de pernas ambulacrais, incluindo os pedipalpos, são individualmente modificados perto da base para formar uma superfície denteada trituradora, chamada de **gnatobase**. O quinto par de pernas ambulacrais é levemente modificado para limpeza das brânquias e para a remoção do lodo durante a escavação. Um par de pequenos apêndices pilosos (**quilárias**) é encontrado no último segmento do prossoma; as quilárias podem estar envolvidas na trituração do alimento ou simplesmente na sua manipulação/transporte antes da ingestão.

O abdome, ou **opistossoma**, contém seis pares de apêndices. O primeiro par é modificado para a reprodução, e os cinco pares subsequentes são modificados para servir como brânquias. O lado inferior de cada um desses apêndices contém aproximadamente 150 folhetos para trocas gasosas, chamados de **brânquias-livro**, pelos quais o sangue circula.

Classe Arachnida

Embora os representantes mais antigos da classe Arachnida tenham sido indubitavelmente marinhos, as mais de 70 mil espécies de aracnídeos atuais até agora descritas são principalmente terrestres (Fig. 14.11). Além disso, as relativamente poucas espécies aquáticas são claramente derivadas de formas terrestres. No decorrer de sua evolução, os aracnídeos obviamente deixaram o mar. Esta classe inclui muitos organismos bem conhecidos, mas geralmente impopulares, incluindo aranhas, ácaros, carrapatos e escorpiões. Quase metade de todas as espécies aracnídeas são aranhas, e a maioria das espécies restantes – todas, exceto cerca de 9 mil – são ácaros e carrapatos. Aranhas são os principais consumidores de insetos e estão sendo cada vez mais utilizadas para controlar suas populações.

Como em representantes de Merostomata, a cabeça e o tórax dos aracnídeos são fusionados para formar um **prossoma**, o qual é coberto por uma carapaça (Fig. 14.12). Conforme mencionado anteriormente, estudos recentes da expressão do gene *hox* durante o desenvolvimento sugerem que a cabeça de milípedes, centípedes, insetos e crustáceos têm uma origem evolutiva em comum com o prossoma

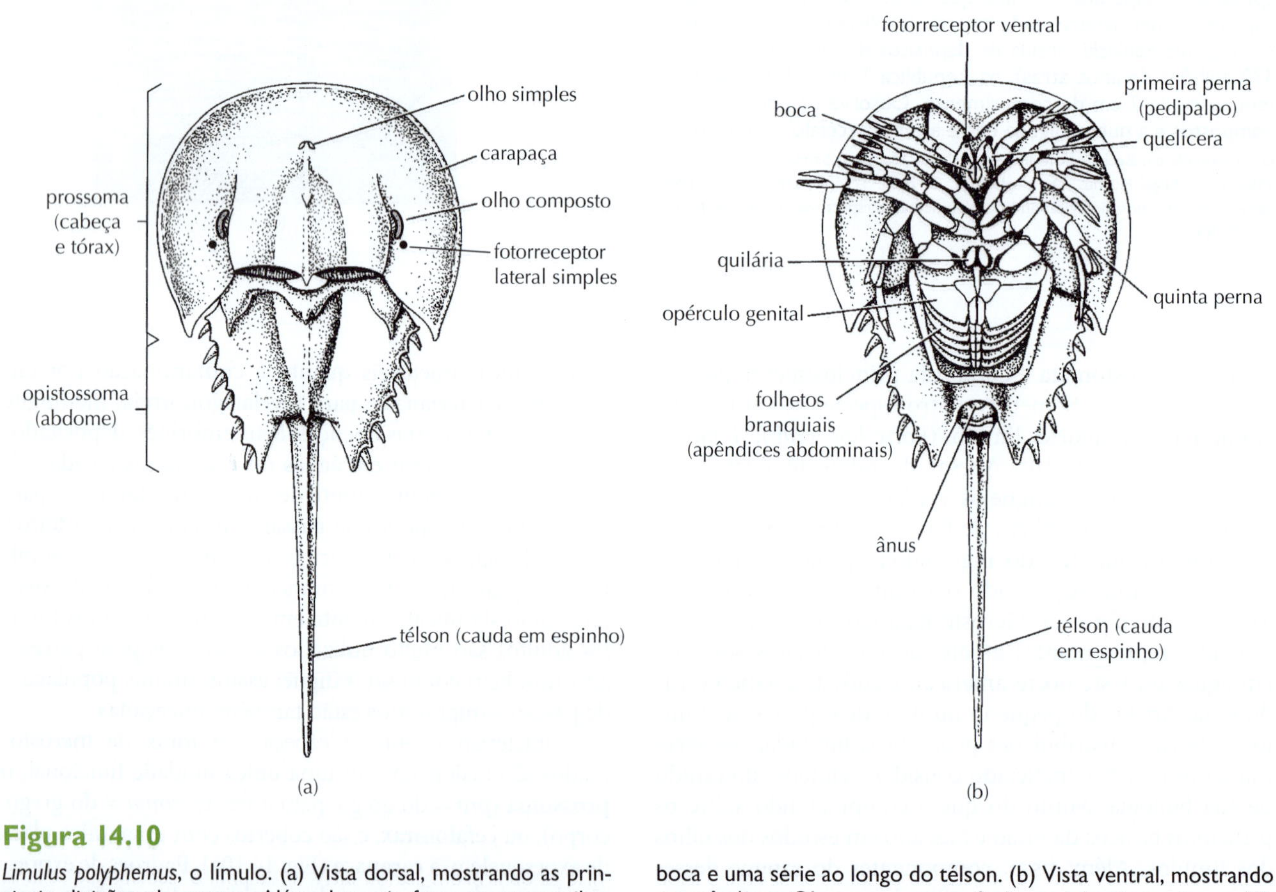

Figura 14.10

Limulus polyphemus, o límulo. (a) Vista dorsal, mostrando as principais divisões do corpo. Além dos seis fotorreceptores ilustrados, os límulos também têm dois fotorreceptores à frente da boca e uma série ao longo do télson. (b) Vista ventral, mostrando os apêndices. Observe que os apêndices abdominais são modificados como folhetos para trocas gasosas.

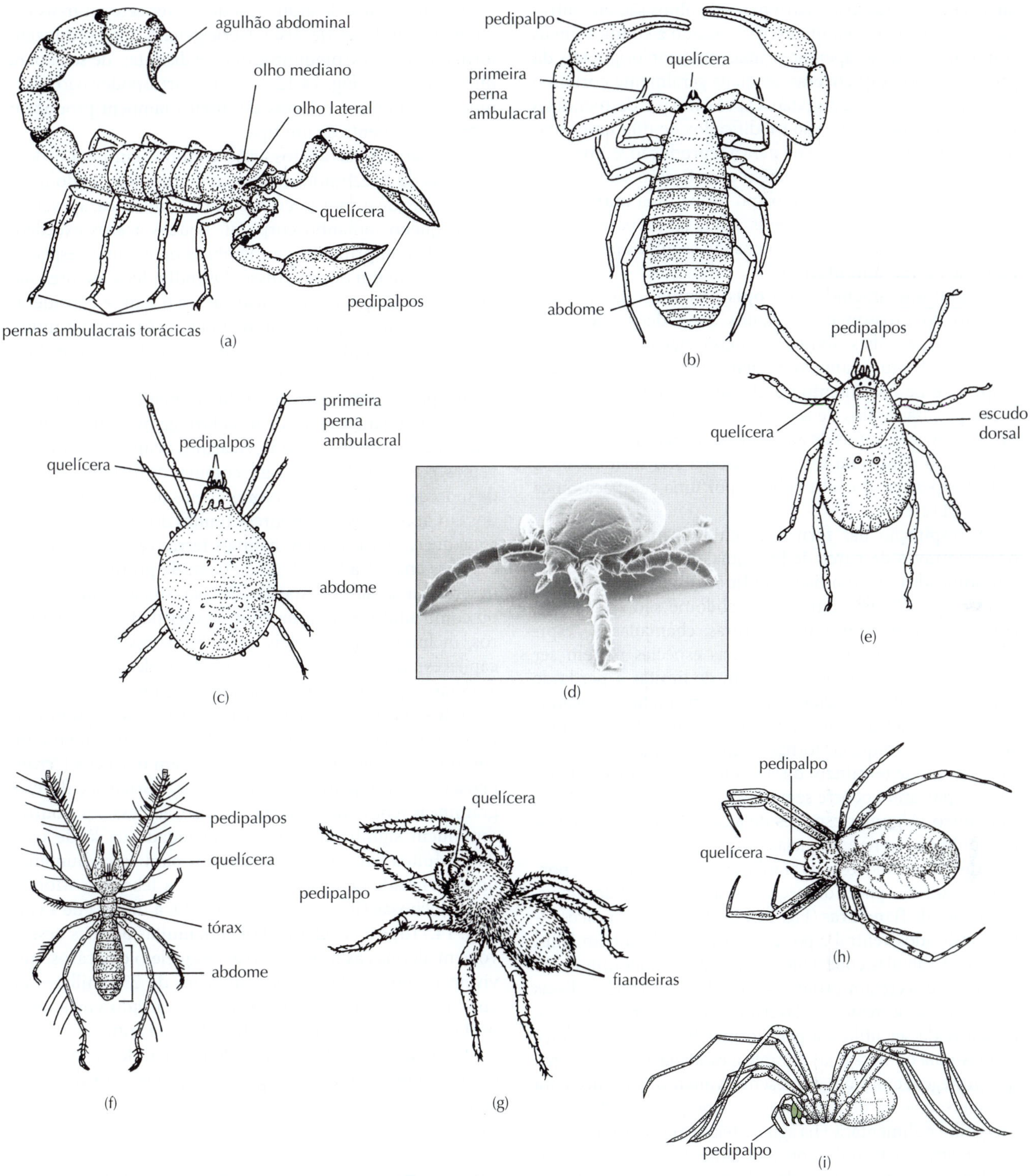

Figura 14.11

Diversidade de Arachnida. (a) Escorpião. (b) Pseudoescorpião. (c) Ácaro vermelho. (d) Micrografia eletrônica de varredura do carrapato-de-pernas-pretas, *Ixodes scapularis* (anteriormente *I. dammini*), o carrapato que transmite a doença de Lyme para seres humanos em boa parte dos Estados Unidos e em algumas partes do Canadá. O vetor da doença de Lyme no oeste dos Estados Unidos e oeste do Canadá é o ácaro-de-pernas-pretas-do-oeste, *I. pacificus*. (e) *Dermacentor andersoni*, o carrapato que transmite a febre das Montanhas Rochosas. (f) Um solpúgido, *Galeodes dastuguei*. As enormes quelíceras são usadas para partir a presa. (g) Uma aranha saltadora (família Salticidae). (h) Uma aranha comum de jardim, *Argiope* sp., que forma teias orbiculares, como ilustrado na Figura 14.12h. A maioria das aranhas que forma teias orbiculares é encontrada em uma única família (Araneidae). (i) Um opilião ("*daddy long-legs*"); quelíceras realçadas em verde.

(d) © A. Spielman, Dept. of Tropical Public Health, Harvard School of Public Health.

quelicerado. De zero a quatro pares de olhos são encontrados no prossoma, com quatro pares sendo a condição mais comum. O par de apêndices mais anterior originado do prossoma são as **quelíceras**, as quais geralmente cortam o alimento antes da sua ingestão. O próximo par de apêndices são os **pedipalpos**, que são modificados de diferentes maneiras para agarrar, matar ou para a reprodução, e, em algumas espécies, podem ter também uma função sensorial. O segmento basal de cada pedipalpo forma uma **maxila** (endito), a qual, como as quelíceras, ajuda na preparação mecânica do alimento. Os pedipalpos são seguidos por quatro pares de **pernas ambulacrais**.

O **abdome** aracnídeo, ou **opistossoma**, é geralmente distinto do prossoma: em alguns aracnídeos, incluindo as aranhas, as duas divisões são conectadas por um pedúnculo estreito, chamado de **pedicelo**, o qual aumenta a amplitude de movimento do abdome, facilitando a colocação precisa de fios de seda na teia e na captura de presas. Em alguns grupos de aracnídeos, sobretudo carrapatos e ácaros, o prossoma e o opistossoma são fusionados, e toda a superfície dorsal é coberta por uma carapaça única (Fig. 14.11c-e).

A respiração nas formas aracnídeas mais primitivas ocorre através de pares de brânquias-livro internalizadas e modificadas, denominadas **pulmões-livro**. Essas superfícies respiratórias achatadas no abdome são conectadas com o exterior através de aberturas, chamadas de **espiráculos**. Os espiráculos de algumas espécies podem ser fechados entre "respirações", a fim de limitar a perda de água. Em muitas espécies com corpo pequeno, os espiráculos podem levar a um sistema de túbulos, denominados **traqueias**. As traqueias formam um sistema de túbulos ramificados, que terminam diretamente nos tecidos. A troca gasosa, portanto, ocorre sem o uso do sistema circulatório sanguíneo. Algumas espécies de aracnídeos possuem ambos, pulmões-livro e traqueias.

Alguns aracnídeos – as aranhas (ordem Araneae) – portam até quatro pares de pequenos apêndices abdominais, chamados de **fiandeiras** (Fig. 14.12b-d). Esses apêndices estão localizados ventral e posteriormente, próximo ao ânus, e contêm válvulas conectando as glândulas abdominais internas, que secretam proteínas da seda (Fig. 14.12c). Essas proteínas são secretadas pelas fiandeiras para produzir seda, a qual pode ser utilizada para formar linhas de segurança (linhas-guia ou fios-guia) durante a escalada; sacos ovígeros que protegem embriões em desenvolvimento; finos fios para a dispersão aérea de jovens recém-emergidos; bolhas para mergulho e alimentação na água; e teias para captura de presas, construção de ninhos ou acasalamento.[9] Seres humanos também têm feito bom uso da seda de aranhas, notavelmente como setas indicadoras em equipamento óptico (a seda utilizada por mais de 4 mil anos para fazer roupas não vem dos aracnídeos, mas dos casulos do bicho-da-seda, *Bombyx mori*, e outros lepidópteros, a ordem dos insetos que inclui as borboletas e mariposas). Aranhas têm produzido seda para teias por, pelo menos, 130 milhões de anos.

Um indivíduo de aranha pode conter sete ou mais diferentes glândulas de seda (sericígenas), que produzem formas diferentes, bioquimicamente distintas, de seda para diferentes usos (Fig. 14.12c). Alguns artrópodes não aracnídeos (centopeias e larvas de inseto) também produzem seda, mas somente de um tipo.

Os ácaros e carrapatos estão contidos em uma ordem separada de Arachnida, a Acari, um grupo contendo muitas espécies de importância médica e econômica, apesar do seu pequeno tamanho corporal. Poucos ácaros excedem 1 mm de comprimento, e membros de algumas espécies têm somente um décimo disso. Os indivíduos maiores são os carrapatos, que podem alcançar 5 a 6 mm (e consideravelmente mais, depois de alimentados). O grupo é muito diverso e, incluindo onívoros, carnívoros, herbívoros, fungívoros e parasitos. Assim como outros aracnídeos, ácaros e carrapatos alimentam-se exclusivamente de fluidos, os quais eles sugam através de uma faringe muscular, e algumas espécies produzem seda. Acarinos ocupam hábitats diversos, como madeira, musgo, colônias de formigas, guano de morcego, orifícios de árvores cheios de água e vertebrados em decomposição. Representantes do grupo vivem em água doce, marinha e em hábitats terrestres, com algumas espécies encontradas sob 30 a 50 cm de profundidade em desertos de areia. As espécies são parasíticas, como larvas ou como adultos, em uma enorme variedade de hospedeiros, incluindo aves, répteis, seres humanos (em folículos capilares), mosquitos, ursos, sapos, borboletas, escorpiões, aranhas, dípteros (moscas), besouros, quítons, lesmas, gafanhotos, ouriços-do-mar e vários crustáceos. Algumas espécies são pragas agrícolas importantes – diretamente ou como vetores de viroses de plantas – em oxicocos ("*cranberries*"), fumo, plantas de chá, frutas, hortaliças, flores e gramíneas (como trigo, aveia e milho), ao passo que outras diminuem significativamente a qualidade da lã de ovelhas. Muitos carrapatos transmitem para seres humanos uma variedade de doenças, incluindo a febre das Montanhas Rochosas (Fig. 14.11e), a febre Q, a doença de Lyme (Fig. 14.11d) e a encefalite. Por fim, muitas pessoas desenvolvem alergias às fezes ou ao exoesqueleto de ácaros, que vivem na poeira das casas. Um ácaro de 230 milhões de anos foi recentemente descoberto fossilizado em âmbar; portanto, o grupo é impressionantemente antigo.

Representantes de outras ordens aracnídeas, incluindo os pseudoescorpiões, solfúgidos e opiliões são descritos resumidamente em *Detalhe taxonômico,* no final deste capítulo.

Classe Pycnogonida (= Pantopoda)

Características diagnósticas: 1) corpo não dividido em regiões distintas (tagmas); 2) probóscide única na extremidade anterior, com uma abertura na ponta; 3) números variáveis de pernas ambulacrais entre as espécies.

[9] Ver *Tópicos para posterior discussão e investigação*, nº 5, no final deste capítulo.

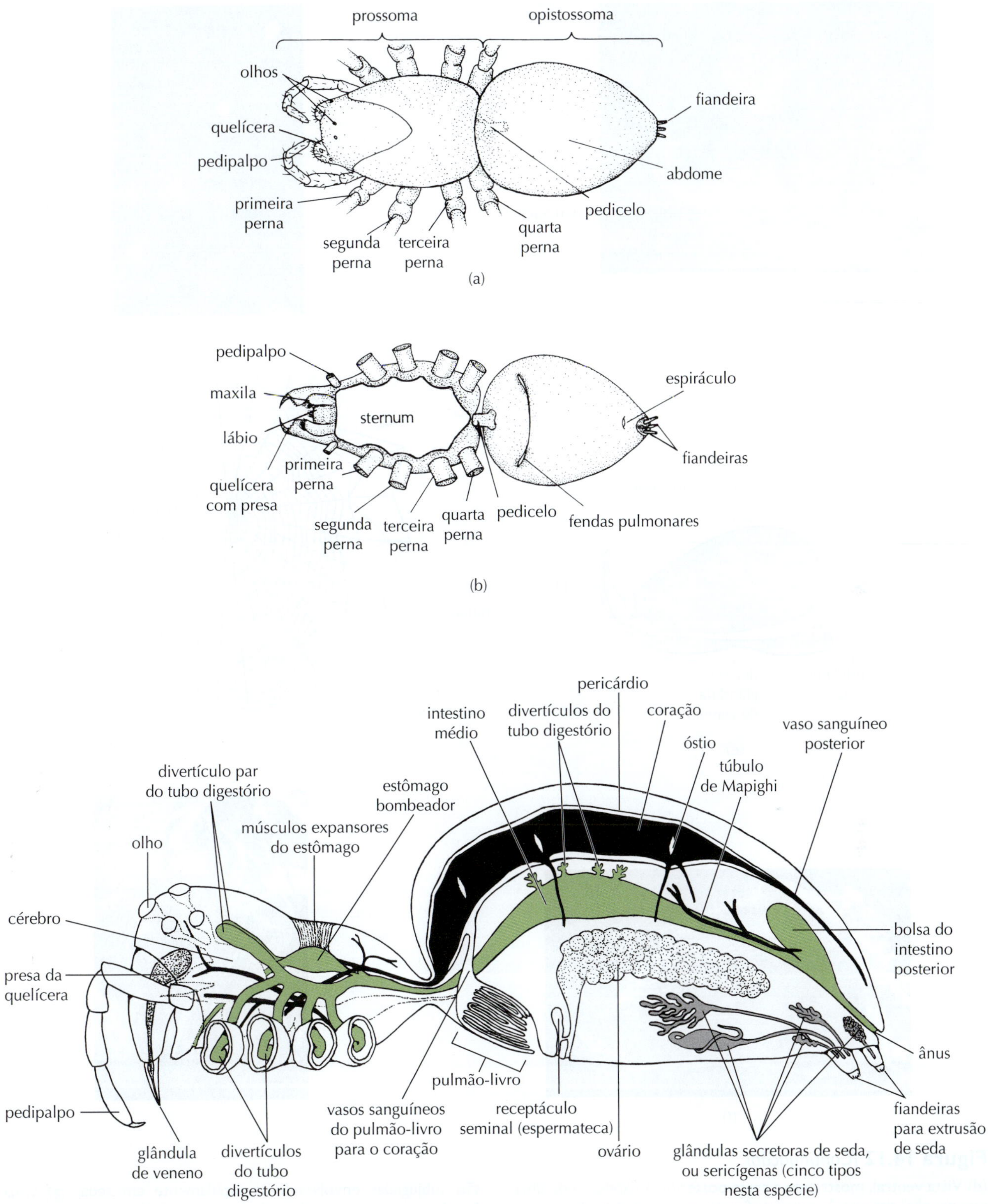

Figura 14.12

(a) Aranha típica em vista dorsal. (b) Vista ventral esquemática de uma aranha. As pernas foram removidas para mais clareza. (c) Anatomia interna de uma típica fêmea de aranha construtora de teia, vista lateralmente. Cada glândula secretora produz um diferente tipo de seda, cada uma especializada para uma função. (*Continua na próxima página.*)

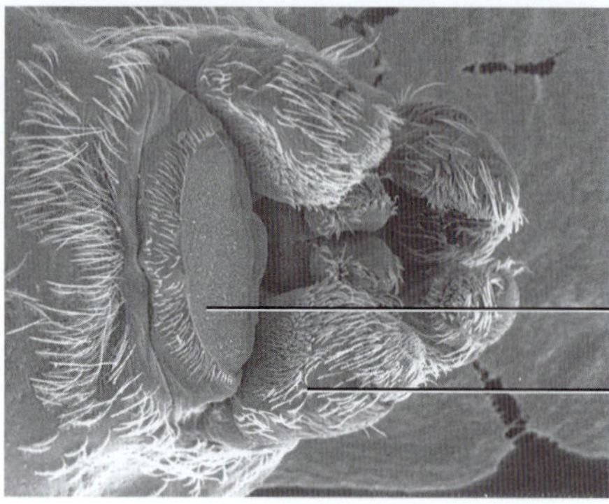

(d)

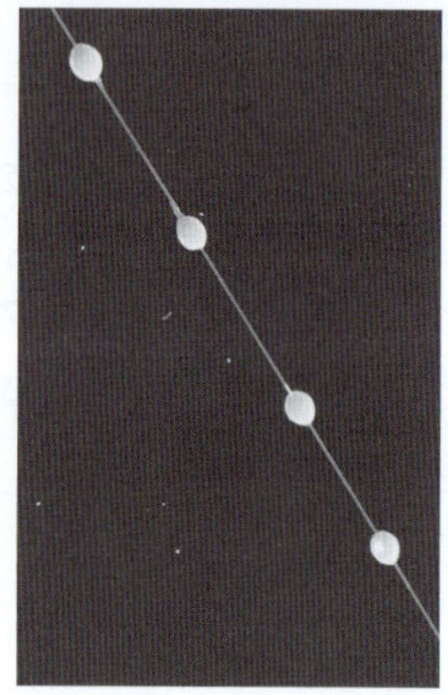

(g)

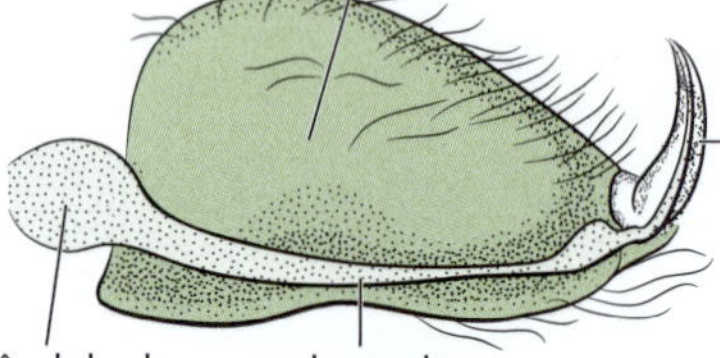

(e)

(h)

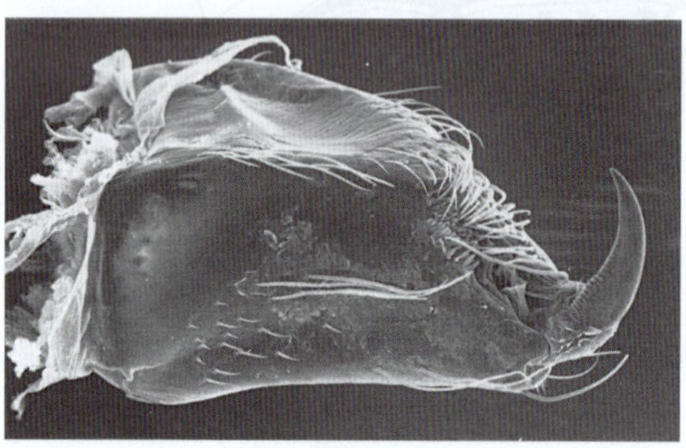

(f)

(i)

Figura 14.12 *(Continuação)*

(d) Vista ventral, mostrando a parte posterior do abdome de uma aranha: observe os três pares de fiandeiras articuladas e flexíveis e o cribelo em forma de placa, que pode conter válvulas adicionais. A seda é eliminada através do lúmen das cerdas ocas. (e) Detalhe de uma quelícera de aracnídeo, consistindo em um segmento basal e uma presa (em vista lateral). (f) Micrografia eletrônica de varredura da quelícera de *Zosis geniculatus*. Esta espécie pertence a uma das poucas famílias sem glândula de veneno; a presa é usada principalmente para limpeza, em vez de para captura de presas. Presas são subjugadas envolvendo-as rapidamente em seda. (g) Uma fita de seda com gotículas adesivas da espiral de uma teia orbicular, construída por *Mangora* sp. Essa seda pode ser esticada até quase três vezes seu comprimento em repouso, sem se romper. (h) Estrutura de uma teia orbicular. (i) Fotografia de uma teia orbicular.

(a) Segundo Sherman e Sherman. (b) Segundo Kastons. (c) Baseada em L. A. Borradalle e F. A. Potts, *The Invertebrates*, 2d ed. (d, f, g, i) © Brent Opell. (e, h) Baseada em Foelix, *Biology of Spiders*.

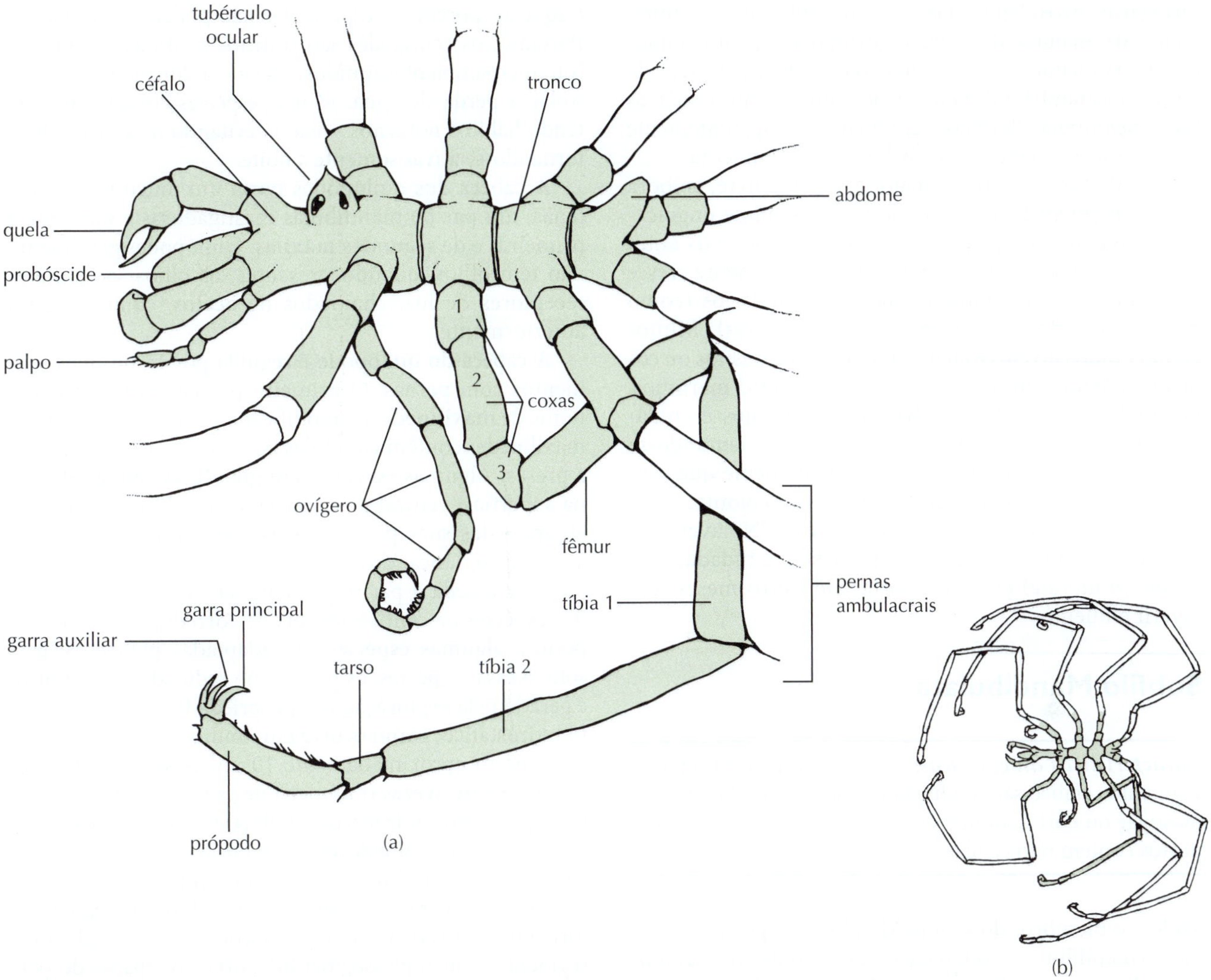

Figura 14.13

(a) Representação esquemática detalhada de um macho de Pygnogonida. O ovígero é uma perna modificada para transportar uma massa de ovos produzida pela fêmea. (b) Picnogônido em vista ventral, mostrando o comprimento das pernas em relação ao corpo.

Fonte: Segundo Hamber e Arnaud, 1987, *Advances in Marine Biology*, Vol. 24, Academic Press; segundo Child, 1979.

O zoólogo Paul Meglitsch escreveu certa vez: "Picnogônidos são criaturas estranhas, com hábitos estranhos". Essa afirmação parece uma boa introdução para este grupo de cerca de 1.160 espécies queliceradas. Picnogônidos são conhecidos como aranhas-do-mar, pois todas as espécies são marinhas e contêm pernas marcadamente longas; as pernas têm, em geral, cerca de três vezes o comprimento do corpo e podem ser quase 16 vezes mais longas que o corpo em algumas espécies. Muitas espécies têm o corpo com somente alguns milímetros de comprimento, ao passo que alguns picnogônidos antárticos podem exceder 10 cm de comprimento corporal. A maior parte do corpo é prossoma; o abdome (opistossoma) é reduzido a um curto tronco (Fig. 14.13a). Picnogônidos são encontrados em quase todos os oceanos do mundo, e têm um registro fóssil que se estende desde 425 milhões de anos atrás. É possível que, eles sejam artrópodes basais, dos quais todos os outros grupos artrópodes evoluíram.

Diferentemente das aranhas verdadeiras, aranhas-do-mar não apresentam sistemas respiratório ou excretor especializados. Elas possuem, contudo, um sistema digestório completo, com uma boca sugadora que se abre na ponta de uma probóscide frequentemente muito alongada. O sistema digestório estende-se bastante no interior das pernas, assim como as gônadas.

Como os aracnídeos, a maioria das espécies picnogônidas têm quatro pares de pernas ambulacrais, posteriores ao par de quelíceras e ao par de palpos (Fig. 14.13), embora algumas espécies tenham cinco ou seis pares de pernas ambulacrais. Além disso, a cabeça porta um par posterior de **ovígeros**, os quais são utilizados por ambos os sexos, para abrigar as outras pernas e o tronco, e por machos, para carregar os ovos depois que eles são fertilizados. Distintamente da maioria dos outros artrópodes, picnogônidos juvenis aumentam em tamanho não somente através de muda, mas também durante os períodos de intermuda; as finas membranas flexíveis nas articulações aparentemente esticam quando a massa tecidual do animal aumenta.

Os adultos são, em sua maioria, de vida livre, embora se movimentem lentamente, de maneira quase engraçada. Entretanto, a larva, se deixar a massa de ovos antes de completar seu desenvolvimento, aparentemente cresce como um parasito, particularmente de cnidários (como pólipos de hidroides, anêmonas e águas-vivas). Muitos picnogônidos juvenis e alguns adultos são parasitos ou comensais dentro ou sobre vários invertebrados marinhos, incluindo gastrópodes, bivalves, equinodermos e cnidários. A maioria dos adultos é carnívora, alimentando-se de presas que se movem ainda mais lentamente que eles: briozoários (animais-musgo), hidrozoários coloniais e esponjas parecem ser alimentos preferenciais. Notavelmente, os juvenis e adultos de uma espécie bem estudada (*Pycnogonum litorale*) podem suportar até vários meses sem ingerir alimento.

Subfilo Mandibulata

Características diagnósticas: 1) os apêndices no terceiro segmento cefálico são modificados como mandíbulas, para mastigar ou cortar alimento; 2) a retínula dos olhos compostos contém oito células.

Todos os membros do subfilo Mandibulata portam apêndices (mandíbulas) no terceiro segmento da cabeça, modificados para a alimentação. Mandibulados possuem tanto apêndices birremes quanto unirremes. Muitas evidências moleculares e morfológicas suportam a monofilia do grupo; o suporte, entretanto, torna-se mais fraco quando representantes de táxons extintos são incluídos nas análises. Na sua composição atual, os Mandibulata incluem três grupos principais (Myriapoda, Insecta e Crustacea).

Superclasse Myriapoda

Ordens Chilopoda e Diplopoda

Os Chilopoda e Diplopoda contêm as centopeias, ou centípedes ("100 pés"), e os milípedes ("1.000 pés"), ou "piolhos-de-cobra", respectivamente. Em virtude de suas várias pernas (Fig. 14.14), os representantes de ambos os grupos são referidos como miriápodes ("muitos pés"). Todos os seus apêndices são unirremes (com um único ramo).

Quilópodes são, em geral, carnívoros de movimentos rápidos que vivem no solo, húmus, sob troncos caídos e, ocasionalmente, em habitações humanas. Embora a maioria das 3 mil espécies seja terrestre, algumas são marinhas. O corpo é coberto por uma cutícula, mas esta não é recoberta por cera. Além disso, a respiração é feita através de traqueias, porém, os espiráculos não podem ser fechados. Portanto, os centípedes são restritos a ambientes úmidos (ou microambientes úmidos), devido à dificuldade de controlar a perda de água. Muitas espécies conservam água tendo hábitos noturnos – isto é, evitando o calor do dia e tornando-se ativas somente à noite.

A cabeça dos quilópodes porta um único par de antenas, um par de mandíbulas mastigadoras e um par de primeiras e de segundas **maxilas**. Quilópodes geralmente não têm olhos; quando presentes, os olhos são simples receptores de luz, chamados de **ocelos**, como descrito anteriormente.

A cabeça do quilópode é seguida por 15 ou mais segmentos com pernas. O primeiro par de pernas recebe o nome de **maxilípede**, e é modificado para subjugar a presa: maxilípedes contêm glândulas de veneno e assemelham-se a presas. Algumas espécies têm **glândulas repugnatórias** na superfície ventral de cada segmento do tronco ou em algumas das suas pernas. Essas glândulas desencorajam a predação, lançando uma substância. Algumas espécies produzem seda a partir de glândulas. Embora a maioria das espécies de centípedes seja de corredoras com longas pernas, algumas espécies são adaptadas para escavar o solo. Nessas espécies, as pernas são reduzidas e o empuxe é gerado pela exploração das propriedades de um esqueleto hidrostático, como ocorre em minhocas.

Existem aproximadamente 10 mil espécies de milípedes, quase três vezes o número de espécies conhecidas de centopeias. Ao contrário dos quilópodes, os diplópodes são principalmente comedores de depósito, que escavam no solo e em material orgânico em decomposição. Algumas espécies carnívoras também ocorrem. Pares de segmentos tornaram-se fusionados nos milípedes, e então, cada novo segmento (um diplossegmento) porta dois pares de pernas (Fig. 14.14e), bem como dois pares de espiráculos e de gânglios ventrais. Em muitas espécies, o integumento (cobertura do corpo) é impregnado com sais de cálcio, como em crustáceos. A cobertura de milípedes oferece, portanto, maior proteção contra a abrasão e a predação, se comparada à dos centípedes.

Como em centopeias, entretanto, a cutícula não é revestida por cera. Embora muitas espécies diplópodes não tenham olhos, até 80 ocelos são encontrados na cabeça de algumas espécies. Como na maioria dos centípedes, olhos compostos estão ausentes. Os apêndices cefálicos consistem em um par de antenas unirremes (com um ramo), um par de mandíbulas e um par de maxilas. Segundas maxilas distintas estão faltando nos milípedes. Em vez disso, a primeira e a segunda maxila de cada lado estão fusionadas, formando um único apêndice (o gnatoquilário). A maioria das espécies tem abundantes glândulas repugnatórias, as quais ejetam uma variedade de substâncias tóxicas repelentes.

Quilópodes e diplópodes são, em geral, animais pequenos, frequentemente com somente poucos milímetros ou, no máximo, 1 cm de comprimento, embora algumas espécies tropicais em ambos os grupos cheguem a atingir quase 30 cm. Miriápodes são considerados parentes próximos dos insetos.

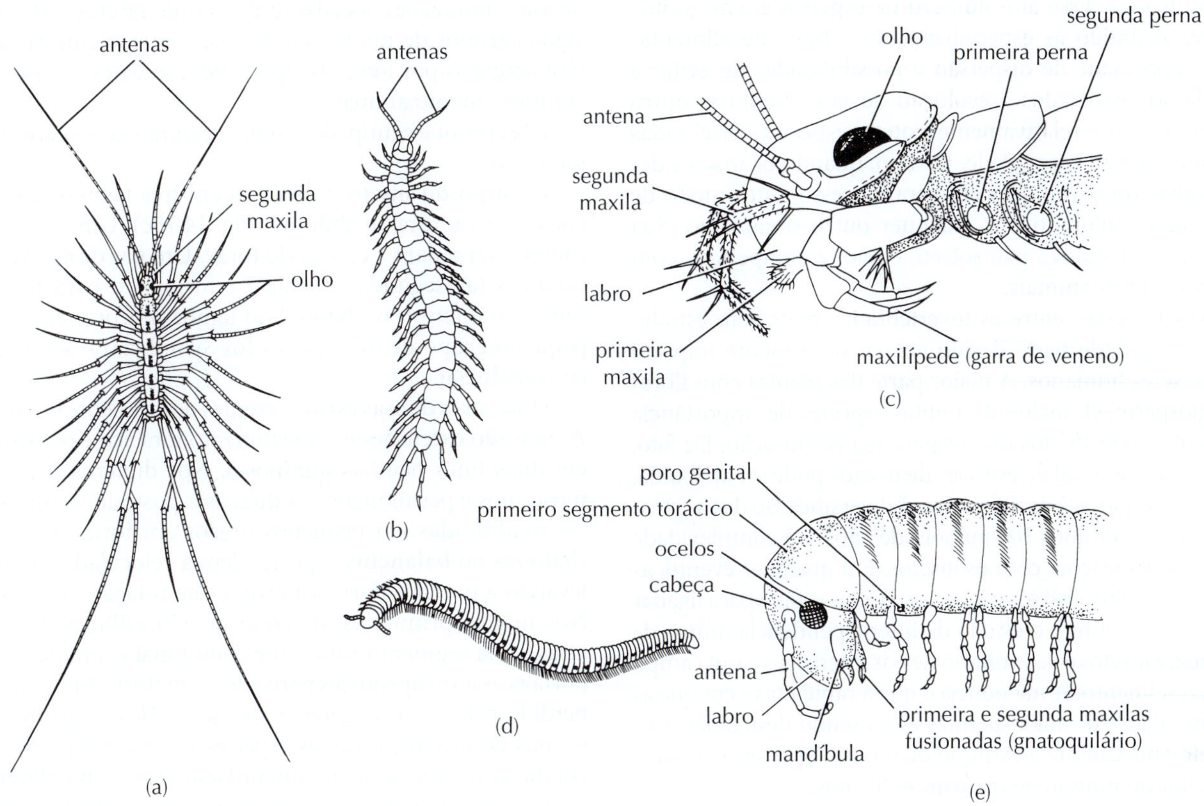

Figura 14.14

(a) Um centípede de pernas longas, *Scutigera coleoptrata*, capaz de locomoção especialmente rápida. Representantes dessa espécie são raramente maiores do que 3 cm de comprimento; eles são geralmente encontrados em áreas úmidas (p. ex., banheiros) em habitações. (b) *Scolopendra* sp., um centípede de clima quente que pode crescer até 25 cm de comprimento. (c) Detalhe da cabeça do centípede, *Scutigera coleoptrata*, em vista lateral. Observe o grande olho – na verdade, um denso e organizado agrupamento de ocelos – e a conspícua garra de veneno. Uma glândula secretora de veneno está abrigada dentro do maxilípede. (d) Milípede em vista dorsolateral. (e) Detalhe da cabeça de um milípede. Observe que dois pares de pernas se originam de cada diplossegmento do abdome.

(a) Segundo Pimentel. (b, d) Segundo Huxley. (c) Segundo Snodgrass. (e) Sherman/Sherman, *The Invertebrates: Function and Form*, 2/e, © 1976, pp. 111, 112, 236, 172, 169, 45, 9, 15. Reimpressa, com permissão, de Prentice Hall, Upper Saddle River, New Jersey.

Superclasse Hexapoda

Hexápodes são artrópodes com seis pernas. A maioria das espécies é de insetos, embora alguns grupos de hexápodes primitivamente ápteros (sem asas) estejam contidos em um grupo separado, os Entognatha (ver *Detalhe taxonômico*, pp. 406-407). Dados moleculares sugerem que esses hexápodes, incluindo os colêmbolos (Collembola), originaram-se de um ancestral comum antes da evolução dos insetos, representando uma invasão independente do ambiente terrestre e da condição com seis pernas. Um grupo de hexápodes primitivamente ápteros, as traças (Thysanura), são insetos verdadeiros.[10]

[10]Assim, a primeira categoria que contém todos os hexápodes, primitivamente sem asas, o Apleygota, foi abandonada.

Classe Insecta

Características diagnósticas: 1) fusão de um par de apêndices cefálicos (as segundas maxilas) para formar o lábio; 2) perda de apêndices abdominais.

Insetos têm sido registrados em quase todos os hábitats, exceto o mar profundo. Embora a maioria das espécies seja terrestre, muitas espécies vivem, como adultos ou como larvas, em água doce ou em estuários (Fig. 14.15j, k). Algumas espécies (p. ex., os hemípteros do gênero *Halobates*) vivem em águas superficiais de mar aberto, embora os insetos adultos tenham, surpreendentemente, fracassado na colonização do oceano. Quase 1 milhão de espécies de insetos foram descritas até hoje, e é provável que pelo menos quatro vezes este número ainda espere descrição. Cerca de outras 95 milhões de espécies de insetos são conhecidas como fósseis. Esse alto número de espécies é, em grande parte, atribuído às especializações de tipos de alimentação, capacidade de dispersão e possibilidades de evitar a predação, associados à evolução do voo. Nenhum outro invertebrado e relativamente poucas espécies vertebradas evoluíram essa capacidade. De fato, quando os insetos desenvolveram o voo, eles obtiveram acesso a um modo de vida não explorado por qualquer outro organismo. Sua radiação adaptativa não sofreu, então, a competição com outros grupos animais.

Insetos estão entre os invertebrados mais bem estudados, em grande parte devido ao seu onipresente impacto sobre seres humanos. A maior parte das plantas com flores (angiospermas), incluindo muitas espécies de importância agrícola, depende dos insetos para sua polinização. De fato, a diversidade atual de espécies de insetos pode ser atribuída, em grande parte, à proliferação e à diversificação das angiospermas nos últimos 100 milhões de anos, e à complexidade de suas associações com os insetos. Em qualquer evento, as vidas de muitos insetos e à angiospermas estão agora ligadas inexoravelmente, e o estudo da interdependência mútua de plantas e insetos e da evolução dessas interações é um campo em crescimento. A má notícia é que a rápida taxa em que as comunidades de angiospermas estão sendo destruídas provavelmente causará a extinção de muitas espécies de insetos ao redor do mundo nos próximos 20 anos.

Insetos também estão sendo amplamente estudados porque eles são vetores importantes de doenças humanas (p. ex., malária, peste bubônica, febre tifoide, febre amarela)[11] e são ameaças importantes para a agricultura, tanto como fitófagos (sobretudo como larvas) quanto como vetores de doenças de plantas. Poucas espécies de insetos (p. ex., abelhas, vespas e alguns besouros) produzem secreções que são tóxicas a seres humanos e outros animais. Pelo menos algumas espécies de anfíbios tropicais obtêm suas toxinas (utilizadas por seres humanos para fazer pontas de flecha envenenadas) ao ingerirem grande número de formigas. Por outro lado, outros produtos dos insetos (p. ex., seda, mel e cera de abelhas) são de importância comercial; a cera de abelhas é um ingrediente fundamental de velas, cosméticos, cremes faciais, adesivos, giz de cera, tintas, cera para esquis, gomas de mascar e materiais à prova d'água. Alguns insetos estão também sendo utilizados para controlar o tamanho das populações de outros insetos (pragas). Os mais úteis agentes de controle biológico são os **parasitoides**, os quais se desenvolvem dentro de embriões ou larvas produzidos por outras espécies de insetos, lentamente devorando os tecidos do hospedeiro e matando-o no processo. Parasitoides são especialmente comuns nas moscas verdadeiras (ordem Diptera) e nas vespas (ordem Hymenoptera). Parasitoides geralmente não são parasitos na fase adulta; as principais tarefas das fêmeas adultas de vida livre são acasalar e, então, localizar o azarado hospedeiro para criar sua prole (Fig. 14.16). Talvez 20% de todas as espécies de insetos sejam parasitoides, e, dessa forma, o número de potenciais agentes de controle biológico é muito grande. Por fim, as histórias de vida, interações sociais[12] e divisão de tarefas vistos em alguns grupos de insetos são fantasticamente complexas e têm ocupado por longo tempo a atenção de estudiosos do comportamento animal.

[11]Ver *Quadro Foco de pesquisa* 14.1, p. 362.

Observe que centípedes, milípedes, aranhas e ácaros *não* são insetos.

O corpo do inseto é dividido em três tagmas conspícuos: cabeça, tórax e abdome (Fig. 14.15c). Uma articulação flexível separa a cabeça do tórax. Um par de apêndices cefálicos (as segundas maxilas) é fusionado para formar um lábio inferior, ou **lábio**. Isso também ocorre entre um pequeno grupo de miriápodes (os Symphyla) – seria uma convergência?

Dois pares de asas estão presentes dorsalmente no tórax. As asas são extensões do integumento torácico e consistem em duas finas bainhas quitinosas. Nos dípteros (moscas, mosquitos e pernilongos), as duas asas posteriores tornam-se modificadas em pequenos órgãos em forma de clava (**halteres** ou **balancins**), que medem a velocidade angular, levando à mosca informação sobre sua rotação no espaço. Nos insetos primitivos, de cerca de 350 milhões de anos atrás, cada segmento torácico e abdominal aparentemente portava asas ou apêndices parecidos, a maioria dos quais foi perdida pela ação de genes repressores *Hox*.* Em muitos grupos de insetos, algumas espécies reverteram para uma condição completamente áptera (sem asas) e há algumas evidências de que as asas podem ter sido readquiridas secundariamente em algumas dessas linhagens (ver Capítulo 2, p. 22). Além disso, o tórax apresenta três pares de pernas posicionadas ventralmente.

Como nos miriápodes, todos os apêndices de insetos são unirremes. Evidências de insetos fossilizados, em combinação com a crescente compreensão do controle genético da formação dos apêndices locomotores no desenvolvimento artrópode, sugerem que os apêndices de insetos (e de miriápodes) são somente secundariamente unirremes; isto é, eles evoluíram de apêndices ancestrais multirramificados. As pernas de insetos são modificadas para caminhar, saltar, nadar, escavar ou agarrar, e são geralmente dotadas de uma variedade de receptores sensoriais, incluindo receptores para gosto, cheiro e toque. Esses receptores são também encontrados nas peças bucais e em outros lugares do corpo. Estudos atuais de como os movimentos do corpo e dos apêndices locomotores são controlados em insetos e crustáceos podem levar a novos projetos de robôs.

Muitos insetos possuem órgãos auditivos, chamados de **órgãos timpânicos**. Em geral, células sensoriais auditivas se prendem a uma fina membrana externa vibrátil (o **tímpano**) associada com o sistema traqueal. Esses "ouvidos" respondem a uma ampla gama de sons, incluindo os de frequência muito alta como os emitidos por morcegos insetívoros; assim, muitos insetos utilizam seus órgãos timpânicos para produzir sinais de alerta. Muitos insetos também usam sons de alta frequência para se comunicar entre si.

[12]Ver *Tópicos para posterior discussão e investigação*, nº 9, no final deste capítulo.

*Prud'homme, B. et al., 2011. *Nature* 473:83-85.

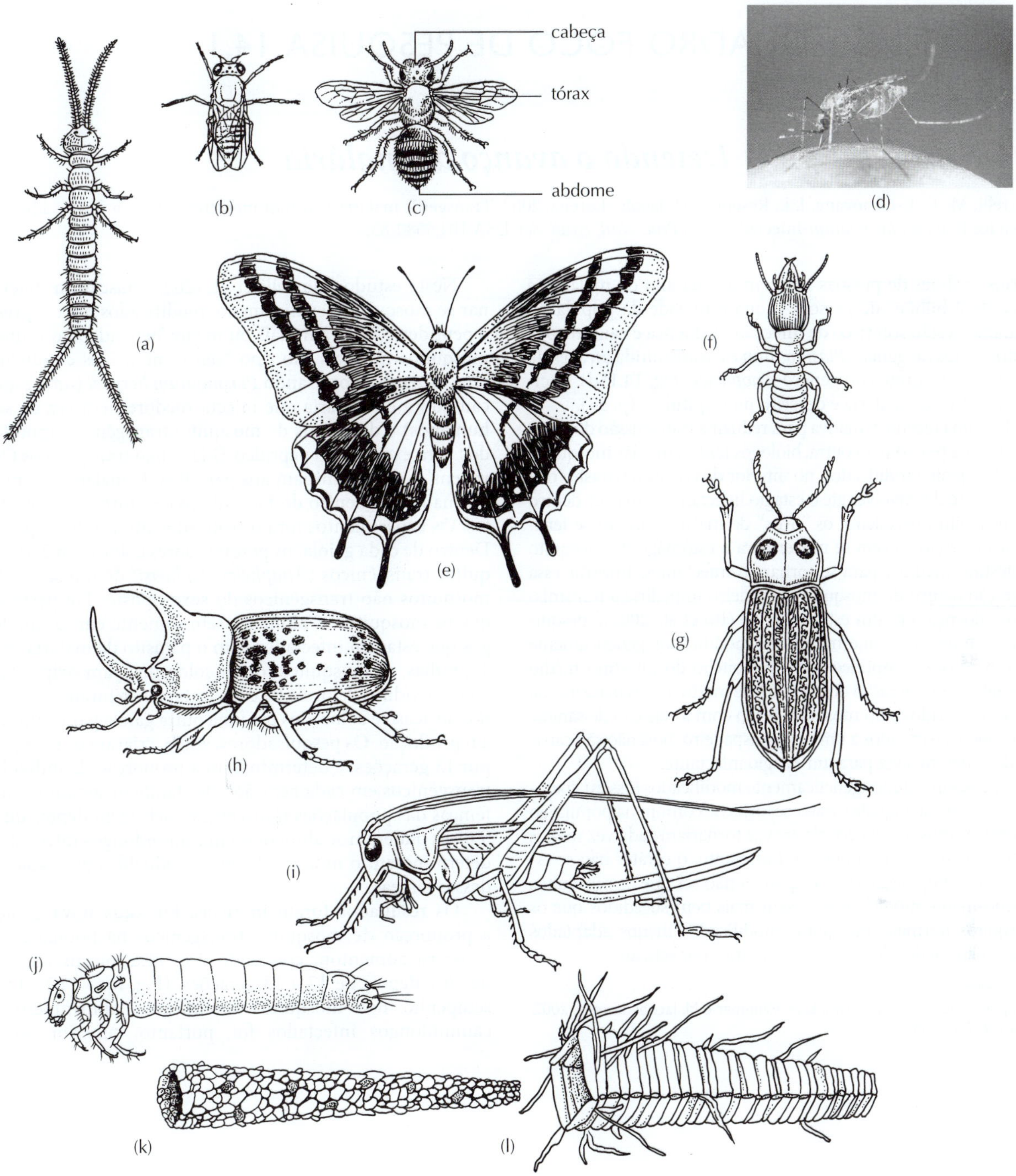

Figura 14.15

Diversidade de insetos. (a) Um apterigoto, *Campodea staphylinus*. Estes, como os relacionados tisanuros, arqueognatos e colêmbolos, são animais ápteros, primitivos, descendentes de ancestrais também ápteros. (b) Mosca-da-fruta, *Drosophila* sp. (c) Abelha cortadora de folhas. (d) Mosquito *Anopheles gambiae* alimentando-se em um hospedeiro mamífero. Esta é uma das três principais espécies de mosquitos que transmitem o agente da malária, um protozoário parasito, por toda a África Tropical. (e) Borboleta. (f) Soldado de cupim. (g, h) Besouros. (i) Gafanhoto. (j) Larva de tricóptero. (k, l) Casulos protetivos feitos pelas larvas de duas espécies de tricópteros.

(a) Segundo Huxley. (b, i) Segundo Pimentel. (d) Cortesia de F. H. Collins. De Collins, F. H. e N. J. Besansky. 1994. *Science* 264:1874-75. Copyright ©1993. (f) Segundo Romoser. (j, k, l) De McCafferty, *Aquatic Entomology*. Copyright ©1983 Jones e Bartlett Publishers. Reimpressa com permissão.

Os principais fotorreceptores são um par de **olhos compostos**, mas três olhos simples, com uma só unidade (**ocelos**), também estão frequentemente presentes.

A cabeça dos insetos também porta quatro pares de apêndices: um par de antenas (que são sempre unirremes – com um único ramo) e três pares de peças bucais (Fig. 14.17). Na sequência, as peças bucais são as **mandíbulas**, as **maxilas** e, por fim, um par de **segundas maxilas** fusionadas para formar um apêndice único, o **lábio**. As mandíbulas são protegidas anteriormente por uma extensão para

QUADRO FOCO DE PESQUISA 14.1

Detendo o avanço da malária

Marrelli, M. T., L. Chaoyang, J. L. Rasgon e M. Jacobs-Lorena. 2007. Transgenic malaria-resistant mosquitoes have a fitness advantage when feeding on *Plasmodium*-infected blood. *Proc. Natl. Acad. Sci.* USA 104:5580-83.

Vários milhões de pessoas morrem a cada ano de malária, e cerca de 3 bilhões de pessoas – quase metade da população humana – estão sob risco de infecção. A doença é causada por protozoários do gênero *Plasmodium* e é transmitida através da picada de mosquitos do gênero *Anopheles* (Fig. 14.15d). O ciclo evolutivo da malária é descrito no Capítulo 3 (p. 57).

Em uma recente tentativa para reduzir a transmissão do parasito de uma pessoa para outra, biólogos tentaram criar mosquitos geneticamente modificados, no interior dos quais o parasito não consegue se desenvolver até o estágio infectante. Uma vez dentro do mosquito hospedeiro, os "ovos" de malária tornam-se fertilizados e, então, devem se mover para o estômago do mosquito ("intestino médio") para se tornarem infectantes. Impedir essa migração dentro do mosquito hospedeiro impediria a transmissão da doença. Em um estudo prévio (Ito et al., 2002),* pesquisadores mostraram que mosquitos modificados geneticamente para expressar o peptídeo SM1 no epitélio do intestino médio impedem essa migração do parasito, de modo que os parasitos da malária ingeridos pelo mosquito junto com a refeição de sangue não serão transmitidos a um novo hospedeiro, pois não são capazes de se desenvolver para um estágio infectante.

Se esses mosquitos geneticamente modificados fossem liberados na natureza e aquele caráter se tornasse comum na população natural, os mosquitos naquela área se tornariam cada vez menos capazes de transmitir a doença. Entretanto, o caráter não se espalharia na população do mosquito, a não ser que os mosquitos geneticamente modificados fossem mais bem-sucedidos que os mosquitos normais; mosquitos modificados menos adaptados seriam eliminados de populações naturais por seleção.

*Ito, J., A. Ghosh, L. A. Moreira, E. A. Wimmer e M. Jacobs-Lorena. 2002. *Nature* 417:452-54.

Neste estudo, Marrelli et al. (2007) buscavam determinar se mosquitos geneticamente modificados para expressar o peptídeo SM1 eram mais ou menos bem adaptados que os mosquitos normais (do tipo "selvagem"). Eles conduziram seus experimentos usando *Plasmodium berghei* (uma espécie causadora da malária que infecta roedores, em vez de seres humanos) e dois tipos de mosquito: transgênicos modificados para expressar o peptídeo SM1, e não transgênicos ("selvagens"), que permitiam aos parasitos da malária migrarem normalmente dentro do hospedeiro e se tornarem infectantes. Os experimentos foram realizados utilizando-se gaiolas. Dentro de cada gaiola, os pesquisadores colocaram 250 mosquitos transgênicos (*Anopheles stephensi*) de um sexo e 250 mosquitos não transgênicos do sexo oposto. Foi permitido que os mosquitos se alimentassem somente em camundongos que estavam infectados com o parasito da malária. Após 4 a 6 dias, os mosquitos foram colocados para ovipositar, e 250 indivíduos da prole de cada tratamento foram selecionados ao acaso e colocados em uma outra gaiola para continuar a reprodução. Os pesquisadores, então, criaram os mosquitos por 13 gerações, e determinaram a proporção de indivíduos transgênicos em cada geração. Eles também subamostraram fêmeas das populações transgênica e selvagem depois que as fêmeas puderam se alimentar em camundongos infectados, e determinaram o número de ovos produzidos por cada uma dessas fêmeas.

Os resultados foram incríveis. Em cada nova geração, a proporção de mosquitos transgênicos na população em cativeiro aumentou, crescendo dos 50% iniciais até cerca de 70% depois de 12 a 13 gerações. (Fig. foco 14.1). O desempenho dos mosquitos modificados alimentados em camundongos infectados foi, portanto, superior ao dos

baixo da cabeça, chamada de **labro**. A morfologia exata dessas peças bucais varia consideravelmente de acordo com o modo de alimentação do inseto (Fig. 14.18). O abdome não possui apêndices, exceto por um par de **cercos** sensoriais que se originam no último segmento abdominal. O abdome também pode conter receptores que monitoram o grau com que a parde do corpo é expandida durante a alimentação.

Trocas gasosas e conservação de água

Em acordo com um modo de vida amplamente terrestre, as superfícies de troca gasosa de um inseto devem ser internalizadas. A troca gasosa é feita em quase todas as espécies de insetos através de um **sistema traqueal** (Fig. 14.19); nos poucos grupos que não apresentam traqueias (p. ex., os primitivos colêmbolos), as trocas gasosas se dão por difusão através da cutícula. Embora lembre o sistema traqueal encontrado em aracnídeos mais avançados, o sistema traqueal dos insetos evoluiu independentemente, isto é, os sistemas traqueais nos dois grupos são provavelmente convergentes, tendo evoluído de maneira independente em diferentes ancestrais. Um ou dois pares de aberturas (**espiráculos**) do sistema traqueal estão localizados no tórax, e pares adicionais de espiráculos estão geralmente presentes em cada segmento abdominal. Os espiráculos da maioria das espécies podem ser fechados, detendo a perda de água por evaporação. As traqueias são revestidas por cutícula, a qual é descartada e novamente secretada pela epiderme subjacente a cada vez que o inseto realiza a muda, e os túbulos traqueais não colapsam, devido a anéis quitinosos presentes em suas

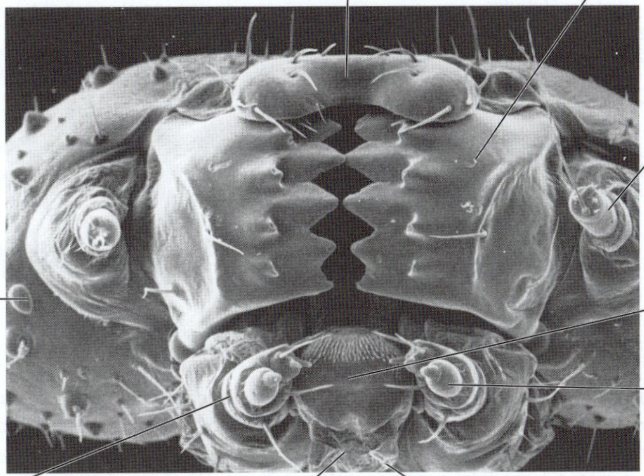

Figura 14.18

Micrografia eletrônica de varredura da cabeça de um inseto, a lagarta-do-fumo, *Manduca sexta* (estágio de lagarta).

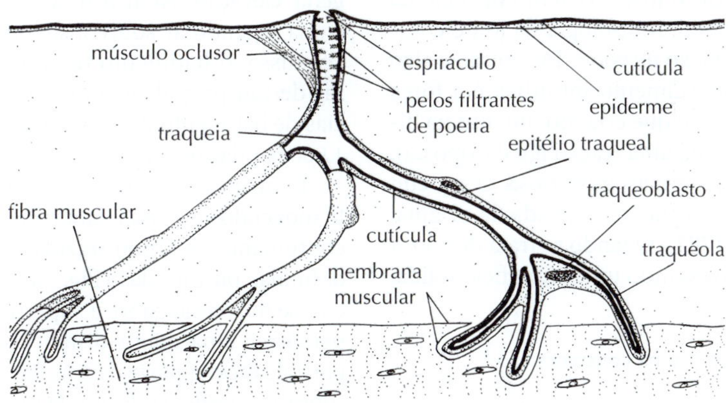

Figura 14.19

Sistema traqueal de inseto. Os espiráculos de insetos terrestres geralmente podem ser fechados para regular a perda de água, ao contrair a musculatura apropriada. Os tubos mais finos do sistema traqueal, as traquéolas, desenvolvem-se de células chamadas de traqueoblastos.

Segundo Chapman; segundo Meglitsch.

e são estruturalmente suportadas por uma rede característica de veias, as quais se conectam ao sistema circulatório sanguíneo por túbulos traqueais e por fileiras de dobras irradiando da base até a ponta das asas.

Não se sabe como o voo dos insetos evoluiu, embora várias possibilidades tenham sido muito debatidas.[15] Muitos insetos voadores usam suas asas para regular a temperatura corporal, variando ou o ritmo da batida das asas ou a superfície da asa exposta ao sol ou ao vento. Assim, alguns pesquisadores têm arguido que os benefícios seletivos associados à evolução das primeiras asas de inseto provavelmente tinham mais a ver com a regulação da temperatura do que com o voo. Outros acreditam que as asas surgiram de crescimentos laterais utilizados originalmente para estabilizar formas ancestrais durante o salto. Outros ainda argumentam que as asas de inseto provavelmente evoluíram diretamente das brânquias de estágios imaturos parecidos com efemérides ("*mayflies*", ordem Ephemeroptera), as quais hoje usam suas brânquias tanto para trocas gasosas quanto para locomoção; essas brânquias podem ter sido utilizadas primeiramente para deslizar sobre a superfície da água, como nas ninfas de plecópteros atuais ("*stoneflies*", ordem Plecoptera), como um prelúdio do voo por movimentos de batida. Essa hipótese tem, recentemente, ganho suporte adicional a partir de similaridades nos padrões de expressão gênica documentadas durante o desenvolvimento de apêndices em

[15]Ver *Tópicos para posterior discussão e investigação*, nº 19, no final deste capítulo.

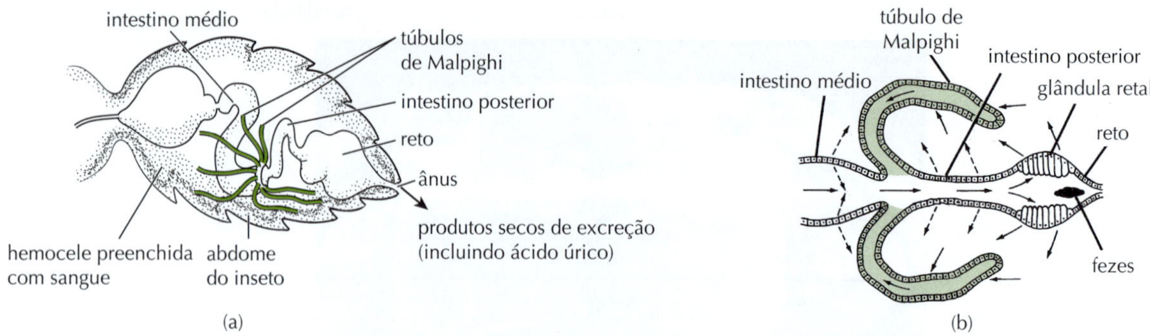

Figura 14.20

(a) Túbulos de Malpighi no abdome de um inseto. (b) Ilustração esquemática da relação entre os túbulos de Malpighi e a porção posterior do trato digestório. O fluido move-se da hemocele para dentro dos túbulos, onde ele acumula excretas à medida que se move em direção ao ânus. As setas indicam a drenagem extensiva de água que ocorre no intestino posterior e no reto.

(a) Baseada em Purves e Orians, *Life: The Science of Biology*, 2d ed. 1983. (b) Segundo Wilson; segundo Wigglesworth.

forma de brânquias em crustáceos e de asas em insetos. Sejam quais forem suas origens, a evolução das asas permitiu aos insetos um estilo de vida que é praticamente inacessível para a maioria dos outros animais.

O voo requer a geração tanto de força de elevação quanto de propulsão, as quais o inseto obtém por meio da combinação de forma corporal, morfologia da asa e comportamento altamente complexo de voo.[16] Propulsão é algo sobre a qual temos um conhecimento intuitivo; é a força que exercemos em uma direção que cria movimento na direção oposta (cada ação produz uma reação igual e oposta). A geração da força de elevação é mais misteriosa. O segredo está contido na equação que segue, modificada da original de Daniel Bernoulli (1700–1782). Quando se trata de voo, a equação se refere ao ar atravessando uma superfície sólida, como uma asa:

$$\frac{1}{2} dv^2 + p + dgh = \text{uma constante}$$

em que d = densidade do ar; v^2 = o quadrado da velocidade do ar em relação à asa; p = pressão do ar na superfície da asa; g = a constante gravitacional; e h = a altura do ar acima da superfície da asa. O termo dgh está relacionado ao potencial de energia, e o termo $\frac{1}{2} dv^2$ é relacionado à expressão para energia cinética. Quando nós voamos em um avião, os princípios contidos nessa equação são os que nos mantêm no ar. Nessa situação, o ar em questão não muda de densidade e está sempre na mesma altura acima da asa, então d e dgh são constantes. A equação estabelece, então, que se a velocidade do ar movendo-se através da asa aumenta, a pressão acima da superfície da asa deve decrescer; isso deve ocorrer se a soma total das três expressões no lado esquerdo da equação permanece constante. Esse decréscimo de pressão acima da asa produz elevação; isto é, a pressão abaixo excede a pressão acima, e o corpo se eleva. Você pode provar para si mesmo que a elevação é gerada pela diferença de fluxo de ar sobre e sob a superfície de um objeto ao assoprar ao longo do comprimento de uma tira de papel. Corte uma tira de aproximadamente 2,5 cm de largura e 15 a 20 cm de comprimento, segurando uma ponta do papel logo abaixo da sua boca. Se você assoprar forte o suficiente ao longo do comprimento da tira, a extremidade do papel se elevará.

Obviamente, um inseto não sopra sobre suas asas para gerar elevação. Nem o motor ou propulsor do avião funciona jogando ar sobre a superfície superior das asas. Em vez disso, o batimento de uma asa de inseto, como o girar de um propulsor, move a asa através do ar. Frequências de batimento de asas variam de menos de 10 a mais de 1.000 batidas por segundo em diferentes espécies de insetos.

Enquanto está voando, um inseto não está simplesmente movendo suas asas para cima e para baixo. As asas estão continuamente sendo trazidas para a frente ou para trás e dobradas ou torcidas (Fig. 14.21b). O efeito líquido é que o ar se movendo sobre a superfície superior da asa tem que percorrer uma maior distância (e, portanto, mais rápido) para alcançar a parte de trás da asa do que o ar se movendo sobre a superfície inferior da mesma, produzindo a força de elevação. Quando a força de elevação excede o peso do inseto, este alça voo. O princípio é mais facilmente mostrado como o movimento para a frente de uma forma simples, chamada de **aerofólio** (Fig. 14.21a). Como o aerofólio inteiro move uma determinada distância por unidade de tempo, a sua forma assegura que o ar se movimente mais rápido pela superfície superior do que pela inferior, gerando elevação, de acordo com o princípio de Bernoulli. Ao variar o ângulo no qual a asa se move através do ar (o "ângulo de ataque"), o inseto pode alterar a direção das forças resultantes geradas, produzindo movimento por propulsão na direção escolhida.

Vários outros fatores, incluindo a forma do corpo do inseto e o que é chamada de dinâmica de voo "instável", podem também contribuir para a elevação. A equação de Bernoulli, discutida acima, aplica-se somente ao voo "estável", no qual a força de elevação é gerada de um fluxo de ar estável sobre a superfície superior da asa e do corpo, como é o caso na aviação padrão. Contudo, como insetos geram forças propulsoras pelo batimento das asas, eles geralmente exibem a dinâmica de voo "instável", com elevação adicional

[16]Ver *Tópicos para posterior discussão e investigação*, nº 6, no final deste capítulo.

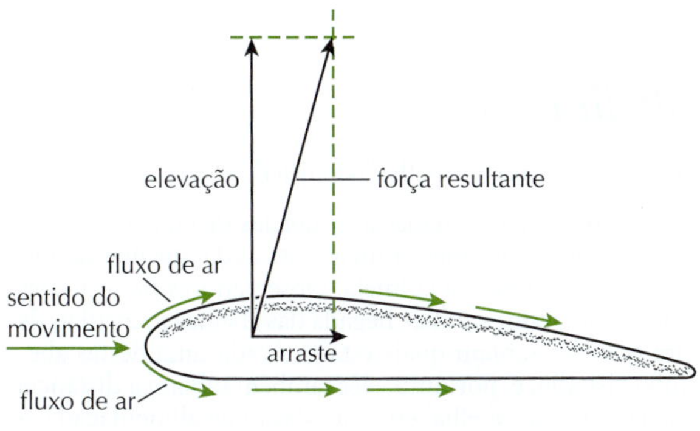

Figura 14.21

(a) O princípio da geração de força de elevação por um aerofólio. Como a superfície superior é convexa, o ar se move mais rapidamente sobre essa superfície do que sobre a superfície inferior: o ar deve se mover por uma distância maior no mesmo intervalo de tempo. Pelo princípio de Bernoulli, isso baixa a pressão relativa acima da superfície, criando uma força de elevação líquida, como ilustrado. (b) Asas da mosca *Drosophila melanogaster* iniciando o movimento de retorno para cima. A dobra da asa causa um aumento de curta duração, mas substancial, na força de elevação.

(a) Baseada em *Life in Moving Fluids: The Physical Biology of Flow* por Steven Vogel 1981.
(b) De R. Wootton. 1999. How flies fly. *Nature* 400:112-13.

sendo gerada por pequenos redemoinhos de ar (vórtices), que giram em torno do eixo longo e das pontas das asas; esses vórtices são geralmente moldados, pelo menos em parte, por movimentos "bate e joga", nos quais as asas "batem" juntas no final do movimento de subida e, então, "jogam" ar dentro de um redemoinho gerador de elevação. Insetos muito pequenos não podem induzir a elevação pelo mecanismo estável descrito anteriormente, uma vez que eles operam em números de Reynolds muito baixos (ver p. 5); eles dependem, portanto, exclusivamente, de mecanismos "instáveis", ao passo que muitos insetos maiores usam mecanismos instáveis somente como um complemento, possivelmente diminuindo o custo energético de voar.

A maioria dos insetos tem dois pares de asas, embora muitas espécies tenham somente um único par. Espécies de besouros, com dois pares de asas, usam geralmente somente um par para voar, mantendo o primeiro par de proteção, rígido, fora do caminho enquanto movimenta o segundo par de asas.

Espécies de insetos diferem consideravelmente em relação à morfologia das asas e à maneira pela qual as asas são operadas pela musculatura torácica. Muito da modificação na estrutura e na função das asas encontrada entre diferentes grupos de insetos parece refletir uma seleção para o aumento da eficiência energética e incremento do controle direcional fino durante o voo. Muitos insetos podem se manter parados no ar e até mesmo voar para trás, uma grande vantagem para o acasalamento e para a oviposição "sobre a asa". Outras modificações morfológicas servem para proteger o corpo do inseto ou as próprias asas.

Em muitos dos insetos de voo rápido, o músculo do voo é altamente especializado. Nessas espécies, as fibras musculares são capazes de contrair muitas vezes após a estimulação de um único impulso nervoso. Esse tipo de voo é chamado de **voo assincrônico**, pois a frequência de batimento das asas não corresponde à frequência de geração do impulso nervoso. As frequências de batimento das asas de mais de 1.000 batidas por segundo, que têm sido registradas em mosquitos, são possíveis por invenção única dos insetos.

O voo, é claro, implica tanto em atividade mental quanto em complexidade física: insetos voadores devem, por exemplo, ser capazes de se orientar e ajustar a velocidade e a direção para pousos suaves, e insetos sociais (ver p. 371) devem ser capazes de comunicar a informação sobre seus voos para seus parceiros de ninho (Quadro Foco de pesquisa 14.2). Estudos detalhados do comportamento de voo em insetos podem levar ao planejamento de sistemas de navegação mais eficientes.

Desenvolvimento de insetos

Os ovos fertilizados de animais terrestres requerem alguma forma de proteção, sobretudo contra a dessecação, e são geralmente providos com alimento suficiente para fornecer combustível para a maior parte ou todo o desenvolvimento pré-juvenil. As necessidades nutricionais dos estágios em desenvolvimento geralmente podem ser supridas somente se a fêmea tiver acesso a uma dieta rica em proteína durante o período de formação do ovo, ou **oogênese**. Assim, muitas fêmeas de insetos requerem uma refeição de sangue antes da **oviposição** (i.e., eliminação e deposição dos ovos). Um número de insetos, principalmente as vespas, satisfazem os requisitos nutricionais de suas larvas colocando seus ovos dentro ou adjacentes aos ovos de outras espécies de insetos, ou dentro dos corpos de outros insetos adultos, os quais, então, são consumidos pelas larvas que se desenvolvem no seu interior, de dentro para fora.[17] Alguns insetos depositam seus

[17] Ver *Tópicos para posterior discussão e investigação*, nº 4, no final deste capítulo.

QUADRO FOCO DE PESQUISA 14.2

Navegação da abelha

Srinivasan, M. V., S. Zhang, M. Altwein e J. Tautz. 2000. Honeybee navigation: Nature and calibration of the "odometer". *Science* 287:851-53.

Nos anos 1930 e 1940, Karl von Frisch mostrou que abelhas, no momento em que localizam uma fonte distante de néctar, informam suas companheiras de ninho da sua localização e sua distância da colmeia executando repetidamente uma dança "rebolada" na volta ao ninho. A direção é indicada pela orientação da dança das abelhas em relação à posição do sol naquele momento (Fig. foco 14.2), ao passo que a distância é comunicada pelo tempo decorrido em cada repetição. Como as abelhas julgam de maneira exata a distância que voaram da fonte de alimento até a colmeia? Elas podem estimar a distância a partir do seu tempo de voo, ou da quantidade de energia gasta durante o voo, mas ambas as características certamente variariam com as condições do vento.

Uma outra, e talvez mais atraente, possibilidade (sugerida por von Frisch) é que as abelhas informantes estimam a distância percorrida pela quantidade de informação visual que elas processam durante o caminho: isto é, da quantidade que os pesquisadores chamam de "fluxo visual". Para testar esta hipótese de longa data, de que abelhas estimam a distância da quantidade de informação visual percebida durante o voo, Srinivasan et al. (2000) primeiramente marcaram algumas abelhas, deixando-as forragear em estações de alimentação localizadas ao ar livre, situadas a distâncias de 60 a 350 m* da colmeia, e, então, cronometraram as danças das abelhas depois de elas retornarem para a colmeia. Observadores nas estações de alimentação verificaram a chegada das abelhas marcadas, de maneira que eles sabiam quais estações cada uma destas abelhas tinha visitado, e, portanto, eles também sabiam a distância real voada por cada abelha, entre a estação de alimentação e a colmeia. Assim, os pesquisadores podiam agora determinar a relação entre a distância percorrida e a duração da dança executada (Fig. foco 14.3). Observe que r^2 é muito próximo a 1,0, ou seja, quase toda (> 99% neste caso, pois $r^2 = 0{,}998$) a variação na duração da dança foi explicada pela variação na distância voada. Também observe que a inclinação da linha é 1,88, o que, neste caso, significa que a duração da dança aumentava em 1,88 milissegundos (um milésimo de segundo) por cada metro adicional voado. Dessa forma, os pesquisadores estavam em uma excelente posição para jogar "engane a abelha": o plano era alterar a quantidade de informação visual percebida por abelhas voadoras marcadas, sem alterar a distância real que elas voavam, e, então, ver, a partir de suas danças, quão longe as abelhas *pensavam* que elas tinham voado. Os cientistas conduziram quatro experimentos (Fig. foco 14.4).

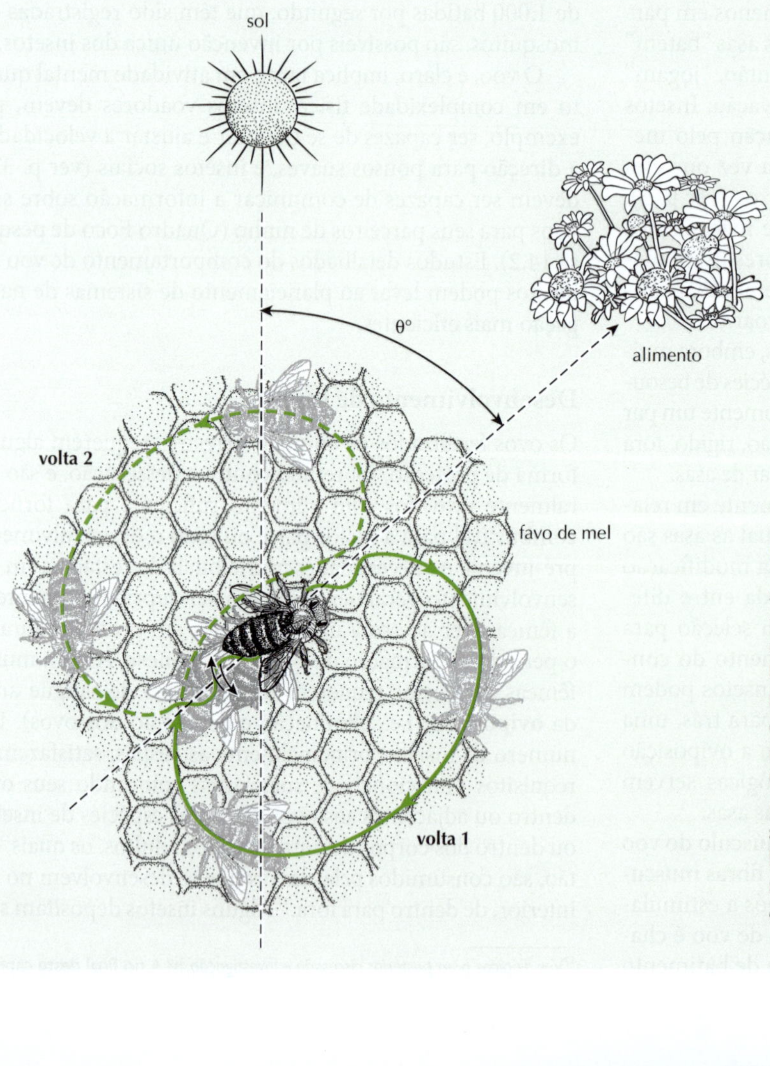

Figura foco 14.2

A dança "rebolada" das abelhas. Abelhas retornando de uma fonte de alimentação distante caminham uma curta distância em linha reta, "rebolando" rapidamente de um lado para o outro à medida que caminham, e, então, andam em um semicírculo alternadamente para a direita e para a esquerda. O ângulo da parte "rebolada" da dança (linha pontilhada) contém informação sobre a localização da fonte de alimento em relação à posição do sol.

Baseada em desenhos de K. von Frisch. *Dance Language and Orientation of Bees*. 1967.

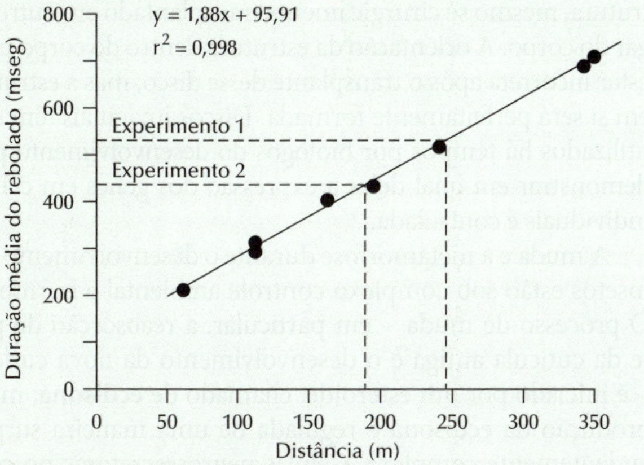

Figura foco 14.3

Relação entre a distância voada e a duração média de danças "reboladas" executadas pelas abelhas. Estações de alimentação eram colocadas a diferentes distâncias de uma colmeia, de 60 a 350 m, e as atividades de abelhas marcadas eram registradas. Cada ponto representa a duração média de 65 a 345 fases de rebolado durante 7 a 23 danças executadas por 3 a 10 abelhas.

Aqui, os experimentos ficaram realmente engenhosos. Os pesquisadores construíram um túnel (11 cm de largura, 20 cm de altura e 6,4 m de comprimento) com somente uma abertura, e o colocaram com sua entrada a 35 m da colmeia (Fig. foco 14.4, Experimento 1). Uma solução de açúcar (fonte de alimento) foi colocada dentro do túnel, na extremidade fechada. As paredes do túnel foram revestidas com várias figuras, a fim de aumentar a quantidade de informação visual que as abelhas veriam quando voassem. Abelhas que voltavam da estação de alimentação neste primeiro experimento dançaram durante uma média de 529 mseg, o que indica, a partir da Figura foco 14.3 (Experimento 1) uma distância percebida de voo de 230 m, mesmo que as abelhas tivessem, na realidade, voado somente 35 m + 6 m = 41 m. Mesmo quando o túnel foi mais tarde movido de lugar, de maneira que sua entrada ficasse a somente 6 m da colmeia (Fig. foco 14.4, Experimento 2), as abelhas que retornavam dançavam por 441 mseg, equivalente a uma distância externa de 184 m (Figura foco 14.3, Experimento 2). Aparentemente, a informação visual recebida pelas abelhas voando apenas o comprimento de 6 m do túnel era percebida por elas como uma distância de mais de 200 m no primeiro teste e mais de 150 m no segundo.

Se os pesquisadores colocassem a solução com alimento na entrada do túnel (Fig. foco 14.4, Experimento 3), de modo que as abelhas forrageadoras podiam se alimentar sem entrar dentro dele, a maioria das abelhas que retornavam não fazia uma dança "rebolada" (Fig. foco 14.5, Experimento 3) – elas executavam um tipo diferente de dança (uma dança circular), a qual elas só fazem quando voam menos do que 50 m. Aqui, as abelhas davam (de volta à colmeia) um relato exato da distância percorrida, como elas também faziam se os pesquisadores colocassem a solução de açúcar de novo no final do túnel, mas com as paredes deste revestidas com faixas orientadas na mesma direção do voo (Figs. foco 14.4 e 14.5, Experimento 4), reduzindo, então, a quantidade de estímulos visuais oferecidos às abelhas. Portanto, não havia nada de visão ou cheiro do próprio túnel que estivesse confundindo as abelhas sobre a distância percorrida.

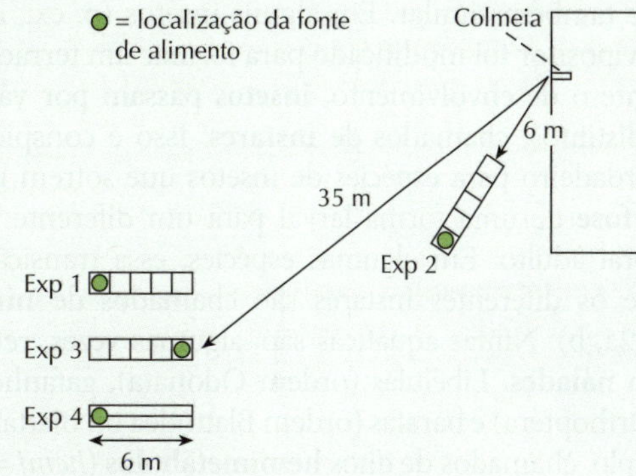

Figura foco 14.4

Resumo dos quatro experimentos, mostrando o padrão nas paredes do túnel, localização da fonte de alimento (círculo) e distância entre o túnel e a colmeia. Ver texto para detalhes da localização da fonte de alimento.

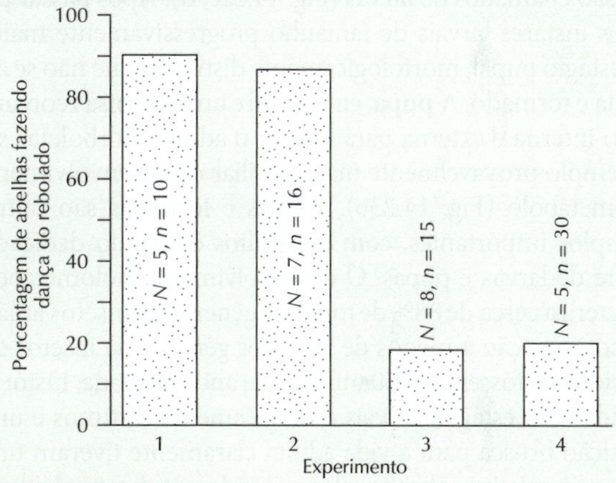

Figura foco 14.5

Proporção de abelhas marcadas realizando a dança "rebolada" depois de retornar de uma fonte de alimento; *N* = números de abelhas dançando, *n* = número de danças analisadas. Abelhas que não realizaram dança do rebolado fizeram outro tipo de dança associado com fontes de alimento localizadas até 50 m da colmeia. Para os Experimentos 1 e 2, as abelhas tiveram que voar por meio de um túnel de 6 m de extensão revestido com um padrão visualmente complexo no retorno da fonte de alimento. O túnel estava muito mais perto da colmeia no Experimento 2 do que no Experimento 1 (ver Figura foco 14.4). Nos outros dois experimentos, as paredes do túnel foram cobertas com um padrão de faixas longitudinais (Experimento 4), ou as abelhas não tinham que entrar no túnel para alcançar a solução açucarada (Experimento 3) (Figura foco 14.4). Observe que cerca de 90% de todas as danças eram do tipo rebolado nos primeiros dois experimentos, e que dificilmente qualquer dança era do tipo rebolado nos dois experimentos seguintes.

Parece que as abelhas lembram e relatam não a distância absoluta, mas, em vez disso, a quantidade de estímulo visual percebido durante o voo de volta da fonte de alimento até a colmeia. Você consegue pensar em alguma explicação alternativa para os dados relatados? Se os autores estiverem corretos, a curva de calibragem mostrada na Figura foco 14.3 deveria ser diferente para diferentes ambientes, dependendo de quanto estímulo visual cada ambiente oferecesse. Como você testaria essa hipótese?

ovos dentro de plantas, as quais respondem formando galhas de proteção. Os ovos são inseridos dentro desses vários substratos através de um tubo longo, chamado de **ovipositor**, que geralmente se projeta do abdome. Opiliões (classe Arachnida) são equipados de modo semelhante, e para uma finalidade também similar. Em alguns insetos (p. ex., abelhas), o ovipositor foi modificado para formar um ferrão.

Durante o desenvolvimento, **insetos** passam por vários estágios distintos, chamados de **ínstares**. Isso é conspicuamente verdadeiro para espécies de insetos que sofrem uma **metamorfose** de uma forma larval para um diferente plano corporal adulto. Em algumas espécies, essa transição é gradual, e os diferentes ínstares são chamados de **ninfas** (Fig; 14.22a, b). Ninfas aquáticas são, algumas vezes, referidas como **náiades**. Libélulas (ordem Odonata), gafanhotos (ordem Orthoptera) e baratas (ordem Blattodea ou Blattaria), por exemplo, chamados de ditos **hemimetábolos** (*hemi* = do grego, metade; *metabolo* = do grego, mudança) (Fig. 14.23a). Na maior parte das outras espécies de insetos, a mudança para a forma adulta é radical e abrupta, e estes são chamados de insetos **holometábolos** (*holo* = do grego, inteiro; *metabolo* = do grego, mudança). Os estágios imaturos que se alimentam são chamados de **larvas** (Fig. 14.22c, d). Após passar por vários ínstares larvais de tamanho progressivamente maior, um estágio pupal, morfologicamente distinto e que não se alimenta é formado. A **pupa**, então, sofre uma extensa reorganização interna e externa para formar o adulto. Borboletas são o exemplo provavelmente mais familiar de desenvolvimento holometábolo (Fig. 14.23b). Vespas e formigas são outros exemplos importantes, com os adultos cuidando dedicadamente de larvas e pupas. O desenvolvimento holometábolo caracteriza cerca de 88% de todos os gêneros de insetos atuais, em comparação a menos de 50% dos gêneros de insetos conhecidos de fósseis de 250 milhões de anos de idade; histórias de vida com estágios larvais ecologicamente distintos e uma transição brusca para a vida adulta claramente tiveram uma vantagem seletiva sobre aquelas exibindo um desenvolvimento mais gradual para o estágio adulto.

Adultos de espécies sem asas, como os tisanuros (Thysanura), não exibem uma metamorfose pronunciada à medida que se desenvolvem. Em vez disso, os imaturos simplesmente ficam maiores com cada muda sucessiva, e o plano corporal lembra o do estágio adulto final em cada ínstar. Esse desenvolvimento é chamado de **ametábolo** (i.e., sem mudança) e parece refletir a condição primitiva (ancestral); isto é, os ancestrais dessas espécies eram provavelmente ápteros. Algumas outras espécies de insetos ápteros, como pulgas e piolhos, evoluíram de ancestrais alados e perderam as asas secundariamente; essas espécies sofrem metamorfose durante o desenvolvimento.

O desenvolvimento holometábolo é particularmente caracterizado por um inconfundível fenômeno de insetos, a formação de **discos imaginais**. Durante o final da clivagem, pequenos grupos de até cerca de 30 células dão origem a "discos" discretos (esferas, na verdade), que são destinados a se diferenciar em estruturas epidérmicas adultas muito bem definidas, como os olhos, as antenas ou as asas. Durante o desenvolvimento larval, entretanto, esses discos imaginais mantêm-se quiescentes, ou eles se dividem e crescem em taxas muito lentas, comparativamente ao restante da larva. As células de um disco são distinguíveis daquelas de outros discos encontrados em outras partes do corpo somente por sua posição e um pequeno número de detalhes estruturais. Entretanto, o destino eventual das células no disco é fixo, determinado, e na metamorfose um disco particular sempre dará origem à mesma estrutura, mesmo se cirurgicamente transplantado em outro lugar do corpo. A orientação da estrutura dentro do corpo pode estar incorreta após o transplante desse disco, mas a estrutura em si será perfeitamente formada. Discos imaginais têm sido utilizados há tempos por biólogos do desenvolvimento para demonstrar em qual deles a expressão dos genes em células individuais é controlada.

A muda e a metamorfose durante o desenvolvimento dos insetos estão sob complexo controle ambiental e hormonal. O processo de muda – em particular, a reabsorção de parte da cutícula antiga e o desenvolvimento da nova cutícula – é iniciado por um esteroide, chamado de **ecdisona**, mas a produção da ecdisona é regulada de uma maneira surpreendentemente complexa. Células neurossecretoras no cérebro secretam um **hormônio protoracicotrófico (PPTH)**, um polipeptídeo que ativa um par de glândulas situadas na porção anterior do tórax, as **glândulas protorácicas (GP)** (Fig. 14.24). As GP, por sua vez, geralmente secretam um precursor da ecdisona, o qual é rapidamente convertido em ecdisona, o hormônio da muda, por enzimas específicas na hemolinfa ou nos tecidos-alvo; a ecdisona, por sua vez, é convertida em uma forma final, ativa (20-hidróxi-ecdisona), iniciando o processo de muda. As GP, então, parecem ter o mesmo papel do órgão Y em crustáceos. Insetos adultos não mudam, e as glândulas protorácicas se degradam durante o desenvolvimento pupal ou logo após que a metamorfose para o adulto é completada.

A extensão em que a diferenciação morfológica ocorre durante a muda depende de se um outro hormônio, o **hormônio juvenil (HJ)**, está presente em certos períodos críticos (**gates**). O HJ, um lipídeo sesquiterpeno, é produzido por uma outra glândula, par, a ***corpora allata***, localizada logo atrás do cérebro. Experimentos têm demonstrado que altas quantidades de HJ no sangue geralmente inibem a diferenciação. Em particular, a transformação da larva em pupa é inibida por HJ; insetos sofrem metamorfose somente depois que a *corpora allata* cessa a produção de HJ e depois que todo o HJ circulante é destruído por enzimas específicas presentes na hemolinfa. A sequência normal de desenvolvimento do inseto depende de pulsos de secreção do HJ, sendo sincronizada criticamente com gates de sensibilidade de tecidos-alvo ao hormônio. O HJ também exerce outros papéis importantes durante o desenvolvimento – por exemplo, na determinação de castas em insetos sociais, e na estimulação da deposição de vitelo durante a oogênese em fêmeas e, pelo menos em algumas espécies, no desenvolvimento de esperma em machos. Alguns padrões comportamentais intrigantes também são conhecidos por estarem sob controle hormonal. Curiosamente, hormônios de peptídeos e proteínas inicialmente identificados como produtos endócrinos em seres humanos foram recentemente encontrados no sistema nervoso de insetos; pelo menos alguns desses hormônios parecem controlar aspectos do comportamento e da fisiologia do inseto. Estudos recentes indicam que precursores do hormônio juvenil (incluindo metil-farnesoato e ácido farnesoico) são

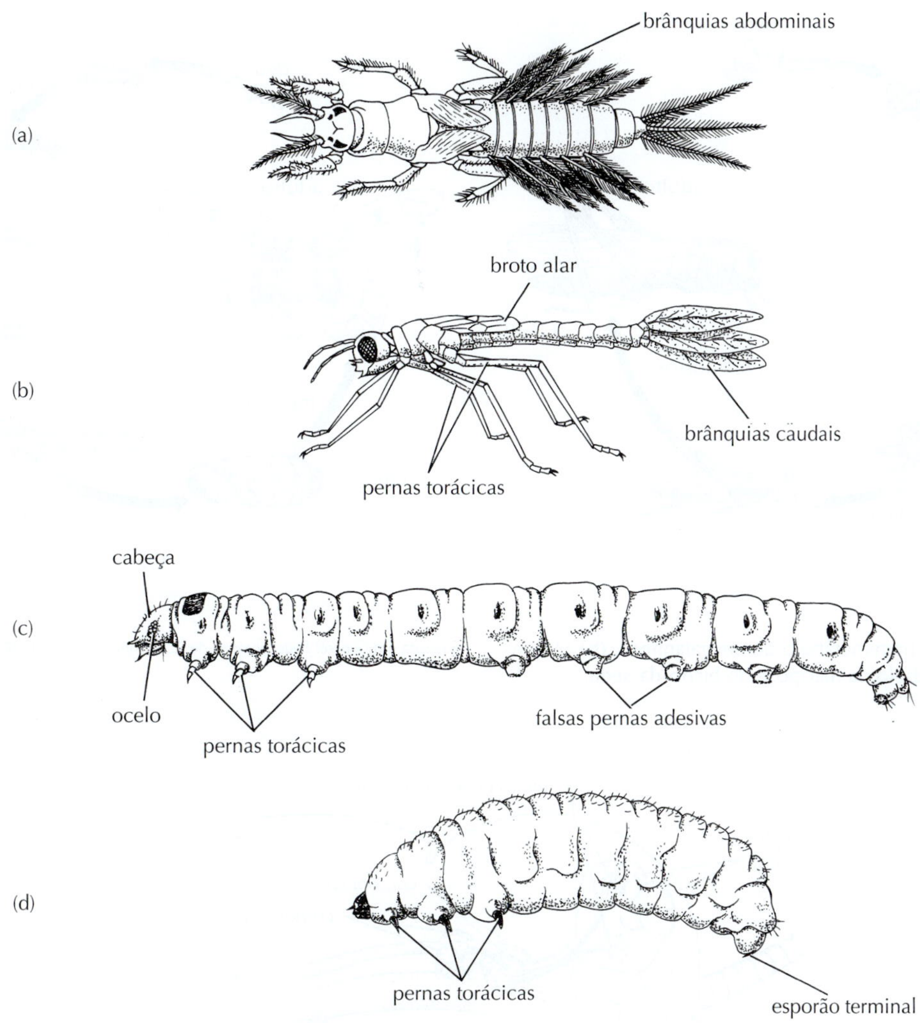

Figura 14.22

Desenvolvimento de insetos. As ninfas mostram uma transição gradual para a forma adulta, exibindo o desenvolvimento hemimetábolo. Em contrapartida, os estágios larvais de mariposas, besouros e espécies relacionadas mostram pouca semelhança com o adulto; o desenvolvimento para o estágio adulto é radical e abrupto, e é chamado de holometábolo. (a) Ninfa de efeméride (*Ephemera varia*, ordem Ephemeroptera). (b) Ninfa de libélula (Odonata). (c) larva de mariposa, *Bellura* sp. (Lepidoptera). (d) Larva de besouro, *Donacia* sp. (Coleoptera).

(a) Segundo Pennak: segundo Needham. (b) Segundo Sherman e Sherman. (c, d) Segundo McCafferty.

sintetizados por órgãos mandibulares de crustáceos, os quais podem ser homólogos à *corpora allata* dos insetos; o papel desempenhado por esses compostos na biologia de crustáceos é ainda desconhecido, embora pareça que eles possam regular aspectos da gametogênese feminina.

Alguns insetos entram em um estado de repouso (**diapausa**) em algum ponto do seu desenvolvimento, como uma adaptação para enfrentar condições adversas, como invernos muito frios. A entrada na diapausa está sob controle hormonal (a secreção de HJ novamente têm um papel aqui) e é geralmente iniciada (e depois liberada) por mudanças na duração do dia (**fotoperíodo**) e/ou mudança de temperatura. O estágio no qual a diapausa ocorre é dependente da espécie: em algumas espécies, um estágio embrionário inicial entra na diapausa; em outras, ou um ínstar larval, a pupa, ou mesmo o adulto geralmente entra em diapausa. A diapausa é também comumente encontrada em alguns crustáceos (copépodes e branquiópodes).

Sistemas sociais de insetos

O estudo de sistemas sociais de insetos é um campo ativo e fascinante, compreendendo muitas questões importantes em ecologia comportamental e teoria evolutiva. Insetos verdadeiramente sociais (espécies **eussociais**) incluem muitos himenópteros (todas as espécies de formigas, algumas espécies de abelhas e algumas espécies de vespas – todas da ordem Hymenoptera) e todas as térmitas (cupins, ordem Isoptera). Por definição, insetos eussociais formam colônias compostas por trabalhadores mais ou menos estéreis e uma ou mais rainhas reprodutivas; exibem múltiplas gerações dentro de uma colônia, portanto, a rainha é protegida e cuidada por sua prole; e cooperam no cuidado de embriões e larvas em desenvolvimento. Poucas espécies de aracnídeos exibem altos graus de desenvolvimento social, e uma espécie de crustáceo marinho (que vive na água interna do sistema de canais de algumas esponjas tropicais)

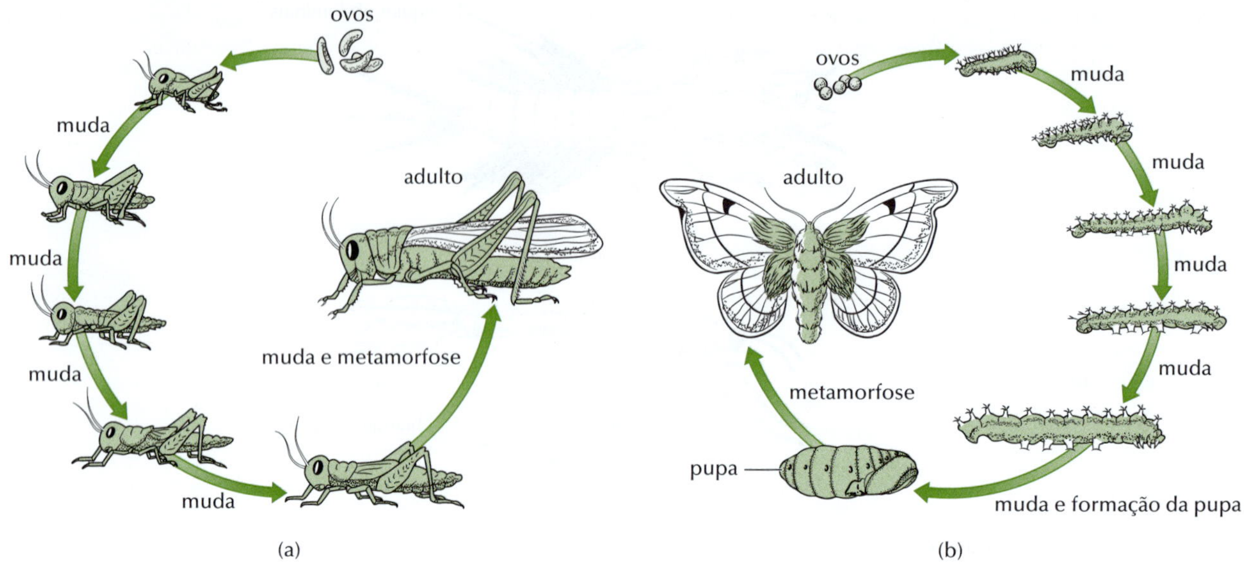

Figura 14.23

(a) Desenvolvimento hemimetábolo de um gafanhoto. (b) Desenvolvimento holometábolo da mariposa do bicho-da-seda.

Baseada em *General Endocrinology*, de C. Donnell Turner, 1948.

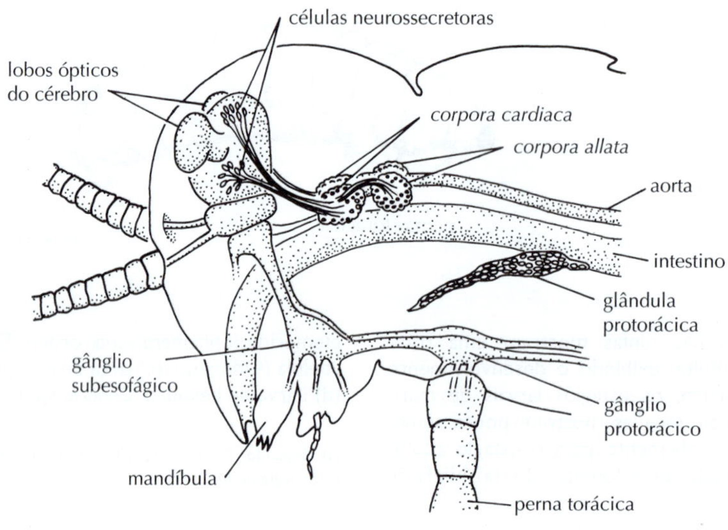

Figura 14.24

Extremidade anterior de um inseto, mostrando a localização do hormônio cerebral, hormônio juvenil e centros secretores de ecdisona. Células neurossecretoras no cérebro secretam um hormônio cerebral (PTTH) que estimula as glândulas protorácicas a secretar ecdisona. A *corpora allata* secreta o hormônio juvenil. A *corpora cardiaca* inerva a *corpora allata* e é também neurossecretora. Um de seus principais papéis é a regulação da frequência dos batimentos cardíacos.

é eussocial, porém entre invertebrados a eussociabilidade é desconhecida fora de Insecta.

Formigas evoluíram, há cerca de 100 milhões de anos, de vespas não sociais, mas não se tornaram comuns até cerca de 45 milhões de anos atrás, com base em evidências fósseis. Quase todas as 10 mil espécies descritas são eussociais, o que tem certamente contribuído para o sucesso das formigas. Compondo somente cerca de 2% de todas as espécies de insetos, as formigas compõem aproximadamente metade de toda a biomassa de insetos. Uma nova colônia de formigas é geralmente formada por uma fêmea alada logo depois de ela se acasalar. A fêmea, então, descarta suas asas, constrói um ninho e produz muitas filhas ao longo de alguns anos, todas de esperma armazenado de cópulas durante seu breve voo nupcial. As filhas formam uma casta operária, cujo trabalho é cuidar da rainha, manter o ninho, cuidar embriões e larvas, defender o ninho e conseguir alimento. Em muitas espécies de formigas, algumas operárias se desenvolvem em soldados, morfológica e comportamentalmente especializados para defesa e ataque. Operárias comunicam-se por meio de um complexo sistema de sinais mecânicos e químicos (Fig. 14.25). Não somente as operárias são todas fêmeas, mas na maioria das colônias elas são, de fato, todas irmãs, assim como as larvas que elas cuidam. Machos são produzidos somente depois de a colônia ter alcançado um tamanho substancial, o que geralmente leva vários anos. A rainha produz machos deliberadamente, liberando ovos não fertilizados. Machos são, portanto, todos haploides, desenvolvidos partenogeneticamente sem a contribuição de esperma. Machos são alados e não trabalham; eles são eventualmente expulsos da colônia por operárias. Ao mesmo tempo, talvez por meio da alteração na qualidade do alimento fornecido para alguns embriões diploides, concentrações hormonais são alteradas, de modo que esses embriões fêmeas desenvolvem-se em reprodutoras aladas – futuras rainhas –, que deixam a colônia por um curto e agitado período de acasalamento. Machos morrem logo após a cópula, ao passo que as fêmeas acasaladas escavam novos ninhos e iniciam novas colônias.

Observe que a prole fêmea da rainha obtém metade dos alelos de sua mãe, porém todos os alelos de seu pai, já que o pai é haploide e, portanto, transmite todo o seu material genético para cada filha. Em consequência, as operárias compartilham mais alelos com suas irmãs do que com suas próprias filhas, caso elas as tenham; elas, portanto, propagam mais seus próprios genótipos cuidando de suas irmãs do que formando sua própria prole.

Formigas exibem uma considerável diversidade de estilos de vida, sobre os quais há somente uma noção neste livro. Membros da maioria das espécies de formigas predam outros insetos (sobretudo cupins) e aracnídeos, mas alguns se alimentam em grande parte ou exclusivamente de produtos de excreção de outros insetos, incluindo pulgões e lagartas de borboletas. Representantes de algumas espécies de formigas (as formigas cortadeiras) cultivam ativamente jardins de fundos no interior de seus ninhos, usados como alimento. Há inclusive espécies de formigas que "escravizam": incapazes de se alimentar ou de alimentar os seus companheiros de ninho, as operárias dessas espécies capturam larvas ou pupas dos ninhos de outras formigas; operárias capturadas atendem às necessidades de seus captores com aparente indiferença.

Somente uma pequena proporção de espécies de abelhas e vespas exibem desenvolvimento social que rivalize com o das formigas; representantes da maioria das espécies de abelhas e vespas vivem solitariamente. Entre as vespas, as vespídeas (Vespidae) e esfecídeas (Sphecidae) mostram o maior grau de organização social. Entre as abelhas, a abelha comum (*Apis mellifera*) mostra um comportamento social particularmente avançado. Em ambos os grupos, as operárias são sempre fêmeas diploides, como em formigas; elas exercem muitas funções na colônia – cuidando da rainha e de sua prole, procurando por locais adequados para instalação do ninho e controlando a temperatura do ninho, por exemplo – e essas funções geralmente mudam com a idade das abelhas (as quais exibem alterações nas concentrações hormonais). Como com as formigas, os machos são sempre haploides, não fazem trabalho útil na colônia e são expulsos em algumas ocasiões. Rainhas podem acasalar por somente um curto período de tempo, armazenando suficiente esperma para o resto de sua vida.

Cupins (ordem Isoptera), derivados de algum ancestral de aspecto semelhante a uma barata, há cerca de 150 a 200 milhões de anos, evoluíram a eussociabilidade independentemente dos himenópteros. Distintamente das rainhas de himenópteros, as rainhas de cupins controlam o sexo de sua prole, portanto, operários cupins podem ser machos ou fêmeas. Em ambos os casos, os operários são sempre estéreis, e geralmente cegos. Espécies mais derivadas (avançadas) de cupins produzem castas de operários, de soldados e de reprodutores genuínos (Fig. 14.26). Em contrapartida, operários nas espécies mais basais (primitivas) são compostos por estágios imaturos desenvolvimentalmente atrasados, chamados de "**falsos operários**" ("*pseudergates*"). Falsos operários podem permanecer como trabalhadores por toda a vida, ou, ainda, sofrer metamorfose para cupins reprodutores alados e formar novas colônias, ou para reprodutores ou, soldados na mesma colônia. Soldados são geralmente cegos e portam mandíbulas enormes e muito esclerotizadas (Fig. 14.26c), as quais são usadas para defender a colônia contra invasores. Soldados também utilizam uma variedade de defesas químicas. O destino de operários é regulado por um sistema complexo de produção de feromônio por rainhas e por soldados, os quais, por sua vez, regulam concentrações hormonais nos falsos trabalhadores.

Superclasse Crustacea

Características diagnósticas: 1) a cabeça porta cinco pares de apêndices, incluindo dois pares de antenas; 2) o desenvolvimento inclui uma forma larval triangular (o náuplio) contendo três pares de apêndices e um único olho mediano (mesmo espécies que eclodem em um estágio mais avançado passam pelo estágio de náuplio).

A maior parte das aproximadamente 42 mil espécies de crustáceos está dividida em seis classes principais.

Classe Malacostraca

Características diagnósticas: 1) tórax com oito segmentos, abdome com 6 a 7 segmentos, mais um télson; 2) apêndices no terceiro segmento abdominal achatados, formando urópodes.

A subclasse Malacostraca contém cerca de 60% de todas as espécies descritas de Crustacea, incluindo decápodes, eufásidos, estomatópodes, isópodes e anfípodes. Os malacostracos mais familiares, como os caranguejos, caranguejos-ermitões, camarões e lagostas, são decápodes. O corpo básico malacostraco é tripartido, consistindo em **cabeça**, **tórax** e **abdome** (Fig. 14.27a). Enquanto a cabeça e

(a)

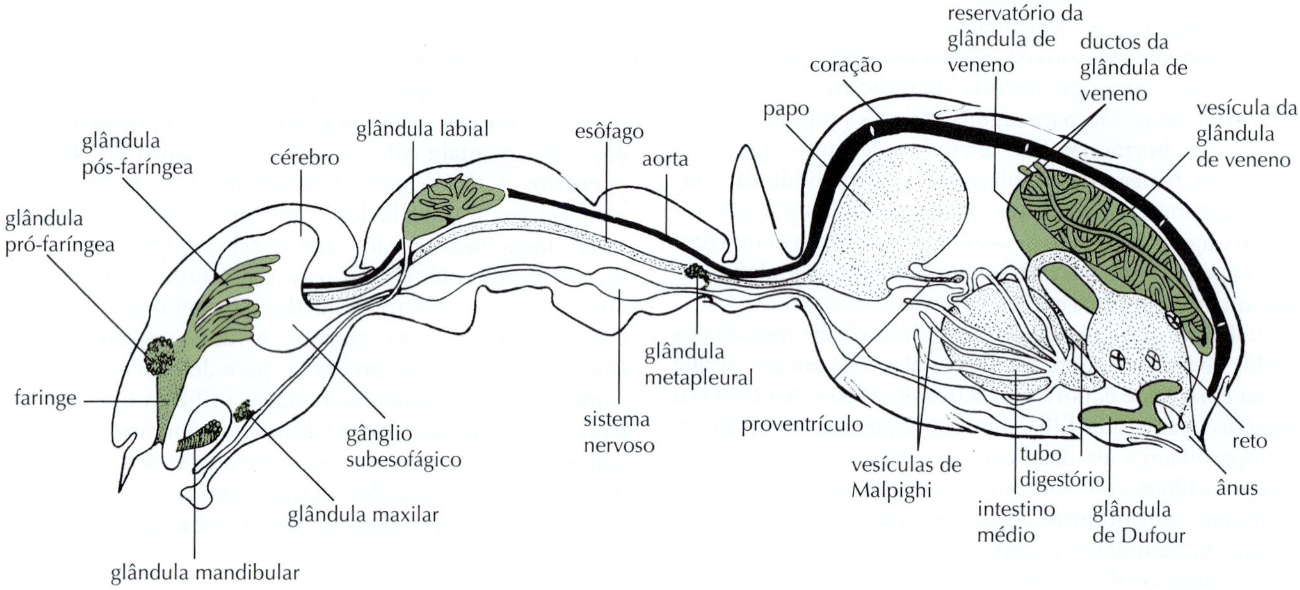

(b)

Figura 14.25

(a) Uma formiga operária do gênero *Formica*. (b) Secção sagital de uma operária de *Formica*, mostrando a anatomia interna, incluindo as numerosas glândulas exócrinas (em verde), as quais liberam produtos para fora do corpo. Secreções das glândulas de Dufour são principalmente envolvidas na sinalização de alarme e no recrutamento de companheiras para forrageamento, ataque ou defesa; a glândula de veneno produz ácido fórmico para marcação de trilhas ou venenos usados na predação e na defesa; as glândulas mandibulares produzem feromônios de defesa e de alarme; as glândulas metapleurais secretam antibióticos, protegendo a superfície do corpo e o próprio ninho contra infecções microbianas.

Reimpressa, com permissão, dos publicantes de "The Ants", de Bert Hölldobler e Edward O. Wilson (segundo Gosswald, 1985, segundo Otto, 1962), Cambridge, Mass: The Belknap Press of Harvard University Press. Copyright © 1990 por Bert Hölldobler e Edward O. Wilson.

o tórax dos insetos são separados por uma articulação flexível, a cabeça e o tórax dos crustáceos são sempre rigidamente fusionados. A cabeça e o tórax podem ser cobertos por uma **carapaça**, que se estende posteriormente a partir da cabeça, e, portanto, pode funcionar como uma unidade, o **cefalotórax**. Em algumas espécies, a carapaça contém uma projeção anterior proeminente, chamada de **rostro**. **Olhos compostos** grandes e pedunculados são conspícuos, como são também dois pares de apêndices cefálicos, a primeira e a segunda **antenas**. Frequentemente, na literatura zoológica, o primeiro par de antenas é conhecido como "antênulas", e o segundo par é referido simplesmente como as "antenas". Insetos (e miriápodes) contêm somente um par de antenas, aparentemente uma perda secundária. Em malacostracos, ambos os pares de antenas são principalmente sensoriais. Em outros grupos crustáceos, as segundas antenas também atuam na alimentação, na locomoção e no acasalamento. Além dos dois pares de antenas, a cabeça malacostraca porta três pares de pequenos apêndices, que estão envolvidos na alimentação e na geração de correntes respiratórias. Esses apêndices são, em sequência a partir da boca e em direção posterior, as **mandíbulas** (que moem o alimento) e as primeiras e segundas **maxilas** (que geram correntes de água e manipulam alimento). Os oito segmentos seguintes do cefalotórax são segmentos torácicos, geralmente contendo, em sequência, o primeiro, segundo e terceiro **maxilípedes**

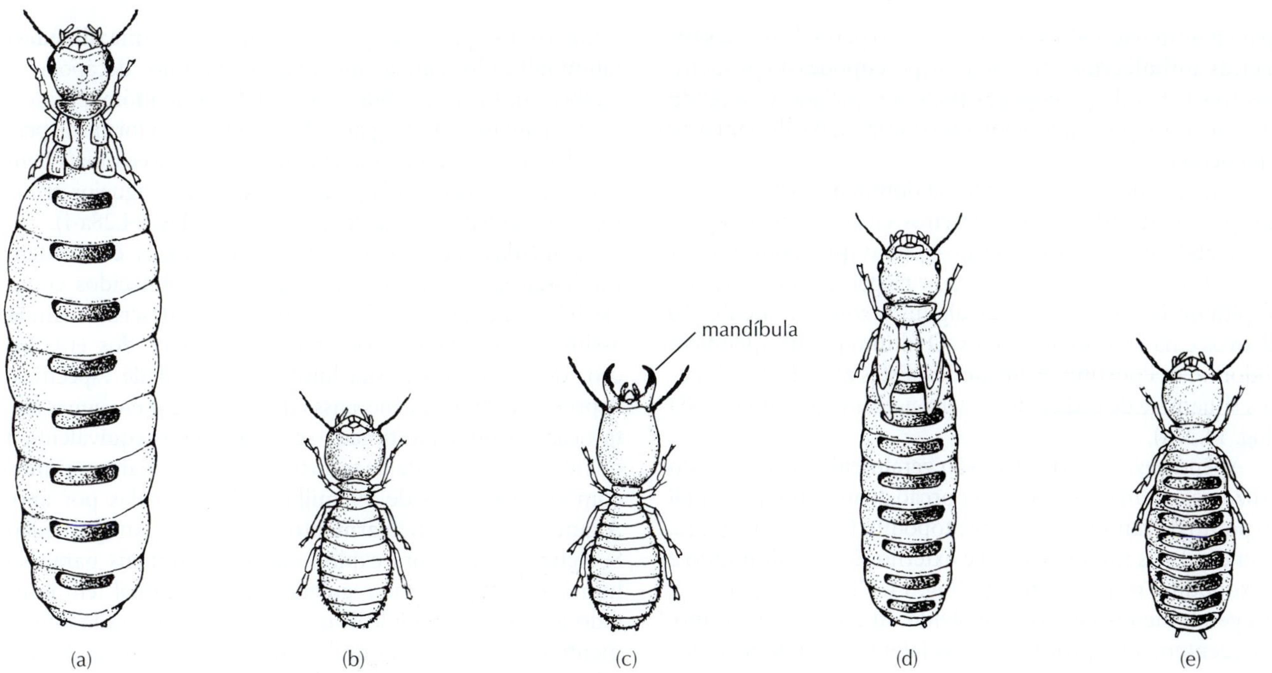

Figura 14.26

Membros de castas femininas do cupim *Ameritermes hastatus*, todos desenhados na mesma escala. (a) Rainha. (b) Operária. (c) Soldado. (d) Rainha secundária. (e) Rainha terciária. Rainhas suplementares (d, e) substituem a rainha original quando ela morre. Observe as grandes mandíbulas do soldado (c).

Reimpressa, com permissão, dos publicantes de *The Insect Societies* de Edward O. Wilson (segundo Atkins, 1978; segundo Skaife, 1954), Cambridge, Mass.: The Belknap Press of Harvard University Press. Copyright © 1971 pelo Presidente e colaboradores da Harvard College.

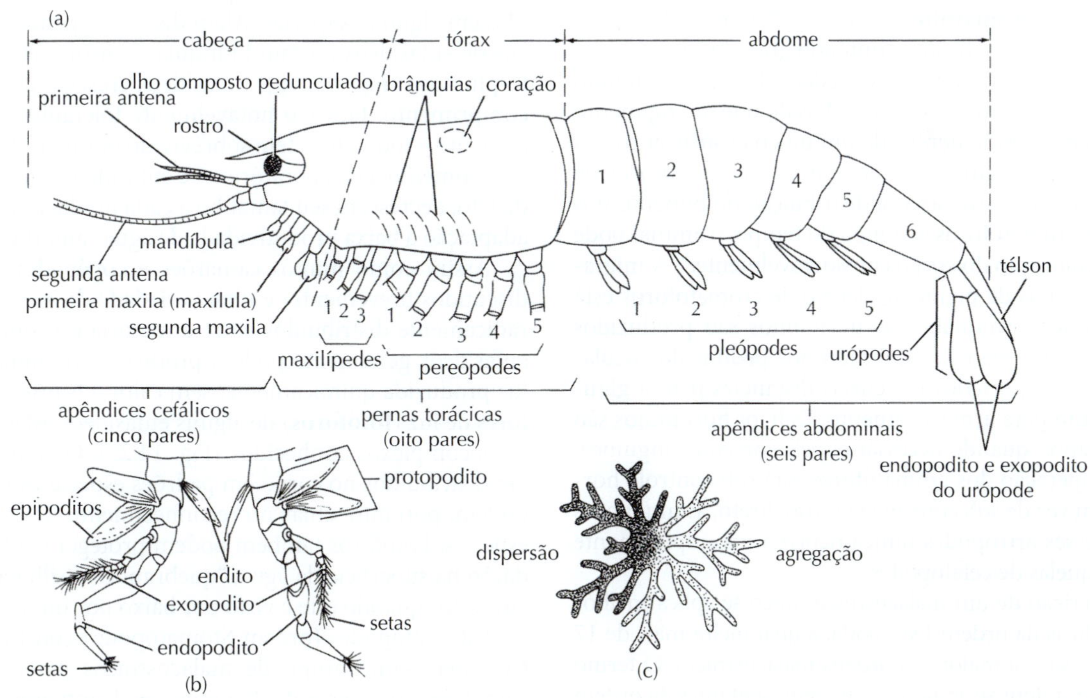

Figura 14.27

(a) Anatomia geral externa de um crustáceo, mostrando a cabeça, o tórax, o abdome e as bases dos apêndices associados. O animal ilustrado é um decápode. (b) Ilustração de apêndices birremes. (c) Padrões de dispersão de pigmento em cromatóforos de crustáceos. Na configuração dispersa, a cutícula torna-se escura; a agregação do pigmento dentro dos cromatóforos torna a cutícula mais clara. O movimento de pigmento dentro dos cromatóforos está sob controle hormonal em resposta a mudanças nas intensidades de luz.

(a) Modificada de Russell-Hunter e outras fontes. (c) De Weber, 1983. *American Zoologist*. Thousand Oaks, California, American Society of Zoologists.

(para manipulação do alimento) e cinco pares de **pernas torácicas ambulacrais**, chamadas de **pereópodes**. O primeiro dos três pares de pereópodes pode ser quelado (contendo uma quela ou pinça), funcionando também na alimentação e na defesa.

Cada um dos seis segmentos abdominais porta também um par de apêndices. Os primeiros cinco pares de apêndices abdominais são referidos como **pleópodes**; estes atuam principalmente na natação e na geração de correntes respiratórias e, em fêmeas de alguns táxons, na incubação de ovos e na criação de juvenis. O último par de apêndices abdominais constitui os **urópodes**. Estes apêndices achatados situam-se de cada lado do télson, formando uma cauda (Fig. 14.27a).

Apêndices malacostracos são geralmente birremes; isto é dizer, eles têm dois ramos. A porção do membro proximal ao ponto de ramificação é o protopodito (*proto* = do grego, primeiro). Os ramos interno e externo são o endopodito e o exopodito, respectivamente (Fig. 14.27b). O exopodito é, em geral, menos bem desenvolvido do que o endopodito. Frequentemente, protuberâncias laterais estendem-se dos próprios protopoditos; epipoditos, por exemplo, muitas vezes funcionam como brânquias ou como limpadores de brânquias. Alguns apêndices de crustáceos não possuem mais o endopodito e o exopodito e são, portanto, secundariamente unirremes (com um ramo). As primeiras antenas e as maxilas de lagostas, por exemplo, são birremes, ao passo que as segundas antenas e os apêndices torácicos (pereópodes) são unirremes. Os apêndices abdominais são birremes, uma característica exclusivamente malacostraca.

A superfície do corpo de muitas espécies malacostracas é coberta com **cromatóforos** (Fig. 14.27c), os quais são células altamente ramificadas contendo grânulos de pigmento. Os pigmentos são de uma variedade de cores, incluindo vermelho, preto, amarelo e azul. Mais do que um pigmento pode ser encontrado dentro de um único cromatóforo, e a distribuição do pigmento difere entre os cromatóforos de um único animal. Ao variar a distribuição do pimento nos diferentes cromatóforos ao longo do tempo, o animal pode alterar a coloração do corpo consideravelmente.[18] A migração de grânulos de pigmento dentro de cromatóforos está sob controle hormonal.[19] Os hormônios são produzidos pelo chamado órgão X, localizado nos pedúnculos oculares, e são transportados em curtas distâncias para a **glândula de sino** para armazenamento. Dali, os hormônios são transportados, quando necessário, pela corrente sanguínea. Como a operação dos cromatóforos está sob controle hormonal, em vez de sob controle nervoso direto, as mudanças na cor desses artrópodes nunca ocorrem tão rapidamente quanto aquelas de cefalópodes.

A descrição de um malacostraco típico se aplica melhor aos membros da ordem Decapoda, a qual inclui mais de 17 mil espécies e é a maior das ordens malacostracas. O termo "decápode" refere-se ao fato de que representantes da ordem Decapoda têm somente dez pernas torácicas (cinco pares); os primeiros três pares de apêndices torácicos (os **maxilípedes**) são modificados para a alimentação. O termo "decápode" é também útil para lembrar que o abdome e o tórax, juntos, contêm um total de dez pares de apêndices em forma de pernas. Decápodes são provavelmente os crustáceos mais bem conhecidos e incluem lagostas, lagostins, caranguejos-ermitões, caranguejos verdadeiros e camarões (Fig. 14.28a-f).

Uma das menores ordens malacostracas é a ordem Euphasiacea, cujos membros são mais conhecidos como "krill". Somente cerca de 85 espécies são descritas. Ainda assim, a importância comercial e ecológica dos eufasiáceos de longe excede sua limitada diversidade específica. A produção anual de biomassa de eufasiáceos em águas antárticas, sozinha, é estimada ser pelo menos equivalente à quantidade explorada de todos os outros animais marinhos combinados, cerca de 99 milhões de toneladas por ano. Alguns países, particularmente o Japão e a antiga União Soviética, estão agora explorando esses animais para uso humano. Uma agência reguladora internacional tem limitado a quantidade de krill que pode ser capturada anualmente em cerca de 1,5 milhão de toneladas, mais do que três vezes a quantidade atualmente explorada. O impacto ecológico do crescimento da explotação de krill é incerta: eufasídeos constituem a dieta principal de focas e de muitas espécies de baleias e aves marinhas; algumas baleias consumem talvez quatro toneladas de krill por dia.

O krill tem uma aparência geral de camarão decápode, exceto por ter oito pares de pernas ambulacrais torácicas, em vez de cinco pares (Fig. 14.28g); nenhuma das pernas torácicas é especializada como os maxilípedes, embora o oitavo e, às vezes, o sétimo par sejam reduzidos em tamanho em algumas espécies. Além disso, os apêndices torácicos de eufasídeos portam brânquias conspícuas, de aspecto plumoso (Fig. 14.28g). Eufasídeos crescem até 6 cm de comprimento. Eles são notavelmente tolerantes à falta de alimento – indivíduos têm sobrevivido por mais de 200 dias sem alimento, em laboratório –, e eufasídeos sem alimento, de fato, decrescem seu tamanho a cada muda, uma possível adaptação à baixa produtividade de águas antárticas.

Assim como muitos camarões e copépodes (a serem discutidos brevemente) e uma variedade de animais esporadicamente distribuídos entre a maioria dos outros filos, eufasídeos geralmente podem produzir bioluminescência: luz produzida quimicamente, sem calor. Os órgãos produtores de luz (**fotóforos**) de alguns eufasídeos estão entre os mais complexos conhecidos (Fig. 14.29). Os fotóforos estão distribuídos no corpo em padrões espécie-específicos e podem, portanto, atuar no reconhecimento de parceiros e espécies. Fotóforos também podem proteger contra a predação na superfície da água, "quebrando" a silhueta de um eufasídeo quando este é visto por baixo por um predador.

Estomatópodes (ordem Stomatopoda) constituem outro interessante grupo de malacostracos parecidos com camarões, com cerca de 350 espécies. Estomatópodes são, porém, grandes (até 35 cm de comprimento) e violentos carnívoros habitantes de fundo. Diferentemente daqueles de eufasídeos, os apêndices abdominais de estomatópodes portam brânquias conspícuas. Estomatópodes lembram caranguejos achatados, mas, não sendo decápodes, têm oito pares de pernas torácicas, como os eufasídeos. O segundo

[18]Ver *Tópicos para posterior discussão e investigação*, nº 21, no final deste capítulo.

[19]Ver *Tópicos para posterior discussão e investigação*, nº 12, no final deste capítulo.

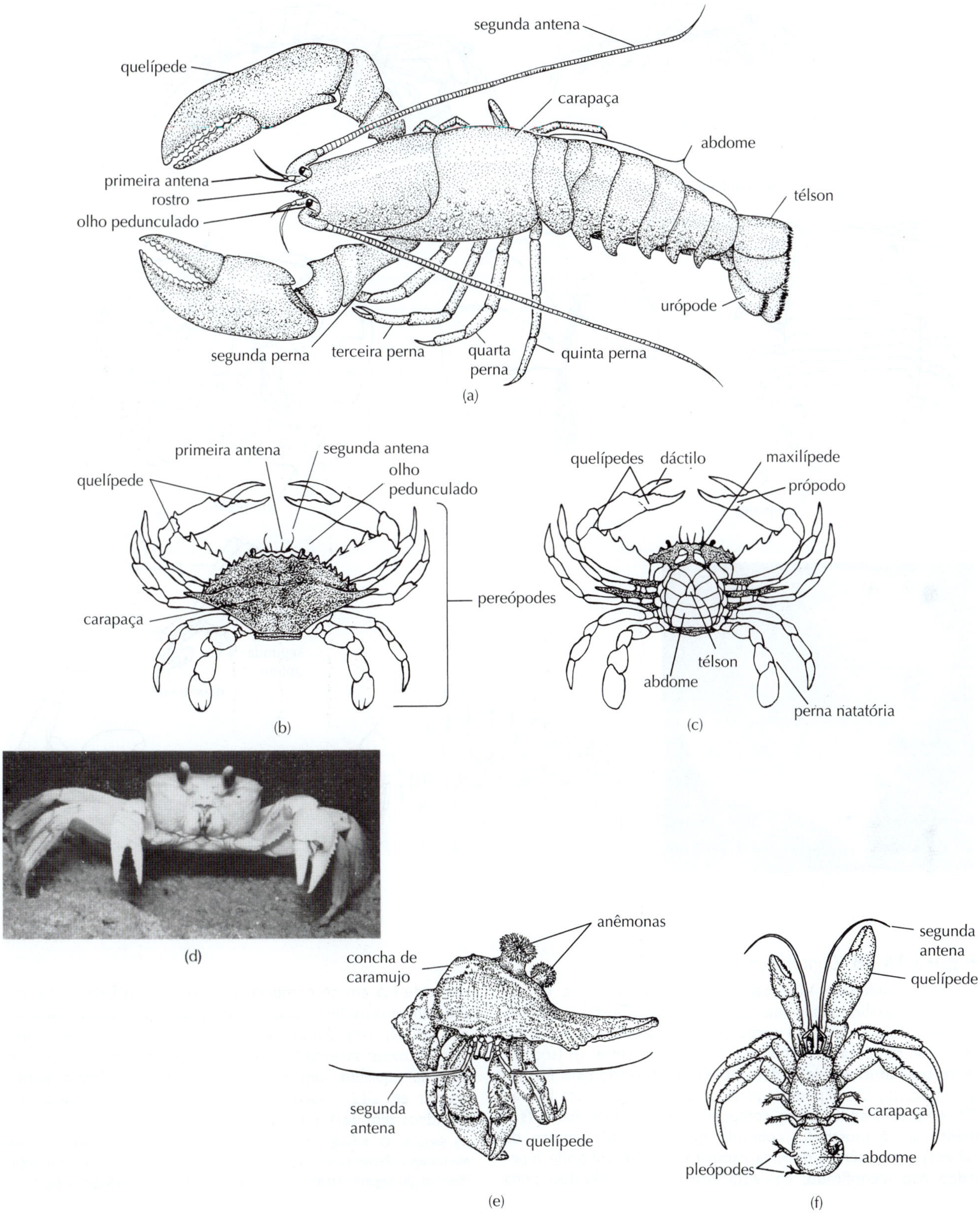

Figura 14.28

Diversidade malacostraca. (a) Uma lagosta, *Homarus americanus*. O grande apêndice (quelípede) é o equivalente da primeira perna torácica (pereópode), ilustrada na Fig. 14.27a. (b) Vista dorsal do siri-azul, *Callinectes sapidus*. O quinto par de pernas torácicas torna-se modificado em remos achatados para natação. (c) Vista ventral do mesmo indivíduo em (b), mostrando o abdome (fêmea). O abdome pode ser afastado do corpo para revelar os apêndices abdominais (pleópodes) especializados para cópula, em machos, ou para carregar ovos, em fêmeas. (d) Foto de um caranguejo marinho. (e) Caranguejo-ermitão dentro de uma concha gastrópode. Várias dezenas de espécies de caranguejos-ermitões posicionam deliberadamente anêmonas-do-mar sobre suas conchas, ganhando proteção adicional contra predadores e provendo às anêmonas um substrato firme e móvel, em retribuição. (f) O mesmo indivíduo em (e), removido de sua concha; observe o abdome mole, o qual não é recolhido sob o corpo. *(Continua na próxima página.)*

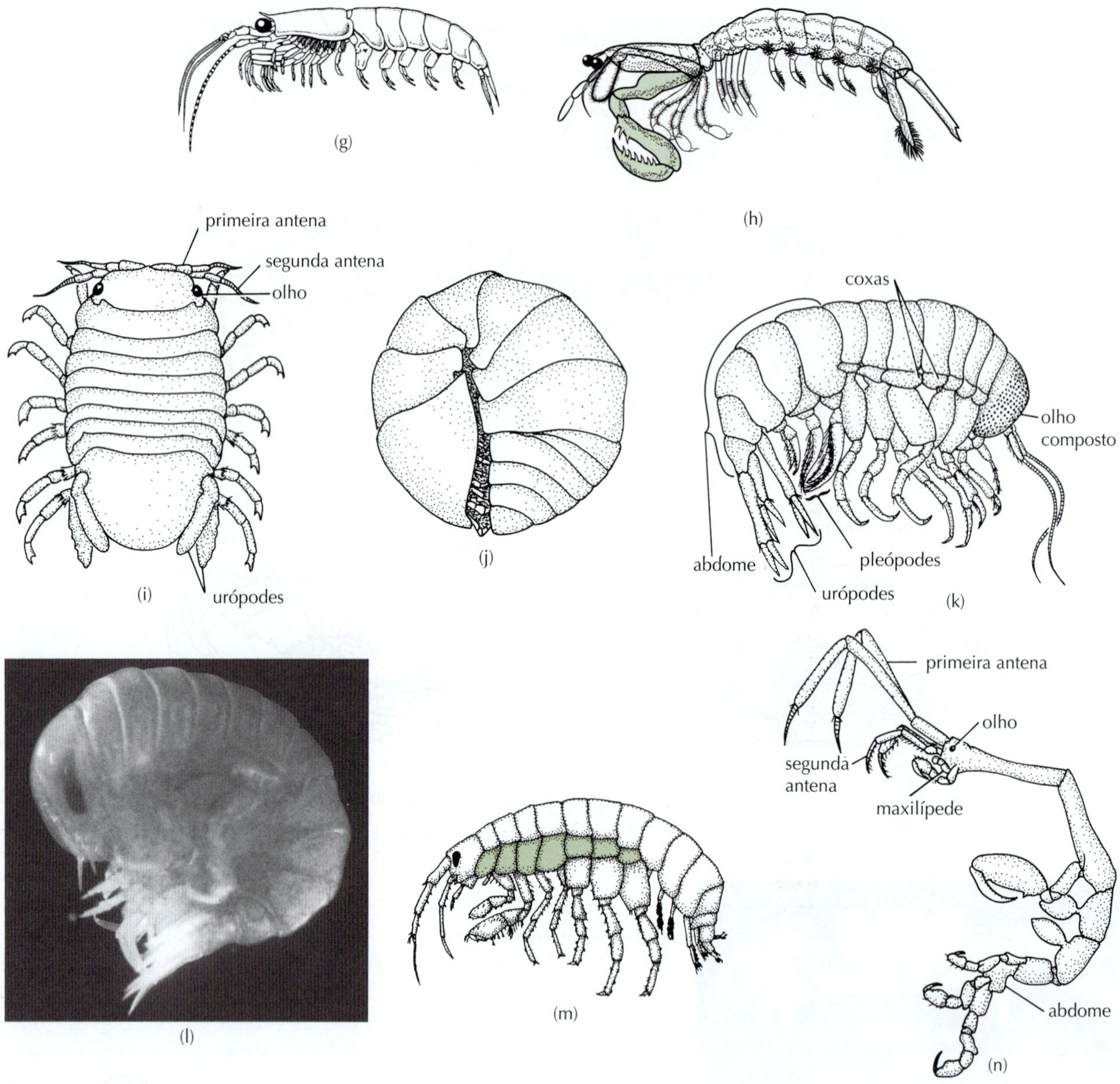

Figura 14.28 *(Continuação)*

(g) Um eufasídeo. (h) Vista lateral de um estomatópode. (i) Um isópode marinho, *Sphaeroma quadridentatum*. Observe o achatamento dorsoventral do corpo, as antenas unirremes e a ausência de carapaça. Os olhos não são pedunculados. (j) Isópode terrestre (tatuzinho-de-jardim, tatu-bola) enrolado para formar uma bola. (k) O anfípode *Hyperia gaudichaudii*, em vista lateral. Observe os grandes olhos compostos, não pedunculados (somente um é mostrado, cobrindo quase um lado inteiro da cabeça) e a ausência de uma carapaça. (l) Um anfípode hiperídeo não identificado, em vista lateral. Este indivíduo tinha cerca de 0,5 cm de comprimento. Observe a falta de carapaça e os enormes olhos compostos (olho do outro lado na cabeça não visível). (m) Um anfípode gamarídeo generalizado, com as placas coxais salientadas em verde. (n) O anfípode incomum *Caprella equilibra*, um animal altamente modificado para se agarrar em algas, hidroides e outros substratos. Anfípodes caprelídeos têm de 1 a 32 mm de comprimento.

(c) Segundo D. Krauss. (d) © William H. Lang. (h) Baseada em: *Comparative Morphology of Recent Crustacea* por McLaughlin, 1980. (i) Segundo Harger. (j) Segundo Pimental. (k) Segundo Stebbing. (l) Photo © J. A. Pechenik. (n) Segundo Light.

par é grande e extremamente poderoso, modificado para bater em (esmagar) presas com concha ou carapaça rígida, como bivalves, gastrópodes e caranguejos, ou para capturar peixes e outras presas de corpo mole (Fig. 14.28h). Estomatópodes lidam com suas presas com impressionante velocidade; as pernas raptoriais especializadas são relatadas batendo em suas vítimas com velocidades de até 1.000 cm/seg. Nesse aspecto, estomatópodes lembram os mantídeos terrestres (Insecta, Mantodea – "louva-a-deus") e, portanto, são comumente conhecidos como "camarão louva-a-deus". Os estomatópodes são únicos entre os crutáceos por terem uma cabeça articulada, possibilitando que as porções anterior e posterior se movimentem independentemente, adicionando essa similaridade com os louva-a-deus. Eles

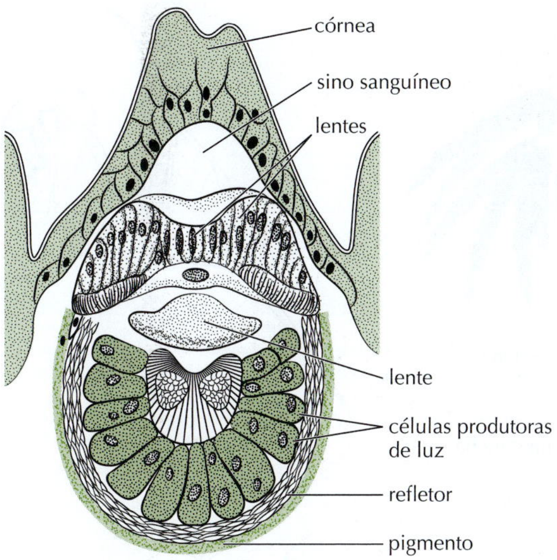

Figura 14.29

Um fotóforo complexo do eufasídeo *Meganyctiphanes norvegica*. Esses órgãos produzem luz intracelularmente e são distribuídos em padrões espécie-específicos nos apêndices e ventralmente no tórax e no abdome.

Baseada em J. A. Colin Nichol, em *The Biology of Marine Animals*, 2d ed. 1967.

também possuem olhos compostos particularmente incríveis, com provavelmente o mais completo conjunto conhecido de receptores de cores.*

A maioria dos estomatópodes é tropical, mas algumas espécies se dão muito bem em áreas temperadas. Eles vivem geralmente em tocas - em pedras, corais ou lodo - em águas rasas.

Duas das maiores ordens de crustáceos malacostracos não decápodes são os Isopoda e os Amphipoda. A ordem Isopoda contém pelo menos 10 mil espécies, aproximadamente tantas espécies quanto as descritas em Decapoda. A maior parte dos isópodes é marinha, embora ocorram tanto espécies de água doce quanto terrestres (incluindo os familiares "tatuzinhos-de-jardim" ou "tatus-bola"). Distintamente dos decápodes, isópodes não apresentam carapaça. Além disso, eles têm um único par de maxilípedes, ao contrário dos três pares encontrados em Decapoda, e suas primeiras antenas são unirremes, em comparação primeiras antenas birremes de decápodes. Isópodes tendem a ser pequenos, com cerca de 0,5 a 3,0 cm de comprimento. Olhos compostos, se presentes, não estão em pedúnculos móveis. Isópodes são caracteristicamente achatados dorsoventralmente (Fig. 14.28i) e executam as trocas gasosas através de pleópodes achatados. Portanto, apêndices respiratórios estão associados ao abdome. Algumas espécies de isópodes terrestres possuem um sistema de traqueias. Esse é um outro exemplo de evolução convergente, na qual dois ou mais grupos de animais independentemente evoluíram adaptações similares em resposta a pressões seletivas também similares. Nesse caso, como em insetos e aracnídeos, a seleção tem favorecido a internalização do sistema respiratório como um meio de deter a perda de água em um ambiente terrestre.

*Chiou, T. H. et al., 2008. *Current Biol.* 18:429-34.

Ao contrário dos isópodes, membros da ordem Amphipoda tendem a ser achatados lateralmente (Fig. 14.28k-m). Novamente, nenhuma carapaça está presente, os indivíduos possuem somente um par de maxilípedes e olhos sésseis. Cerca de 6 mil espécies de anfípodes foram descritas, principalmente de água salgada. Contudo, muitas espécies ocupam hábitats de água doce e algumas outras são terrestres. Contrastando com os isópodes, as brânquias de anfípodes são encontradas no tórax, presas aos pereópodes. Em muitas espécies, uma parte do protopodito (a **coxa**) de cada um dos vários pares de apêndices anteriores é modificada em uma grande bainha achatada (Fig. 14.28m), contribuindo significativamente para a aparência achatada do corpo anfípode.

Classe Branchiopoda

Branquiópodos são um grupo diverso de pequenos crustáceos, principalmente de água doce. Em cada apêndice torácico, a **coxa** (um dos segmentos basais do apêndice crustáceo típico) é modificada para formar um grande "remo" achatado; este remo funciona nas trocas gasosas e na locomoção, dando origem ao nome da classe (*branchio* = do grego, uma brânquia; *pod* = do grego, pé). A maioria das espécies é de filtradores, embora algumas sejam carnívoras. Os corpos da maioria dos branquiópodes são, ao menos parcialmente, encobertos por uma carapaça bivalve (Fig. 14.30a-c). Entretanto, em algumas espécies de camarões anostracos (artemídeos e o camarão-fada de água doce) a carapaça está completamente ausente (Fig. 14.30d). O bem conhecido camarão *Artemia salina* é encontrado em águas cujas salinidades variam de cerca de 0,1 a 10 vezes a concentração de sal das águas de mar aberto. Os ovos fertilizados desta espécie são comumente comercializados como "*sea monkeys*". Camarões anostracos são também restritos a ambientes hostis (lagoas temporárias). Presumivelmente, anostracos prosperam nesses ambientes estressantes porque seus principais predadores não o fazem. Ambos os grupos produzem ovos de resistência que suportam temperaturas extremas e dessecação.

Das cerca de 800 espécies de branquiópodes até agora descritas, pelo menos 50% estão contidas na ordem Cladocera, as pulgas-d'água. Cladóceros, incluindo o conhecido gênero *Daphnia* (Fig. 14.30a, b), dominam o zooplâncton de lagos de água doce, embora algumas espécies sejam marinhas. Todas as espécies são microscópicas, com a maior parte do corpo contida dentro de uma carapaça bivalve. Projetando-se da carapaça, está a cabeça, contendo um par de grandes segundas antenas birremes, que são usadas para propelir o animal pela água. As primeiras antenas e as segundas maxilas são muito reduzidas. A região torácica porta de cinco a seis pares de apêndices, os quais geram correntes de alimentação e respiratórias; partículas de alimento são filtradas da água por finas setas nesses apêndices. Não há apêndices abdominais. A cabeça contém, além das segundas antenas, um único e enorme olho composto, formado pela fusão dos olhos compostos ancestrais de cada lado da cabeça.

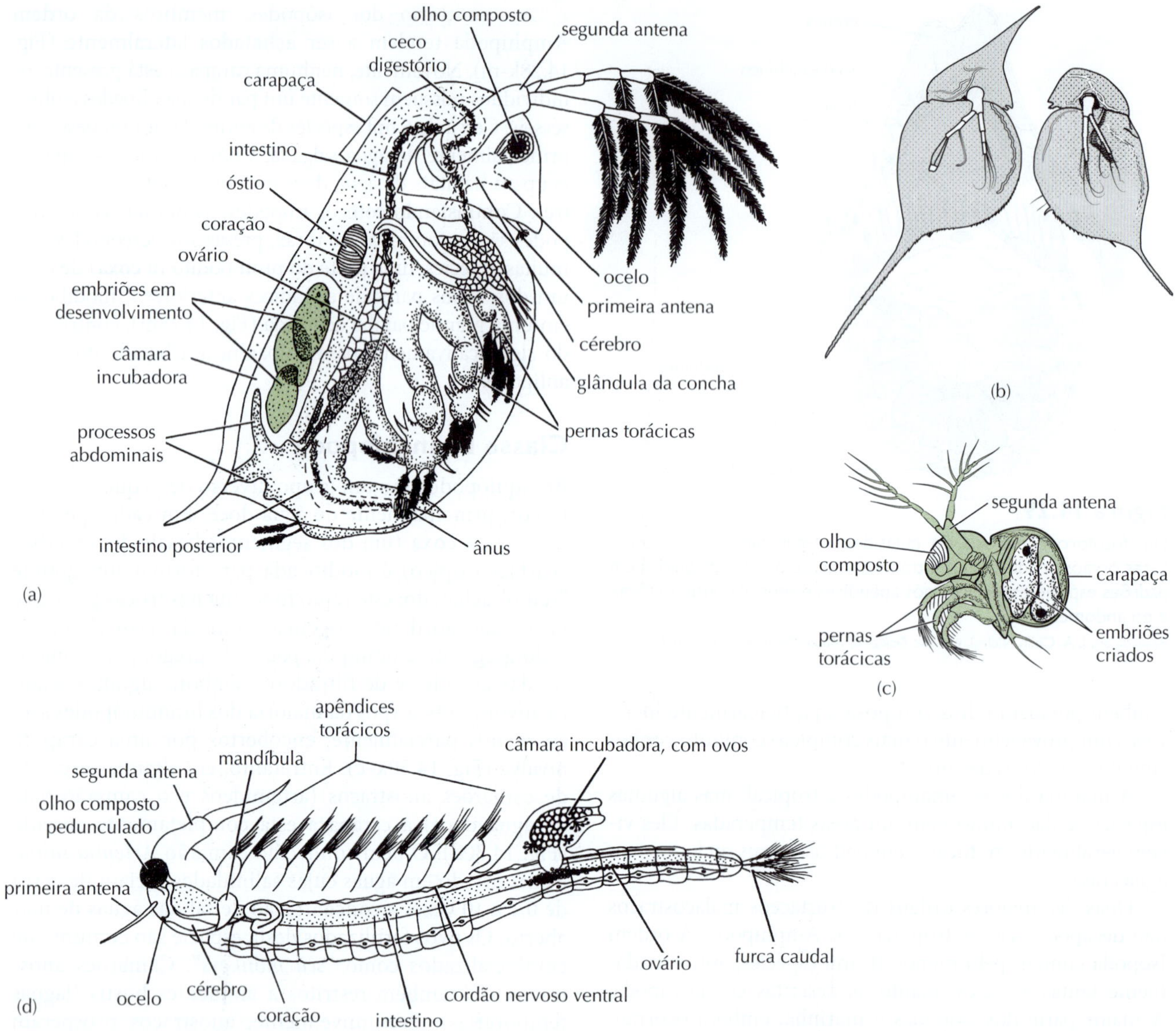

Figura 14.30

Diversidade branquiópode. (a) *Daphnia pulex* (fêmea), a pulga-de-água-doce. Exceto pela cabeça, a maior pate do corpo situa-se dentro de uma carapaça similar à de bivalves, lateralmente achatada. As longas segundas antenas birremes são os principais apêndices locomotores de cladóceros. Os olhos compostos são pares e sésseis (não pedunculados). (b) Plasticidade fenotípica no cladócero *Daphnia cucullata*. Os animais foram criados na presença (à esquerda) ou na ausência (à direita) de predadores, o que teve notáveis efeitos no desenvolvimento, particularmente no tamanho da cabeça ("capacete"). Indivíduos com os capacetes maiores eram muito menos vulneráveis a predadores em experimentos controlados. Um outro cladócero: (c) *Podon intermedius*. Cladócero que varia de umas poucas centenas de micra a quase 2 cm de comprimento. (d) *Artemia salina*, em sua posição natural de natação. A artêmia pode atingir comprimentos de cerca de 1 cm e possui um par de olhos compostos pedunculados.

(a) Segundo Pennak; segundo Claus. (b) Baseada em A. Agrawal et al., 1999. *Nature* 401:60-63. (c) Baseada em G. Hutchinson, *A Treatise on Limnology*, Vol. 2. 1967. (d) Segundo Brown; segundo Lochhead.

O olho não é pedunculado, mas pode ser girado em diversas direções por musculatura associada. Algumas espécies cladóceras mostram alterações sazonais na morfologia (**ciclomorfose**), aparentemente como uma adpatação contra o aparecimento sazonal de alguns predadores de tamanhos específicos (ver também Quadro Foco de pesquisa 10.1, descrevendo o mesmo fenômeno em rotíferos de água doce). *Daphnia,* a pulga d'água, foi o primeiro crustáceo a ter seu genoma completamente sequenciado, em 2011. Notavelmente, ele contém quase 30% mais genes do que o genoma humano.

Representantes de um outro grupo branquiópode, os triops (Notostraca) não têm segundas antenas; somente um vestígio permanece. Claramente, o plano básico branquiópode é muito plástico. Recentes dados moleculares indicam que os branquiópodes compartilham um ancestral comum com hexápodes (Fig. 14.42), sugerindo que insetos evoluíram de ancestrais crustáceos.

Classe Ostracoda

Características diagnósticas: 1) a cabeça e o corpo são contidos em uma carapaça bivalve, que não apresenta anéis concêntricos de crescimento; 2) o tronco possui não mais do que dois pares de apêndices locomotores.

Ostracodes são pequenos (raramente maiores do que poucos milímetros de diâmetro), mas amplamente distribuídos crustáceos, comuns tanto em hábitats marinhos quanto de água doce. Notavelmente, poucas espécies são terrestres. Ostracodes são na maior parte cabeça; o restante do corpo é muito reduzido, portando no máximo dois pares de apêndices (menos do que qualquer outro crustáceo) e sem qualquer sinal externo de segmentação. O corpo é completamente contido dentro de uma carapaça bivalve parcialmente calcificada (Fig. 14.31). A maioria das cerca de 6.650 espécies é de vida livre, embora alguns ostracodes sejam comensais com outros crustáceos ou com alguns equinodermos; não há ostracodes parasitos. Outras 10 mil espécies de ostracodes são conhecidas somente de fósseis, com um extenso registro estendendo-se até 530 milhões de anos atrás.

Poucas espécies atuais são completamente planctônicas, mas a maioria dos ostracodes deixa o substrato somente periodicamente, usando suas primeiras ou segundas antenas, ou, algumas vezes, ambas, para a natação. Algumas espécies são completamente bentônicas, habitantes de fundo, em alguns casos escavando no sedimento. Ostracodes incluem espécies carnívoras, alimentadoras de suspensão, detritívoras e herbívoras.

Classe Copepoda

Características diagnósticas: 1) tórax com seis segmentos, abdome com cinco segmentos; 2) primeiro segmento do tórax fusionado à cabeça; 3) perda de todos os apêndices abdominais; 4) a maioria das espécies possui um único olho "naupliar".

A maior parte das aproximadamente 8.500 espécies na classe Copepoda é marinha e se alimenta de protistas unicelulares, livreflutuantes e fotossintetizantes, chamados de **fitoplâncton**. Copépodes são invariavelmente pequenos, geralmente com menos de 1 a 2 mm de comprimento. Algumas espécies copépodes ocorrem em lagos de água doce e lagoas, ao passo que espécies terrestres vivem no solo ou em filmes d'água em ambientes úmidos. Talvez dois terços de todas as espécies copépodes sejam planctônicas no oceano. Devido ao seu pequeno tamanho, esses copépodes estão, em grande extensão, ao sabor das correntes. Juntamente a outros animais de limitada capacidade locomotora (em relação ao movimento das correntes da água), esses copépodes formam um componente importante do **zooplâncton**. A maioria das outras espécies de copépodes é especializada para a vida dentro ou sobre substratos, formando uma parte relevante do **meiobento** (i.e., a comunidade de animais pequenos vivendo em associação com o sedimento). A locomoção de copépodes planctônicos é realizada principalmente pelas ações de um par de segundas antenas birremes, ao passo que as espécies bentônicas usam seus apêndices torácicos para caminhar sobre as superfícies.

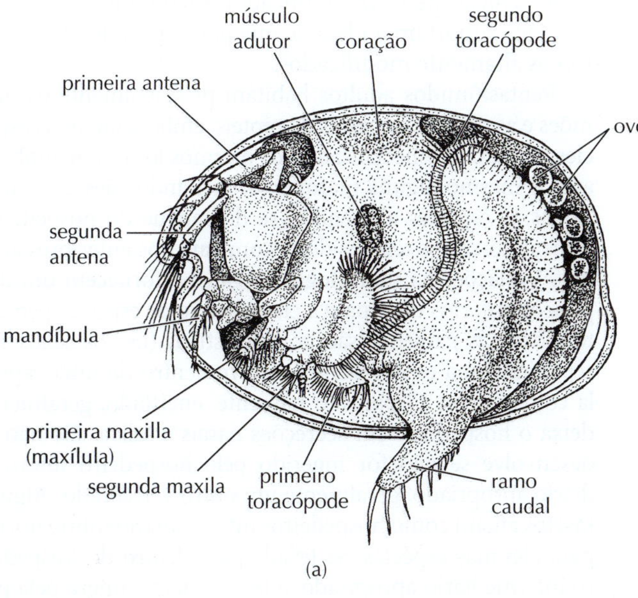

(a)

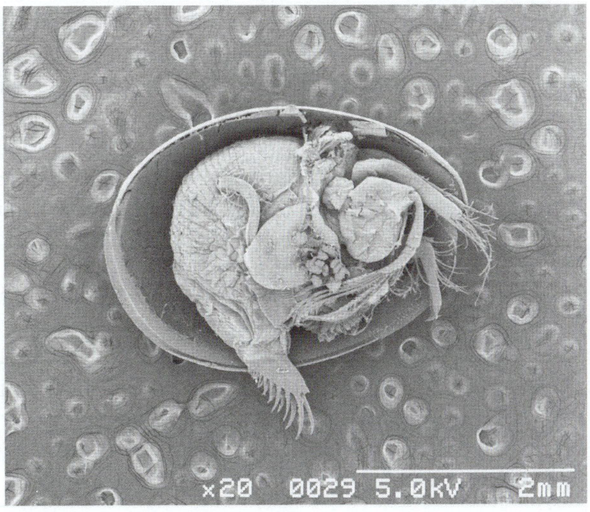

(b)

Figura 14.31

(a) Um ostracode marinho em vista lateral, com a valva esquerda removida para mostrar a estrutura interna. (b) Micrografia eletrônica de varredura do ostracode *Vargula hilgendorfi*, com uma valva removida (aumento = 20×)

Copépodes estão entre os animais mais abundantes no planeta e entre os mais importantes herbívoros do oceano. Em parte, eles coletam fitoplâncton através da ação da primeira e da segunda maxilas (Fig. 14.23a), embora os detalhes da captura de alimento sejam complexos e não completamente compreendidos (Quadro Foco de pesquisa 14.3).[20] Copépodes estão na base da cadeia alimentar oceânica em outro aspecto também. Eles são uma importante fonte de alimento para carnívoros primários, incluindo tanto larvas quanto juvenis de peixes de importância comercial.

A maior parte dos copépodes de vida livre tem um único olho mediano na cabeça (Fig. 14.32a, b, d). O olho consiste geralmente de três ocelos com lentes, duas unidades que focam para a frente e para cima e um terceiro ocelo, que é dirigido para baixo. Entretanto, há exceções; algumas espécies têm um par de olhos localizados lateralmente e com lentes conspícuas (Fig. 14.32c), ao passo que em outras espécies os olhos estão ausentes. Nenhum copépode tem olhos compostos.

Ao contrário de muitos outros crustáceos, copépodes não apresentam brânquias e apêndices abdominais. Entretanto, os outros tagmas (cabeça e tórax) portam apêndices (Fig. 14.33). A estrutura e função dos apêndices copépodes variam substancialmente de acordo com a espécie e o estilo de vida, e, frequentemente, também com o sexo do indivíduo. Uma ou ambas as primeiras antenas podem ser articuladas no macho (Fig. 14.32a [3]), funcionando para capturar fêmeas para o acasalamento, além de ter a função sensorial padrão. Adicionalmente, um ou ambos os apêndices do quinto segmento torácico podem terminar em uma garra (Fig. 14.32a [2]), a qual é usada para segurar a fêmea durante o acasalamento (Fig. 24.11a).

Embora a vida livre e a alimentação por suspensão sejam a norma para copépodes planctônicos, algumas espécies planctônicas são carnívoras, e muitas espécies bentônicas, vivendo sobre o sedimento ou entre grãos de areia, raspam partículas de alimento de substratos sólidos. Outros copépodes, cerca de 25% de todas as espécies descritas, parasitam uma variedade de vertebrados e invertebrados. Como se poderia esperar, os apêndices cefálicos e outras partes do corpo são modificados, algumas vezes de maneira extravagante, como reflexos desses diferentes estilos de vida (Fig. 14.34).

Classe Pentastomida

Características diagnósticas: 1) todas as espécies são parasitos dentro das passagens nasais de hospedeiros vertebrados; 2) o corpo contém somente dois pares de apêndices, com garras.

As afinidades taxonômicas de pestastômidos têm por muito tempo permanecido incertas. Todos os pentastômidos são parasitos internos de vertebrados, e a maioria dos caracteres de potencial diagnóstico foram perdidos; a maior parte dos aspectos da morfologia externa do adulto – e dos sistemas sensorial, digestório, excretor e reprodutivo – tornou-se altamente modificada como adaptações para uma existência exclusivamente endoparasítica (Fig. 14.35). Os estágios larvais de pentastômidos também são parasitos, com o desaparecimento ou a extrema redução associados de praticamente todas as características ontogenéticas reveladoras. O ovo fertilizado exibe clivagem espiral, então pelo menos a afiliação protostomada do grupo é clara. Todavia, um consenso para incluir pentastômidos entre os Crustacea – e mesmo entre os artrópodes – surgiu apenas recentemente; por muitos anos, Pentastomida foi considerado como um filo separado.

Em apoio à sua afiliação com artrópodes, pentastômidos mostram características de Arthropoda, como um exoesqueleto que é periodicamente trocado; musculatura estriada arranjada metamericamente; um amplo hemoceloma; e os estágios larvais geralmente possuindo três pares de apêndices. Entretanto, pentastômidos também mostram algumas características decididamente não artrópodes: as pernas larvais não são articuladas, e o adulto não possui pernas; os únicos apêndices adultos são quatro pares de ganchos quitinosos anteriores. Além disso, a cutícula pentastômida não é quitinosa. Contudo, o peso de evidências disponíveis apoia fortemente a colocação de Pentastomida em Arthropoda. Talvez a evidência mais forte de sua afinidade artrópode seja encontrada na morfologia incomum de seu espermatozoide, a qual sugere que pentastômidos são mais proximamente relacionados a um grupo de crustáceos marinhos, os Branchiura, os quais são parasitos externos (**ectoparasitos**) de peixes (ver *Detalhe taxonômico*, no final deste capítulo, p. 418). Estudos detalhados da ultraestrutura da cutícula que têm sido acumulados nos últimos 15 anos, juntamente com análises recentes de sequências de DNA codificadoras para o RNA ribossomal 18S, suportam a ideia de que pentastômidos são crustáceos altamente modificados.

Pentastômidos adultos habitam principalmente os pulmões e as passagens nasais de répteis, embora algumas espécies tenham se especializado nos mesmos locais em anfíbios, aves e mesmo alguns mamíferos, incluindo cães e cavalos. Todas as espécies alimentam-se do sangue do hospedeiro, agarrando-se aos tecidos deste com ganchos anteriores afiados. Variações na morfologia do gancho fornecem um dos poucos critérios úteis para a classificação de espécies pentastômidas. Os parasitos são gonocorísticos (i.e., os sexos são separados) e a embriogênese ocorre dentro de uma cápsula com concha. O parasito nascente, encistado, geralmente deixa o hospedeiro em secreções nasais e saliva. Ele não se desenvolve se não for ingerido pelo hospedeiro intermediário apropriado, geralmente um outro vertebrado. Alguns insetos atuam como hospedeiros intermediários obrigatórios para algumas espécies. Se levada para dentro do hospedeiro intermediário apropriado, a larva emerge, migra pela parede do intestino e desenvolve-se, então, dentro de tecidos espécie-específicos, passando por até nove mudas antes de atingir um estágio infectante para o hospedeiro definitivo final. Como com outros parasitos internos, pentastômidos

[20]Ver *Tópicos para posterior discussão e investigação*, nº 11, no final deste capítulo.

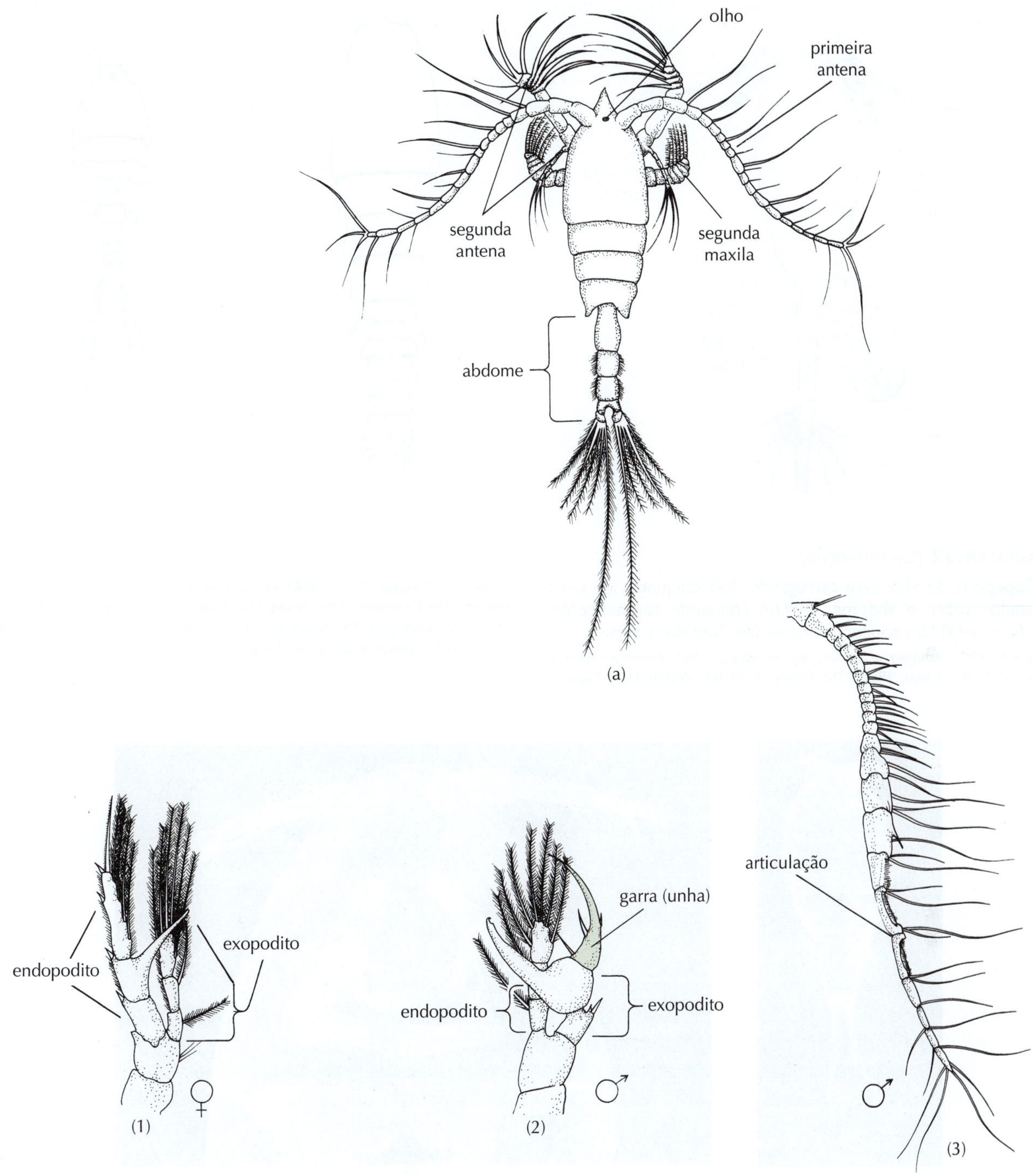

Figura 14.32

Diversidade entre copépodes de vida livre. (a) *Euchaeta prestandreae*, um copépode natante ativo típico. Apêndices copépodes: primeiros cinco apêndices torácicos direitos de uma fêmea (1) e de um macho (2) copépode, *Centropages typicus*, ilustrando o apêndice com garras do macho. A primeira antena direita do macho (3) mostra a articulação. (*Continua na próxima página.*)

não podem alcançar a maturidade sexual no hospedeiro intermediário; afinal, por isso mesmo esses hospedeiros são chamados de "intermediários". Se esse hospedeiro é ingerido pelo hospedeiro definitivo certo, o juvenil migra de volta até a faringe e, então, para o local desejado no sistema respiratório, usando suas garras perfurantes.

Em pelo menos uma espécie pentastômida, o hospedeiro intermediário pode ser suprimido. Neste único caso documentado, as larvas podem se desenvolver e tornar-se infectantes dentro do hospedeiro definitivo (cervo norueguês) e, então, em hospedeiros fêmeas, penetrando no tecido placentário, a fim de infectar diretamente a

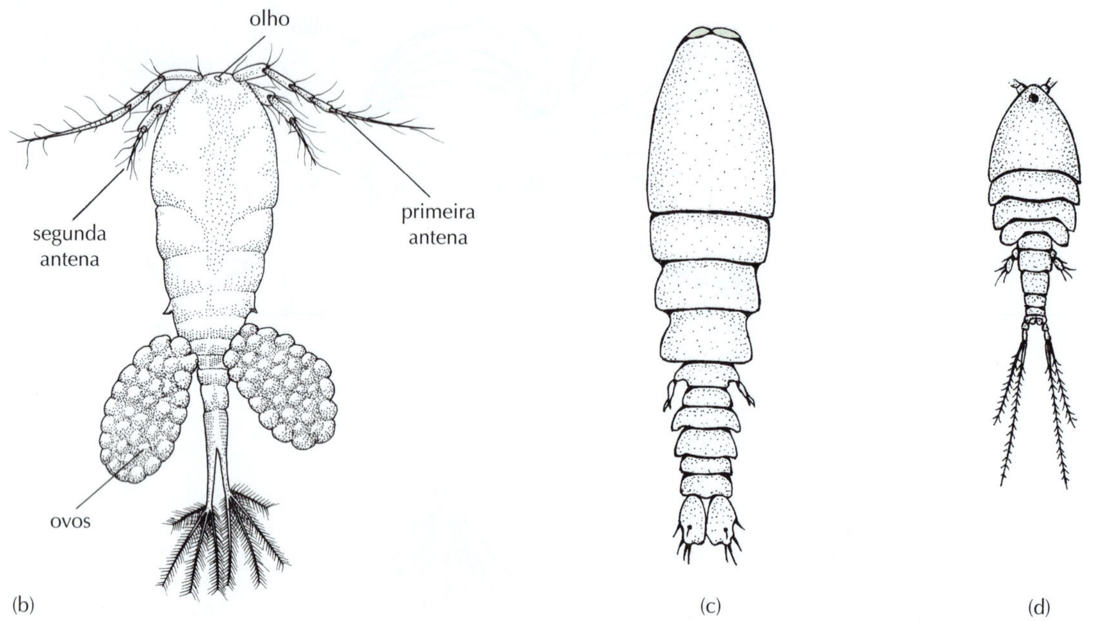

Figura 14.32 *(Continuação)*

(b) Copépode de vida livre carregando dois conjuntos de ovos fertilizados sobre o abdome. (c) Um copépode harpacticoide, *Tisbe furcata.* (d) Um copépode ciclopoide, *Sapphirina angusta.*

(a) Segundo McConnaughey e Zottoli; segundo Brady, 1883. *Challenger Reports,* Vol. 8. De C. B. Wilson, 1932, "The Copepods of the Woods Hole Region." *Smithsonian Institution Bulletin* 158. (b) De Pimentel. (c, d) Reimpressa de C. B. Wilson, "The Copepods of the Woods Hole Region," 1932, do Bureau of American Ethnology. Washington, DC: Smithsonian Institution Press, pages 197, 343, 354, com permissão do publicante. Copyright 1932.

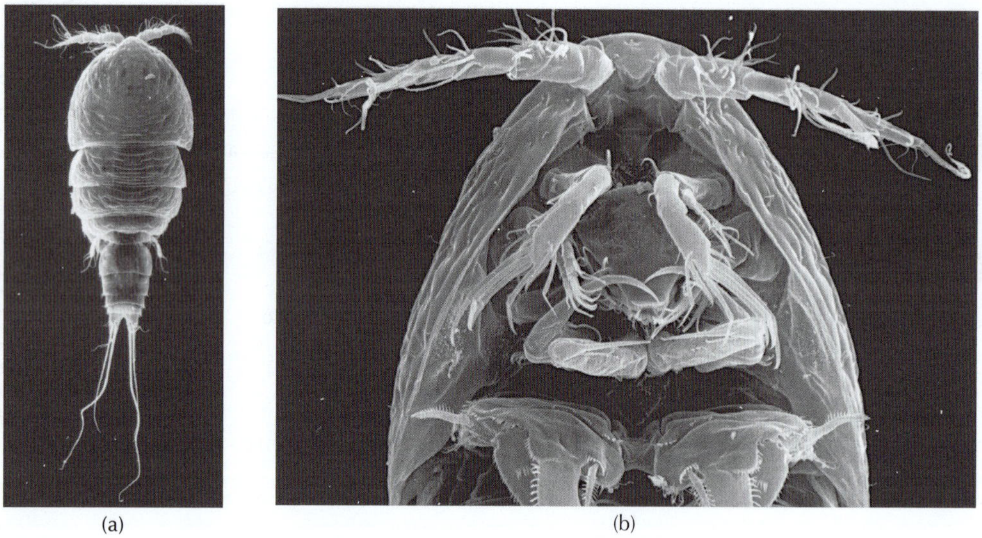

Figura 14.33

(a) Micrografia eletrônica de varredura de um copépode ciclopoide de vida livre, em vista dorsal. O comprimento total é de aproximadamente 1 mm. Observe o ponto de articulação entre o quarto e o quinto segmentos torácicos, e as primeiras antenas curtas. (b) Vista ventral do mesmo animal, mostrando os apêndices cefálicos.

(a, b) © C. Bradford Calloway.

próxima geração de cervos. Esse achado fornece um dos poucos exemplos de provável evolução recente no ciclo de vida de um parasito; talvez o hospedeiro intermediário seja eventualmente eliminado do ciclo de vida dessa espécie. É desconhecido o motivo pelo qual essa espécie de Pentastomida é capaz de se desenvolver até a idade adulta inteiramente dentro do hospedeiro definitivo, ao passo que um hospedeiro intermediário é absolutamente necessário para outras espécies parasíticas neste filo (e na maioria dos outros filos).

Cada espécie pentastômida é altamente específica para hospedeiros particulares, mas o hospedeiro nunca é seriamente prejudicado. Pessoas tornam-se ocasionalmente infectadas ao ingerir estágios intermediários presentes em carne

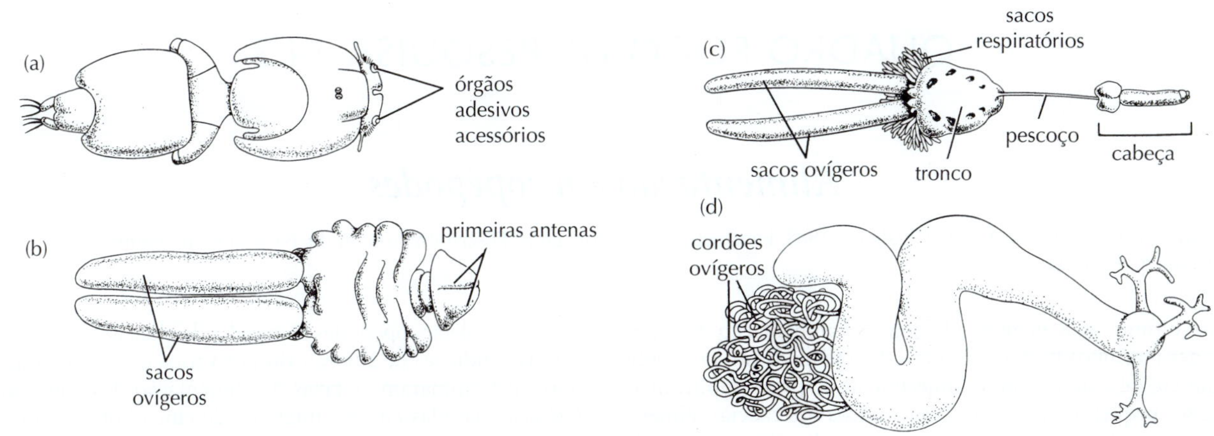

Figura 14.34

Copépodes parasitos. (a) *Caligus curtus,* fêmea, encontrada na superfície externa de diversos peixes marinhos. O comprimento total é 8 a 12 mm. (b) *Chondracanthus nodosus,* fêmea, retirada das brânquias de cantarilho. O corpo tem cerca de 7 mm de comprimento. (c) *Lophoura* (= *Rebelula*) *bouvieri,* fêmea, retirada das vísceras de um peixe marinho. Os sacos ovígeros sozinhos têm entre 30 a 40 mm de comprimento. (d) *Lernaeocera branchialis,* um parasito nas brânquias de linguado. O corpo do copépode pode alcançar 40 mm de comprimento, ao passo que os cordões de ovos podem ter várias centenas de milímetros de comprimento.

Reimpressa de C. B. Wilson, "The Copepods of the Woods Hole Region," 1932, do Bureau of American Ethnology. Washington, DC: Smithsonian Institution Press, pp. 197, 343, 354, com permissão do publicante. Copyright 1932.

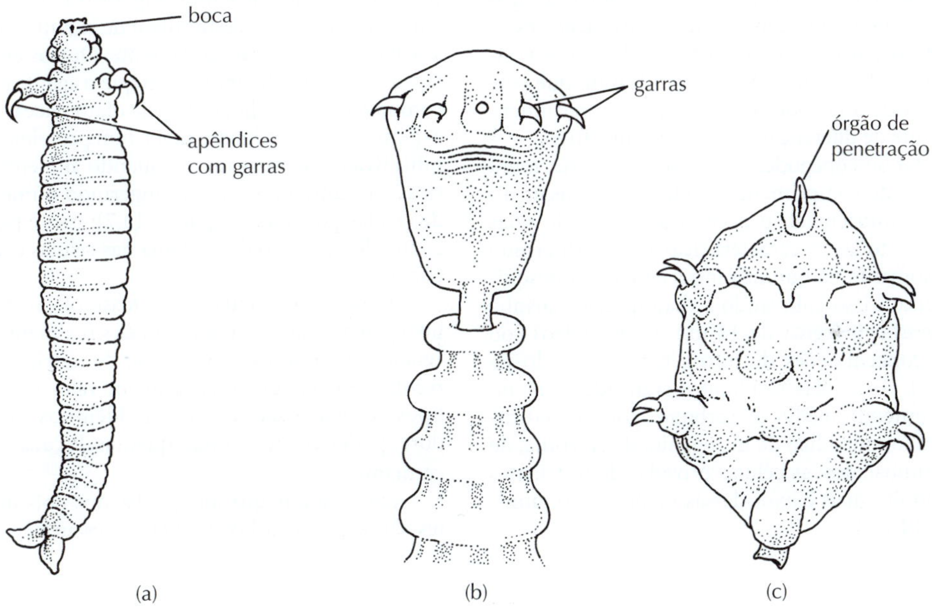

Figura 14.35

Representantes de pentastômidos. Os adultos são parasitos no interior das cavidades nasais de serpentes e lagartos, ao passo que baratas, morcegos, guaxinins, ratos almiscarados e tatus geralmente servem como hospedeiros intermediários para os estágios larvais. (a) *Raillietiella mabuiae,* indivíduo inteiro. (b) Extremidade anterior de *Armillifer annulatus.* (c) Estágio larval intermediário de *Porocephalus crotali.*

(a, b) De Baer, 1951. *Ecology of Animal Parasites.* Champaign: University of Illinois Press. (c) De E. R. Noble e G. A. Noble, *Parasitology: The Biology of Animal Parasites,* 5th ed. Philadelphia: Lea & Febiger, 1982. Segundo Penn. Cortesia de *The Journal of Parasitology.*

malcozida, porém os parasitos não conseguem atingir a fase adulta em seres humanos e morrem dentro de poucas semanas, depois de causar somente uma pequena irritação.

Como todos os pentastômidos atuais parasitam vertebrados, pode-se esperar que eles evoluíram (presumivelmente de ancestrais crustáceos) somente depois da evolução de vertebrados. Entretanto, o que parecem ser pentastômidos totalmente convincentes foram descritos em 1994, de rochas cambrianas formadas há cerca de 500 milhões de anos, bem antes do surgimento de vertebrados, ou mesmo de artrópodes terrestres. Pode-se apenas imaginar quais seriam os hospedeiros pentastômidos originais – eles devem ter sido aquáticos e invertebrados – e por que pentastômidos modernos parasitam apenas vertebrados.

QUADRO FOCO DE PESQUISA 14.3

Alimentação em copépodes

Cowles, T. J., R. J. Olson e S. W. Chisholm. 1988. Food selection by copepods: Discrimination on the basis of food quality. *Marine Biol.* 100:41.

Nos últimos 40 a 50 anos, a biologia da alimentação de copépodes marinhos herbívoros tem sido o tema de um crescente número de estudos, em reconhecimento ao papel significativo desses pequenos crustáceos planctônicos nas cadeias alimentares marinhas, que conduzem a espécies de peixes comercialmente importantes. Até mais ou menos 1970, a maioria dos biólogos acreditava que copépodes coletavam partículas de alimento passivamente, utilizando as segundas antenas para gerar correntes de alimentação e setas da primeira e segunda maxilas como peneiras. Esse mecanismo implicava que copépodes ingeriam indiscriminadamente todas as partículas grandes o suficiente para serem capturadas pela "peneira". Entetanto, pesquisas realizadas nos últimos 25 anos têm indicado que crustáceos planctônicos, tanto marinhos quanto de água doce, podem deliberadamente aceitar algumas células de algas e rejeitar outras. *Como* crustáceos planctônicos fazem essas discriminações entre partículas de alimento ainda não está claro. Cowles, Olson e Chisholm (1988) demonstraram que pelo menos uma espécie de copépode pode distinguir entre alimentos na base aparente de diferenças no seu valor nutritivo.

Para se estudar se copépodes herbívoros (*Acartia tonsa* – cerca de 500 µm de comprimento) podem reconhecer diferenças no valor nutricional, é necessário o uso de duas dietas idênticas em todas as características físicas, diferindo aparentemente somente na química intracelular. Os pesquisadores conseguiram isso cultivando a diatomácea marinha *Thalassiosira weissflogii* (cerca de 14 µm de diâmetro) sob duas diferentes concentrações de nitrogênio (fornecido na forma de nitrato). As células resultantes eram idênticas no tamanho e no conteúdo médio de carbono, porém, elas diferiam no conteúdo individual de nitrogênio, de clorofila, de proteína e de aminoácidos; as células privadas de nutrientes tinham valores muito mais baixos dessas medidas bioquímicas (Tabela foco 14.1).

Após coletar copépodes com redes de plâncton e aclimatá-los às condições de laboratório por vários dias, os pesquisadores determinaram as taxas de alimentação dos copépodes (células ingeridas em um intervalo de cinco horas) em cada uma das duas quimicamente distintas dietas de algas. Se o número inicial de células de algas por mL de água do mar no contêiner teste, o número final de células por mL após cinco horas de alimentação, o volume de água do mar no contêiner e o número de copépodes colocados no contêiner eram todos conhecidos, então as taxas de alimentação podiam ser facilmente determinadas; se as células desaparecessem, só poderia ser devido à ingestão. Em cinco dos oito experimentos relatados por Cowles et al., (1988), os copépodes ingeriram substancialmente mais rapidamente as células cultivadas em meio com alto teor de nutrientes (Fig. foco 14.6). Essas células ricas em nutrientes, então, estimulam de algum modo os copépodes a se alimentarem mais ativamente. Outros experimentos relatados nesse trabalho indicaram que o agente estimulador é um composto químico liberado pela diatomácea. Em todos os oito experimentos, copépodes ingeriram proteína em uma taxa significativamente mais rápida quando alimentados com células ricas em nutrientes, mesmo ingerindo números comparáveis de células por hora (Fig. foco 14.7); isso é possível devido ao conteúdo mais alto de proteína das células cultivadas no meio com mais nutrientes.

O que teria acontecido se fosse oferecida aos copépodes uma gama de dietas? Poderiam eles realmente distinguir entre células diferindo na composição de nutrientes e *preferencialmente* escolher comer as de maior valor nutritivo? Se os dois tipos de células são fisicamente idênticas, como os pesquisadores poderiam determinar quantas de cada tipo os copépodes comiam?

Acontece que quando células dos dois níveis de nutrientes são expostas à luz e, então, à escuridão, elas fluorescem

Tabela foco 14.1 Composição química da diatomácea *Thalassiosira weissflogii* cultivada em dois níveis de nutrientes

Nível de nutrientes	Diâmetro da célula (µm)	Carbono (pg. célula–1)	Nitrogênio (pg célula–1)	C:N	Clorofila a (pg. célula –1)	Proteína (pg. célula–1)	Aminoácidos livres (pg. célula –1)
Baixo	14,1 ± 2,3	202,4 ± 29,8	11,8 ± 2,6	17,2 ± 3,7	0,65 ± 0,5	41,2 ± 9,0	735,5
Alto	14,0 ± 2,1	179,2 ± 25,0	16,5 ± 3,9*	10,9 ± 2,0*	1,85 ± 0,38*	93,6 ± 30,0*	1.537,6

Nota: valores representam médias ± 2 EP, $n = 12$, exceto para proteína, em que $n = 7$, e aminoácidos livres, em que $n = 1$, pg = picogramas.

*Diferença significativa ($p < 0,05$) entre tipos de células, teste-*t* de comparação pareada (gl = $2n - 2$).

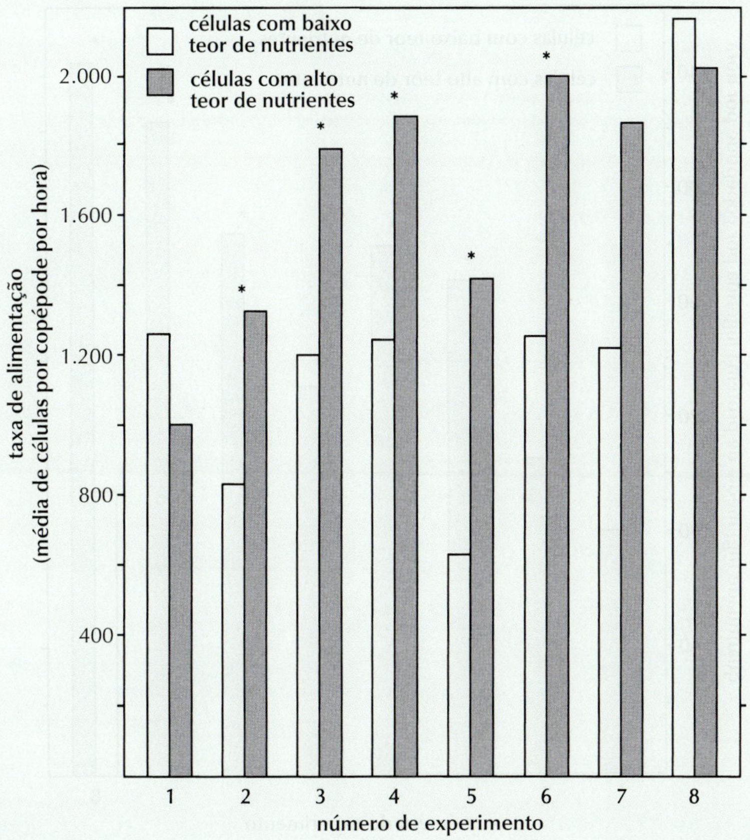

Figura foco 14.6

Taxa na qual o copépode *Acartia tonsa* ingeriu células da diatomácea *Thalassiosira weissflogii* quando aquelas células foram cultivadas, ou sob condições de alto ou de baixo teor de nutrientes. A altura de cada barra representa a média de três determinações. Asteriscos indicam diferenças significativas entre as taxas médias de alimentação de células com baixo teor de nutrientes

em comprimentos de onda marcadamente diferentes. Se uma amostra da mistura da alimentação é colocada – antes e depois do estudo de alimentação de cinco horas – dentro de uma máquina complexa, chamada de "citômetro de fluxo", a máquina examinará cada padrão de fluorescência da célula e, então, separará a amostra célula por célula em uma categoria de alto teor e outra de baixo teor de nutrientes. O citômetro de fluxo, então, torna possível a distinção entre as células, mesmo que elas pareçam idênticas. Neste experimento, muito mais células de alto teor de nutrientes desapareceram do meio durante a alimentação do que se teria previsto a partir da sua abundância na mistura, no começo do estudo; essas células nutricionalmente superiores parecem ter sido ingeridas preferencialmente, certamente não na proporção direta de sua abundância (Fig. foco 14.8).

Como um copépode poderia saber a diferença entre uma célula de alga e outra se as células são morfologicamente indistinguíveis? Os pesquisadores sugerem que ou (1) o copépode reconhece uma célula nutricionalmente melhor à distância e preferencialmente a captura, ou (2) o copépode captura ambos os tipos de células em taxas iguais, mas, então, ingere preferencialmente as mais nutritivas, rejeitando as outras. Em ambos os casos, o copépode é presumivelmente capaz de perceber um sutil gradiente químico em cada célula e se comporta de acordo com ele. Certamente, diatomáceas e outras algas unicelulares são conhecidas por produzir uma variedade de exsudatos químicos. Contudo, pode o copépode ser realmente tão sensível ao que provavelmente são diferenças muito sutis em gradientes químicos envolvendo células de algas? Você consegue pensar em quaisquer explicações alternativas para os dados?

(Continua)

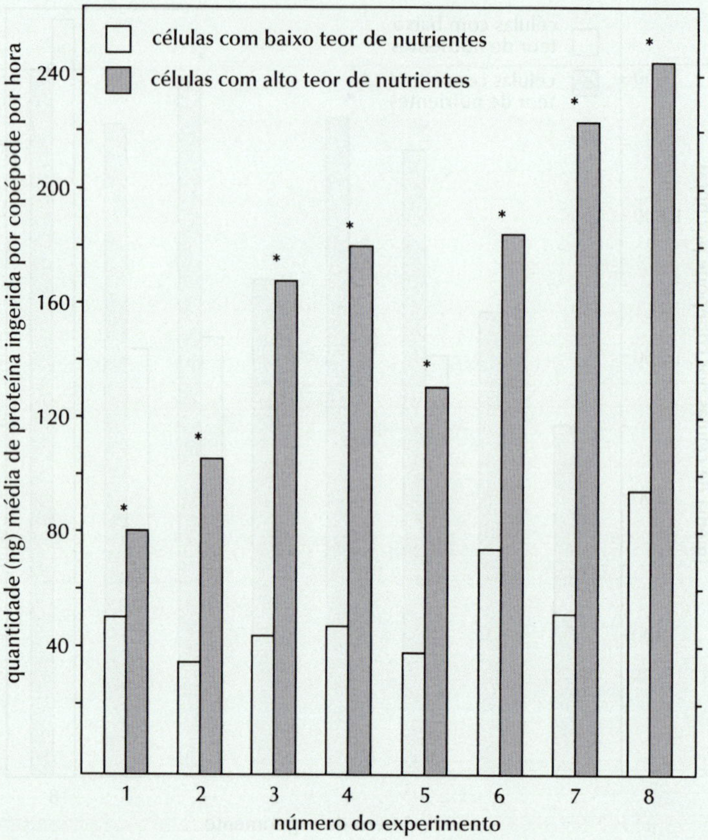

Figura foco 14.7

A taxa na qual o copépode *Acartia tonsa* ingeriu proteína quando alimentado com diatomáceas (*Thalassiosira weissflogii*) cultivadas sob oito condições de alto ou baixo teor nutricional. A altura de cada barra representa a média de três réplicas. Asteriscos indicam diferenças significativas entre as taxas médias de ingestão de proteína (ng = nanogramas.)

Figura foco 14.8

Preferência por algas de alto conteúdo nutricional por copépodes (*Acartia tonsa*) alimentados com misturas de células de alto e de baixo valor nutricional. Se copépodes estivessem ingerindo células proporcionalmente à abundância destas, os pontos dos dados cairiam sobre a linha pontilhada. Pontos acima da linha pontilhada indicam uma preferência por células de alto conteúdo nutricional. Barras verticais em cada ponto indicam um desvio-padrão sobre a média. Cada ponto representa a média de três réplicas.

Baseada em T. J. Cowles, R. J. Olson e S. W. Chisholm, "Food Selection por Copepods: Discrimination on the Basis of Food Quality" em *Marine Biology*, 100:41-49, 1988.

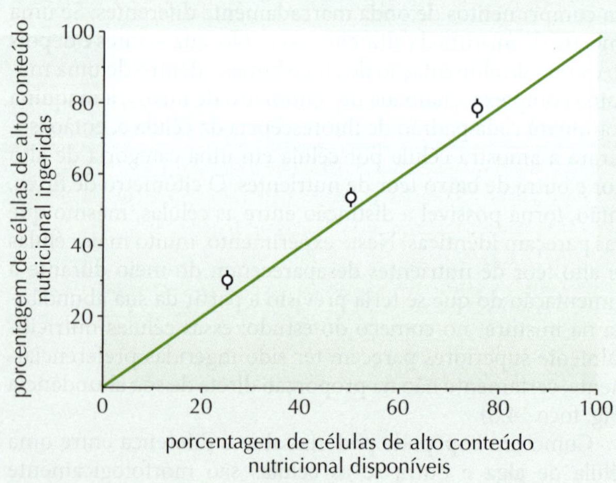

Classe Cirripedia*

Características diagnósticas: 1) todas as espécies altamente modificadas para fixação a substratos duros, incluindo as superfícies externas de outros animais, ou para a vida parasítica; 2) apêndices torácicos modificados como cirros filtradores; 3) ausência de abdome.

Cirripédios são mais conhecidos como cracas ("*barnacles*"). As aproximadamente 1.000 espécies neste grupo são exclusivamente marinhas e mostram um afastamento maior do plano básico corporal crustáceo do que membros de qualquer outro grupo. Distintamente da maioria dos outros crustáceos, todos os cirripédios são organismos exclusivamente sedentários, permanentemente fixados a, ou entocados dentro de, substratos vivos (incluindo baleias) e não vivos. Cracas presas a substratos móveis ou flutuantes são, com frequência, conspicuamente pedunculadas (Fig. 14.36c). Outras espécies podem ser cimentadas diretamente ao substrato na "base". Mantendo uma existência séssil, a cabeça e as primeiras antenas são muito reduzidas, e as segundas antenas estão ausentes. A maior parte das espécies vive dentro de uma espessa concha protetora de carbonato de cálcio (Fig. 14.36), secretada por elas. Em razão da sua concha, cracas eram classificadas como moluscos até cerca de 150 anos atrás. De fato, a concha das cracas é secretada pelo tecido do "manto", e o espaço entre a parede interna da concha e o animal propriamente dito é chamado de "cavidade do manto", como em moluscos.

Cracas têm atraído uma quantidade razoável de atenção como incrustantes em fundos de navio; mesmo uma incrustação moderada pode reduzir significativamente a velocidade do navio e a eficiência do seu combustível. A consequência boa da incrustação por cracas é que a pesquisa sobre a biologia de cirripédios não tem sido difícil de justificar.

A concha de cirripédios é composta por numerosas placas, incluindo **carena**, **rostro**, **escutos** e **tergos** (Fig. 14.36a -c). O rostro representa o lado da concha no qual o corpo da craca se prende ao manto. Alguns dos escutos e dos tergos são móveis. Portanto, os escutos e tergos podem ocluir a abertura no topo da concha quando o animal se recolhe, e eles podem se afastar quando os apêndices de alimentação são protraídos. Os apêndices de alimentação, chamados de **cirros**, são apêndices torácicos modificados (Fig. 14.36a); estes são usados por cracas de vida livre para filtrar partículas de alimento da água. Estudos recentes indicam que os representantes de pelo menos algumas espécies alimentam-se ativamente quando as velocidades da água passando por eles são baixas, mas trocam para filtração passiva quando essas velocidades excedem um certo limite (Fig. 14.37).

Cracas não têm segmentos abdominais, brânquias, nem coração; o sangue circula através de cavidades inteiramente devido aos movimentos do corpo. O sistema circulatório é aberto, como em todos os artrópodes.

Alguns cirripédios vivem em tocas no interior de substratos calcários (p. ex., conchas, corais) ou como parasitos dentro do corpo de outros animais, incluindo outros crustáceos. Como pode-se esperar, essas especializações no hábitat e estilo de vida são refletidas por grandes modificações morfológicas, em especial pela presença de estruturas absorventes em forma de raiz (Fig. 14.36d, e).[21] Os ciclos de vida de cracas parasíticas são, em geral, bizarros e certamente únicos entre crustáceos, como discutido na próxima seção.

*Ver *Detalhe taxonômico*, no final deste capítulo, para a classificação mais complexa e mais recente deste grupo.

Desenvolvimento crustáceo

Espécies marinhas frequentemente apresentam um estágio larval de vida livre em sua história de vida (Fig. 14.38). A larva de vida livre **náuplio** é típica de vários e diversos grupos de crustáceos, incluindo copépodes, ostracodes, branquiópodes, eufasiáceos e cirripédios. Embora o plano corporal adulto de cracas tenha se tornado altamente modificado do padrão crustáceo básico, a típica larva náuplio permanece sem modificação; mesmo espécies parasíticas altamente modificadas produzem náuplios típicos. Em todas as espécies, o náuplio tem uma forma caracteristicamente triangular, uma boa carapaça crustácea e um olho mediano, composto por três ocelos (Fig. 14.28a, b). Periodicamente, a larva náuplio muda e, subsequentemente, adiciona ou modifica apêndices e torna-se maior. Depois de passar por vários estágios naupliares, o náuplio sofre metamorfose para um estágio larval morfologicamente distinto. Entre os Copepoda, o estágio naupliar final sofre uma transição para uma forma **copepodita**, e, então, o indivíduo passa por cinco estágios copepoditos antes de atingir o plano corporal adulto final. Entre as cracas, a larva passa por vários estágios naupliares de alimentação e, então, sofre uma metamorfose para um notável estágio de **larva cipris**, a qual não se alimenta (Figs. 14.38d e 24.14b). A larva cipris, ou **ciprídea**, é abrigada em uma carapaça bivalve não calcificada. Os apêndices torácicos, com os quais a larva nada, tornam-se os apêndices filtradores do cirripédio adulto. Um par de antenas sensoriais é conspícuo na extremidade anterior do animal. Quando o ciprídeo de espécies não parasíticas localiza um substrato favorável, ele secreta uma substância adesiva das glândulas de cemento anteriores e o animal torna-se, então, permanentemente preso ao substrato pela cabeça. Há uma significativa reorganização interna e a produção da carapaça do corpo adulto.

Cracas parasíticas também possuem ciprídeos de vida livre perfeitamente normais como o estágio terminal larval, mas seus ciclos de vida são, muitas vezes, estupendamente modificados a partir do momento de seleção do substrato. Um curto resumo ilustrará apenas o quão modificado o ciclo de vida pode se tornar. Ciprídeos fêmeas de várias espécies bem estudadas (p. ex., membros do gênero *Sacculina*) se prendem a um potencial hospedeiro crustáceo e sofrem metamorfose para uma outra forma (o **kentrogon**), especializada em perfurar através da cutícula do hospedeiro. O kentrogon inteiro não penetra, entretanto, no hospedeiro; em vez disso, ele injeta somente uma parte de si mesmo através da cutícula – uma massa vermiforme microscópica, móvel e multicelular, que em um determinado momento se

[21]Ver *Tópicos para posterior discussão e investigação*, nº 4, no final deste capítulo.

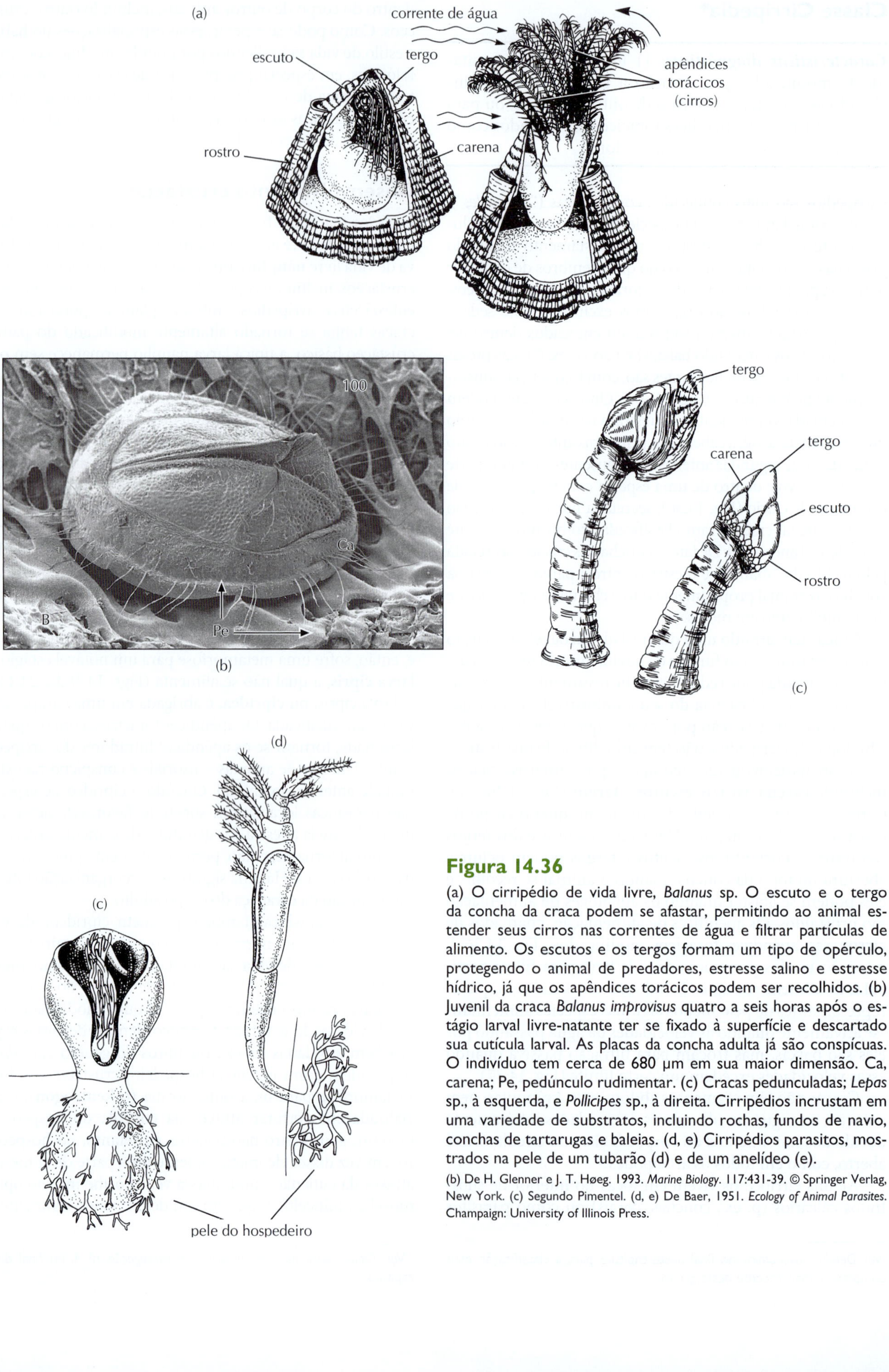

Figura 14.36

(a) O cirripédio de vida livre, *Balanus* sp. O escuto e o tergo da concha da craca podem se afastar, permitindo ao animal estender seus cirros nas correntes de água e filtrar partículas de alimento. Os escutos e os tergos formam um tipo de opérculo, protegendo o animal de predadores, estresse salino e estresse hídrico, já que os apêndices torácicos podem ser recolhidos. (b) Juvenil da craca *Balanus improvisus* quatro a seis horas após o estágio larval livre-natante ter se fixado à superfície e descartado sua cutícula larval. As placas da concha adulta já são conspícuas. O indivíduo tem cerca de 680 μm em sua maior dimensão. Ca, carena; Pe, pedúnculo rudimentar. (c) Cracas pedunculadas; *Lepas* sp., à esquerda, e *Pollicipes* sp., à direita. Cirripédios incrustam em uma variedade de substratos, incluindo rochas, fundos de navio, conchas de tartarugas e baleias. (d, e) Cirripédios parasitos, mostrados na pele de um tubarão (d) e de um anelídeo (e).

(b) De H. Glenner e J. T. Høeg. 1993. *Marine Biology*. 117:431-39. © Springer Verlag, New York. (c) Segundo Pimentel. (d, e) De Baer, 1951. *Ecology of Animal Parasites*. Champaign: University of Illinois Press.

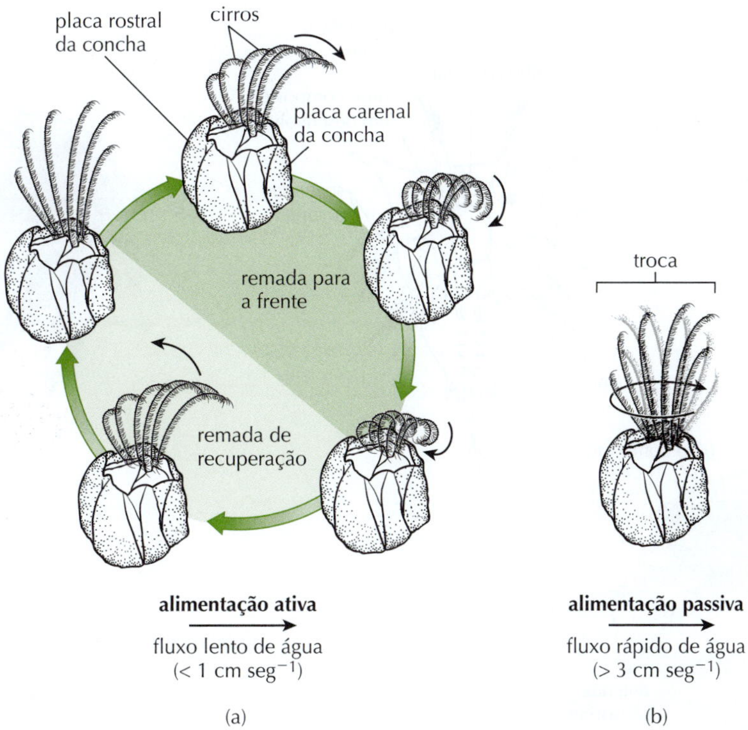

Figura 14.37

Alimentação pela craca comum, *Semibalanus balanoides*. (a) Captura ativa de partículas de alimento pelos cirros quando a água está circulando lentamente. (b) Sob condições de fluxo de água mais rápido, os cirros revertem sua orientação e filtram partículas da água de forma passiva. Cirripédios trocam para a alimentação passiva quando a velocidade média da água excede 3,10 cm • seg^{-1} (centímetros por segundo).

(a) Baseada em C. C. Trager et al., em *Marine Biology*, 105:117-27, 1990.

rompe e libera algumas grandes células móveis. Pelo menos uma destas células, então, se desenvolve extensamente dentro do hospedeiro. Eventualmente, uma grande e especializada massa reprodutiva, contendo o ovário, emerge na superfície abdominal inferior do hospedeiro (Fig. 14.39a). Uma vez que uma pequena abertura se abre nesta gônada feminina externa, a gônada torna-se atrativa para ciprídeos machos, que caminham para dentro da abertura e se prendem à fêmea. Em uma hora, uma massa amorfa e espinhosa de tecido é descarregada através de uma das antenas do ciprídeo macho. Essa pequena massa de tecido, a qual é mais um macho juvenil, de algum modo migra dentro da cavidade do manto da fêmea para um de dois ductos receptáculos, e, em algum momento, se implanta na extremidade distal de uma câmara do receptáculo de espera (Fig. 14.39b). O macho anão, então, começa a diferenciar tecido gonadal, e um pouco mais. Somente um macho é aparentemente encontrado em um único receptáculo e, portanto, cada fêmea suporta e nutre até dois machos dentro do seu trato reprodutivo por suas vidas inteiras. A gônada feminina não amadurece a menos que, no mínimo, uma das duas câmaras do receptáculo abrigue um macho. Ovos podem, então, ser fertilizados, e náuplios de vida livre são liberados na água circundante.

Nem todos os crustáceos produzem larvas náuplios de vida livre, embora todos passem por um estágio naupliar em seu desenvolvimento. Crustáceos decápodes e camarões, por exemplo, geralmente incubam seus embriões (externamente, sob o abdome) até um estágio mais avançado, liberando larvas **zoés**, caracterizadas por um par de grandes olhos compostos e uma carapaça espinhosa (Fig. 14.38e). Caranguejos geralmente passam por alguns estágios de zoé antes de metamorfosearem para um estágio **megalopa**, que se parece muito com o adulto, exceto que o abdome não é dobrado para baixo do tórax (Fig. 14.38f). Outros grupos crustáceos produzem outros tipos de estágios larvais, sempre reconhecíveis como artrópodes. Crustáceos de água doce, em geral, não apresentam estágios de vida livre, provavelmente pelas razões descritas no Capítulo 1; copépodes de água doce, entretanto, geralmente têm estágios naupliares de vida livre em seu ciclo de vida.

Como ocorre com os branquiópodes, discutidos anteriormente (p. 379), muitos copépodes marinhos e de água doce liberam ovos "dormentes" ou "de resistência" em certas épocas do ano. Estes podem se acumular nos sedimentos e chegar até 1 milhão de ovos por metro quadrado. Eles podem se manter viáveis por até várias décadas antes de liberarem larvas náuplios, contribuindo potencialmente para o crescimento da população muitos anos depois da sua fertilização inicial.

Isópodes, anfípodes e outros malacostracos peracáridos (ver *Detalhe taxonômico*, p. 413) não possuem estágios larvais. Os jovens emergem como miniaturas do adulto, após um período de proteção no interior de uma câmara incubadora ventral (**marsúpio**), formada por extensões sobrepostas de certos apêndices torácicos da fêmea; a superfície ventral do tórax da fêmea forma o "teto" da câmara. A falta de estágios larvais de vida livre em espécies aquáticas

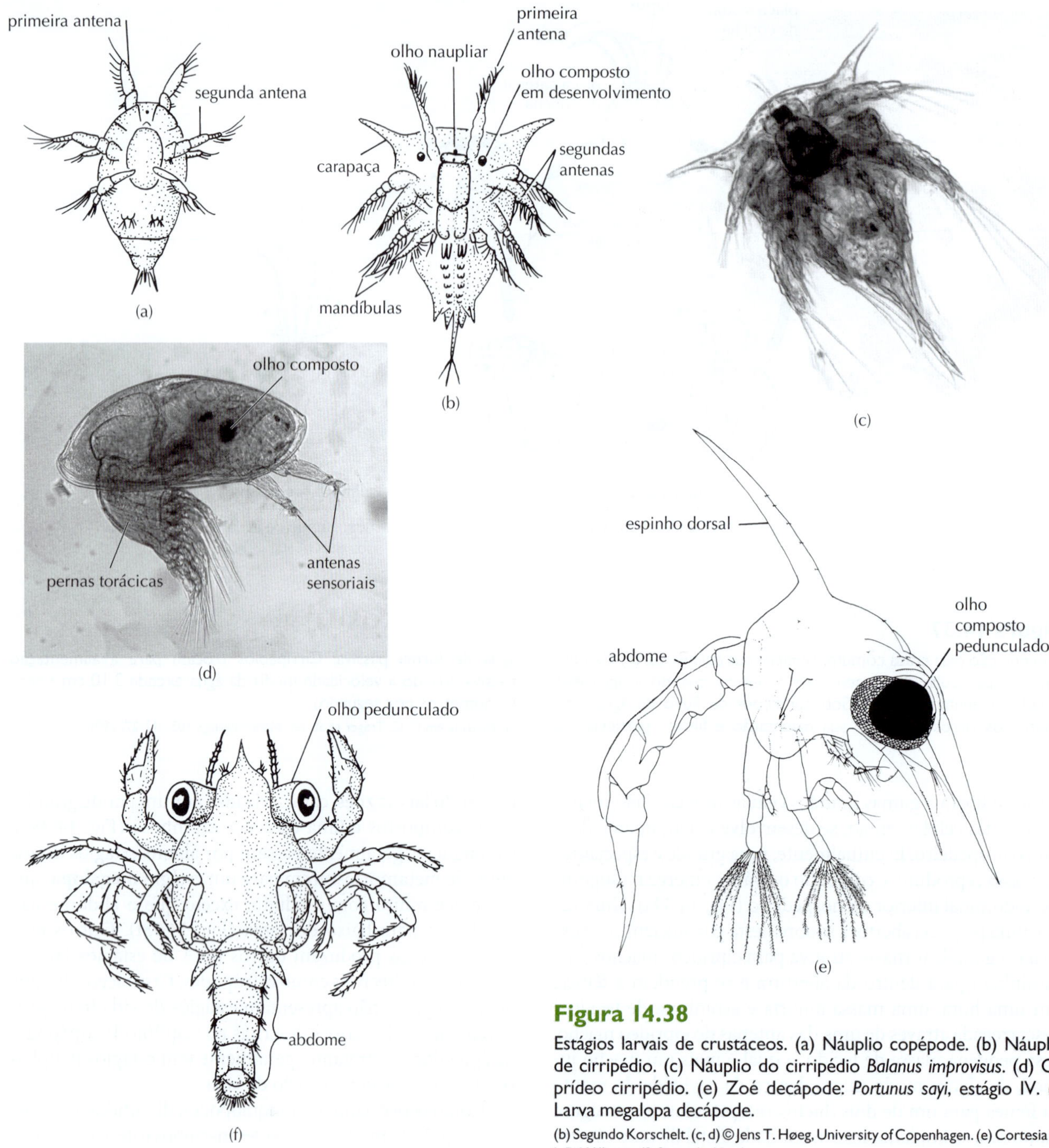

Figura 14.38

Estágios larvais de crustáceos. (a) Náuplio copépode. (b) Náuplio de cirripédio. (c) Náuplio do cirripédio *Balanus improvisus*. (d) Ciprídeo cirripédio. (e) Zoé decápode: *Portunus sayi*, estágio IV. (f) Larva megalopa decápode.

(b) Segundo Korschelt. (c, d) ©Jens T. Høeg, University of Copenhagen. (e) Cortesia de I. P. Williams. (f) Segundo Hardy.

pode representar uma pré-adaptação para uma existência terrestre. Não surpreendentemente, isópodes e anfípodes são os únicos grupos de malacostracos a ter sofrido radiações importantes para hábitats terrestres ou semiterrestres.

Outras características da biologia dos artrópodes

Digestão

O tubo digestório artrópode é divisível em três áreas: intestino anterior, intestino médio e intestino posterior. Todas as espécies de vida livre exibem boca e ânus distintos e separados, e em todas as espécies o alimento deve der movido pelo trato digestório por atividade muscular, em vez de por atividade ciliar, pois o lúmen dos intestinos anterior e posterior é revestido com cutícula. A digestão é geralmente extracelular. Nutrientes são distribuídos para os tecidos pelo sistema hemal.

Classe Merostomata

Membros da classe Merostomata são carnívoros. A boca leva a um esôfago e depois a uma **moela**. Ambos o esôfago e a moela são revestidos com cutícula, a qual é trocada periodicamente junto com o restante do exoesqueleto.

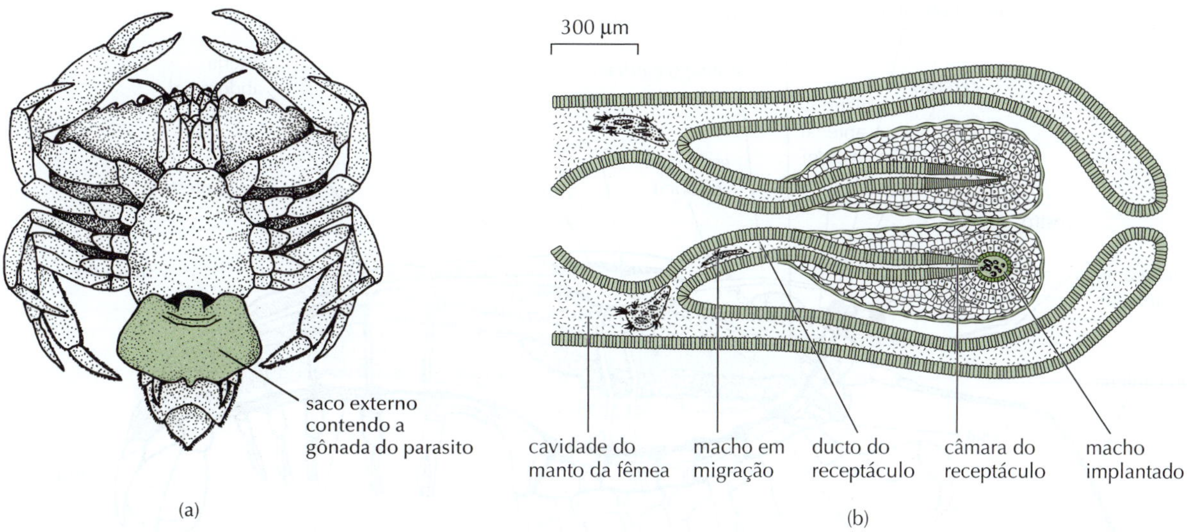

Figura 14.39

(a) Gônada externa do rizocéfalo *Sacculina carcini*, parasítico sobre o (e dentro do) caranguejo *Carcinus maenas*. O caranguejo é mostrado em vista ventral. Internamente, o parasito se ramifica pelos tecidos do caranguejo. (b) Secção transversal esquemática através da gônada externa feminina de uma craca rizocéfala, *Sacculina carcini*. Como mostrado, a fêmea possui dois estreitos ductos receptáculos que se abrem na cavidade do manto. Um macho anão, expelido pela antena de uma larva ciprídea, é mostrado entrando no ducto mais inferior. O ducto superior já abriga um macho na sua extremidade distal; um outro macho, mostrado perto de entrar no ducto superior, nunca chegará no final. A passagem é bloqueada pela cutícula descartada anteriormente pelo primeiro macho a entrar.

(a) De K. Rhode, 1982. *Ecology of Marine Parasites*. New York: Queensland Press; segundo Boas. (b) Baseada em J. T. Høeg, *Philosophical Transactions of the Royal Society*, 317:47-63, 1987.

A moela é equipada com dentes quitinosos para moer o alimento ingerido. Uma válvula impede a passagem de material não digerível da moela para o estômago. Um par de sacos alongados (**cecos hepáticos**, ou digestórios) estende-se lateralmente a partir do estômago. A maior parte da digestão do alimento e absorção de nutrientes ocorre nesses cecos hepáticos. Produtos de excreção passam pelo reto e saem por um ânus, localizado ventralmente na base do espinho caudal.

Classe Arachnida

A maioria das espécies de aracnídeos é carnívora. Como aracnídeos não apresentam mandíbulas, as quelíceras devem rasgar e picar o alimento antes da sua ingestão. Adicionalmente, glândulas associadas à cavidade oral liberam enzimas dentro da presa e o alimento é, portanto, pré-digerido externamente. Enzimas digestórias secretadas por glândulas nas quelíceras ou pedipalpos podem também participar nesse processo. Depois de um tempo suficiente, o tecido solubilizado é movido para o intestino anterior através de uma bomba muscular e, então, viaja dali para dentro do estômago; com poucas exceções, aracnídeos não ingerem alimento na forma particulada. Digestão e absorção têm lugar principalmente nas extensas expansões da parede estomacal, os divertículos digestórios. Material não digerido e excretas passam por um intestino e saem por um ânus posterior.

Superclasse Myriapoda (ordens Chilopoda e Diplopoda)

A maioria das espécies de quilópodes (centípedes) é carnívora predadora em outros invertebrados e vertebrados menores, utilizando seus maxilípedes modificados para segurar e envenenar a presa. O trato digestório é geralmente um tubo reto. Diplópodes (milípedes), por outro lado, são geralmente herbívoros, alimentando-se tanto de plantas vivas quanto, principalmente, de material vegetal morto ou em decomposição, ou da seiva de plantas vivas; algumas espécies carnívoras também existem. Uma **membrana peritrófica** reveste o intestino médio de milípedes, possivelmente para proteger contra a abrasão. O alimento torna-se envolto por esta membrana à medida que se move pelo tubo digestório. Como nos centípedes, o trato digestório milípede é essencialmente um tubo linear.

Classe Insecta (superclasse Hexapoda)

Insetos se alimentam de uma variedade de fontes nutritivas, incluindo tecidos e fluidos animais e vegetais. O esôfago é altamente muscularizado e serve como uma bomba, movendo alimento para o interior de um papo, para armazenamento e/ou digestão preliminar. Um **proventrículo** está geralmente presente, funcionando como uma válvula que regula a passagem de alimento e, em algumas espécies, para moer o alimento ingerido. Digestão e absorção ocorrem no intestino médio e em seus cecos gástricos associados. Bactérias e protozoários simbiontes que habitam os cecos

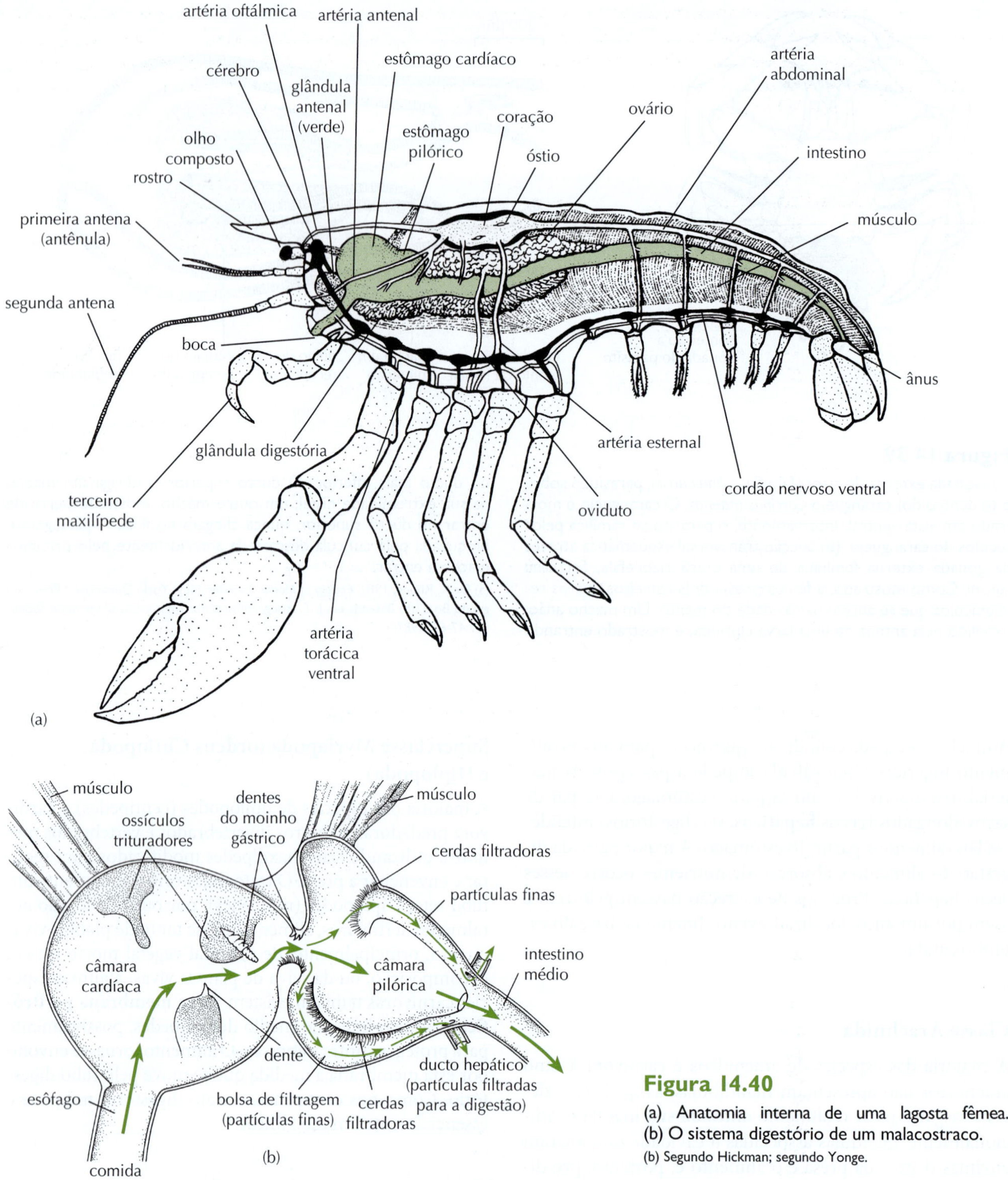

Figura 14.40
(a) Anatomia interna de uma lagosta fêmea. (b) O sistema digestório de um malacostraco.
(b) Segundo Hickman; segundo Yonge.

gástricos de muitas espécies participam no processo de digestão. As paredes do intestino médio são geralmente revestidas por membrana peritrófica, como nos Diplopoda. Essa membrana é descartada e renovada periodicamente. Antes das excretas alcançarem o ânus, a maior parte da água do material fecal é reabsorvida pelas glândulas retais do intestino posterior (Fig. 14.20).

Superclasse Crustacea

Nos crustáceos, o alimento é moído e processado em um intestino anterior muscular, consistindo em um grande **estômago cardíaco** e em um **estômago pilórico** menor (Fig. 14.40). O alimento é moído pelas saliências denteadas e quitinosas de um **moinho gástrico**. Setas rígidas geralmente impedem que partículas de alimento passem adiante, até que elas tenham atingido a consistência adequada. O alimento passa para o intestino médio, o qual está associado com um extenso conjunto de cecos digestórios, nos quais o alimento é digerido, absorvido e armazenado. Os tubos digestórios geralmente formam um órgão distinto, o **hepatopâncreas**, ou fígado.

Excreção

Classe Merostomata

Representantes dos Merostomata portam quatro pares de **glândulas coxais** excretoras adjacentes à moela. As glândulas esvaziam em uma câmara comum, a qual, então, leva a um túbulo enovelado e para o interior de uma bexiga. Sais e aminoácidos podem ser seletivamente reabsorvidos, à medida que eles passam pelo sistema, com a urina final sendo descarregada através de poros na base do último par de pernas ambulacrais.

Classe Arachnida

Glândulas coxais são também comuns entre os aracnídeos. Aqui, elas são sacos esféricos, lembrando os nefrídeos de anelídeos. Os produtos de excreção são coletados do sangue circundante da hemocele e descarregados através de poros em um a vários pares de apêndices. Evidências recentes sugerem que as glândulas coxais podem também atuar na liberação de feromônios.

Algumas espécies de aracnídeos possuem túbulos de Malpighi, em vez de, ou além das, glândulas coxais. Em algumas dessas espécies, porém, os túbulos de Malpighi parecem ter função na produção de seda, em vez de na excreção. O papel excretor dos túbulos de Malpighi em insetos já foi discutido (p. 363). Aracnídeos possuem, além de glândulas coxais e túbulos de Malpighi, algumas células estrategicamente localizadas, chamadas de **nefrócitos**, que fagocitam partículas de excreção. O principal produto de excreção do metabolismo de proteína em aracnídeos é a guanina, uma purina bioquimicamente relacionada ao ácido úrico.

Ordens Chilopoda e Diplopoda

As principais estruturas excretoras em Chilopoda e Diplopoda são túbulos de Malpighi. Embora algum ácido úrico seja produzido, o principal produto de excreção de centípedes é a amônia.

Classe Insecta (superclasse Hexapoda)

As principais estruturas excretoras de insetos são túbulos de Malpighi (Fig. 14.41a), como discutido anteriormente (p. 363). Vários outros mecanismos também podem estar envolvidos na eliminação de excretas do inseto. Em particular, evidências indicam que algumas excretas são incorporadas à cutícula, a fim de serem descartadas na ecdise. Muitos insetos possuem nefrócitos, como encontrado em aracnídeos.

Insetos eliminam uma fração significativa de suas excretas nitrogenadas, como ácido úrico, insolúvel em água, e compostos relacionados. Esses compostos são eliminados do corpo em forma quase seca, já que a maior parte da água na urina é reabsorvida em trânsito pelo reto. Essa é uma incrível adaptação fisiológica para a vida terrestre.

Superclasse Crustacea

Em crustáceos, produtos nitrogenados são geralmente removidos por difusão através das brânquias – para aquelas

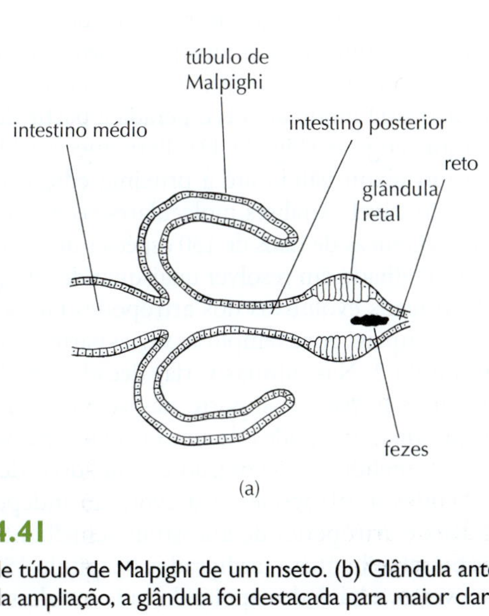

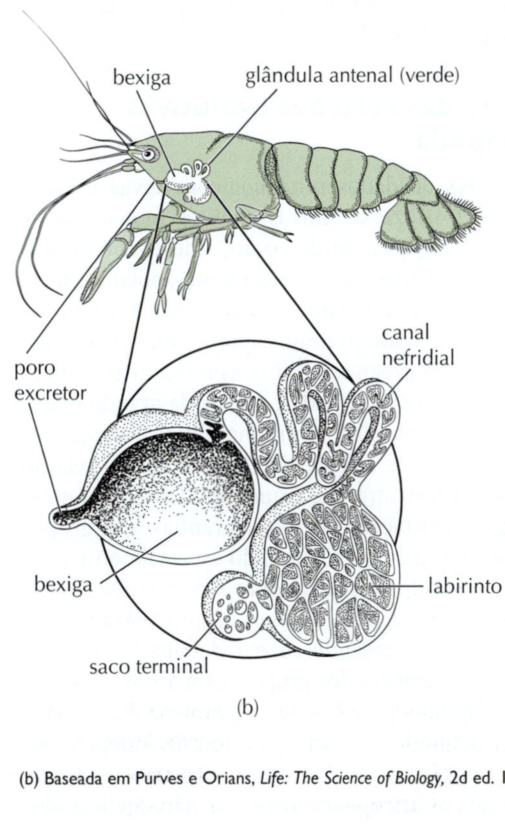

Figura 14.41

(a) Sistema de túbulo de Malpighi de um inseto. (b) Glândula antenal da lagosta. Na ampliação, a glândula foi destacada para maior clareza.

(b) Baseada em Purves e Orians, *Life: The Science of Biology*, 2d ed. 1983.

espécies que têm brânquias. A maioria dos crustáceos libera amônia, embora ureia e ácido úrico também sejam produzidos. Os chamados órgãos excretores podem estar mais envolvidos com a eliminação de água do que com a remoção de excretas nitrogenadas na maioria das espécies. Em algumas espécies, esses órgãos pares "excretores" são chamados de **glândulas antenais** ou **glândulas verdes**, em virtude de sua localização perto da base das antenas (Fig. 14.41) e sua cor. Em outras espécies, os órgãos são encontrados próximos aos segmentos maxilares e são denominados **glândulas maxilares**. Esses órgãos excretores são estruturalmente similares às glândulas coxais de quelicerados; o fluido é coletado para dentro dos túbulos do sangue circundante da hemocele. Em lagostas de água doce, a urina primária é substancialmente modificada por reabsorção seletiva e secreção à medida que ela passa pelo sistema excretor. Células especializadas nas brânquias da maioria das outras espécies geralmente têm o principal papel para expelir e absorver sais. Pelo menos algumas espécies de caranguejos terrestres reprocessam sua urina nas brânquias, reabsorvendo íons adicionais e adicionando quantidades substanciais de amônia antes de a urina ser finalmente descarregada; a urina alcança as brânquias ao escoar para dentro da câmara branquial dos nefróporos (do grego, aberturas do rim).

Pigmentos sanguíneos

O sangue de muitas espécies de artrópodes não apresenta pigmentos respiratórios. Isso é particularmente verdadeiro para as espécies terrestres, nas quais as trocas gasosas são realizadas principalmente pelas traqueias. Em outras espécies, hemocianina (HCy) e, mais raramente, hemoglobina (Hb) são encontradas. Ambos os pigmentos são esporadicamente distribuídos, mesmo entre os representantes de uma determinada classe.

A incerteza das relações evolutivas de Arthropoda

Análises recentes de dados morfológicos, novas evidências de insetos fossilizados, novas análises moleculares e uma crescente compreensão de como o desenvolvimento dos apêndices é controlado geneticamente apoiam a ideia de que Arthropoda é um grupo monofilético. Entretanto, como observado no começo deste capítulo, há ainda muita informação não compreendida sobre as relações evolutivas entre os vários grupos artrópodes, apesar da grande quantidade de trabalho molecular, neuroanatômico e ultraestrutural recente e bastante sofisticado. A natureza da relação entre artrópodes terrestres não quelicerados e os outros grandes grupos (crustáceos, límulos e aranhas, e os grupos extintos, incluindo trilobitas) tem sido especialmente conflitante, e tem mudado marcadamente ao longo dos anos.

Por muitos anos, alguns zoólogos argumentaram muito persuasivamente, baseando-se em detalhados estudos anatômicos, que membros dos grupos terrestres Chilopoda (centípedes), Diplopoda (milípedes), Symphyla, Pauropoda e Hexapoda (incluindo os insetos) evoluíram independentemente dos crustáceos, de diferentes ancestrais, e, assim, colocaram todos os artrópodes terrestres não quelicerados (juntamente com os Onychophora, discutidos no próximo capítulo) dentro de um grande grupo separado, os Uniramia. Essa ideia foi subsequentemente deixada de lado, uma vez que novos dados não têm conseguido apoiá-la. Outros argumentaram, também persuasivamente, que mesmo crustáceos marinhos e límulos não possuem um ancestral comum próximo. Alguns cientistas concluíram que todos os insetos, centípedes, milípedes e poucos outros grupos terrestres menores evoluíram de um ancestral comum e, portanto, mantêm insetos e miriápodes como grupos-irmãos (como um grupo chamado de Atelocerata). Entretanto, muito das evidências moleculares acumuladas, em conjunto com alguns estudos de anatomia neural, sugerem que: (1) os centípedes e milípedes (miriápodes) são mais proximamente relacionados aos límulos e aranhas do que aos insetos e crustáceos, e (2) que há uma relação evolutiva próxima entre insetos e crustáceos, criando um novo agrupamento (insetos + crustáceos), chamado de Pancrustacea (Fig. 14.42), o qual é chamado também de Tetraconata, devido à ultraestrutura muito distintiva do olho composto: cada omatídeo tem quatro células do cone cristalino que formam um quadrado. De fato, parece agora provável que insetos evoluíram *dentro de* Crustacea, sugerindo que insetos são simplesmente crustáceos modificados que invadiram o ambiente terrestre, de modo bastante similar às aves modernas, que parecem ser dinossauros que invadiram o ar. Se isso é verdadeiro, então os ancestrais de centípedes e outros miriápodes terrestres devem ter evoluído traqueias e túbulos de Malpighi independentemente dos insetos; isto é, essas estruturas – e o estilo de vida terrestre de maneira geral – devem ser convergentes nos dois grupos. Quão provável é isso? Bem, é certamente possível: traqueias parecem ter evoluído independentemente em alguns aracnídeos, por exemplo.

Até recentemente, também parecia provável, com base em estudos morfológicos, que animais tão diversos quanto copépodes, ostracodes e cirripédios tinham um ancestral comum recente e, assim, muitos cientistas os agrupavam como os Maxillopoda; entretanto, esse agrupamento não tem encontrado suporte convincente em qualquer análise molecular. Além disso, dados moleculares consideráveis sugerem agora que miriápodes deveriam ser colocados junto com quelicerados para formar o novo grupo Paradoxopoda, um nome que ressalta o fato de que essa relação não é de modo algum esperada a partir de comparações morfológicas (Fig. 14.42). Permanecerá Mandibulata como um táxon válido até a próxima edição deste livro? Parece provável. Análises moleculares recentes usando sequências gênicas de mais de 130 espécies de artrópodes têm até agora falhado em resolver quaisquer dessas questões.

As origens evolutivas dos artrópodes também não são claras. Compare, por exemplo, as várias partes da Figura 2.12, no Capítulo 2. Nas últimas várias décadas, evidências têm sido reunidas para o suporte das seguintes hipóteses: a evolução dos artrópodes de um ou mais ancestrais semelhantes a anelídeos, a evolução de anelídeos de ancestrais semelhantes a artrópodes, e a evolução independente de anelídeos e artrópodes de ancestrais semelhantes a onicóforos ou semelhantes a tardígrados (Capítulo 15). O tema é controverso, e há dados apoiando cada um desses cenários.

Resumo taxonômico[22]

Filo Arthropoda
- Subfilo Trilobitomorpha
  - Classe Trilobita – os trilobitas
- Subfilo Chelicerata
  - Classe Merostomata – límulos
  - Classe Arachnida – aranhas, ácaros, carrapatos, escorpiões
  - Classe Pycnogonida (= Pantopoda) – picnogônidos, "aranhas-do-mar"
- Subfilo Mandibulata
  - Superclasse Myriapoda
    - Ordem Chilopoda – centípedes, centopeias
    - Ordem Diplopoda – milípedes, "piolhos-de-cobra"
  - Superclasse Hexapoda
    - Classe Entognatha
    - Classe Insecta (= Ectognatha)
  - Superclasse Crustacea
    - Classe Malacostraca
      - Ordem Isopoda – isópodes; tatuzinhos-de-jardim, "tatus-bola"
      - Ordem Amphipoda – "pulgas-da-areia"
      - Ordem Euphausiacea – eufasídeos ("krill")
      - Ordem Stomatopoda – estomatópodes
      - Orderm Decapoda – caranguejos, lagostas, siris, lagostins, camarões
    - Classe Branchiopoda – branquiópodes; pulgas-d'água (cladóceros)
    - Classe Ostracoda – ostracodes
    - Classe Copepoda – copépodes
    - Classe Pentastomida
    - Classe Cirripedia – cirripédios, cracas

Embora artrópodes tenham um registro fóssil interessante, estendendo-se por 550 milhões de anos, os fósseis até agora têm sido pouco úteis para resolver essas controvérsias. Um tema particularmente interessante é quantas vezes a segmentação metamérica teria evoluído. Se anelídeos e artrópodes são proximamente relacionados, o metamerismo evoluiu provavelmente somente uma vez. Contudo, se anelídeos e artrópodes surgiram independentemente de ancestrais distintos, então o metamerismo nos dois grupos deve refletir uma convergência evolutiva. Embora algumas análises tenham apoiado uma ligação próxima entre anelídeos e artrópodes, a maioria não o faz. Ao contrário, anelídeos paracem mais proximamente relacionados aos moluscos, vermes-chatos e outros representantes do táxon agora chamado de Lophotrochozoa (ver Fig. 2.11b), ao passo que artrópodes parecem mais proximamente relacionados aos nematódeos e outros animais que realizam muda, agora colocados em outro novo grande táxon, os Ecdysozoa (ver Fig. 2.11b, c). Vários outros membros de Ecdysozoa são discutidos no Capítulo 15.

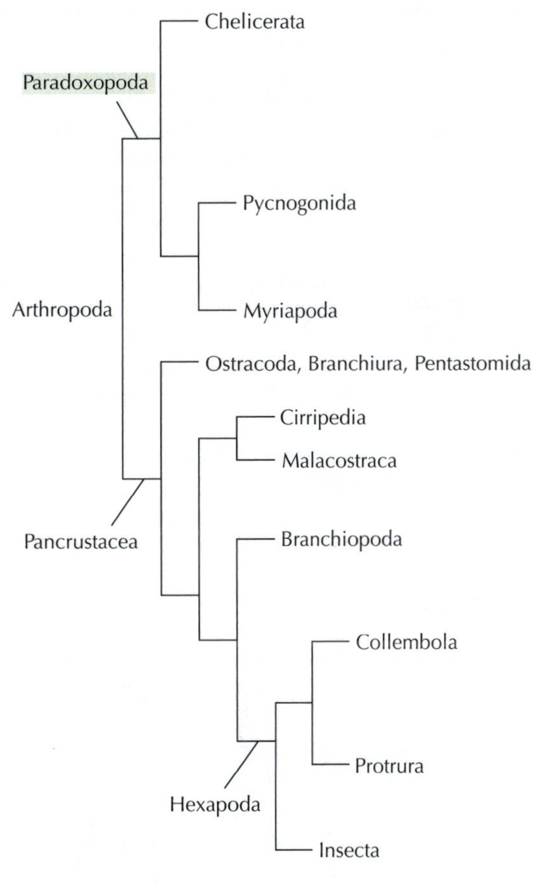

Figura 14.42

Uma visão recente de relações entre artrópodes. Atualmente, há suporte aproximadamente igual tanto para um clado Paradoxopoda (uma relação inesperadamente próxima entre miriápodes e quelicerados) quanto para Mandibulata (como seguido neste texto, ligando miriápodes a crustáceos e insetos).
Simplificada de Mallat, J. e G. Giribet. 2006. *Molec. Phylog. Evol.* 40:772-794.

[22]Observe a Figura 14.42 para uma hipótese alternativa, na qual miriápodes são mais proximamente relacionados aos quelicerados do que aos crustáceos. Observe no *Detalhe taxonômico*, no final deste capítulo, que a classificação de cirripédios tem também se tornado mais interessante nos últimos anos.

Tópicos para posterior discussão e investigação

1. Afinidades e origens dos artrópodes estão longe de certeza, mesmo nos níveis taxonômicos mais altos. Artrópodes podem ter derivado de ancestrais parecidos com anelídeos (a hipótese Articulata). Entretanto, estudos embriológicos e estudos da estrutura e função dos apêndices em vários grupos artrópodes, como Crustacea e Arachnida, e recentes estudos moleculares e ultraestruturais em diversas espécies de artrópodes e anelídeos poliquetas têm por muito tempo sugerido que insetos, milípedes e centípedes tiveram uma origem evolutiva muito diferente da de outros grupos artrópodes, como Crustacea e Arachnida, e recentes estudos moleculares e ultraestruturais estão alimentando esta e outras controvérsias intrigantes. Qual é a evidência a favor e contra uma origem independente desses artrópodes, e quais as dificuldades que cada hipótese apresenta em termos de números de diferentes características artrópodes que devem supostamente ter evoluído independentemente por meio de convergência?

Aguinaldo, A. M. A., J. M. Turbeville, L. S. Linford, M. C. Rivera, J. R. Garey, R. A. Raff, and J. A. Lake. 1997. Evidence for a clade of nematodes, arthropods and other molting animals. *Nature* 387:489.

Andrew, D. R. 2011. A new view of insect-crustacean relationships. II. Inferences from expressed sequence tags and comparisons with neural cladistics. *Arthrop. Struct. Devel.* 40:289–302.

Boore, J. L., T. M. Collins, D. Stanton, L. L. Daehler, and W. M. Brown. 1995. Deducing the pattern of arthropod phylogeny from mitochondrial DNA rearrangements. *Nature* 376:163.

Cisne, J. L. 1974. Trilobites and the evolution of arthropods. *Science* 146:13.

Edgecombe, G. D. 2010. Arthropod phylogeny: An overview from the perspectives of morphology, molecular data, and the fossil record. *Arthrop. Struct. Devel.* 39:74–87.

Emerson, M. J., and F. R. Schram. 1990. The origin of crustacean biramous appendages and the evolution of Arthropoda. *Science* 250:667–69.

Evans, H. E. 1959. Some comments on the evolution of the Arthropoda. *Evolution* 13:147.

Mallatt, J., C. W. Craig, and M. J. Yoder. 2010. Nearly complete rRNA genes assembled from across the metazoan animals: Effects of more taxa, a structure-based alignment, and paired-sites evolutionary models on phylogeny reconstruction. *Molec. Phylog. Evol.* 55:1–17.

Mallatt, J., and G. Giribet. 2006. Further use of nearly complete 28S and 18S rRNA genes to classify Ecdysozoa: 37 more arthropods and a kinorhynch. *Molec. Phylog. Evol.* 40:772–94.

Mayer, G. 2006. Orgin and differentiation of nephridia in the Onychophora provide no support for the Articulata. *Zoomorphol.* 125:1–12.

Meusemann, K., B. et al. 2010. A phylogenomic approach to resolve the arthropod tree of life. *Molec. Biol. Evol.* 27:2451–64.

Panganiban, G., S. M. Irvine, C. Lowe, H. Roehl, L. S. Corley, B. Sherbon, J. K. Grenier, J. F. Fallon, J. Kimble, M. Walker, G. A. Wray, B. J. Swalla, M. Q. Martindale, and S. B. Carroll. 1997. The origin and evolution of animal appendages. *Proc. Natl. Acad. Sci. USA* 94:5162.

Regier, J. C., J. W. Schultz, and R. E. Kambic. 2005. Pancrustacean phylogeny: Hexapods are terrestrial crustaceans and maxillopods are not monophyletic. *Proc. Royal Soc. London B* 272:395–401.

Regier, J. C., et al. 2010. Arthropod relationships revealed by phylogenomic analysis of nuclear protein-coding sequences. *Nature* 463:1079–83. http://www.nature.com/nature/journal/vaop/ncurrent/full/nature08742.html.

Schmidt-Rhaesa, A., T. Bartolomaeus, C. Lemburg, U. Ehlers, and J. R. Garey. 1998. The position of the Arthropoda in the phylogenetic system. *J. Morphol.* 238:263.

Tiegs, O. W., and S. M. Manton. 1958. The evolution of the Arthropoda. *Biol. Rev.* 33:255.

Von Reumont, B. M., et al. 2012. Pancrustacean phylogeny in the light of new phylogenomic data: Support for Remipedia as the possible sister group of Hexapoda. *Mol. Biol. Evol.* 29:1031–45.

2. Viver no ambiente terrestre envolve muitas dificuldades para invertebrados. Especialmente entre estes o ar é seco e as temperaturas flutuam consideravelmente, tanto diariamente quanto em intervalos de horas. Investigue algumas das adaptações fisiológicas e comportamentais que capacitam artrópodes terrrestres e semiterrestres a tolerarem condições desidratantes e marcadas variações na temperatura ambiente.

a. Referências sobre regulação de temperatura:

Coggan, N., F. J. Clissold, and S. J. Simpson. 2011. Locusts use dynamic thermoregulatory behaviour to optimize nutritional outcomes. *Proc. Roy. Soc. B* 278:2745–52.

Dorsett, D. A. 1962. Preparation for flight by hawkmoths. *J. Exp. Biol.* 39:579.

Duman, J. G. 1977. Environmental effects on antifreeze levels in larvae of the darkling beetle, *Meracantha contracta. J. Exp. Zool.* 201:333.

Edney, E. B. 1953. The temperature of woodlice in the sun. *J. Exp. Biol.* 30:331.

Heinrich, B. 1974. Thermoregulation in endothermic insects. *Science* 185:747.

Heinrich, B., and H. Esch. 1994. Thermoregulation in bees. *Amer. Sci.* 82:164.

Kingsolver, J. G. 1987. Predation, thermoregulation, and wing color in pierid butterflies. *Oecologia (Berlin)* 73:301.

Kugal, O., B. Heinrich, and J. G. Duman. 1988. Behavioural thermoregulation in the freeze-tolerant arctic caterpillar, *Gynaephora groenlandica J. Exp. Biol.* 138:181.

Southwick, E. E., and R. A. Moritz. 1987. Social control of air ventilation in colonies of honey bees, *Apis mellifera. J. Insect Physiol.* 33:623.

Vogt, F. D. 1986. Thermoregulation in bumblebee colonies. I. Thermoregulatory versus brood-maintenance behaviors during acute changes in ambient temperature. *Physiol. Zool.* 59:55.

Wilkens, J. L., and M. Fingerman. 1965. Heat tolerance and temperature relationships of the fiddler crab, *Uca pugilator,* with reference to its body coloration. *Biol. Bull.* 128:133.

b. Referências sobre o balanço hídrico:

Combs, C. A., N. Alford, A. Boynton, M. Dvornak, and R. P. Henry. 1992. Behavioral regulation of hemolymph osmolarity through selective drinking in land crabs, *Birgus latro* and *Gecarcoidea lalandii. Biol. Bull.* 182:416.

Dresel, E. I. B., and V. Moyle. 1950. Nitrogenous excretion in amphipods and isopods. *J. Exp. Biol.* 27:210.

Edney, E. B. 1966. Absorption of water vapour from unsaturated air by *Arenivaga* sp. (Polyphgidae, Dictyoptera). *Comp. Biochem. Physiol.* 19:387.

Hamilton, W. J., III, and M. K. Seely. 1976. Fog basking by the Nambi desert beetle, *Onymacris unguicularis. Nature (London)* 262:284.

Nicolson, S. W. 2009. Review: Water homeostasis in bees, with the emphasis on sociality. *J. Exp. Biol.* 212:429–34.

Noble-Nesbitt, J. 1970. Water uptake from subsaturated atmospheres: Its site in insects. *Nature (London)* 225:753.

Schubart, C. D., R. Diesel, and S. B. Hedges. 1998. Rapid evolution to terrestrial life in Jamaican crabs. *Nature* 393:363.

Seely, M. K., and W. J. Hamilton III. 1976. Fog catchment sand trenches constructed by tenebrionid beetles, *Lepidochora,* from the Namib Desert. *Science* 193:484.

Standing, J. D., and D. D. Beatty. 1978. Humidity behaviour and reception in the sphaeromatid isopod *Gnorimosphaeroma oregonensis* (Dana). *Canadian J. Zool.* 56:2004.

Willmer, P. G., M. Baylis, and C. L. Simpson. 1989. The roles of colour change and behavior in the hygrothermal balance of a littoral isopod, *Ligia oceanica. Oecologia (Berlin)* 78:349.

Wolcott, D. L. 1991. Nitrogen excretion is enhanced during urine recycling in 2 species of terrestrial crab. *J. Exp. Zool.* 259:181.

3. Invertebrados são basicamente pecilotérmicos, isto é, na ausência de modificação comportamental (incluindo o voo), as temperaturas do corpo geralmente seguem as do ar ou as da água circundante muito proximamente. Isso provoca um problema em particular para invertebrados terrestres e de águas rasas quando as temperaturas caem abaixo do congelamento. Investigue os mecanismos utilizados por artrópodes para impedir o congelamento dos tecidos durante os períodos de frio.

Horwarth, K. L., and J. G. Duman. 1982. Involvement of the circadian system in photoperiodic regulation of insect antifreeze proteins. *J. Exp. Zool.* 219:267.

Issartel, J., Y. Voituron, V. Odagescu, A. Baudot, G. Guillot, J.-P. Ruaud, D. Renault, P. Vernon, and F. Hervant. 2006. Freezing or supercooling: How does an aquatic subterranean crustacean survive exposures at subzero temperatures? *J. Exp. Biol.* 209:3469–75.

van der Laak, S. 1982. Physiological adaptations to low temperature in freezing-tolerant *Phylodecta laticollis* beetles. *Comp. Biochem. Physiol.* 73A:613.

Lee, R. E., Jr. 1989. Insect cold-hardiness: To freeze or not to freeze? *BioScience* 39:308.

Lee, R. E., Jr., J. M. Strong-Gunderson, M. R. Lee, K. S. Grove, and T. J. Riga. 1991. Isolation of ice nucleating active bacteria from insects. *J. Exp. Zool.* 257:124.

Tursman, D., J. G. Duman, and C. A. Knight. 1994. Freeze tolerance adaptations in the centipede *Lithobius forficatus. J. Exp. Zool.* 268:347.

Williams, J. B., J. D. Shorthouse, and R. E. Lee, Jr. 2002. Extreme resistance to desiccation and microclimate-related differences in cold-hardiness of gall wasps (Hymenoptera: Cynipidae) overwintering on roses in southern Canada. *J. Exp. Biol.* 205:2115.

4. Relações simbióticas (incluindo parasitismo) são comumente encontradas entre os Crustacea, Insecta e Arachnida. Para um desses grupos, discuta as adaptações morfológicas, comportamentais e/ou fisiológicas para o modo de vida simbiótico.

A general treatment can be found in any parasitology text, such as Noble, E. R., and G. A. Noble. 1982. *Parasitology: The Biology of Animal Parasites,* 5th ed. Philadelphia: Lea & Febiger. Or Cheng, T. C. 1986. *General Parasitology,* 2d ed. New York: Academic Press.

Ambrosio. L. J., and W. R. Brooks. 2011. Recognition and use of ascidian hosts, and mate acquisition by the symbiotic pea crab *Tunicotheres moseri* (Rathbun, 1918): The role of chemical, visual and tactile cues. *Symbiosis* 53:53–61.

Baeza, J. A., J. A. Bolaños, J. E. Hernandez, C. Lira, and R. López. 2011. Monogamy does not last long in *Pontonia mexicana,* a symbiotic shrimp of the amber pen-shell *Pinna carnea* from the southeastern Caribbean Sea. *J. Exp. Mar. Biol. Ecol.* 407:41–47. http://www.sciencedirect.com/science/article/pii/S0022098111003340.

Christensen, A. M., and J. J. McDermott. 1958. Life-history and biology of the oyster crab, *Pinnotheres ostreum* Say. *Biol. Bull.* 114:146.

Day, J. H. 1935. The life-history of *Sacculina. Q. J. Microsc. Sci.* 77:549.

DeVries, P. J. 1990. Enhancement of symbioses between butterfly caterpillars and ants by vibrational communication. *Science* 248:1104.

Høeg, J. T. 1987. Male cypris metamorphosis and a new male larval form, the trichogon, in the parasitic barnacle *Sacculina carcini* (Crustacea: Cirripedia: Rhizocephala). *Phil. Trans. Royal Soc. London (B)* 317:47.

Kaminski, L. A., and D. A. Rodrigues. 2011. Species-specific levels of ant attendance mediate performance costs in a facultative myrmecophilous butterfly. *Physiolog. Entomol.* 36:208–14.

Letourneau, D. K. 1990. Code of ant-plant mutualism broken by parasite. *Science* 248:215.

Lewis, W. J., and J. H. Tomlinson. 1988. Host detection by chemically mediated associative learning in a parasitic wasp. *Nature* 331:257.

McClintock, J. B., and J. Janssen. 1990. Chemical defense in a pelagic antarctic amphipod via pteropod abduction: A novel symbiosis. *Nature (London)* 346:462.

Mitchell, R. 1968. Site selection by larval water mites parasitic on the damselfly *Cercion hieroglyphicum* Brauer. *Ecology* 49:40.

Price, P. W. 1972. Parasitoids utilizing the same host: Adaptive nature of differences in size and form. *Ecology* 53:190.

Salt, G. 1968. The resistance of insect parasitoids to the defense reactions of their hosts. *Biol. Rev.* 43:200.

5. Investigue a forma e função em teias de aranhas.

Cheng, R.-C., and L.-M. Tso. 2007. Signaling by decorating webs: Luring prey or deterring predators? *Behav. Ecol.* 18:1085–91.

Craig, C. L. 1986. Orb-web visibility: The influence of insect flight behaviour and visual physiology on the evolution of web designs within the Araneoidea. *Anim. Behav.* 34:54.

Denny, M. 1976. The physical properties of spiders' silk and their role in the design of orb webs. *J. Exp. Biol.* 65:483.

Hesselberg, T. 2010. Ontogenetic changes in web design in two orb-web spiders. *Ethology* 116:535–45.

Hyoung-Joon, J., and D. L. Kaplan. 2003. Mechanism of silk processing in insects and spiders. *Nature* 424:1057.

Köhler, T., and F. Vollrath. 1995. Thread biomechanics in the two orb-weaving spiders *Araneus diadematus* (Araneae, Araneidae) and *Uloborus walckenaerius* (Araneae, Uloboridae). *J. Exp. Zool.* 271:1.

Krink, K., and F. Vollrath. 1998. Emergent properties in the behaviour of a virtual spider robot. *Proc. Royal Soc. London (B)* 265:2051.

Li, D., and W. S. Lee. 2004. Predator-induced plasticity in web-building behavior. *Anim. Behav.* 67:309–18.

Nentwig, W. 1983. Why do only certain insects escape from a spider's web? *Oecologia (Berlin)* 53:412.

Omenetto, F. G., and D. L. Kaplan. 2010. New opportunities for an ancient material. *Science* 329:528–31.

Opell, B. D. 1996. Functional similarities of spider webs with diverse architectures. *Amer. Nat.* 148:630.

Palmer, J. M., F. A. Coyle, and F. W. Harrison. 1982. Structure and cytochemistry of the silk glands of the mygalomorph spider *Antrodiaetus unicolor* (Araneae, Antrodiaetidae). *J. Morphol.* 174:269.

Popock, R. I. 1895. Some suggestions on the origin and evolution of web spinning in spiders. *Nature (London)* 51:417.

Rypstra, A. L. 1982. Building a better insect trap: An experimental investigation of prey capture in a variety of spider webs. *Oecologia (Berlin)* 52:31.

Seibt, U., and W. Wickler. 1990. The protective function of the compact silk nest of social *Stegodyphus* spiders (Araneae, Eresidae). *Oecologia (Berlin)* 82:317.

Vollrath, F., and D. P. Knight. 2001. Liquid crystalline spinning of spider silk. *Nature* 410:541.

6. Como insetos saltam e voam?

Alexander, R. M. 1995. Springs for wings. *Science* 268:50.

Betts, C. R. 1986. Functioning of the wings and axillary sclerites of Heteroptera during flight. *J. Zool., London (B)* 1:283.

Boettiger, E. G., and E. Furshpan. 1952. The mechanics of flight movements in Diptera. *Biol. Bull.* 102:200.

Chan, W. P., F. Prete, and M. H. Dickinson. 1998. Visual input to the efferent control system of a fly's "gyroscope." *Science* 280:289.

Dickinson, M. H., F.-O. Lehmann, and S. P. Sane. 1999. Wing rotation and the aerodynamic basis of insect flight. *Science* 284:1954.

Evangelista, C., P. Kraft, M. Dacke, J. Reinhard, and M. V. Srinivasan. 2010. The moment before touchdown: Landing manoeuvres of the honeybee *Apis mellifera*. *J. Exp. Biol.* 213:262–70.

Froy, O., A. L. Gotter, A. L. Casselman, and S. M. Reppert. 2003. Illuminating the circadian clock in monarch butterfly migration. *Science* 300:1303–5.

Hedenström, A., Ellington, C. P., and T. J. Wolf. 2001. Wing wear, aerodynamics and flight energetics in bumblebees (*Bombus terrestris*): An experimental study. *Funct. Ecol.* 15:417–22.

Hengstenberg, R. 1998. Controlling the fly's gyroscopes. *Nature* 392:757.

Lehmann, F.-O., and S. Pick. 2007. The aerodynamic benefit of wing–wing interaction depends in flapping insect wings. *J. Exp. Biol.* 210:1362–77.

Marden, J. H. 1987. Maximum lift production during take-off in flying animals. *J. Exp. Biol.* 130:235–58.

Miller, L. A., and C. S. Peskin. 2009. Flexible clap and fling in tiny insect flight. *J. Exp. Biol.* 212:3076–90.

Mouritsen, H., and B. J. Frost. 2002. Virtual migration in tethered flying monarch butterflies reveals their orientation mechanisms. *Proc. Natl. Acad. Sci.* 99:10162.

Srinivasan, M. V., S. Zhang, and J. S. Chahl. 2001. Landing strategies in honeybees, and possible applications to autonomous airborne vehicles. *Biol. Bull.* 200:216.

Sutton, G. P. and M. Burrows. 2011. Biomechanics of jumping in the flea. *J. Exp. Biol.* 214:836–47.

Weis-Fogh, T. 1973. Quick estimates of flight fitness in hovering animals, including novel mechanisms for lift production. *J. Exp. Biol.* 59:169–230.

Weis-Fogh, T. 1975. Unusual mechanisms for the generation of lift in flying animals. *Sci. Amer.* 233:80.

Young, J., S. M. Walker. R. J. Bomphrey, G. K. Taylor, and A. L. R. Thomas. 2009. Details of insect wing design and deformation enhance aerodynamic function and flight efficiency. *Science* 325:1549–52.

7. Caranguejos-ermitões são um grupo ativo de crustáceos decápodes marinhos, cujo exoesqueleto abdominal é muito fino para proporcionar proteção contra predadores. Assim, caranguejos-ermitões protegem suas partes moles residindo em conchas vazias de gastrópodes. Como caranguejos-ermitões escolhem suas conchas, e que pressões seletivas provavelmente moldaram essas escolhas?

Abrams, P. A. 1987. An analysis of competitive interactions between three hermit crab species. *Oecologia (Berlin)* 72:233.

Doake, S., M. Scantlebury, and R. W. Elwood. 2010. The costs of bearing arms and armour in the hermit crab *Pagurus bernhardus*. *Anim. Behav.* 80:637–42.

Fotheringham, N. 1976. Population consequences of shell utilization by hermit crabs. *Ecology* 57:570.

Gherardi, F. 1996. Non-conventional hermit crabs: Pros and cons of a sessile, tube-dwelling life in *Discorsopagurus schmitti* (Stevens). *J. Exp. Marine Biol. Ecol.* 202:119.

Gherardi, F., and J. Atema. 2005. Effects of chemical context on shell investigation behavior in hermit crabs. *J. Exp. Marine Biol. Ecol.* 320:1–7.

Laidre, M. E. 2012. Homes for hermits: temporal, spatial, and structural dynamics as transportable homes are incorporated into a population. *J. Zool.* 288:33–40.

McClintock, T. S. 1985. Effects of shell condition and size upon the shell choice behavior of a hermit crab. *J. Exp. Marine Biol. Ecol.* 88:271.

Mercando, N. A., and C. F. Lytle. 1980. Specificity in the association between *Hydractinia echinata* and sympatric species of hermit crabs. *Biol. Bull.* 159:337.

Pechenik, J. A., J. Hsieh, S. Owara, S. Untersee, D. Marshall, and W. Li. 2001. Factors selecting for avoidance of drilled shells by the hermit crab *Pagurus longicarpus*. *J. Exp. Marine Biol. Ecol.* 262:75.

Vance, R. 1972. Competition and mechanism of coexistence in three sympatric species of intertidal hermit crabs. *Ecology* 53:1062.

Wilber, T. P., Jr. 1990. Influence of size, species, and damage on shell selection by the hermit crab *Pagurus longicarpus*. *Marine Biol.* 104:31.

8. Por meio do processo de seleção natural, muitos artrópodes desenvolveram notáveis habilidades para esconder-se, ou se confundindo com seu meio circundante ou imitando outras espécies. Investigue o valor adaptativo de mimetismo e camuflagem ente os Arthropoda.

Blest, A. D. 1963. Longevity, palatability, and natural selection in five species of New World Saturuiid moth. *Nature (London)* 197:1183.

Brakefield, P. M., J. Gates, D. Keys, F. Kesbeke, P. J. Wijngaarden, A. Monteiro, V. French, and S. B. Carroll. 1996. Development, plasticity and evolution of butterfly eyespot patterns. *Nature* 384:236.

Eisner, T., K. Hicks, M. Eisner, and D. S. Robson. 1978. "Wolf-in-sheep's-clothing" strategy of a predaceous insect larva. *Science* 199:790.

Greene, E. 1989. A diet-induced developmental polymorphism in a caterpillar. *Science* 243:643.

Greene, E., L. J. Orsak, and D. W. Whitman. 1987. A tephritid fly mimics the territorial displays of its jumping spider predators. *Science* 236:310.

Kettlewell, H. B. D. 1956. Further selection experiments on industrial melanism in the Lepidoptera. *Heredity* 10:287.

Körner, H. K. 1982. Countershading by physiological colour change in the fish louse *Anilocra physodes* L. (Crustacea: Isopoda). *Oecologia (Berlin)* 55:248.

Mather, M. H., and B. D. Roitberg. 1987. A sheep in wolf's clothing: Tephritid flies mimic spider predators. *Science* 236:308.

Platt, A., R. Coppinger, and L. Brower. 1971. Demonstration of the selective advantage of mimetic *Limentis* butterflies presented to caged avian predators. *Evolution* 25:692.

Stobbe, N., and H. M. Schaefer. 2008. Enhancement of chromatic contrast increases predation risk for striped butterflies. *Proc. R. Soc. Lond. B* 275:1535–41.

9. Muito da comunicação entre artrópodes é realizada através de compostos químicos. Investigue o mecanismo e/ou o significado adaptativo da comunicação química em Arthropoda.

Bagøien, E., and T. Kiørboe. 2005. Blind dating—mate finding in planktonic copepods. I. Tracking the pheromone trail of *Centropages typicus*. *Marine Ecol. Progr. Ser.* 300:105–15.

Boeckh, J., H. Sass, and D. R. A. Wharton. 1970. Antennal receptors: Reactions to female sex attractant in *Periplaneta americana*. *Science* 168:589.

Dahl, E., H. Emanuelsson, and C. von Mecklenburg. 1970. Pheromone transport and reception in an amphipod. *Science* 170:739.

Fitzgerald. T. D. 1976. Trail marking by larvae of the eastern tent caterpillar. *Science* 194:961.

Lewis, W. J., and J. H. Tumlinson. 1988. Host detection by chemically mediated associative learning in a parasitic wasp. *Nature* 331:257.

Linn, C. E., Jr., M. G. Campbell, and W. L. Roelofs. 1987. Pheromone components and active spaces: What do moths smell and where do they smell it? *Science* 237:650.

Mafra-Neto, A., and R. T. Cardé. 1994. Fine-scale structure of pheromone plumes modulates upwind orientation of flying moths. *Nature* 369:142.

McAllister, M. K., and B. D. Roitberg. 1987. Adaptive suicidal behaviour in pea aphids. *Nature (London)* 328:797.

Myers, J., and L. P. Brower. 1969. A behavioural analysis of the courtship pheromone receptors of the queen butterfly, *Danaus gilippus berenice*. *J. Insect Physiol.* 15:2117.

Nault, L. R., M. E. Montgomery, and W. S. Bowers. 1976. Ant-aphid association: Role of aphid alarm pheromone. *Science* 192:1349.

Pierce, N. E., and S. Eastseal. 1986. The selective advantage of attendant ants for the larvae of a Lycaenid butterfly, *Glaucopsyche lygdamus*. *J. Anim. Ecol.* 55:451.

Price, P. W. 1970. Trail odors: Recognition by insects parasitic on cocoons. *Science* 170:546.

Rust, M. K., T. Burk, and W. J. Bell. 1976. Pheromone-stimulated locomotory and orientation responses in the American cockroach *Periplaneta americana*. *Anim. Behav.* 24:52.

Ruther, J., A. Reinecke, T. Tolasch, and M. Hilker. 2001. Make love not war: A common arthropod defence compound as sex pheromone in the forest cockchafer *Melolontha hippocastani*. *Oecologia* 128:44.

Schneider, D. 1969. Insect olfaction: Deciphering system for chemical messages. *Science* 163:1031.

Tsuda, A., and C. B. Miller. 1998. Mate-finding behaviour in *Calanus marshallae* Frost. *Phil. Trans. Royal Soc. London B* 353:713–20.

10. Está se tornando claro que todos os invertebrados possuem alguma forma de resposta imune; isto é, eles têm a habilidade de distinguir o que é seu do que não é seu em nível celular. Investigue a habilidade dos artrópodes para fazer essa distinção.

Berg, R., I. Schuchmann-Feddersen, and O. Schmidt. 1988. Bacterial infection induces a moth (*Ephestia kuhniella*) protein which has antigenic similarity to virus-like particle proteins of a parasitoid wasp (*Venturia canescens*). *J. Insect Physiol.* 34:473.

Brehélin, M., and J. A. Hoffmann. 1980. Phagocytosis of inert particles in *Locusta migratoria* and *Galleria mellonella:* A study of ultrastructure and clearance. *J. Insect Physiol.* 26:103.

Briggs, J. D. 1958. Humoral immunity in lepidopterous larvae. *J. Exp. Zool.* 138:155.

Chisholm, J. R. S., and V. J. Smith. 1992. Antibacterial activity in the haemocytes of the shore crab, *Carcinus maenas*. *J. Marine Biol. Assoc. U.K.* 72:529.

Dunn, P. E. 1990. Humoral immunity in insects. *BioScience* 40:738.

Edson, K. M., S. B. Vinson, D. B. Stoltz, and M. D. Summers. 1981. Virus in a parasitoid wasp: Suppression of the cellular immune response in the parasitoid's host. *Science* 211:582.

Ennesser, C. A., and A. J. Nappi. 1984. Ultrastructural study of the encapsulation response of the American cockroach, *Periplaneta americana*. *J. Ultrastr. Res.* 87:31.

Kurtz, J., and K. Franz. 2003. Evidence for memory in invertebrate immunity. *Nature* 425:37–38.

Ratcliffe, N. A., C. Leonard, and A. F. Rowley. 1984. Prophenoloxidase activation: Nonself recognition and cell cooperation in insect immunity. *Science* 226:557.

Salt, G. 1968. The resistance of insect parasitoids to the defense reactions of their hosts. *Biol. Rev.* 43:200.

Sloan, B., C. Yocum, and L. W. Clem. 1975. Recognition of self from non-self in crustaceans. *Nature (London)* 258:521.

Watson, F. L., et al. 2005. Extensive diversity of Ig-superfamily proteins in the immune system of insects. *Science* 309:1874–78.

White, K. N., and N. A. Ratcliffe. 1982. The segregation and elimination of radio- and fluorescent-labelled marine bacteria from the haemolymph of the shore crab, *Carcinas maenas*. *J. Mar. Biol. Assoc. U.K.* 62:819.

11. Pequenos crustáceos planctônicos, como copépodes e cladóceros, estão próximos da base da cadeia alimentar em ecossistemas aquáticos, ou seja, a taxa de crescimento e potencial reprodutivo de muitos peixes dependem significativamente do tamanho da população de zooplâncton herbívoro disponível como alimento. Por sua vez, o tamanho da população de zooplâncton herbívoro depende da quantidade de fitoplâncton disponível e da taxa com que o fitoplâncton pode ser capturado, ingerido e convertido em nova biomassa e prole de zooplâncton. Consequentemente, considerável esforço tem sido empregado no estudo da biologia da alimentação de zooplâncton. Que fatores estão envolvidos na coleta de fitoplâncton por zooplâncton crustáceo?

Anraku, M., and M. Omori. 1963. Preliminary survey of the relationship between the feeding habit and structure of the mouth parts of marine copepods. *Limnol. Oceanogr.* 8:116.

Butler, N. M., C. A. Suttle, and W. E. Neill. 1989. Discrimination by freshwater zooplankton between single algal cells differing in nutritional status. *Oecologia (Berlin)* 78:368.

Costello, J. H., J. R. Strickler, C. Marvasé, G. Trager, R. Zeller, and A. J. Freise. 1990. Grazing in a turbulent environment: Behavioral response of a calanoid copepod, *Centropages hamatus. Proc. Nat. Acad. Sci. USA* 87:1648.

DeMott, W. R. 1989. Optimal foraging theory as a predictor of chemically mediated food selection by suspension feeding copepods. *Limnol. Oceanogr.* 34:140.

Gerritsen, J., and K. G. Porter. 1982. The role of surface chemistry in filter feeding by zooplankton. *Science* 216:1225.

Gophen, M., and W. Geller. 1984. Filter mesh size and food particle uptake by *Daphnia. Oecologia (Berlin)* 64:408.

Hamner, W. M., P. P. Hamner, S. W. Strand, and R. W. Gilmer. 1983. Behavior of antarctic krill, *Euphausia superba:* Chemoreception, feeding, schooling, and molting. *Science* 220:433.

Huntley, M. E., K.-G. Barthel, and J. L. Star. 1983. Particle rejection by *Calanus pacificus:* Discrimination between similarly sized particles. *Marine Biol.* 74:151.

Poulet, S. A., and P. Marsot. 1978. Chemosensory grazing by marine calanoid copepods (Arthropoda: Crustacea). *Science* 200:1403.

Price, H. J., G.-A. Paffenhöfer, and J. R. Strickler. 1983. Modes of cell capture in calanoid copepods. *Limnol. Oceanogr.* 28:116.

Richman, S., and J. N. Rogers. 1969. The feeding of *Calanus helgolandicus* on synchronously growing populations of the marine diatom *Ditylum brightwelli. Limnol. Oceanogr.* 14:701.

Turner, J. T., P. A. Tester, and J. R. Strickler. 1993. Zooplankton feeding ecology: A cinematographic study of animal-to-animal variability in the feeding behavior of *Calanus finmarchicus. Limnol. Oceanogr.* 38:255.

12. Qual a evidência indicando que mudanças de cor em artrópodes são reguladas por hormônios?

Brown, F. A., Jr. 1935. Control of pigment migration within the chromatophores of *Palaemonetes vulgaris. J. Exp. Zool.* 71:1.

Brown, F. A., Jr., and H. E. Ederstrom. 1940. Dual control of certain black chromatophores of *Crago. J. Exp. Zool.* 85:53.

Fingerman, M. 1969. Cellular aspects of the control of physiological color changes in crustaceans. *Amer. Zool.* 9:443.

McNamara, J.C., and M. R. Ribeiro. 2000. The calcium dependence of pigment translocation in freshwater shrimp red ovarian chromatophores. *Biol. Bull.* 198:357.

McWhinnie, M. A., and H. M. Sweeney. 1955. The demonstration of two chromatophorotropically active substances in the land isopod, *Trachelipus rathkei. Biol. Bull.* 108:160.

Pérez-González, M. D. 1957. Evidence for hormone-containing granules in sinus glands of the fiddler crab *Uca pugilator. Biol. Bull.* 113:426.

Rao, K. R. 2001. Crustacean pigmentary-effector hormones: chemistry and functions of RPCH, PDH, and related peptides. *Amer. Zool.* 41:364–79. http://icb.oxfordjournals.org/content/41/3/364.short.

13. Quais são os papéis da predação e da competição na regulação dos tamanhos de populações de artrópodes?

Bertness, M. D. 1989. Intraspecific competition and facilitation in a northern acorn barnacle population. *Ecology* 70:257.

Chew, F. S. 1981. Coexistence and local extinction in two pierid butterflies. *Amer. Nat.* 118:655.

El-Dessouki, S. A. 1970. Intraspecific competition between larvae of *Sitona* sp. (Coleoptera, Curculionidae). *Oecologia (Berlin)* 6:106.

Frank, J. H. 1967. The insect predators of the pupal stage of the winter moth, *Operophtera brumata* (L.) (Lepidoptera: Hydiomenidae). *J. Anim. Ecol.* 36:375.

Gotelli, N. J. 1996. Ant community structure: Effects of predatory ant lions. *Ecology* 77:630.

MacKay, W. P. 1982. The effect of predation of western widow spiders (Araneae: Theridiidae) on harvester ants (Hymenoptera: Formicidae). *Oecologia (Berlin)* 53:406.

Moore, N. W. 1964. Intra- and interspecific competition among dragonflies (Odonata). *J. Anim. Ecol.* 33:49.

Wise, D. H. 1983. Competitive mechanisms in a food-limited species: Relative importance of interference and exploitative interactions among labyrinth spiders (Araneae: Araneidae). *Oecologia (Berlin)* 58:1.

14. Baseando-se em leituras e aulas, e também em sua leitura deste texto, que fatores contribuem para fazer dos artrópodes os animais mais abundantes na Terra (com a possível exceção dos nematódeos)?

15. Baseando-se em aulas e em sua leitura deste texto, quais funções tem o sangue de insetos, já que as trocas gasosas são realizadas através de traqueias, em vez de por um sistema circulatório?

16. Evidência crescente sugere que a morfologia de alguns artrópodes aquáticos é influenciada por predação. Discuta a evidência apoiando esta afirmação e o valor e os custos adaptativos da resposta.

Barry, M. J. 1994. The costs of crest induction for *Daphnia carinata. Oecologia* 97:278.

Barry, M. J. 2000. Inducible defences in *Daphnia:* Responses to two closely related predatory species. *Oecologia* 124:396.

Hansson, L.-A., S. Hylander, and R. Sommaruga. 2007. Escape from UV threats in zooplankton: A cocktail of behavior and protective pigmentation. *Ecology* 88:1932–39.

Jarrett, J. N. 2009. Predator-induced defense in the barnacle *Chthamalus fissus. J. Crust. Biol.* 29:329–33.

LaForsch, C., and R. Tollrian. 2004. Inducible defenses in multipredator environments: Cyclomorphosis in *Daphnia cucullata. Ecology* 85:2302–11.

Lively, C. M. 1986. Predator-induced shell dimorphism in the acorn barnacle *Chthamalus anisopoma. Evolution* 40:232.

Morgan, S. G. 1989. Adaptive significance of spination in estuarine crab zoeae. *Ecology* 70:464.

O'Brien, W. J., J. D. Kettle, and H. P. Riessen. 1979. Helmets and invisible armor: Structures reducing predation from tactile and visual planktivores. *Ecology* 60:287.

Reissen, H. P., and J. B. Trevett-Smith. 2009. Turning inducible defenses on and off: Adaptive responses of *Daphnia* to a gape-limited predator. *Ecology* 90:3455–69.

Stenson, J. A. E. 1987. Variation in capsule size of *Holopedium gibberum* (Zaddach): A response to invertebrate predation. *Ecology* 68:928.

Walls, M., and M. Ketola. 1989. Effects of predator-induced spines on individual fitness in *Daphnia pulex. Limnol. Oceanogr.* 34:390.

Wang. Z., and H. M. Schaefer. 2012. Resting orientation enhances prey survival on strongly structured background. *Ecol. Res.* 27:107–13.

Zaret, T. M. 1969. Predation-balanced polymorphism of *Ceriodaphnia cornuta* Sars. *Limnol. Oceanogr.* 14:301.

17. Muitas plantas evoluíram defesas químicas contra a herbivoria. Discuta como pelo menos algumas espécies de insetos superam essas defesas ou mesmo se apropriam dos químicos da planta para seu próprio uso.

Conner, W. E., R. Boada, F. C. Schroeder, A. González, J. Meinwald, and T. Eisner. 2000. Chemical defense: Bestowal of a nuptial alkaloidal garment by a male moth on its mate. *Proc. Nat. Acad. Sci.* 97:14406.

Dussourd, D. E., and T. Eisner. 1987. Vein-cutting behavior: Insect counterploy to the latex defense of plants. *Science* 237:898.

Eisner, T., J. S. Johanessee, J. Carrel, L. B. Hendry, and J. Meinwald. 1974. Defensive use by an insect of a plant resin. *Science* 184:996.

Kearsley, M. J. C., and T. G. Whitham. 1992. Guns and butter: A no cost defense against predation for *Chrysomela confluens. Oecologia* 92:556.

Peterson, S. C., N. D. Johnson, and J. L. LeGuyader. 1987. Defensive regurgitation of allelochemicals derived from host cyanogenesis by eastern tent caterpillars. *Ecology* 68:1268.

18. Discuta a evidência de que abelhas e formigas utilizam memória na navegação para e de suas colmeias e ninhos.

Gould, J. L. 1986. The locale map of honeybees: Do insects have cognitive maps? *Science* 232:861.

Grüter, C., T. J. Czaczkes, and F. L. W. Ratnieks. 2011. Decision making in ant foragers (*Lasius niger*) facing conflicting private and social information. *Behav. Ecol. Sociobiol.* 65:141–48.

Judd, S. P. D., and T. S. Collett. 1998. Multiple stored views and landmark guidance in ants. *Nature* 392:710.

Menzel, R., et al. 2011. A common frame of reference for learned and communicated vectors in honeybee navigation. *Current Biol.* 21:645–50.

Zhang, S., S. Schwarz, H. Zhu, and J. Tautz. 2006. Honeybee memory: A honeybee knows what to do and when. *J. Exp. Biol.* 209:4420–28.

19. A maioria dos biólogos concorda que as asas dos insetos devem ter originalmente evoluído em resposta a pressões não associadas ao voo. Somente depois de a estrutura básica da asa ter evoluído, era possível haver a evolução subsequente de asas como órgãos de voo. Compare e contraste as diferentes hipóteses para a origem das asas dos insetos. Alguma evidência apoiando qualquer hipótese é mais convincente que as que suportam as outras hipóteses?

Averof, M., and S. M. Cohen. 1997. Evolutionary origin of insect wings from ancestral gills. *Nature* 385:627.

Douglas, M. W. 1981. Thermoregulatory significance of thoracic lobes in the evolution of insect wings. *Science* 211:84.

Heinrich, B. 1993. *The Hot-blooded Insects: Strategies and Mechanisms of Thermoregulation.* Cambridge, Mass.: Harvard Univ. Press, 104–13.

Kingsolver, J. G., and M. A. R. Koehl. 1985. Aerodynamics, thermoregulation, and the evolution of insect wings: Differential scaling and evolutionary change. *Evolution* 39:488.

Kukalova-Peck, J. 1978. Origin and evolution of insect wings and their relation to metamorphosis, as documented by the fossil record. *J. Morphol.* 156:53.

Marden, J. H., and M. G. Kramer. 1994. Surface-skimming stoneflies: A possible intermediate stage in insect flight evolution. *Science* 266:427.

Thomas, A. L. R., and R. Å. Norberg. 1996. Skimming the surface—The origin of flight in insects? *TREE* 11:187 (see also *TREE* 11:471 for rebuttals).

Will, K. W. 1995. Plecopteran surface-skimming and insect flight evolution. *Science* 270:1684.

Yanoviak, S. P., R. Dudley, and M. Kaspari. 2005. Directed aerial descent in canopy ants. *Nature* 433:624–26.

20. Muitos pequenos crustáceos aquáticos fazem longas migrações verticais diárias, frequentemente subindo dezenas de metros (ou mais), somente para retornar para maiores profundidades poucas horas depois. Discuta o valor adaptativo desse comportamento. Quais são as vantagens e limitações de cada hipótese que você discutiu?

Dini, M. L., and S. R. Carpenter. 1991. The effect of whole-lake fish community manipulations on *Daphnia* migratory behavior. *Limnol. Oceanogr.* 36:370.

Enright, J. T. 1977. Diurnal vertical migration: Adaptive significance and timing. Part I. Selective advantage: A metabolic model. *Limnol. Oceanogr.* 22:856.

Gliwicz, M. Z. 1986. Predation and the evolution of vertical migration in zooplankton. *Nature* (*London*) 320:746.

McLaren, I. A. 1974. Demographic strategy of vertical migration by a marine copepod. *Amer. Nat.* 108:91.

Neill, W. E. 1990. Induced vertical migration in copepods as a defense against invertebrate predation. *Nature* 345:524.

Ohman, M. D., B. W. Frost, and E. B. Cohen. 1983. Reverse vertical migration: An escape from invertebrate predators. *Science* 220:1404.

Orcutt, J. D., Jr., and K. G. Porter. 1983. Diel vertical migration by zooplankton: Constant and fluctuating temperature effects on life history parameters of *Daphnia. Limnol. Oceanogr.* 28:720.

21. Cromatóforos estão amplamente presentes tanto em crustáceos quanto em cefalópodes. Com base em suas leituras desse livro, discuta se isso seria provavelmente o reflexo da evolução de um ancestral comum, ou se reflete a evolução independente dos sistemas de mudança de cor nos dois grupos.

22. Nos últimos anos, houve a publicação de um crescente número de estudos explorando as bases genéticas e moleculares de mudanças morfológicas nos padrões de desenvolvimento entre insetos e outros artrópodes. Como esses estudos têm, até agora, alterado ou contribuído para a nossa compreensão da biologia de insetos?

Brakefield, P. M., J. Gates, D. Keys, F. Kesbeke, P. J. Wijngaarden, A. Monteiro, V. French, and S. B. Carroll. 1996. Development, plasticity and evolution of butterfly eyespot patterns. *Nature* 384:236.

Elango, N., B. G. Hunt, M. A. D. Goodisman, and S. V. Yi. 2009. DNA methylation is widespread and associated with differential gene expression in castes of the honeybee, *Apis mellifera. Proc. Natl. Acad. Sci. U.S.A.* 106:11206–211.

Goodisman, M. A. D., J. Isoe, D. E. Wheeler, and M. A. Wells. 2005. Evolution of insect metamorphosis: A microarray-based study of larval and adult gene expression in the ant *Camponotus festinatus. Evolution* 59:858–70.

Konopova, B., and M. Jindra. 2007. Juvenile hormone resistance gene *Methoprene-tolerant* controls entry into metamorphosis in the beetle *Tribolium castaneum*. *Proc. Natl. Acad. Sci. USA* 104:10488–93.

Mahfooz, N. S., H. Li, and A. Popadi'c. 2004. Differential expression patterns of the *hox* gene are associated with differential growth of insect hind legs. *Proc. Natl. Acad. Sci. USA* 101:4877–82.

Shubin, N., C. Tabin, and S. Carroll. 1997. Fossils, genes and the evolution of animal limbs. *Science* 388:639.

Zelhof, A. C., R. W. Hardy, A. Becker, and C. S. Zuker. 2006. Transforming the architecture of compound eyes. *Nature* 443:696–99.

Detalhe taxonômico

Filo Arthropoda

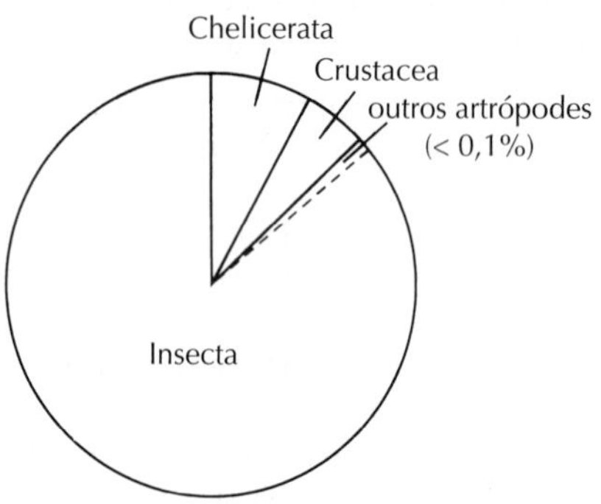

"Artrópodes regram o mundo, pelo menos entre animais multicelulares, e nós gostaríamos de pensar que compreendemos as bases de suas relações evolutivas. Infelizmente, nós não compreendemos."
Richard H. Thomas. 2003. *Science* 299:1854.

Este filo contém provavelmente até 5 milhões de espécies, das quais cerca de 1 milhão foram descritas até agora.

Subfilo Chelicerata

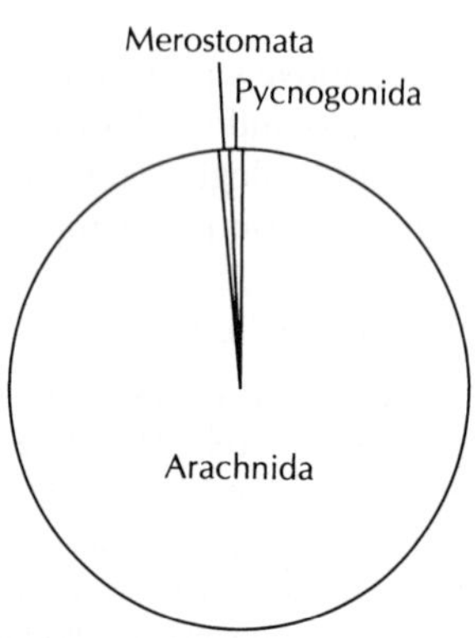

As aproximadamente 75 mil espécies neste subfilo estão divididas em três classes. Representantes do grupo não têm antenas: os únicos apêndices cefálicos anteriores à boca são as quelíceras.

Classe Merostomata

Somente quatro espécies atuais.

Ordem Xiphosura

Limulus – límulos. Todas as quatro espécies são habitantes de fundo marinho. Medem até 60 cm de comprimento, com um tempo de vida de até 19 anos.

Ordem Eurypterida

Os membros deste grupo foram extintos há cerca de 230 milhões de anos e tiveram sua máxima abundância entre aproximadamente 350 a 450 milhões de anos atrás. Originados no mar, onde seus membros provavelmente nadavam e caminhavam junto ao fundo, euriptéridos posteriormente invadiram ambientes estuarinos e de água doce, e alguns podem até ter sido anfíbios, passando parte do tempo em terra. A maior parte dos indivíduos preservados tem menos de 20 cm de comprimento, porém representantes de algumas espécies atingiam comprimentos supeiores a 2 m, fazendo-os os maiores artrópodes que já viveram. Muitos biólogos acreditam que aracnídeos evoluíram de ancestrais euriptéridos.

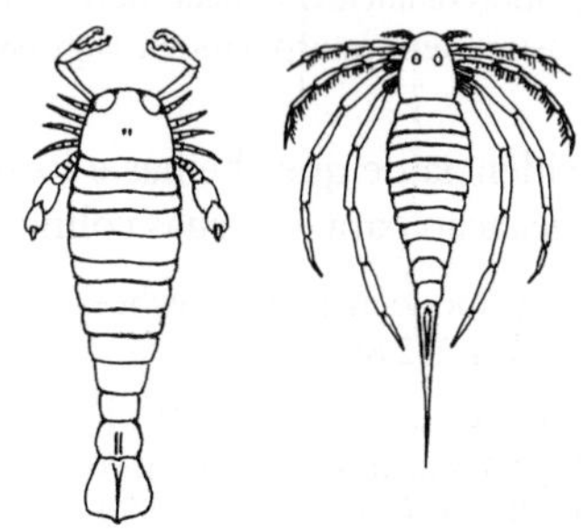

De E. N. K. Clarkson, *Invertebrate Paleontology & Evolution*, 2d ed. Copyright © 1986. Chapman & Hall, Div. International Thomson Publishing Services Ltd., U. K. Com permissão de Kluwer Academic Publishers.

Classe Arachnida

As aproximadamente 74 mil espécies estão divididas em 11 ordens e cerca de 550 famílias.

Ordem Scorpiones

Diplocentrus, *Centruroides* – escorpiões. Este grupo contém os maiores de todos os aracnídeos, com indivíduos de algumas espécies alcançando comprimentos de 18 cm. Todas as espécies são terrestres e carnívoras. Há 1.500 espécies divididas entre nove famílias.

Ordem Uropygi

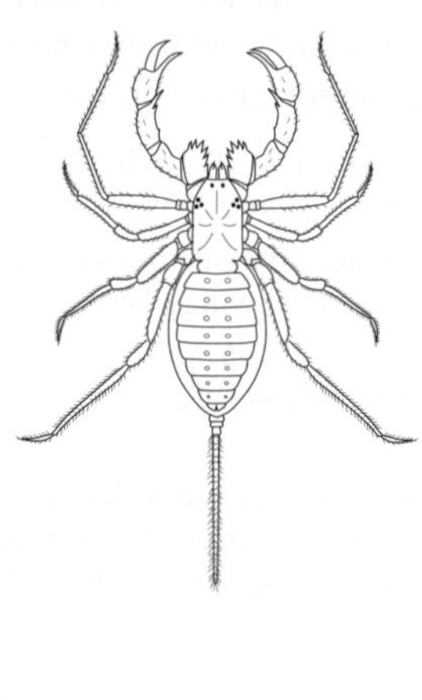

Mastigoproctus – escorpiões-vinagre. Há 85 espécies, com uma família.

Ordem Amblypygi

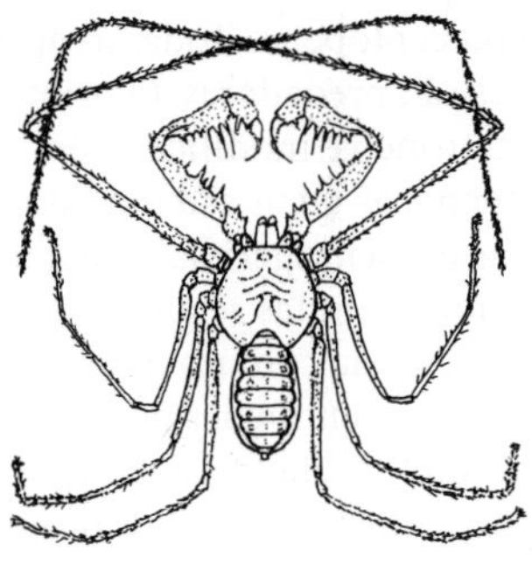

Escorpiões sem cauda.

Ordem Araneae

Aranhas. Este grupo contém quase a metade de todas as espécies de aracnídeos. Todas são predadoras, principalmente de insetos. Cerca de 36 mil espécies descritas (com muito mais ainda por descrever) em três subordens (uma pequena, que é omitida aqui); aproximadamente 90 famílias.

Subordem Orthognatha

Bothriocyrtum, Actinopus – Aphonopelma, Acanthoscurria – tarântulas, caranguejeiras. Mais de 1.200 espécies divididas entre 11 famílias. A maioria é tropical.

Subordem Labidognatha

Há 74 famílias, aproximadamente 35 mil espécies.

Família Symphytognathidae. Esta família contém a menor de todas as espécies conhecidas de aranhas (aproximadamente 0,3 mm de comprimento). O grupo ocorre na Nova Zelândia, na Austrália e na região Neotropical.

Família Cybaeidae. *Argyronecta* – aranha-de-água. Todas vivem submersas em água doce, vindo à superfície periodicamente para capturar ar em finos pelos abdominais. Elas, então, submergem e recolhem o ar dentro de uma teia submersa em forma de domo para armazenamento.

Família Lycosidae. *Lycosa* – aranha-de-jardim. A maioria das espécies caça no solo, e algumas espécies tecem teias. Machos seguem um fio de seda para localizar a fêmea, o que leva a um elaborado ritual de corte, como em muitos aracnídeos. Até 3 mil espécies.

Família Araneidae. *Araneus, Argiope* – aranhas de teias orbiculares. Entre 3.000 e 4.000 espécies.

Família Theridiidae. Aproximadamente 2 mil espécies. Fêmeas do gênero *Latrodectus* (a aranha viúva-negra) produzem um veneno altamente tóxico para seres humanos (geralmente não fatal) e outros vertebrados. Fêmeas possuem o corpo com até 1,5 cm e comprimento total (incluindo pernas) de até 5 cm.

Família Salticidae. Aranhas saltadoras. Esta é uma das maiores de todas as famílias de aranhas, contendo quase 5 mil espécies. Aranhas saltadoras têm os mais desenvolvidos de todos os olhos aracnídeos e os usam para visualizar a presa a uma considerável distância. Salticídeos usam seda principalmente para construção do ninho, em vez de para captura de presas.

Família Thomisidae. Aranhas-caranguejo. Aproximadamente 1.500 espécies.

Ordem Ricinulei

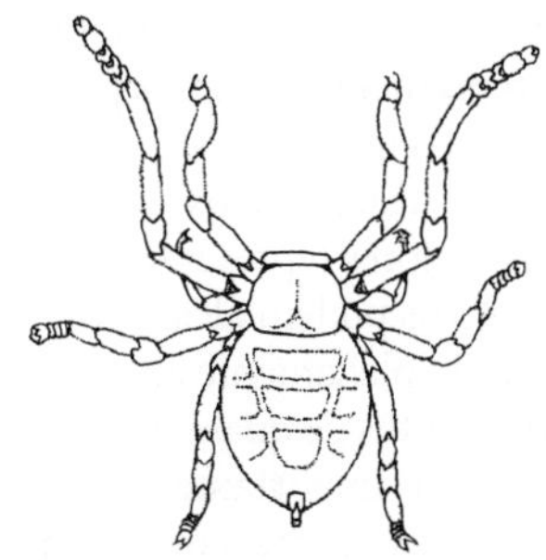

As 33 espécies nesta ordem formam um grupo relativamente inconspícuo de aracnídeos tropicais e subtropicais destituídos de olhos. Uma família.

Ordem Pseudoscorpiones

Psedoescorpiões. *Chelifer*. As 2 mil espécies neste grupo lembram os verdadeiros escorpiões, mas elas não possuem a longa cauda nem o aguilhão, e a maioria tem de 1 a 7 mm de comprimento. Todas se alimentam do sangue de outros invertebrados. Muitas pegam "carona" em insetos, um comportamento de dispersão, chamado de foresia. A maioria das espécies fabrica ninhos de seda expelida das extremidades das quelíceras, e muitas participam de elaborados rituais de corte. Existem 22 famílias.

Ordem Solifugae (= Solpugida)

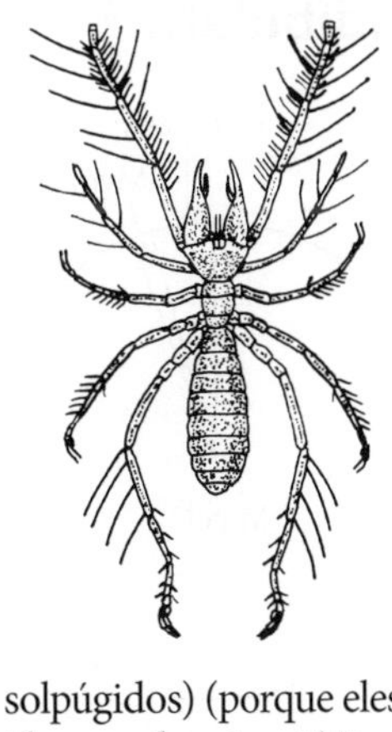

Solífugos (ou solpúgidos) (porque eles correm "como o vento"). Indivíduos podem ter até 7 cm de comprimento. Diferentemente de outros aracnídeos, estes contêm enormes quelíceras queladas apontadas para a frente. As mais de 900 espécies são encontradas principalmente em áreas tropicais e subtropicais, exceto Austrália e Nova Zelândia. Todos são predadores de movimentos rápidos. Membros de muitas espécies alimentam-se de cupins. Existem 12 famílias.

Ordem Opiliones

Leiobunum – opiliões. Entre 4.500 e 5.000 espécies conhecidas. Indivíduos variam de menos de um milímetro a quase 22 mm de comprimento do corpo. Pernas frequentemente muito longas e finas. Estes aracnídeos predam outros artrópodes e gastrópodes ou se alimentam de animais, frutas e outros vegetais em decomposição. Há 28 famílias.

Ordem Acari

Oppia, Dermatophagoides – ácaros; *Dermacentor, Ixodes* – carrapatos. Aproximadamente 30 mil espécies descritas até o momento, e alguns pesquisadores estimam que outro milhão de espécies aguardam por descoberta e descrição. Poucos ácaros são maiores do que 1 mm. Os maiores representantes da ordem são os carrapatos, os quais podem alcançar comprimentos de 5 a 6 mm; quando plenamente alimentados, eles podem atingir comprimentos de quase 30 mm. Muitas espécies são pragas agrícolas importantes, e outras transmitem doenças bacterianas ou virais debilitantes ou fatais aos seres humanos e ao gado. A doença de Lyme, uma infecção bacteriana transmissível pelo carrapato do cervo, agora infecta quase 13 mil pessoas nos Estados Unidos a cada ano, e está espalhado na Europa e na Ásia de forma semelhante. Outras espécies de ácaros e carrapatos ajudam a decompor e reciclar matéria orgânica. Quase 400 famílias.

Classe Pycnogonida (= Pantopoda)

Nymphon – as "aranhas-do-mar". Todas as cerca de 1.000 espécies são marinhas, vivendo de águas rasas a profundidades de 6.800 m. A maioria é parasito externo ou predadora sugadora. Se a larva em forma de náuplio deixa o ovo antes de completar seu desenvolvimento, ela cresce como um parasito de cnidários. Oito a nove famílias.

Subfilo Mandibulata[22]

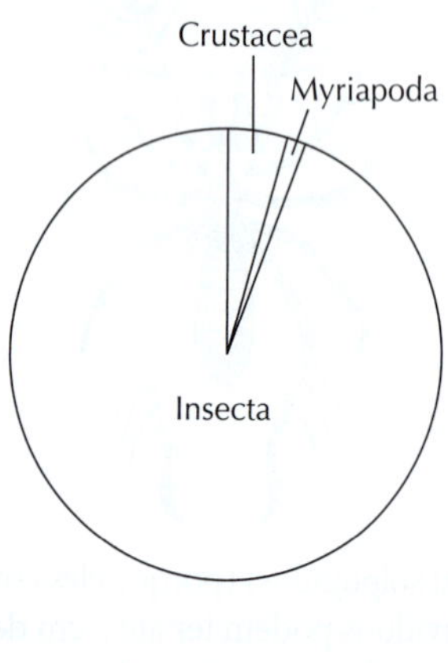

[22]Ver Figura 14.42 para uma hipótese alternativa, na qual este subfilo é abandonado.

Superclasse Myriapoda

Mais de 13 mil espécies foram descritas, distribuídas entre quatro ordens.

Ordem Chilopoda

Centípedes ou centopeias. Todas as aproximadamente 3 mil espécies são predadoras. O primero par de apêndices do tronco é modificado em um par de presas de veneno, as quais são usadas para paralisar a presa antes de ela ser ingerida. A maioria das espécies é tropical, embora muitas sejam de clima temperado. *Scutigera*, a centopeia comum das habitações, é incomum entre os centípedes por possuir olhos (compostos) multifacetados, aparentemente uma evolução independente dos olhos dos insetos. Os menores centípedes têm cerca de 4 mm de comprimento, ao passo que os membros da maior espécie, *Scolopendra gigantea,* atingem comprimentos de quase 30 cm. Um pequeno número de espécies (p. ex., *Hydroschendyla submarina*) é marinha. Vinte famílias.

Ordem Diplopoda

Milípedes ou piolhos-de-cobra. Cerca de 10 mil espécies descritas até hoje. Cada segmento milípede geralmente porta um par de glândulas de veneno, que secretam um líquido volátil e irritativo, ou mesmo fatal; entre uma variedade de constituintes orgânicos, as secreções geralmente possuem cianeto. Pelo menos uma espécie pode lançar a secreção em organismos a um metro de distância. A maioria das espécies é detritívora, relativamente poucas são carnívoras, e poucas são herbívoras. Aproximadamente 120 famílias.

Ordem Symphyla

Scutigerella, Symphella. Estes pequenos (1–8 mm de comprimento) artrópodes terrestres vivem em hábitas úmidos, como: embaixo de troncos e galhos caídos, no solo úmido ou na serrapilheira. Indivíduos, em geral, possuem de 10 a 12 pares de pernas. A maior parte das 160 espécies é herbívora e ao menos uma espécie é uma praga agrícola.

Ordem Pauropoda

Estes são artrópodes terrestres extremamente pequenos (geralmente menos de 1,5 mm de comprimento) que vivem na serrapilheira e no solo de florestas. Cada indivíduo tem nove pares de pernas. A maioria das espécies é de movimentos rápidos e se alimenta de fungos. Menos de 500 espécies foram descritas. Cinco famílias.

Superclasse Hexapoda

Membros deste grupo têm sido cada vez mais ligados aos crustáceos, em um táxon chamado de Pancrustacea.

Classe Entognatha

Hexápodes ápteros (sem asas) primitivos, cujos apêndices bucais estão ocultos dentro de uma bolsa especial na cabeça.

Ordem Collembola

Colêmbolos. Um grupo de pequenos hexápodes com não mais do que alguns milímetros de comprimento, possuindo um órgão abdominal característico que os faz saltar. Distintamente de qualquer outro hexápode, colêmbolos possuem somente seis segmentos abdominais. Colêmbolos são comuns em vários hábitats de água doce, costeiros, marinhos e terrestres. Seu registro fóssil vem desde 400 milhões de anos atrás. Cinco famílias, contendo cerca de 4 mil espécies descritas.

Ordem Protura

Um grupo de pequenas (menos do que 2 mm) criaturas ápteras e sem olhos que vivem na serrapilheira e em vegetais em decomposição. Há 250 espécies.

Ordem Diplura

Pequenos (menos de 4 mm) herbívoros e predadores esbranquiçados, ápteros e destituídos de olhos, que também não possuem túbulos de Malpighi. Há 650 espécies.

Classe Insecta (= Ectognatha)

Pelo menos 1 milhão de espécies foram descritas até hoje, e provavelmente várias vezes esse número aguardam descoberta. Insetos são encontrados em cada hábitat terrestre e de água doce conhecido; ocorrem até na Antártica, vivendo como ectoparasitos em focas e aves marinhas.

Ordem Archaeognatha

Arqueognatos. Estes são os mais primitivos dos insetos atuais; um fóssil descoberto em 2004 tem quase 400 milhões de anos. As aproximadamente 400 espécies, em sua maioria noturnas, eram anteriormente incluídas na agora abandonada ordem Thysanura. A flexão abdominal permite aos animais deste grupo grandes saltos no ar. Quatro famílias.

Ordem Zygentoma

Traças. As aproximadamente 300 espécies neste grupo eram anteriormente unidas com os arqueognatos na ordem Thysanura, hoje não mais considerada válida. Tisanuros são corredores bastante rápidos. Alguns vivem exclusivamente em ninhos de formigas e cupins. Cinco famílias.

Subclasse Pterygota

Estes são insetos alados. Embora em muitas espécies as asas tenham sido secundariamente perdidas, todos os membros deste grupo descendem de ancestrais alados. Vinte e sete ordens.

Ordem Mantophasmatodea

Esta ordem foi primeiro erigida em 2001 – a primeira nova ordem de insetos em quase 100 anos – para acomodar alguns insetos fossilizados, mas representantes atuais foram agora encontrados na África do Sul. Esses predadores (nome popular: "gladiadores") lembram um "cruzamento" de um inseto-graveto (Phasmida), um louva-a-deus (Mantodea) e um gafanhoto (Orthoptera). Uma família.

Ordem Ephemeroptera

Ephemera, Ephemerella – efemérides. Mais de 2 mil espécies foram descritas em todo o mundo. Adultos não se alimentam e têm vida curta. Poucos vivem mais do que poucos dias, e alguns vivem somente por algumas horas. Ovos fertilizados são depositados exclusivamente na água doce, onde as larvas (ninfas) se desenvolvem por vários anos, passando por até 55 diferentes estágios (ínstares). Efemerópteros são os únicos insetos que têm asas antes de se tornarem adultos. O penúltimo ínstar ninfal (subimago), que dura somente alguns dias, no máximo, é também alado. Indivíduos da maioria das espécies contêm dois pares de asas. Como os membros da ordem seguinte, esses insetos não conseguem dobrar as asas na horizontal quando em repouso, o que é considerada uma condição primitiva.

Ordem Odonata

Os odonatos, ou libélulas – zigópteros (subordem Zygoptera) e anisópteros (subordem Anisoptera) compõem cerca de 5.200 espécies. Estes insetos são alados (dois pares), mas, assim como os efemerópteros, suas alas não podem ser dobradas ao longo do abdome quando estão em repouso. As ninfas, com brânquias, desenvolvem-se na água doce, onde são predadores importantes e também um recurso alimentar fundamental para peixes. Os maiores anisópteros *parecem* intimidadores – eles têm cerca de 10 cm de comprimento – mas não picam nem ferroam. Adultos comem somente outros insetos. Existem 25 famílias.

Ordem Blattaria

Periplaneta, Blatella, Blatta, Blaberus, Blatteria, Cryptocercus – baratas. A maioria das mais de 4 mil espécies nesta ordem são tropicais, umas poucas são pragas domésticas. Embora muitas espécies sejam onívoras, outras se especializam em dietas, como madeira, e vivem em hábitats tão improváveis como desertos, cavernas ou ninhos de formigas. Algumas espécies (membros da primitiva família Cryptocercidae) abrigam, em seu intestino posterior, protozoários simbiontes próximos daqueles que habitam o intestino posterior de cupins. Muitas espécies são ápteras. Uma espécie áptera australiana, *Macroparesthia rhinoceros,* pesa 20 g, apesar de ter somente 6,5 cm de comprimento. Uma outra grande espécie de barata, *Blaberus giganteus,* encontrada no México e na América do Sul, cresce mais de 6 cm de comprimento. Cinco famílias.

Ordem Mantodea

Louva-a-deus, mantódeos. Todas as 2 mil espécies predam outros insetos. As ninfas lembram pequenos adultos e desenvolvem-se sem uma metamorfose pronunciada. Adultos geralmente possuem dois pares de asas, embora fêmeas possam ser desprovidas de ambos os pares. Oito famílias.

Ordem Isoptera

Cupins, térmites. Acredita-se que estes insetos evoluíram de baratas primitivas comedoras de madeira. Como aquelas baratas, cupins abrigam protozoários ou bactérias simbiontes, os quais digerem celulose e liberam os nutrientes para o inseto hospedeiro. Algumas espécies de cupins adquirem sua celulose ingerindo fungos que elas cultivam. Uma única colônia de cupins pode conter mais de um milhão de indivíduos em colônias subterrâneas ou acima da superfície do solo, tão grandes quanto uma casa. Cupins são notavelmente destrutivos em estruturas de madeira (casas, árvores), mas são extremamente importantes na reciclagem de energia e nutrientes, sobretudo em áreas tropicais. Todas as espécies são eussociais, e os indivíduos se enquadram em castas que definem sua posição social e seu papel durante a vida: operários, machos reprodutores, soldados e rainhas. As aproximadamente 2.100 espécies de térmites descritas estão distribuídas em seis famílias.

Ordem *Grylloblattaria*

As 17 espécies desses onívoros ápteros contidos na ordem são encontradas em ambientes frios, incluindo glaciares e cavernas de gelo. Uma família.

Ordem *Orthoptera*

Grilos, catídeos, gafanhotos, esperanças, "paquinhas" ou "cachorrinhos-da-terra". Este é um grande grupo de cerca de 20 mil espécies, em que alguns membros podem crescer até mais de 11 cm de comprimento, com envergadura das asas excedendo 22 cm. Muitas espécies "estridulam", produzindo um canto espécie-específico ao atritar porções especializadas de suas asas uma contra a outra (não as pernas posteriores). Membros de um gênero, *Mecopoda*, são geralmente engaiolados como animais de estimação com uma vida longa, na China e no Japão. Há 61 famílias.

Ordem *Phasmida (= Phasmatoptera)*

Carausius, Diapheromera – fásmidos, fasmatódeos, "bichos-pau verdadeiros"; *Phyllium* – "bichos-folha". As aproximadamente 2.500 espécies possuem a habilidade de mimetizar quase perfeitamente os ramos e folhas das plantas de que se alimentam. A maioria das espécies pode alterar sua coloração corporal a cada muda para melhor combinar o padrão de cor com o ambiente à volta. O maior de todos os bichos-pau alcança 33 cm de comprimento. Onze famílias.

Ordem *Dermaptera*

Dermápteros – "lacerdinhas". A maioria dos dermápteros (cerca de 99% das 2 mil espécies descritas) é de herbívoros de vida livre ou carnívoros, mas cerca de 20 espécies são exclusivamente parasíticas ou comensais em morcegos e roedores. A maior parte das espécies é tropical, e muitas são ápteras. Há 11 famílias.

Ordem *Embiidina*

Embiópteros. Este grupo contém cerca de 2 mil espécies de insetos produtores de seda tropicais ou subtropicais, os quais vivem principalmente em estreitas galerias revestidas com seda, no solo, madeira ou serrapilheira. Machos geralmente têm asas, mas as fêmeas são sempre ápteras. Embiópteros se alimentam principalmente de matéria vegetal em decomposição. Oito famílias.

Ordem *Plecoptera*

Plecópteros. Estes insetos (aproximadamente 1.800 espécies) estão distribuídos em todo o mundo, exceto na Antártica. O tempo de vida do adulto é geralmente curto – apenas longo o suficiente para acasalamento e oviposição; a maior parte do ciclo de vida é passado nos estágios imaturos, geralmente em água doce. Ninfas de plecópteros lembram muito as de efemérides (ordem Ephemeroptera), mas têm somente dois apêndices abdominais (caudais), em vez de três, e portam brânquias no tórax, em vez de no abdome.
Há 15 famílias.

Ordem *Psocoptera*

Psocópteros. Apesar da conotação do seu nome popular, estes insetos não são parasitos. A maioria se alimenta de algas, musgos, líquens, pólen ou insetos mortos. Os indivíduos são pequenos, geralmente com 1 a 6 mm de comprimento. A maior parte das quase 2.600 espécies é encontrada em serrapilheira, sob cascas de árvores, em folhas, sob pedras e em cavernas, em particular nos trópicos. Algumas espécies perturbam os seres humanos, vivendo sobre alimentos armazenados. Existem 37 famílias.

Ordem *Anoplura*

Piolhos dos pelos pubianos, ou "chatos" – transmitidos venereamente entre seres humanos; *Pediculus* – piolho do corpo humano. Essas 520 espécies de ectoparasitos sugadores de sangue são pequenos insetos ápteros que nunca ultrapassam 4 mm de comprimento. O abdome se expande marcadamente para acomodar um grande volume de sangue. Todos parasitam mamíferos, incluindo animais diversos, como camelos, macacos, lhamas, focas, ungulados e seres humanos. Infestações em criações de gado podem ser extremamente debilitantes. Os piolhos da cabeça e o do corpo humano transmitem tifo. Há 15 famílias.

Ordem *Mallophaga*

Piolhos mastigadores, piolhos picadores. Todos são pequenos (menos de 5–6 mm) parasitos sem asas de aves e mamíferos. Aproximadamente 2.500 espécies foram descritas, em 11 famílias.

Ordem *Thysanoptera*

Tripes. Todas as 5.300 espécies são pequenas (raramente maiores de 5,0 mm, com algumas tão pequenas quanto 0,5 mm). Algumas espécies são aladas, outras não. A maioria se alimenta em várias partes de plantas e pode transmitir doenças entre as plantas nas quais se alimenta. Cinco famílias.

Ordem *Hemiptera*

Os percevejos verdadeiros. Muitas das 50 mil espécies descritas neste grande grupo são pragas agrícolas importantes ou transmissoras de doenças; muitas outras espécies são consideradas benéficas. A maior parte das espécies alimenta-se em várias partes de plantas, mas algumas predam outros artrópodes, e poucas são ectoparasitos de vertebrados. Esta ordem também contém os únicos insetos de mar aberto, cinco espécies no gênero *Halobates*. Há 74 famílias.

Ordem Homoptera

*Esta grande ordem (cerca de 35 mil espécies descritas até o momento) inclui as cigarras, pulgões (afídeos), cigarrinhas cercopídeas, cigarrinhas membracídeas, cicadelídeas e cochonilhas. Todas as espécies se alimentam em plantas e geralmente são hospedeiro-específicas. O grupo inclui muitas espécies de pragas agrícolas. Existem 55 famílias.

Família Aphididae. Pulgões. Muitas das 3.500 espécies de afídeos são pragas agrícolas severas e vetoras de sérias doenças de plantas. O ciclo de vida geralmente envolve várias gerações assexuadas. Fêmeas emergem na primavera e produzem ovos, os quais se desenvolvem partenogeneticamente em mais fêmeas, as quais continuam a se reproduzir partenogeneticamente por mais várias gerações. A última geração do verão desenvolve-se em machos e fêmeas, os quais copulam e depositam ovos fertilizados que passam por diapausa (ficam "dormentes") até a próxima primavera.

Família Cicadidae. Cigarras. Estes grandes insetos têm dois pares de asas. O macho geralmente tem órgãos produtores de som na base do abdome, embora algumas espécies produzam som usando as asas. Ovos são depositados em árvores; ninfas e adultos alimentam-se da seiva de árvores.

Família Cercopidae. Cigarrinhas cercopídeas. Cerca de 23 mil espécies descritas até o momento. Adultos são herbívoros e geralmente requerem uma particular espécie de planta hospedeira. Fêmeas depositam seus ovos no tecido vegetal, e as ninfas em desenvolvimento geralmente produzem uma massa conspícua de espuma branca, a qual as protege da predação e da dessecação. Ninfas de outras espécies, em vez disso, secretam uma espécie de abrigo tubular calcário sobre a planta hospedeira. Algumas espécies retardam o desenvolvimento ou danificam pinheiros.

Superordem Holometabola

As nove ordens neste grupo incluem a maioria das famílias e espécies de insetos. Todos exibem uma metamorfose marcada e completa.

Ordem Neuroptera

Neurópteros, formigas-leão ("*ant lions*", "*snake flies*", assim chamados pelos movimentos parecidos com os de serpentes e pela forma do protórax). Este é um grupo pequeno (cerca de 5.100 espécies), mas diverso e amplamente distribuído, de insetos holometábolos mais primitivos. As larvas podem ser aquáticas ou terrestres, e secretam casulos de seda produzidos pelos túbulos de Malpighi. Existem 21 famílias.

*N. de T. Esta ordem não é mais reconhecida como monofilética e foi abandonada; seus integrantes pertencem a distintos grupos, hoje incluídos na ordem Hemiptera, que atualmente é dividida nas subordens Heteroptera (os antigos Hemiptera, em um sentido estrito), Sternorrhyncha (pulgões, cochonilhas), Auchenorrhyncha (monofilia incerta, incluindo cigarras, cigarrinhas) e Coleorrhyncha (um pequeno grupo de hemípteros considerados basais).

Ordem Coleoptera

Besouros. Esta é a maior de todas as ordens de insetos, incluindo mais de 360 mil espécies descritas. Quase 70% dessas espécies estão contidas dentro de somente sete famílias. Algumas famílias contêm menos de uma dezena de espécies, mas a maioria contém centenas ou milhares, e umas poucas contêm mais de 30 mil espécies cada uma. Além das famílias já discutidas, coleópteros incluem girinídeos (família Gyrinidae, de besouros aquáticos), joaninhas (Coccinellidae), elaterídeos (Elateridae – os quais fazem um "clique" quando saltam) e muitos outros. A maioria dos besouros têm dois pares de asas, com o par anterior servindo somente como um estojo de proteção para o par posterior, o qual é usado para voar. Muitas espécies produzem sons de diferentes maneiras, incluindo estridulação (fricção de diversas partes do corpo uma contra a outra). Existem 153 famílias.

Família Carabidae. Este grupo de cerca de 30 mil espécies inclui os coloridos "*tiger beetles*" e os notáveis "*bombardier beetles*", os quais descarregam explosivamente uma potente substância defensiva irritante. A maioria das espécies é carnívora, mesmo enquanto larvas; as larvas digerem sua presa antes da ingestão e, então, sorvem o alimento líquido.

Família Ptiliidae. Este é um pequeno grupo de cerca de 430 espécies. Muitas se alimentam de esporos de fungos. Algumas espécies altamente especializadas vivem em colônias de formigas, alimentando-se de produtos de excreção das larvas das formigas.

Família Staphylinidae. Estafilinídeos. As aproximadamente 30 mil espécies nesta família vivem principalmente em serrapilheira. Muitas espécies vivem em ninhos de formigas ou cupins e alimentam-se de esporos e hifas de fungos, mas a maior parte é carnívora.

Família Scarabaeidae. Escarabeídeos, besouro rola-bosta ("*dung beetles*"). Este grupo contém cerca de 25 mil espécies. Representantes da maioria dessas espécies ingerem excrementos, embora alguns se alimentem de fungos, flores e gramíneas. Algumas espécies são pragas sérias em campos de golfe, arruinando o gramado. Larvas frequentemente destroem culturas ao comerem raízes.

Família Buprestidae. "Besouros-joia". Adultos possuem frequentemente uma distinta coloração metálica. As larvas, muitas vezes, provocam danos sérios em arbustos e árvores, sobretudo em árvores frutíferas. Aproximadamente 15 mil espécies descritas.

Família Lampyridae. *Photinus, Photurus.* Vagalumes, pirilampos. As 2 mil espécies são caracterizadas por órgãos bioluminescentes especializados na extremidade do abdome, os quais produzem um sinal de luz que atrai parceiros para a cópula. As larvas são habitantes de solo, predadoras de outros invertebrados terrestres, incluindo caracois, lesmas, lagartas e minhocas.

Família Dermestidae. Estes são pequenos besouros (1–12 mm de comprimento) com uma ampla variedade de preferências alimentares, ingerindo alimentos tão diversos quanto pólen, néctar, tapetes, estofados, grãos, vertebrados mortos e em decomposição e insetos mortos. Membros do gênero *Dermestes* são rotineiramente utilizados para ajudar a limpar esqueletos de vertebrados para exposição ou estudo. Outras espécies destroem renomadas coleções de insetos. As larvas são especialmente danosas. O grupo contém cerca de 850 espécies.

Família Tenebrionidae. Este grupo inclui cerca de 18 mil espécies, muitas sem asas, que se alimentam, em sua maioria, de matéria vegetal. Vários gêneros, incluindo *Tribolium* e *Tenebrio,* infestam frequentemente alimentos armazenados. *Tribolium* (o besouro-da-farinha), em particular, tem sido largamente utilizado em estudos ecológicos de crescimento populacional.

Família Cerambycidae. Besouros-serradores. As larvas destas 35 mil espécies perfuram túneis em tecido vegetal, vivo ou morto. Adultos geralmente alimentam-se de pólen e néctar e são, portanto, frequentemente vistos em flores.

Família Curculionidae. Gorgulhos. Este grande grupo de umas 50 mil espécies descritas inclui pragas agrícolas importantes (p. ex., gorgulhos-do-arroz, bicudo-do-algodoeiro). A maior parte das espécies se alimenta de plantas em flor.

Família Chrysomelidae. Crisomelídeos, besouros--de-folhas. Este grupo contém aproximadamente 35.000 espécies. Todos os adultos e muitas larvas se alimentam das folhas das plantas. As larvas de algumas espécies alimentam-se sob o solo, em raízes de plantas. Muitas espécies são pragas agrícolas.

Ordem Strepsiptera

Este grupo de insetos holometábolos contém quase 400 espécies. As fêmeas são ápteras, geralmente sem pernas, endoparasitos em outros insetos, incluindo abelhas, vespas, tisanuros e baratas. As fêmeas passam toda a vida adulta dentro do corpo do hospedeiro, geralmente com apenas a cabeça protraída entre um par de segmentos abdominais adjacentes do hospedeiro. Machos são alados (embora o par anterior de asas seja muito reduzido em tamanho) ze de vida livre, e eles logo localizam uma fêmea e fertilizam seus ovos. Centenas ou milhares de larvas muito ativas, com seis pernas e menos de 300 μm de comprimento, saem do hospedeiro parental. As larvas, então, devem localizar e penetrar no estágio larval do inseto hospedeiro; larvas que amadurecem como machos deixam, então, o hospedeiro e voam embora, enquanto aquelas que amadurecem como fêmeas permanecem sempre dentro do hospedeiro. Oito famílias.

Ordem Mecoptera

Mecópteros, moscas-escorpiões. Estes insetos comuns de florestas alimentam-se de néctar ou de outros insetos. O abdome do macho termina em uma curva aguda, voltada para cima, lembrando o aguilhão de um escorpião; entretanto, os mecópteros não ferroam. Oito a nove famílias. O grupo contém aproximadamente 500 espécies.

Ordem Siphonaptera

Pulgas. Aproximadamente 2 mil espécies destes insetos ápteros, holometábolos, picadores e hematófagos têm sido descritas. Adultos são parasitos, geralmente ectoparasitos – de animais homeotérmicos, frequentemente mamíferos (sobretudo roedores). Em geral, as larvas não são parasíticas e empupam dentro de casulos de seda. Como adultos frequentemente pulam de um hospedeiro para outro, pulgas são excelentes veículos para transferir doenças entre hospedeiros. Em particular, pulgas são vetores de peste bubônica (a peste negra). Algumas espécies de pulgas são também hospedeiras intermediárias obrigatórias para o verme-chato comum de cães e gatos. Pulgas não têm olhos compostos. Existem 15 famílias.

Ordem Diptera

Moscas verdadeiras. Este grupo imenso de 125.000 a 150.000 espécies contém tais adorados insetos, como mosquitos, simulídeos, mosquitos-pólvora, moscas domésticas e mosca-das-frutas. Diferentemente de outros chamados "*flies*", dípteros adultos exibem um par de asas posteriores reduzidas, em forma de clava (halteres ou balancins, usados para o equilíbrio no voo), e somente um par de asas funcionais no voo. Os membros deste grupo ocorrem em todo o mundo e alguns podem se reproduzir com sucesso em lugares tão improváveis como fontes de óleo, fontes de água termal e fundo oceânico. As larvas mostram uma incrível diversidade de padrões de alimentação, incluindo a formação de minas em folhas, predação, alimentação de detritos, ecto e endoparasitismo. As larvas de muitas espécies são ápodes (sem pernas) e conhecidas como "*maggots*". Muitas espécies transmitem doenças, como malária, febre tifoide, febre amarela e disenteria, e outras espécies são pragas agrícolas importantes. Por outro lado, muitas espécies de dípteros comem ou parasitam vários insetos pragas, polinilizam flores ou destroem algumas plantas daninhas; esses dípteros são, assim, inegavelmente benéficos. Existem 162 famílias.

Família Chironomidae. Quironomídeos. Aproximadamente 5 mil espécies de insetos voadores onipresentes, não picadores. Algumas espécies são encontradas em hábitats marinhos costeiros. As larvas são geralmente aquáticas.

Família Tipulidae. Tipulídeos, pernilongos. Com mais de 13 mil espécies descritas, esta é a maior família de Diptera.

Família Chaoboridae. Mosquitos-fantasma, (p. ex., *Chaoborus*). As larvas são aquáticas e geralmente predam larvas de mosquitos, servindo como agentes de controle biológico. Somente cerca de 75 espécies descritas.

Família Culicidae. Mosquitos, pernilongos (p. ex., *Culex, Anopheles, Aedes*). A probóscide da fêmea adulta é modificada para picar; fêmeas necessitam de uma refeição de sangue antes de ovipositar. Mosquitos têm importantes papéis na transmissão de doenças devastadoras, como malária, febre amarela e filariose. As larvas são aquáticas. Cerca de 3 mil espécies já foram descritas.

Família Simuliidae. Simulídeos, borrachudos. Fêmeas são parasitos hematófagos que podem infligir uma picada dolorosa. Uma revoada de adultos pode matar gado e mesmo seres humanos. Uma espécie é essencial na transmissão da cegueira do rio (África e América Central).

Família Tabanidae. Tabanídeos, mutucas. As fêmeas são hematófagas e têm, geralmente, corpo avantajado. As larvas são predadoras aquáticas de vários outros invertebrados. Tabanídeos transmitem antraz. Mais de 3 mil espécies têm sido descritas. Família Tephritidae. Mosca-das-frutas. Mais de 4 mil espécies são conhecidas. Larvas alimentam-se principalmente em frutas, como maçãs e frutas vermelhas, o que as torna pragas agrícolas importantes.

Família Drosophilidae. Mosca-da-fruta. O gênero mais bem conhecido neste grupo de umas 1.500 espécies é *Drosophila,* amplamente utilizado em genética evolutiva e estudos ontogenéticos.

Família Muscidae. Este grupo inclui a mosca doméstica (*Musca domestica*), a qual transmite febre tifoide, antraz, disenteria e conjuntivite; a mosca-do-chifre (*M. autumnalis*), que é geralmente vista em grupos ao redor da cabeça do gado, e a mosca-tsé-tsé (*Glossina,* algumas vezes colocada em uma família à parte, Glossinidae), que transmite a doença do sono e outras doenças similares causadas por tripanossomas. Larvas geralmente se alimentam em matéria vegetal e animal em decomposição ou em fezes.

Família Calliphoridae. Mosca-varejeira. A maior parte das larvas desenvolve-se em animais em decomposição. Algumas espécies depositam seus ovos preferencialmente em ferimentos de animais vivos, em vez de em carcaças de animais mortos.

Família Oestridae. "*Botflies*". A maioria das 65 espécies descritas lembram abelhas. As larvas são endoparasitos de mamíferos, incluindo ovelhas, bois e outros tipos de gado. Oestrídeos de cavalos são, algumas vezes, colocados em uma outra família.

Família Bombylliidae. Moscas-abelhas. Muitas das cerca de 4 mil espécies lembram muito abelhas ou vespas. Embora adultos geralmente se alimentem de néctar, as larvas são sempre parasíticas em estágios imaturos de outros insetos ou em outros insetos parasitos; como, larvas de bombilídeos, controlam muitas populações de insetos pragas, incluindo gafanhotos e moscas-tsé-tsé.

Ordem Trichoptera

Tricópteros. Aproximadamente 7 mil espécies descritas até o presente. Adultos lembram pequenas mariposas, mas alimentam-se exclusivamente de líquidos. Algumas espécies nunca são maiores do que cerca de 2 mm. Larvas e pupas são geralmente aquáticas (principalmente em água doce, embora algumas espécies desenvolvam-se em estuários), mas os estágios imaturos de algumas espécies são inteiramente terrestres. Larvas geralmente alimentam-se de algas, fungos e bactérias. Aproximadamente 40 famílias.

Ordem Lepidoptera

Mariposas e borboletas. Este enorme grupo de insetos contém cerca de 160 mil espécies descritas. As fêmeas de algumas delas são ápteras, e muitas espécies são estritamente noturnas (ativas somente à noite). As larvas geralmente se alimentam de plantas (folhas, caules) ou produtos de plantas (frutos, sementes), porém algumas predam outros insetos; uma espécie (*Hyposmucoma molluscivora*) come gastrópodes terrestres. Existem 137 famílias (com algumas famílias contendo menos do que uma dezena de espécies cada).

Família Noctuidae. Esta é a maior família de lepidópteros, com cerca de 25 mil espécies descritas. As larvas de muitas delas são pragas agrícolas importantes, alimentando-se da parte vegetativa de plantas e de frutos.

Família Cyclotornidae. Este grupo de somente cinco espécies australianas é interessante, apesar de seu pequeno tamanho. As larvas são inicialmente ectoparasíticas em formigas. Quando elas se tornam mais velhas, elas pulam do dorso do hospedeiro no ninho, quando, então, elas fornecem néctar para as formigas e alimentam-se das larvas destas.

Família Pieridae. As 2 mil espécies de borboletas neste grupo frequentemente mostram preferências alimentares altamente específicas, e várias espécies têm sido muito estudadas por ecólogos interessados em coevolução inseto-planta. Algumas espécies são pragas, particularmente aquelas que se alimentam de legumes e crucíferas.

Família Danaidae. *Danaus plexippus* (a borboleta-monarca). Todas as lagartas neste grupo de cerca de 150 espécies alimentam-se em várias espécies de plantas do gênero *Asclepia.* Borboletas-monarcas migram aproximadamente 3.500 km em cada outono (do nordeste dos Estados Unidos até o México), usando uma bússola solar regulada pelo tempo.

Família Pyralidae. Este grande (aproximadamente 20 mil espécies) grupo de mariposas contém muitas espécies que são pragas agrícolas.

Família Bombycidae. Este grupo de somente umas 100 espécies de mariposas asiáticas inclui uma das mais famosas espécies de lepidópteros, o bem conhecido bicho-da-seda, *Bombyx mori.* O bicho-da-seda, além da sua importância comercial por longo tempo, tem exercido um papel fundamental no desenvolvimento da biologia molecular; as primeiras moléculas de RNA mensageiro a serem isoladas em grandes quantidades a partir de qualquer eucarioto foram o mRNA codificador para a proteína da seda, *B. mori.*

Família Saturniidae. *Hyalophora cecropia* – mariposas-da-seda gigantes. Esta família de cerca de 1.000 espécies inclui as maiores de todas as mariposas, com envergaduras de asa de até 25 cm. Algumas espécies são pragas economicamente importantes de várias árvores, ao passo que outras produzem uma seda de valor comercial. Fêmeas são bem conhecidas por usarem feromônios para atrair parceiros de longas distâncias.

Família Sphingidae. Este grupo de umas 850 espécies inclui a bem estudada lagarta-do-fumo, *Manduca sexta*, uma praga séria de plantas de fumo e de tomate.

Ordem Hymenoptera

Este grupo de cerca de 130 mil insetos holometábolos inclui as conhecidas formigas, abelhas e vespas. Muitas espécies formam sociedades funcionalmente complexas. Noventa e nove famílias.

Subordem Symphyta

As larvas de todas as espécies alimentam-se de tecidos de plantas terrestres e frequentemente se especializam em uma determinada espécie ou grupo de plantas. Adultos de algumas espécies predam outros insetos. Quatorze famílias.

Subordem Apocrita

Vespas, formigas e abelhas. Adultos geralmente se alimentam de néctar, embora membros de algumas espécies suguem os fluidos corporais de outros artrópodes. As larvas são geralmente ápodes (sem pernas) e cegas. Muitas dessas larvas alimentam-se dentro ou sobre um artrópode hospedeiro ou suas larvas, outras se desenvolvem dentro de galhas, frutos ou sementes. Existem 75 famílias.

Família Ichneumonidae. Estas vespas são, em sua maioria, parasitoides, vivendo livremente como adultos, mas se desenvolvendo às expensas de um hospedeiro artrópode, geralmente um inseto, algumas vezes uma abelha, mas podendo ser também uma aranha ou pseudoescorpião; a larva alimenta-se do hospedeiro e, eventualmente, o mata. Pelo menos 15 mil espécies têm sido descritas até hoje, embora talvez três vezes este número aguarde descoberta. Somente 5% das espécies são eussociais, e somente poucas ferroam pessoas.

Família Formicidae. *Formica, Myrmica, Solenopsis* – formigas. Adultos geralmente se alimentam de fungos ou néctar, ou predam outros artópodes terrestres. Em florestas tropicais, pode-se encontrar até 72 espécies de formigas em uma única árvore. Pelo menos 9.500 espécies de formigas são conhecidas, cada uma das quais forma grupos sociais complexos de dezenas a milhares de indivíduos que cooperam em uma colônia. A maioria das colônias de formigas inclui membros de pelo menos três castas distintas: operárias (fêmeas ápteras estéreis), machos e rainhas. Provavelmente, outras 20 mil espécies de formigas permanecem ainda não descritas, principalmente de florestas tropicais. Ao menos algumas espécies de anfíbios tropicais produzem suas toxinas pela ingestão de grandes quantidades de formigas.

Família Apidae. *Apis* – abelhas; *Bombus* – mamangavas. Esta é uma das oito famílias de abelhas, o grupo inteiro compreende talvez umas 20 mil espécies. Nem todas as espécies de abelhas possuem ferrão. Somente cerca de 5% das espécies, incluindo as abelhas melíferas (*Apis mellifera*), são eussociais. Distintamente da maioria das outras abelhas, os representantes desta família não escavam tocas, em vez disso nidificam em células de cera ou resina, algumas vezes suplementando a estrutura com outros materiais, como cascas de árvore, barro, ou mesmo fezes de vertebrados. Abelhas são polinizadores importantes, e muitas flores, incluindo orquídeas, dependem das abelhas para a sua polinização; tanto larvas quanto adultos subsistem de néctar e pólen. Abelhas melíferas polinizam, aproximadamente, em termos econômicos, o equivalente a 10 bilhões de dólares por ano em culturas agrícolas nos Estados Unidos. Introduções recentes não intencionais de duas espécies de ácaros parasíticas estão reduzindo as populações de *A. mellifera* nos Estados Unidos, ou aderindo-se às traqueias das abelhas, sufocando-as, ou por se alimentarem diretamente da sua hemolinfa; assim, desde 1987, o Canadá tornou ilegal a importação de abelhas melíferas provenientes dos Estados Unidos. As chamadas "abelhas assassinas", que estão se expandindo em direção norte, desde a América do Sul e Central, são abelhas melíferas distintamente agressivas, mas elas produzem mais mel que outras abelhas. Abelhas melíferas são bem conhecidas por suas "danças", por meio das quais as operárias comunicam a localização de flores adequadas para forrageamento.

Superclasse Crustacea

Esta superclasse contém aproximadamente 65 mil espécies. Análises moleculares recentes sugerem que crustáceos compartilham um ancestral comum com os hexápodes, indicando sua colocação em um agrupamento maior, os Pancrustacea.

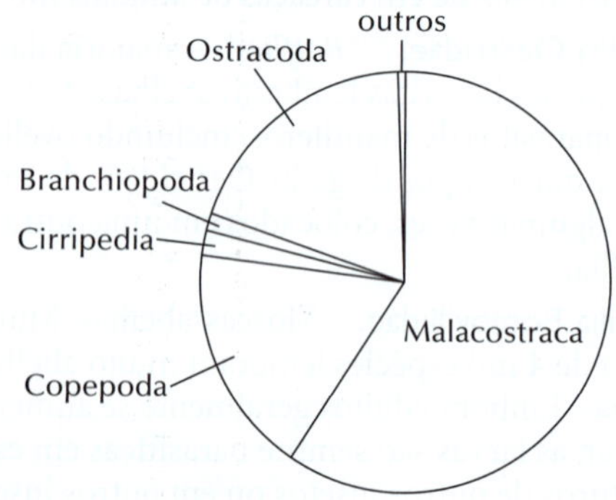

Classe Cephalocarida

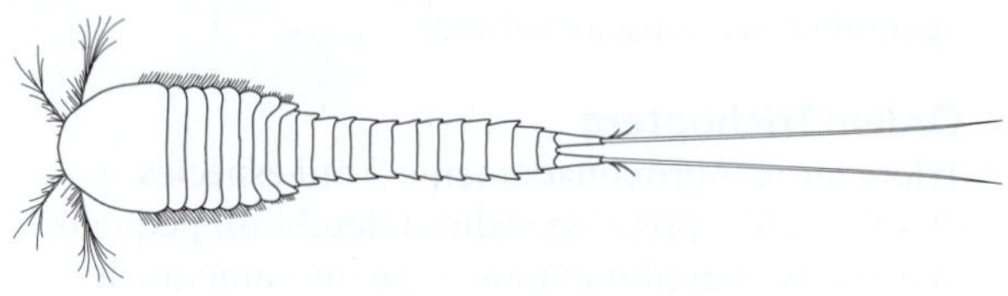

Hutchinsoniella. As 12 espécies neste grupo estão entre as mais primitivas dos crustáceos atuais. Todas são habitantes de fundos marinhos, vivendo em sedimento mole intertidalmente até profundidades de mais de 1.500 m. Nenhuma espécie ultrapassa 3,7 mm de comprimento. Todas são alimentadoras de suspensão, coletando partículas de alimento pelo uso de espinhos presentes nas pernas e circulando água pelas pernas através de batimentos ritmados dos membros.

Classe Malacostraca

As mais de 25 mil espécies descritas estão distribuídas em 12 ordens.

Superordem Syncarida

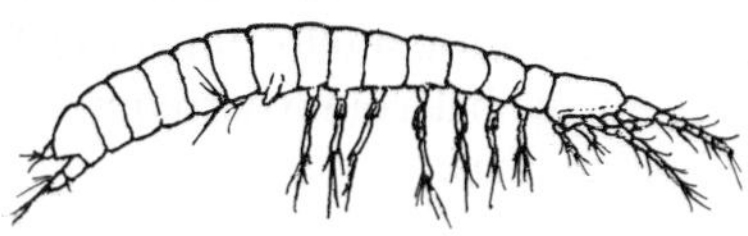

Anaspides, Bathynella – sincáridos. As 150 espécies contidas neste grupo são de crustáceos alongados, destituídos de carapaça e principalmente de água doce. Algumas espécies são intersticiais, vivendo nos espaços entre grãos de areia. Outras poucas espécies vivem exclusivamente em tocas feitas por lagostins de água doce. Seis famílias.

Superordem Hoplocarida

Ordem Stomatopoda

Squilla, Pseudosquilla, Gonodactylus – lagostas--sapateiras. As 400 espécies são predadoras ativas e de golpes enérgicos, vivendo em fendas e orifícios em substrato duro, ou em extensas tocas feitas por elas em substratos moles. Algumas espécies são pescadas comercialmente. Há 12 famílias.

Superordem Peracarida

As mais de 11 mil espécies descritas estão distribuídas em sete ordens.

Ordem Thermosbaenacea

Thermosbaena. Pequenos (cerca de 3 mm de comprimento) crustáceos que vivem somente em fontes hidrotermais salinas, em águas com temperaturas de 43°C. Outros membros do grupo vivem em cavernas, em água doce e fria. Duas famílias.

Ordem Mysidacea

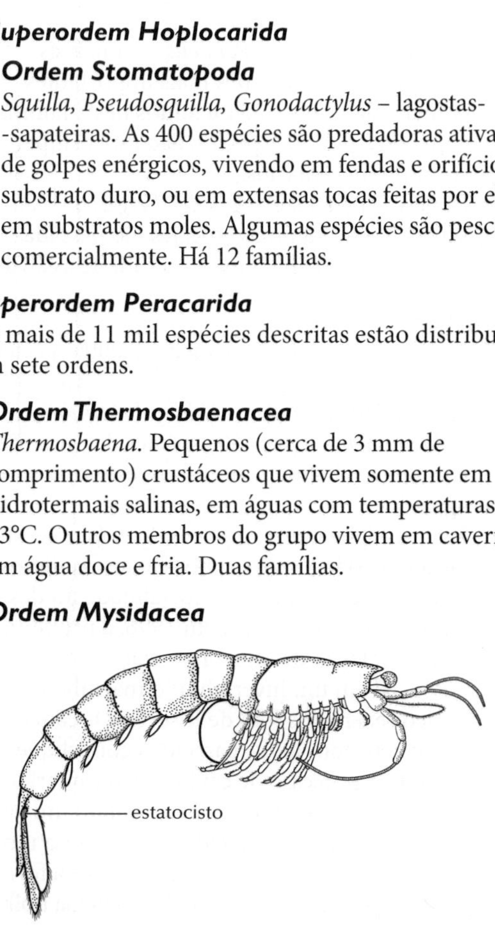

Baseada em *Comparative Morphology of Recent Crustacea* por McLaughlin. 1980.

Mysis – misidáceos. A maioria das quase 1.000 espécies com aparência de camarões deste grupo é marinha ou estuarina, mas várias dezenas habitam ambientes límnicos, incluindo lagos e cavernas. O corpo tem geralmente de 5 a 25 mm de comprimento, e fêmeas maduras possuem, ventralmente, uma distintiva bolsa incubadora. Muitas espécies são altamente predadas por vários tipos de peixes. Seis famílias.

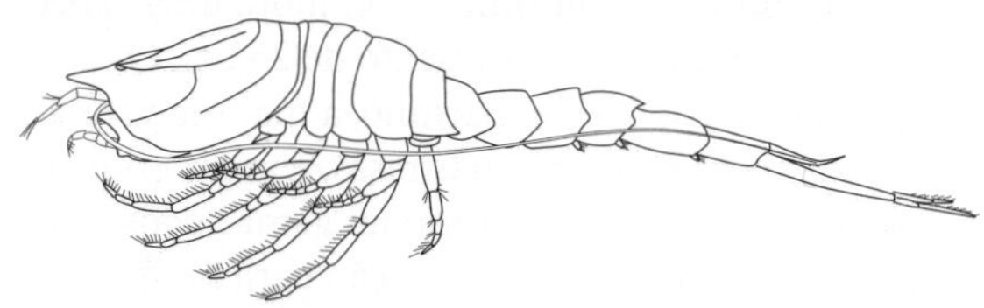

Ordem Cumacea

Cumáceos. Estes são exclusivamente marinhos, vivendo em substratos moles, geralmente a menos de 200 m de profundidade. As quase 1.000 espécies estão distribuídas em oito famílias.

Ordem Tanaidacea

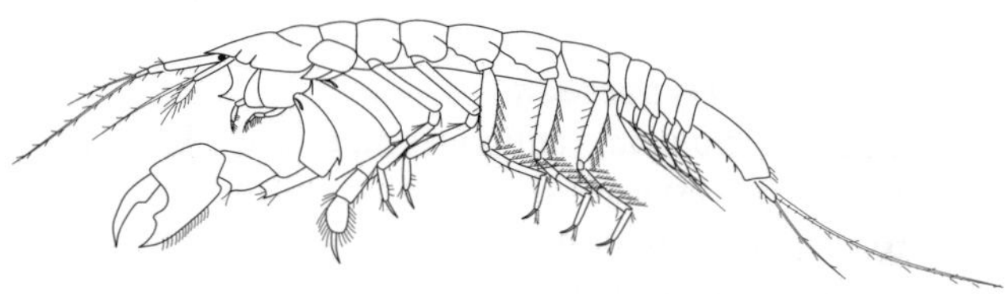

Tanaidáceos. As 500 espécies são todas marinhas, ocorrendo em águas rasas a profundidades abissais. Elas estão entre os malacostracos mais frequentemente encontrados em mares profundos. Há 16 famílias.

Ordem Isopoda

Caecidotea (= *Asellus*), *Gigantione, Ligia, Idotea, Paracerceis, Sphaeroma* – isópodes; "tatuzinhos-de--jardim"; "tatus-bola"; "lígias". Este grande grupo de cerca de 10 mil espécies ocorre em hábitats marinhos, estuarinos, límnicos, intersticiais e terrestres. Algumas espécies são habitantes cegos de cavernas. Outras parasitam peixes, cefalópodes ou outros crustáceos, incluindo outros isópodes. *Cymothoa exigua* prende-se à língua dos peixes, e, então, substitui a língua pelo seu próprio corpo. *Bathynomus giganteus*, uma espécie de mar profundo, atinge um comprimento de 42 cm e uma largura de cerca de 15 cm. A maioria das espécies é consideravelmente menor. *Limnoria*, embora tenha menos de 0,5 cm de comprimento, é um isópode marinho perfurador de madeira muito destrutivo. Em alguns, machos são muito reduzidos e vivem em uma bolsa dentro da fêmea ou presos às suas antenas. Isópodes estão entre os malacostracos mais comuns em mares profundos e são os malacostracos terrestres dominantes. Cem famílias.

Ordem Amphipoda

Anfípodes dominam a fauna de pequenos malacostracos (1–50 mm) em água doce e em águas rasas costeiras em regiões temperadas. Algumas das aproximadamente 6 mil espécies são comuns em córregos subterrâneos e em cavernas. Aproximadamente 120 famílias.

Subordem Gammaridea

Ampelisca, Corophium, Gammarus; Orchestia, Talorchestia. Anfípodes gamarídeos. As mais de 4.700 espécies estão distribuídas entre cerca de 91 famílias. A maior parte dos indivíduos tem somente de 1 a 15 mm de comprimento, embora uma espécie abissal alcance um comprimento de 25 cm. Quase um terço das espécies é marinho, a maioria vivendo intertidalmente ou em águas rasas, e umas poucas espécies são terrestres. Anfípodes gamarídeos são fontes importantes de alimentação para muitas espécies de peixes e para alguns mamíferos marinhos. Concentrações de anfípodes podem chegar a 73 mil indivíduos por metro quadrado. Gamarídeos exibem uma diversidade de modos de vida. Diferentes espécies podem ser herbívoras, carnívoras, alimentadoras de depósito, comensais ou parasitos externos (de invertebrados e peixes). Algumas espécies exibem um complexo comportamento de corte.

Subordem Hyperiidea

Hyperia, Phronima – anfípodes hiperídeos. Todas as cerca de 300 espécies são marinhas e planctônicas e ocorrem em todos os oceanos. Apesar de seu relativamente pequeno número de espécies, anfípodes hisperídeos são importantes em cadeias alimentares marinhas: como alimento-chave para mamíferos marinhos, aves marinhas, grandes peixes e como carnívoros de outros invertebrados. Esses anfípodes estão geralmente associados com animais gelatinosos, como salpas, águas-vivas e sifonóforos. Eles geralmente fazem longas migrações diurnas (supostamente com seus hospedeiros), em geral percorrendo mais de 1.000 metros verticalmente, em um período de 24 horas. *Phronima* pode, aparentemente, matar o hospedeiro gelatinoso e viver dentro da túnica vazia, propulsionando-a com seus pleópodes.

Subordem Caprellidea

Caprella – anfípodes caprelídeos. Este grupo contém aproximadamente 200 crustáceos de aparência bizarra. Indivíduos da maior parte das espécies são sedentários, prendendo-se a um substrato (como uma macroalga) ou a um hospedeiro (equinodermo, cetáceo). As cores do corpo combinam perfeitamente com o ambiente circundante e podem ser trocadas a cada muda. "Piolhos-de-baleia" (família Cyamidae) são exclusivamente ectoparasitos em baleias e golfinhos, principalmente dentro ou perto de ferimentos abertos, mas a maioria dos caprelídeos é de vida livre.

Subordem Ingolfiellidea

A maior parte das 27 espécies (duas famílias) neste grupo está restrita à água doce e cavernas estuarinas ou hábitats subterrâneos de água doce. Algumas espécies são marinhas, vivendo nas maiores profundidades marinhas, ao passo que outras são intersticiais, especializadas para a vida entre grãos de areia.

Superordem Eucarida

As aproximadamente 10.100 espécies estão distribuídas em três ordens (uma pequena, omitida aqui).

Ordem Euphausiacea

Euphausia, Meganyctiphanes – krill, eufásidos ou eufasiáceos. As 85 espécies descritas nesta ordem têm uma distribuição mundial e constituem a principal fonte de alimento de baleias, peixes, lulas, aves e camarões verdadeiros. Todas as espécies são marinhas e particularmente comuns no mar aberto. Extensas migrações diárias verticais de até 400 m em cada trecho são bem documentadas. Os krill juvenis dependem do gelo do mar para proteção de predadores e para crescimento das algas, que são seu alimento em suas fissuras, e, portanto, são muito vulneráveis aos efeitos do aquecimento global, com o derretimento das calotas polares. Duas famílias.

Ordem Decapoda

Este grupo de cerca de 17.600 espécies, distribuídas em mais de 100 famílias, compreende os camarões, caranguejos-ermitões e lagostas.

Infraordem Penaeidea

Peneídeos e sergestídeos, com cerca de 350 espécies. Estes são os únicos decápodes que não incubam seus embriões. Cinco famílias.

Família Penaeidae. *Penaeus* – camarões peneídeos. Os camarões mais importantes comercialmente estão incluídos nesta família, com cerca de 250 espécies. São especialmente comuns em estuários.

Família Sergestidae. *Lucifer, Sergestes* – camarões sergestídeos. Algumas espécies são pescadas comercialmente na Índia e no sudeste asiático.

Infraordem Caridea

Carídeos, com aproximadamente 2.800 espécies, em 22 famílias.

Família Palaemonidae. *Macrobrachium, Palaemonetes.* Estas 450 espécies de camarões são comuns em hábitats marinhos, estuarinos e de água doce.

Família Alpheidae. *Alpheus, Synalpheus.* Muitos destes crustáceos vivem nos canais aquíferos internos de esponjas. Eussocialidade foi descrita para *Synalpheus regalis,* em 1996, a primeira documentação de uma organização colonial eussocial em um invertebrado marinho e um dos poucos exemplos fora de Insecta. Os camarões produzem sons altos, parecidos com cliques, durante o processo de cavitação: o camarão fecha sua pinça rapidamente, criando um jato de água de grande velocidade, que causa uma queda localizada na pressão da água e a formação de uma pequena bolha; o colapso dessa bolha, após aproximadamente 700 microssegundos, produz o som e propaga uma pequena onda de choque, que pode atordoar pequenas presas. Aproximadamente 425 espécies.

Família Pandalidae. *Pandalus* – camarões pandalídeos. Cerca de 115 espécies são conhecidas, incluindo algumas de importância comercial.

Família Crangonidae. *Crangon*. Estes pequenos (menos de 1 cm de comprimento) camarões onívoros são comuns em águas temperadas e tropicais. Uma espécie é pescada comercialmente por europeus. Aproximadamente 140 espécies.

Infraordem Astacidea

Astacídeos, com 12 famílias.

Família Nephropidae. *Homarus* – a lagosta americana. Lagostas adultas podem alcançar até 60 cm de comprimento. Muito apreciadas.

Família Cambaridae. *Cambarus* – lagostins de água doce. Estes são comumente dissecados em aulas práticas de laboratório. Nenhuma espécie tem larva de vida livre.

Família Astacidae. *Astacus* – lagostins de água doce. Há 13 espécies, nenhuma com larvas de vida livre.

Família Parastacidae. *Cherax, Parastacus* – lagostins de água doce. Várias espécies sustentam atividades de aquacultura na República Popular da China, na Austrália e no Estados Unidos.

Infraordem Palinura

Aproximadamente 130 espécies, cinco famílias.

Família Palinuridae. *Panulirus* – a lagosta tropical, comercialmente importante nas águas do Hemisfério Sul; *Palinurus* – a lagosta espinhosa europeia.

Infraordem Anomura

Anomuros, com cerca de 1.600 espécies em 13 famílias.

Família Upogebiidae. *Upogebia* – camarão--do-lodo. Junto com os camarões-fantasma, os camarões-do-lodo são algumas vezes colocados em uma infraordem separada (Thalassinidea). Espécies habitantes de lodo que vivem principalmente em águas rasas. Todas as 30 espécies são marinhas.

Família Callianassidae. *Callianassa* – camarões--fantasma. As quase 170 espécies diferentes são todas marinhas e vivem em tocas em forma de "Y" ou "U" no lodo, geralmente em águas rasas.

Família Diogenidae. *Cancellus, Clibanarius* – caranguejos-ermitões. As 350 espécies descritas são, em sua maioria, tropicais e geralmente muito coloridas.

Família Paguridae. *Pagurus* – caranguejos-ermitões; *Lithodes, Paralithodes* – caranguejos-reis. Todas as 700 espécies são marinhas. Caranguejos-ermitões têm abdomes vulneráveis, os quais eles geralmente protegem vivendo dentro de conchas vazias de gastrópodes, que eles carregam quando caminham. Evidência fóssil indica que caranguejos-ermitões têm habitado conchas de gastrópodes há 113 a 150 milhões de anos. Várias dezenas de espécies deliberadamente colocam anêmonas-do-mar sobre a sua concha, ganhando mais proteção contra predadores, e algumas espécies de ermitões de águas profundas vivem em "conchas" secretadas para os caranguejos pelas próprias anêmonas. Umas poucas espécies são sésseis, vivendo em tubos calcários, construídos por poliquetas sedentários e gastrópdes vermetídeos, ou dentro de orifícios calcários, em colônias de corais. Caranguejos-rei estão entre os maiores e mais apreciados crustáceos, baseando-se em uma uma substancial indústria de pesca no Pacífico Norte dos Estados Unidos.

Família Coenobitidae. *Birgus, Coenobita*. Estes caranguejos-ermitões tropicais e terrestres comem principalmente plantas e matéria animal mortas e em decomposição em praias e no solo de florestas, embora algumas espécies sejam carnívoras, ingerindo, por exemplo, os ovos e recém-nascidos de tartarugas marinhas. Fêmeas liberam ovos fertilizados no mar e os jovens desenvolvem-se em típicas larvas zoés.

Família Lithodidae. Caranguejos-reis. Estudos moleculares e ultraestruturais indicam que os membros deste antigo grupo são descendentes de caranguejos-ermitões; foram transferidos para Paguridae.

Família Galatheidae. *Galathea*. Crustáceos habitantes do fundo marinho, especialmente comuns nos trópicos, com um longo abdome que é, em geral, mantido flexionado sob o tórax. Algumas das 258 espécies descritas são cegas e comuns em profundidades abissais.

Família Porcellanidae. *Petrolisthes, Porcellana* – caranguejos-porcelana. A maioria das 225 espécies são marinhas; são geralmente simbióticos com esponjas, poliquetas tubícolas e anêmonas-do-mar.

Família Hippidae. *Emerita, Hippa* – caranguejos--da-areia, caranguejos-escavadores. Estes pequenos caranguejos marinhos têm distribuição mundial. Eles escavam na areia em praias varridas por ondas e emergem brevemente para extrair alimento da água a cada vez que a água retrocede.

Infraordem Brachyura

Braquiúros, com cerca de 4.500 espécies distribuídas entre cerca de 50 famílias.

Família Majidae. *Libinia, Maja* – caranguejos--aranha. Uma espécie japonesa (*Macrocheira kaempteri*) pode atingir quase 4 m de envergadura (no nível das pernas). O grupo é inteiramente marinho e apresenta distribuição mundial, exceto nos polos. Indivíduos são encontrados em profundidades de cerca de 2.000 m e também podem ocorrer em águas rasas.

Família Cancridae. *Cancer* – caranguejos-câncer. Este grupo marinho inclui numerosas espécies de importância comercial. Elas também são importantes em cadeias alimentares marinhas, como principais predadores de outros invertebrados e de peixes.

Família Portunidae. *Callinectes, Carcinus, Ovalipes, Portunus* – siris, caranguejos-nadadores. As 230 espécies neste grupo são comuns em hábitats rasos marinhos e estuarinos. *Callinectes sapidus* (o siri-azul) é uma espécie economicamente importante ao longo da costa do sudeste do Atlântico.

Família Xanthidae. *Menippe, Panopeus, Rhithropanopeus* – caranguejos-do-lodo. Esta é a maior de todas as famílias de caranguejos, contendo 1.000 espécies. A maioria é marinha, mas algumas espécies estendem-se para água doce. Algumas espécies são exclusivamente simbióticas com corais.

Família Grapsidae. *Sesarma.* A maior parte das espécies é marinha ou estuarina, embora algumas vivam em rios, e umas poucas espécies tropicais são inteiramente terrestres.

Família Gecarcinidae. *Cardisoma, Gecarcinus.* Estes caranguejos braquiúros são terrestres durante a maior parte de sua vida adulta, embora migrem de volta para o mar para se reproduzirem. *Cardisoma guanhummi* pode pesar 500 g e possuir carapaça de até 11 cm de largura.

Família Pinnotheridae. *Pinnixa, Pinnotheres* – caranguejos-ervilha. Estes são pequenos (geralmente menos de 1 cm) caranguejos marinhos, exclusivamente parasíticos sobre, ou comensais com, equinodermos, bivalves ou poliquetas tubícolas. Aproximadamente 225 espécies.

Família Hapalocarcinidae. Caranguejos-galha-de-corais. Este pequeno grupo (27 espécies) é exclusivamente tropical, e seus membros são todos minúsculos; indivíduos medem apenas poucos milímetros de carapaça. As fêmeas vivem dentro de um fragmento de tecido de coral, produzido por corais duros, à medida que o coral, cresce lentamente ao redor, até que engloba o paciente caranguejo, o qual, então, vive protegido, mas aprisionado.

Família Ocypodidae. *Uca.* A maioria das várias centenas de espécies neste grupo é semiterrestre, vivendo intertidalmente em estuários e pântanos salgados.

Classe Branchiopoda

Este notavelmente variado grupo de crustáceos inclui as pulgas (*Daphnia*), artêmias (*Artemia*) e cerca de 800 outras espécies de crustáceos aquáticos.

Infraclasse Sarsostraca

Ordem Anostraca

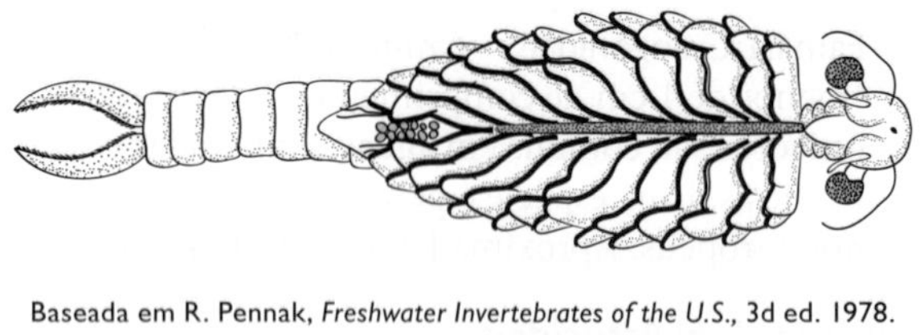

Baseada em R. Pennak, *Freshwater Invertebrates of the U.S.*, 3d ed. 1978.

Branchinecta, Eubranchipus, Streptocephalus, Artemia. Este grupo contém aproximadamente 200 espécies, as quais crescem até 10 cm de comprimento. Estes animais vivem em hábitats estressantes, ou em poças e lagoas de água doce temporárias ou sob condições hipersalinas. Alguns grupos, como os representantes do gênero *Artemia*, são encontrados em todo o mundo, exceto nos polos, ao passo que outros ocorrem principalmente, ou somente, nos polos. Não apresentam carapaça, e até 19 dos segmentos do corpo portam apêndices natatórios. Oito famílias.

Infraclasse Phyllopoda

A maioria das aproximadamente 600 espécies neste grupo vivem em água doce, com somente umas poucas espécies vivendo no mar. Três ordens.

Superordem Diplostraca

Ordem Cladocera

Daphnia, Bosmina, Polyphemus, Moina, Podon, Evadne – pulgas d'água. Indivíduos têm menos de 3 mm. Esta ordem contém cerca de 400 espécies. Nove famílias.

Subordem Anomopoda

Bosmina, Daphnia, Macrothrix.

Subordem Ctenopoda

Sida.

Subordem Eucladocera (= Onychopoda)

Evadne, Moina, Podon, Polyphemus.

Subordem Haplopoda

Ordem Conchostraca

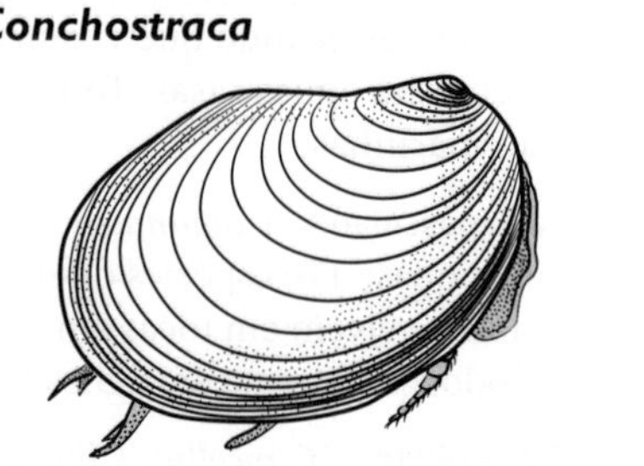

Baseada em R. Pennak, *Freshwater Invertebrates of the U.S.*, 3d ed. 1978.

Camarões-mariscos. Este grupo contém três subordens: Cyclestherida, Leavicaudata e Spinicaudata. Em algumas classificações, o nome Conchostraca tem sido abandonado, cada uma das subordens tem sido elevada ao nível de ordem. Acredita-se que os camarões-marisco tenham originado os cladóceros.
As menos de 200 espécies sãocomuns em corpos de água doce temporários, e os ovos suportam

desidratação considerável. Como em cladóceros, os embriões são incubados dentro da carapaça feminina, a qual engloba completamente o corpo do conchostraco adulto. Indivíduos podem crescer até o comprimento de 2 cm. Cinco famílias.

Ordem Notostraca

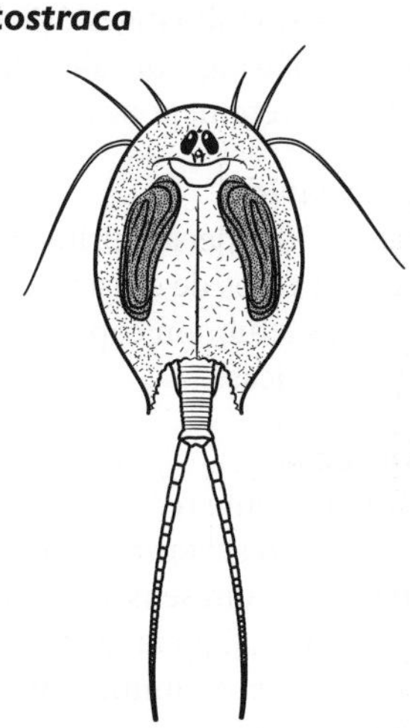

Baseada em *Comparative Morphology of Recent Crustacea* por McLaughlin. 1980.

Triops – camarões-girinos. As nove espécies nesta ordem geralmente habitam lagos temporários. Os ovos conseguem suportar considerável desidratação. Uma família.

Classe Ostracoda

Cypridina, Cypris, Gigantocypris, Pontocypris – ostracodes, camarões-semente. A maior parte das 6.650 espécies de ostracodes tem somente uns poucos milímetros de comprimento, mas fêmeas de *Gigantocypris* podem ultrapassar 3 cm. A maioria das espécies é marinha, estuarina ou de água doce, mas poucas ocorrem em hábitats terrestres úmidos. Ostracodes exibem uma variedade de modos de vida, mas nenhum é parasito. Espécies marinhas são encontradas de águas rasas a profundidades abissais. Ostracodes são divididos em duas grandes ordens, Myodocopa e Podocopa. Existem 43 famílias.

Classe Mystacocarida

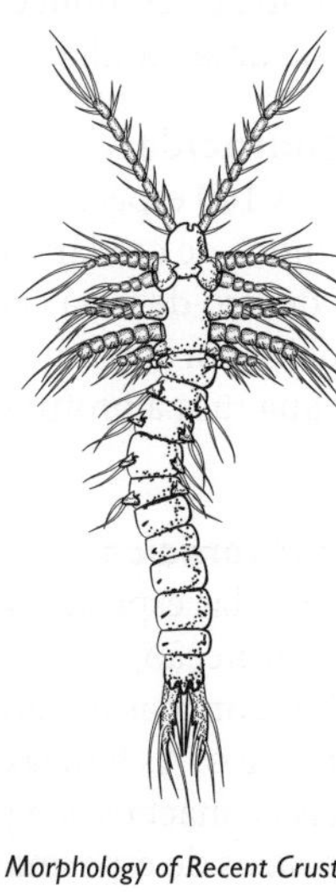

Baseada em *Comparative Morphology of Recent Crustacea* por McLaughlin. 1980.

As oito espécies conhecidas são exclusivamente marinhas e muito pequenas. A maioria tem menos de 0,5 mm de comprimento, e nenhuma tem mais de 1 mm. Todas as espécies são intersticiais, vivendo nos espaços entre grãos de areia intertidalmente ou em água rasa.

Classe Copepoda

As aproximadamente 8.500 espécies estão distribuídas entre seis ordens.

Ordem Calanoida

Calanus, Euchaeta, Eurytemora, Centropages, Diaptomus (ocorre somente em água doce), *Candacia, Bathycalanus* (o maior de todos os copépodes de vida livre, com até 17 mm de comprimento), *Acartia.* Estes animais são majoritariamente marinhos e, de fato, dominam o plâncton marinho; eles são extremamente importantes em cadeias alimentares marinhas, levando a muitas espécies comercialmente importantes de peixes. Copépodes ocorrem em todas as águas oceânicas, da superfície a profundidades que excedem 5.000 m. Muitas espécies planctônicas realizam longas migrações verticais, nadando até a superfície à noite e para água mais profunda ao amanhecer. Os membros de uma família (Diaptomidae) são encontrados exclusivamente em água doce. A ordem contém mais de 1.900 espécies, distribuídas em 37 famílias.

Ordem Harpacticoida

Euterpina, Psammis, Tisbe. Estes pequenos copépodes (menos de 2,5 mm de comprimento) são encontrados em oceanos, estuários e em água doce. A maioria das espécies vive dentro ou sobre o fundo, muitas vivem intersticialmente nos espaços entre grãos de areia. Algumas espécies límnicas vivem em musgo úmido. Umas poucas espécies são comensais em dentes de certas espécies de baleia, e outras passam sua vida vagando no plâncton. A maioria das espécies ocorre somente em água rasa, mas algumas são restritas ao mar profundo. A ordem contém 34 famílias, abrigando cerca de 2.250 espécies.

Ordem Cyclopoida

Estes copépodes são encontrados em hábitats marinhos e de água doce. A maior parte das espécies é de vida livre, mas algumas são comensais e outras são parasíticas. Membros do *Mytilicola* são parasitos intestinais de bivalves. Outros são ectoparasitos em filamentos branquiais de peixes. Algumas espécies são hospedeiros intermediários para o nematódeo *Dracunculus medinensis* (p. 442). As mais de 3 mil espécies estão distribuídas em 12 a 16 famílias.

Ordem Monstrilloida

Monstrilla. Todos são crustáceos marinhos, bizarros, geralmente altamente degenerados, e todos são parasitos, quando larvas, em vários invertebrados. Os adultos são de vida livre, mas não se alimentam, não têm peças bucais nem tubo digestório; o estágio adulto do ciclo de vida é, portanto, curto. Adultos também não possuem segundas antenas. As cerca de 80 espécies estão distribuídas em somente duas famílias.

Ordem Siphonostomatoida
Caligus, Salmincola (a larva das brânquias do salmão). Embora as larvas náuplio sejam típicas e de vida livre, os adultos são exclusivamente parasitos de peixes marinhos, geralmente presos às brânquias. Onze famílias.

Ordem Poecilostomatoida
Bomolochus, Ergasilus, Tucca. Embora as larvas náuplias sejam de vida livre, os adultos são parasíticos em peixes (na maioria marinhos) e invertebrados marinhos. Frequentemente, as antenas terminam em garras, para se prender ao hospedeiro.

Classe Branchiura
Argulus. Todas as 125 espécies (popularmente chamadas de piolhos-de-peixe) são ectoparasitos em peixes de água doce ou marinhos, mesmo nos estágios larvais. Os animais têm geralmente menos de 2 cm. Uma família.

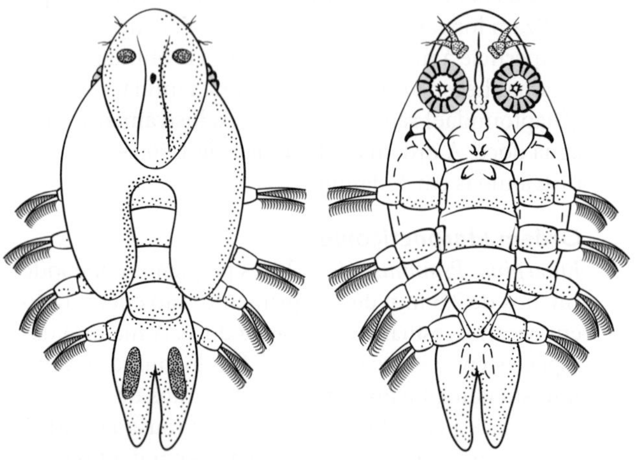

Baseada em L. Margolis e Z. Kabata, "Guide to the Parasites of Fishes of Canada, Part II: Crustacea," em *Fisheries & Oceans*. 1988.

Subclasse Pentastomida
As aproximadamente 100 espécies estão distribuídas em duas ordens e sete famílias.

Ordem Cephalobaenida
Cephalobaena, Reighardia. Os ciclos de vida das espécies nesta ordem são amplamente desconhecidos. Esta ordem contém uma das poucas espécies vivendo em um hospedeiro não reptiliano; membros do gênero *Reighardia* parasitam somente aves, incluindo gaivotas. Duas famílias.

Ordem Porocephalida
Esta ordem inclui os maiores de todos os pentastômidos, representantes de uma espécie, alcançando comprimentos de 9 cm. Cinco famílias, com cerca de 65 espécies, a maioria das quais parasita répteis.

Família Linguatulidae. *Lingulata.* Esta família é incomum, pelo fato de que todos os seus membros parasitam mamíferos, em vez de répteis. Os estágios de desenvolvimento ocorrem nos tecidos glandulares de coelhos, cavalos, vacas, ovelhas e porcos, ao passo que a vida adulta é atingida somente em cães. Estágios desenvolvimentais podem persistir por várias semanas em seres humanos, que se tornam infectados ao comer glândulas cruas de hospedeiros mamíferos abatidos. Em seres humanos, as ninfas migram para fora do tubo digestório e tomam residência na nasofaringe, ou, algumas vezes, no olho, antes de morrerem, poucas semanas depois.

Subclasse Tantulocarida
Um grupo de cerca de 30 espécies, primeiro reconhecido em 1983, todas ectoparasitos de crustáceos de água profunda. Os membros lembram copépodes, mas não apresentam pernas torácicas.

Subclasse Remipedia
Este grupo foi primeiramente reconhecido em 1983. As 17 espécies descritas são restritas a cavernas subaquáticas tropicais. O longo corpo, com seus abundantes apêndices laterais, lembra o de um poliqueta. Alguns dados sugerem que remipédios possam ser os animais mais próximos da condição crustácea ancestral.

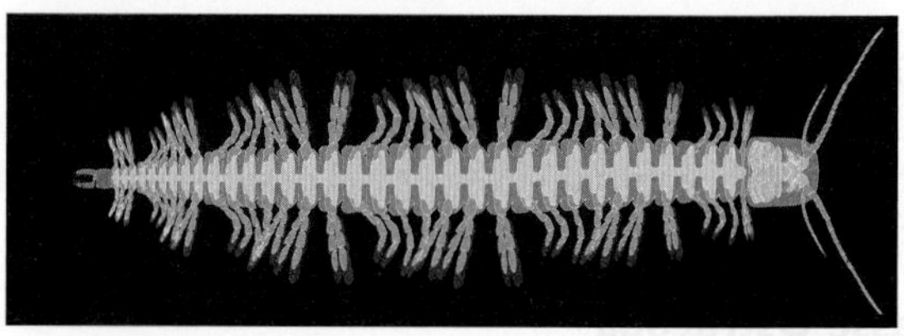

Classe Thecostraca
Todas as cerca de 1.300 espécies são inteiramente solitárias quando adultos, e são encontradas somente em águas estuarinas e marinhas. O grupo inclui três subclasses, das quais a mais bem conhecida inclui as cracas.

Subclasse Facetotecta
Conhecidas por mais de um século somente como larvas planctônicas, as larvas foram recentemente coletadas em metamorfose, depois da qual elas lembravam um estágio do ciclo de vida rizocéfalo (ver a seguir). Esses crustáceos são provavelmente parasitos, mas o hospedeiro ainda é desconhecido. Provavelmente 40 ou mais espécies e uma família.

Subclasse Ascothoracida
Ulophysema. Todas as 100 espécies são ecto ou endoparasitos marinhos de cnidários ou equinodermos. O corpo é fechado dentro de uma carapaça ou saco bivalve. Esses animais ocorrem em uma ampla faixa de profundidade, de água rasa a profundidades abissais. Seis famílias.

Superordem Acrothoracica
Trypetesa. A maioria das espécies não apresenta placas calcárias de proteção, em vez disso escavam em substratos calcários: conchas de moluscos, esqueletos de corais ou sedimentos. As fêmeas são plenamente desenvolvidas, mas os machos são pouco mais do que inconspícuos sacos de esperma vivendo junto

às fêmeas. Poucas espécies são encontradas em profundidades de 600 a 1.000 m, mas a maioria é de águas rasas. Três famílias.

Superordem Rhizocephala

Sacculina, Lernaeodiscus, Loxothylacus. Das 230 espécies nessa ordem, todas, exceto três ou quatro, são exclusivamente marinhas; as poucas que não se enquadram nesta característica ocorrem somente em água doce. Independentemente do seu hábitat, todas as espécies são parasitos internos de outros crustáceos, sobretudo de caranguejos e outros decápodes. Um saco contendo a gônada feminina do parasito se protrai conspicuamente do hospedeiro, geralmente no lado ventral, ao passo que a grande porção absorvente do parasito permanece no lado de dentro. Machos são pequenos e inconspícuos, pouco mais do que massas de células espermáticas. Espécies ocorrem de águas rasas até profundidades de mais de 4.000 metros. Sete famílias.

Superordem Thoracica

Balanus, Lepas, Chthamalus, Verruca, Elminius, Pollicipes – as cracas verdadeiras. A maior parte dos cirripédios é incluída nesta ordem. As mais de 1.000 espécies são todas marinhas; espécies neste grupo são encontradas da zona intertidal até as mais profundas do oceano. Indivíduos da maioria das espécies são fechados dentro de um complexo de placas calcárias. Uma ampla variedade de modos de vida é exibida: a maioria das espécies é alimentadora de suspensão, porém outras são parasíticas em tubarões, poliquetas ou corais, e poucas são pelágicas. Algumas espécies vivem presas ao lado externo de peixes, águas-vivas, tartarugas ou baleias, e outras são comensais com antozoários, crustáceos ou esponjas, ou na cavidade do manto de alguns bivalves. Esta ordem contém o mais antigo dos cirripédios conhecidos, com um fóssil de mais de 400 milhões de anos. Vinte e nove famílias.

Referências gerais sobre artrópodes

Ali, M. F., and E. D. Morgan. 1990. Chemical communication in insect communities: A guide to insect pheromones with special emphasis on social insects. *Biol. Rev.* 65:227–47.

Anderson, D.T. 1994. *Barnacles: Structure, Function, Developmentand Evolution.* New York: Chapman & Hall.

Bauer, R. T. 2004. *Remarkable Shrimps: Adaptations and NaturalHistory of the Carideans.* University of Oklahoma Press.
Bliss, D. E., ed. 1982–1987. *The Biology of Crustacea,* vols. 1–9.New York: Academic Press.

Chapman, R. F. 1998. *The Insects: Structure and Function,* 4th ed.New York: Cambridge Univ. Press.

Coddington, J. A., and R. K. Colwell. 2001. Arachnids. In *Encyclopedia of Biodiversity,* ed. S. A. Levin, pp. 199–218. San Diego,CA: Academic Press.

Coddington, J. A., and H. W. Levi. 1991. Systematics and evolution of spiders (Araneae). *Ann. Rev. Ecol. Syst.* 22:565–92.

Davies, R. G. 1988. *Outlines of Entomology,* 7th ed. London: Chapman & Hall.

Drosopoulos, S., and Michael F. Claridge (eds). 2006. *Insect Sounds and Communication: Physiology, behaviour, ecology, and evolution.* Boca Raton, FL: Taylor & Francis.

Dudley, R. 1999. *The Biomechanics of Insect Flight.* Princeton University Press, 476 pp.

Eisner, T. 2005. *For Love of Insects.* Belknap Press.

Foelix, R. F. 2011. *Biology of Spiders,* 3d ed. New York: Oxford Univ. Press.

Gaskett, A. C. 2007. Spider sex pheromones: Emission, reception, structures, and functions. *Biol. Rev.*: 26–48.

Gilbert, S. F., and A. M. Raunio, eds. 1997. *Embryology: Construct ing the Organism.* Sinauer Associates Inc., Publishers, Sunderland, MA, pp. 237–78.

Giribet, G., and G. D. Edgecombe. 2012. Reevaluating the arthropod tree of life. *Ann. Rev. Entomol.* 57:167–86. http://www.annualreviews.org/doi/abs/10.1146/annurev-ento-120710-100659.

Grimaldi, D., and M. S. Engel. 2005. *Evolution of the Insects.* New York: Cambridge University Press, 755 pp.

Harrison, F. W., and R. F. Foelix, eds. 1999. *Microscopic Anatomy of the Invertebrates, Vol. 8: Chelicerate Arthropoda.* New York: Wiley-Liss.

Harrison, F. W., and A. G. Humes, eds. 1992. *Microscopic Anatomy of the Invertebrates, Vol. 10: Decapod Crustacea.* New York: Wiley-Liss.

Harrison, F. W., A. G. Humes, and E. E. Ruppert, eds. 1992. *Microscopic Anatomy of the Invertebrates, Vol. 9: Crustacea.* New York:Wiley-Liss.

Harrison, F. W., and M. Locke, eds. 1998. *Microscopic Anatomy of the Invertebrates, Vol. 11: Insecta.* New York: Wiley-Liss.

Harrison, F. W., and M. E. Rice, eds. 1993. *Microscopic Anatomy of the Invertebrates, Vol. 12: Onychophora, Chilopoda, and Lesser Protostomata.* New York: Wiley-Liss.

Hölldobler, B., and E. O. Wilson. 1990. *The Ants.* Cambridge, Mass.: Harvard Univ. Press.

Hölldobler, B., and E. O. Wilson. 2009. *The Superorganisms: the Beauty, Elegance, and Strangeness of Insect Societies.* W. Norton & Co.

McCravy, K. W., and F. R. Prete. 2007. Hundred-legged hunters. In *Predator,* ed. F. R. Prete. Chicago: Univ. Chicago Press.

Papaj, D. R., and A. C. Lewis. 1993. *Insect Learning: Ecological and Evolutionary Perspectives.* New York: Routledge, Chapman and Hall, Inc.

Phillips, B. (ed.). 2006. *Lobsters – Biology, Management, Aquaculture and Fisheries.* Oxford, UK: Blackwell Publishers.

Polis, G. A., ed. 1990. *The Biology of Scorpions.* Stanford, Calif.: Stanford Univ. Press.

Punzo, F. 2007. *Spiders – Biology, Ecology, Natural History and Behavior.* Boston: Brill.

Savory, T. 1977. *Arachnida,* 2d ed. New York: Academic Press.

Schram, F. R. 1986. *Crustacea.* New York: Oxford Univ. Press.

Schultz, J. W. 1987. The origin of the spinning apparatus in spiders. *Biol. Rev.* 62:89–113.

Shear, W. A. 2000. Millipedes. *Amer. Sci.* 87:232–39.

Shuster, C. N., Jr., R. B. Barlow, and H. J. Brockmann (eds.). 2003. *The American Horseshoe Crab.* Harvard University Press.

Sutherland, S. K., and J. Tibballs. 2001. *Australian Animal Toxins.* Oxford University Press.

Taylor, P. D., and D. N. Lewis. 2005. *Fossil Invertebrates.* Harvard University Press.

Trautwein, M. D., B. M. Wiegmann, R. Beutel, K. M. Kjer, and D. K. Yeates. 2012. Advances in insect phylogeny at the dawn of the postgenomic era. *Ann. Rev. Entomol.* 57:449–68.

Triplehorn, C. A., and N. H. Johnson. 2005. *Borror and DeLong's Introduction to the Study of Insects,* 7th ed. Thomson Brooks/Cole.

Walter, A., and M. A. Elgar. 2012. The evolution of novel animal signals: Silk decorations as a model system. *Biol. Rev.* 87:686–700.

Watling, L., and M. Thiel (eds). *Functional Morphology and Diversity of the Crustacea.* 2013. Oxford University Press.

Weygoldt, P. 1969. *The Biology of Pseudoscorpions.* Cambridge, Mass.: Harvard Univ. Press.

Wheeler, W. C., G. Giribet, and G. D. Edgecombe. 2004. Arthropod systematics: The comparative study of genomic, anatomical, and paleontological information. In Cracraft, J., and M. J. Donoghue (Eds.). *Assembling the Tree of Life.* New York: Oxford University Press, pp. 281–95.

Winston, M. L. 1987. *The Biology of the Honeybee.* Cambridge, Mass.: Harvard Univ. Press.

Witt, P. N., and J. S. Rovner, eds. 1982. *Spider Communication: Mechanisms and Ecological Significance.* Princeton, N.J.: Princeton Univ. Press.

Procure na web

1. www.ucmp.berkeley.edu/arthropoda/arthropoda.html

   Este site, mantido pela University of California, em Berkeley, inclui seções separadas sobre sistemática, ecologia e fósseis de artrópodes. Boas imagens coloridas de representantes de cada grupo principal de Arthropoda.

2. ttp://tolweb.org/tree/phylogeny.html

   Este traz a você o site do "Tree of Life" ("Árvore da Vida"). Pesquise por "Arthropoda".

3. http://www.ucmp.berkeley.edu/aquarius/

   Segredos dos estomatópodes (cortesia de Roy Caldwell, da University of California, Berkeley).

4. http://www.cals.ncsu.edu/course/ent425/

   Este site é de uma disciplina de Entomologia Geral em NC State.

5. www.who.int/ctd/

   Este site é mantido pela Organização Mundial da Saúde (World Health Organization). Busque por "Malaria" para aprender mais sobre o papel dos mosquitos na disseminação desta doença.

6. www.ent.iastate.edu/imagegallery/default.html

   Este sítio fornece uma extensa galeria de imagens de insetos, proporcionada pelo Departamento de Entomologia da Iowa State University.

7. www.ipmcenters.org

   Este site, operado pela U.S.D.A. (United States Department of Agriculture), é um local esclarecedor para informação sobre o controle biológico de insetos-praga.

8. www.slagoon.com

   Clique em "Toons" para acompanhar as aventuras diárias de Hawthorne, o caranguejo-ermitão que vive em uma lata vazia de cerveja, e seus amigos. Desenhado por Jim Toomey.

9. www.denniskunkel.com

   Fantásticas micrografias eletrônicas de varredura, coloridas, de espécies de insetos e aracnídeos, fornecidas por Dennis Kunkel.

10. http://www.americanarachnology.org/AAS_information.html

    Informação sobre aracnídeos, com excelentes fotografias, da Sociedade Aracnológica Americana (American Arachnological Society).

15

Dois filos provavelmente relacionados com artrópodes: Tardigrada e Onychophora

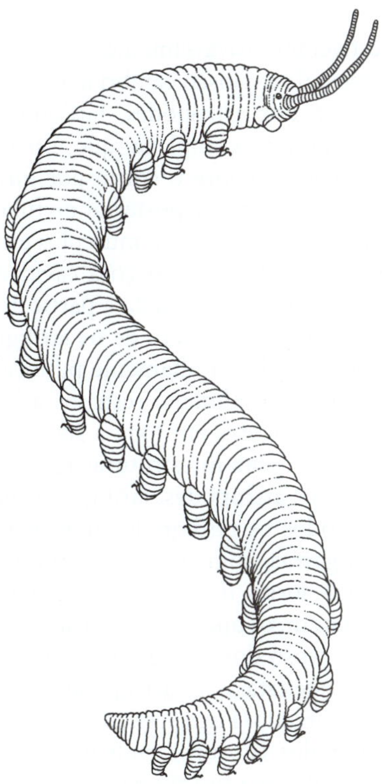

Introdução e características gerais

Poderia se pensar que um grupo tão estereotipado e com um registro fóssil tão antigo, como os artrópodes, teria uma filogenia relativamente incontroversa. As seguintes características são consideradas características de artrópodes: exoesqueleto externo articulado; traqueias; olhos compostos; túbulos de Malpighi; mandíbulas; coração com óstios. Todavia, existem controvérsias consideráveis a respeito da história evolutiva desses animais. Em grande parte, o centro da controvérsia está em quantas vezes essas características de artrópodes evoluíram independentemente.

Todos os subfilos de artrópodes listados no Capítulo 14 estão representados entre os primeiros fósseis de Burgess Shale, formado no início do período Cambriano, em torno de 530 milhões de anos atrás. O grupo ancestral é difícil de traçar, uma vez que a maioria dos artrópodes certamente é derivada de um ancestral de corpo mole, escassamente representado nos registros fósseis. Por um longo tempo, muitos biólogos têm acreditado que os artrópodes seriam derivados dos anelídeos ou, pelo menos, teriam ancestrais semelhantes aos anelídeos; de fato, artrópodes e anelídeos são por vezes referidos como pertencentes à Articulata. Em particular, artrópodes e anelídeos demonstram claramente espaços celômicos segmentados durante a embriogênese; a ausência dessas características nos artrópodes adultos poderia facilmente ser uma modificação de uma condição ancestral. E, como nos anelídeos, os segmentos dos artrópodes surgem de uma zona específica da região posterior do animal. Embora a maioria dos dados moleculares não suportem a hipótese "Articulata", a existência de animais possuindo algumas características de artrópodes e algumas características típicas de anelídeos ou outros grupos, ou pelo menos atípicas para artrópodes, apresenta implicações filogenéticas tentadoras. Os animais discutidos neste capítulo – Tardigrada e Onychophora – mostram essa combinação intrigante de características de artrópodes e não artrópodes.

A posição filogenética dos dois grupos foi incerta por algum tempo. Em geral, os tardígrados têm sido amiúde associados com os rotíferos, nematódeos e outros membros do filo Cycloneuralia (ver Fig. 2.10, Capítulo 2), agora referidos comumente como cicloneurálios (Capítulos 10, 16-17), e os onicóforos têm sido frequentemente associados com os anelídeos. Existe, contudo, um crescente reconhecimento de que tardígrados e onicóforos são estreitamente relacionados uns com os outros e com os artrópodes. Uma característica compartilhada entre tardígrados e onicóforos é a presença de pernas sem articulações, chamadas de **lobópodes**, que terminam em um certo número de garras afiadas. Essas pernas são também encontradas entre alguns fósseis datando do período Cambriano Médio, em torno de 525 milhões de anos atrás (Fig. 15.1). Alguns pesquisdores sugerem que os lobópodes podem ter surgido a partir de apêndices de artrópodes e anelídeos. Vários zoólogos e paleontólogos têm proposto o agrupamento de onicóforos, tardígrados e fósseis relacionados em um novo agrupamento maior, os Lobopoda. Os dados mais recentes sugerem que onicóforos são o grupo-irmão de Arthropoda, e tardígrados devem ser o grupo-irmão de Lobopodia.[1]

A estreita associação entre lobópodes e artrópodes é suportada por estudos moleculares e anatômicos, e os três grupos são muitas vezes referidos coletivamente como Panarthropoda. Como os artrópodes, tardígrados e onicóforos secretam cutícula quitinosa que muda periodicamente; se o processo de muda tem uma base bioquímica comum nos três grupos Panarthropoda, tem ainda de ser determinado.

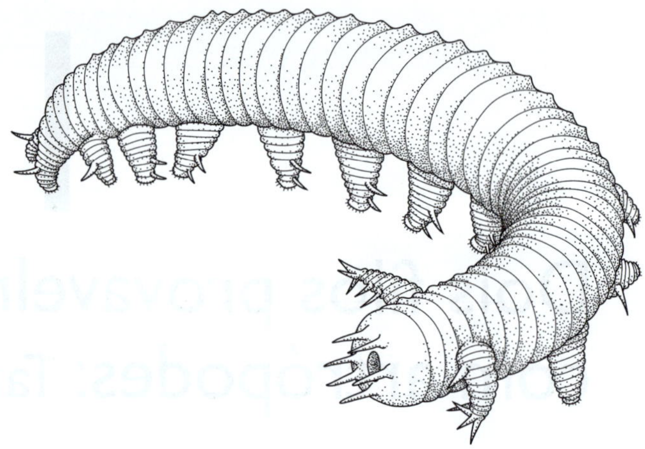

Figura 15.1

Reconstrução do lobópode fossilizado *Aysheaia*, a partir de material preservado de Burgess Shale de British Columbia, formado há cerca de 525 milhões de anos, no período Cambriano *Médio*. Observe que "lobópode" pode se referir tanto ao animal como ao apêndice. De S. Conway Morris. 1998. *The Crucible of Creation*. Com permissão da Oxford Univ. Press, New York.

Filo Tardigrada

Característica diagnóstica:[2] aparelho bucal incluindo estilete oral protusível para perfuração de plantas e, em menor proporção, tecidos animais.

Membros do filo Tardigrada (os "ursinhos d'água") têm clara afinidade com artrópodes, mas não o bastante para incluí-los como membros genuínos deste filo. Em torno de 1.000 espécies de tardígrados foram descritas. Todos os tardígrados são bastante pequenos, variando de 50 μm (micrômetros) a 2.000 μm de comprimento. Um típico tardígrado mede cerca de 0,5 mm. A maioria das espécies vive no filme superfícial da água sobre plantas terrestres e, principalmente musgos e líquens. Algumas espécies marinhas têm sido descritas, muitas delas vivendo nos espaços entre os grãos de areia (i.e., **intersticialmente**), indo a profundidades de até 5.000 metros. Embora pequenos, os tardígrados podem ocorrer em agregações impressionantemente densas, de até diversos milhões por metro quadrado de substrato. Um pequeno número de espécies é comensal ou parasito de outros invertebrados.

O primeiro tardígrado fóssil foi encontrado há cerca de 45 anos, em âmbar do Cretáceo (em torno de 100 milhões de anos atrás). Contudo, tardígrados fósseis, ou seus parentes primevos, já foram relatados a partir de rochas na Sibéria, de meados do Cretáceo, formadas há cerca de 520 milhões de anos. Tardígrados, assim como artrópodes e onicóforos, estiveram provavelmente presentes durante ou próximo ao início da explosão cambriana.

À semelhança dos artrópodes, tardígrados possuem uma cutícula quitinosa complexa, que é periodicamente mudada e que não só cobre o corpo por fora, mas também forra as partes anterior e posterior do tubo digestório. Além disso, tardígrados possuem músculos estriados similares aos dos artrópodes e a espaçosa cavidade do corpo parece ser uma hemocele, formada a partir de espaços no tecido conectivo. Devido ao fato de os tardígrados serem pequenos e sua cutícula ser altamente permeável à água e a gases, eles são essencialmente restritos a hábitats úmidos. A troca gasosa ocorre em toda a superfície corporal; tardígrados não apresentam estruturas respiratórias especializadas. Como os artrópodes, tardígrados não possuem cílios móveis. Todos os tardígrados têm quatro pares de apêndices com garras, com os quais o animal rasteja sobre o substrato de forma desajeitada, semelhante a um urso (Fig. 15.2), porém, os apêndices nunca são articulados.

O sistema nervoso dos tardígrados está organizado da mesma maneira que está o dos artrópodes, com um cordão nervoso ventral pareado (Fig. 15.3). Além disso, várias glândulas dos tardígrados são surpreendentemente parecidas a túbulos de Malpighi; sua função na osmorregulação já foi demonstrada. As peças bucais são um par de estiletes, que é utilizado principalmente para perfurar células vegetais; algumas espécies são carnívoras. Tardígrados não possuem estágios larvais especializados; juvenis se desenvolvem como miniatura dos adultos.

Diversas características dos tardígrados são definitivamente de não artrópodes. Como já mencionado, os apêndices são segmentados, mas não articulados. Além disso, a cutícula nunca é calcificada. O desenvolvimento embriológico dos tardígrados pode exibir pelo menos uma característica deuterostômica (enterocelia, algo nunca encontrado em

[1]Campbell, L. I., et al., 2011. *Proc. Natl. Acad. Sci. U.S.A.* 108:15920-24.

[2]Características que distinguem os membros deste filo dos membros de outros filos.

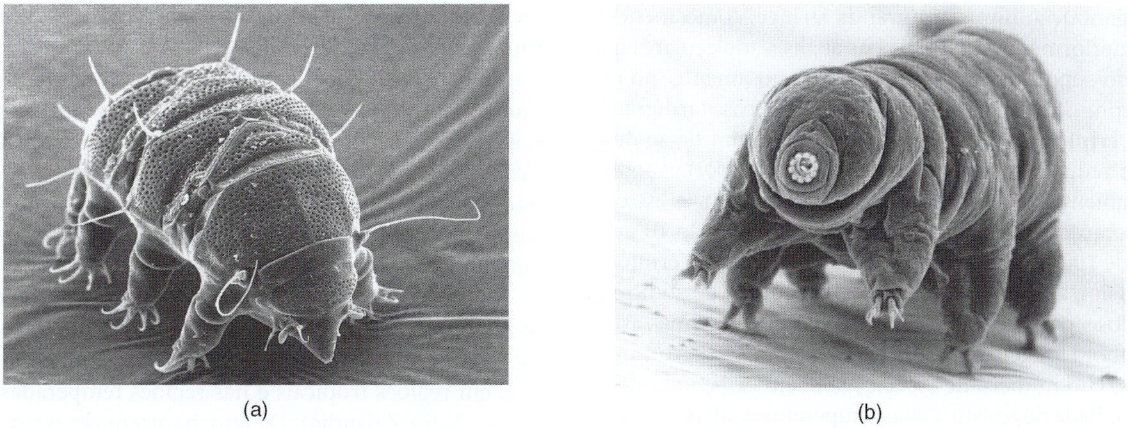

Figura 15.2

Micrografia eletrônica de varredura de (a) *Echiniscus spiniger* e (b) *Macrobiotus hufelandi*, dois tardígrados.

(a, b) © D.R. Nelson.

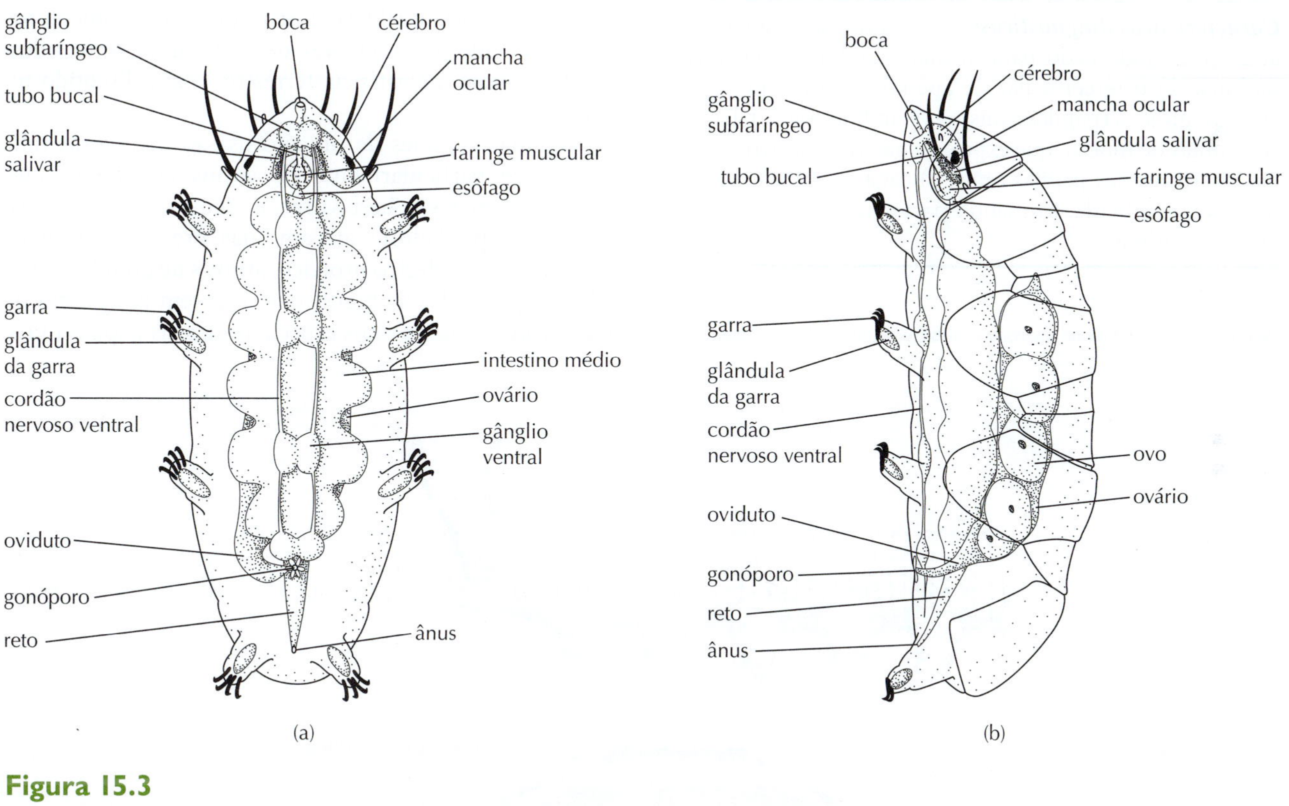

Figura 15.3

(a) Anatomia interna de um tardígrado típico (*Bryodelphax parvulus*, fêmea). As glândulas da garra secretam as garras. (b) Detalhe do sistema nervoso do tardígrado. Observe os grandes gânglios associados à cada par de apêndices. (Observe também que o cordão nervoso é localizado ventralmente, como em anelídeos e artrópodes.)

(a, b) De D. Nelson, 1982. Em F. Harrison e R. Cowden, eds., *Developmental Biology of Freshwater Invertebrates;* Alan R. Liss, New York. Desenhada por R. P. Higgins.

artrópodes), embora estudos embriológicos recentes contradigam esta conclusão. Similarmente, a clivagem indeterminada, típica dos deuterostômios, já foi relatada para uma espécie de tardígrado;[3] mais trabalhos embriológicos precisam ser realizados. Se tardígrados são, de fato, celomados, este celoma – independentemente de sua origem embriológica – é reduzido a uma pequena bolsa em torno das gônadas. Todavia, alguns investigadores têm ligado tardígrados aos nematódeos, rotíferos e outros pseudocelomados, baseados na constância no número de células na cutícula dos tardígrados

[3]Hejnol, A. e R. Schnabel. 2005. *Development* 132:1349-61.

e na organização ultraestrutural da faringe; como mencionado anteriormente, a maioria das análises moleculares não tem dado suporte a essa associação. Curiosamente, no entanto, como nos nematódeos e nos rotíferos, tardígrados exibem **criptobiose**, uma habilidade incomum de se desidratar e reduzir as taxas metabólicas para suportar condições ambientais extremas de baixa temperatura e estresse de dessecação. Um tardígrado pode viver mais de 10 anos – mais de 100 anos em alguns casos – nesse estado criptobiótico; assim, a duração de vida total, incluindo episódios de criptobiose, pode ser de muitas décadas para algumas espécies, embora longevidades de menos de um ano sejam mais comuns. Um número de espécies também exibe uma notável capacidade de resistir a altas temperaturas, altas pressões, níveis elevados de radiação ultravioleta (UV) e até mesmo exposição ao vácuo do espaço sideral.[4]

Filo Onychophora

Características diagnósticas: 1) segundo par de apêndices altamente modificado para formar mandíbulas em torno da boca; 2) o terceiro par de apêndices forma projeções curtas e grossas (papilas orais); 3) glândulas especializadas (glândulas de muco), que expelem material adesivo através das aberturas das papilas orais; 4) canais subcutâneos hemais sob a cutícula, formando parte do esqueleto hidrostático do animal.

[4]Ver *Tópicos para posterior discussão e investigação*, no final deste capítulo.

Os onicóforos possuem algumas características que são distintamente de anelídeos por natureza, e algumas que são claramente de artrópodes por natureza. Todos os membros são de vida livre e evidentemente protostômios celomados. Aproximadamente 180 espécies foram descritas, com *Peripatus* sendo o gênero mais conhecido (Fig. 15.4). Todos os onicóforos se locomovem usando pernas. Algumas espécies têm apenas 12 pares de pernas, ao passo que outras podem ter até 40 pares.

Todos os onicóforos modernos são terrestres – embora os fósseis de onicóforos sejam principalmente de sedimentos marinhos –, a maioria é encontrada em hábitats úmidos, em regiões tropicais e nas regiões temperadas do Sul (p. ex., Nova Zelândia). De fato, parecem ser restritos a esses ambientes, em grande parte porque possuem uma cutícula fina não cerosa, incapaz de impedir a evaporação da água do corpo. Talvez este perigo de desidratação explique o fato de os onicóforos serem exclusivamente noturnos. Algumas espécies podem absorver água usando sacos eversíveis na base das pernas, embora não seja conhecida a maneira pela qual fazem isso. Além disso, onicóforos excretam ácido úrico, em vez de ureia ou amônia, outra adaptação para a existência terrestre, como discutido no Capítulo 1.

Algumas espécies de onicóforos são carnívoras (alimentam-se particularmente de vários artrópodes menores), algumas são herbívoras, e algumas são onívoras. Onicóforos predadores atacam suas presas à distância, disparando um adesivo proteico, através de grandes (e peculiares) glândulas de muco, que se abrem nas pontas de duas protuberâncias orais especializadas, as papilas orais.

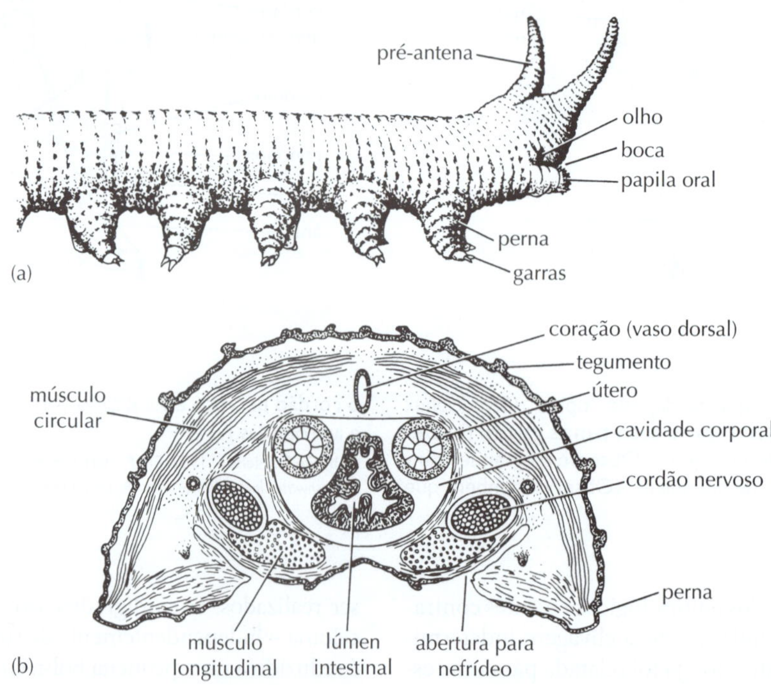

Figura 15.4

(a) O onicóforo *Peripatus,* em vista lateral. (b) O mesmo animal, visto em secção transversal esquemática.

(a, b) Sherman/Sherman, *The Invertebrates: Function and Form*, 2/e, © 1976, p. 169. Reimpressa, com permissão, de Upper Saddle River, New Jersey.

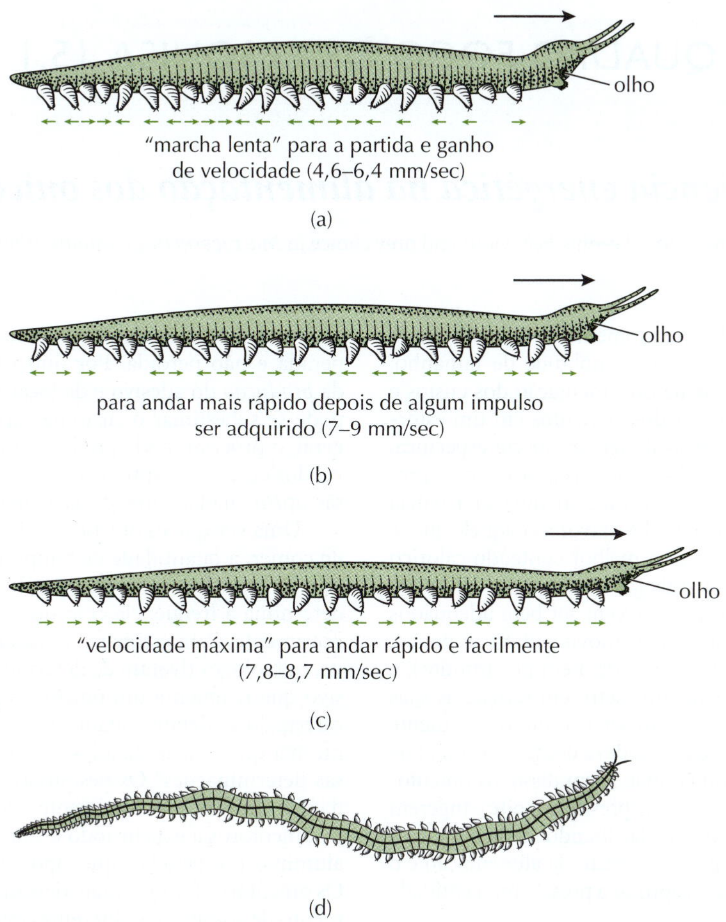

Figura 15.5

(a-c) Os três modos de andar mais comuns observados durante a locomoção do onicóforo *Peripatopsis sedgwicki*. Mudanças na velocidade de locomoção estão associadas com alterações no comprimento e na largura do corpo. Velocidade suficiente deve ser obtida utilizando-se as marchas (a) e (b) até o animal poder mudar para a marcha (c), para deslocamento rápido e prolongado.(d) Locomoção do poliqueta *Nereis diversicolor* (Annelida: Polychaeta), mostrado para comparação. Os apêndices locomotores (parapódios) se projetam lateralmente e as ondas de atividade dos apêndices passam ao longo do comprimento do corpo. Observe que, para cada segmento, os parapódios direito e esquerdo não estão na mesma fase do ciclo de atividade. Entre os poliquetas, ondas de contração do músculo longitudinal ajudam na geração do impulso para a frente.

Quando a vítima está suficientemente envolvida no adesivo, os onicóforos mordem até perfurar eventuais revestimentos protetores que o corpo desta possa ter, e secretam substâncias que matam sua presa e liquefazem parcialmente seus tecidos (Quadro Foco de pesquisa 15.1). Onicóforos também ejetam muco para se defender contra predadores.

Alguns onicóforos podem crescer até 15 cm de comprimento. Os onicóforos possuem as seguintes características semelhantes às de anelídeos: (1) a musculatura do corpo é lisa e composta por elementos longitudinais, circulares e diagonais (Fig. 15.4b); (2) um único par de apêndices alimentares (mandíbulas) está presente; (3) não possuem apêndices articulados; (4) um esqueleto hidrostático desempenha papel na locomoção (como descrito adiante); (5) um par de nefrídeos é encontrado na maioria dos segmentos; (6) possuem ocelos como fotorreceptores, em vez de olhos compostos; (7) a parede externa do corpo é flexível; e (8) a morfologia do espermatozoide se assemelha a de sanguessugas e oligoquetas. As seguintes características são semelhantes às de artrópodes: (1) a musculatura da mandíbula é estriada; (2) a cutícula contém quitina; (3) a cavidade principal do corpo é a hemocele, não um verdadeiro celoma, e os pigmentos sanguíneos (várias hemocianinas) se assemelham àqueles dos artrópodes; (4) a troca gasosa é feita por espiráculos, que se ligam a um sistema traqueal interno (porém, os espiráculos não podem ser fechados – outro fator que impede os onicóforos de ocupar hábitats mais secos); (5) os apêndices bucais são como mandíbulas; (6) o coração tem óstios; (7) as pernas são estendidas por pressão hemocélica, em vez de por contração muscular direta (como também encontrado nas penas dos aracnídeos e merostomados e nas maxilas das borboletas); (8) órgãos excretores se assemelham às "glândulas verdes" (= glândulas

QUADRO FOCO DE PESQUISA 15.1

A eficiência energética na alimentação dos onicóforos

Read, V. M. St. J. e R. N. Hughes. 1987. Feeding behaviour and prey choice in *Macroperipatus torquatus* (Onychophora). *Proc. Royal Soc. London B* 230:483-506.

A maioria dos animais se alimenta somente de certos tipos de alimentos ou de alimentos de certa amplitude de tamanho. Ecólogos têm grande interesse na documentação dos custos e benefícios relativos de determinados alimentos em um esforço para entender essa preferência alimentar espécie-específica. Uma explicação para um predador especializar-se em uma presa de particular tamanho é baseada no argumento da eficiência alimentar, de que a seleção natural deve favorecer àquele que se alimenta de presas que forneçam o melhor conteúdo calórico em relação à quantidade de energia gasta na captura e ingestão da presa. Onicóforos carnívoros parecem ser bem adequados para estudos de eficiência alimentar: movimentam-se pouco, em razão do seu tamanho (em torno de 4 cm por minuto), e raramente se deslocam mais de um metro em relação às suas tocas, ou seja, experimentos podem ser realizados facilmente em laboratório, e a captura de presas deve despender uma boa fração do gasto energético do animal. Além disso, os onicóforos geralmente comem somente uma presa por noite e ingerem seus tecidos moles completamente, facilitando medições de ingestão energética. Ainda, o principal custo da alimentação é o adesivo proteico utilizado para capturar a presa – uma entidade mensurável única.

Read e Hughes (1987) examinaram a eficiência energética na captura do alimento de uma única espécie de onicóforo (*Macroperipatus torquatus*) encontrada nas florestas úmidas de Trindade. Para estimar a energia líquida ganha pela alimentação, os biólogos primeiro precisaram determinar o custo da captura da presa, estimado como a quantidade de adesivo secretado para a captura de presas de diferentes tamanhos. Para isso, eles mediram presas individualmente e colocaram cada uma delas em pequenas caixas com onicóforos. Assim que um onicóforo atacasse e dominasse completamente a vítima pretendida, os pesquisadores retiravam qualquer excesso de adesivo da parte inferior da caixa e pesavam juntamente com a presa enredada no adesivo, avaliando, assim, a quantidade de adesivo utilizado no ataque. Eles também pesavam cada predador, a fim de determinar como o uso de adesivo varia de acordo com o tamanho de predador. Um único ataque usava em torno de 40 a 50% e até 80% do adesivo disponível do indivíduo.

Igualando a quantidade de adesivo lançado com o custo de alimentação pode-se superestimar o custo da captura de presas: ao se alimentar da presa, o predador também consome alguma quantidade do adesivo, ou seja, esta proteína é recuperada e não perdida. Por outro lado, ignorando os custos da *produção* do adesivo e de localizar e consumir o predador pode-se subestimar o custo da captura da presa. No balanço geral, o processo pode produzir uma estimativa muito razoável dos custos de captura, assumindo que as duas imprecisões são aproximadamente iguais na magnitude.

Uma vez que os onicóforos devem produzir adesivo a fim de comer, a quantidade de tempo necessário para um indivíduo reabastecer seu suprimento de adesivo após a alimentação determina a frequência com que o animal pode se alimentar novamente. Para estimar a velocidade de produção do adesivo, os biólogos tiveram de determinar primeiro o total de adesivo que realmente um onicóforo possui quando totalmente carregado e, depois, quanto tempo leva para ele produzir a mesma quantidade de adesivo. Como você poderia fazer essas determinações? Os pesquisadores escolheram uma abordagem simples, mas inteligente. Eles induziram os indivíduos de onicóforos a expelir todo o seu adesivo em folhas de papel alumínio pré-pesadas, que, após, foram novamente pesadas. Os onicóforos foram, então, deixados para restaurar seu suprimento de adesivo, em diferentes períodos de tempo, e a extensão do reabastecimento foi novamente avaliada por expulsão induzida de adesivo em folhas de papel alumínio. Os pesquisadores descobriram que os onicóforos precisam de mais de cinco semanas para recarregar totalmente seu suprimento de adesivo (Fig. foco 15.1).

Para medir os benefícios energéticos provenientes da alimentação de presas artrópodes de diferentes tamanhos, Read e Hugues pesaram as presas antes destas serem oferecidas aos onicóforos de pesos já conhecidos e, em seguida, pesaram o que restava da presa, depois que o onicóforo tivesse concluído a sua refeição. Em geral, os restos consistiam somente em cutícula externa da presa.

A *priori*, pode parecer vantajoso para um onicóforo atacar qualquer animal que possa capturar, mas este não é o caso. Por um lado, mais adesivo é necessário para dominar um animal maior, de modo que o custo de predação sobe para presas maiores. Animais maiores também têm maior chance de escapar levando o precioso adesivo do predador e não fornecendo nada em troca. Além disso, o tubo digestório do predador tem uma capacidade finita; não faz sentido energético despender adesivo adicional para capturar algo grande demais para ser

antenais) de crustáceos; e (9) secreções de defesa adesivas são uma reminiscência daquelas produzidas por glândulas repugnatórias de centípedes e milípedes (Myriapoda). O sistema nervoso dos onicóforos é do tipo anelídeo/artrópode: segmentado, com um par de cordões nervosos ventral.

Algumas características separam os onicóforos de artrópodes e anelídeos. Os apêndices cefálicos consistem em um par de antenas, um par de mandíbulas e um par de papilas orais. Estes são seguidos por uma série de pernas não articuladas, que são completamente diferentes dos anelídeos poliquetas, tanto estrutural quanto funcionalmente. Não existem pigmentos sanguíneos.

Estudos de diversas espécies de onicóforos demostram que o seu sistema de locomoção é único. A propulsão é

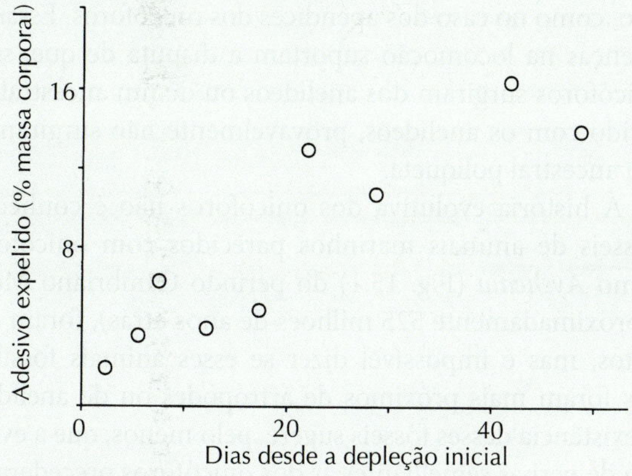

Figura foco 15.1

Taxa em que o onicóforo *Macroperipatus torquatus* reabastece a sua reserva de adesivo. Os animais foram forçados a expelir todo o seu adesivo no dia 0. A quantidade de adesivo presente nos dias subsequentes está expressa aqui como porcentagem da massa corporal do animal.

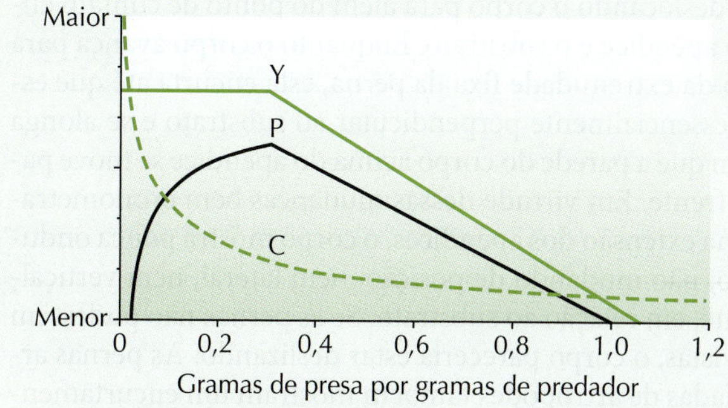

C = custo de adesivo por grama de presa capturada
Y = gramas de presa ingerida
P = rentabilidade energética (consumo – custo de captura)

Figura foco 15.2

Relação entre o rendimento da presa e o custo da captura para presas e predadores de diferentes tamanhos. Os pontos individuais de dados foram omitidos para maior clareza.

Baseada em V. M. St. J. Read e R. N. Hughes, "Feeding Behaviour and Prey Choice em *Macroperipatus torquatus* (Onychophora)" em *Proceedings of the Royal Society of London B* 230:483-506, 1987.

ingerido totalmente. Por fim, o onicóforo que esgota a sua reserva de adesivo por atacar presas grandes tem uma longa espera até que ele possa capturar sua próxima refeição; o animal se torna, também, mais vulnerável à predação, uma vez que depende de sua reserva de adesivo para a defesa, bem como para a captura de alimentos.

A Figura foco 15.2 resume algumas das principais relações quanto à rentabilidade de captura de presas. O eixo *x* mostra o peso da presa em relação ao peso do predador. Um valor de 1,0 significa que o predador e a presa são iguais em peso. Um valor de 0,5 indica que a presa pesa metade do predador.

Como exposto na Figura foco 15.2 (curva *C*), a quantidade de adesivo que deve ser dispendido para capturar cada grama de presa declina exponencialmente para presas maiores. Embora seja preciso mais adesivo para capturar um animal maior, a quantidade de adesivo necessária não aumenta na proporção direta do tamanho da presa; aumenta lentamente. Por exemplo, se um onicóforo que pesa 3 gramas (g) requer 0,25 g de adesivo para dominar um animal da metade do seu tamanho, e 0,30 g para dominar uma presa de tamanho igual ao seu, então, a quantidade relativa de adesivo necessário no primeiro caso (com a presa menor) é de 0,25 g de adesivo/1,5 g de presa = 0,17 g de adesivo utilizado por grama de presa, mas somente 0,3 g de adesivo/3,0 g de presa = 0,1 g de adesivo usado por grama de presa, no segundo caso, com a presa maior.

A curva *P* (Fig. foco 15.2) mostra a diferença entre a quantidade de energia extraída por um predador alimentando-se de presas de diferentes tamanhos e o conteúdo energético de adesivo despendido na captura das presas. A energia líquida obtida diminui significativamente para presas mais pesadas, em razão da capacidade limitada do tubo digestório do predador; mais adesivo é necessário para capturar grandes presas e o excesso de tecido da presa (curva *Y*) simplesmente não pode ser ingerido. A curva *P* mostra que é energeticamente mais vantajoso para um onicóforo alimentar-se de presas de cerca de 0,2 a 0,6 vezes o seu próprio peso. Atacar presas muito maiores ou muito menores não é tão eficiente.

Estudos adicionais de laboratório evidenciaram, de fato, que estes onicóforos crescem mais lentamente quando criados exclusivamente com presas muito pequenas ou muito grandes, e que, quando têm opção, geralmente não capturam as presas menores. Parece razoável supor que a seleção natural tem favorecido a escolha de presas que forneçam o maior, ou pelo menos um substancial, retorno da quantidade de energia investida na captura da presa.

gerada diretamente pela musculatura das próprias pernas, com o corpo em estado rígido, servindo como um ponto de ancoragem, contra o qual os apêndices podem operar. Obviamente, na ausência de um esqueleto sólido, a rigidez do corpo é uma função da musculatura da parede corporal. As pernas (geralmente cerca de 20 pares) são projetadas ventrolateralmente, elevando o corpo acima do solo. Isso é muito diferente dos parapódios de poliquetas, que se projetam lateralmente, deixando a superfície do corpo em contato direto com o substrato.

Como nos poliquetas, ondas de atividade dos apêndices passam ao longo do comprimento do corpo dos onicóforos, e diversas ondas geralmente progridem ao mesmo tempo (Fig. 15.5). No movimento preparatório de cada um dos apêndices do onicóforo, a ponta da perna é levantada acima do substrato e estendida para a frente. No contra impulso (força de tração), a ponta da perna é firmada no substrato, e a perna é mantida reta e rígida. A ponta do apêndice permanece, então, estacionária enquanto sua musculatura se contrai, deslocando o corpo para além do ponto de contato entre o apêndice e o substrato. Enquanto o corpo avança para além da extremidade fixa da perna, esta encurta até que esteja essencialmente perpendicular ao substrato e se alonga assim que a parede do corpo acima do apêndice se move para a frente. Em virtude dessas mudanças bem cronometradas na extensão dos apêndices, o corpo mostra pouca ondulação, não mudando de posição, nem lateral, nem verticalmente, em relação ao substrato. Se as pernas não pudessem ser vistas, o corpo pareceria estar deslizando. As pernas articuladas de artrópodes também mostram um encurtamento durante o movimento, porém, o mecanismo pelo qual isto é realizado é bastante diferente.

Como descrito anteriormente, o esqueleto hidrostático aparenta ter um papel bastante passivo na locomoção dos onicóforos. No entanto, um envolvimento mais ativo tem sido demonstrado por meio da análise de filmagens. À medida que o animal se movimenta, o comprimento e a largura do corpo estão mudando continuamente; na verdade, as dimensões do corpo raramente permanecem constantes por mais do que alguns segundos. As alterações no comprimento do corpo são correlacionadas com alterações na velocidade e na marcha (i.e., a maneira de andar; ver Fig. 15.5). Essas alterações nas dimensões do corpo são produzidas pela ação das musculaturas circular e longitudinal, interagindo através de um volume constante, o esqueleto hidrostático interno (a hemocele). Devido ao fato de os onicóforos não terem septos internos, contrações em uma parte do corpo podem ocasionar distensão rápida, ou rigidez, em qualquer outra parte do corpo. Mudanças na velocidade do animal são produzidas através de alterações no comprimento do corpo, comprimento do apêndice, a distância que as pernas alcançam à frente em cada passo e o tempo necessário entre o início do impulso para a frente até a conclusão do movimento de tração. Mudanças de velocidade parecem ser alcançadas principalmente por meio da alteração na marcha.

A locomoção dos onicóforos é de certa forma semelhante à encontrada nos poliquetas, na medida em que os dobramentos da parede do corpo (projetadas ventralmente nos onicóforos e lateralmente nos poliquetas) são utilizados para gerar o impulso e no envolvimento do esqueleto hidrostático. Contudo, existem diferenças importantes. Primeiro, os apêndices dos onicóforos são endurecidos não por uma acícula interna e rígida, mas sim por uma musculatura intrínseca dos próprios apêndices e por uma força hidrostática gerada pela contração do corpo ou pela musculatura dos apêndices contra o fluido da hemocele. Além disso, o corpo dos onicóforos não ondula; todo impulso é gerado pelos apêndices diretamente. Em contrapartida, entre os poliquetas, contrações da musculatura longitudinal da parede do corpo podem ser utilizadas para gerar ondas de ondulação no corpo (Fig. 15.5d). Essa ondulação transmite impulso adicional contra o substrato através dos parapódios estacionários. De fato, quando os poliquetas estão avançando, a maioria desses avanços é atribuída a contrações da musculatura da parede do corpo, e não a elementos parapodiais diretamente. Uma diferença adicional entre os mecanismos de locomoção entre os dois grupos é que os apêndices dos poliquetas não alteram de tamanho durante o ciclo propulsivo, como no caso dos apêndices dos onicóforos. Essas diferenças na locomoção suportam a disputa de que, se os onicóforos surgiram dos anelídeos ou de um ancestral parecido com os anelídeos, provavelmente não surgiram de um ancestral poliqueta.

A história evolutiva dos onicóforos não é conhecida. Fósseis de animais marinhos parecidos com onicóforos, como *Aysheaia* (Fig. 15.1) do período Cambriano Médio (aproximadamente 525 milhões de anos atrás), foram descritos, mas é impossível dizer se esses animais fossilizados foram mais próximos de artrópodes ou de anelídeos. A existência desses fósseis sugere, pelo menos, que a evolução de pernas semelhantes às dos onicóforos precederam à ocupação do ambiente terrestre pelo grupo; o desenvolvimento de membros pode, dessa forma, ser visto como uma pré-adaptação para uma existência terrestre neste grupo. O fóssil genuinamente onicóforo mais antigo é de cerca de 300 milhões de anos atrás, encontrado no norte de Illinois, em 1980. Entretanto, muito pouco tem podido ser proposto sobre a história evolutiva dos onicóforos a partir da investigação de outros animais, sejam vivos ou extintos. Como observado anteriormente, análises moleculares recentes sugerem que os onicóforos são o grupo-irmão de artrópodes.

Resumo taxonômico

Filo Tardigrada

Filo Onychophora

Tópicos para posterior discussão e investigação

Investigar a tolerância dos tardígrados para baixas temperaturas, altas pressões e dessecação.

Altiero, T., R. Guidetti, V. Caselli, M. Cesari, & L. Rebecchi. 2011. Ultraviolet radiation tolerance in hydrated and desiccated eutardigrades. *J. Zool. Syst. Evol. Res.* 49:104–10.

Crowe, J. H. 1972. Evaporative water loss by the tardigrades under controlled relative humidities. *Biol. Bull.* 142:407.

Halberg, K.A., D. K. Persson, A. Jorgensen, R. M. Kristensen, & N. Møbjerg. 2013. Ecology and thermal tolerance of the marine tardigrade *Halobiotus crispae* (Eutardigrada: sohypsibiidae). Mar. Biol. Res. 9: 716–724.

Jönsson, K. I., & R. O. Schill. 2007. Induction of Hsp70 by desiccation, ionising radiation and heat-shock in the eutardigrade *Richtersius coronifer. Comp. Biochem. Physiol. B* 146:456–60.

Jönsson, K. I., E. Rabbow, R. O. Schill, M. Harms-Ringdahl, & P. Rettberg. 2008. Tardigrades survive exposure to space in low Earth orbit. *Curr. Biol.* 18:R729–R731.

Pigón, A., & B. Weglarska. 1955. Rate of metabolism in tardigrades during active life and anabiosis. *Nature* (*London*)176:121.

Rebecchi, L., M. Cesari, T. Altiero, A. Frigieri, & R. Guidetti. 2009. Survival and DNA degradation in anhydrobiotic tardigrades. *J. Exp. Biol.* 212:4033–39.

Seki, K., & M. Toyoshima. 1998. Preserving tardigrades under pressure. *Nature* 395:853.

Westh, P., and H. Ramlov. 1991. Trehalose accumulation in the tardigrade *Adorybiotus coronifer* during anhydrobiosis. *J. Exp.Zool.* 258:303.

Detalhe taxonômico

Filo Tardigrada

As aproximadamente 1.030 espécies estão distribuídas entre três classes:

Classe Heterotardigrada

Embora a maioria das espécies viva em ambientes terrestres ou de água doce, muitas espécies são marinhas, muitas vezes vivendo intersticialmente nos espaços entre os grãos de areia. Nove famílias. Em torno de 420 espécies.

Família Echiniscidae. *Echiniscus* (o gênero contém aproximadamente 25% de todas as espécies de tardígrados). Todos os membros da família são terrestres ou habitantes de água doce, e poucas espécies ocorrem somente na América do Sul, em altitudes que excedem 1.000 metros. Muitas espécies são brilhantemente coloridas: vermelhas, amarelas ou cor de laranja.

Classe Mesotardigrada

Thermozodium esakii. A única espécie desta classe é conhecida somente em fontes termais (65°C) no Japão. As fontes termais foram destruídas em um terremoto e os tardígrados não foram vistos desde então.

Classe Eutardigrada

Esta classe inclui em torno de 610 espécies de hábitats marinhos, de água doce e terrestres. Muitas das espécies marinhas foram descritas ao longo dos últimos anos. Eutardígrados são divididos em duas ordens baseadas nas diferenças na morfologia das garras.

Ordem Parachela

Macrobiotus, Minibiotus, Hypsibius. Pelo menos seis famílias contendo em torno de 595 espécies.

Ordem Apochela

Milnesium, Limmenius. Estes tardígrados são exclusivamente terrestres. Algumas espécies são carnívoras, se alimentando de rotíferos e nematoides, e outros tardígrados habitam os musgos e líquens nos quais vivem.

Filo Onychophora

As aproximadamente 180 espécies estão distribuídas em duas famílias.

Família Peritopsidae. *Peripatoides, Peripatopsis. Peripatoides* ocorre somente na Austrália e na Nova Zelândia, ao passo que outros membros da família vivem em partes da África, da América do Sul e da Nova Guiné.

Família Peripatidae. *Peripatus.* Estes onicóforos mais bem conhecidos estão distribuídos em regiões subtropicais.

Referências gerais sobre tardígrados e onicóforos

Harrison, F. W., and M. E. Rice, eds. 1993. *Microscopic Anatomy of the Invertebrates, Vol. 12: Onychophora, Chilopoda, and Lesser Protostomata.* New York: Wiley-Liss.

Kinchin, I. M. 1994. *The Biology of Tardigrades.* London: Portland Press.

Miller, W. R. 2011. Tradigrades. *Amer. Sci.* 99:384–91.

Nelson, D. R. 2002. Current status of the Tardigrada: Evolution and ecology. *Integr. Comp. Biol.* 42:652–59.

Parker, S. P., ed. 1982. *Classification and Synopsis of Living Organisms, Vol. 2* (Tardigrada and Onychophora). New York: McGraw-Hill, 729–30, 731–39.

Persson, D.K., K.A. Halberg, A. Jorgensen, N. Møbjerg, and R.M. Kristensen. 2012. Neuroanatomy of *Halobiotus crispae* (Eutardigrada: Hypsibiidae): Tardigrade brain structure supports the clade Panarthropoda. J. Morphol. 273: 1227–1245.

Thorpe, J. H., and A. P. Covich, eds. 2001. *Ecology and Classification of North American Freshwater Invertebrates,* 2nd ed. New York: Academic Press.

Wright, J. C. 2012. "Onychophora (velvet worms)." In *eLS.* John Wiley & Sons, Ltd: Chichester. DOI: 10.1002/9780470015902.a0001610.pub3

Wright, J. C., P. Westh, and H. Ramlov. 1992. Cryptobiosis in Tardigrada. *Biol. Rev.* 67:1–29.

Procure na web

1. http://animaldiversity.ummz.umich.edu/site/index.html

   Pesquise os termos "tardigrada" ou "onychophora" para ver desenhos de espécies particulares.

2. http://www.baertierchen.de/main_engl.html

   Visite este website para ver fotografias e vídeos de tardígrados em ação, ou consulte a revista mensal.

16
Nematódeos

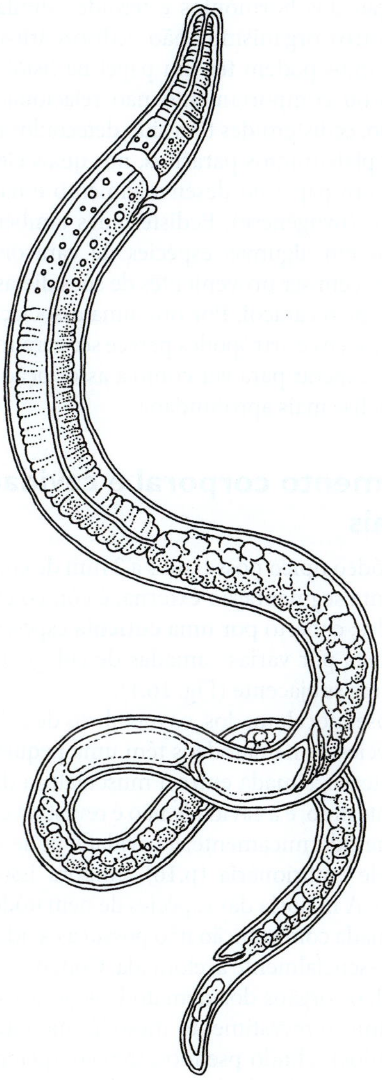

Introdução e características gerais

"Nematódeos são como *haiku* entre os animais multicelulares, combinando infinitas variações com um padrão anatômico subjacente enganosamente simples."
Paul De Ley

Característica diagnóstica:[1] órgãos sensoriais laterais pares (anfídeos) na extremidade anterior, derivados dos cílios e abrindo-se para o exterior através de um pequeno poro.

Os nematódeos são vermes muito disseminados, não segmentados, pseudocelomados, mas cujo celoma pode estar ausente. Uma nova espécie de nematódeo foi recentemente descoberta em poços no subsolo de minas de ouro sul-africanas, com profundidades de até 3,6 km[2]; estes são os únicos animais multicelulares descobertos nesses hábitats. Eles também são comuns – e com uma grande diversidade de espécies – no mar profundo, centenas ou milhares de metros sob a superfície do oceano. Nematódeos são provavelmente os animais multicelulares mais abundantes atualmente; a densidade de nematódeos atinge 1 milhão de indivíduos por metro quadrado em sedimentos de águas rasas, de água doce ou de água salgada, e densidades excedendo 4 milhões de indivíduos por quilometro quadrado foram registradas para alguns hábitats marinhos. Uma vez, estimou-se em torno de 90 mil nematódeos em uma única maçã podre. Algumas espécies de nematódeos de vida livre são encontradas em hábitats terrestres, e outras representam os principais parasitos de vertebrados, invertebrados e plantas. Aproximadamente 16 mil espécies foram descritas até o momento, mas especialistas estimam que entre 100 mil até muitos milhões de espécies de nematódeos (a maioria delas de vida livre) podem viver no nosso planeta. A dificuldade em descrever e reconhecer espécies de nematódeos reside

[1]Características que distinguem os membros deste filo de membros de outros filos.
[2]Borgonie, G., et al. 2011. Nematoda from the terrestrial deep subsurface of South Africa. *Nature* 474:79-82.

Tabela 16.1 Relações propostas entre nematódeos e outros filos, incluindo asquelmintos e artrópodes

Filo	"Asquelmintos"	Cycloneuralia	Ecdysozoa
Rotifera	X		
Acanthocephala	X		
Gnathostomulida	X		
Gastrotricha	X	X	
Nematoda	X	X	X
Nematomorpha	X	X	X
Kinorhyncha	X	X	X
Priapulida	X	X	X
Loricíferos ?	X	X	X
Onychophora			X
Tardigrada			X
Arthropoda			X

no fato de esses animais geralmente serem de tamanho pequeno e na considerável uniformidade da sua morfologia externa e interna. Frequentemente, a determinação das espécies deve ser baseada em atributos bioquímicos e detalhes morfológicos não facilmente visíveis, como o tamanho e a localização de estruturas sensoriais ou de detalhes morfológicos do sistema reprodutivo masculino.

Na literatura, os nematódeos foram, às vezes, listados como uma classe dentro de outro filo, Aschelminthes ("vermes com cavidade", em referência à suposta existência de um pseudoceloma). Como mencionado anteriormente (Capítulo 10), não se acredita mais que os principais grupos dos asquelmintos (Nematoda, Rotifera, Gastrotricha, Kinorhyncha, Nematomorpha, Acanthocephala, Priapulida e Gnathostomulida) possuam um único ancestral em comum, então cada grupo tem sido elevado ao *status* de filo.

As relações entre os vários filos de asquelmintos está longe de ser esclarecida. Analises cladísticas recentes de dados morfológicos, juntamente com dados de diversas sequências de genes, sugerem que todos os asquelmintos cuja cutícula sofre muda, incluindo os nematódeos, são mais próximos filogeneticamente dos artrópodes do que de outros asquelmintos. Tem sido proposto, portanto, que Arthropoda, Nematoda e seis outros filos (Tab. 16.1) sejam considerados juntos como Ecdysozoa (animais que fazem ecdise). Os asquelmintos cuja cutícula sofre muda foram agrupados previamente, como Cycloneuralia, como posteriormente discutido no Capítulo 17, mas a afiliação com artrópodes é uma ideia mais recente. A implicação principal deste arranjo é que a ecdise da cutícula evoluiu apenas uma vez na evolução animal. Sustentando essa inferência, hormônios esteroides similares à ecdisona (que desencadeia a muda entre os artrópodes) têm sido registrados em diversas espécies de nematódeos, e o hormônio que desencadeia a muda dos insetos, o 20-hidroxiecdisona, é relatado por estimular a muda de pelo menos uma espécie de nematódeo. Estudos adicionais sobre esse assunto devem ser feitos em um futuro próximo. Obviamente, isso será importante para determinar se o processo de muda tem essencialmente a mesma base bioquímica em todos os ecdizoários. É igualmente importante examinar a distribuição dos hormônios esteroides similares à ecdisona em outros organismos não ecdisozoários, nos quais esses hormônios podem ter um papel na fisiologia, desenvolvimento ou comportamento não relacionado à muda. Por exemplo, ecdisteroides têm sido detectados em algumas espécies de platelmintos parasitos, nos quais eles aparentemente têm um papel no desenvolvimento e na maturação dos ovócitos (ovogênese). Ecdisteroides também têm sido encontrados em algumas espécies de caracóis terrestres, mas eles parecem ser provenientes de suas dietas, em vez de sintetizados pelo caracol. Por ora, uma associação próxima entre nematódeos e artrópodes parece ser geralmente aceita. Teremos de esperar para ver como a associação se mantém sob uma análise mais aprofundada.

Revestimento corporal e cavidades corporais

Um nematódeo típico possui de 1 a 2 mm de comprimento; não apresenta segmentação externa; é cônico em ambas as extremidades; coberto por uma **cutícula** espessa (não celular), composta por várias camadas de colágeno secretadas pela epiderme subjacente (Fig. 16.1).

Sendo pseudocelomados, os membros de pelo menos algumas espécies de nematódeos têm uma pequena cavidade corporal interna, situada entre a musculatura da parede do corpo e o intestino, e a cavidade não é revestida com o tecido derivado mesodermicamente; a cavidade pode ser derivada da blastocele embrionária (p.16), embora isso não esteja confirmado. A maioria das espécies de nematódeos que tem sido examinada com atenção não possui a cavidade corporal e, assim, é essencialmente acelomada. Com ou sem a cavidade corporal, os órgãos dos nematódeos nunca são envoltos por **peritônio** (o revestimento mesodérmico das cavidades dos celomados). Fluido pseudocelômico, quando presente, serve como meio circulatório, e em algumas espécies contém hemoglobina; um sistema circulatório fechado, com vasos sanguíneos, está ausente nos nematódeos.

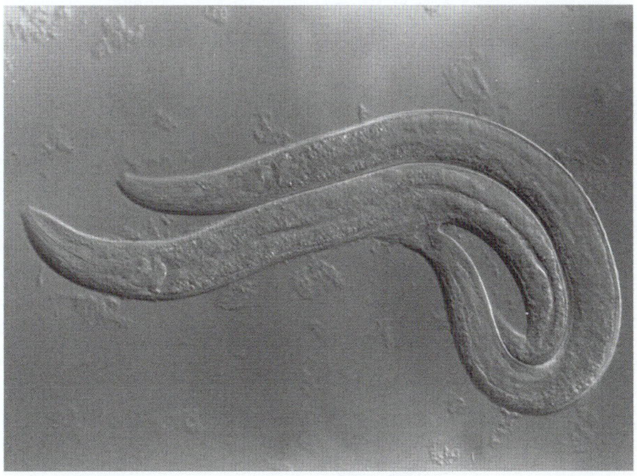

Figura 16.1
O nematódeo de vida livre *Caenorhabditis elegans*. Dois indivíduos em acasalamento são ilustrados.

A epiderme dos nematódeos é frequentemente **sincicial**; isto é, os núcleos não são separados uns dos outros por uma membrana celular completa. A cutícula de algumas espécies de nematódeos é composta por uma rede de fibras altamente complexa, que são praticamente não elásticas (Fig. 16.2a). O arranjo em treliça dessas fibras permite a flexão, o alongamento e o encurtamento da cutícula (Fig. 16.2b). A cutícula é permeável à água e a gases, e, assim, as trocas gasosas podem ser realizadas por toda a superfície corporal. Por outro lado, uma vez que a cutícula oferece pouca proteção contra desidratação, todos os nematódeos de vida livre devem viver na água ou pelo menos em uma película de água. A cutícula é, também, seletivamente permeável a certos íons e compostos orgânicos, regulando os movimentos dessas substâncias entre os ambientes internos e externos.

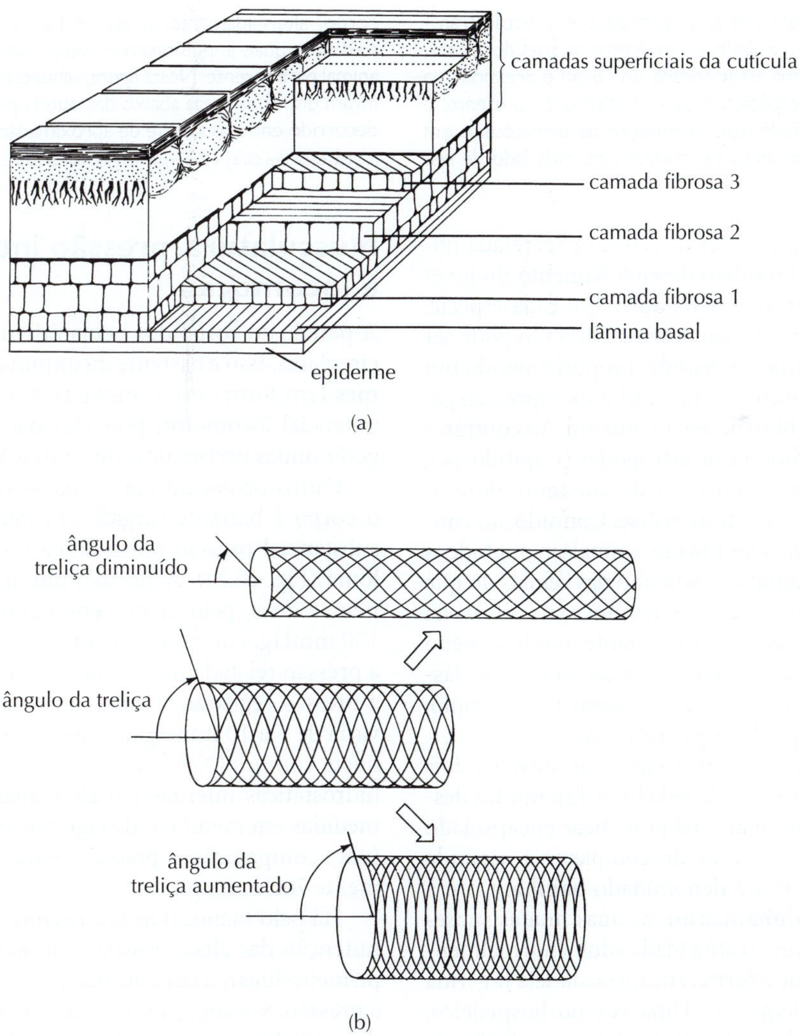

Figura 16.2
(a) Ilustração esquemática da cutícula multilamelar dos nematódeos. Observe as três camadas de fibras cruzadas. (b) Embora as fibras de colágeno da cutícula sejam individualmente inelásticas, mudanças no ângulo em que as fibras se cruzam mutuamente permite aos animais mudar de forma.

(a) De A. F. Bird e K. Deutsch, "The structure of the cuticle of *Ascaris lumbricoides* var *suum* " em *Parasitology*, 47:319-28. Copyright © Cambridge University Press, New York. Reproduzida com permissão. 1957.

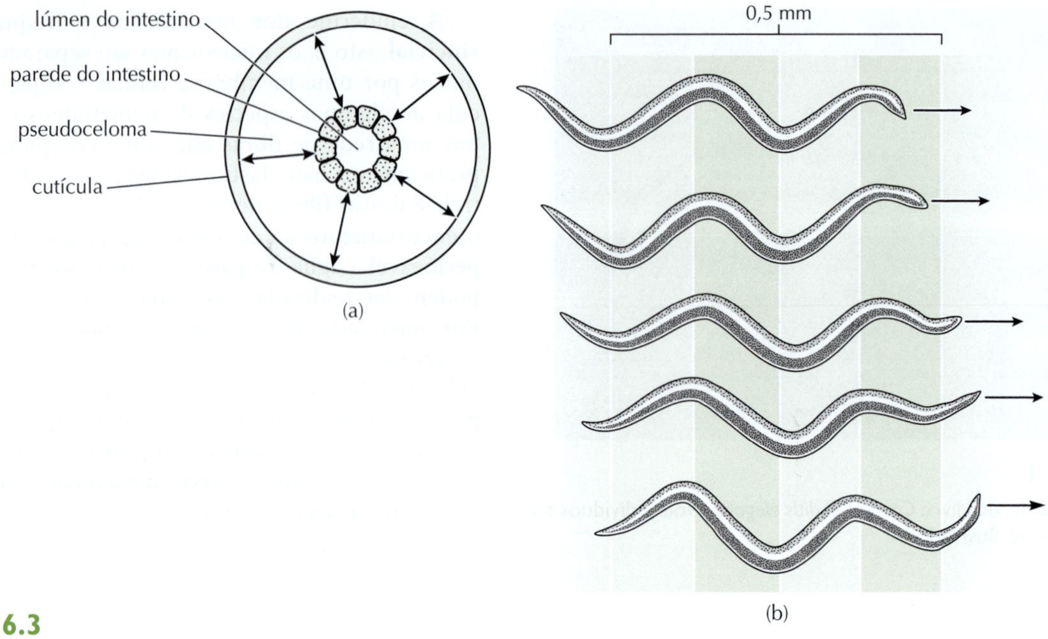

Figura 16.3

(a) Representação diagramática de um nematódeo em secção transversal. As setas representam a alta pressão dentro do pseudoceloma, atuando para manter a forma arredondada do corpo e pressionar o intestino. Na maioria das espécies, o pseudoceloma, se presente, é muito menor do que ilustrado. (b) Locomoção de nematódeos em uma superfície sólida. Contraindo os músculos de cada lado de seu corpo, alternadamente, o animal forma uma série de ondas sinusoidais, as quais impulsionam o animal contra o substrato, impelindo o animal para a frente. Nesta figura, silhuetas sucessivas dos nematódeos foram dispostas umas abaixo das outras para maior clareza. O tempo decorrido entre as fases é de aproximadamente 0,33 segundos.

(b) Baseada em Gray e Lissman, em *Journal of Experimental Biology*, 41:35, 1964.

A cutícula é perdida (através de ecdise) e secretada novamente quatro vezes durante o desenvolvimento do juvenil ao adulto reprodutivamente maduro. Em cada espécie, a cutícula de cada estágio do seu desenvolvimento pode ser estrutural e bioquimicamente distinta, proporcionando um modelo, dentre vários outros, para estudos de expressão gênica e seu controle durante o desenvolvimento. Ao contrário do que acontece na maioria dos artrópodes (Capítulo 14), nematódeos continuam a aumentar de tamanho entre as mudas e até mesmo após a última ecdise. Contudo, ao contrário do que acontece na maioria dos animais, nematódeos crescem mais pelo aumento no tamanho das células do que pelo aumento no número de células; o número de células na maioria dos tecidos dos adultos é constante, um fenômeno conhecido como **eutelia**. Eutelia é uma característica clássica dos "asquelmintos", encontrada também, por exemplo, entre os rotíferos, tardígrados e gastrótricos.

Em algumas espécies de nematódeos parasitos, os dois primeiros estágios juvenis são de vida livre. Em muitas dessas espécies de parasitos, o animal pode ficar encapsulado dentro de dois envelopes antes de completar a segunda muda. O envelope externo é denominado **bainha**. Com a saída da bainha (**desbainhamento**), as duas mudas subsequentes e o desenvolvimento até a idade adulta normalmente não ocorrem antes que a forma encapsulada seja ingerida por um hospedeiro adequado.[3] Uma vez no hospedeiro, grande parte da cutícula pode ser perdida ou substituída por uma superfície com microvilos, presumivelmente para facilitar a absorção dos nutrientes solúveis do hospedeiro.

[3]Ver *Tópicos para posterior discussão e investigação*, nº 2, no final deste capítulo.

Musculatura, pressão interna e locomoção

A parede do corpo dos nematódeos não contém músculos circulares. Isso é bastante incomum para animais **vermiformes** (em forma de verme) e traz muitas limitações ao seu potencial locomotor, pois eles não podem, por exemplo, gerar ondas peristálticas de contração.

Outro obstáculo para uma locomoção elegante é que o corpo é bastante túrgido em muitas espécies, devido à substancial pressão hidrostática no interior do pseudoceloma (Fig. 16.3a). A pressão interna dentro do corpo dos nematódeos, pelo menos em algumas espécies, é de 70 a 100 mmHg, em média, talvez 10 vezes mais elevada do que a pressão relatada para a maioria dos outros invertebrados; a pressão registrada dentro do corpo da minhoca comum varia de 5 a 10 mmHg, ao passo que em um anelídeo poliqueta comum (*Nereis* sp.) é menor que 1 mmHg. Pressões hidrostáticas internas tão altas quanto 225 mmHg foram medidas em membros de algumas espécies de nematódeos (para comparação, a pressão atmosférica é de aproximadamente 760 mmHg).

Há pelo menos dois fatores que contribuem para a manutenção das altas pressões internas nos nematódeos. Em primeiro lugar, a cutícula não pode expandir-se para aliviar a pressão. Segundo, a musculatura está sempre em um estado parcialmente contraído, tentando comprimir um fluido incompressível. A elevada pressão interna dá ao nematódeo uma secção transversal muito circular. Assim, nematódeos são comumente chamados de "vermes redondos".

A cutícula rígida, a alta pressão interna e a falta de músculos circulares impede a geração de ondas pedais ou ondas

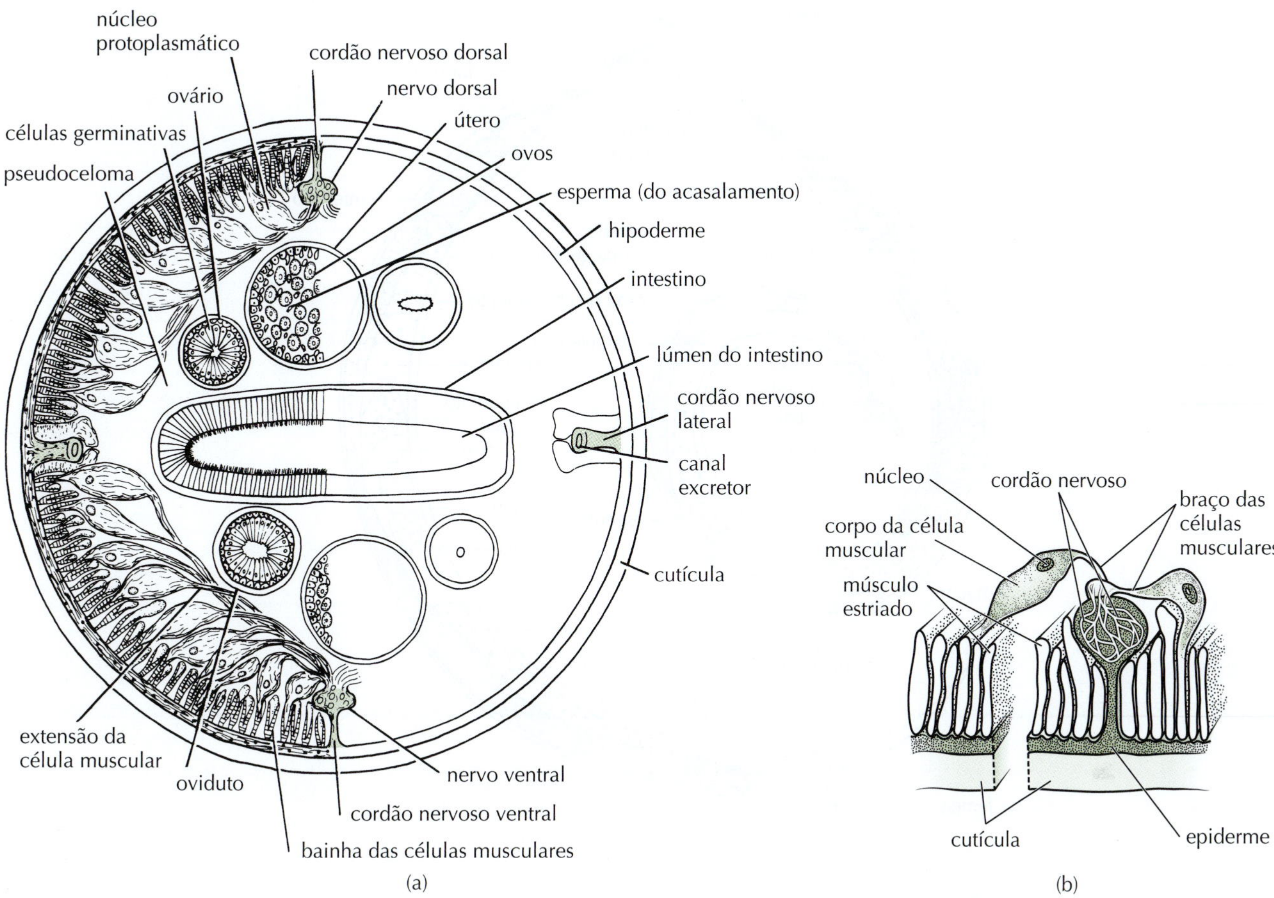

Figura 16.4

(a) *Ascaris lumbricoides* em secção transversal. Os processos enviados pelas fibras musculares para os cordões nervosos são claramente ilustrados. Para maior clareza, as células musculares são mostradas apenas em metade na figura. (b) Detalhe da célula muscular do nematódeo *Ascaris suum*. Observe a extensão (braço), longa e não contrátil, da célula muscular partindo da sua posição na parede do corpo até um dos cordões nervosos principais.

De Frank Brown, *Selected Invertebrate Types*. Copyright © John Wiley & Sons, Inc., New York. Reproduzida, com permissão, de Mrs. Frank Brown. (b) Baseado em J. T. Debell, em *Quarterly Review of Biology*, 1965, 40:233-51.

peristálticas de locomoção. Nematódeos, assim como artrópodes, carecem completamente de cílios locomotores, de modo que o movimento ciliar é também uma impossibilidade. Em vez disso, nematódeos geralmente precisam se mover por ondulações sinusoidais, por meio da alternância de contrações dos músculos longitudinais nas superfícies dorsal e ventral do corpo (Fig. 16.3b).[4] A contração de um conjunto de músculos causa flexão de parte do corpo e alongamento dos músculos de outras partes do corpo. Assim, os músculos antagonizam um ao outro por meio de alterações na pressão exercida pelo fluido do pseudoceloma (ou pelas próprias células internas, nas espécies que não possuem um pseudoceloma), de acordo com os princípios básicos de um esqueleto hidrostático (Capítulo 5). A reextensão dos músculos contraídos pode ser auxiliada pela cutícula rígida que circunda o animal e pela alta pressão dentro do animal, ambos atuando para mover o corpo de volta à configuração linear quando os músculos relaxam. Claramente, o formato de um nematódeo não é adequado para um modo de vida livre-natante. Em vez disso, a maioria dos nematódeos de vida livre vive no solo, em sedimentos aquosos, em frutas, em películas de água e em outras situações similares, em que tanto o substrato quanto a tensão superficial de algum fluido na interface ar-água possam proporcionar uma resistência contra a qual os animais podem gerar um impulso.

A contração dos músculos é controlada por um sistema nervoso simples, que consiste em um cérebro anterior (anel nervoso e gânglios associados) e quatro ou mais cordões nervosos longitudinais (ventral, dorsal e pelo menos um par de cordões nervosos laterais) (Fig. 16.4a). Estranhamente, os cordões nervosos parecem não possuir processos que inervam os músculos. Ao contrário, extensões não contráteis (braços) das fibras musculares se conectam aos cordões nervosos (Fig. 16.4b). Embora não seja exclusivo dos nematódeos, uma vez que um arranjo semelhante foi encontrado, por exemplo, em algumas espécies de platelmintos e equinodermos, esse padrão de inervação é certamente incomum e caracteriza todas as espécies de nematódeos examinadas até o momento.

[4]Ver *Tópicos para posterior discussão e investigação*, nº 1, no final deste capítulo.

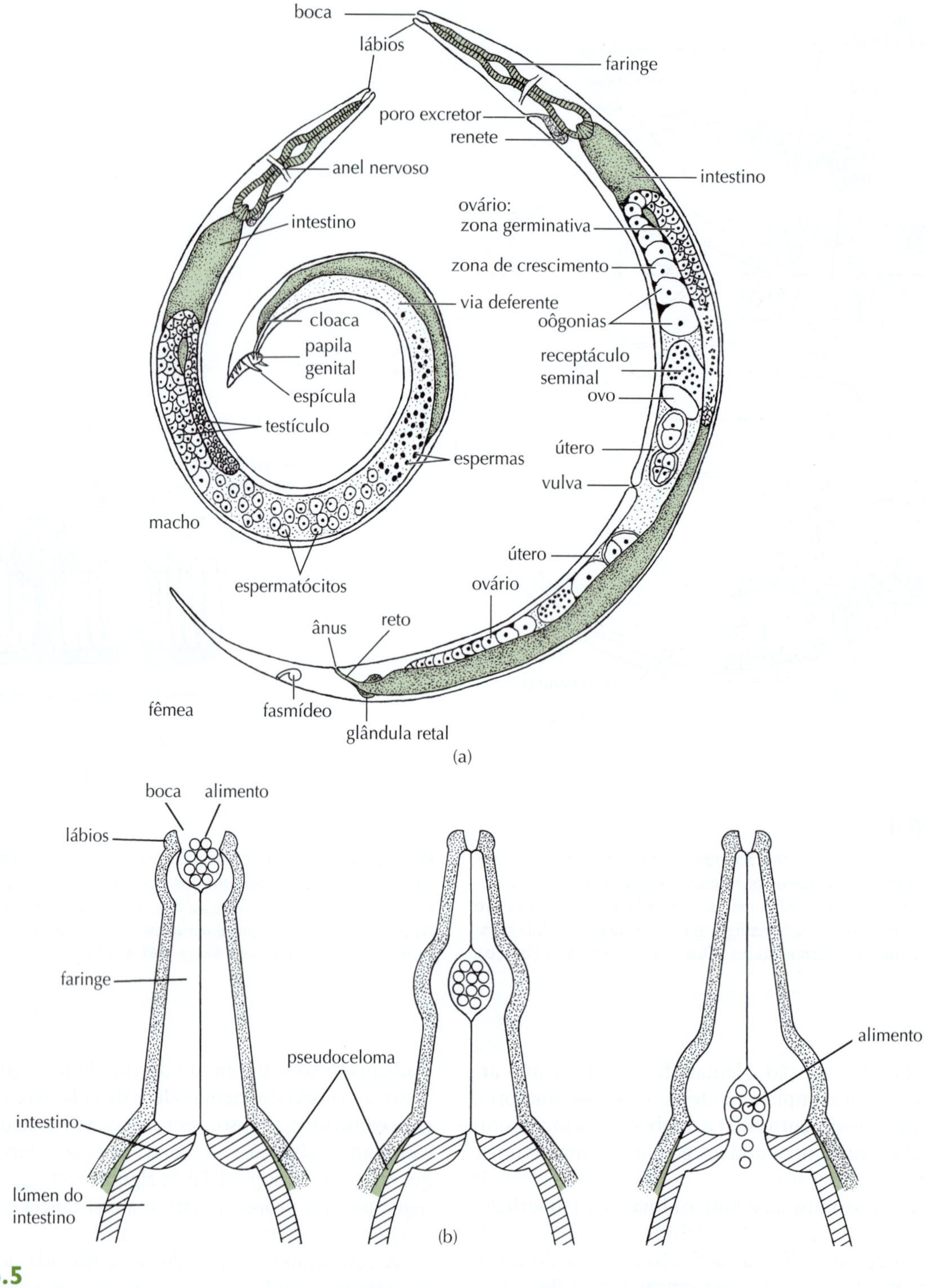

Figura 16.5

(a) Anatomia interna do nematódeo de vida livre *Rhabditis* sp. (b) Sequência de movimentos da musculatura da faringe durante deglutição.

De Cleveland P. Hickman, *Biology of the Invertebrates*, 2d ed. Copyright © 1973. The C. V. Mosby Company, St. Louis, Missouri. Reproduzida com permissão. (b) Segundo Sherman e Sherman; segundo Clark.

Sistema de órgãos e comportamento

Pressões internas elevadas representam dificuldades no potencial digestório, bem como dificuldades locomotoras. Nematódeos possuem um sistema digestório linear, com uma boca (**estoma**) na extremidade anterior do corpo e, em sequência, faringe muscular, intestino, reto e um ânus localizado próximo à extremidade posterior do corpo (Fig. 16.5a). A dificuldade em processar os alimentos reside em evitar que as altas pressões do pseudoceloma circundante colapsem o trato digestório tubular, de paredes finas (Fig. 16.3a). A superfície interna do intestino dos nematódeos normalmente não é revestida por cílios. Na verdade, batimentos ciliares provavelmente não seriam muito eficazes para neutralizar a elevada pressão positiva exercida sobre o intestino pelo fluido

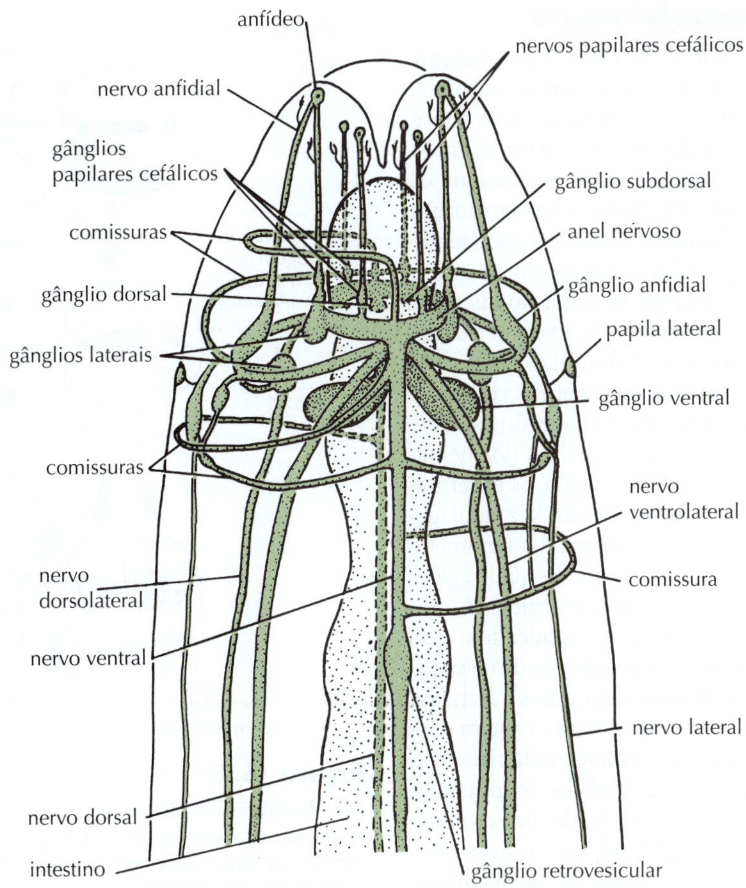

Figura 16.6

Sistema nervoso de um nematódeo. Observe o gânglio cerebral; cordões nervosos lateral, dorsal e ventral; e a inervação dos anfídeos.

Modificada de Brown, 1950. *Selected Invertebrate Types*. New York: John Wiley & Sons. Segundo Hyman; segundo Chitwood e Chitwood.

do pseudoceloma. Como alternativa, o intestino é mantido aberto por uma faringe altamente muscular, que bombeia o fluido em velocidades de até quatro pulsos por segundo (Fig. 16.5b). Na extremidade posterior do corpo do animal, a pressão elevada no pseudoceloma mantém a extremidade final do trato digestório bem fechada. O músculo dilatador do ânus abre-o para liberar os resíduos.

Além da sua função de manter o lúmen do intestino aberto contra a elevada pressão do pseudoceloma, a faringe (e glândulas associadas) também adiciona lubrificantes e enzimas digestórias ao alimento. A digestão é principalmente extracelular e os nutrientes são absorvidos pela parede extremamente fina do intestino (somente uma célula de espessura). Resíduos são liberados do intestino em intervalos de 1 a 2 minutos, aproximadamente.

Os sistemas respiratório e excretor são facilmente descritos: não existem órgãos especializados para trocas gasosas, nem sistema circulatório especializado e nem nefrídeos. Resíduos metabólicos são aparentemente liberados com outros resíduos que saem do intestino, ou eles atravessam a parede do corpo por difusão. Um sistema glandular, o **renete**, ou uma modificação desse sistema, está presente na maioria dos nematódeos. O sistema de renete varia consideravelmente em complexidade entre as espécies. Ele é frequentemente referido como um sistema excretor, mas a sua função efetiva nunca foi convincentemente documentada.

Apesar do seu pequeno tamanho e capacidade locomotora limitada, os nematódeos são capazes de comportamentos bastante sofisticados. Várias espécies são conhecidas por responder a temperatura, luz, estimulação mecânica e a uma variedade de sinais químicos, incluindo aqueles produzidos por outros indivíduos da mesma espécie (**feromônios**). A superfície do corpo parece ser sensível à luz em algumas espécies, provavelmente refletindo a sensibilidade direta das fibras nervosas subjacentes. Muitas espécies têm receptores de luz simples e pigmentados (**ocelos**). Os principais órgãos quimiossensoriais, denominados **anfídeos** (Fig. 16.6), são localizados anteriormente em fendas, revestidos com cílios altamente modificados e sem motilidade (**sensilas**). Estruturas semelhantes, chamadas de **fasmídeos**, estão localizadas na extremidade posterior do corpo de alguns nematódeos, e também são considerados quimiossensoriais. As extremidades anterior e posterior do corpo frequentemente possuem, muitas vezes, **papilas cefálicas** e **caudais**, respectivamente, que também contêm cílios modificados. Essas estruturas estão dispostas em torno da boca ou do ânus, e acredita-se serem sensíveis à estimulação mecânica. Muitas espécies possuem cerdas em várias partes do corpo; acredita-se que elas também possam ser **mecanorreceptores**.

Reprodução e desenvolvimento

Embora muitas espécies possam se reproduzir por partenogênese, sem a necessidade de um parceiro para acasalamento, muitas espécies de nematódeos são **gonocóricas**; isto é, elas têm sexos separados. Os indivíduos copulam, e, então, a fertilização é interna. Em geral, o macho possui uma ou duas espículas copulatórias na parte posterior do corpo, que são inseridas no gonóporo da fêmea durante a transferência dos espermatozoides (Fig. 16.5a, macho), para mantê-lo aberto, mas em pelo menos uma espécie, o macho insemina a fêmea perfurando sua parede corporal. A clivagem é determinada (mosaico), de modo que o destino das células está permanentemente definido na primeira clivagem, como nos protostômios. Certos outros aspectos da reprodução e do desenvolvimento, embora não sejam exclusivos dos nematódeos, são altamente incomuns. Por exemplo, os espermatozoides dos nematódeos são ameboides, em vez de flagelados. Uma segunda característica incomum é o fenômeno da **diminuição dos cromossomos**, através do qual regiões específicas do DNA são deliberadamente destruídas durante o desenvolvimento. Diminuição cromossômica tem sido observada em pelo menos uma dúzia de espécies de nematódeos parasitos (membros dos Ascarididae). Após a fertilização do óvulo, o zigoto passa por uma primeira clivagem normal até o estágio de duas células. Antes da segunda clivagem, porém, os cromossomos de uma das células se fragmentam e a maior parte da cromatina das extremidades dos cromossomos originais é destruída. Os pedaços de cromossomos restantes, após fragmentação e desintegração, replicam-se e são distribuídos de maneira normal às duas células-filhas da divisão subsequente (Fig. 16.7). As outras duas células-filhas (**células germinais**, ou **células-tronco**) do embrião de quatro células retêm o complemento cromossômico total. A diminuição cromossômica ocorre várias outras vezes durante as próximas clivagens. No estágio de 64 células, somente duas células retêm toda a informação genética completa presente no momento da fertilização. Essas duas células dão origem às gônadas e produzem os gametas para a próxima geração. As células remanescentes, as quais retêm tão pouco quanto 20% do genoma original, produzem todos os tecidos somáticos (i.e., não produtores de gametas) (Quadro Foco de pesquisa 16.1). A perda de informação genética por diminuição cromossômica também ocorre em alguns insetos, crustáceos, protozoários ciliados e plantas.

Ainda uma terceira característica peculiar do desenvolvimento de nematódeos é a constância do número de células (eutelia), mencionada anteriormente. Uma vez que a organogênese é concluída, a mitose cessa em todas as células somáticas da maioria dos tecidos. Assim, a continuação do crescimento destes tecidos é devida não a um aumento no número de células, mas a um aumento no tamanho das células.

Por fim, os nematódeos estão entre os poucos grupos de invertebrados que não possuem um estágio larval livre-natante morfologicamente distinto no adulto. Os animais jovens emergem dos seus ovos resistentes como miniaturas de adultos. Contudo, muitas espécies de vida livre podem passar por um estágio de "suspensão" do desenvolvimento, chamado de "**larva dauer**", na segunda muda. A "larva dauer" (um estágio juvenil, na verdade) é essencialmente inativa, tem uma taxa metabólica muito baixa e não pode se alimentar. Pode, no entanto, viver por muitos meses até que as condições ambientais melhorem, momento em que o desenvolvimento normal é retomado e o animal conclui as duas mudas finais para atingir a fase adulta. As bases genéticas para o início e o fim do estágio de larva dauer têm sido muito estudadas nos últimos anos.

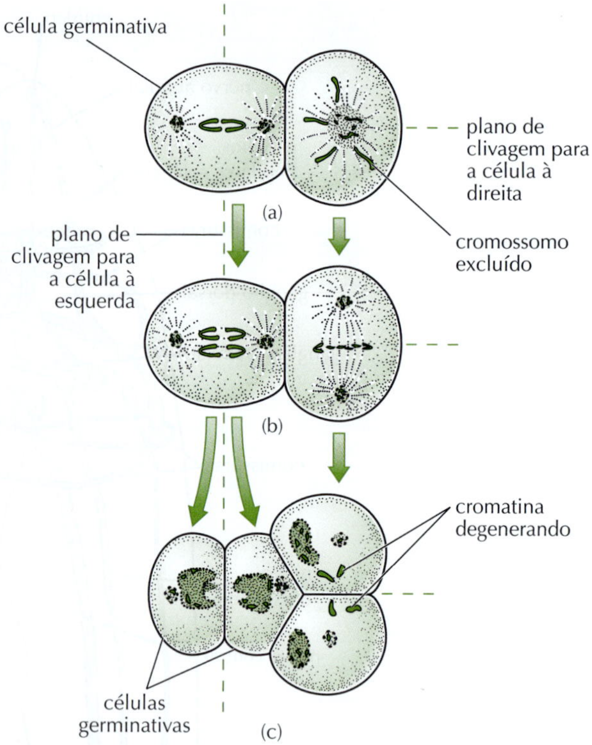

Figura 16.7

(a-c) Ilustração da diminuição cromossômica no nematódeo parasito *Ascaris megalocephala*. Na segunda clivagem, somente os cromossomos das células germinativas (célula-tronco) sofrem mitose normal. Algum material cromossômico da outra célula é excluído da participação da mitose (a), e na fase de quatro células (c) esse material cromossômico excluído se situa fora do núcleo. Este material irá depois degenerar.

Baseada em *Biology of Developing Systems* por Philip Grant, 1978.

Nematódeos parasitos

> "Por incontáveis gerações aqui (Nigéria), vermes longos e finos como espaguetes irromperam das pernas e dos pés – e até mesmo da órbita dos olhos – das vítimas, forçando a sua saída exsudando ácido sob a pele até que esta borbulhava e rompia."
>
> Donald G. McNeil, Jr.

Muitos nematódeos são parasitos, e são modificados para tal. Quase todos os maiores grupos de animais, desde esponjas até mamíferos, servem de hospedeiro de nematódeos parasitos. Nematódeos de algumas espécies parasitam até mesmo outras espécies de nematódeos. De acordo com recentes análises cladísticas de sequências de genes,[5] o parasitismo surgiu independentemente entre os nematódeos pelo

[5]Blaxter et al. 1998. A molecular evolutionary framework for the phylum Nematoda. *Nature* 392:71-75.

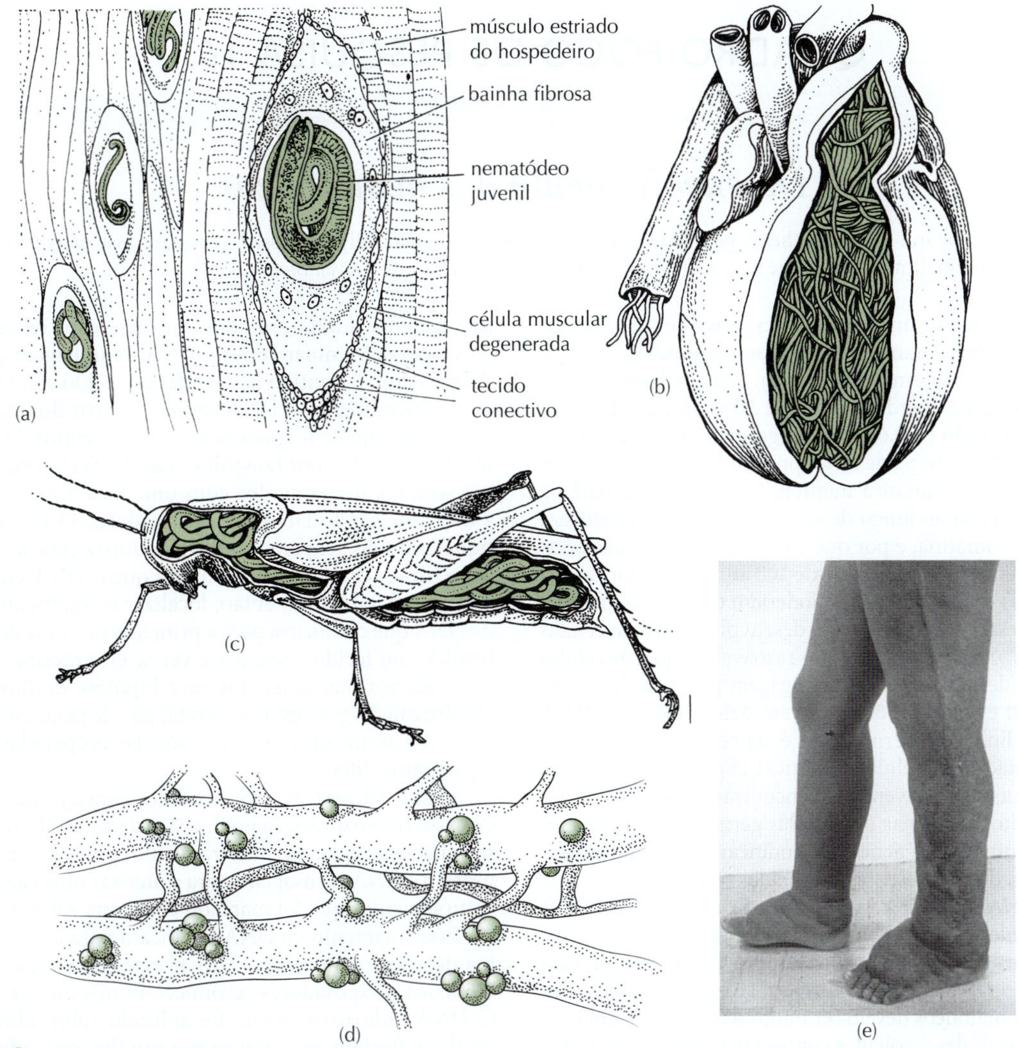

Figura 16.8

Exemplos de parasitismo por nematódeos e seus efeitos no hospedeiro. (a) *Trichinella spiralis* (responsável pela triquinose) é visualizada encistada no músculo estriado de um vertebrado. (b) Coração de um cão infestado com *Dirofilaria immitis* (dirofilariose). (c) Visão em corte de um gafanhoto infectado com *Agamermis decaudata*. (d) Formação de galhas por nematódeos parasitos (*Heterodera rostochiensis*) em raízes de plantas. (e) Homem com elefantíase nas pernas.

(a) Modificada de Brown, 1950. *Selected Invertebrate Types*. New York: John Wiley & Sons, e de Harmer e Shipley, *The Cambridge Natural History*, Macmillan. (b) De Harmer e Shipley. (c) De Hyman; segundo Christie. (d) Baseada em T. Cheng, *General Parasitology*, 2d ed. 1986. (e) Cortesia dos Centers for Disease Control do Departamento de Saúde e Serviços Humanos, Atlanta, GA.

menos sete vezes. Felizmente, para os biólogos, muitas pesquisas sobre biologia dos nematoides têm sido impulsionadas pela necessidade de controlar o impacto potencialmente devastador dessas espécies de parasitos (Fig. 16.8). Nematódeos parasitam seres humanos, gatos, cães e muitos animais domésticos de importância econômica, como vacas e ovelhas. Consideráveis atividades de pesquisas clínicas e veterinárias estão agora focadas em verificar como várias espécies de parasitos suprimem ou mesmo enfrentam a resposta imune do hospedeiro e por que alguns indivíduos se mostram menos suscetíveis à infecção do que outros. Nematódeos também parasitam raízes, caules, folhas e flores das plantas, incluindo espécies de grande importância econômica, como soja, batata, aveia, tabaco, cebola e beterraba. Alguns desses nematódeos parasitos atingem grande comprimento, embora eles possam ser extremamente finos. O maior nematódeo conhecido possui 9 m de comprimento e reside na placenta de cachalotes.

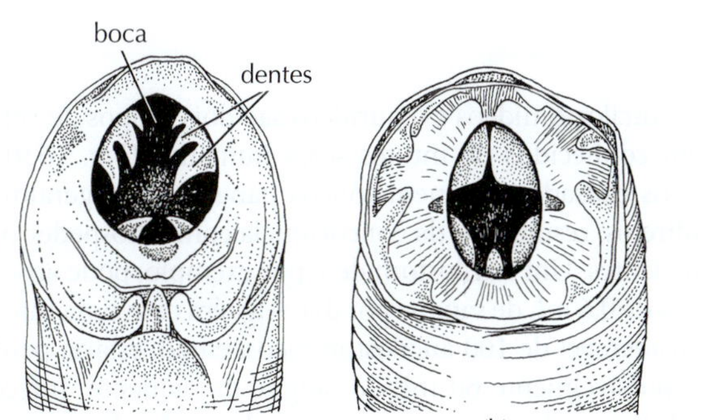

Figura 16.9

Região da boca do verme em gancho. (a) *Ancylostoma duodenale*. (b) *Necator americanus*.

De Chandler, *Introduction to Parasitology*, 8 th ed. Copyright © 1949 John Wiley & Sons, New York. Segundo Looss. Reproduzida com permissão.

QUADRO FOCO DE PESQUISA 16.1

Desenvolvimento dos nematódeos

Bennett K. L. e S. Ward. 1986. Neither a germ line-specific nor several somatically expressed genes are lost or rearranged during embryonic chromatin diminution in the nematode *Ascaris lumbricoides* var. *suum. Devel. Biol.* 118:141-47.

Há registros de talvez uma dúzia de espécies de nematódeos parasitos que apresentam redução cromossômica durante o seu desenvolvimento embrionário. Em *Ascaris lumbricoides*, as células somáticas perdem cerca de 30% do peso total do seu DNA (passando de 0,63 pg [picogramas, 10^{-12} gramas] de DNA por célula a 0,46 pg de DNA por célula), ao passo que as células da linha germinativa mantêm a totalidade de 0,63 pg de DNA por célula ao longo de suas vidas. Qual é a natureza da perda da cromatina, e por que é perdida em algumas células, mas não em outras? Há mais de 100 anos, Theodor Boveri sugeriu que as células somáticas poderiam eliminar o material genético necessário apenas para o desenvolvimento de células germinativas – um processo muito razoável no qual as células somáticas poderiam livrar-se da bagagem genética desnecessária. Bennett e Ward (1986) tentaram determinar se o DNA exclusivo da linhagem germinativa é, na realidade, completamente eliminado das células somáticas como proposto. Para isto, os pesquisadores tiveram de encontrar uma proteína específica produzida apenas por células germinativas e, em seguida, determinar se os genes que codificam para aquela proteína estavam de fato ausentes nas células somáticas.

Bennett e Ward decidiram abordar a principal proteína dos espermatozoides, uma proteína identificada somente nos espermatozoides de nematódeos tanto parasitos quanto de vida livre. As principais proteínas dos espermatozoides de diferentes espécies de nematódeos devem ser muito semelhantes, uma vez que os anticorpos desenvolvidos contra a principal proteína dos espermatozoides da espécie de vida livre *Caenorhabditis elegans* também reagem com aquela de *A. lumbricoides*.

Os pesquisadores obtiveram vermes adultos de uma companhia de abate suíno e usaram procedimento padrão para isolar o DNA dos espermatozoides. Sabe-se que este DNA contém o gene que codifica para a principal proteína dos espermatozoides, uma vez que a proteína é sintetizada por espermatozoides em desenvolvimento. Bennett e Ward também isolaram DNA de ovócitos, dos dois primeiros estágios larvais, os quais carecem de tecido gonadal significativo, bem como do intestino dos adultos, obtidos por dissecção cuidadosa. O objetivo era determinar como o DNA da linhagem germinativa diferia daquele contido nas células do tecido somático.

Primeiramente, o DNA isolado a partir dos vários tecidos foi quimicamente fragmentado. Os fragmentos de cada tecido foram separados por tamanho, usando eletroforese em gel, e, em seguida, desnaturados com uma base forte, para separar a dupla-hélice do DNA em duas cadeias. O DNA foi, então, transferido do gel para um filtro de nitrocelulose, colocando-se o filtro acima do gel, de modo que o DNA era absorvido por este. A tarefa foi, então, localizar o fragmento particular de DNA que codificava para a principal proteína dos espermatozoides no tecido testicular e ver se este mesmo gene estava presente nos outros tecidos; se a hipótese de Boveri sobre a eliminação de gene estava correta, aquele gene estaria ausente em todas as amostras, exceto naquelas preparadas a partir de espermatozoides.

Para localizar o gene que codifica para a principal proteína dos espermatozoides, Bennett e Ward usaram RNA mensageiro purificado que, quando traduzido, produz a proteína; eles usaram o RNA mensageiro para sintetizar uma cadeia de DNA complementar que foi marcado com uma substância radoativa. Esse fragmento de DNA codificará para a principal proteína dos espermatozoides. Tornar esse DNA radioativo possibilita aos pesquisadores reconhecê-lo novamente mais tarde. O DNA radioativo, assim, foi aplicado sobre filtro de nitrocelulose, ficando em repouso por um determinado período e, em seguida, foi enxaguado; o DNA tecidual complementar ao DNA radioativo se liga a ele e aparecerá como uma banda diferente no filme de raio X. Se o raio X mostra tal banda, o DNA tecidual contém o gene que codifica para a principal proteína dos espermatozoides; se tal banda não aparece no raio X, o gene para a principal proteína dos espermatozoides deve estar ausente do tecido amostrado. A Figura foco 16.1 indica claramente que o gene da principal proteína dos espermatozoides estava presente em todas as amostras testadas: ovócito, espermatozoides, larvas e intestino adulto.

Ancilostomídeos e oxiurídeos são dois grupos de vermes bem conhecidos de muitos seres humanos (Fig. 16.9). Os danos causados por nematódeos parasitos, são geralmente indiretos, resultando da concorrência com o hospedeiro por nutrientes. Um ancilostomídeo, por exemplo, pode absorver mais de 0,6 mL de sangue por dia. Alguém com uma infecção considerável de 100 ancilostomídeos, então, estaria perdendo possivelmente 60 mL de sangue diariamente. Infecções de 1.000 ancilostomídeos por hospedeiro não são incomuns. Outras espécies de nematódeos danificam seus hospedeiros ao tornarem-se tão densamente distribuídas nos seus tecidos-alvo, que bloqueiam o fluxo de nutrientes e fluidos. Alguns ascarídeos (membros do gênero *Ascaris*), por exemplo, podem bloquear o intestino ou o ducto biliar do hospedeiro. Outras espécies de nematódeos (p. ex., *Wuchereria bancrofti* e *Onchocerca volvulus*) obstruem o sistema linfático, resultando, às vezes, em um tecido conectivo em várias regiões do corpo (Fig. 16.8e). A bolsa escrotal infectada de um ser humano cresceu até cerca de 18 kg antes de sua remoção cirúrgica. Formas menos extremas dessa doença (elefantíase) atingem atualmente 120 milhões de pessoas; comenta-se que a elefantíase é uma das doenças de disseminação mais rápida em nível mundial. Em 1998, a Organização Mundial de Saúde e a empresa farmacêutica Smithkline Beecham anunciaram um esforço colaborativo para eliminar a elefantíase até o ano de 2020.

Muitos nematódeos que parasitam animais fazem extensivas migrações durante o seu desenvolvimento dentro do

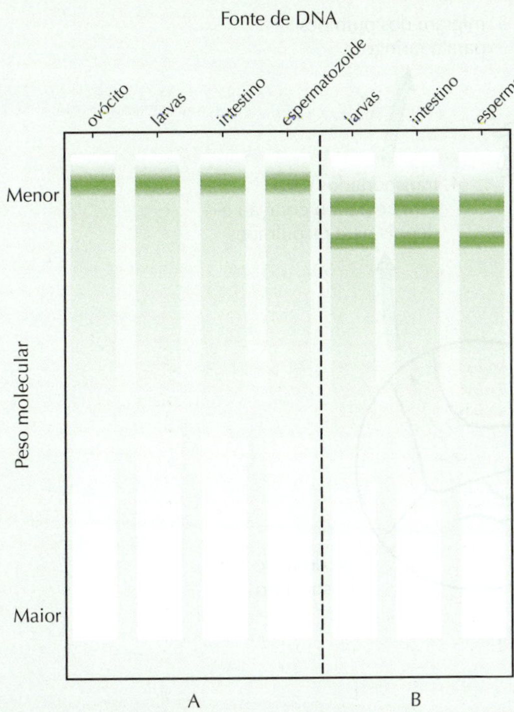

Figura foco 16.1
Desenho feito a partir de um filme de raio X, mostrando que o gene para a principal proteína dos espermatozoides dos nematódeos é encontrado em todos os tecidos examinados. Após os fragmentos de DNA serem transferidos de uma eletroforese em gel para um filtro de nitrocelulose, o filtro foi revestido com fragmentos de DNA marcados radioativamente, codificando especificamente para a principal proteína dos espermatozoides. Este DNA radioativo se liga apenas ao seu complemento no filtro de nitrocelulose, e os fragmentos não ligados são, em seguida, lavados. Se não existirem sequências complementares no filtro, todos os fragmentos radioativos são lavados. Embora o filtro contenha fragmentos de muitos genes diferentes, apenas os que codificam para a principal proteína dos espermatozoides podem tornar-se radioativos. As bandas radioativas são localizadas colocando-se o filme de raio X sobre o filtro durante cerca de uma semana e, depois, revelando-se o filme. Os lados esquerdo e direito (A e B) do raio X mostram resultados quando o DNA de cada tecido é fragmentado utilizando-se duas enzimas diferentes.

Este trabalho demonstra claramente que o DNA que codifica para a principal proteína do espermatozoide está presente em todas as células do nematódeo, mesmo depois da redução cromossômica. Além disso, os genes da principal proteína dos espermatozoides dos diferentes tecidos fragmentaram em unidades de peso molecular praticamente idênticas (Fig. foco 16.1), sugerindo que esses genes aparentemente não foram alterados de forma substancial de um tecido para o outro; moléculas de DNA diferindo marcadamente em sequência teriam sido cortadas por enzimas em fragmentos de tamanhos diferentes. Assim, qualquer que seja a função da redução cromossômica, o processo *não* parece eliminar todo o DNA das células somáticas que funcionam somente em tecidos gonadais.

No entanto, como Bennett e Ward comentaram, talvez outros genes específicos de células germinativas sejam eliminados na redução cromossômica; o gene para a principal proteína dos espermatozoides pode ter sido uma escolha não representativa. Bennett e Ward também indicaram que a principal proteína do esperma pode ter alguma outra função desconhecida nos tecidos somáticos; eles foram incapazes de detectar a principal proteína dos espermatozoides, ou o RNA mensageiro que codifica para essa proteína, nos tecidos somáticos, mas é possível, no entanto, que essa proteína esteja presente em concentrações muito baixas para ser medida. Obviamente, se esse gene tem alguma função em células somáticas, não é surpreendente encontrá-lo nessas células. Até que a sensibilidade das técnicas disponíveis melhore, o significado funcional da diminuição cromossômica permanece incerto.

Baseada em Karen L. Bennett e Samuel Ward, Neither a germ line-specific nor several somatically expressed genes are lost or rearranged during embryonic chromatin diminution in the nematode *Ascaris lumbricoides* var. *suum*, em *Developmental Biology*, 118:141-47, 1986.

hospedeiro – do intestino ao fígado, ao coração, aos pulmões, ao esôfago, e de volta ao intestino, por exemplo. Vários órgãos, incluindo as paredes do intestino, os pulmões e os olhos, podem ser danificados devido a essas migrações. As larvas de *Onchocerca* spp. muitas vezes migram para os olhos das vítimas, causando cegueira (a chamada cegueira-do-rio, ou oncocercose); de fato, infecção por *Onchocerca* é uma das principais causas de cegueira no mundo. Cerca de 18 milhões de pessoas estão atualmente infectadas, principalmente na África Ocidental.

Parasitos de plantas também tendem a fazer o seu dano indiretamente, (1) causando feridas, que serão suscetíveis a infecções bacterianas ou infecção fúngica; (2) injetando viroses; ou (3) prejudicando raiz, folha, caule ou sistemas de transporte.

Os ciclos de vida de animais parasitos são geralmente mais complexos do que os de seus parentes de vida livre, e os nematódeos não são exceção. A fecundidade é enorme (uma única fêmea *Ascaris* libera cerca de 200 mil óvulos fertilizados por dia, 73 milhões por ano), e um ou mais hospedeiros intermediários são muitas vezes obrigatórios ao longo do ciclo de vida. As histórias de vida de alguns nematódeos parasitos importantes são descritas na seção *Detalhe taxonômico*, no final deste capítulo. Aqui, serão descritos apenas alguns exemplos.

O chamado ancilostomídeo americano (*Necator americanus*) infecta cerca de 1,3 bilhões de pessoas em todo o mundo e tem um ciclo de vida bastante simples, com apenas um único hospedeiro: os seres humanos. Uma vez no hospedeiro humano, o parasito passa por uma extensa migração

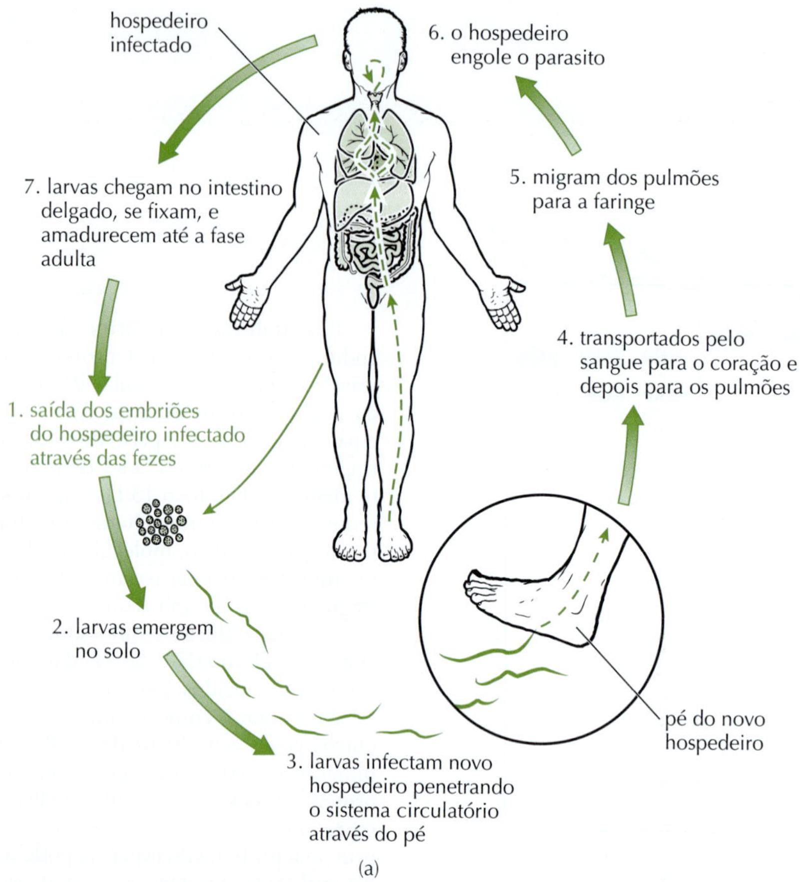

Figura 16.10

(a) O ciclo de vida do verme em gancho, *Necator americanus*. O parasito amadurece no intestino delgado do hospedeiro e inicia a liberação de óvulos fertilizados, que saem através das fezes do hospedeiro. Após eclodir do ovo e realizar duas mudas, o parasito se torna infeccioso para seres humanos, geralmente continuando o ciclo por meio de lise da pele dos pés, introduzindo-se em um novo hospedeiro. A idade adulta é alcançada apenas depois de realizar extensa migração dentro do corpo do hospedeiro.

interna antes de acabar no intestino do hospedeiro, onde amadurece. Óvulos fertilizados são expelidos nas fezes do hospedeiro e, em breve, se tornam infecciosos para outro hospedeiro humano, alcançando o terceiro estágio juvenil (Fig. 16.10a). Outro nematódeo parasito dos seres humanos distribuído globalmente é o oxiurídeo, infectando aproximadamente 500 milhões de pessoas somente em regiões temperadas, sobretudo crianças; cerca de 20% de crianças norte-americanas estão infectadas. Mais uma vez, o ciclo de vida não envolve hospedeiro intermediário, e os juvenis muitas vezes apresentam uma impressionante migração dentro do hospedeiro antes de atingir a sua localização final, desta vez no intestino grosso e no colo do hospedeiro (Fig. 16.10b). A melhoria das práticas sanitárias humanas é um passo essencial na limitação de infecção por ambos os parasitos.

O verme-da-guiné, *Dracunculus medinensis*, apresenta-se como um exemplo mais complexo e mais exuberante de um ciclo de vida de nematódeos parasitos; o nome genérico sugere que este nematódeo não é benéfico. A fêmea, com somente cerca de 1 mm de largura, mas geralmente 1 m ou mais de comprimento, vive apenas sob a pele de seres humanos, liberando uma secreção que provoca úlcera. Quando a pele entra em contato com a água (p. ex., quando o hospedeiro toma banho), o nematódeo projeta sua extremidade posterior na ferida da pele do hospedeiro e libera um número considerável de juvenis do seu útero – até aproximadamente $1{,}5 \times 10^7$ descendentes por dia. Esses juvenis não podem reinfestar seres humanos diretamente, uma vez que primeiramente precisam ser ingeridos por uma espécie de crustáceo aquático microscópico, um copépode (filo Arthropoda). Os seres humanos são infectados ao beberem água contendo esses crustáceos. O parasito, liberado do hospedeiro intermediário durante a digestão, migra através da parede intestinal do hospedeiro primário para o tecido conectivo do hospedeiro. Os parasitos machos, que são relativamente pequenos, morrem logo após inseminarem as fêmeas.

Após as fêmeas atingirem a idade adulta sob a pele, a cura é simples. Em geral, é feita uma incisão e o verme é enrolado em um bastão, muito lentamente (apenas alguns centímetros por dia), a fim de impedir a ruptura (Fig. 16.11).

Dracunculus medinensis só é encontrado na África, na América do Sul e na Ásia Ocidental. A Organização Mundial de Saúde espera eliminar o problema em todo o mundo em breve, algo atingido anteriormente apenas para uma outra doença, a varíola. O objetivo é muito mais viável para o verme-da-guiné do que para a maioria dos outros parasitos, uma vez que esse verme parece não ter hospedeiros alternativos. Assim, para sua eliminação é necessário principalmente manter as pessoas infectadas sem contato com a água do abastecimento público e ensinar as pessoas de áreas-alvo

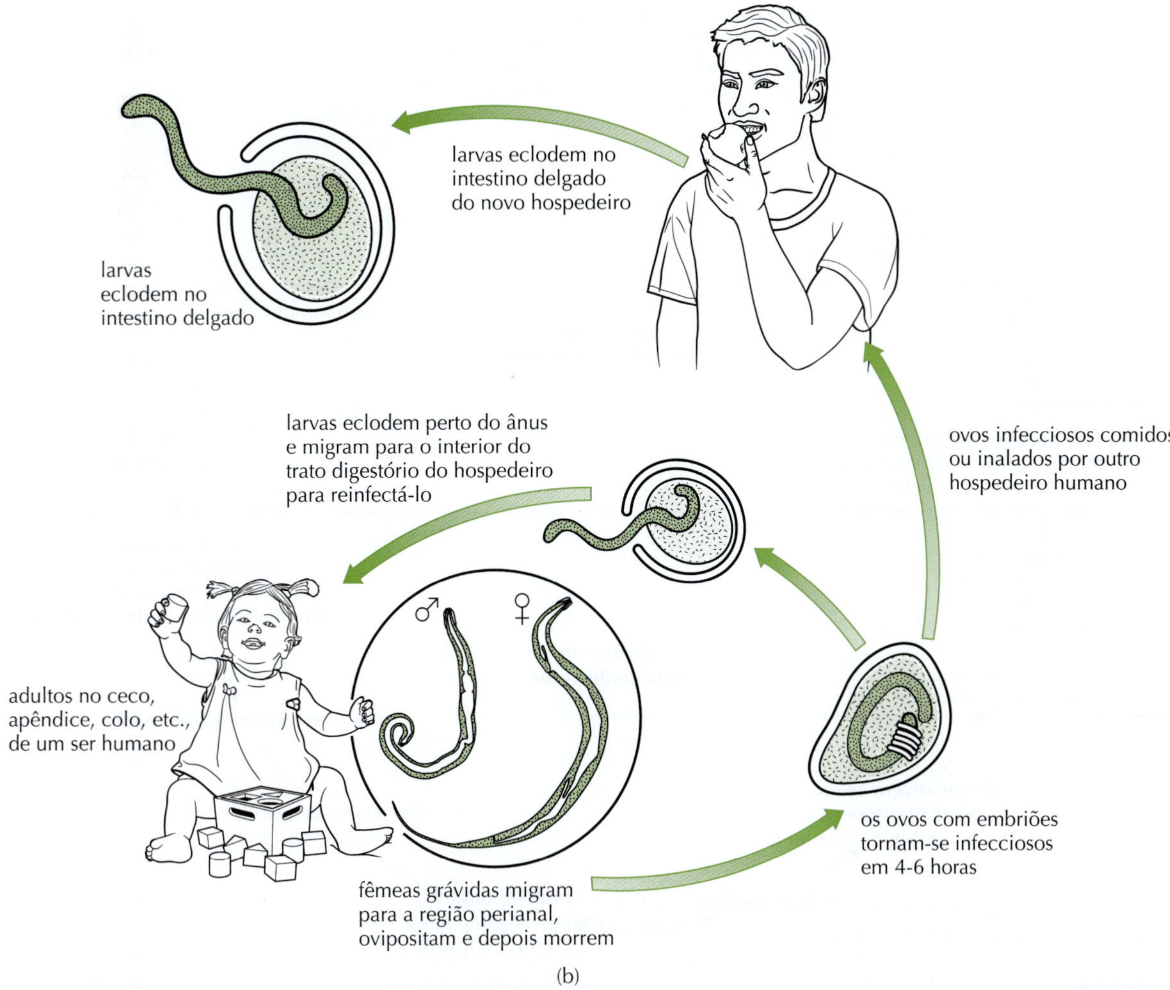

Figura 16.10 *Continuação*

(b) Ciclo de vida do verme-pino, *Enterobius vermicularis*. Fêmeas maduras depositam seus *óvulos* fertilizados no ânus do hospedeiro e depois morrem, liberando ainda mais ovos. Os embriões são transmitidos aos novos hospedeiros pelas mãos das crianças ou pelo ar. Os embriões que permanecem na região anal do hospedeiro emergem de suas cápsulas após a segunda muda e migram até o trato intestinal da criança para reinfectar o mesmo hospedeiro.

(b) Baseada em *Human Parasitology* por Burton J. Bogitsch e Thomas C. Cheng.

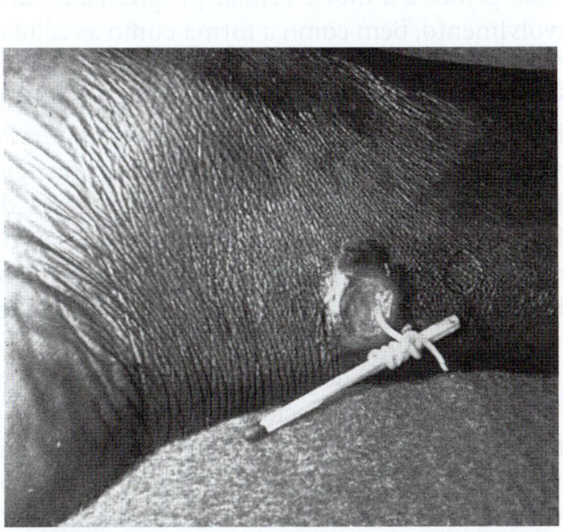

Figura 16.11

Usando um palito de fósforo para enrolar *Dracunculus medinensis* para fora da perna humana infectada.

Cortesia dos Centers for Disease Control do Departamento de Saúde e Serviços Humanos, Atlanta, GA.

a ferver a água antes de beber. O número de pessoas infectadas foi reduzido em pelo menos 99% desde 1986; cerca de 3 milhões de pessoas foram consideradas infectadas em um levantamento realizado em 1986, mas menos de 12 mil pessoas infectadas foram encontradas em 2005.

Wuchereria, *Loa loa*, *Brugia*, *Onchocerca* e outros **nematódeos filariais** (assim denominados porque eles apresentam um estágio infeccioso característico, chamado de **microfilária**) também exibem ciclos de vida complexos, que envolvem um artrópode como hospedeiro intermediário, e fazem extensivas migrações do hospedeiro definitivo (Fig. 16.12).

Nos últimos anos, tornou-se evidente que a maioria das formas de nematódeos filariais constituem, em ambos adultos e formas larvais, relações simbióticas com certas bactérias (*Wolbachia*). A associação é obrigatória, pois sem as bactérias os nematódeos não podem se desenvolver, acasalar ou deixar prole, de forma que pelo menos algumas infecções filariais podem agora ser tratadas com sucesso utilizando-se tetraciclina e outros antibióticos.[6]

[6]Ver *Tópicos para posterior discussão e investigação*, nº 4, no final deste capítulo.

idade adulta é alcançada no sistema linfático ou no tecido conectivo do hospedeiro
fêmeas liberam microfilárias
microfilárias migram nos vasos sanguíneos ou no sistema linfático do hospedeiro
microfilárias ingeridas pelo artrópode vetor
microfilárias desenvolvem-se em larvas do primeiro estágio no trato digestório do artrópode
penetram o intestino médio
entram na hemocele dos artrópodes
migram para músculos torácicos ou gordura corporal
duas mudas
desenvolvem-se em larvas filariformes do terceiro estágio, infectantes
migram para a bainha da probóscide
artrópode vetor pica o ser humano
larvas filariformes do terceiro estágio, migram pela ferida causada a partir da picada do vetor
migram via corrente sanguínea aos locais definitivos
duas mudas
dentro do hospedeiro humano
dentro do artrópode vetor

Figura 16.12

Ciclo de vida generalizado de *Wuchereria*, *Loa loa*, *Onchocerca* e outros nematódeos filariais.

Figura de *Human Parasitology* por Burton J. Bogitsch e Thomas C. Cheng, copyright © 1990 por Saunders College Publishing. Reproduzida, com permissão, do editor.

Nematódeos benéficos

É lamentável que as espécies parasitárias tenham facultado aos nematódeos tão má reputação. Espécies que necessitam de insetos como hospedeiros intermediários estão cada vez mais sendo utilizadas para diminuir os tamanhos das populações de vários insetos, incluindo mosquitos e várias das principais pragas agrícolas; o parasito frequentemente ocasiona um dano mortal no seu inseto vetor, principalmente se as densidades de infecção são elevadas. Além disso, a maioria das espécies de nematódeos é de vida livre, detritívora inócua e não parasito. Essas espécies desempenham um papel ecológico valioso na ciclagem de nutrientes e de energia em uma variedade de ambientes.[7] Nematódeos de vida livre também podem ter um emergente valor comercial como potencial fonte de alimentos na aquicultura de alguns animais comestíveis, como o camarão peneídeo, certos peixes e, em breve, poderão ser explorados como monitores sensíveis à contaminação ambiental. Além disso, muito do que se sabe atualmente sobre envelhecimento, herança genética e os fatores que controlam a expressão gênica e a morte celular programada durante o desenvolvimento, bem como a forma como as células nervosas encontram seus alvos durante o desenvolvimento, provém do estudo de nematódeos, particularmente devido à utilização da espécie de vida livre *Caenorhabditis elegans* nesses estudos (Fig. 16.1). Este animal tem um genoma pequeno, com apenas seis cromossomos e cerca de 100 milhões de pares de bases, que compreendem aproximadamente 20 mil genes. Todo o seu genoma foi sequenciado em 1998, fazendo de *C. elegans* o primeiro animal a ter tido o seu conjunto completo de genes completamente conhecido. O eventual papel de cada célula no desenvolvimento dessa espécie é agora conhecido, e as interconexões de todos os seus 302 neurônios foram completamente descritas, tornando esse nematódeo especialmente adequado para se estudar a base molecular da diferenciação, do comportamento, do envelhecimento e do aprendizado. Estudos genéticos e de desenvolvimento são ainda mais facilitados pela duração extremamente curta das gerações em laboratório dessa espécie – apenas cerca de três dias em ambiente controlado – e pela facilidade com que os vermes podem

[7] Ver *Tópicos para posterior discussão e investigação*, nº 3, no final deste capítulo.

ser criados em altas densidades, até cerca de 10 mil indivíduos em uma única placa de Petri. Os biólogos moleculares podem agora implantar genes exógenos no genoma de *C. elegans*; esses genes não são apenas expressos nesse "ambiente estrangeiro", mas são transmitidos para as gerações seguintes, abrindo as portas para estudos importantes na manipulação genética e na terapia gênica. Pelo menos 60 laboratórios de pesquisa em todo o mundo estão atualmente estudando o desenvolvimento de *C. elegans*.

Tópicos para posterior discussão e investigação

1. Discuta como nematódeos se deslocam de um lugar a outro.

Campbell, J. F., and R. Gaugle. 1993. Nictation behavior and its ecological implications in the host search strategies of entomopathogenic nematodes (*Heterorhabditidae* and *Steinernematidae*). *Behaviour* 126:155–69.

Clark, R. B. 1964. Nematode locomotion. *Dynamics in Metazoan Evolution*. New York: Oxford University Press, 78–83.

Gray, J., and H. W. Lissman. 1964. The locomotion of nematodes. *J. Exp. Biol.* 41:135.

Harris, J. E., and H. D. Crofton. 1957. Structure and function in the nematodes: Internal pressure and cuticular structure in *Ascaris*. *J. Exp. Biol.* 34:116.

Reed, E. M., and H. R. Wallace. 1965. Leaping locomotion by an insect-parasitic nematode. *Nature* 206:210–11.

Reynolds, A. M., T. K. Dutta, R. H. C. Curtis, S. J. Powers, H. S. Gaur, and B. R. Kerry. 2009. Chemotaxis can take plant-parasitic nematodes to the source of a chemo-attractant via the shortest possible routes. *J. Roy. Soc. Interface* 8:568–77.

Sauvage, P., M. Argentina, J. Drappier, T. Senden, J. Simeon, and J.-M. DiMeglio. 2011. An elasto-hydrodynamical model of friction for the locomotion of *Caenorhabditis elegans*. *J. Biomech*. 44:1117–22.

Wallace, H. R. 1959. The movement of eelworms in water films. *Ann. Appl. Biol.* 47:350.

Wallace, H. R., and C. C. Doncaster. 1964. A comparative study of the movement of some microphagous, plant-parasitic and animalparasitic nematodes. *Parasitology* 54:313.

2. Investigue os fatores que induzem a eclosão ou o desbainhamento de nematódeos parasitos.

Barrett, J. 1982. Metabolic responses to anabiosis in the fourth stage juveniles of *Ditylenchus dipsaci* (Nematoda). *Proc. Royal Soc. London Ser. B* 216:159.

Clarke, A. J., and A. H. Sheperd. 1966. Picrolonic acid as a hatching agent for the potato cyst nematode *Heterodera rostochiensis* Woll. *Nature (London)* 211:546.

Ozerol, N. H., and P. H. Silverman. 1972. Enzymatic studies on the exsheathment of *Haemonclius contortus* infective larvae: The role of leucine aminopeptidase. *Comp. Biochem. Physiol.* 42B:109.

Rogers, W. P., and R. I. Sommerville. 1957. Physiology of exsheathment in nematodes and its relation to parasitism. *Nature (London)* 179:619.

Wilson, P. A. G. 1958. The effect of weak electrolyte solutions on hatching rate of *Trichostrongylus retortaeformis* (Zeder) and its interpretation in terms of a proposed hatching mechanism of Strongylid eggs. *J. Exp. Biol.* 35:584.

3. Investigue a distribuição, a abundância e o papel ecológico dos nematódeos de vida livre encontrados em águas rasas de ambientes marinhos.

Bell, S. S., M. C. Watzin, and B. C. Coull. 1978. Biogenic structureand its effect on the spatial eterogeneity of the meiofauna in a salt marsh. *J. Exp. Marine Biol. Ecol.* 35:99.

Hopper, B. E., J. W. Fell, and R. C. Cefalu. 1973. Effect of temperature on life cycles of nematodes associated with the mangrove (*Rhizophora mangle*) detrital system. *Marine Biol.* 23:293.

Moens, T., and M. Vincx. 1997. Observations on the feeding ecology of estuarine nematodes. *J. Marine Biol. Ass. U.K.* 77:211.

Tietjen, J. H. 1977. Population distribution and structure of the free-living nematodes of Long Island Sound. *Marine Biol.* 43:123.

Ullberg, J., and E. Olafsson. 2003. Free-living marine nematodes actively choose habitat when descending from the water column. *Mar. Ecol. Progr. Ser*. 260:141–49.

Warwick, R. M., and R. Price. 1979. Ecological and metabolic studies on free-living nematodes from an estuarine mud flat. *Est. Coast. Marine Sci.* 9:257.

4. Discuta os métodos que vêm sendo investigados para o controle de nematódeos parasitos e sua base biológica.

Fanelli, E., M. Di Vito, J.T. Jones, and C. De Giorgi. 2005. Analysis of chitin synthase function in a plant parasitic nematode,*Meloidogyne artiellia*, using RNAi. *Gene* 349:87–95.

Higazi, T. B., A. Fillano, C. R. Katholi, Y. Dadzie, J. H. Remme,and T. R. Unnasch. 2005. *Wolbachia* endosymbiont levels in severe and mild strains of *Onchocerca volvulus*. *Molec. Biochem. Parasitol.* 141:109–12.

Szabó, M. K. Csepregi, M. Galber, F. Viranyi, and C. Fekete. 2012. Control plant-parasitic nematodes with *Trichoderma*species and nematode-trapping fungi: The role of *chi18-5* and *chi18-12* genes in nematode egg-parasitism. *Biolog. Control*63:121–28.

Taylor, M. J., H. F. Cross, and K. Bilo. 2000. Inflammatory responses induced by the filarial nematode *Brugia malayi* are mediated by lipopolysaccharide-like activity from endosymbiotic *Wolbachia* bacteria. *J. Exp. Med*. 191:1429–36.

Wang, Z. et al., 2009. Identification of the nuclear receptor DAF-12 as a therapeutic target in parasitic nematodes. *Proc. Natl. Acad. Sci.U.S.A.* 106:9138–43.

Zhang, Y. H., J. M. Foster, L. S. Nelson, D. Ma, and C. K. S. Carlow. 2005. The chitin synthase genes chs-1 and chs-2 are essential for *C. elegans* development and responsible for chitin deposition in the eggshell and pharynx, respectively. *Devel. Biol.* 85:330–39.

Detalhe taxonômico

Filo Nematoda (= Nemata)

Este filo contém cerca de 200 famílias de vermes pseudocelomados e acelomados, com cerca de 16 mil espécies descritas e talvez alguns milhões de espécies aguardando para serem descobertas e nomeadas. Dezenas de espécies foram encontradas vivendo em um único metro quadrado de lodo marinho. Diversas análises cladísticas, realizadas nos últimos 10 anos, indicam que a antiga divisão de nematódeos nas duas famílias Adenophorea e Secernentea é inválida. Dados moleculares sugerem que os membros de Secernentea evoluíram a partir de Adenophorea e que muitas das similaridades morfológicas entre diferentes grupos de nematódeos evoluíram por convergência. Nematódeos são agora divididos em três principais classes, Enoplia, Dorylaimia e Chromadoria, apesar de muitas relações importantes ainda não terem sido resolvidas dentro destes grupos.[8]

Classe Enoplia

Nematódeos de vida livre e predadores, incluindo espécies terrestres, de águas doce e sobretudo muitas espécies marinhas. Nenhuma espécie parasito. O maior nematódeo de vida livre pertence a este grupo. Pelo menos sete ordens e 25 famílias.

Família Tricodoridae. *Trichodoris.* Um importante parasito das raízes de plantas, e um dos poucos nematódeos conhecidos que constituem vetores de vírus de plantas.

Classe Dorylaimia

Este grande grupo inclui muitas espécies de vida livre, vários parasitos de plantas e animais de importância comercial. Não há espécies marinhas.

Ordem Dorylaimida

Longidoris. O grupo inclui espécies (p. ex., do gênero *Longidoris*) que são ectoparasitos em plantas, e algumas espécies de grandes predadores. Há 16 famílias.

Ordem Mermethida

Três famílias.

Família Mermethidae. *Hexamermis, Mermis, Romanomermis.* A fase adulta nesta ordem é geralmente de vida livre. No entanto, no estágio larval, todos são parasitos de invertebrados, principalmente insetos, os quais podem morrer devido a densas infestações por estes parasitos. Por essa razão, há um interesse considerável na utilização dos membros dessa ordem como agentes no controle biológico de insetos-alvo, incluindo simulídeos e mosquitos, nos quais as larvas se desenvolvem.

Ordem Trichinellida

Seis famílias.

Família Trichuridae. *Trichuris* – verme-chicote. Esta família inclui muitos parasitos de mamíferos. *Trichuris trichuris* é um dos mais comuns vermes parasitos gastrintestinais de seres humanos, infectando o colo de talvez 500 milhões pessoas em todo o mundo, e matando cerca de 100 mil pessoas anualmente. Uma parasito fêmea pode produzir mais de 45 mil ovos por dia. O mamífero hospedeiro é infectado pela ingestão de água ou alimentos contaminados com embriões.

Família Trichinellidae. *Trichinella spiralis.* Um parasito disseminado em mamíferos e responsável pela triquinose em seres humanos que comem carne de porco e algumas outras carnes malcozidas. Atualmente, cerca de 40 milhões de pessoas estão infectadas em todo o mundo. Os nematódeos machos têm apenas cerca de 1,5 mm de comprimento, fazendo deles os menores nematódeos que parasitam seres humanos. Estranhamente, não necessitam de nenhum hospedeiro intermediário no ciclo de vida: em vez disso, jovens e adultos se desenvolvem em diferentes órgãos de um único hospedeiro. Os juvenis chegam à idade adulta intracelularmente, no tecido muscular, dentro de células "*nurse*", que eles mesmos induzem o hospedeiro a produzir.

Classe Chromadoria

Este é um vasto grupo de grande diversidade, contendo pelo menos sete ordens. Ele inclui membros da antiga classe Secernentea (em grande parte espécies terrestres de vida livre), juntamente com muitas espécies marinhas e de água doce, incluindo parasitos de plantas e animais. Membros de algumas espécies vivem simbioticamente em brânquias de peixes.

Ordem Rhabditida

Esta ordem contém todos os membros da antiga classe de nematódeos, Secernentea. A maioria dos membros ingere bactérias; o grupo inclui *Caenorhabditis elegans*, o primeiro animal a ter o seu genoma completamente sequenciado. Quatro subordens com pelo menos 115 famílias.

Subordem Rhabditina

Os membros deste grupo possuem uma verdadeira fase de "larva dauer", algo raramente visto na maioria dos outros grupos.

Infraordem Diplogasteromorpha

Ditylenchus, Heterodera, Pristionchus. Além de espécies de vida livre, este grupo contém uma variedade de parasitos de insetos e de plantas e é, portanto, de considerável importância econômica na agricultura e no controle de pragas. *Pristionchus pacificus*, uma espécie de vida livre, é o primeiro nematódeo, excetuando-se *Caenorhabditis*, a ter seu genoma completamente sequenciado e é objeto de crescente interesse para estudos comportamentais, ecológicos e de desenvolvimento. Seis famílias.

Família Heteroderidae. *Heterodera.* Esta família contém alguns dos mais importantes parasitos agrícolas do mundo. As larvas invadem raízes subterrâneas, e os parasitos passam a viver nesses locais, destruindo tecidos da raiz.

Infraordem Rhabditomorpha

Família Rhabditidae. *Caenorhabditis elegans.* Estes nematódeos pequenos, de vida livre, com menos de 1 mm de comprimento quando adultos, tornaram-se modelos animais muito importantes para estudar as bases moleculares do envelhecimento e do desenvolvimento. Ao contrário da maioria

[8]Taxonomia hierárquica baseada fortemente em Meldal, B. H. M., et al. 2007. An improved molecular phylogeny of the Nematoda with special emphasis on marine taxa. *Molec. Phylog. Evol.* 42: 622-36. Ver também www.wormbook.org.

de espécies das nematóides, membros de *C. elegans* são simultaneamente hermafroditas, em vez de gonocóricos. Indivíduos dessa espécie vivem aproximadamente três semanas e podem se reproduzir com apenas três a quatro dias de idade.

Superfamília Strongyloidea

Superfamília Ancylostomatidae – vermes em gancho. *Ancylostoma, Necator.*

Família Ancylostomatidae. Uma vez adultos, todos os membros parasitam o trato intestinal dos mamíferos, se alimentando de sangue do hospedeiro: os dois primeiros estágios larvais são geralmente de vida livre, em fezes. Atualmente, mais de 20% da população humana mundial pode estar infectada com várias espécies de vermes em gancho. *Necator americanus* é o verme em gancho norte-americano. Embora as espécies ocorram comumente na Ásia, África, Europa, América Central e do Sul e Caribe, há atualmente cerca de 1 milhão de seres humanos infectados na América do Norte, principalmente nos estados do sul. No mundo inteiro, as espécies infectam cerca de 1,3 bilhões de pessoas. As infestações com menos de 100 vermes provocam poucos problemas e podem não chamar a atenção. Infestações de mais de 500 vermes são altamente patológicas, devido à perda de sangue extrema: os hospedeiros tornam-se anêmicos e fisicamente fracos; periodicamente sofrem graves dores abdominais, febre e tonturas; e frequentemente experimentam um forte desejo de comer terra ou madeira. Óvulos fertilizados são liberados com as fezes do hospedeiro e eclodem no solo como larvas infectantes de vida longa. Essas larvas infectam o próximo hospedeiro (ou infestam novamente o mesmo hospedeiro) penetrando a pele, muitas vezes entre os dedos do pé. O verme em desenvolvimento, então, passa por uma jornada extensa e prejudicial no hospedeiro, como descrito anteriormente para *Strongyloides* spp. e *Ascaris lumbricoides*. Após o hospedeiro tossir e engolir o agente infectante, o verme perfura a mucosa do intestino delgado e inicia a sua jornada de sucção de sangue. *Ancylostoma duodenale* – é o verme em gancho asiático, equivalente a *Necator americanus*. As espécies são parasitos comuns de cães, gatos e seres humanos na Europa, China, África e Índia. Cerca de 1 bilhão de pessoas provavelmente abrigam este parasito. Cada verme, em geral, ingere um volume de sangue duas vezes maior que seu equivalente norte-americano e, assim, níveis equivalentes de patologia ocorrem com infestações menores.

Subordem Tylenchina

Existem 28 famílias.

Infraordem Panagrolaimomorpha

Família Panagrolaimidae. *Turbatrix aceti* – enguias do vinagre. Estes nematódeos de vida livre prosperam em ambientes líquidos de elevada acidez, como vinagre, e se alimentam de bactérias.

Família Strongyloididae. *Strongyloides stercoralis.* O ciclo de vida completo é geralmente de vida livre, no solo ou no esterco. Sob condições ambientais desfavoráveis, no entanto, as larvas destes nematódeos passam por uma metamorfose, tornando-se larvas filariformes infectantes que não se alimentam. Estas podem, em seguida, penetrar a pele de um mamífero hospedeiro adequado, deslocando-se na corrente sanguínea para o coração e daí para os pulmões. Após, os juvenis rompem os capilares dos pulmões, causando danos consideráveis durante esse processo e migram para a garganta do hospedeiro. Uma tosse e uma deglutida enviam o parasito para seu destino final, o intestino delgado, onde ele passa a produzir ovos por partenogênese. Os embriões e as larvas deixam o hospedeiro através das fezes e podem, em seguida, se desenvolver em adultos de vida livre ou larvas filariformes infectantes, dependendo das condições ambientais. Seres humanos se infectam entrando em contato com o solo ou fezes contaminados, ou através do contato com gatos e cães parasitados. Cerca de 50 a 60 milhões de pessoas estão atualmente infectadas, principalmente em países tropicais e subtropicais.

Subordem Spirurina

Todos os membros são parasitos. Existem 58 famílias.

Família Ascarididae. *Ascaris, Parascaris.* O fenômeno de diminuição cromossômica é conhecido apenas para os membros deste grupo, ocorrendo em pelo menos 12 espécies. Todas as espécies são parasitos intestinais de mamíferos. Ascarídeos são os parasitos humanos mais comuns. Cerca de 25% de toda a população humana está infectada com *A. lumbricoides*, com mais de 75% dos casos ocorrendo na Ásia. Cerca de 20 mil pessoas morrem da infecção a cada ano. A incidência de infestação humana é talvez 10 vezes maior na Europa do que nos Estados Unidos, mas cerca de 3 milhões de casos são atualmente conhecidos na América do Norte. Os vermes residem no intestino delgado do hospedeiro, a maioria alimentando-se do bolo alimentar e, menos frequentemente, de sangue sugado a partir da mucosa do trato digestório. Sua capacidade reprodutiva é impressionante: uma fêmea pode produzir mais de 25 milhões de descendentes em seu curto tempo de vida, com valores de até centenas de milhares por dia. Ascarídeos adultos estão entre os maiores nematódeos parasitos, atingindo comprimentos de 30 a 40 cm. Os óvulos fertilizados deixam o hospedeiro pelas fezes e se tornam infecciosos depois de um tempo no solo. Se o estágio larval infeccioso é engolido, ele eclode no intestino do hospedeiro e começa uma longa jornada pelo hospedeiro, apenas para finalmente voltar ao intestino, onde ele atinge a maturidade. A migração pelo hospedeiro é semelhante à descrita anteriormente para *Strongyloides* spp., incluindo a passagem pelo coração e pelos pulmões, a ruptura dos capilares alveolares, e um deslocamento ascendente à garganta, seguido pela tosse e deglutição inevitáveis. As larvas podem desviar-se desta rota e causarem sérios danos em hospedeiros de espécies que não são normalmente infectados por esses parasitos.

Família Anisakidae. *Anisakis, Pseudoterranova.* Todas as espécies são parasitos obrigatórios de vertebrados aquáticos, tanto de hábitats marinhos quanto de água doce. Peixes, incluindo tipos populares, como sardinha, salmão, linguado e cavala, normalmente atuam como hospedeiros intermediários. O hospedeiro final, geralmente um mamífero e, por vezes, um ser humano, contrai anisaquíase comendo peixe ou lulas crus ou malcozidos. O parasito provoca dor abdominal aguda no hospedeiro. Infecção pode ser evitada cozinhando, salgando ou congelando peixe contaminado.

Família Oxyuridae. Esta família contém parasitos de vertebrados e invertebrados. *Enterobius vermicularis* – verme-pino. Fêmeas grávidas residem no intestino grosso do hospedeiro e migram para o ânus à noite, onde depositam seus ovos fertilizados, causando muita coceira. Quando a pessoa adormece e coça, os embriões são coletados nos dedos ou sob as unhas ou se espalham pelo ar. Outros seres humanos podem, então, tornar-se infectados (ou reinfectados) ao respirarem ou ingerirem os óvulos fertilizados. As larvas eclodem no trato digestório e migram diretamente ao intestino grosso, onde elas se tornam adultos. Pelo menos 400 milhões de pessoas estão infectadas atualmente com *E. vermicularis* em todo o mundo.

Família Filariidae. *Wuchereria, Brugia, Onchocerca, Loa.* Os membros desta família, os parasitos filariais, parasitam todos os vertebrados, exceto peixes, e causam uma série de doenças humanas, incluindo a elefantíase (uma consequência da infecção por *Wuchereria bancrofti* ou *Onchocerca volvulus*), *loa loa* (uma consequência da infecção por um nematódeo de mesmo nome, *Loa loa*) e cegueira dos rios (uma consequência comum de infecção por *Onchocerca volvulus*). Atualmente, mais de 200 milhões de pessoas (e números iguais ou até maiores de animais domésticos e selvagens) podem estar infectadas por nematódeos filariais, particularmente na Índia, Filipinas, América do Sul e Caribe. A família inclui também *Dirofilaria immitis*, o agente de dirofilariose canina (e felina); a infecção pode ser transmitida de animais domésticos para seres humanos através de contato físico. Todas as espécies filariais são parasitos ao longo de suas vidas. O primeiro estágio juvenil, as microfilárias incolores e transparentes (que dão ao grupo o seu nome comum), circulam no sangue do hospedeiro, ao passo que os adultos vivem uma existência mais sedentária em tecidos e linfonodos do hospedeiro.

Wuchereria bancrofti requer um mosquito como hospedeiro intermediário, assim como muitos outros membros desta família (incluindo o agente da dirofilariose canina). Em pelo menos algumas linhagens desse parasito, microfilárias infecciosas circulam na corrente sanguínea do hospedeiro, principalmente durante a noite. Mosquitos se alimentam enquanto o hospedeiro dorme, ingerindo as microfilárias ao sugar o sangue. O parasito, então, desenvolve o terceiro estágio juvenil dentro da musculatura torácica do mosquito e logo migra para a boca, onde ele acessa o hospedeiro definitivo da próxima vez que o mosquito se alimentar. Se o hospedeiro humano hospeda mais do que cerca de 5 mil microfilárias por mililitro de sangue, os mosquitos que se alimentarem desse sangue provavelmente morrerão.

Loa loa, e outros membros do gênero, são restritos a primatas africanos, incluindo seres humanos. Mais de 13 milhões de pessoas podem estar infectadas atualmente. Os vermes são pequenos e delgados, talvez de 40 a 50 mm de comprimento e menos de 0,5 mm de largura. Em vez de residirem em qualquer local permanente do corpo, os adultos migram pelo corpo do hospedeiro subcutaneamente; às vezes, são observados sob a conjuntiva ocular. Os adultos secretam toxinas que podem causar inchaços de 4 a 6 cm no corpo do hospedeiro. As densidades de microfilárias vivendo no sangue são mais elevadas durante o dia; a transferência para um novo hospedeiro é, portanto, mediada por um inseto diurno sugador de sangue, as moscas picadoras tabanídeas (mutucas[9]).

Onchocerca volvulus, o agente da cegueira dos rios e uma das causas de elefantíase, requer borrachudos (*Simulium* spp.) como hospedeiros intermediários. A maior parte dos danos graves para os seres humanos resulta das atividades das pequenas microfilárias, em vez de adultos, meramente irritantes, que podem atingir 50 cm de comprimento. Lesões nos olhos, resultantes do acúmulo de juvenis mortos, eventualmente, causam cegueira. Quase 40 milhões de pessoas atualmente podem estar cegas ou em vias de se tornarem cegas devido à oncocercose, e 20 mil a 50 mil morrem de infecção a cada ano. Assim como acontece com *Wuchereria bancrofti*, densas infestações podem matar os insetos vetores, principalmente por danificarem o epitélio do intestino médio e tubos de Malpighi. Alguns pesquisadores sugerem colocar esses parasitos em uma família separada, Onchocercidae.

[9]N. de T. Nome comum, amplamente conhecido no Brasil.

Família Dracunculidae. *Dracunculus medinensis* – o verme-da-guiné. Este parasito grande e debilitante provavelmente infecta cerca de 1 milhão de pessoas em todo o mundo, particularmente na África e na Índia. As fêmeas adultas atingem o tamanho de 100 cm em seus hospedeiros, em torno de 250 vezes maiores do que os maiores machos. Adultos secretam substâncias que causam consideráveis pruridos e queimaduras no hospedeiro. (Ver p. 442 para uma completa descrição do ciclo de vida.)

Referências gerais sobre nematódeos

Aguinaldo, A. M. A., J. M. Turbeville, L. S. Linford, M. C. Rivera, J. R. Garey, R. A. Raff, and J. A. Lake. 1997. Evidence for a clade of nematodes, arthropods and other moulting animals. *Nature* 387:489.

Bird, A. F., and J. Bird. 1991. *The Structure of Nematodes,* 2d ed. New York: Academic Press.

Chen, Z. X., S. Y. Chen, and D. W. Dickson, eds. 2004. *Nematology:Advances and Perspectives. Vol 1: Nematode Morphology, Physiology and Ecology. Vol. 2: Nematode Management and Utilization.* CABI Publishing & Tsinghua University Press, China.

Cunha, A., R. B. R. Azevedo, S. W. Emmons, and A. M. Leroi. 1999. Developmental biology: Variable cell number in nematodes. *Nature* 402:253.

De Ley, P., and M. Blaxter. 2004. A new system for Nematoda: Combining morphological characters with molecular trees, and translating clades into ranks and taxa. *Nematology Monographs and Perspectives,* 2:633–53.

Desowitz, R. S. 1981. *New Guinea Tapeworms and Jewish Grandmothers:Tales of Parasites and People.* New York: W. W. Norton.

Harrison, F. W., and E. E. Ruppert. 1991. *Microscopic Anatomy of Invertebrates, Vol. 4. Aschelminthes.* New York: Wiley-Liss.

Heip, C., M. Vincx, and G. Vranken. 1985. The ecology of marine nematodes. *Oceanogr. Marine Biol. Ann. Rev.* 23:399–489.

Malakhov, V. V. (translated by W. D. Hope). 1994. *Nematodes:Structure, Development, Classification, and Phylogeny.* Washington, D.C.: Smithsonian Institution Press.

Meldal, B. H. M., et al. 2007. An improved molecular phylogeny of the Nematoda with special emphasis on marine taxa. *Molec.Phylog. Evol.* 42:622–36.

Rasmann, S., J. G. Ali, J. Helder, and W. H. van der Putten. 2012. Ecology and evolution of soil nematode chemotaxis. *J. Chem. Ecol.*38:615–28.

Roberts, L. S., J. Janovy, Jr., and P. Schmidt. 2008. *Foundations of Parasitology,* 8th ed. Dubuque, Iowa: McGraw-Hill Publishers.

Schierenberg, R. 1997. Nematodes, the roundworms. In: S. F. Gilbert, and A. M. Raunio. *Embryology: Constructing the Organism.* Sunderland, MA: Sinauer Associates, Inc. Publishers, pp. 131–48.

Stevens, L., R. Giordana, and R. F. Fialho. 2001. Male-killing, nematode infections, bacteriophage infection, and virulence of cytoplasmic bacteria in the genus *Wolbachia. Ann. Rev. Ecol. Syst.* 32:519–45.

Thorpe, J. H., and A. P. Covich. 2009. *Ecology and Classification of North American Freshwater Invertebrates,* 3rd ed. New York: Academic Press.

Wharton, D. A. 1975. Cold tolerance strategies in nematodes. *Biol. Rev* . 70:161–85.

Procure na web

1. www.ucmp.berkeley.edu/aschelminthes/aschelminthes.html

   Este endereço inclui uma breve discussão de todos os grupos integrantes dos “asquelmintos”. Este site é oferecido pela University of California, Berkeley.

2. http://www.tolweb.org/tree/phylogeny.html

   Este leva você para a Tree of Life. Procure por “Nematoda”.

3. http://nematode.unl.edu/wormepns.htm

   Este site, oferecido pela University of Nebraska, Lincoln, descreve os usos de certas espécies de nematódeos como agentes para o controle de insetos de pragas agrícolas e inclui links para sites relacionados.

4. Faça uma busca no Google usando “Bad Bug Book,” e, em seguida, baixe uma cópia da segunda edição deste livro, produzido pela U. S. Food and Drug Administration. Ele inclui doenças nos seres humanos, causadas por *Ascaris lumbricoides, Anisakis simplex* e *Eustrongylides.*

5. www.who.int/ctd/

   Este site é mantido pela Organização Mundial de Saúde. No menu principal, escolha “Health Topics”. Em seguida, clique no item “Intestinal nematodes” para aprender mais sobre os efeitos de nematódeos parasitos na saúde humana. A partir de “Health Topics”, você também pode acessar informações sobre dracunculose, filariose linfática, oncocercose e esquistossomose, ou você pode clicar em “Travel and Health” para ver a distribuição geográfica de doenças causadas por nematódeos filariais. Este é um bom mapa para se ver antes de fazer planos para viagens de férias.

6. http://biodidac.bio.uottawa.ca

   Escolha “Organismal Biology”, “Animalia” e depois “Nematoda” para fotografias e desenhos, incluindo Ilustrações de cortes histológicos.

7. http://www.dpd.cdc.gov/DPDx/

   Este site é mantido pelo Centers of Disease Control and Prevention do governo dos Estados Unidos. Contém uma seção sobre “Parasites and Parasitic Diseases”, juntamente com uma biblioteca de imagens dos agentes causadores.

8. www.nematodes.org

   Este site contém informações detalhadas sobre pesquisas atuais sobre a genética de nematódeos, incluindo sequências gênicas, fornecidas pelo laboratório de Mark Blaxter.

9. www.wormbook.org

   Uma grande coleção de material sobre todos os aspectos da pesquisa sobre o nematódeo *Caenorhabditis elegans.*

10. http://9e.devbio.com/search_result.php

    Clique no Tópico 2.7 para ler sobre os mecanismos de diminuição de cromossomos em nematódeos. Este material acompanha a nona edição do livro de biologia do desenvolvimento, de Scott Gilbert.

11. http://plpnemweb.ucdavis.edu/Nemaplex/index.htm

    Este site fornece informações detalhadas sobre nematódeos de solo e de plantas, da University of California, em Davis.

17

Quatro filos de organismos provavelmente próximos aos nematódeos: Nematomorpha, Priapulida, Kinorhyncha e Loricifera

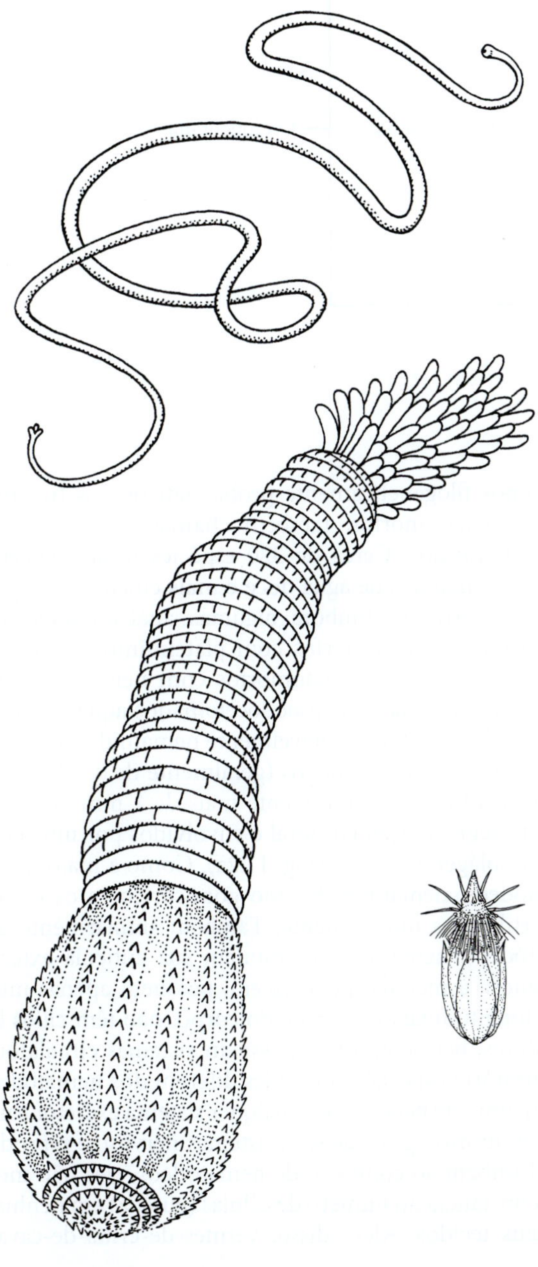

Introdução

Rotíferos, nematódeos e outros asquelmintos têm sido há muito tempo considerados como pertencentes a filos distintos, basicamente porque as suas relações filogenéticas são incertas. Existe um crescente reconhecimento, no entanto, baseado em análises cladísticas de características morfológicas e moleculares, de que os asquelmintos formam dois grupos naturais: Gnathifera, constituído por organismos que não realizam muda (Capítulo 10), ao passo que os animais que fazem muda têm sido colocados em um agrupamento maior, Cycloneuralia (Tab. 16.1). O nome Cycloneuralia refere-se ao fato de que, em todos estes animais, o cérebro envolve a faringe como um colar. Há uma boa razão para pensar que isso acabará por ser formalizado como um filo, com os nematódeos e os quatro grupos discutidos neste capítulo incorporados como classes separadas.

Cicloneurálios têm diversas semelhanças, além da forma circular do cérebro. Todos os membros possuem uma cutícula de pelo menos três camadas, sobre a qual sofre muda pelo menos uma vez; a cutícula é de colágeno em dois grupos e quitinosa nos demais (Tab. 17.1). Recentemente, cicloneurálios foram combinados com os artrópodes, onicóforos e tardígrados para formar o grupo denominado Ecdysozoa, que inclui todos os animais cuja cutícula sofre muda periodicamente (Tab. 16.1). Embora muitos cicloneurálios sejam atualmente considerados acelomados, alguns são pseudocelomados ou, no caso dos nematódeos, pelo menos algumas espécies são pseudocelomadas, com a cavidade do corpo (preenchida por fluido) formada a partir de uma blastocele persistente. Assim como em pelo menos uma espécie de nematódeo, todos os animais discutidos neste capítulo exibem, como larvas ou adultos, uma porção anterior eversível do corpo, com a boca abrindo-se na sua extremidade – uma **introverte**; assim, pode-se dizer com segurança que os animais discutidos neste capítulo são "introvertidos".

Evidências morfológicas e moleculares indicam que três dos grupos discutidos neste capítulo (priapúlidos, quinorrincos e loricíferos) são filogeneticamente próximos entre si, formando um grande agrupamento taxonômico

Tabela 17.1 Algumas características comparativas dos Cycloneuralia*

Filo	Cutícula	Cavidade do corpo	Parasitismo?	Distribuição das espécies
Nematoda	Colagenosa	Acelomados, pseudocelomados	Sim (adultos)	Em todos os hábitats
Nematomorpha	Colagenosa	Pseudocelomados	Sim (larvas)	Maioria em água doce, alguns marinhos
Priapulida	Quitinosa	Pseudocelomados? Celomados?	Não	Todos marinhos
Kinorhyncha	Quitinosa	Pseudocelomados	Não	Todos marinhos
Loricifera	Quitinosa	Pseudocelomados	Não	Todos marinhos

*O nome *Nemathelminthes* (do grego para vermes segmentados) também tem sido proposto, mas esse nome foi utilizado anteriormente para abranger outros filos, incluindo os Rotifera e Acanthocephala.

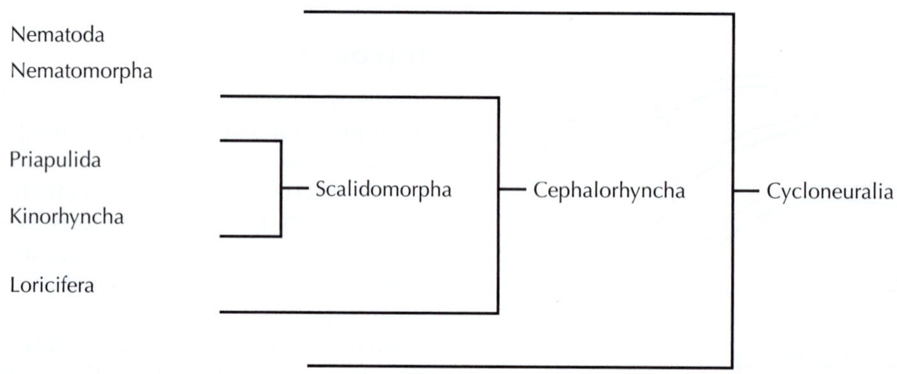

Figura 17.1
Distribuição dos animais entre os Cycloneuralia e Cephalorhyncha.

dentro de Cycloneuralia, os chamados Cephalorhyncha (Fig. 17.1); em todos Cephalorhyncha a cutícula é quitinosa, assim como as escálides dos introvertes. Alguns pesquisadores têm sugerido tornar Cephalorhyncha um filo, caso em que os três grupos constituintes se tornariam classes separadas.

Nenhum dos filos tratados no presente capítulo inclui mais do que cerca de 325 espécies. Além disso, nenhum desses quatro filos é de substancial importância médica, veterinária ou agrícola e nenhum dos seus membros têm sido explorados como modelos para o estudo de quaisquer fenômenos biológicos básicos; sua biologia não é, por conseguinte, tão bem estudada como a de muitas espécies de nematódeos. Ainda assim, esses animais são fascinantes e apresentam um interessante quebra-cabeça evolutivo.

Filo Nematomorpha

Característica diagnóstica:[1] pseudocelomados nos quais não há um trato digestório funcional na fase adulta.

[1]Características que distinguem os membros deste filo dos membros de outros filos.

Os menos filogeneticamente problemáticos dos três filos são os nematomorfos, também chamados de "vermes-crina-de-cavalo". Cerca de 320 espécies foram descritas a partir de hábitats de água doce e mais cinco espécies, de hábitats marinhos. Embora algumas análises moleculares agrupem nematomorfos com platelmintos, a maioria das análises agrupa nematomorfos com nematódeos. Os adultos são de vida livre, pseudocelomados aquáticos com uma aparência externa notavelmente nematoide: circulares em secção transversal, longos (geralmente de 0,5-1,0 m de comprimento), finos (raramente mais de 1 mm de largura), sem segmentação corporal e envolvidos por uma cutícula de colágeno externa (Fig. 17.2a). Como a maioria dos nematódeos, nematomorfos são gonocóricos e os óvulos são fertilizados internamente. Também similarmente aos nematódeos, nematomorfos mudam sua cutícula externa colagenosa à medida que crescem, possuem apenas músculos longitudinais na parede do corpo, não têm cílios locomotores, bem como não possuem sistemas circulatório e respiratório especializados. Eles diferem dos nematódeos principalmente pela falta de qualquer sistema excretor e nos detalhes morfológicos de seus sistemas nervoso e reprodutivo. Também ao contrário de nematódeos, eles não mostram constância no número de células (eutelia) em nenhum dos seus tecidos. Além disso, vermes-de-crina-de-cavalo

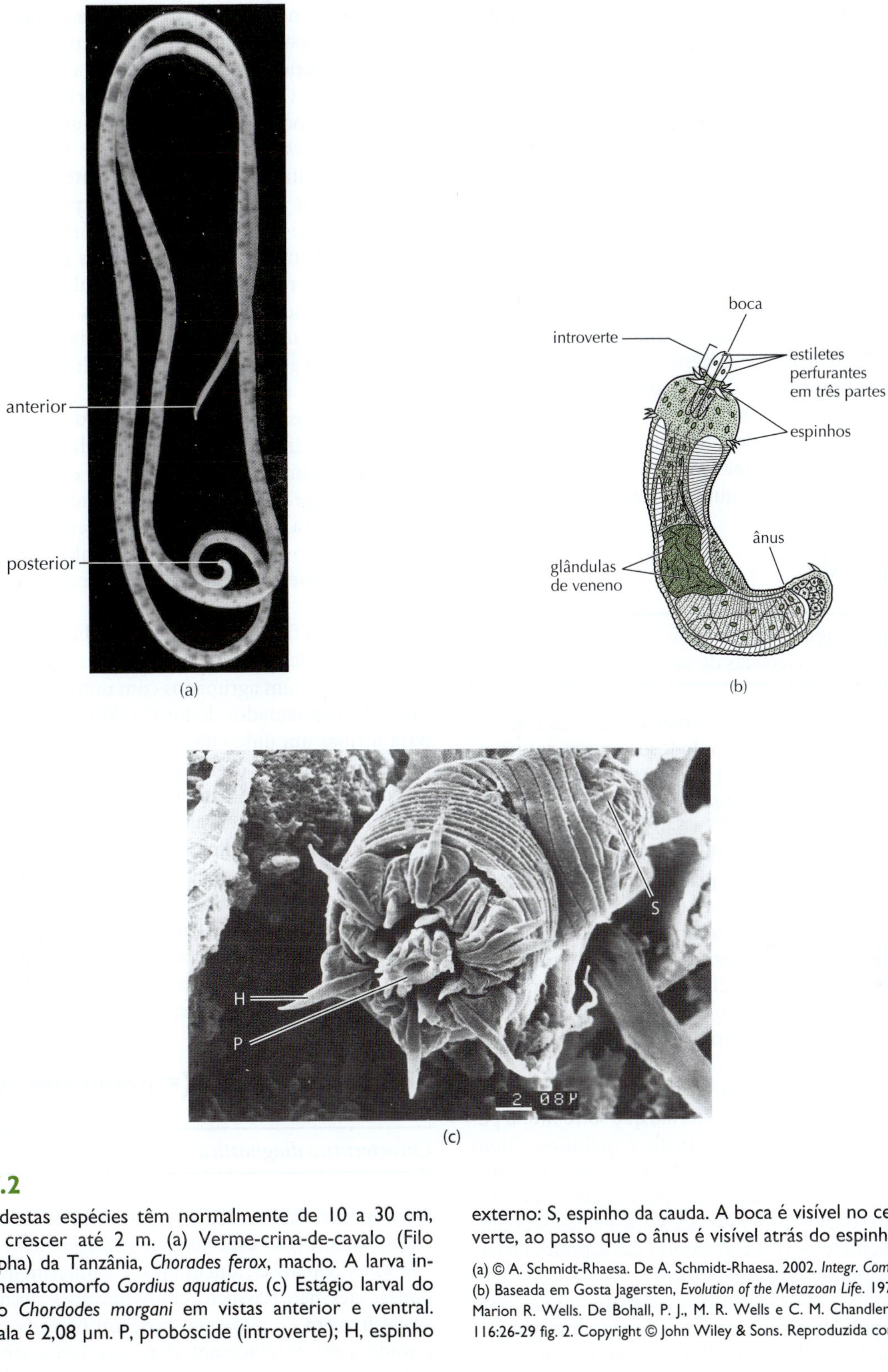

Figura 17.2

Os machos destas espécies têm normalmente de 10 a 30 cm, mas podem crescer até 2 m. (a) Verme-crina-de-cavalo (Filo Nematomorpha) da Tanzânia, *Chorades ferox*, macho. A larva infecciosa do nematomorfo *Gordius aquaticus*. (c) Estágio larval do nematomorfo *Chordodes morgani* em vistas anterior e ventral. Barra de escala é 2,08 μm. P, probóscide (introverte); H, espinho externo: S, espinho da cauda. A boca é visível no centro da introverte, ao passo que o ânus é visível atrás do espinho da cauda.

(a) © A. Schmidt-Rhaesa. De A. Schmidt-Rhaesa. 2002. *Integr. Comp. Biol*. 42:633-40. (b) Baseada em Gosta Jagersten, *Evolution of the Metazoan Life*. 1972. (c) Cortesia de Marion R. Wells. De Bohall, P. J., M. R. Wells e C. M. Chandler. 1997. *Invert. Biol.* 116:26-29 fig. 2. Copyright © John Wiley & Sons. Reproduzida com permissão.

têm tratos digestórios não funcionais, que são degenerados nas extremidades anterior e posterior. Na verdade, os adultos não se alimentam, e vivem de forma um tanto inativa, metabolizando nutrientes adquiridos quando juvenis. As fêmeas são especialmente inativas, dedicando a maior parte da sua energia para a produção de ovos: um nematomorfo fêmea geralmente libera mais de 1 milhão de óvulos fertilizados durante sua vida.

Nematomorfos juvenis também não possuem um sistema digestório funcional; eles vivem como parasitos internos, principalmente em hospedeiros insetos, aproveitando os nutrientes dissolvidos nos fluidos e tecidos do hospedeiro. Detalhes do ciclo de vida ainda são desconhecidos para a maioria das espécies. Em pelo menos algumas espécies, o parasito entra no hospedeiro artrópode como uma pequena larva (cerca de 100 µm), ou quando o hospedeiro bebe água contaminada ou come presas infectadas, ou por penetração direta no hospedeiro. As larvas possuem uma probóscide eversível (introverte) e espinhosa (Fig. 17.2 b, c), semelhante às que são encontradas nos três outros filos que serão discutidos neste capítulo. Uma vez em seu hospedeiro, os nematomorfos se desenvolvem gradativamente, até um adulto completo em tamanho e forma, com o trato digestório degenerando durante esse processo; eles finalmente emergem em um ambiente aquático apropriado, por ruptura do hospedeiro, matando-o nesse processo. Antes de os cavalos darem lugar aos carros, o aparecimento repentino destes vermes compridos e delgados no mundo externo fez com que eles fossem considerados cabelos das caudas dos cavalos, que, de alguma, forma tivessem ganhado vida. Sua história de vida real é, talvez, quase tão surpreendente.

Filo Priapulida

Característica diagnóstica: grande cavidade do corpo contendo amebócitos e células do sangue (eritrócitos).

O filo Priapulida contém apenas cerca de 18 espécies descritas, a maioria vive em sedimentos lodosos e raramente é encontrada. Em contrapartida, ao que parece, os priapúlidos formam uma parte muito conspícua da fauna fossilizada datada de aproximadamente 525 a 540 milhões de anos, no início do período Cambriano Médio. Como a maioria dos nematódeos, grande parte dos priapúlidos tem apenas alguns milímetros de comprimento (embora representantes de algumas espécies cheguem a 20 cm de comprimento), e, como os nematomorfos, eles possuem uma grande cavidade corporal. Ainda não é claro se a cavidade corporal é um pseudoceloma ou um celoma verdadeiro; cuidadosos estudos embriológicos, necessários para tal esclarecimento, nunca foram feitos.

Assim como os nematódeos e nematomorfos, os priapúlidos secretam uma cutícula externa, que sofre muda periodicamente; no entanto, esta cutícula é quitinosa, como nos artrópodes. Similarmente aos nematódeos e nematomorfos, o corpo dos priapúlidos não possui septos internos e é circular em secção transversal, cilíndrico e não segmentado. Como nematomorfos e a maioria das espécies de nematódeos, priapúlidos são gonocóricos.

Como os dois grupos restantes a serem discutidos neste capítulo, priapúlidos são marinhos e de vida livre durante toda a vida. Priapúlidos geralmente apresentam fecundação externa, em vez de cópula e fertilização interna. A cavidade corporal contendo fluido serve como esqueleto hidrostático para locomoção nos sedimentos e também atua como meio circulatório. Esse fluido circulatório possui células contendo um pigmento sanguíneo incomum, a hemeritrina, uma proteína à base de ferro que se liga ao oxigênio, também encontrada em alguns animais não relacionados filogeneticamente aos priapúlidos, como vermes poliquetas e braquiópodes.

Como os nematomorfos larvais e os outros dois filos discutidos neste capítulo, priapúlidos possuem uma introverte anterior, eversível, com uma boca na sua extremidade (Fig. 17.3). A maioria dos priapúlidos de grande tamanho corporal, e pelo menos alguns outros, parecem ser predadores ativos, ao passo que muitos priapúlidos menores se alimentam exclusivamente de detritos. O sistema excretor é conspícuo e inclui protonefrídeos. Não há larvas livre-natantes na sua história de vida; estágios de desenvolvimento se assemelham a priapúlidos adultos (exceto por ter uma cobertura cuticular sobre o abdome) e vivem em sedimentos. Indivíduos de muitas espécies desenvolvem uma pronunciada cauda quando se aproximam da vida adulta; a cauda no adulto pode ser única ou múltipla (Fig. 17.3b).

Priapúlidos ocorrem em hábitats de água quente e fria, desde zonas intertidais até profundidades abissais, porém, eles raramente são encontrados em altas densidades. Priapúlidos grandes são bem adaptados a ambientes intoleráveis para a maioria dos outros animais, como lamas anóxicas ou corpos d'água com alta salinidade. As espécies menores tendem a ser encontradas em comunidades intersticiais.

A posição filogenética dos priapúlidos é incerta, apesar do seu modo de vida livre. Até a primeira parte do século XX, priapúlidos foram agrupados com outros dois tipos de vermes não segmentados, Echiura e Sipuncula (Capítulo 13), para formar um único filo, Gephyrea. No entanto, ao contrário dos membros desses outros dois grupos e, na verdade, ao contrário dos protostômios em geral, priapúlidos mostram um padrão de clivagem radial durante fases iniciais do seu desenvolvimento. Seu posicionamento atual dentre os protostômios, pela maioria dos autores mais recentes, é uma prova da diminuição da importância dos padrões de clivagem (e tipos de cavidades corporais) para inferir relações filogenéticas. Evidências crescentes sugerem uma estreita relação entre os priapúlidos e os próximos animais a serem discutidos, os quinorrincos.

Filo Kinorhyncha (= Echinoderida)

Característica diagnóstica: corpo consiste em 13 segmentos.

Quinorrincos são verdadeiros pseudocelomados, e as aproximadamente 185 espécies são exclusivamente marinhas. Como os demais cicloneurálios, e similarmente aos artrópodes, eles não possuem cílios móveis externos. Em vez de deslizarem ou nadarem, rastejam no lodo onde vivem, usando a extremidade anterior, eversível e ativa, para impulsioná-los para a frente; uma série de espinhos recurvados ao longo do comprimento do corpo impedem que o animal retroceda, enquanto a parte posterior do corpo está sendo puxada para a frente.

O minúsculo corpo (geralmente com menos de 1 mm de comprimento) é coberto por uma cutícula quitinosa externa, como nos priapúlidos. Quinorrincos e priapúlidos podem ter um ancestral comum e exclusivo, e são por vezes agrupados como escalidóforos (Fig. 17.1). No entanto, a

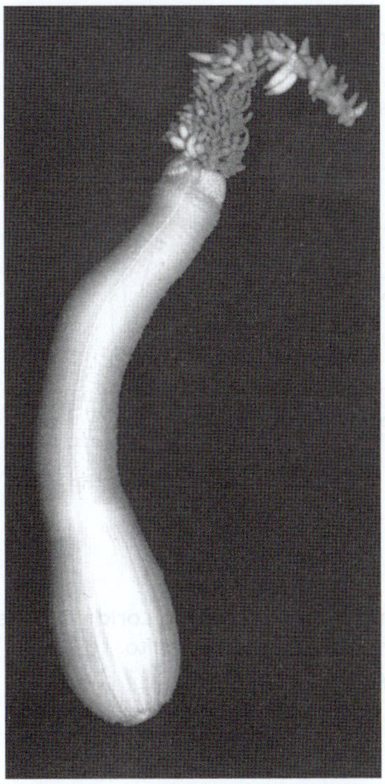

(a)

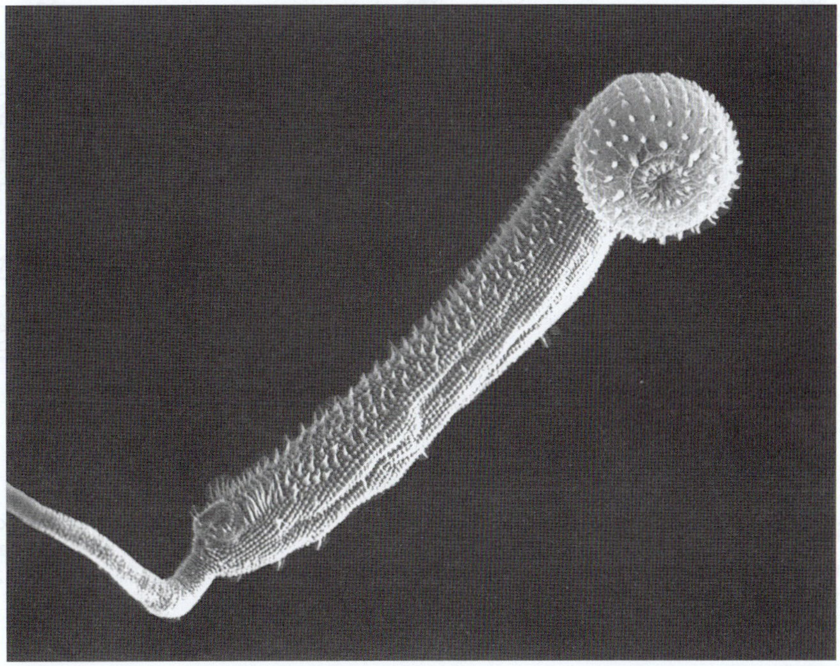

(b)

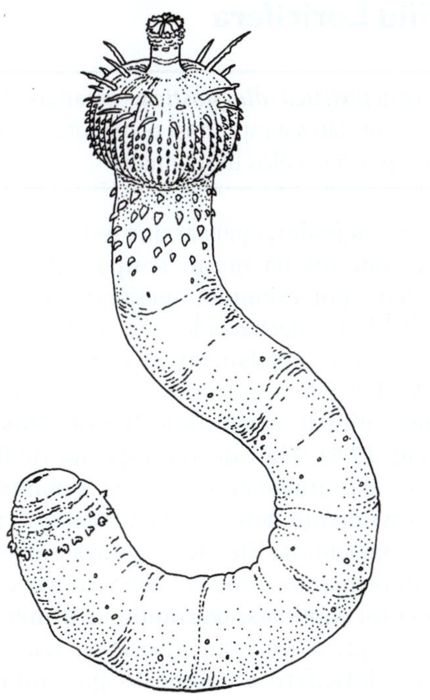

(c)

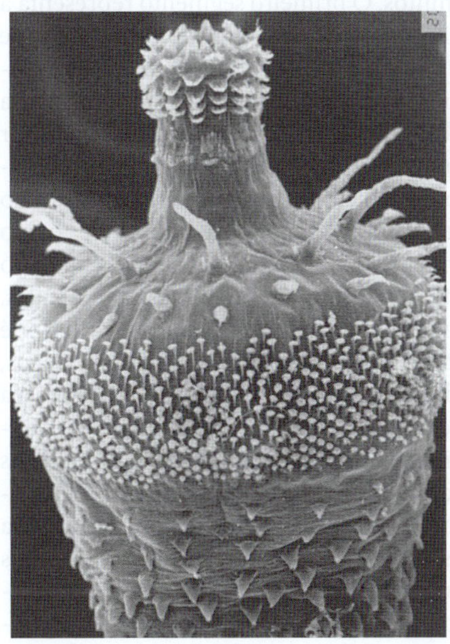

(d)

Figura 17.3

(a) *Priapulus caudatus*. O animal tem 4 cm de comprimento, excluindo-se a cauda. O cordão nervoso longitudinal é visível na superfície ventral do corpo. (b) Micrografia eletrônica de varredura do priapúlido intersticial, *Tubiluchus corallicola*, com a introverte evertida. O corpo tem em torno de 2 mm de comprimento, excluindo-se a cauda. (c) Diagrama da morfologia externa de *Meiopriapulus fijiensis*, uma espécie de priapúlido intersticial. (d) Micrografia eletrônica de varredura da extremidade anterior de *M. fijiensis*.

(a, b) De C. Bradford Calloway. De Calloway, 1975. (Springer-Verlag) *Marine Biology*, Vol. 31, pp. 161-74. "Morphology of the introvert and associated structures of the priapulid *Tubiluchus corallicola*, de Bermuda." (Fig. 1, p. 163, em *Marine*) Copyright © SpringerVerlag. (c) De M. P. Morse, em *Transactions of the American Microscopic Society* 100: 239, 1981. © Dr. M. P. Morse. (d) Cortesia do Dr. M. P. Morse.

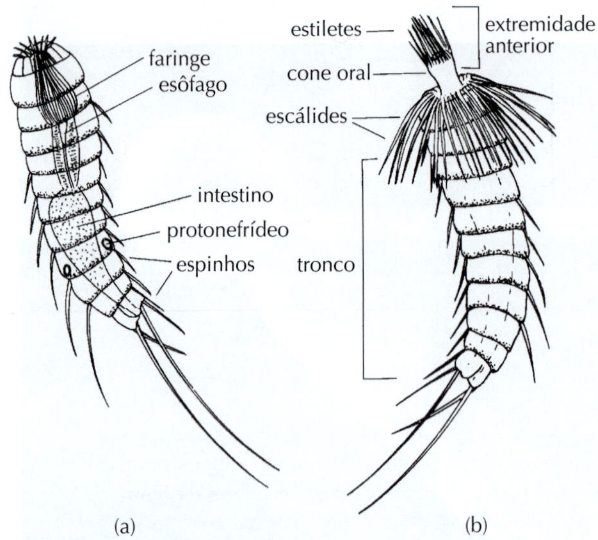

Figura 17.4

Quinorrinco típico (*Echinoderella* sp.), com a extremidade anterior retraída (a) e estendida (b).

(a, b) Segundo Hyman.

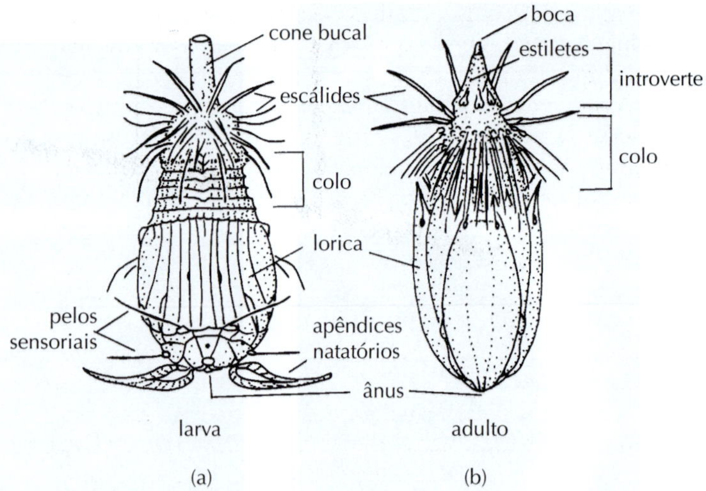

Figura 17.5

Nanaloricus mysticus, o primeiro membro do filo Loricifera, recentemente proposto. (a) Larva de Higgins. (b) Adulto.

De Kristensen, 1983. *Zeit. Zool. Syst. Evol.-forsch*. 21:163.

cutícula, a musculatura e os órgãos nervosos dos quinorrincos são distintamente segmentados. Essa segmentação é única entre os asquelmintos. O primeiro segmento representa a extremidade anterior do corpo, a qual exibe vários anéis de espinhos curvos, chamados de **escálides**, e um anel adicional, interno, de estiletes penetrantes circundando a abertura da boca (Fig. 17.4b). Uma vez que a extremidade anterior tem a boca e é eversível - dando origem ao nome mais amplamente utilizado do filo (Kinorhyncha significa "focinho móvel") -, é corretamente denominada **introverte**, como discutido anteriormente. O segundo segmento, chamado de colo, geralmente possui numerosas placas de cutículas, as quais fecham a abertura quando a extremidade anterior é retraída. Entretanto, em algumas espécies de quinorrincos, tanto a extremidade anterior quanto o colo são retraídos e a abertura é lacrada com placas do terceiro segmento. O tronco, sempre consistindo em 11 segmentos, possui numerosos espinhos e tubos adesivos; estes são importantes na locomoção do animal e também são utilizados pelos sistematas para identificação das espécies. Como é comum para organismos tão pequenos, quinorrincos não possuem sistemas circulatório e respiratório especializados. O sistema excretor consiste em um par de protonefrídeos (solenócitos).

Quinorrincos podem ocorrer em densidades impressionantes: agregações de cerca de 2 milhões de indivíduos por metro quadrado de sedimento foram registradas. A maioria dos quinorrincos se alimenta de bactérias e possui um trato digestório linear. Todos as espécies são gonocóricas, com machos e fêmeas separados, mas detalhes do desenvolvimento são pouco conhecidos. Os juvenis, conforme crescem, realizam muda periódica da cutícula, passando por seis estágios antes de atingirem a idade adulta. Não há larvas livre-natantes no seu ciclo de vida.

Filo Loricifera

Característica diagnóstica: escamas (escálides) quitinosas, similares a espinhos, ocorrentes na introverte e operadas por músculos individuais.

Alguém poderia pensar que todos os filos animais foram descobertos há muito tempo. Até mesmo os quinorrincos, por exemplo, apesar do seu pequeno tamanho e hábitat especializado, são conhecidos há mais de 150 anos, aproximadamente. No entanto, em 1983, um novo filo, Loricifera, foi proposto para incluir vários pequenos animais recém-descobertos, *Nanaloricus mysticus* (Fig. 17.5). Mais de 100 espécies de loricíferos são conhecidas atualmente, embora a maioria não tenha sido formalmente descrita. Todos os loricíferos conhecidos são marinhos. Eles têm apenas entre 50 a 500 μm de comprimento, e todos vivem intersticialmente em sedimentos subtidais, agarrando-se firmemente aos grãos de areia que os cercam. Apesar do seu pequeno tamanho, cada loricífero é composto por milhares de células e exibe uma complexidade estrutural notável. Loricíferos foram descobertos acidentalmente, quando sedimentos recém-coletados foram lavados com água doce, em vez de tratados de forma usual, com $MgCl_2$ em água salgada. O choque osmótico provavelmente fez os animais se desprenderem dos grãos de areia e chamarem a atenção dos zoólogos pela primeira vez.

Diversas novas espécies de quinorrincos foram encontradas recentemente vivendo em sedimentos sem oxigênio (anóxicos), em bacias de águas profundas hipersalinas, no mar Mediterrâneo. Singularmente, nenhuma dessas espécies tem mitocôndrias. Em vez disso, elas possuem estruturas semelhantes a hidrogenossomos, que geram energia em ciliados e fungos anaeróbios.[2]

Assim como os quinorrincos recém-discutidos, os loricíferos têm uma introverte anterior, cercada por espinhos recurvados, chamados de **escálides**; a introverte é retrátil, possuindo uma boca na sua extremidade (por definição). A boca é circundada com estiletes perfurantes. O colo é constituído por vários segmentos, em vez de por um único segmento (como nos quinorrincos), e ostenta inúmeras placas, que provavelmente protegem a extremidade anterior, quando ela é retraída, similarmente aos quinorrincos.

A metade posterior do corpo é coberta por seis placas sobrepostas, compostas por uma cutícula externa, ou **lorica**, a qual é mudada à medida que o juvenil cresce. Muitas espécies de rotíferos também exibem uma lorica distinta, fazendo com que eles sejam superficialmente semelhantes aos loricíferos. No entanto, como quinorrincos (e ao contrário dos gastrótricos e rotíferos), loricíferos não possuem cílios externos. Os animais são gonocóricos e a fertilização provavelmente é interna, mas poucos detalhes de sua vida sexual ou de seu desenvolvimento embrionário são conhecidos. Algumas espécies parecem ser acelomadas ao longo da vida, ao passo que outras parecem ter larvas acelomadas, mas terem adultos pseudocelomados. O estágio pré-adulto, chamado de **larva de Higgins**, difere morfologicamente do adulto, principalmente por possuir um par de apêndices natatórios posteriores não articulados e vários pares de espinhos locomotores na superfície ventral da lorica (Fig. 17.5). As larvas de Higgins compartilham características morfológicas com juvenis de priapúlidos, nematomorfos e quinorrincos, mas também com rotíferos. Por enquanto, pelo menos, a maioria dos sistematas parece confortável com um cenário em que os loricíferos, priapúlidos, quinorrincos e nematomorfos derivam todos de um ancestral comum e exclusivo. A descoberta de tantas características compartilhadas, inclusive comparações de sequências de genes, parece unir, possivelmente em um único filo, alguns dos vários grupos de asquelmintos, os quais têm sido considerados estreitamente relacionados entre si. Se sua afiliação supostamente próxima com artrópodes será mantida é um aspecto que depende de pesquisas futuras.

Resumo taxonômico

Filo Nematomorpha – vermes-crina-de-cavalo
Filo Priapulida
Filo Kinorhyncha (= Echinoderida)
Filo Loricifera

[2]Danovaro, R., et al. 2010. The first metazoa living in permanently anoxic conditions. *BMC Biol.* 8:30.

Tópicos para posterior discussão e investigação

1. Até o começo do século XX, priapúlidos foram agrupados com outros dois tipos de vermes marinhos, os Sipuncula e os Echiura (Capítulo 13), em um único filo, o Gephyrea. Que aspectos fazem os priapúlidos se assemelharem com sipúnculos e equiúridos?

2. Nematomorfos são parasitos incomuns; os adultos são de vida livre e não se alimentam, e as larvas parasitam uma variedade de artrópodes. Quais características são compartilhadas por nematomorfos e nematódeos parasitos? Quais características diferem Nematomorpha de Nematoda?

Detalhe taxonômico

Filo Nematomorpha

As aproximadamente 325 espécies deste filo são divididas em duas classes.

Classe Nectonematoida

Nectonema. Esta pequena classe de somente cinco espécies contém os vermes-crina-de-cavalo marinhos, os quais parasitam caranguejos e outros crustáceos decápodes.

Classe Gordioida

Chordodes, Gordius. Esta classe contém a maioria das espécies de nematomorfos. Todos vivem em hábitats de água doce ou semiterrestres, e todos são endoparasitos de vários insetos, incluindo besouros, gafanhotos e baratas. Quatro famílias.

Filo Priapulida

Maccabeus, Meiopriapulis, Priapulus, Tubiluchus.
O filo inteiro contém apenas 18 espécies descritas, divididas entre três famílias (Priapulidae, Tubiluchidae e Chaetostephanidae); porém, algumas espécies estão aguardando descrição formal, e outras 11 espécies são conhecidas apenas como fósseis. Todas as espécies são marinhas. Muitos priapúlidos têm apenas alguns milímetros de comprimento quando adultos, mas os maiores indivíduos, encontrados no gênero *Priapulus*, atingem comprimentos de até 20 cm. Priapúlidos são encontrados em todas as profundidades, desde zonas entre intertidais até profundidades abissais, em águas quentes e frias.

Filo Kinorhyncha (= Echinoderida)

Todas as aproximadamente 185 espécies são marinhas. Estão distribuídas somente em duas ordens.

Ordem Cyclorhagida

Echinoderes. Esta ordem contém um grupo muito diverso de quinorrincos. Algumas espécies são intertidais, ao passo que outras são encontradas apenas em profundidades de vários milhares de metros. Muitas espécies são livre-natantes, ao passo que algumas parecem ser comensais com outros invertebrados, como esponjas, briozoários ou hidrozoários. A ordem contém um pouco mais de 60% de todos as espécies de quinorrincos, e todos são pequenos, certamente menores do que cerca de 500 µm de comprimento. Quatro famílias.

Ordem Homalorhagida

Pycnophyes, Kinorhynchus. Este grupo contém os maiores quinorrincos, com alguns indivíduos atingindo cerca de 1 mm de comprimento. Indivíduos geralmente vivem em profundidades de vários milhares de metros. Duas famílias.

Filo Loricifera

Nanaloricus. Todas as espécies conhecidas de loricíferos vivem intersticialmente, em sedimentos marinhos. Vinte e duas espécies foram formalmente descritas, e cerca de outras 100 aguardam descrição.

Referências gerais sobre nematomorfos, priapúlidos, quinorrincos e loricíferos

Bleidorn, C., A. Schmidt-Rhaesa, and J. R. Garey. 2002. Systematic relationships of Nematomorpha based on molecular and morphological data. *Invert. Biol*. 121:357–64.

Garey, J. R., and A. Schmidt-Rhaesa. 1998. The essential role of "minor" phyla in molecular studies of animal evolution. *Amer.Zool.* 38:907–17.

Harrison, F. W., and E. E. Ruppert, eds. 1991. *Microscopic Anatomy of Invertebrates, Vol. 4: Aschelminthes.* New York: Wiley-Liss.

Herranz, M., F. Pardos, and M. J. Boyle. 2013. Comparative morphology of serotonergic-like immunoreactive elements in the central nervous system of kinorhynchs (Kinorhyncha,Cyclorhagida). *J. Morphol*. 274: 258–274.

Higgins, R. P., and H. Thiel, eds. 1988. *Introduction to the Study of Meiofauna.* Washington, D.C.: Smithsonian Institution Press.

Hyman, L. H. 1951. *The Invertebrates*, Volume 3. *Acanthocephala, Aschelminthes, and Entoprocta* . New York: McGraw-Hill.

Kristensen, R. M. 2002. An introduction to Loricifera, Cycliophora, and Micrognathozoa. *Integr. Comp. Biol.* 42:641–51.

Morris, S. C., and D. W. T. Crompton. 1982. The origins and evolution of the Acanthocephala. *Biol. Rev*. 57:85–115.

Nehaus, B., and R. P. Higgins. 2002. Ultrastructure, biology, and phylogenetic relationships of Kinorhyncha. *Integr. Comp. Biol.* 42:619–32.

Nielsen, C. 2012. *Animal Evolution: Interrelationships of the Living Phyla*, 3rd ed. New York: Oxford University Press.

Parker, S. P., ed. 1982. *Classification and Synopsis of Living Organisms*, vol. 1. New York: McGraw-Hill, 857–77, and 931–44.

Schmidt-Rhaesa, A. 2002. Two dimensions of biodiversity research exemplified by Nematomorpha and Gastrotricha. *Integr. Comp. Biol.* 42:633–40.

Thorpe, J. H., and A. P. Covich, eds. 2009. *Ecology and Classification of North American Freshwater Invertebrates. Nematomorpha*, 3rd ed. New York: Academic Press.

Willmer, P. 1990. *Invertebrate Relationships.* New York: Cambridge University Press.

18

Três filos de relações incertas: Gastrotricha, Chaetognatha e Cycliophora

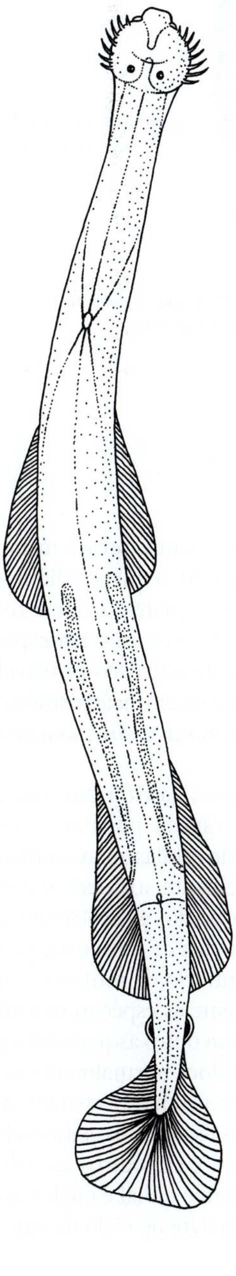

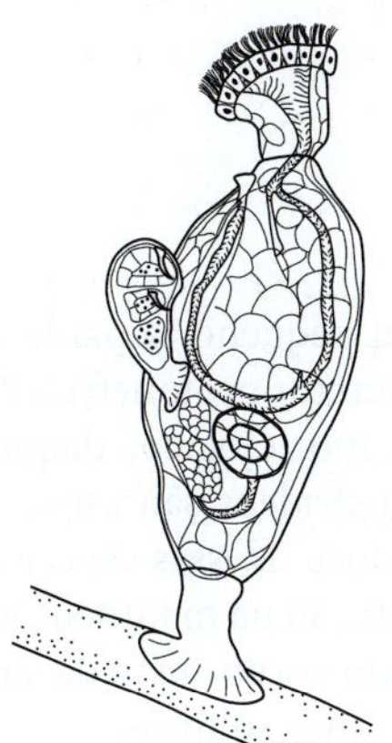

Introdução

As posições filogenéticas dos animais discutidos neste capítulo são, no mínimo, incertas, uma vez que características diagnósticas úteis foram perdidas devido às adaptações ao pequeno tamanho do corpo e porque os animais mostram uma mistura desconcertante de características morfológicas e de desenvolvimento. Os animais discutidos neste capítulo estão relacionados apenas pela incerteza de suas relações com outros grupos de animais.

Filo Gastrotricha

Gastrótricos (Fig. 18.1) são pequenos – tão pequenos quanto 80 μm e raramente chegando a 1 mm – membros acelomados de comunidades bentônicas (moradores de fundo) de água doce e salgada, ocorrendo em concentrações de até 100 mil indivíduos por metro quadrado. Uma blastocele se forma durante o desenvolvimento, mas não persiste na vida adulta. Cerca de 300 espécies de gastrótricos vivem em água doce e outras quase 400 espécies são marinhas.

A posição filogenética dos gastrótricos é incerta há muito tempo. Já foram agrupados por estudos diversos com platelmintos (Capítulo 8), gnatostomulídeos, rotíferos (Capítulo 10), nematódeos e outros ecdizoários (Capítulo 16, p. 432). Como os nematódeos e outros cicloneurálios (pp. 451-452), gastrótricos secretam uma cutícula externa. No entanto, ao contrário dos cicloneurálios, mencionados no Capítulo 17, os membros do filo Gastrotricha não fazem muda e também não têm uma introverte. Além disso, ao contrário dos animais discutidos no capítulo anterior, gastrótricos têm cílios locomotores.

A maioria dos gastrótricos vive intersticialmente, nos espaços entre partículas de sedimentos. A cabeça ostenta um número de cerdas sensoriais, e o corpo tem numerosos espinhos (Fig. 18.1). Apesar de sua semelhança superficial com rotíferos (Capítulo 10), gastrótricos são claramente animais de um filo diferente: em particular, não têm corona e mástax, características de rotíferos. Em todo caso, todos os gastrótricos possuem músculos circulares e longitudinais na parede do corpo. A superfície ventral é amplamente ciliada (como

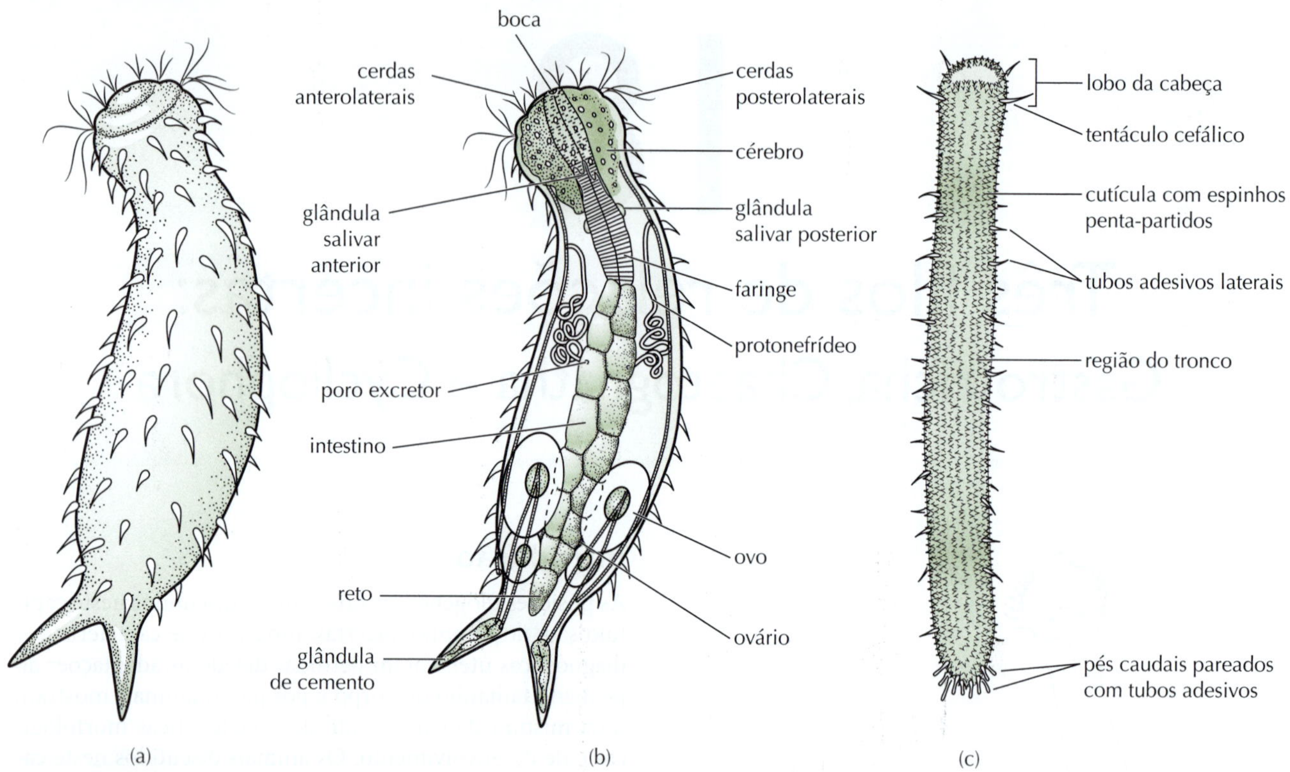

Figura 18.1

Típico gastrótrico (*Chaetonotus* sp.). (a) Aparência externa. (b) Anatomia interna. (c) *Tetranchyroderma* sp., um gastrótrico marinho. Os animais formam fixações temporárias a grãos de areia usando tubos adesivos. As espécies ilustradas têm em torno de 500 μm.

(a) Segundo Brunson; segundo Zelinka. (b) De Brown; segundo Remane. (c) Baseada em L. Margulis e K. Schwartz, *Five Kingdoms*, 2d ed. 1988.

o nome do filo "Gastrotricha" sugere) e, assim, gastrótricos podem deslizar sobre o substrato e até mesmo nadar distâncias curtas. Estranhamente, os cílios locomotores são cobertos por cutícula, ao contrário de qualquer outro metazoário. Em algumas espécies, as células epidérmicas são monociliadas, com um único cílio por célula, uma característica que partilham apenas com gnatostomulídeos, mas multiciliada em outras. O padrão de ciliação é uma característica taxonômica importante. Gastrótricos também podem formar ligações temporárias em superfícies sólidas, assim como rotíferos. Mais parecidos com os platelmintos de vida livre, no entanto, possuem um sistema de glândulas duplas, no qual uma glândula secreta um adesivo e a outra secreta substâncias que liberam a fixação. Os gastrótricos agarram-se tão fortemente às partículas, que os zoólogos devem primeiro anestesiá-los com cloreto de magnésio ($MgCl_2$) para desalojá-los para contagem e estudos mais aprofundados.

Não existe espécie parasita ou carnívora conhecida; todos os gastrótricos se alimentam de detritos, bactérias, diatomáceas ou protistas. Todos têm um sistema digestório linear, com uma boca anterior e um ânus posterior.

Como outros asquelmintos, gastrótricos não possuem sistemas respiratório ou circulatório especializados. Apesar do seu pequeno tamanho, no entanto, possuem um sistema excretor protonefridial discreto, o qual os difere em detalhes morfológicos daqueles dos platelmintos e rotíferos; protonefrídeos são especialmente comuns em espécies de água doce. Nessas espécies, protonefrídeos provavelmente têm função na manutenção da concentração osmótica e volume do corpo, além da sua presumível função na remoção de resíduos solúveis.

Como nematódeos e rotíferos, gastrótricos têm **eutelia**, todos os adultos de uma dada espécie possuindo o mesmo número de células; o número de células só aumenta no início do desenvolvimento. Semelhante aos nematódeos, mas ao contrário dos rotíferos, o corpo dos gastrótricos é coberto por uma cutícula externa; a cutícula de rotíferos é geralmente intracelular. Também ao contrário de rotíferos, a maioria dos gastrótricos – particularmente as espécies marinhas – é hermafrodita (Fig. 18.2); nenhum outro asquelminto pode se orgulhar. Gastrótricos de água doce normalmente se reproduzem por partenogênese. Na reprodução sexuada, a fertilização é sempre interna e os ovos fertilizados exibem clivagem determinada, como nos rotíferos e em outros asquelmintos. No entanto, o padrão de clivagem é radial e bilateral, em vez de espiral. Não há larvas de vida livre no ciclo de vida.

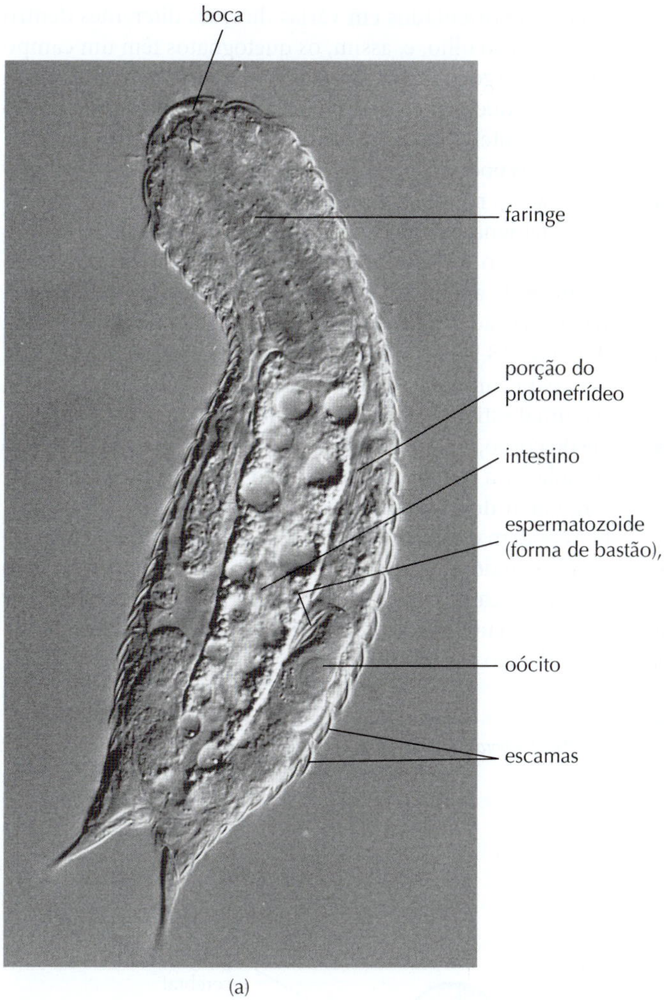

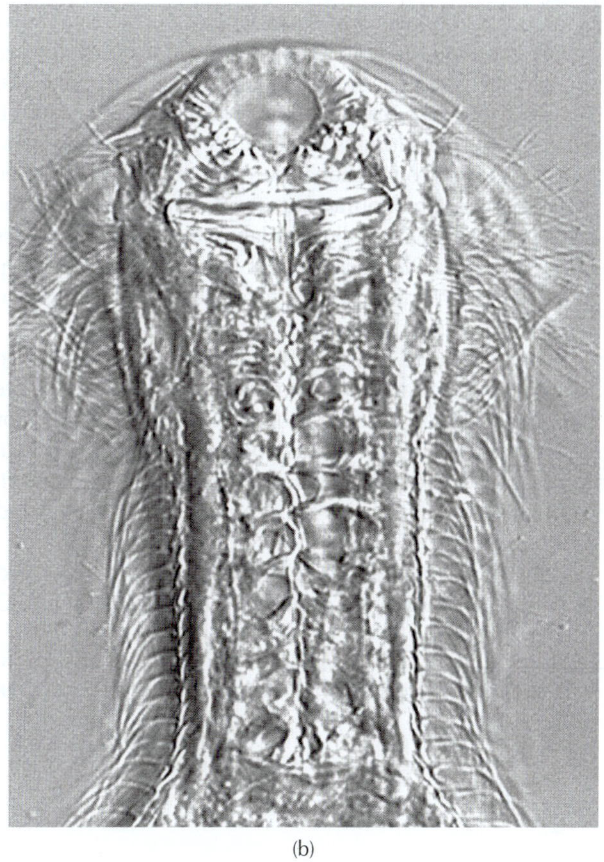

Figura 18.2

(a) Fotografia de *Lepidodermella squamata,* um gastrótrico de água doce. (b) Extremidade anterior do gastrótrico australiano, *Polymerurus nodicaudus.*

(a) © Mitchell J. Weiss. (b) © Rick Hochberg. De Hochberg, R. 2005. *Invert. Biol.* 124:119-30.

Filo Chaetognatha

Características diagnósticas: 1) uma série de espinhos raptoriais curvados e quitinosos fixados em ambos os lados da cabeça, usados para apreensão da presa; 2) nadadeiras laterais estabilizantes, derivadas da ectoderme.

Características gerais e alimentação

Quetognatos são todos de vida livre, carnívoros marinhos. A média de tamanho dos quetognatos é de apenas alguns centímetros, e mesmo os maiores indivíduos não possuem mais de 15 cm de comprimento. Aparentemente, a relação entre a área da superfície e o volume é suficientemente grande, assim os requerimentos para troca gasosa e excreção podem ser realizados por difusão ao longo da superfície geral do corpo; quetognatos não possuem sistemas respiratório ou excretório especializados e carecem de um sistema circulatório sanguíneo. No entanto, o revestimento interno da cavidade do corpo adulto é ciliado, logo, a troca gasosa e o transporte de nutrientes são realizados por circulação do fluido celomático.

Como convém a um carnívoro ativo, o sistema nervoso de um quetognato é bastante complexo (Fig. 18.3). A parte anterior do trato digestório é circundada por um anel de tecido nervoso que contém vários gânglios. Posteriormente, há um gânglio ventral conspícuo. Nervos sensoriais e motores se estendem a partir desse e dos gânglios associados aos vários sistemas foto, tátil e quimiossensoriais; a musculatura do tronco, cauda, espinhos e sistema digestório; e ao gânglio cerebral localizado na cabeça. Cílios externos agrupados em leque e dispersos pelo corpo são sensíveis à vibração, permitindo a quetognatos detectar a presença e localização dos copépodes e larvas de peixes, que constituem seus principais alimentos.

O comportamento alimentar é impressionante, tanto para um observador humano quanto para uma presa. Em geral, o quase transparente quetognato[1] permanece imóvel na água, afundando lentamente até que algo comestível venha em sua direção, à frente ou ao lado. O quetognato, então, se arremessa à frente e agarra sua presa com as duas fileiras de espinhos longos, recurvados e duros, adjacentes à boca (Fig. 18.4), ou flexiona seu corpo e captura sua presa ao lado. Toda a manobra para a captura da presa leva apenas cerca de 1/15 segundos em laboratório. Os grandes espinhos raptoriais também podem servir de mecanorreceptores, complementando as informações fornecidas pelos sensores ciliares externos.

Duas fileiras de dentes curtos em ambos os lados da boca ajudam a segurar a presa durante a ingestão. Esses dentes também podem perfurar o exoesqueleto e a parede do corpo da presa; secreções tóxicas podem ser expelidas do sulco vestibular ou de poros ao longo da crista vestibular e entram na presa a partir dessas perfurações (Quadro Foco de pesquisa 18.1, p. 464).

Quetognatos ostentam um par de pequenos olhos, cada um composto por cinco ocelos com taça de pigmento. Os ocelos são orientados em várias direções diferentes dentro de um único olho, e, assim, os quetognatos têm um campo de visão largo; de fato, diversos ocelos apontam para baixo, de modo que o quetognato vê através de seu próprio corpo transparente. Os ocelos provavelmente não formam imagens, mas podem permitir que o animal detecte movimento e alterações na intensidade da luz.[2]

Quetognatos são chamados de "vermes-seta", uma vez que o corpo é substancialmente mais longo do que largo e carece de apêndices, apesar de ostentar um ou dois pares de delicadas **nadadeiras laterais** e uma **nadadeira caudal** (Fig. 18.5). As nadadeiras laterais provavelmente servem para aumentar a resistência ao afundamento enquanto o animal estiver imóvel, pois aumentam a área de superfície do corpo, e para dar estabilidade quando o animal nada. A nadadeira caudal gera propulsão para a frente para nadar e também deve auxiliar na flutuação. As nadadeiras também podem estabilizar o corpo, atuando como "âncoras no mar" quando a extremidade anterior flexiona para o lado durante a captura de presas. Todo o corpo é coberto por uma fina cutícula, secretada pela epiderme subjacente. A cutícula não é mudada.

[1]Ver *Tópicos para posterior discussão e investigação*, nº 3, no final deste capítulo.

[2]Ver *Tópicos para posterior discussão e investigação*, nº 1, no final deste capítulo.

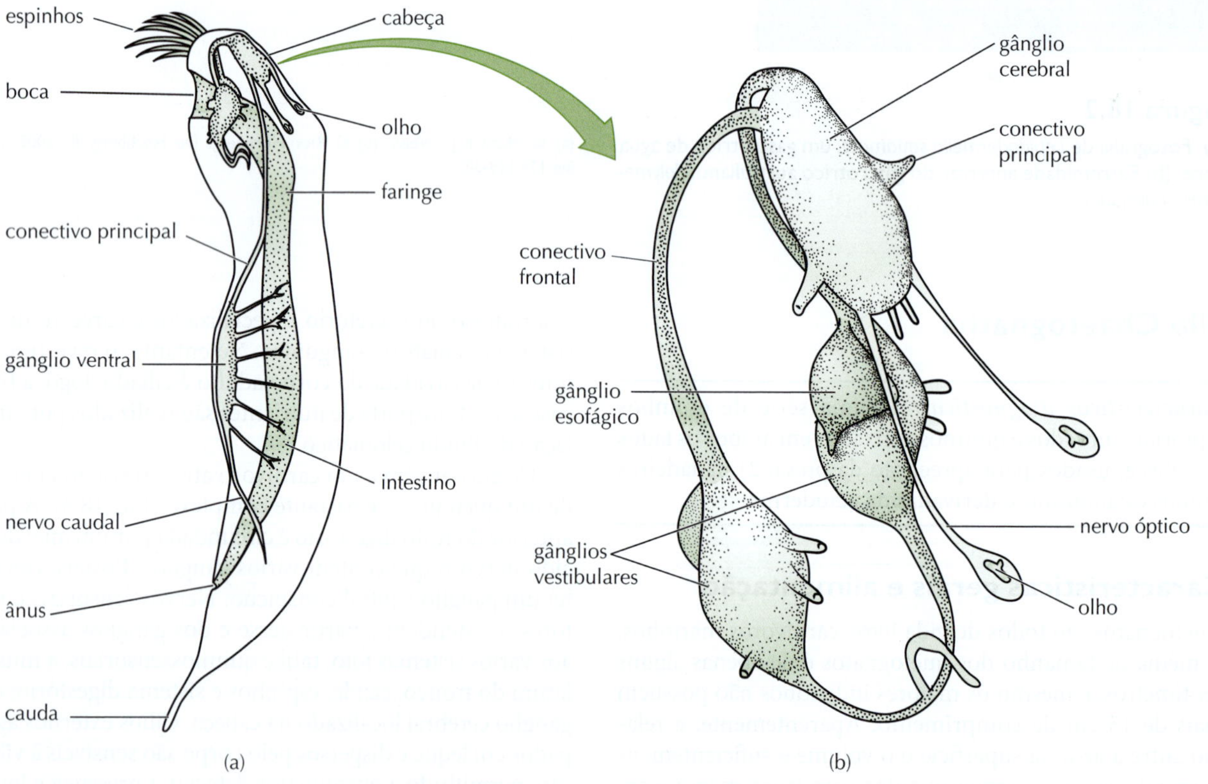

Figura 18.3

(a) Sistema nervoso de um quetognato típico. (b) Detalhe do sistema nervoso na cabeça de um quetognato típico.

(a, b) B T. Baseada em M. Yoshida, em *Nervous Systems in Invertebrates*, M. A. Ali, 1987.

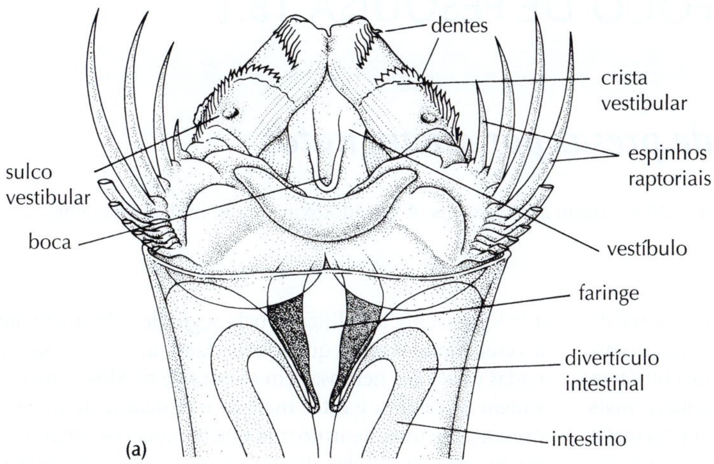

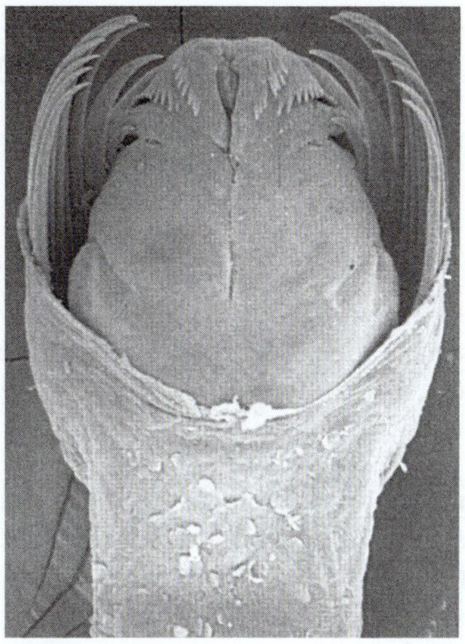

Figura 18.4

Extremidade anterior de *Sagitta elegans*, em vista ventral. Os olhos são localizados dorsalmente e não são visíveis nesta orientação. Os sulcos vestibulares e as papilas dos sulcos vestibulares provavelmente são secretoras. Os espinhos e dentes da cabeça são normalmente cobertos por um capuz, que é recolhido apenas para a captura de presas. (b) Micrografia eletrônica de varredura de *Sagitta setosa*, extremidade anterior.

(a) De Hyman; segundo Ritter-Zahony. (b) Cortesia de Q. Bone et al., 1983. *Journal of the Marine Biological Association of the United Kingdom*, Vol. 63:929. Copyright © Cambridge University press. Reproduzida com permissão.

A cavidade do corpo de quetognatos adultos é compartimentada. Um septo isola o compartimento da cabeça para o do tronco. Um segundo septo divide o compartimento do tronco para o da cauda (Fig. 18.5). O trato digestório dos quetognatos é linear e aberto em cada extremidade (Fig. 18.6). A digestão é extracelular e ocorre dentro do intestino. Não existem glândulas estomacais ou digestórias distintas. Quetognatos podem reparar feridas, mas não podem regenerar partes do corpo perdidas.

Reprodução dos quetognatos

Todos os quetognatos são hermafroditas simultâneos (Fig. 18.7), com as gônadas masculinas geralmente amadurecendo mais cedo do que as gônadas femininas. Os ovários são encontrados no compartimento celomático do tronco, ao passo que os testículos ocupam o compartimento celomático da cauda. Autofertilização ocorre pelo menos ocasionalmente em algumas espécies. Quetognatos não copulam durante a fertilização cruzada; em vez disso, os espermatozoides são transferidos indiretamente, através de uma troca frequentemente mútua de pacotes cheios de espermatozoides, chamados de **espermatóforos**. Os espermatóforos são produzidos dentro de um par conspícuo de vesículas seminais e são, eventualmente, fixados à parte externa do corpo do receptor. Quando os espermatozoides saem do espermatóforo, eles migram ao longo do corpo até a abertura do aparelho reprodutivo feminino. A fertilização é interna, e os ovos são então liberados e se desenvolvem em miniaturas de adultos. Quetognatos não têm estágios larvais morfologicamente distintos na sua história de vida.

Estilo de vida e comportamento dos quetognatos

A maioria das espécies de quetognatos é planctônica, passando toda sua vida sendo transportados passivamente por correntes oceânicas. Sendo animais planctônicos, vermes-seta não podem nadar contra qualquer corrente substancial de água; todavia, muitas espécies podem e fazem extensas migrações verticais (Fig. 18.8), às vezes viajando centenas de metros diariamente. Muitos outros animais planctônicos, incluindo pterópodes (Gastropoda), copépodes, cladóceros (Crustacea) e uma variedade de estágios larvais de invertebrados, exibem padrões semelhantes de comportamento. Em geral, os animais migram para baixo durante o dia e nadam para cima à noite, embora a duração e a extensão das migrações muitas vezes difiram significativamente entre as espécies e entre diferentes fases do desenvolvimento de uma determinada espécie. Nenhuma razão única para essas **migrações diárias verticais** foi conclusivamente demonstrada em laboratório ou em experimentos de campo, embora diversos prováveis benefícios adaptativos tenham sido propostos: (1) escape de predadores visuais, (2) aumento da eficiência energética da alimentação e da digestão, (3) redução de interações competitivas tanto dentro quanto entre as espécies, (4) aumento do bem-estar fisiológico experimentando temperaturas e salinidades variadas e (5) aproveitamento das diferenças verticais nas velocidades e as direções das correntes de água para realização de dispersão.[3] A mais convincente evidência apresentada até o mo-

[3]Ver *Tópicos para posterior discussão e investigação*, nº 2, no final deste capítulo.

QUADRO FOCO DE PESQUISA 18.1

Captura de presas por quetognatos

Thuesen, E. V., K. Kogure, K. Hashimoto e T. Nemoto. 1988. Poison arrowworms: A tetrodotoxin venom in the marine phylum Chaetognatha. *J. Exp. Marine Biol. Ecol.* 116:249–56.

Por muitos anos, biólogos têm suspeitado que a captura de presas entre os quetognatos é facilitada por toxinas paralisantes, mas o pequeno tamanho desses animais tornava a hipótese impossível de ser demonstrada: se todo animal não mede mais do que talvez alguns centímetros, como isolar e caracterizar o que são provavelmente quantidades mínimas de secreções tóxicas? Thuesen et al., (1988) desenvolveram técnicas sensíveis o suficiente para demonstrar que pelo menos seis espécies de quetognatos, de fato, produzem uma neurotoxina potente que paralisa as vítimas bloqueando os canais de sódio nas membranas celulares.

Para isolar quaisquer toxinas, os pesquisadores coletaram quetognatos adultos, os decapitaram e, assim, extraíram toxinas potenciais, lavando as cabeças em solução de 0,1% de ácido acético. Tecidos remanescentes foram descartados e o extrato foi concentrado por evaporação. Para avaliar a presença de neurotoxinas, os pesquisadores usaram cultura de tecidos de células nervosas de rato (neuroblastomas). A abordagem foi inteligente e simples e fez uso dos efeitos fisiológicos conhecidos de duas outras substâncias químicas: ouabaína e veratridina.

Ouabaína desativa a bomba de sódio-potássio, a qual mantém o potencial de repouso normal de todas as células eucariontes. Com a bomba operando normalmente, íons sódio são expelidos ativamente, enquanto íons de potássio são simultaneamente trazidos para dentro. Na presença de ouabaína, a bomba é inativada e íons sódio inundam a célula, em função do gradiente de concentração, uma reposta que é adicionalmente amplificada pela segunda substância química, a veratridina. Assim, quando as duas substâncias são adicionadas às células nervosas em cultura de tecidos, íons sódio invadem as células, e estas incham e rapidamente morrem. Na presença de uma neurotoxina que bloqueia os canais de sódio, no entanto, as células devem ser poupadas, uma vez que os íons sódio não serão capazes de se mover ao longo da membrana celular. Thuesen et al., puderam, portanto, mostrar que a cabeça dos quetognatos contém neurotoxinas, demonstrando que o extrato bloqueia os efeitos da ouabaína e veratridina.

Esse foi precisamente o efeito revelado pelo extrato da cabeça de seis espécies de quetognatos testados; em contrapartida, extratos de quetognatos sem cabeça não salvaram as células dos efeitos de ouabaína e veratridina.

Todos os quetognatos produzem neurotoxinas? Os quetognatos testados nos estudos de Thuesen et al., incluíram espécies bentônicas e pelágicas de três famílias e de uma grande amplitude de distribuições geográficas (Tabela foco 18.1), sugerindo que o fenômeno é generalizado. A secreção de neurotoxinas certamente poderia explicar a habilidade de muitos quetognatos em capturar larvas de peixes maiores que eles mesmos.

Onde a toxina é produzida e segregada? Os pesquisadores sugerem que os locais mais prováveis são as papilas das cristas vestibulares adjacentes à boca (ver Fig. 18.4), uma vez que o veneno secretado nesses locais teria pronto acesso às feridas feitas pela perfuração dos dentes. Como você poderia demonstrar se, de fato, esse é o local de secreção?

Tabela foco 18.1 Hábitat e distribuição geográfica dos quetognatos para os quais foi demonstrado o uso toxinas na captura de presas

Família e espécie	Hábitat	Distribuição geográfica
Eukrohniidae		
Eukrohnia hamata	Oceano aberto	Águas polares, águas tropicais profundas
Sagittidae		
Sagitta elegans	Costeiro	Águas do Ártico
Flaccisagitta scrippsae	Oceano aberto	Pacífico norte
F. enflata	Oceano aberto	Águas tropicais
Aidanosagitta crassa	Costeiro	Japão
Spadellidae		
Spadella angulata	Bentônico	Japão, sudeste da Ásia

De E. V. Thuesen, K. Kogure, K. Hashimoto e T. Nemoto. 1988. Poison arrowworms: A tetrodotoxin venom in the marine phylum Chaetognatha. *J. Exp. Marine Biol. Ecol.* 116:249-56.

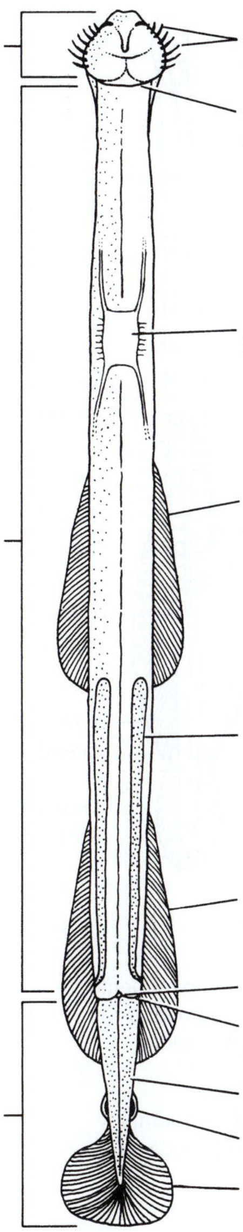

Figura 18.5

Sagitta elegans em vista ventral.
De Hyman; segundo Ritter-Zahoni.

mento (estudos de campo sobre determinados crustáceos planctônicos) oferece suporte à hipótese anti-predação.

Uma família de quetognatos (Spadellidae) é inteiramente bentônica. Estes vermes-seta usam **papilas adesivas** especializadas para fixarem-se temporariamente em substratos sólidos, geralmente rochas e/ou macroalgas. Na típica postura de alimentação, a fixação é feita posteriormente, com o resto do corpo mantido elevado acima do substrato. Quando surge a necessidade, a ligação pode ser rompida e o animal pode arremessar-se para um novo local.

Menos de 150 espécies de quetognatos foram descritas. Este filo é, no entanto, importante ecológica e economicamente. Concentrações locais tão elevadas quanto várias centenas de quetognatos por metro cúbico de água do mar têm sido relatadas. Como predadores significativos de embriões de peixes, larvas de peixes e copépodes (Fig. 18.9), quetognatos devem ser componentes importantes das cadeias alimentares oceânicas e, em particular, devem desempenhar um papel essencial na determinação do tamanho de populações de arenque e de outros peixes de valor comercial.

A bioluminescência em quetognatos foi descrita pela primeira vez em 1994, para uma espécie de águas profundas raramente encontrada em profundidades menores do que 700 metros. Essa espécie bioluminescente usa o mesmo substrato químico encontrado em outros animais marinhos tão díspares quanto cnidários, lulas e crustáceos. A bioluminescência foi descrita recentemente para outra espécie de quetognato.[4]

Relações filogenéticas dos quetognatos

Quetognatos são também intrigantes pelo seu enigmático lugar no plano filogenético. Um suposto quetognato fossilizado do sul da China, de cerca de 520 milhões de anos, foi recentemente descrito[5], tornando os quetognatos um grupo antigo. No entanto, sua relação com outros grupos animais é incerta (ver Fig. 2.11, Capítulo 2). A cavidade do corpo do adulto é revestida por peritônio derivado de mesoderme e é, assim, um verdadeiro celoma, por definição. Estudos embriológicos dos quetognatos estabelecem os vermes-seta como deuterostômios celomados, nos quais a clivagem é basicamente radial e indeterminada (i.e., o destino da célula não é irrevogavelmente fixo, após a primeira divisão celular) e o local do blastóporo dá origem ao ânus; assim como em equinodermos e outros deuterostômios, a boca surge em outro local (lembre-se que, *deuterostomia* = do grego, segunda boca). Além disso, o celoma embrionário surge de um arquêntero, embora, em detalhe, a maneira de formação do celoma por quetognatos difira significativamente do plano básico dos deuterostômios. Como discutido no Capítulo 2, o celoma padrão de um deuterostômio surge a partir de evaginações simétricas do arquêntero. Em quetognatos, por outro lado, o celoma é formado pela invaginação do arquêntero. No entanto, a formação do celoma é claramente enterocélica, em vez de esquizocélica, por natureza.

Em muitos outros aspectos, no entanto, quetognatos não são convincentemente deuterostômios. A maioria dos deuterostômios marinhos tem uma distintiva fase larval ciliada na história de vida; em contrapartida, a morfologia do quetognato jovem se assemelha à do adulto. A cavidade do corpo e a musculatura dos quetognatos adultos também são diferentes daquelas de outros deuterostômios. Na verdade, a única similaridade morfológica primária conspícua com outros deuterostômios é a divisão da cavidade do corpo do adulto em três compartimentos distintos. Os compartimentos do tronco e da cauda são claramente ilustrados na Figura 18.7; a cabeça contém um pequeno espaço celomático adicional. Por muitos anos, acreditou-se que o celoma embrionário teria sido obliterado durante desenvolvimento posterior, com a cavidade do corpo adulto formando-se posteriormente e por

[4]Ver *Tópicos para posterior discussão e investigação*, nº 1, no final deste capítulo.
[5]Vannier, J., M. Steiner, E. Renvoise, S.-X. Hu e J.-P. Casanova. 2007. *Proc. R. Soc. B* 274:627-33.

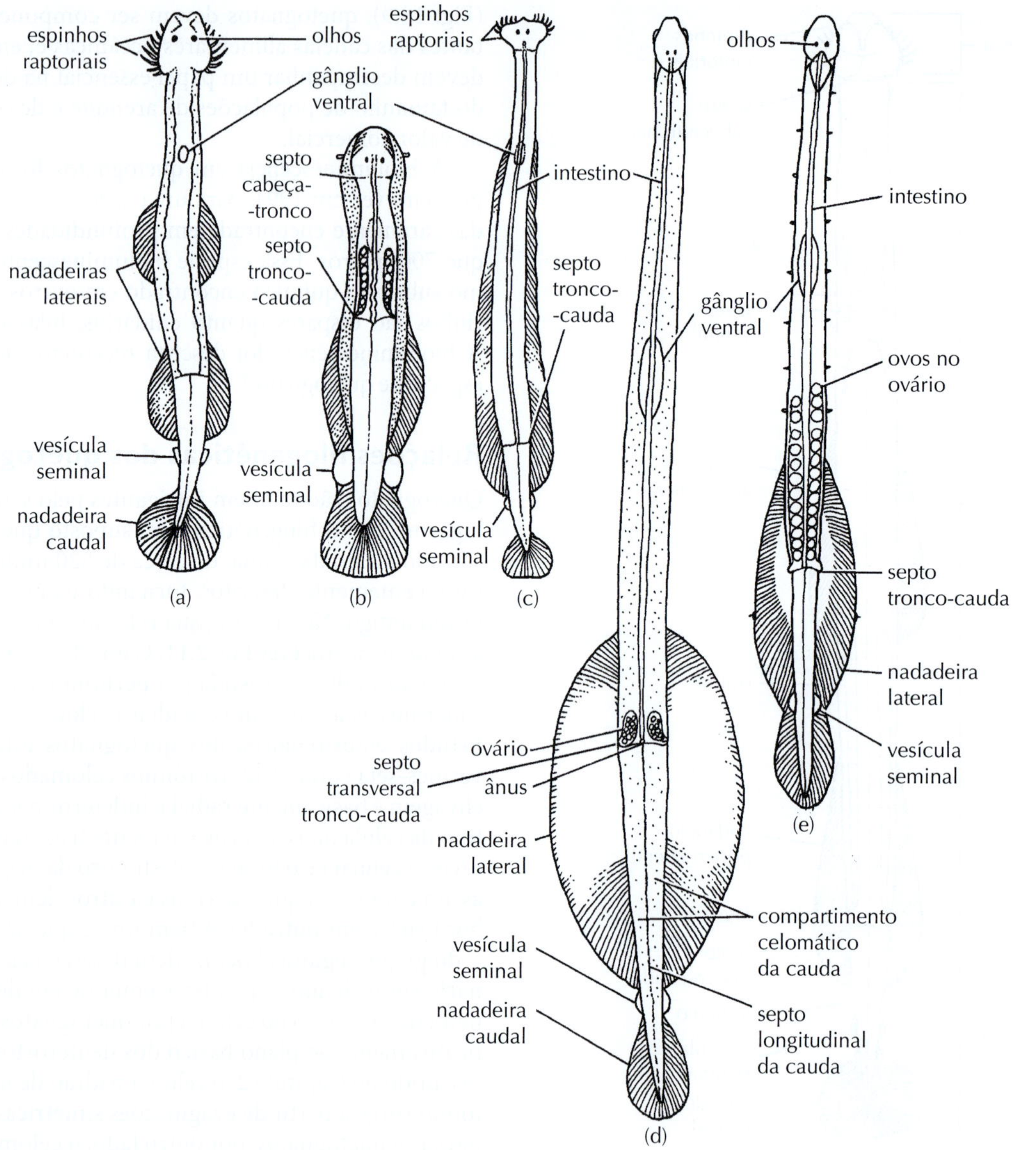

Figura 18.6

Diversidade em quetognatos. Observe as diferenças no número e tamanho das nadadeiras laterais e a aparência externa das vesículas seminais. (a) *Sagitta macrocephala.* (b) *Sagitta cephaloptera.* (c) *Eukrohnia fowleri.* (d) *Krohnitta subtilis.* (e) *Krohnitta pacifica.*

(d, e) De Hyman; segundo Tokioka.

um mecanismo completamente diferente. Todavia, essas cavidades celomáticas embrionárias são simplesmente comprimidas por um tempo e depois se reabrem no juvenil; a este respeito, pelo menos, o desenvolvimento dos quetognatos não é tão estranho quanto se pensava. Ainda assim, muitas são as dúvidas quanto às suas afinidades deuterostômicas. De fato, Chaetognatha tem estado há tempos entre os filos animais mais filogeneticamente isolados.

Algumas pesquisas têm sugerido agrupar os quetognatos com os asquelmintos. Em particular, a musculatura dos quetognatos ostenta algumas semelhanças àquelas encontradas dentro do filo Nematoda. Nenhuma musculatura circular é encontrada entre os membros dos dois filos: a musculatura da parede do corpo do quetognatos é exclusivamente longitudinal e, como a dos nematódeos, é organizada em feixes discretos. A contração alternada da musculatura ventral e dorsal do tronco e da cauda dos quetognatos proporciona o impulso para a locomoção, os dois conjuntos de músculos antagonizando uns aos outros através do esqueleto hidrostático da cavidade do corpo compartimentalizada preenchida de fluido. Ao contrário de nematódeos, no entanto, quetognatos não geram ondas senoidais de atividade. Em vez disso, as contrações musculares são esporádicas, então os animais se lançam adiante intermitentemente. E, ao contrário de muitos asquelmintos, quetognatos não são eutélicos (i.e., quetognatos crescem principalmente através de aumentos no número de células, não por aumentos no tamanho da célula).

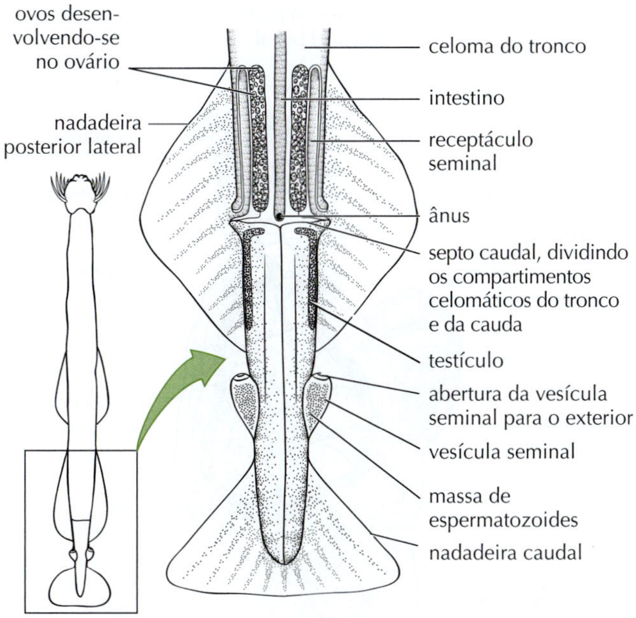

Figura 18.7

Vista ventral, mostrando o sistema reprodutivo de *Sagitta elegans*. Quetognatos são hermafroditas simultâneos, cada indivíduo possuindo gônadas masculinas e femininas. Os espermatozoides são compactados em espermatóforos dentro de vesículas seminais. Espermatozoides recebidos de outros indivíduos são armazenados em receptáculos seminais.

Baseada em Frank Brown, *Selected Invertebrate Types*.

Sendo ou não intimamente relacionados com nematódeos e outros ecdizoários, um número de estudos moleculares recentes ou colocam os quetognatos contundentemente como protostômios ou como grupo-irmão dos protostômios.[6] Se quetognatos são, de fato, protostômios, então os protostômios muito provavelmente evoluíram de ancestrais com características de desenvolvimento similares às dos deuterostômios.

Filo Cycliophora

Característica diagnóstica: estágio larval ciliado (larva cordoide) com uma faixa mesodermal de células musculares.

> "Eu nem sabia que as lagostas tinham lábios, mas o que acontece é que elas têm, e esses lábios são o chão onde se move uma minúscula criatura, denominada *Symbion pandora* (literalmente, um 'par de palavras gregas')."
>
> Dave Barry

O animal microscópico, acelomado, conhecido como *Symbion pandora,* foi descrito pela primeira vez em 1995, a partir dos apêndices bucais de lagostas norueguesas, e colocado em um filo recém-criado: Cycliophora. Algumas

[6]Resumido por Marletaz, F. et al., 2008. *Genome Biol.* 9:R94.

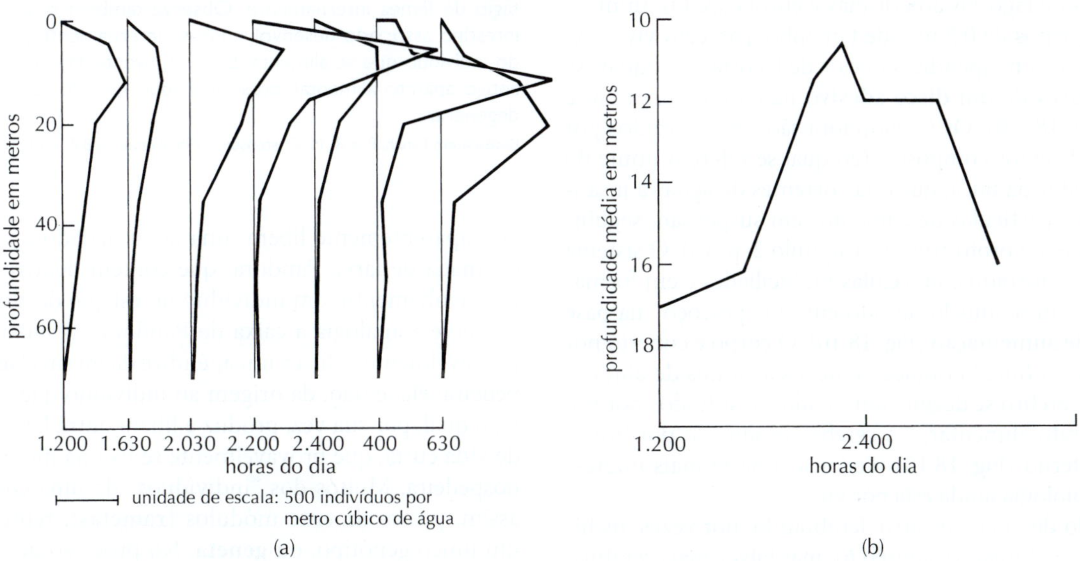

Figura 18.8

Migração vertical diária pelo quetognato *Sagitta elegans*. (a) Alterações no número de indivíduos por unidade de volume de água do mar em diferentes profundidades ao longo do tempo. Observe que um pico pronunciado de população começa a se formar em direção à superfície no início da noite, e que a profundidade média deste pico se desloca para baixo no início da manhã. (b) A profundidade média da população ao longo do tempo, a partir dos dados em (a). A população migra claramente para cima, conforme cai a noite, e para baixo, no início da manhã.

(a, b) De Froneman, P. W., E. A. Pakhomov, R. Perissinotto e V. Meaton, 1998. *Marine Biol.* 131:95-101.

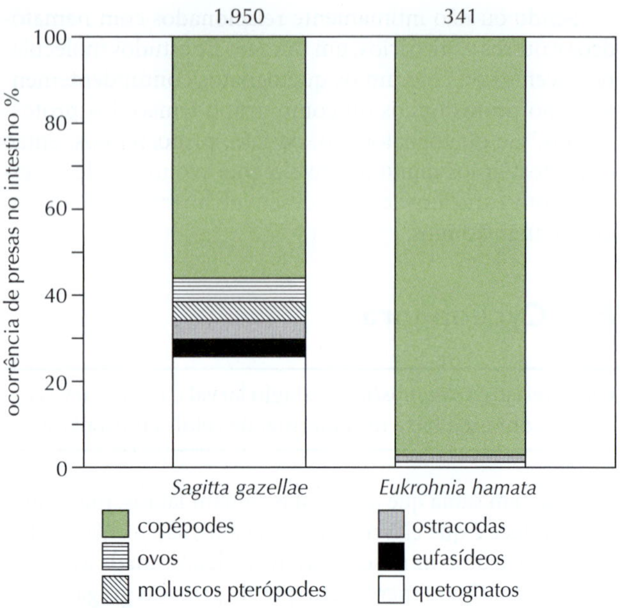

Figura 18.9

Análises do conteúdo do intestino de duas espécies de quetognatos, coletadas em intervalos de 4 horas, durante 24 horas no Oceano Índico, no sudeste da África, durante abril/maio de 1986. O número de tratos digestórios abertos por microdissecação para cada espécie é indicado no topo de cada barra. Somente de 9 a 12% tinham presas no seu intestino quando examinados. Destes indivíduos, copépodes (em verde) foram claramente as presas de maior tamanho.

De Froneman, P. W., E. A. Pakhomov, R. Perissinotto e V. Meaton, 1998. *Marine Biol.* 131:95-101. (Springer-Verlag.)

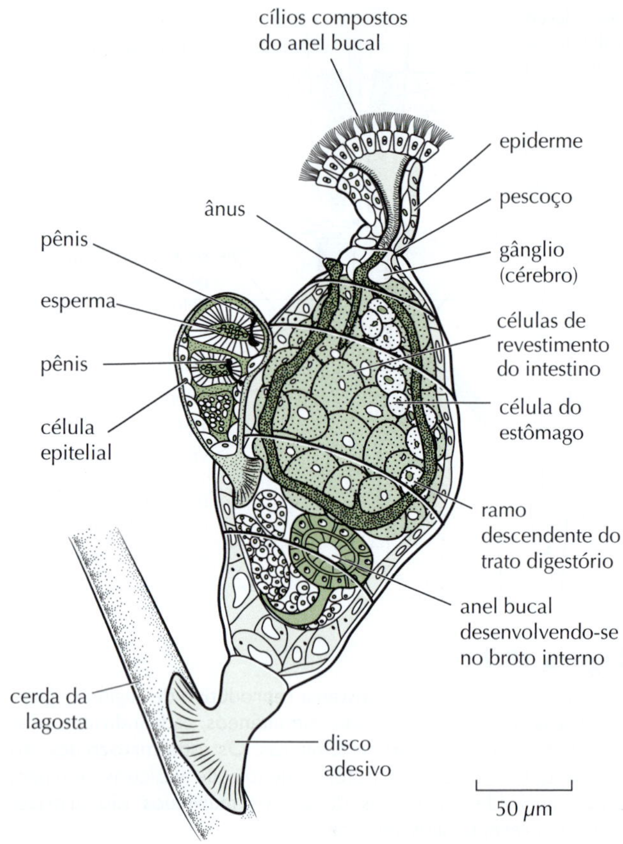

Figura 18.10

Estágio de alimentação do ciclióforo *Symbion pandora*, fixado a uma cerda de apêndice bucal da lagosta norueguesa, *Nephrops norvegicus*. O formato em U do trato digestório é mostrado em verde-escuro. Observe o macho anão que não se alimenta fixado ao exterior do estágio de alimentação, o qual provavelmente desenvolve um estágio de fêmea internamente. Observe também o anel bucal e o intestino associado desenvolvendo-se internamente perto da base do indivíduo que se alimenta. Este irá, eventualmente, substituir o antigo aparato alimentar desse indivíduo quando este venha a se degenerar.

Baseada em Funch, P. e R. M. Kristensen, 1995. *Nature*, 378:711-14.

espécies a mais agora são conhecidas, descobertas nas peças bucais de lagostas americanas e europeias. Os animais, que têm menos de 0,5 mm de tamanho, parecem viver exclusivamente em apêndices bucais de lagostas, aos quais se ligam através de um **disco adesivo** na base de uma haste curta (Fig. 18. 10). Os Cycliophora são caracterizados por um anel de cílios compostos (ao qual se refere o nome do filo) ao redor da boca, que cria correntes de água (a jusante) e coleta partículas de alimentos em suspensão, seguindo o padrão de protostômios (Capítulo 2, p. 16). O sistema digestório é forrado com células multiciliadas e em formato de U, com o ânus localizado em um "pescoço" na base do funil de alimentação (Fig. 18.10). O corpo é coberto por uma cutícula fina. Periodicamente, os aparatos de alimentação e o cérebro se degeneram, sendo substituídos por um novo aparato alimentar, e o cérebro produzido por brotamento interno (Fig. 18.10). Todavia, a parte mais interessante da biologia ainda está por vir.

O ciclo de vida é bizarro, lembrando, por vezes, os hidrozoários coloniais (Capítulo 6), mas talvez mais reminiscentes daqueles encontrados entre alguns endoparasitos, particularmente os platelmintos trematódeos (Capítulo 8) e o agente causador da malária (Capítulo 3).[7] O animal representado na Figura 18.10 está em um estágio em que se alimenta e se reproduz assexuadamente. Em intervalos, este aparentemente libera uma larva nadadora assexuada, chamada de larva Pandora, que contém dentro de si, em desenvolvimento, um indivíduo no estágio de alimentação (observe a analogia à caixa de Pandora). A larva Pandora provavelmente se fixa a um apêndice da mesma lagosta hospedeira; ela, então, dá origem ao indivíduo que se alimenta, o qual, por sua vez, produz e libera outra larva Pandora de vida curta, que provavelmente se fixa na mesma lagosta hospedeira. Muitos dos "indivíduos" de uma colônia são, assim, provavelmente módulos (**rametas**), representando um único genótipo, ou **geneta**. No processo de metamorfose, o sistema nervoso e o corpo da larva de Pandora se degeneram; novos indivíduos, com novos sistemas nervosos, são gerados a partir de brotos dentro da larva.

Todavia, isso só pode continuar por algum tempo, uma vez que, eventualmente, a lagosta sofrerá muda e os rametas que se alimentam serão descartados junto com a cutícula antiga. Quando a lagosta está se preparando para a muda,

[7]Ver *Tópicos para posterior dicussão e investigação*, nº 4, no final deste capítulo.

os simbiontes que se alimentam se tornam sexualmente maduros e produzem, através de diferenciação interna, machos nadadores maduros sexualmente ou fêmeas maduras sexualmente, as quais contêm um único ovo (Fig. 18.11). A fêmea é mantida dentro do estágio de alimentação até que seu ovo seja fertilizado. Para alcançar este objetivo, presume-se que o macho emerja de seu progenitor do estágio de alimentação, nade por um breve tempo e se fixe a outro indivíduo do estágio de alimentação que abrigue uma fêmea. Então, o pequeno macho "anão" que não se alimenta injeta o esperma (provavelmente por impregnação hiperdérmica) através do que parecem ser dois pênis (Fig. 18.10), ou espera até que a fêmea emerja.

A fêmea emerge e já acasala ou traz seu ovo já fertilizado consigo. A fêmea, então, presumivelmente se fixa na mesma lagosta, que ainda está se preparando para muda, e logo degenera, formando um cisto. O ovo fertilizado dentro da fêmea encistada e, enquanto isso, diferencia-se e forma uma **larva cordoide** ciliada, o nome refletindo a faixa ventral conspícua de células musculares na larva (*chorda* = do grego, corda). A larva também ostenta um par de protonefrídeos e pode ser uma trocófora modificada. A larva cordoide, pela primeira vez na história representando um novo geneta, presumivelmente surge antes que a lagosta libere seu exoesqueleto, e rapidamente se dispersa para outra lagosta hospedeira, onde produz um novo indivíduo, que se alimenta e prolifera o novo geneta assexuadamente nesta lagosta, conforme descrito anteriormente.

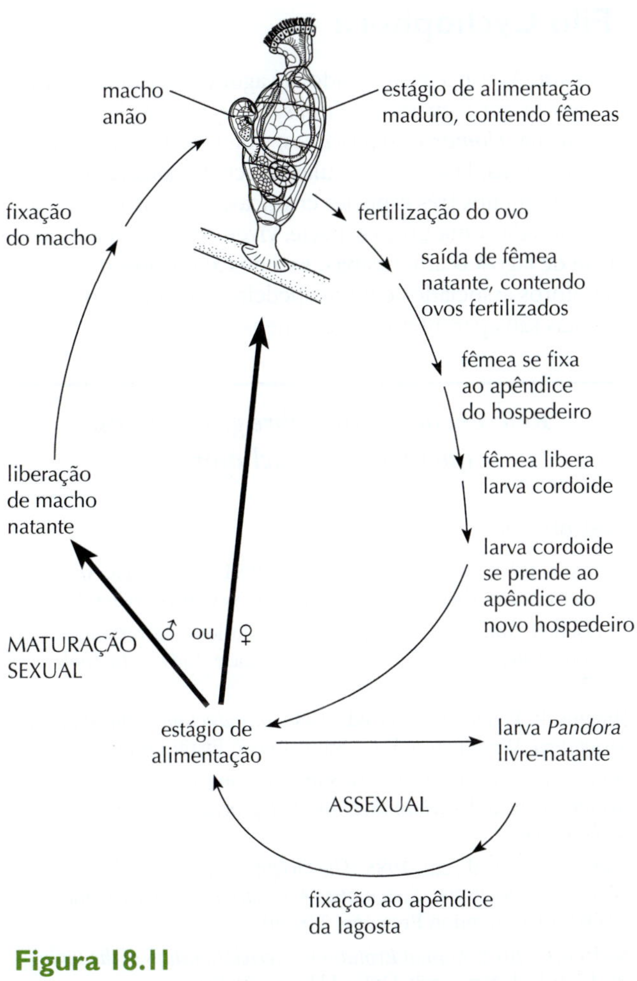

Figura 18.11

Ciclo de vida do ciclióforo *Symbion pandora,* hipotetizado a partir de observações em laboratório de animais vivos e exame microscópico do que parecem ser sequências de estágio em material preservado.

Baseada em Funch, P. e R. M. Kristensen. 1995. *Nature* 378:711–14.

Análises moleculares dos genes do RNA ribossomal 18S agrupam ciclióforos com rotíferos e acantocéfalos. Como suporte para essa associação, rotíferos e ciclióforos exibem machos anões, injeção hipodérmica de esperma nas fêmeas e células epiteliais multiciliadas. Além disso, a ultraestrutura da cutícula de *S. pandora* assemelha-se àquela de alguns outros asquelmintos. Outros estudos sugerem que ciclióforos são mais intimamente relacionados a outros animais alimentadores de suspensão, que serão discutidos no capítulo seguinte: os briozoários e os entoproctos. Em particular, entoproctos e briozoários apresentam crescimento modular por brotamento, e alguns aspectos do brotamento e da regeneração periódica do aparato alimentar dos ciclióforos assemelham-se a fenômenos exibidos dentro de Bryozoa; em contraste marcante, brotamento e regeneração são desconhecidos entre os rotíferos e extremamente raros entre outros asquelmintos. Além disso, o cérebro e o sistema nervoso larval degeneram na metamorfose em todos os três grupos, mas nunca entre os rotíferos.

Um número de características morfológicas é ambíguo. Protonefrídeos são encontrados entre ambos rotíferos e entoproctos, e o trato digestório em forma de U dos ciclióforos também caracteriza rotíferos e todos os filos discutidos no próximo capítulo, incluindo os briozoários e entoproctos. A ausência do mástax poderia ser um argumento contra uma relação próxima com os rotíferos, mas este pode ter sido perdido durante a evolução dos ciclióforos, como aparentemente ocorreu com os acantocéfalos (Capítulo 10). A posição filogenética deste grupo enigmático de animais simbióticos é ainda incerta.

Resumo taxonômico

Filo Gastrotricha

Filo Chaetognatha

Filo Cycliophora

Tópicos para posterior discussão e investigação

1. Discuta as evidências que sugerem que os quetognatos podem se orientar pela luz e por vibrações.

Feigenbaum, D., and M. R. Reeve. 1977. Prey detection in the Chaetognatha: Response to a vibrating probe and experimental *ogr.*22:1052.

Goto, T., and M. Yoshida. 1983. The role of the eye and CNS components in phototaxis of the arrowworm, *Sagitta crassa* Tokioka. *Biol. Bull.* 164:82.

Haddock, S. H. D. 2010. Bioluminescent organs of two deep-sea arrow worms, *Eukrohnia fowleri* and *Caecosagitta macrocephala* with further observations on bioluminescence in chaetognaths. *Biol. Bull.* 219:100–11.

Newbury, T. K. 1972. Vibration perception by chaetognaths. *Nature* (London) 236:459.

2. Quais pistas ambientais parecem regular o ciclo de migração vertical dos quetognatos? Discuta os prováveis benefícios adaptativos e custos associados a esse comportamento migratório.

Pearre, S., Jr. 1973. Vertical migration and feeding in *Sagitta elegans* Verrill. *Ecology* 54:300.

3. A transparência deve ser muito benéfica para animais planctônicos, tornando mais difícil que sejam vistos por uma presa potencial e escondendo-os de potenciais predadores. Como os animais tornam-se transparentes?

Johnsen, S. 2001. Hidden in plain sight: The ecology and physiology of organismal transparency. *Biol. Bull.* 201:301–18.

4. Com base em aulas e suas leituras deste livro, compare e contraste o ciclo de vida de *Symbion pandora* com o de (a) *Plasmodium*, (b) hidrozoários coloniais e (c) platelmintos trematódeos.

Detalhe taxonômico

Filo Gastrotricha

As aproximadamente 700 espécies são divididas em duas ordens.

Ordem Chaetonotida
Chaetonotus, Lepidodermella. Embora a maioria das espécies viva em água doce (incluindo pântanos de água doce), representantes ocorrem em todos os hábitats aquáticos. Indivíduos sempre são pequenos, com membros da maioria das espécies menores do que 300 μm de comprimento. A ordem inclui aproximadamente 65% de todas as espécies de gastrótricos, muitos dos quais reproduzem-se principalmente por partenogênesis. Sete famílias.

Ordem Macrodasyida
Turbanella, Tetranchyroderma, Macrodasys, Dactylopodola. Membros desta ordem ocorrem em ambientes marinhos, de águas salobras e estuarinos. Não existem espécies de água doce. Esta ordem contém os maiores gastrótricos, alguns dos quais atingem comprimentos de 3,5 mm. A maioria das espécies é hermafrodita simultânea ou sequencial. Seis famílias.

Filo Chaetognatha

As cerca de 150 espécies de quetognatos são distribuídas entre duas ordens dentro de uma única classe. A divisão em ordens baseia-se na presença (Ordem Phragmophora) ou ausência (Ordem Aphragmophora) de músculos ventral e transversal.

Classe Sagittoidea
Duas ordens.

Ordem Phragmophora
Paraspadella, Spadella – todos os membros deste gênero são moradores de fundo, principalmente em águas rasas; *Eukrohnia* – espécies deste gênero são planctônicas.

Ordem Aphragmophora
Parasagitta, Sagitta. Este grupo contém 50% ou mais de todas as espécies de quetognatos. Estes membros são todos planctônicos e compõem uma grande fração da biomassa animal nos oceanos do mundo.

Filo Cycliophora

Symbion. As espécies têm sido até agora descritas a partir da lagosta norueguesa, *Nephrops norvegicus*, da lagosta americana, *Homarus americanos,* e da lagosta europeia, *H. gammarus.* Dados moleculares recentes sugerem que pelo menos três espécies crípticas, anteriormente consideradas uma única espécie, vivem sobre o aparelho bucal de lagostas americanas. Estudos anteriores de ciclióforos associados com hospedeiros que não são lagostas são aparentemente errôneos.

Referências gerais sobre gastrótricos, quetognatos e ciclióforos

Gastrótricos:

Harrison, F. W., and E. E. Ruppert, eds. 1991. *Microscopic Anatomy of Invertebrates, Volume 4: Aschelminthes.* New York: Wiley-Liss.

Harzsch, S., and A. Wanninger. 2010. Evolution of invertebrate nervous systems: The Chaetognatha as a case study. *Acta Zool.* 91:35–43.

Higgins, R. P., and H. Thiel, eds. 1988. *Introduction to the Study of Meiofauna.* Washington, D.C.: Smithsonian Institution Press.

Hyman, L. H. 1951. *The Invertebrates, Volume 3. Acanthocephala,Aschelminthes, and Entoprocta.* New York: McGraw-Hill.

Morris, S. C., et al., eds. 1985. *The Origins and Relationships of Lower Invertebrates. Systematics Association, Special Volume 28.*Oxford: Clarendon Press, pp. 248–60.

Nielsen, C. 2012. *Animal Evolution: Interrelationships of the Living Phyla,* 3rd ed. New York: Oxford University Press.

Parker, S. P., ed. 1982. *Classification and Synopsis of Living Organisms,* vol. 1. New York: McGraw-Hill, 857–77.

Schmidt-Rhaesa, A. 2002. Two dimensions of biodiversity research exemplified by Nematomorpha and Gastrotricha. *Integr. Comp. Biol.* 42: 633–40.

Thorpe, J. H., and A. P. Covich, eds. 2009. *Ecology and Classification of North American Freshwater Invertebrates,* 3rd ed. New York:Academic Press,(gastrotrichs).

Todaro, M. A., M. J. Telford, A. E. Lockyer, and D. T. J. Littlewood. 2006. Interrelationships of the Gastrotricha and their place among the Metazoa inferred from 18S rRNA genes. *Zool. Scripta* 35:251–59.

Quetognatos:

Alvarino, A. 1965. Chaetognaths. *Oceanogr. Marine Biol. Ann. Rev.*3:115–94.

Ghirardelli, E. 1968. Some aspects of the biology of the chaetognaths. *Adv. Marine Biol.* 6:271–375.

Halanych, K. M. 1996. Testing hypotheses of chaetognath origins: Long branches revealed by 18S ribosomal DNA. *Syst. Biol.* 45:223–46.

Hyman, L. H. 1959. *The Invertebrates,* Vol. 5. *Smaller CoelomateGroups.* New York: McGraw-Hill.

Parker, S. P., ed. 1982. *Classification and Synopsis of Living Organisms,* vol. 2. New York: McGraw-Hill, 781–83.

Shinn, G. L. 1994. Epithelial origin of mesodermal structures in arrow worms (Phylum Chaetognatha). *Amer. Zool.* 34:523–32.

Vannier, J., M. Steiner, E. Renvoise, S.-X. Hu, and J.-P. Casanova.2007. Early Cambrian origin of modern food webs: Evidence from predator arrow worms. *Proc. R. Soc. B* 274:627–33.

Ciclióforos:

Funch, P., and R. M. Kristensen. 1995. Cycliophora is a new phylum with affinities to Entoprocta and Ectoprocta. *Nature* 378:711–14.

Funch, P., and R. M. Kristensen. 1997. Cycliophora. In F. W. Harrison and R. M. Woollacott, eds., *Microscopic Anatomy of the Invertebrates,* vol. 13, pp. 409–74.

Neves, R. C., R. M. Kristensen, and P. Funch. 2012. Ultrastructure and morphology of the cycliophoran female. *J. Morphol.* 273:850–69.

Procure na web

1. http://www.microscopy-uk.org.uk/mag/indexmag.html

   Clique em "Library" e depois em "Search Site's Entire Content". Após, busque "Symbion" para ver um artigo popular ("New Life Form") da Micscape library - descoberta e biologia de *Symbion pandora*. Procure também por "chaetognath" para uma série de artigos e fotos interessantes.

2. www.meiofauna.org

   Este site é mantido pela Associação Internacional de Meiobentologistas.

3. http://www.microscopyu.com/moviegallery/pondscum/gastrotrich/chaetonotus/

   Este site, oferecido pela Nikon, inclui vídeos da locomoção de gastrótricos (procure por "gastrotrich").

4. http://www.micrographia.com/specbiol/gastrot/gastro/gast0100.htm

   Este link leva você a algumas grandes fotografias de gastrótricos.

19

Os "lofoforados" (foronídeos, braquiópodes, briozoários) e entoproctos

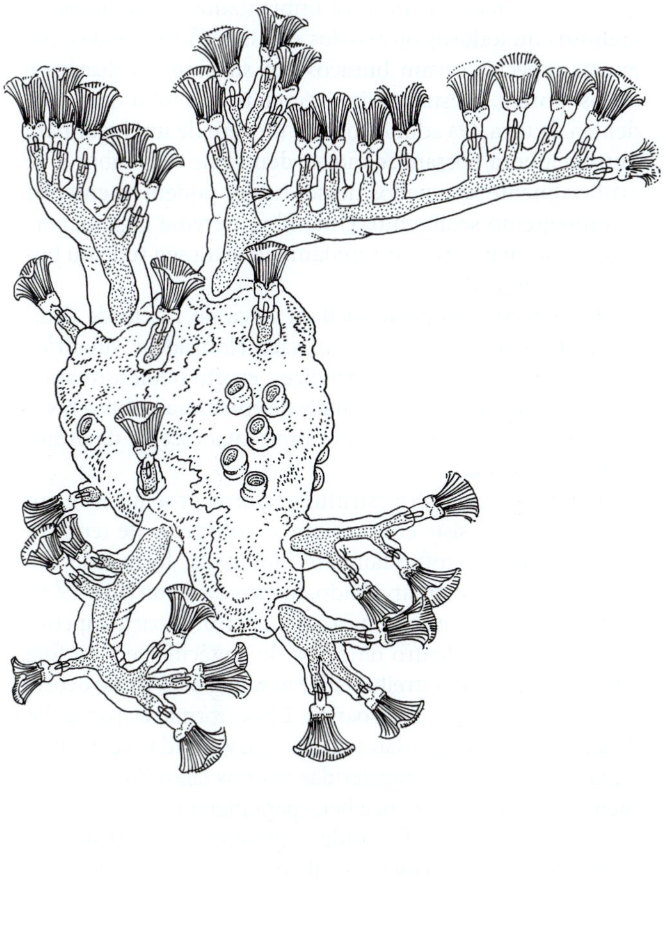

Introdução e características gerais

"'Lophophorata' é, assim, um agregado polifilético, e a palavra deve desaparecer do vocabulário zoológico, assim como 'vermes' desapareceu há muitos anos."

Claus Nielsen

Os quatro filos discutidos neste capítulo – Phoronida, Brachiopoda, Bryozoa e Entoprocta – sempre tiveram relações filogenéticas incertas com outros filos animais e uns com os outros. Começamos com os três primeiros filos, os quais têm em comum uma característica anatômica principal, que durante longo período pensava-se ser homóloga nos três grupos, o **lofóforo**, um órgão ciliado, usado para coleta de alimentos e troca gasosa. O lofóforo é circum-oral (i.e., ao redor da boca), caracterizado por uma crista circular ou em forma de **U** em torno da boca. Essa crista ostenta uma ou duas fileiras de tentáculos ocos e ciliados. O espaço interno dentro do lofóforo e seus tentáculos é sempre uma cavidade celomática, e o ânus sempre se encontra fora do círculo de tentáculos; ambas as características passaram a ser partes importantes da definição de um lofóforo. Todavia, o lofóforo dos briozoários difere estruturalmente dos foronídeos e braquiópodes – os tentáculos do lofóforo dos briozoários, por exemplo, são multiciliados, ao passo que os dos foronídeos e braquiópodes são monociliados –, e muitos dados moleculares recentes sugerem que o "lofóforo" dos briozoários, de fato, não é homologo ao dos foronídeos e braquiópodes.[1] Neste livro, o órgão coletor de alimento dos membros dos três grupos será referido como lofóforo, mas a questão está longe de ser resolvida.

[1]Nesnidal, M. P., M. Helmkampf, I. Bruchhaus e B. Hausdorf. 2011. *BMC Genomics* 12:572.

Os três grupos também diferem no que diz respeito aos seus sistemas circulatório e excretor, à natureza dos revestimentos protetores que secretam e a detalhes importantes de desenvolvimento. Certamente, os seus padrões de desenvolvimento são diferentes daqueles relatados para quaisquer outros grupos celomados: eles apresentam características de desenvolvimento protostômico e deuterostômico, juntamente com características que não aplicam-se ao desenvolvimento em nenhum dos grupos. Por um lado, o celoma tripartido, geralmente encontrado entre Lophophorata, há muito tem sido considerado uma característica única dos deuterostômios. Além disso, a clivagem é basicamente radial, como nos deuterostômios, e o destino das células só é determinado – pelo menos nas poucas espécies estudadas até agora – após diversas clivagens iniciais. A clivagem indeterminada é uma característica deuterostômica típica. No entanto, a formação do celoma não é distintamente enterocélica (como seria em um deuterostômio típico) ou esquizocélica (como seria em um protostômio típico). Ambos os modos de formação do celoma foram observados entre "Lophophorata", e em pelo menos algumas espécies de Phoronida o celoma se forma como uma divisão (esquizocelia) no tecido endodermal (enterocelia), em vez de no tecido mesodérmico. Para aumentar ainda mais a intriga, o "celoma" dos briozoários não se forma por nenhum desses mecanismos. Origina-se não durante a embriogênese, mas somente após a conclusão da vida larval. Um número crescente de estudos, com base morfológica, RNA ribossomal, DNA mitocondrial e sequências de genes *hox*, posiciona os lofoforados, braquiópodes, briozoários e entoproctos com anelídeos, moluscos e os sipunculídeos, formando um novo clado de protostômios, chamado de Lophotrochozoa (ou Spiralia) (ver Fig. 2.11b, c).

De acordo com essa ideia, a boca dos foronídeos se forma a partir do blastóporo, uma característica distintiva protostômica, e, em dois dos grupos (Phoronida e Brachiopoda), nefrídeos típicos de protostômios são encontrados em larvas e adultos.

O que os três grupos de "lofoforados" têm em comum? Todos os membros são sésseis ou sedentários e se alimentam de material em suspensão, empregando os cílios do lofóforo para capturar o fitoplâncton e pequenos animais planctônicos, e nenhum deles têm uma cabeça distinta. Além disso, o padrão de fluxo de água criado pelos cílios tentaculares é o mesmo em todas as espécies: a água é puxada de cima para baixo para dentro do centro do lofóforo pela ação de cílios laterais, e expulsa entre tentáculos adjacentes após os cílios frontais terem removido as partículas de alimento (Fig. 19.1b).

A cavidade celomática do lofóforo, chamada de **mesocele**, é fisicamente separada por um septo da cavidade celomática primária maior, a **metacele** (Fig. 19.1a). Em alguns grupos, esse septo é perfurado ou incompleto e, assim, as duas cavidades celomáticas estão interligadas. Uma terceira cavidade celomática, a **protocele**, pode estar presente anterior à mesocele. A protocele é distinta, porém bastante pequena em alguns grupos de lofoforados, mas é particularmente conspícua durante a fase larval dos foronídeos. A ausência de uma protocele diferenciada entre braquiópodes e briozoários parece relacionada à redução evolutiva da cabeça.

Uma característica comum aos membros de todos os três grupos são as gônadas muito simples, derivadas de uma porção do revestimento mesodermal do compartimento celomático principal (tronco) – isto é, a partir da metacele. Além disso, todas as espécies possuem o trato digestório em forma de U, no qual o ânus, quando presente, termina próximo à boca, e todas as espécies secretam alguma forma de revestimento protetor sobre o corpo.

Por fim, quase todas as espécies discutidas neste capítulo são marinhas, com exceção de algumas espécies de briozoários, que são comumente encontradas em água doce. Nenhuma das espécies é terrestre, em qualquer sentido da palavra; o estilo de vida sedentário, filtrador de material em suspensão, não é uma provável pré-adaptação para a vida na terra.

Filo Phoronida

Todos os membros do filo Phoronida obedecem estreitamente ao mesmo plano corporal básico. Somente 14 espécies são conhecidas, e todas são marinhas.

A maioria dos foronídeos vive em tubos permanentes, quitinosos e não calcificados, implantados em sedimentos arenosos ou lodosos ou fixados em superfícies sólidas. Algumas espécies cavam buracos em substratos calcários e duros, porém, mesmo assim, secretam um tubo quitinoso dentro da toca. Os adultos não se movem de um lugar para outro, embora possam se mover dentro de seus tubos e, se artificialmente removidos desses tubos, podem se enterrar novamente no sedimento. Uma fibra nervosa gigante permite ao animal se retrair rapidamente para seu tubo ou buraco, se ameaçado.

Foronídeos, em geral, medem cerca de 12 cm de comprimento, com a forma de um saco alongado e cilíndrico (Fig. 19.2). Não possuem apêndices, exceto o lofóforo anterior. Uma aba de tecido, chamada de **epístoma**, cobre a boca. O epístoma é oco, pois contém um remanescente da protocele embrionária.

O lofóforo é a única estrutura externa proeminente nos foronídeos. Consiste em uma coroa conspícua de tentáculos, geralmente profundamente indentada, formando um U, e um sulco alimentar ciliado, menos evidente (Fig. 19.3). A atividade ciliar impulsiona a água a partir da parte superior do lofóforo para dentro da coroa de tentáculos e para fora através dos espaços estreitos entre os tentáculos, como ocorre com braquiópodes e briozoários. Dessa forma, as partículas de alimento em suspensão podem ser capturadas pelos cílios tentaculares e muco, transferidas para os cílios do sulco alimentar e conduzidas para a boca para ingestão.

Internamente, os foronídeos possuem um par de metanefrídeos: os nefróstomas ciliados coletam fluido celomático (e espermatozoides maduros ou óvulos fertilizados), e o nefridióporo descarrega a urina próxima do ânus (Fig. 19.3b). Um sistema circulatório sanguíneo com hemoglobina (contida nos corpúsculos sanguíneos) está presente em todas as espécies. Não há um coração distinto, mas o maior vaso sanguíneo do tronco é contrátil.

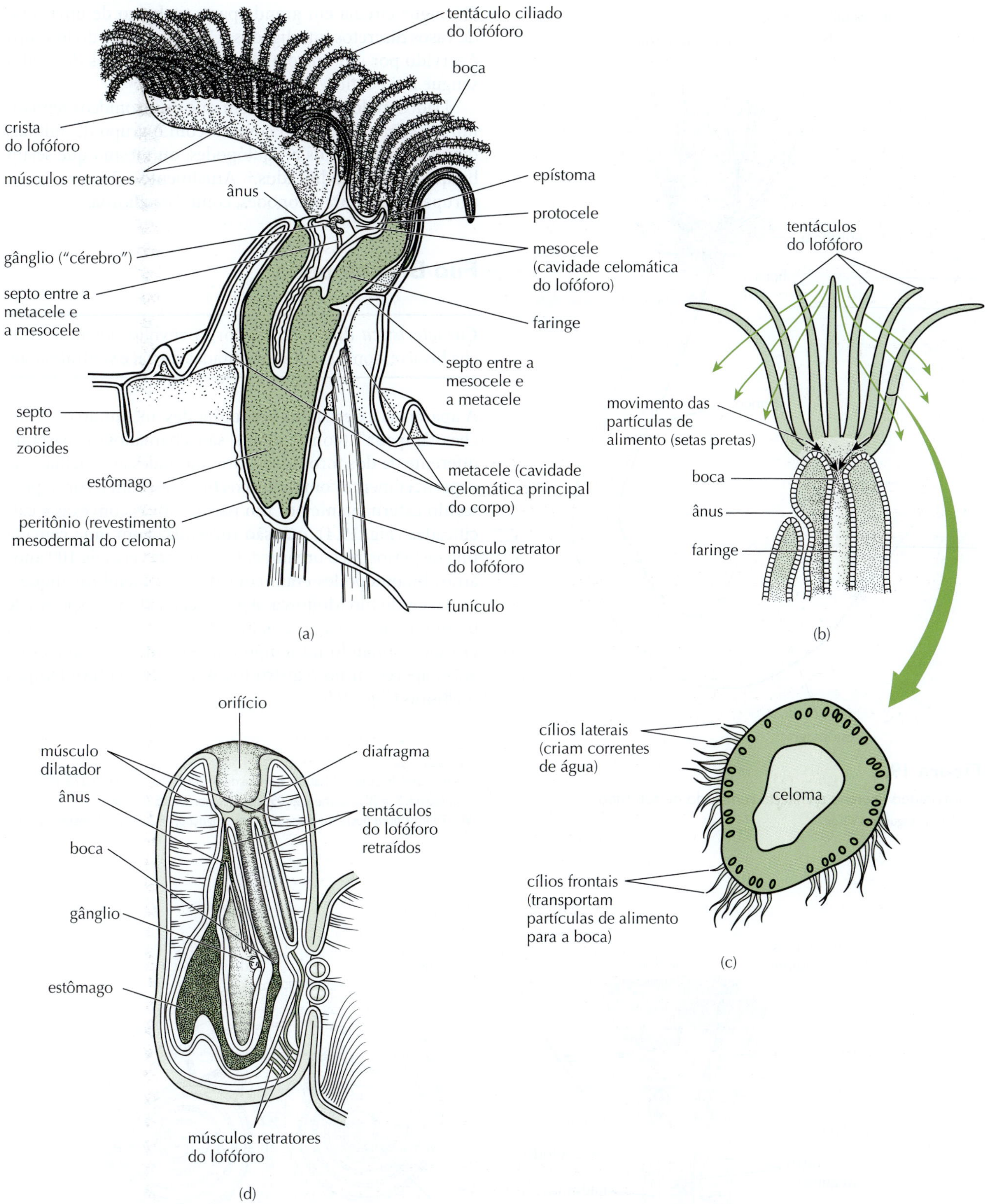

Figura 19.1

(a) Secção longitudinal através do corpo de um lofoforado (o briozoário *Cristatella* sp.). Observe que a boca se encontra dentro da coroa de tentáculos do lofóforo, mas que o ânus não. (b) Movimento da água através de um lofóforo (setas verdes). (c) Secção transversal através de um tentáculo do lofóforo, mostrando a localização e a função dos tratos ciliares. (d) Ilustração de um polipídeo retraído para dentro do cistídeo. Detalhes anatômicos são discutidos posteriormente na seção sobre o filo Bryozoa.

(a) De Hyman; segundo Cori. (b, c) Baseada em P. G. Willmer, *Invertebrate Relationships*. 1990. (d) De Hyman, segundo Marcus.

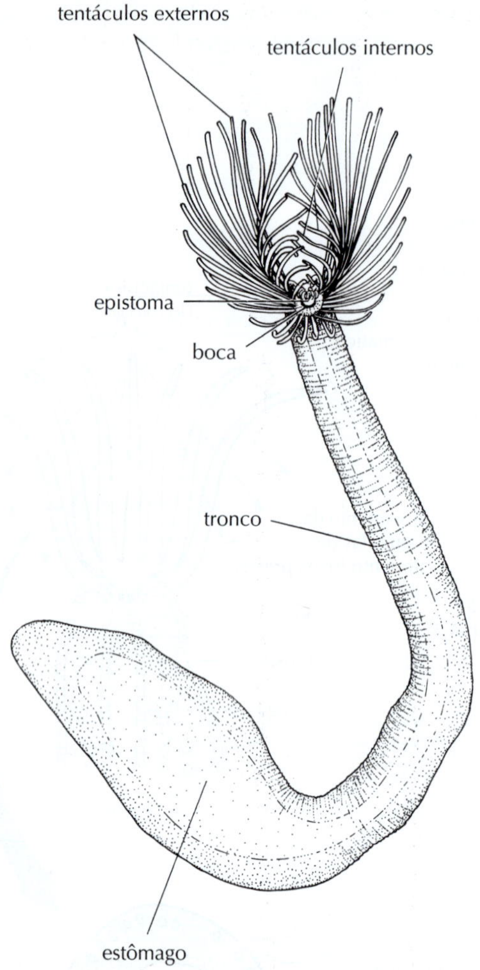

Figura 19.2

O foronídeo *Phoronis architecta* removido de seu tubo.
De Hyman; segundo Wilson.

O sangue circula em grande parte ao longo de uma série de vasos discretos interligados. Cada tentáculo do lofóforo é servido por um único e pequeno vaso, através do qual o sangue flui e reflui.

Dados moleculares sugerem que os foronídeos tenham um ancestral recente em comum com o grupo de animais discutido a seguir, os braquiópodes, ou mesmo que sejam braquiópodes modificados.[2] Atualmente, são, em geral, agrupados com braquiópodes, como Brachiozoa.

Filo Brachiopoda

Característica diagnóstica: corpo envolto por uma concha bivalve, com as valvas orientadas dorsal e ventralmente.

A aparência externa dos braquiópodes, incluindo os "conchas-lâmpada" (como alguns são chamados) é bastante diferente da dos foronídeos. Braquiópodes assemelham-se superficialmente com moluscos bivalves, com o corpo protegido externamente por um par de valvas convexas e calcificadas (Fig. 19.4), que são revestidas com uma camada fina de perióstraco orgânico. De fato, até cerca de 100 anos atrás, braquiópodes eram considerados membros inquestionáveis do filo Mollusca. Apenas cerca de 350 espécies de braquiópodes existem atualmente, porém mais de 30 mil espécies, voltando no tempo em cerca de 550 milhões de anos, aparecem no registro fóssil. Este filo já teve tempos melhores (Fig. 19.5).[3]

[2]Helmkampf, M., I. Bruchhaus e B. Hausdorf. 2008. *Proc. R. Soc. B* 275:1027–33; e Santagata, S. e B. L. Cohen. 2009. *Zool. J. Linn. Soc.* 157:34-50.
[3]Ver *Tópicos para posterior discussão e investigação*, nº 2, no final deste capítulo.

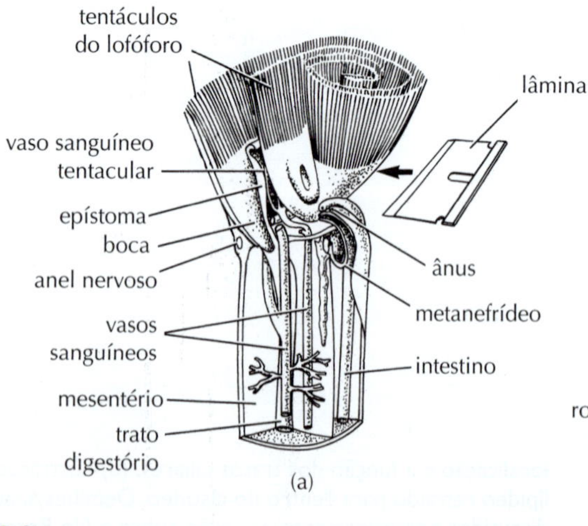

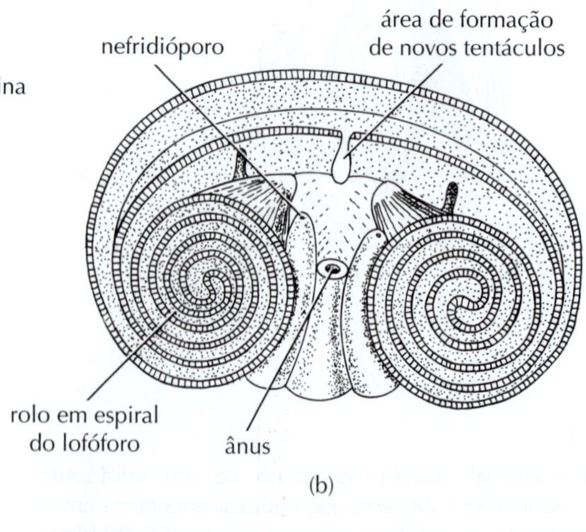

Figura 19.3

Anatomia de um foronídeo. (a) Vista lateral de *Phoronis australis*, secionado verticalmente para revelar a anatomia interna. (b) Vista do lofóforo, de cima para baixo, depois dos tentáculos terem sido removidos pela lâmina no plano indicado em (a). Os tentáculos estariam emergindo para fora da página se não tivessem sido cortados. O lofóforo é basicamente em forma de U, embora cada uma das extremidades do U seja enrolada, formando uma espiral, nesta espécie.
De Hyman; segundo Shipley e Benham.

Figura 19.4

Fotografia de um braquiópode inarticulado, *Lingula* sp. (à direita) e quatro indivíduos de um braquiópode articulado, os "conchas-lâmpada", *Terebratella* sp. *Lingula* sp. possui um pedículo longo muscular, o qual ancora o animal em um buraco no sedimento. Em contrapartida, articulados geralmente têm um pedículo curto, com o qual se fixam às rochas. O pedículo de *Terebratella* sp. é visto projetando-se a partir de uma abertura da valva ventral em um dos indivíduos acima. Em algumas espécies de braquiópodes articulados e inarticulados, o pedículo é completamente perdido; as valvas são cimentadas diretamente no substrato sólido.

© J. Pechenik e L. Eyster.

Como observado anteriormente, alguns dados moleculares indicam que foronídeos estão intimamente relacionados com os braquiópodes e podem até ter evoluído a partir de ancestrais braquiópodes. Curiosamente, fósseis do que parecem ser braquiópodes de concha mole – sugerindo uma perda secundária de uma concha calcificada – têm sido descritos, adicionando suporte ao cenário[4] de braquiópodes modificados.

O lofóforo dos braquiópodes se assemelha ao dos foronídeos, exceto que na maioria das espécies é projetado para fora em dois braços (Fig. 19.6), aumentando a área de superfície efetiva para coleta de alimentos e troca gasosa. Além disso, como em Phoronida, metanefrídeos (um ou dois pares, nos braquiópodes) servem como órgãos excretores. Um sistema circulatório também está presente, com o sangue circulando pela ação de um coração bem desenvolvido e de um a vários vasos contráteis associados com o vaso dorsal principal. Subsequentemente, deixando esse vaso principal, o sangue se move um pouco menos sistematicamente através de um sistema de seios circulatórios interconectados. O sangue não contém nenhum pigmento de ligação com oxigênio. Um pigmento sanguíneo é encontrado no fluido celomático, mas é a hemeritrina, e não hemoglobina. Hemeritrina, embora contenha ferro, é estrutural e funcionalmente bastante diferente da hemoglobina. A distribuição de hemeritrina entre os animais há muito tempo tem intrigado zoólogos; ela é encontrada apenas em braquiópodes, sipúnculos, priapúlidos e poucas espécies de poliquetas, grupos com nenhuma relação filogenética próxima. A hemeritrina não é encontrada em nenhum outro lofoforado.

A maioria dos braquiópodes vive permanentemente ligada a um substrato sólido ou firmemente implantada no sedimento. A fixação dá-se geralmente por meio de uma

[4]Balthasar, U. e N. J. Butterfield. 2009. *Acta Palaeontol. Pol.* 54:307–14.

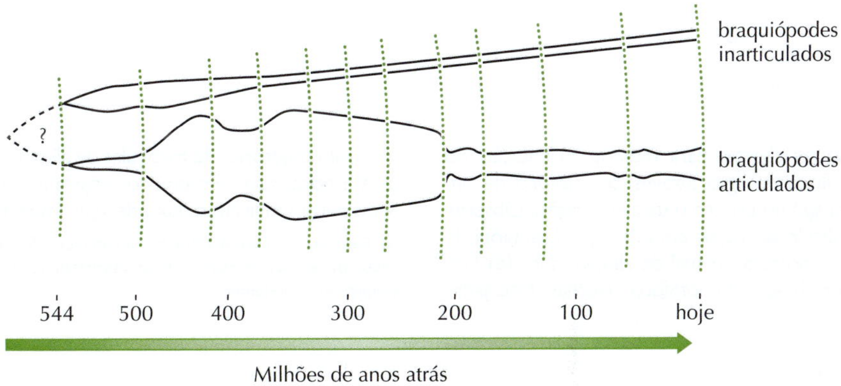

Figura 19.5

A ocorrência de braquiópodes no registro fóssil. Diminuições na largura correspondem a diminuições comparáveis no número de espécies. A distinção entre as espécies articuladas e inarticuladas é mostrada na Tabela 19.1.

Baseada em Boardman et al., *Fossil Invertebrates*. Palo Alto: Blackwell Scientific Publications, Inc., 1987.

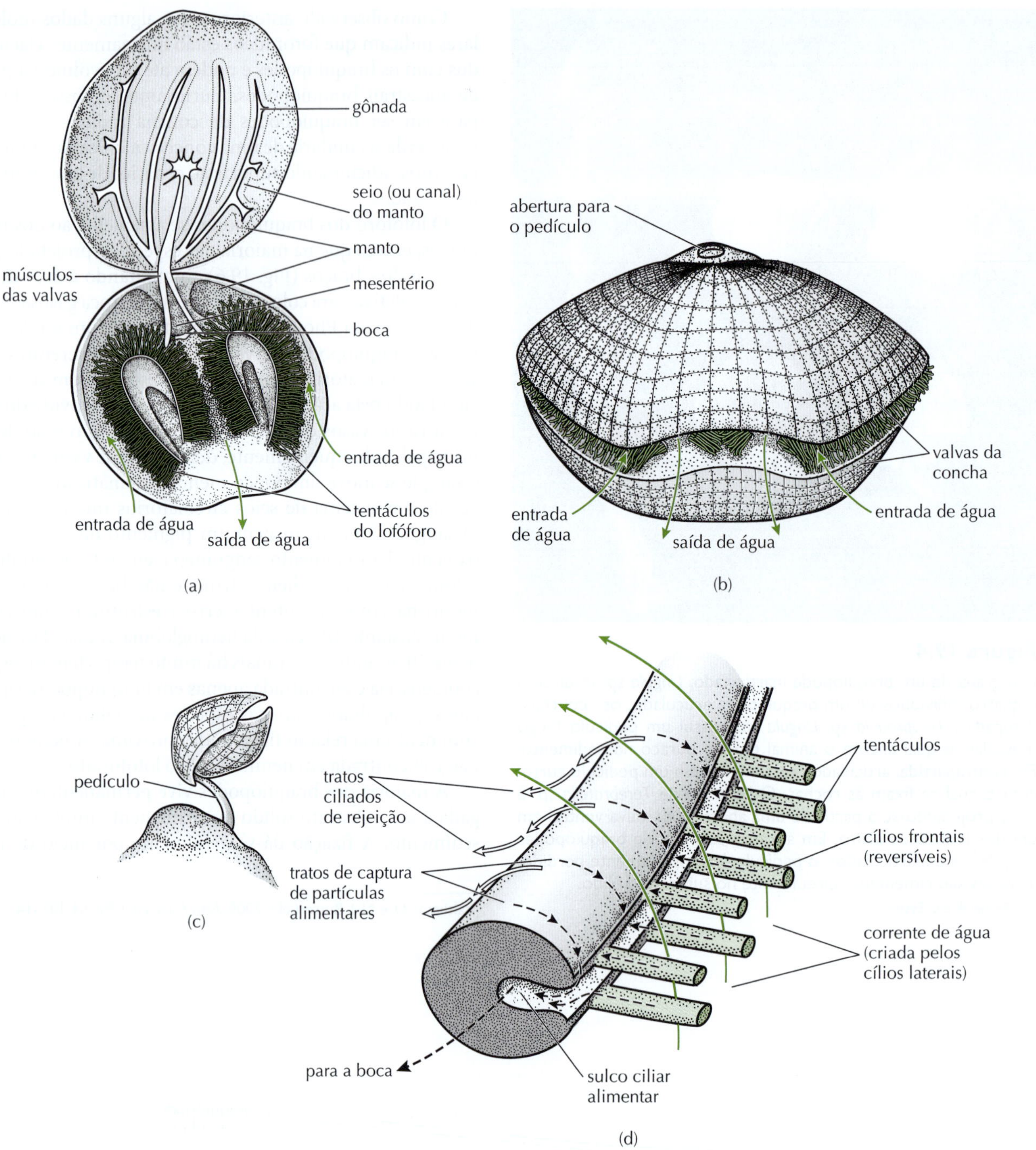

Figura 19.6

(a) Braquiópode com valvas abertas para mostrar orientação do lofóforo. (b) Curso do fluxo de água através do lofóforo de um braquiópode (*Terebratella* sp.) no processo de alimentação. Observe a abertura pela qual o pedículo se projeta em vida. (c) O braquiópode *Hemithyris psittacea* na sua postura normal de alimentação. (d) Detalhes de uma parte do braço do lofóforo. Flechas tracejadas mostram trajetórias de partículas de alimento capturadas em trânsito para a boca; setas em branco mostram partículas sendo rejeitadas. Setas verdes indicam o fluxo de água entre tentáculos adjacentes.

(a) Baseada em Beck/Braithwaite, *Invertebrate Zoology, Laboratory Workbook*, 3/e, 1968. (b) Segundo Hyman; segundo Blochman. (c) Segundo Hyman. (d) Modificada segundo Russell-Hunter.

haste, chamada de **pedículo** (do latim, pezinho), que se projeta posteriormente através de uma fenda ou buraco na valva ventral da concha (Figs. 19.4 e 19.6b, c). A haste é bastante longa e flexível em algumas espécies talvez servindo para manter o corpo acima do substrato e em uma zona com bom fluxo de água.[5] Isso poderia beneficiar os braquiópodes tanto em termos de aumento nas trocas gasosas

[5]Ver *Tópicos para discussão e investigação adicional*, nº 3, no final deste capítulo.

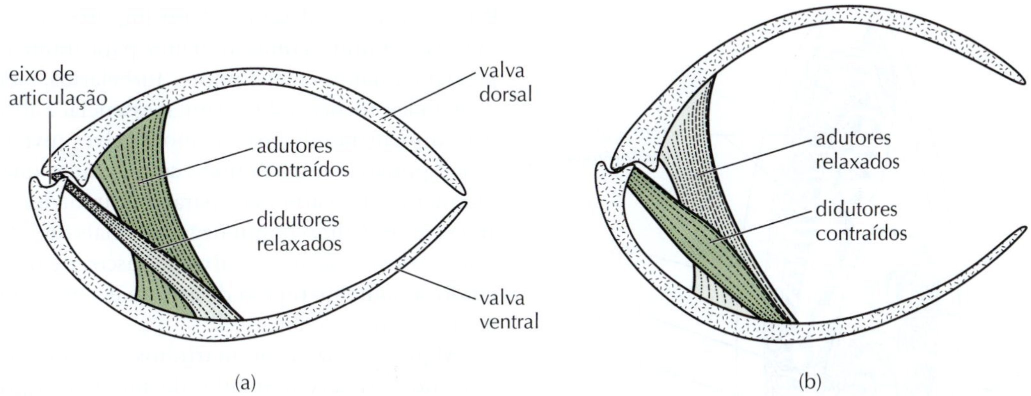

Figura 19.7

O uso de músculos adutores e didutores para abertura e fechamento das valvas da concha de um braquiópode articulado típico. (a) Contrair os músculos adutores enquanto os músculos didutores estão relaxados, fecha as valvas e estende os músculos didutores. (b) Contrair os músculos didutores enquanto os músculos adutores estão relaxados, separa as valvas e estende os músculos adutores, preparando-os para outra contração.

Baseada em Boardman et al., *Fossil Invertebrates*. 1987.

quanto de aumento na captura de alimento. O pedículo é, muitas vezes, muscular e oco, abrigando uma extensão da cavidade celomática principal (a metacele), pela qual o fluido celomático pode circular.

As conchas dos braquiópodes são compostas por uma matriz de proteína, além de carbonato de cálcio ou fosfato de cálcio, e são secretadas por dois lobos de tecido, chamados de **tecido do manto**. Este manto não é uma forma homóloga do tecido secretor da concha dos moluscos, apesar do mesmo nome. Como o "manto" dos cirripédios, a terminologia simplesmente reflete ideias passadas sobre as relações entre grupos de animais, ideias que têm mudado substancialmente nos últimos cem anos ou mais; tanto cirripédios quanto braquiópodes foram classificados como moluscos no passado.

Os membros de muitas espécies braquiópodes secretam cerdas quitinosas ao longo das bordas do manto, e tufos de cerdas quitinosas são também proeminentes em larvas (Fig. 19.16b). Estudos ultraestruturais cuidadosos indicam que essas cerdas são formadas - em adultos e larvas - precisamente da mesma maneira como são formadas as cerdas nos poliquetas. É esse um exemplo de evolução convergente? Ou suporte para os dados moleculares indicando que braquiópodes são, de fato, protostômios, intimamente relacionados com anelídeos?

Embora braquiópodes possam ser protostômios, não há evidências que indiquem que a formação da concha dos braquiópodes e de bivalves tem uma origem evolutiva comum (i.e., que são homólogas).

O corpo dos braquiópodes é orientado para que as valvas sejam dorsal e ventral. Em contraste acentuado, as valvas dos bivalves são nos lados direito e esquerdo do corpo. A concha dos braquiópodes é normalmente menor que 10 cm em qualquer dimensão.

Em algumas espécies de braquiópodes, membros da classe Inarticulata, as valvas da concha são mantidas unidas inteiramente pelos músculos adutores. Nos membros de outra classe de braquiópodes, os Articulata, as valvas da concha são articuladas como nos moluscos bivalves; isto é, as margens da concha possuem uma série de dentes e encaixes, que impedem o deslizamento substancial de uma valva sobre a outra.

Tabela 19.1 Comparação das duas principais classes de braquiópodes

Característica	Articulata	Inarticulata
Concha	Sempre carbonato de cálcio	Geralmente fosfato de cálcio
	Articulação com dentes e soquetes	Sem articulação
Trato digestório	Cego	Completo, com boca e ânus
Suporte rígido interno	Presente em algumas espécies	Nunca presente
Morfologia larval	Lofóforo se desenvolve na metamorfose	Lofóforo já presente na larva

Em ambas as classes de braquiópodes, as valvas da concha se unem por meio da contração dos músculos adutores (Fig. 19.7), através moluscos bivalves. No entanto, não há nenhum ligamento elástico na articulação no estilo bivalve para forçar as valvas a se abrirem quando os adutores relaxam. Em vez disso, nos braquiópodes há um processo ativo para separar as valvas uma da outra, dependendo da contração de um conjunto de músculos opositores, os **músculos didutores**. A concha atua, assim, como um sistema esquelético completo; não só as valvas da concha protegem as partes moles do corpo, mas elas também servem como instrumentos pelos quais os dois grupos de músculos, os adutores e os didutores, antagonizam um ao outro (Fig. 19.7).

Membros das duas classes de braquiópodes diferem em relação à composição química de suas conchas e à morfologia dos seus tratos digestórios (Tab. 19.1). As conchas

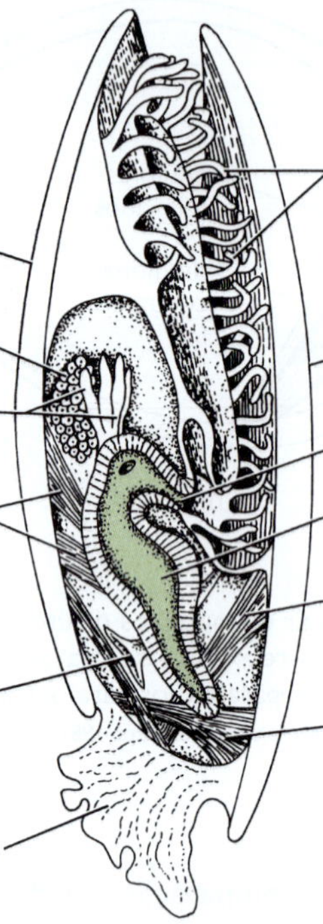

Figura 19.8

Ilustração esquemática da anatomia interna de um braquiópode articulado. Observe o intestino cego e a musculatura complexa que opera as valvas da concha. Observe também o nefróstoma conspícuo.

Segundo Harmer e Shipley.

dos braquiópodes de Articulata são todas reforçadas com carbonato de cálcio. Em contrapartida, aquelas das espécies de Inarticulata geralmente contêm fosfato de cálcio. O trato digestório dos inarticulados é sempre em formato de U, com a boca separada do ânus terminal. O trato digestório dos braquiópodes articulados, por outro lado, termina em um fundo cego (Fig. 19.8). Assim, os braquiópodes articulados, sofisticados em muitos outros aspectos, sobrevivem sem um ânus. Além disso, o lofóforo de algumas espécies de braquiópodes articulados contém um suporte interno rígido e calcificado, nunca encontrado dentro de Inarticulata. Por último, a morfologia larval também difere marcadamente entre os dois grupos (ver p. 489).

Filo Bryozoa (= Ectoprocta)

Ambos os nomes para o filo Bryozoa são amplamente utilizados na literatura. O nome "Bryozoa" (animal musgo) refere-se à aparência finamente ramificada de muitas espécies comuns. "Ectoprocta" enfatiza que o ânus está fora da coroa de tentáculos, como em outros lofoforados. O nome Bryozoa é utilizado neste texto, pois parece ser o termo mais aceito nas publicações recentes. Com exceção de uma espécie da Antártica, cujos membros aparentemente vivem uma vida pelágica em águas abertas, briozoários vivem fixados a macroalgas, pedras, madeira, cascos de tartaruga e a uma variedade de outros substratos duros e moles. Embora a maioria das pessoas nunca tenha ouvido falar de briozoários, eles desempenham importantes funções ecológicas, servindo como alimento para muitos predadores pequenos, como platelmintos turbelários, nematódeos e copépodes; fornecendo o hábitat essencial e abrigo para outros animais tão diversos como bivalves juvenis, crustáceos e esponjas; e contribuindo com grandes quantidades de sedimentos de carbonato para comunidades marinhas de águas rasas. Como ponto negativo, mais de 100 espécies de briozoários crescem embaixo de cascos de navios, aumentando seriamente o peso de arrasto e, concomitantemente, os custos com combustível.

Alguns briozoários marinhos têm sido intensamente estudados recentemente, devido a suas produções de metabólitos únicos. Até o momento, aproximadamente 200 compostos foram isolados a partir de uma variedade de espécies; em particular, a "briostatina" mostra uma gama excitante de aplicações biomédicas potenciais. Interessantemente, a briostatina é produzida por uma bactéria simbionte específica, em vez de pelos próprios briozoários.[6]

Todos os briozoários secretam uma "casa" ao redor do corpo. O conteúdo deste invólucro, isto é, o lofóforo, o intestino, os gânglios nervosos e a maior parte da musculatura, é referido como **polipídeo** (Fig. 19.9a). A "casa" em conjunto com a parede do corpo, que a secreta, constitui o **cistídeo**; ao passo que a parte secretada, não viva, é chamada de **zoécio**. Essa terminologia confusa desenvolveu-se a partir da percepção equivocada de que (i) a casa mais a parede do corpo e (ii) o "conteúdo" deste envoltório seriam indivíduos separados. Esse equívoco foi corrigido há algum tempo, porém, a terminologia foi tão amplamente utilizada que persistiu. A parede do corpo é, na verdade, ligada ao zoécio, de modo que os briozoários são essencialmente colados ao seu envoltório. Um indivíduo inteiro (cistídeo e polipídeo) é denominado **zooide**.

A parede do corpo de um briozoário tem um potencial único de desenvolvimento: o zooide inteiro pode ser gerado, ou regenerado, a partir da parede do corpo do cistídeo. Essas geração e regeneração são, na verdade, parte integrante do ciclo de vida do briozoário.

Durante o ciclo de vida de um zooide individual, o polipídeo inteiro periodicamente se degenera em uma massa esférica escura, pigmentada, denominada **corpo marrom**. Na maioria das espécies, um novo polipídeo é subsequentemente produzido a partir do cistídeo. Em algumas espécies, o corpo marrom permanece visivelmente presente no espaço celomático do novo polipídeo. Em outras espécies, o corpo marrom é englobado pelo sistema digestório do polipídeo regenerado e é, então, descarregado através do ânus. Briozoários zooides podem passar por quatro ou mais desses ciclos de degeneração e renascimento durante suas vidas. Em alguns casos, a formação do corpo marrom também pode fornecer mecanismos para contornar condições ambientais desfavoráveis. A formação do corpo marrom também pode ser um mecanismo para eliminação de resíduos de produtos insolúveis, através da eliminação de

[6]Ver *Tópicos para posterior discussão e investigação*, nº 7, no final deste capítulo.

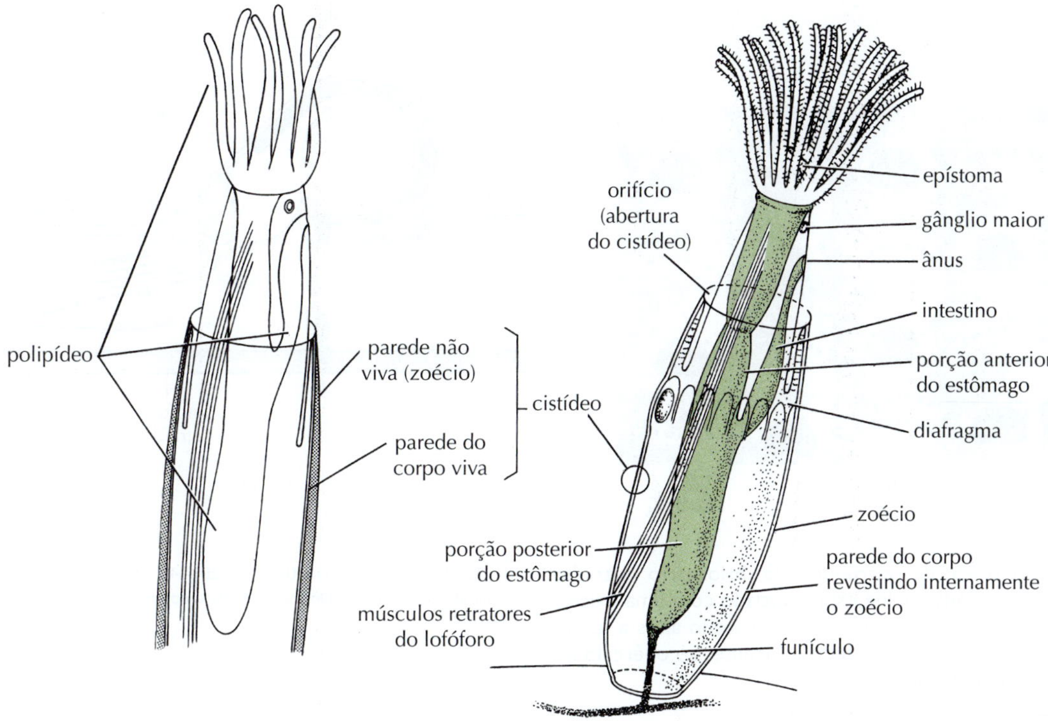

Figura 19.9

(a) Ilustração esquemática demonstrando a terminologia do polipídeo, cistídeo e zoécio. (b) O briozoário de água doce (classe Phylactolaemata), *Fredericella*, mostrando detalhes da anatomia interna.

De Hyman; segundo Allman.

todo o polipídeo – um método bastante notável de remoção do lixo, para dizer o mínimo. Briozoários não possuem nefrídeos.

O septo dividindo a metacele da mesocele é bastante incompleto nos briozoários, de modo que o fluido celomático da cavidade do corpo é contínuo com aquele do lofóforo e das cavidades tentaculares. O lofóforo do briozoário é impressionantemente semelhante ao dos foronídeos, exceto pelo fato de que ele pode ser recolhido dentro do zoécio para proteção e se projetar para alimentação e trocas gasosas. Ele se projeta através de um **orifício** no zoécio (Fig. 19.9). Em muitas espécies, um **diafragma** muscular está posicionado logo abaixo desse orifício. A protrusão do lofóforo é realizada indiretamente, pelo aumento da pressão hidrostática dentro da cavidade principal do corpo e pela dilatação do diafragma. As formas para alcançar o aumento temporário da pressão dentro da cavidade do corpo diferem entre as espécies de briozoários, conforme discutido posteriormente neste capítulo.

Briozoários mostram uma grande variedade de morfologia externa. Além disso, todos são coloniais; ou seja, como os corais, um único indivíduo se reproduz de forma assexuada para formar um agrupamento contíguo de indivíduos geneticamente idênticos e fisicamente interconectados, com até aproximadamente 2 milhões de zooides em uma única colônia (Fig. 19.10a). Cada um desses indivíduos zooides é extremamente pequeno, em geral com menos de 1 mm cada, apesar de uma colônia inteira poder exceder 0,5 m de comprimento ou circunferência. Uma vez que a colônia cresce por adição de novos módulos, em vez de aumentar o tamanho de cada unidade, o envelhecimento e crescimento de briozoários não parecem estar sujeitos aos tipos de regras fisiológicas e limitações impostas à maioria dos outros animais (Quadro Foco de pesquisa 19.1, p. 484).

Colônias de briozoários mostram uma considerável variedade de padrões geométricos espécie-específicos. Colônias podem ser eretas e ramificadas ou planas e incrustantes. Uma grande diversidade de formas é encontrada dentro de cada um desses dois padrões básicos.

Em muitos briozoários, cordões mesenquimais espessos – chamados de **cordões funiculares** – formam conexões de tecido entre os membros individuais da colônia. Um único cordão é denominado **funículo** (Figs. 19.1a e 19.9b). O sistema funicular de um único zooide pode se estender por toda a cavidade celomática do estômago até um poro na parede do corpo, proporcionando um mecanismo para possível transferência direta de nutrientes entre zooides adjacentes.[7] O sistema funicular pode ser homólogo ao sistema circulatório dos outros metazoários, incluindo outros "lofoforados".

[7]Ver *Tópicos para posterior discussão e investigação*, nº 6, no final deste capítulo.

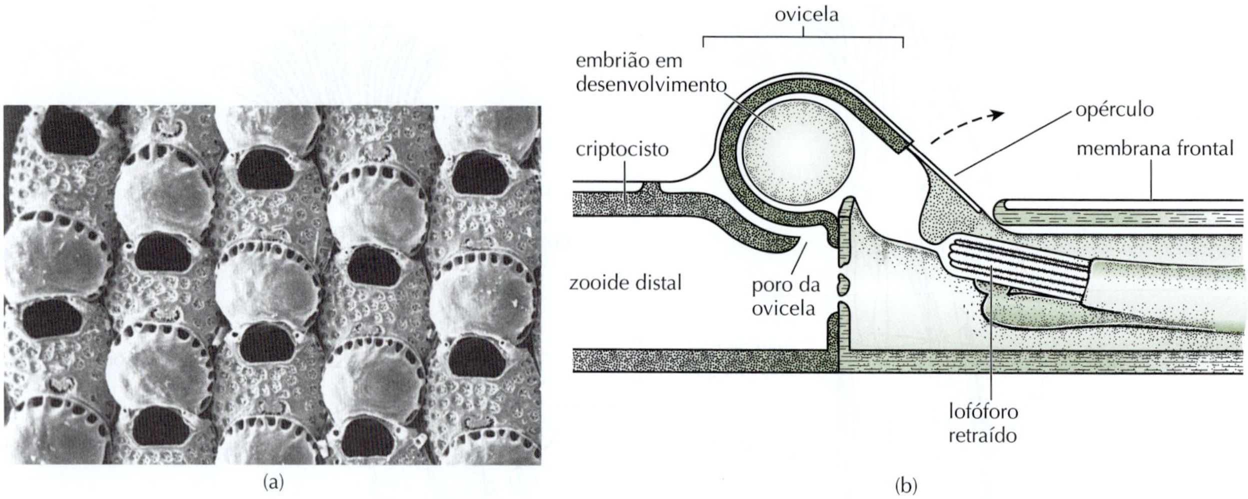

Figura 19.10

Micrografia eletrônica de varredura do briozoário marinho *Fenestrulina malusii*. Cada zooide está associado com uma ovicela (ou oécio), na qual um único embrião é incubado após a fertilização, como indicado em (b). As setas adjacentes ao opérculo indicam a direção do movimento opercular.

(a) De Claus Nielsen, em *Ophelia*, 9:209-341, 1971. Copyright © 1971 Ophelia Publications, Helsingør, Denmark. (b) Baseado em Claus Nielsen, em *Ophelia*, 9:209-341, 1971.

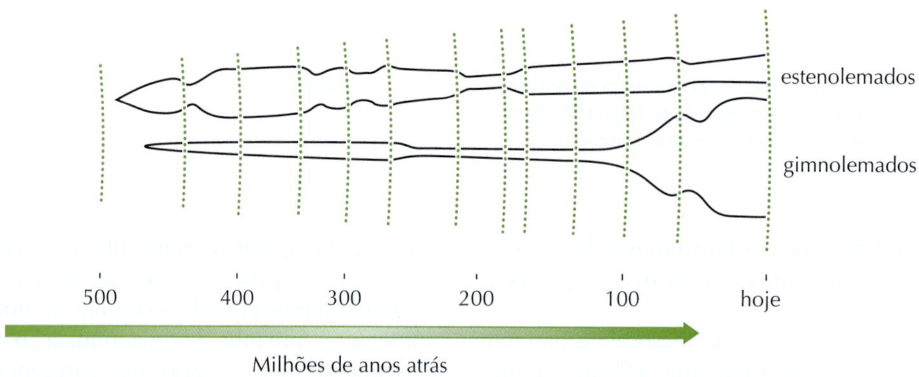

Figura 19.11

A ocorrência de briozoários calcificados no registro fóssil. Aumentos em largura correspondem a aumentos proporcionais no número de espécies. A distinção entre gimnolemados e estenolemados é apresentada na p. 485.

Baseada em Boardman et al., *Fossil Invertebrates*. Palo Alto: 1987.

A maioria dos briozoários (cerca de 8 mil espécies) é marinha, mas cerca de 50 espécies são restritas à água doce. Essas 50 espécies de briozoários constituem os únicos "lofoforados" não marinhos. Aproximadamente 15 mil espécies de briozoários marinhos adicionais são conhecidas apenas do registo fóssil. Embora só comece cerca de 70 milhões de anos após a "explosão" Cambriana, o registro fóssil dos briozoários é extenso e interessante (Fig. 19.11), como o dos braquiópodes.

Briozoários dividem-se em duas classes principais e uma classe menor, baseadas amplamente em diferenças na morfologia do lofóforo, mecanismo de protração do lofóforo, composição química da cobertura externa do corpo e a presença ou ausência de um epístoma e da musculatura da parede do corpo.

Classe Phylactolaemata

Todos os membros (cerca de 70 espécies) da classe Phylactolaemata são encontrados em água doce, e a maioria dos briozoários (mas não todos) de água doce são membros dessa classe. Os zooides de uma determinada colônia são morfologicamente idênticos; ou seja, as colônias são **monomórficas**. Algumas espécies secretam um revestimento externo quitinoso, ao passo que outras produzem coberturas grossas e gelatinosas (Fig. 19.12a); nenhuma é calcificada. Em algumas espécies, o diâmetro de uma única colônia pode exceder 50 cm. As colônias se desenvolvem em uma variedade de superfícies sólidas submersas, incluindo conchas, pedras e folhas e galhos da vegetação de água doce. A maioria das espécies se fixa permanentemente

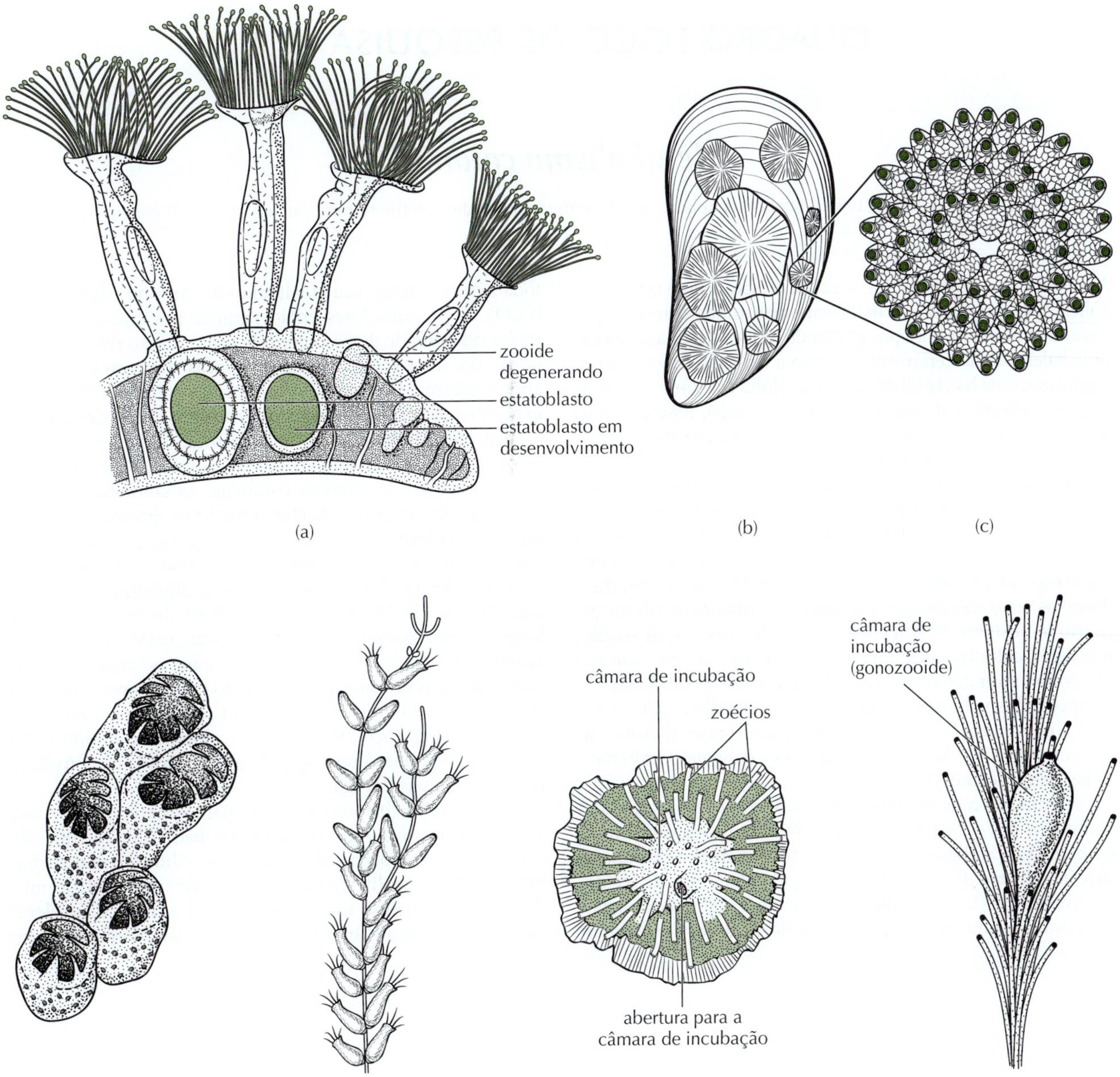

Figura 19.12

Diversidade de briozoários. Phylactolaemata: (a) colônia de *Cristatella*. Esta espécie é encontrada comumente incrustando ramos de lírios em lagos de água doce. Observe a sola gelatinosa rastejante. O zooide degenerante está formando um corpo marrom. Gymnolaemata: (b) concha de mexilhão encrustada com colônias de *Cryptosula*, mostrada em detalhe no quadro (c). (d) *Electra pilosa*. Observe os espinhos conspícuos protegendo a abertura frontal. (e) *Bowerbankia gracilis*, com tentáculos contraídos em vários zooides. Stenolaemata: (f) Colônia de *Lichenoporai*. Observe a câmara comum de incubação. (g) *Crisia ramosa*, mostrando zoécio tubular.

(a) Segundo Hyman. (b, c) De Hyman; segundo Rogick. (d) Baseada em R. I. Smith, *Key to Marine Invertebrates of the Woods Hole Region*. 1964. (e) De Smith; segundo Rogick e Croasdale. (f) De Hyman; segundo Hincks. (g) Segundo Harmer e Shipley.

nesses substratos e é incapaz de locomoção. No entanto, as colônias de algumas espécies podem mover-se lentamente a partir de um lugar para outro, utilizando o único "pé" muscular compartilhado por todos os zooides na colônia.

O lofóforo é em forma de "U" em todas as espécies de filactolemados, como em foronídeos. Uma aba de tecido, chamada de **epístoma** (como em foronídeos), pende sobre a boca. Uma protocele é evidente dentro do epístoma de algumas espécies. Como nos foronídeos, a parede do corpo contém músculos circulares e longitudinais. Um funículo oco e pronunciado se estende do estômago para a cavidade celomática, compartilhado por todos os zooides (Fig. 19.9).

A projeção do lofóforo é provocada pela contração dos músculos na parede maleável do corpo.[8] Como o fluido

[8]Ver *Tópicos para posterior discussão e investigação*, nº 4, no final deste capítulo.

QUADRO FOCO DE PESQUISA 19.1

Metabolismo colonial

Hughes, D. J. e R. N. Hughes. 1986. Metabolic implications of modularity: Studies on the respiration and growth of *Electra pilosa*. *Phil. Trans. Royal Soc. London B* 313:23–29.

À medida que a maioria dos animais cresce, a sua taxa metabólica peso-específica (normalmente mensurada como oxigênio consumido por hora por grama de tecido) declina; embora uma baleia adulta certamente consuma oxigênio mais rapidamente que uma baleia filhote, a baleia adulta consome oxigênio mais lentamente *por unidade de peso do corpo*. Esse declínio na taxa metabólica peso-especifica com aumento do volume corporal resulta que a maioria dos animais acumula biomassa em taxas progressivamente mais lentas à medida que crescem.

Poderia a colonialidade oferecer algum escape a essa limitação na taxa de crescimento, ou animais coloniais como os briozoários também crescem mais lentamente com o tempo? Para responder a essa pergunta, Hughes & Hughes (1986) mediram as taxas metabólicas e as taxas de crescimento do briozoário incrustante *Electra pilosa*. Taxas de consumo de oxigênio de 37 colônias com uma larga amplitude de variação de tamanho foram determinadas, colocando colônias individuais em pequenos volumes de água do mar e medindo a taxa na qual a concentração de oxigênio da água do mar diminuía, à temperatura constante. Concentrações de oxigênio foram medidas eletronicamente.

No final de cada medida, os pesquisadores raspavam cada colônia de seu substrato, secavam a 60°C e as pesavam (nível de precisão = miligrama). Esse peso total incluía o carbonato de cálcio inerte. Para determinar a quantidade real de tecido metabolizante (i.e., a **biomassa**) presente, Hughes & Hughes cremaram as amostras a 500°C por 6 horas, a fim de queimar toda a matéria orgânica até dióxido de carbono (CO_2) e água (H_2O). Os pesquisadores, então, pesaram novamente as amostras; a quantidade de peso perdida na cremação reflete o peso do tecido, uma vez que somente "cinzas" inorgânicas restam após a queima. Os pesos dos tecidos das colônias testadas no experimento variaram de menos de 0,1 mg a mais de 10 mg.

Este procedimento de "queima total" permitiu aos pesquisadores examinarem como o consumo de oxigênio peso-específico se alterava conforme as colônias *E. pilosa* cresciam. Ao contrário da clara relação inversa vista em animais não coloniais, o consumo de oxigênio peso-específico não declinou com o crescimento da colônia de briozoários (Fig. foco 19.1), Além disso, o monitoramento das taxas de crescimento de 76 colônias individuais de briozoários, ao longo de um período de duas semanas, mostrou que, se o tamanho da colônia aumenta, aumentam as taxas nas quais os zooides nas bordas de crescimento (zooides periféricos ao longo da circunferência da colônia) se reproduzem assexuadamente (Fig. foco 19.2). Assim, colônias de *E. pilosa*, na verdade, cresceram mais rapidamente à medida que envelheceram, não mais devagar.

Em resumo, briozoários incrustantes parecem ter uma vantagem decisiva sobre organismos não coloniais quando competem por espaço sobre substratos sólidos, como rochas e macroalgas: proliferando uma série interminável de módulos geneticamente idênticos, *E. pilosa* evita a desaceleração do crescimento inevitável em organismos que crescem

celomático é essencialmente incompressível, essa contração aumenta a pressão dentro da metacele e, uma vez que o septo entre as duas principais cavidades do corpo é incompleto, o fluido celomático da metacele é pressionado para a mesocele do lofóforo. A contração da musculatura da parede do corpo infla, assim, os tentáculos do lofóforo e aumenta a pressão hidrostática dentro da metacele também. O orifício do diafragma é aberto por contração de músculos dilatadores especializados, e o lofóforo é forçado a sair do cistídeo pela pressão hidrostática elevada dentro da metacele. Músculos retratores que se estendem a partir da parede do corpo para o lofóforo (Figs. 19.9 e 19.13) trazem o lofóforo de volta para dentro do zoécio.

Talvez a mais intrigante característica única dos filactolemados seja a formação sazonal de **estatoblastos**, os quais podem resistir a consideráveis dessecação e estresse térmico. O estatoblasto consiste em uma massa de células fechadas dentro de uma cápsula protetora bivalve, de morfologia espécie-específica. Elas são produzidas ao longo do funículo de cada zooide (Fig. 19.13), frequentemente em grandes números, e são liberadas do zoécio através de um poro, ou, frequentemente, pela degeneração do pólipo no fim do outono. Quando as condições ambientais melhoram na primavera seguinte, as duas valvas do estatoblasto se separam ao longo de uma linha de sutura pré-formada, e um polipídeo logo emerge. A formação de colônias segue por proliferação modular através de brotamento assexuado de zooides adicionais. Filactolemados produzem dois tipos de estatoblastos: **flutoblastos**, que são flutuantes através de células cheias de gás, e **sessoblastos**, que são firmemente fixados em substratos sólidos. Flutoblastos podem dispersar passivamente a consideráveis distâncias por ação da água, vento ou animais.

A formação de estatoblastos por briozoários filactolemados corresponde à formação de gêmulas e ovos de repouso de esponjas de água doce e tardígrados, respectivamente. Claramente, a formação de estágios de repouso (i.e., **diapausa**) é uma adaptação comum aos caprichos de uma existência em água doce.

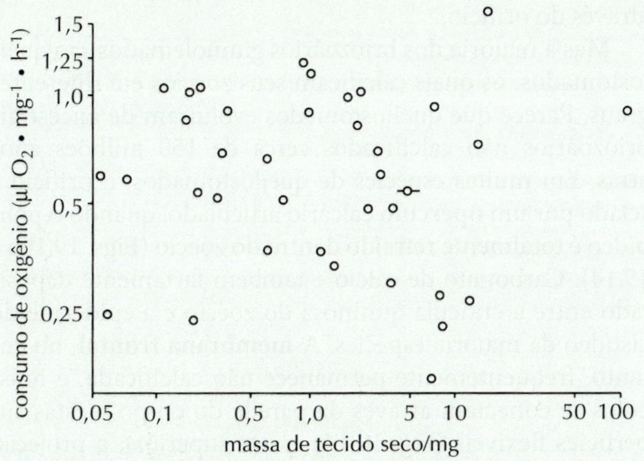

Figura foco 19.1

O efeito do tamanho da colônia (medido como o peso do tecido seco) sobre consumo de oxigênio peso-específico (medido como microlitros de oxigênio consumido por miligrama de peso de tecido seco por hora) no briozoário incrustante *Electra pilosa*. Nenhuma relação óbvia é aparente. Certamente não há indicações de que o consumo de oxigênio peso-específico diminui com o aumento no tamanho da colônia.

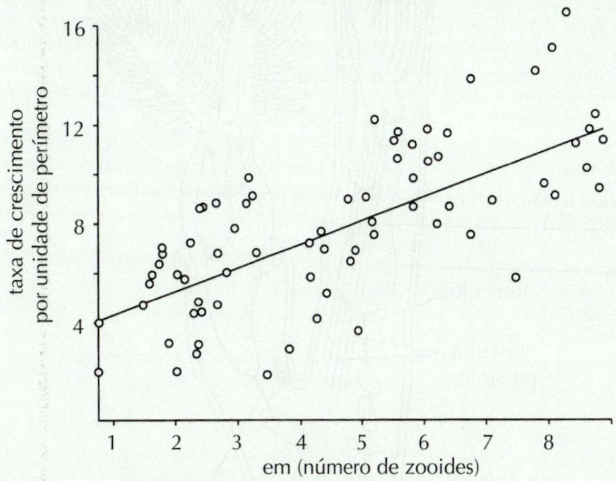

Figura foco 19.2

Efeito do tamanho da colônia na taxa de divisão dos zooides ao longo da borda de uma colônia do briozoário incrustante *Electra pilosa*. Aumento no tamanho da colônia é representado pelo aumento do número de zooides ao longo do eixo X (plotados como log natural). Em geral, zooides ao longo da borda da colônia dividem-se mais rapidamente em colônias maiores.

aumentando o seu volume corporal. De fato, o crescimento, na verdade, acelera conforme o tamanho da colônia aumenta, possivelmente porque, mais ao centro da colônia, os zooides de alimentação, que não se dividem, contribuem com nutrientes para aqueles zooides que se dividem ativamente ao longo da borda. Você pode projetar um experimento para determinar se as taxas de aumento de divisões desses zooides das bordas são, de fato, provocadas pelo aumento da circulação de nutrientes dos zooides mais centrais?

Classe Gymnolaemata

A maioria das espécies de briozoários existentes é incluída na classe Gymnolaemata (Fig. 19.12b-e), embora tenham dominado o filo somente pelos últimos 70 milhões de anos, aproximadamente (Fig. 19.11). Os gimnolemados são primariamente marinhos. São animais especialmente fascinantes, mesmo pelos padrões dos briozoários, exibindo uma ampla gama de diversidade morfológica e funcional. Em grande parte, a história da evolução dos gimnolemados se dá pelo aumento no grau em que os polipídeos estão protegidos de predadores – a saber, turbelários, poliquetas, larvas de insetos, crustáceos, aracnídeos (ácaros), gastrópodes, asteroides e peixes. Em geral, isso é conseguido por meio do fortalecimento do zoécio, o que não é atingido tão facilmente pelos briozoários. Lembre-se que a projeção do lofóforo depende de mudanças na forma do corpo do animal, que causam uma elevação na pressão celomática, e que a parede do corpo está coligada ao zoécio. O truque, então, conforme descrito posteriormente neste capítulo, é fortalecer o zoécio sem perder a capacidade de gerar pressões elevadas dentro da metacele.

Gimnolemados diferem dos filactolemados em diversos aspectos importantes. Em filactolemados, as paredes do cistídeo são bastante incompletase, assim, zooides adjacentes carecem de limites morfológicos (Fig. 19.13). Embora cada zooide projete seu lofóforo através de seu próprio orifício, os polipídeos de uma colônia de filactolemados essencialmente compartilham uma metacele comum. Em contrapartida, os zooides dos gimnolemados são indivíduos morfologicamente distintos, embora pequenas **placas porosas** permitam a troca de fluido celomático entre zooides vizinhos (Fig. 19.14b). As duas classes também diferem no que diz respeito à morfologia do lofóforo. Enquanto o lofóforo de briozoários filactolemados tem forma de U profundamente invaginado, como visto para foronídeos, o dos gimnolemados tem uma aparência circular.

Em algumas espécies de gimnolemados, os zooides de alimentação estão sustentados em estolões, ou seja, em extensões

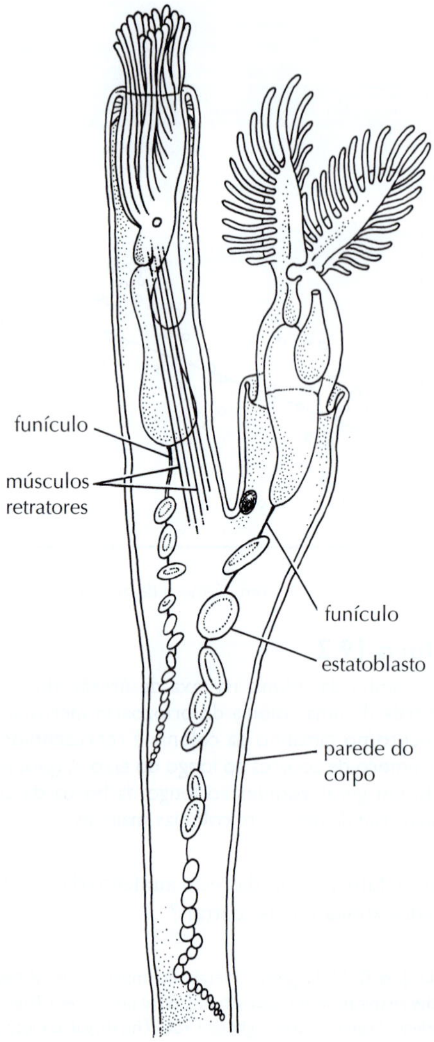

Figura 19.13

Formação de estatoblasto no briozoário de água doce *Plumatella repens*. Observe a associação dos estatoblastos com o funículo e a falta de limites entre zooides adjacentes.

Segundo Harmer e Shipley.

tubulares da parede do corpo. Os estolões podem ser verticais (**eretos**) ou horizontais contra o substrato. Na maioria das espécies de gimnolemados, no entanto, os estolões estão ausentes. Em vez disso, zooides são contíguos com o zoécio de um zooide suportado pelo zoécio dos zooides adjacentes (Figs. 19.10a e 19.12c), reforçando, assim, toda a colônia.

As colônias da maioria das espécies marinhas de gimnolemados são compostas por uma grande variedade de pequenas casas, em forma de caixa ou elípticas. Embora a maioria das espécies seja encontrada encrustando uma variedade de superfícies sólidas submersas, algumas espécies vivem na areia (ver a seção *Detalhe taxonômico*, no final deste capítulo, p. 495). Zooides são arranjados em padrões espécie-específicos, determinados pelo padrão de brotamento assexuado. Os próprios zoécios se caracterizam por morfologia espécie-específica e são, portanto, de grande valor taxonômico.

Gymnolaemata contém duas ordens: Ctenostomata e Cheilostomata. Os ctenostomados são caracterizados por um zoécio flexível, não calcificado, quitinoso. A projeção do lofóforo é conseguida de uma maneira muito semelhante à dos filactolemados. Contrações musculares puxam o zoécio para dentro e o resultante aumento da pressão hidrostática do fluido celomático força o lofóforo para fora através do orifício.

Mas a maioria dos briozoários gimnolemados são queilostomados, os quais calcificam seus zoécios em diferentes graus. Parece que queilostomados evoluíram de ancestrais briozoários não calcificados cerca de 150 milhões anos atrás. Em muitas espécies de queilostomados, o orifício é selado por um **opérculo** calcário articulado, quando o polipídeo é totalmente retraído dentro do zoécio (Figs. 19.10b e 19.14). Carbonato de cálcio é também fartamente depositado entre a cutícula quitinosa do zoécio e a epiderme do cistídeo da maioria espécies. A **membrana frontal**, no entanto, frequentemente permanece não calcificada, e músculos se conectam através da parede do corpo a estas superfícies flexíveis (Fig. 19.14a, parte superior); a projeção do lofóforo é conseguida por meio da contratação desses músculos, o que aumenta a pressão celomática. A musculatura da parede do corpo é reduzida significativamente ou, mais frequentemente, é completamente ausente. Embora a calcificação nestas espécies, certamente, fortaleça a colônia estruturalmente e provavelmente forneça alguma proteção contra predadores, o zooide continua vulnerável através da sua membrana frontal não calcificada.

Muitas vezes, a membrana frontal é parcialmente protegida por espinhos que se projetam a partir das margens frontais do zoécio (Fig. 19.12d) ou, mais raramente, a partir da própria membrana frontal. No entanto, a membrana frontal continua a ser o calcanhar de Aquiles do zooide.

Em algumas espécies de queilostomados, a membrana frontal permanece não calcificada e flexível, mas uma divisão calcária, chamada de **criptocisto**, é secretada abaixo dela (Fig. 19.14a, meio). Na maioria das espécies, os músculos chegam à membrana frontal através de pequenos orifícios no criptocisto. Assim, o lofóforo ainda pode ser protraído por músculos que puxam para baixo da membrana frontal, enquanto o polipídeo está protegido dentro do zoécio pelo criptocisto calcificado. A membrana frontal em si, no entanto, permanece vulnerável a ataques.

Uma maneira diferente de proteção dos polipídeos foi ainda desenvolvida em um terceiro grupo de queilostomados. Nestas espécies, todo o zoécio, incluindo a membrana frontal, é calcificado. Todos os tecidos moles são, portanto, completamente protegidos dentro do zoécio, mas a membrana frontal já não pode servir como o veículo através do qual a pressão hidrostática interna possa ser elevada. Alternativamente, essas espécies possuem uma membrana nova, não calcificada, que separa a metacele da superfície frontal calcificada. Existe um espaço entre a parede frontal calcificada e essa nova membrana, formando um saco – especificamente, um **saco de compensação** ou **asco** (Fig. 19.14a, parte inferior). O saco de compensação abre para o exterior através de um único poro, o **ascóporo**, na superfície frontal. Músculos estendem-se desde os lados calcificados do zoécio para a parte inferior do saco de compensação. A contração desses músculos puxa o tecido do saco de compensação para dentro, elevando a pressão no interior da

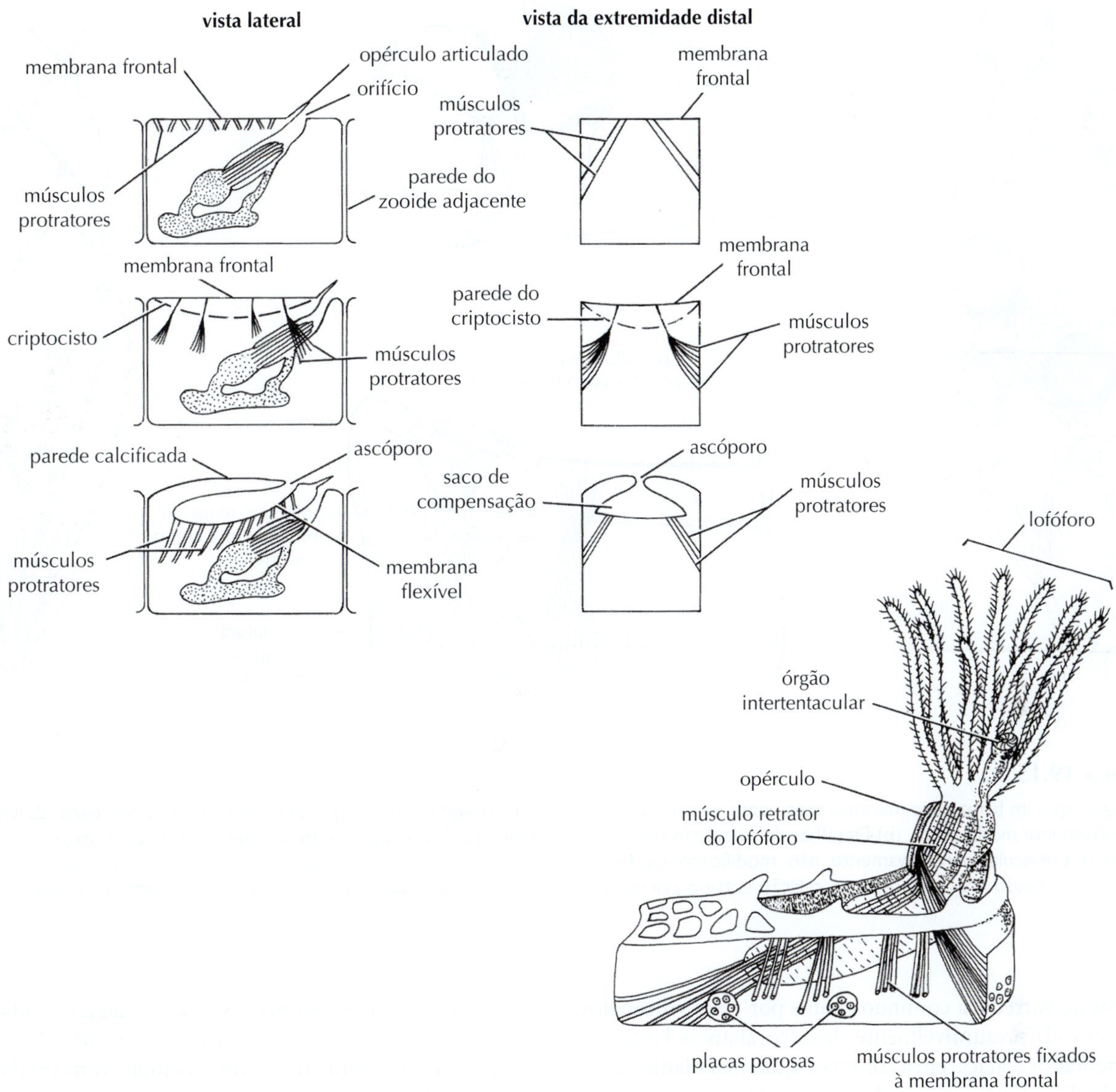

Figura 19.14

Diversidade funcional entre os gimnolemados, mostrando diferentes níveis de proteção da membrana frontal. (b) *Electra pilosa,* uma espécie com a membrana frontal bem exposta, mostrada com o lofóforo projetado a partir do zoécio. O órgão intertentacular serve como saída para os oócitos e como ponto de entrada para os espermatozoides em algumas espécies.

(a) Segundo Clark; segundo Harmer. (b) Segundo Clark; segundo Marcus.

cavidade celomática, forçando o lofóforo para fora através do orifício do zoécio. Não é formado vácuo dentro do saco de compensação durante esse processo, uma vez que a água do mar é sugada para o saco de compensação através do ascóporo.

Os zooides descritos até agora são membros da colônia que se alimentam e se reproduzem, os **autozooides**. Todas as colônias de gimnolemados contêm, também, alguns membros que não se alimentam. Assim, todas as colônias de gimnolemados são **polimórficas**, com indivíduos sendo morfológica ou fisiologicamente especializados para diferentes funções, apesar de todos os indivíduos na colônia terem um único genótipo. Os membros que não se alimentam na colônia, chamados de **heterozooides**, possuem uma variedade de formas. Os estolões e fixadores de espécies estoloníferas são compostos por uma série de heterozooides curtos. Estranhamente, placas porosas que permitem a troca de fluido celomático entre zooides adjacentes são também heterozooides altamente especializados em algumas espécies. Outros heterozooides, encontrados apenas entre os queilostomados, são especializados para a proteção e limpeza da colônia. Um tipo de heterozooide especializado é pouco mais que um opérculo altamente modificado, estendendo-se em uma cerda longa e móvel. Os movi-

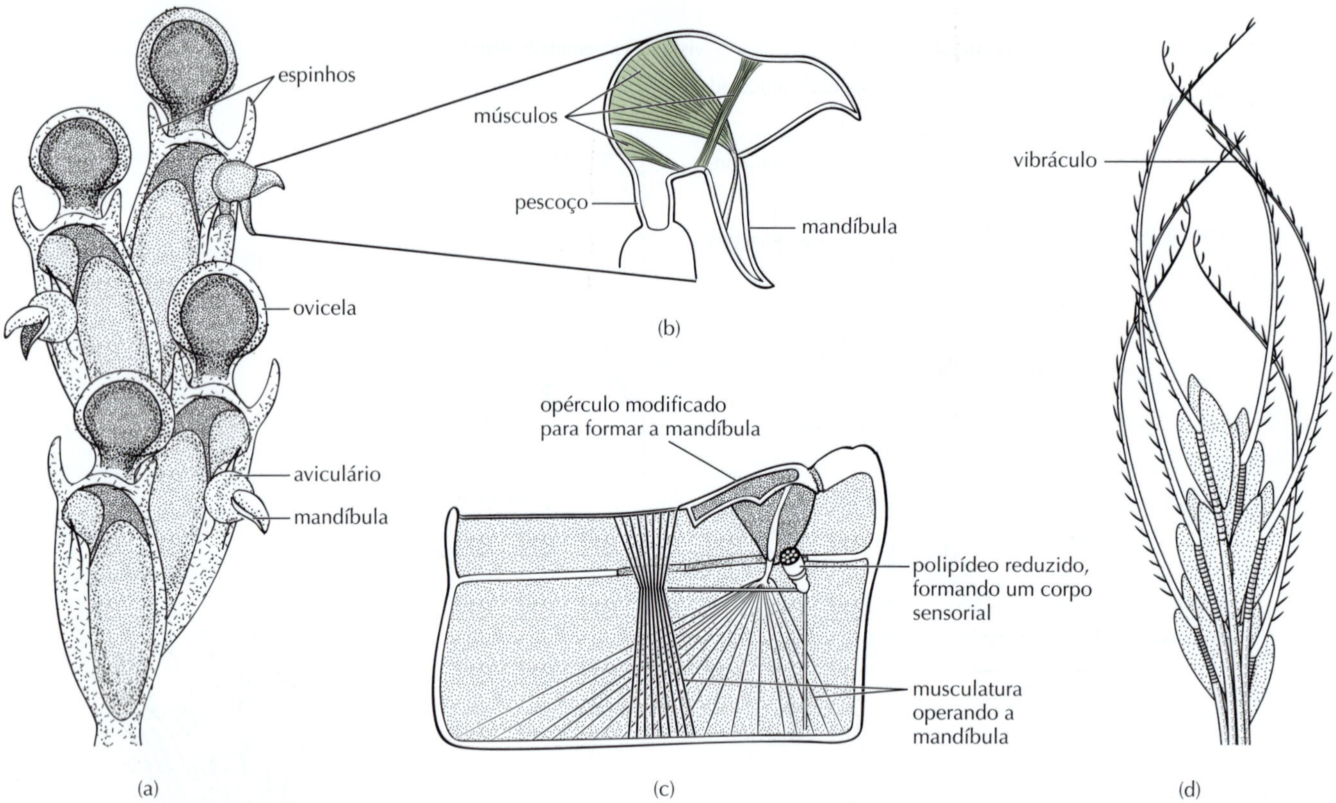

Figura 19.15

(a) *Bugula* sp., um briozoário marinho ereto com ovicelas e aviculários altamente modificados. (b) Detalhes do aviculário mostrado em (a). (c) Aviculário relativamente não modificado de *Flustra foliacea*, mostrando mais claramente a relação entre o aviculário e um zooide normal. (d) *Caberea ellisi*, mostrando parte de uma colônia, cada uma possuindo um vibráculo único e longo.

(a) De Hyman; segundo Rogick e Croasdale. (c) Baseada em Lars Silen, em Woollacott and Zimmer, eds., *The Biology of Bryozoa*. 1977. (d) De Smith.

mentos de varredura contínuos feitos por esses **vibráculos** (Fig. 19.15d) presumivelmente desencorajam as larvas de invertebrados a atacarem a colônia e ajudam a manter a superfície da colônia livre de detritos. Outros heterozooides formam espinhos protetores imóveis.

Provavelmente, os heterozooides mais intrigantes são os **aviculários.** Um aviculário, em sua forma menos modificada, tem a aparência externa de um autozooide normal (Fig. 19.5c). Internamente, os aviculários consistem em pouco mais do que fibras musculares bem desenvolvidas que se estendem através de um celoma espaçoso até as proximidades do opérculo articulado, ventral. O polipídeo é muito reduzido ou completamente ausente. O opérculo pode ser fechado de repente e com uma força considerável, desencorajando, mutilando ou mesmo matando predadores potenciais. Os aviculários de algumas espécies são altamente modificados para suas tarefas. Na forma mais extrema, os aviculários consistem principalmente em um sistema opercular modificado, por isso referido como uma **mandíbula** (Fig. 19.15a-c). Esses aviculários podem ser posicionados sobre um pedúnculo, permitindo alguma rotação. Alguns desses aviculários muito especializados se assemelham à cabeça de um pássaro, uma semelhança que deu origem a seu nome (*aves* = do latim, pássaro; assim, *avicularia* = pequeno pássaro) (Fig. 19.15a, b).

Em pelo menos algumas espécies, mudanças adaptativas no desenvolvimento morfológico do zooide são induzidas por fatores ambientais, como contato com predadores e competidores.[9]

Classe Stenolaemata

Um pequeno número de briozoários é suficientemente diferente do de filactolemados e gimnolemados para justificar a colocação em uma terceira classe, o Stenolaemata. Os membros dessa classe são todos marinhos, e as espécies vivas pertencem a uma única ordem, a Cyclostomata. Zooides ciclostomados são sempre tubulares e eretos, e os zoécios são completamente calcificados (Fig. 19.12f, g). Não surpreendentemente, o cistídeo não é muscular, como na maioria dos queilostomados. Uma fina membrana cilíndrica divide o espaço celomático principal em dois compartimentos, um dos quais contém o polipídeo. A protração do lofóforo é realizada pelo deslocamento lateral muscular desta membrana. Como em todos os briozoários, o lofóforo é trazido de volta para o zoécio pelo robusto músculo retrator do lofóforo.

[9]Ver *Tópicos para posterior discussão e investigação*, nº 7, no final deste capítulo.

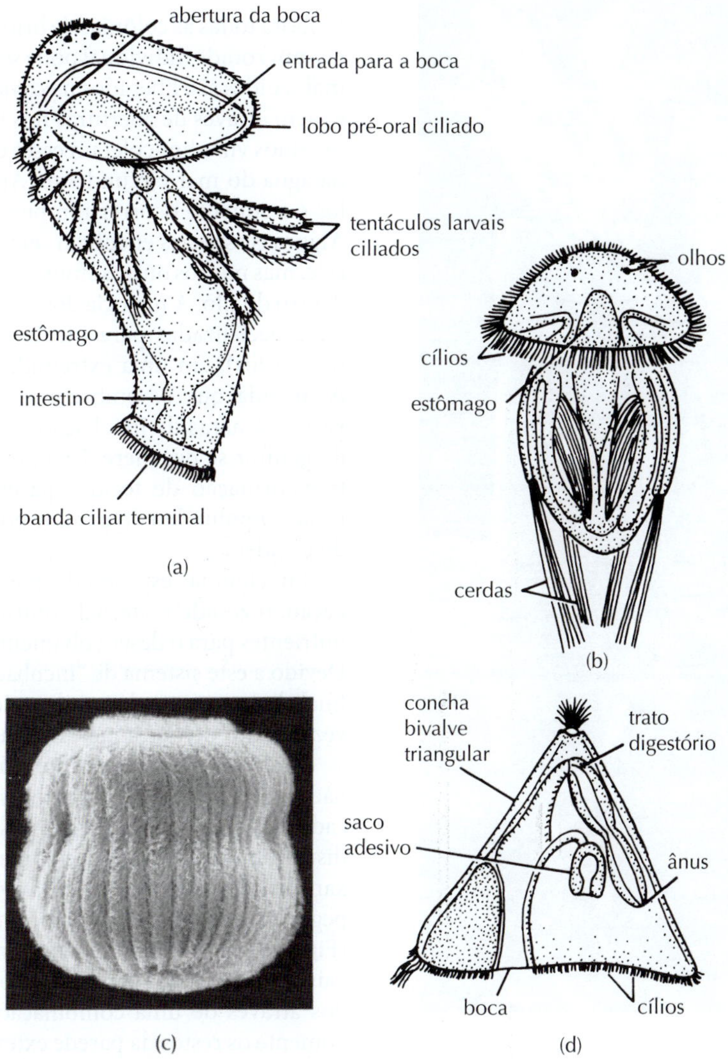

Figura 19.16

Larva actinotroca de um foronídeo. (b) Larva de um braquiópode articulado, *Argyrotheca* sp. (c) Micrografia eletrônica de varredura da larva coronada do briozoário, *Bugula neritina*. (d) Larva cifonauta de briozoário.

(a) © R. M. Woollacott e C. G. Reed. (b) De Hyman; segundo Kowalevsky. (c) © R. M. Woollacott e C. G. Reed. (d) Segundo Hardy.

Outras características da biologia dos lofoforados

Reprodução

A reprodução assexuada é a mais característica de Bryozoa, de acordo com seu hábito de formação de colônias. Reprodução assexuada por brotamento ou fissão é encontrada em apenas uma ou duas espécies de foronídeos, e a reprodução é exclusivamente sexuada em braquiópodes. Braquiópodes são também exceções quando se trata de sexualidade, sendo a maioria das espécies gonocorísticas. Em contrapartida, a maioria dos foronídeos e colônias de briozoários são hermafroditas. Gametas são formados por gônadas simples – na verdade, apenas um aglomerado de células germinativas no revestimento mesodérmico – dentro da metacele. Lofoforados e braquiópodes geralmente descarregam seus gametas através dos nefrídeos. Briozoários, no entanto, não possuem nefrídeos; em vez disso, os espermatozoides são liberados pelos tentáculos do lofóforo, e os óvulos são liberados por um poro especial, localizado entre dois dos tentáculos. Nenhum dos animais copula.

Filo Phoronida

Na reprodução dos Phoronida, os espermatozoides são coletados nos nefrídeos, empacotados em massas discretas (**espermatóforos**), e lançados através do nefridióporo de um indivíduo, a fim de serem capturados por outro indivíduo, na água do mar. À exceção de uma espécie, os embriões de foronídeos se desenvolvem em uma fase larval ciliada característica, que se alimenta, chamado de **larva actinotroca**

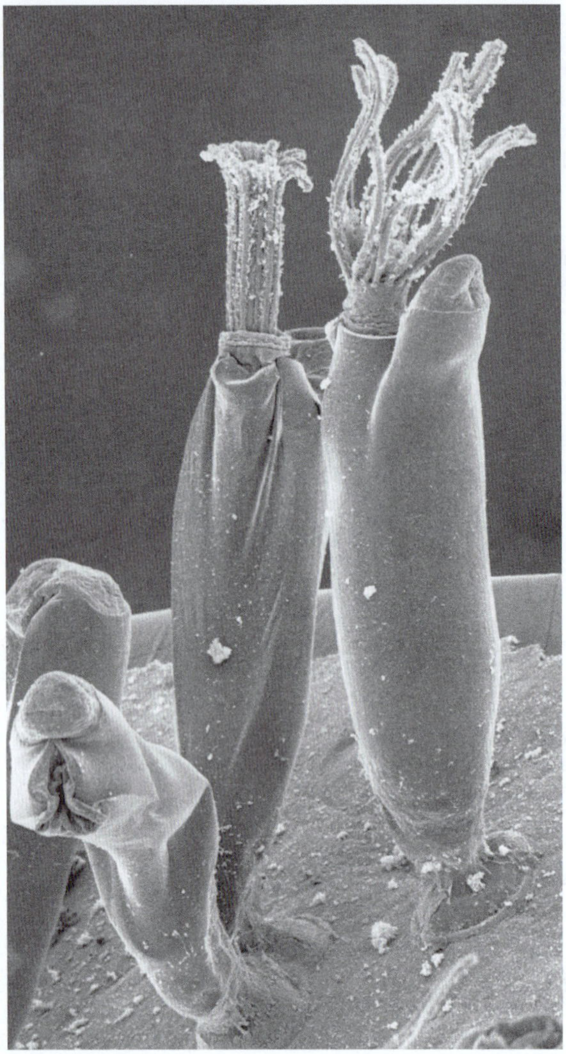

Figura 19.17

Quatro ancéstrulas de *Bugula neritina*, recém-metamorfoseadas a partir de quatro larvas coronadas. As ancéstrulas têm menos de 1 mm de comprimento, incluindo os tentáculos.

© R. M. Woollacott e C. G. Reed.

(Figs. 19.16a e 24.15a). A metamorfose para formas adultas envolve um rápido e dramático "virar ao avesso" do corpo larval (Fig. 24.15a). Membros da outra espécie liberam juvenis rastejantes, em vez de larvas livre-natantes. Se isso reflete uma perda secundária da larva, então "desenvolvimento de larvas actinotrocas características" seria uma característica diagnóstica válida para o filo.

Filo Brachiopoda

Entre os braquiópodes, espermatozoides e óvulos são normalmente descarregados através dos nefridióporos; os óvulos são fertilizados na água do mar ao redor, mas algumas espécies podem encubar seus embriões. Braquiópodes articulados têm uma forma larval única, que não se assemelha ao adulto (Fig. 19.16b). A larva de braquiópodes inarticulados, em contrapartida, se assemelha a um adulto em miniatura completo, com concha bivalve e lofóforo ciliado.

Filo Bryozoa

Embora todas as colônias de briozoários sejam hermafroditas, um zooide individual pode ser de um único sexo. Espermatozoides são liberados na cavidade celomática do zooide e saem através de aberturas nos tentáculos do lofóforo. Indivíduos vizinhos coletam esses espermatozoides que estão na água do mar circundante. Após a fertilização dos óvulos é frequente ocorrer um período de proteção da prole. Algumas espécies encubam seus embriões dentro da metacele, mas muitos outros sítios de incubação são encontrados dentro do filo. A maioria dos queilostomados possui câmaras especializadas para incubação, chamadas de **ovicelas** (ou oécios), em uma extremidade do zooide (Fig. 19.10). À medida que os embriões se desenvolvem dentro das várias câmaras de incubação, é frequente que o polipídeo do genitor se degenere. Isso presumivelmente reflete uma transformação de tecidos parentais em nutrição para a prole. O polipídeo do genitor pode ser regenerado a partir do cistídeo.

Em algumas espécies de queilostomados que têm incubação, o zooide maternal contribui substancialmente com nutrientes para o desenvolvimento dos embriões na ovicela. Devido a este sistema de "incubação placentária", o volume final da larva quando sai da ovicela pode ser de 15 a 500 vezes maior do que aquele do óvulo recém-fertilizado.

Uma ou, mais raramente, várias **larvas coronadas** ciliadas, que não se alimentam, eventualmente emergem de cada ovicela (Fig. 19.16c). Após um limitado período de dispersão para longe da colônia parental, as larvas se fixam ao substrato por meio da eversão de um **saco adesivo** pegajoso e, então, se metamorfoseiam para a vida adulta (Fig. 19.17). Durante a metamorfose, todos os tecidos larvais são deslocados para o interior do animal e desmanchados através de uma combinação de fagocitose e autólise. Somente os restos da parede externa do corpo permanecem intactos, e esta parede se torna o cistídeo. O primeiro zooide de uma colônia é denominado **ancéstrula**. O resto da colônia posteriormente é gerado por brotamento assexuado.

Os óvulos fertilizados das poucas espécies, que não são incubadoras, se desenvolvem em larvas que se alimentam, chamadas de **larvas cifonautas** (Fig. 19.16d). A larva cifonauta é contida dentro de um par de valvas quitinosas e triangulares e é ciliada nas superfícies marginais não abrangidas por essas "conchas". As valvas da concha são laterais, como em moluscos bivalves. A larva cifonauta tem um trato digestório completo, o que lhe permite alimentar-se e manter-se no plâncton por longos períodos de tempo, talvez por diversos meses. Eventualmente, fixam-se a um substrato pela eversão do saco adesivo, e rapidamente segue-se a metamorfose para ancéstrula.

Digestão

O trato digestório de todos os foronídeos e briozoários é em forma de U, com boca e ânus separados. O ânus sempre se abre fora do círculo de tentáculos do lofóforo, por definição. A digestão ocorre dentro de um estômago relativamente grande, e tem componentes extra e intracelular. Braquiópodes podem (Inarticulata) ou não (Articulata) possuir um sistema digestório unidirecional em forma de

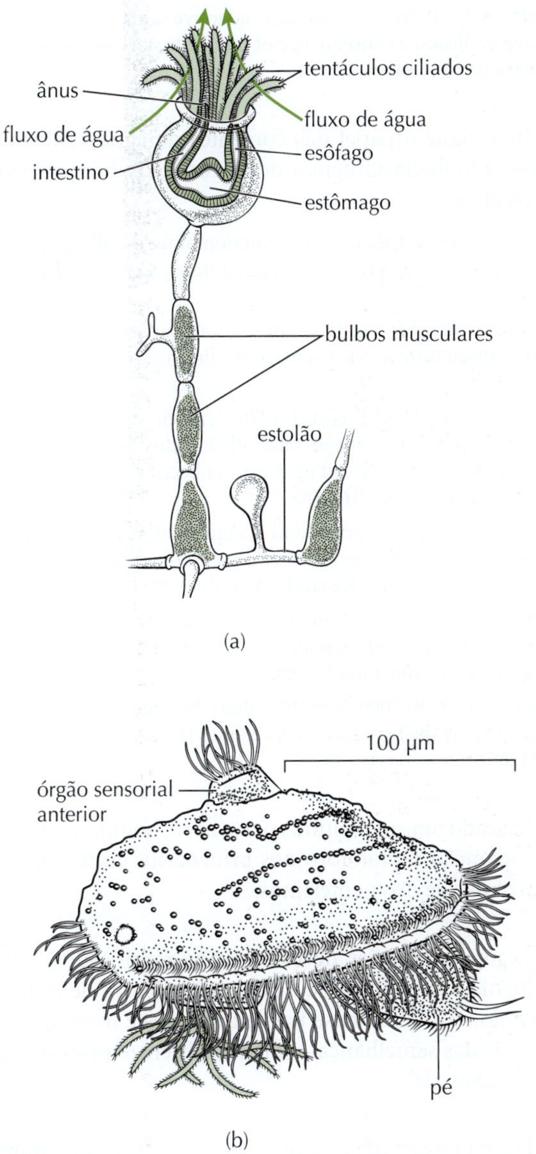

Figura 19.18

Um entoprocto, *Anthropodaria* sp. Fluxo de água passando pelos tentáculos de alimentação do entoprocto. (b) Fase larval de um entoprocto, *Loxosomella harmeri*, vista pelo lado esquerdo.

(a) De Hyman; segundo Nasonov. (b) Baseada em Claus Nielsen, em *Ophelia*, 9:209-341, 1971.

U. Em ambos os casos, o estômago se conecta a uma grande **glândula digestória**, no interior da qual o material alimentar é particulado. Acredita-se que a digestão seja principalmente intracelular.

Sistema nervoso

O sistema nervoso assume a forma de um anel em todas as espécies de lofoforados. Esse anel é encontrado na base do lofóforo em foronidas, circundando o esôfago nos braquiópodes e adjacente à faringe em briozoários. O anel pode ou não ser distintamente ganglionado. A partir do anel nervoso, as fibras nervosas inervam os tentáculos e a musculatura. Uma rede de nervos epidérmicos comumente é encontrada na parede do corpo. Órgãos sensoriais diferenciados são raros entre os lofoforados. Embora um órgão de balanço (**estatocisto**) tenha sido descrito para uma espécie de braquiópode inarticulado, o aparato sensorial das outras espécies de lofoforados consiste em células mecano e quimiorreceptoras difusas e/ou em cerdas no manto.

Filo Entoprocta (= Kamptozoa)

Entoprocta é um filo de animais bentônicos, solitários ou coloniais, restritos a ambientes marinhos. Em torno de 150 espécies foram descritas e todas se alimentam de material em suspensão. Como os outros animais discutidos neste capítulo, entoproctos coletam partículas de alimento usando um órgão anterior com numerosos tentáculos ciliados (Fig. 19.18). No entanto, o ânus abre-se dentro desta coroa de tentáculos; assim, o órgão não é, por definição, um lofóforo. Além disso, o padrão de fluxo de água é oposto àquele exibido pelos foronídeos, braquiópodes e briozoários: nos entoproctos, a água flui de fora para dentro do círculo tentacular, entre as laterais dos tentáculos, de baixo para cima e, em seguida, passa para fora através do centro (Fig. 19.18a; comparar com a Figura 19.1b, p. 475). Em vários outros aspectos, no entanto, entoproctos coloniais se assemelham a briozoários. Como os zooides dos briozoários, entoproctos são pequenos, normalmente menores que alguns milímetros. Como os briozoários, entoproctos não possuem vasos sanguíneos e, como os foronídeos, briozoários e muitos braquiópodes, os entoproctos possuem trato digestório em forma de U (Fig. 19.18).

Todavia, diferentemente dos briozoários, a clivagem dos entoproctos é determinada e espiral, e os embriões de algumas espécies de entoproctos se desenvolvem em larvas trocóforas formadas precisamente, como nos protostômios. Isso está de acordo com estudos moleculares recentes de genes do rRNA 18S, que sugerem que entoproctos são protostômios.

Entoproctos têm uma pequena cavidade corporal (preenchida com material gelatinoso), mas como esta é formada ainda é incerto. Consequentemente, alguns pesquisadores consideram os entoproctos acelomados, ao passo que outros acreditam que sejam pseudocelomados. São realmente um grupo problemático. Alguns dados moleculares indicam que não há relação estreita entre entoproctos e briozoários, ao passo que outros dados moleculares sugerem que estes dois grupos devem ser colocados em um único filo.[10] Alguns pesquisadores têm argumentado alternativamente que os entoproctos sejam relacionados estreitamente com os ciclióforos, discutidos no final do capítulo anterior, sugerindo, inclusive, agrupar ciclióforos e entoproctos em um único filo. Dados moleculares recentes sugerem que entoproctos, briozoários e ciclióforos deveriam ser colocados juntos como um único filo ou superfilo: o Polyzoa. Entretanto, algumas análises morfológicas, baseadas em adultos e larvas, sugerem que entoproctos sejam mais estreitamente relacionados com os moluscos.

[10]Ver *Tópicos para discussão e investigação adicional*, nº 1, no final deste capítulo.

Muitas espécies de entoproctos formam extensas colônias através de replicação assexuada, assim como os briozoários, porém colônias de entoproctos nunca são polimórficas; todos os indivíduos de uma colônia de entoproctos têm a mesma aparência e são capazes de se alimentar e de se reproduzir sexuadamente. Todos os entoproctos são aparentemente hermafroditas.

Resumo taxonômico

Filo Phoronida
Filo Brachiopoda – "conchas-lâmpada"
  Classe Inarticulata – braquiópodes inarticulados
  Classe Articulata – braquiópodes articulados
Filo Bryozoa (= Ectoprocta) – "animais musgo"
  Classe Phylactolaemata
  Classe Gymnolaemata
    Ordem Ctenostomata
    Ordem Cheilostomata
  Classe Stenolaemata
    Ordem Cyclostomata
Filo Entoprocta (= Kamptozoa)

Tópicos para posterior discussão e investigação

1. Por um longo tempo, entoproctos foram agrupados com ectoproctos (briozoários) em um único filo. A maioria dos estudos moleculares também sugere que os dois grupos são estreitamente relacionados. Discuta as semelhanças e diferenças anatômicas, de desenvolvimento e funcionais entre briozoários e entoproctos, e as provas a favor e contra uma relação evolutiva próxima entre esses dois grupos.

Fraiser, M. L., and D. J. Bottjer. 2007. When bivalves took over the world. *Paleobiol.* 33:397–413.

Hyman, L. H. 1951. *The Invertebrates. Vol. III, Acanthocephala, Aschelminthes and Entoprocta.* New York: McGraw-Hill.

Mackey, L. Y., B. Winnepenninckx, R. De Wachter, T. Backeljau, P. Emschermann, and J. R. Garey. 1996. 18S rRNA suggests that Entoprocta are protostomes, unrelated to Ectoprocta. *J. Molec. Evol.* 42:552.

Mariscal, R. N. 1965. The adult and larval morphology and life history of the entoproct *Barentsia gracilis* (M. Sars, 1835). *J. Morphol.*116:311.

2. Discuta o papel potencial dos moluscos bivalves em ocasionar o significativo declínio evolutivo de braquiópodes.

Gould, S. J., and C. B. Calloway. 1980. Clams and brachiopods–ships that pass in the night. *Paleobiology* 6:383.

Sepkoski, J. J., Jr. 1996. Competition in macroevolution: The doublewedge revisited. In D. Jablonski, D. H. Erwin, J. H. Lipps, eds. *Evolutionary Paleobiology.* Chicago Univ. Press, Chicago, 211–55.

Stanley, S. M. 1968. Post-Paleozoic adaptive radiation of infaunal bivalve molluscs; a consequence of mantle fusion and siphon formation. *J. Paleontol.* 42:214.

3. Investigue o papel das correntes de água, tentáculos e cílios na biologia alimentar dos foronídeos, braquiópodes e briozoários.

Gilmour, T. 1979. Ciliation and function of food-collecting and waste-rejecting organs of lophophorates. *Canadian J. Zool.* 56:2142.

LaBarbera, M. 1984. Feeding currents and particle capture mechanisms in suspension feeding animals. *Amer. Zool.* 24:71.

Nielsen, C., and H. U. Riisgard. 1998. Tentacle structure and filterfeeding in *Crisia eburnea* and other cyclostomatous bryozoans, with a review of upstream-collecting mechanisms. *Marine Ecol.Progr. Ser.* 168:163.

Riisgård, H. U., B. Okamura, and P. Funch. 2010. Particle capture in ciliary filter-feeding gymnolaemate and phylactolaemate bryozoans–A comparative study. *Acta Zool.* 91:416–25.

Strathmann, R. R. 1973. Function of lateral cilia in suspensionfeeding of lophophorates (Brachiopoda, Phoronida, Ectoprocta). *Marine Biol.* 23:129.

Strathmann, R. R. 2006. Versatile ciliary behaviour in capture of particles by the bryozoan cyphonautes larva. *Acta Zoolog.* 87:83–89.

4. Baseado em suas leituras neste livro, compare e contraste a operação do lofóforo dos briozoários com a operação da probóscide dos nemertinos.

5. Algumas espécies de briozoários ramificados superficialmente assemelham-se a algumas colônias de hidrozoários coloniais. Com base nas leituras deste livro, quais são algumas das semelhanças e diferenças entre esses dois grupos de animais?

6. Discuta as evidências de que nutrientes são compartilhados entre os zooides de uma colônia de briozoários.

Best, M. A., and J. P. Thorpe. 1985. Autoradiographic study of feeding and the colonial transport of metabolites in the marine bryozoan *Membranipora membranacea. Marine Biol.* 84:295.

Carle, K. J., and E. E. Ruppert. 1983. Comparative ultrastructure of the bryozoan funiculus: A blood vessel homologue. *Z. Zool. Syst. Evol.-forsch.* 21:181.

7. Investigue a maneira pela qual briozoários gimnolemados lidam com a competição, predação e outros estresses ambientais.

Bayer, M. M., C. D. Todd, J. E. Hoyle, and J. F. B. Wilson. 1997. Wave-related abrasion induces formation of extended spines in a marine bryozoan. *Proc. R. Soc. London* 264:1605.

Bone, E. K., and M. J. Keough. 2010. Competition may mediate recovery from damage in an encrusting bryozoan. *Marine Ecol.* 31:439–46.

Harvell, C. D. 1998. Genetic variation and polymorphism in the inducible spines of a marine bryozoan. *Evolution* 52:80.

Harvell, C. D., and D. K. Padilla. 1990. Inducible morphology, heterochrony, and size hierarchies in a colonial invertebrate monoculture. *Proc. Nat. Acad. Sci.* 87:508.

Iyengar, E. V., and C. D. Harvell. 2002. Specificity of cues inducing defensive spines in the bryozoan *Membranipora membranacea*. *Marine Ecol. Progr. Ser.* 225:205–18.

Jackson, J. B. C., and L. W. Buss. 1975. Allelopathy and spatial competition among coral reef invertebrates. *Proc. Nat. Acad. Sci.*72:5160.

Lopanik, N. B., N. M. Target, and N. Lindquist. 2006. Ontogeny of a symbiont-produced chemical defense in *Bugula neritina*(Bryozoa). *Marine Ecol. Progr. Ser.* 327:183–91.

Padilla, D. K., C. D. Harvell, J. Marks, and B. Helmuth. 1996. Inducible aggression and intraspecific competition for space in a marine bryozoan, *Membranipora membranacea*. *Limnol. Oceanogr.* 41:505.

Shapiro, D. F. 1992. Intercolony coordination of zooid behavior and a new class of pore plates in a marine bryozoan. *Biol. Bull.*182:221.

Tzioumis, V. 1994. Bryozoan stolonal outgrowths: A role in competitive interactions? *J. Marine Biol. Assoc. U.K.* 74:203.

Detalhe Taxonômico

Filo Phoronida

Phoronis. As 12 espécies deste filo são encontradas de zonas intertidais a profundidades de cerca de 400 m. As menores espécies têm menos de 0,5 cm de comprimento, e as maiores têm até 50 cm de comprimento.

Filo Brachiopoda

Este filo contém aproximadamente 350 espécies, distribuídas em duas classes.

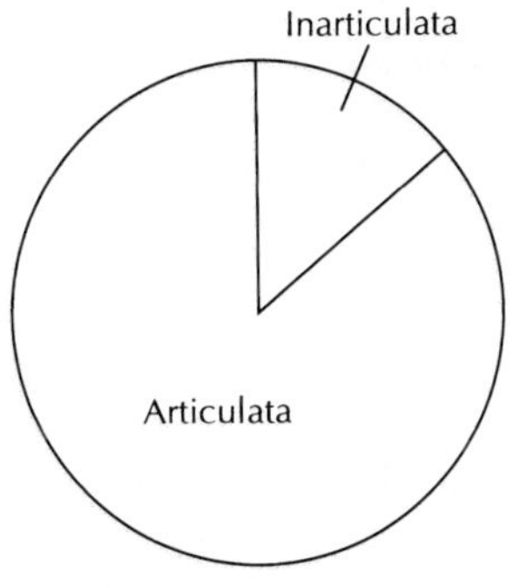

Classe Inarticulata

As aproximadamente 50 espécies estão contidas dentro de duas ordens.

Ordem Lingulida

Lingula. Indivíduos têm até 44 mm de tamanho de concha. Todas as espécies usam as suas conchas para formarem tocas no sedimento, de zonas intertidais a profundidades de cerca de 125 m. Algumas espécies são comidas por seres humanos (na Austrália e no Japão). Fósseis com mais de 400 milhões de anos se assemelham às espécies da atual *Lingula*. Uma família.

Ordem Acrotretida

Crania. Algumas das espécies deste grupo variam de zonas intertidais a profundidades excedendo 7.600 m. Duas famílias.

Classe Articulata

As aproximadamente 300 espécies estão contidas dentro de duas ordens.

Ordem Rhynchonellida

Esses braquiópodes vivem permanentemente ligados a substratos sólidos, de cerca de 6 m até mais de 3.000 m de profundidade, em águas tropicais ou frias. Aproximadamente 30 espécies, distribuídas entre quatro famílias.

Ordem Terebratulida

Este grupo contém a maioria das espécies de braquiópodes vivos. As cerca de 250 espécies são distribuídas entre 12 famílias.

Família Terebratellidae. *Terebratella*. Conchas têm até 91 mm de comprimento. Uma espécie, *Magadina cumingi*, usa seu pedículo para se mover para cima e para baixo no substrato, ao contrário de qualquer outra espécie de braquiópode articulado. Espécies ocorrem de zonas intertidais até profundidades superiores a 4.000 m.

Filo Bryozoa

Este filo contém aproximadamente 8 mil espécies. distribuídas entre três classes.[11]

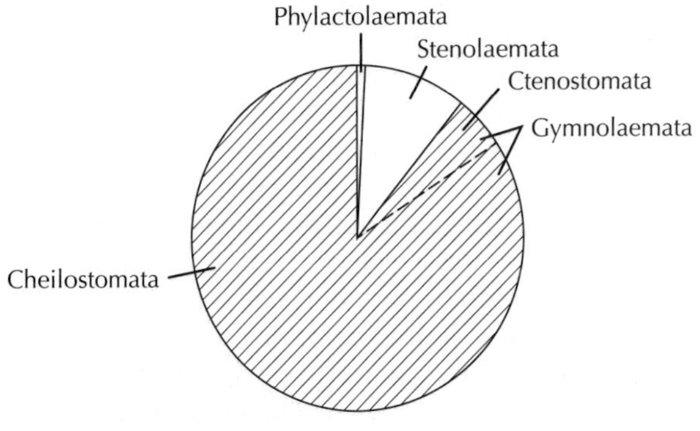

Classe Phylactolaemata

Estes briozoários são encontrados apenas em água doce. As aproximadamente 70 espécies são distribuídas entre quatro famílias.

[11]O número de espécies é baseado em Waeschenbach, A., P. D. Taylor e D.T. J. Littlewood. 2012. *Molec. Phylog. Evol.* 62:718–35.

Família Plumatellidae. *Plumatella.* Membros desta família produzem estatoblastos dispersores, tanto sésseis quanto flutuantes.

Família Lophopodidae. *Pectinatella.* Colônias formam grandes massas gelatinosas de até 0,5 m de diâmetro, e os lofóforos de algumas espécies podem ter até 120 tentáculos. Todas as espécies produzem estatoblastos flutuantes.

Família Cristatellidae. *Cristatella.* Os polipídeos limitam-se à superfície superior da colônia arredondada, não ramificada. A superfície muscular inferior da colônia permite que toda a colônia se mova lentamente, talvez 10 cm por dia, sobre um substrato sólido. Todas as espécies produzem apenas estatoblastos flutuantes.

Classe Stenolaemata

Crisia, Tubulipora. Todas as espécies são marinhas e exibem zooides tubulares, calcificados. A reprodução é única entre os briozoários, em que cada embrião fertilizado pode se dividir assexuadamente, inúmeras vezes, dando origem a 100 ou mais embriões geneticamente idênticos, dentro de cada indivíduo reprodutivo (gonozooide). As aproximadamente 800 espécies estão distribuídas em cerca de 20 famílias.

Classe Gymnolaemata

Este é o grupo mais diverso de briozoários e contém o maior número de espécies (mais de 7 mil), a maioria das quais são marinhas. Duas ordens.

Ordem Ctenostomata

As paredes dos zooides não são calcificadas; em vez disso, são membranosas ou gelatinosas. Aviculários, opérculos e ovicelas são ausentes. As cerca de 400 espécies estão distribuídas em cerca de 20 famílias.

Família Alcyonidiidae. *Alcyonidium.* Este gênero tem uma distribuição global, sendo especialmente comum em águas costeiras rasas. Todas as espécies são marinhas. As colônias são carnudas, borrachudas ou gelatinosas, sendo eretas em algumas espécies, ou planas e incrustantes em outras. Muitas vezes, os membros deste gênero vivem simbioticamente com moluscos portadores de concha, crustáceos, hidrozoários ou outros briozoários. Notavelmente, uma espécie do círculo polar norte vive sem estar fixada no substrato mole, enquanto uma espécie da Antártica aparentemente tem uma existência pelágica única, vivendo solta em águas abertas.

Família Nolellidae. *Nolella, Aethozoon.* Membros do gênero *Aethozoon* têm zooides de até 8 mm, maior que todas outras espécies de briozoários.

Família Paludicellidae. *Paludicella.* Todas as espécies são restritas à água doce.

Família Monobryozoontidae. *Monobryozoon.* As menores colônias de briozoários são encontradas neste grupo: a colônia inteira é constituída por um único autozooide de alimentação. À medida que novos zooides são produzidos, estes se libertam do genitor, que logo degenera. Todas as três espécies são marinhas e vivem em sedimentos arenosos.

Família Hypophorellidae. *Hypophorella.* Os estolões ramificados perfuram tubos de poliquetas sedentários ou paredes calcárias de outros briozoários. Todas as espécies são marinhas.

Família Penetrantiidae. Estas espécies secretam ácido fosfórico, perfurando conchas calcárias de moluscos e cirripédios. Todas as espécies são marinhas.

Família Vesiculariidae. *Bowerbankia, Zoobotryon.* Todas as espécies são marinhas, formando colônias ramificadas, geralmente eretas. Lofóforos ostentam apenas de 8 a 10 tentáculos cada. Membros de um único gênero, *Zoobotryon*, formam colônias que podem atingir comprimentos de até 0,5 m.

Ordem Cheilostomata

A maioria das espécies é marinha e forma colônias altamente polimórficas, com zooides reprodutivos especializados, zooides de fixação, aviculários, vibráculos e ovicelas. Os zooides são frequentemente retangulares e as paredes são sempre, pelo menos parcialmente, calcificadas. O grupo contém a maior diversidade morfológica de briozoários. As aproximadamente 6.720 espécies são distribuídas entre aproximadamente 70 famílias.

Subordem Anasca

Aproximadamente 30 famílias. A maioria ou toda a superfície frontal do zooide é membranosa ou praticamente transparente.

Família Membraniporidae. *Membranipora.* Estas espécies não possuem aviculários e nem ovicelas. Espécies podem ser incrustantes, frequentemente formando colônias quase circulares, ou eretas. Todas as espécies produzem larvas cifonautas com conchas bivalves, que se alimentam.

Família Electridae. *Electra.* Colônias não possuem aviculários ou ovicelas e a maioria das espécies é incrustante. Todas as espécies produzem larvas cifonautas.

Família Microporidae. *Micropora.* Um número de espécies deste grupo é de vida livre. Uma espécie, *Selenaria maculata*, anda nas cerdas longas dos seus aviculários a velocidades de mais de 1,5 cm por minuto.

Família Bugulidae. *Bugula, Dendrobeania.* Estas espécies formam colônias eretas densas. Os zooides são apenas levemente calcificados e a superfície frontal inteira é membranosa, assim, os órgãos internos são facilmente visíveis por transparência ao estereomicroscópio. Colônias normalmente possuem aviculários pedunculados com "cabeça de pássaro" bem formados. *Bugula* é um dos maiores e mais distribuídos de todos os gêneros de briozoários. Um dos membros do gênero, *B. neritina*, é fonte de briostatina, um promissor componente anticâncer produzido por uma simbiose bacteriana, particularmente na fase larval.

Família Cellariidae. *Cellaria.* Estas espécies são incomuns na estrutura do opérculo e o criptocisto não permite que músculos parietais alcancem a membrana frontal flexível; o lofóforo é aparentemente projetado por um mecanismo diferente, mais complexo (Perez e Banta, 1996. *Invert. Biol.* 115:162).

Subordem Ascophora

Este é o maior e mais diverso grupo de briozoários vivos. A parede frontal demonstra grande variedade de forma e função. O lofóforo é sempre operado por meio do saco de compensação (= *ascus*). Cerca de 50 famílias.

Família Watersiporidae. *Watersipora.* Os membros deste grupo são todos incrustantes e não possuem aviculários e ovicelas; zooides encubam embriões internamente.

Família Hippoporinidae. *Pentapora.* Todas as espécies têm ovicelas e muitas têm aviculários. Colônias de *Pentapora* podem chegar até 1 m de circunferência, fazendo destas as maiores de todos os briozoários coloniais.

Família Schizoporellidae. *Schizoporella.*

Família Conescharellinidae. *Conescharellina.* Este grupo inclui cerca de 75 espécies de briozoários habitantes de areia, os quais ancoram a si mesmos no soalho marinho usando um sistema rizoidal de "radículas", produzidas por zooides modificados, que não se alimentam.

Filo Entoprocta

A maioria das aproximadamente 180 espécies é marinha, embora algumas vivam em água doce. Quatro famílias.

Família Loxosomatidae. *Loxosoma, Loxosomella.* Esta família contém todas as espécies solitárias; todos os outros entoproctos são coloniais. Algumas espécies são móveis, usando uma expansão distal, muscular, da haste. Todas as pelo menos 110 espécies são marinhas.

Família Barentsiidae. *Barentsia, Urnatella.* Todas as espécies são coloniais. Os poucos entoproctos de água doce são incluídos no gênero *Urnatella.* Algumas espécies produzem cistos, que toleram condições ambientais adversas. Aproximadamente 30 espécies.

Referências gerais sobre "lofoforados"

Boardman, R. S., A. H. Cheetham, and A. J. Rowell, eds. 1987. *Fossil Invertebrates.* Palo Alto, Calif.: Blackwell Scientific, 445–549.

Harrison, F. W., and R. W. Woollacott. 1997. *Microscopic Anatomy of Invertebrates, Vol. 13. Lophophorates and Entoprocta.* New York: Wiley-Liss.

Hausdorf, B., M. Helmkampf, M. P. Nesnidal, and I. Bruchhaus. 2010. Phylogenetic relationships within the lophophorate lineages (Ectoprocta, Brachiopoda, and Phoronida). *Molec. Phylog. Evol.* 55:1121–27.

Hejnol, A. 2010. A twist in time–the evolution of spiral cleavage in the light of animal phylogeny. *Integr. Comp. Biol.* 50:695–706.

Hyman, L. H. 1959. *The Invertebrates, Vol. 5. Smaller Coelomate Groups.* New York: McGraw-Hill.

James, M. A., A. D. Ansell, M. J. Collins, G. B. Currey, L. S. Peck, and M. C. Rhodes. 1992. Biology of Living Brachiopods. *Adv. Marine Biol.* 28:176–387.

Levin, H. L. 1999. *Ancient Invertebrates and Their Living Relatives.* New Jersey: Prentice Hall, pp. 157–75 (Bryozoa) and 176–202 (Brachiopoda).

Nielsen, C. 2012. *Animal Evolution: Interrelationships of the Living Phyla,* 3rd ed. Chs. 35–41 (pp. 195–237). New York: Oxford University Press.

Parker, S. P., ed. 1982. *Classification and Synopsis of Living Organisms, Vol. 2, Phoronids, Bryozoans, and Brachiopods.* New York: McGraw-Hill, 741, 743–69, 773–80.

Ryland, J. S. 1970. *Bryozoans.* London: Hutchinson Univ. Library.

Sharp, J. H., M. K. Winson, and J. S. Porter. 2007. Bryozoan metabolites: an ecological perspective. *Nat. Prod. Rep.* 24:659–73.

Thorpe, J. H., and A. P. Covich, eds. 2009. *Ecology and Classification of North American Freshwater Invertebrates,* 3rd ed. New York: Academic Press (bryozoans, pp. 437–54).

Woollacott, R. M., and R. Zimmer, eds. 1977. *Biology of Bryozoans.* New York: Academic Press.

Zimmer, R. L. 1996. Phoronids, Brachiopods, and Bryozoans, the Lophophorates. In: Gilbert, S. F., and A. M. Raunio. 1997. *Embryology: Constructing the Organism.* Sunderland, MA: Sinauer Associates, Inc. Publishers, 279–305.

Referências gerais sobre entoproctos

Harrison, F. W., and R. W. Woollacott. 1997. *Microscopic Anatomy of Invertebrates, Vol. 13. Lophophorates and Entoprocta.* New York: Wiley-Liss.

Hyman, L. H. 1951. *The Invertebrates, Vol. 3. Acanthocephala, Aschelminthes and Entoprocta.* New York: McGraw-Hill.

Nielsen, C. 1964. Studies on Danish Entoprocta. *Ophelia* 1:1–76.

Parker, S. P., ed. 1982. *Classification and Synopsis of Living Organisms,* vol. 2. New York: McGraw-Hill, 771–72.

Procure na web

1. www.ucmp.berkeley.edu/brachiopoda/brachiopoda.html

   www.ucmp.berkeley.edu/bryozoa/bryozoa.html

   Estes websites incluem informações dos registros fósseis de briozoários e braquiópodes. Os sites são mantidos pela University of California, Berkeley.

2. http://www.kgs.ku.edu/Extension/fossils/brachiopod.html

   http://www.kgs.ku.edu/Extension/fossils/bryozoan.html

   Este site contém informações interessantes sobre braquiópodes e fósseis de briozoários, provido pelo Kansas Geological Survey.

3. www.microscopy-uk.org.uk/mag/artmay01/bryozoan.html

   Este leva você às "Flores do mar: Briozoários e Cnidários". Inclui maravilhosas fotografias e um excelente vídeo da alimentação dos briozoários e das atividades de aviculários. Este site é mantido pela Micscape, uma revista online produzida no Reino Unido.

4. http://paleopolis.rediris.es/Phoronida/

   Base de dados mundial de foronídeos e pesquisas com foronídeos, provida por Christian C. Emig e Christian de Mittelwihr. Possui link para outros sites a respeito de "lofoforados".

5. http://www.marinespecies.org/brachiopoda/

   Base de dados mundial de braquiópodes e pesquisas com braquiópodes, provida por Christian C. Emig.

6. http://www.paleosoc.org/Bryozoan.pdf

   Este site, preparado por Frank K. McKinney, da Paleontological Society, inclui informações de fósseis de briozoários coletados.

20
Equinodermos

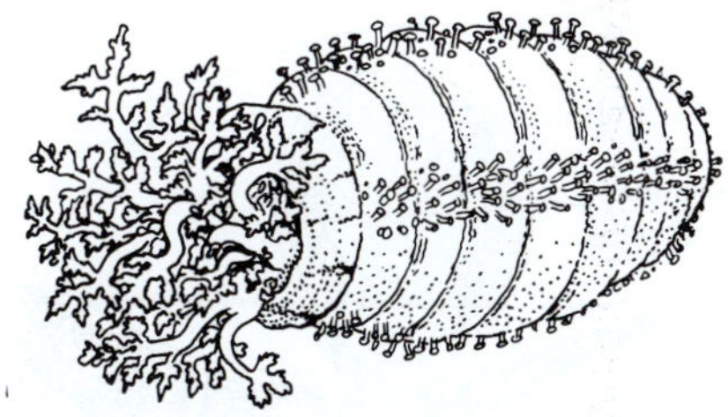

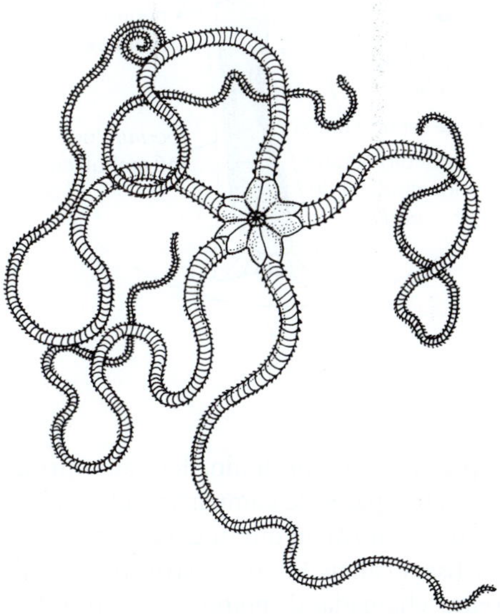

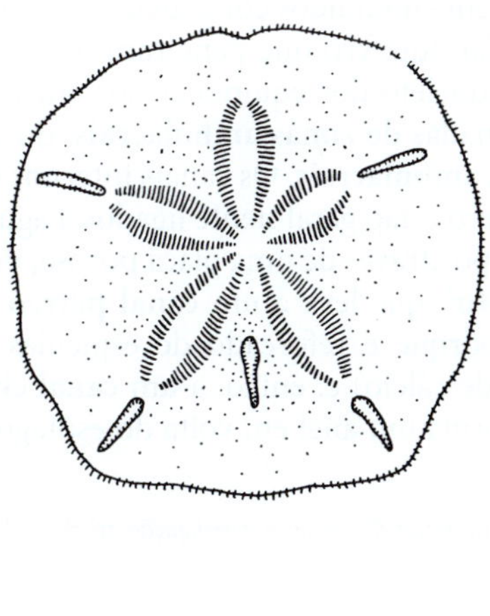

Introdução e características gerais

Características diagnósticas:[1] 1) uma série complexa de canais cheios de fluido (o sistema vascular aquífero), derivados de um par de compartimentos celomáticos e que se conectam a numerosos apêndices flexíveis alimentares e locomotores (*podia*); 2) simetria radial de cinco pontas (pentâmera) em adultos; 3) ossículos calcários derivados de tecido mesodérmico, formando um endoesqueleto; 4) tecido conectivo mutável; sua rigidez e fluidez podem ser rápidas e dramaticamente alteradas pelo sistema nervoso.

Equinodermos são animais notáveis que incluem os lírios-do-mar, estrelas-pluma, ofiúros, estrelas-do-mar, margaridas-do-mar, bolachas-da-praia, ouriços cordiformes, ouriços-do-mar e pepinos-do-mar. Como nós, os equinodermos são deuterostômios (ver Capítulo 2). No fim de 2006, biólogos terminaram de sequenciar o genoma do ouriço-do-mar roxo (*Strongylocentrotus purpuratus*), a primeira sequência desse tipo para um deuterostômio não cordado; como se evidenciou, alguns de seus cerca de 23.300 genes são idênticos aos anteriormente considerados exclusivos de vertebrados. Análises recentes indicam que equinodermas, juntamente com hemicordados (Capítulo 21), formam o grupo-irmão (Ambulacraria) dos cordados (ver Capítulo 23, Fig. 23.9).

Quase todas as aproximadas 6.500 espécies de equinodermos vivas atualmente são marinhas; poucas espécies são estuarinas, mas nenhuma vive em água doce. Cerca de 13 mil espécies, distribuídas entre 16 classes, são conhecidas pelo registro fóssil; a maioria dessas classes não tem representantes vivos. Notavelmente, apesar de suas larvas de vida livre apresentarem simetria bilateral, a maioria dos equinodermos adultos apresenta um padrão básico de simetria radial como corpo dividido em cinco partes organizadas ao redor de um eixo central (pentâmera). Como animais

[1] Características que distinguem os membros deste filo de membros de outros filos.

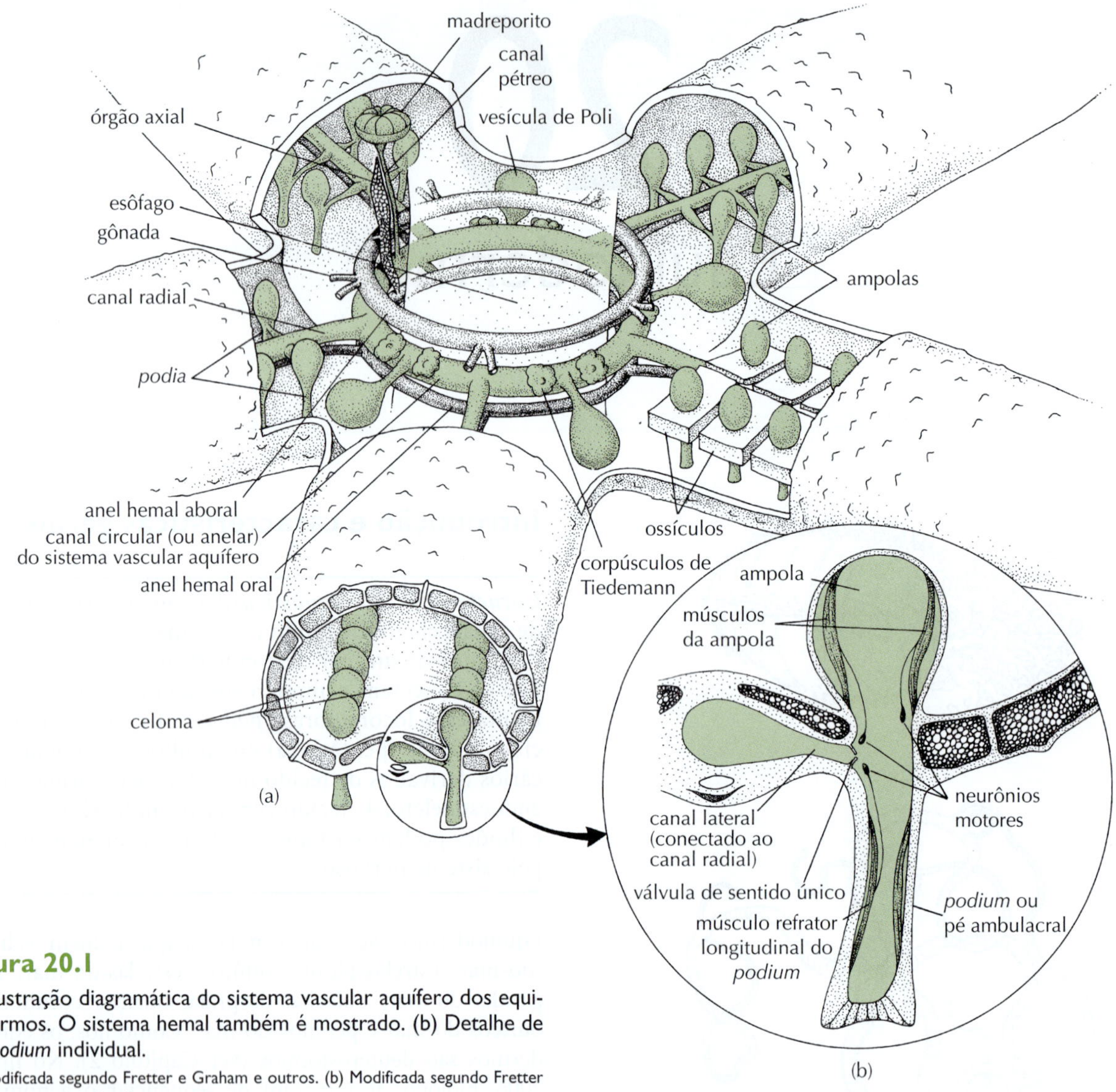

Figura 20.1

(a) Ilustração diagramática do sistema vascular aquífero dos equinodermos. O sistema hemal também é mostrado. (b) Detalhe de um *podium* individual.

(a) Modificada segundo Fretter e Graham e outros. (b) Modificada segundo Fretter e Graham; segundo Smith.

radialmente simétricos, não possuem cefalização. Assim, equinodermos adultos geralmente não têm extremidades anterior e posterior. Em vez disso, as superfícies do corpo são designadas como **oral** (que contém a boca) ou **aboral** (que não contém a boca).

A maioria dos equinodermos possui um esqueleto interno bem desenvolvido, composto majoritariamente (até 95%) por carbonato de cálcio, com quantidades menores de carbonato de magnésio (até 15%), quantidades ainda menores de outros sais e vestígios de metais, e uma pequena quantidade de material orgânico. Os componentes do esqueleto dos equinodermos são individualmente manufaturados por células especializadas, originárias da mesoderme embrionária. Esse processo é bastante contrastante ao método de produção da concha de moluscos e de outros grupos invertebrados, em que minerais são depositados em uma matriz extracelular de proteína.

A característica mais unificadora do filo Echinodermata é a presença do **sistema vascular aquífero** (frequentemente abreviado por **SVA**). Esse sistema consiste em uma série de canais preenchidos por fluido, derivados principalmente de um dos três pares de compartimentos celomáticos (a hidrocele) que se formam durante o desenvolvimento embrionário. Esses canais levam a estruturas tubulares com finas paredes, chamadas de ***podia***, ou **pés tubulares** ou **pés ambulacrais** (*podium* = do grego, pé) (Fig. 20.1a). Os *podia* são mais bem entendidos como extensões tubulares do sistema vascular aquífero que penetram nas paredes corporais e no esqueleto dos equinodermos em regiões particulares, chamadas de **zonas ambulacrais**, ou, em alguns grupos, **sulcos ambulacrais.** Os canais internos do sistema vascular aquífero estão geralmente ligados à água marinha externa ao corpo através de uma placa porosa, de chamada de **madreporito**[2], que leva a um **canal pétreo** (chamado dessa forma porque é reforçado de espículas ou placas de carbonato de cálcio) e, então, a um **canal circular** (ou anelar), que forma um anel em volta do esôfago em quase

[2]Ver *Tópicos para posterior discussão e investigação*, nº 9, no final deste capítulo.

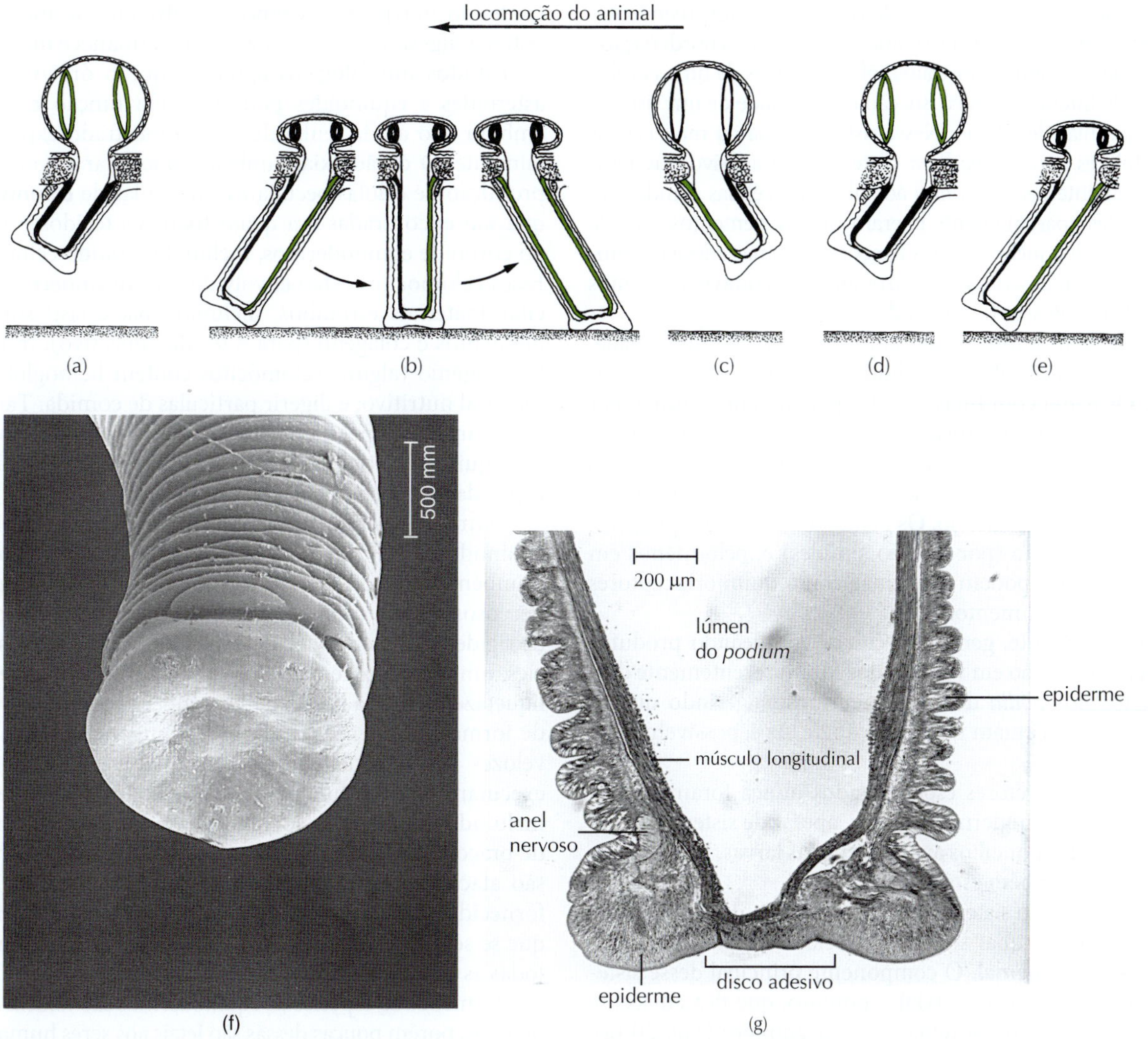

Figura 20.2

Locomoção dos *podia* sobre um substrato sólido. As partes coloridas em verde indicam músculos prestes a se contraírem para produzirem o próximo passo da sequência. (a) Músculos da ampola prestes a se contraírem, alongando os *podia* por ação hidráulica. (b) Base dos *podia* adaptada ao substrato. O movimento é realizado pela contração dos músculos longitudinais em um lado do *podium*. (c-e) *Podium* preparando-se para o próximo passo; observe que o fluido é bombeado de volta para a ampola conforme os músculos longitudinais são contraídos. (f) Porção distal do *podium* da estrela-do-mar, *Marthasterias glacialis*, mostrando o disco adesivo terminal. (g) Secção longitudinal através da extremidade distal de um *podium* da estrela-do-mar, *M. glacialis*.

(f) Figura 2, p. 37, de P. Flammang. 1984. *Biol. Bull.* Vol. 187 No. 1 pp. 35-47. © Com permissão de Marine Biological Laboratory, Woods Hole, MA. (g) Figura 6, p. 38, de P. Flammang. 1984. *Biol. Bull.* Vol. 187 No. 1 pp. 35-47. © Com permissão de Marine Biological Laboratory, Woods Hole, MA.

todas as espécies de equinodermos (Fig. 20.1a). Estruturas acessórias que armazenam fluido, chamadas de **vesículas de Poli** e **corpúsculos de Tiedemann**, estão frequentemente associadas ao canal circular. Além de armazenar fluido, os corpúsculos de Tiedemann também servem para filtrar fluido do sistema vascular aquífero para a cavidade principal do corpo (o **celoma perivisceral**), auxiliando na manutenção da turgidez do corpo. Cinco (ou um número múltiplo de cinco) **canais radiais** irradiam simetricamente a partir do canal circular. Pares de **ampolas** em forma de bulbo normalmente estão conectadas a esses canais radiais, e cada ampola serve a um único *podium*. Ambos ampola e *podium* são sustentados por um sistema de ossículos calcários, os **ossículos ambulacrais**.

Os *podia* geralmente não possuem músculos circulares (Fig. 20.1b) e, por isso, não podem se estender por si próprios. Na maioria das espécies, o fluido é bombeado no *podium* pela contração da ampola, estendendo-o hidraulicamente (Fig. 20.2). Uma válvula de mão única na união da ampola com o canal radial garante que o fluido vá da ampola para o *podium*, quando a ampola se contrai, e não para o canal radial. O *podium* se retrai quando os músculos longitudinais se contraem. Novamente, as válvulas de mão única garantem que o fluido que sai da contração do *podium* seja direcionado de volta para a ampola, alongando os músculos da ampola em preparação para o próximo ciclo.

Um único equinodermo pode possuir mais de 2 mil *podia*. A locomoção geralmente requer movimentos coordenados de protração e contração de todos esses *podia*; surpreendentemente, pouco se sabe sobre como se atinge essa coordenação.[3] Os *podia* se fixam a substratos sólidos através de uma combinação de interação iônica, sucção e a atividade de um sistema duoglandular de adesão. Nesse sistema, uma ou mais células glandulares de cada *podium* secretam um adesivo que temporariamente liga o *podium* ao substrato; células glandulares adjacentes aparentemente liberam outros elementos que, de algum modo, quebram essas ligações. Sistemas adesivos similares já foram descritos em outros animais, como platelmintos (p. 151) e moluscos Scaphopoda.

A superfície interna de cada *podium* é bastante ciliada, permitindo a circulação do fluido no sistema vascular aquífero. Os *podia* com finas paredes podem, então, funcionar com eficiência nas trocas gasosas além da locomoção; o fluido do sistema vascular aquífero, juntamente com o dos outros compartimentos celomáticos, serve como o primeiro mediador circulatório. Os *podia* também são o primeiro local da excreção (por difusão simples) e, pelo menos em alguns grupos, podem funcionar como quimiorreceptores e coletores de alimento.

Notavelmente, genes específicos codificando produtos associados à visão em vertebrados foram recentemente descobertos nos *podia* dos equinodermos, sugerindo que os *podia* também atuam na percepção de luz e, possivelmente, na visão.[4]

Órgãos excretores especializados nunca foram encontrados nos equinodermos adultos, apesar de sistemas nefridiais movidos por cílios aparecerem nas larvas. Um coração verdadeiro também está ausente.

Associado ao sistema vascular aquífero dos equinodermos, há um peculiar sistema de tecidos e órgãos, denominado **sistema hemal**. O componente principal desse sistema hemal é um **órgão axial** esponjoso, que fica adjacente ao canal pétreo do sistema vascular aquífero (Fig. 20.1a). O órgão axial está situado em seu próprio compartimento celomático, o **seio axial**, e se conecta a dois **anéis hemais**, um oral e outro aboral. Saindo do anel hemal aboral e contidos dentro de seios celomáticos próprios, partem **canais periemais** radiais, que se estendem em direção às gônadas. Uma outra série de canais irradia do anel hemal oral para os *podia*.

A importância funcional do sistema hemal é incerta. Parece não haver conexão direta entre o sistema hemal e o sistema vascular aquífero, ou entre os sistemas hemal e digestório. Estudos recentes com asteroides (estrelas-do-mar) e holotúrias (pepinos-do-mar) sugerem que o sistema hemal transporta nutrientes do fluido celomático para as gônadas. Essa conclusão é baseada, em parte, na determinação de locais de coleta de material alimentar marcado por ^{14}C; a radioatividade aparece sequencialmente nos sistemas digestório, hemal e, finalmente, nas gônadas. Além disso, concentrações de carboidratos, lipídeos, proteínas e aminoácidos no fluido hemal podem ser 10 vezes maiores que em outros fluidos de equinodermos, indicando um alto conteúdo nutricional. Como os nutrientes se movem do sistema digestório ao sistema hemal permanece incerto.

Estudos morfológicos apontam que o órgão axial de asteroides e equinoides pode ter uma função excretora, embora isso ainda tenha de ser demonstrado experimentalmente. O órgão axial também pode estar envolvido na produção de células peculiares, chamadas de **celomócitos**, que são encontradas em quase todos os tecidos e fluidos do corpo de equinodermos, incluindo o fluido celomático. Esses celomócitos estão envolvidos em reconhecer e fagocitar materiais estranhos, incluindo bactérias;[5] sintetizar pigmentos e colágeno (para o tecido conectivo); transportar oxigênio (alguns celomócitos contêm hemoglobina) e material nutritivo; e digerir partículas de comida. Também executam um papel na reparação de ferimentos. A maioria dos equinodermos tem ótimas – às vezes extraordinárias – capacidades regenerativas.[6]

Outra característica que é aparentemente exclusiva de equinodermos é o denominado **tecido conectivo mutável** (também chamado de "*catch tissue*", em inglês). Impulsos nervosos podem rápida e significativamente alterar o grau de rigidez e fluidez do tecido conectivo – em algumas espécies, um tecido extremamente rígido pode praticamente se liquefazer em uma fração de segundo, e reassumir a rigidez de forma igualmente rápida. Essas mudanças marcantes e velozes nas propriedades mecânicas do tecido conectivo executam diversas funções na biologia dos equinodermos, incluindo alimentação, locomoção e a liberação deliberada de braços ou vísceras (i.e., autonomia) quando os animais são atacados por predadores. Exemplos específicos serão fornecidos à medida que cada classe é apresentada no texto que se segue. O tecido conectivo mutável está presente em todas as classes dentro do filo.

Ao menos 85 espécies de equinodermos são tóxicas ou venenosas, porém poucas dessas são letais aos seres humanos.

Há cinco grupos principais de equinodermos. Apesar de diversas tentativas realizadas ao longo dos anos, ainda não há concordância sobre como esses grupos estão relacionados entre si. Está claro, porém, que Crinoidea representa o grupo mais antigo das classes existentes de equinodermos.

Classe Crinoidea

Característica diagnóstica:[7] a parte principal do corpo é sustentada acima do substrato por um longo pedúnculo ou por estruturas de fixação semelhantes a garras (cirros).

Crinoides têm um registro fóssil de quase 600 milhões de anos; os membros apresentam características que parecem ser primitivas, baseado no estudo dos fósseis. (Características "primitivas" são aquelas que exibem o menor nível de mudança das condições dos presumidos ancestrais;

[3]Ver *Tópicos para posterior discussão e investigação*, nºs 5 e 8, no final deste capítulo.

[4]Ver *Tópicos para posterior discussão e inestigação*, nº 13, no final deste capítulo.

[5]Ver *Tópicos para posterior discussão e investigação*, nº 2 e no Quadro Foco de pesquisa 20.1, p. 517.

[6]Ver *Tópicos para posterior discussão e investigação*, nº 1, no final deste capítulo.

[7]Características que distinguem os membros desta classe de membros de outras classes dentro do filo.

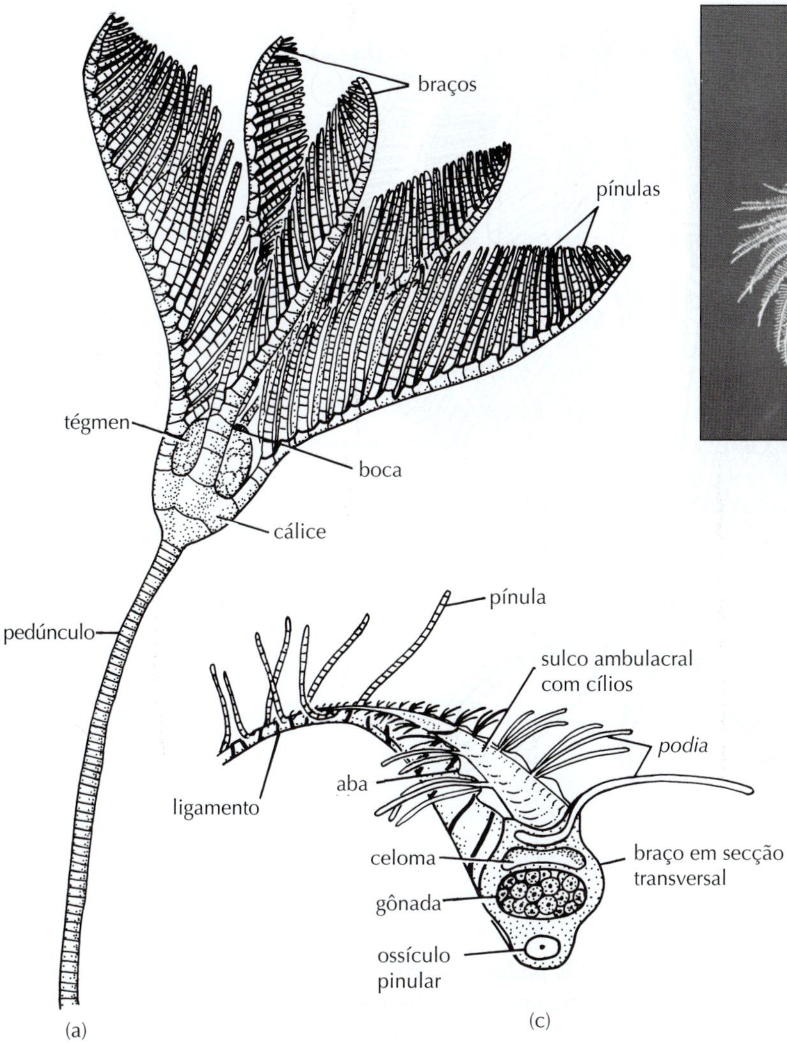

Figura 20.3

(a) Ilustração diagramática de um crinoi de peduncular. (b) O crinoide peduncular *Cenocrinus asterias.* (c) Detalhe do braço de um crinoide.

(b) © Florida Atlantic University/Harbor Branch Oceanographic Institute.

a palavra não implica falta de complexidade). A classe Crinoidea é composta por crinoides pedunculares (os lírios-do-mar, que somam cerca de 100 espécies existentes atualmente, todas em águas profundas) e os não pedunculares, crinoides comatulídeos móveis (as estrelas-pluma), das quais se conhece cerca de 600 espécies vivas. Os crinoides foram mais bem-sucedidos em épocas passadas; são a maioria dos equinodermos fossilizados. Atualmente, a maior variedade de espécies de crinoides é encontrada na Grande Barreira de Corais, nos entornos da Austrália, onde se relata a ocorrência de mais de 50 espécies diferentes em algumas áreas. Todos os crinoides se alimentam de suspensão.

Os lírios-do-mar, apesar de serem um pequeno grupo atualmente, eram muito numerosos de 300 a 500 milhões de anos atrás.[8] A maioria dos fósseis de crinoides, assim como os lírios-do-mar atuais, eram permanentemente fixos ao substrato por um **pedúnculo** (Fig. 20.3). O pedúnculo é flexível e composto por uma série de discos calcários (**colunares**), dispostos um sobre o outro e mantidos unidos por tecido conectivo.

As partes alimentar e reprodutiva do animal estão situadas no topo do pedúnculo. O sistema digestório é tubular, consiste em boca, intestino e ânus terminal e está inteiramente confinado em um complexo de cálice/tégmen; o **cálice**, uma estrutura em forma de xícara, que contém o sistema digestório completo (Fig. 20.3a), é coberto por uma membrana (o **tégmen**) que suporta a boca. A boca - e, portanto, a superfície oral em geral - é sempre direcionada em oposição à base do cálice. Crinoides são os únicos entre os equinodermos que têm a superfície oral na metade superior do corpo, uma adaptação clara para a alimentação de suspensão. Tanto cálice quanto tégmen geralmente suportam numerosas placas calcárias protetivas na superfície externa.

Os lírios-do-mar podem possuir de 5 a 200 braços (geralmente uma quantidade múltipla de 5), que se estendem para fora do cálice, e todos portam *podia*. Esses braços, como o pedúnculo, consistem em uma série de ossículos calcários articulados, a fim de que possam se dobrar.

Duas fileiras de **pínulas** tubulares se estendem para fora de cada braço, uma fila em cada lado do sulco ambulacral, que se estende ao longo do braço (Fig. 20.3c). *Podia* finos e alongados, agrupados em trios, também margeiam o sulco

[8]Ver em *Tópicos para posterior discussão e investigação*, nº 7, no final deste capítulo.

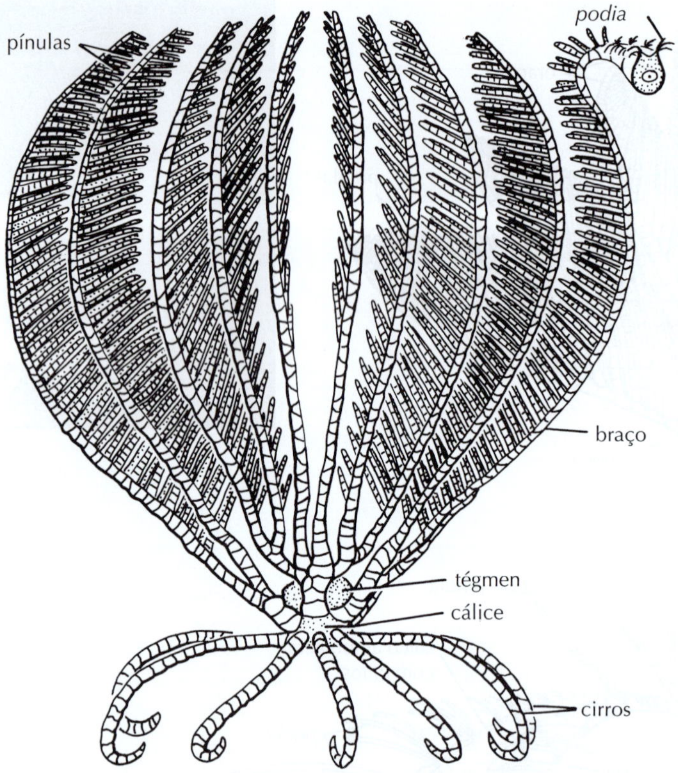

Figura 20.4

Ilustração diagramática de um crinoide comatulídeo.
Modificada de Hyman; segundo Clark.

ambulacral de cada braço. Esses *podia* são dotados de glândulas secretoras de muco. Crinoides coletam alimento pela extensão dos braços, pínulas e *podia* na corrente de água circundante.[9] Os braços e pínulas se movem por contrações dos músculos extensores e ligamentos. Ao entrar em contato com os *podia*, as partículas de alimento são envolvidas por muco e, então, conduzidas aos sulcos ambulacrais. Assim, as partículas de alimento são transportadas à boca pelos cílios ambulacrais. Observe que os *podia* dos crinoides não têm função locomotora, seu uso é limitado à coleta de alimento, troca de gases e, provavelmente, eliminação de resíduos nitrogenados por difusão.

O pedúnculo dos lírios-do-mar não possui musculatura. Apesar disso, o animal consegue reorientar seu corpo rápida e repetidamente para mais eficiência na captura de alimento, em resposta a mudanças temporárias de velocidade e direção das correntes de água. Os lírios-do-mar são capazes de realizar essa reorientação pela rápida alteração da rigidez dos tecidos conectivos, que mantêm unidos os discos colunares do pedúnculo. Quando atacados por predadores, crinoides conseguem descartar rapidamente (**autotomia**) um ou mais braços, liquefazendo os tecidos conectivos apropriados. A transição entre estados sólidos e fluidos no tecido conectivo se dá pelo controle nervoso direto e leva menos de um segundo para ocorrer.

Os *podia* dos crinoides não são associados a ampolas, distinguindo os crinoides da maioria dos outros equinodermos; crinoides protraem seus *podia* pela contração de músculos dos canais radiais. Crinoides também carecem de madreporito, apesar de o número de canais pétreos abrindo-se no celoma ser vasto. O sistema vascular aquífero se abre para o exterior através de numerosos tubos ciliados, que penetram o tégmen.

Estrelas-pluma, também chamadas de **comatulídeos**, em função da única ordem a que todas pertencem (ordem Comatulida), lembram os lírios-do-mar pelo cálice virado para cima. Todavia, no lugar de um longo pedúnculo, uma série de apêndices flexíveis e articulados, chamados de **cirros**, estão presentes na base do corpo (Fig. 20.4). Os cirros são usados para fixação no substrato sólido durante períodos de descanso e alimentação, o que, para um comatulídeo, é a maior parte do tempo. Comatulídeos são frequentemente observados sobre esponjas, corais e outras estruturas, vivas e não vivas; dessa forma, as estrelas-pluma estendem seus apêndices alimentares sobre o substrato local nas correntes de água mais rápidas, aumentando a frequência da captura de alimento. O movimento dos cirros e, em algum nível, dos próprios braços, é aparentemente mediado pelo tecido conectivo contráctil, em vez de pelos músculos, ao menos em algumas espécies. A coleta de comida é como a descrita para crinoides pedunculares.

Estrelas-pluma se locomovem deslizando sobre sedimentos finos usando seus cirros, ou pela natação a curtas distâncias sobre o substrato, fazendo fortes movimentos

[9] Ver *Tópicos para posterior discussão e investigação*, nº 3, no final deste capítulo.

para baixo com os braços. Alguns braços distribuídos uniformemente ao redor do cálice se movimentam para baixo simultaneamente; outro grupo de braços bate para baixo, ao passo que o primeiro grupo faz movimentos fortes no sentido contrário. A natação envolve uma série altamente coordenada de movimentos dos braços. A habilidade de se movimentar possibilita aos comatulídeos um modo de escapar ou evitar predadores que não está disponível aos crinoides pedunculares.

Classe Stelleroidea

Característica diagnóstica: braços (geralmente 5, ou um número múltiplo de 5) que se estendem a partir de um disco central.

A classe Stelleroidea contém todos os outros equinodermos com braços – a saber, os ofiúros e as estrelas-do-mar (asteroides). Como a classe e os nomes comuns supõem, esses animais diferem dos crinoides, pois não apresentam pedúnculo e possuem braços posicionados em forma de estrela, que circundam um corpo achatado. Apesar das notáveis diferenças morfológicas entre ofiúros e estrelas-do-mar, que serão brevemente discutidas, restos de fósseis recentes indicam uma relação evolutiva suficientemente próxima para agrupar esses animais em uma só classe. Asteroides e ofiuroides também compartilham um arranjo de DNA mitocondrial particular (uma inversão multigênica conspícua), reforçando outras evidências que membros das duas classes são intimamente relacionados. Neste arranjo taxonômico, ofiúros e estrelas-do-mar estão posicionados em subclasses separadas dentro de uma única classe.

Subclasse Ophiuroidea

Características diagnósticas: 1) ossículos bem desenvolvidos nos braços formam uma série linear de vértebras articulares, unidas ao tecido conectivo e aos músculos; 2) a superfície oral suporta cinco pares de invaginações (fendas bursais), que podem servir para trocas gasosas e como câmaras de incubação para embriões em desenvolvimento.

A maioria dos equinodermos são ofiuroides. As cerca de 2.100 espécies dessa subclasse são móveis, como todos os equinodermos vivos que não os crinoides pedunculares (lírios-do-mar). Como nos crinoides, os braços se estendem a partir de um corpo central, são constituídos de ossículos vertebrais (**vértebras**), articulados e bastante flexíveis (Fig. 20.5). A subclasse é assim denominada em reconhecimento aos movimentos semelhantes ao das cobras feitos por esses braços durante a locomoção. Mesmo assim, os *podia* às vezes executam certo papel no movimento dos ofiuroides, particularmente em indivíduos bem jovens, em espécies que permanecem pequenas quando adultas e em espécies que se enterram.

Ofiuroides normalmente possuem cinco longos braços, que irradiam simetricamente de um pequeno disco central (em geral de apenas poucos centímetros de diâmetro). Em algumas espécies (as "estrelas-cesto"), cada braço pode se ramificar diversas vezes (Fig. 20.5f). Os discos das estrelas-cesto podem atingir 10 cm de diâmetro, e os braços estendidos podem ter cerca de 1 metro. O nome comum, em inglês, de um ofiúro típico é "*brittle star*" (*brittle* = frágil, quebradiço), que reflete a tendência dos braços de se destacar do disco central quando o indivíduo é provocado;[10] novamente, essa autotomia é mediada pelo tecido conectivo mutável. Não é incomum encontrar 50% ou mais indivíduos em uma população de ofiuroides regenerando ao menos um braço, um processo que requer muitos meses para se completar.

A superfície oral do disco central do corpo dos ofiúros é geralmente coberta por uma fina camada de pequenas escamas calcárias, ao passo que a superfície aboral do corpo geralmente possui um número de placas protetivas calcárias ou **escudos** (Fig. 20.5a, b), cada uma delas composta por um único cristal de calcita. Estudos recentes mostram que, pelo menos em algumas espécies particularmente sensíveis à luz, a superfície de cada escudo forma um arranjo muito regular de cristas microscópicas (40-50 μm) (Fig. 20.5b, c), que funcionam como lentes que focam a luz muito precisamente nas fibras nervosas subjacentes.

Os braços são envolvidos de forma similar em uma série de ossículos do endoesqueleto. A estrutura de cada braço, porém, consiste em uma série de discos calcários espessos e articulados, e os *podia* (Fig. 20.5e) atravessam essas "vértebras" para fora através de uma série de pequenos orifícios.

O sistema digestório dos ofiuroides, como o dos crinoides, é geralmente confinado ao disco central. Diferentemente dos outros membros do Echinodermata, contudo, os ofiuroides possuem somente uma única abertura para o sistema digestório: possuem boca, mas não ânus.

Uma semelhança final entre crinoides e ofiuroides é que os *podia* geralmente não são operados por ampolas. Na maioria dos outros casos, o sistema vascular aquífero dos ofiuroides segue o padrão típico dos equinodermos, descrito anteriormente, exceto que um ofiuroide pode possuir diversos madreporitos, que se abrem sempre na superfície oral.

Uma característica encontrada entre a maioria dos ofiuroides que os distingue de todos os outros equinodermos é a ocorrência de pares de invaginações em forma de sulcos na superfície oral do disco central ao longo das margens dos braços, adjacentes aos escudos dos braços. Essas 10 invaginações são conhecidas como **bursas** (Fig. 20.5d), e se projetam para a dentro do espaço celomático no disco central. A água do mar circula constantemente pelo interior das bursas, presumivelmente para trocas gasosas, e, possivelmente, para eliminação de resíduos. Essa circulação de fluidos externos é realizada pelos cílios e, em algumas espécies, por contrações musculares. As bursas podem também auxiliar na reprodução: em muitas espécies as bursas servem como câmaras de incubação, em que os embriões se desenvolvem.

Muitos ofiuroides são **alimentadores de depósito**, pois ingerem sedimento e assimilam as frações orgânicas.

[10]Ver *Tópicos para posterior discussão e investigação*, nº 1, no final deste capítulo.

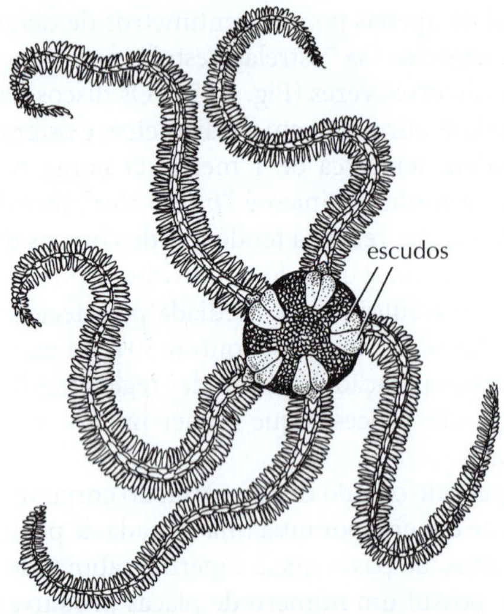

(a)

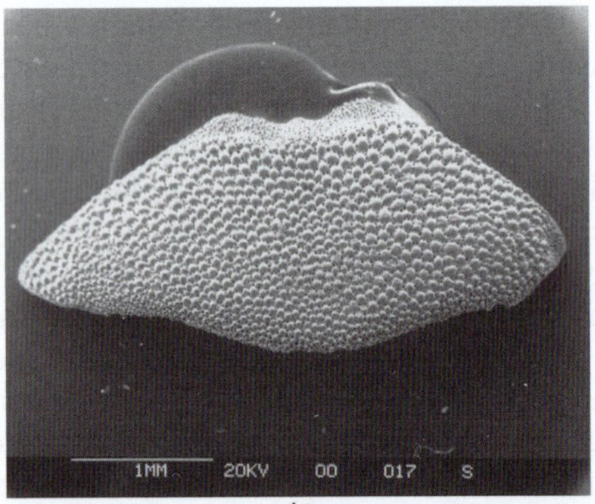
(b)

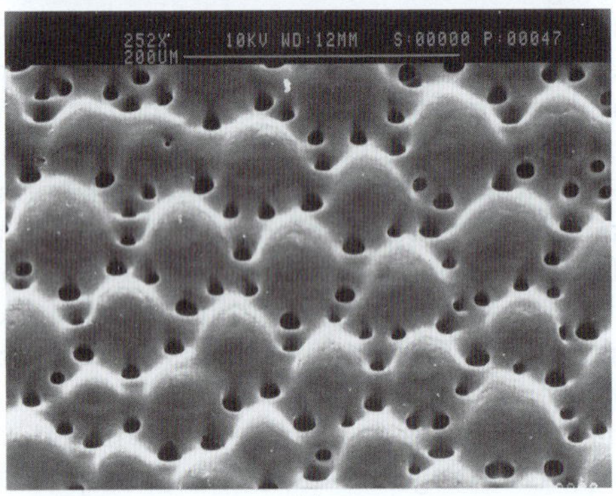
(c)

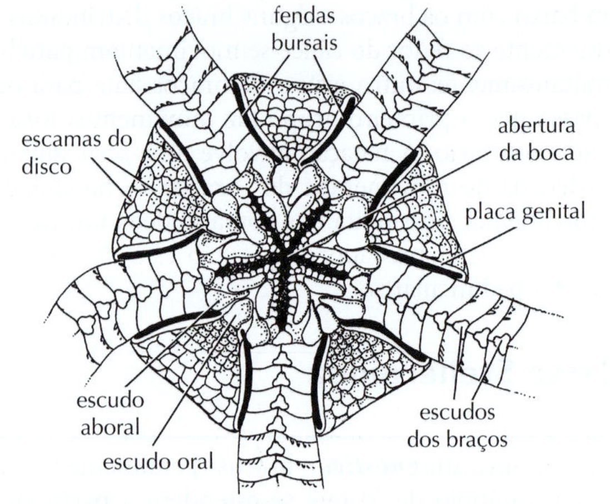

(d)

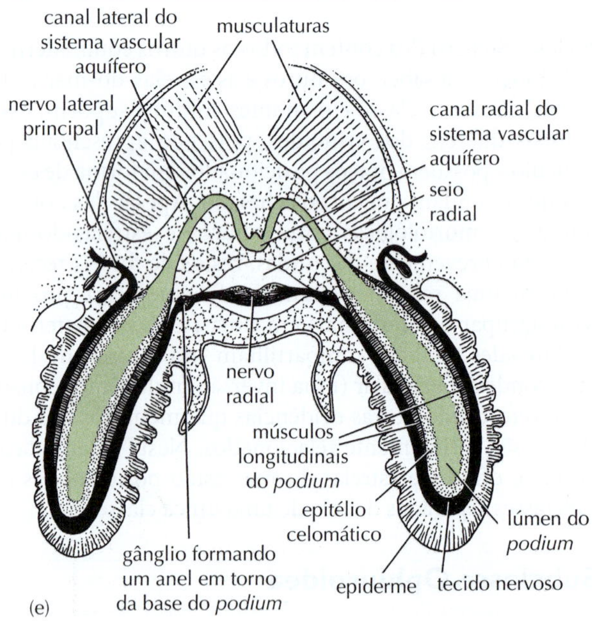

(e)

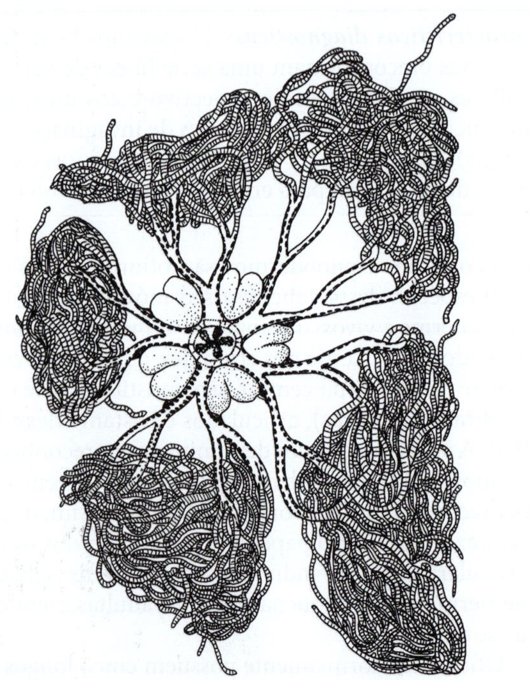
(f)

Figura 20.5

(a) Um ofiuroide, *Ophiothrix fragilis,* visto da superfície aboral. (b) Micrografia eletrônica de varredura (MEV) de um escudo dorsal do braço de *Ophiocoma wendtii*, com a remoção do tecido orgânico associado. (c) MEV de alta magnificação da superfície superior (dorsal) de um escudo do braço, mostrando as cristas conspícuas, que funcionam como microlentes. A luz é focada muito precisamente nas fibras nervosas contornando as lentes, criando, de certa forma, um olho composto. Em vida, a intensidade da luz que atinge essas lentes é regulada por cromatóforos, que se estendem para cobrir as lentes ou se retraem em canais ao redor delas. Os movimentos do cromatóforo também alteram a cor da superfície do ofiúro. (d) Vista oral do disco de *Ophiomusium* sp., mostrando a localização da abertura da boca e das fendas bursais. (e) Secção transversal através de um braço de *Ophiothrix* sp. Observe a ausência de ampolas. (f) A estrela-cesto, *Gorgonocephalus* sp.

(a) Segundo Kingsley. (b, c) © Gordon Hendler. (e) De Hyman; segundo Cuenot. (f) Segundo Pimentel.

Também capturam pequenos animais no sedimento e ingerem-nos individualmente. Algumas espécies de ofiúros são **alimentadores de suspensão** e filtram partículas da água, ao passo que outras espécies são carnívoras ou saprófagas. O tecido conectivo mutável possibilita o enrijecimento de seus braços e a manutenção da posição de filtragem por longos períodos de tempo. Ofiúros geralmente se escondem embaixo de pedras ou em fendas durante o dia, emergindo para se alimentar somente durante a noite; já foram relatadas agregações alimentares de milhares de indivíduos por metro quadrado em hábitats de águas rasas. Muitas espécies vivem em associação com outros invertebrados, sobretudo esponjas e cnidários sésseis. Recentemente, foi demonstrado que algumas espécies de ofiúros tropicais apresentam alterações diurnas na coloração do corpo, mediadas por cromatóforos fotossensíveis.

Subclasse Asteroidea

Característica diagnóstica: as gônadas e porções do trato digestório se estendem por cada braço.

Aproximadamente 1.900 espécies de estrelas-do-mar foram descritas entre os animais vivos, fazendo de Asteroidea o segundo maior grupo (atrás apenas do Ophiuroidea) de Echinodermata. Essa subclasse agora contém os aberrantes concentricicloides, discutidos posteriormente neste capítulo (p. 508-509). A discussão que se segue diz respeito apenas às estrelas-do-mar "normais".

Os asteroides e ofiúros são superficialmente similares, pois quase todos os membros de ambos os grupos possuem braços e um corpo em formato básico de estrela (Fig. 20.6). Contudo, os braços das estrelas-do-mar não são distintos do disco central do corpo e, em geral, não executam um papel diretamente ativo na locomoção. Além disso, há importantes diferenças morfológicas e funcionais no sistema digestório e no sistema vascular aquífero. Por fim, asteroides adultos tendem a ser maiores que ofiúros adultos. Poucas estrelas-do-mar são menores que alguns centímetros de diâmetro; indivíduos da maioria das espécies têm aproximadamente de 15 a 25 cm de diâmetro, e alguns são consideravelmente maiores.

Estrelas-do-mar se movem lentamente, por meio da atividade altamente coordenada dos *podia*, que se distribuem em raios ao longo da superfície oral de cada braço. O sistema vascular aquífero é essencialmente como descrito no início deste capítulo, com a abertura do madreporito na superfície aboral. Os *podia* estão dispostos em distintos **sulcos ambulacrais** na superfície oral (Fig. 20.6b). Esses sulcos não são encontrados em ofiúros (ou em qualquer outro grupo de equinodermos, que não os crinoides). Cada *podia* é operado individualmente por uma ampola e, em geral, termina em uma pequena ventosa de sucção na extremidade distal (ver Figs. 20.2g e 20.7). Um dado *podium* é estendido pela contração da ampola associada e é balançado para a frente ou para trás por meio da contração da musculatura longitudinal de um lado ou do outro do *podium* (ver Fig 20.2a-e). Os **ossículos ambulacrais** aparentemente suportam os *podia* durante esses movimentos. Uma vez que a porção terminal do *podium* faz contato com o substrato, pequenas contrações dos músculos longitudinais puxam a porção central da extremidade distal do *podium* para cima, criando sucção. A locomoção com ventosas de sucção parece estar mais bem adaptada para movimentos sobre substratos firmes; os *podia* de espécies de asteroides que se locomovem sobre ou se enterram em substratos finos ou macios não terminam em ventosas de sucção.

A boca das estrelas-do-mar é direcionada para baixo, se abre em um esôfago bastante curto e chega ao estômago inferior (o **estômago cardíaco**) (Fig. 20.8). Esse estômago "inferior" está confinado ao disco central do corpo e é o principal responsável pela digestão do alimento. Acima do estômago inferior há um **estômago pilórico** ou superior que se ramifica, estendendo-se por cada braço em **cecos pilóricos**. A grande área de superfície dos cecos pilóricos, obtida pelos dobramentos do tecido, está em sintonia com as principais funções desses órgãos: a secreção de enzimas digestórias e a absorção de nutrientes digeridos. Os cecos pilóricos também são os principais responsáveis por armazenar o alimento assimilado. O ânus se localiza na superfície aboral, quase alinhado com a boca.

Asteroides geralmente predam grandes invertebrados, incluindo esponjas, gastrópodes, bivalves, poliquetas e outros equinodermos, embora algumas espécies se alimentem de presas menores, incluindo pólipos de corais.[11] Algumas outras espécies consomem pequenos peixes. Durante a alimentação de grandes presas, o estômago cardíaco de algumas espécies é protraído para fora do disco central através da boca e colocado em contato com os tecidos macios da presa. O estômago cardíaco pode ser introduzido por espaços muito estreitos, de 1 a 2 mm (p. ex., o vão entre as valvas das conchas quase fechadas de um bivalve). A digestão nessas espécies é frequentemente externa, e o caldo de nutrientes resultante é transferido ao estômago pilórico pelos canais ciliados do estômago cardíaco. Nenhum outro equinodermo se alimenta dessa forma. Por outro lado, se suas presas são suficientemente pequenas, o estômago é retraído enquanto aprisiona a vítima, e a digestão ocorre internamente. Alternativamente, as presas pequenas podem ser ingeridas diretamente pela boca, sem a protração do estômago. Também foram relatadas algumas espécies de asteroides alimentadores de suspensão.

Muitas estrelas-do-mar irão destacar, ou **autotomizar**, alguns de seus braços se forem expostas a distúrbios físicos. Como em crinoides e ofiúros, esse mecanismo parece ser uma forma de escape, deixando potenciais predadores apenas com uma lembrança nutritiva do encontro. A resposta parece ser mediada quimicamente, já que o fluido celomático de uma estrela-do-mar que está realizando autotomia induz a autotomia, se injetado em outra estrela-do-mar, como demonstrado na Figura 20.9; novamente, a resposta envolve a rápida liquefação do tecido conectivo mutável. Os braços perdidos eventualmente se regeneram.

[11] Verem *Tópicos para posterior discussão e investigação*, nº 3, no final deste capítulo.

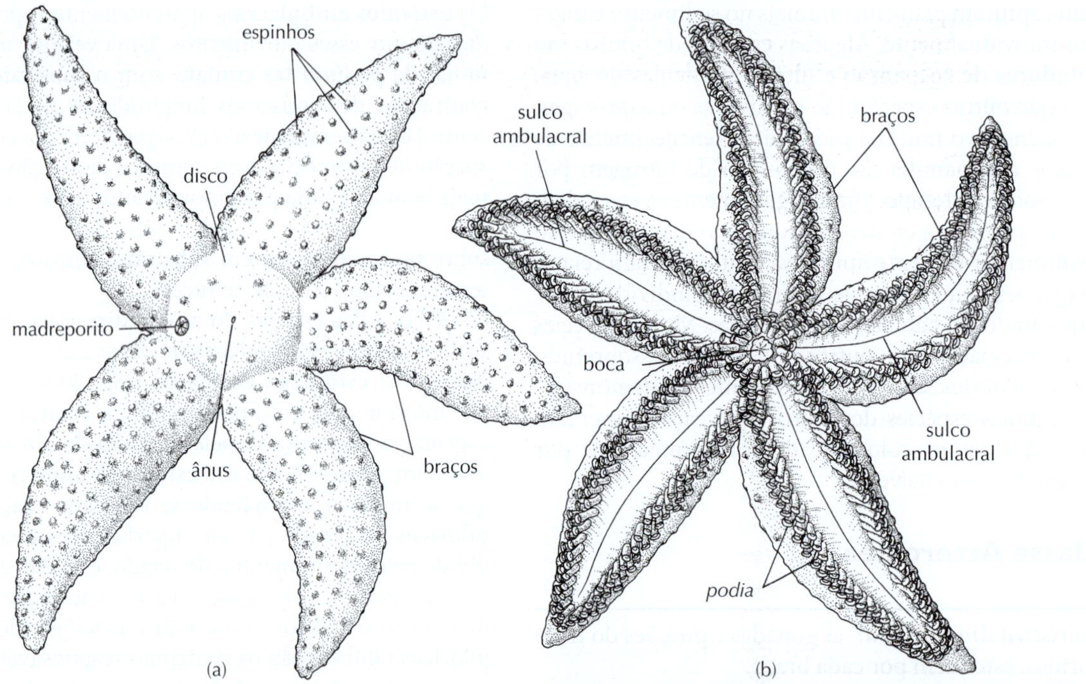

Figura 20.6

Uma estrela-do-mar, *Asterias vulgaris*, em vista aboral. (b) Vista oral da *Asterias vulgaris*, mostrando os *podia* nos sulcos ambulacrais. (c) Uma estrela-do-mar de águas profundas, *Rosaster alexandri*. Observe os *podia* conspícuos que se estendem dos cinco braços.

(a) Segundo Hyman. (b) Segundo Sherman e Sherman. (c) © Florida Atlantic University/Harbor Branch Oceanographic Institute.

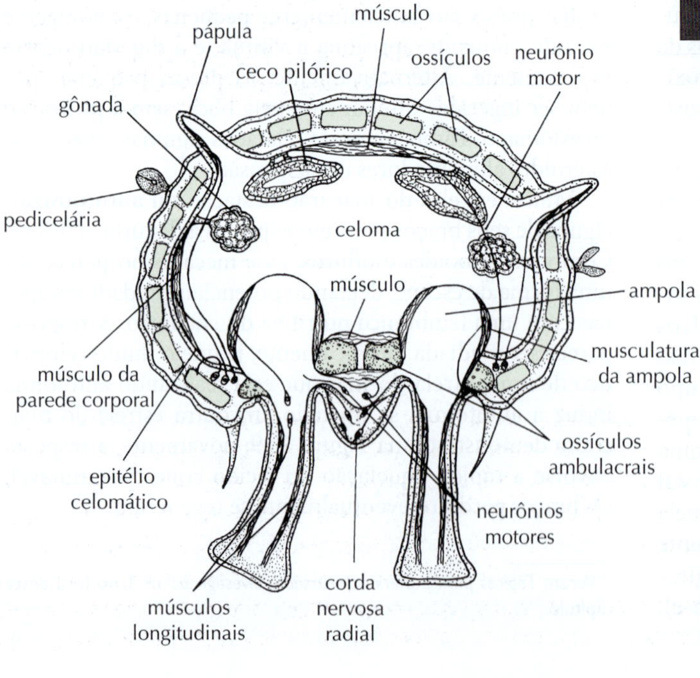

Figura 20.7

Secção transversal através do braço de um asteroide. Observe que os *podia* se protraem através dos poros diminutos nos ossículos ambulacrais. Outras características anatômicas, incluindo as pápulas e as pedicelárias, serão discutidas mais adiante neste capítulo.

De Hyman; segundo J. E. Smith.

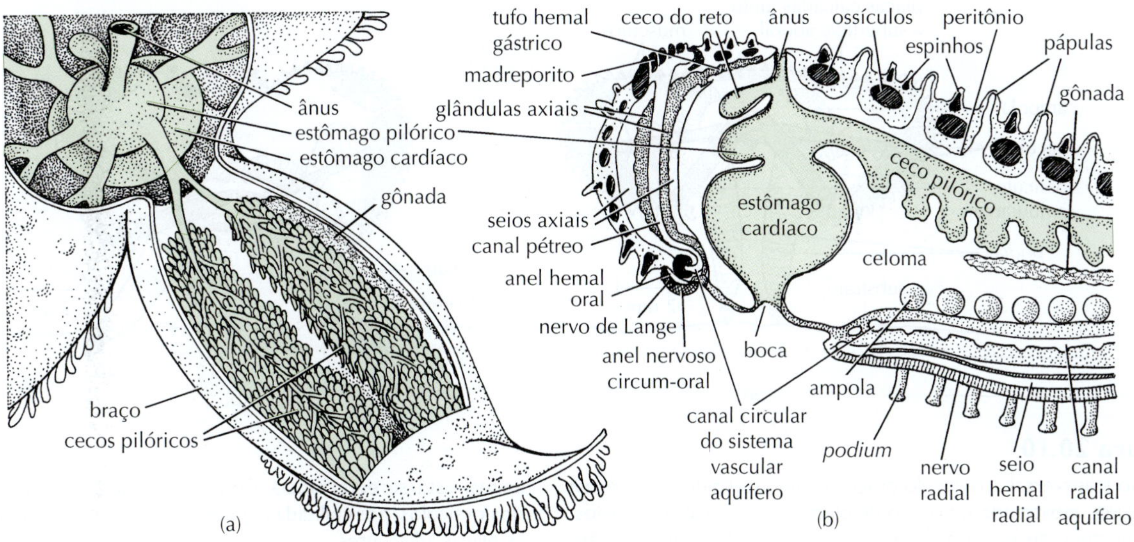

Figura 20.8

(a) Ilustração diagramática do sistema digestório de uma estrela-do-mar. (b) Ilustração diagramática do sistema digestório de uma estrela-do-mar, visto lateralmente.

(b) A partir de Chadwick.

Figura 20.9

Autotomia no asteroide *Pycnopodia helianthoides*. Fluido celomático de um indivíduo autotômico foi injetado no espécime intacto apresentado. O animal foi fotografado (a) 25 segundos e (b) 60 segundos depois.

(a, b) Cortesia de V. Mladenov, de Mladenov et al., 1989. *Biol. Bull.* 176:169-75. © *Biological Bulletin*.

O esqueleto calcário das estrelas-do-mar é formado por milhares de discretos discos e placas envoltos por tecido conectivo (Fig. 20.10). Há ossículos margeando e protegendo os sulcos ambulacrais; os demais ossículos do esqueleto geralmente portam projeções, como tubérculos e espinhos calcários, que podem ser movidos de um lado para o outro por músculos que os conectam aos ossículos abaixo. Os espinhos e a superfície externa dos ossículos do esqueleto são cobertos por uma cutícula razoavelmente espessa, que é secretada pela epiderme ciliada subjacente.

Asteroides possuem dois outros tipos de apêndice além dos espinhos e dos *podia*. Evaginações finas, não calcificadas, na parede externa do corpo executam uma função respiratória. Essas estruturas, chamadas de **pápulas**, são encontradas protundindo entre os ossículos e estão conectadas diretamente à cavidade celomática principal.

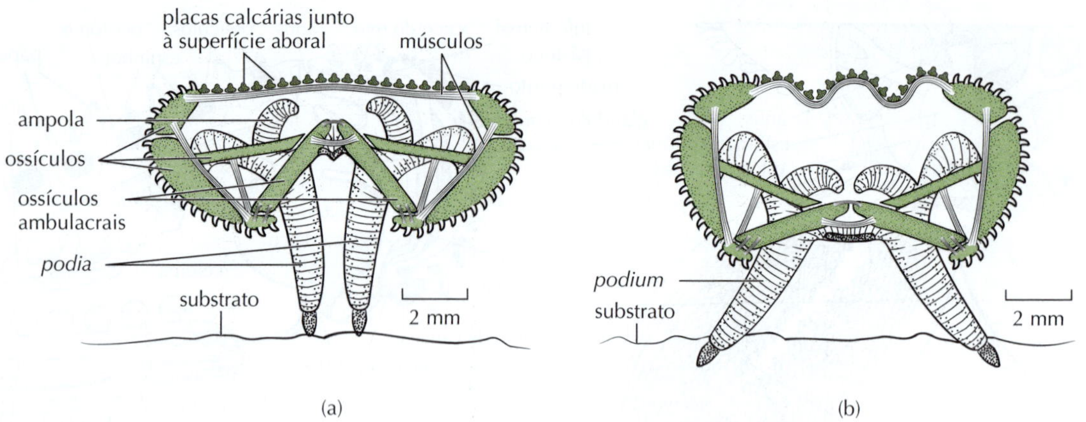

Figura 20.10

Secção transversal através do braço de um asteroide, *Astropecten irregulares,* mostrando o arranjo de placas e os ossículos calcários. A cobertura de cutícula foi retirada para melhor visualização. Em (a), o animal está caminhando sobre um substrato. Em (b), o animal está se enterrando. Observe as mudanças na orientação dos ossículos, possibilitada pelo tecido conectivo elástico, que une as placas adjacentes.

Baseada em D. Heddle, em *Symposium of the Zoological Society of London,* 20:125.1967.

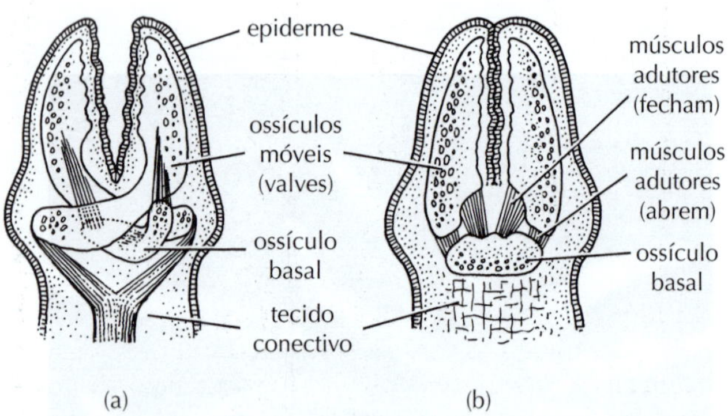

Figura 20.11

Dois tipos de pedicelárias encontrados no corpo de *Asterias* sp. Em (a), os ossículos móveis (valves) se cruzam, como as lâminas de um par de tesouras. Em (b), as válvulas são retas e quase paralelas, e operam à maneira de uma pinça. Nos dois tipos de pedicelárias, o ossículo basal suporta as valves, mas não se move.

(a, b) Segundo Hyman.

O segundo tipo de apêndice é muito mais dinâmico. Esses apêndices, chamados de **pedicelárias**, consistem em dois (às vezes, três) ossículos de carbonato de cálcio (**valves**), cujas extremidades podem ser unidas ou separadas por músculos (Fig. 20.11). Essas duas "mandíbulas" se apoiam em um ossículo basal que não se move. A pedicelária, em geral, funciona na remoção de organismos indesejados e detritos que entram em contato com a superfície do animal. Também foi demonstrada sua atuação na captura de presas vivas (incluindo pequenos peixes.) em diversas espécies de asteroides. Pedicelárias são encontradas apenas em uma outra classe de equinodermos, os Echinoidea, que inclui ouriços-do-mar e bolachas-da-praia.

Os Concentricicloides

Características diagnósticas: 1) o sistema vascular aquífero inclui o que aparentam ser dois anéis vasculares aquíferos concêntricos; 2) os *podia* são arranjados em um padrão circular ao longo da periferia do animal.

"Muitas flores nasceram para florescer sem serem vistas..."
(De Sir Thomas Gray, "*Elegy Written in a Country Churchyard*", tradução livre)

Uma forma notavelmente desviante de outros planos corporais de equinodermos foi descoberta, em 1986, a partir de uma espécie coletada em madeira submersa a mais de 1.000 m de profundidade em águas da costa da Nova Zelândia. Uma segunda espécie foi coletada posteriormente de painéis de madeira colocados deliberadamente, nas Bahamas, a uma profundidade de cerca de 2.000 m, e uma terceira espécie foi descrita em 2006. Até o momento, esses pequenos animais – de menos de 1 cm de diâmetro – são conhecidos exclusivamente das fendas de madeira submersa, recuperada das profundezas do oceano. Cada animal é circular, achatado e sem braços, e se parece mais com uma água-viva (medusa) ou uma flor do que com um equinodermo (Fig. 20.12). O corpo não apresenta evidência de simetria radial pentâmera, e estudos recentes mostram que seu esperma – com os núcleos e mitocôndrias em fios finos e longos e o acrossomo alongado, dividido em numerosos segmentos distintos – é diferente daquele conhecido de qualquer outro equinodermo.

Os animais são chamados de "margaridas-do-mar" ou concentricicloides. Embora originalmente posicionados em uma classe separada (a Concetricycloidea), análises mais recentes argumentam a favor da inclusão dos

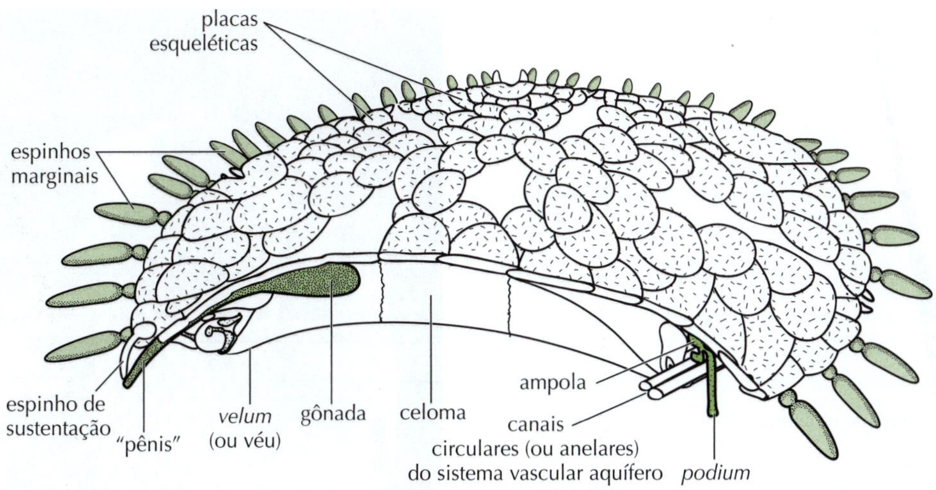

Figura 20.12

Um concentricicloide macho, *Xylopax medusiformis*, com uma porção retirada para melhor visualização das características internas.

Baseada em F.W. E. Rowe, em *Proc. Royal Soc., London* B. 233:431-59. © 1988.

concentricicloides dentro da Asteroidea, como estrelas-do--mar altamente modificadas; sua morfologia incomum (ver a seguir) parece refletir a retenção de um plano corporal juvenil durante a maturidade.[12] Suas relações com outras estrelas-do-mar, contudo, permanecem incertas.

Qualquer que seja sua história evolutiva, esses pequenos, porém intrigantes, animais são claramente equinodermos. Como a maioria dos outros equinodermos, as margaridas--do-mar têm um celoma amplo, um sistema vascular aquífero completo, com *podia* inconfundíveis associados a ampolas individuais (Fig. 20.12), e um endoesqueleto calcário de ossículos distintos. Diferentemente dos *podia* de qualquer outro equinodermo conhecido, porém, os das margaridas--do-mar estão arranjados em um único círculo ao longo da periferia do animal e são conectados a duplos canais circulares (ou anelares) do sistema vascular aquífero (Fig. 20.12), pelo o que a classe deve seu nome. Estes dois canais circulares concêntricos são conectados entre si em intervalos por curtos canais radiais. Em todos os outros equinodermos, os canais radiais que suportam os *podia* irradiam de um único canal em anel que circunda o esôfago, como discutido anteriormente.

O corpo dos concentricicloides é mantido por uma série de placas esqueléticas (ossículos) sobrepostas, arranjadas em anéis concêntricos, e seus espinhos calcários nas margens do corpo (Fig. 20.12) têm forma semelhante à de pétalas. A superfície oral de uma espécie é coberta por uma fina camada de tecido, o *velum* (ou véu), que também aumenta a semelhança superficial desses animais às medusas. Nessa e em uma outra espécie, os adultos não possuem intestino; supõe-se que subsistam de matéria orgânica dissolvida. Membros da terceira espécie têm uma boca grande e um estômago bem definido, provavelmente eversível, e que funciona presumivelmente como o dos asteroides. O estômago tem fundo cego, como nos ofiúros; não há ânus. Nenhuma das espécies tem órgãos especializados de trocas gasosas. Mais detalhes da biologia desses animais ainda não foram descritos.

Classe Echinoidea

Características diagnósticas: 1) os ossículos são fusionados, formando uma carapaça rígida ou testa; 2) os poros dos *podia* passam através das placas ambulacrais; 3) os adultos geralmente possuem um complexo sistema de ossículos e músculos (lanterna de Aristóteles), que podem ser parcialmente protraídos da boca para raspagem e mastigação.

As duas últimas classes de Echinodermata a serem discutidas consistem em espécies sem braços. Echinoidea inclui os ouriços-do-mar, os ouriços-cordiformes e as bolachas-da--praia, cerca de 1.000 espécies no total. A classe talvez seja melhor representada pelos ouriços-do-mar, que possuem um grande número de espinhos de carbonato de cálcio longos e rígidos. Os espinhos servem para proteção e, em algumas espécies, estão ativamente relacionados à locomoção. A maioria dos ouriços-do-mar é de indivíduos de vida livre vagrantes, porém um número considerável de espécies vive dentro de buracos que cavam em pedras.

Os espinhos dos equinoides se ligam ao esqueleto subjacente via articulações soquete-tubérculo e podem se inclinar rapidamente em várias direções pela contração de fibras musculares especializadas, que se conectam entre o **tubérculo** e o espinho (Fig. 20.13). Os espinhos são geralmente finos e pontudos, mas, em algumas espécies, são grossos e rombudos (Fig. 10.15a, b). Eles também podem auxiliar o animal a cavar fendas (enrijecidos por tecido conectivo na base dos espinhos), na coleta e manipulação de alimento

[12]Janies, D.A., J. R.Voight e M. Daly. 2011. *Syst. Biol.* 60:420-38.

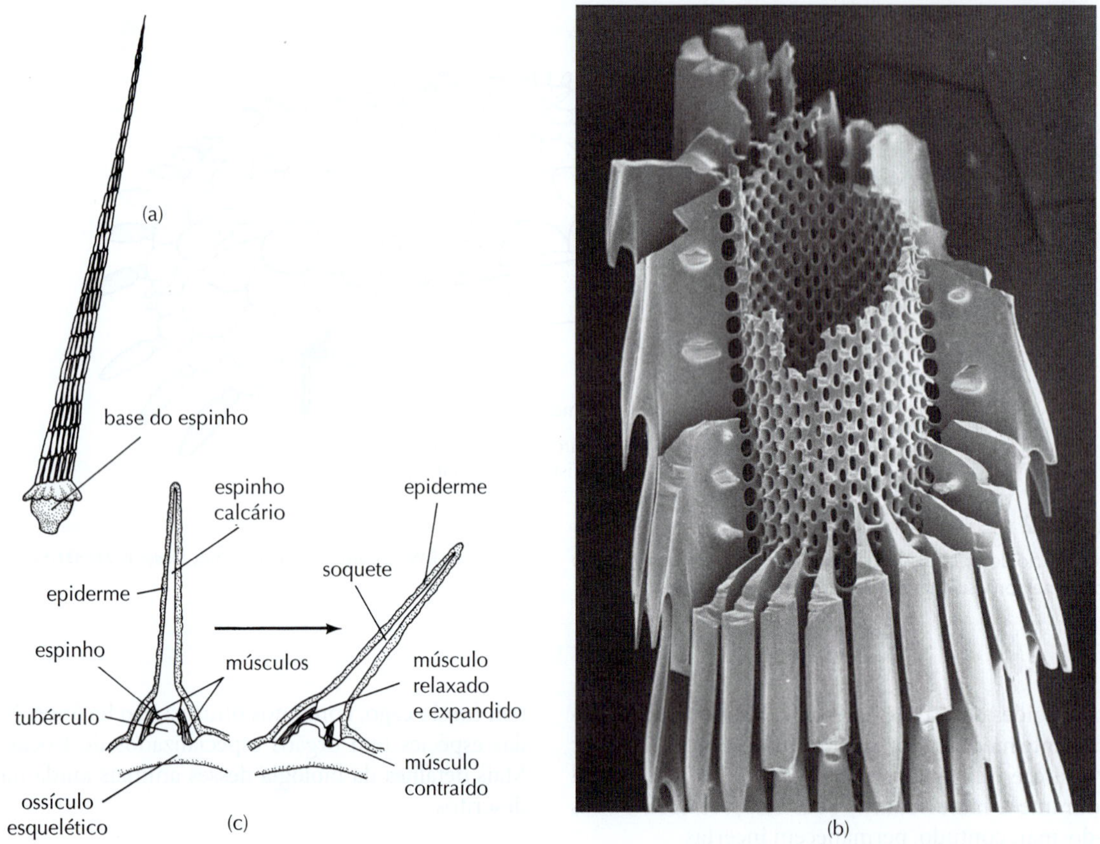

Figura 20.13

Um espinho de ouriço-do-mar tropical, *Diadema antillarus*. (b) Um espinho de *Diadema setosum*, visto no microscópio eletrônico de varredura. O espinho foi quebrado para revelar a complexidade da estrutura interna. (c) Movimento de um espinho de ouriço-do-mar.

(a, c) Segundo Hyman. (b) Cortesia de K. Märkel, de Burkhardt et al., 1983. *Zoomorphol.* 102:189-203. Copyright © Springer-Verlag Co.

e na defesa. Toxinas podem ser liberadas através dos espinhos ou de glândulas associadas aos espinhos em algumas espécies, como muitos banhistas já descobriram ao pisar desavisadamente nesses animais. Se quebrados ou danificados, os espinhos são substituídos ou reparados dentro de um mês ou dois.

Os ossículos que compreendem o esqueleto da maioria dos equinoides são achatados e unidos por ligamentos de colágeno, para que os ossículos não possam se mover uns em relação aos outros. Desse modo, na maioria das espécies, o esqueleto forma uma **testa**, uma carapaça sólida e inflexível, uma característica que separa os equinoides típicos da maioria dos outros equinodermos. Conforme o indivíduo cresce, a testa aumenta simultaneamente, em todas as direções. O aumento de tamanho se dá pela adição de material calcário nas margens dos ossículos existentes e pela secreção de novos ossículos nos limites das cinco "placas oculares" próximas ao ânus, na superfície aboral (Fig. 20.14c).

Os *podia* (Fig. 20.14f) são amplamente distribuídos no corpo, protraídos através de cinco fileiras duplas de poros nas **placas ambulacrais** da testa (Fig. 20.14a, b). Esses poros são vistos mais facilmente se a testa de um ouriço descoberto e vazio é colocada sob a luz. As áreas do corpo que contêm os *podia* (i.e., as placas ambulacrais) estão distribuídas simetricamente sobre as faixas do corpo que se estendem oralmente/aboralmente. Essas regiões são separadas umas das outras por áreas **interambulacrais** distintas, as quais são desprovidas de *podia*. Os *podia* dos equinoides são especialmente bem desenvolvidos e, em geral, possuem ventosas nas extremidades; os *podia* normalmente funcionam para locomoção, como nos asteroides. Como mencionado anteriormente, determinadas regiões dos *podia* podem funcionar como receptoras de luz; um ouriço-do-mar pode, de certa forma, funcionar como um grande olho multifacetado, com seus espinhos agindo para direcionar a luz para pontos específicos.[13]

As pedicelárias também são apêndices proeminentes nos equinoides. Todavia, são sustentadas por pedúnculos e, diferentemente das pedicelárias em asteroides, são geralmente equipadas com hastes calcárias de suporte e possuem três mandíbulas, em vez de duas (Fig. 20.14e). Formas globulares de pedicelária, encontradas na maioria das espécies de ouriço, liberam venenos de defesa (Figura 20.14f).

[13]Ver *Tópicos para posterior discussão e investigação*, nº 13, no final deste capítulo.

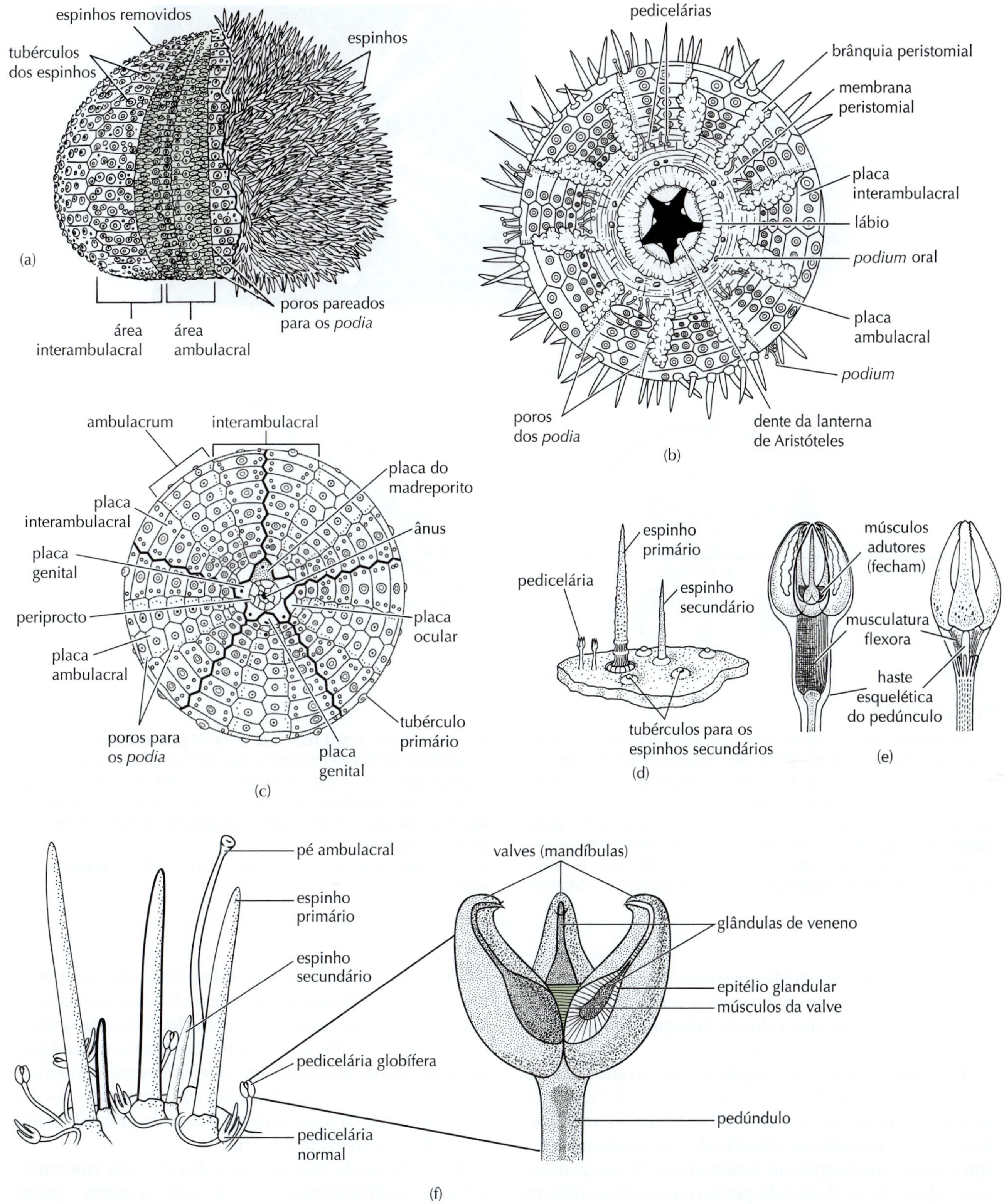

Figura 20.14

(a) Um ouriço-do-mar, *Echinusesculentus,* com os espinhos removidos de uma parte da testa (carapaça) para revelar as áreas ambulacral e interambulacral. Pequenos poros, pelos quais os *podia* se protraem no ouriço vivo, podem ser vistos nas placas ambulacrais. Tubérculos, sobre os quais os espinhos giram, são conspícuos sobre as placas ambulacrais. A testa dos ouriços-do-mar é composta por cinco fileiras duplas de placas ambulacrais e cinco fileiras duplas de placas interambulacrais, em um total de 20 fileiras de placas. (d) Ilustração esquemática da testa de um ouriço com apêndices. (e) Pedicelárias do equinoide *Strongylocentrotus droebachienis* (à esquerda) e *Eucidaris* sp. (à direita), mostrando os pedúnculos e as mandíbulas com três partes. (f) Pedicelária globífera, mostrando glândulas de veneno.

(d) Segundo Jackson. (e) De Hyman; segundo Mortensen. (f) Baseada em F. E. Russell, em J. H. S. Blaxter, F. S. Russell e M.Yonge, Eds., *Advances in Marine Biology,* 21:60-217, 1984.

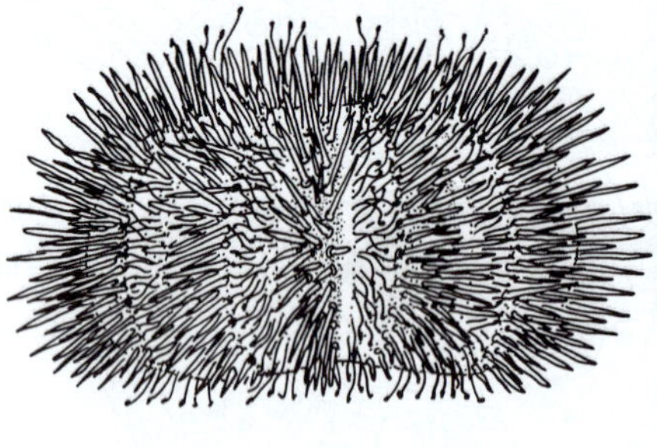

(a)

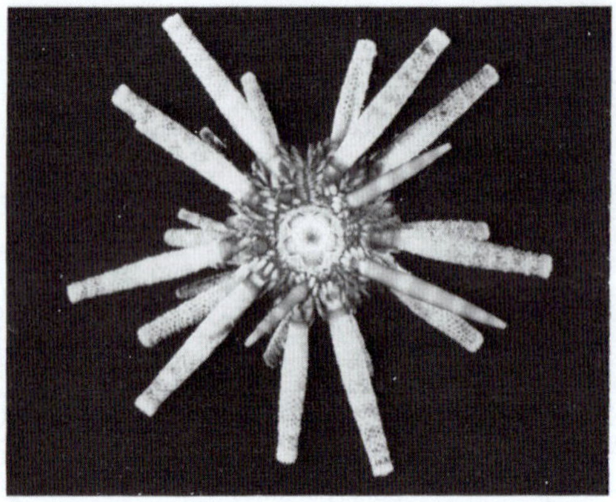

(b)

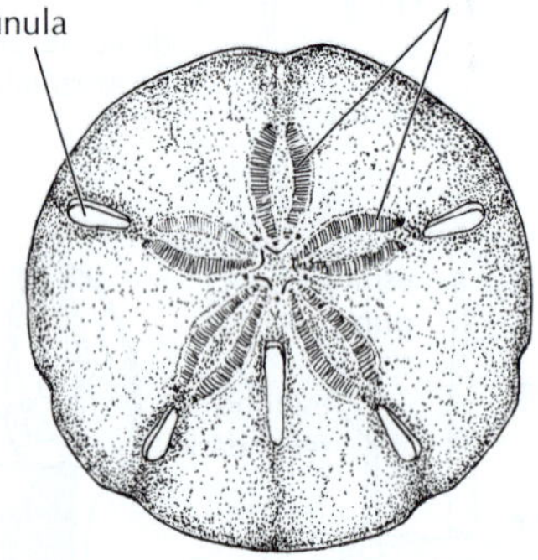

(c)

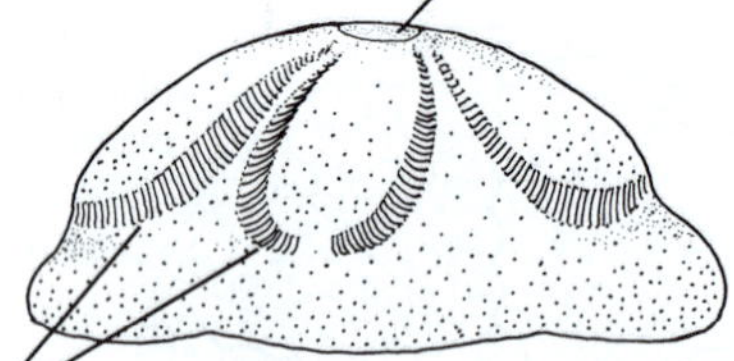

(d)

Figura 20.15

(a) Um ouriço coberto de espinhos, um equinoide regular (simétrico); ver também Figura 20.17. (b) *Eucidaris tribuloides*, um ouriço-lápis: o nome comum se refere aos espinhos incomumente grossos e cilíndricos. (c) Uma bolacha-da-praia, um equinoide irregular. (d) Um ouriço cordiforme, outro equinoide irregular. Equinoides regulares (os ouriços-do-mar) são caracterizados pela simetria pentâmera, pela atesta (carapaça) globular e por espinhos longos. Equinoides irregulares (incluindo os ouriços cordiformes e as bolachas-da-praia) têm uma testa de pouco a muito achatada e espinhos relativamente curtos e tendem a ter simetria bilateral; o periprocto com o ânus é deslocado posteriormente, e a boca pode ser deslocada anteriormente. O ambulacro de espécies irregulares geralmente se parece com pétalas de flor, como mostrado em (c) e (d).

(a, c, d) Segundo Brown. (b) © Florida Atlantic University/Harbor Branch Oceanographic Institute.

Algumas espécies equinoides possuem delicadas evaginações ramificadas da parede do corpo ao redor da boca. Esses pequenos apêndices, chamados de **brânquias**, presumivelmente atuam nas trocas gasosas.

Equinoides podem ser regulares ou irregulares (Fig. 20.15). **Ouriços regulares** têm uma simetria esférica quase perfeita. Todos os "ouriços-do-mar" se encaixam nesse grupo. Outros equinoides são classificados como **irregulares** e apresentam variados graus de simetria bilateral, que pode ser associada ao seu modo de vida, por se enterrarem na areia, na lama ou no cascalho. Também em associação a esse hábito, está a ausência de ventosas nas extremidades dos *podia*. Em todos os equinoides irregulares, as áreas ambulacrais (e, logo, os *podia*) estão restritas às superfícies oral e aboral, e não estão dispostas em uma linha ininterrupta da superfície oral à aboral. As áreas ambulacrais da superfície aboral formam um padrão conspícuo de cinco pontas, que lembram as pétalas de uma flor. Os ouriços cordiformes têm extremidades anterior e posterior distintas, com a boca localizada anteriormente e o ânus, posteriormente. Os espinhos dos ouriços cordiformessão muito mais numerosos que os dos ouriços regulares, mas também muito mais curtos. Bolachas-da-praia também possuem espinhos muito curtos, provavelmente uma adaptação ao hábito de se enterrarem. Diferentemente dos ouriços cordiformes e ouriços regulares, em que a superfície aboral é convexa, a testa da maioria das bolachas-da-praia é bastante achatada, formando um disco fino.

Os sistemas de alimentação e digestão dos equinoides diferem significativamente dos de todas as outras espécies de equinodermos. Um sistema complexo de ossículos e músculos, chamado de **lanterna de Aristóteles**, circunda o esôfago em todos os equinoides regulares e em algumas espécies irregulares também (Fig. 20.14b e 20.16); acredita-se que sua ausência em algumas espécies equinoides reflete uma perda secundária. Os dentes da lanterna de Aristóteles podem ser protraídos da boca e movidos em várias direções para comer algas marinhas ou para raspar alimentos, sobretudo algas, de substratos sólidos. Ouriços alimentadores de

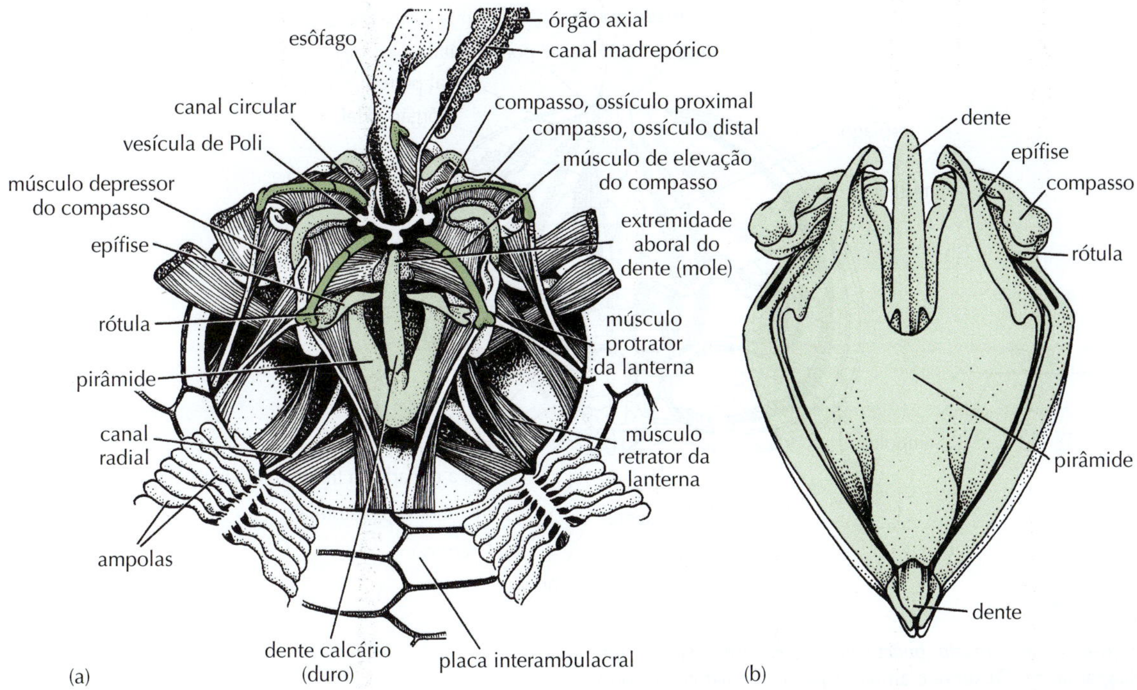

Figura 20.16

(a) Lanterna de Aristóteles e sua complexa musculatura associada, do ouriço *Arbacia punctulata*. (b) Detalhe dos ossículos da lanterna. A musculatura foi omitida para melhor visualização. A morfologia da lanterna difere consideravelmente entre espécies equinoides e é uma ferramenta importante para a identificação de espécies. A lanterna consiste em cinco pirâmides volumosas, que sustentam os cinco dentes; uma série de barras (epífises) que se alinham nas extremidades aborais das pirâmides; uma série de cinco ossículos finos (compassos) aboralmente; e uma série de cinco peças similares, as rótulas, localizadas abaixo do compasso. Músculos protratores empurram os dentes para fora; músculos retratores separam os dentes e os trazem para dentro da testa. Os dentes são bastante duros nas pontas, porém moles na extremidade aboral; material para dentes novos é formado continuamente na extremidade aboral, compensando o desgaste distal dos dentes.

(a, b) Segundo Brown.

detritos, que vivem em águas profundas, usam sua lanterna para perscrutar a lama. Sabe-se também que algumas espécies de ouriço consumem rotineiramente moluscos bivalves e outros invertebrados. Equinoides que não possuem lanterna de Aristóteles geralmente se alimentam de pequenos dejetos orgânicos, que coletam através de *podia* modificados, espinhos e/ou tratos ciliares externos.[14]

O estômago dos equinoides não é protrátil. Na verdade, nenhum equinoide possui um estômago verdadeiro. Em vez dele, o esôfago leva a um intestino muito longo e complexo (Fig. 20.17), onde o alimento é digerido e também absorvido (**assimilado**). O ânus fica localizado na superfície aboral e é circundado por uma série de placas que compreendem o **periprocto** (do grego, em volta do ânus).

O alimento assimilado passa pelo fluido celomático do equinoide. O espaço celomático do equinoide é enorme, particularmente nos ouriços regulares (Fig. 20.17). O fluido celomático é o principal transportador de alimento e detritos; isto é, o fluido celomático é o principal fluido circulatório. A superfície interna do revestimento mesodérmico da cavidade celomática é ciliada, mantendo um movimento constante do meio circulatório.

O sistema vascular aquífero dos equinoides é muito próximo do padrão arquetípico, com um único madreporito aboral, como nos asteroides (Fig. 20.17). Os japoneses (e pessoas que vivem perto do Mar Mediterrâneo) consideram as gônadas dos equinoides uma iguaria gastronômica, tanto que chegam a pagar mais de R$ 400 por meio quilo da especiaria. Como resultado da pesca excessiva e da poluição, populações japonesas locais de ouriços não conseguem mais suprir a demanda culinária; gônadas de equinoides enlatadas são cada vez mais importadas a partir dos Estados Unidos.

Classe Holothuroidea

Características diagnósticas: 1) o corpo é vermiforme, bastante alongado no eixo oral/aboral; 2) os ossículos calcários são reduzidos em tamanho e incorporados individualmente na parede corporal; 3) estruturas respiratórias altamente ramificadas musculares (as árvores respiratórias) - geralmente um par - se estendem da cloaca à cavidade celomática.

A classe Holothuroidea contém cerca de 1.200 espécies, o que a faz uma classe um pouco maior que Echinoidea. Holotúrias e equinoides se parecem uns com os outros pelo fato de não possuírem braços. Em alguns aspectos, um holoturoide típico pode ser considerado um equinoide

[14]Ver em *Tópicos para posterior discussão e investigação*, nº 3, no final deste capítulo.

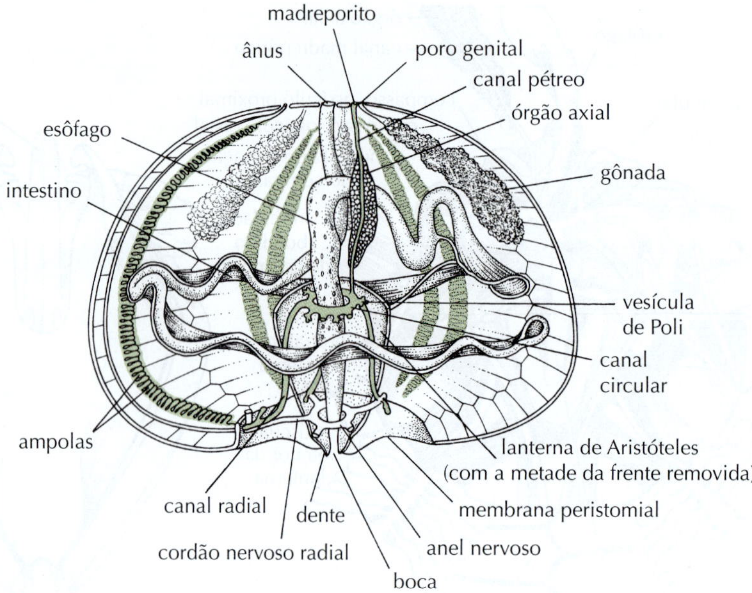

Figura 20.17

Um ouriço-do-mar, *Arbacia punctulata*, visto lateralmente em secção diagramática. Observe o amplo espaço celomático contido dentro da testa (carapaça).

Segundo Brown; segundo Petrunkevitch.

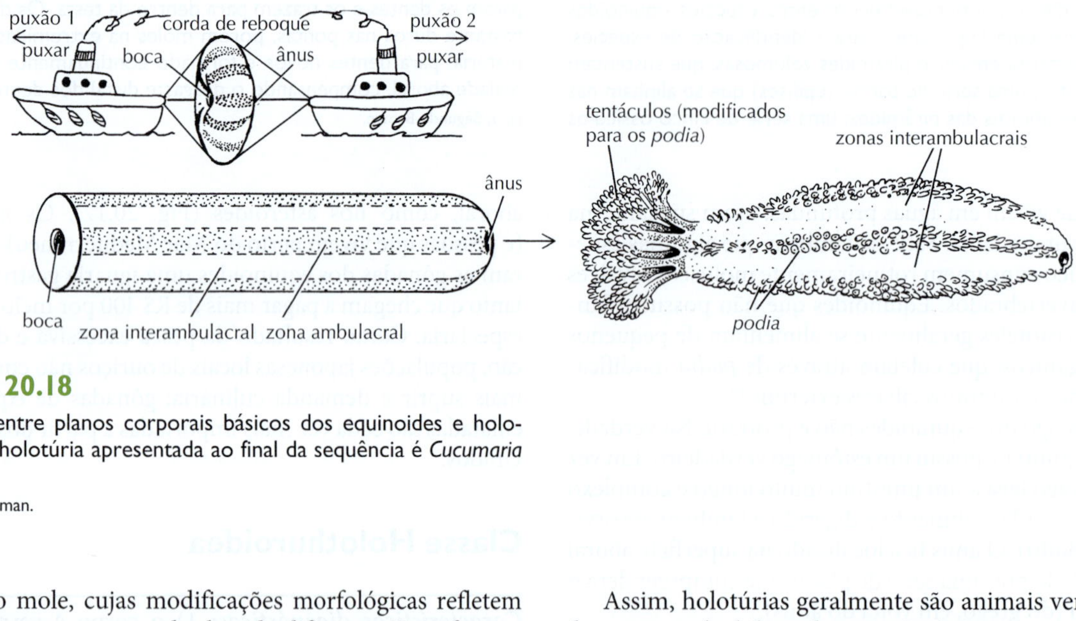

Figura 20.18

Relação entre planos corporais básicos dos equinoides e holotúrias. A holotúria apresentada ao final da sequência é *Cucumaria frondosa*.

Segundo Hyman.

de corpo mole, cujas modificações morfológicas refletem adaptações para um modo de vida diferente. Transformar um equinoide em um holoturoide típico primeiramente requereria remover todos os espinhos e pedicelárias e, então, descartar a lanterna de Aristóteles. (Esse é um exercício de imaginação, não algo que equinodermos realmente fazem.) Após, os ossículos da testa teriam de ser separados uns dos outros e bastante reduzidos em tamanho. O destacamento e a redução dos ossículos tornariam a parede do corpo flexível, já que esta passaria a ser composta majoritariamente por tecido conectivo. Desse ponto para uma holotúria finalizada seria apenas uma questão de alongar o animal imaginário, aumentando a distância entre as superfícies oral e aboral (Fig. 20.18).

Assim, holotúrias geralmente são animais vermiformes de corpo mole, bilateralmente simétricos, com extremidades anterior e posterior diferenciadas e *podia* geralmente confinados a distintas faixas ambulacrais (como nos Echinoidea) (Fig. 20.18). Os ossículos calcários, tão conspícuos em outras classes de equinodermos, são microscópicos nas holotúrias e embutidos na parede do corpo; esses ossículos geralmente têm formas muito delicadas, quase como esculpidas (Fig. 20.19). Ossículos calcários compõem até 80% do peso seco total da parede corporal de algumas espécies, ao passo que outras espécies não possuem um ossículo sequer. A parede corporal externa é frequentemente verrugosa e de cor escura. Algumas espécies se parecem muito com a fruta da qual deriva seu nome comum:

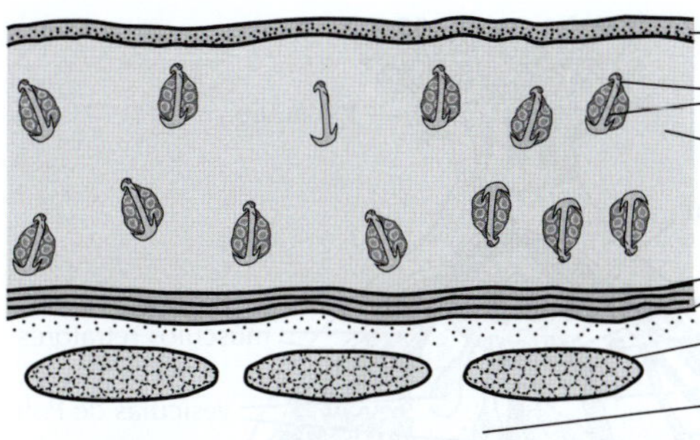

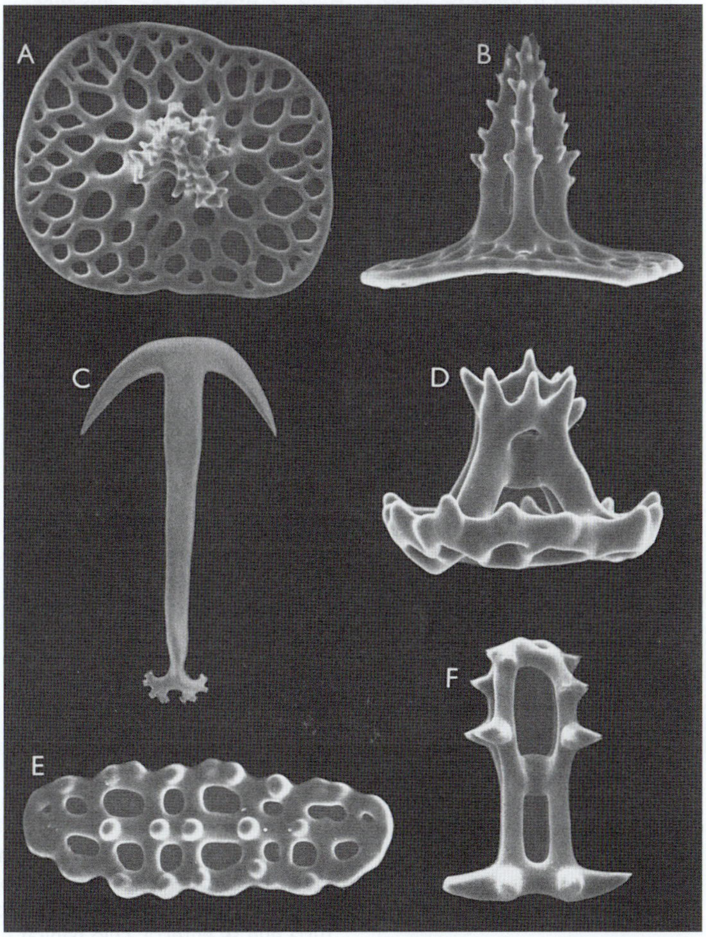

Figura 20.19

Secção transversal esquemática da parede do corpo de um holoturoide típico, mostrando o arranjo da musculatura e a localização dos ossículos. A separação e a diminuição de tamanho dos ossículos permitem às holotúrias passar por mudanças maiores de forma; a parede do corpo, a musculatura e o celoma formam um esqueleto hidrostático funcional. (d) Micrografia eletrônica de varredura dos microscópicos ossículos removidos de paredes do corpo de várias espécies de holotúrias. A morfologia dos ossículos tem um importante papel na identificação de espécies. (A,B) *Eostichopus regalis* (Cuvier), vistas dorsal e lateral; (C) *Euapta lappa* (Müller); (D) *Holothuria* (*Cystipus*) *occidentalis* Ludwig; (E) *Holothuria* (*Cystipus*) *pseudofossor* Deichmann; (F) *Holothuria* (*Semperothuria*) *surinamensis* Ludwig. Esses ossículos variam de 60 a 400 μm de dimensão.

(b) © Harbor Branch Oceanographic Institution, Inc., Fort Pierce, Florida.

"pepino-do-mar". Adultos variam de alguns centímetros a mais de 1 m de comprimento. Estranhamente, a cefalização não é pronunciada entre holotúrias, apesar da presença de uma extremidade anterior distinta.

Os *podia* orais das holotúrias estão modificados como grandes tentáculos, muitas vezes extremamente ramificados, na extremidade anterior; esses tentáculos podem ser protraídos da boca e usados para capturar alimento (Figs. 20.18 e 20.20). Cada tentáculo pode ser operado por uma única grande ampola. Em algumas espécies, os tentáculos são cobertos por um muco pegajoso, que serve para coletar partículas de alimento em suspensão. Uma espécie se junta a peixes, como um ectocomensal, mas a maioria dos pepinos-do-mar se alimenta de sedimento, extraindo dele o componente orgânico. Estima-se que mais de 130 kg de substrato passe pelo sistema digestório de algumas holotúrias a cada ano. Como

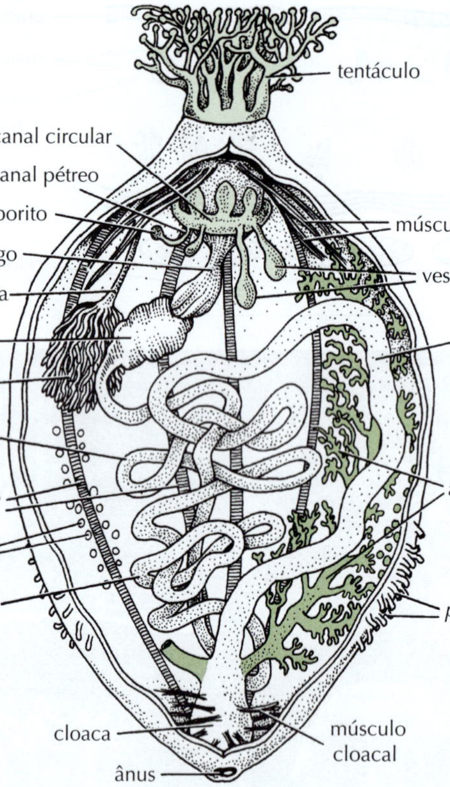

(a)

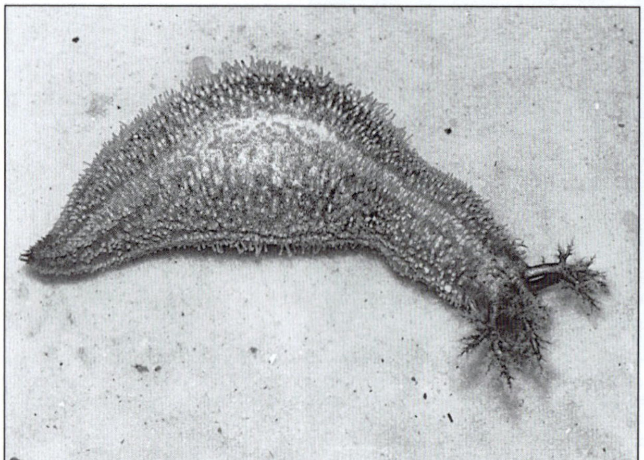

(b)

Figura 20.20

(a) Anatomia interna da holotúria *Thyone briareus*. Observe as extensas árvores respiratórias (apenas uma está representada), o amplo espaço celomático e o longo intestino. (b) Uma holotúria que se enterra, cujo hábitat é a lama, *Thyonella gemmata*, da Flórida. Observe os longos tentáculos, que são *podia* modificados.
(a) Segundo Hyman; segundo Coe. (b) © Ralph Buschbaum.

alimentadores de depósito, pepinos-do-mar vivem no fino limo da lama, que caracteriza o fundo do alto-mar, contabilizando mais de 90% da biomassa de alguns hábitats abissais. Outro grupo de alimentadores de depósitos, os ofiúros ("*brittle stars*"), também são abundantes na superfície de sedimentos moles de águas profundas.

Os *podia* das espécies vivas de pepino-do-mar geralmente possuem ventosas, que são usadas para locomoção e fixação, como também fazem equinoides e asteroides.

O sistema digestório das holotúrias lembra o dos equinoides, exceto por ser mais alongado (Fig. 20.20a). O sistema vascular aquífero segue o padrão típico de equinodermos, com o canal circular formando um anel em volta do esôfago. O canal circular é sustentado, porém, por um anel calcário, que pode ter uma origem evolucionária em comum com a lanterna de Aristóteles dos equinoides. O madreporito geralmente está livre na cavidade celomática (Fig. 20.20), de modo que o sistema vascular aquífero não parece estar diretamente conectado com o exterior. O espaço celomático das holotúrias é muito amplo, como em equinoides e asteroides, e o fluido celomático é o meio circulatório principal. Algumas holotúrias também possuem um sistema hemal extensivo, com corações pulsáteis.

Em contraste com outros equinodermos, a maioria das holotúrias tem uma parede corporal com camadas bem desenvolvidas de musculaturas circular e longitudinal (Fig. 20.19a) e

QUADRO FOCO DE PESQUISA 20.1

Influência de poluentes

Canicatti, C. e M. Grasso. 1988. Biodepressive effect of zinc on humoral effector of the *Holothuria polii* immune response. *Marine Biol.* 99:393.

Todos os animais, incluindo os invertebrados, podem fazer distinção entre eles mesmos e outros seres. Entre equinodermos, a resposta imune é mediada por (1) fatores humorais, que aglutinam (unem) ou fazem lise (degradam) de materiais reconhecidos como externos (estranhos ao organismo), e (2) celomócitos, que produzem as lisinas e fagocitam ou encapsulam esses materiais estranhos. Canicatti e Grasso (1988) estabeleceram parâmetros para avaliar os efeitos da poluição de metais pesados no funcionamento do sistema de reconhecimento de materiais estranhos/não estranhos. Metais pesados são os principais constituintes dos efluentes industriais. Apesar de vários estudos considerarem os efeitos dos diversos poluentes orgânicos e inorgânicos na sobrevivência, alimentação, crescimento, reprodução e desenvolvimento dos equinodermos, o estudo feito por Canicatti e Grasso foi um dos primeiros a examinar os efeitos na sua resposta imune.

Para conduzir seu estudo, os investigadores drenaram o fluido celomático de pepinos-do-mar adultos (*Holothuria polii*) que tinham aproximadamente 33 cm. Eles, então, centrifugaram o fluido para separar a porção líquida dos constituintes celulares, incluindo os celomócitos. As células peletizadas foram, então, abertas por sonicação, produzindo um "lisado de celomócitos". A habilidade do sobrenadante centrifugado e do lisado de celomócitos de aglutinar e lisar células estranhas foi, então, avaliada com e sem adição de zinco, cádmio e mercúrio. Glóbulos vermelhos (eritrócitos) de coelhos serviram como agentes externos, a fim de testar a resposta imune.

Da variedade de metais testados, apenas o zinco afetou a resposta imune, e o efeito variou consideravelmente com a mudança na concentração. Concentrações de 1 mM (milimolar) ou mais deprimiram significativamente as habilidades líticas das partes líquida e celular do fluido celomático (Fig. foco 20.1). Em contrapartida, concentrações menores de zinco aumentam a atividade de lise da fração de fluido acima dos níveis de controle. Concentrações de zinco de até 4 mm, o mais alto nível testado, não tiveram efeito sobre a capacidade do fluido celomático de aglutinar os eritrócitos do coelho; os efeitos foram limitados à atividade lítica.

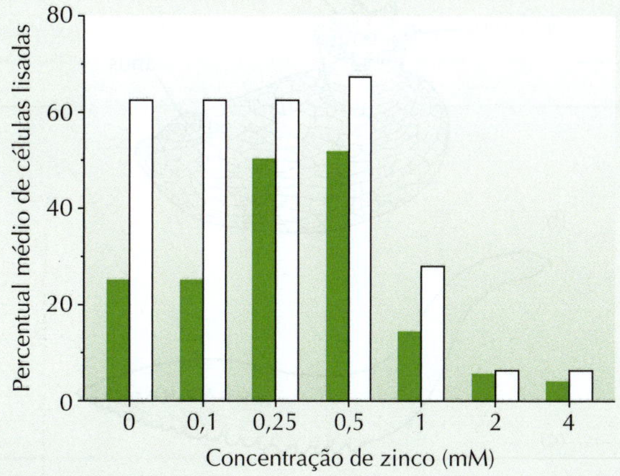

Figura foco 20.1

Efeito do zinco dissolvido na atividade lítica dos componentes líquido (barras verdes) e celular (barras brancas) do fluido celomático do pepino-do-mar (*Holothuria polii*). A atividade foi testada nos eritrócitosde coelhos, e cada barra representa a média de cinco repetições.

Baseada em C. Canicatti e M. Grasso,"Biodepressive effect of zinc on humoral effector of the *Holothuria polii* immune response," em *Marine Biology*, 99:393-96, 1988.

Os dados claramente indicam a capacidade que a poluição do zinco tem de alterar o sistema de reconhecimento imune das holotúrias. Isso levanta um número de questões importantes: os pesquisadores teriam observado o mesmo efeito depressivo de resposta imune se animais intactos, em vez de células isoladas e produtos celulares, fossem expostos aos mesmos níveis de zinco? Poluentes *orgânicos*, como óleos combustíveis e pesticidas, têm efeitos comparáveis? Dos metais testados nesse estudo, por que apenas o zinco teve efeito e por que as concentrações baixas de zinco *aumentaram* a capacidade de reconhecer ou atacar células estranhas? Como a supressão da resposta imune afeta a sobrevivência das holotúrias? E, finalmente, o zinco tem efeitos similares no sistema imune de outros animais?

é considerada por alguns uma iguaria culinária. Como outros equinodermos, holotúrias apresentam uma resposta imune sofisticada (ver Quadro Foco de pesquisa 20.1).

Claramente, holotúrias têm as características necessárias para operar um esqueleto hidrostático: uma cavidade corporal ampla com volume constante e preenchida por fluido; uma parede corporal deformável; e uma musculatura apropriada. Não é surpresa, então, saber que muitas espécies de holotúrias se enterram na areia e na lama (Fig. 20.21a). Os *podia* dessas espécies são frequentemente reduzidos e algumas das espécies mais especializadas em se enterrarem não possuem nenhum *podium*. A locomoção nessas espécies se dá em parte através dos tentáculos, que empurram o substrato, mas principalmente por ondas de contração dos músculos circulares e longitudinais, como uma minhoca.

Holotúrias são os únicos equinodermos que possuem verdadeiras estruturas respiratórias internas especializadas, chamadas de **árvores respiratórias**. A maioria das holotúrias possui um par dessas estruturas musculares e ramificadas acomodadas em seu celoma. As árvores respiratórias

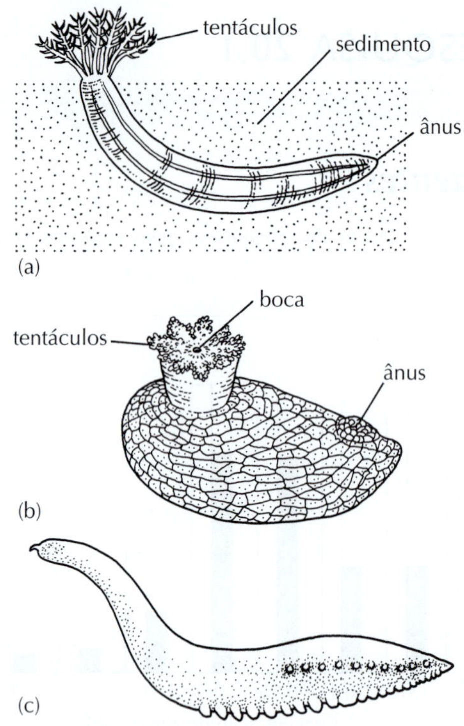

Figura 20.21

Diversidade de holotúrias. (a) Uma holotúria que se enterra na areia, *Leptosynapta inhaerens*. Essa espécie tem apenas poucos centímetros de comprimento; tem uma parede corporal bastante fina e flexível; não possui árvores respiratórias; e, exceto pelos tentáculos, não possui *podium*. (b) Uma holotúria altamente modificada, *Psolus fabricii*. A superfície ventral é achatada, formando um "sola rastejadora". Os *podia* são restritos à superfície achatada; a superfície dorsal é coberta com escamas calcárias protetivas. (c) Uma holotúria de alto-mar *Psychropotes longicauda,* com os *podia* modificados como pernas, Holotúrias compreendem uma dos elementos dominantes da macrofauna do alto-mar. A espécie ilustrada foi obtida de uma profundidade de cerca de 800 m; o corpo pode atingir cerca de 0,5 m de comprimento. Outras espécies de alto-mar, como as do gênero *Scotonoassa*, são gelatinosas e extremamente frágeis, e vivem muitos metros abaixo da superfície.

(a, b) Modificada de Fretter e Graham, 1976. *A Functional Anatomy of Invertebrates*. Orlando: Academic Press, Inc. (c) De Marshall, *Deep-Sea Biology*. Copyright © 1979. Garland STPM Press, New York. Reimpressa com permissão.

se conectam à cloaca, que bombeia água para dentro das árvores. A água é expelida através da cloaca pela contração dos próprios túbulos da árvore respiratória.

Uma jovem e adorável estrela-do-mar bastante famosa
Teve uma paixão por um pepino-do-mar, chamado
Amos.
Ela o achava atraente
até que ela proferiu em choque,
"Meu Deus! Esse cara respira pelo ânus!"
(Cortesia de Chip Biernbaum, College of Charleston – tradução livre)

Muitas espécies de holotúrias respondem a uma variedade de fatores físicos e ambientais com a expulsão deliberada de órgãos internos. Em algumas espécies, isso é limitado à expulsão de estruturas extremamente aderentes e/ou tóxicas, chamadas de **túbulos de Cuvier**, que são ligadas à arvore respiratória esquerda e aparentemente utilizadas apenas para desencorajar e enredar potenciais predadores. Os ductos são inteiramente separados do sistema digestório do animal e são regenerados pelo pepino-do-mar em uma questão de semanas. Em muitas outras espécies, ocorre a efetiva **evisceração**, em que todo o sistema digestório (as vísceras) pode ser expelido, juntamente com as árvores respiratórias e gônadas. A evisceração envolve a liquefação e subsequente ruptura do tecido conectivo, que une as vísceras à parede do corpo. Todas as partes do corpo perdidas são, eventualmente, recompostas, refletindo as notáveis capacidades regenerativas da maioria dos equinodermos.[15]

Outras características da biologia dos equinodermos

Reprodução e desenvolvimento

A reprodução assexuada é frequentemente encontrada entre equinodermos. Entre asteroides e ofiúros adultos, o disco central se separa em duas partes, e cada parte regenera os braços e órgãos que faltam (ver Fig. 24.2). Ao menos uma espécie asteroide se reproduz assexuadamente a partir de apenas partes dos braços, e há registros de reprodução assexuada em larvas de algumas espécies de asteroides, equinoides e ofiúros, particularmente em resposta a predadores.[16] Holotúrias também exibem reprodução assexuada; em algumas espécies, os corpos adultos rotineiramente se rompem pela metade, transversalmente, e cada meio-pepino regenera suas partes ausentes. A reprodução assexuada não é conhecida entre crinoides e equinoides.

A maioria das espécies de equinodermos se reproduz apenas sexuadamente, e os sexos são normalmente separados. Com algumas exceções (p. ex., algumas espécies de ofiúros), machos e fêmeas são indistinguíveis externamente. Todos os equinodermos, exceto holotúrias e crinoides, possuem múltiplas gônadas. Nos asteroides, ao menos um par de gônadas se estende por cada braço. Concentricicloides possuem 10 gônadas (cinco pares), que se localizam na espaçosa cavidade celomática. Em ofiúros, de uma a muitas gônadas desembocam em cada bursa. Equinoides geralmente possuem cinco gônadas. Os gametas de crinoides se desenvolvem nos tecidos dos braços e das pínulas, não em gônadas verdadeiras. Os holoturoides são únicos entre os Echinodermata, pois possuem uma única gônada. O desenvolvimento gonadal (**gametogênese**) é controlado por hormônios em todos os equinodermos, como em vertebrados.

Em muitas espécies de equinodermos, os gametas são liberados nas águas circundantes, logo, a fertilização é geralmente externa. Concentricicloides parecem ser uma notável exceção a essa regra geral de fertilização externa.

[15]Ver *Tópicos para posterior discussão e investigação*, nº 1, no final deste capítulo.

[16]Ver *Tópicos para posterior discussão e investigação*, nº 12, no final deste capítulo.

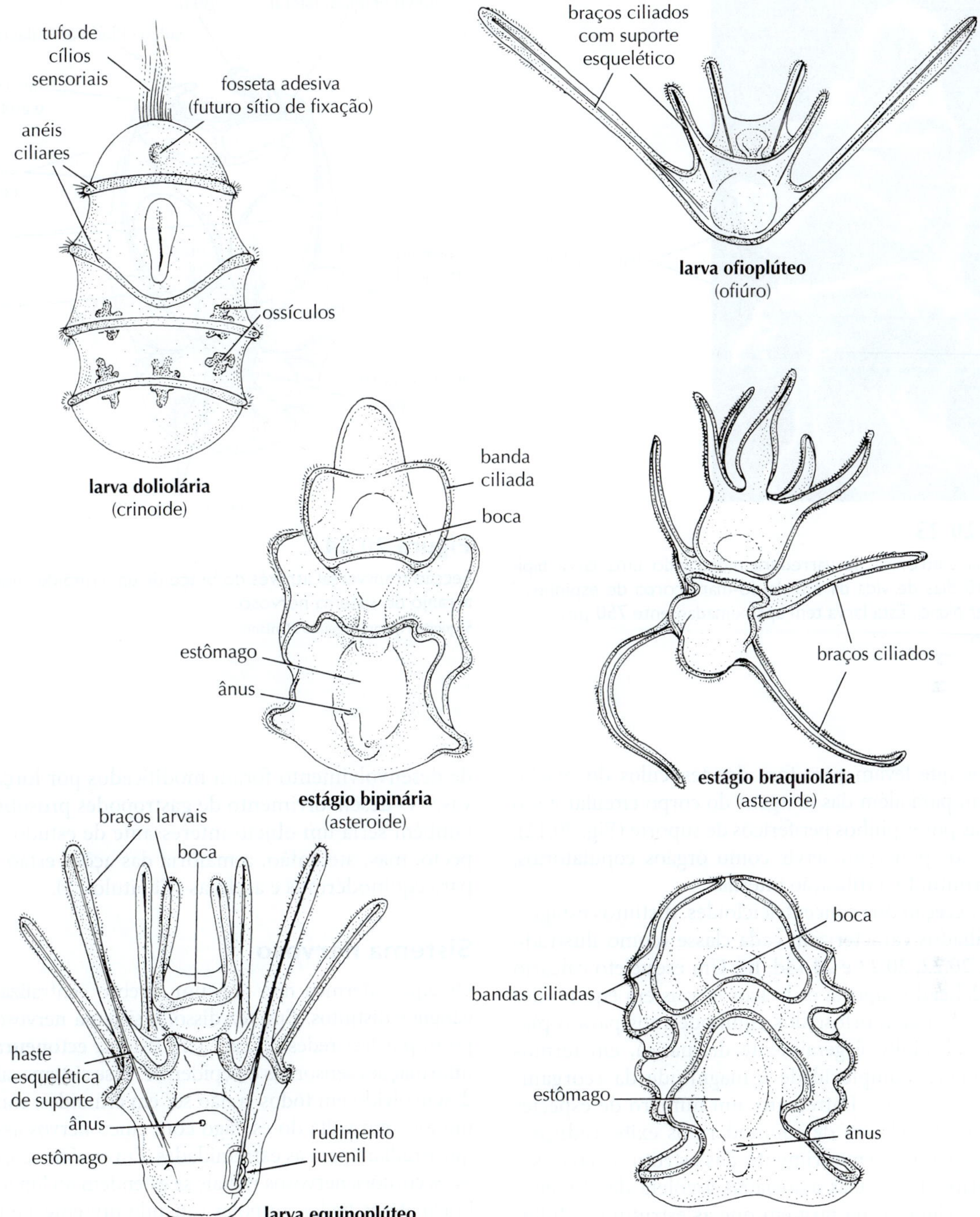

Figura 20.22

Formas larvais típicas das várias classes de equinodermos existentes. Em algumas espécies de crinoides, a larva doliolária é precedida por um estágio auriculária que não se alimenta (Nakano et al., 2003. *Nature* 421:158-60).

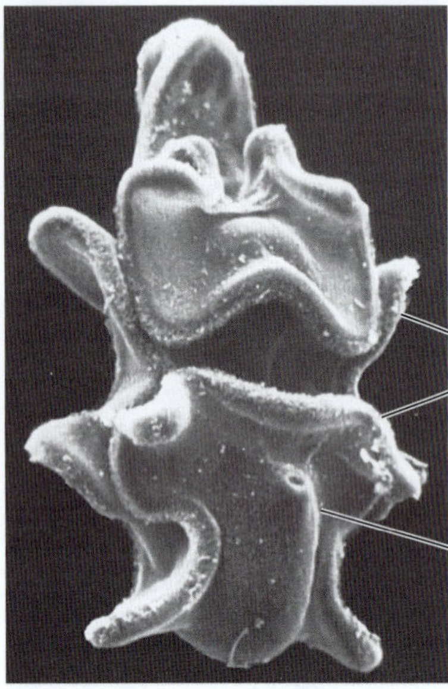

Figura 20.23

Micrografia eletrônica de varredura mostrando uma larva bipinária de 10 dias de vida da estrela-do-mar "coroa de espinhos," *Acanthaster planci.* Esta larva tem aproximadamente 750 μm.

© R. R. Olsen.

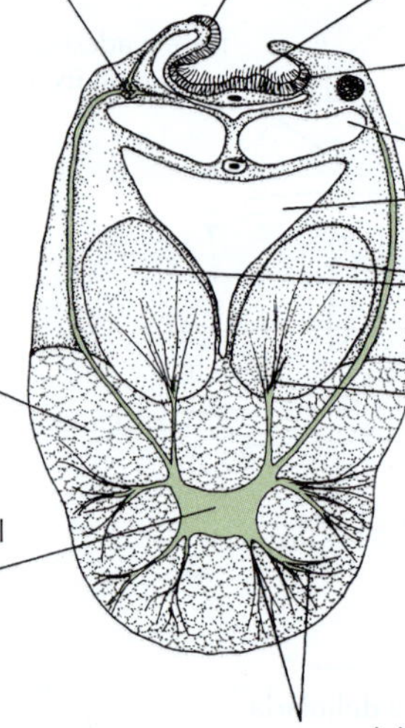

Figura 20.24

Secção transversal através do braço de um crinoide, mostrando o arranjo do sistema nervoso.

Segundo Hyman; segundo Hamann.

Os ductos que levam para fora dos testículos do macho continuam para além das margens do corpo circular e são enrijecidas por espinhos periféricos de suporte (Fig. 20.12). Esses ductos poderiam servir como órgãos copulatórios, talvez permitindo fertilização interna.

Com exceção dos concentricicloides, distintos estágios larvais ciliados caracterizam cada classe (como ilustrado nas Figs. 20.22, 20.23 e 24.14d, h). Um esqueleto calcário interno delicado suporta os braços larvais em equinoides e ofiúros. A metamorfose dos equinodermos para o plano corporal adulto é geralmente dramática, em termos de velocidade, complexidade e magnitude da reorganização morfológica.[17] Entretanto, um número de espécies da maioria das classes de equinodermos exibe reduções importantes no desenvolvimento das estruturas larvais – particularmente aquelas associadas à coleta de alimento – e uma aceleração na taxa em que as estruturas adultas se formam, para que os embriões se tornem adultos mais direta e, em geral, mais rapidamente. Essas modificações são, muitas vezes, associadas com alguma forma de cuidado parental da prole. Em algumas espécies de asteroides, por exemplo, os embriões se desenvolvem dentro da gônada parental e emergem como pequenas estrelas-do-mar completamente formadas. Esses desvios evolutivos da morfologia larval padrão parecem ter evoluído independentemente várias vezes, mesmo dentro das várias classes, equinodermos. Assim, equinodermos têm fornecido material experimental de qualidade para que se estude os mecanismos moleculares subjacentes pelos quais os padrões de desenvolvimento foram modificados por forças seletivas.[18] O desenvolvimento de gastrópodes prosobrânquios também seria um objeto interessante de estudo nesse aspecto, mas, até então, a maioria das ações estão voltadas para equinodermos e ascídias (Capítulo 23).

Sistema nervoso

Os equinodermos não têm um cérebro centralizado, nem gânglios distintos. Em vez disso, o sistema nervoso é composto por três redes difusas. Um sistema **ectoneural** recebe informações sensoriais da epiderme. Esse sistema, altamente desenvolvido em todos, a não ser em crinoides, consiste em um anel em volta do esôfago com cinco nervos associados, que irradiam para as extremidades. Em espécies com braços, esses cordões nervosos radiais se estendem ao longo de cada braço até os *podia*, ampolas (quando presentes) e pedicelárias (quando presentes). Um segundo sistema, **hiponeural**, é exclusivamente responsável pelas funções motoras. Também consiste em um nervo circular com cinco nervos radiais associados, mas está mais profundo nos tecidos do animal. O sistema hiponeural é bem desenvolvido apenas em ofiúros e, em menor nível, em asteroides. Em crinoides, a principal rede nervosa é o sistema **entoneural** (Fig. 20.24), associado à extremidade aboral do animal. A partir de uma massa central no complexo cálice/tégmen, os nervos se irradiam para o pedúnculo do crinoide, para os cirros e para cada braço. O sistema entoneural é inconspícuo ou inteiramente ausente em outras classes de equinodermos.

[17]Ver *Tópicos para posterior discussão e investigação*, nº 6, no final deste capítulo.

[18]Ver *Tópicos para posterior discussão e investigação*, nº 10, no final deste capítulo.

Resumo taxonômico

Filo Echinodermata
- Subfilo Crinozoa
  - Classe Crinoidea – os lírios-do-mar e estrelas-pluma
- Subfilo Asterozoa
  - Classe Stelleroidea
    - Subclasse Ophiuroidea – os ofiúros
    - Subclasse Asteroidea – as estrelas-do-mar
    - Os concentricicloides – as margaridas-do-mar
- Subfilo Echinozoa
  - Classe Echinoidea – os ouriços-do-mar, ouriços cordiformes e bolachas-da-praia
  - Classe Holothuroidea – os pepinos-do-mar

Tópicos para posterior discussão e investigação

1. Investigue os fatores que controlam a perda e a regeneração de partes do corpo entre equinodermos.

Anderson, J. M. 1965. Studies on visceral regeneration in sea stars. III. Regeneration of the cardiac stomach in *Asterias forbesi* (Desor). *Biol. Bull.* 129:454.

Charlina, N. A., I. Y. Dolmatov, and I. C. Wilkie. 2009. Juxta-ligamental system of the disc and oral frame of the ophiuroid*A mphipholiskochii*(Echinodermata: Ophiuroidea) and its role in autotomy. *Invert. Biol.* 128:145–56.

Dobson, W. E. 1985. A pharmacological study of neural mediation of disc autotomy in *Ophiophragmusfilograneus*(Lyman) (Echinodermata: Ophiuroidea). *J. Exp. Marine Biol. Ecol.* 94:223.

Lawrence, J. M., T. S. Klinger, J. B. McClintock, S. A. Watts, C.-P. Chen, A. Marsh, and L. Smith. 1986. Allocation of nutrient resources to body components by regenerating *Luidiaclathrata*(Say) (Echinodermata: Asteroidea). *J. Exp. Marine Biol. Ecol.* 102:47.

Mladenov, P. V., S. Igdoura, S. Asotra, and R. D. Burke. 1989. Purification and partial characterization of an autotomy-promoting factor from the sea star *Pycnopodiahelianthoides. Biol. Bull.* 176:169.

Motokawa, T. 2011. Mechanical mutability in connective tissue of starfish body wall.*Biol. Bull.* 221:280–89.

Pomory, C., and J. M. Lawrence. 1999. Energy content of *Ophioco maechinata*(Echinodermata: Ophiuroidea) maintained at different feeding levels during arm regeneration. *J. Exp. Marine Biol. Ecol.* 238:139.

Pomory, C. M., and J. M. Lawrence. 1999. Effect of arm regeneration on energy storage and gonad production in *Ophiocom aechinata*(Echinodermata: Ophiuroidea). *Marine Biol.* 135:57.

Sides, E. M. 1987.An experimental study of the use of arm regeneration in estimating rates of sublethal injury on brittle-stars.*J. Exp. Marine Biol. Ecol.* 106:1.

Smith, G. N., Jr. 1971. Regeneration in the sea cucumber *Leptosynapta*.I. The process of regeneration. *J. Exp. Zool.* 177:319.

Sugni, M., I. C. Wilkie, P. Burighel, and M. D. C. Carnivali. 2010. New evidence of serotonin involvement in the neurohumoral control of crinoid arm regeneration: effects of parachlorophenylanine and methiothepin. *J. Marine Biol. Assoc. U.K.* 90:555–62.

Vandenspiegel, D., M. Jangoux, and P. Flammang. 2000. Maintaining the line of defense: Regeneration of Cuvierian tubules in the sea cucumber *Holothuriaforskali*(Echinodermata, Holothuroidea). *Biol. Bull.* 198:34.

Wilkie, I. C. 1978. Arm autotomy in brittle stars (Echinodermata: Ophiuroidea). *J. Zool., London* 186:311.

Zeleny, C. 1903. A study of the rate of regeneration of the arms in the brittle star *Ophioglyphalacertosa.Biol. Bull.* 6:12.

2. Qual é o papel dos celomócitos como mediadores da resposta imune dos equinodermos?

Bang, F. B. 1982. Disease processes in seastars: A Metchnikovian challenge. *Biol. Bull.* 162:135.

Beck, G., and G. S. Habicht. 1996. Immunity and the invertebrates. *Sci. Amer.* November 1996:60–71.

Canicatti, C., and A. Quaglia. 1991. Ultrastructure of *Holothuriapolii*encapsulating body. *J. Zool., London* 224:419.

Dan-Sohkawa, M., J. Suzuki, S. Towa, and H. Kaneko.1993. A comparative study on the fusogenic nature of echinoderm and nonechinoderm phagocytes *in vitro. J. Exp. Zool.* 267:67.

Hemroth, B., S. Baden, M. Thorndyke, and S. Dupont. 2011. Immune suppression of the echinoderm *Asteriasrubens*(L.) following long-term ocean acidification. *Aquatic Toxicol.* 103:222–24.

Hilgard, H. R., and J. H. Phillips. 1968. Sea urchin response to foreign substances. *Science* 161:1243.

Service, M., and A. C. Wardlaw. 1984. Echinochrome-A as a bactericidal substance in the coelomic fluid of *Echinus esculentus*(L.). *Comp. Biochem. Physiol.* 79B:161.

Smith, L. C., C-S. Shih, and S. G. Dachenhausen. 1998. Coelomocytes express SpBf, a homologue of factor B, the second component in the sea urchin complement system. *J. Immunol.* 161:6784.

Yui, M. A., and C. J. Bayne. 1983. Echinoderm immunology: Bacterial clearance by the sea urchin *Strongylocentrotus purpuratus. Biol. Bull.* 165:473.

3. Discuta o papel dos *podia*, espinhos, pedicelárias, cílios e fluxo da água na coleta de alimento pelos equinodermos.

Allen, J. R. 1998. Suspension feeding in the brittle-star *Ophiothrixfragilis:* Efficiency of particle retention and implications for the use of encounter-rate models. *Marine Biol.* 132:383.

Burnett, A. L. 1960. The mechanism employed by the starfish *Asteriasforbesi*to gain access to the interior of the bivalve *Venus mercenaria. Ecology* 41:583.

Byrne, M., and A. R. Fontaine. 1981. The feeding behaviour of *Flor ometraserratissima*(Echinodermata: Crinoidea). *Can. J. Zool.* 59:11.

Chia, F. S. 1969. Some observations on the locomotion and feeding of the sand dollar, *Dendrasterexcentricus*(Eschscholtz).*J. Exp. Marine Biol. Ecol.* 3:162.

De Ridder, C., M. Jangoux, and L. De Vos. 1987. Frontal ambulacral and peribuccal areas of the spatangoid echinoid *Echinocardiumcor-datum* (Echinodermata): A functional entity in feeding mechanism. *Marine Biol.* 94:613.

Ellers, O., and M. Telford. 1984. Collection of food by oral surface podia in the sand dollar, *Echinarachniusparma*(Lamarck). *Biol. Bull.* 166:574.

Emson, R. H., and J. D. Woodley. 1987. Submersible and laboratory observations on *Asteroschema tenue,* a long-armed euryaline [*sic*] brittle star epizoic on gorgonians. *Marine Biol.* 96:31.

Emson, R. H., and C. M. Young. 1994. Feeding mechanism of the brisingid starfish *Novodiniaantillensis. Marine Biol.* 118:433.

Fankboner, P. V. 1978. Suspension-feeding mechanisms of the armoured sea cucumber *Psoluschitinoides*Clark.*J. Exp. Marine Biol. Ecol.* 31:11.

Ghiold, J. 1983. The role of external appendages in the distribution and life habits of the sand dollar *Echinarachniusparma*(Echinoder mata: Echinoidea). *J. Zool., London* 200:405.

Hendler, G. 1982. Slow flicks show star tricks: Elapsed-time analysis of basketstar (*Astrophytonmuricatum*) feeding behavior. *Bull. Marine Sci.* 32:909.

Hendler, G., and J. Miller. 1984. Feeding behavior of *Asteroporpaannulata,* a gorgonocephalid brittle star with unbranched arms. *Bull. Marine Sci.* 34:449.

Holland, N. D., A. B. Leonard, and J. R. Strickler. 1987. Upstream and downstream capture during suspension feeding by *Oligomet raserripinna*(Echinodermata: Crinoidea) under surge conditions. *Biol. Bull.* 173:552.

Lasker, R., and A. C. Giese. 1954. Nutrition of the sea urchin, *Strongylocentrotus purpuratus. Biol. Bull.* 106:328.

LaTouche, R. W. 1978. The feeding behavior of the feather star *Antedon bifida* (Echinodermata: Crinoidea). *J. Marine Biol. Assoc. U.K.* 58:877.

Leonard, A. B. 1989. Functional response in *Antedonmediterranea*(Lamarck) (Echinodermata: Crinoidea): The interaction of prey concentration and current velocity on a passive suspension-feeder. *J. Exp. Marine Biol. Ecol.* 127:81.

Lesser, M. P., K. L. Carleton, S. A. Böttger, T. M. Barry, and C. W. Walker. 2011. Sea urchin tube feet are photosensory organs that express a rhabdomeric-like opsin and PAX6. *Proc. R. Soc.* B 278:3371–79.

Macurda, D. B., and D. L. Meyer. 1974. Feeding posture of modern stalked crinoids. *Nature* (*London*) 247:394.

Mauzey, K. P., C. Birkeland, and P. K. Dayton. 1968. Feeding behavior of asteroids and escape responses of their prey in the Puget Sound region. *Ecology* 49:603.

Meyer, D. L. 1979. Length and spacing of the tube feet in crinoids (Echinodermata) and their role in suspension-feeding. *Marine Biol.* 51:361.

O'Neill, P. L. 1978. Hydrodynamic analysis of feeding in sand dollars.*Oecologia*34:157.

Telford, M., and R. Mooi. 1996. Podial particle picking in *Cassiduluscaribaearum*(Echinodermata: Echinoidea) and the phylogeny of sea urchin feeding mechanisms. *Biol. Bull.* 191:209.

4. A água marinha contém altas concentrações (até 3 × 103 g carbono/litro) de matéria orgânica dissolvida (MOD), sobretudo em águas rasas costeiras. Até que ponto os equinodermos são capazes de suprir suas necessidades nutricionais pela captação da MOD diretamente da água do mar?

Ferguson, J. C. 1980. The non-dependency of a starfish on epidermal uptake of dissolved organic matter. *Comp. Biochem. Physiol.* 66A:461.

Fontaine, A. R., and F. S. Chia. 1968. Echinoderms: An autoradiographic study of assimilation of dissolved organic molecules. *Science* 161:1153.

Hammond, L. S., and C. R. Wilkinson. 1985. Exploitation of sponge exudates by coral reef holothuroids. *J. Exp. Marine Biol. Ecol.* 94:1.

Manahan, O. T., J. P. Davis, and G. C. Stephens. 1983. Bacteria-free sea urchin larvae: Selective uptake of neutral amino acids from seawater. *Science* 220:204. S

Shilling, F. M., and D. T. Manahan. 1990. Energetics of early development for the sea urchins *Strongylocentrotus purpuratus* and *Lytechinuspictus*and the crustacean *Artemia*sp. *Marine Biol.* 106:119–27.

Stephens, G. C., M. J. Volk, S. H. Wright, and P. S. Backlund. 1978. Transepidermal accumulation of naturally occurring amino acids in the sand dollar, *Dendrasterexcentricus. Biol. Bull.* 154:335.

5. Quais são os aspectos mais surpreendentes da locomoção dos equinodermos?

Astley, H. C. 2012. Getting around when you're round: Quantitative analysis of the locomotion of the blunt-spined brittle star, *Ophiocomaechinata.J. Exp. Bio*l. 215:1923–29.

Binyon, J. 1964. On the mode of functioning of the water vascular system of *Asteriasrubens*L. *J. Marine Biol. Assoc. U.K.* 44:577.

Flammang, P., S. DeMeulenaere, and M. Jangoux. 1994. The role of podial secretions in adhesion in two species of sea stars (Echinodermata). *Biol. Bull.* 187:35.

Kerkut, G. A. 1954. The forces exerted by the tube feet of the starfish during locomotion. *J. Exp. Biol.* 30:575.

Lavoie, M. E. 1956. How sea stars open bivalves. *Biol. Bull.* 111:114.

McCurley, R. S., and W. M. Kier. 1995. The functional morphology of starfish tube feet: The role of a crossed-fiber helical array in movement. *Biol. Bull.* 188:197.

Polls, I., and J. Gonor. 1975. Behavioral aspects of righting in two asteroids from the Pacific coast of North America. *Biol. Bull.* 148:68.

Prusch, R. D., and F. Whoriskey. 1976. Maintenance of fluid volume in the starfish water vascular system. *Nature* (*London*) 262:577.

Santos, R., S. Gorb, V. Jamar, and P. Flammang. 2005. Adhesion of echinoderm tube feet to rough surfaces. *J. Exp. Biol.* 208:2555.

Smith, J. E. 1947. The mechanics and innervation of the starfish tube foot-ampulla system.*Phil. Trans. Royal Soc. B* 232:279.

Thomas, L. A., and C. O. Hermans. 1985. Adhesive interactions between the tube feet of a star fish, *Leptasteriashexactis,* and substrata. *Biol. Bull.* 169:675.

6. Quais as principais mudanças morfológicas que ocorrem na metamorfose de equinodermos?

Cameron, R. A., and R. T. Hinegardner. 1978. Early events in sea urchin metamorphosis, description and analysis. *J. Morphol.* 157:21.

Emlet, R. B. 1988. Larval form and metamorphosis of a "primitive" sea urchin, *Eucidaristhouarsi*(Echinodermata: Echinoidea: Cidaroida), with implications for developmental and phylogenetic studies. *Biol. Bull.* 174:4.

Hendler, G. 1978. Development of *Amphioplusabditus* (Verrill) (Echinodermata: Ophiuroidea). II. Description and discussion of ophiuroid skeletal ontogeny and homologies. *Biol. Bull.* 154:79.

Mladenov, P. V. M., and F. S. Chia. 1983. Development, settling behaviour, metamorphosis and pentacrinoid feeding and growth of the feather star *Florometraserratissima. Marine Biol.* 73:309.

Nakano, H. T., T. Hibino, Y. H. Oji, and S. Amemiya. 2003. Larval stages of a living sea lily (stalked crinoid echinoderm). *Nature* 421:158.

Selvakumaraswamy, P., and M. Byrne. 2004. Metamorphosis and developmental evolution in *Ophionereis* (Echinodermata: Ophiuroidea). *Marine Biol.* 145:87–99.

Smiley, S. 1986. Metamorphosis of *Stichopuscalifornicus*(Echinoder mata: Holothuroidea) and its phylogenetic implications. *Biol. Bull.* 171:611.

7. Os equinodermos possuem um extenso registro fóssil, de 10.000 a 13.000 espécies, que atesta suas origens antigas, hábitat marinho e esqueleto sólido. Na verdade, cerca de 16 classes são conhecidas apenas pelo registro fóssil, pois não há representantes vivos há dezenas de milhares de anos. A maioria desses equinodermos extintos eram animais sésseis, permanentemente fixos ao substrato. Quais são as similaridades e diferenças morfológicas entre essas espécies extintas e os atuais lírios-do-mar (classe Crinoidea)?

Boardman, R. S., A. H. Cheetham, and A. J. Rowell, eds. 1987.*Fossil Invertebrates.*Palo Alto, Calif.: Blackwell Scientific Publications.

Clarkson, E. N. K. 1986. *Invertebrate Paleontology and Evolution,* 2d ed. Boston: Allen and Unwin.

Clausen, S., and A. B. Smith. 2005. Palaeoanatomy and biological affinities of a Cambrian deuterostome (Stylophora). *Nature* 438:351.

David, B., A. Guille, J.-P. Féral, and M. Roux eds. 1994. *Echinoderms Through Time.* Rotterdam: A. A. Balkema.

Hyman, L. H. 1955. *The Invertebrates,* vol. IV. New York: McGraw-Hill.

Levin, H. L. 1999. *Ancient Invertebrates and Their Living Relatives.* New Jersey: Prentice Hall, 294–328.

Meyer, D. L., and D. B. Macurda, Jr. 1977. Adaptive radiation of the comatulid crinoids.*Paleobiology*3:74.

Shu, D.-G., S. Conway Morris, J. Han, Z.-F.Zhang, and J.-N. Liu. 2004. Ancestral echinodermsfromtheChengjiangdepositsof China. *Nature*430:422.

8. Asteroides e equinoides se assemelham aos anelídeos poliquetas em seu uso altamente coordenado dos numerosos apêndices na locomoção. Baseando-se em aulas e suas leituras deste livro, compare e contraste a estrutura e a operação dos parapodia dos poliquetas com a dos *podia* de asteroides e equinoides.

9. A função do madreporito em equinodermos tem sido surpreendentemente difícil de ser documentada. Quais evidências indicam que ele executa um importante papel na condução de água para os *podia*? Que evidências sugerem que ele não o faz?

Binyon, J. 1984. A reappraisal of the fluid loss resulting from the operation of the water vascular system of the starfish, *Asteriasrubens. J. Marine Biol. Assoc. U.K.* 64:726.

Ellers, O., and M. Telford. 1992. Causes and consequences of fluctuating coelomic pressure in sea urchins. *Biol. Bull.* 182:424.

Ferguson, J. C. 1990. Seawater inflow through the madreporite and internal body regions of a starfish (*Leptasteriashexactis*) as demonstrated with fluorescent microbeads. *J. Exp. Zool.* 255:262.

Ferguson, J. C. 1996. Madreporite function and fluid volume relationships in sea urchins.*Biol. Bull.* 191:431.

Tamori, M., A. Matsuno, and K. Takahashi. 1996. Structure and function of the pore canals of the sea urchin madreporite. *Phil. Trans. Royal Soc. London B* 351:659.

10. Quão amplas são as mudanças na expressão gênica que parece estar na base da alteração dos padrões de desenvolvimento entre asteroides e equinoides?

Ferkowicz, M. J., and R. A. Raff. 2001. Wnt gene expression in sea urchin development: Heterochronies associated with the evolution of developmental mode. *Evol.Devel.*3:24.

Lowe, C. J., L. Issel-Tarver, and G. A. Wray. 2002. Gene expression and larval evolution: Changing roles of distal-less and orthodenticle in echinoderm larvae. *Evol. Dev.* 4:111.

Raff, R. A., and M. Byrne. 2006. The active evolutionary lives of echinoderm larvae. *Heredity* 97:244–52.

11. Como se chama um pepino-do-mar logo após ter sofrido evisceração?

12. Como equinodermos se protegem de predadores?

Bakus, G. J. 1968. Defensive mechanisms and ecology of some tropical holothurians.*Marine Biol.* 2:23.

Bosch, I., R. B. Rivkin, and S. P. Alexander. 1989. Asexual reproduction by oceanic planktotrophic echinoderm larvae. *Nature* 337:169–170.

Bryan, P. J., J. B. McClintock, and T. S. Hopkins. 1997. Structural and chemical defenses of echinoderms from the northern Gulf of Mexico. *J. Exp. Marine Biol. Ecol.* 210:173.

Iyengar, E.V., and C. D. Harvell. 2001. Predator deterrence of early developmental stages of temperate lecithotrophic asteroids and holothuroids. *J. Exp. Marine Biol. Ecol.* 264:171.

Jaeckle, W. B. 1994. Multiple modes of asexual reproduction by tropical and subtropical sea star larvae: an unusual adaptation for genet dispersal and survival. *Biol. Bull.* 186:62–71.

Rosenberg, R., and E. Selander. 2000. Alarm signal response in the brittle star *Amphiurafiliformis. Marine Biol.* 136:43.

Vaughn, D. 2009. Why run and hide when you can divide? Evidence for larval cloning and reduced larval size as an adaptive inducible defense.*Mar Biol*157:1301–1312.

13. Quem precisa de um sistema nervoso central? Alguns equinodermos apresentam uma habilidade surpreendentemente sofisticada de se orientar a partir de sinais químicos, luzes, objetos e outros estímulos ambientais. O que eles podem sentir e o que se sabe sobre como eles percebem esses estímulos?

Agca, C., M. C. Elhajj, W. H. Klein, and J. M. Venuti.Neurosensory and neuromuscular organization in tube feet of the sea urchin *Strongylocentrotus purpuratus.J. Comp. Neurol.* 519:3566–79.

Aizenberg, J., A. Tkachenko, S. Weiner, L. Addadi, and G. Hendler. 2001. Calciticmicrolenses as part of the photoreceptor system in brittlestars. *Nature* 412:819–22.

Jackson, E., and S. Johnsen. 2011. Orientation to objects in the sea urchin *Strongylocentrotus purpuratus* depends on apparent and not actual object size. *Biol. Bull.* 220:86–88.

Johnson, S., and W. M. Kier. 1999. Shade-seeking behavior under polarized light by the brittlestar*Ophiodermabrevispinum*. *J. Marine Biol. Assoc. U.K.* 79:761–63.

Millott, N., and M. Yoshida. 1956. Reactions to shading in the sea urchin, *Psammerchinusmiliaris*(Gmelin). *Nature* 178:1300.

Ullrich-Lüter, E. M., S. Dupont, E. Arboleda, H. Hausen, and M. I. Amone. 2011. Unique system of photoreceptors in sea urchin tube feet. *Proc. Natl. Acad. Sci. U.S.A.* 108:8367–72.

Yerramilli, D., and S. Johnsen. 2010. Spatial vision in the purple sea urchin *Strongylocentrotus purpuratus* (Echinoidea). *J. Exp. Biol.* 213:249–55.

Yoshida, M., and H. Ohtsuki. 1969. The phototacticbehaviour of the starfish *Asteriasamurensis*Lütken. *Biol. Bull.* 134:516–32.

Detalhe taxonômico

Filo Echinodermata

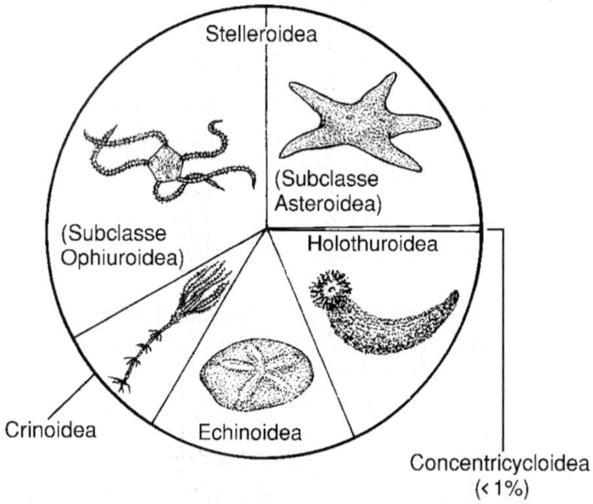

Subfilo Crinozoa

Representantes da maioria das classes estão extintos e são conhecidos apenas como fósseis; espécies existentes estão contidas em uma única classe. Todas são marinhas.

Classe Crinoidea

Os lírios-do-mar e as estrelas-pluma. As cerca de 700 espécies de crinoides estão distribuídas entre cinco ordens, e a maioria contém apenas de 1 a 3 famílias e 25 ou menos espécies.

Ordem Millericrinida

Ptilocrinus. Esses lírios-do-mar pedunculados não possuem cirros e estão restritos a profundidades de 2.000 m ou mais. Uma família.

Ordem Cyrtocrinida

Holopus. Estes lírios-do-mar vivem fixados ao substrato com um pedúnculo bastante curto, ou mesmo sem pedúnculo, e não possuem cirros. Estão restritos a profundidades intermediárias (várias centenas de metros) no Caribe. Uma família.

Ordem Bourgueticrinida

Bathycrinus, Rhizocrinus. Estes lírios-do-mar pedunculados não possuem cirros e têm geralmente de 5 a 10 braços curtos. O grupo inclui os crinoides habitantes de lugares mais profundos (membros do gênero *Bathycrinus*), que se estendem a profundidades de quase 10.000 metros. Três famílias.

Ordem Isocrinida

Cenocrinus, Neocrinus, Metacrinos. Estes lírios-do--mar possuem longos pedúnculos (mais de 1 m). Muitas espécies vivem permanentemente fixadas a substratos firmes, ancoradas pela base de seu pedúnculo. As outras espécies se fixam a substratos firmes usando cirros preênsis, que se distribuem em intervalos ao longo do pedúnculo; esses cirros podem se liberar do substrato, permitindo que os animais andem ou, em algumas espécies, nadem para outros lugares. A maioria das espécies está confinada a profundidades de várias centenas de metros ou mais; todas estão localizadas no Caribe e no Indo-Pacífico tropical. Três famílias.

Ordem Comatulida

As estrelas-pluma. *Antendon, Comantheria, Comanthina, Florometra, Heliometra, Nemaster.* Este diverso e colorido grupo de crinoides contém cerca de 88% de todas as espécies. São amplamente distribuídas, sendo especialmente comuns em recifes de coral e águas polares; representantes estão presentes a todas as profundidades, de menos de 1 m às águas abissais. Uma das maiores espécies de estrela-pluma, *Comanthina schlegelii*, tem mais de 200 braços (o número é muito variável entre indivíduos).

Subfilo Asterozoa

As cerca de 3.700 espécies são todas marinhas e contidas em uma única classe.

Classe Stelleroidea

Quase todas as espécies de asterozoários estão incluídas nesta classe. Três subclasses.

Subclasse Somasteroidea

Os membros desta subclasse compartilham características com ofiúros e asteroides, indicando uma relação próxima entre esses dois grupos principais. A maioria dos representantes é conhecida apenas na forma fóssil.

Subclasse Ophiuroidea

Os ofiúros e as estrelas-cesto. As cerca de 2.100 espécies estão distribuídas entre três ordens.

OrdemPhrynophiurida

Cinco famílias.

Família Gorgonocephalidae. *Gorgonocephalus.* Este grupo, que inclui as estrelas-cesto (espécie com braços altamente ramificados), é distribuído dos trópicos aos polos e das águas rasas às abissais. Os indivíduos geralmente aparecem em agregações densas, posicionados em substratos sólidos, com a superfície oral voltada para cima e os braços completamente estendidos na água; esses animais são alimentadores de suspensão. Alguns indivíduos podem crescer até diâmetros de 70 cm, incluindo os braços. Há cerca de 100 espécies vivas conhecidas.

Ordem Ophiurida

Amphiura, Amphipholis, Ophiura, Ophiomusium, Ophiocoma, Ophiomastix, Ophioderma, Ophiacantha, Ophiactis, Ophiopholis, Ophiostigma, Ophiothrix. Esta é a maior ordem de ofiúros, que inclui mais de 2 mil espécies descritas, distribuídas entre 11 famílias. Representantes podem ser encontrados em todos os oceanos, a todas as profundidades. Os embriões de algumas espécies de *Ophiomastix* são incubados por adultos de *Ophiocoma* spp., o único exemplo do que parece ser "parasitismo de incubação" em ofiúros (Hendler et al., 1999. *Invert. Biol.* 118:190–201) e provavelmente o único exemplo conhecido entre equinodermos.

Subclasse Asteroidea

As estrelas-do-mar. Quase 1.900 espécies foram descritas, distribuídas entre cinco ordens.

Ordem Platyasterida

Luidia. Este é o mais primitivo grupo de asteroides existentes, com um registro fóssil que data de cerca de 500 milhões de anos atrás. As estrelas desta ordem eram colocadas na já abandonada ordem Phanerozonida. A maioria das espécies é encontrada em substratos arenosos em águas rasas tropicais. Seus *podia* são pontiagudos e não possuem ventosas. Ao menos algumas espécies são eurialinas, capazes de viver em águas cuja concentração osmótica é substancialmente reduzida. As larvas de vida livre produzidas por algumas espécies de Luidia estão estre as maiores larvas de invertebrados conhecidas, atingindo comprimentos de 2 cm ou mais, e se demonstrando capazes de permanecer na água por mais de um ano antes de sofrerem metamorfose; as larvas são excepcionais em reproduzir mais larvas por fissão assexuada enquanto ainda são planctônicas. Alguns zoologistas consideram *Luidia* um membro aberrante de outra ordem, a Paxillosida. Uma família.

Ordem Paxillosida

Astropecten; Ctenodiscus – estrelas de sedimento lodoso* (ingerem sedimento). Esta grande ordem de cerca de 400 espécies descritas é composta por espécies primitivas que vivem enterradas ou sobre o sedimento. Não surpreendentemente para animais que não se locomovem sobre substratos sólidos, os *podia* não possuem ventosas. Muitas espécies são exclusivamente abissais e vivem em profundidades de até 8.000 metros. *Luidia* pode pertencer a esta ordem (ver Ordem Platyasterida). Cinco famílias.

Ordem Valvatida

Asterina, Goniaster, Linckia, Odontaster, Oreaster, Patiriella. Algumas espécies crescem apenas 15 mm de diâmetro, ao passo que outras alcançam diâmetros de quase 50 cm. Em algumas espécies, os *podia* são achatados distalmente e não possuem ventosas. A ordem contém uma das maiores famílias de asteroides, a Goniasteridae, que contém aproximadamente 250 espécies descritas. Espécies do gênero *Linckia* apresentam capacidade regenerativa notável, mesmo em comparação com a maioria dos outros asteroides: um animal inteiro pode se desenvolver a partir de um único braço. Nove famílias, somando mais de 750 espécies.

Ordem Spinulosida

Acanthaster– a estrela-do-mar "coroa de espinhos"*, uma voraz predadora de corais, com espinhos tóxicos e com 9 a 23 braços; *Echinaster; Henricia* – "estrelas-sangue"*; *Pteraster; Solaster* – "estrelas-sol"*, com 15 braços. Há 12 famílias e cerca de 135 espécies.

Ordem Forcipulatida

Heliaster – outro grupo de "estrelas-sol"*, com até 50 braços por animal; *Zoroaster* – "estrelas-cauda-de-rato". Quatro famílias, contendo quase 300 espécies.

Família Asteriidae. *Asterias, Leptasterias, Pisaster, Pycnopodia.* Esta família possui quase 200 espécies, e a maioria vive em substratos sólidos. Membros do gênero *Pycnopodia* possuem cerca de 40 mil *podia* distribuídos entre 25 braços; estas estrelas incomumente grandes podem atingir diâmetros que ultrapassam 1 metros.

Ordem Brisingida

Brisinga, Novodinia. Estrelas-do-mar desta ordem (cerca de 100 espécies) são comuns em alto-mar. Membros do gênero *Brisinga* podem exceder 1 m de diâmetro, incluindo os braços; três estrelas possuem *podia* distintamente longos, que usam para coletar suspensão. Membros do gênero *Novodinia* foram observados capturando presas utilizando as pedicelárias.

Os concentricicloides

Xyloplax – as margaridas-do-mar. Estes equinodermos de alto-mar parecem estar proximamente relacionados aos membros das ordens asteroides Valvatida ou Spinulosida. Apenas poucas espécies foram descritas até a presente data, e todas estão associadas à madeira submersa. Uma família.

Subfilo Echinozoa

Duas classes.

Classe Echinoidea

Os ouriços-do-mar, ouriços cordiformes e bolachas-da-praia – cerca de 900 espécies. Há 13 ordens, muitas com poucas espécies sobreviventes.

---

*N. de T. Tradução livre dos nomes comuns em inglês.

Ordem Cidaroida
Eucidaris – ouriços-lápis. Estes ouriços de ampla distribuição são um grupo antigo, com representantes fossilizados de mais de 300 milhões de anos. Cada placa ambulacral é penetrada por um único *podium*, que separa esses ouriços de todos outros. Todos os ouriços são saprófagos não seletivos. As quase 140 espécies que foram descritas estão distribuídas entre duas famílias.

Ordem Echinothuroida
Estas espécies são todas de águas profundas (1.000-4.000 m de profundidade), e possuem uma testa delicada e muito flexível. Podem atingir 70 cm de diâmetro. Todas vivem sobre sedimentos macios, frequentemente em grandes agregações. Todas as espécies estudadas até agora se desenvolveram como larvas altamente modificadas que não se alimentam. Uma família.

Ordem Diadematoida
Diadema, Echinothrix. Estas espécies são comuns em águas rasas e quentes, particularmente em recifes de corais. Todos os representantes têm espinhos extremamente longos e afiados. Os espinhos não são venenosos, mas certamente você se arrependerá de pisar neles. Quatro famílias.

Ordem Arbacioida
Arbacia. Uma das várias dúzias de espécies deste grupo (*A. punctulata*) foi usada amplamente em pesquisas por biólogos de desenvolvimento. Uma família (Arbaciidae).

Ordem Temnopleuroida
Lytechinus, Tripneustes. Este grupo contém mais de 100 espécies, a maioria em águas tropicais rasas. Uma espécie do Pacífico (do gênero *Toxopneustes*) é venenosa, embora não letal para seres humanos. As pedicelárias são excepcionalmente grandes e capazes de perfurar a pele. Duas famílias.

Ordem Echinoida
Echinus, Paracentrotus, Echinometra, Strongylocentrotus, Heterocentrotus. Muitas espécies de *Strongylocentrotus* têm sido usadas em estudos de processos do desenvolvimento. Esta ordem inclui o único ouriço alimentador de suspensão conhecido, *Derechinushorridus;* o animal permanece estacionário em pedras subantárticas e cresce somente em altura, projetando uma grande área de superfície na água para capturar partículas. Quatro famílias, separadas com base principalmente em diferenças morfológicas nas pediceláras.

Ordem Holectypoida
Echinoneus. Esta ordem contém algumas das mais bem distribuídas espécies de equinoides em águas tropicais rasas. Uma família.

Ordem Clypeasteroida
Clypeaster – ouriços cordiformes; *Dendraster, Echinarachnius, Encope, Mellita* – bolachas-da--praia. Estes equinoides possuem numerosos, porém curtos, espinhos com os quais se enterram em substratos arenosos e lamacentos. Todas as espécies se alimentam de sedimento e apresentam variados graus de simetria bilateral, como os ouriços cordiformes. Em virtude dessa simetria bilateral, em vez da simetria radial, os membros desta ordem, juntamente com os da ordem Spatangoida, são frequentemente referidos como ouriços irregulares. Nove famílias.

Ordem Spatangoida
Brissopsis, Echinocardium, Meoma, Moira, Paraster, Spatangus – ouriços – cordiforme; *Pourtalesia* – "ouriço-garrafa". Estes equinoides alimentadores de depósito apresentam uma simetria bilateral distinta, como nas bolachas-da-praia, e os espinhos e *podia* em diferentes partes da testa são especializados em enterrar o animal ou coletar alimento. Como em outros ouriços irregulares (contidos na ordem Clypeasteroida), os espinhos dos ouriços – cordiformes e ouriços-garrafa são bastante curtos, com aparência mais semelhante a pelos do que a espinhos. Há 14 famílias, incluindo um número de grupos de águas profundas pouco conhecidos.

Classe Holothuroidea
Os pepinos-do-mar. Aproximadamente 1.200 espécies foram descritas, distribuídas entre seis ordens.

Ordem Dendrochirotida
A maioria das 400 espécies ou mais nesta ordem está restrita às aguas rasas, e todas possuem tentáculos orais, que são elaboradamente ramificados. Os tentáculos aprisionam partículas de comida da suspensão da água ao redor e os empurram para a boca. Sete famílias.

Família Placothuriidae. *Placothuria.* Estes são pepinos-do-mar estranhos com muitas características primitivas. O corpo tem forma de U e é completamente incluso em uma carapaça de grandes placas sobrepostas. Representantes vivos são conhecidos apenas na costa da Nova Zelândia.

Família Psolidae. *Psolus.* Este é um grupo bastante difundido, com representantes desde a zona intertidal até profundidades de 2.800 metros. Como uma adaptação a substratos sólidos, apresentam uma superfície ventral distinta, achatada, que não possui ossículos. O resto do corpo é encapsulado por uma carapaça de placas que se sobrepõem. São conhecidas cerca de 80 espécies.

Família Cucumariidae. *Cucumaria.* As mais de 150 espécies descritas neste grupo têm o corpo com parede espessa, mas flexível, e com numerosos ossículos calcários, pequenos e separados. O grupo é especialmente bem representado em águas temperadas e frias, mas é distribuído amplamente pelos diferentes oceanos e profundidades.

Ordem Aspidochirotida
Holothuria, Stichopus, Parastichopus, Thelenota. Túbulos de Cuvier são encontrados somente entre membros desta ordem (alguns membros da família Holothuriidae). A maioria das espécies é alimentadora de depósitos não seletiva. Algumas são comercialmente importantes como fonte de alimento no Extremo

Oriente, sendo pescadas e vendidas como "beche-de--mer" ou "trepang"; apenas a parede do corpo é comida. Alguns indivíduos atingem comprimentos de 1 a 2 m, com diâmetros correspondentemente impressionantes, mantendo a forma física de pepino. Mais de um terço das espécies nesta ordem estão restritas às aguas profundas, e ao menos algumas (como *Bathyplotesnatans*) são boas nadadoras. Três famílias.

Ordem Elasipodida

Psychropotes, Pelagothuria. As centenas de espécies alimentadoras de depósito neste grupo são bem distribuídas por águas profundas e, na verdade, podem constituir cerca de 95% do total da biomassa de alguns hábitats abissais. São notáveis por vários aspectos: nenhuma espécie possui árvores respiratórias; os corpos são, em geral, gelatinosos e extremamente frágeis; todas apresentam simetria bilateral pronunciada; e muitas espécies nadam, seja por algum ou todo o tempo. Cinco famílias.

Ordem Apodida

Chiridota, Euapta, Leptosynapta. As muitas centenas de espécies desta ordem são caracterizadas pela completa ausência de *podia* e árvores respiratórias. Alguns representantes também não possuem ossículos na parede corporal. Em geral, a parede corporal é bastante fina e semelhante à dos vermes. A maioria das espécies vive em águas rasas, enterrada em areia ou escondida sob pedras. Os tentáculos grudentos, não associados a ampolas, exibem movimentos de alimentação característicos, em que deliberadamente levam partículas de alimento à boca em turnos. Muitas espécies possuem sacos internos diminutos (urnas vibráteis) dentro do celoma, que removem partículas estranhas do fluido celomático. Três famílias.

Ordem Molpadiida

Molpadia, Caudina. Estes pepinos-do-mar alimentadores de depósito estão principalmente restritos a águas rasas, embora algumas espécies vivam em profundidades de aproximadamente 8.000 metros. Todos têm árvores respiratórias. Quatro famílias.

Referências gerais sobre os equinodermos

Binyon, G. 1972. *Physiology of Echinoderms.* New York: Pergamon Press.

Blake, D. B., D. A. Janies, and R. Mooi (eds). 2000. Evolution of starfishes: Morphology, molecules, development, and paleobiology. *Amer. Zool.* 40:311–92.

Boardman, R. S., A. H. Cheetham, and A. J. Rowell, eds. 1987.*Fossil Invertebrates.*Palo Alto, Calif.: Blackwell Scientific, 550–611.

Gage, J. D., and P. A. Tyler. 1991. *Deep-Sea Biology: A Natural History of Organisms at the Deep-Sea Floor.* New York: Cambridge University Press.

Harrison, F. W., and F. S. Chia, eds. 1994. *Microscopic Anatomy of Invertebrates, Vol. 14.Echinoderms.*New York: Wiley-Liss.

Hendler, G., J. E. Miller, D. L. Pawson, and P. M. Kier. 1995. *Sea Stars, Sea Urchins, and Allies: Echinoderms of Florida and the Caribbean.* Washington, D.C.: Smithsonian Institution Press.

Hyman, L. H. 1955. *The Invertebrates, Vol. IV: Echinoderms.* New York: McGraw-Hill.

Janies, D. 2001.Phylogenetic relationships of extant echinoderm classes.*Can. J. Zool.* 79:1232–50.

Lawrence, J. M. 1987. *A Functional Biology of Echinoderms.* London: Croom Helm.

Levin, H. L. 1999. *Ancient Invertebrates and Their Living Relatives.* New Jersey: Prentice Hall, 294–328.

Motokawa, T. 1984. Connective tissue catch in echinoderms. *Biol. Rev.* 59:255–70.

Nichols, D. 1962. *The Echinoderms.*London: Hutchinson University Library.

Raff, R. A., and M. Byrne. 2006. The active evolutionary lives of echinoderm larvae. *Heredity* 97:244–52.

Wray, G. A. 1997. Echinoderms. In: Gilbert, S. F., and A. M. Raunio. *Embryology: Constructing the Organism.* Sunderland, MA: Sinauer Associates, Inc. Publishers, 309–29. Chapter 20.

Procure na web

1. www.ucmp.berkeley.edu/echinodermata/echinodermata.html

   Clique em "Systematics" para acessar informação sobre as classes individuais de equinodermos, com imagens. Este site é mantido pela University of California.

2. http://www.tolweb.org/Echinodermata

   Este é o site da Tree of Life. Observe as subseções separadas, muito detalhadas, sobre crinoides, asteroides e holotúrias.

3. http://www.ucmp.berkeley.edu/echinodermata/blastoidea.html

   Este site introduz um grupo extinto de equinodermos fossilizados, os Blastoidea, cortesia da University of California, Berkeley.

4. http://www.microscopy-uk.org.uk/mag/indexmag.html?http://www.microscopy-uk.org.uk/mag/art98/janstar.html

   A história de uma estrela-do-mar, de larva à fase juvenil.

5. http://www.uky.edu/KGS/fossils/echinos.htm

   Fósseis de equinodermos desenterrados em Kentucky, cortesia do Kentucky Geological Survey da University of Kentucky.

6. http://www.youtube.com/watch?v=5PdRt31FqDc
   http://www.youtube.com/watch?v=8gzCsirHgMw

   Veja os vídeos curtos da holotúria de águas profundas. *Enypniastes eximia*, nadando graciosamente sobre o fundo marinho.

7. http://www.youtube.com/watch?v=IFWeqDcAYGk

   Veja o excelente vídeo sobre crinoides, que inclui uma sequência de seu comportamento natatório. Fornecido pelo Aquário de Monterey Bay, na Califórnia.

21 Hemicordados

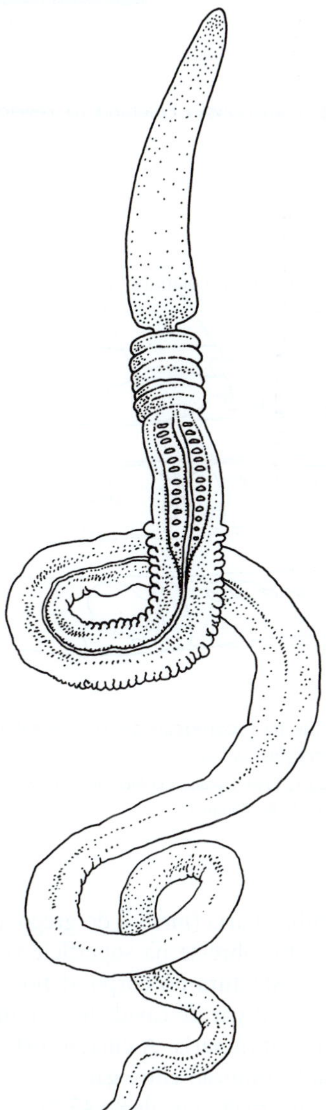

Introdução e características gerais

Característica diagnóstica:[1] uma extensão dorsal conspícua da faringe forma um tubo bucal anterior, ou estomocorda.

Os hemicordados são um pequeno grupo de vermes marinhos que apresentam uma intrigante relação tanto com Echinodermata quanto com nosso próprio filo, Chordata (ver Fig. 23.9). Como típicos deuterostômios, a clivagem é radial e o celoma se forma por enterocelia, constituindo três compartimentos distintos (protocele, mesocele e metacele). Apesar de hemicordados não possuírem notocorda, o que os exclui do filo Chordata, eles apresentam duas outras características típicas de cordados: fendas branquiais na faringe e, em algumas espécies, um cordão nervoso dorsal oco. Embora algumas análises tenham associado hemicordados a vertebrados cordados ou a braquiópodes e outros "lofoforados", a maioria das análises moleculares indica uma relação mais próxima entre hemicordados e equinodermos do que entre hemicordados e cordados. De fato, hemicordados e equinodermos já são considerados grupos-irmãos, formando o novo táxon, Ambulacraria, dentro dos deuterostômios. Sustentando essa proposição, observa-se que as células nervosas de ao menos uma espécie de hemicordado reagem positivamente a anticorpos criados contra certos neuropeptídeos de equinodermos;[2] essa imunorreatividade positiva com esses peptídeos somente é conhecida de experiências feitas com os vermes ciliados, *Xenoturbella bocki* (ver Capítulo 22). Além disso, ao menos uma espécie de hemicordado (*Saccoglossus kowalevskii*; ver Figura 21.1) possui três programas genéticos que são homólogos daqueles que direcionam a formação dos padrões anteroposteriores nas placas neurais e,

[1]Características que distinguem os membros deste filo dos membros de outros filos.

[2]Stach, T., S. Dupont, O. Israelson, G. Fauville, J. Nakano, T. Kanneby e M. Thorndyke. 2005. *J. Mar. Biol. Ass. U.K.* 85:1519-24.

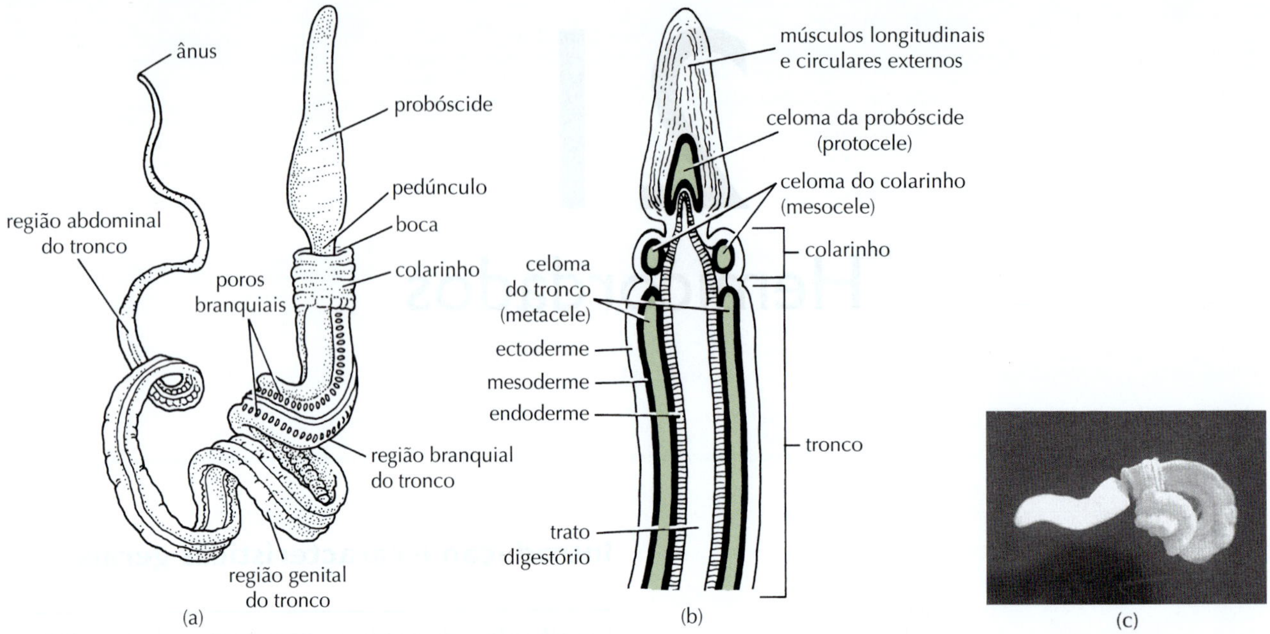

Figura 21.1

a) O verme *Saccoglossus kowalevskii,* removido de sua galeria para mostrar a estrutura básica do corpo. (b) Ilustração esquemática dos compartimentos celomáticos em um enteropneusto. (c) Exemplar de *S. kowalevskii* coletado na região intertidal, em Nahant, MA.

© J. Pechenik.

posteriormente, no desenvolvimento do cérebro em vertebrados.[3] A maioria das aproximadamente 100 espécies de hemicordados são parte de uma única classe, os Enteropneusta.

Classe Enteropneusta

Apesar de algumas espécies serem encontradas no fundo oceânico, a maior parte dos enteropneustos habita as partes menos profundas da água. A maioria das espécies forma tocas revestidas por muco em solo arenoso ou lamacento. O corpo é longo e estreito, e é dividido em três regiões distintas, que correspondem à compartimentação tripartida do celoma (Fig. 21.1). A parte mais anterior, chamada de **probóscide**, abriga uma única câmara celomática, a **protocele** (*proto* = do grego, primeiro; *cele* = do grego, cavidade). Essa porção anterior do corpo tem geralmente formato cônico e é o que deu origem ao nome comum dos enteropneustos em inglês: "*acorn worms*" (vermes-bolota-de-carvalho). A probóscide é extremamente muscular e é primordialmente responsável por cavar e coletar comida. De fato, a probóscide é a única parte verdadeiramente ativa do corpo; enteropneustos são animais sedentários, raramente se deslocam de um lugar a outro quando adultos. A locomoção é restrita a movimentos entre galerias (Fig. 21.2).

A probóscide é seguida por uma estreita região, o **colarinho**, que contém um par de cavidades celomáticas derivadas

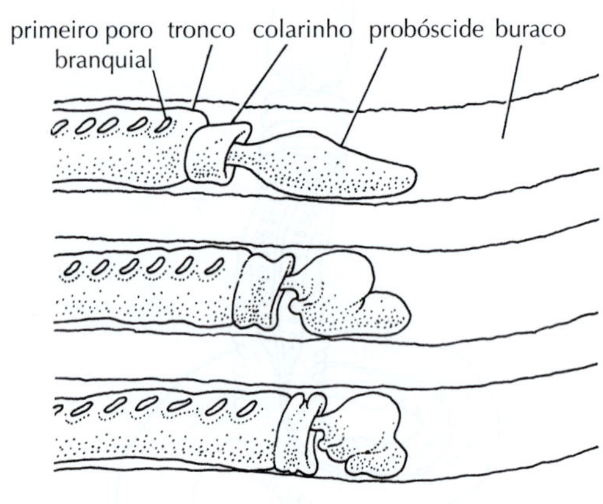

Figura 21.2

Uso da probóscide na locomoção dentro de galerias por um enteropneusto, *Saccoglossus horstii.*

Adaptada de R. B. Clark, 1964. *Dynamics in Metazoan Evolution.* New York: Oxford University Press. Segundo Burdon-Jones.

da mesocele embrionária (*meso* = do grego, meio). A boca dos enteropneustos abre-se na superfície ventral anterior do colarinho. A estrutura do corpo, denominada **tronco**, contém também um par de cavidades celomáticas derivado da metacele embrionária. A ciliação externa do tronco pode ajudar na locomoção entre galerias. O comprimento total do corpo é normalmente de 8 a 45 cm, contudo, alguns membros de uma espécie sul-americana da classe de enteropneustos podem atingir até 2,5 metros.

Diversas espécies de enteropneustos são **detritívoras**, alimentando-se de sedimentos, extraindo os constituintes

[3] Pani, A. M., E. E. Mullarkey, J. Aronowicz, S. Assimacopoulos, E. A. Grove e C. J. Lowe. 2012. *Nature* 483:289–94.

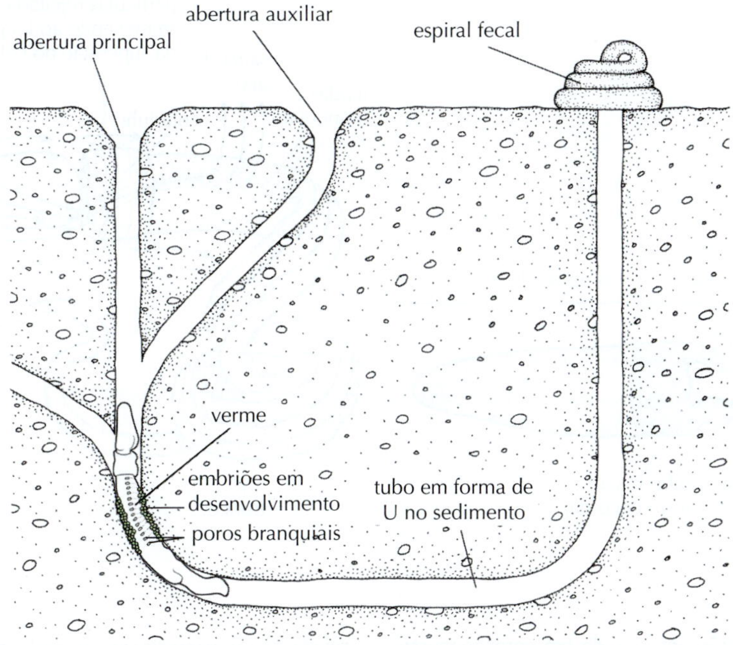

Figura 21.3
O sistema de galerias em formato de U de um típico enteropneusto. Observe os embriões em desenvolvimento em um cilindro em volta do corpo do animal e a espiral de material fecal, que foi depositada na extremidade posterior da galeria.
Modificada de Hyman; segundo Stiasny e segundo Burdon-Jones.

orgânicos e excretando pelo ânus uma espiral (**rejeito**) de sedimento unida por muco e já destituída de matéria orgânica (Fig. 21.3). Outras espécies são **comedoras mucociliares**: organismos planctônicos e detritos aderem-se ao muco da probóscide e são transportados ao longo de correntes ciliares até a boca. Pelo menos uma espécie é **comedora de material em suspensão**, pois filtra e manipula partículas de alimento a partir da água que entra em seu corpo utilizando os cílios da faringe (ver a seguir).

O trato digestório dos Enteropneusta é tubular e consiste em uma boca (localizada na superfície ventral atrás da probóscide, no colarinho - ver Figs. 21.1 e 21.4) que leva ao esôfago (que compacta as partículas ingeridas em um cordão de muco), uma faringe, um intestino (o centro da digestão e da absorção) e um ânus terminal. A comida é movida ao longo do intestino principalmente pela ação de células ciliadas, as quais revestem a parede interna do trato digestório.

Uma extensão anterior da faringe forma um **tubo bucal**, ou **estomocorda** (do grego, corda da boca), dentro do colarinho do animal (Figs. 21.1b e 21.4a), possivelmente servindo para dar sustento à probóscide. Por algum tempo, pensou-se que esse tubo seria a notocorda, e os hemicordados foram, assim, incluídos dentro do nosso próprio filo, Chordata. Embora já haja uma ampla crença de que o tubo bucal dos enteropneustos e a notocorda dos cordados tenham origens independentes, a informação atual não exclui a possibilidade de que as duas estruturas sejam, de fato, homólogas.

A faringe se abre para o exterior dorsalmente, através de uma série de poros ou fendas branquiais laterais pareadas (mais do que uma centena em algumas espécies). Os cílios que revestem essas fendas batem de forma coordenada para que a água seja sugada para dentro da boca e descarregada pelas fendas (Fig. 21.4). Acredita-se que esse fluxo de água é responsável pela troca de gases, e o significado do nome "Enteropneusta", então, se torna evidente: os animais basicamente respiram através de uma parte de seu trato digestório.

Enteropneustos possuem um verdadeiro sistema circulatório sanguíneo. O sangue, que carece de pigmento, circula pelos vasos dorsal e ventral e seios circulatórios associados por pulsações geradas pela força dos próprios vasos; não existe um coração distinto. Evaginações dos seios sanguíneos são pronunciadas na faringe, de modo que as fendas branquiais são altamente vascularizadas, garantindo sua importante função na respiração.

O sistema nervoso dos Enteropneusta é semelhante ao dos Echinodermata na medida em que se apresenta na forma de uma rede nervosa epidérmica. Todavia, apesar de claramente não existir cérebro, a rede nervosa é articulada em algumas regiões do corpo para formar cordões nervosos longitudinais; um cordão nervoso medioventral e um mediodorsal são particularmente bem desenvolvidos. Somente o cordão nervoso dorsal se estende até a região do colarinho; além disso, esse cordão encontra-se bem abaixo da epiderme e, em algumas espécies, é oco (Fig. 21.4a). É possível que seja homólogo ao cordão nervoso dorsal oco de vertebrados e outros cordados.

Enteropneustos são **gonocorísticos** (os sexos são separados), têm as gônadas alojadas no tronco e fertilizam seus ovos externamente, na água do mar. Uma forma larval de vida livre é encontrada entre diversas espécies de Enteropneusta (Fig. 21.5). Esta larva **tornária** planctônica é equipada com uma série de faixas ciliadas sinuosas reminiscentes das encontradas entre os equinodermos.

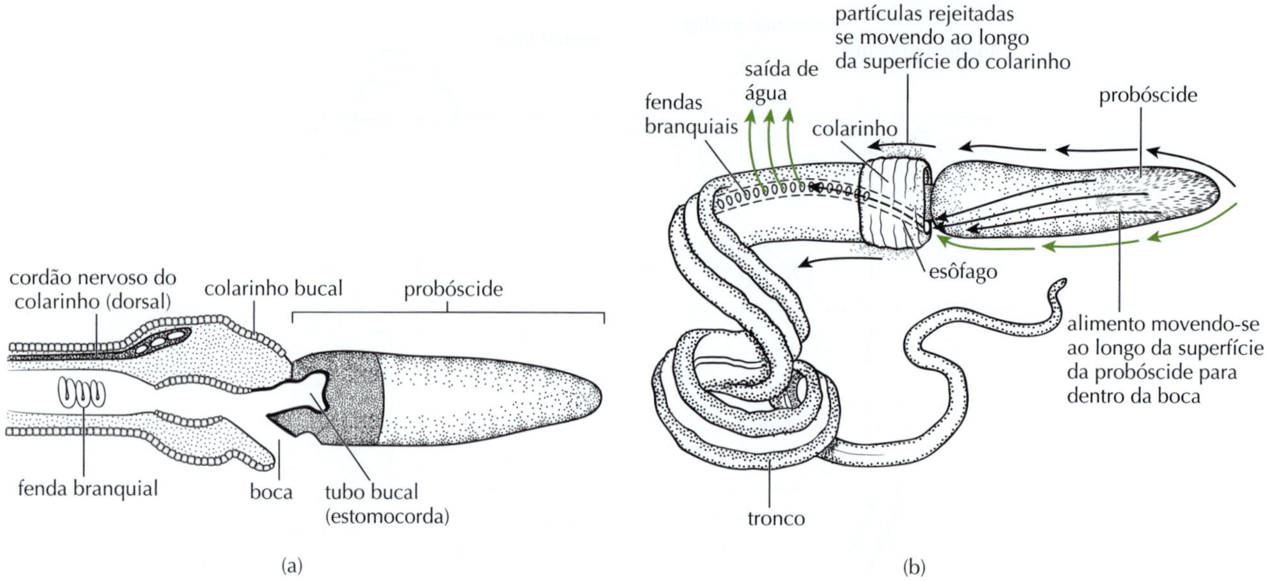

Figura 21.4

(a) Secção longitudinal da porção anterior de um enteropneusto, mostrando características internas. A probóscide é apresentada intacta (não seccionada). (b) Ilustração diagramática das rotas respiratória e alimentar de um enteropneusto típico. Pequenas partículas de comida são retidas no muco e transferidas pelos cílios para a boca (localizada no colarinho), ao longo da probóscide; partículas rejeitadas são posteriormente deslocadas para a superfície do colarinho. Os cílios direcionam a água para dentro da boca, através da faringe, e para fora, pelas fendas branquiais. A superfície do corpo também tem um papel importante na troca de gases.

Baseada em George C. Kent, *Comparative Anatomy of the Vertebrates*, 6th ed. 1987. (b) Segundo Russell-Hunter.

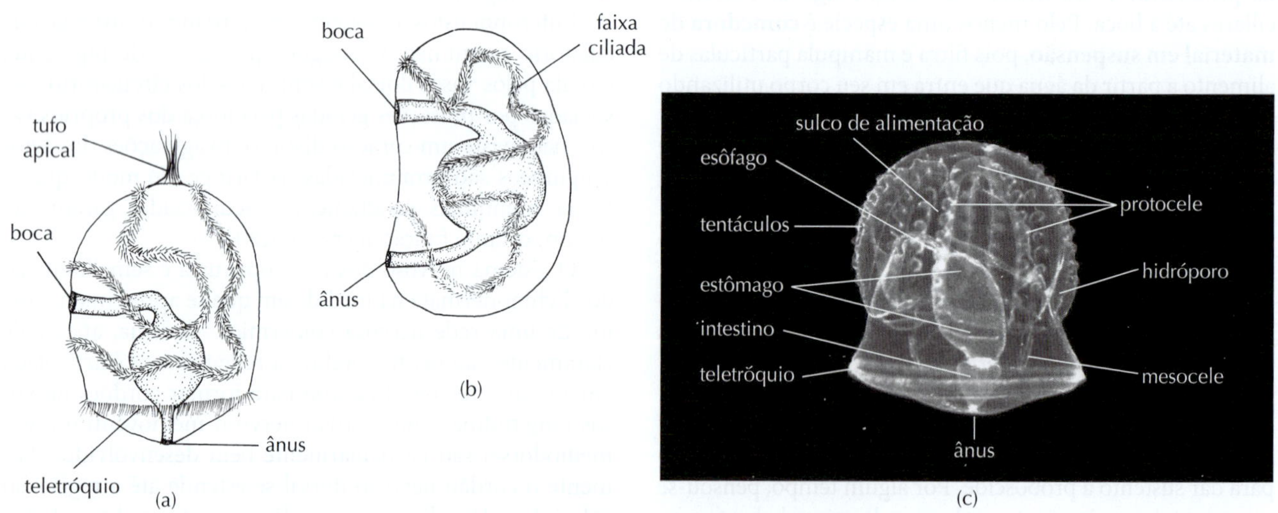

Figura 21.5

(a) A larva tornária de *Balanoglossus* sp. A tornária sustenta um anel de cílios terminal conspícuo (o teletróquio), que está ausente na larva auriculária dos equinodermos holoturoides. (b) Padrões ciliares para larvas dos dois grupos são similares. (c) Larva tornária do hemicordado *Ptychodera flava*, em vista lateral. A larva tem aproximadamente quatro meses de vida e 3 mm de comprimento. Observe que as faixas ciliares (além do teletróquio) estão desdobradas, formando "tentáculos" complexos, uma característica aparentemente única de larvas desse gênero.

(a, b) Adaptada de Hardy, 1965. *The Open Sea: Its Natural History*. Boston: Houghton Mifflin Company. (c) © Kevin Peterson. De Peterson, K. J., R. A. Cameron, J. Tagawa, N. Satoh e E. H. Davidson. 1999. *Development* 126:85-95.

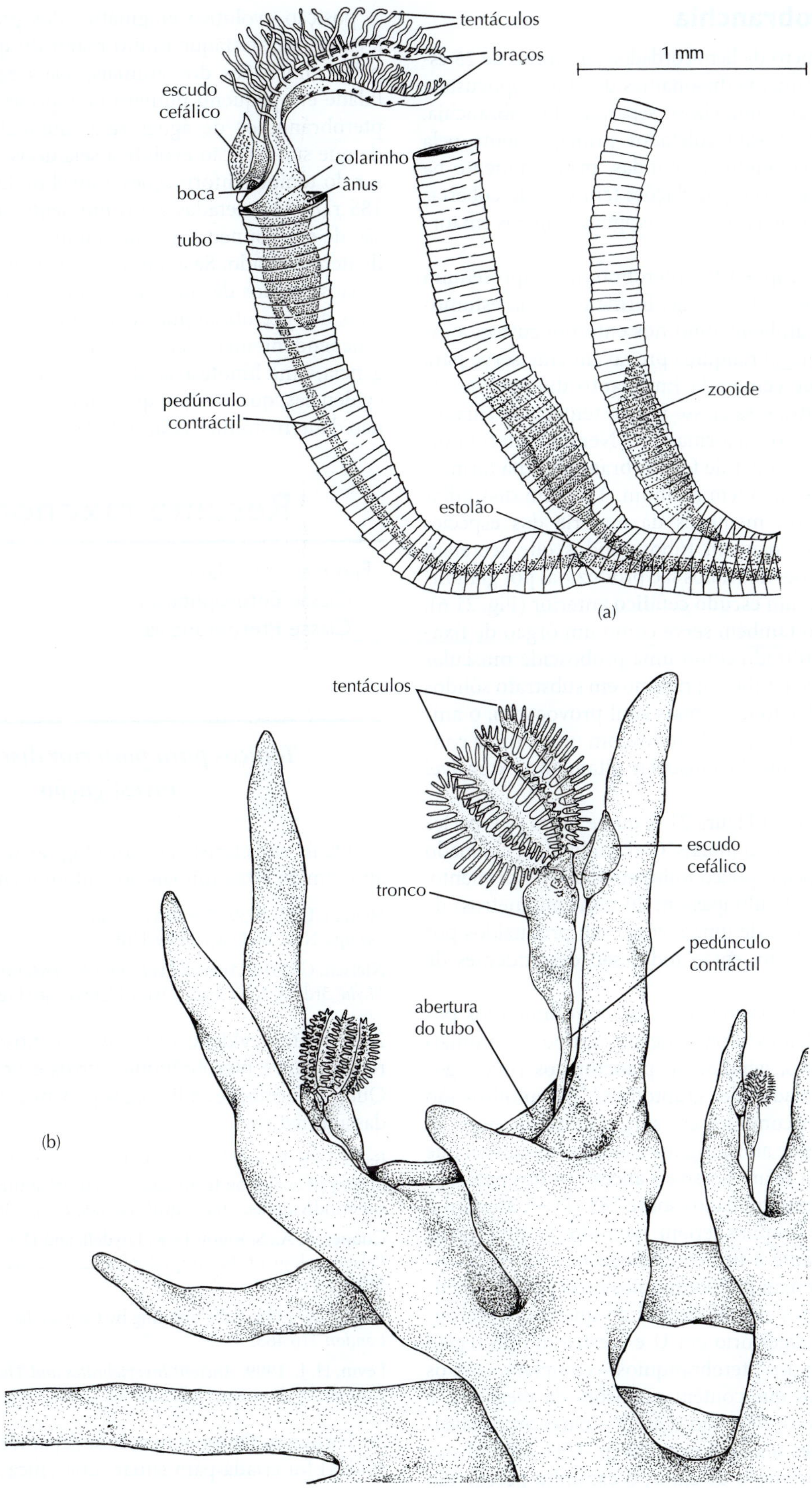

Figura 21.6

(a) Uma colônia de pterobrânquios, *Rhabdopleura* sp. (b) Colônia de *Cephalodiscus* sp., mostrando diversos indivíduos subindo sobre seus tubos elaborados. Cada zooide (excluindo o pedúnculo) tem apenas 2 mm de comprimento.

(b) Baseada em S. M. Lester. 1985. *Marine Biology* 85:263-68.

Classe Pterobranchia

Um pequeno número de hemicordados (em torno de 25 espécies) são notadamente dissonantes dos Enteropneusta e são classificados em uma classe separada, Pterobranchia. Pterobrânquios têm sido coletados principalmente pela dragagem de águas muito profundas, principalmente na Antártica; todavia, várias populações têm sido descobertas em águas rasas, particularmente nas águas límpidas em torno das Bermudas.

Como nos enteropneustos, pterobrânquios apresentam uma extensão dorsal da faringe, formando uma estomocorda anterior. Também como nos enteropneustos, a estomocorda dos pterobrânquios provavelmente serve para apoiar o tecido que a circunda. Entretanto, diferentemente dos enteropneustos, essa classe possui tentáculos ciliados anteriores e intestino em forma de U. Nenhum pterobrânquio tem mais de um par de fendas branquiais na faringe, e algumas espécies não têm nenhum. Também dissimilar aos enteropneustos, membros da maioria das espécies de pterobrânquios ocupam tubos rígidos que secretam (Fig. 21.6). Secreções dos tubos são produzidas por glândulas localizadas em um **escudo cefálico** anterior (Fig. 21.6). O escudo cefálico também serve como um órgão de fixação e pode ser utilizado como uma probóscide muscular para arrastar-se pelo tubo, ou mesmo em substrato sólidos adjacentes ao tubo; frente a mais sutil provocação, o animal se recolhe para dentro do tubo, com uma rápida contração de seu pedúnculo muscular altamente extensível (Fig. 21.6).

Como ilustrado na Figura 21.6, quase todas as espécies de pterobrânquios são coloniais. Cada indivíduo, chamado de **zooide**, tem apenas pouco milímetros de comprimento, e colônias raramente ultrapassam 20 mm (milímetros) de diâmetro. Os zooides de uma colônia são produzidos por brotamento assexuado, então todos são descendentes de uma única larva.

As pesquisas atuais sugerem que pterobrânquios podem ser descendentes diretos de um grupo de animais marinhos coloniais, geralmente planctônicos (mas agora extintos), chamados de "graptólitos".[4] Graptólitos são muito abundantes como fósseis; surgiram nos oceanos há 300 a 500 milhões de anos. Alguns zoólogos acreditam que os pterobrânquios sejam possíveis ancestrais dos enteropneustos, porém recentes dados sobre 18S rDNA atestam o contrário: pterobrânquios teriam evoluído de uma forma ancestral semelhante a um enteropneusta. Outros biólogos, ainda, relacionam pterobrânquios mais proximamente com "lofoforados" (Capítulo 19) do que com enteropneustos. O trato digestório em U e a estrutura da região anterior do corpo dos pterobrânquios - completo, com os tentáculos ciliados que contêm extensões da mesocele, e circundando a boca, mas não o ânus - parecem notavelmente semelhantes aos dos foronidas (p. 474). Além disso, o padrão de distribuição de cílios, o caminho percorrido pela água e os mecanismos de captura e rejeição de partículas são evidentemente similares aos dos lofoforados.[5]

A posição evolutiva enigmática dos pterobrânquios deu à classe um destaque muito maior do que seria esperado pelas dimensões dos animais, sua frequente inacessibilidade e o pequeno número de espécies. A descoberta de pterobrânquios de águas rasas aumenta a possibilidade de que sua posição evolutiva seja desvendada com o passar do tempo. Informações a nível molecular (análises de 18S rDNA) coletadas até o momento sustentam a inclusão de enteropneustos e pterobrânquios em um único filo deuterostomado. Se assim for, então entender-se-á que os órgãos ciliados de coleta de alimentos notavelmente similares dos pterobrânquios e lofoforados devem ter surgido independentemente em diferentes ancestrais, por convergência, uma hipótese ainda mais provável frente às novas evidências, que atestam que lofoforados são protostômios, não deuterostômios (Capítulo 19).

Resumo taxonômico

Filo Hemichordata
- Classe Enteropneusta
- Classe Pterobranchia

Tópicos para posterior discussão e investigação

1. Quais características morfológicas dos pterobrânquios aproximam estes animais dos enteropneustos?

Hyman, L. H. 1959. *The Invertebrates. Vol. V, Smaller Coelomate Groups.* New York: McGraw-Hill.

Nielsen, C. 2012. *Animal Evolution: Interrelationships of the Living Phyla*, 3rd ed. New York: Oxford University Press, 335–47.

2. Discuta a evidência favorável e contrária a uma possível relação entre pterobrânquios vivos e graptólitos extintos. Quais informações adicionais podem convencê-lo de uma das alternativas?

Bates, D. E. B., and N. H. Kirk. 1985. Graptolites, a fossil case-history of evolution from sessile, colonial animals to automobile superindividuals. *Proc. Royal Soc. London B* 228:207.

Cooper, R. A., S. Rigby, D. K. Loydell, and D. E. B. Bates. 2012. Palaeoecology of the Graptoloidea. *Earth-Science Reviews* 112:23–41.

Dilly, P. N. 1988. Tube building by *Cephalodiscus gracilis*. *J. Zool., London* 216:465.

Levin, H. L. 1999. *Ancient Invertebrates and Their Living Relatives.* New Jersey: Prentice Hall, 329–43.

3. Há algum tempo, uma classe separada (a Planctosphaeroidea) foi criada para situar uma única espécie do que se pensava ser um hemicordado planctônico. Foi posteriormente constatado que esses organismos possuíam um estágio larval incomum de um adulto bentônico. Como você determinaria se um animal recém-descoberto é um adulto ou uma larva? Se o animal estivesse em sua forma larval, como você poderia identificar a espécie à qual pertence?

---

[4]Ver *Tópicos para posterior discussão e investigação*, nº 2, no final deste capítulo.
[5]Ver *Tópicos para posterior discussão e investigação*, nº 4, no final deste capítulo.

4. Compare e aponte as diferenças da biologia alimentar de pterobrânquios e lofoforados.

Halanych, K. M. 1993. Suspension feeding by the lophophore-like apparatus of the pterobranch hemichordate *Rhabdopleura normani. Biol. Bull.* 185:417.

Halanych, K.M. 1996. Convergence in the feeding apparatuses of lophophorates and pterobranch hemichordates revealed by 18s rDNA: An interpretation. *Biol. Bull.* 190:1–5.

Strathmann, R. 1973. Function of lateral cilia in suspension feeding of lophophorates (Brachiopoda, Phoronida, Ectoprocta). *Marine Biol.* 23:129.

Detalhe taxonômico

Filo Hemichordata

As aproximadamente 100 espécies estão divididas em três classes.

Classe Enteropneusta

Balanoglossus, Ptychodera, Saccoglossus – "vermes-bolota--de-carvalho". *Balanoglossus gigas* pode crescer até cerca de 1,5 metro. As aproximadamente 70 espécies estão distribuídas em quatro famílias e 15 gêneros.

Classe Pterobranchia

Cephalodiscus, Rhabdopleura. As 25 espécies estão distribuídas em três famílias.

Classe Planctosphaeroidea

Planctosphaera pelagica. Este animal – o único membro de sua classe – é, até o momento, conhecido apenas em sua fase larval, que é grande, gelatinosa e bastante ciliada. Se uma forma adulta for descoberta, a classe poderá ser desconstituída.

Referências gerais sobre os hemicordados

Barrington, E. J. W. 1965. *The Biology of Hemichordata and Protochordata.* San Francisco: W. H. Freeman.

Bullock, T. H. 1946. The anatomical organization of the nervous system of the Enteropneusta. *Q. J. Microsc. Sci.* 86:55–111.

Cameron, C. B. 2005. A phylogeny of the hemichordates based on morphological characters. *Canadian J. Zool.* 83:196–215.

Cameron, C. B., J. R. Garey, and B. J. Swalla. 2000. Evolution of the chordate body plan: New insights from phylogenetic analyses of deuterostome phyla. *Proc. Natl. Acad. Sci.* 97:4469–74.

Halanych, K. M. 1996. Convergence in the feeding apparatuses of lophophorates and pterobranch hemichordates revealed by 18S rDNA: An interpretation. *Biol. Bull.* 190:1–5.

Harrison, F. W., and E. E. Ruppert, eds. 1996. *Microscopic Anatomy of Invertebrates, Vol. 15. Hemichordata, Chaetognatha, and the Invertebrate Chordates.* New York: Wiley-Liss.

Hyman, L. H. 1959. *The Invertebrates, Vol. 5: Smaller Coelomate Groups.* New York: McGraw-Hill.

Lambert, G. 2005. Ecology and natural history of the protochordates. *Canadian J. Zool.* 83:34–50.

Röttinger, E., and C. J. Lowe. 2012. Evolutionary crossroads in developmental biology: Hemichordates. *Development* 139:2463–75.

Ruppert, E. E. 2005. Key characters uniting hemichordates and chordates: Homologies or homoplasies? *Canadian J. Zool.* 83:8–23.

Procure na web

1. http://www.ucmp.berkeley.edu/chordata/hemichordata.html

   Este site oferece uma excelente introdução a todos os aspectos da biologia e da sistemática dos hemicordados.

2. http://tolweb.org/tree/phylogeny.html

   Neste link você acessa o site da "Tree of Life". Busque por "Hemichordata".

3. http://biodidac.bio.uottawa.ca

   Selecione "Organismal Biology", "Animalia" e, então, "Hemichordata" para fotografias e desenhos.

4. https://www.webdepot.umontreal.ca/Usagers/cameroc/MonDepotPublic/Cameron/

   Uma *webpage* de Chris Cameron (Université de Montréal) contém informações úteis e imagens coloridas de hemicordados.

5. http://faculty.washington.edu/bjswalla/Hemichordata/hemichordata.html

   Mais imagens excelentes de hemicordados, de Billie J. Swalla (University of Washington).

6. http://www.marinespecies.org/hemichordata/

   Uma introdução ao filo, com belíssimas fotografias, cedidas por Noa Shenka e Billie J. Swalla.

22

Os xenoturbelídeos: deuterostômios, afinal?

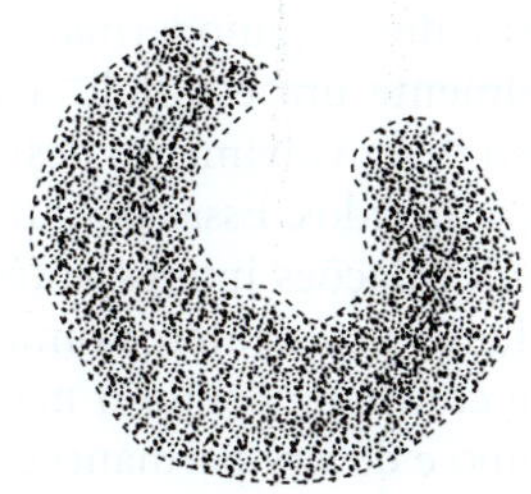

Filo Xenoturbellida

"*Xenoturbella* é apenas uma bolsa ciliada com epiderme e gastroderme, um plexo nervoso subepidérmico e uma boca ventral, mas sem um ânus ou quaisquer outros órgãos."
O. Israelsson e G. E. Budd (2005)

A ideia de que um pequeno verme ciliado (geralmente de 7 a 30 milímetros de comprimento) com poucas características distintivas tenha um filo exclusivo para si pode parecer estranha, mas esse realmente parece ser o caso dos xenoturbelídeos. Uma única espécie, *Xenoturbella bocki*, foi descrita pela primeira vez em 1949 como um platelminto acelo (Capítulo 8) e, posteriormente, identificada ou como uma ramificação precoce metazoária ou como um deuterostômio primitivo – possivelmente um hemicordado neotênico (Capítulo 21).

As relações filogenéticas entre *Xenoturbella* e outros grupos animais permanecem controversas. Recentemente, ele foi considerado filogeneticamente próximo de moluscos bivalves, baseado em estudos de desenvolvimento de gametas (oogênese) e, na análise de dados de sequências de genes mitocondriais e de 18S rRNA. Parece, porém, que as sequências genéticas dos bivalves utilizadas estavam contaminadas – *Xenoturbella* aparentemente se alimenta de bivalves e de embriões de bivalves.[1] Diversas análises de sequências gênicas, com as sequências dos bivalves ignoradas, identificaram os animais como deuterostômios e os posicionaram em um filo separado, como o grupo-irmão de equinodermas e hemicordados (Ambulacraria; Fig. 22.1). Dando suporte a esse estudo, um anticorpo desenvolvido para reagir a um determinado neuropeptídeo (SALMFamide-2), conhecido anteriormente apenas nos equinodermas, também reage a tecidos de *Xenoturbella* e hemicordados e, aparentemente, a tecidos de nenhum outro organismo. Além disso, a sequência gênica identificada no genoma mitocondrial do *X. bocki* é muito similar à encontrada em hemicordados e cordados. Uma segunda espécie,

[1]Bourlat, S. J., H. Nakano, M. Åkerman, M. J. Telford, M. C. Thorndyke e M. Obst. 2008. Feeding ecology of *Xenoturbella bocki* (filo Xenoturbellida) revealed by genetic barcoding. *Molecular Ecology Resources* 8:18-22. Ver também Israelsson, O. 2008. *Xenoturbella* (Deuterostomia) provavelmente se alimenta de matéria orgânica dissolvida. *Mar. Biol. Res.* 4:384-91.

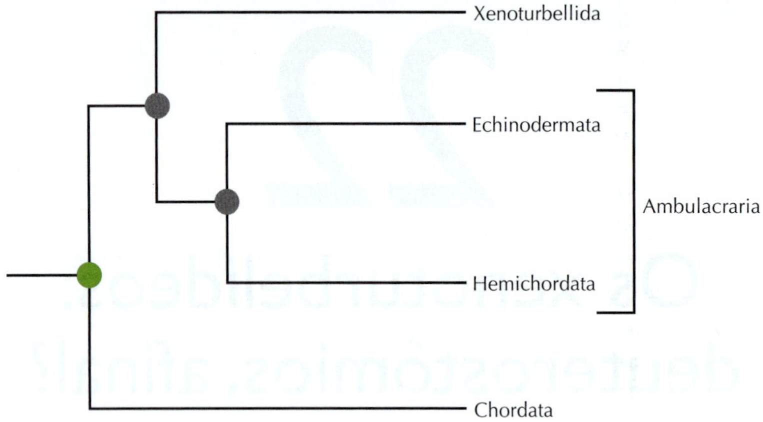

Figura 22.1

Relações entre os quatro filos deuterostomados. O filo Xenoturbellida foi proposto em 2006. O nó em verde representa o ancestral dos deuterostômios. Modificada de diversas fontes.

X. westbladi, foi descrita em 1999, porém informações mais detalhadas de sequências do gene mitocondrial citocromo C oxidase I sugerem que essa espécie seria na verdade *X. bocki*. Todavia, aparentemente existem três novas espécies recém-descobertas (em 2013), coletadas de águas profundas do leste do Oceano Pacífico. Assim, agora parece haver um novo filo de improváveis deuterostômios - os Xenoturbellida - contendo não mais que cinco espécies em um único gênero. Estranhamente (para deuterostômios), indivíduos de *X. bocki* compartilham com acelos e alguns outros platelmintos (membros dos Nemertodermatida, p. 172) algumas características bastante particulares em seu aparato ciliar, e também uma tendência peculiar de remover e reabsorver células epidérmicas envelhecidas, de modo que alguns pesquisadores ainda suspeitam de uma relação próxima dos xenoturbelídeos com os platelmintos; de fato, há mais evidências moleculares para posicionar xenoturbelídeos como bilatérios basais do que como deuterostômios.

Os xenoturbelídeos podem ter até 4 centímetros de comprimento, são **vermiformes** e cobertos por cílios locomotores. Têm uma boca ventral, mas não possuem ânus, cavidades celômicas, cérebro ou órgãos excretores - na verdade, não possuem órgão algum. Sua única característica morfológica conspícua, além dos cílios, é um estatocisto que auxilia na orientação do organismo. Dois tipos de bactérias endossimbióticas são encontradas na gastroderme, mas sua função para o hospedeiro não é clara; talvez elas sejam responsáveis por desintoxicar o organismo de resíduos nitrogenados ou prover nutrientes ou defesas químicas ao hospedeiro.[2] Até a presente data, xenoturbelídeos foram coletados somente na costa da Suécia e da Escócia, em sedimentos entre profundidades de 20 e 100 metros.

Pouco se sabe sobre a biologia reprodutiva desses animais, exceto que são hermafroditas simultâneos e que seus ovos e embriões são envolvidos individualmente em folículos de camada dupla, capazes de flutuar no espaço entre a musculatura da parede do corpo e a gastroderme; não há gônadas diferenciadas.

A identificação dos *Xenoturbella* como filo e também como grupo-irmão dos equinodermas e hemicordados constitui provavelmente um estímulo a novas pesquisas sobre a biologia e o desenvolvimento desses animais enigmáticos e pouco conhecidos. Essas pesquisas têm o potencial de fornecer informações interessantes sobre a ancestralidade e a evolução dos deuterostômios. Ainda assim, este capítulo deve continuar sendo o mais curto do livro por um longo tempo e deverá permanecer como um capítulo separado nas futuras edições.

Tópicos para posterior discussão e investigação

Membros do gênero *Xenoturbella* são vermes ciliados com determinadas características protostômicas. Discuta a evidência de que eles são de fato deuterostômios filogeneticamente mais próximos aos equinodermas e hemicordados do que aos platelmintos ou outros protostômios.

Bourlat, S. J., T. Juliusdottir, C. J. Lowe, R. Freeman, J. Aronowicz, M. Kirschner, E. S. Lander, M. Thorndyke, H. Nakano, A. B. Kohn, A. Heyland, L. L. Moroz, R. R. Copley, and M. J. Telford. 2006. Deuterostome phylogeny reveals monophyletic chordates and the new phylum Xenoturbellida. *Nature* 444:85–87.

Bourlat, S. J., O. Rota-Stabelli, R. Lanfear, and M. J. Telford. 2009. The mitochondrial genome structure of *Xenoturbella bocki* (phylum Xenoturbellida) is ancestral within the deuterostomes. *BMC Evol. Biol.* 9:107.

Israelsson, O. 2006. Observations on some unusual cell types in the enigmatic worm *Xenoturbella* (phylum uncertain). *Tissue Cell* 38:233–42.

Lundin, K. 2001. Degenerating epidermal cells in *Xenoturbella bocki* (phylum uncertain), Nemertodermatida and Acoela (Platyhelminthes). *Belg. J. Zool.* 131 (supplement 1):153–57.

Stach, T., S. Dupont, O. Israelsson, G. Fauville, J. Nakano, T. Kanneby, and M. Thorndyke. 2005. Nerve cells of *Xenoturbella bocki* (phylum uncertain) and *Harrimania kupfferi* (Enteropneusta) are positively immunoreactive to antibodies raised against echinoderm neuropeptides. *J. Mar. Biol. Ass. U.K.* 85:1519–24.

[2]Kjeldsen, K. U., M. Obst, H. Nakano, P. Funch e A. Schramm, 2010. Two types of endosymbiotic bacteria in the enigmatic marine worm *Xenoturbella blocki*. *Applied Environ. Microbiol.* 76:2657-62.

23 Os cordados não vertebrados

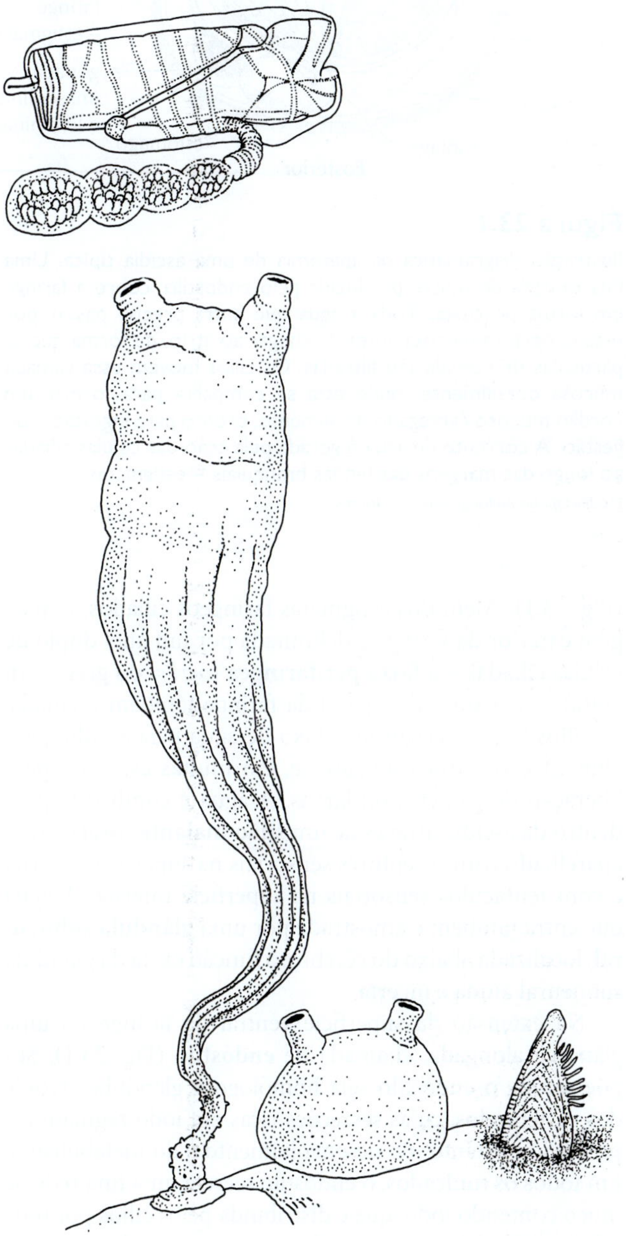

Introdução e características gerais

Características diagnósticas:[1] 1) o cordão nervoso é dorsal e oco; 2) o corpo é sustentado, ao menos em uma fase do desenvolvimento, por uma haste rígida (a notocorda), formada de uma faixa mediodorsal do arquêntero e que percorre o corpo do animal ventralmente à corda nervosa, da parte anterior à posterior; 3) a faringe é perfurada por numerosas fendas ciliadas (estigmatas); 4) o corpo termina com uma cauda, que se estende para além do ânus (cauda pós-anal).

Além dos 48 mil primatas, gatos, cachorros, aves e outras espécies familiares contidas no subfilo Vertebrata, o filo Chordata inclui cerca de 2.200 espécies invertebradas nos subfilos Tunicata (= Urochordata) e Cephalochordata. Os cordados não vertebrados são todos marinhos. Assim como seus parentes vertebrados, os cordados invertebrados geralmente apresentam, em algum ponto de seus ciclos de vida, as seguintes características: fendas branquiais na faringe; um cordão nervoso dorsal e oco; uma notocorda; e uma cauda pós-anal. A **notocorda** (do grego, corda dorsal) consiste em uma série linear de células, cada uma das quais contém um amplo vacúolo preenchido por fluido. Nos vertebrados, a notocorda pode ser envolvida por tecido cartilaginoso ou por vértebras calcárias durante a **ontogenia** (i.e., desenvolvimento). Aproximadamente 90% das espécies de cordados invertebrados estão contidas no subfilo Tunicata (= Urochordata), ao passo que Cephalochordata, um subfilo muito menor, é o que provavelmente contém nossos parentes invertebrados mais próximos.

[1]Características que distinguem os membros deste filo de membros de outros filos.

Subfilo Tunicata (= Urochordata)

Característica diagnóstica: notocorda e cordão nervoso são encontrados apenas na fase larval; na metamorfose, ambos são reabsorvidos.

Tunicata é um dos poucos grupos taxonômicos principais que não contém espécies de parasitos. Os membros deste subfilo são comumente referidos como "tunicados", por razões que logo se tornarão claras. A maioria dos tunicados (também chamados de "*urocordados*") se alimenta filtrando pequenas partículas (sobretudo fitoplâncton) das águas marinhas circundantes, embora algumas espécies de ascídias de águas profundas (ver os parágrafos seguintes) sejam carnívoras. O método para gerar correntes de água, das quais essas partículas de alimento são obtidas, difere significativamente entre as diferentes classes de urocordados. Tunicados estão distribuídos entre três classes principais (Ascidiacea, Larvacea e Thaliacea) e uma pequena classe de carnívoros de águas profundas, os Sorberacea (ver *Detalhe taxonômico*, p. 553). Nenhum desses animais deixou registros fósseis.

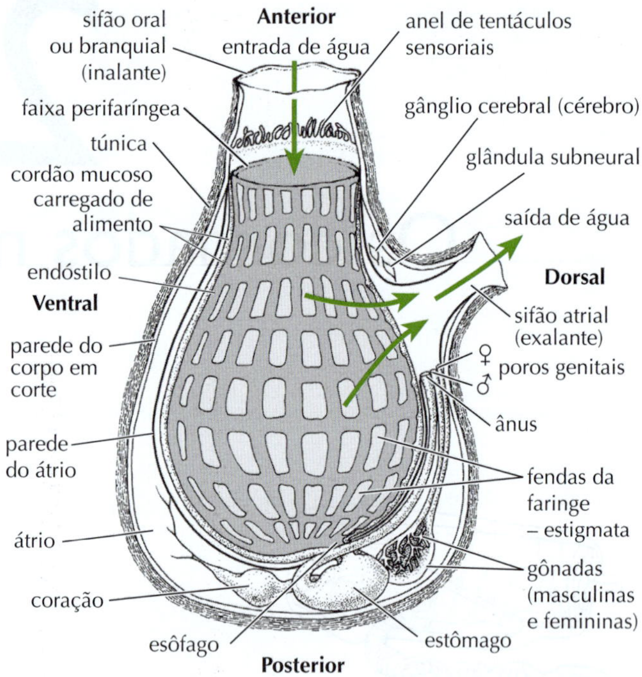

Figura 23.1

Ilustração diagramática da anatomia de uma ascídia típica. Uma fina camada de muco, produzida pelo endóstilo, cobre a faringe em forma de cesta. Toda a água que entra precisa passar por essa cobertura mucosa antes de chegar ao átrio, de forma que as partículas de comida são filtradas. Os cílios movem essa camada mucosa dorsalmente, onde esta se compacta para formar um cordão mucoso carregado de alimento, pronto para ingestão e digestão. A corrente de água é gerada pela ação das células ciliadas ao longo das margens das fendas branquiais = estigmatas.
Modificada de Bullough e outras fontes.

Classe Ascidiacea

A classe Ascidiacea contém mais de 90% de todas as espécies tunicadas descritas; seus membros são encontrados nos oceanos, tanto em águas rasas quanto em profundas. A maioria das ascídias adultas (em inglês, *sea squirts* [esguichos marinhos]) vive fixa a substratos sólidos (incluindo cascos de navios – reduzindo substancialmente a eficiência dos combustíveis – e gaiolas de hidrocultura, reduzindo consideravelmente o fluxo de água para os animais cultivados). Algumas espécies vivem ancoradas em sedimentos macios. Com poucas exceções, ascídias adultas são **sésseis** (i.e., incapazes de se locomover). O corpo tem formato de saco e é coberto por uma secreção das células epidérmicas (Fig. 23.1). Essa capa ou **testa** protetora, também chamada de **túnica**, é composta principalmente por proteína e por um polissacarídeo (tunicina) que se assemelha muito à celulose. Células ameboides, células sanguíneas e, em algumas espécies, vasos sanguíneos são encontrados na túnica. Em algumas espécies, a túnica também abriga numerosos espinhos calcários, pelos ou espículas. Apesar de não possuir verdadeiros nervos e músculos, a túnica de um pequeno número de espécies contém longas células multipolares, com capacidade tanto de condução nervosa quanto de contração. A coloração da túnica varia da quase transparência, em algumas espécies, para intensa pigmentação em outras; vermelho, marrom, verde e amarelo são as cores mais comuns.

O trato digestório das ascídias é especialmente notável: a faringe é incomumente larga e perfurada por numerosas fendas ciliadas, chamadas de **estigmatas**; a morfologia dos estigmatas difere substancialmente entre espécies e é, por isso, uma importante característica taxonômica. A faringe perfurada forma um amplo **cesto faríngeo** (ou **branquial**) (Fig. 23.1). Além dos estigmatas faríngeos ciliados, a margem exterior da faringe é delimitada por um anel duplo de células ciliadas – a **faixa perifaríngea** (*peri* = do grego, em volta) –, e a superfície geral da faringe também é ciliada; os cílios laterais criam um fluxo de água pela ascídia para alimentação e troca de gases e, em muitas espécies, para liberação de gametas ou larvas. A água é conduzida para dentro da ascídia através de um **sifão inalante** (**oral**), que é aparelhado com receptores sensoriais na superfície externa e com tentáculos sensoriais na superfície interna. A água que entra também é amostrada por uma **glândula subneural**, localizada abaixo do cérebro; a função exata da glândula subneural ainda é incerta.

Na extensão da superfície ventral da faringe há uma glândula alongada, chamada de **endóstilo** (Fig. 23.1). Supõe-se que o endóstilo seja homólogo à glândula tireoide dos vertebrados, cujas secreções ricas em iodo regulam aspectos importantes do desenvolvimento e do metabolismo. Em todos os tunicados, o endóstilo secreta uma fina rede de muco contendo iodo, que é distribuída pelos cílios por toda a faringe; a água que passa pelos estigmatas também precisa passar por essa rede mucosa. Partículas de alimento tão diminutas como 1 μm podem, assim, ser filtradas da água que aflui. Os cílios frontais da cesta faríngea continuamente movem a rede de muco carregada de partículas dorsalmente (na direção oposta ao endóstilo) e formam um cordão mucoso carregado de alimento. O cordão é, então, movido posteriormente (para longe dos sifões) e entra no esôfago e no estômago para digestão. A digestão é extracelular, e os nutrientes são absorvidos no intestino. O alimento é movido ao longo do intestino pelos cílios, que revestem os órgãos digestórios, e dejetos sólidos são descartados pelo ânus.

A água que foi separada de suas partículas (e do oxigênio) durante a passagem pelos estigmatas entra em uma câmara em forma de saco, chamada de **átrio**, que é delimitada pela túnica (Fig. 23.1). A água deixa o átrio por um **sifão atrial**, levando consigo fezes, produtos excretores, dióxido de carbono da respiração e qualquer gameta que tenha sido liberado das gônadas. Os sifões oral e atrial podem se fechar pela contração dos músculos dos esfincteres nas aberturas inalantes e exalantes.

A parede do corpo das ascídias (não a túnica) contém músculos circulares e longitudinais. O animal é capaz de realizar mudanças significativas em sua forma, apesar de não poder, com algumas poucas exceções, se movimentar de um lugar para outro. Contrações rápidas da musculatura produzem esguichos (daí seu nome em inglês), importantes para rejeitar partículas e desalojar qualquer elemento que, eventualmente, possa obstruir o esôfago. Um lembrete: como em moluscos bivalves, o fluxo da água nas ascídias é movido pela atividade ciliar, não pela ação muscular dos sifões.

Apesar de muitas espécies de ascídias serem **solitárias** ou **unitárias** (i.e., indivíduos fisicamente separados uns dos outros), outras espécies são **sociais** ou **coloniais**. Como em espécies coloniais de outros filos (p. ex., hidrozoários e briozoários), ascídias sociais e coloniais são produzidas por reprodução assexuada (brotamento) de um indivíduo produzido sexuadamente, com os módulos resultantes permanecendo física e funcionalmente conectados. Assim, cada colônia possui um genótipo único (um único **geneta**). Em espécies sociais, cada módulo tem seus próprios sifões inalante e exalante. Em espécies coloniais verdadeiras, porém, os módulos na colônia têm sifões bucais e bocas separados, mas compartilham um único sifão exalante – o epítome da vida comunal (Fig. 23.2). A colonialidade parece ter evoluído muitas vezes dentro do subfilo. Elementos químicos extraídos de algumas espécies coloniais estão sendo estudados como promessas consideráveis no tratamento de tumores humanos.

Um coração pequeno e tubular está localizado adjacente ao estômago. Notavelmente, o coração reverte a direção do bombeamento diversas vezes a cada hora; a abertura para o coração, pela qual o fluido circulatório entra, é a mesma abertura pela qual o fluido sairá minutos depois – o que era uma veia virará uma artéria e vice-versa.[2] O próprio fluido circulatório é peculiar, pois contém **amebócitos**, que acumulam e armazenam resíduos excretores, e **células morulares**, que acumulam vanádio (elemento nº 23 na tabela periódica), ácido sulfúrico ou ambos; em algumas espécies, a concentração de vanádio nas células morulares é mais de 10 milhões de vezes mais alta que a concentração da água do mar. Em muitas espécies, as células morulares depositam essas substâncias na túnica.[3] O fluido circulatório das ascídias não contém pigmentos respiratórios que carreguem oxigênio, logo, a capacidade sanguínea de transporte de oxigênio é determinada inteiramente pela solubilidade do oxigênio no fluido.

Apesar de as ascídias liberarem os produtos do metabolismo (p. ex., amônia) majoritariamente em forma solúvel, algumas espécies (membros do gênero *Molgula*) armazenam ácido úrico e oxalato de cálcio internamente em **sacos renais**, tornando-as modelos potenciais para o estudo da formação de pedras em rins de seres humanos.

A única característica diagnóstica dos cordados encontrada entre ascídias adultas é a presença das **fendas branquiais da faringe** (**estigmatas**). Para enxergar o reflexo dos cordados nas ascídias, deve-se olhar para a fase larval, chamada de **girinoide**, em razão de sua semelhança superficial à fase de desenvolvimento dos sapos (Figura 23.3). O coração das larvas girinoides e seu sistema digestório estão restritos à região da "cabeça". As larvas girinoides não conseguem se alimentar, e seu trato digestório só se torna funcional após a metamorfose para a forma adulta. A cauda das larvas girinoides contém um cordão nervoso dorsal, conspícuo e oco, uma notocorda rígida e músculos longitudinais, que se estendem por todo o comprimento da cauda. A notocorda pode curvar-se, mas não é capaz de se alongar ou se encurtar. Os músculos longitudinais de um lado da cauda são antagônicos aos músculos do outro lado, possibilitando à larva girinoide nadar flexionado a cauda de um lado para o outro. Se a notocorda não estivesse presente, a contração da musculatura longitudinal na cauda apenas ocasionaria a curvatura ou o encurtamento da cauda. A natação de larvas girinoides depende totalmente da função esquelética exercida pela notocorda.[4]

A fase larval livre-natante com duração de menos de um dia é seguida pela fixação ao substrato através de ventosas anteriores e uma subsequente dramática metamorfose para a fase adulta. Em particular, a metamorfose inclui a reabsorção da notocorda larval e da cauda. Assim, a atividade muscular realiza um significativo, embora curto, papel na locomoção das ascídias. O sistema nervoso larval também é destruído na metamorfose, porém é substituído por um novo sistema nervoso no juvenil. Muitas espécies de ascídias – tanto solitárias quanto coloniais – têm ultimamente invadido com sucesso novas áreas geográficas, onde têm afetado a estrutura de outras comunidades e deslocado espécies nativas.[5]

---

[2]Ver *Tópicos para posterior discussão e investigação*, nº 1, no final deste capítulo.

[3]Ver *Tópicos para posterior discussão e investigação*, nº 2, no final deste capítulo.

[4]Ver *Tópicos para posterior discussão e investigação*, nº 8, no final deste capítulo.

[5]Ver *Tópicos para posterior discussão e investigação*, nº 11, no final deste capítulo.

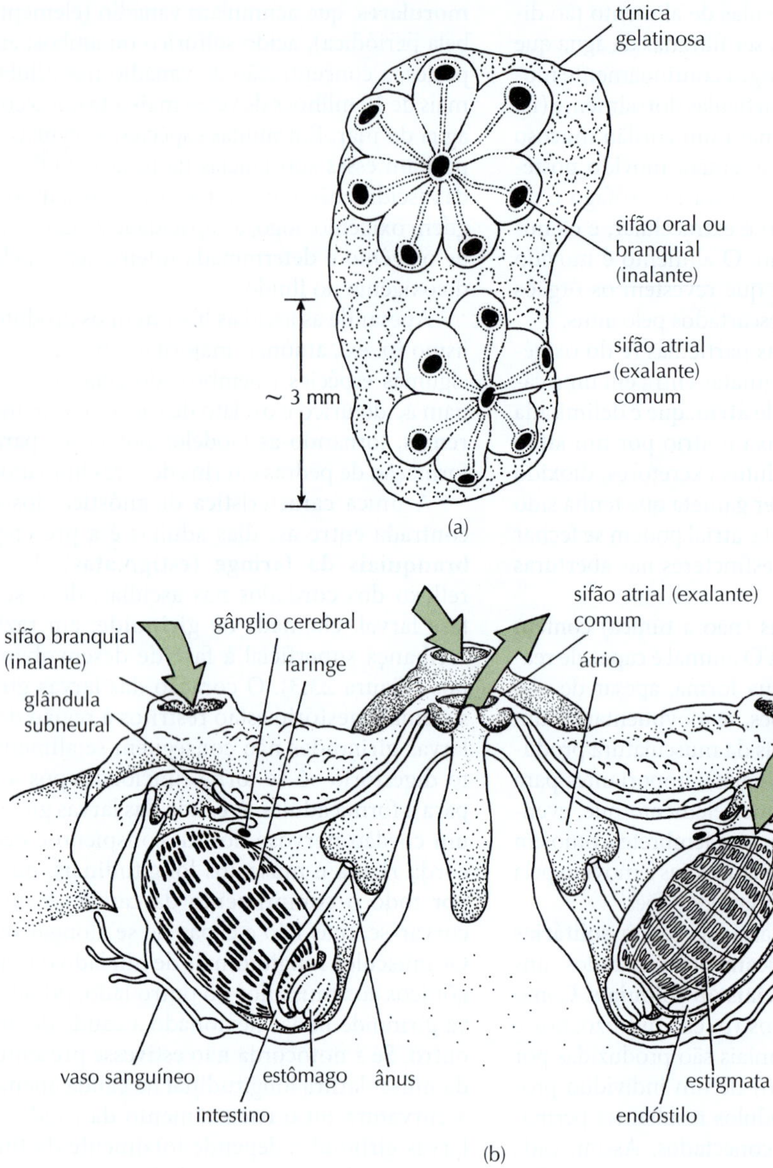

Figura 23.2

(a) Uma ascídia colonial, *Botryllus violaceus*. Até uma dúzia de indivíduos pode dividir uma única abertura exalante. (b) Secção diagramática de uma colônia, mostrando a anatomia de ascídias individuais. Observe que o sistema circulatório se estende pela túnica; isso também ocorre em espécies solitárias.

(a) Segundo Milne-Edwards. (b) Segundo Delage e Herouard.

Classe Larvacea (= Appendicularia)

Os membros da classe Larvacea podem ter evoluído de ascídias ancestrais pelo processo de **neotenia** (Fig. 23.4a), no qual as taxas em que estruturas corporais **somáticas** (i.e., não gonadais) se diferenciam são retardadas em relação às taxas de diferenciação de estruturas reprodutivas.[6] Assim, o animal se torna sexualmente maduro enquanto ainda retém uma morfologia larval. A antiga morfologia de adulto é, então, suprimida do ciclo de vida, e a nova forma adulta gradualmente se torna cada vez mais bem adaptada ao seu estilo de vida pela seleção natural. Outra visão, baseada em comparações da sequência de genes 18S rRNA, sugere que larváceos estejam mais próximos de uma condição ancestral, e que os membros atuais das outras duas classes de urocordados – juntamente com os cefalocordados, que serão discutidos posteriormente neste capítulo – evoluíram de algo que se assemelha a um larváceo ou a uma larva girinoide de ascídia (Fig. 23.4b).

Larváceos adultos raramente excedem 5 a 6 mm no comprimento do corpo, apesar de terem sido relatadas algumas espécies com mais de 100 cm. Os larváceos são encontrados na maioria das áreas do oceano, em todas as latitudes.

O coração e os sistemas respiratório, digestório e reprodutivo dos larváceos estão confinados na cabeça

[6]Ver *Tópicos para posterior discussão e investigação*, nº 10, no final deste capítulo.

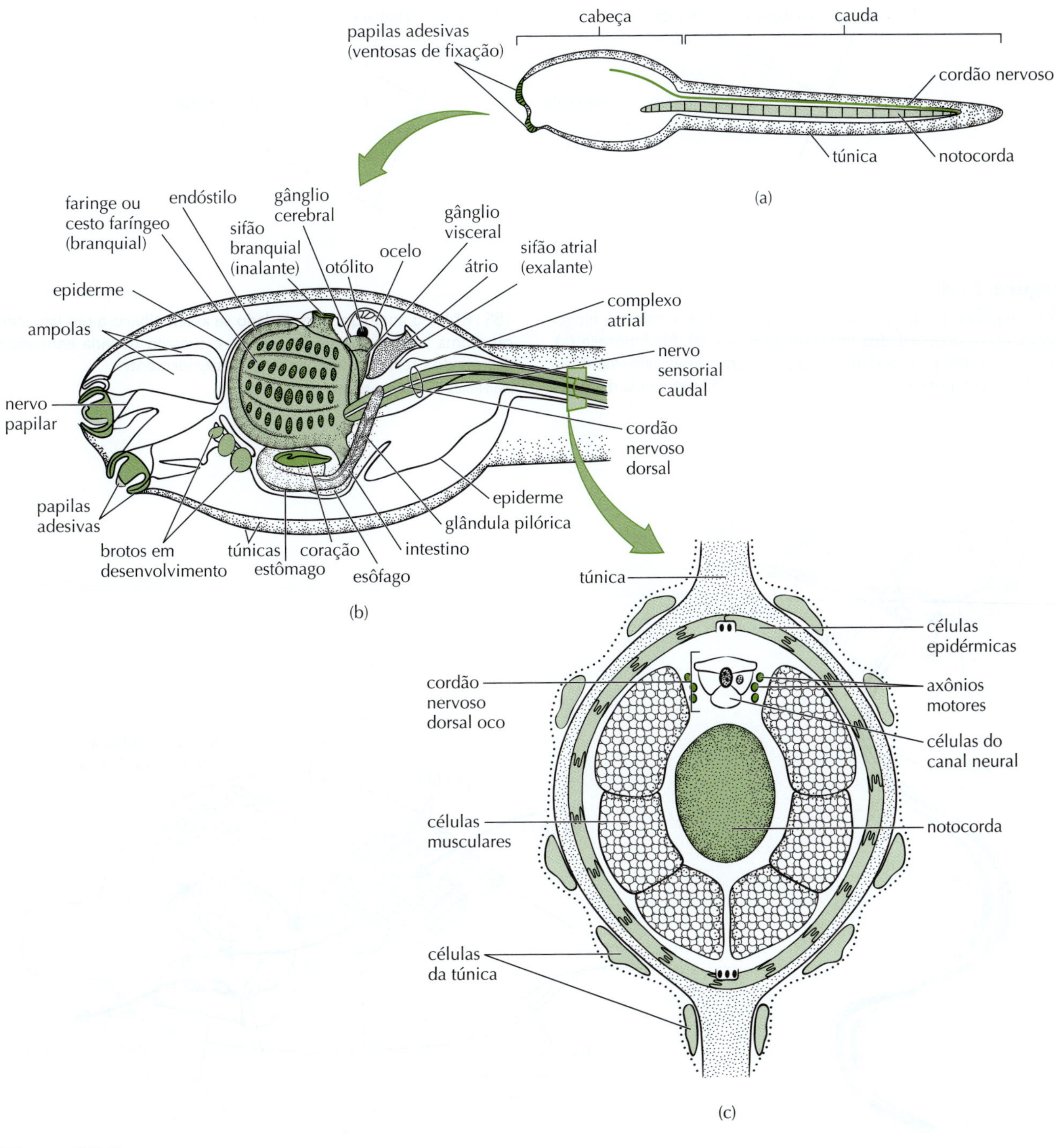

Figura 23.3

(a) Ilustração diagramática de uma larva girinoide de ascídia, com sistema digestório omitido para melhor compreensão. (b) Anatomia interna da larva girinoide. Brotos que se tornarão zooides adicionais já estão em desenvolvimento, indicando que essa é uma espécie de ascídia colonial. (c) Secção transversal diagramática através da cauda de uma larva de ascídia (*Ciona intestinalis*). Observe o cordão nervoso dorsal acima da notocorda conspícua, que é circundada por uma musculatura substancial. Comparar com a secção transversal de Cephalochordata, na Figura 23.12.

(b) Baseada em Cloney, em *American Zoologist*, 22:817, 1982. (c) De Q. Bone, et al., "Diagrammatic cross-section of mid-region of tail ... in Ciona" em *Journal of the Marine Biological Association of the United Kingdom*, Vol. 72. Copyright © 1992 Cambridge University Press, New York.

(Fig. 23.5a), como na larva girinoide de ascídias. Larváceos, porém, são indivíduos que se alimentam. O mecanismo para coletar alimento se diferencia consideravelmente do que é encontrado entre as ascídias. Diferentemente das larvas girinoides, os larváceos secretam uma casa gelatinosa ao redor de si (Fig. 23.5b). Essa casa executa um papel tanto na locomoção quanto na obtenção de alimento; a ondulação da cauda dos larváceos – que, como aquela das larvas girinoides das ascídias, contém a notocorda – direciona a água através da casa para locomoção

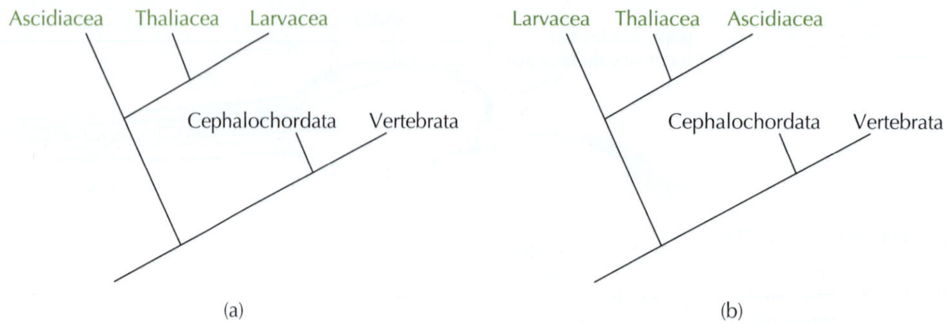

Figura 23.4

Duas hipóteses que competem entre si sobre a relação filogenética entre urocordados (marcados em verde). Na hipótese (a), taliáceos e larváceos teriam evoluído de ancestrais semelhantes a ascídias. Na hipótese (b), baseada na análise da sequência de genes 18S rRNA, o ancestral urocordado se assemelharia a um larváceo ou a uma larva girinoide de ascídia, e o estilo de vida bentônico das ascídias teria se desenvolvido posteriormente.

Modificada de diversas fontes.

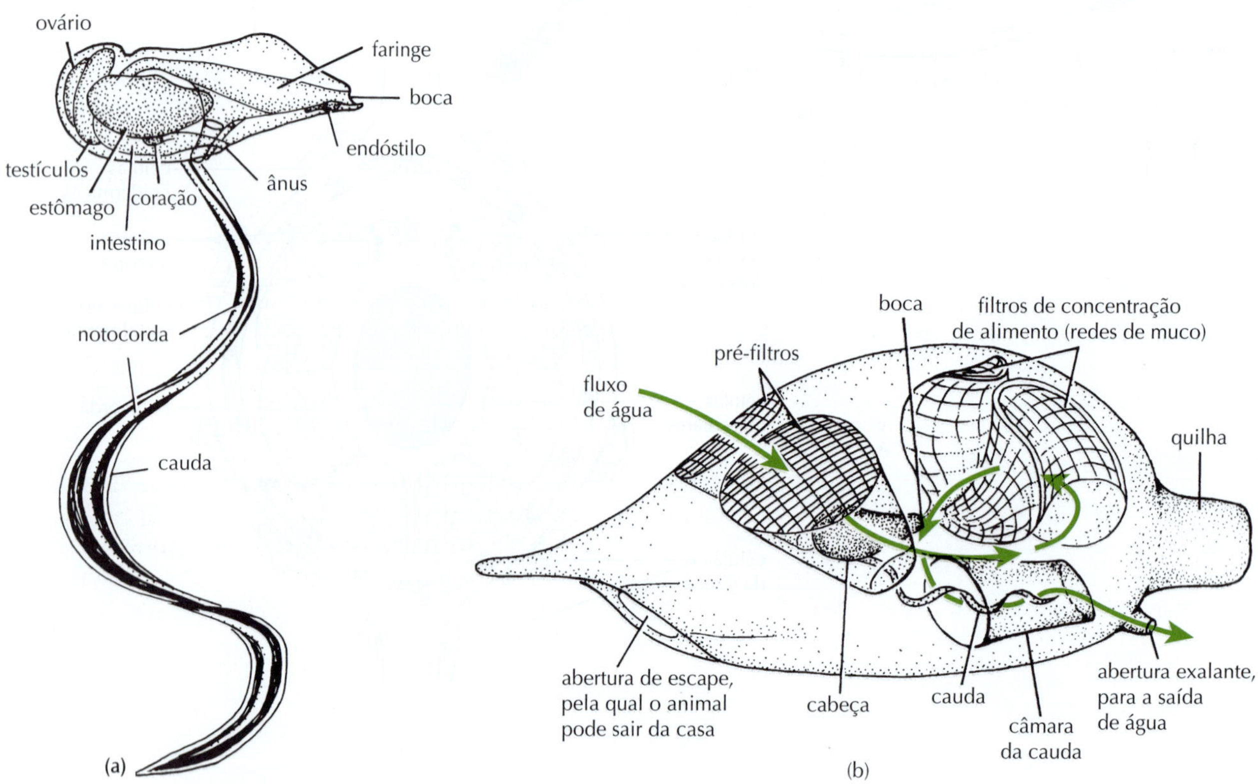

Figura 23.5

(a) Ilustração esquemática de um larváceo, removido de sua casa gelatinosa. (b) O larváceo *Oikopleura* sp., gerando correntes de água dentro de sua casa complexa e descartável. A casa tem aproximadamente 5 cm.

(a) Segundo Pimentel.
(b) Segundo Hardy; segundo Lohmann.

e alimentação.A água sai por uma abertura estreita, que é parcialmente ocluída por um fino filtro. A orientação dessa abertura determina a direção do movimento da casa e do animal, resultado da expulsão de fluido, como resumido poeticamente para os membros do gênero de larváceos *Oikopleura* pelo Sir Walter Garstang (tradução livre):

Oikopleura, disfarçada de ascídia larval,
Tece uma casa de gelatina ao redor de seu eixo:
Sua cauda, dobrada sob seu corpo, cria uma boa corrente,
Que dá direção à água e a esguicha na popa.

Um indivíduo típico, com o comprimento do corpo de 1,2 mm, pode mover cerca de 35 mL de água ao longo da casa a cada hora (em média 0,8 litro por dia), e pode se lançar aproximadamente 1 cm • sec^{1} (centímetro por segundo).

Partículas tão pequenas quanto 0,1 μm são filtradas enquanto a água passa por um filtro mucoso de concentração de alimento antes de deixarem a casa. A comida concentrada em suspensão é, então, sugada por um segundo filtro mucoso, faríngeo, e, após, é, ingerida. Partículas muito ásperas, que podem danificar a delicada casa, são separadas da corrente de água por uma malha oposta à abertura inalante. O larváceo abandona sua casa periodicamente quando esses filtros ficam obstruídos e a casa fica suja de fezes. Antes de abandonar a antiga casa, o larváceo secreta o material para uma nova; então, infla a nova casa em segundos após sair da antiga. Os filtros coletores de alimento da casa abandonada podem ser importantes fontes de alimento para peixes de mar aberto. Um único larváceo pode formar e abandonar 15 casas diariamente.

Classe Thaliacea

Os membros da classe Thaliacea são, em sua maioria, indivíduos planctônicos de vida livre, mas atingem sua mobilidade pela modificação do plano corporal de ascídias adultas, não pela exploração da morfologia de larvas girinoides. Os taliáceos têm duas formas corporais separadas, que serão descritas adiante (p. 547): uma forma sexual (o blastozoide) e uma forma independente assexual (o oozoide).

Taliáceos, incluindo as três ordens, *Pyrosomatida, Salpida e Doliolida,* são planctônicas e quase transparentes. A transparência provavelmente os auxilia a evitar a detecção por predadores e presas potenciais. Taliáceos geralmente se unem em concentrações de centenas a milhares de indivíduos por m^3 (metro cúbico) em águas de plataformas continentais subtropicais. Em virtude da grande abundância periódica e da alta velocidade com que se alimentam (até 15 mL por segundo), as salpas, em particular, exercem um importante papel na remoção de carbono da superfície das águas oceânicas, consumindo produtores primários e outros pequenos organismos e redirecionando o carbono para águas profundas através das pelotas fecais, que produzem e que afundam rapidamente.[7] Os sifões inalante e exalante estão em extremidades opostas no corpo de todos os taliáceos, e bandas de músculos circulares são geralmente muito desenvolvidas. Essas duas características são de grande relevância para a considerável capacidade de locomoção da maioria dos taliáceos.

Os taliáceos mais primitivas (menos modificadas), membros do gênero *Pyrosoma*, são muito semelhantes às ascídias coloniais, exceto o fato de que os sifões inalante e exalante estão situados em extremidades opostas do corpo. Assim como nas ascídias coloniais, a coleta de alimento se dá pela ação dos cílios, o cesto faríngeo bem desenvolvido, e a água é liberada por uma abertura exalante comum (Fig. 23.6a). A locomoção de *Pyrosoma* spp. também se dá através da atividade ciliar.

Outros taliáceos se movem pela água, fechando a abertura oral e contraindo as espessas bandas musculares que circundam a túnica. Essa contração deforma a túnica. A resultante diminuição do volume interno força a água para fora do sifão exalante (pois não é possível comprimir a água), e o animal é lançado para a frente por propulsão. Com uma única contração, um doliolídeo de cerca de 5 mm pode atingir velocidades instantâneas de aproximadamente 25 cm (50 vezes o comprimento de seu corpo) por segundo, embora apenas por uma fração de segundo. Após a contração, a abertura do sifão atrial é fechada, ao passo que a abertura oral é aberta, e os músculos circulares se relaxam. O volume do animal aumenta conforme a túnica elástica rapidamente recupera sua forma de repouso. A água é, então, sugada para dentro pelo sifão inalante, e o animal é empurrado para a frente enquanto se prepara para o próximo impulso. Observe que as bandas de músculos circulares são antagônicas à própria túnica, e não a músculos longitudinais.

Atualmente, há alguma controvérsia sobre se os taliáceos formam um grupo monofilético; evidências embriológicas e morfológicas sugerem que salpas e doliolídeos podem ter evoluído independentemente de diferentes ascídias ancestrais, enquanto a maioria das análises moleculares apoia a monofilia. A evolução provável dos taliáceos a partir de ascídias ancestrais parece apresentar uma história de diminuição de dependência nos cílios e aumento do desenvolvimento da musculatura. Em doliolídeos, o cesto faríngeo se reduz a uma placa achatada, apesar de os cílios e estigmatas continuarem conspícuos (Fig. 23.6b). Os detalhes da alimentação desses animais foram descritos somente muito recentemente.[8] Os cílios da faringe exercem, aparentemente, a maior função na coleta de alimento em ambos os grupos. Entre as salpas, porém, o cesto faríngeo está reduzido a uma **barra branquial** esguia. A água passa por uma bolsa mucosa suspensa entre o endóstilo, a barra branquial e as bandas perifaríngeas; estigmatas estão ausentes (Fig. 23.6c). Em salpas (Fig. 23.7), contrações musculares executam o principal papel na alimentação e na locomoção.

Entre doliolídeos (Fig. 23.6b, d), em contrapartida, correntes de alimento são produzidas integralmente pelos cílios, que revestem os estigmatas faríngeos, e os animais podem se alimentar sem se locomover consideravelmente.

Embora a maioria das espécies de taliáceos origine indivíduos que raramente ultrapassem 5 cm de comprimento, espécies do gênero *Pyrosoma* são inteiramente coloniais, e colônias podem atingir comprimentos de 8 a 10 metros. A maioria dos taliáceos é encontrada apenas em águas quentes.

Outras características da biologia de urocordados

Reprodução

A biologia reprodutiva difere consideravelmente entre os diversos tunicados. A fertilização é quase sempre externa em ascídias solitárias e, provavelmente, em todos os larváceos, mas é quase sempre interna em ascídias coloniais e taliáceos. Gametas ou larvas são geralmente liberados pelo sifão atrial (exalante) ou, principalmente em larváceos e algumas ascídias coloniais, pela ruptura da parede do corpo.

[7]Ver *Tópicos para posterior discussão e investigação*, nº 5, no final deste capítulo.

[8]Ver *Tópicos para posterior discussão e investigação*, nº 4, no final deste capítulo.

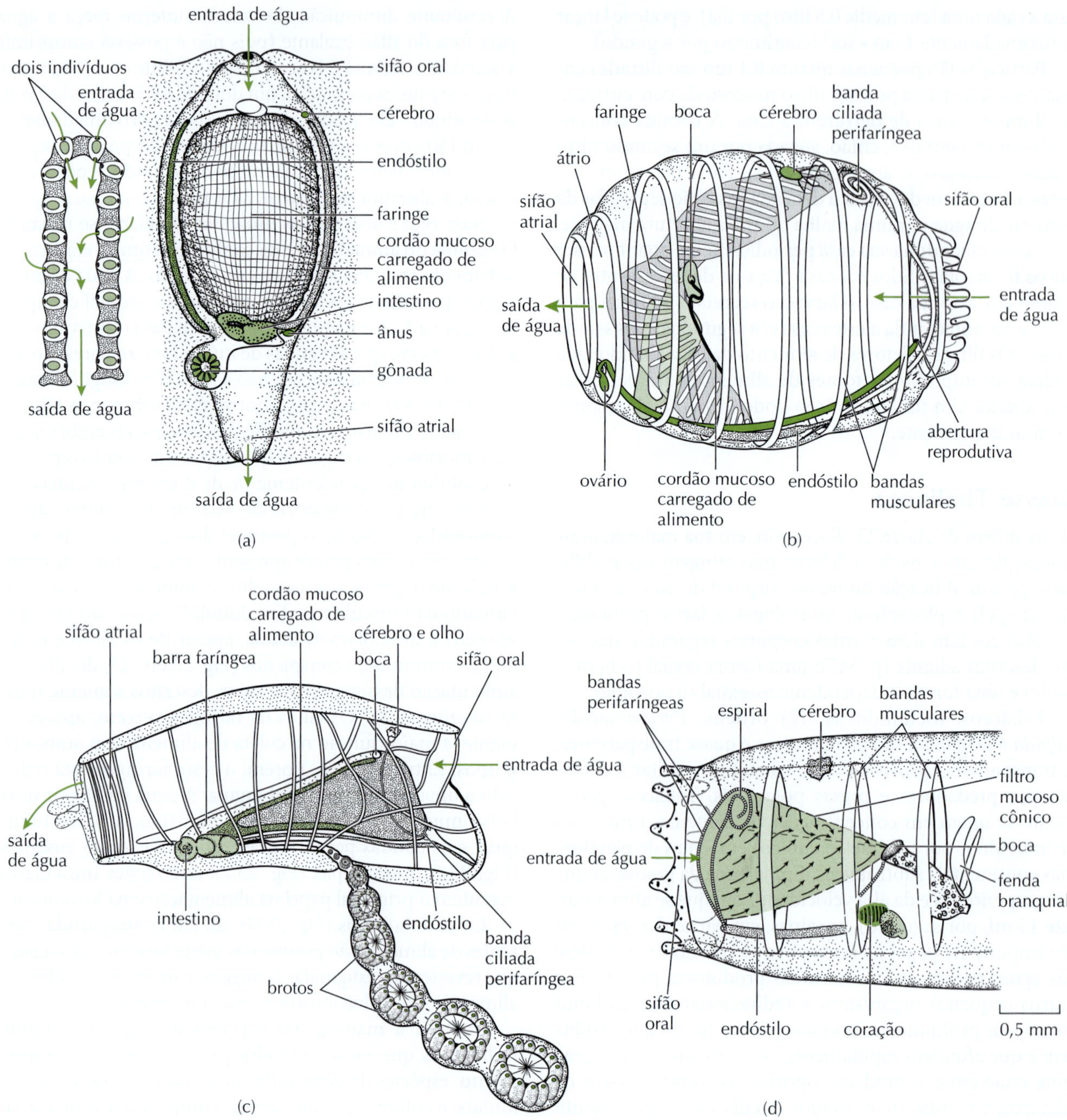

Figura 23.6

(a) *Pyrosoma atlanticum*. A forma geral de uma colônia típica é apresentada à esquerda; a morfologia geral de um indivíduo membro de uma colônia é apresentada à direita. Embora indivíduos tenham apenas alguns milímetros, uma única colônia pode exceder 3 m de comprimento. A anatomia de *Pyrossoma* é muito parecida com a das ascídias, exceto que os sifões inalante e exalante estão diretamente opostos um ao outro. As áreas coloridas indicam camadas de muco. (b) Ilustração diagramática de um doliolídeo, *Doliolina intermedia*. O comprimento do corpo raramente excede 4 a 5 mm. Observe os anéis conspícuos da musculatura, que geram correntes locomotoras. As correntes de alimento são produzidas pelos cílios da faringe. (c) Ilustração diagramática de uma salpa, *Cyclosalpa affini*. O cesto faríngeo está reduzido a uma fina barra. Os cílios na barra faríngea funcionam para compactar a rede mucosa e transformá-la em um cordão de alimento e para mover o cordão até a boca; locomoção e alimentação são realizadas pela contração das bandas musculares bem desenvolvidas. (d) Extremidade anterior de um doliolídeo que se alimenta, *Doliolum nationalis* (estágio oozoide). Flechas no filtro mucoso indicam o caminho percorrido por partículas de alimento capturadas. O muco coberto de partículas é enrolado em um cordão, onde as bandas perifaríngeas se encontram (na espiral), que é, então, puxado para baixo, em direção à boca. As fendas branquiais foram omitidas para maior clareza na visualização.

(a, c) Baseada em N. J. Berrill, *The Tunicata*. (b) Reimpressa de Tokioka e Berner, em *Pacific Science*, 12:317-26, 1958, com permissão de University of Hawaii Press, Honolulu, Hawaii. (d) Baseada em Q. Bone, J.-C. Branconnet, C. Carré, K. P. Ryan, 1997. *J. Exp. Marine Biol. Ecol.* 179:179-93.

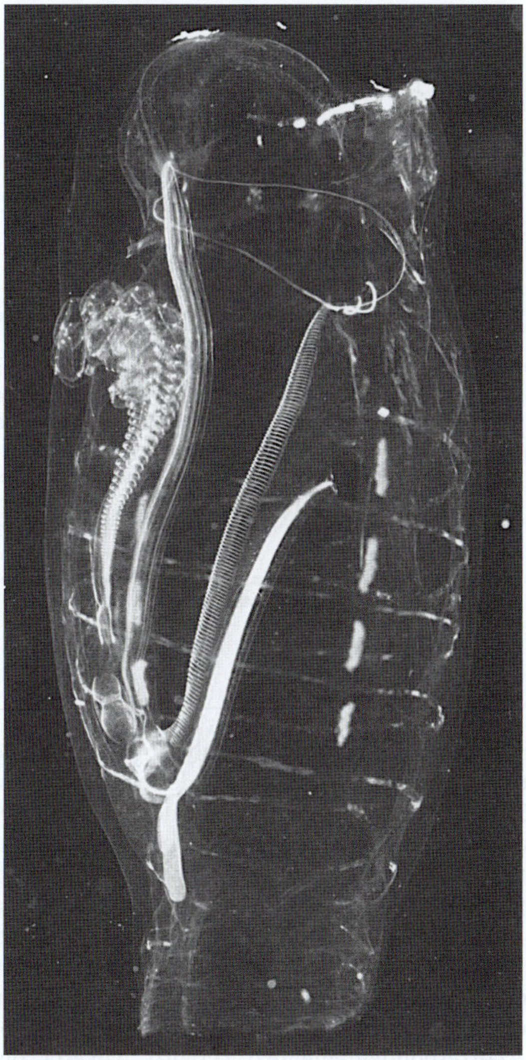

Figura 23.7

Salpa fotografada no mar aberto.

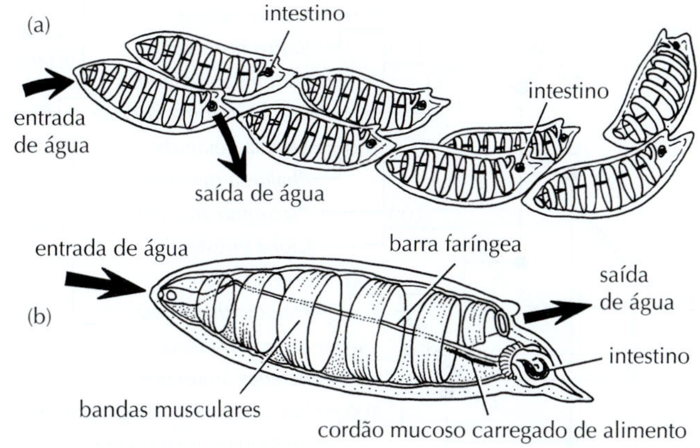

Figura 23.8

No ciclo de vida de muitos salpos, cadeias de blastozoides (a) são brotadas a partir de um oozoide isolado (b). Os blastozoides são liberados de seus parentes enquanto ainda estão agregados. Após nadarem por um tempo como um grupo, os blastozoides individuais se separam e alcançam maturidade sexual. Observe que os blastozoides são produzidos assexuadamente a partir do oozoide, de modo que os indivíduos em um conjunto são geneticamente idênticos entre si e ao oozoide parental.

(a, b) Segundo Hardy.

Ascídias geralmente apresentam reprodução assexuada por brotamento, intercalada por turnos de reprodução sexuada; a maioria das ascídias é hermafrodita simultânea. A maioria dos larváceos também é hermafrodita, mas a reprodução é exclusivamente sexuada. Como não há reprodução assexuada dentro da classe Larvacea, os larváceos são sempre solitários (i.e., não há espécies coloniais).

A reprodução dos taliáceos é sexuada e assexuada, como a das ascídias, mas entre taliáceos, as duas formas de reprodução estão alocadas entre dois tipos de indivíduos. A união do esperma e dos ovos dá origem a uma forma morfológica de reprodução assexuada, chamada de **oozoide**. O oozoide não produz gametas. Ao contrário, indivíduos, chamados de **blastozoides**, brotam a partir dos oozoides (Fig. 23.8).[9] Esses blastozoides desenvolvem gônadas hermafroditas, e de seus gametas surge a próxima geração de oozoides. A replicação assexuada combinada com gerações de curta duração de um ou dois dias permite o rápido crescimento de populações de taliáceos. Os taliáceos são encontrados em grupos de até mais de mil indivíduos por metro cúbico de água marinha, podendo se estender por 100 quilômetros quadrados de oceano. Há relatos de concentrações ainda mais altas de larváceos, algumas vezes excedendo 20 mil indivíduos por metro cúbico de água marinha, apesar de sua reprodução exclusivamente sexuada.

Sistemas excretor e nervoso

Órgãos excretores especializados são raros entre tunicados. Na maioria das espécies, os dejetos são removidos por difusão pela superfície do corpo e através das atividades de amebócitos de limpeza. Diversas espécies entre o gênero *Molgula*, porém, têm órgãos excretores distintos.[10] Esses **sacos renais** sem ductos e de fundo cego acumulam resíduos nitrogenados e os depositam como concreções sólidas, compostas principalmente por ácido úrico e compostos relacionados. Essas concreções acumulam-se dentro dos sacos renais ao longo da vida da ascídia. Ascídias de várias outras espécies acumulam ácido úrico em numerosas pequenas **vesículas renais**, localizadas junto ao trato digestório, e ao menos uma espécie acumula cristais de ácido úrico na parede do corpo, nas gônadas e no trato digestório.

Um gânglio cerebral conspícuo está localizado na parede corpo dos urocordados e enerva músculos e células sensoriais. Seu papel na biologia das ascídias parece ser mínimo, já que a remoção cirúrgica do gânglio cerebral causa pouca mudança aparente na atividade. O envolvimento do cérebro na coordenação das atividades dos larváceos e

[9]Ver *Tópicos para posterior discussão e investigação*, nº 9, no final deste capítulo.

[10]Ver *Tópicos para posterior discussão e investigação*, nº 3, no final deste capítulo.

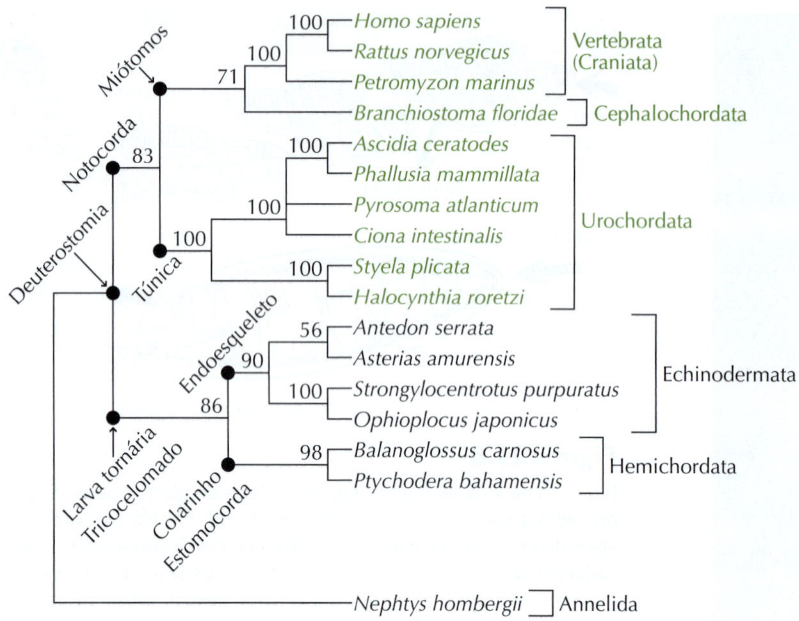

Figura 23.9

Uma hipótese prevalente das relações entre os diferentes grupos deuterostômios, mostrando também as diferenças mais importantes no corpo dos indivíduos adultos. Membros de Chordata (o filo que contém os seres humanos) estão coloridos em verde. Nesta análise, uma espécie de anelídeo foi utilizada como grupo-externo (ver Capítulo 2).

Modificada de Cameron, C. B., J. R. Garey e B. J. Swalla. 2000. Evolution of the Chordata body plan: New insights from phylogenetic analyses of deuterostome phyla. *Proc. Nat. Acad. Sci.* 97:4469-74.

taliáceos é provavelmente bem maior, pois a atividade muscular tem um grande papel na vida desses animais. Além disso, as salpas possuem um fotorreceptor proeminente, em forma de ferradura, associado ao gânglio cerebral.

Subfilo Cephalochordata (= Acrania)

Características diagnósticas: 1) a notocorda se estende além do cordão nervoso para a extremidade anterior do animal; 2) a notocorda é contráctil, formada como uma série longitudinal de discos chatos contendo finos filamentos de miosina.

É um longo caminho a partir do anfioxo,[11]
é um longo caminho até nós.
É um longo caminho a partir do anfioxo
até o mais reles e insignificante humano.
Adeus às caudas e fendas branquiais,
Olá: unhas e cabelos!
É um longo, longo caminho a partir do anfioxo,
mas é de lá que nós viemos.

Cefalocordados são pequenos (menos de 10 cm de comprimento) e lateralmente achatados. São invertebrados marinhos que têm muito em comum com tunicados e com membros de nosso próprio subfilo, Vertebrata. Comparações de sequências genéticas de 18S rRNA indicam que cefalocordados são realmente nossos parentes não vertebrados mais próximos (Fig. 23.9). Seu registro fóssil remete aos primórdios cambrianos; foram encontrados o que se acredita ser fósseis de cefalocordados nos depósitos de Burgess Shale, no oeste do Canadá, e mesmo em depósitos mais antigos ainda (de aproximadamente 525 milhões de anos), descobertos mais recentemente na China. Assim como os vertebrados, os cefalocordados têm uma notocorda distinta e um cordão nervoso dorsal oco (Figs. 23.10 e 23.11), além de cavidades celomáticas do corpo, que se formam por enterocelia. Não há, porém, evidência de vértebras no plano corporal dos cefalocordados, e correspondentemente o "cérebro" não está contido em um crânio. Genes específicos (genes *Hox*, um subconjunto de genes *homeobox*) que, aparentemente, controlam a diferenciação ao longo do eixo anteroposterior durante o desenvolvimento dos cefalocordados parecem ser homólogos à sequência gênica expressa durante o desenvolvimento da parte posterior do cérebro dos vertebrados. Os padrões de expressão temporal e espacial para esses genes reguladores *Hox* durante o desenvolvimento do cérebro dos vertebrados, e do tecido do cordão nervoso dos cefalocordados sugere que o cérebro dos vertebrados, de fato, evoluiu a partir de uma porção extensa do cordão nervoso dos cefalocordados.[12]

Contudo, a biologia alimentar dos cefalocordados se aproxima mais da dos tunicados: partículas microscópicas de comida são capturadas por camadas mucosas conforme a água flui pelas fendas branquiais na faringe ciliada. O alimento capturado, então, entra no intestino como um cordão mucoso, para ser digerido enzimaticamente e por fagocitose celular. Como nos tunicados, o muco é secretado por um endóstilo, e a faringe atua nas trocas gasosas

[11]Pope, Phillip H. Sing to the tune of "It's a Long Way to Tipperary." Tradução livre.

[12]Holland, P.W. H. e J. Garcia-Fernàndez. 1996. *Devel. Biol.* 173:382–95.

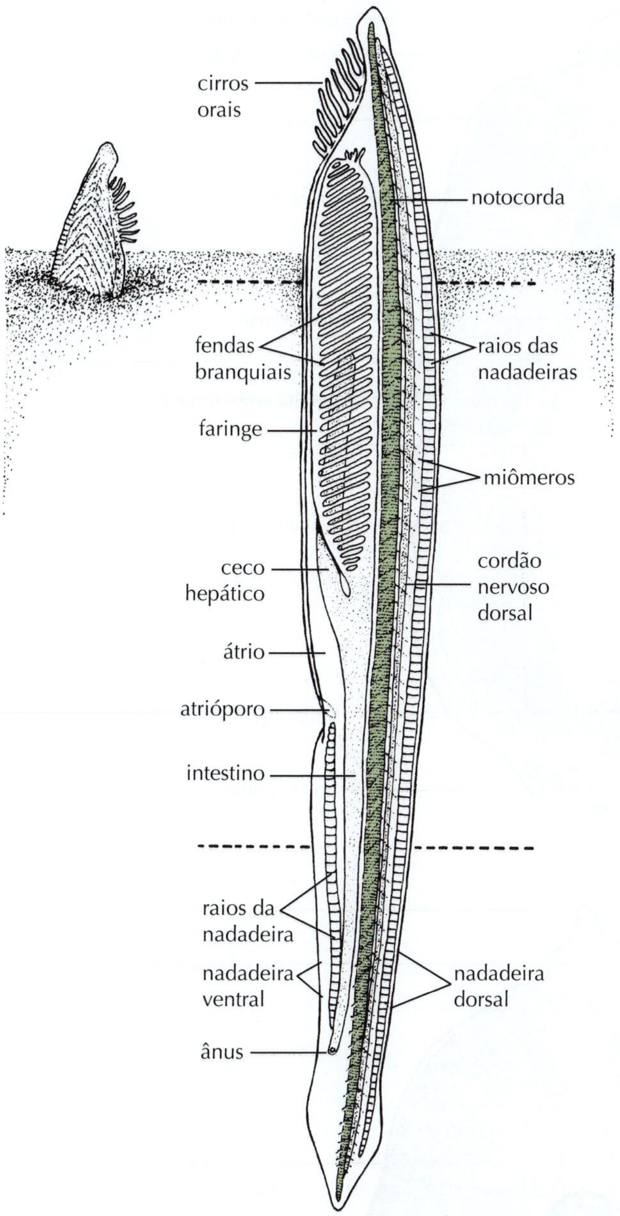

Figura 23.10

O lanceolado *Branchiostoma* sp. enterrado no substrato, com sua anatomia interna mostrada através do corpo quase transparente. As linhas pontilhadas indicam as regiões nas quais as secções transversais da Figura 23.11 foram realizadas.

assim como na captura de alimento, com as brânquias faríngeas sendo abastecidas por um sistema circulatório distinto, com veias, artérias e redes capilares bem desenvolvidas; sangue incolor circula pelas brânquias e pelo resto dos tecidos do corpo por contrações musculares das paredes dos vasos sanguíneos. Resíduos são eliminados por um sistema nefridial bem estruturado, localizado primariamente na região da faringe, adjacente às brânquias. Os órgãos excretores pareados têm uma combinação de características proto e metanefridiais. Um nefrídeo adicional (**nefrídeo** ou **fosseta de Hatschek**, que não possui par) está localizado na cabeça.

Como em doliolídeos e ascídias, o fluxo de água é criado pelos cílios na faringe, não por atividade muscular. A água flui para dentro dos cefalocordados por uma abertura oral, que é margeada por tentáculos sensoriais, e sai por uma abertura atrial, anterior ao ânus (Fig. 23.10). Os tentáculos bucais carregam células quimiossensoriais e mecanorreceptoras e também servem para evitar que grandes partículas entrem na faringe.

Diferentemente da maioria dos urocordados, a notocorda dos cefalocordados persiste por toda a vida. Mas cefalocordados claramente não são vertebrados: o cordão nervoso não se desenvolve anteriormente para formar um cérebro; não há um crânio protetor na parte anterior do sistema nervoso (não surpreendentemente, já que não há muito para se proteger); a notocorda se estende por todo o comprimento do animal, bem como pela cabeça (por isso o nome "cefalocordado"; *cephalo* = do grego, cabeça); e a notocorda nunca é substituída por uma coluna vertebral. Órgãos sensoriais especializados estão limitados aos tentáculos bucais e a uma série de fotorreceptores simples e pigmentados (*ocelos*), distribuídos ao longo do cordão nervoso.

Cefalocordados adultos são quase transparentes e têm corpos semelhantes aos dos peixes, rendendo-lhes o nome comum de "lanceolados" (pequenas lanças). O corpo, de certa forma pontudo em ambas as extremidades, justifica a nomenclatura geral que também se dá aos membros desse subfilo, "anfioxos", que significa "afiado em ambos os lados". O corpo não é coberto nem por uma túnica nem por escamas, e adultos passam a maior parte do tempo se alimentando na areia, com suas cabeças se projetando para fora do substrato (Fig. 23.10). Quando precisam achar outra área para se alimentar ou para escapar de predadores, eles se movem, realizando fortes contrações dos músculos laterais pareados. Os músculos estão arranjados em uma fileira longitudinal de cerca de 60 segmentos distintos em forma de V (**miômeros**), os quais são facilmente visíveis através da epiderme fina, quase transparente. Grupos musculares em lados opostos do corpo (Fig. 23.11) antagonizam uns com os outros através da notocorda flexível, mas incomprimível, como nos larváceos e nas larvas girinoides de ascídias; a espinha dorsal executa essa mesma função em peixes. Ao contrário da maioria dos tunicados, lanceolados são quase sempre gonocorísticos, não hermafroditas. Os ovos são fertilizados externamente, e os embriões, depois de passarem por um etapa semelhante à de nêurula dos vertebrados, se desenvolvem como larvas livre-natantes, as quais sofrem metamorfose após viverem mais várias semanas no plâncton.

Um total de 30 espécies de lanceolados foi descrito. Em algumas partes da China, pessoas comem lanceolados, porém, o táxon tem mais importância pelo que revela sobre as origens dos vertebrados e sobre as mudanças genéticas que levaram à evolução dos vertebrados.

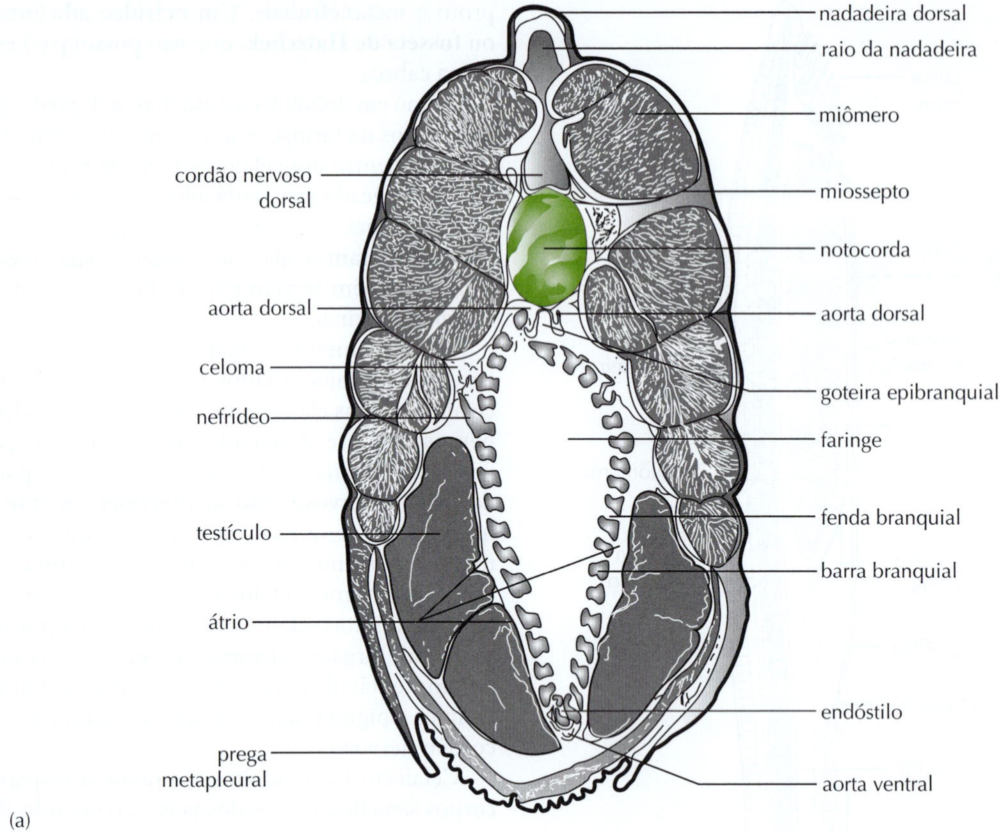

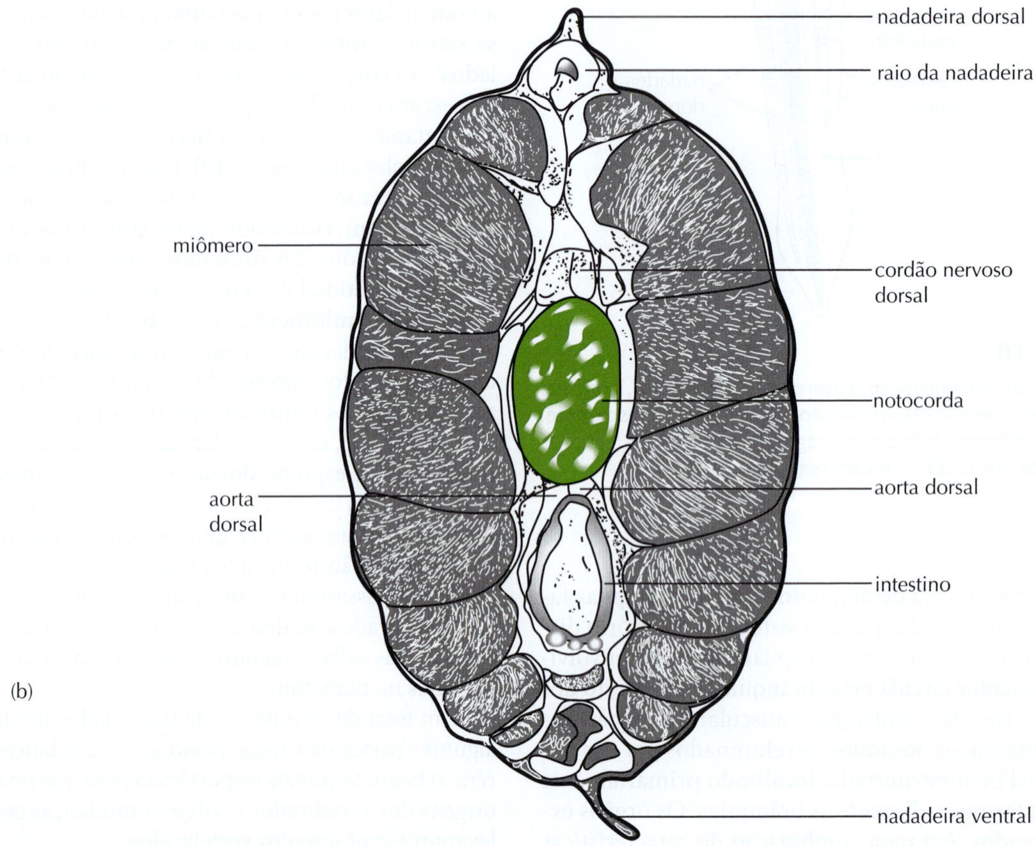

Figura 23.11

Secções transversais obtidas através (a) da região anterior e (b) da região posterior de um lanceolado macho. Áreas aproximadas de onde as secções foram feitas estão indicadas na Figura 23.10.

Resumo taxonômico

Filo Chordata
- Subfilo Tunicata (= Urochordata)
  - Classe Ascidiacea
  - Classe Larvacea (= Appendicularia)
  - Classe Thaliacea
    - Ordem Pyrosomida
    - Ordem Doliolida
    - Ordem Salpida
- Subfilo Cephalochordata (= Acrania)
- Subfilo Vertebrata

Tópicos para posterior discussão e investigação

1. Investigue a importância da reversão dos batimentos cardíacos em tunicados e o mecanismo que torna esse processo possível.

Hellbach, A., S. Tiozzo, J. Ohn, M. Liebling, and A. W. De Tomaso. 2011. Characterization of HCN and cardiac function in a colonial ascidian. *J. Exp. Zool. A: Ecolog. Genetics Physiol.* 315A:476–86.

Herron, A. C. 1975. Advantages of heart reversal in pelagic tunicates. *J. Marine Biol. Assoc. U.K.* 55:959.

Jones, J. C. 1971. On the heart of the orange tunicate, *Ecteinascidia turbinata* Herdman. *Biol. Bull.* 141:130.

Kriebel, M. E. 1968. Studies on cardiovascular physiology of tunicates. *Biol. Bull.* 134:434.

2. Investigue a importância protetora do vanádio, da acumulação de ácido e da espessura da túnica em ascídias.

Davis, A. R., and A. E. Wright. 1989. Interspecific differences in fouling of two congeneric ascidians (*Eudistoma olivaceum* and *E. capsulatum*): Is surface acidity an effective defense? *Marine Biol.* 102:491.

Koplovitz, G., and J. B. McClintock. 2011. An evaluation of chemical and physical defenses against fish predation in a suite of seagrass-associated ascidians. *J. Exp. Mar. Biol. Ecol.* 407:48–53.

Pisut, D. P., and J. R. Pawlik. 2002. Anti-predatory chemical defenses of ascidians: Secondary metabolites or inorganic acids? *J. Exp. Marine Biol. Ecol.* 270:203.

Stoecker, D. 1978. Resistance of a tunicate to fouling. *Biol. Bull.* 155:615.

Young, C. M. 1986. Defenses and refuges: Alternative mechanisms of coexistence between a predatory gastropod and its ascidian prey. *Marine Biol.* 91:513.

3. Discuta as evidências dos sistemas excretores funcionais entre ascídias.

Das, S. M. 1948. The physiology of excretion in *Molgula* (Tunicata; Ascidiacea). *Biol. Bull.* 95:307.

Heron, A. 1976. A new type of excretory mechanism in tunicates. *Marine Biol.* 36:191.

Lambert, C. C., G. Lambert, G. Crundwell, and K. Kantardjieff. 1998. Uric acid accumulation in the solitary ascidian *Corella inflata*. *J. Exp. Zool.* 282:323.

Saffo, M. B. 1988. Nitrogen waste or nitrogen source? Urate degradation in the renal sac of molgulid tunicates. *Biol. Bull.* 175:403.

4. Discuta as semelhanças e diferenças nos mecanismos de alimentação de tunicados e bivalves.

Bone, Q., J.-C. Braconnot, C. Carré, and K. P. Ryan. 1997. On the filter-feeding of *Doliolum* (Tunicata: Thaliacea). *J. Exp. Marine Biol. Ecol.* 179:179.

Deibel, D. 1986. Feeding mechanism and house of the appendicularian *Oikopleura vanhoeffeni*. *Marine Biol.* 93:429.

MacGinitie, G. E. 1939. The method of feeding of tunicates. *Biol. Bull.* 77:443.

Riisgård, H. U., and P. S. Larsen. 2010. Particle capture mechanisms in suspension-feeding invertebrates. *Mar. Ecol. Progr. Ser.* 418:255–93.

Young, C. M., and L. F. Braithwaite. 1980. Orientation and current-induced flow in the stalked ascidian *Styela montereyensis*. *Biol. Bull.* 159:428.

5. Discuta a importância potencial ecológica de urocordados planctônicos em mar aberto.

Bruland, K. W., and M. W. Silver. 1981. Sinking rates of fecal pellets from gelatinous zooplankton (salps, pteropods, doliolids). *Marine Biol.* 63:295.

Deibel, D. 1988. Filter feeding by *Oikopleura vanhoeffeni:* Grazing impact on suspended particles in cold ocean waters. *Marine Biol.* 99:177.

Flood, P. R., D. Deibel, and C. C. Morris. 1992. Filtration of colloidal melanin from sea water by planktonic tunicates. *Nature* 355:630.

Harbison, G. R., and R. W. Gilmer. 1976. The feeding rates of the pelagic tunicate *Pegea confederata* and two other salps. *Limnol. Oceanogr.* 21:517.

Morris, C. C., and D. Deibel. 1993. Flow rate and particle concentration within the house of the pelagic tunicate *Oikopleura vanhoeffeni*. *Marine Biol.* 115:445.

Patonai, K., H. El-Shaffey, and G.-A. Paffenhöfer. 2011. Sinking velocities of fecal pellets of doliolids and calanoid copepods. *J. Plankt. Res.* 33:1146–50.

Sutherland, K. R., L. P. Madin, and R. Stocker. 2010. Filtration of submicrometer particles by pelagic tunicates. *Proc. Natl. Acad. Sci U.S.A.* 107:15129–134.

Wiebe, P. H., L. P. Madin, L. R. Haury, G. R. Harbison, and L. M. Philbin. 1979. Diel vertical migration by *Salpa aspera* and its potential for large-scale particulate organic matter transport to the deep-sea. *Marine Biol.* 53:249.

6. Cerca de 20 espécies de ascídias invariavelmente abrigam algas simbiontes. Avalie as contribuições dessas algas para suas hospedeiras ascídias.

Olson, R. R. 1986. Phzotoadaptations of the Caribbean colonial ascidian- cyanophyte symbiosis *Trididemnum solidum*. *Biol. Bull*

7. Investigue o reconhecimento de corpos estranhos entre ascídias.

Carpenter, M. A., J. H. Powell, K. J. Ishizuka, K. J. Palmeri, S. Rendulic, and A. W. De Tomaso. 2011. Growth and long-term somatic and germline chimerism following fusion of juvenile *Botryllus schlosseri*. *Biol. Bull.* 220:57–70.

Findlay, C., and V. J. Smith. 1995. Antibacterial activity in the blood cells of the solitary ascidian, *Ciona intestinalis*, in vitro. *J. Exp. Zool.* 273:434.

Hirose, E., Y. Saito, and H. Watanabe. 1997. Subcuticular rejection: An advanced mode of the allogeneic rejection in the compound ascidians *Botrylloides simodensis* and *B. fuscus*. *Biol. Bull.* 192:53.

Kingsley, E., D. A. Briscoe, and D. A. Raftos. 1989. Correlation of histocompatibility reactions with fusion between conspecifics in the solitary urochordate *Styela plicata*. *Biol. Bull.* 176:282.

Raftos, D. 1996. Adaptive transfer of alloimmune memory in the solitary tunicate, *Styela plicata*. *J. Exp. Zool.* 274:310.

Raftos, D. A., and E. L. Cooper. 1991. Proliferation of lymphocyte-like cells from the solitary tunicate, *Styela clava*, in response to allogeneic stimuli. *J. Exp. Zool.* 260:391.

Raftos, D., and A. Hutchinson. 1997. Effects of common estuarine pollutants on the immune reactions of tunicates. *Biol. Bull.* 192:62.

Rinkevich, B. 2005. Rejection patterns in botryllid ascidian immunity: The first tier of allorecognition. *Canadian J. Zool.* 83:101–21.

Rinkevich, B., Y. Saito, and I. L. Weissman. 1993. A colonial invertebrate species that displays a hierarchy of allorecognition responses. *Biol. Bull.* 184:79.

8. Compare o mecanismo de locomoção de larvas girinoides de ascídias com o de nematoides.

9. Compare a biologia reprodutiva dos taliáceos com a dos esquifozoários.

10. Argumente contra ou a favor da proposição que os larváceos evoluíram das larvas girinoides das ascídias por neotenia.

Berrill, N. J. 1955. *The Origin of Vertebrates.* Oxford: Oxford Univ. Press.

Bone, Q. 1992. On the locomotion of ascidian tadpole larvae. *J. Marine Biol. Assoc. U.K.* 72:161.

Garstang, W. 1928. The morphology of the Tunicata, and its bearing on the phylogeny of the Chordata. *Q. J. Micros. Sci.* 72:51.

Kugler, J. E., P. Kerner, J. -M. Bouquet, D. Jiang, and A. Di Gregorio. 2011. Evolutionary changes in the notochord genetic toolkit: A comparative analysis of notochord genes in the ascidian *Ciona* and the larvacean *Oikopleura*. *BMC Evol. Biol.* 11:21.

Stach, T., J. Winter, J.-M. Bouquet, D. Chourrout, and R. Schnabel. 2008. Embryology of a planktonic tunicate reveals traces of sessility. *Proc. Nat. Sci. USA* 105:7229–34.

Wada, H., and N. Satoh. 1994. Details of the evolutionary history from invertebrates to vertebrates, as deduced from the sequences of 18S rDNA. *Proc. Nat. Acad. Sci. USA* 91:1801.

11. Investigue o impacto de espécies de ascídias invasoras sobre animais nativos.

Dijkstra, J. A., and R. Nolan. 2011. Potential of the invasive colonial ascidian, *Didemnum vexillum*, to limit escape response of the sea scallop, *Placopecten magellanicus*. *Aquatic Invasions* 6:451–56.

Whitlatch, R. B., and Stephan G. Bullard (eds.). 2007. Introduction to the Proceedings of the 1st International Invasive Sea Squirt Conference. *J. Exp. Marine Biol. Ecol.* 342:1–2. (More than 20 research papers in this issue deal with the topic of invasive ascidian species.)

Detalhe taxonômico

Filo Chordata Subfilo Tunicata (= Urochordata)

As aproximadamente 2.200 espécies estão distribuídas entre três classes.

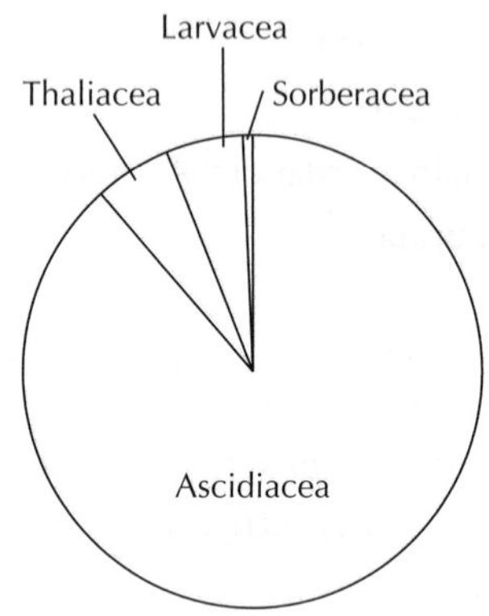

Classe Ascidiacea

As aproximadamente 2.200 espécies estão distribuídas entre três ordens e cada uma tem representação global.

Ordem Asplousobranchia

Didemnum, Diplosoma, Clavelina, Distaplia, Trididemnum. Todas as espécies formam colônias por brotamento assexuado; em algumas espécies, os membros da colônia são contidos em uma túnica gelatinosa comum. Colônias de Didemnidae geralmente contêm algas unicelulares simbióticas; também são capazes de locomoção, através de extensão gradual da túnica em projeções digitiformes. Algumas espécies contêm elementos de possível importância para o tratamento de câncer, e ao menos uma espécie dessa ordem (*Clavelina minata*, do Japão) apresenta bioluminescência intracelular. Três famílias.

Ordem Phlebobranchia

Ciona, Corella, Ascidia, Phallusia, Ecteinascidia (colonial). A maioria das espécies é solitária, mas algumas são sociais ou coloniais; especialmente comuns em águas rasas. O genoma completo (150 milhões de pares de bases de DNA) da espécie *Ciona intestinalis* foi sequenciado em 2002. Um alcaloide isolado do tunicado, *Ecteinascidia turbinata*, está atualmente na fase II de testes clínicos nos Estados Unidos e já foi aprovado para uso na Europa como um fármaco anticâncer.

Ordem Stolidobranchia

Boltenia, Halocynthia, Molgula, Styela, Polyandrocarpa (colonial), *Botryllus* (colonial). Representantes desta ordem existem em todo o mundo, geralmente em águas rasas. A maioria das espécies é solitária, e alguns indivíduos atingem cerca de 15 cm de comprimento. Alguns membros vivem intersticialmente na areia, e poucas espécies estão restritas a profundidades abissais. Algumas espécies se desenvolvem sem uma fase larval de vida livre. *Styela clava* é uma espécie cultivada como alimento na Coreia. Três famílias.

Classe Sorberacea

Esta é uma pequena classe (cerca de 12 espécies) de animais de águas profundas, semelhantes a ascídias, mas com uma enorme "boca", pela qual ingerem presas vivas. Os adultos apresentam cordão nervoso dorsal. A biologia do grupo ainda não é bem conhecida.

Class Larvacea (= Appendicularia)

Oikopleura, Fritillaria. Larváceos ocorrem em todos os oceanos e são particularmente comuns próximos à superfície da água. Indivíduos podem chegar a 9 cm de comprimento, embora a maioria seja menor que 1 cm. Algumas espécies de *Oikopleura* apresentam bioluminescência quando cutucados ou sacudidos. A classe inclui cerca de 70 espécies.

Classe Thaliacea

Todas as espécies são coloniais em pelo menos uma parte de seu ciclo de vida. Há cerca de 75 espécies, distribuídas entre três ordens.

Ordem Pyrosomida

Pyrosoma. Este grupo de tunicados coloniais é melhor representado em águas quentes. Todos os indivíduos exibem notável bioluminescência, provavelmente através de atividade química de simbiontes bacterianos. As colônias comumente variam de vários centímetros a vários metros de comprimento.

Ordem Doliolida

Doliolum. Representantes vivem em todos os oceanos, apesar de serem mais comuns em águas quentes. Doliolídeos são os que se movimentam mais rápido entre todas as espécies de taliáceos, apesar de seu pequeno tamanho (normalmente apenas alguns centímetros).

Ordem Salpida

Salpa. Representantes vivem em todos os oceanos do mundo, apesar de serem especialmente abundantes em águas quentes. Algumas espécies podem ser encontradas em profundidades que excedem 1.500 m, embora a maioria das salpas viva muito mais próximo à superfície. Salpas se reproduzem rapidamente; algumas espécies possuem gerações mais curtas que um dia. Indivíduos podem apresentar comprimentos acima de 24 cm. Cerca de 50 espécies já foram descritas.

Subfilo Cephalochordata (= Acrania)

Branchiostoma – anfioxos, ou lanceolados. Todas as 30 espécies descritas ocorrem em águas rasas e vivem parcialmente enterradas em substratos arenosos. Algumas espécies toleram condições estuarinas, apesar de a maioria ser totalmente marinha. Duas famílias, dois gêneros.

Subfilo Vertebrata

Homo sapiens e outros vertebrados. Das aproximadamente 48 mil espécies de vertebrados atuais, quase metade são peixes e quase 20% são aves. Apenas cerca de 4 mil espécies são mamíferos, e metade dessas são morcegos ou roedores.

Referências gerais sobre os cordados não vertebrados

Alexander, R. M. 1981. *The Chordates,* 2nd ed. New York: Cambridge Univ. Press.

Alldredge, A. 1976. Appendicularians. *Sci. Amer.* 235:94–102.

Barrington, E. J. W. 1965. *The Biology of Hemichordata and Protochordata.* San Francisco: W. H. Freeman.

Berrill, N. J. 1955. *The Origin of Vertebrates.* London: Oxford University Press.

Berrill, N. J. 1961. Salpa. *Sci. Amer.* 204:150–60. Bone, Q., ed. 1998. *The Biology of Pelagic Tunicates.* Oxford University Press, USA.

Bone, Q., C. Carré, and P. Chang. 2003. Tunicate feeding filters. *J. Marine Biol. Ass. U.K.* 83:907–19.

Cameron, C. B., J. R. Garey, and B. J. Swalla. 2000. Evolution of the Chordata body plan: New insights from phylogenetic analyses of deuterostome phyla. *Proc. Nat. Acad. Sci.* 97:4469–74.

Conklin, E. G. 1932. The embryology of amphioxus. *J. Morphol.* 54:69–151.

Harrison, F. W., and E. E. Ruppert, eds. 1997. *Microscopic Anatomy of Invertebrates,* Vol. 15. Hemichordata, Chaetognatha, and the Invertebrate Chordates. New York: Wiley-Liss.

Jeffery, W. R., and B. J. Swalla. 1997. Tunicates. In: S. F. Gilbert and A. M. Raunio. *Embryology: Constructing the Organism.* Sunderland, MA: Sinauer Associates, Inc. Publishers, 331–64.

Johnsen, S. 2001. Hidden in plain sight: the ecology and physiology of organismal transparency. *Biol. Bull.* 201:301–18.

Koplovitz, G., J. B. McClintock, C. D. Amsler, and B. J. Baker. 2011. A comprehensive evaluation of the potential chemical defenses of antarctic ascidians against sympatric fouling microorganisms. *Mar. Biol.* 158:2661–71.

Millar, R. H. 1971. The biology of ascidians. *Adv. Marine Biol.* 9:1–100.

Monniot, C., F. Monniot, and P. I. Laboute. 1991. *Coral Reef Ascidians of New Caledonia.* Paris: *ORSTOM.*

Parker, S. P., ed. 1982. *Classification and Synopsis of Living Organisms,* vol. 2. New York: McGraw-Hill, 823–30.

Petersen, J. K. 2007. Ascidian suspension feeding. *J. Exp. Marine Biol. Ecol.* 342:127–37.

Rosengarten, R. D., and M. L. Micotra. Model systems of invertebrate allorecognition. *Current Biol.* 21:R82–R92 (allorecognition in botryllid ascidians discussed on pp. R83–R86).

Sawada, H., H. Yokosawa, and C. C. Lambert, eds. 2001. *The Biology of Ascidians.* Tokyo: Springer-Verlag.

Stokes, M. D., and N. D. Holland. 1998. The Lancelet. *Amer. Scient.* 86:552–60.

Whittaker, J. R. 1997. Cephalochordates, the lancelets. In: S. F. Gilbert and A. M. Raunio. *Embryology: Constructing the Organism.* Sunderland, MA: Sinauer Associates, Inc. Publishers, 365–81.

Procure na web

1. www.ucmp.berkeley.edu/chordata/chordata.html

   Inclui definições de terminologia e separa as seções em história da vida e ecologia, registro fóssil, morfologia e sistemáticas. Entre na seção "Systematics" para ver imagens coloridas de representantes de tunicados e cefalocordados, juntamente com informações sobre cada grupo. Esse site é mantido pela University of California, Berkeley.

2. http://tolweb.org/tree/phylogeny.html

   Este leva o leitor ao site da Tree of Life. Procure por "Chordata".

3. http://biodidac.bio.uottawa.ca

   Escolha "Organismal Biology", "Animalia", e, então, "Urochordata" para ver fotografias e desenhos de indivíduos adultos e em fase larval, incluindo ilustrações de materiais seccionados.

4. www.ascidians.com

   Este site, mantido por Arjan Gittenberger, apresenta muitas fotografias em cores de ascídias de todo o mundo, e oferece links para vários outros sites importantes.

5. http://depts.washington.edu/ascidian/

   O "Ascidian News". Este é o site para ter acesso às informações informais mais atuais sobre ascídias, providas por Gretchen e Charles Lambert. Inclui resumos de reuniões e listagens de publicações recentes.

6. http://seanet.stanford.edu/Urochordata/index.html

   Este site, provido pela University of Stanford, inclui muitas fotos belíssimas e informações interessantes sobre ascídias da Costa Oeste dos Estados Unidos.

7. http://workshop.molecularevolution.org/resources/amphioxus

   Aqui você encontrará a história completa da música dos anfioxos, com toda a letra.

24

Reprodução e desenvolvimento de invertebrados – uma visão geral

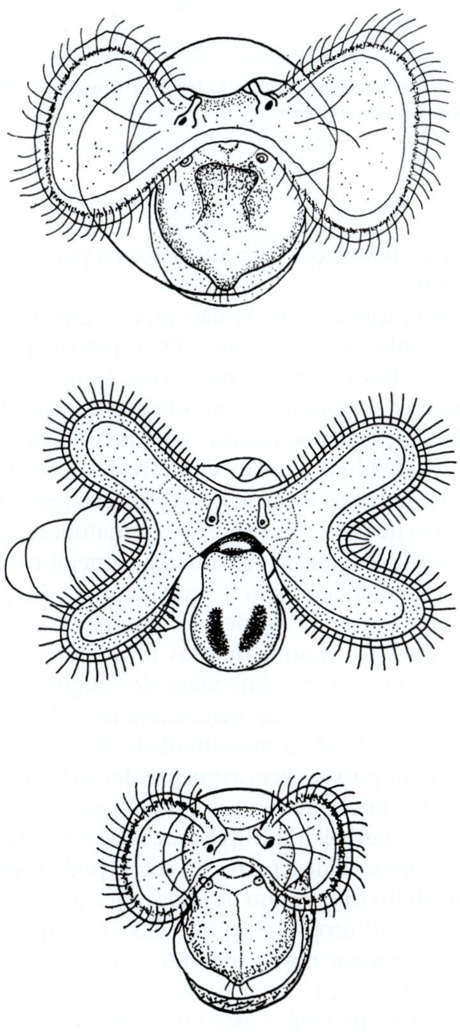

Introdução

A continuidade da existência de uma espécie depende da habilidade que os indivíduos da espécie têm de se reproduzirem. Quase toda a adaptação comportamental, morfológica ou fisiológica que caracteriza uma espécie é presumidamente uma contribuição para seu sucesso reprodutivo, seja direta ou indiretamente. De certo modo, então, todos os organismos vivem para se reproduzir. Pouco importa como o processo da reprodução se inicia ou procede, fato é que a diferenciação (especialização geneticamente controlada das células) está sempre presente; de fato, muito do que se sabe sobre controle da expressão de genes atualmente vem de estudos sobre desenvolvimento de invertebrados. O tema de reprodução e desenvolvimento, pois, parece ser ideal para unir todos os filos em consideração a um único aspecto da biologia dos invertebrados. Ao ler este capítulo, espera-se que o leitor possa reconhecer muitos termos e nomes de diversos organismos que eram até então desconhecidos.

Os invertebrados dispõem de uma grande diversidade de padrões reprodutivos e de desenvolvimento, muito superior à variedade encontrada entre vertebrados. A maioria dos vertebrados faz fertilização interna e apresenta algum grau de cuidado parental à prole em desenvolvimento. Todos os vertebrados são deuterostomados, a clivagem é basicamente radial e indeterminada e a boca não se forma a partir do blastóporo. Variações da deuterostomia básica podem acontecer, principalmente por quantidades diferentes de vitelo nos ovos. A diversidade de padrões de desenvolvimento observada entre invertebrados, porém, é muito mais que variações sobre o mesmo tema. Entre invertebrados, há diferenças radicais em:

1. expressão de sexualidade;
2. local de fertilização (se presente);
3. padrão de divisão celular;
4. estágio em que o destino das células é determinado;
5. número de camadas de tecido formadas;
6. mecanismo pelo qual a mesoderme (se houver) é formada;
7. o quanto uma cavidade do corpo se desenvolve;
8. mecanismo pelo qual uma cavidade corporal se desenvolve;
9. origem da boca e do ânus (quando presentes).

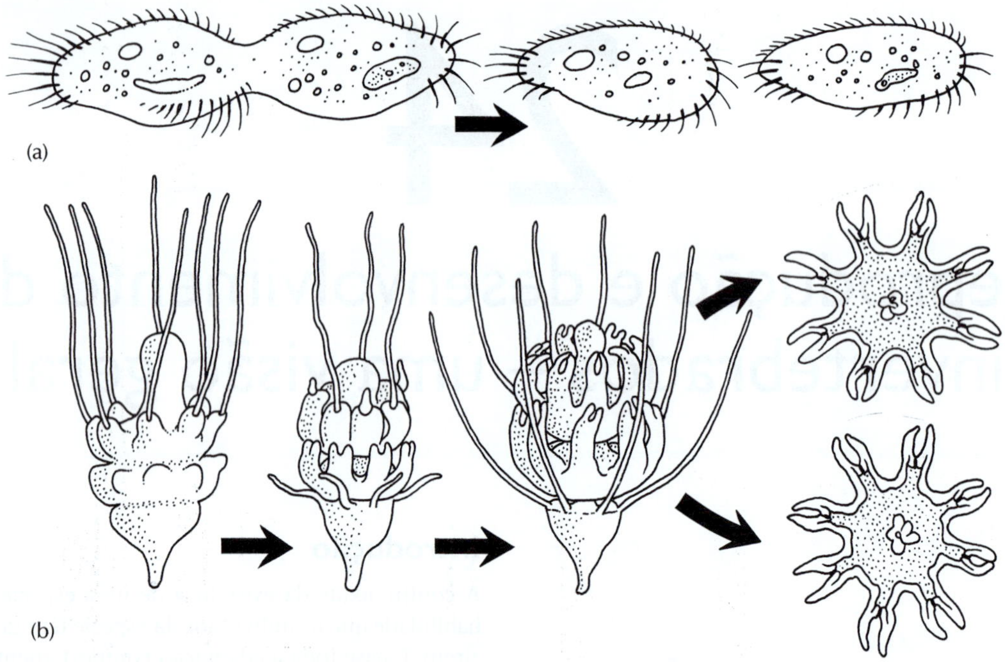

Figura 24.1

(a) Fissão binária em um protozoário ciliado. (b) Estrobilação no cifozoário *Stomolophus meleagris,* culminando na liberação de numerosas éfiras.

(b) De D. R. Calder em *Biological Bulletin,* 162:149, 1982. Copyright © 1982 *Biological Bulletin.* Reimpressa com permissão.

Neste capítulo, são investigados padrões de reprodução e desenvolvimento nos invertebrados, são identificados alguns dos grupos mais proximamente associados a esses padrões e é considerada a importância ecológica - isto é, os prováveis benefícios adaptativos - dos vários padrões discutidos. Padrões de clivagem, modos de formação do celoma e outras características do processo embriológico inicial dos metazoários estão resumidas no Capítulo 2. O objetivo deste capítulo é colocar a reprodução e o desenvolvimento em seus contextos ecológicos e evolutivos.

Reprodução assexuada

A reprodução entre invertebrados pode ser sexuada ou assexuada. A reprodução sexuada sempre envolve a união de material genético fornecido por dois genomas. A reprodução assexuada, por outro lado, é a reprodução na ausência de fertilização (sem a união de gametas). A cronologia dos eventos reprodutivos sexuados e assexuados é controlada por fatores ambientais e internos.[1]

A reprodução assexuada é frequentemente um processo de replicação exata; nestas instâncias, excetuando-se mutação, a prole produzida assexuadamente é geneticamente idêntica ao progenitor. Essa forma de reprodução assexuada (**ameiótica**; i.e., sem meiose) é incapaz de adicionar diversidade genética a uma população. Por outro lado, através da reprodução assexuada, um único indivíduo pode contribuir para um crescimento potencialmente rápido do tamanho da população, excluindo prováveis competidores e inundando a população com um genótipo particularmente bem-sucedido.

A reprodução assexuada não precisa envolver a produção de óvulos por uma fêmea. Em esponjas (poríferos), antozoários, hidrozoários, cifozoários, briozoários, taliáceos e alguns protozoários e ascídias, por exemplo, a reprodução assexuada se realiza por meio do brotamento de novos indivíduos a partir de indivíduos preexistentes (Fig. 24.1). Entre os Protozoa, a replicação geralmente se dá por meio de fissão binária. Nos Trematoda, a reprodução assexuada tem forma de replicação ameiótica das fases larvais, aumentando muito a probabilidade de que cada genótipo encontre um hospedeiro compatível. De modo similar, larvas de muitos dípteros formadores de galhas (classe Insecta), que se alimentam de fungos, produzem internamente mais larvas geneticamente idênticas a si mesmas, aumentando a probabilidade de que um determinado genótipo vá, eventualmente, localizar um fungo compatível. Em alguns outros grupos, como Anthozoa, Ctenophora, Turbellaria, Rhynchocoela, Polychaeta, Asteroidea e Ophiuroidea, partes do corpo podem ser destacadas do adulto (ou mesmo da larva, em algumas espécies de asteroides, ofiuroides e equinoides)[2] para que se regenerem e se tornem novos indivíduos morfologicamente completos (Fig. 24.2).

A produção de óvulos está intimamente envolvida na reprodução assexuada ameiótica de muitas outras espécies invertebradas. Entre artrópodes e rotíferos selecionados, a reprodução assexuada se dá na forma de **partenogênese**,

[1]Ver *Tópicos para posterior discussão e investigação,* nº 1 e 2, no final deste capítulo.

[2]Ver *Tópicos para posterior discussão e investigação,* nº 14, no final deste capítulo.

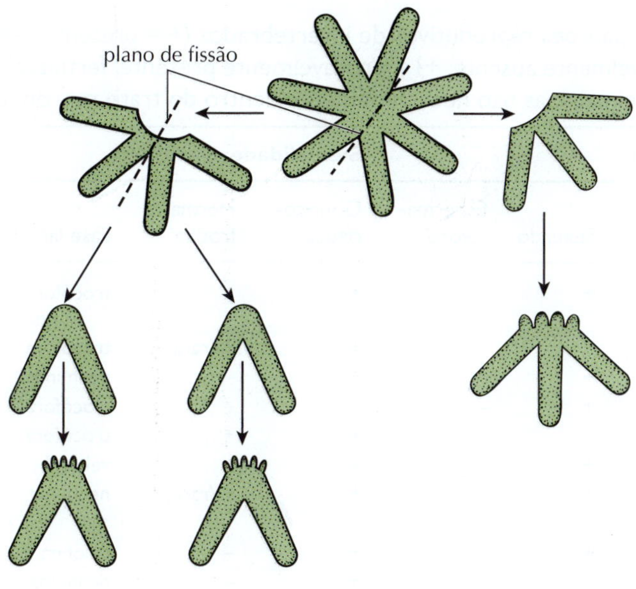

(a)

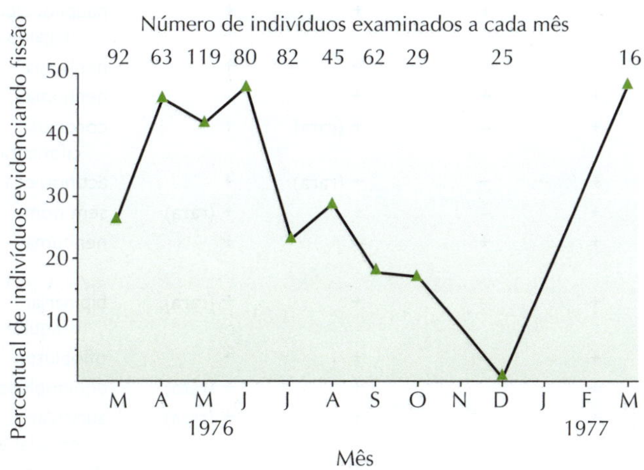

(b)

Figura 24.2

(a) Reprodução assexuada no asteroide *Nepanthia belcheri*. Esta espécie rotineiramente realiza fissão, na qual adultos de seis ou sete braços se dividem para formar indivíduos de dois ou três braços, que, então, começam a se regenerar até formarem todo o complemento de braços. (b) A frequência percentual de fissão variou entre 0 e quase 50% da população no decorrer de um ano. O número de indivíduos examinados a cada mês é indicado no topo do gráfico.
Baseada em Ottesen e Lucas em *Marine Biology*, 69:223, 1982.

em que os óvulos se desenvolvem até a idade adulta na ausência de fertilização. Apesar de parecer simples, pode haver complicações pouco usuais. Em alguns ácaros e carrapatos (classe Arachnida), por exemplo, as fêmeas não podem ovopositar a menos que primeiro copulem com um macho, mesmo que os óvulos nunca sejam fertilizados e o macho não faça contribuição genética alguma à prole. Isso é denominado **pseudogamia** (do grego, falso casamento). Algo similar ocorre em vários besouros, porém machos não existem em algumas espécies. Nesses casos, as fêmeas copulam com machos de espécies próximas; apesar de não ocorrer união de gametas, os óvulos não se desenvolverão se não entrarem em contato com espermatozoides.

Em outros grupos invertebrados, a reprodução assexuada pode envolver meiose, de modo que há pareamento e segregação de cromossomos, e novas combinações genéticas podem ser geradas, apesar da ausência de contribuição genética de um segundo indivíduo. Esta ocorre em alguns protozoários e nematoides, ambos parasitos e de vida livre, porém, é mais comumente encontrada entre artrópodes, sobretudo insetos e aracnídeos. Como mostrado na Tabela 24.1, a reprodução assexuada é comum entre invertebrados. De fato, reprodução sem fertilização é a forma primária de reprodução em diversas espécies. Observe que, com poucas exceções, a reprodução assexuada requer a presença de apenas um indivíduo.

Tabela 24.1 Resumo de padrões reprodutivos de invertebrados (+ = presente; – = ausente; ? = desconhecido; –? = provavelmente ausente; +? = provavelmente presente; fertilização interna = dentro do corpo do animal, mas não necessariamente dentro do trato reprodutivo)

	Modo reprodutivo			**Sexualidade**			**Fertilização**	
Grupo taxonômico	Assexuado	Sexuado	Espermatóforo	Gonocorística	Hermafrodita	Fase larval	Interna	Externa
Bivalvia	–	+	–	+	+	trocófora, véliger	+ (rara)	+
Polyplacophora	–	+	–	+	+ (rara)	trocófora	+ (rara)	+
Cephalopoda	–	+	+	+	–	nenhuma	+	–
Scaphopoda	–	+	–	+	–	trocófora	–	+
Aplacophora	–	+	–?	+	+	trocófora	+?	+?
Monoplacophora	–	+	–	+	–	véliger?	–?	+?
Nematoda	+	+	–	+	+ (rara)	nenhuma	+	–
Arthropoda								
Merostomata	–	+	–	+	–	trilobita	–	+
Arachnida	–	+	+	+	–	nenhuma	+	–
Chilopoda	–	+	+	+	–	nenhuma	+	–
Diplopoda	–	+	+	+	–	nenhuma	+	–
Insecta	+	+	+	+	+ (rara)	larva, pupa	+	–
Crustacea	+	+	+	+	+	náuplio, cípris, zoé, megalopa	+	+ (rara)
Tardigrada	+	+	–	+	+	nenhuma	+	–
Onychophora	–	+	+	+	–	nenhuma	+	–
Bryozoa	+	+	–	+ (rara)	+	coronada, cifonauta	+	+ (rara)
Phoronida	+	+	+	+ (rara)	+	actinotroca	+	+ (rara)
Brachiopoda	–	+	–	+	+ (rara)	sem nome	+	+ (rara)
Chaetognatha	–	+	+	–	+	nenhuma	+	–
Echinodermata								
Asteroidea	+	+	–	+	+ (rara)	bipinaria, braquiolária	+ (rara)	+
Ophiuroidea	+	+	–	+	+	ofioplúteo	+	+
Echinoidea	–	+	–	+	+ (rara)	equinoplúteo	+ (rara)	+
Holothuroidea	–	+	–	+	+ (rara)	auriculária, doliolária	–	+
Crinoidea	–	+	–	+	–	doliolária	+	+
Hemichordata								
Enteropneusta	+ (rara)	+	–	+	–	tornária	–	+
Xenoturbellida	?	+	–	–	+	?	?	?
Urochordata								
Ascidiacea	+	+	–	+ (rara)	+	girinoide	+	+
Larvacea	–	+	–	+ (rara)	+	nenhuma	–?	+?
Thaliacea	+	+	–	–	+	nenhuma	+	–
Cephalochordata	–	+	–	+	+ (rara)	sem nome	–	+

Reprodução sexuada

Padrões de sexualidade

Apesar de muitos invertebrados se reproduzirem assexuadamente, a reprodução sexuada, que requer a fusão de gametas haploides, é bastante comum. Em geral, dois indivíduos estão envolvidos em realizar essa função. Além disso, a composição genética da prole é sempre distinta à de um ou outro pai. De fato, essa parece ser a maior vantagem seletiva de reproduzir-se sexuadamente; ao aumentar a diversidade genética entre populações, a reprodução sexuada facilita a rápida adaptação a condições ambientais adversas.[3] Os dois pais são geralmente de sexos diferentes, caso que caracteriza uma espécie como **gonocorística** ou **dioica**. Alternativamente, um único indivíduo pode ser fêmea e macho, seja ou simultaneamente (**hermafroditismo simultâneo**) ou em sequência (**hermafroditismo sequencial**) (Tabela 24.2).

[3]Ver *Tópicos para posterior discussão e investigação*, nº 11, no final deste capítulo.

Tabela 24.2 Formas de sexualidade encontradas entre invertebrados

Termo	Forma
Gonocorístico (dioico)	♂ ou ♀
Hermafrodita simultâneo	♂ + ♀
Hermafrodita sequencial	
Protândrico	♂ → ♀
Protogínico (relativamente raro)	♀ → ♂

O hermafroditismo é comum entre invertebrados, como mostrado na Tabela 24.1. A ostra da Costa Leste (golfo do México e América do Norte), *Crassostrea virginica*, é um bom exemplo de espécie que exibe hermafroditismo sequencial. A ostra jovem nasce como macho, depois vira fêmea e ainda apresenta a possibilidade de mudar de sexo mais vezes de anos em anos. A maioria dos hermafroditas sequenciais muda de sexo apenas uma vez e geralmente a mudança é de macho para fêmea. Esse processo é chamado de como **hermafroditismo protândrico** ou **protandria** (do grego, *prot* = primeiro; *andros* = macho).

Ao contrário das espécies que mudam de sexo com o passar do tempo, vários invertebrados, incluindo a maioria dos ctenóforos e cestódeos, são hermafroditas simultâneos (Fig. 24.3). A autofertilização é rara entre hermafroditas simultâneos, embora possa ocorrer, como em Cestoda e entre algumas espécies de corais, poliquetas, briozoários, gastrotríqueos, cnidários e cirripédios. Uma vantagem do hermafroditismo simultâneo é que um encontro entre quaisquer dois indivíduos maduros pode resultar em um acasalamento de sucesso. Isso é especialmente vantajoso em animais sésseis, como cracas (Crustacea: Cirripedia). De fato, os benefícios do hermafroditismo simultâneo são tão conspícuos, que é de se perguntar, por que esse padrão reprodutivo é tão raro entre vertebrados. Possivelmente, os sistemas reprodutivos e os comportamentos dos vertebrados mais avançados se tornaram tão complexos e especializados que indivíduos com dois sexos seriam simplesmente impraticáveis. Talvez isso seja lamentável: muitas desigualdades frequentemente observadas em sociedades humanas seriam improváveis em uma sociedade de hermafroditas simultâneos.

Os benefícios do hermafroditismo sequencial são menos evidentes. Mudanças de sexo dependentes da idade podem deter a autofecundação (uma forma bastante extrema de endogamia) em espécies hermafroditas. Além disso, pode ser mais energeticamente eficiente ter um só sexo quando se é um organismo pequeno e o outro sexo quando se é grande. Certamente, um único espermatozoide requer menos material estrutural e nutrientes do que um único óvulo e, por isso, é menos custoso para ser produzido. O custo total da reprodução, porém, vai depender do número total de gametas produzidos, do custo individual de cada gameta e da quantidade de energia despendida em obter um parceiro e proteger a prole; pode ser ou não menos custoso ser um macho, depende da espécie.

Curiosamente, a maioria dos indivíduos que troca de sexo – independentemente do grupo taxonômico – o faz quando atingem cerca de 72% de seu tamanho corporal máximo (Fig. 24.4). Ainda não é claro porque essa característica é tão generalizada.

Em algumas espécies de invertebrados, o sexo e a proporção entre sexos são controlados por simbiontes microscópicos, como microsporídeos (Capítulo 3) ou bactérias do gênero *Wolbachia*. As bactérias *Wolbachia*, que ocorrem em muitas espécies de insetos, aracnídeos, crustáceos e nematoides parasitos (ver p. 443), são transmitidas à próxima geração de hospedeiros exclusivamente através do citoplasma dos óvulos; os espermatozoides não têm citoplasma suficiente para acomodar o simbionte. Surpreendentemente, os simbiontes ou matam a prole masculina, aumentando a proporção de hospedeiras fêmea na população, ou alteram,

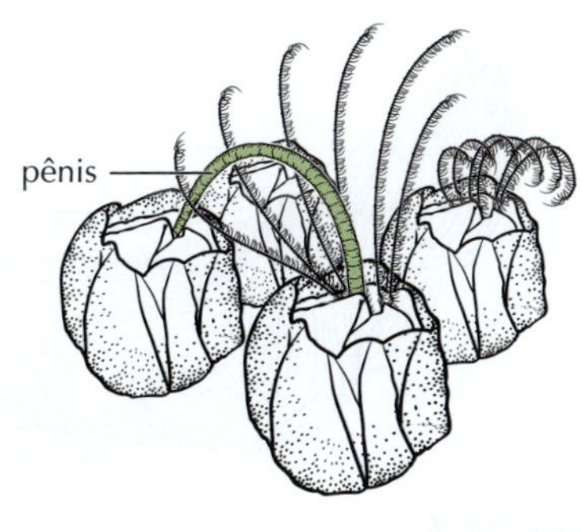

(a)

(b)

Figura 24.3

(a) Cópula entre cirripédios. Cracas são hermafroditas simultâneas, uma vantagem definitiva para indivíduos que são incapazes de se locomover quando adultos; quaisquer dois indivíduos adjacentes são parceiros potenciais. (b) Cada lebre-do-mar, *Aplysia brasiliana* (Gastropoda: Opisthobranchia), sustenta um pênis no lado direito da cabeça e uma abertura vaginal na parte posterior. A inseminação mútua é comum. Os indivíduos no meio da cadeia ilustrada estão atuando simultaneamente como machos e fêmeas.

(a) Segundo Barnes e Hughes. (b) Baseada em Purves e Orians, *Life: The Science of Biology*, 2d ed. 1983.

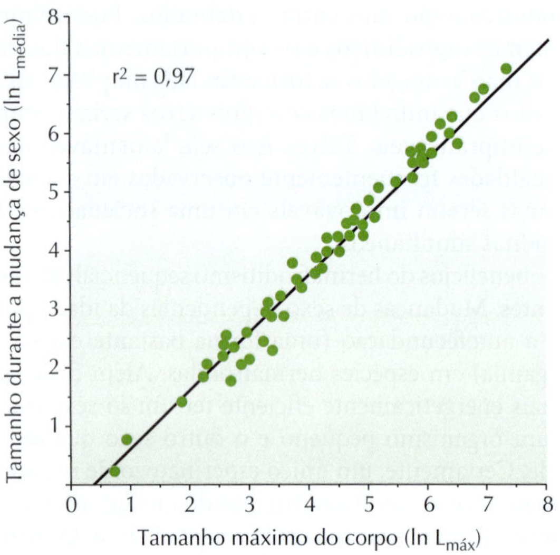

Figura 24.4

Hermafroditas sequenciais geralmente trocam de sexo quando atingem 72% de seu tamanho máximo. A figura apresenta dados de 77 espécies de animais representando moluscos, crustáceos, equinodermas e cordados (peixes). O valor do r^2 significa que 97% da variação no tamanho corporal médio quando ocorre a mudança de sexo em cada espécie é explicada pelas diferenças no tamanho máximo do corpo.

Baseada em Allsop, D. J. e S.A.West. 2003. Changing sex at the same relative body size. *Nature* 425:783-84.

de alguma forma, o mecanismo hormonal da prole do hospedeiro, de modo que os machos se desenvolvem funcionalmente como fêmeas.[4]

Diversidade de gametas

Gametas de invertebrados apresentam uma considerável diversidade de estrutura e, frequentemente, de função. Alguns invertebrados produzem uma porcentagem de óvulos que não poderão ser fertilizados e/ou completar seu desenvolvimento após a fertilização. Esses **ovos tróficos** são fundamentalmente consumidos por embriões vizinhos (Fig. 24.5). Ovos tróficos são especialmente comuns entre os Gastropoda. O esperma também possui um alto nível de diversidade funcional. Muitas espécies de invertebrados produzem apenas uma porcentagem de espermatozoides normais; isto é, espermatozoides que contêm DNA haploide e são capazes de fertilizar um óvulo e promover o desenvolvimento subsequente do embrião. Esse é o espermatozoide **eupirene**. Outros espermatozoides podem exercer um papel não direto no desenvolvimento por conterem excesso ou carência de cromossomos. Em casos extremos, os espermatozoides anormais podem carecer totalmente de cromossomos; isto é, são espermatozoides **apirenes**. A produção de espermatozoides apirenes é especialmente comum entre gastrópodes e insetos (Fig. 24.6). A importância funcional de espermatozoides apirenes e de outras formas atípicas ainda permanece como especulação.[5] Possivelmente, possibilitam transporte ou nutrição aos espermatozoides eupirenes que estão associados a eles.

[4]Ver *Tópicos para posterior discussão e investigação*, nº 15, no final deste capítulo.
[5]Ver *Tópicos para posterior discussão e investigação*, nº 6, no final deste capítulo.

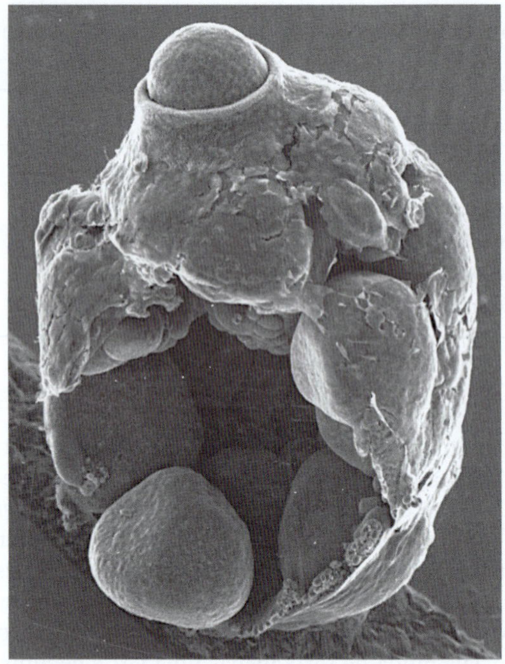

Figura 24.5

Ingestão de ovos tróficos durante o desenvolvimento de um gastrópode prosobrânquio. Um embrião da espécie marinha *Searlesia dira* é mostrado enquanto ingere um único ovo trófico. Uma porção da parede do corpo foi removida, revelando ovos tróficos ingeridos anteriormente. Cada ovo trófico tem aproximadamente 230 μm de diâmetro.

Cortesia de Brian Rivest, de Rivest, 1983. *J. Exp. Marine Biol. Ecol.* 69:217. © Elsevier Science Publishers, Physical Sciences e Engineering Division.

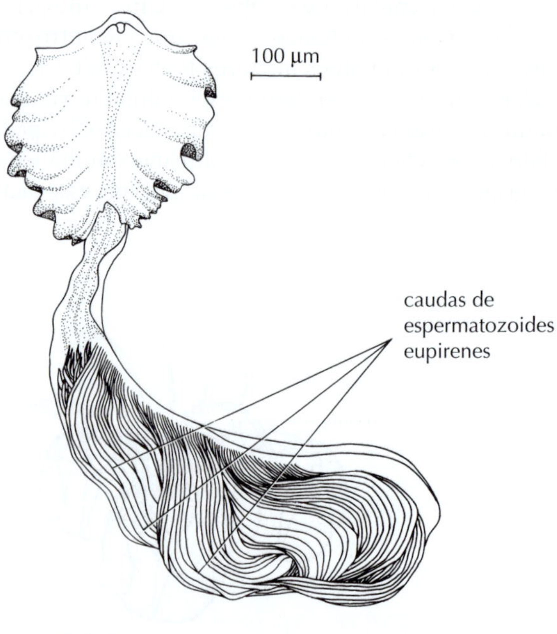

Figura 24.6

Um espermatozoide apirene gigante do gastrópode marinho *Cerithiopsis tubercularis*, com milhares deespermatozoides eupirenes anexados em sua cauda. Essa forma de espermatozoide apirene, chamada de *espermatozeugmata*, pode servir para transportar os espermatozoides eupirenes até o *óvulo*.

De V. Fretter e A. Graham, *A Functional Anatomy of Invertebrates*. Copyright © 1976 Academic Press. Reimpressa, com permissão, de Harcourt Brace & Company Limited, London, England.

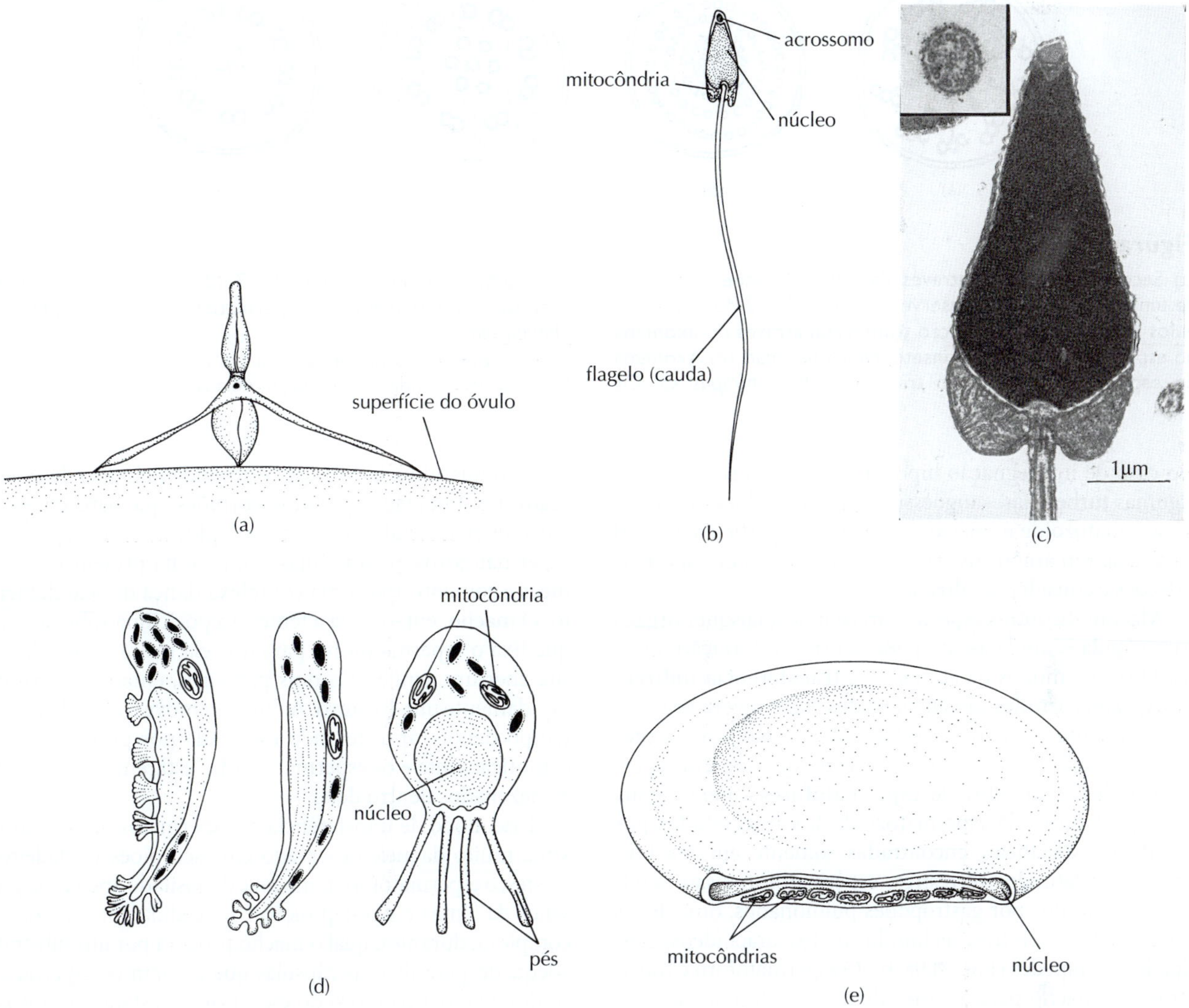

Figura 24.7

Diversidade de gametas. (a) O espermatozoide do tipo tripé do crustáceo *Galathea* sp. O espermatozoide está prestes a penetrar o óvulo. (b) Espermatozoide de ouriço-do-mar. (c) Micrografia eletrônica de transmissão do espermatozoide de um ouriço-do-mar (apenas extremidade da cabeça). (d) O espermatozoide aflagelado dos vermes gnatostomulídeos (acelomados intersticiais). Esse espermatozoide usa estruturas semelhantes a pés para mover-se. (e) O espermatozoide em forma de disco do inseto, *Eosentomon transitorium*.

(a) De Kume e Dan, 1968. *Invertebrate Embryology*. Washington, D.C.: National Science Foundation. Segundo Kortzoff. (c) Cortesia de K. J. Eckelbarger. De Eckelbarger et al., 1989. *Biological Bulletin* 176:257-71. © Com permissão de *Biological Bulletin*. (d) De Bacetti & Afzelius, "Biology of the Sperm Cell" em *Monographs in Developmental Biology*, No. 10. Copyright © 1976 S. Karger, AG, Basel, Switzerland. (e) De Bacetti e Afzelius; segundo Bacetti et al.

Uma considerável diversidade morfológica existe mesmo entre espermatozoides normais de invertebrados (Fig. 24.7), e o arranjo dos microtúbulos dentro do axonema (ver Capítulo 3, p. 40) frequentemente foge do usual arranjo 9 + 2 (Fig 24.8). De fato, os espermatozoides de algumas espécies não apresentam flagelo algum. Neste caso, o espermatozoide é incapaz de realizar qualquer movimento ou se movimentam como ameboides. Espermatozoides aberrantes são encontrados com especial frequência entre os Arthropoda. Os espermatozoides não flagelados de uma espécie particular de mosca-das-frutas têm quase 6 cm de comprimento quando estendidos, mais do que 20 vezes o comprimento da própria mosca.

Juntando os gametas

Todo desenvolvimento sexuado começa com a fertilização de um óvulo haploide; o desafio, então, é fazer óvulos e espermatozoides se encontrarem. Invertebrados demonstram uma variedade de modos de promover essa união. Em terra ou água doce, a fertilização do óvulo é, com raras exceções, interna, por razões apresentadas no Capítulo 1 (esses ambientes são normalmente muito secos ou osmoticamente estressantes para a sobrevivência de gametas expostos). A fertilização interna pode ser realizada de diversas formas. Machos de muitas espécies de invertebrados são equipados com um pênis, com o qual o espermatozoide é transferido diretamente para dentro da abertura genital feminina.

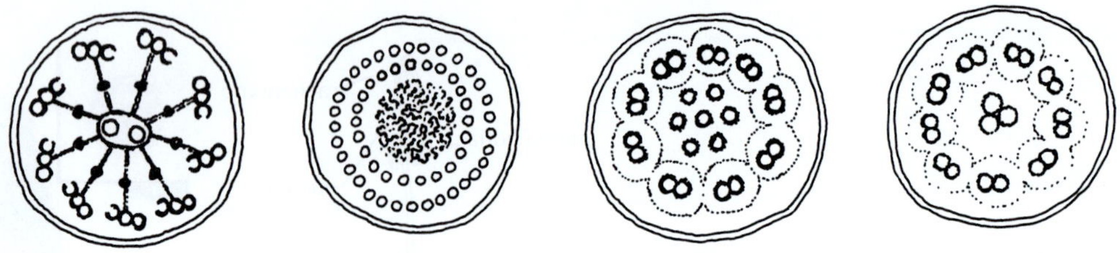

Figura 24.8

(a) Secção transversal através da cauda do espermatozoide de um ouriço-do-mar. Observe o arranjo 9 + 2 dos microtúbulos no axonema. (b) Secção transversal através do axonema do espermatozoide de um inseto, *Parlatoria oleae*. (c) Axonema do espermatozoide de um tricóptero, *Polycentropus* sp. Os microtúbulos têm um arranjo 9 + 7. (d) Arranjo 9 + 3 dos microtúbulos no axonema no espermatozoide da aranha *Pholeus phalangioides*.

De Bacetti e Afzelius, "Biology of the Sperm Cell" em *Monographs in Developmental Biology*, No. 10. Copyright © 1976 S. Karger, AG, Basel, Switzerland.

No caso de impregnação hipodérmica, como ocorre entre algumas turbelárias, sanguessugas, gastrópodes e rotíferos, o espermatozoide é injetado à força na superfície corporal da fêmea. Em ambos os casos, a transferência de espermatozoides é considerada **direta**.

Machos de outras espécies carecem de quaisquer órgãos para cópula e, ainda assim, pode ocorrer fertilização interna. Diversos modos de atingir essa **transferência indireta de espermatozoides** são encontrados entre invertebrados.[6] Normalmente, o espermatozoide é encapsulado em pacotes de complexidade variada. Esses pacotes que contêm espermatozoides, chamados de **espermatóforos** (literalmente, "transportadores de espermatozoide"), são secretados por glândulas específicas, encontradas somente em machos. Entre invertebrados terrestres, espermatóforos são geralmente utilizados por gastrópodes pulmonados, onicóforos e artrópodes terrestres, incluindo insetos, aracnídeos, centípedes e milípedes (Fig. 24.9a, b). O espermatóforo é transferido do macho para a fêmea de diversas formas. Em todos os colêmbolos e alguns pseudoescorpiões (Arthropoda: Arachnida), por exemplo, não há acasalamento algum. Machos depositam o espermatóforo em substratos adequados sem a presença da fêmea. As cápsulas de espermatozoide são localizadas pela fêmea ou quimiotaticamente ou, em algumas espécies de pseudoescorpiões, seguindo uma trilha de seda secretada pelo macho. Uma vez que a fêmea tenha encontrado o espermatóforo, ela o insere em sua abertura genital, descarregando os espermatozoides de dentro do espermatóforo. O mecanismo parece ser surpreendentemente eficiente para realizar a fertilização interna em espécies em que a proximidade de um indivíduo com o outro frequentemente provoca ataque físico ou mesmo canibalismo. Alguns insetos implantam o espermatóforo na fêmea através de um órgão copulatório. Esse seria um exemplo de transferência direta de espermatozoides, mesmo que envolva espermatóforo.

Ao contrário do exemplo do pseudoescorpião, a fertilização interna geralmente requer um alto grau de cooperação entre os pares de indivíduos, e é comumente precedida por cerimoniais de corte. Isso é necessário principalmente quando a fertilização se dá pela copulação, mas é também comum quando a fertilização é atingida pelo uso de espermatóforo. Em alguns pseudoescorpiões, que parecem estar entre os mais evoluídos, por exemplo, machos depositam espermatóforos no solo, mas somente na presença das fêmeas e somente após uma complexa dança de acasalamento. O macho, então, guia a fêmea e a posiciona sobre a haste que fixa o espermatóforo, para que ela insira a cápsula em sua abertura genital. Os dois parceiros, então, se separam rapidamente um do outro. A fêmea remove a cápsula pouco tempo depois, após ter sido esvaziada por pressão gerada osmoticamente e os espermatozoides estarem seguramente armazenados dentro dela.

Esse modo de transferência de espermatozoides se aproxima muito daquele observado em escorpiões verdadeiros. Nestes, o espermatóforo também é depositado apenas na presença da fêmea e sua deposição é precedida por uma dança complexa, durante a qual o macho procura por um substrato adequado para fixar as cápsulas que contêm os espermatozoides. O espermatóforo do escorpião é bastante complexo, possui um sistema nivelador de ejeção de espermatozoides mecanicamente operado (Fig. 24.9a). Novamente, o macho posiciona a fêmea para que sua abertura genital fique sobre a cápsula (Fig. 24.10). A cápsula é, então, inserida na abertura genital apenas o suficiente para operar o nivelador do espermatóforo; dessa forma, os espermatozoides são removidos e armazenados para serem usados no futuro.

Em alguns outros aracnídeos, a importância funcional do espermatóforo é significativamente aparente. Os machos de algumas espécies subjugam fisicamente a fêmea, abrem seu poro genital, depositam o espermatóforo no chão, pegam-no com as quelíceras, inserem o espermatóforo na abertura genital da fêmea, fecham a abertura e partem. A transferência de espermatóforo em centípedes e milípedes segue um roteiro similar, exceto que a fêmea voluntariamente pega e insere a cápsula de espermatozoides, fazendo em seguida uma elaborada dança de acasalamento. Claramente, o espermatóforo é um substituto funcional de um órgão copulatório para transportar espermatozoides até a fêmea.

Em alguns grilos e vários outros artrópodes terrestres, a fêmea se alimenta de uma parte especializada do espermatóforo, tanto durante quanto após a transferência de espermatozoides. Nesses casos, o "presente nupcial" ocupa a atenção da fêmea por algum tempo, aumentando a probabilidade de

[6] Ver *Tópicos para posterior dicussão e investigação*, nº 3, no final deste capítulo.

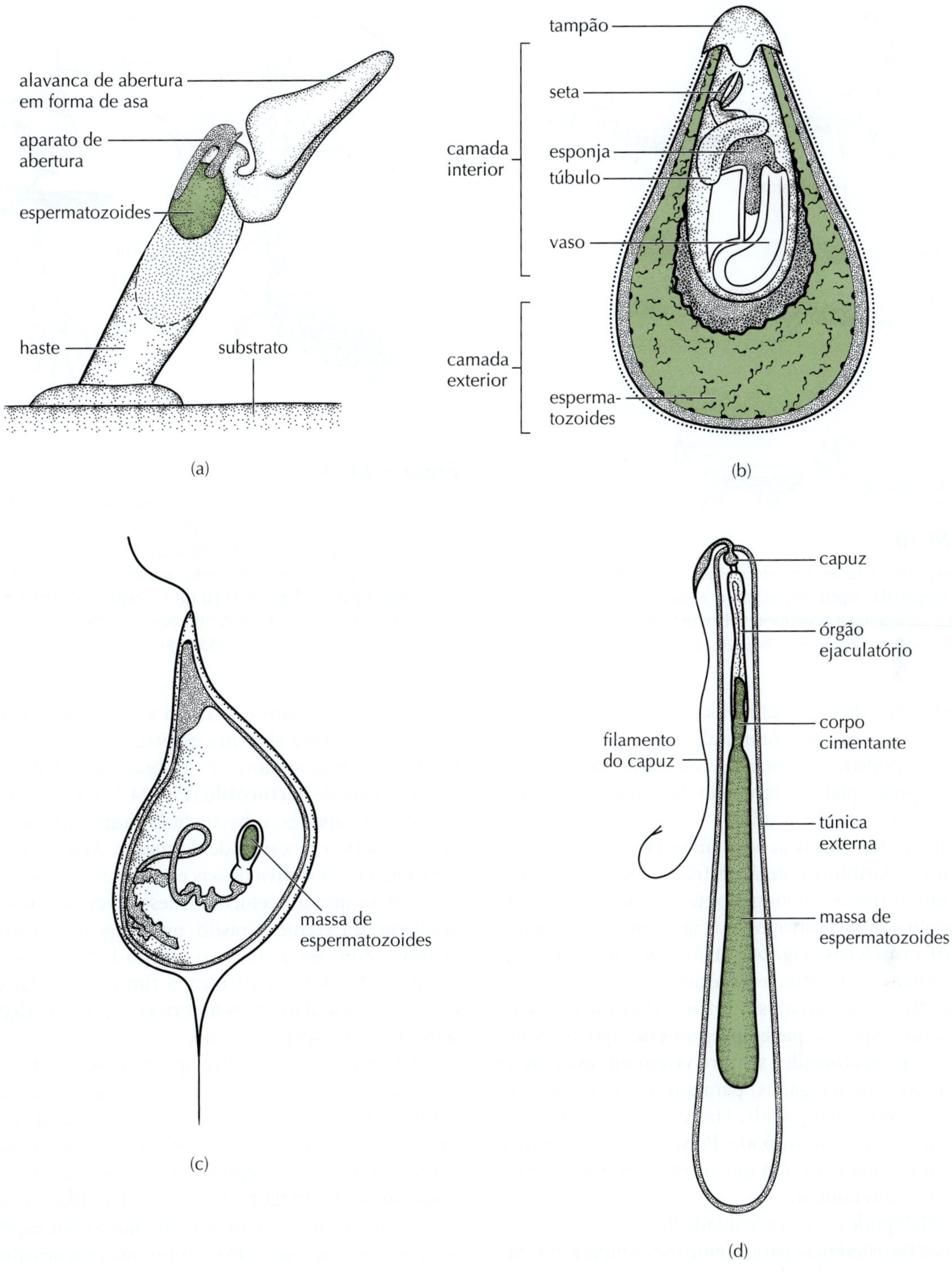

Figura 24.9

(a) Espermatóforo de um escorpião. (b) Secção longitudinal através do espermatóforo de um carrapato (Arachnida). Depois de transferido para a fêmea, as camadas externas do espermatóforo se alongam em um período de um minuto. A extremidade da parte interior do espermatóforo, então, se abre e, em um segundo adicional, a seta, o túbulo, a esponja e o vaso são expelidos do espermatóforo, descarregando os espermatozoides. (c) Espermatóforo de um gastrópode vermetídeo, tentativamente identificado como *Dendropoma platypus*. (d) Espermatóforo de um cefalópode.

(a) De Barnes, 1980. *Invertebrate Zoology*, 4th ed. Orlando, Florida: W. B. Saunders College Publishing. Segundo Angermann. (b) Baseada em Feldman-Muhsam, em *Journal of Insect Physiology*, 29:449, 1983. (c) De Hadfield e Hopper em *Marine Biology*, 57:315, 1980. Copyright © 1980 Springer-Verlag, Heidelberg, Germany. Reimpressa com permissão. (d) De Brown, *Selected Invertebrate Types*. 1950. John Wiley & Sons, New York.

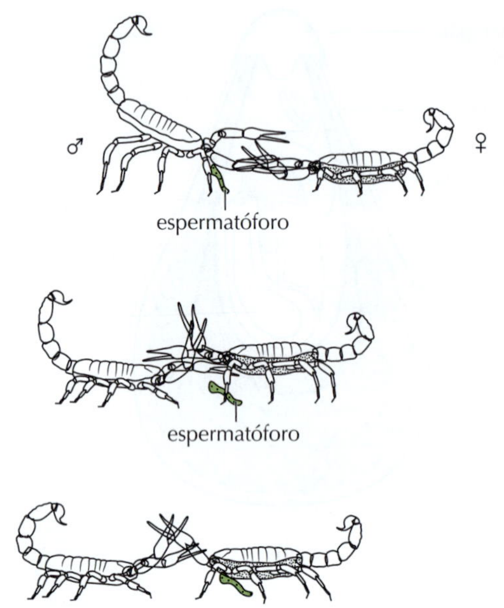

Figura 24.10

Troca de espermatóforos em escorpiões. O macho está representado à esquerda. Após depositar o espermatóforo, o macho guia a fêmea para que se posicione sobre este [o espermatóforo].

Baseada em Angerman, em *Ziteschrift fur Tierpsychologie*, 14:276, 1957.

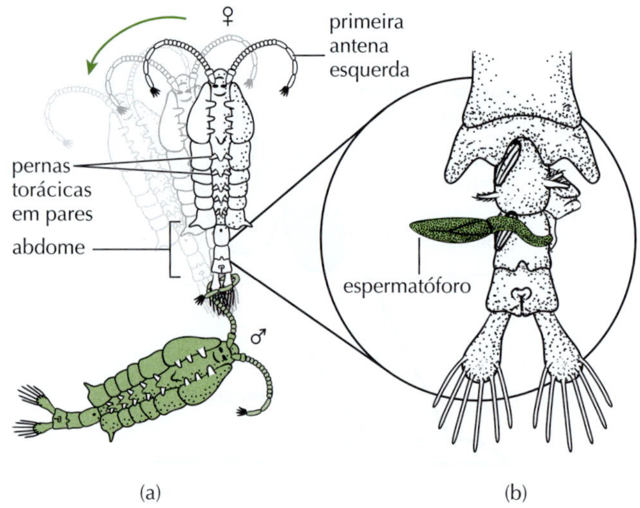

Figura 24.11

Troca de espermatóforo em um copépode marinho, *Centropages typicus* (observado em vista ventral). (a) O macho agarra a fêmea, usando a primeira antena direita articulada. O macho, então, gira a fêmea e segura-a pelo abdome, usando seu quinto apêndice torácico com garra. (Fig. 14.32a). (b) O espermatóforo é mostrado em posição depois de transferido para a fêmea.

Baseada em *Blades in Marine Biology*, 40:57, 1977.

que a transferência de espermatozoides se complete antes que a fêmea remova o espermatóforo, além de contribuir com nutrientes que podem aumentar a fecundidade da fêmea e a qualidade da prole; qualquer resultado claramente aumenta o valor adaptativo do macho doador.

Espermatóforos também são utilizados por diversos invertebrados marinhos e de água fresca. Espermatóforos ocorrem em rotíferos monogonontes, poliquetas, oligoquetas, sanguessugas, gastrópodes (Fig. 24.9c), cefalópodes (Fig. 24.9d), crustáceos (Fig. 24.11), foronídeos, pogonóforos e quetognatos. Em algumas espécies, os espermatóforos são simplesmente descartados no mar e chegam até as fêmeas ao acaso. Espécies que empregam esse tipo de transferência de espermatozoides sempre vivem em associação próxima (p. ex., em agregados) para que a perda de espermatozoides não seja tão grande. Há registros de espermatóforos flutuantes em Gastropoda, Polychaeta, Phoronida e Pogonophora. É mais comum que os machos transfiram o espermatóforo diretamente.

Entre cefalópodes, a complexidade do espermatóforo e seu modo de transferência para a fêmea se compara aos encontrados entre invertebrados terrestres. Os machos geralmente usam seus cromatóforos para exibir padrões de cores específicos de cada espécie para as fêmeas, como um prelúdio para a transferência de espermatozoides. O espermatóforo é uma massa de espermatozoides cilíndrica e comprida (chega a ter mais de 1 metro) e possui um complexo mecanismo de descarga de espermatozoides ativado osmótica ou mecanicamente (Fig. 24.9d). Os espermatóforos de algumas espécies contêm até 10^{10} de espermatozoides. Grandes quantidades de espermatóforos são armazenadas em um reservatório chamado de **saco de Needham**, que se abre para a cavidade do manto. Normalmente, no momento apropriado, o macho pega um, ou mais, espermatóforos do saco de Needham e insere-o na cavidade do manto da fêmea, adjacente à abertura genital. O órgão utilizado para inserir os espermatóforos é um braço altamente modificado, chamado de **hectocótilo** (Fig. 24.12). Em algumas espécies de cefalópodes, o hectocótilo desprende-se do macho ao ser inserido na cavidade do manto da fêmea. Antes que a biologia reprodutiva dessas espécies fosse compreendida, pensava-se que o hectocótilo desconectado do corpo original era um verme parasito, uma suposição razoável. Em algumas espécies de lulas, o macho lança jatos d'água na cavidade do manto da fêmea, a fim de eliminar espermatóforos de acasalamentos anteriores, antes de depositar os seus próprios espermatóforos.

O movimento evolutivo que trouxe invertebrados do mar para a terra e águas doces talvez não tenha sido acompanhado pelo desenvolvimento de sistemas de fertilização totalmente novos, mas sim pela modificação daqueles já existentes. De fato, a reprodução com o uso de espermatóforos ou com cópula pode ser considerada pré-adaptação para a vida terrestre; o desenvolvimento dos espermatóforos pode bem ter sido uma das pré-adaptações que fez possível a transição dos mares para a terra e águas doces.

Em animais marinhos, a fertilização interna também pode realizar-se na ausência de qualquer forma de cópula ou invólucro sofisticado para os espermatozoides. Já que a concentração dos sais dissolvidos nas águas marinhas se aproxima bastante da concentração da maioria das células e tecidos, os espermatozoides podem ser descarregados livremente nas águas salgadas e transportados até a fêmea pelas correntes marinhas. Aquelas espécies de briozoários, equinodermas, bivalves, esponjas e cnidários que têm fertilização interna geralmente se utilizam desse mecanismo.

Uma vez que um óvulo tenha sido fertilizado internamente, os embriões poderão se desenvolver no corpo da

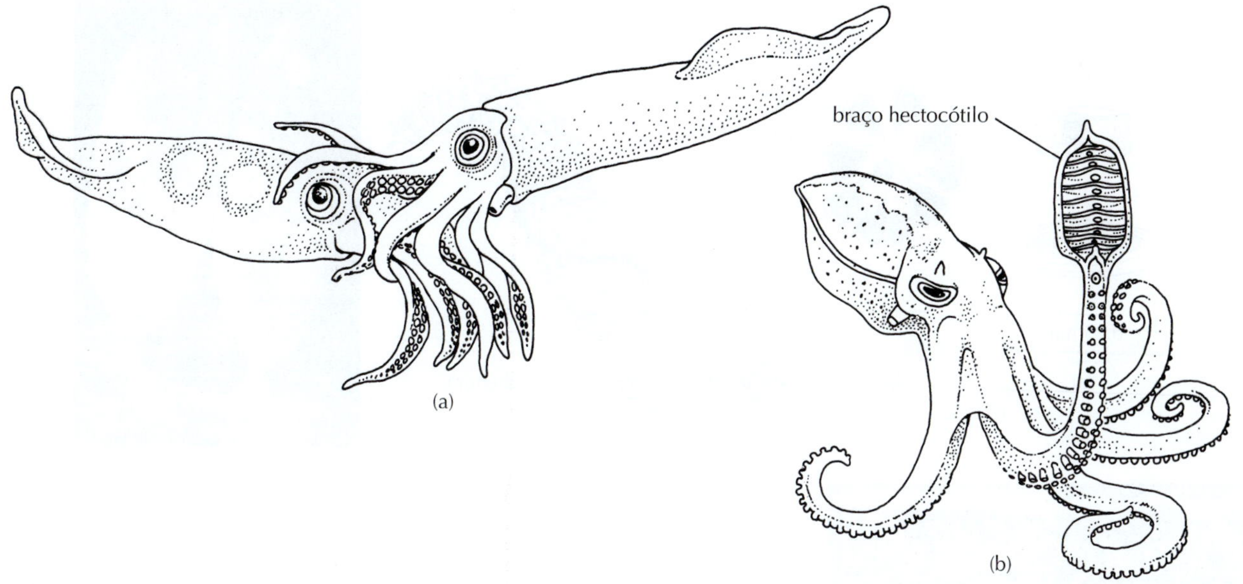

Figura 24.12

(a) Acasalamento da lula *Loligo*. (b) *Octopus lentus*, mostrando o braço modificado em hectocótilo. A extremidade do braço forma uma depressão ampla e côncava, que contém os espermatóforos depois que o macho remove-os de sua cavidade do manto.

(a) Segundo Barnes; segundo R. F. Sisson. (b) Segundo Huxley; segundo Verrill.

fêmea até serem liberados como miniaturas do adulto – como, por exemplo, em algumas ninhadas de gastrópodes, bivalves e ofiuroides.[7] Como alternativa, os ovos fertilizados podem ser embalados em grupos dentro de cápsulas ou massas de ovos, em que são ou protegidos pela fêmea ou afixados ou enterrados ao substrato e, então, abandonados. Essas estruturas encapsuladas são principalmente complexas entre membros do Gastropoda (Fig. 24.13).

Entre invertebrados marinhos, a união de gametas também pode ser realizada na ausência dos complexos mecanismos estruturais e comportamentais geralmente associados à fertilização interna. No oceano, a fertilização pode ocorrer pela liberação coordenada de óvulos e espermatozoides nas águas marinhas circundantes. Essa **fertilização externa** é comum no ambiente marinho, como visto na Tabela 24.1. Na Grande Barreira de Corais, na Austrália, por exemplo, centenas de espécies de corais liberam juntas seus gametas apenas durante algumas noites após uma lua cheia na primavera. Curiosamente, esse evento de desova altamente sincronizado parece ser coordenado pelas mesmas proteínas fotorreceptoras sensíveis à luz azul (criptocromos), conhecidas por engatilharem o ritmo circadiano de insetos e mamíferos.[8] Em qualquer evento de fertilização externa, o percentual de óvulos que efetivamente é fertilizado varia com a velocidade e a direção das correntes de água, a posição dos indivíduos dentro da agregação de desova, o tamanho dessa agregação, o diâmetro dos óvulos, a intensidade com que os óvulos quimicamente atraem os espermatozoides e o quanto a desova é coordenada dentro de uma determinada população.[9]

Formas larvais

O produto de uma fertilização externa geralmente se desenvolve como uma larva de vida livre, nadadora, um indivíduo que cresce e se desenvolve inteiramente na água como um membro do plâncton. Formas larvais também são frequentemente produzidas por espécies que têm fertilização interna, a larva emergindo diretamente da fêmea após um período de incubação, ou de cápsulas de ovos ou massas de ovos. As larvas da maioria das espécies de invertebrados são ciliadas. Os cílios servem para locomoção e, em espécies com larvas que se alimentam, para a coleta de alimentos. A ciliação externa é incompatível com o exoesqueleto de quitina de larvas de artrópodes; entre essas larvas, a locomoção e a captura de alimento se dá através de apêndices especiais (Tabela 24.3). A ciliação externa também é ausente durante o desenvolvimento de nematoides, que ficam enclausurados em uma complexa cutícula. Urocordados e quetognatos constituem as exceções finais à regra geral de larvas marinhas serem ciliadas.

Apesar de larvas de vida livre – exceto larvas de insetos – serem relativamente raras em hábitats de águas frescas, elas são produzidas por algumas esponjas, rotíferas, copépodes e até algumas espécies bivalves (ver p. 265 – p. ex., o problemático mexilhão-zebra, *Dreissena polymorpha*, espécie invasora na América do Norte, e o também problemático mexilhão-dourado, *Limnoperna fornei*, espécie invasora na América do Sul*); seria interessante estudar os mecanismos fisiológicos pelos quais estágios precoces de desenvolvimento lidam com o intenso estresse osmótico imposto pelo ambiente de água doce que os circundam.

---

[7]Ver *Tópicos para posterior discussão e investigação*, nº 8, no final deste capítulo.
[8]Levy, O., L. Appelbaum, W. Leggat, Y. Gothlif, D. C. Hayward, D. J. Miller e O. Houegh-Guldberg. 2007. *Science* 318:467-70.
[9]Ver *Tópicos para posterior discussão e investigação*, nº 9, no final deste capítulo.

*Santos, Cíntia P. dos, Würdig, Norma L. & Mansur, Maria C. D. 2005. *Fases larvais do mexilhão dourado* Limnoperna fortunei *(Dunker) (Mollusca, Bivalvia, Mytilidae) na Bacia do Guaíba*, Rio Grande do Sul, Brasil. *Rev. Bras. Zool.*, 22(3): 702-708. ISSN 0101-8175.

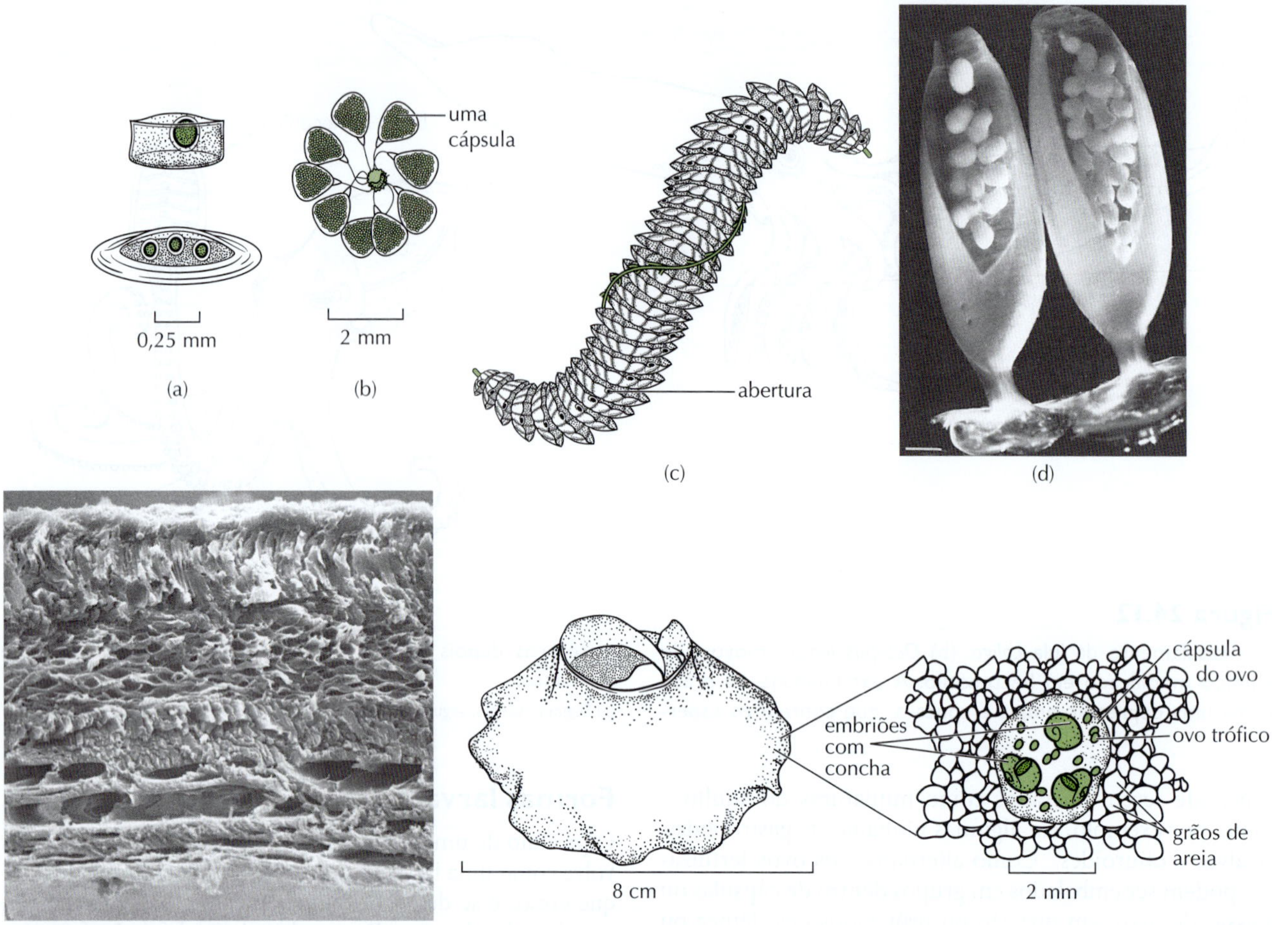

Figura 24.13

Cápsulas de ovos representativas de gastrópodes prosobrânquios marinhos. (a) Cápsulas de ovos planctônicos de dois caramujos, *Littorina littorea* e *Tectarius muricatus*. (b) Feixe de cápsulas de ovos de *Turritella*. (c) Colar de cápsulas de ovos depositado pelo búzio *Busycon carica*. Cada cápsula tem o tamanho aproximado de uma moeda pequena (< 25mm). (d) Cápsulas de ovos do gastrópode marinho *Nucella lapillus*. Parte da parede da cápsula foi removida, revelando numerosos embriões com vitelo dentro de cada cápsula. As cápsulas têm aproximadamente 1 cm de altura. A prole emerge do topo de cada cápsula como miniaturas de caramujo, tendo passado pelo estágio de véliger ainda dentro das cápsulas. (e) Secção transversal (micrografia eletrônica de varredura) da cápsula do ovo do *Nucella* (= *Thais*) *lima*, mostrando a construção complexa e com diversas camadas. A parede tem aproximadamente 55 μm de espessura. (f) Colarinho de areia feito por um gastrópode naticídeo fêmea. (g) Milhares de pequenas cápsulas de ovos estão incorporadas na postura; muitos dos ovos (ovos tróficos) são incapazes de se desenvolver e servem como fonte de alimento para aqueles que se desenvolvem.

(a, b) Baseado em "British Prosobranch Molluscs,Their Functional Anatomy and Ecology," em *British Prosobranch Molluscs* Vol. 161, The Ray Society. (d) Cortesia de R. Stöckman-Bosbach. De Stöckman-Bosbach et al., 1989. *Marine Biology* 102:283-89. © Com permissão de Springer-Verlag. (e) © J. Pechenik, micrografia não publicada. (f) Modificada de diversas fontes. (g) De Fretter e Graham. 1994. *British Prosobranch Molluscs*, 2nd ed. Intercept Scientific, Medical and Technical Publications, U.K.

Os prováveis benefícios adaptativos das formas larvais de vida livre para espécies aquáticas que são de movimento lento ou sésseis quando adultas são: (1) dispersão e troca genética entre populações geograficamente separadas da mesma espécie, (2) rápida recolonização de áreas passíveis de extinção local, (3) probabilidade mínima de endogamia (acasalamento com indivíduos relacionados por ascendência próxima) na geração seguinte e (4) ausência de competição direta com os adultos por comida ou espaço durante o desenvolvimento. O último benefício tem também particular importância para insetos terrestres.

Ao longo da evolução por seleção natural, formas larvais se tornaram cada vez mais bem adaptadas aos seus próprios nichos e podem se parecer pouco com os adultos de suas próprias espécies, seja morfológica ou fisiologicamente (Fig. 24.14). Larvas e adultos podem ser considerados organismos ecologicamente distintos – normalmente exploram hábitats, estilos de vida e fontes de alimento inteiramente diferentes –, que apenas apresentam um genoma em comum. Esse ponto é crucial. Apesar de sua dissimilaridade ecológica, o sucesso da forma de um estágio no ciclo da vida determina necessariamente a existência da outra. Padrões reprodutivos que compreendem duas ou mais fases ecologicamente distintas são denominados **ciclos de vida complexos**.

A transição entre fases de um ciclo de vida complexo geralmente ocorre com uma abrupta revolução morfológica, fisiológica e ecológica, chamada de **metamorfose** (Fig. 24.15).

Tabela 24.3 Formas larvais representativas de invertebrados

Filo	Forma larval característica	Adulto	Página de referência
Porifera	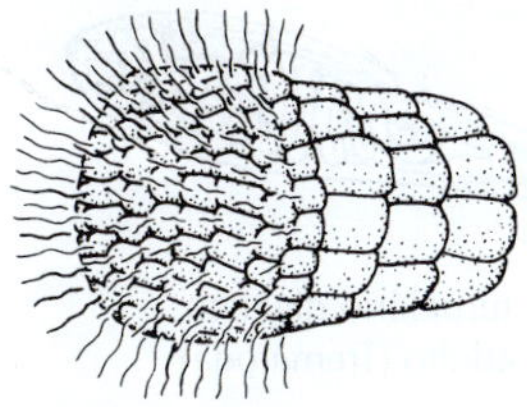 anfiblástula	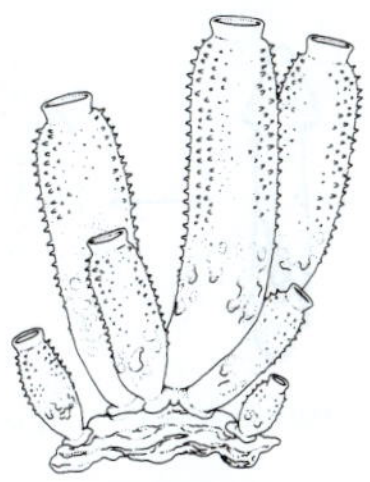 esponja	88
Cnidaria (= Coelenterata)	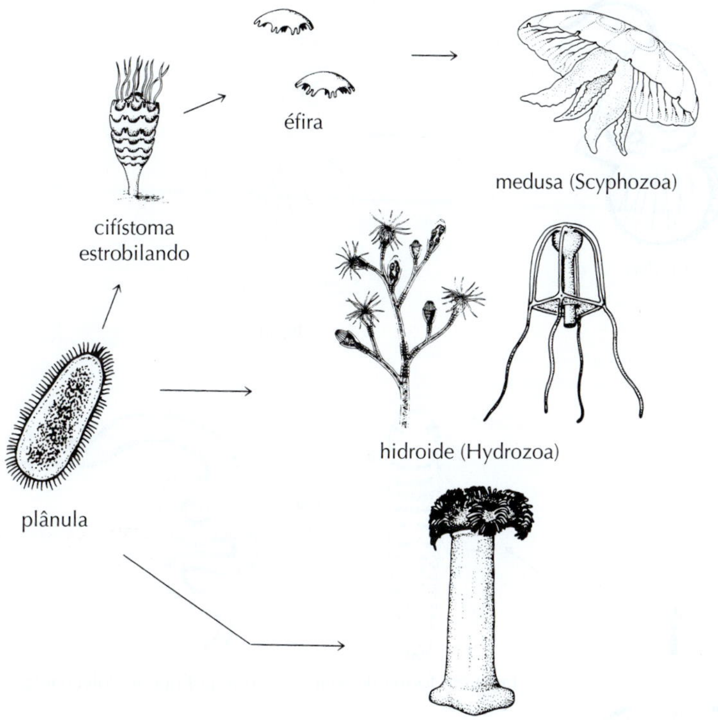 cifístoma estrobilando; éfira	medusa (Scyphozoa)	105
	plânula	hidroide (Hydrozoa)	109
		anêmona (Anthozoa)	118
Platyhelminthes	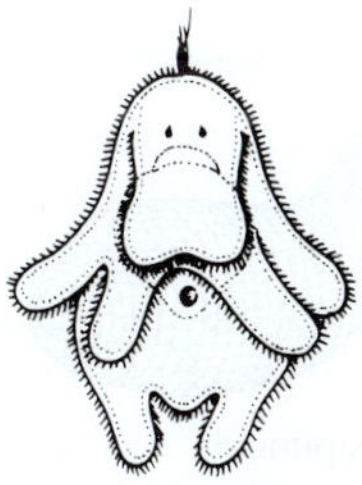 larva de Müller	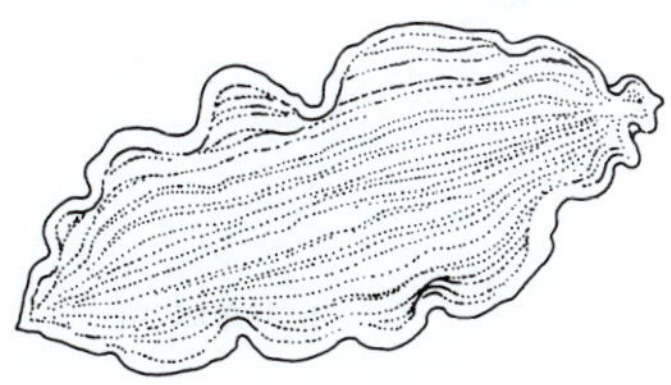 verme-chato (Turbellaria)	153

(Continua na próxima página.)

Tabela 24.3 (*Continuação*)

Filo	Forma larval característica	Adulto	Página de referência
Platyhelminthes (*continuação*)	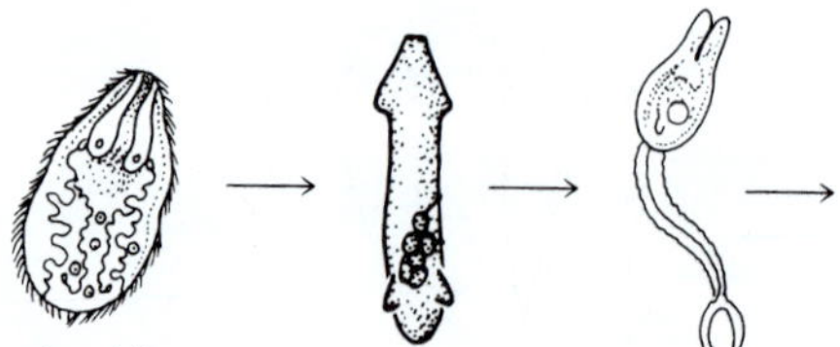 miracídio → rédia → cercária →	 turbelário digêneo adulto (Trematoda)	159
Nemertea (= Rhynchocoela)	 pilídeo →	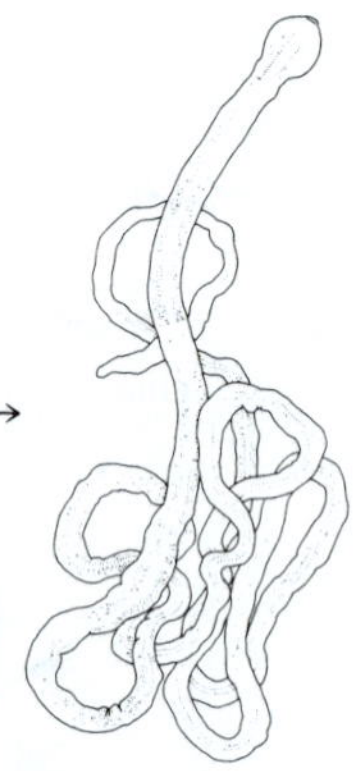 tênia	211
Annelida	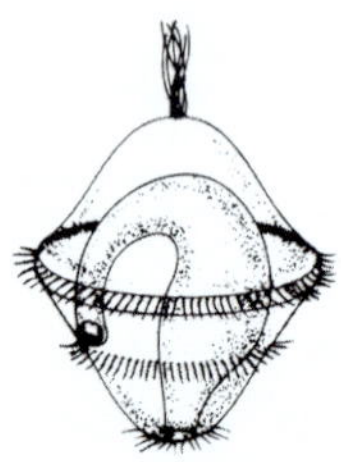 trocófora → 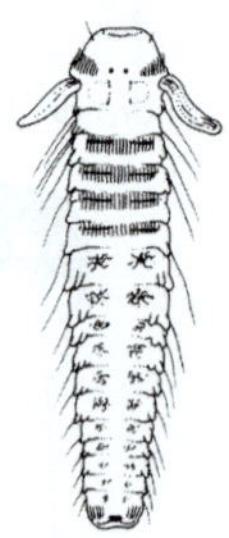 larva em forma de seta →	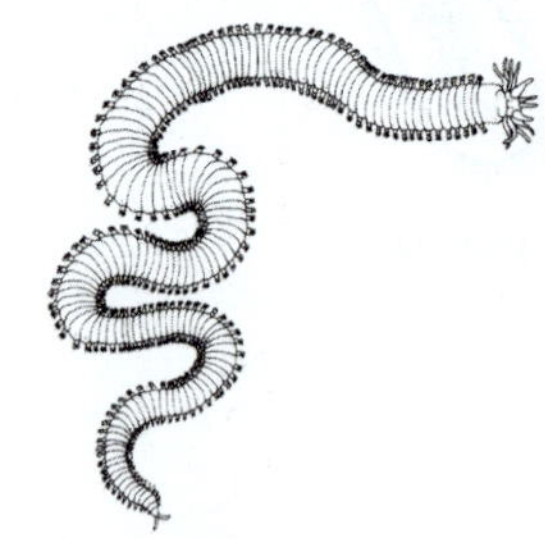 verme poliqueta (Polychaeta)	302, 311, 313
	trocófora → 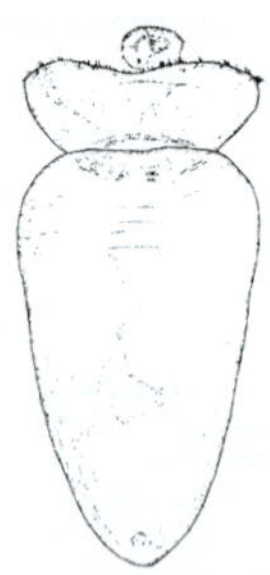 pelagosfera →	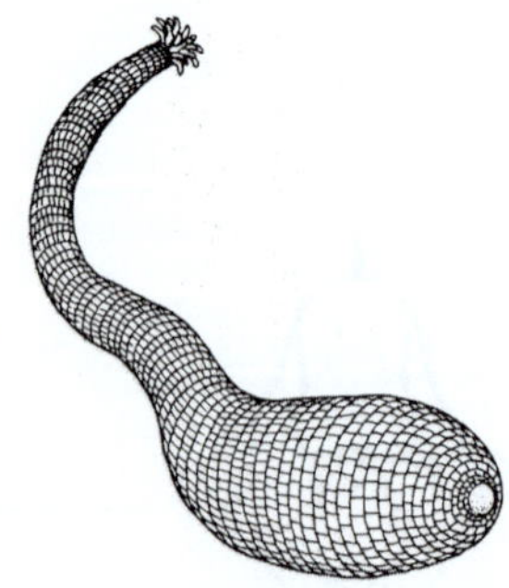 sipúncula	318

(*Continua na próxima página.*)

Tabela 24.3 (*Continuação*)

Filo	Forma larval característica	Adulto	Página de referência
Mollusca			
		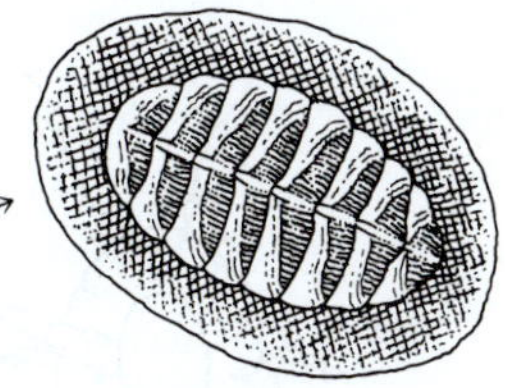 quíton (Poyplacophora)	265
	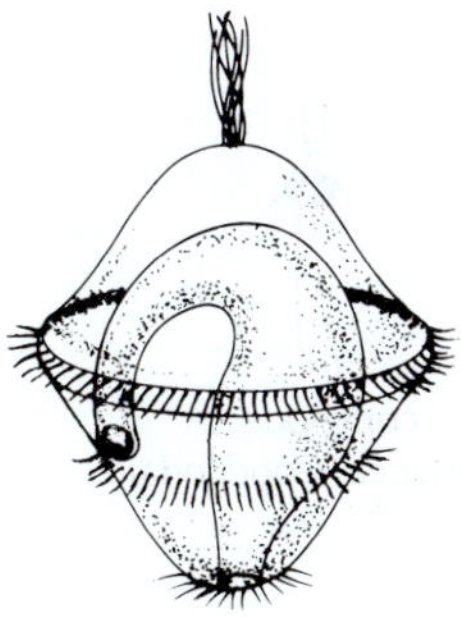 trocófora		
		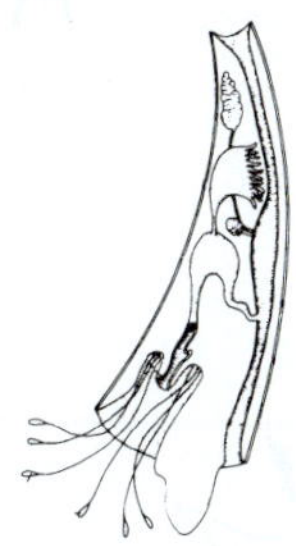 escafópoda (Scaphopoda)	265
	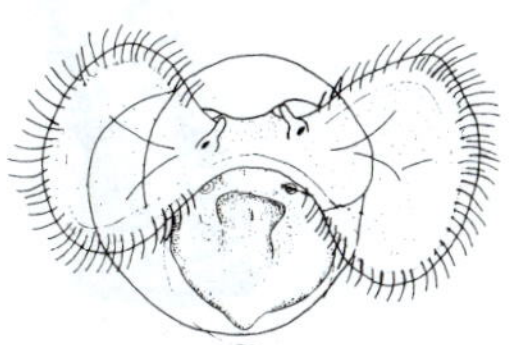 véliger	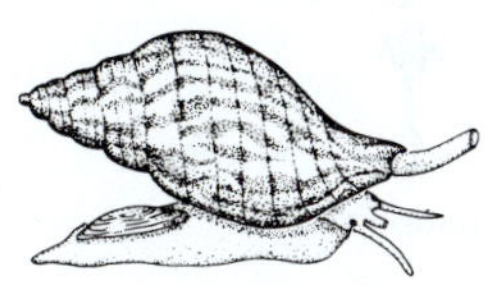 caracol (Gastropoda)	265
	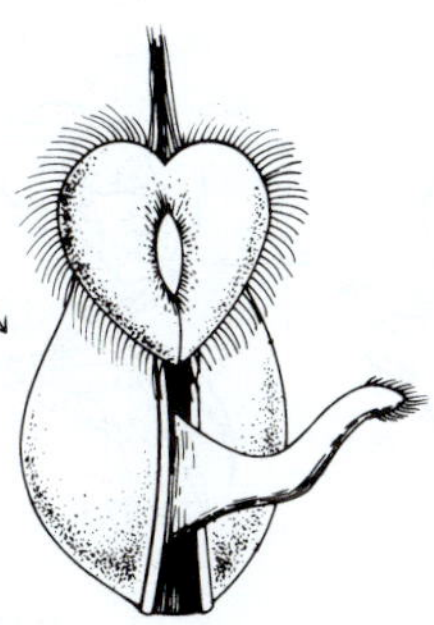 véliger	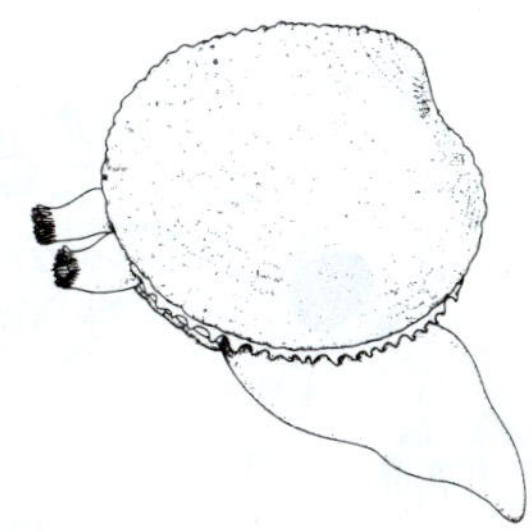 vieira (Bivalvia)	265

(*Continua na próxima página.*)

Tabela 24.3 (*Continuação*)

Filo	Forma larval característica	Adulto	Página de referência
Arthropoda	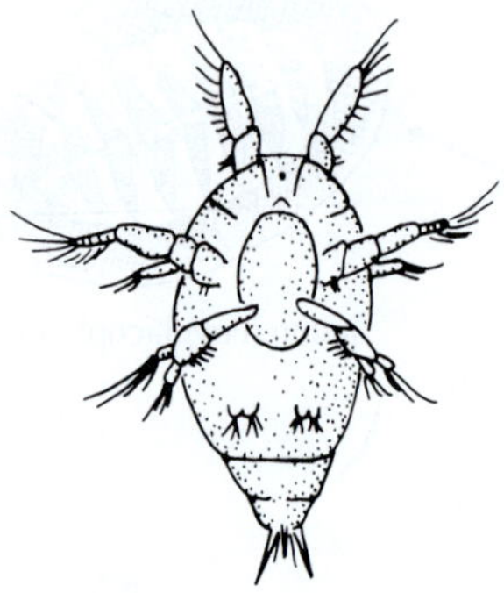 náuplio	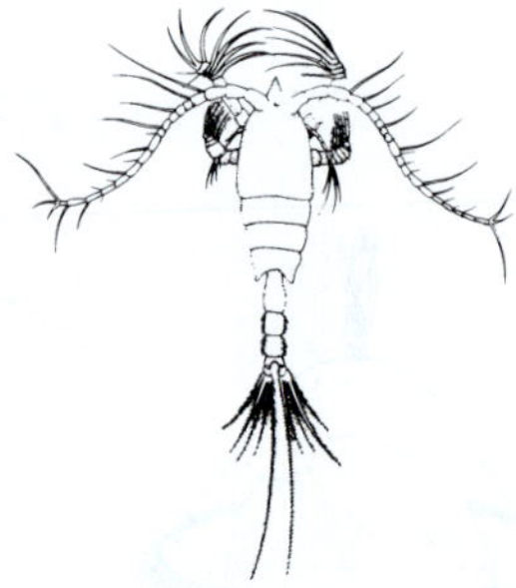 copépode (Crustacea, Copepoda)	389
	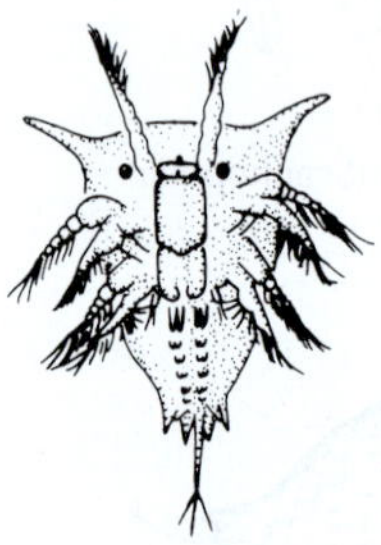 náuplio →  cípris	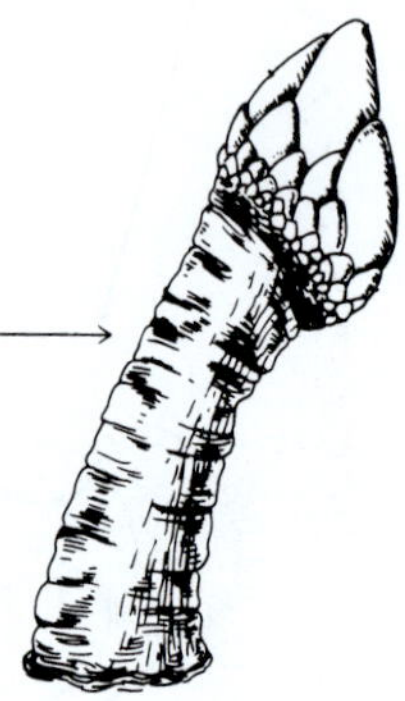 lepa (Crustacea, Cirripedia)	389
	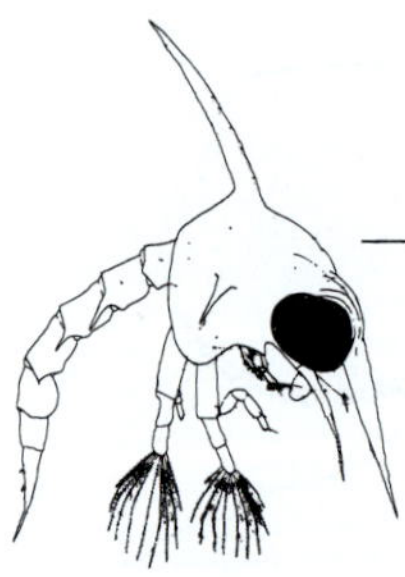 zoé → 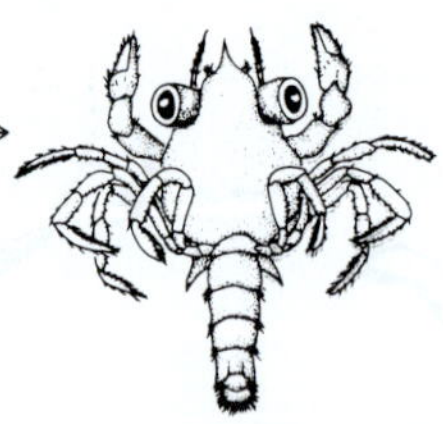 megalopa	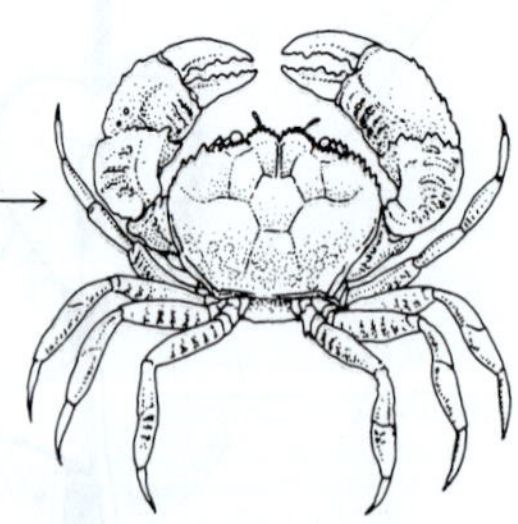 caranguejo (Crustacea, Malacostraca, Decapoda)	391

(Continua na próxima página.)

Tabela 24.3 (*Continuação*)

Filo	Forma larval característica	Adulto	Página de referência
Arthropoda (*continuação*)	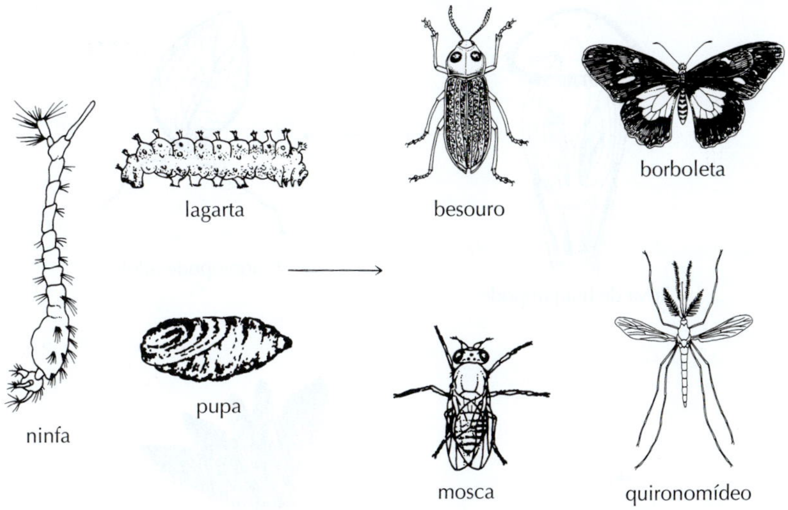		367
Bryozoa	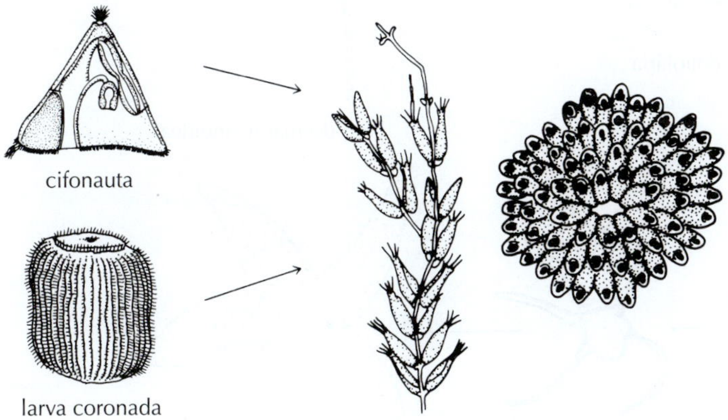		490
Phoronida	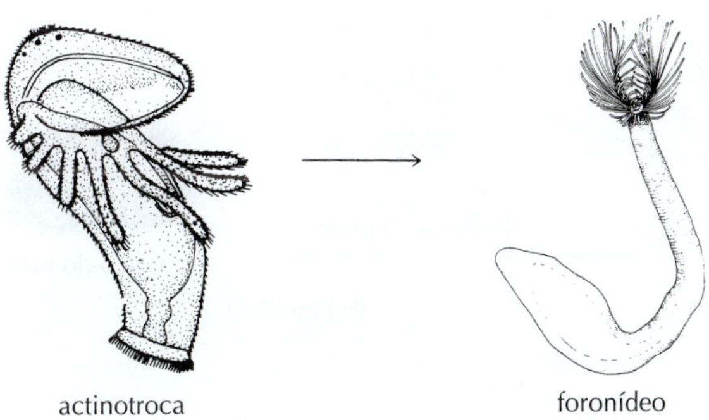		489

(*Continua na próxima página.*)

Tabela 24.3 (*Continuação*)

Filo	Forma larval característica	Adulto	Página de referência
Brachiopoda	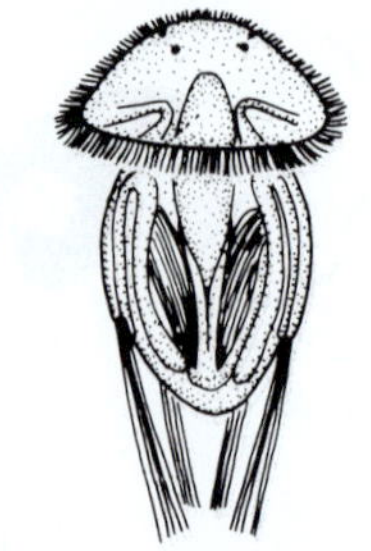 larva de braquiópode	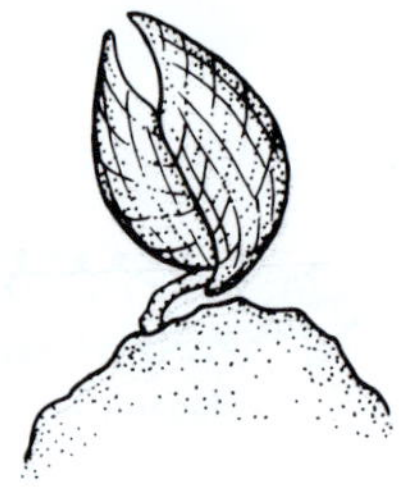 braquiópode adulto	490
Echinodermata	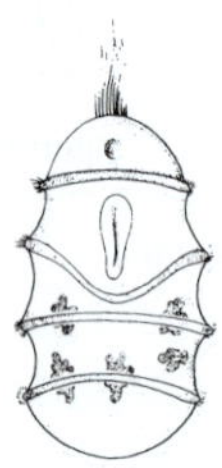 doliolária	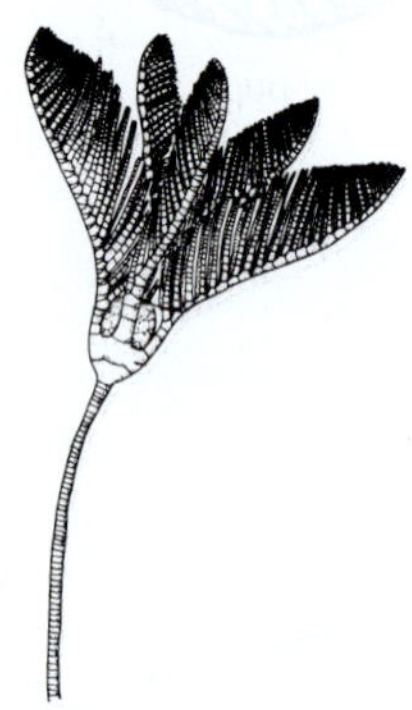 Lírio-do-mar (Crinoidea)	518
	 bipinária 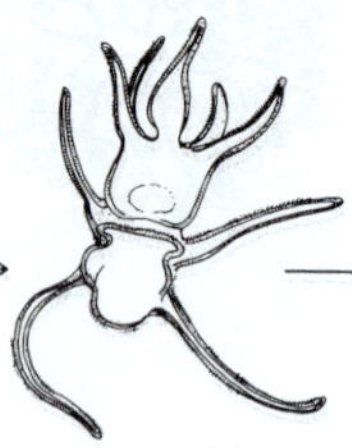 braquiolária	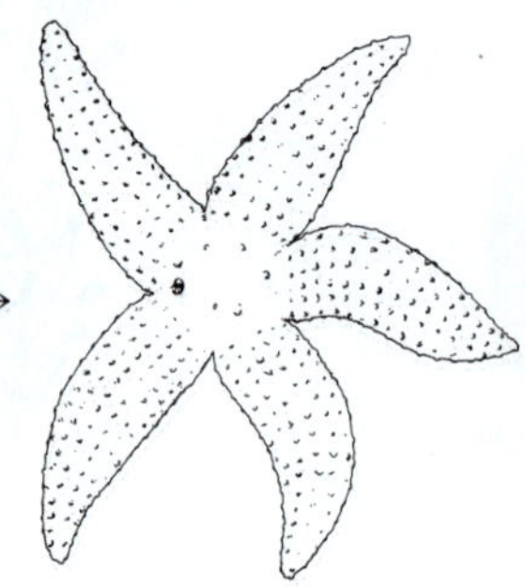 estrela-do-mar (Asteroidea)	518
	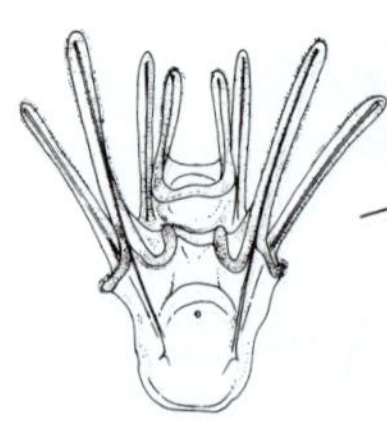 equinoplúteo	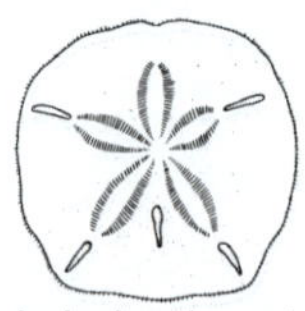 bolacha-da-praia 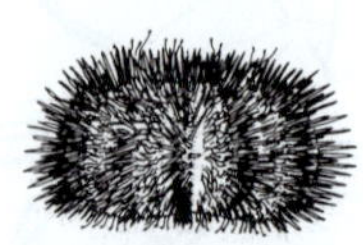 ouriço-do-mar (Echinoidea)	518

(*Continua na próxima página.*)

Tabela 24.3 (*Continuação*)

Filo	Forma larval característica	Adulto	Página de referência
Echinodermata (*continuação*)	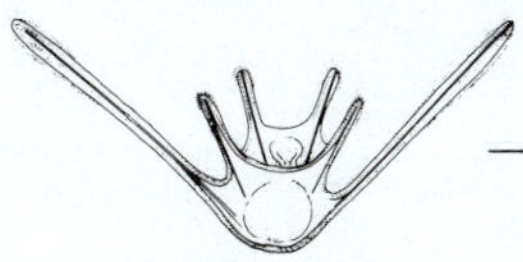 ofioplúteo	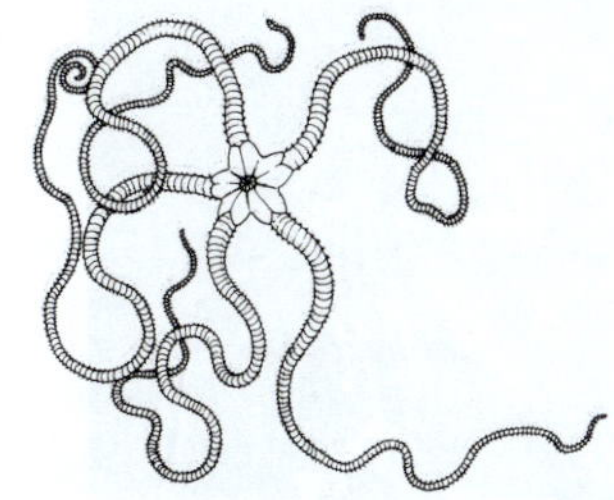 ofiúro (Ophiuroidea)	518
	 auriculária	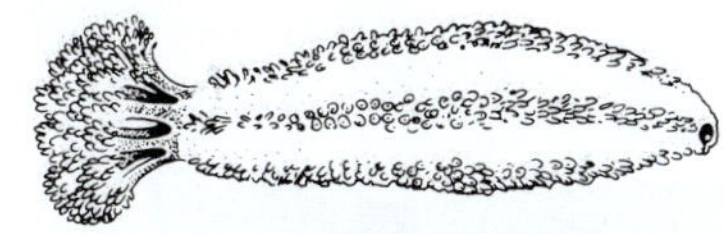 pepino-do-mar (Holothuroidea)	518
Hemichordata	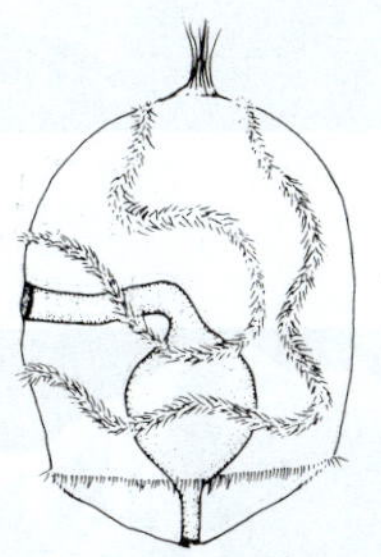 tornária	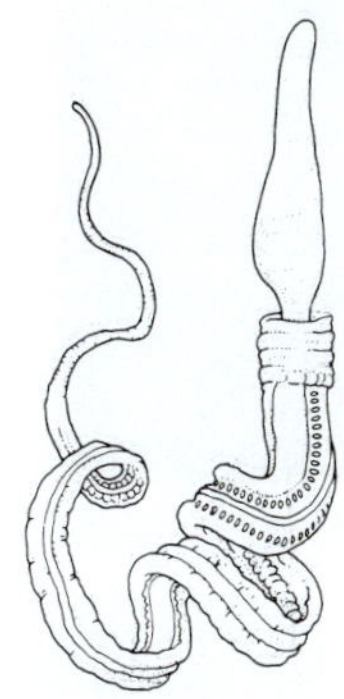 Verme-bolota-de-carvalho (Enteropneusta)	531
Chordata, Urochordata	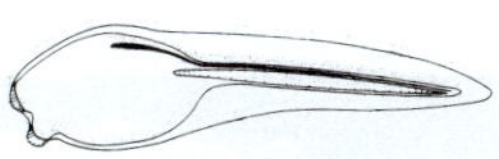 larva girinoide	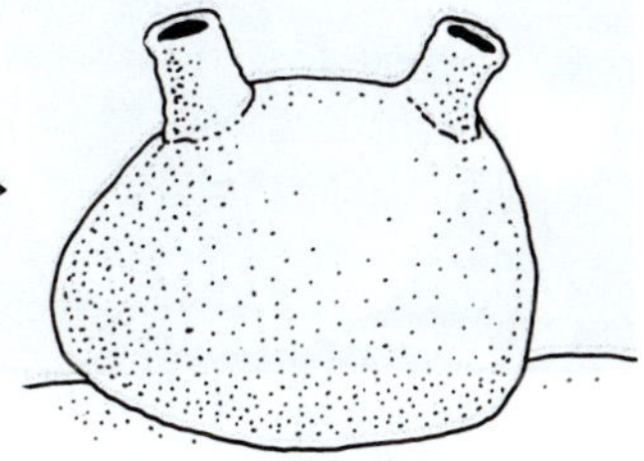 tunicado, ascídia (Ascidiacea)	541, 545

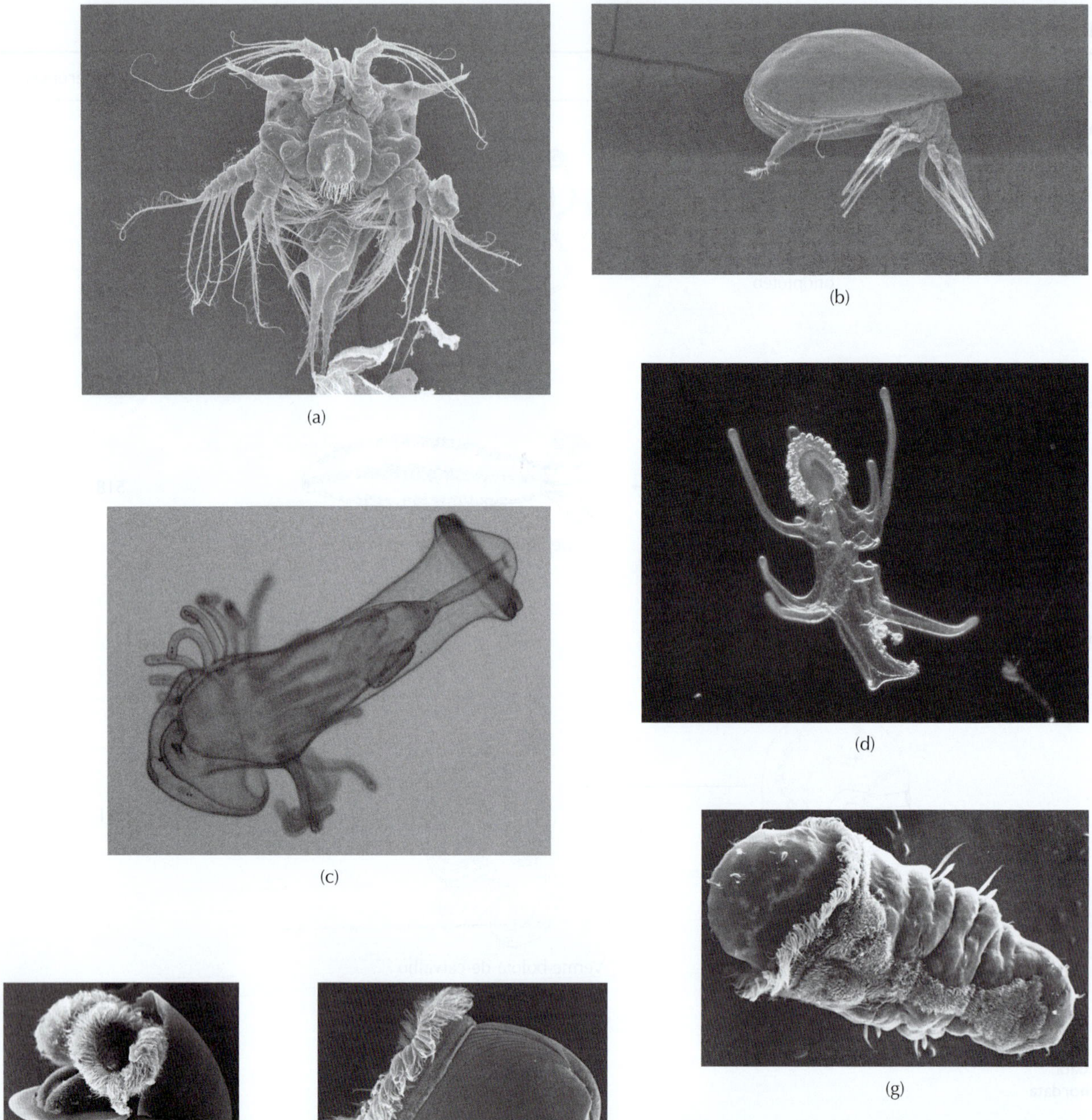

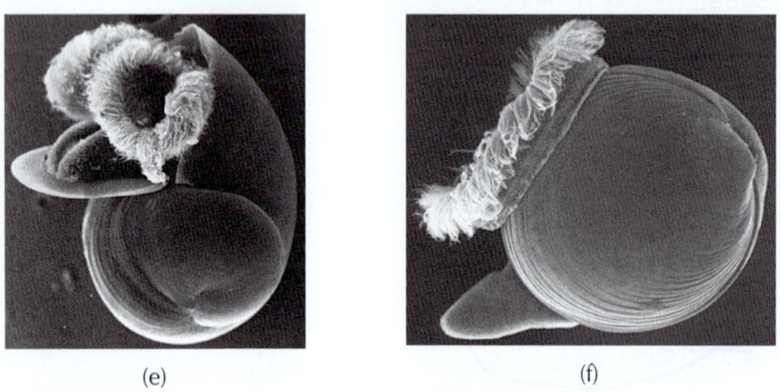

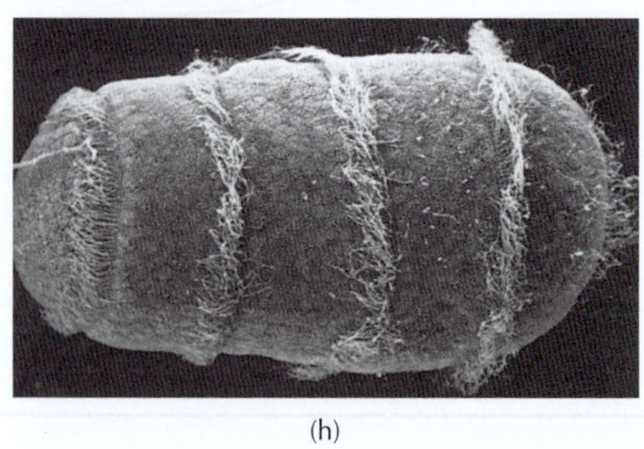

Figura 24.14

Larvas de invertebrados. (a) Larva cípris de um cirripédio. (b) Larva zoé de um crustáceo decápode. (c) Larva ofioplúteo de *Ophiothrix fragilis*, um ofiuroide. (d) Larva braquiolária do asteroide *Asterias vulgaris*. (e) Larva véliger do opistobrânquio *Rostanga pulchra*. (f) Larva véliger do bivalve *Lyrodus pedicellatus*, mostrando a concha, o pé e o vélum ciliado. A concha mede aproximadamente 330 μm. (g) Larva trocófora de um poliqueta em estágio avançado de desenvolvimento. Observe que as cerdas já se desenvolveram em dois dos segmentos. (h) Larva doliolária do crinoide *Florometra serratissima*.

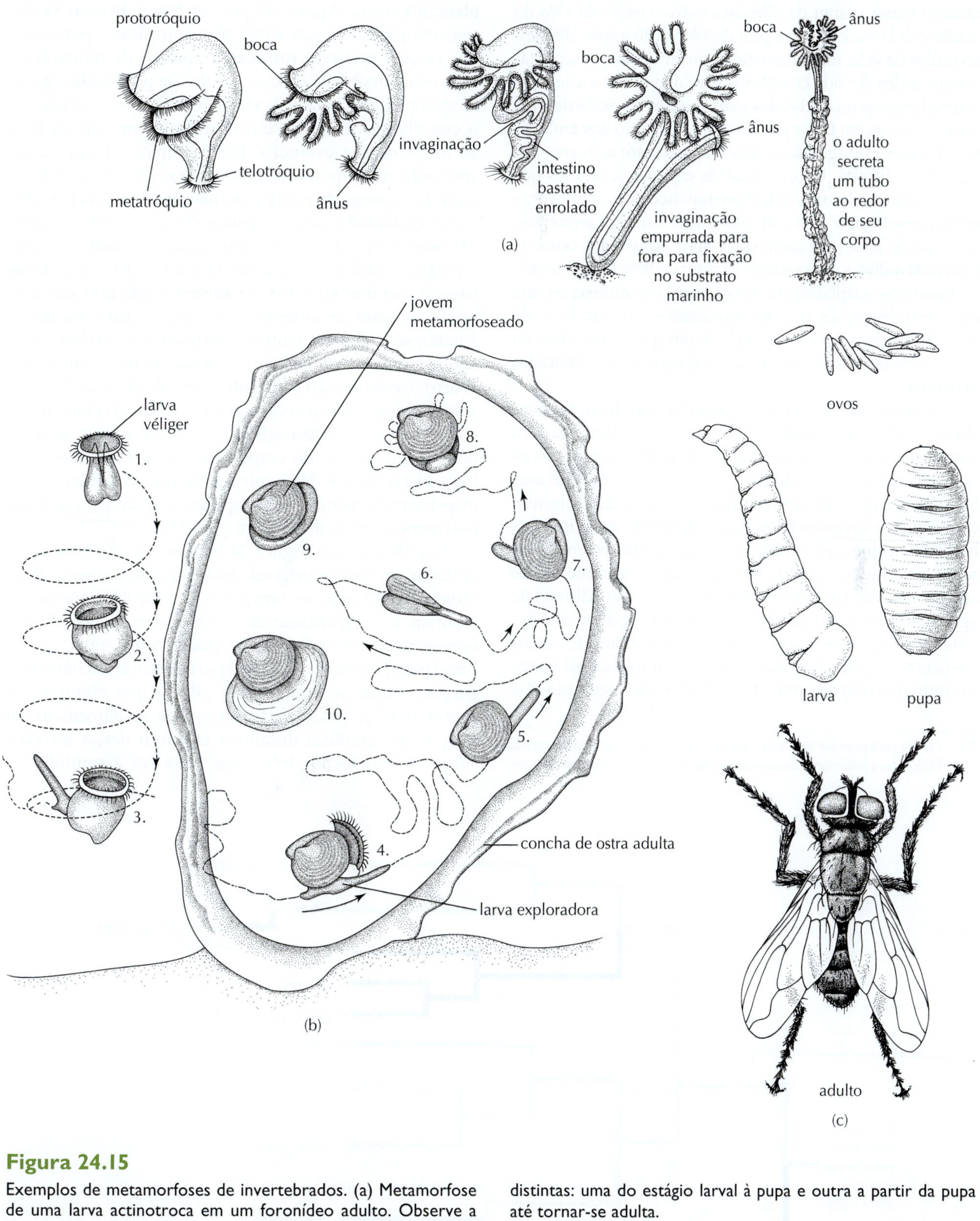

Figura 24.15

Exemplos de metamorfoses de invertebrados. (a) Metamorfose de uma larva actinotroca em um foronídeo adulto. Observe a dramática reorientação do trato digestório. (b) Metamorfose da ostra *Crassostrea virginica.* (c) Estágios do desenvolvimento da mosca comum. Esse animal passa por duas metamorfoses distintas: uma do estágio larval à pupa e outra a partir da pupa até tornar-se adulta.

(a) Adaptada de Hardy, 1965. *The Open Sea: Its Natural History.* Boston: Houghton Mifflin Company. (b) De H. F. Prytherch. 1934. Role of copper in the American oyster. *Ecolog. Monog.* 4:49-107. (c) A partir de Engelmann e Hegner; segundo Packard.

Quanto maior o grau de diferença entre o estilo de vida do adulto e da larva, e maior o grau de adaptação a esses diferentes estilos de vida, mais dramática a metamorfose.[10] Acredita-se que ciclos de vida complexos geralmente são a condição original para os invertebrados marinhos. Esses ciclos de vida, em geral, parecem ter se perdido com a invasão dos ambientes terrestres e de água doce, mas reapareceram ao menos em um grupo, Insecta. O percentual de espécies de insetos que exibem **desenvolvimento holometabólico** (i.e., desenvolvimento envolvendo uma metamorfose conspícua) aumentou de cerca de 10% (325 milhões de anos atrás) para cerca de 63% (200 milhões de anos atrás) e cerca de 90% (atualmente). Os benefícios adaptativos nesses exemplos de história de vida complexa devem ser, de fato, consideráveis, tornando ainda mais desafiadora a tarefa de explicar por que a fase larval foi aparentemente perdida entre vários grupos de invertebrados marinhos.[11]

As larvas de alguns invertebrados são **lecitotróficas** (*lecito* = do grego, gema; *trofico* = do grego, alimentação); isto é, elas subsistem de reservas de nutrientes fornecidas ao ovo pelos genitores e não dependem de alimentos do ambiente externo. O desenvolvimento lecitotrófico é comum em grupos de invertebrados, particularmente entre invertebrados marinhos que vivem em altas latitudes ou em águas muito profundas. É muito menos comum em ambientes de águas rasas dos trópicos e subtrópicos. Nesses hábitats de águas rasas, os organismos em estágio larval geralmente desenvolvem intestinos funcionais e se alimentam de outros elementos do plâncton, tanto vegetais (fitoplâncton) quanto animais (zooplâncton). Essas larvas são denominadas **planctotróficas**. Apesar de parecer haver diversas vantagens em produzir essas larvas planctotróficas - por exemplo, os pais poderem fornecer o mínimo de nutrientes a cada ovo, possibilitando que a prole seja produzida a partir de qualquer quantidade de vitelo armazenado -, muitas espécies planctotróficas se transformaram em lecitotróficas ao longo de sua evolução. Por exemplo, a Figura 24.16 apresenta uma hipótese recente sobre as relações evolutivas entre 12 espécies de estrelas-do-mar em dois gêneros asteroides (Echinodermata). Algumas das espécies de estrelas-do-mar (exibidas em cinza) produzem microscópicas formas larvais nadadoras, que passam muitos dias ou semanas vagando no mar enquanto se alimentam de protistas unicelulares, antes de sofrerem metamorfose para sua forma adulta e seus hábitats. Outras espécies ou liberam larvas que não se alimentam enquanto dispersam (exibidas em verde-claro) - as larvas são suficientemente abastecidas de vitelo pelos pais para suprir todo o desenvolvimento planctônico e o processo de metamorfose - ou incubam sua ninhada dentro ou embaixo do corpo (exibidas em verde-escuro), logo, os jovens em desenvolvimento não se alimentam ou dispersam; em vez disso, eles apenas rastejam para fora dos pais como estrelas-do-mar em miniatura.

Se a filogenia na Figura 24.16 (uma das diversas apresentadas no artigo original) está correta, o ancestral de todas essas 12 espécies tem larvas de vida livre que se alimentam, e a capacidade de se alimentar foi perdida independentemente pelo menos quatro vezes, uma vez no ramo para *Patieriella pseudoexigua* e *Asterina pseudoexigua pacifica*, e uma no ramo para *A. gibbosa*, por exemplo. De forma similar, larvas dispersoras, que se alimentem ou não, foram perdidas durante a evolução dessas estrelas-do-mar pelo menos três vezes, uma vez a caminho de

[10]Ver *Tópicos para posterior discussão e investigação*, nº 5, no final deste capítulo.
[11]Ver *Tópicos para posterior discussão e investigação*, nº 8, no final deste capítulo.

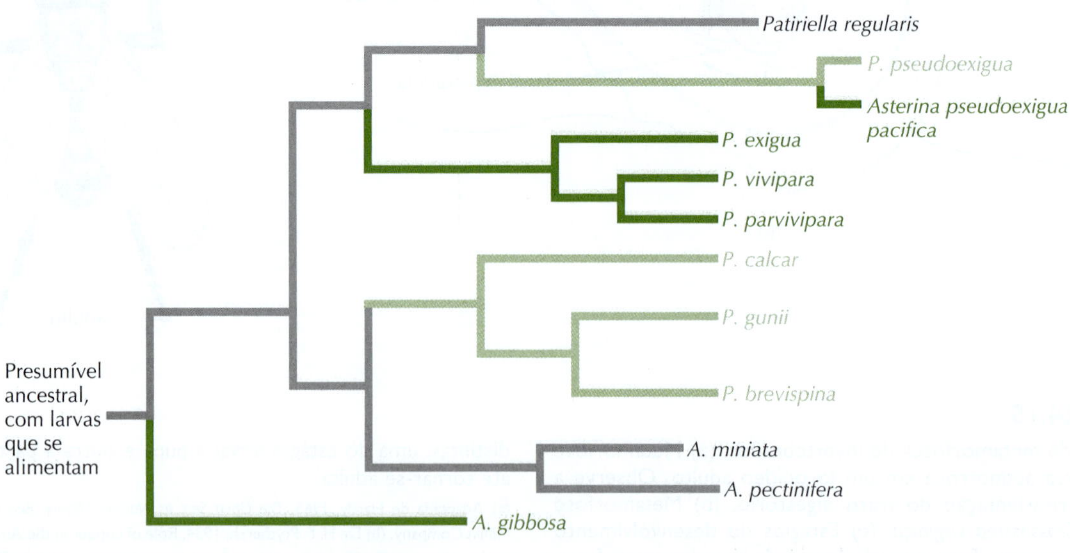

Figura 24.16

Uma hipótese filogenética proposta para 12 espécies nos gêneros de estrelas-do-mar *Patriella* e *Asterina*. Espécies que produzem larvas microscópicas que se alimentam no plâncton estão mostradas em cinza. Espécies que produzem larvas planctônicas microscópicas que não se alimentam estão mostradas em verde-claro. Espécies que produzem embriões que nem se alimentam no plâncton nem dispersam durante o desenvolvimento estão mostradas em verde-escuro.

Baseada em Hart, M.W., M. Byrne e M. J. Smith, 1997. *Evolution* 51:1848-61.

A. pseudoexigua pacifica e uma a caminho de *P. exigua*, *P. vivipara*, e *P. parvivipara*, por exemplo.

As pressões seletivas responsáveis por essas mudanças no modo de desenvolvimento são difíceis de se documentar convincentemente, mas certamente larvas lecitotróficas são independentes de variações sazonais ou espaciais na concentração do fitoplâncton, e podem se beneficiar com um desenvolvimento mais acelerado até a metamorfose.[12] Em todo caso, uma vez que larvas com capacidade para se alimentar são perdidas da história de vida de qualquer espécie particular, esta capacidade parece ser recuperada apenas raramente, sobretudo se essa perda foi acompanhada por uma simplificação morfológica expressiva.

Dispersão como componente do padrão da história de vida

A maioria dos animais de água doce, marinhos ou terrestres tem uma fase dispersora em algum momento de suas histórias de vida. Para esses invertebrados marinhos que exploram as propriedades das águas do mar vivendo como sedentários ou mesmo como formas adultas sésseis, a dispersão é caracteristicamente atingida por um estágio larval planctônico, como discutido anteriormente. O alcance da dispersão depende de quanto tempo a forma larval pode ser mantida e da velocidade e da direção das correntes de água em que as larvas vivem. Em geral, maior dispersão está associada com maior homogeneidade genética entre populações adultas geograficamente separadas, maior habilidade de recolonizar áreas após eventos de extinção local, baixas taxas de especiação e maior longevidade da espécie (Fig. 24.17).[13] Atualmente, larvas de muitos grupos invertebrados aquáticos têm sido dispersadas artificialmente por enormes distâncias por navios de longo curso, que carregam água de lastro de áreas costeiras rasas e a liberam quando atracam a milhares de quilômetros de distância. As consequências ecológicas a longo prazo dessa dispersão mediada por navios serão provavelmente substanciais, como no caso do mexilhão-zebra, que já se disseminou por grande parte dos lagos e rios da América do Norte, após sua provável introdução a partir da Rússia, em 1986.[14] O mexilhão dourado é um molusco bivalve originário da Ásia. A espécie chegou à América do Sul provavelmente de modo acidental na água de lastro de navios cargueiros, tendo sido a República Argentina o ponto de entrada. Do país vizinho chegou ao Brasil nos anos 90. Hoje a espécie já foi detectada em quase toda a região Sul e em vários pontos do Sudeste e Centro-Oeste e representa um problema seriíssimo.*

Invertebrados de água doce frequentemente precisam lidar com um hábitat efêmero. Alguns grupos, como esponjas, tardígrados, briozoários e um número de crustáceos e rotíferos, geralmente evitam a necessidade de dispersar quando em condições desfavoráveis, formando estágios resistentes com suspensão do desenvolvimento. Esses estágios tomam forma de gêmulas em esponjas, ovos em dormência em crustáceos e rotíferos e estatoblastos em briozoários. Rotíferos, tardígrados e vários protozoários também podem entrar em um estado criptobiótico durante períodos de desidratação. Quando as condições ambientais melhoram, esses vários estágios de dormência se revitalizam. Dispersão pelo vento para novos hábitats também é comum a essas diferentes formas de diapausa.

Para invertebrados terrestres, uma existência adulta sedentária é rara, devido ao ar ser seco e de baixa densidade. Não é surpresa, então, que a dispersão de espécies terrestres é geralmente realizada pelos adultos e que as larvas em desenvolvimento ficam recolhidas. As maiores exceções a essa generalização são encontradas entre aracnídeos que se alimentam do que está em suspensão – isto é, aranhas que fazem teias. Em muitas espécies, logo após as jovens aranhas emergirem do casulo de seda construído pela mãe, elas sobem para o topo do galho ou da lâmina de grama

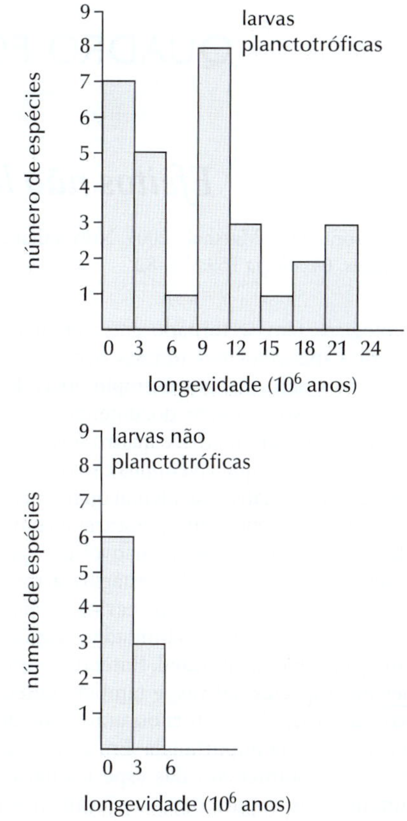

Figura 24.17

Relação entre o modo de desenvolvimento larval e a duração da espécie no registro fóssil por 40 espécies de gastrópodes do gênero *Nassarius*. O modo de desenvolvimento é deduzido a partir das características morfológicas da pré-metamorfose da concha, que é retina no ápice das fases juvenil e adulta da concha enquanto o indivíduo cresce. Nenhuma espécie com larvas não planctotróficas (limitado potencial de dispersão) persistem além de 4,5 milhões de anos, ao passo que muitas espécies com larvas planctotróficas (grande potencial de dispersão) têm registros fósseis que se estendem desde 9 a 24 milhões de anos.

Reimpressa de "*Relationship between species longevity and larval ecology in nassariid gastropods*" por G. Gili e J. Martinell, 1994, Lethaia 27:291-99, com permissão de Scandinavian University Press.

[12]Ver *Tópicos para posterior discussão e investigação*, nº 10, no final deste capítulo.
[13]Ver *Tópicos para posterior discussão e investigação*, nº 12, no final deste capítulo.
[14]Ver *Tópicos para posterior discussão e investigação*, nº 13, no final deste capítulo.
*http://www.ibama.gov.br/areas-tematicas/mexilhao-dourado e http://www.institutohorus.org.br/

QUADRO FOCO DE PESQUISA 24.1

Efeitos não letais de espécies invasoras

Rius, M., X. Turon e D. J. Marshall. 2009. Non-lethal effects of an invasive species in the marine environment: the importance of early life-history stages. *Oecologia* 159:873–82.

Invasões biológicas têm se tornado crescentemente comuns nos ecossistemas marinhos nas últimas décadas. Na Baía de São Francisco, na Califórnia, por exemplo, mais de 150 espécies de animais invasores foram documentadas. Como essas espécies invasoras chegaram lá? De quatro formas: a partir de comunidades de animais que vivem nos cascos de navios; pela liberação em águas não nativas, acidental ou intencionalmente, de animais usados em aquacultura, pescaria e como isca; pela liberação de animais domésticos não nativos em águas locais; e pela transferência não intencional de estágios larvais microscópicos, carregados na água de lastro de navios oceânicos.

Invasões biológicas não estão limitadas às águas americanas; elas são um problema mundial. Entender o impacto dessas invasões nas espécies nativas, e também entender como esses efeitos são mediados, se tornou uma linha de pesquisa fascinante e de extrema importância. Em alguns casos, as espécies invasoras se alimentam das espécies nativas e diminuem o tamanho das populações – ou levam-nas à extinção – por meio dessa predação. Outros animais invasores podem competir com as espécies nativas por alimento ou espaço, interferir na fertilização ou alterar características-chave dos hábitats, de maneira a tornar a área menos propícia às espécies nativas.

Contudo, alguns efeitos são mais sutis. Rius, Turon e Marshall (2009) questionaram se uma ascídia invasora solitária poderia impedir as larvas de uma ascídia comum nativa de fazerem metamorfose. Eles conduziram seu estudo em um laboratório no sudeste da Austrália, onde uma das espécies de ascídia (*Microcosmus squamiger*) é nativa e a outra espécie de ascídia (*Styela plicata*) não é nativa, mas agora bastante comum em águas costeiras rasas.

Para fazer seus experimentos, os pesquisadores coletaram óvulos e espermatozoides de indivíduos das duas espécies usando métodos-padrão e combinaram os espermatozoides e os óvulos para obter fertilização. Os embriões de cada espécie, então, foram mantidos em água marinha filtrada a 20°C até a eclosão. O desenvolvimento das ascídias é notavelmente rápido: larvas nadadoras de ambas as espécies eclodem dos ovos fertilizados em 14 horas. Os pesquisadores, então, adicionaram 40 larvas de uma espécie em cada uma de 4 a 12 placas de Petri. Após fazerem o mesmo com 40 larvas da outra espécie, eles esperaram 24 horas para que as larvas sofressem metamorfose e ascídias juvenis começassem a crescer. Eles, então, adicionaram outras 40 larvas a cada placa de Petri – ou larvas da mesma espécie ou larvas da segunda espécie – e determinaram o número dessas larvas recém-adicionadas que fizeram metamorfose nas 24 horas seguintes. Para controle, adicionaram 40 larvas a placas de Petri de plástico que não haviam recebido nenhuma ascídia anteriormente, e monitoraram as metamorfoses por 24 horas. Cada experimento foi conduzido duas vezes (designadas Rodada 1 e Rodada 2), usando diferentes lotes de larvas a cada vez.

Os resultados foram notáveis. Nas duas espécies, as ascídias juvenis não impediram as larvas de sua própria espécie de se fixarem ao substrato e realizarem metamorfose (Figura foco 24.1, dupla de barras à esquerda). Todavia, na presença de *M. squamiger*, que recém haviam completado a metamorfose, as larvas de *S. plicata* tiveram reduzidas as chances

Figura 24.18

Balonismo de aranhas jovens...

"Uma morna corrente de ar soprou levemente sobre o celeiro. O ar tinha cheiro da terra úmida, da madeira dos pinheiros, da doce primavera. As jovens aranhas sentiam a brisa ascendente. Uma aranha escalou até o topo da cerca. Então, fez algo que pegou Wilbur de surpresa. A aranha apoiou-se sobre sua cabeça, apontou suas fieiras para cima e soltou uma nuvem suave de seda. A seda formou um balão. Enquanto Wilbur assistia, a aranha se soltou da cerca e voou pelos ares.

'Adeus' ela disse, enquanto velejava pelos ares, cruzando o portão.

'Espere um pouco!', gritou Wilbur. 'Onde você pensa que vai?'

Mas a aranha já estava longe da vista... O ar logo se encheu de balões pequeninos, cada um carregando uma aranha. Wilbur estava inquieto. Os bebês de Charlotte estavam desaparecendo num piscar de olhos."

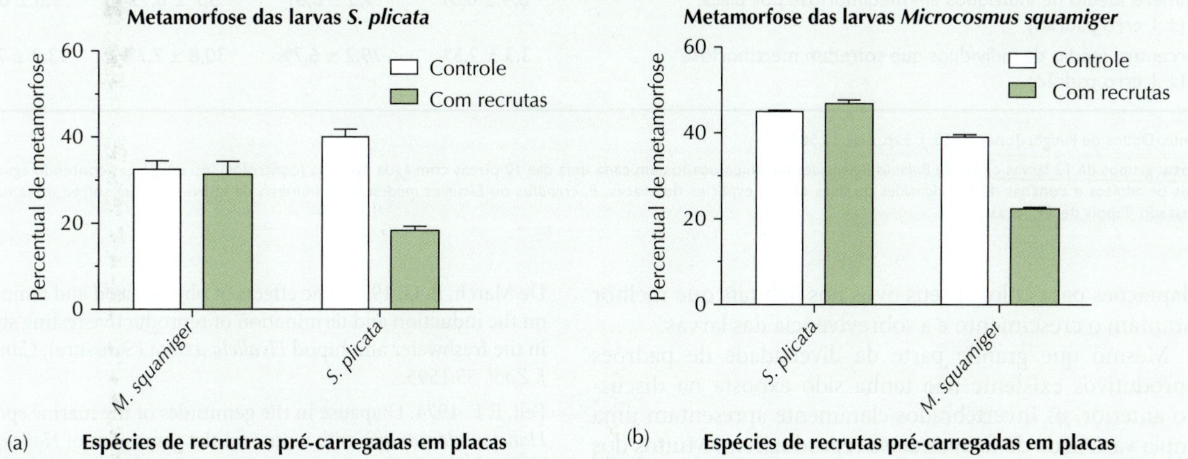

Figura foco 24.1

Influência de juvenis de ascídias (seja *M. squamiger* ou *S. plicata)* na metamorfose de outra espécie de ascídia. Os dados mostrados foram combinados das duas rodadas do experimento, usando diferentes lotes de larvas em cada rodada. Cada coluna apresenta o resultado médio (+ um erro padrão) de 16 a 20 réplicas, com 40 larvas por réplica. Os experimentos foram conduzidos a 20°C.

de estabelecerem-se e concluirem o desenvolvimento (Figura foco 24.1a, dupla de barras à direita). Na Rodada 1, três vezes mais larvas fizeram metamorfose nas placas de controle, e na Rodada 2, duas vezes mais larvas fizeram metamorfose nas placas de controle. De modo similar, os eventos de metamorfose das larvas *M. squamiger* foram significativa e marcadamente reduzidos na presença de jovens *S. plicata* ($F_{1,21} = 17{,}79$; $p < 0{,}001$; Figura foco 24.1b, dupla de barras à direita). Os pesquisadores não determinaram o que causou os efeitos documentados.

Por um lado, as novidades são boas: em áreas onde as espécies nativas existem em grande número, a espécie invasora deve ter mais dificuldade em se estabelecer; a metamorfose dessas larvas será limitada pela espécie nativa. Por outro lado, se condições locais (como predação anormalmente intensa ou estresse ambiental) matarem grande parte da espécie nativa em uma determinada área, a espécie invasora pode rapidamente estabelecer-se e impedir a espécie nativa de recolonizar seu hábitat.

Se você fosse continuar esse estudo, quais questões específicas faria a seguir?

mais próximo e permitem a si mesmas serem levadas pelo vento. Isso é chamado de **balonismo**. Correntes de ar podem dispersar aranhas jovens por centenas de quilômetros (Fig. 24.18).

A seletividade com a qual um indivíduo dispersante escolhe um hábitat apropriado para a fase sedentária de seu ciclo de vida obviamente determina se esse indivíduo sobreviverá até a maturidade reprodutiva. Entre invertebrados marinhos com larvas de vida livre, pressões seletivas agindo contra metamorfose aleatória à vida adulta e ao hábitat devem ter sido substanciais. De fato, as larvas dispersoras de muitas espécies são altamente seletivas sobre onde realizarão metamorfose e podem atrasar esse processo (algumas espécies de moluscos, equinodermas, poliquetas e artrópodes postergam sua metamorfose por meses) se não conseguem perceber os sinais que indicam condições apropriadas. As pistas que alavancam a metamorfose estão geralmente associadas com alguns componentes do ambiente do adulto: a fonte de alimento ou espécies de presas do adulto, por exemplo, ou, muito comumente, adultos da mesma espécie (Tabela 24.4).[15]

O período pelo qual as larvas podem, de fato, adiar sua metamorfose na natureza e as condições sob as quais a atrasam têm sido fatores difíceis de determinar. Tem se tornado claro, porém, que pode haver custos não antecipados associados ao adiamento da metamorfose em termos de sobrevivência pós-metamorfose ou taxa de crescimento;[16] nesses casos, os benefícios adaptativos de prolongar o período adequado do desenvolvimento larval, tão óbvios e convincentes em teoria, podem não ocorrer na prática.

Entre os insetos terrestres, os estágios larvais são máquinas sedentárias de comer, e os adultos são a fase dispersora. Não surpreendentemente, as larvas de muitas espécies se tornaram altamente adaptadas para viver em hospedeiros específicos, e os adultos, por sua vez, desenvolveram

[15]Ver *Tópicos para posterior discussão e investigação*, nº 4, no final deste capítulo.
[16]Ver *Tópicos para posterior discussão e investigação*, nº 16, no final deste capítulo.

Tabela 24.4 Metamorfose gregária de larvas de cracas

	Controle	*B. balanoides*	*B. crenatus*	*E. modestus*
Número total de larvas no experimento	120	120	120	120
Número médio de indivíduos em metamorfose por placa (± 1 erro padrão)	0,4 ± 0,31	9,5 ± 0,81	3,7 ± 0,93	1,6 ± 0,85
Percentual médio de indivíduos que sofreram metamorfose (± 1 erro padrão)	3,3 ± 2,5%	79,2 ± 6,7%	30,8 ± 7,7%	13,3 ± 7,0%

Fonte: Dados de Knight-Jones. 1953. *J. Exp. Biol.* 30:584.

Nota: grupos de 12 larvas cípris de *Balanus balanoides* foram colocados em cada uma das 10 placas com água marinha (controles), ou em placas contendo água marinha mais os adultos e conchas de *B. balanoides* ou duas outras espécies de cracas, *B. crenatus* ou *Elminius modestus*. O número de indivíduos que sofreu metamorfose foi acessado depois de 24 horas.

adaptações para colocar seus ovos nos hábitats que melhor garantam o crescimento e a sobrevivência das larvas.

Mesmo que grande parte da diversidade de padrões reprodutivos existente não tenha sido exposta na discussão anterior, os invertebrados claramente apresentam uma ampla variedade de formas de se reproduzirem. Muitos dos padrões parecem estranhos para nós – fertilização externa, hermafroditismos simultâneo e sequencial e partenogênese, por exemplo –, mas são, na verdade, modos de reprodução bastante comuns. Por que há tantas maneiras distintas de se reproduzir?[17] Essa questão é muito discutida na literatura de ecologia evolutiva, mas sua resposta é certamente desafiadora. Por um lado, a importância adaptativa de qualquer padrão particular é geralmente difícil de ser demonstrada. Além disso, as pressões seletivas responsáveis pelos padrões reprodutivos atualmente observáveis podem ser muito diferentes hoje do que eram há milhares de anos. Por último, o papel dos acidentes históricos em moldar os padrões reprodutivos de vários grupos invertebrados está escondido entre inter-relações evolutivas que são frequentemente pouco claras e que talvez nunca venham a ser satisfatoriamente desvendadas. Contudo, discussões acerca da notável diversidade de padrões reprodutivos encontrados entre invertebrados certamente continuará longamente pelo futuro, e nosso conhecimento se aprofundará à medida que se acumulem novos dados sobre custos e benefícios associados aos diferentes padrões de reprodução e desenvolvimento para mais e mais espécies, assim como filogenias mais convincentes sejam construídas e testadas, e os mecanismos pelos quais padrões de reprodução evoluem se tornem mais claros.

Tópicos para posterior discussão e investigação

1. Quais são os papéis da temperatura e da luz na regulação dos ciclos da atividade reprodutiva nos invertebrados?

Brady, A. K., J. D. Hilton, and P. D. Vize. 2009. Coral spawn timing is a direct response to solar light cycles and is not an entrained circadian response. *Coral Reefs* 28:677–80.

Davison, J. 1976. *Hydra hymanae:* Regulation of the life cycle by time and temperature. *Science* 194:618.

[17]Ver *Tópicos para posterior discussão e investigação*, nº 8 e 11, no final deste capítulo.

De March, B. G. 1977. The effects of photoperiod and temperature on the induction and termination of reproductive resting stage in the freshwater amphipod *Hyallela azteca* (Sanssure). *Canadian J. Zool.* 55:1595.

Fell, P. E. 1974. Diapause in the gemmules of the marine sponge, *Haliclona loosanoffi,* with a note on the gemmules of *Haliclona oculata. Biol. Bull.* 147:333.

Hardege, J. D., H. D. Bartels-Hardege, E. Zeeck, and F. T. Grimm. 1990. Induction of swarming of *Nereis succinea. Marine Biol.* 104:291.

Hayes, J. L. 1982. Diapause and diapause dynamics of *Colias alexandra* (Lepidoptera: Pieridae). *Oecologia (Berlin)* 53:317.

Jokiel, P. L., R. Y. Ito, and P. M. Liu. 1985. Night irradiance and synchronization of lunar release of planula larvae in the reef coral *Pocillopora damicornis. Marine Biol.* 88:167.

Levy, O., L. Appelbaum, W. Leggat, Y. Gothlif, D. C. Hayward, D. J. Miller, O. Hoegh-Guldberg. 2007. Light-responsive cryptochromes from a simple multicellular animal, the coral *Acropora millepora. Science* 318:467–70.

Mercier, A., Z. Sun, S. Baillon, and J.-F. Hamel. 2011. Lunar rhythms in the deep sea: Evidence from the reproductive periodicity of several marine invertebrates. *J. Biol. Rhythms* 26:82–86.

Pearse, J. S., and D. J. Eernisse. 1982. Photoperiodic regulation of gametogenesis and gonadal growth in the sea star *Pisaster ochraceus. Marine Biol.* 67:121.

Rose, S. M. 1939. Embryonic induction in *Ascidia. Biol. Bull.* 77:216.

Schierwater, B., and C. Hauenschild. 1990. A photoperiod determined life-cycle in an oligochaete worm. *Biol. Bull.* 178:111.

Stanwell-Smith, D., and L. S. Peck. 1998. Temperature and embryonic development in relation to spawning and field occurrence of larvae of three Antarctic echinoderms. *Biol. Bull.* 194:44.

Stross, R. G., and J. C. Hill. 1965. Diapause induction in *Daphnia* requires two stimuli. *Science* 150:1462.

Vowinckel, C. 1970. The role of illumination and temperature in the control of sexual reproduction in the planarian *Dugesia tigrina* (Girarad). *Biol. Bull.* 138:77.

Walker, C. W., and M. P. Lesser. 1998. Manipulation of food and photoperiod promotes out-of-season gametogenesis in the green sea urchin, *Strongylocentrotus droebachiensis:* Implications for aquaculture. *Marine Biol.* 132:663.

Wayne, N. L., and G. D. Block. 1992. Effects of photoperiod and temperature on egg-laying behavior in a marine mollusk, *Aplysia californica. Biol. Bull.* 182:8.

Williams-Howze, J., and B. C. Coull. 1992. Are temperature and photoperiod necessary cues for encystment in the marine benthic harpacticoid copepod *Heteropsyllus nunni* Coull? *Biol. Bull.* 182:109.

2. Quais aspectos da atividade reprodutiva entre invertebrados são controlados quimicamente?

Abdu, U., P. Takac, H. Laufer, and A. Sagi. 1998. Effect of methyl farnesoate on late larval development and metamorphosis in the prawn *Macrobrachium rosenbergii* (Decapoda, Palaemonidae): A juvenoid-like effect? *Biol. Bull.* 195:112.

Adamo, S. A., and R. Chase. 1990. The "love dart" of the snail *Helix aspersa* injects a pheromone that decreases courtship duration. *J. Exp. Zool.* 255:80.

Bagøien, E., and T. Kiørboe. 2005. Blind dating-mate finding in planktonic copepods. I. Tracking the pheromone trail of *Centropages typicus*. *Marine Ecol. Progr. Ser.* 300:105–15.

Bishop, J. D. D., P. H. Manriquez, and R. N. Hughes. 2000. Water-borne sperm trigger vitellogenic egg growth in two sessile marine invertebrates. *Proc. Royal Soc. London* B 267:1165–69.

Boettcher, A. A., and N. M. Targett. 1998. Role of chemical inducers in larval metamorphosis of queen conch, *Strombus gigas* Linnaeus: Relationship to other marine invertebrate systems. *Biol. Bull.* 194:132.

Coll, J. C., B. F. Bowden, G. V. Meehan, G. M. Konig, A. R. Carroll, D. M. Tapiolas, P. M. Aliño, et al. 1994. Chemical aspects of mass spawning in corals. Sperm-attractant molecules in the eggs of the scleractinian coral *Montipora digitata*. *Marine Biol.* 118:177–82.

Crisp, D. J. 1956. A substance promoting hatching and liberation of young in cirripedes. *Nature* 178:263.

Engelmann, F. 1959. The control of reproduction in *Diploptera punctata* (Blattaria). *Biol. Bull.* 116:406.

Forward, R. B., Jr., and K. J. Lohmann. 1983. Control of egg hatching in the crab *Rhithropanopeus harrisii* (Gould). *Biol. Bull.* 165:154.

Golden, J. W., and D. L. Riddle. 1982. A pheromone influences larval development in the nematode *Caenorhabditis elegans*. *Science* 218:578.

Golding, D. W. 1967. Endocrinology, regeneration and maturation in *Nereis*. *Biol. Bull.* 133:567.

Koene, J. M., W. Sloot, K. Montagne-Wajer, S. F. Cummins, B. M. Degnan, J. S. Smith, G. T. Nagle, and A. ter Maat. 2010. Male accessory gland protein reduces egg laying in a simultaneous hermaphrodite. *PLoS ONE* 5(4):e10117.

Kopin, C. Y., C. E. Epifanio, S. Nelson, and M. Stratton. 2001. Effects of chemical cues on metamorphosis of the Asian shore crab *Hemigrapsus sanguineus*, an invasive species on the Atlantic Coast of North America. *J. Exp. Marine Biol. Ecol.* 265:141–51.

Kuhlmann, H.-W., C. Brünen-Nieweler, and K. Heckmann. 1997. Pheromones of the ciliate *Euplotes octocarinatus* not only induce conjugation but also function as chemoattractants. *J. Exp. Zool.* 277:38.

Marthy, H., J. R. Hauser, and A. Scholl. 1976. Natural tranquilizer in cephalopod eggs. *Nature* 261:496.

Mellström, H. L., and C. Wiklund. 2009. Males use sex pheromone assessment to tailor ejaculates to risk of sperm competition in a butterfly. *Behav. Ecol.* 20:1147–51.

Painter, S. D., B. Clough, S. Black, and G. T. Nagle. 2003. Behavioral characterization of attractin, a water-borne peptide in the genus *Aplysia*. *Biol. Bull.* 205:16.

Reynolds, S. E., P. H. Taghert, and J. W. Truman. 1979. Eclosion hormone and bursicon titres and the onset of hormonal responsiveness during the last day of adult development in *Manduca sexta* (L.). *J. Exp. Biol.* 78:77.

Shorey, H. H., and R. J. Bartel. 1970. Role of a volatile sex pheromone in stimulating male courtship behaviour in *Drosophila melanogaster*. *Anim. Behav.* 18:159.

Snell, T. W., R. Rico-Martinez, L. N. Kelly, and T. E. Battle. 1995. Identification of a sex pheromone from a rotifer. *Marine Biol.* 123:347.

Takeda, N. 1979. Induction of egg-laying by steroid hormones in slugs. *Comp. Biochem. Physiol.* 62A:273.

Truman, J. W., and P. G. Sokolove. 1972. Silk moth eclosion: Hormonal triggering of a centrally programmed pattern of behavior. *Science* 175:1491.

Vaughn, D. 2010. Why run and hide when you can divide? Evidence for larval cloning and reduced larval size as an adaptive inducible defense. *Mar Biol* 157:1301–12.

Vaughn, D., and R. R. Strathmann. 2008. Predators induce cloning in echinoderm larvae. *Science* 319:1503.

Watson, G. J., F. M. Langford, S. M. Gaudron, and M. G. Bentley. 2000. Factors influencing spawning and pairing in the scale worm *Harmothoe imbricata* (Annelida: Polychaeta). *Biol. Bull.* 199:50.

Wheeler, D. E., and H. F. Nijhout. 1983. Soldier determination in *Pheidole bicarinata:* Effect of methoprene on caste and size within castes. *J. Insect Physiol.* 29:847.

Wigglesworth, V. B. 1934. The physiology of ecdysis in *Rhodnius prolixus* (Hemiptera). II. Factors controlling moulting and "metamorphosis." *Quart. J. Microsc. Sci.* 77:191.

Zimmer-Faust, R. K., and M. N. Tamburri. 1994. Chemical identity and ecological implications of a waterborne, larval settlement cue. *Limnol. Oceanogr.* 39:1075.

3. Discuta as adaptações morfológicas e comportamentais da transferência indireta de espermatozoides.

Blades, P. I. 1977. Mating behavior of *Centropages typicus* (Copepoda: Calanoida). *Marine Biol.* 40:57.

Feldman-Muhsam, B. 1967. Spermatophore formation and sperm transfer in ornithodoros ticks. *Science* 156:1252.

Hsieh, H.-L., and J. L. Simon. 1990. The sperm transfer system in *Kinbergonuphis simoni* (Polychaeta: Onuphidae). *Biol. Bull.* 178:85.

Legg, G. 1977. Sperm transfer and mating in *Ricinoides hanseni* (Ricinulei: Arachnida). *J. Zool., London* 182:51.

Solensky, M. J., and K. S. Oberhauser. 2009. Male monarch butterflies, *Danaus plexippus*, adjust ejaculates in response to intensity of sperm competition. *Animal Behaviour* 77:465–72.

Vreys, C., E. R. Schockaert, and N. K. Michiels. 1997. Formation, transfer, and assimilation of the spermatophore of the hermaphroditic flatworm *Dugesia gonocephala* (Triclada, Paludicola). *Canadian J. Zool.* 75:1479.

Wedell, N. 1994. Dual function of the bushcricket spermatophore. *Proc. Royal Soc. London* B 258:181.

Weygoldt, P. 1966. Mating behavior and spermatophore morphology in the pseudoscorpion *Dinocheirus tumidus* Banks (Cheliferinea: Chernetidae). *Biol. Bull.* 130:462.

Yund, P. O. 1990. An in situ measurement of sperm dispersal in a colonial marine hydroid. *J. Exp. Zool.* 253:102.

4. Como os sinais usados pelas fases de dispersão são relacionados aos requisitos do hábitat das fases sedentárias ou sésseis em um ciclo de vida complexo?

Brewer, R. H. 1976. Larval settling behavior in *Cyanea capillata* (Cnidaria: Scyphozoa). *Biol. Bull.* 150:183.

Chew, F. S. 1977. Coevolution of pierid butterflies and their cruciferous food plants. II. The distribution of eggs on potential food plants. *Evolution* 31:568.

Cohen, L. M., H. Neimark, and L. K. Eveland. 1980. *Schistosoma mansoni:* Response of cercariae to a thermal gradient. *J. Parasitol.* 66:362.

Cohen, R., and J. A. Pechenik. Relationship between sediment organic content, metamorphosis, and postlarval performance in the deposit-feeding polychaete *Capitella* sp. I. *J. Exp. Marine Biol. Ecol.* 240:1–18.

Grosberg, R. K. 1981. Competitive ability influences habitat choice in marine invertebrates. *Nature* 290:700.

Highsmith, R. C. 1982. Induced settlement and metamorphosis of sand dollar (*Dendraster excentricus*) larvae in predator-free sites: Adult sand dollar beds. *Ecology* 63:329.

Hurlbut, C. J. 1993. The adaptive value of larval behavior of a colonial ascidian. *Marine Biol.* 115:253.

Jensen, R. A., and D. E. Morse. 1984. Intraspecific facilitation of larval recruitment: Gregarious settlement of the polychaete *Phragmatopoma californica* (Fewkes). *J. Exp. Marine Biol. Ecol.* 83:107.

Knight-Jones, E. W. 1953. Laboratory experiments on gregariousness during settling in *Balanus balanus* and other barnacles. *J. Exp. Biol.* 30:584.

López-Duarte, P. C., J. H. Christy, and R. A. Tankersley. 2011. A behavioral mechanism for dispersal in fiddler crab larvae (genus *Uca)* varies with adult habitat, not phylogeny. *Limnol. Oceanogr.* 56:1879–92.

MacInnes, A. J., W. M. Bethel, and E. M. Cornfield. 1974. Identification of chemicals of snail origin that attract *Schistosoma mansoni* miracidia. *Nature* (*London*) 248:361.

Olson, R. 1983. Ascidian-*Prochloron* symbiosis: The role of larval photoadaptations in midday larval release and settlement. *Biol. Bull.* 165:221.

Raimondi, P. T. 1988. Settlement cues and determination of the vertical limit of an intertidal barnacle. *Ecology* 69:400.

Scheltema, R. S. 1961. Metamorphosis of the veliger larvae of *Nassarius obsoletus* (Gastropoda) in response to bottom sediment. *Biol. Bull.* 120:92.

Turner, E. J., R. K. Zimmer-Faust, M. A. Palmer, M. Luckenbach, and N. D. Pentcheff. 1995. Settlement of oyster (*Crassostrea virginica*) larvae: Effects of water flow and a water-soluble chemical cue. *Limnol. Oceanogr.* 1579.

Vermeij, M. J. A., K. L. Marhaver, C. M. Huijbers, I. Nagelkerken, and S. D. Simpson. 2010. Coral larvae move toward reef sounds. *PLoS ONE* 5:e10660.0.

Wallace, R. L. 1978. Substrate selection by larvae of the sessile rotifer *Ptygura beauchampi. Ecology* 59:221.

Williams, K. S. 1983. The coevolution of *Euphydryas chalcedona* butterflies and their larval host plants. III. Oviposition behavior and host plant quality. *Oecologia (Berlin)* 56:336.

5. Descreva as transformações morfológicas que ocorrem durante a metamorfose em um grupo de invertebrados aquáticos.

Amano, S., and I. Hori. 2001. Metamorphosis of coeloblastula performed by multipotential larval flagellated cells in the calcareous sponge *Leucosolenia laxa. Biol. Bull.* 200:20–32.

Atkins, D. 1955. The cyphonautes larvae of the Plymouth area and the metamorphosis of *Membranipora membranacea* (L.). *J. Marine Biol. Assoc. U.K.* 34:441.

Berrill, N. J. 1947. Metamorphosis in ascidians. *J. Morphol.* 81:249.

Bickell, L. R., and S. C. Kempf. 1983. Larval and metamorphic morphogenesis in the nudibranch *Melibe leonina* (Mollusca: Opisthobranchia). *Biol. Bull.* 165:119.

Bonar, D. B., and M. G. Hadfield. 1974. Metamorphosis of the marine gastropod *Phestilla sibogae* Bergh (Nudibranchia: Aeolidacea). I. Light and electron microscopic analysis of larval and metamorphic stages. *J. Exp. Marine Biol. Ecol.* 16:227.

Cameron, R. A., and R. T. Hinegardner. 1978. Early events in sea urchin metamorphosis, description and analysis. *J. Morphol.* 157:21.

Cloney, R. A. 1977. Larval adhesive organs and metamorphosis in ascidians. *Cell Tissue Res.* 183:423.

Cole, H. A. 1938. The fate of the larval organs in the metamorphosis of *Ostrea edulis. J. Marine Biol. Assoc. U.K.* 22:469.

Emlet, R. B. 1988. Larval form and metamorphosis of a "primitive" sea urchin, *Eucidaris thouarsi* (Echinodermata: Echinoidea: Cidaroida), with implications for developmental and phylogenetic studies. *Biol. Bull.* 174:4.

Factor, J. R. 1981. Development and metamorphosis of the digestive system of larval lobsters, *Homarus americanus* (Decapoda: Nephropidae). *J. Morphol.* 169:225.

Hochberg, R., S. O'Brien, and A. Puleo. 2010. Behavior, metamorphosis, and muscular organization of the predatory rotifer *Acyclus inquietus* (Rotifera, Monogononta). *Invert. Biol.* 129:210–19.

Lang, W. H. 1976. The larval development and metamorphosis of the pedunculate barnacle *Octolasmis mülleri* (Coker, 1902) reared in the laboratory. *Biol. Bull.* 150:255.

Stricker, S. A. 1985. An ultrastructural study of larval settlement in the sea anemone *Urticina crassicornis* (Cnidaria, Actiniaria). *J. Morphol.* 186:237.

6. Discuta a possível importância adaptativa dos espermatozoides apirenes de insetos e sugira maneiras de testar as várias hipóteses.

Silberglied, R. E., J. G. Shepherd, and J. L. Dickinson. 1984. Eunuchs: The role of apyrene sperm in Lepidoptera? *Amer. Nat.* 123:255.

7. Que impacto têm a radiação UV, a acidificação dos oceanos e os poluentes ambientais na reprodução e no desenvolvimento dos invertebrados marinhos?

Albright, R., and C. Langdon. 2011. Ocean acidification impacts multiple early life history process of the Caribbean coral *Porites astreoides. Global Change Biol.* 17:2478–87.

Bellam, G., D. J. Reish, and J. P. Foret. 1972. The sublethal effects of a detergent on the reproduction, development, and settlement in the polychaetous annelid *Capitella capitata. Marine Biol.* 14:183.

Beniash, E., A. Ivanina, N. S. Lieb, I. Kurochkin, and I. M. Sokolova. 2010. Elevated level of carbon dioxide affects metabolism and shell formation in oysters *Crassostrea virginica. Mar. Ecol. Progr. Ser.* 419:95–108.

Bigford, T. E. 1977. Effects of oil on behavioral responses to light, pressure and gravity in larvae of the rock crab *Cancer irroratus. Marine Biol.* 43:137.

Bingham, B. L., and N. B. Reyns. 1999. Ultraviolet radiation and distribution of the solitary ascidian *Corella inflata* (Huntsman). *Biol. Bull.* 196:94.

Curtis, L. A., and J. L. Kinley. 1998. Imposex in *Ilyanassa obsoleta* still common in a Delaware estuary. *Marine Poll. Bull.* 36:97.

Feng, D., C. Ke, C. Lu, and S. Li. 2010. The influence of temperature and light on larval pre-settlement metamorphosis: A study of the effects of environmental factors on pre-settlement metamorphosis of the solitary ascidian *Styela canopus. Marine Freshw. Behav. Physiol.* 43:11–24.

Holland, D. L., D. J. Crisp, R. Huxley, and J. Sisson. 1984. Influence of oil shale on intertidal organisms: Effect of oil shale extract on settlement of the barnacle *Balanus balanoides* (L.). *J. Exp. Marine Biol. Ecol.* 75:245.

Hovel, K. A., and S. G. Morgan. 1999. Susceptibility of estuarine crab larvae to ultraviolet radiation. *J. Exp. Marine Biol. Ecol.* 237:107.

Hunt, J. W., and B. S. Anderson. 1989. Sublethal effects of zinc and municipal effluents on larvae of the red abalone *Haliotis rufescens*. *Marine Biol.* 101:545.

Macdonald, J. M., J. D. Shields, and R. K. Zimmer-Faust. 1988. Acute toxicities of eleven metals to early life-history stages of the yellow crab *Cancer anthonyi*. *Marine Biol.* 98:201.

Muchmore, D., and D. Epel. 1977. The effects of chlorination of wastewater on fertilization in some marine invertebrates. *Marine Biol.* 19:93.

8. Muitos invertebrados aquáticos liberam gametas ou larvas no ambiente, ao passo que muitos outros apresentam vários graus de proteção e cuidado por sua prole em desenvolvimento. Quais são os custos e os benefícios que melhor podem explicar (a) por que tantas espécies desenvolveram alguma forma de cuidado parental direto ou (b) por que tantas espécies não o fizeram?

Gillespie, R. G. 1990. Costs and benefits of brood care in the Hawaiian happy face spider *Theridion grallator* (Araneae, Theridiidae). *Amer. Midl. Nat.* 123:236.

Kahng, S. E., Y. Benayahu, and H. R. Lasker. 2011. Sexual reproduction in octocorals. *Mar. Ecol. Prog. Ser.* 443:265–83.

Menge, B. A. 1975. Brood or broadcast? The adaptive significance of different reproductive strategies in two intertidal seastars, *Leptasterias hexactis* and *Pisaster ochraceus*. *Marine Biol.* 31:87.

Milne, I. S., and P. Calow. 1990. Costs and benefits of brooding in glossiphoniid leeches with special reference to hypoxia as a selection pressure. *J. Anim. Ecol.* 59:41.

Pechenik, J. A. 1979. Role of encapsulation in invertebrate life histories. *Amer. Nat.* 114:859.

Pechenik, J. A. 1999. On the advantages and disadvantages of larval stages in benthic marine invertebrate life cycles. *Marine Ecol. Progr. Ser.* 177:269.

Samuka, K. M., E. E. LeDueb, and L. Avilés. 2012. Sister clade comparisons reveal reduced maternal care behavior in social cobweb spiders. *Behav. Ecol.* 23:35–43.

Thorson, G. 1950. Reproductive and larval ecology of marine bottom invertebrates. *Biol. Rev.* 25:1.

9. A fertilização externa é comum entre invertebrados marinhos. Como pode se avaliar *in situ* o processo de fertilização e os fatores biológicos e físicos que contribuem para que este tenha sucesso?

Babcock, R. C., C. N. Mundy, and D. Whitehead. 1994. Sperm diffusion models and *in situ* confirmation of long-distance fertilization in the free-spawning asteroid *Acanthaster planci*. *Biol. Bull.* 186:17.

Denny, M. W., and M. F. Shibata. 1989. Consequences of surf-zone turbulence for settlement and external fertilization. *Amer. Nat.* 134:859.

Farley, G. S., and D. R. Levitan. 2001. The role of jelly coats in sperm-egg encounters, fertilization success, and selection on egg size in broadcast spawners. *Amer. Nat.* 157:626–36.

Grosberg, R. K. 1991. Sperm-mediated gene flow and the genetic structure of a population of the colonial ascidian *Botryllus schlosseri*. *Evolution* 45:130.

LaMunyon, C. W., and S. Ward. 1998. Larger sperm outcompete small sperm in the nematode *Caenorhabditis elegans*. *Proc. Royal Soc. London* B 265:1997.

Levitan, D. R., M. A. Sewell, and F-S. Chia. 1992. How distribution and abundance influence fertilization success in the sea urchin *Strongylocentrotus franciscanus*. *Ecology* 73:248.

Meidel, S. K., and P. O. Yund. 2001. Egg longevity and time-integrated fertilization in a temperate sea urchin (*Strongylocentrotus droebachiensis*). *Biol. Bull.* 201:84–94.

Reuter, K. E., K. E. Lotterhos, R. N. Crim, C. A. Thompson, and C. D. G. Harley. 2011. Elevated pCO_2 increases sperm limitation and risk of polyspermy in the red sea urchin *Strongylocentrotus franciscanus*. *Global Change Biol.* 17:163–71.

Simon, T. N., and D. R. Levitan. 2011. Measuring fertilization success of broadcast-spawning marine invertebrates within seagrass meadows. *Biol. Bull.* 220:32–38.

Yund, P. O. 1990. An *in situ* measurement of sperm dispersal in a colonial marine hydroid. *J. Exp. Zool.* 253:102.

10. Em muitos grupos de invertebrados marinhos, algumas espécies aparentemente sofreram uma mudança em suas larvas: passaram de planctotróficas que se alimentam para larvas que não se alimentam (lecitotróficas). Quais pressões possivelmente contribuíram para essa mudança no tipo de larva (em relação ao padrão de nutrição), quais alterações morfológicas acompanharam essa mudança, qual é a evidência de que essa mudança tenha, de fato, ocorrido e qual mecanismo de desenvolvimento estabeleceu essa mudança?

Amemiya, S., and R. B. Emlet. 1992. The development and larval form of an echinothurioid echinoid, *Asthenosoma ijimai*, revisited. *Biol. Bull.* 182:15.

Collin, R., O. R. Chaparro, F. Winkler, and D. Véliz. 2007. Molecular phylogenetic and embryological evidence that feeding larvae have been reacquired in a marine gastropod. *Biol. Bull.* 212:83–92.

Gibson, G., and D. Carver. 2012. Effects of extra-embryonic provisioning on larval morphology and histogenesis in *Boccardia proboscidea* (Annelida, Spionidae). *J. Morphol.*

Hart, M. W., M. Byrne, and M. J. Smith. 1997. Molecular phylogenetic analysis of life-history evolution in asterinid starfish. *Evolution* 51:1848.

Jeffrey, W. R. 1994. A model for ascidian development and developmental modification during evolution. *J. Marine Biol. Assoc. U.K.* 74:35.

Knott, K. E., and D. McHugh. 2012. Introduction to symposium: Poecilogony—a window on larval evolutionary transitions in marine invertebrates. *Integr. Comp. Biol.* 52 (1):120–27. (See also the other papers from this symposium.)

Krug, P. J. 1998. Poecilogony in an estuarine opisthobranch: Planktotrophy, lecithotrophy, and mixed clutches in a population of the ascoglossan *Alderia modesta*. *Marine Biol.* 132:483.

Pernet, B., and D. McHugh. 2010. Evolutionary changes in the timing of gut morphogenesis in larvae of the marine annelid *Streblospio benedicti*. *Evol. Devel.* 12:618–27.

Raff, R. A. 1987. Constraint, flexibility, and phylogenetic history in the evolution of direct development in sea urchins. *Devel. Biol.* 119:6.

Sinervo, B., and L. R. McEdward. 1988. Developmental consequences of an evolutionary change in egg size: An experimental test. *Evolution* 42:885.

Strathmann, R. R., L. Fenaux, and M. F. Strathmann. 1992. Heterochronic developmental plasticity in larval sea urchins and its implications for evolution of nonfeeding larvae. *Evolution* 46:972.

Wray, G. A., and R. A. Raff. 1991. The evolution of developmental strategy in marine invertebrates. *Trends Ecol. Evol.* 6:45.

11. A ocorrência generalizada de reprodução sexuada há muito tem fascinado biólogos evolutivos, em parte porque, como resultado da meiose, cada adulto contribui apenas com metade de seus genes para a próxima geração e também porque a prole masculina não tem contribuição direta à reprodução futura; a partenogênese pareceria ser o padrão reprodutivo mais eficiente. Quais fatores podem selecionar para reprodução sexuada sobre a reprodução partenogenética e como as várias hipóteses podem ser testadas?

Barton, N. H., and B. Charlesworth. 1998. Why sex and recombination? *Science* 281:1986.

Becks, L., and A. F. Agrawal. 2012. The evolution of sex is favoured during adaptation to new environments. *PLoS Biol.* 10(5):e1001317.

Bell, G. 1982. *The Masterpiece of Nature: The Evolution and Genetics of Sexuality.* Berkeley, Calif.: Univ. California Press.

Boschetti, C., A. Carr, A. Crisp, I. Eyres, Y. Wang-Koh, E. Lubzens, T. G. Barraclough, G. Micklem, and A. Tunnacliffe. 2012. Biochemical diversification through foreign gene expression in bdelloid rotifers. *PLoS Genet* 8(11):e1003035.

Case, T. J., and M. L. Taper. 1986. On the coexistence and coevolution of asexual and sexual competitors. *Evolution* 40:366.

Goddard, M. R., H. C. J. Godfray, and A. Burt. 2005. Sex increases the efficacy of natural selection in experimental yeast populations. *Nature* 434:636–40.

Jaenike, J. 1978. An hypothesis to account for the maintenance of sex within populations. *Evol. Theory* 3:191.

Klatz, O., and G. Bell. 2002. The ecology and genetics of fitness in *Chlamydomonas.* XII. Repeated sexual episodes increase rates of adaptation to novel environments. *Evolution* 56:1743–53.

Lively, C. M., and S. G. Johnson. 1994. Brooding and the evolution of parthenogenesis: Strategy models and evidence from aquatic invertebrates. *Proc. Royal Soc. London* B 256:89.

Lloyd, D. 1980. Benefits and handicaps of sexual reproduction. *Evol. Biol.* 13:69.

Michod, R. E., and T. W. Gayley. 1992. Masking of mutations and the evolution of sex. *Amer. Nat.* 139:706.

Wuethrich, B. 1998. Why sex? Putting theory to the test. *Science* 281:1980.

12. Quanto a dispersão favorece ou limita a diferenciação genética entre populações adultas?

Allcock, A. L., A. S. Brierley, J. P. Thorpe, and P. G. Rodhouse. 1997. Restricted gene flow and evolutionary divergence between geographically separated populations of the Antarctic octopus *Pareledone turqueti. Marine Biol.* 129:97.

Ayer, D. J., T. E. Minchinton, and C. Perrin. 2009. Does life history predict past and current connectivity for rocky intertidal invertebrates across a marine biogeographic barrier? *Molec. Ecol.* 18:1887–1903.

Bossart, J. L., and J. M. Scriber. 1995. Maintenance of ecologically significant genetic variation in the tiger swallowtail butterfly through differential selection and gene flow. *Evolution* 49:1163.

Breton, S., F. Dufresne, G. Desrosiers, and P. U. Blier. 2003. Population structure of two northern hemisphere polychaetes, *Neanthes virens* and *Hediste diversicolor* (Nereididae), with different life-history traits. *Marine Biol.* 142:707.

Claremont, M., S. T. Williams, T. G. Barraclough, and D. G. Reid. 2011. The geographic scale of speciation in a marine snail with high dispersal potential. *J. Biogeogr.* 38:1016–32.

Hansen, T. A. 1983. Modes of larval development and rates of speciation in early Tertiary neogastropods. *Science* 220:501.

Hunter, R. L., and K. M. Halanych. 2010. Phylogeography of the Antarctic planktotrophic brittle star *Ophionotus victoriae* reveals genetic structure inconsistent with early life history. *Mar. Biol.* 157:1693–1704.

Lessios, H. A., B. D. Kessing, and D. R. Robertson. 1998. Massive gene flow across the world's most potent marine biogeographic barrier. *Proc. Royal Soc. London* B 265:583.

Palumbi, S. R., G. Grabowsky, T. Duda, L. Geyer, and N. Tachino. 1997. Speciation and population genetic structure in tropical Pacific sea urchins. *Evolution* 51:1506.

Untersee, S., and J. A. Pechenik. 2007. Local adaptation and maternal effects in two species of marine gastropod (genus *Crepidula*) that differ in dispersal potential. *Marine Ecol. Progr. Ser.* 347:79–85.

Williams, S. T., and J. A. H. Benzie. 1998. Evidence of a biogeographic break between populations of a high dispersal starfish: Congruent regions within the Indo-West Pacific defined by color morphs, mtDNA, and allozyme data. *Evolution* 52:87.

13. Quais fatores podem determinar se uma invasão será bem-sucedida, por exemplo, que animais invasores estabelecerão uma população reprodutivamente ativa no novo hábitat?

Blaine D., B. D. Griffen, I. Altman, B. M. Bess, J. Hurley, and A. Penfield. 2012. The role of foraging in the success of invasive Asian shore crabs in New England. *Biol. Invas.* 14:2545–58.

Carlton, J. T. 1996. Pattern, process, and prediction in marine invasion ecology. *Biol. Conservation* 78:97.

Caro, A. U., R. Guiñez, V. Ortiz, and J. C. Castilla. 2011. Competition between a native mussel and a non-indigenous invader for primary space on intertidal rocky shores in Chile. *Mar. Ecol. Progr. Ser.* 428:177–85.

Cohen, A. N., and J. T. Carlton. 1998. Accelerating invasion rate in a highly invaded estuary. *Science* 279:555.

Fey, S. B., and K. L. Cottingham. 2012. Thermal sensitivity predicts the establishment success of nonnative species in a mesocosm warming experiment. *Ecology* 93:2313–20.

Lawton, J. H., and K. C. Brown. 1986. The population and community ecology of invading insects. *Phil. Trans. Royal Soc. London* B 314:607.

Pechenik, J. A., D. E. Wendt, and J. N. Jarrett. 1998. Metamorphosis is not a new beginning. *BioScience* 48:901.

Ruiz, G. M., J. T. Carlton, E. D. Grosholz, and A. H. Hines. 1997. Global invasions of marine and estuarine habitats by nonindigenous species: Mechanisms, extent, and consequences. *Amer. Zool.* 37:621.

Thieltges, D.W., M. Strasser, J.E.E. van Beusekom, and K. Reise. 2004. Too cold to prosper—winter mortality prevents population increase of the introduced American slipper limpet *Crepidula fornicata* in northern Europe. *J. Exp. Marine Biol. Ecol.* 311:375–391.

Simberloff, D. 1989. Which insect introductions succeed and which fail? In: J. A. Drake, ed. *Biological Invasions: A Global Perspective.* New York: John Wiley & Sons Ltd.

14. Há menos de 20 anos foi reportado que algumas larvas planctotróficas de equinodermos replicaram a si mesmas naturalmente antes da metamorfose. Como esse fenômeno se relaciona à visão tradicional de que o destino das células é eventualmente fixado durante o desenvolvimento dos equinodermos?

Balser, E. J. 1998. Cloning by ophiuroid echinoderm larvae. *Biol. Bull.* 194:187.

Knott, K. E., E. J. Balser, W. B. Jaeckle, and G. A. Wray. 2003. Identification of asteroid genera with species capable of larval cloning. *Biol. Bull.* 204:246.

Vickery, M. S., M. C. L. Vickery, and J. B. McClintock. 2000. Effects of food concentration and availability on the incidence of cloning in planktotrophic larvae of the sea star *Pisaster ochraceus. Biol. Bull.* 199:298.

15. Quão convincente é a evidência de que bactérias e simbiontes microsporídios podem alterar as taxas sexuadas de populações artrópodes hospedeiras?

Bram, V., S. Janne, and H. Frederik. 2011. Spiders do not escape reproductive manipulations by *Wolbachia. BMC Evol. Biol.*11:15.

Dyson, E. A., M. K. Kamath, and G. D. D. Hurst. 2002. *Wolbachia* infection associated with all-female broods in *Hypolimnas bolina* (Lepidoptera: Nymphalidae): Evidence for horizontal transmission of a butterfly male killer. *Heredity* 88:166.

Kageyama, D., G. Nishimura, S. Hoshizaki, and Y. Ishikawa. 2002. Feminizing *Wolbachia* in an insect, *Ostrinia furnacalis* (Lepidoptera: Crambidae). *Heredity* 88:444.

Mautner, S. I., K. A. Cook, M. R. Forbes, D. G. McCurdy, and A. M. Dunn. 2007. Evidence for sex ratio distortion by a new microsporidian parasite of a Corophiid amphipod. *Parasitol.* 134:1567–73.

Sugimoto, T. N., and Y. Ishikawa. 2012. A male-killing *Wolbachia* carries a feminizing factor and is associated with degradation of the sex-determining system of its host. *Biol. Lett.* 8:412–15.

Weeks, A. R., R. Velten, and R. Stouthamer. 2003. Incidence of a new sex-ratio-distorting endosymbiotic bacterium among arthropods. *Proc. Royal Soc. London* B 270:1857.

16. Muitas formas larvais aquáticas podem atrasar sua metamorfose até encontrarem condições adequadas para crescimento e sobrevivência do juvenil e do adulto. Qual é a evidência dessa capacidade para adiamento do desenvolvimento e quais são algumas de suas consequências?

Maldonado, M., and C. M. Young. 1999. Effects of the duration of larval life on postlarval stages of the demosponge *Sigmadocia caerulea. J. Exp. Mar. Biol. Ecol.* 232:9–21.

Pechenik, J. A., and Cerulli, T. R. 1991. Influence of delayed metamorphosis on survival, growth, and reproduction of the marine polychaete *Capitella* sp I. *J. Exp. Mar. Biol. Ecol.* 151:17–27.

Pechenik, J. A., D. Rittschof, and A. R. Schmidt. 1993. Influence of delayed metamorphosis on survival of juvenile barnacles *Balanus amphitrite. Marine Biol.* 115:287–94.

Thiyagarajan, V., J. A. Pechenik, L. A. Gosselin, and P. Y. Qian. 2007. Juvenile growth in barnacles: combined effect of delayed metamorphosis and sub-lethal exposure of cyprids to low-salinity stress. *Marine Ecol. Progr. Ser.* 344:173–84.

Wendt, D. E. 1998. Effect of larval swimming duration on growth and reproduction of *Bugula neritina* (Bryozoa) under field conditions. *Biol. Bull.* 195:126–35.

Referências gerais sobre reprodução e desenvolvimento de invertebrados

Adiyodi, K. G., and R. G. Adiyodi, eds. 1983–1993. *Reproductive Biology of Invertebrates. Vol. I: Oogenesis, Oviposition, and Oosorption; Vol. II: Spermatogenesis and Sperm Function; Vol. III: Accessory Sex Glands; Vol. IV A and B: Fertilization, Development, and Parental Care; Vol. V: Sexual Differentiation and Behaviour; Vol. VI A and B: Asexual Propagation and Reproductive Strategies.* New York: Wiley Interscience.

Giese, A. C., and J. S. Pearse, eds. 1974–1979. *Reproduction of Marine Invertebrates. Vol. I: Acoelomate and Pseudocoelomate Metazoans; Vol. II: Entoprocts and Lesser Coelomates; Vol. III: Annelids and Echiurans; Vol. IV: Molluscs: Gastropods and Cephalopods; Vol. V: Molluscs: Pelecypods and Lesser Classes.* New York: Academic Press.

Giese, A. C., J. S. Pearse, and V. B. Pearse. 1987. *Reproduction of Marine Invertebrates. Vol. IX: General Aspects: Seeking Unity in Diversity.* Palo Alto, Calif.: Blackwell Scientific Publications.

Gilbert, L. I., J. R. Tata, and B. G. Atkinson. 1996. *Metamorphosis: Postembryonic reprogramming of gene expression in amphibian and insect cells.* New York: Academic Press.

Hart, M. W., and P. B. Marko. 2011. It's about time: Divergence, demography, and the evolution of developmental modes in marine invertebrates. *Integr. Comp. Biol.* 50:643–661.

Hosken, D. J., and T. A. R. Price. Genital evolution: The traumas of sex. *Current Biol.* 19:R519–21.

Jägersten, G. 1972. *Evolution of the Metazoan Life Cycle.* New York: Academic Press.

McEdward, L. R., ed. 1995. *Ecology of Marine Invertebrate Larvae.* New York: CRC Press.

Nielsen, C. 1998. Origin and evolution of animal life cycles. *Biol. Rev.* 73:125–55.

Otto, S. P. 2009. The evolutionary enigma of sex. *Amer. Nat.* 174, Suppl.1: S1–S14.

Pechenik, J.A. 1999. On the advantages and disadvantages of larval stages in benthic marine invertebrate life cycles. Marine Ecol. Progr. Series. 177: 269–297.

Reverberi, G. 1971. *Experimental Embryology of Marine and Fresh-Water Invertebrates.* Amsterdam: North-Holland Publ. Co.

Schilthuizen, M. 2005. The darting game in snails and slugs. TREE 20:581–84.

Williamson, D. I., and S. E. Vickers. 2007. The origins of larvae. *Amer. Scient.* 95:509–17. (This is a controversial but fascinating consideration of the topic. See also *Amer. Sci.* 96:91–92 for responses.)

Young, C. M., ed. 2002. *Atlas of Marine Invertebrate Larvae.* New York: Academic Press.

Glossário de termos usados com frequência

As definições de termos mais especializados podem ser encontradas no Índice.

A

aboral Parte do corpo mais distante da boca.

acelomado Carente de uma cavidade corporal entre o intestino e a musculatura da parede externa do corpo.

alimentação de depósito Ingestão de substrato (areia, solo e lama) e assimilação da fração orgânica.

anelação Divisão externa de um corpo vermiforme em uma série de anéis conspícuos.

apomórfico Estado de caractere modificado ("derivado").

arquêntero Cavidade que, em última instância, torna-se o trato digestório do adulto ou da larva; formado durante o desenvolvimento do embrião de um deuterostômio.

B

bentônico Que vive sobre ou enterrado no substrato em ambientes marinhos, salobros ou em dulcícolas.

bentos Animais e plantas aquáticos e algas que vivem junto ao substrato.

bioluminescência Produção bioquímica de luz por organismos vivos.

birreme Com duas ramificações.

blastocele Cavidade interna geralmente formada pela divisão celular no início do desenvolvimento embrionário, antes da gastrulação.

brânquia Estrutura especializada para trocas gasosas em animais aquáticos.

brotamento Forma de reprodução assexuada, na qual novos indivíduos desenvolvem-se a partir de uma porção do progenitor, como em todos os briozoários e em muitos protozoários, cnidários e poliquetas.

C

canais gastrovasculares Canais preenchidos por líquido abrindo-se na boca de cnidários e ctenóforos, que atuam nas trocas gasosas e na distribuição de nutrientes.

caracteres avançados Caracteres que foram modificados a partir da condição ancestral (ver "apomórfico").

caracteres primitivos Caracteres que são ancestrais ("plesiomórficos"), refletindo a condição ancestral.

cefalização Concentração dos sistemas nervoso e sensorial na parte do corpo que vem a ser a "cabeça".

celoma Cavidade corporal interna, situada entre o intestino e a musculatura da parede externa do corpo, que é revestida por tecidos derivados da mesoderme embrionária.

célula-flama Célula flagelada associada aos protonefrídeos, como em vermes achatados, rotíferos e alguns poliquetas.

cílio Organela locomotora filiforme, contendo um arranjo de microtúbulos altamente organizado; mais curto do que um flagelo.

cirros Nos protozoários ciliados, cílios agrupados que funcionam como uma unidade; nas cracas, apêndices torácicos, que são modificados para a coleta de alimento; nos crinoides, apêndices preênseis de localização aboral, que são usados para o deslocamento e para fixação aos substratos sólidos.

cisto Revestimento secretado por muitos invertebrados pequenos (incluindo alguns protozoários, rotíferos e nematódeos), que protege de estresses ambientais, como dessecação e situações de densidade demasiadamente alta.

clivagem em espiral Padrão de divisão celular em que o ângulo entre os planos de clivagem e o eixo animal-vegetal do ovo é de 45°.

clivagem radial Forma de divisão celular inicial em que todos os planos de clivagem são perpendiculares, de modo que as células-filhas passam a situar-se diretamente em linha uma com a outra.

colônia Associação de indivíduos geneticamente idênticos, formados assexuadamente a partir de um único indivíduo colonizador.

conjugação Associação física temporária, na qual material genético é trocado entre dois protozoários ciliados.

consumidor de alimento em suspensão Animal que se alimenta de partículas suspensas no meio circundante; isso pode ser realizado por filtragem ou por outros mecanismos.

cromatóforo Célula portadora de pigmento que pode ser usada por um animal para variar sua coloração externa.

cutícula Revestimento não celular secretado pelo corpo.

D

dessecação Desidratação.

dioico Caracterizado por ter sexos separados; isto é, um indivíduo é masculino ou feminino, mas nunca ambos. "Gonocorístico" tem o mesmo significado.

diploblástico Que possui apenas duas camadas distintas de tecidos durante o desenvolvimento embrionário.

discos imaginais Massas distintas de células embrionárias indiferenciadas, pré-programadas para formar durante a metamorfose tecidos e sistemas de órgãos da fase adulta específicos, como no desenvolvimento de insetos e nemertídeos.

E

ectoderme Camada embrionária de tecido; forma órgãos nervosos e sensoriais e tecidos.

encistamento Secreção de revestimento protetor externo que permite aos pequenos invertebrados resistir à exposição a estresses ambientais extremos, como a dessecação e situações de densidade demasiadamente alta, conforme observa-se em muitas espécies de protozoários, rotíferos, nematódeos, esponjas e tardígrados.

endoderme Camada embrionária de tecido; forma a parede do sistema digestório.

enterocelia Formação de um celoma, mediante evaginação da porção interna do arquêntero em alguns animais (deuterostômios).

espermatóforo Pacote de espermatozoides transferido de um indivíduo para outro durante o acasalamento.

espículas Formações calcárias ou silicosas presentes nos tecidos de alguns organismos e, em geral, desempenhando funções de proteção ou de suporte.

esqueleto hidrostático Cavidade preenchida de líquido e com volume constante, que permite que os músculos sejam novamente estendidos após a contração, muitas vezes pelo antagonismo mútuo de pares de músculos.

esquizocelia Formação do celoma através de cavitação da mesoderme durante o desenvolvimento embrionário de alguns animais (protostômios).

estatocisto Órgão do sentido que informa ao portador sobre a orientação do corpo em relação à gravidade.

estuário Corpo d'água parcialmente fechado, influenciado pelas forças das marés e pela entrada de água doce do continente.

eutelia Constância espécie-específica do número de células ou núcleos; o crescimento ocorre pelo aumento do tamanho celular, e não pelo aumento do número de células.

evolução convergente Processo pelo qual características semelhantes evoluíram independentemente em grupos diferentes de organismos, em resposta a pressões seletivas similares.

exoesqueleto Sistema de alavancas e articulações externas que permite a ação antagônica de pares de músculos; o exoesqueleto é também protetor.

F

fagocitose Processo pelo qual as partículas alimentares são circundadas pela membrana celular e incorporadas ao citoplasma, formando um vacúolo alimentar.

filiforme Semelhante a um fio.

filtrador Organismo que filtra partículas alimentares do líquido circundante.

fissão binária Divisão assexuada de um organismo em dois organismos quase idênticos.

flagelo Organela locomotora filiforme contendo um arranjo de microtúbulos altamente organizado; mais longo do que um cílio e muitas vezes apresenta numerosas projeções laterais.

G

gametas Células sexuais envolvidas na fertilização.

gametogênese Processo pelo qual os gametas (espermatozoides e óvulos) são produzidos.

gastrulação Constituição de uma nova camada de tecido através do deslocamento de células no desenvolvimento precoce do embrião (blástula).

geneta Entidade genética única, geralmente formada pela fusão de óvulo e espermatozoide.

gonocorístico Aquele que tem sexos separados; isto é, um indivíduo é masculino ou feminino, mas nunca ambos. "Dioico" tem o mesmo significado.

grupos monofiléticos Grupos derivados de um ancestral comum único, os quais incluem todos os descendentes desse ancestral.

grupos parafiléticos Grupos derivados de um ancestral comum único que não incluem todos os descendentes desse ancestral.

grupos polifiléticos Grupos contendo espécies que evoluíram de dois ou mais ancestrais diferentes, em vez de um ancestral comum único.

H

hermafrodita Indivíduo que funciona como masculino e feminino, simultaneamente ou em sequência.

hermafroditismo protândrico Padrão de sexualidade em que um único indivíduo funciona como masculino e, na sequência, como feminino.

homologia Que tem origens evolutivas idênticas e desenvolve-se por meio de trajetórias de desenvolvimento idênticas.

homoplasia Evolução independente de estados de caracteres similares ou idênticos por meio de evolução convergente ou paralela.

I

incubação Cuidado parental da prole em desenvolvimento.

intersticial Que vive nos espaços entre grãos de areia.

intertidal Que vive na área entre as marés alta e baixa e, portanto, exposto alternadamente ao ar e ao mar.

introverte Extensão tubular eversível da cabeça, portando a boca na sua extremidade.

L

lâmina basal Camada colágena fina, secretada pelas células epidérmicas e sobre a qual estas se apoiam.

larva Estágio de desenvolvimento de vida livre na história de vida de muitas espécies de invertebrados.

M

meiofauna Animais pequenos intersticiais, que vivem entre grãos de areia.

mesentérios Invaginações da gastroderme e mesogleia que se estendem para dentro da cavidade gastrovascular de cnidários: porções de peritônio que dão suporte ao trato digestório nos celomados.

mesoderme Camada embrionária de tecido que origina certos tecidos e órgãos do adulto, incluindo os músculos e gônadas.

mesogleia Camada gelatinosa, encontrada entre a epiderme e a gastroderme de cnidários.

mesoílo Camada gelatinosa inerte interna de esponjas; células vivas frequentemente estão incluídas nessa camada.

metamerismo Repetição serial de órgãos e tecidos, incluindo a parede do corpo, os sistemas nervoso e sensorial e a musculatura.

metamorfose Transformação drástica de morfologia e função, que ocorre em um curto intervalo de tempo durante o desenvolvimento.

metanefrídeo Órgão aberto para a cavidade corporal através de um funil ciliado (nefróstoma) e envolvido na excreção ou na regulação do balanço hídrico ou do conteúdo salino.

metanefrídeos Órgãos excretores que coletam líquido celomático através de uma abertura ciliada em forma de funil e transportam líquido modificado para fora através de um nefridióporo.

metazoário Animal multicelular.

microtúbulos Cilindros contendo tubulina, característicos de cílios e flagelos.

módulo A unidade funcional de um animal colonial.

monoico Caracterizado pela presença de ambos os sexos em um só indivíduo, simultaneamente ou sequencialmente; hermafrodita.

N

nematocisto Tipo celular de cnidários que emite explosivamente filamentos longos especializados para defesa e captura de alimento.

O

ocelo Fotorreceptor simples contendo pigmento, encontrado em inúmeros invertebrados não aparentados.

organismo pelágico Organismo que vive acima do fundo no oceano aberto.

osmose Difusão de água através de uma membrana semipermeável (permeável à água, mas não a solutos) ao longo de um gradiente de concentração.

P

parasitismo Associação íntima entre espécies, em que um membro se beneficia às custas do parceiro.

partenogênese Desenvolvimento de um óvulo não fertilizado em um adulto funcional.

peristalse Ondas progressivas de contração muscular que se sucedem ao longo de um organismo ou sistema de órgãos.

peritôneo Revestimento mesodérmico da cavidade corporal de celomados.

plâncton Animais (zooplâncton) e algas unicelulares (fitoplâncton) que têm capacidades locomotoras apenas limitadas e, por isso, são distribuídas pelos movimentos da água.

plesiomórfico Estado ancestral ("primitivo") de um caractere.

pré-adaptação Atributo que é adaptativo apenas em um novo conjunto de circunstâncias físicas ou biológicas.

probóscide Extensão tubular na parte anterior do animal, geralmente usada para locomoção ou captura de alimento; pode ou não estar diretamente conectada ao intestino.

protonefrídeos Órgãos excretores que abrem-se para o exterior por um nefridióporo, como nos metanefrídeos, mas que são cobertos por uma malha fina, através da qual os líquidos corporais são ultrafiltrados.

pseudoceloma Cavidade interna do corpo, situada entre a musculatura externa da parede corporal e o intestino; não revestida por mesoderme e geralmente formada pela persistência da blastocele embrionária.

pseudópodes Protrusões amorfas do citoplasma envolvidas na locomoção e na alimentação de amebas e protozoários relacionados.

Q

quimiossíntese Uso de energia de ligações químicas, em vez de energia luminosa, para fixar dióxido de carbono em açúcares.

R

rameta Módulo individual funcionalmente independente produzido por brotação, divisão ou um outro processo assexuado.

reprodução assexuada Reprodução que não envolve a fusão de gametas; reprodução sem fertilização.

reprodução sexuada Reprodução envolvendo a fusão de gametas.

S

sedentário Habitante de fundo e capaz de locomoção apenas limitada.

septos Camadas peritoneais (mesodérmicas) separando segmentos adjacentes, como em anelídeos, ou divisões do corpo, como em quetognatos.

séssil Habitante de fundo e geralmente incapaz de locomoção.

sinapomórfico Estado derivado (modificado) de caractere e exclusivamente compartilhado; descreve um grupo de espécies que podem ser definidas como diferentes de todas as outras, uma vez que compartilham algum caractere homólogo único.

T

testa Qualquer revestimento externo duro; pode ser secretado pelo animal ou construído a partir de materiais circundantes.

triploblástico Que exibe três camadas de tecidos distintas durante o desenvolvimento embrionário.

V

vermiforme Em forma de verme – isto é, com corpo mole e substancialmente mais longo do que largo.

vetor Qualquer organismo que transmite parasitos de uma espécie hospedeira para outra.

Z

zooide Cada membro individual de uma colônia.

zooplâncton Componente animal do plâncton, tendo capacidade locomotora apenas limitada.

Índice

Observação: os números das páginas seguidos por *f* e *t* indicam figuras e tabelas, respectivamente.

C

E

F

G

N

O